冻土工程国家重点实验室和国家自然科学基金项目“冻土和积雪的工程服役功能（41690144）”联合资助

寒区冻土工程

■ 吴青柏　童长江　编著

图书在版编目（CIP）数据

寒区冻土工程 / 吴青柏，童长江编著. -- 兰州 ：
兰州大学出版社，2019.11
ISBN 978-7-311-05727-5

Ⅰ. ①寒… Ⅱ. ①吴… ②童… Ⅲ. ①寒冷地区－冻
土区－岩土工程 Ⅳ. ①TU4

中国版本图书馆CIP数据核字(2019)第275683号

策划编辑 钟 静
责任编辑 雷鸿昌 魏春玲 佟玉梅
封面设计 王 挺

书　　名 寒区冻土工程
作　　者 吴青柏 童长江 编著
出版发行 兰州大学出版社 (地址:兰州市天水南路222号 730000)
电　　话 0931-8912613(总编办公室) 0931-8617156(营销中心)
0931-8914298(读者服务部)
网　　址 http://press.lzu.edu.cn
电子信箱 press@lzu.edu.cn
印　　刷 成都市金雅迪彩色印刷有限公司
开　　本 880 mm×1230 mm 1/16
印　　张 30.25
字　　数 785千
版　　次 2019年11月第1版
印　　次 2019年11月第1次印刷
书　　号 ISBN 978-7-311-05727-5
定　　价 268.00元

前 言

寒区冻土工程属工程冻土学的重要组成部分，是冻土学非常实用的分支科学。本书名定为《寒区冻土工程》是仅论述了工程冻土学中岩土工程学原理和应用部分，未论述工程建筑与多年冻土间相互作用理论和研究方法。

过去的几十年，冻土区的工程建筑出现过不少的冻害和冻土工程问题，同时也取得了大量的冻土研究成果、丰富的治理经验和工程技术发展。这些都需要分析、总结归纳，得到较为完善的经验。

本书仅简述我国多年冻土分布概况及其工程性质，是寒区冻土工程所必须了解的基本内容，《中国冻土》和《冻土力学》有更详细的论述。随着我国经济发展，冻土区（季节冻土区和多年冻土区）各类工程建设的设计、施工、运营需要，我们总结了各行业的冻土科学研究和工程技术工作者几十年在工程勘察、设计、施工和工程病害处理的研究成果、经验和教训，以及作者参与研究的成果与心得体会，特别是总结了青藏公路和青藏铁路建设的研究成果与经验。目的是尽可能给予科研和工程技术人员提供在冻土区进行工程建设设计、施工和运营的选择有可借鉴和参考的资料。

冻土区工程建筑病害主要原因是冻结过程中地基土水分冻结膨胀和融化过程中冻土地基地下冰融化下沉。工程建筑物与多年冻土间热、力相互作用使地基土温度（正负温）和水分（水与冰）相转换变化引起建筑物变形和失稳。利用冻土作为地基时，多年冻土的温度及含冰状态和冻土环境保护应成为工程建筑物设计、施工的首选课题。在寒区环境下，充分利用大气冷能、采取物理化学方法的各种有效工程措施和保护周边冻土环境来减少或消除工程与冻土间相互作用中冻土地基状态变化，从而保持建筑物的稳定性。

本书以实用为宗旨，详细地论述冻土区的建筑工程、道路（路基）工程、桥涵和隧道工程、水利工程、管道工程、架空输电线路工程和机场建设等方面的选线、冻土地基利用原则、基础设计、施工、地基处理和防冻害措施。

在本书编撰过程中得到各单位同行们在资料、文献等方面的大力支持，并得到中科院冻土工程国家重点实验室的帮助。对此表示衷心感谢！

作 者

2019年10月

目　录

第1章　多年冻土及工程性质

1.1　多年冻土

冻土，一般是指温度在0 ℃或0 ℃以下，并含有冰的各种岩土和土壤。温度在0 ℃或0 ℃以下，但不含冰的岩土和土壤，称作寒土。寒土又可分成不含冰和重力水的干寒土，及不含冰但含负温盐水或卤水的湿寒土。在自然界中，作为冻土层或冻土区整体来说，既包含有冻土，也包含有寒土。反之，正温的岩土，称之为非冻土。当它曾经处于冻结状态，而后融化的岩土称为融土。

作为地基土来说，冻土和寒土的工程地质性质就具有本质的差别，因冰的胶结和存在，冻土（岩）随着温度场、应力场和水分场变化可直接改变冻土的承载力、融化下沉性等物理力学性质，改变冻土的工程地质性质。冻土可具有似混凝土强度，亦可似软土、淤泥（融化后）特性。而寒土则不然。因而，工程界和规范中所指的冻土，即具有负温和冰的岩土。

我国是世界多年冻土主要分布的国家之一，多年冻土面积有215万 km^2（周幼吾等，2000），《1：400万中国冰川冻土沙漠图》（王涛等，2006）认为因冻土退化而缩小，面积为175.39万 km^2，占国土总面积的22.4%。我国的多年冻土主要分布于大小兴安岭和松嫩平原北部、西部青藏高原和高山地区。

1.1.1　大小兴安岭多年冻土区

1. 多年冻土分布

大小兴安岭及松嫩平原地区的多年冻土属于高纬度多年冻土，是欧亚大陆多年冻土不可分割的组成部分。

多年冻土自然地理南界，西部达46°30′N，东部到47°48′N，呈“W”字形。南界的摆动在年平均气温等值线1.0～-1.0 ℃之间，西段大致摆动在-1.0～0 ℃间，中段（松嫩平原及大小兴安岭东南、西南山麓）大约与年平均气温0 ℃等值线相吻合，东段位于0～1.0 ℃之间（图1.1）（铁道部第三勘察设计院，1994）。多年冻土分布主要受到纬度地带性制约。

近年来的一些考察和应用气象资料认为，大小兴安岭南界大幅北移。2008—2013年的调查与工程勘察表明，牙克石市、满洲里市、伊春-五营-汤旺河段、伊春至五大连池等地段均存在多年冻土，以致在牙克石郊区的麦地下仍见有多年冻土（冻土上限8 m）。这表明，即便在全球气候转暖及人类工程活动的影响下，人类活动和影响较大的地带，在湿地-沼泽湿地、山地的阴坡洼地、泥炭层发育的地带仍存在有多年冻土，其位置仍处于20世纪七八十年代所确定的多年冻土南界地带。

大兴安岭多年冻土划分为三个大区（图1.1）：

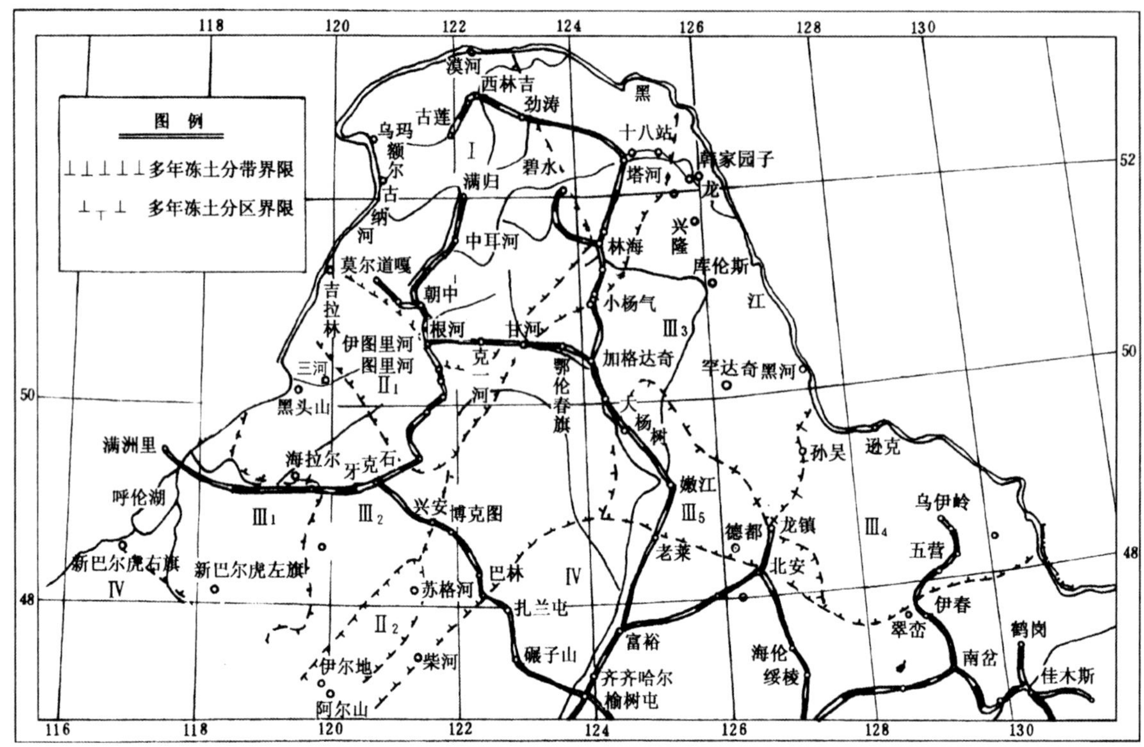

图1.1 大小兴安岭多年冻土分布图(引自铁道部第三设计院,1994)

大片不连续多年冻土区（Ⅰ）：主要分布于大兴安岭的北部西坡，西、北边以额尔古纳河及黑龙江为界；西南沿着莫尔道嘎、得耳布尔至图里河；东沿着大兴安岭岭脊东侧至漠河一带。年平均气温一般低于-5.0 ℃，冻土年平均地温一般为-1.0～-2.5 ℃，最低可达-4.0 ℃，多年冻土厚度一般为60～100 m，有些地带可达130 m。多年冻土分布的连续程度为65%～75%。

大片岛状多年冻土区（Ⅱ）：主要环绕大片不连续多年冻土区的外侧，西南在三河、伊图里河一带；东北侧在克一河、松岭（小杨气）、十八站一带。年平均气温一般为-3.0～-5.0 ℃，冻土年平均地温一般为-0.5～-1.5 ℃，多年冻土厚度一般为20～60 m。多年冻土分布的连续程度为30%～65%。

稀疏零星岛状多年冻土区（Ⅲ）：多年冻土南界以北，西至呼伦湖西岸，东至乌伊岭。多年冻土分布面积为5%～20%。湿地及湖沼边缘常有岛状多年冻土分布，低洼背阴斜坡的细粒土地带也有冻土岛。年平均气温一般为-0.5～2 ℃，冻土年平均地温一般为-0.0～-1.0 ℃，多年冻土厚度5～10 m居多，局部有10～20 m。多年冻土分布的连续程度为5%～30%。

2. 多年冻土厚度和温度

多年冻土层的上界面，称为多年冻土上限。多年冻土层的下界面，称为多年冻土下限，上限与下限的距离称为多年冻土层厚度（图1.2）。

大小兴安岭多年冻土层的厚度受着纬度地带性的制约，自南而北，随着纬度增高，多年冻土分布面积增大，厚度增大，冻土年平均地温降低，冻土分布的连续性增加。多年冻土南界附近，多年冻土厚度一般仅有几米至十几米，北部最大厚度，如古莲煤矿一带，实测的最大多年冻土厚度达120～130 m，这之间的不连续多年冻土地带，多年冻土厚度一般为40～70 m。但在局部地质地理因素影响下，如地貌、岩性、地质构造、地表水体和坡向等条件的差异，冻土厚度变化并不服从纬度地带性规律。冻土厚度最大的地方多处于盆地中心的沼泽湿地，植被覆盖较好，泥炭土层较厚；阴坡冻土厚度较大，向阳的山坡、山顶多年冻土往往消失。人为活动影响造成多年冻土上限下降，以致消失，城镇中心多年冻土大部分消失，仅存在于城郊地带。

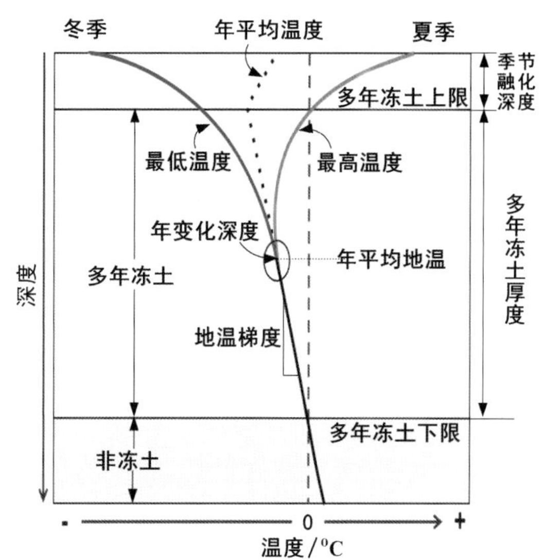

图1.2　多年冻土地温曲线

大兴安岭多年冻土层年平均地温的变化仍服从自南而北，随着纬度增加而降低，北部为-1.0～-2.5 ℃，最低达-4.0 ℃，南界一带为-0.1～-0.8 ℃，大约每向北100 km，冻土温度下降0.5 ℃。因植被、岩性、地表水体、地形坡度等局部因素影响而具有明显的差异而不服从纬度地带性规律，地处湿地的地温较低，山岭较高。海拔高度对多年冻土地温有直接影响，如大兴安岭东坡伊勒呼里山的地温达到-2.0～-2.6 ℃。人为活动及河流的影响，冻土地温有较大幅度的升高，如塔河地区的冻土地温为-0.4～-0.7 ℃。

3. 多年冻土上限

大兴安岭多年冻土区的多年冻土上限（季节融化深度）由北而南逐渐增大（表1.1）。多年冻土区的山涧洼地和山前缓坡地带，植被生长茂盛，土层为细粒土，含水率较大，多年冻土上限较浅，一般为1.0～2.0 m。在沼泽湿地、湖边地带，植被发育，草炭、泥炭层较厚，多年冻土上限一般为0.4～1.0 m。多年冻土天然上限下面一定深度范围内往往富含有厚层地下冰，往往具有层状冰或厚层状冰（图1.3）。

图1.3　冻土上限的地下冰层（童长江提供）

表1.1　大兴安岭地区不同纬度的最大季节融化深度

项　目	漠河	阿木尔	满归	牛耳河	图里河	牙克石
纬度	53°05′	52°50′	52°02′	51°32′	50°30′	49°24′
岩性	泥炭、粉质黏土	泥炭、粉质黏土	泥炭、粉质黏土	泥炭、粉质黏土	腐殖质粉质黏土	腐殖质粉质黏土
上限/m	0.8～1.1	1.3～1.5	1.1～1.9	1.4	2.2	2.5

1.1.2 青藏高原多年冻土区

1. 祁连山多年冻土区

1）冻土分布

多年冻土广泛分布，主要受到海拔高度的控制，亦受经度、纬度控制。祁连山南侧，拉脊山-青海南山-柴达木山，南坡冻土下界为3700～3950 m，该线基本与年平均气温-2.0 ℃等值线相吻；祁连山北侧的冷龙岭-走廊南山-党河南山，北坡冻土下界为3450～3650 m，下界大致和年平均气温-2.5 ℃等值线相当（图1.4）（郭鹏飞，1983；周幼吾等，2000）。

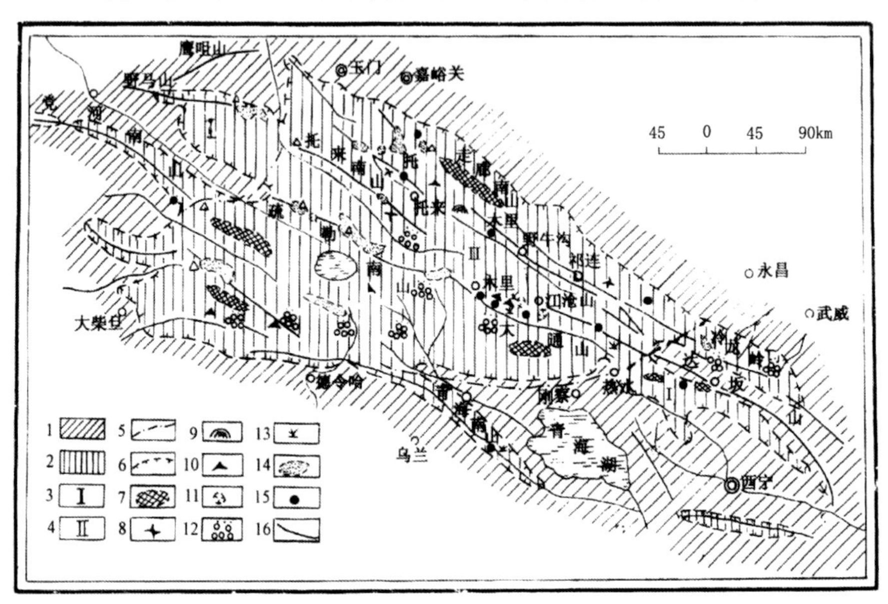

图1.4 祁连山多年冻土分布图

1.季节冻土；2.多年冻土；3.岛状多年冻土区；4.大片多年冻土区；5.3与4间界线；6.多年冻土分布界线；7.寒冻夷平面；8.冻胀丘；9.石流；10.冰椎；11.热融洼地；12.石流坡；13.草地湿地；14.现代冰川；15.钻孔；16.山脊线。

总的来说，多年冻土下界东部低，西部高。中段，山势高占优势，发育连续多年冻土，其面积占80%～90%。东段和西段为岛状多年冻土区，多年冻土面积占20%～30%。

2）多年冻土厚度与温度

祁连山地区多年冻土层最大厚度为139.3 m，其变化总趋势是随着海拔高度升高，多年冻土层厚度增加，年平均地温降低（图1.5）（周幼吾等，2000）。在3550～3700 m内，地温和厚度变化很小，海拔高度每升高100 m，地温降低值小于0.2 ℃，厚度增大值不足8 m；在3700～4200 m高度范围内，多年冻土地温和厚度变化较大，海拔高度每升高100 m，地温降低0.4～1.1℃，厚度增加10.9～42.5 m。冻土厚度随地温降低而增加，

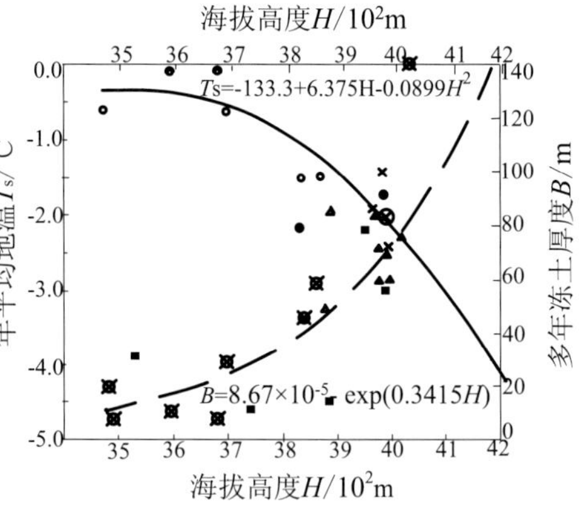

图1.5 祁连山多年冻土地温、厚度与海拔高度关系

地温：洪水坝；×木里；○ 热水。

厚度：△江仓；■山区；洪水坝；▲木里；●热水。

地温每降低1 ℃，冻土厚度增加31.9 m。祁连山地区的连续多年冻土区的年平均地温为-1.5～-2.4 ℃，多年冻土厚度为50～139 m。岛状多年冻土区的年平均地温一般为0～-1.5 ℃，多年冻土厚度有几米、十几米和几十米，在3～50 m之间，取决于地势高度。

3）多年冻土上限

天然条件下，多年冻土上限深度为1.0～4.5 m。公路（沥青路面）路基下，上限下降一般为1～3 m；采暖房屋下，上限下降为4～6 m；露天开采带可能在揭露面下大于10 m或是冻土层全部融化。

年平均气温高于-2.5 ℃的地区，主要分布着深季节冻土，最大季节冻结深度可达3～4 m。

4）地下冰

沼泽地的中心部位，多年冻土厚度大，地下冰层也多，边缘则减小。祁连山多年冻土区的地下冰层更多是发育在多年冻土上限以下，一般厚度为2～3 m，最厚达7～9 m。在海拔4000 m以上的冰碛物中有埋藏冰。

2. 青藏高原东部多年冻土区

1）冻土分布

青藏高原东、西部界域的划分尚无明确定论，暂以格尔木至拉萨的109国道为基线，青藏高原划分为东、西部。

青藏高原东部地区多年冻土受海拔高度的控制，海拔高度越高，气温越低，冻土越发育。由东南向西北逐渐增加，由零星岛状→岛状→片状逐渐发育，多年冻土分布面积也随之逐渐增加（图1.6）（罗栋梁等，2012）。片状多年冻土区内存在条带状融区，多处于河流、湖泊、构造断裂带附近。由于地形和地质-地理因素影响，多年冻土分布相当复杂，各地多年冻土下界海拔高度在3840～4380 m，下界处的年平均气温相当于-2.5～-3.5 ℃。随着全球气候转暖，多年冻土退化较剧烈，多年冻土下界的海拔高度上升50～100 m。

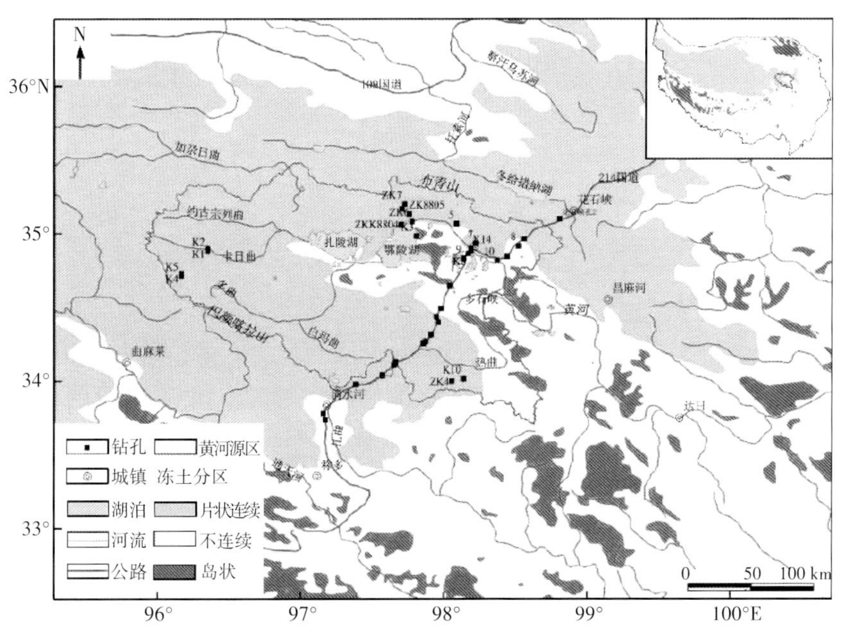

图1.6　青藏高原东部多年冻土分区图

1.城镇；2.公路；3.河流；4.冻土分区界线；5.东北部山地岛状多年冻土区；
6.布尔汗布达山和阿尼玛卿山片状多年冻土区；7.巴颜喀拉山片状多年冻土区；
8.东南部山地零星岛状多年冻土区。

2）多年冻土地温和厚度

海拔越高，多年冻土越发育，冻土厚度越厚。一般海拔高度升高100 m，冻土厚度增加10～15 m。多年冻土层的地温亦与海拔高度有关，山区山地多年冻土年平均地温均较低，在-1.0～-2.0 ℃，属低温基本稳定带，在滩地地段的冻土地温则高，在-0.5～-1.0 ℃，属高温不稳定带。在全球气候转暖背景下，多年冻土出现较为明显的退化。野牛沟、黄河沿等地的岛状多年冻土区已退化为季节冻土区或仅存个别的冻土岛。在不连续多年冻土区出现深埋藏多年冻土、融化夹层和不衔接冻土。

3）冻土上限

在20世纪80年代，冻土上限一般均在2.0 m左右。沼泽湿地，最浅的为1.3 m；在山岭的阳坡地段，最大季节融化深度为2.5 m。随着全球气候转暖，多年冻土层的季节融化深度增大，特别是在人为活动影响下，变化更为剧烈。一般情况下，季节融化深度增加2.0 m，最大可到达4～8 m。季节冻结深度减小至2 m左右，约减小了1.0 m。

4）地下冰

在高山的基岩或风化壳地段，岩性为碎石土，多为少冰冻土和多冰冻土的低含冰量冻土；在滩地或台地，岩性为粉土和粉质黏土，多为富冰冻土、饱冰冻土和含土冰层的高含冰量冻土。

3. 青藏高原西部多年冻土区

1）冻土分布

青藏高原西部多年冻土区仅指青海西南部、西藏北部的青南-藏北高原，是我国最大的高原多年冻土区，南北跨越31°41′到35°45′。多年冻土的北界位于昆仑山北麓的西大滩，多年冻土分布的下界海拔高度约为4150 m，约到4350 m就由岛状多年冻土区进入到大片连续多年冻土，海拔高差约200 m，南北宽度达550 km。始于安多北以南，由大片多年冻土区进入到岛状多年冻土区，其分布下界海拔高度为4640～4700 m，直至藏北高原谷地，高原多年冻土的南界，南北宽度达200 km以上。岛状多年冻土下界处的海拔高程与年平均气温为-2～-3 ℃等值线大致相当。青藏高原大片连续多年冻土区中存在不同类型的融区：河流融区、构造融区、辐射融区和湖泊融区。

2）多年冻土厚度与地温

在岛状多年冻土区，年平均地温较高，一般为0～-0.5 ℃，冻土厚度几米至20 m；大片连续多年冻土区内的高山丘陵地带，冻土年平均地温较低，均低于-1.0～-4.0 ℃，厚度均大于30～130 m，以致更大些，高平原地带，冻土年平均地温为-0.5～-2.0 ℃，冻土厚度为20～100 m，河谷地带，冻土年平均地温为-0.1～-1.0 ℃，冻土厚度由几米至十几米，最大厚度不超过50 m。

气候变暖背景下，冻土出现较明显的退化，地温升高，季节融化深度增大，季节冻结深度减小，冻土厚度减薄，以致消失。在岛状多年冻土区、融区边缘和零星岛状多年冻土区内，年平均气温一般高于-0.5 ℃，水平和垂直双向引起冻土退化更为明显。退化型地温曲线多见于高平原上的河谷和盆地等连续和不连续多年冻土区的边缘及岛状多年冻土区内，年平均地温高于-1.5 ℃，主要表现于融化夹层出现，上部地温升高。地温为稳定带的多年冻土区，见于高山及丘陵地带的连续多年冻土区，年平均地温低于-1.5 ℃，冻土厚度大，退化表现在年变化深度层的地温升高。

3）冻土上限

冻土上限随纬度和海拔的升高而减小，海拔越高，多年冻土上限越小。细粒土地区最大融化深度一般为0.8～2.5 m，基岩裸露的山顶、山坡，最大融化深度为3～5 m，高平原、盆地、谷地等地带为2～5 m，植被较发育的草皮下则为0.3～0.8 m。阴阳坡向差值为0.1～1.0 m。土质和含水率影响较大（表1.2）。滩地的融区，最大季节冻结深度达4～6 m，西大滩最大季节冻结深度4～7 m，高平原地段一般为3～4 m。随着全球气候转暖，季节冻结深度将会减小，季节融化深度将增大，导致出现融化夹层，特别是在融区边缘地带出现的概率将增大。

表1.2　青藏公路沿线多年冻土上限深度/m

黏　土	粉质黏土	粉土	砂类土	砾石类土	碎石类土
0.8～2.5	1.0～3.6	1.2～3.2	1.5～3.5	2.0～4.3	2.0～4.5

4）地下冰

多年冻土地区上限附近埋藏有大量的地下冰，尤其是在湖相沉积的泥岩强风化的灰绿色粉质黏土中，冰层厚度达3～5 m，往往呈中厚层状及层状，为富冰、饱冰冻土及含土冰层。在砂砾石地段多属少冰冻土及多冰冻土。第四纪土质成因类型、植被覆盖率、坡度影响最大（表1.3）。

表1.3　青藏公路不同成因类型土体中各类冻土的比例/%

冻土类型	成因类型						
	湖积	坡积	残-坡积	洪积	冲-洪积	冰水沉积	冲积
含土冰层	52.2	34.7	30.7	21.9	8.9	3.9	5.1
饱冰冻土	23.5	20.5	22.7	23.9	25.8	12.0	0.5
富冰冻土	24.3	12.7	2.3	20.0	7.6	15.5	
多冰冻土		7.6	44.3	7.0	9.9	12.2	0.4
少冰冻土		24.5		16.9	17.9	51.4	
融　区				10.3	29.8		93.0

1.1.3　高山多年冻土区

高山多年冻土区主要指新疆的阿尔泰、天山地区。东北的黄岗梁、长白山以及中西部的太白山、五台山等地也属于高山多年冻土区，因资料较少，暂不论述。

1. 阿尔泰地区

中国的阿尔泰山，北端为北纬49°20′，最南端为北纬46°左右。岛状多年冻土分布的海拔高度为2200～2800米，年平均气温为-5.4～-6.7 ℃，年平均地温，推测为0～-1 ℃，厚度几米至19 m。多年冻土上限一般为1～2.0 m。

2. 天山地区

中国境内的天山，南北宽100～400 km，为北纬40°～45°，东西长达1700 km，跨越21个经度（东经74°～95°）。多年冻土分布下界高度北坡为2700～2900 m，南坡到达3100～3250 m。在此海拔高程以上，多年冻土的分布面积增大为连续分布。岩性、地形、坡向、地表覆盖等条件的影响，带状岛状多年冻土的年平均地温和厚度有较大差别。多年冻土年平均地温为-0.1～-1.0 ℃，冻土厚度为16～32 m。多年冻土上限2.5～3.5 m。在腐殖质土与角砾土互层中，见有砾岩状构造冻土，下伏的冻土体积含冰量为20%～30%，个别可达50%，属于富冰冻土。

随着海拔高度上升，为大片连续多年冻土区，冻土面积增大，年平均气温降低，厚度增加。冻土年平均地温由-0.1 ℃逐渐降低到-2.0 ℃，海拔3900 m以上，地温可降低到-4.9 ℃，冻土厚度达230 m左右。

1.1.4 冻土工程问题

冻土地基与非冻土地基的重大区别，在于冻土地基具有厚度不等的地下冰体和冰层。冻土地基在冻结状态下，大多数冻土都表现出较高的强度，且具有相对隔水的特征。在融化状态时，就完全丧失其强度，甚至比其原有强度还低。在其反复冻结与融化作用下，使地基土的强度出现弱化并引起一系列冻土工程问题等。

1. 冻结过程的冻土工程问题

不论在季节冻土区或是多年冻土区，地基土冻结过程中产生冻胀作用使建筑物遭受破坏，如桥桩冻拔（图1.7）（陈肖柏等，2006）、渠道衬砌板冻胀（图1.8）（吴紫汪、刘永智，2005）、输油管道冻胀（图1.9）、房屋冻胀墙面裂缝等。

2. 热融沉降的冻土工程问题

多年冻土中含有多种形式的地下冰层，按冻土中含冰程度分为少冰冻土、多冰冻土、富冰冻土、饱冰冻土和含土冰层，其相对热融沉陷量分别为<1%、1%～5%、5%～10%、10%～25%和>25%。工程建筑改变冻土地基的热力平衡，引起冻土地基热融沉陷，造成建筑物破坏，如路基（图1.10）、房屋（图1.11）、涵管（图1.12）等常见变形。

图1.7 桥梁不均匀冻胀

图1.8 渠道衬砌冻胀破坏

图1.9 格拉输油管道冻胀（刘永智摄）

图1.10 东北嫩林线铁路沉降变形（李庆武摄）

图1.11 阿拉斯加房屋沉陷（金会军提供）

图1.12 东北嫩林线铁路涵洞沉降变形（李庆武提供）

3. 反复冻融作用和工程问题

一年一度的冻结与融化作用，冻结期产生冻胀，融化期出现下沉，反复作用下，引起道路翻浆（图1.13）、融冻泥流（图1.14）、热融滑塌等斜坡失稳、建筑物破坏等。

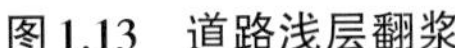

图1.13　道路浅层翻浆

图1.14　红梁河地带因道路边沟开挖而引起的融冻泥流（均为童长江摄）

1.2　冻土工程性质

冻土是由土颗粒、冰、水和气（汽）所构成的四相体系统。在冻结和融化过程中，四相体物质间的界面上发生复杂的物理-化学作用，相互变换各自的数量、体态和结构构造，使之具有特殊的工程性质。

1.2.1　冻土中未冻水与冰的动态平衡

特殊冻土工程性质的实质在于冰和未冻水的变化。冻结时土中水结冰，胶结土颗粒而具有高强度；融化时，冻土中的冰融化为水，聚集、饱和而使土软化，弱化颗粒间的联结，使强度降低以致丧失。冻土中未冻水与冰的平衡动态表明：在冻土中所含的未冻水和冰的数量、成分和性质，不是固定不变的，而是随外界作用的变化而变化。负温度和外压力的大小，对冻土中未冻水含量的影响特别大。冻土温度降低，未冻水含量减少，含冰率增加（图1.15）（H.A.崔托维奇，1985），具有三个相变区（表1.4）；外部压力增加，冻土未冻水含量增加，含冰率减小。

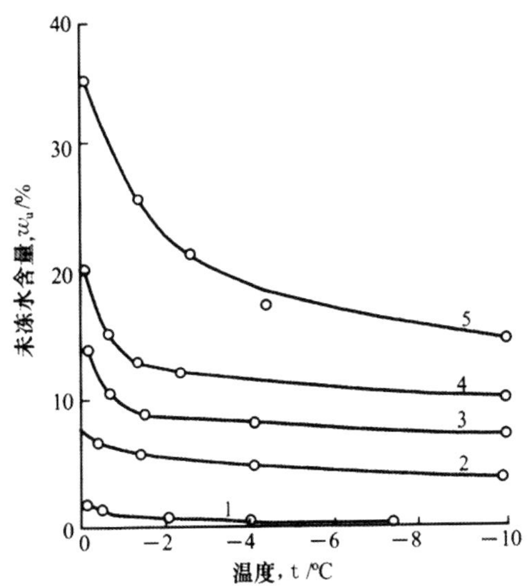

图1.15　冻土未冻水量与温度关系

1. 石英砂；2. 砂土；3. 粉质黏土；
4. 黏土；5. 蒙脱石黏土。

表 1.4 各类土相变区的温度范围/℃

土的类型	剧烈相变区	过渡相变区	缓慢相变区
砂	0～-0.2	-0.2～-0.5	<-0.5
粉质黏土	0～-2.0	-2.0～-5.0	<-5.0
黏土	0～-5.0	-5.0～-10.0	<-10.0

冻土未冻水含量与负温度关系，可用下列公式表达（徐学祖等，2001）：

$$\omega_u = at^{-b} \tag{1.1}$$

式中：ω_u 为冻土未冻水含量，%；t 为负温度绝对值，℃；a、b 为与土质有关的经验常数。

由此可见，在给定的土质，冻土的未冻水含量随土温降低而减少（表 1.5）（H.A.崔托维奇，1985），冰的含量就随冻土负温度降低而增加。

试验表明，当外部压力增加时，冻土中的未冻水含量就增大，含冰率相应地减少（表 1.6）（丁靖康等，2011），实质上反映外荷载对土体起始冻结温度的影响。

试验表明，土中盐分影响其冻结过程和冻结温度，随着盐分含量增加，冻结温度随之降低，使之未冻水含量增大。一般情况下，冻土中未冻水含量随盐的种类增加的顺序为：硫酸盐、碳酸盐、硝酸盐、氯化物。盐溶液的浓度越高，未冻水含量也越多。

表 1.5 不同土质中的未冻水含量与负温的关系

土的种类	不同温度(℃)下的未冻水含量/%					
	-0.2～-0.5	-0.5	-1.0～-1.5	-2.0～-2.5	-4.0～-4.5	-10～-11
砂土	0.2	0.2	–	–	0.0	0.0
粉土	–	5.0	4.5	–	4.0	3.5
粉质黏土	12.0	10.0	7.8	–	7.0	6.5
黏土	17.0	15.0	13.0	12.5	–	9.3
蒙脱黏土	34.3	25.9	–	19.8	–	15.3

表 1.6 外部压应力对冻土中未冻水量影响

土 类	温度/℃	压应力/kPa	含水率/%	未冻水含量/%	
				无压	有压
粉质黏土	负温	200	22	50.2	61.2
粉质黏土	-2	1000	22	72.6	73.2
膨润黏土	-2	200	49	58.3	63.1
粉质黏土	-1.7	200	20	42.4	57.1
膨润黏土	-4.8	200	46	42.5	44.6

1.2.2 土的冻胀性

冻结过程中土中水分（原有水分和外部迁移来的水分）冻结成冰，由液相水转为固相冰，形成冰层、冰透镜体或多晶体冰晶等形式的冰体，引起土颗粒间的相对位移，使土体体积产生不同程度的膨胀现象。外观表现为土层表面增高，内在表现为分凝冰或冰间层、冰透镜体的析出。通常采用冻胀量（Δh，单位：mm）或冻胀率（η，单位：%）来表示。

天然条件下，单向冻结时冻胀量为：

$$\Delta h = h_2 - h_1 \tag{1.2}$$

土体的冻胀率为：

$$\eta = \frac{\Delta h}{h_f} \times 100\% \tag{1.3}$$

式中：Δh为土体冻胀增量，mm；h_1为冻结前土体高度，mm；h_2为冻结后土体高度，mm。

1. 土冻胀的影响因素与规律

冻结过程中水分迁移和析冰作用是引起土体冻胀的直接原因。土体冻胀强弱取决于土粒的颗粒大小、矿物成分、土中水分及补给来源、冻结条件、外荷作用以及交换阳离子等因素（童长江、管枫年，1985）。

1）土粒的粒度成分：一般情况下，粗颗粒土的冻胀性小，细颗粒土的冻胀性大，冻结过程中随着土粒尺寸减小，吸水率增大，粉粒土（土粒直径为0.2～0.005 mm）的吸水率最大，具有最强冻胀性。粗粒土中随着粉黏粒含量增大，其冻胀性越大，黏粒含量超过5%时，粗粒土就出现冻胀。通常说粗颗粒土不会发生冻胀，但需满足两个条件：其一，粉黏粒含量应小于5%（黏粒）至12%（粉粒）；其二，冻结时能自由排水。两者缺一不可。

2）土粒矿物成分：蒙脱石具有较高的离子交换能力和较强的吸附能力，能牢固吸附大量水分，导致冻结时水分迁移量减少，冻胀性则小。高岭石的晶格连接力强，不允许水分子进入晶胞，故亲水性小，且离子交换能力弱，土粒表面可移动的水膜厚度大，具有较强的冻胀性。水云母的特性居于两者之间。

3）土中含水率：当土中水分超过起始冻胀含水率（ω_0）后才会出现冻胀。冻胀是多余的有效含水量参与冻结引起的。在土质条件一定时，细颗粒土的起始冻胀含水率为其0.8倍的塑限含水率（ω_p）。细颗粒土的含水率（ω）在液限含水率ω_L+17范围内，可近似用线性方程表示：

$$\eta = 0.277(\omega - \omega_0) \tag{1.4}$$

当有外来水分补给（开放系统）时，土体冻胀性迅速增加，其冻胀性增大取决于水源补给条件及时间。土体的总冻胀量（Δh）为：

$$\Delta h = 0.09\omega \cdot \rho_d \cdot h_f \cdot i + 1.09\int_0^T U_\omega \mathrm{d}T \tag{1.5}$$

式中：ω为土体含水率，%；ρ_d为土体密度，kg/m³；　h_f为土体冻结深度，m；i为结冰率，%；U_ω为水分迁移速率，m/h；T为水分迁移的时间，h。

地下水位高低直接影响着土体的冻胀性。地下水位埋置深度越浅，土体冻胀性越强，秋末降水量直接影响着当年土体的冻胀性。工程界常用地下水位、土体的毛细上升高度来确定地下水对土体冻胀性的影响。各类土最大冻结深度与地下水间的最小高度：黏性土为2.0～3.5 m、砂性土为1.0～2.0 m；砂土为0.5～1.0 m。

4）土体密度：根据黏性土饱和度S_r>90%以上的试验，土体冻胀性（η）与干密度（ρ_d）的关系可用下列经验公式表示：

$$\eta = 9.666 - 4.928\rho_d \tag{1.6}$$

5）土温和冻结速率：一般情况下，土的起始冻胀温度要比土体冻结温度低些，黏性土低0.5～0.8 ℃，砂性土低0.2～0.3 ℃。在封闭系统中，土体停止冻胀的温度是弱结合薄膜水迁移停止，黏性土停止冻胀温度为-8～-10 ℃，粉质黏土为-5～-7 ℃，粉土为-3～-5 ℃，砂土为-2 ℃左右。

冻结速率愈大，析冰和水分迁移量愈小，形成整体状冻土构造，冻胀性就弱；反之，冻结速率越慢，析冰与水分迁移越充分，形成层状、网状冻土构造，冻胀性就越大。

6）外荷载：荷载对土体冻胀性有抑制作用，土温降低时仍有冻胀的可能性。当含水率及冻结条件相似时，黏性土的冻胀率随外荷载增加而急剧减小，最终达到某个既定条件（土质、水分、土温）下冻胀率为“零”，即所谓的“中断压力”。土颗粒越粗，“中断压力”越小。随着土温降低，“中断压力”则增大。

7）土中盐分：任何土体的冻胀性是随土中盐溶液浓度增加而减小。交换阳离子影响土体冻胀性强弱的程度依下列次序排列：Na^+、$K^+ > Ca^{2+}$、$Mg^{2+} > Fe^{3+}$、Al^{3+}。在土温不低于-12 ℃条件下，使土体不冻胀时的盐溶液的浓度：砂土为2%、粉土为5%、粉质黏土为8%～10%、黏土为10%以上。加入氯盐可以减小土体冻胀性，但不能保持长期有效，一般2～4个冬季就会出现脱盐。

2. 地基土冻胀性的估算

水利部和能源部编制的《水工建筑物抗冰冻设计规范》中有关土体冻胀量确定方法：

1）需要确定季节冻结深度（h_f）和地下水位（Z_ω），通常采用观测方法取得。

2）依据下列方法确定地表冻胀量：

（1）巨粒土、含巨粒土，可不考虑冻胀。

（2）低液限黏土的冻胀量可按公式（1.7）计算。当地下水位埋深超过2.0 m时，可按封闭系统条件的方法计算。

$$h = 2.437h_f^{0.71}e^{-0.0013Z_\omega} \tag{1.7}$$

式中：h为地表冻胀量（整个冻结期内冻结膨胀后的地面与冻前地面的高差值），mm；h_f为设计冻深，即天然地表或设计地面高程起算的设计取用的冻深值，mm，当用于计算地基土冻胀量h_d时，应采用地基土设计冻深Z_{df}；Z_ω为冻前（冻结初期）天然地表或设计地面高程算起的地下水位，mm。

当用于计算地基土冻胀量h_d时，采用自底板底面高程算起的地下水位深度。

（3）粉土、高液限黏土、粒径小于0.075 mm的颗粒的含量占总质量的20%～50%的细粒土质砂（砾）类土的冻胀量可按公式（1.8）计算。当地下水位埋深超过2.0 m时，可按封闭系统条件的方法计算。

$$h = 5.371h_f^{0.56}e^{-0.0013Z_w} \tag{1.8}$$

（4）粒径小于0.075 mm的粒组含量占总质量的10%～20%的砂类土和砾类土的冻胀量可按公式（1.9）计算。当地下水位埋深超过1.5 m时，可按封闭系统条件方法计算。

$$h = 0.13h_fe^{-0.002Z_w} \tag{1.9}$$

（5）封闭系统条件下的地表冻胀量可按公式（1.10）计算：

$$h = 0.45Z_d(\omega - 0.8\omega_p) \tag{1.10}$$

式中：h为地表冻胀量，mm；h_f为设计冻深，mm；ω为冻结层平均含水率，%；ω_p为塑限含水率，%。

1.2.3　土冻结过程的冻胀力

土体冻结时，土中水分（包括外来补给水分）将冻结（析冰），使土体积产生膨胀，土颗粒出现位移，这种膨胀力即为冻胀力。土冻胀性影响因素同样制约于冻胀力。按其作用于基础表面的方向分为：切向冻胀力、垂直法向冻胀力及水平冻胀力（水平法向冻胀力）。

1. 切向冻胀力（σ_τ）

切向冻胀力是作用于基础侧表面的膨胀力，其产生必须满足两个条件：①基础表面是亲水，能与地基土冻结在一起，它们之间存在有冻结力（或称冻结强度）（图1.16）；②地基土在冻结过程中产生冻胀。两者缺一不可。

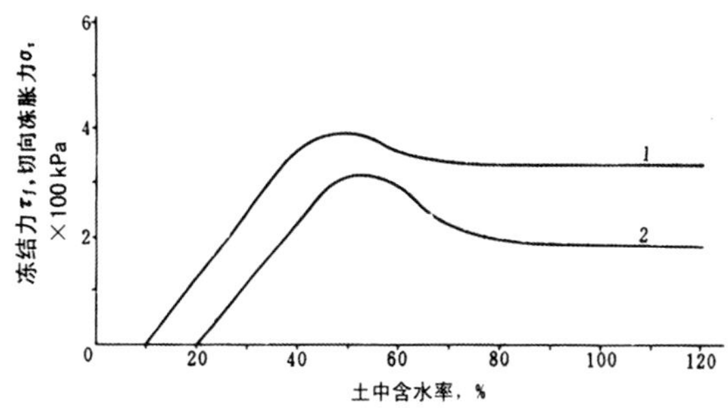

图1.16　粉质黏土切向冻胀力、冻结力与含水率关系

1.冻结力（土温为-3.1～-3.2 ℃）；2.切向冻胀力（土温为-7 ℃时的最大值）

切向冻胀力随着地基土冻结深度增加而增大，黏性土的切向冻胀力平均值和总力均大于粗颗粒土。切向冻胀力发展最快主要处于（1/3）～（2/3）冻结深度处，即为主冻胀带。各规范给出了切向冻胀力标准值（表1.7）。

表1.7　单位切向冻胀力标准值σ_τ/kPa

冻胀类别 / 基础类别	不冻胀	弱冻胀	冻胀	强冻胀	特强冻胀	特强冻胀
《冻土地区建筑地基基础设计规范》(JGJ 118-2011)						
桩、墩基础		$30<\sigma_\tau\leq 60$	$60<\sigma_\tau\leq 80$	$80<\sigma_\tau\leq 120$	$120<\sigma_\tau\leq 150$	
条形基础		$15<\sigma_\tau\leq 30$	$30<\sigma_\tau\leq 40$	$40<\sigma_\tau\leq 60$	$60<\sigma_\tau\leq 70$	
《公路桥涵地基与基础设计规范》(JTG D63-2007)						
墩、台、柱、桩基础	0～15	15～80	80～120	120～160	160～180	180～200
条形基础	0～10	10～40	40～60	60～80	80～90	90～100
《水工建筑物抗冰冻设计规范》(GB/T 50662-2011)						
地表冻胀量/mm	$h\leq 20$	$20<h\leq 50$	$50<h\leq 120$	$120<h\leq 220$	$h>220$	
地表土的冻胀级别	Ⅰ	Ⅱ	Ⅲ	Ⅳ	Ⅴ	
单位切向冻胀力σ_τ/kPa	0～20	20～40	40～80	80～110	110～150	

2. 法向冻胀力（σ_{no}）

法向冻胀力是沿着建筑物基础的法线方向作用力，即垂直法向冻胀力。地基土的冻胀性越大，基础的刚性越大，则法向冻胀力就越大。水冻结时完全不能膨胀的条件下会产生巨大的膨胀力，即结晶压力。当温度为-22 ℃时，膨胀力的最大值达2115 kPa（H.A.崔托维奇，1985）。日本学者研究得到标准砂、七尾粉土、根岸粉土及黏土，其临界温度与极限冻胀力分别为：-0.36 ℃/0.4 MPa、-2.7 ℃/3 MPa、-11.4 ℃/13 MPa及-30.7 ℃/35 MPa。《水工建筑物抗冰冻设计规范》（GB/T 50662-2011）给出了法向冻胀力的取值表（表1.8）。

表1.8　单位法向冻胀力σ_{no}（引自GB/T 50662-2011）

地表冻胀量/mm	$h\leq 20$	$20<h\leq 50$	$50<h\leq 120$	$120<h\leq 220$	$h>220$
地表土的冻胀级别	Ⅰ	Ⅱ	Ⅲ	Ⅳ	Ⅴ
单位法向冻胀力σ_{no}/kPa	0～30	30～60	60～100	100～150	150～210

3. 水平冻胀力（σ_{ho}）

沿着土体冻胀方向，与地面平行而垂直于基础侧表面的冻胀力，称为水平冻胀力，相对基础来说，即垂直基础侧表面的水平法向冻胀力。土体冻结过程中对墙背的水平冻胀力要比相同深度的土压力大得多，大几倍至几十倍。目前测到的最大水平冻胀力值（丁靖康等，2011）：黏性土为261 kPa，粗颗粒土为188 kPa。水平冻胀力沿墙背的分布是不均匀的。多数情况下，0.3～0.8h（h为挡墙出露高度）的挡墙高度范围内承受较大的水平冻胀力，0.6h处往往出现最大值。规范给出水平冻胀力标准值（表1.9）。

表1.9　水平冻胀力标准值σ_{ho}

《冻土地区建筑地基基础设计规范》（JGJ 118-2011）					
冻胀等级	不冻胀	弱冻胀	冻胀	强冻胀	特强冻胀
冻胀率η/%	$\eta\leq 1$	$1<\eta\leq 3.5$	$3.5<\eta\leq 6$	$6<\eta\leq 12$	$\eta>12$
水平冻胀力σ_{ho}/kPa	$\sigma_{ho}<15$	$15<\sigma_{ho}\leq 70$	$70<\sigma_{ho}\leq 120$	$120<\sigma_{ho}\leq 200$	$\sigma_{ho}\geq 200$
《水工建筑物抗冰冻设计规范》（GB/T 50662-2011）					
地表冻胀量/mm	$h\leq 20$	$20<h\leq 50$	$50<h\leq 120$	$120<h\leq 220$	$h>220$
地表土的冻胀级别	Ⅰ	Ⅱ	Ⅲ	Ⅳ	Ⅴ
单位水平冻胀力σ_{ho}/kPa	0～30	30～50	50～90	90～120	120～170

1.2.4　冻土的强度特性

非冻土区的土是由固体颗粒、水、气体所组成的三相松散体系，其抵抗外力作用的强度主要取决于固体颗粒间的联结力——固体颗粒间的分子键和结构键结合力。冻土区的冻土除了继承土的相成分和结合力外，更重要的是水冻结而具有的“冰”相成分和“冰胶结”的结合力，它是影响冻土强度和变形等性质的因素。冻土具有正冻土、冻土和正融土力学性质的不稳定性，决定这种不稳定性的重要因素是温度变化。冻土强度的各向异性是由冰的各向异性所决定的，应力状态及荷载作用时间也是影响冻土力学性质不稳定的重要因素。

1.土的冻结强度

冻结过程中，建筑物基础周围的湿土通过水分冻结成冰，将土颗粒与基础紧密地胶结在一起，这种胶结力称为土与基础间的冻结强度，俗称冻结力。冻结强度只有在外荷载作用下才能表现出来，其主要方向总是与外荷载作用方向相反。冻结强度能起着抗冻胀力的锚固作用及抗下沉（融沉）的支撑力作用，决定其数值大小的重要因素是冻土温度、含冰率、土的颗粒成分和密度、外荷载作用时间以及基础表面性质和冻结条件。

当土体含水率一定时，土温低于冻结温度后，冻结强度随土温降低而增大，到一定值后，又随土温继续降低而缓慢增加。在含水率及土温相同情况下，粗颗粒土的冻结强度比细颗粒土大。图1.17（崔托维奇.H.A，1985）表示饱和度为80%～90%，土温为-10 ℃时与木材间最大冻结强度受土颗粒成分的影响关系。

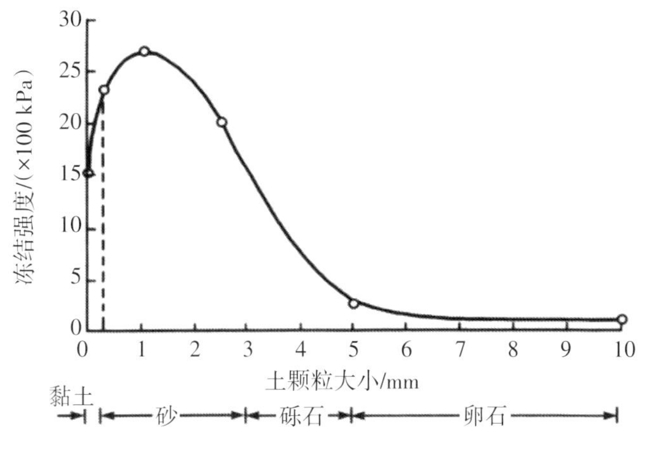

图1.17　不同土质冻土与木材最大冻结强度

基础的材质和表面粗糙程度都直接影响着其冻结强度，混凝土桩的冻结强度最大，钢桩次之，木桩最小。在相同条件下，外荷载长时间作用在桩上会使冻结强度迅速降低，最终达到持久冻结强度，其值仅为瞬时冻结强度的1/3。

有关冻土冻结强度值可从《冻土地区建筑地基基础设计规范》（JGJ 118-2011）中选用。

2.冻土的抗压强度

冻土的抗压强度实质上是冻土颗粒本身特性（颗粒尺寸大小及成分、干密度、含水率、含盐量等）和外部条件（指温度、压力、加载速率、冻融循环等）等各种因素相互作用的结果。

1）冻土的弹性模量较融土要大十几倍至几十倍，变化在300～30000 MPa之间。

2）在标准加载速率下，冻土抗压强度可达几个至几十个MPa，在更高的加载速率下，土温-40 ℃时冻结砂的抗压强度达15.4 MPa以上，冻结黏土高达75 MPa。

3）冻土的抗压强度随荷载作用持续时间延长而降低，长期极限抗压强度比瞬时抗压强度小许多倍，有时小80%～90%。

冻土承载力特征值可从《冻土地区建筑地基基础设计规范》（JGJ 118）中选用。

3. 冻土的抗剪强度

冻土的黏聚力（c）和内摩擦角（φ）是土温、含水率和荷载持续作用时间的函数。冻土的矿物成分、颗粒尺寸、结构连接和排列方式、密度、饱和度、土中的交换性离子成分和浓度等，以及冻土的温度、含冰率、结构构造、外部压力和荷载持续作用时间等都影响着冻土的抗剪强度。表1.10、表1.11（马世敏，1983）、表1.12（丁靖康等，2011）为试验资料。

表1.10　冻结粉质黏土的c、φ值与负温关系

土温/℃	黏聚力c/MPa	内摩擦角φ/°	备注
-3.0	1.30	23.5	含水率ω=18.7% 干密度ρ_d=1.77 g/cm^3
-4.0	1.38	21.5	
-5.0	1.43	26.0	
-6.0	1.51	28.3	
-8.0	1.83	29.5	

表1.11　青藏线原状冻土黏聚力实测资料

土名		含水率/%	干密度/g·cm^{-3}	土温/℃	冻土构造	瞬时黏聚力c_s/100 kPa	长期黏聚力c_l/100 kPa	松弛系数c_s/c_l
风火山	粉质黏土	24.2～36.2	1.32～1.45	-1.5～-2.5	整体状微层状	2.29～6.36	0.82～1.55	2.62～4.78
	粉质黏土	78.2～119.4	0.53～1.03	-2.0	层 状	4.21～6.51	0.80～1.16	4.90～5.61
	黏土	21.6～19.6	1.69～1.53	-1.6～-1.5	网 状	3.72～3.01	1.19～1.15	2.68～2.62
北麓河黏土		33.1～44.7	1.30～1.41	-1.0～-2.0	层 状	3.01～5.40	0.61～1.45	3.70～6.9
清水河粉质黏土		50.9～70.4	0.93～1.02	-1.5～-1.8	层 状	3.43～7.11	1.08～1.74	2.80～4.10

表1.12　粉质黏土冻融过渡带，融化粉质黏土现场大型快剪试验资料汇总

试验土体特征	剪前含水率ω/%	剪前孔隙比ε	不同垂直正压力下的抗剪强度τ/kPa				内摩擦角φ/°	黏聚力c/kPa
			0.5 kg	1 kg	1.25 kg	1.5 kg		
冻融过渡段	21.3	0.74	30.1	47.3		69.8	20°48′	11
融土	20.9		20.6	33.2		45.8	13°08′	8
冻融过渡段	26.5	0.80	28.8	42.5	49.8		15°40′	14
融土	26.3		24.4	36.2	43.2	47.4	12°50′	13.5
冻融过渡段	31.1	0.82	27.7	28.3		53.7	14°55′	13.5
融土	30.0		22.6	32.1	36.2		10°33′	13

冻融过渡带土体的强度处于融土与冻土之间，与融土相比，黏聚力较大，内摩擦角较小，与冻土相比，则黏聚力较小，内摩擦角较大（表1.13）。冻融过渡带土体长期抗剪强度比瞬时抗剪强度小得多，约为1/6，黏聚力约为1/5，内摩擦角仅为1/12。土体在快剪过程中，剪切带土体温度都会升高，下部冻土体升温最大。

表1.13　试验土体的c、φ值

土体类型	c/kPa	φ/°
冻融过渡带下的冻土	780	26
冻融过渡带	300	29
冻融过渡带上的融土	47	32

1.2.5　低温下冻土的变形性

冻土实际上仍具有压缩性，在冻土温度极低条件下大体上才能认为“不可压缩体”。高温冻土的压缩变形是一种非常复杂的物理过程，这过程受其成分——气体、液体、黏塑性体（冰）和固体（矿物颗粒）的变形及迁移作用所控制。

冻土压实过程中，可恢复变形量不大，通常仅占总压缩变形量的10%～30%（朱元林、张家懿，1982），高含冰塑性冻土不到10%。结构不可逆变形，它占总变形量70%～90%，主要是颗粒和颗粒集合体的不可逆剪切所引起的。

温度和含水率均对冻土压缩性有影响，其中土温的影响最为显著。在相同含水率条件下，冻土温度越高，体积压缩系数越大（表1.14）。如黏土，土温为-1.5 ℃时，体积压缩系数均小于0.1 MPa^{-1}，当土温为-0.3 ℃时，体积压缩系数均大于0.2 MPa^{-1}。相同温度下，试样过饱和时，体积压缩系数随含冰率增大而减小，最终趋于纯冰的体积压缩系数（表1.15）（朱元林、张家懿，1982）。可见，高温（>-1.0 ℃）高含冰率（>40%）冻土的体积压缩系数一般都大于0.067 MPa^{-1}，属于中等压缩性土，且随土温升高而显著增大。

表1.14　青藏冻土体积压缩系数(m_v)试验值/MPa^{-1}

土质	含水率/%	土温/℃				
		-0.3	-0.5	-0.7	-1.0	-1.5
青藏黏土	40	0.328	0.207	0.180	0.175	0.096
	80	0.258	0.178	0.176	0.118	0.091
	120	0.233	0.162	0.126	0.114	0.083
青藏砂土	40	0.321	0.245	0.180	0.130	0.106
	80	0.231	0.182	0.179	0.146	0.079
	120	0.229	0.209	0.178	0.108	0.105

表1.15　纯冰的体积压缩系数

温度/℃	-0.4	-0.6	-1.1	-1.5	-4.0	-7.0
体积压缩系数/MPa^{-1}	0.16	0.09	0.05	0.04	0.03	0.02

1.2.6 冻土的融化下沉与压缩性

1.冻土融化时的特性

冻土融化时，冻土中的冰（胶结冰、分凝冰等）逐渐融化，使土体体积缩小，水分排出。因冻结时各种冰所造成的结构变形，如裂隙、空洞或缺陷，冻土融化时，在自重作用下有所压密，在外荷载作用下才能使这些残留结构缺陷发生破坏而压密（图1.18）。

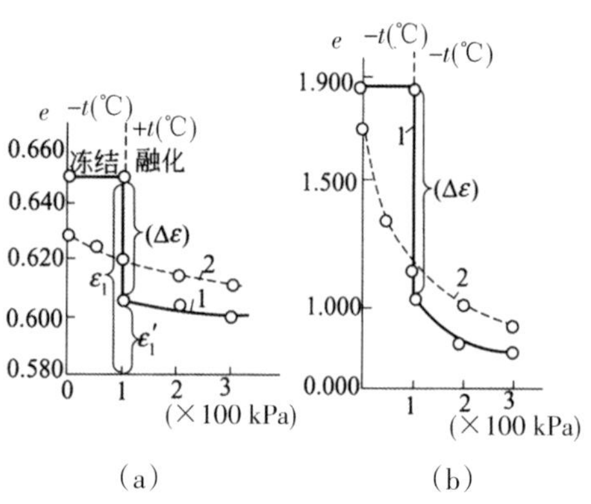

图1.18 冻结砂(a)和黏土(b)的融化压缩曲线

(H.A.崔托维奇，1985)

1.冻土融化时；2.未冻土(正温下)。

冻土融化时其构造要发生剧烈变化，不仅影响其压缩性，且影响其透水性。粉质黏土经冻结再融化，在第一级荷载下的压密速度（取决于土的渗透能力和压缩性）增加7～10倍。由此看，冻土冰饱和度是评价正融土沉降随时间变化过程的一个非常重要指标。富含冰冻土（如高含冰量冻土）和多冰、少冰冻土在融化时的固结过程是完全不同的。层状和网状构造冻土，融化时具有特殊性：①在荷载作用下压密时孔隙比的变化比未冻土要大得多；②高含冰量冻土融化时的透水性比同类融化土的透水性大几十甚至几百倍，但随时间而减小。

冻土融化过程中，在土的自重（试验时为10 kPa）作用下，产生的下沉可用融化下沉系数（A_0）来描述：

$$A_0 = \frac{\Delta h}{h} \tag{1.11}$$

式中：Δh为在10 kPa应力下，冻土融化后的下沉量，mm；h为试验前冻土试样的高度，mm。

2.冻土融化后的压缩下沉特性

冻土融化后受压，土颗粒出现移动，使土中的孔隙体积缩小。如果忽略土颗粒本身的变形，那么，土受压后体积减小就是土孔隙体积减小，融化后的冻土与非冻土（融土）的压缩变形过程是一样的。冻土融化后的体积压缩系数m_v，按《冻土地区建筑地基基础设计规范》（JGJ 118-2011）标准选用。

3.冻土含水率对融化下沉系数的影响

研究表明（朱元林等，1983），当冻土含水率超过塑限含水率后，冻土融化时就产生融化下沉。当冻土的总含水量小于ω_p+（30%～40%）时，融化下沉系数可按线性关系进行处理。

$$A_0 = k_1(\omega - \omega_0) \tag{1.12}$$

式中 k_1为试验系数，可按表1.16取值；ω_0为起始融化下沉含水率，即融化下沉系数在0%～1%的范围内的冻土含水率：

黏性土为ω_0=5+0.8ω_p，粗颗粒土为ω_0=6+k(%)

k值由试验确定，一般为3%～6%。粗颗粒土的粉黏粒含量多时取大值，少时取小值。

含水率大于ω_p+(30%～40%）以上的含土冰层，其融化下沉系数属于曲线段，融化下沉随冻土含水量增大而趋于抛物线，可按直线段和曲线段的叠加计算。

$$A_0 = k_2\sqrt{\omega - \omega_c} + A_0' \tag{1.13}$$

式中：ω_c对应于直线段与曲线段分界点的含水率，通常取ω_p+35%或按表1.17取值；A_0'对应于ω_c的融化下沉系数；k_2为试验系数，为0.26～0.30。

表1.16　试验系数k_1和起始融沉含水量ω_0值

土 质	砾石、碎石土*	砂类土	黏性土	重黏土
k_1	0.50	0.60	0.70	0.60
ω_0	11.0	14.0	18.0	23.0

*对于粉黏粒含量<12%者，k_1取0.4。

表1.17　ω_c和A_0'值

土 质	砾石、碎石土*	砂类土	黏性土	重黏土
ω_c	46	49	52	58
A_0'	18.0	20.0	25.0	20.0

*粉黏粒含量<12%者，ω_c取44%，A_0'取14.0%。

4.干密度对冻土融化下沉系数的影响

在ω_p+(30%～40%)的干密度范围内，A_0-ρ_d关系呈曲线变化，服从于二次方程的关系

$$A_0 = k_3\frac{\rho_{dc} - \rho_d}{\rho_d} \tag{1.14}$$

式中：k_3为试验系数，可按表1.18取值；ρ_{dc}为起始融沉干密度，即融化下沉系数小于1%时的土体密度为最佳密度。

大含冰量冻土的干密度较小，在干密度小于ρ_{dc}（表1.19）情况下，融化下沉系数随干密度减小而增大的关系非常接近于直线。因此，大含冰量冻土的融化下沉系数亦可按两段数值的叠加计算：

$$A_0 = k_4\left(\rho_{dc} - \rho_d\right) + A_0' \tag{1.15}$$

式中：k_4为试验系数，含土冰层的数值为60～70，取60；A_0'对应于ρ_{dc}的冻土融化下沉系数。

表1.18　试验系数k_3与起始融化下沉干密度ρ_{dc}

土 质	砾石、碎石土*	砂类土	黏性土	重黏土
k_3	25	30	40	50
ρ_{dc}/g·cm^{-3}	1.95	1.80	1.70	1.65

*粉黏粒含量<12%者，k_3取20，ρ_{d0}取2.00 g/cm^3。

表1.19　ρ_{dc}值

土 质	砾石、碎石土*	砂类土	黏性土	重黏土
ρ_{dc}/g·cm^{-3}	1.16	1.10	1.05	1.00

*粉黏粒含量<12%者，ρ_{dc}取1.20 g/cm^3。

在野外勘测时，通常要求测定冻土的总含水率ω及干密度ρ_d，可以根据上述公式分别计算冻土融化下沉系数A_0，两种计算结果不一致时，取大值作为设计值。

1.3　冻土工程分类与地基设计

国内外都非常重视冻土中冰的描述及其工程分类，并依据冻土工程分类确定冻土地基的设计原则和地基处理措施，相应地制定了各自的技术规范和冻土分类系统，且逐渐地向定性定量描述，分类方法也由单项内容向综合指标发展。地基设计因素也逐步走向主要因素和多项内容的综合考虑。

1.3.1　冻土的鉴别与描述

美国有关土的分类系统中有冻土的描述和分类，是由加拿大国家研究理事会建设部代表和美国陆军工程师兵团极地建筑和冻结效应实验室代表共同提出的，1988年被国际编写小组推荐用于人工冻土的描述与分类。冻土描述与分类系统（徐学祖，1994）包括三部分：第一部分，土的判别与非冻土的分类系统相一致，与冻土状态无关；第二部分，把冻结状态造成的土的特性加到土的描述中；第三部分，描述土中出现的冰层，厚度大于24.5 mm的明显冰层单独用ICE标出。《冻土工程地质勘察规范》（GB 50324-2014）附录列有该分类。

俄罗斯（原苏联）的冻土分类与描述按非冻土分类国家标准（ГОСТ25100-82），是根据冻土的温度、相对含冰率和含水程度来划分的。

依据相对含冰率（i）将冻土分为：含冰冻土（$i\leq0.4$）和富含冰冻土（$i>0.4$）。

依据总含水率和温度分为：砂土，即坚硬冻土（$\omega>3\%$），塑性冻土和松散冻土（$\omega<3\%$）；细粒土，即坚硬冻土（温度低于下列值：粉土为-0.6 ℃、粉质黏土为-1.0 ℃、黏土为-1.5 ℃）和塑性冻土（温度高于上述值）。

冻土的冷生组构划分为：整体状、层状、网状、硬壳状。

中国的冻土描述与分类是在国内外冻土描述与分类的调研，以及大量现场勘察、研究的基础上提出的。主要包含下列内容：

（1）采用《土的工程分类标准》（GB/T 50145-2007）进行土的描述与分类；

（2）冻土的含冰特征：少冰冻土、多冰冻土、富冰冻土、饱冰冻土、含土冰层；

（3）冻土构造特征：整体状、层状、网状（图1.19）；

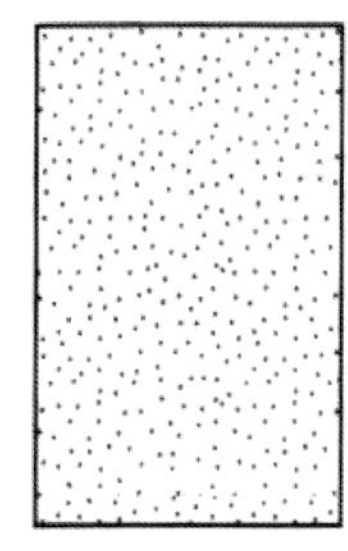

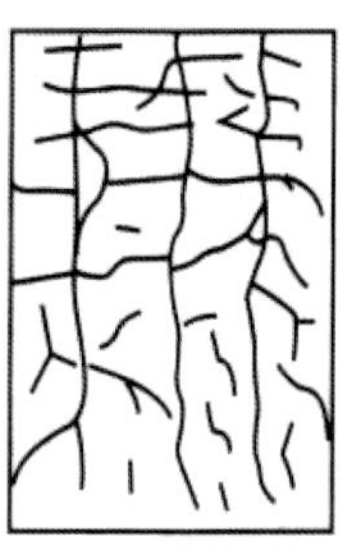

（a）整体构造　（b）层状构造　（c）网状构造

图1.19　冻土冷生构造的基本类型

（4）冻土温度状态：高温冻土、低温冻土；

（5）多年冻土的工程性质：不融沉、弱融沉、融沉、强融沉、融陷；

（6）冻土中冰的胶结程度：坚硬冻土、塑性冻土和松散冻土；

（7）易溶盐和泥炭化程度：盐渍化冻土、泥炭化冻土。

整体状构造［图1.19（a）］：在无水分迁移，冻结速率较大条件下形成，冰晶细小充填土体孔隙中，肉眼难以看到，其含水率大小基本为土体的水分含量。融化后的土的强度变化很小，沉降变形也较小。

层状构造［图1.19（b）］：在冻结过程中有水分迁移条件下形成。冰呈透镜状或层状分布，冰体大小不一，小者为几十毫米，大者达十几米。融化后土的强度急剧下降，出现较大的沉降，水分能够排出时可能出现突陷。

网状构造［图1.19（c）］：在多向冻结过程有水分迁移条件下形成。冰体大小、形状不同，分布方向往往相互交错，大致呈现连续的网络。融化后强度降低较大，取决于冰体含量与大小。

根据冻土中冰晶体和冰包裹体的特性，地基土冻结和冻土融化的特性，结合冻土的岩性和出现的地貌条件，在野外勘测时对冻土构造进行鉴别。《冻土工程地质勘察规范》（GB 50324-2014）附录中列有鉴别方法。

大量室内外勘察与试验资料统计，冻土的基本物理性质和冻土特殊的工程特性有着非常密切的相关关系（表1.20）（吴紫汪，1979）。

表1.20　综合冻土工程分类

冻土工程分类级别		Ⅰ	Ⅱ	Ⅲ	Ⅳ	Ⅴ
冻土总含水率/%		$\omega<\omega_p$	$\omega_p<\omega\leqslant\omega_p+7$	$\omega_p+7<\omega\leqslant\omega_p+15$	$\omega_p+15<\omega\leqslant\omega_p+35$	$\omega>\omega_p+35$
冻土工程类型		少冰冻土	多冰冻土	富冰冻土	饱冰冻土	含土冰层
冻土构造类型		整体状	层状、网状	层状	斑状	基底状
融沉评价	等级	不融沉	弱融沉	融沉	强融沉	融陷
	融沉系数A_0	$A_0<1$	$1<A_0\leqslant5$	$5<A_0\leqslant10$	$10<A_0\leqslant25$	$A_0>25$
冻胀评价	等级	不冻胀	弱冻胀	冻胀	强冻胀	特强冻胀
	冻胀系数η	$\eta<1$	$1<\eta\leqslant3.5$	$3.6<\eta\leqslant6$	$6<\eta\leqslant12$	$\eta>12$
强度评价	等级	中	高		中低	低
	相对强度值	<1.0	1.0		0.8～0.4	<0.4

注：ω_p为塑限含水率（%）。

1.3.2　冻土工程分类

1. 冻土的含冰率工程分类

以多年冻土作为地基时，应将冻土组构与物理力学性质相统一，视冻土中冰体所占比例优劣来确定冻土工程性质的差异。冻土的工程性质取决于冻土中冰的含量，即为体积含冰率（表

1.21），或冻土总含水率（表1.20），且能反映出土的冻胀性和冻土融沉性，《冻土工程地质勘察规范》等相关规范都给出了地基土的冻胀性和冻土融沉性的分类标准。

表1.21 冻土含冰特征分类(TB10002.5-2005)

冻土工程类别		少冰冻土	多冰冻土	富冰冻土	饱冰冻土	含土冰层
体积含冰率	黏性土	<0.10	0.10～0.20	0.20～0.30	0.30～0.50	>0.50
	非黏性土	<0.15	0.15～0.25	0.25～0.35	0.35～0.50	>0.50
冻土构造		整体状	网 状	层 状	斑 状	基底状

通常将五类冻土工程类别划分简化为低含冰量冻土和高含冰量冻土两大类。

低含冰量冻土：包括少冰冻土和多冰冻土。融化后沉降量较小，通常可按融土的设计原则，或允许融化设计原则，稍做简单的工程措施即可。

高含冰量冻土：包括富冰冻土、饱冰冻土和含土冰层。融化后具有较大或很大的沉降量，应采用保持冻结状态设计原则，采取强或较强的工程措施。

在实际应用时，应考虑多大厚度的冻土地基来判别冻土工程类别。对于采暖建筑物来说，通常取最大融化深度内冻土层的总含水率来划分，应注意高含冰量冻土存在的部位。对于冷基础建筑物来说，当在冻土地温较低的情况下，可取多年冻土上限以下1.0～3.0 m范围内的总含水率来确定；当在冻土地温较高的情况下，通常应取多年冻土上限以下3.0～5.0 m范围内总含水率来确定（青藏公路调查，沥青路面下冻土最大融化深度可达上限以下3～5 m）。

2. 冻土的地温分类

多年冻土的年平均地温不仅反映年平均气温，多年冻土厚度和平面分布，还可以反映多年冻土的热稳定性。根据多年冻土受气候及人为活动影响敏感程度，地温对冻土热稳定性、工程性质及工程稳定性影响分析，将我国多年冻土地温划分为三大地温带（表1.22）。

表1.22 多年冻土地温分带

带 名		年平均地温/℃	多年冻土厚度/m		带界年均气温/℃		分 布 地 带	
			东北	西北	东北	西北	大小兴安岭	青藏高原
Ⅰ$_1$	极稳定带	< -5.0		>150	<-6.0	-8.5	高纬度大片多年冻土带、阴坡、沼泽化	高山地带
Ⅰ$_2$	稳定带	-5.0～-3.0	>100	100～150	-4.5	-6.5		中高山地带
Ⅱ$_1$	基本稳定带	-3.0～-1.5	50～100	60～100	-3.5	-5.5	岛状融区多年冻土带	低山及沼泽泥炭
Ⅱ$_2$	过渡带	-1.5～-1.0	20～50	40～60	-2.5	-3.5		高平原、地山丘陵及河谷地带
Ⅲ$_1$	不稳定带	-1.0～-0.5	10～20	20～40	-1.0	-2.5	岛状、零星冻土带	
Ⅲ$_2$	极不稳定带	0.5～-0.5	0～10	0～20	±0.0	-2.0		河谷及岛状冻土带

Ⅰ带属于稳定带，气候转暖对多年冻土地温变化导致的冻土工程性质变化影响比较小。Ⅱ带属于基本稳定带，气候转暖将会对这些地带产生较大影响，使这些地带的冻土工程地质环境变得更加复杂，冻土稳定性减弱。Ⅲ带属于不稳定带，冻土稳定性极差，随气温升高而可能消失，部分地段的工程地质条件可能变好，部分地段可能变坏，造成冻土路基更大的不均匀下沉变形。

工程界将年平均地温低于-1.5 ℃（公路系统）或-1.0 ℃（铁路系统）的多年冻土归为低温冻土带，高于此界限的多年冻土归为高温冻土带。公路和铁路依据工程调查和路基表面性状对地温带划分有所区别。其一，稳定带的界线，公路以年平均地温-3.0 ℃为界，铁路则以-2.0 ℃为界；其二，高低温冻土带，公路以-1.5 ℃为划分界线，铁路则以-1.0 ℃为界。高低温多年冻土划分界线，公路为黑色沥青路面为据，铁路则以碎石道砟为据。列于表1.23。

表1.23 公路和铁路系统的多年冻土地温分带

公路系统（JTG/T D31-04-2012）		铁路系统*	
带 名	年平均地温/℃	带 名	年平均地温/℃
稳定地温带	$T_{cp}<-3$	低温稳定冻土带	$T_{cp}<-2.0$
基本稳定地温带	$-3\le T_{cp}<-1.5$	低温基本稳定冻土带	$-2.0\le T_{cp}<-1.0$
不稳定地温带	$-1.5\le T_{cp}<-0.5$	高温不稳定冻土带	$-1.0\le T_{cp}<-0.5$
极不稳定地温带	$-0.5\le T_{cp}<0$	高温极不稳定冻土带	$T_{cp}>-0.5$

注：*铁道部第一勘察设计院主编，青藏铁路高原多年冻土区工程设计暂行规定，2001。

1.3.3 冻土地基设计

建筑物地基基础设计的原则是保持建筑物地基系统力学稳定性。在多年冻土区地基基础设计时，必须同时考虑冻土地基系统的力学稳定性和热学稳定性，这是与非冻土区地基基础设计的重大区别。“热学问题”即成为保持冻土地基系统力学稳定性的前提，地基基础设计时必须采取措施来维持多年冻土地基的设计温度，或者随着冻土地基温度变化而采取措施保持建筑物的结构稳定性。因此，多年冻土区建筑物地基基础设计与计算应考虑以下内容：

（1）冻土地基的热工计算：建筑场地的多年冻土年平均地温计算（或观测、统计值）；冻土地基融化盘下最高土温计算；通风地下室温度状态的计算；地基土冻结深度和冻土地基融化深度计算。

（2）冻土地基及基础的力学设计与计算：冻土地基承载力的计算；冻土地基的融化下沉计算；基础的变形计算；冻胀性地基土上基础抗冻胀稳定性验算；基础类型及尺寸选择。

（3）冻土地基热防护措施计算：多年冻土区冻土热防护措施的设计与计算，如：热棒基础设计、隔热层设计、通风（或架空通风）基础设计，以及它们复合措施设计、遮阳及人工制冷结构设计等。

（4）冻土区建筑物适应性结构设计与计算：如架空通风基础、填土通风管基础、桩基础、热桩基础、深基础和扩大基础、保温隔热底板等。

（5）冻土区环境保护工程的设计。

多年冻土地基，通常应同时按两种极限状态计算［苏联（前）国家建设委员会，1990］：

按承载能力计算（第一极限状态）：建筑物基础作用下多年冻土地基的应力应不超过地基的允许承载力（极限长期强度）。

按下沉变形计算（第二极限状态）：建筑物在施工和运营期间，地基下沉变形速度和总变形量都不超过建筑物的允许变形量。

1.地基设计原则的选择

建筑原则的确定应充分依据建筑场地冻土工程地质条件（地质和冻土组构、多年冻土的年平均地温、含冰率或总含水率、冻土上限、冻土地基的融化下沉系数及压缩系数等室内外试验观测资料）、建筑物的特点（热状态、建筑面积、结构及不均匀沉降的敏感性等）和地基土性质的变化为基础。

按《冻土地区建筑地基基础设计规范》（JGJ 118-2011）的规定，多年冻土用作建筑地基时，可采用三种状态（原则）之一进行设计：

原则Ⅰ：保持冻结状态。在工程施工和运营期，多年冻土地基始终保持冻结状态。

该原则适用于多年冻土年平均地温较低（应低于-1.0～-1.5 ℃）的各种冻土地基。其条件是，在气候和工程热状态下，采用的热防护措施能长期有效地保持冻土地基处于设计温度状态。通常在低温、高含冰率冻土区和高地震地区采用。

原则Ⅱ：逐渐融化状态。在工程施工和运营期，多年冻土地基处于逐渐融化状态。

该原则适用于多年冻土年平均地温高于-1.0～-1.5 ℃的冻土地基，融化时冻土地基不会出现强烈沉陷，其沉降量应小于该类建筑物的极限变形值。原则Ⅱ是限制冻土地基融化。在建筑物施工和运行期间只允许冻土地基融化至某一设计深度，基础持力层仍处于冻结状态。故此，较适用于低含冰率冻土或冻结粗颗粒土地基。

原则Ⅲ：预先融化状态。在工程施工前，使多年冻土地基融化至计算深度或全部融化。该原则用于高温、高含冰冻土地基。前提是技术可行，经济合理。

俄罗斯（苏联）规定［苏联（前）国家建设委员会，1990］，在多年冻土建筑时，采用两种原则：

原则Ⅰ：在建筑物施工和整个运营期间都保持地基中多年冻土处于冻结状态；

原则Ⅱ：地基中的多年冻土允许在施工和运营期间融化或施工前预先融化。

值得注意的是：在高温多年冻土地区，无论整个建筑物或整个建筑场地都必须根据一个建筑原则进行设计。对于同一个建筑场地的相邻建筑物，特别是单个建筑物（即便是建筑面积较大），不允许两种建筑原则混合使用进行设计。线性建筑物可在不同地段采用不同设计状态，但要预先考虑从一个地段过渡到另一个地段的过渡带时，线性建筑物结构对地基不均匀变形的适应性。

2.多年冻土区建筑物基础设计要素

多年冻土区建筑物基础设计时主要考虑的因素：热影响、地表水与地下水、冻胀与融沉、地基土、荷载、建筑材料等。

1）热的影响

冻土地温对冻土承载力、冻结强度和蠕变速度等都有直接的影响。年平均地温越低，对建筑物地基的热稳定性越有利。在年平均地温高于-0.5～-1.0 ℃的高温冻土区，热稳定性都较差，极易地受外界热侵蚀作用的影响。

外界热侵蚀的热源主要来自气候和建筑物。太阳辐射和建筑物的热量使地面温度长期升高，使多年冻土年平均地温升高，导致多年冻土产生融化，冻土上限剧烈变化。在饱冰冻土地带，多年冻土年上限的融化速率随年平均地温降低而减小。地温越低，融化速率越小；地温越高，融化速率越大。

值得注意的是，多年冻土区建筑物地基设计中，热防护是重要的措施之一。冻土年平均地温和含冰量决定着冻土地基的热稳定性，建筑物的热源与热量决定着地基融化盘的深度，这两个因素的综合就决定了建筑物的设计原则、地基强度、基础形式和结构，如架空通风基础的通风形式，尺寸，材料，房屋地面的保温性能等。单纯地采用保温层措施，只能是延缓和短时间减小融化深度，并不能防止来自于大气和建筑物的热流。自然通风或人工制冷措施系统，通常都可以使已融化的地基土回冻和阻止热流的侵蚀作用。冷结构建筑物，虽然本身不能产生热量，但它的吸热性能和改变原有地表性状都将引起地面热量平衡变化，使冻土地基出现融化现象。

2）冻结与融化作用

不论是季节冻土或是多年冻土地区，地基土每年都要遭受周期性的冻结和融化过程。冻结时，地基土产生冻胀，融化期，已冻结的地基土层要产生融化下沉。反复冻融过程使地基土的强度降低，建筑物丧失稳定性而出现破坏。

设计时，应充分考虑地基土冻结-融化过程对建筑物造成的变形与破坏性，应对建筑在冻胀性地基土的基础稳定性进行验算。根据产生冻胀和融沉的基本要素，采取有效措施以消除和削弱其影响。影响地基土冻胀性的因素是土质、水分及土中的负温度，只要消除其中一个基本因素，原则上可以消除或削减土体的冻胀。防冻胀措施有：换填法、物理化学法、保温法、排水隔水法、隔离法。防融沉措施有：降温法（倾填块石、通风管、架空通风、热棒）、保温法、桩基法、排水隔水法。

3）冻土的融化下沉

多年冻土最大的特点是含有各种各样的冰体和具有一定的负地温。地下冰融化，排水，地基下沉。如果融化速率很快，水不能及时排出，融化的冻土就可能变软成为泥浆，完全丧失支撑能力。冻土年平均地温越高，其热稳定性越差，抵御外界热侵蚀的能力越差。全球气候变暖和人为活动与工程建设的双重热侵蚀作用下，高温冻土具有较快的融化速率而出现急速融化，冰融化的水会滞留在土层中，加速正融化和土层的软化。

选择高温、高含冰冻土作为建筑地基土时，必须考虑建筑物施工和运营期间多年冻土地基逐渐融化条件下，冻土地基的计算沉降量不会超过极限沉降，才能按照“逐渐融化状态的设计原则”进行基础设计。逐渐融化的冻土地基沉降量和变形，不仅取决于冻土地基的性质，还与基础形式、基础尺寸、基础刚度、基底宽度、地基荷载和上部结构对地基不均匀沉降的敏感性等。因此，必须对建筑物下冻土地基融化下沉的预报给予特别的重视，其设计与计算工作应包括：

（1）确定不同时间和稳定极限时建筑物下多年冻土的融化深度；

（2）确定冻土逐渐融化地基土的强度（承载力）；

（3）考虑冻土逐渐融化地基土不均匀沉降条件下，确定地基的反力；

（4）确定基础的尺寸和结构；

（5）进行基础的冻胀和融沉验算。

4）地表水与地下水

水，不论是地表水或是地下水，给冻土地基带来的热侵蚀作用往往是无法估量的，也难以计算出它的量度，给正冻结土层带来大量的自由水，形成巨大的冻胀量和冻胀力，甚至可能形成冻胀丘、冰椎等不良冻土现象，对建筑物造成很大的破坏性。地表水和地下水将给多年冻土地基带来大量的热量，使冻土融化，上限下降，地基软化，两者的叠加作用，就造成地基沉陷，边坡滑塌。地表水与地下水的热潜蚀作用，使冻土地基融化深度大大增加，产生严重的下沉。因此，多年冻土区做好防排水系统就成为保证建筑物稳定性的重要措施。建筑物周围不得有积水洼地，坡顶坡脚必须有良好的排水系统，涵洞和隧道进出口应有良好隔水排水设施。

5）地基土

地基土是建筑物的根基，地基土的粒度组成是判别冻胀性和融沉性的基本条件，宜选择粗颗粒土层、低温-低含冰率冻土。为此需要对建设场地进行详细的冻土工程地质勘察，查清多年冻土含冰量和年平均地温，详细区划，评价建设场地的冻土工程地质条件。

冻土地基的强度和热稳定性与地温有着密切关系，地温越低，强度越大，热稳定性越好。反之亦然。尽管采用桩柱式基础，设计时不只是考虑季节融化层的冻胀力，而且要考虑多年冻土的热稳定性、强度变化和蠕变特性。

6）荷载

建筑物荷载对地基土冻胀性具有抑制和削减作用，尽管“中断压力”是随地温而变化，但冻胀速率是随地基面上荷载增大而减小，只要在地基面上施加足够大的压力，冻胀是可以抑制的。反之，建筑物荷载对融沉性多年冻土地基则不利，宜采取扩大基础面积、深桩基础、冷却地基等方法以减轻荷载，增大地基承载力。为此，应采取荷载与地基处理综合效应设计。

7）建筑材料

建筑材料的性质和性能都应经受低温下长期的温度胀-缩、季节冻结-融化作用考验，以满足建筑材料强度和地基热稳定性要求。多年冻土区混凝土的拌和、浇筑、养护都应有相应严格要求和规章。应注意：①混凝土早期受冻使其强度和耐久性严重下降；②冻-融循环作用使混凝土的坚实性不断受损；③控制混凝土拌和与入模温度减小对基础和混凝土产生不利影响；④混凝土的水化热将使冻土地基融化，引起地基土下沉等。

1.4 冻土工程勘察

冻土是一种特殊土体，既具有一般土的共性，又有多相复杂的冻土个性——冰与温度。不同冻土温度条件下，冰-水动态平衡直接影响着冻土的工程性质和冻土工程地质条件评价。不同工程建筑的工程地质勘察各有其重点内容，但都必须搞清建筑场地冻土的含冰程度与地温状态，既要考虑工程建筑对冻土环境的影响及其相互作用，又要考虑全球气候变化对多年冻土工程性质的影响。

1.4.1 冻土工程勘察基本特点

目前冻土工程勘察仍沿用地学界传统的勘探方法，包括钻探、坑探、井探、槽探、物探、化探等，以及室内试验和原位测试。除了满足岩土工程勘察基本要求外，还要满足多年冻土特殊项目要求，即冻结地基土的冰与温度。

多年冻土中含有不同程度的冰——地下冰，这是其有别于一般岩土的基本特性。工程勘察过程中必须搞清和详细描述地下冰埋置深度、含量、结构构造、分布特征等，它涉及工程设计所需采用的地基处理方法。

不同地质及环境条件下，多年冻土具有不同的温度状态——年平均地温。不同的冻土年平均地温反映多年冻土热稳定性，也反映多年冻土的厚度、气候、地质地貌、水文与水文地质条件，最重要的是表明多年冻土对外界（气候及人类活动）热扰动的稳定性（惰性）。工程勘察过程中必须给出其数值及描述其与环境的关系，它涉及工程地基设计采用的设计原则，关系到工程建筑的安全和造价。工程勘察应备有测温设备和仪表。

不同环境下（地面性状、岩土性质、水文及水文地质、地质构造、地形地貌、太阳辐射热等），多年冻土存在与否、发育程度、其上界面（冻土上限）埋藏深度，每个建筑场地工程勘察都要有明确的结论。工程勘察的季节宜选择在9月末左右，或通过冻土岩芯判断，或用该地区的季节融化深度进程图判断多年冻土最大季节融化深度。

工程勘察必测的基本物理参数：冻土总含水率、原始状态的冻土天然密度、未冻水的重量含水率（按天然温度状态下试验室测定）或替代冻土中冰的重量与全部水重之比的冻土相对含冰率。

多年冻土的热物理和力学参数是工程设计重要依据，热物理参数（导热系数、冻结温度等）可由试验室测定，力学参数亦可由试验室测定或由经验数据选用，但有些重要工程所需的力学参数必须经原状土试验室测定。冻土样品保持与运送必须保持冻结状态，需要提供设备。

冻土区的不良冻土冷生现象有明显的季节性特征。冻结季节（11～3月）产生冻胀、冰椎，应在3月份进行冰丘、冰椎的补充调查、勘察。融化季节（5～9月）产生热融滑塌、热融泥流、热融沉陷等，对热融滑塌等不良冻土现象进行调查（必要时进行勘察）。不良冻土冷生现象影响工程选线、设计方案及地基处理，且危及工程安全运营。

1.4.2　冻土工程勘察

冻土区工程勘察的任务、冻土构造的判识、冻土上限和年平均地温确定方法、各类工程冻土勘察等都可从《冻土调查与测绘》（吴青柏等，2018）和《冻土工程地质勘察规范》（GB 50324-2014）获得详细内容、方法。在此仅简述主要内容，不作详细赘述。

1.冻土工程勘察基本任务

工程勘察必须取得最基本的冻土资料：如多年冻土类型及分布、上限深度、年平均地温、冻土含冰率及工程类型、基本物理力学参数、不良冻土冷生现象等。冻土工程勘察宜与水文地质勘察同步进行。这些内容对冻土区的建筑地基基础设计原则、基础类型和地基处理措施等的确定有重要意义，以致是决定性作用。

2.冻土构造判识

冻土构造是指冰与土层之间相互排列关系（又称冷生构造），主要有整体状、层状、网状，实际工程勘察中可见到更多的组合关系。我国常见并广泛描述的七类冻土构造简图和照片列于表1.24，此外，还有许多中间或过渡的类型。

在冻土工程勘察中，冻土构造现场判别可按《冻土工程地质勘察规范》的附录进行。不同成因类型的土，其冻土构造亦不同，在野外勘测中利用岩芯定名并参考土的成因，可初步判定出冻土构造。

表 1.24　冻土构造类型简要图示说明及照片（照片为俞祁浩摄）

冻土构造名称	示意图	岩性	构造描述
整体状		黏土、粉质黏土，均质粉细砂	冰均匀分布于岩土的空隙及裂隙中。水分在孔隙中原处冻结。肉眼观察可见均匀分布的细小冰晶。
斑状		碎石土、砾石土	整体状构冻土中分布有形状不一不规则的粗冰颗粒、小冰块等"斑冰"冰透镜体。黏性土、砂砾土中有胶结—分凝混合体型。高含冰量地层上、下部位最为常见。
包裹状（壳状）		碎石土、砂卵砾石土	冰将砂砾或小土块包裹在中间。粗颗粒、小土块之间的空隙、裂隙也基本被冰充填。常见碎石、卵砾石周围形成冰壳，有胶结冰状，偶见有分散的不大的冰异离体。
层状	微层状 厚层状	黏土、粉质黏土及粉土互层	冰以层状或似层状分布于土中，可为纯冰，也可为含土冰。冰层厚度由1 mm至数米不等，以至十几米以上。属分凝冰为主，亦有胶结参冰。冰层厚度小于0.1～0.2 cm时称为薄层状构造；大于25 cm时，一般称为厚层状构造；介于两者之间的称为中层状构造。广泛分布于黏性土中，砂砾土、风化泥质岩层中均有分布，主要位于冻土上限以下至风化基岩内。
网状		粉土、粉质黏土及粉细砂	冰以不同方向，交错分布于冻土层中，水平分布为主，还有垂向或斜向分布的冰，构成冰网，冰层厚度不等。属胶结、分凝混合类型，在一些密度较大的黏性土质岩层中较为常见。
基底状		土块、碎石块、卵砾石	矿物集合体及粗碎屑物质在冰体中杂乱分布，冰体占优势。

3.多年冻土上限确定

大片连续多年冻土区，地表暖季融化的土层在寒季期间回冻形成的冻结层与下伏多年冻土层闭合连接，该冻结层属多年冻土层在暖季的融化层，称为季节融化层，垂直剖面上两者是衔接的［图1.20（a）］两者间的界面为多年冻土上限（多年冻土顶面）。最大季节融化深度最小者0.05～0.3 m（泥炭沼泽地），最大者4.0 m左右（砂砾石土）。

岛状多年冻土区，地表融化层在寒季回冻形成的冻结层不能与下伏多年冻土层闭合，中间存在一层不冻结的融化土层［图1.20（b）］，该层属寒季冻结的冻结层，称为季节冻结层。季节冻结层与多年冻土层间的融化土层厚度变化很大，小者几十厘米，大者可达7～8 m，钻孔深度不足时，往往误判为季节冻土区。

季节冻土区地表冻结层与下卧非冻土层相接［图1.20（c）］，厚度达20 cm时对工程建筑稳定性就有影响，我国标准冻结深度分布图的最小冻结深度为0.6 m，最大冻结深度为2.5 m。在多年冻土区内融区的最大季节冻结深度可达3.5～4.0 m。

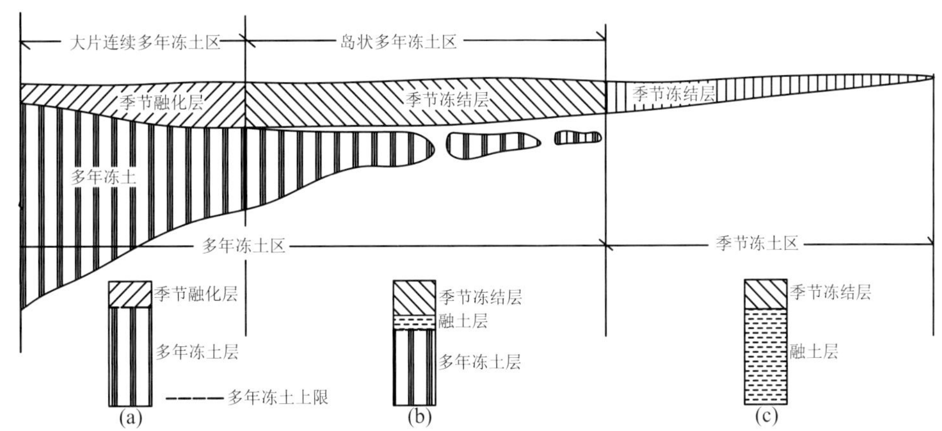

图1.20　冻土水平分布区和季节融化层、季节冻结层垂直剖面示意图

天然状态因素影响的多年冻土上限属“天然上限”，人为和工程因素影响的多年冻土上限称“人为上限”。多年冻土上限的判识方法主要有：

（1）直接勘测法。在9月末～10月上旬时，采用钻探、坑探、针探（用于泥炭沼泽地）和物探等方法直接获得的上限深度。

（2）冻土构造分析法。在多年冻土上限附近形成富冰带，一般将富冰带上部定为多年冻土上限。

（3）含水率测定法。坑探、钻探的冻土层含水率随深度分布出现“S”曲线。多年冻土上限出现在下部含水率高峰值带，一般可按最大含水率深度的上部0.1～0.2 m处确定为上限。

（4）地温观测法。采用热敏电阻温度感应器测量地温，绘制地温融化（冻结）过程曲线图，采用0 ℃（或冻结温度）等温线确定最大季节融化深度。

（5）冻深器观测法。采用气象站、水文站使用的冻深器（或称冻土器、A.H.达尼林冻土器）。9月底或10月初，冻深器内胶管中冰水界面即为该场地的最大季节融化深度。

（6）融化进程图确定法。按《冻土工程地质勘察规范》附录K多年冻土上限的确定，附有“融化进程图”确定。

（7）计算法。有关季节融化深度的计算方法很多，如数理解析法、斯蒂芬解析法、库德里亚采夫公式、经验公式等，各有不同的边界条件和适应范围，可根据资料数据选择计算方法。

4. 多年冻土年平均地温确定

冻土年平均地温确定方法主要有：直接测定法和间接计算法。

（1）直接测定法：在多年冻土层中钻探（终孔直径90 mm），孔深应达15～20 m（为多年冻土年变化深度）。孔中插入钢管或铝塑管（直径一般为60 mm左右），管底部密封。管中放入带有测温探头（热敏电阻或铂电阻）的导线（应使其垂直，不得有弯曲），宜用数据采集仪（人工定时观测，采用4位半高精度数字电万用表）测量测温探头的电阻值，计算获得地温值。

（2）间接法：按《冻土工程地质勘察规范》附录L进行计算。

5. 不良冻土冷生现象调查

一般采用调查方法，必要时需进行测绘，可采用目测法、半仪器法或仪器法。在冻土工程地质条件复杂地段，对工程建筑有重大影响时应设观测点进行观测。应提供调查与测绘报告（包括勘探、观测、试验和影像资料），必要时应提供综合冻土工程地质图和剖面图。3月进行冰椎、冻胀丘、冻胀（寒冻）裂缝等调查勘测。8～9月进行融冻泥流、热融滑塌、热融湖塘等调查勘测。

6. 室内与原位试验

试验项目按《冻土工程地质勘察规范》相关规定执行。

7. 各类工程的冻土勘察

按《冻土工程地质勘察规范》（GB50324-2014）执行或参阅《冻土调查与测绘》（吴青柏等，2018）。

1.5 冻土环境保护

从冻土工程地基及环境保护的角度看，冻土的存在、发育或退化是涉及冻土工程安全保障的研究主体，所有影响冻土变化的因素都可看成冻土环境要素，两者是相互依存又可相互转化的研究主体。在此仅以保护冻土生存的环境和维护冻土平稳变化所采用的有效工程措施作为冻土环境保护的研究对象。

1.5.1 冻土环境保护的特殊性

1. 特殊的冻土环境

自然界地理-地质因素，如气候、地形地貌、地质、水文及水文地质、植物等都参与岩石圈-土壤-大气圈系统热量交换过程，影响和决定着冻土的生存和发展，气候因素是最为重要和敏感的因素之一。

1）高纬度多年冻土

高纬度多年冻土的特性是受纬度控制，也受海拔高度影响，纬度越高，气候越寒冷，多年冻土越发育。大兴安岭多年冻土区属我国严寒区的寒温带和中温带北部，由南而北，东南至西北，年平均气温0～1 ℃逐渐降低至-5 ℃左右，极端最低气温值达-52.3 ℃（1969年），气温年较差由35 ℃增至50 ℃，冻结时间长达6个多月（150～200天），降水量由500～600 mm减少到200～300 mm。多年冻土分布所占面积的百分比亦逐渐增加，由零星、岛状分布逐渐变为大片分布，冻土厚度逐渐增大，冻土年平均地温逐渐降低，冻土的热稳定性由极不稳定带逐渐过渡到基本稳定带。地表年平均温度为0 ℃是多年冻土生成和发育的基本条件。特点：

（1）地形坡向的影响较为明显。大兴安岭西坡（阴坡）的多年冻土较东坡（阳坡）发育，地温和厚度都比东坡低且厚度大，两者几乎差一半。

（2）谷地沼泽湿地地段的多年冻土最发育，地温低、厚度大、分布广。大兴安岭多年冻土在受纬度地带性制约的环境下，海拔高度也有叠加制约，许多山岭都发育着多年冻土。

（3）大小兴安岭地区岛状、稀疏、零星多年冻土分布区域相当宽阔，达200～400 km，面积比大片和大片融区多年冻土的面积还要大，尤其是小兴安岭地区多属此类多年冻土分布区，是多年冻土与深季节冻土区混合过渡带，特别是零星分布的多年冻土区。

（4）植被常通过反射太阳辐射、遮阴、蒸发散热、阻风挡雪、保湿吸水等，减小地表温度变化。沼泽湿地、灌丛、白桦林等低地发育较大厚度多年冻土，山坡的松树林中无冻土。南部地带沼泽湿地成为岛状、零星多年冻土残存地带。

2）高海拔多年冻土

高海拔多年冻土亦称高山、高原多年冻土。在我国主要分布于新疆、青海、西藏等地区的阿尔泰山、天山、祁连山、青藏高原、喜马拉雅山、横断山，以及其他省份的零星山地，如黄岗梁、长白山等。

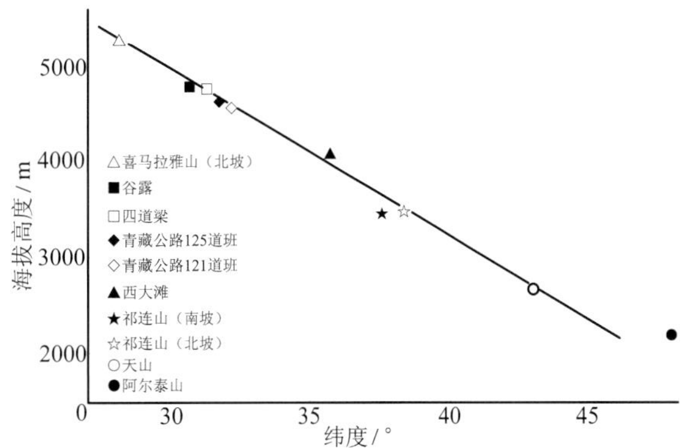

图1.21　中国西部高海拔多年冻土下界高度与纬度关系

海拔制约着多年冻土的形成和发育，在某一最低海拔高度以上，最低海拔高度线即为多年冻土分布的下界，称为自然地理下界（图1.21）（程国栋、王绍令，1982）。随着海拔高度增高，由岛状（不连续）多年冻土逐渐过渡到连续多年冻土，冻土地温也随之逐渐降低，冻土厚度也越来越大，冻土冷生现象亦出现规律性变化，具有明显的垂直地带性。不连续多年冻土下界海拔高度大致与-2～-4 ℃年平均气温等温线相当。随着海拔高度增高，由岛状（不连续）多年冻土逐渐过渡到连续多年冻土，冻土地温也随之逐渐降低，冻土厚度也越来越大，冻土冷生现象亦出现规律性变化，具有明显的垂直地带性。冰川、雪线对多年冻土发育具有重要影响。

岩土成分和性质对冻土发育的影响往往在多年冻土南界和下界附近表现最为明显，主要是通过其热物理性质和含水率来影响冻土发育，相同条件下，坚硬岩石层的冻土厚度大约是松散层的1.3～1.5倍，甚至达2倍。因此，高山区多年冻土下界附近或以下的粗碎块石中常有冻土岛发育，在远离多年冻土区的年平均气温为正值的碎块石中发育着多年冻土。

2.温度是引起冻土工程性质变化主导因素

自然环境条件下，多年冻土年平均地温是地带性和区域性因素综合影响结果，在一定程度上能反映多年冻土分布的连续性、冻土厚度、垂直剖面上的衔接情况，也反映多年冻土的工程热稳定性及随温度相关的物理力学性质变化。

多年冻土层地温变化主要源于两方面：其一，全球气候变化；其二，人为活动（人类活动行为和工程活动行为）。前者随气候变化而缓慢改变冻土层的年平均地温，大面积、区域性地影响着冻土的发育与存亡；后者随人为活动改变地表性状，改变太阳辐射与冻土热交换条件或叠加人工热量而影响冻土层的热量变化，急剧改变冻土层的年平均地温，局部地影响冻土层的状态或消失。

1）全球气候变暖影响

从1905年到2001年，我国年平均气温升高0.79 ℃，增温速率约为0.08 ℃/10 a，1951年到2001年温度变化速率达0.22 ℃/10 a，51 a上升了约1.1 ℃，比20世纪全球或北半球平均略高。中国和北半球在20世纪有两段气温偏高期，中国出现在20世纪30～40年代和80年代中期以后（图1.22）（唐国利、任国玉，2005），而北半球出现在40年代和80年代初以后。我国20世纪1986年的增温明显，初期的低温也更为显著。和全球一样，近百年来全国的增温主要发生在冬季和春季，夏季有微弱变凉趋势。

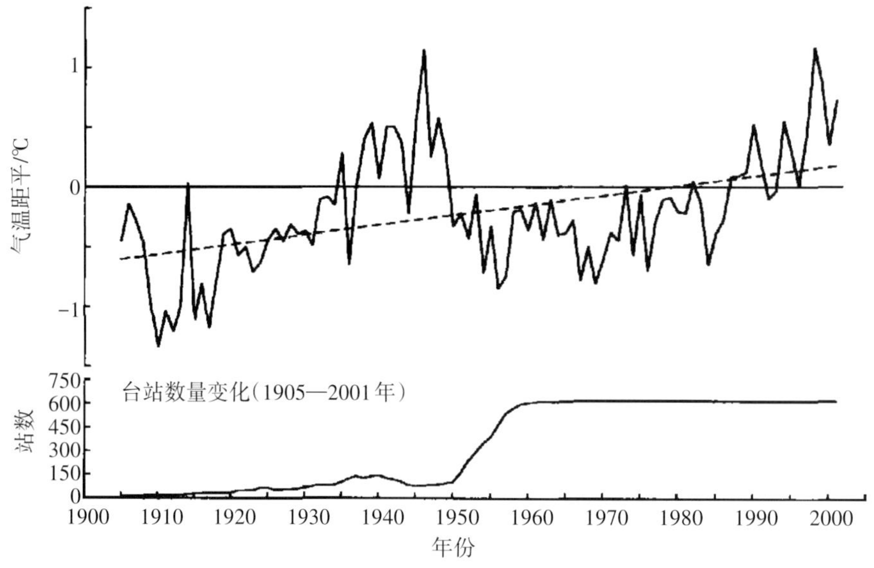

图1.22 中国年平均地面气温距平

在全球气候变暖背景下，多年冻土年平均地温总体是升高的，冻土分布面积和厚度将减小，冻土上限深度增大，季节融化深度增加，季节冻结深度将减小。

（1）大兴安岭多年冻土区气温变化

东北地区是我国受全球气候变暖影响最显著的地区之一，1959—1988年年平均气温为3.5 ℃，1989—2002年年平均气温为4.58 ℃，增温1.08℃（图1.23）（孙凤华等，2006）。总体上，气温有明显增温趋势，增温率为0.342 ℃/10 a。最低温度增温年趋势系数为0.73.最高温度增温年趋势系数为0.42，两者相差1倍，表明夜间温度有较强增温。冬季增温最强，是秋季增温的3倍。内蒙古大兴安岭生态功能区8个气象站30年年平均融化指数为2606.17 ℃·d，冻结指数为2579.44 ℃·d，年均融化指数处于上升过程，冻结指数变化不显著，暖季变暖趋势明显。

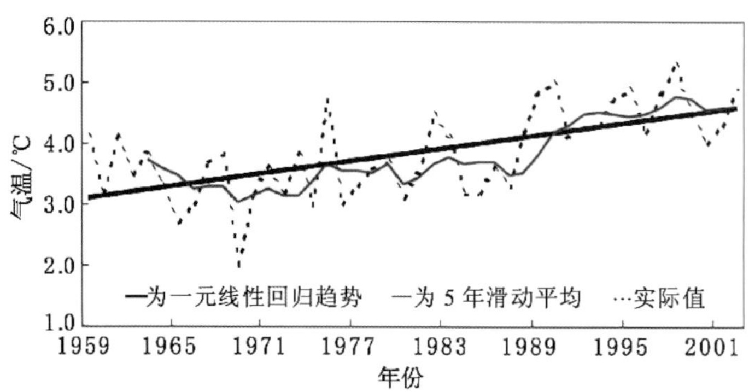

图1.23 东北地区1959—2002年均气温变化

（2）青藏高原多年冻土区气温变化

1950—2000年青藏高原50个气象台站平均的年平均气温逐年变化曲线表明（图1.24）（周宁芳等，2005），总的气温呈上升趋势，20世纪50年代升温明显，60年代有降温过程，70年代开始回升，80年代中期后持续升温，90年代已成为近五十年气温最高时期。近五十年冬季平均气温升高0.32 ℃/10 a，远高于全国增暖趋势（0.16 ℃/10 a）。

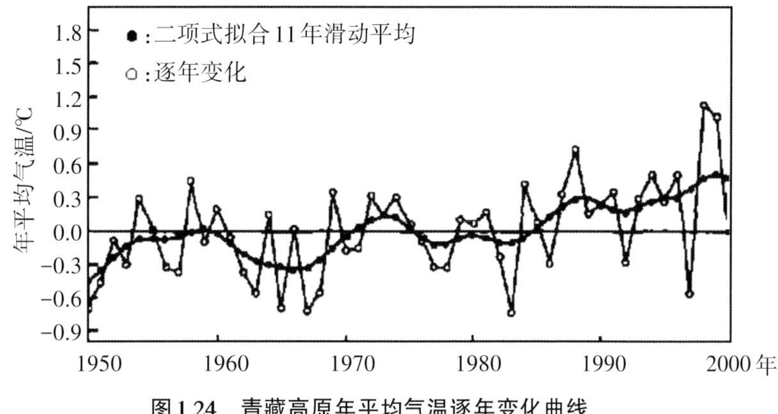

图1.24　青藏高原年平均气温逐年变化曲线

高原气候变暖使得地表温度随海拔高度及纬度不同呈现线性升温（表1.25）（李栋梁等，2005），青藏铁路沿线北部和南部较大，特别是南部的升温率在0.52～0.58 ℃/10 a，拉萨最大达到0.584 ℃/10 a，中部较小，在0.32～0.39 ℃/10 a，沱沱河最小仅0.317 ℃/10 a。一般说，测站的海拔高度升高，地表升温率是减小的，季节冻土区和岛状多年冻土区的地表升温率较多年冻土区高。

表1.25　青藏铁路沿线地面温度与海拔高度和纬度的关系

站 名	格尔木	五道梁	沱沱河	安多	那曲	当雄	拉萨
测站高度/m	2807.6	4612.2	4533.1	4800.0	4507.0	4200.0	3648.7
纬度/°N	36.25	35.13	34.13	32.21	31.29	30.29	29.40
升温率/℃·10 a^{-1}	0.423	0.475	0.317	0.386	0.322	0.524	0.584

2）多年冻土退化表现

气候变暖背景下，多年冻土区的气候变化总趋势是升温，始于1986年后显著升温。受气候变暖和人为生产活动影响，多年冻土上限下降、地温升高、冻土面积缩小、冻土南界（北界）发生变化。城镇、公路、铁路、矿山、管道、水工建筑、耕地等人为活动影响下产生的冻土退化现象尤为突出，呈片状或带状地退化。

（1）冻土上限变化

气候和人为活动影响下，多年冻土季节融化深度（上限）变化是最为明显，尤其是人为活动强烈和频繁的地段表现最为突出，如图1.25（金会军等，2006）。多年冻土南界地区降至5～8 m

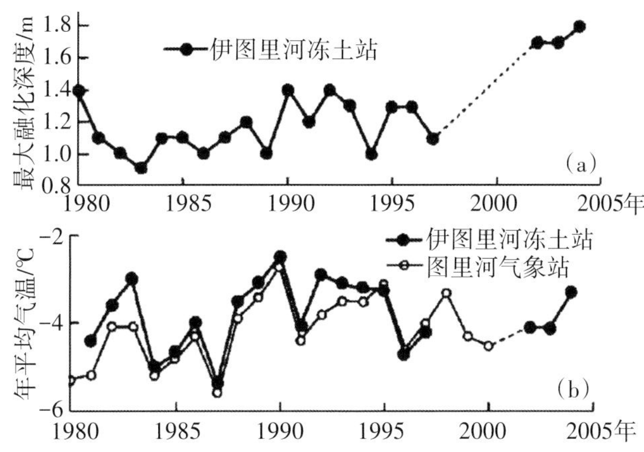

图1.25　伊图里河冻土观测场最大季节融化深度(a)和年平均气温(b)变化曲线

(如牙克石东郊新区、扎敦河水库坝肩等地)。青藏高原多年冻土区监测场地近十年观测表明，气温升高使最大季节融化层厚度出现不同程度的变化(图1.26)。低温冻土区季节活动层变化平均为31 mm/a，如2#、7#、8#、9#场地；高温冻土区为81 mm/a，最大可达126 mm/a，最小为62 mm/a。1#场地周围受热扰动影响，活动层变化幅度较大，达81 mm/a。青藏高原多年冻土区平均活动层厚度的总体变化趋势与年平均气温变化趋势呈现良好的一致性(图1.27)(徐晓明等，2017)。

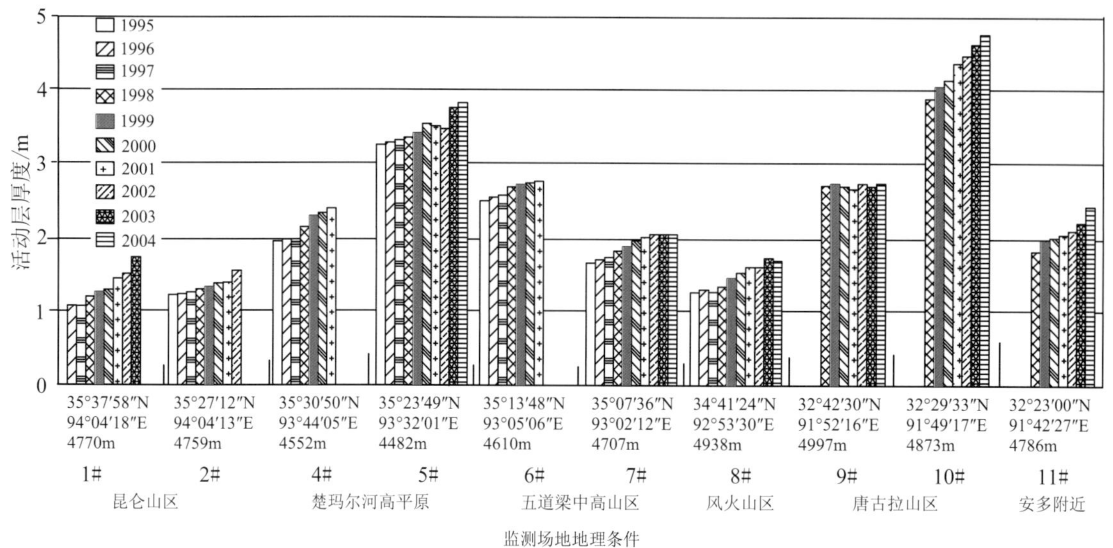

图1.26 青藏高原多年冻土区监测场地活动层厚度年际变化(吴青柏等,2005)

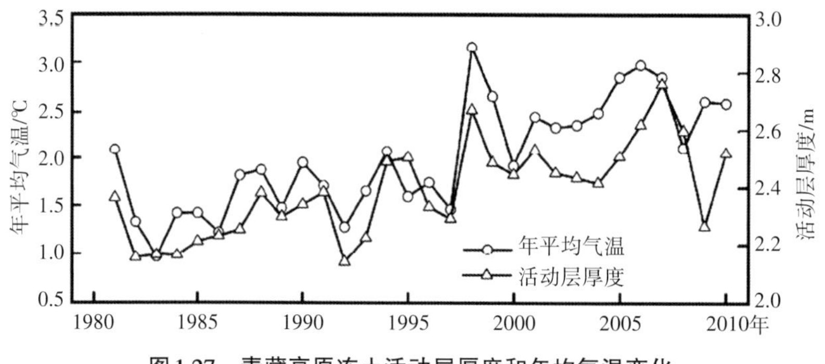

图1.27 青藏高原冻土活动层厚度和年均气温变化

青藏公路沥青路面下多年冻土上限出现较大变化，在低温冻土区，沥青路面下冻土上限下降率为25～45 mm/a，较天然场地有微弱变化；在高温冻土区多年冻土上限下降率达167.5～205 mm/a(吴青柏等，2002)，远大于天然状态。

(2)冻土地温升高，厚度减薄或消失

河流、城镇区多年冻土地温升高、厚度减薄，以致消失，如内蒙古伊图里河铁路科研所冻土观测场的CK14孔(位于伊图里河北岸一级阶地)，受城镇热岛效应影响，多年冻土层内各深度的冻土温度都逐渐升高，13年间13 m处年平均地温升高0.2 ℃，相距30 m的YT-2孔测温，1997—2010年间地温升高约0.4 ℃(图1.28)(常晓丽等，2013)；呼玛河下游韩家园砂金矿区的河漫滩地段，至1995年多年冻土岛几乎消失；漠河县阿木尔镇居民住宅区内3年内升高了1.2 ℃(1978)；内蒙古满归镇铁路住宅区至2012年多年冻土年平均地温由-1.9 ℃(1973)升高至-0.6 ℃。

青藏高原风火山阳坡15 m孔深地温观测，年平均地温由1978年的-2.3 ℃升高至2014年

的 -1.43 ℃，平均升温率为0.026 ℃/a。2006—2011年青藏铁路沿线8个天然场地（高低温多年冻土区各4个）多年冻土15 m深度处的地温平均升温率为0.018 ℃/a，其中低温多年冻土区为0.032 ℃/a（蔡汉成等，2016）。

（3）冻土面积变化

随着气温升高冻土也发生退化，城镇、公路、铁路及人为活动强烈地区（如森林砍伐等），冻土退化更为剧烈。近三十年来，大兴安岭常住人口扩容较快，热岛效应影响，多年冻土面积缩小，由连续、衔接多年冻土变为不连续、非衔接多年冻土，局部地区可能消失。

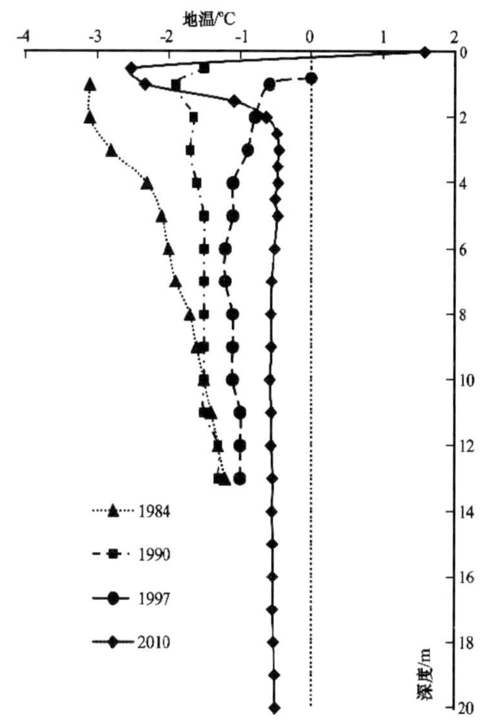

图1.28 大兴安岭伊图里河冻土站14#孔（1984—1997）和相邻YT-2孔（2010）地温变化

根据年平均气温与冻土年平均气温的相关统计，气候情景模型预测青藏高原多年冻土地温带的面积发生较大的变化（图1.29），年平均地温≤-1.5 ℃的低温冻土地温带（极稳定带、稳定带和基本稳定带）的空间面积变化较小，三者分布面积分别由现在的5.59%、16.32%、25.5%减少到2099年的0.65%、3.28%、17.43%，年平均地温>-1.5 ℃的高温冻土地温带（过渡带、不稳定带）的空间分布面积将逐渐扩大，两者分布面积分别由现在的22.85%、10.8%将增加到2099年的31.01%、27.46%。可见，冻土地温带的年平均地温将随着气候变暖而逐渐升高，高温冻土将逐渐处于退化阶段。

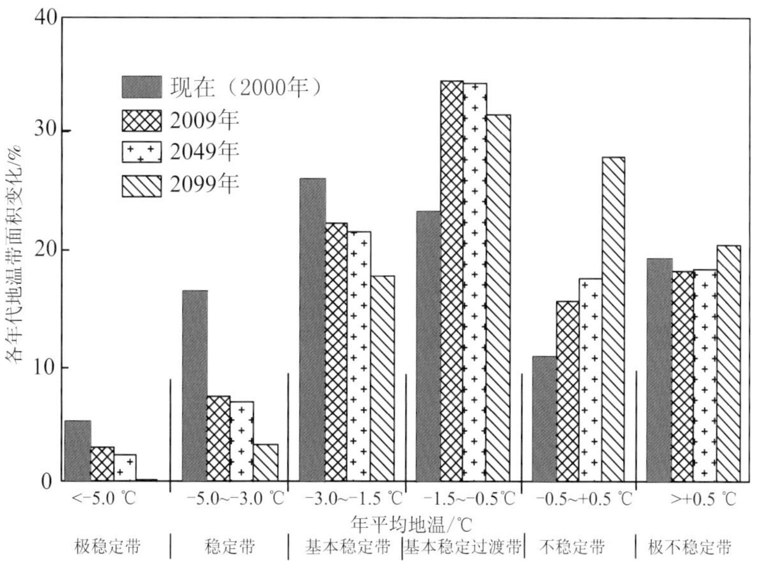

图1.29 青藏公路沿线多年冻土地温带变化（吴青柏等，2001）

3. 多年冻土退化对生态系统及工程的影响

1）温室气体排放

多年冻土退化的优先模式即上限下降，活动层厚度增大。冻土层解冻使浅部土壤层中的N_2O和CH_4温室气体大量释放，活动层融化深度增加0.1 m，湿地中的CH_4净排放增加38%（褚永磊等，2017）。按观测资料推算，青藏高原13.3×10^4 km^2的湿地CH_4的排放率约为1 $Tg\cdot a^{-1}$（金会军等，1998）。

2）冻土湿地演变

作为湿地隔水层的多年冻土退化后，将导致地表过湿状态萎缩，湿地干涸或消亡。

3）生态系统类型的转变

气候变暖，高寒草甸、草原及沼泽草甸等显著退化，覆盖度降低。昆仑山-唐古拉山区经15年间高寒草甸生态分布面积减少了7.98%。大兴安岭冻土退化，明亮针叶林带逐渐向落叶针阔混交林演替，原始兴安落叶松退化为杨桦次生林。

4）土地荒漠化

生态环境出现：冻土退化→地下水位下降→植物枯死→植物多样性减少→植被覆盖度降低。株高下降→鼠类迅速繁衍、密度增加→掘洞破坏土壤层结构→植被毁灭性破坏→裸地面积扩大→水土流失和风蚀加剧→荒漠化。

5）水资源的影响

冻土退化，以致消失，冻结层上水转化为具有自由水面的非冻结水流系统，地下水位下降引起泉水消失，民井水位降低，以致干涸。流域内地表水变为地下水，增大地下水流渗径，改变了地下水的循环系统，使地下水库储量增加，也是地表水流减小，河流干涸。

6）环境破坏对工程影响

工程建设不可避免要开挖地表、铲除植被、筑路、盖房、改变天然地表的性状，破坏冻土的热力性质和热力输运状态。地温高，融化深度增大，地下冰出现融化，引起不少冻土工程问题：①斜坡热融滑塌，湖岸边再造；②路基两侧积水，热侵蚀使路基下沉；③人为破坏和改变地表冻土环境引起地下水径流过程、流量及分配的变化，冻土水文地质条件变异产生冻害；④冻土地基热融沉陷与冻胀危及工程稳定性。

1.5.2 工程活动下的冻土环境保护

1. 冻土环境保护要求与措施

1）冻土环境保护的总目标

应贯彻国家环保法规，切实、认真地落实“预防为主，保护优先，开发与保护并重”的原则和“三同时”（环境保护设施与主体工程同时设计、同时施工、同时投产）制度，实行第三方全面环保全程监控。

多年冻土区环境保护的总目标：确保多年冻土环境得到有效保护，保持自然保护区的生态功能，保护江河水源地不受污染，不影响野生动物迁徙，工程建设项目周边植被林木和景观不受破坏，保护湿地和控制荒漠化，达到可持续发展的原则。

2）冻土环境保护的措施

（1） 建立自然保护区；（2）严格执行国家的环保法规；（3）编制相关规定和细则。

3）规定和细则

改变自然会引起冻土环境变化和失衡，冻土在求得新的热平衡和稳定过程中就会引起一系列的冻土工程问题，既给工程稳定性带来破坏和隐患，也造成冻土环境破坏。为此，采取措施最大限度地减少工程活动对冻土环境的破坏，可降低冻土变化对工程稳定性造成的隐患，也对冻土热稳定性给予最大的保护。在具体工程实施中，应制定相应规定和细则予以贯彻执行，以便达到冻土环境保护的总目标。

2.冻土环境监测与评价

1）冻土环境监测

冻土工程性质变化主要在于冻土温度场变化，来自于气候产生的热量，叠加人为和自然的附加热量。冻土地基变化体现于地温变化，工程变化表现于建筑物变形，这应列为冻土工程长期监测的核心内容。周围的冻土环境变化往往会影响工程建筑地基水热状态和工程稳定性，在必要地段需要对冻土环境变化进行监测。

长期监测的功能应以多年冻土区气候、地质地貌、冻土特征为基础，建立数据库，在对气候-冻土-工程建筑相互作用研究的基础上，提出预测预报模式，依据长期监测数据做出病害发生预警。

（1）长期监测建设原则：依据气候、地质地貌和冻土（地温及地下冰）分区，工程结构及处理措施，病害易发段，地形变化复杂，环境要求等典型特征综合考虑设置长期监测断面。

（2）监测项目：重点为工程建筑地段的冻土地温及建筑物变形，影响或危及工程的冻土环境及不良冻土冷生现象。

（3）监测内容：地基的冻土地温和工程建筑变形

2）冻土环境变化评价

在气候和人类工程活动影响下，冻土工程地质条件不断地变化、失衡，一些因素的变化又会伴生出现另一些因素的变化，在数量或质量上可能比原生破坏形式更大，引起冻土环境改变和工程灾害，其中水（冰）和热（温度）的耦合作用是制衡冻土工程地质条件变化的核心因素（图1.30）（童长江等，1996）。地下冰融化是引起地基变形和工程灾害的本质要素，热交换条件是冻土工程地质条件变化的“源”。

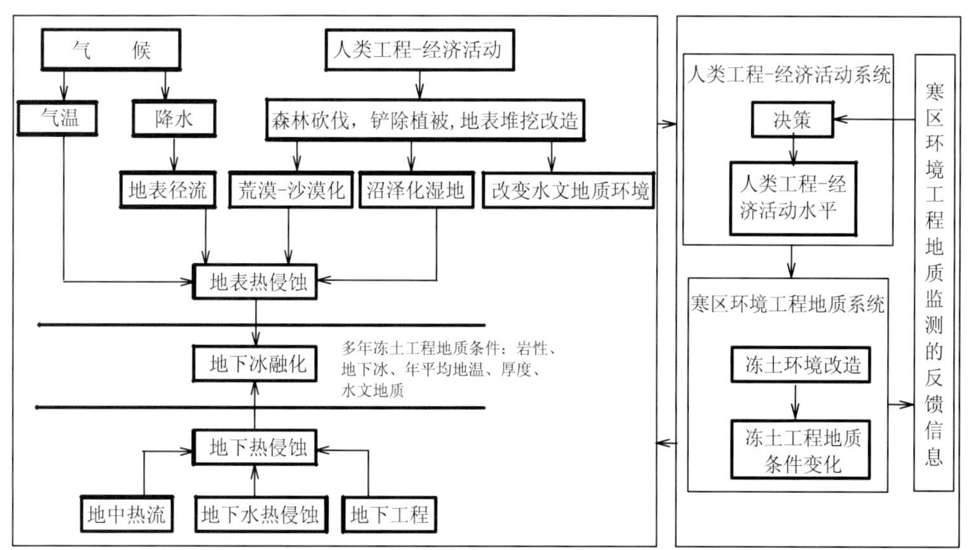

图1.30　多年冻土环境保护的影响因素

（1）冻土工程地质条件变化评价

冻土环境变化引起地面变形和工程破坏的强弱取决于冻土含冰率。冻土年平均地温反映多年冻土的热稳定性，高温冻土区对人类工程活动引起的热力作用反应较敏感，冻土变形极敏感性和速度快，而低温冻土区对热力作用反应的“惰性”较大，冻土变形的敏感性相应较慢。在人类工程活动下多年冻土工程地质条件评价中以冻土层的含冰率作为首选因素，对冻土热融沉陷性进行评价（表1.26）。

表1.26 人为及工程作用下冻土工程地质条件变化评价

岩性	含冰率 i/%	冻土类型及年平均地温/℃		人为作用形式	冻土工程地质条件变化过程	冻土变形特点	冻土工程地质条件评价
		冻土类型	年平均地温/℃				
粗粒类冻土（砂、砾石、碎石）	少冰冻土 $i<15$	高温冻土	>−1.0（−1.5）	铲除植被、填挖方、改变地面性质	活动层厚度急速增大，冻土地温剧烈升高、退化，极高温地段转为融区	地面观测不到沉降变形，土体工程性质不发生变化	良好
		低温冻土	<−1.0（−1.5）		活动层厚度增加较大，冻土地温升高，大部分地段形成不衔接多年冻土		
	多冰冻土 i=15～25	高温冻土	>−1.0（−1.5）		活动层厚度快速增大，冻土地温快速升高，极高温地段出现不衔接多年冻土，或退化，	地面可观测到微弱变形，有弱融沉性，融化土潮湿至饱和，强度略有降低	较好
		低温冻土	<−1.0（−1.5）		活动层厚度增加较大，冻土地温升高，部分地段出现不衔接多年冻土，出现融化夹层		良好
	富冰冻土 i=25～35	高温冻土	>−1.0（−1.5）		活动层厚度增加较快，冻土地温较快升高，部分地段出现不衔接多年冻土，出现融化夹层	高温冻土区地面出现较大变形，低温冻土区地面有变形，冻土融化后呈饱和、出水（小于10%），具融沉性，融沉系数为3%～10%，强度降低	不良
		低温冻土	<−1.0（−1.5）		活动层厚度增加，冻土地温升高，部分地段出现不衔接多年冻土		较好
	饱冰冻土 i=35～50	高温冻土	>−1.0（−1.5）		活动层厚度增加，冻土地温升高，部分地段出现不衔接多年冻土，出现融化夹层	高温冻土区地面呈波浪式变形，低温冻土区地面有明显变形，冻土融化后呈饱和、出水（10%～20%），具强融沉性，融沉系数达10%～25%，有冻胀性，斜坡带有热融侵蚀现象	较差
		低温冻土	<−1.0（−1.5）		活动层厚度有所增加，冻土地温升高，部分地段出现不衔接多年冻土		不良
细粒类冻土（粉土、粉质黏土、黏土）	少冰冻土 $i<10$	高温冻土	>−1.0（−1.5）	铲除植被、填挖方、改变地面性质	活动层厚度快速增加，冻土地温升高较快，极高温冻土退化，转化为融区或出现不衔接多年冻土	地面略有沉降变形，土体工程性质不发生明显变化	良好
		低温冻土	<−1.0（−1.5）		活动层厚度增加较大，冻土地温升高较多，大部分地段出现不衔接多年冻土		
	多冰冻土 i=10～20	高温冻土	>−1.0（−1.5）		活动层厚度增加较大，冻土地温升高较大，极高温地段出现不衔接多年冻土，或退化	地面变形较明显，冻土工程地质性质有明显变差，弱融沉性，融化土呈潮湿，黏土呈硬塑，强度较明显降低。坡度大的斜坡可能出现滑塌现象。有弱冻胀现象	较好
		低温冻土	<−1.0（−1.5）		活动层厚度增加较大，冻土地温升高，部分地段出现不衔接多年冻土，出现融化夹层		良好

续表1.26

岩性	含冰率 i/%	冻土类型及年平均地温/℃		人为作用形式	冻土工程地质条件变化过程	冻土变形特点	冻土工程地质条件评价
		冻土类型	年平均地温/℃				
细粒类冻土(粉土、粉质黏土、黏土)	富冰冻土 i=20～30	高温冻土	>-1.0 (-1.5)	铲除植被、填挖方、改变地面性质	活动层厚度增加较多，冻土地温升高，部分地段出现不衔接多年冻土，融化夹层中有水	高温冻土区地面呈波浪式变形，低温冻土区地面有明显变形，冻土融化后呈饱和、软塑，具融沉性，融沉系数达3%～10%，有冻胀性，斜坡带有热融滑塌现象	不良
		低温冻土	<-1.0 (-1.5)		活动层厚度有所增加，冻土地温升高，部分地段出现不衔接多年冻土		较好
	饱冰冻土 i=30～50	高温冻土	>-1.0 (-1.5)		活动层厚度增加，冻土地温升高，部分地段出现不衔接多年冻土，有融化夹层且含水	高温冻土区地面呈大波浪式变形，低温冻土区地面有明显变形，冻土融化后呈饱和出水(<10%)、流塑，具强融沉性，融沉系数达10%～25%，有强冻胀性，斜坡带有热融滑塌、融冻泥流等现象	较差
		低温冻土	<-1.0 (-1.5)		活动层厚度有所增加，冻土地温升高，部分地段可能出现不衔接多年冻土		不良
	含土冰层 i>50	高温冻土	>-1.0 (-1.5)		活动层厚度略有所增加，冻土地温略有升高，部分地段可能出现不衔接多年冻土	高温冻土区地面呈大波浪式变形，低温冻土区地面有明显变形，冻土融化后呈流塑，具融陷性，融沉系数>25%，有特强冻胀性，斜坡带有热融滑塌、融冻泥流等现象	极差
		低温冻土	<-1.0 (-1.5)		活动层厚度有所变化，冻土地温升高不大，部分地段可能出现不衔接多年冻土		不良

注：括号内的年平均地温值为公路系统的划分标准，无括号者为铁路系统划分标准。

（2）冻土热状态变化评价

基于冻土热稳定性与多年冻土年平均地温的关系，对冻土热稳定性分为四类进行评价（表1.27）（吴青柏等，2002），即Ⅰ类为热稳定型；Ⅱ类为热稳定过渡型；Ⅲ类为热不稳定型；Ⅳ为热极不稳定型。即是说，低温多年冻土的热稳定性较好，高温多年冻土的热稳定性较差，多年冻土年平均地温越高，冻土热稳定性越差。

表1.27　冻土热稳定性评价

类　型	年平均地温/℃	热稳定性指标	人类工程活动对多年冻土的影响
热稳定型Ⅰ	<-3.0	>2.4	对冻土热稳定性不会产生较大影响，活动层深度会增加，年平均地温略有升高
热稳定过渡型Ⅱ	-3.0～-1.5	2.4～1.1	对冻土热稳定性有较大影响，活动层深度增加幅度较大，年平均地温有较明显升高，地下冰发生融化，影响工程建筑稳定性
热不稳定型Ⅲ	-1.5～-0.85	1.1～0.5	极大地改变冻土热稳定性，活动层深度大幅增加，年平均地温大幅升高，冻土出现退化，建筑物有较大变形，极大地影响工程建筑的稳定性
热极不稳定型Ⅳ	>-0.85	<0.5	对冻土热稳定性产生严重影响，多年冻土处于严重退化，工程建筑产生重大变形，严重影响工程稳定性

（3）冻土冷生过程与现象评价

多年冻土区热融作用产生的冻土冷生现象，其核心要素是水（冰）热作用，它们发生与发展需具备两个条件：①具有较大厚度的地下冰层；②季节融化深度应超过地下冰埋藏深度。热融湖塘下冻土层的融化过程的发展与其含冰率却没有直接的相关关系。融冻泥流、热融滑塌主要发生在斜坡地带，热融湖塘出现在平缓地形。可综合多年冻土含冰特征、地温动态、冻融活动及地表人为扰动等因素来评价（表1.28），或采用冻土热敏感性来评价冻土地表景观稳定性（吴青柏等，2002）。

冻土区土体冻结作用产生的冻胀、冻胀丘、冰椎、冻胀裂缝等冷生现象，是土、水、温综合作用的结果，可按《冻土工程地质勘察规范》有关土的冻胀性分级进行判别。

表1.28 多年冻土热融作用下冻土冷生现象

<table>
<tr><th rowspan="2">冻土热稳定性类型</th><th colspan="5">冻土工程类型</th></tr>
<tr><th>少冰冻土</th><th>多冰冻土</th><th>富冰冻土</th><th>饱冰冻土</th><th>含土冰层</th></tr>
<tr><td>热稳定型Ⅰ</td><td>无</td><td>无</td><td>弱</td><td>强</td><td>极强</td></tr>
<tr><td>热稳定过渡型Ⅱ</td><td>无</td><td>无</td><td>弱</td><td>强</td><td>极强</td></tr>
<tr><td>热不稳定型Ⅲ</td><td>无</td><td>微弱</td><td>弱</td><td>极强</td><td>极强</td></tr>
<tr><td>热极不稳定型Ⅳ</td><td>无</td><td>微弱</td><td>强</td><td>极强</td><td>极强</td></tr>
</table>

注：热融作用下冻土冷生现象包括地表热融沉陷、热融滑塌、融冻泥流、热融湖塘、热融侵蚀等。

（4）冻土环境变化评价

冻土环境的评价，包括水土流失、沙漠化、冻融侵蚀等。

水力侵蚀是指以地表水为主要侵蚀营力的土壤侵蚀类型。它与降水、地表径流、地下径流、地形、植被以及土壤、土体和其他地面组成的物质成分等有关（表1.29）。

风力侵蚀指以风为主要侵蚀营力的土壤侵蚀类型。风力侵蚀强度与地表形态、植被覆盖度有关（表1.30）。

表1.29 水力侵蚀强度分级指标

<table>
<tr><th colspan="2" rowspan="2">地　类</th><th colspan="6">地面坡度</th></tr>
<tr><th><5°</th><th>5°～8°</th><th>5°～8°</th><th>5°～8°</th><th>5°～8°</th><th>>35°</th></tr>
<tr><td rowspan="5">非耕地
林草覆盖度
/%</td><td>>75</td><td>微度</td><td></td><td></td><td></td><td></td><td></td></tr>
<tr><td>60～75</td><td></td><td colspan="2">轻度</td><td></td><td></td><td></td></tr>
<tr><td>45～60</td><td></td><td></td><td></td><td></td><td></td><td>强度</td></tr>
<tr><td>30～45</td><td></td><td></td><td colspan="2">中度</td><td>强度</td><td>极强度</td></tr>
<tr><td><30</td><td></td><td></td><td></td><td rowspan="2">强度</td><td rowspan="2">极强度</td><td rowspan="2">剧烈</td></tr>
<tr><td colspan="2">坡耕地</td><td>微度</td><td>轻度</td><td>中度</td></tr>
</table>

表1.30 风力侵蚀(沙漠化)程度分级

级别	侵蚀强度(沙化)标准		综合景观特征	土壤沙化程度
	植被覆盖度	流沙面积比例		
微度	>60%	<5%	绝大部分土地未出现流沙,流沙分布呈斑点状,梁窝状沙丘迎风坡基本无风蚀	潜在沙化
轻度	30%~60%	5%~25%	出现小片流沙和长的风蚀沟,梁窝状沙丘迎风坡出现风蚀破口,茂密坑丛沙堆和风蚀坑,地面薄层覆沙或沙石裸露,土壤腐殖质层风蚀损失<50%	轻度沙化
中度	10%~30%	25%~50%	流沙面积较大,坑丛沙堆密集,梁窝状沙丘迎风坡风蚀破口达1/2处,出现中等深度的风蚀洼地,灌丛不能覆盖,风蚀坑大部分裸露,吹蚀强烈,土壤风蚀损失≥50%	中度沙化
强度	<10%	>50%	密集的流动沙丘占绝对优势,出现大风蚀坑,梁窝状沙丘迎风坡破口达到丘顶,风蚀地面砾质化、戈壁,沙堆植被呈现残墩、残柱,土壤腐殖质层几乎全部风蚀	强度沙化
剧烈	0	100%	流动沙丘,呈现一片沙漠、戈壁或雅丹地貌,土壤腐殖质层完全丧失	严重沙漠化

冻融侵蚀指寒冷地区因反复冻结和融化的交替作用，岩石和土体产生软化、风化，多年冻土中地下冰融化，使土体发生蠕动、滑塌和融冻泥流等现象。冻融侵蚀与海拔高度、地貌部位、植被、地表组成物质、温度条件、冻土中地下冰层、融冰（雪）水以及人类活动等有关（表1.31）。

表1.31 冻融侵蚀强度分级指标

级别	综合景观特征
微度	地面平坦,植被茂盛地段常见有多边形裂缝和流水侵蚀。裸露的地段有一些石环现象。
轻度	植被发育和较为发育的缓坡,冻融作用强度一般,发育着多边形裂缝,具有流水侵蚀,地面常有斑状植被。 人为和自然破坏下常见有一些融冻泥流现象。冰椎、冻胀丘发育。
中度	中高山斜坡-陡坡,冻融风化剧烈,融化水和重力作用下形成大量的碎石坡或石冰川。 植被一般发育的斜坡地带,冻融作用及流水径流较大,鱼鳞状山坡及小型热融滑塌和融冻泥流,冻拔石。 植被发育和一般的平地,常见有大型和中小型的热融湖塘,以及融蚀洼地。
强度	海拔4000~5000 m以上高山积雪,基岩裸露、强烈冻融风化,融化水产生较大径流。 植被较为发育的斜坡地带,被人为或自然破坏,地下冰出露而产生多处的或大型热融滑塌、融冻泥流。

第2章 冻土区建筑工程

本章“建筑工程”重点讨论多年冻土区的工业与民用建筑工程。

在多年冻土区，建筑工程的地基是一种负温条件下含有“冰”的特殊地基土，其工程性质受着“冰”和负温度的制约。在低荷载和负温条件下，冻土是具有高强度的良好地基；在高荷载和负温条件下，它虽然具有高强度性质，但却具有较大的蠕变特性；在荷载和热作用下，它将逐渐融化而出现融化下沉和压缩变形的特性（图2.1、图2.2）。

图2.1 阿拉斯加两层楼房屋热融沉陷

（金会军提供）

图2.2 得耳布尔箱型基础办公楼热融沉陷而废弃

（李英武提供）

对于季节冻结层和季节融化层来说，每年冬季随大气降温而出现冻结，地基土中水分和迁移来的水分也随之冻结而引起土体膨胀变形，导致建筑工程的“冻胀”变形。

由此可见，在冻土地基上的建筑工程就构成一个建筑工程-基础-地基的热力学系统。处理该系统工程的核心应从两方面着手：其一，建筑场地的选址与布局；其二，采用不同设计原则和措施。

从防治角度出发，一是消除建筑工程的热渗作用；二是拦截建筑工程的热渗和漏热；三是冷却冻土地基。

2.1 建筑工程场地选址

多年冻土地区建筑工程的稳定性，取决于建筑场地地基的热学与力学稳定性，建筑场地应选择冻土工程地质条件良好的地段。

首先，选择基岩出露或埋置深度较浅的地段；其次，不冻胀或弱冻胀、不融沉或弱融沉的向阳干燥的低含冰粗颗粒土地段，或是辐射融区的粗颗粒土地段；第三，避开冰丘、冰椎、热融湖塘、厚层地下冰（高含冰量冻土）、融区与多年冻土过渡带，以及有热融滑塌的斜坡带等不良冻土工程地质地段。同时，对建筑物影响融化深度内的土层进行综合分析、评价地基土的物理力学性能；选择有利于排除地表水及生产、生活污水地段。当既有建筑场地时，应避开既有建筑场地的排水方向；充分关注冻土环境及工程修建后冻土环境变化的影响；若无法避免而需选择在高含冰量冻土地段时，必须进行相关的热力学计算，采取特殊地基基础设计和工程措施。建筑场地冻土工程地质条件的优劣性见表2.1。

表2.1 建筑工程场地冻土工程地质条件划分

基本因素	冻土工程地质条件		
	良 好	差	极 差
地形地貌	①地形平坦的低阶地或山岭平台，地面开阔； ②坡度<5°的阳坡河谷平原	①地形起伏较大的低山丘陵； ②山前斜坡，阳坡，坡度>10°～15°	①地形起伏大的低山丘陵，阴坡； ②山前缓坡，坡度为5°～10°； ③沼泽化湿地
岩性	①冲洪积的砂砾石、碎石等粗颗粒土； ②基岩出露或埋深浅	①残-坡积的粗碎屑土； ②坡-洪积的细粒土； ③埋深较大的基岩	①坡积含碎石细粒土； ②坡洪积细粒土； ③沼泽化泥炭土
冻土及冻土现象	①融区； ②整体状构造的低含冰率冻土(S、D)； ③年平均地温< -1.5 ℃； ④无不良冻土现象	①微层状、网状构造的高含冰量冻土(F)； ②年平均地温-1.0～-1.5 ℃； ③有少量不良冻土现象	①层状。网状构造的高含冰量冻土(B、H)； ②年平均地温> -1.0 ℃； ③不良冻土现象发育
水文地质条件	①无地表水侵蚀作用； ②地下水不发育； ③排水条件良好	①有地表水侵蚀现象； ②冻结层上水较发育； ③排水条件不良	①地表积水、沼泽化； ②冻结层上水发育； ③极差

注：S、D、F、B、H符号分别表示少冰冻土、多冰冻土、富冰冻土、饱冰冻土、换热含土冰层。

从冻土工程地质条件出发，建筑场地应尽力选择在下列条件的地段：融区、基岩出露或浅于基础埋深、粗颗粒土层、向阳坡、冻土工程类型为少冰冻土和多冰冻土、冻土年平均地温最低、无地表水侵蚀和良好的排水条件等的地段。实际上很难有全部满足条件的建筑场地，但尽量选择粗颗粒土层、少冰和多冰冻土、阳坡和排水条件良好的地段。否则，就必须根据不同冻土地基条件采取不同的处理措施、基础类型和建筑结构，以保证建筑工程的长期稳定性。

2.2 建筑物的平面布置

多年冻土区城镇建筑群的总图布置，首先考虑下列要求：

（1）与冻土自然环境景观相结合，使建设与冻土环境保护相辅相成；

（2）建筑物的平面布置力求简单；

（3）相邻建筑物或房间的基底荷载和热源不宜相差很大，地基土质相对均匀；

（4）无特殊要求时，建筑物的朝向以向南为佳，相同条件下，白天室温向阳房间比向北房间要高5 ℃左右；

（5）应考虑交通道路、场地排水、采暖管沟设计，保持对建筑物热影响的安全距离，主要和次要道路与建筑物间最小距离不小于10 m；

（6）注意各建筑物之间的相互热影响，基本建筑单元仅按一种冻土地基设计原则统一布局，修建同类建筑物。不同设计原则的建筑单元间可利用交通干线、绿化带作为防热影响的安全带。

建筑物利用冻土地基的设计原则主要取决于冻土地基条件：

（1）基岩顶面的埋深；

（2）松散沉积物垂直剖面上的岩性和物理力学特性（冻、融特性等）；

（3）多年冻土类型（连续、岛状和季节融化层与多年冻土的衔接性、含冰程度）及上限埋置深度；

（4）多年冻土年平均地温。

这些条件决定了建筑物结构类型、地基基础设计原则、基础埋置深度、冻土地基处理和工程措施。所以，在布设与设计一个项目时，应根据技术、经济分析结果确定适合具体建筑条件的每一个地段。

其一，在季节融化层与多年冻土衔接的低温冻土区，利用保持冻土地基冻结状态的设计原则（原则Ⅰ）。若在已有许多房屋区内建筑时，则需要考虑近距离建筑物的热影响，应保持一致的设计原则，否则应保留一定的安全距离。

其二，在季节融化层与多年冻土不衔接的冻土区，或整个建筑场地都不是衔接的冻土区，应以最低的房屋成本保证其稳定性的条件来确定设计原则，或按保持冻土地基冻结状态设计（原则Ⅰ），或按冻土地基融化状态设计（允许冻土地基逐渐融化原则，即原则Ⅱ，或冻土地基预先完全融化原则，即原则Ⅲ）。若在已有建筑物区内建筑时，应特别注意各建筑物间的热影响，设计原则应与整个建筑物综合体的最佳方法保持一致，或设置安全带（隔离带）。

其三，多年冻土深埋地段，及基岩置于普通基础可达范围内，可采用设计原则Ⅱ。

苏联有采用计算建筑物与地基相互热作用和力作用的概率统计方法来进行建筑物的平面布置（Л. Н. Хрусталев，1988）：建筑物的安全性是建筑工程的基本属性。通常采用三种方法解决：第一种方法是建立在经济判别准则，并按此准则的安全性得到最优化为基础；第二种方法是建立在分析同类建筑物运行安全为基础；第三种方法是按照规范要求。在“基础-地基”系统中，多年冻土地基稳定性与冻土温度状态的随机值有重要关系，若设计中的安全性未考虑这点的话就难以保证冻土区建筑物的安全性。如果将第一种和第二种方法结合起来，将标准安全性视为下限，在此基础上求得最佳安全性就可在任何情况下取得经济上最优的安全性。安全性越高，系统的风险性越小。

显然，建筑物的经济成本包括了基础上结构成本、冷却（或通风地下室）冻土地基成本、基础成本和清基成本。对于“基础-基础”系统来说主要是后两项，也就涉及基础埋置深度（h_m）及冻土地基融化深度（H_r）（多年冻土天然上限或建筑物融化盘计算深度）。采用地基概率统计法，在最小风险性和最大安全性折算为成本而求得最佳的冷却冻土地基（或通风地下室通风模数）问题时，基础埋深和融化深度就成为自变量，求得其成本的最佳值。

通过比较若干个平面布置方案（从建筑学和功能用途）折算的总成本确定后，落在具有冻土特征的冻土图上，就可得到建筑物平面布置的最佳方案。

2.3　多年冻土区建筑工程设计要素

冻土地基的物理属性是受温度影响而变化，如地基土产生冻结过程、冻土地基出现融化，以及在季节性或长期性温度变化而出现强度变化。在冻结状态下，大多数冻土地基具有高强度和相对的隔水性能，但在采暖房屋建筑中，受热影响出现的融化盘，具有较强的融化下沉和压缩变形。这些特征非常重要，在建筑工程设计中必须认真考虑。建筑工程地基设计所应注意的几个方面如下。

2.3.1　冻土地基设计原则

多年冻土地区中有连续多年冻土区、不连续多年冻土区和岛状多年冻土区，也有季节冻土区。作为建筑物地基有多年冻土地基和季节冻土地基，它们除有一般地区的地基功能外，地基还具有热融沉降和冻胀的特性，引起建筑物基础变形和不稳定性。

用作建筑物地基的多年冻土，其厚度为几米至几十米。多年冻土年平均地温有高于-1.0 ℃，也有低于-1.0 ℃。当多年冻土地基受外界热干扰时，它们可表现出不同的稳定性。当建筑场地选择在多年冻土区内的融区时，要考虑其冻结深度，往往可达2～4 m。

冻土地基不但是承受建筑物荷载的地层，同时也要经受采暖房屋和气候转暖的热影响。地基设计时，除要求冻土地基承载力和变形性都能满足建筑物稳定性要求外，还要考虑经受每年的冻融循环作用。

利用多年冻土作为建筑地基时，在整个设计、施工、运营过程中都必须考虑如何保持建筑物的坚固性和稳定性，不允许出现任何的变形。这就要考虑在各种冻土条件下，如何保持冻土地基处于冻结状态，或者在施工和使用过程中控制冻土地基融化。这涉及整个设计、施工和运营将要采用哪种建筑原则，且要求一个建筑区内应采用同一种建筑原则，避免对建筑地基产生相互冲突和干扰。

建筑设计原则的选择取决于建筑场地冻土工程地质条件的评价：

（1）按照多年冻土年平均地温划分的热稳定性分区，确定建筑场地属于哪一类的冻土地温分区，对建筑设计原则的选择具有重要意义。

（2）根据冻土含冰程度划分的冻土工程分类，确定建筑场地属于低含冰率冻土，还是属于高含冰率冻土。

（3）冻土地基的物质成分，属于粗颗粒土层，或是细颗粒土层。在同一地温带中，前者属于坚硬的冻土地基，后者就可能属于塑性冻结状态。

（4）判断冻土地基的融化下沉性和压缩性。

选择建筑设计原则时，还需考虑建筑物特点，包括热源、建筑面积和结构处理等。

对多年冻土来说，多年冻土年平均地温高低往往反映其受外界热干扰时的热稳定性。高温冻土区（冻土年平均地温 t_{cp}> -1.0 ℃）极易受外界热干扰（气候转暖、人为热源、冻土环境改变等）而使冻土地基升温或融化。当有高含冰率冻土时，冻土地基具有高压缩性和融化下沉性。

利用冻土作为地基时，通常只有两种状态：冻结状态或融化状态。当建筑场地的多年冻土层厚度较大，采用保持或预先融化冻土地基时都需要耗费巨额的费用时，从冻土条件、基础类型和建筑结构措施等方面出发，采取允许冻土地基逐渐融化方法仍能满足保持建筑物使用年限内的稳定性，介于上述两种状态的建筑设计原则仍为合理的。这时有两种情况，其一，基础仍坐于最大融化盘下冻结状态的冻土地基上；其二，基础下融化冻土地基的融化下沉量和力学强度均能满足设计要求，或基础穿过厚度不大的多年冻土层而坐落于融化的地基土层上。

《冻土区建筑地基基础设计规范》（JGI 118-2011）所述利用多年冻土用作地基时，可采用三种状态进行设计：

原则Ⅰ：“建筑物整个使用期间保持冻土地基处于冻结状态”的设计原则。其应用条件：

（1）多年冻土的年平均地温$t_{cp}< -1.0$ ℃，属于基本稳定的冻土地温带。

（2）持力层范围内冻土地基处于坚硬的冻结状态。满足坚硬冻结状态的冻土层温度应低于下列值：粉土为-0.6 ℃、粉质黏土为-1.0 ℃、黏土为-1.5 ℃。

（3）冻土地基最大融化盘范围内存在高含冰率冻土，其融沉性属于融沉、强融沉和融陷性土。冻土工程类型属于富冰冻土、饱冰冻土和含土冰层。

（4）非采暖建筑物或采暖温度偏低，占地面积不大的建筑物地基。

“保持冻土地基处于冻结状态设计原则”适用于两种情况：一者，建筑物结构和工程措施必须满足冻土地基不能出现融化盘；二者，基础底面必须置于计算最大融化盘之下的冻土层上。

不论哪种情况，都必须保证作用于多年冻土地基上的荷载应力限于冻土地基的极限长期承载力，运营期间地基变形不超过建筑物的允许变形值。

原则Ⅱ：“逐渐融化状态”的设计原则。其应用条件：

（1）多年冻土的年平均地温$t_{cp}>(-0.5 \sim -1.0)$℃，属于不稳定的冻土地温带。

（2）持力层范围内冻土地基处于塑性冻结状态。冻土层温度都高于原则Ⅰ中第2条的地温要求。

（3）冻土地基最大融化盘范围内为低含冰率冻土，其融沉性属于不融沉、弱融沉性土。冻土工程类型为少冰冻土和多冰冻土。

（4）室温较高、占地面积较大的建筑或热载体管道及给水排水系统对冻土层产生热影响地基。

“逐渐融化状态设计原则”只适用于基岩，少冰和多冰冻土的粗颗粒土地基，即使冻土地基融化后，其融化下沉和压缩量均能满足设计要求；或者多年冻土层厚度较小，采用桩基穿过冻土层置于下卧的融土（非冻土）层上仍为经济合理。

采用原则Ⅱ利用多年冻土作为地基时，尽管是少冰和多冰冻土，作用于冻土地基上的荷载应力应不超过冻土融化后的允许承载力，冻土地基的融化下沉和压缩沉降变形不能超过建筑物的允许变形值。

原则Ⅲ：“预先融化状态”的设计原则。其应用条件：

（1）多年冻土的年平均地温$t_{cp}>-0.5$ ℃，属于极不稳定的冻土地温带。

（2）持力层范围内冻土地基处于塑性冻结状态。

（3）冻土地基最大融化盘范围内存在高含冰率冻土。

（4）室温较高，占地面积不大的建筑物。

“预先融化状态设计原则”适用情况：

情况一：衔接多年冻土区，冻土厚度较大，地温较高，工程措施仍无法避免冻土地基融化，可采用预先融化冻土地基至房屋使用期间的最大融化盘深度，且采用压实、加固和防冻胀方法，使融化地基能满足设计要求；

情况二：不衔接多年冻土区，多年冻土上限深度较大，地温较高，可采用预先融化多年冻土至房屋使用期间的最大融化深度，且采用压实、加固和防冻胀方法，使融化地基满足设计要求；

情况三：岛状多年冻土区，多年冻土厚度较小，地温较高，可预先（人工或天然）融化冻土方法；

情况四：稀疏和零星多年冻土区，多年冻土厚度极小，地温极高，可挖除或天然融化冻土方法；

情况五：多年冻土区内的融区。

采用原则Ⅲ利用多年冻土作为地基时，作用于融化地基土上的荷载应力不超过地基土的允许承载力，地基土的压缩沉降变形不能超过建筑物的允许变形值。

值得注意的是，不论采用何种设计原则，房屋基础下的地基土每年寒季都会出现回冻现象，基础埋置深度和房屋结构强度都必须满足抗冻胀稳定性要求，冻结深度内的基础应做好防冻胀措施。

2.3.2　多年冻土地温

大气候环境下，多年冻土年平均地温变化对冻土强度的影响，决定着建筑工程平面布置和设计原则的选择。采暖建筑物室内温度对冻土地基的热影响，尽管具有局部性，但其强度更大，影响深度更深。

多年冻土区建筑时，必须充分考虑采暖房屋下冻土温度场的变化和热力作用，在冻土地基下形成“融化盘”。建筑场地冻土的温度状况不仅受原生冻土条件和该地区建筑前的准备及其后公用设施的影响，而且受建筑群总密度（特别是超过30%～40%）及局部集中热源（热车间、锅炉、公共浴池、地下热力管道等）的影响 。若整个建筑区的地表累计平均温度高于冻土年平均地温，那么场地施工后，多年冻土将会退化；反之，场地地表累计平均温度低于冻土年平均地温，则多年冻土将发展，地温将下降。显然，在低温冻土区，融化盘的侧向扩展不是很远（图2.3）（H.A.崔托维奇，1985），但在高温冻土区，地表累计平均温度高于等于0 ℃时，采暖建筑物下的多年冻土中温度将不能稳定，冻土逐渐融化，形成融化盘，以致全部融化，侧向的扩展也会很远，可达几十米。

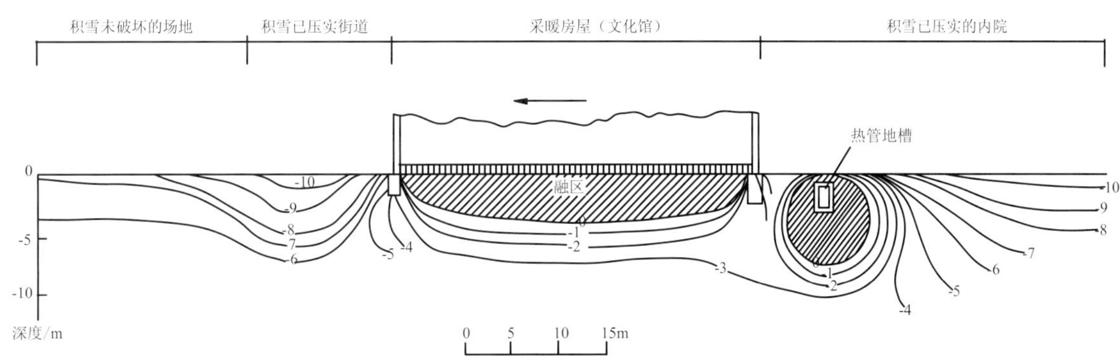

图2.3　采暖房屋和街道下多年冻土层的地温场

在多年冻土上建筑物宽度远大于季节活动层深度（每年融化和冻结深度）的采暖房屋，若略去侧向的热损失，按稳定传热傅里叶方程可知：

$$Q=\frac{(t_s-t_f)}{R_0}T \tag{2.1}$$

式中：Q为通过范围地板传入到土中的热量，kJ/h；t_s为室内温度（正温），℃；t_f为冻土层的平均地温，℃；R_0为房屋地板的热阻，℃/W；T为时间，h。

由此可知，在正温时间都有热流由房屋进入土层中［其强度大小取决于温差（t_s-t_f）及地板热阻（R_0）］，并有更多的热量连续地进入冻土层，使冻土层温度发生明显变化，且在建筑物地板下形成融化盘。

当利用冻土作地基，即基础穿过融化盘伸入到多年冻土时（设计原则Ⅰ），冻土地基承载力由其地温来确定，需要用测定或计算方法求得融化盘下的最高地温值。

众所周知，大气温度由地面向下传递到土中，其温度波是呈指数衰减曲线变化的（图2.4），其影响范围内地面下y深度处的温度波幅为：

$$T_y=T_0e^{-y\sqrt{\frac{\pi}{Ta}}} \tag{2.2}$$

式中：T_0为地面温度波幅，℃；T为气候变化周期，h；a为土的导温系数，m^2/h；y为距地面的深度，m。

采暖房屋是在天然地面的一点上增加新的人工热源，相比大自然来说其热量不大，但对房屋下的地温却起着干扰作用，需要增加一个人工热源影响系数ξ，使温度波幅有所增大（图2.5），温度波曲线变为：

$$T_y=T_0e^{-y\sqrt{\frac{\pi}{Ta}}\cdot\xi y} \tag{2.3}$$

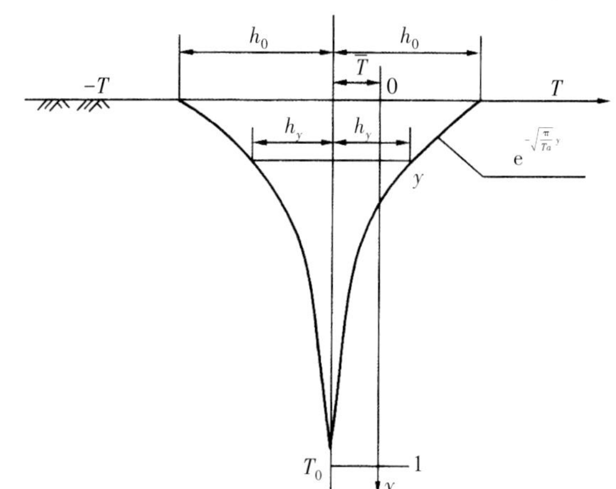

图2.4 天然地面温度传播图

1—$y=l$地温年变化深度。

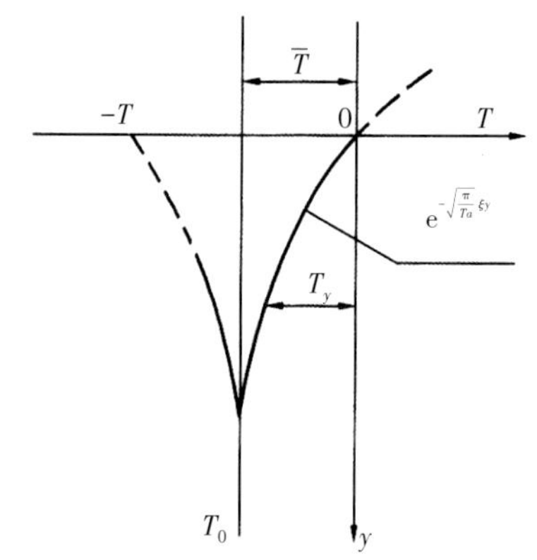

图2.5 稳定融化盘下温度波向下传播图

图2.5的包络部分为冻土温度升高的高值，稳定融化盘界面下冻土的年平均温度$\overline{T}$，一般与多年冻土年平均地温基本相等，即$\overline{T}=t_{cp}$，则稳定融化盘下任何一点深度y处冻土的最高月平均温度为：

$$T_y=t_{cp}(1-e^{-\sqrt{\frac{\pi}{Ta}}\xi y}) \tag{2.4}$$

式中：t_{cp}为多年冻土年平均地温，℃；ξ为人为热源影响系数，图2.6取值。

图2.6是根据钻探试验观测资料确定的（铁道部第三勘察设计院，1994）。在相同条件下，融化盘下最高月平均温度随融深增大而增高，并与融深（h_r）及多年冻土地温年变化深度（H_{cp}）值比值有关，比值越大，地温越高。当$h_r>H_{cp}$时，采用融化盘下冻土作地基就不经济了（原则Ⅰ）。

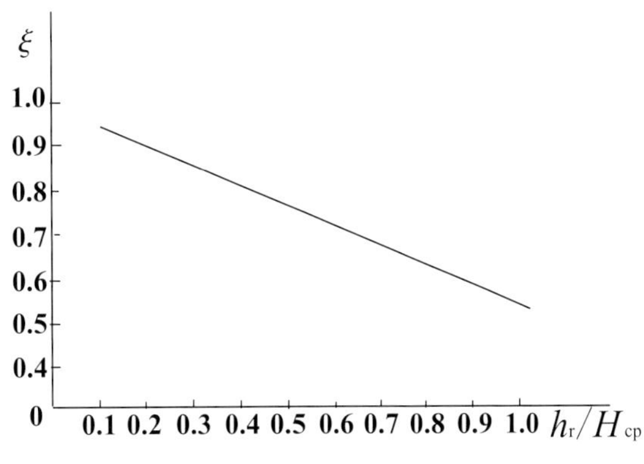

图2.6　人工热源影响系数

h_r—融化盘距室内地面的深度，（m）；

H_{cp}—多年冻土温度的年变化深度，（m）。

2.3.3　融化深度

多年冻土区采暖房屋下融化盘的大小取决于多年冻土年平均地温高低、建筑物基底尺寸、室内采暖温度和地板隔热性能等。除了建筑物尺寸很小，其宽度略大于冬季回冻深度，且向侧向散热较大的情况将不会形成融化盘以外（实践中极少有这样的），所有情况下，采暖房屋下都将会形成融化盘。

采暖房屋下冻土地基融化盘，从其形成开始至达到稳定状态各个时段中冻土地温的分析计算是一个非常复杂的课题。这种复杂性在于冻土层的已融区和冻结区间边界处孔隙冰融化潜热的析出。但它又是冻土地基采暖房屋设计中的一个重要指标，特别是采用容许冻土地基融化设计原则时更为主要的设计指标。

采暖房屋下冻土地基融化盘的深度计算涉及三维不稳定导热温度场问题。我国也提出不少的计算方法，有些计算较复杂，或与实际相差较大。

1.《冻土地区建筑地基基础设计规范》（JGJ 118–2011）提出了半理论半经验公式

采暖房屋下冻土地基最大融化深度（H_{max}）的计算公式：

$$H_{max} = \psi_j \frac{\lambda_u T_B}{\lambda_u T_B - \lambda_f T_{cp}} B + \psi_c h_c - \psi_\Delta \Delta h \tag{2.5}$$

式中：λ_u为地基土（包括室内外高差部分构造材料，如地板及保温层）融化状态的加权平均导热系数，W/(m·℃)；λ_f为地基土冻结状态的加权平均导热系数，W/(m·℃)；T_B为室内地面平均温度，℃，以当地同类房屋实测值为宜；若地面设有足够的保温层时，可取室温减2.5～3.5 ℃；T_{cp}为冻土的年平均地温（地温变化趋于零度深度处的地温），℃；B为房屋宽度（前后外墙结构中心距离），m；Ψ_J为综合影响系数，按图2.7取值；Ψ_c为粗颗粒土土质系数，按图2.8取值；Ψ_Δ为室内外高差影响系数，按图2.9取值；h_c为粗颗粒土在计算融化深度内的厚度，m；Δh为室内外高差，m。

一般在地基土融化压密后，室内外高差不应小于0.45 m。多年冻土区的房屋应设置足够的地面保温层，同时还应设置厚勒脚。

东北大兴安岭地区得耳布尔养路工区和沱沱河兵站融化盘最大融深计算结果，与实际钻探的融深基本吻合（仅偏大0.45 m）。

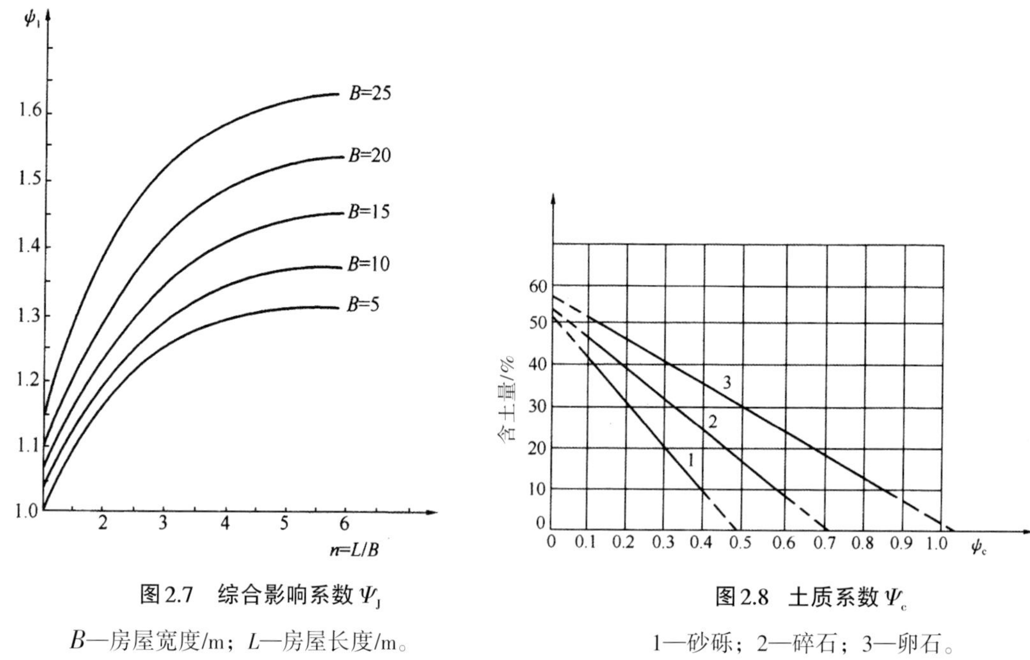

图2.7 综合影响系数 Ψ_J

B—房屋宽度/m；L—房屋长度/m。

图2.8 土质系数 Ψ_c

1—砂砾；2—碎石；3—卵石。

根据钻探实测资料所绘制的房屋融化盘图形，融化盘横断面的形状以房屋横剖面中心线为坐标 y 轴的抛物线方程 $y=\alpha x^2$ 表示较符合实际情况。由于室温高低和房屋宽度不同，抛物线的焦点位置亦不同，即形状系数 α 不同；房屋朝向不同，其四周地面吸收太阳热能也不同，另室内热源（火墙、火炉、火炕等）位置各异，最大融深偏向热源，使抛物线的顶点位置偏离房屋中心 y 轴一定距离 b，也称 b 为形状系数。为计算方便，将坐标原点移至室内地面，以地面为 x 轴，将 H_{max} 上移（图2.10），则方程 $y=\alpha x^2$ 变为：

$$-y+H_{max}=\alpha(x-b)^2$$

或

$$y=H_{max}-\alpha(x-b)^2 \tag{2.6}$$

式中：H_{max} 为建筑物地基土最大融化深度，m；α 为融化盘形状系数，1/m；b 为最大融深偏离建筑物中心的距离，m；x 为所求融深点距坐标原点的距离，m。

南面或东面外墙下：$x=B/2$；北面或西面外墙下：$x=-(B/2)$。

α、b 统称形状系数，可参考根据统计得到的表2.2确定。

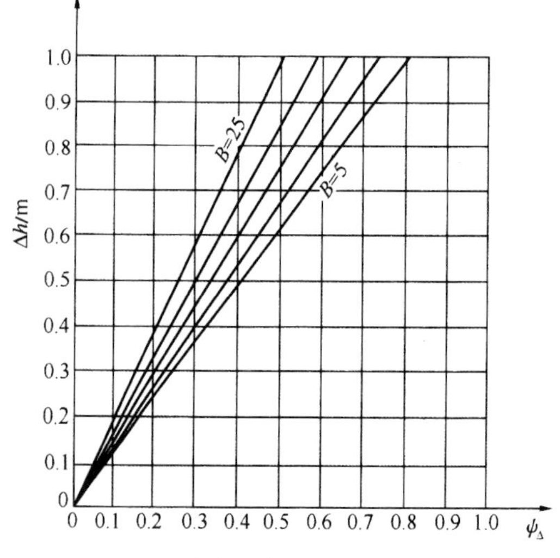

图2.9 室内外高差影响系数 Ψ_Δ

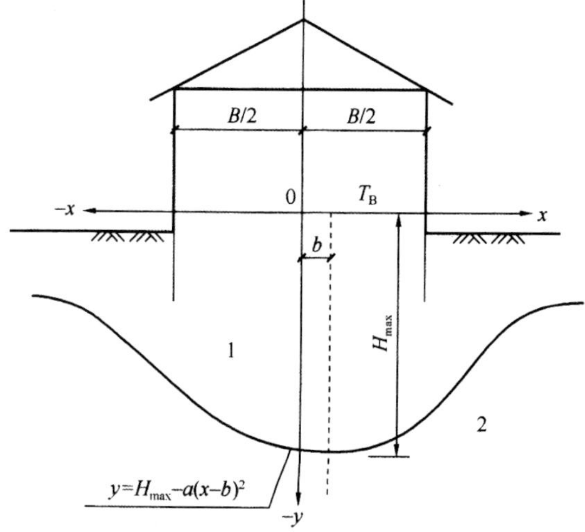

图2.10 房屋融化盘横断面形状曲线

1—融区；2—冻土区。

表2.2　房屋融化盘横断面形状系数α、b值

房屋类别		宿舍住宅	公寓旅店	小医院 电话所	各类商店	办公室	站房或 类似房屋
α/m^{-1}		0.06～0.16	0.04～0.10	0.05～0.11	0.05～0.14	0.05～0.12	0.04～0.09
b/m	南北向（偏东）	0.10～1.00	0.20～1.20	0.50～1.40	0.30～1.00	0.30 ~ 1.20	0.30～1.60
	东西向（偏西）	0.00～0.30	0.00～0.60	0.00～0.40	0.00～0.40	0.00～0.50	0.00～0.70

为了解采暖房屋下融化盘的实际情况，原铁道部第三勘察设计院于20世纪七八十年代对大兴安岭多年冻土区使用近二十年的采暖房屋（室内地面温度：7、8月份为18～23 ℃，1月份为6～8 ℃）实施钻探和观测，取得了大量采暖房屋下融化盘实际资料［图2.11至图2.13（铁道部第三勘察设计院，1994）；图2.14（H.A.崔托维奇，1985）］，采暖房屋下融化盘深度与房屋宽度有密切关系，房屋宽度愈大，融化盘深度就越大，在基本稳定地温带地区的采暖房屋地板下铺设填筑土情况下，融化盘深度与房屋宽度的比值大致为0.8～1.4，粗粒土为大值。苏联的计算资料（H.A.崔托维奇，1985）为1左右（房屋宽度为18 m）。应予注意的是，采暖房屋最大融化深度下冻土地基土的地温都处于较高状态，其厚度取决于室温及多年冻土年平均地温。

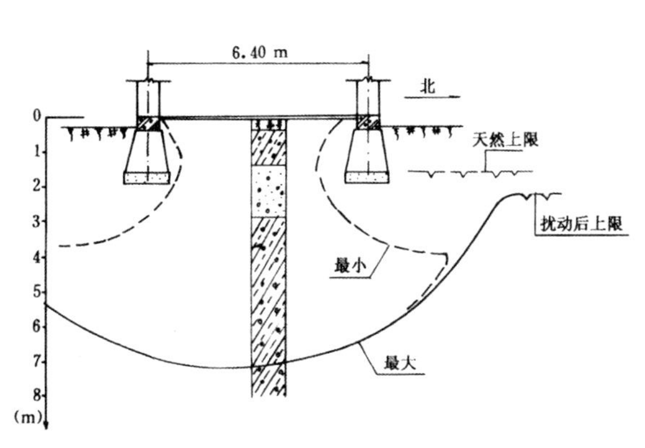

图2.11　满归电务工区1974年融化盘

10月份最大，3月份最小

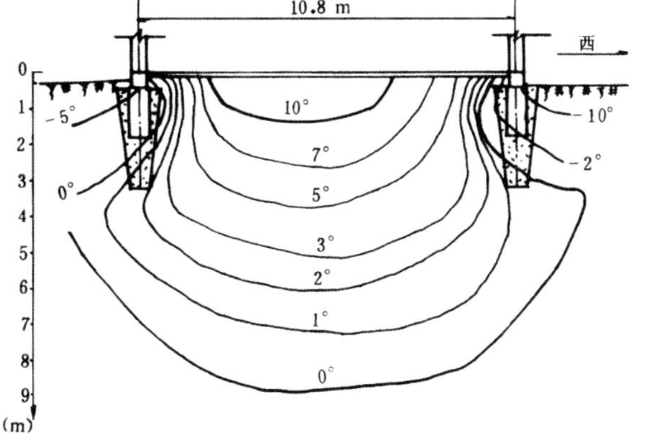

图2.12　得耳布尔公寓1975年2月地温场

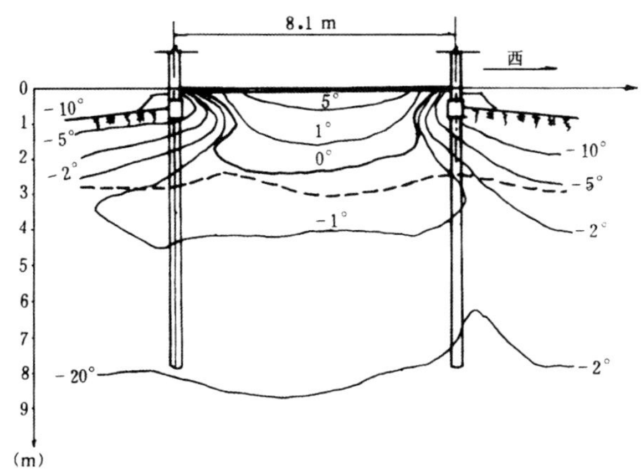

图2.13　劲涛宿舍1980年2月地温场

（虚线为10月）

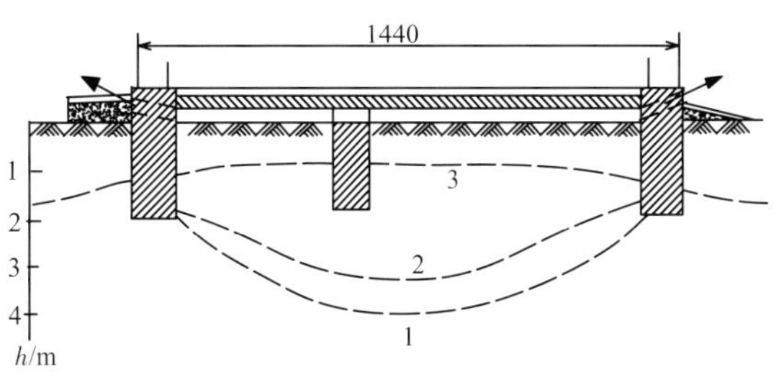

图2.14　设置通风地下室后采暖房屋融化盘

1—范围无通风时的融化盘；

2—设置通风地下室1年后的融化盘；

3—设置通风地下室8年后的融化盘。

2. 苏联建筑规程和规范《多年冻土上的地基与基础》（С Н и П 2·02·04–88）给出了建筑物地基融化深度计算方法

1）建筑物使用T（小时）时间内，地基的融化深度H（从建筑物底部地表起算）

按下式计算：

房屋中心 $$H_c = k_n(\xi_c - k_c)B \tag{2.7}$$

房屋边缘 $$H_k = k_n(\xi_k - k_k - 0.1\beta\sqrt{\psi})B \tag{2.8}$$

当α=0时， $$H_k = k_n\xi_k B$$

按式（2.8）计算的H_k小于冻土的季节融化深度（h_u）时，应采用H_k=1.5h_u（季节融化深度）。

式中：k_n为系数，据房屋长宽比L/B与参数β和ψ值，按表2.3确定；ξ_c、k_c、ξ_k、k_k为系数，据参数α、β和ψ值，按图2.15及图2.16确定；

$$\alpha = \frac{\lambda_u R_0}{B} \tag{2.9}$$

$$\beta = \frac{\lambda_f(t_{cp} - t_0)}{\lambda_u(t_m - t_0)} \tag{2.10}$$

$$\psi = \frac{\lambda_u t_m T}{QB^2} \tag{2.11}$$

式中：λ_u、λ_f为融土与冻土的导热系数，1.163 W/(m·℃)；R_0为房屋地板热阻，0.86 m^2·k/W；t_{cp}为多年冻土年平均地温，℃；t_0为土的起始冻结温度，℃；t_m为房屋室内平均气温，℃；Q为冻土融化潜热，4.1868 kJ/(m^3·℃)，$Q=80(\omega-\omega_u)\rho_d$；$\omega$为冻土总含水率，小数计；$\omega_u$为冻土未冻水率，小数计；$\rho_d$为冻土的干密度，t/$m^3$；$B$为房屋宽度，m；$L$为房屋长度，m；$T$为房屋开始使用后地基土的融化时间，h。

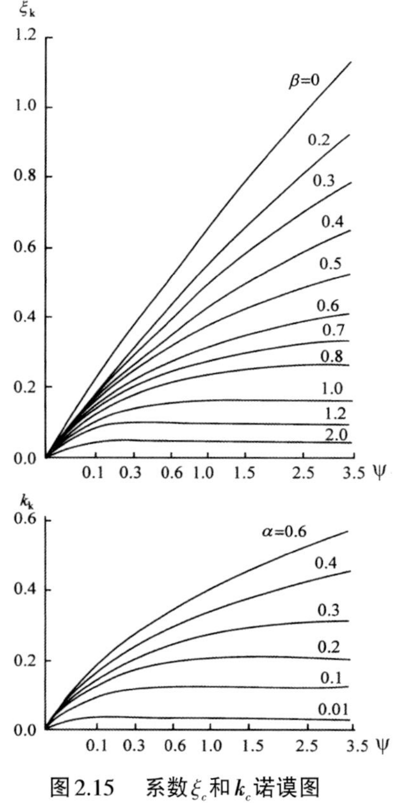

图2.15 系数ξ_c和k_c诺谟图

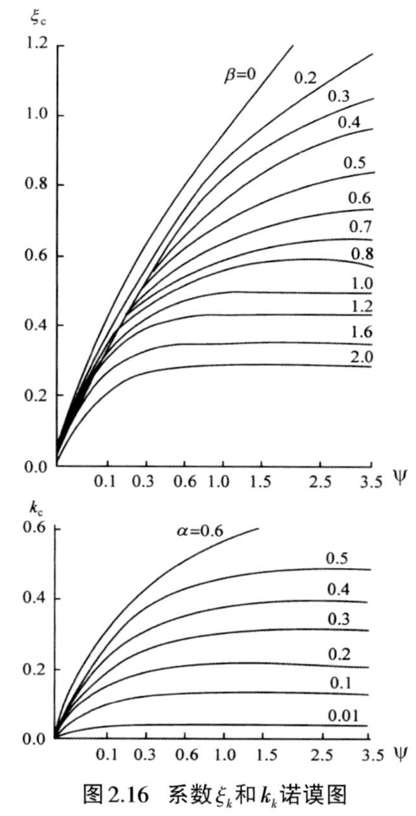

图2.16 系数ξ_k和k_k诺谟图

表2.3　系数k_n值(据С Н и П 2·02·04–88)

参数 ψ	不同β值时，圆形建筑物的k_n值					不同L/B,β值矩形建筑物k_n值									
						L/B=1,不同β值时的k_n值					L/B=2,不同β值时的k_n值				
	0	0.4	0.8	1.2	2.0	0	0.4	0.8	1.2	2.0	0	0.4	0.8	1.2	2.0
0.10	0.97	0.87	0.82	0.76	0.71	1.00	0.93	0.87	0.83	0.80	1.00	1.00	0.99	0.97	0.96
0.25	0.93	0.79	0.71	0.64	0.61	0.95	0.85	0.78	0.74	0.68	1.00	0.97	0.92	0.89	0.96
0.50	0.91	0.71	0.62	0.61	0.61	0.94	0.78	0.68	0.66	0.68	0.99	0.95	0.88	0.85	0.87
1.00	0.90	0.64	0.57	0.59	0.61	0.92	0.70	0.63	0.66	0.68	0.97	0.90	0.82	0.85	0.87
1.50	0.89	0.59	0.56	0.59	0.61	0.90	0.64	0.63	0.66	0.68	0.96	0.87	0.82	0.85	0.87
2.50	0.88	0.54	0.56	0.59	0.61	0.89	0.64	0.63	0.66	0.68	0.95	0.84	0.82	0.85	0.87
3.50	0.87	0.53	0.56	0.59	0.61	0.88	0.57	0.63	0.66	0.68	0.94	0.83	0.82	0.85	0.87

2）对应于稳定极限融化带边界的建筑物地基土最大融化深度（从建筑物下地表起算）H_{max} 可按下式计算：

房屋中心：

$$H_{c\cdot max} = k_s \xi_{c\cdot max} \cdot B \tag{2.12}$$

房屋边缘：

$$H_{k\cdot max} = k_s \xi_{k\cdot max} \cdot B \tag{2.13}$$

式中：k_s为系数，按表2.4确定；

$\xi_{c\cdot max}$、$\xi_{k\cdot max}$为系数，由图2.17的（a）和（b）查得。

表2.4　系数k_s值(据С Н и П 2·02·04–88)

建筑物形式	L/B	不同β值时的系数k_s值				
		0.2	0.4	0.8	1.2	2.0
圆 形	–	0.40	0.49	0.56	0.59	0.61
矩形	1	0.45	0.55	0.68	0.66	0.68
	2	0.62	0.74	0.82	0.85	0.87
	3	0.72	0.83	0.90	0.92	0.94
	4	0.79	0.89	0.94	0.95	0.96
	5	0.84	0.92	0.99	0.97	0.98
	≥10	1.00	1.00	1.00	1.00	1.00

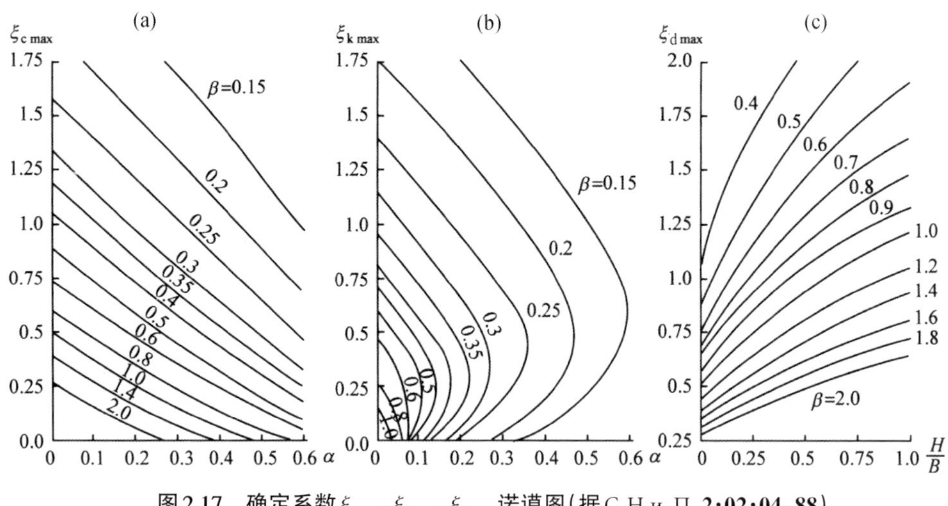

图2.17 确定系数$\xi_{c\cdot\max}$、$\xi_{k\cdot\max}$、$\xi_{d\cdot\max}$诺谟图（据СНиП 2·02·04–88）

3）在使用T时间内，埋置式房屋下地基土融化深度（从房屋埋置地下室部分的地面起算）按下列公式计算：

房屋中心：
$$H_c = k_n(\xi_d - \frac{\lambda_u R_0}{B})B \tag{2.14}$$

房屋边缘：
$$H_k = k_d H_c \tag{2.15}$$

式中：k_d为系数，按表2.5确定；ξ_d为系数，按房屋地下室埋深和宽度之比H/B及参数β及ψ_α按诺谟图2.18确定。

$$\psi_\alpha = \frac{\lambda_u t_m T}{QB^2} + \psi_0 \tag{2.16}$$

ψ_0为系数，按房屋地下室埋深和宽度之比H/B确定；参数β（在ξ_d=α时）按诺谟图2.18确定。

表2.5 系数k_d值（据СНиП 2·02·04–88）

H/B	不同β值时的系数k_d值				
	0～0.2	0.4	0.8	1.2	2.0
0	0.85	0.69	0.39	0.22	0.13
0.25	0.88	0.76	0.62	0.48	0.29
0.50	0.90	0.82	0.69	0.57	0.38
0.75	0.92	0.87	0.75	0.63	0.46
1.00	0.98	0.90	0.78	0.66	0.51

4）埋置式房屋的最大融化深度$H_{\max}$

按下式确定：

房屋中心：
$$H_{c\cdot\max} = k_s(\xi_{d\cdot\max} - \frac{\lambda_u R_0}{B})B \tag{2.17}$$

房屋边缘：
$$H_{k\cdot\max} = k_d H_{c\cdot\max} \tag{2.18}$$

式中：k_s、k_d为系数，由表2.4、2.5查得；$\xi_{d\cdot\max}$为系数，按图2.17（c）诺谟图确定。

3.《青藏铁路高原多年冻土地区铁路勘察设计细则》

根据青藏高原多年冻土区现有采暖房屋的调查与剖析，结合其他资料，给出确定热源（如火

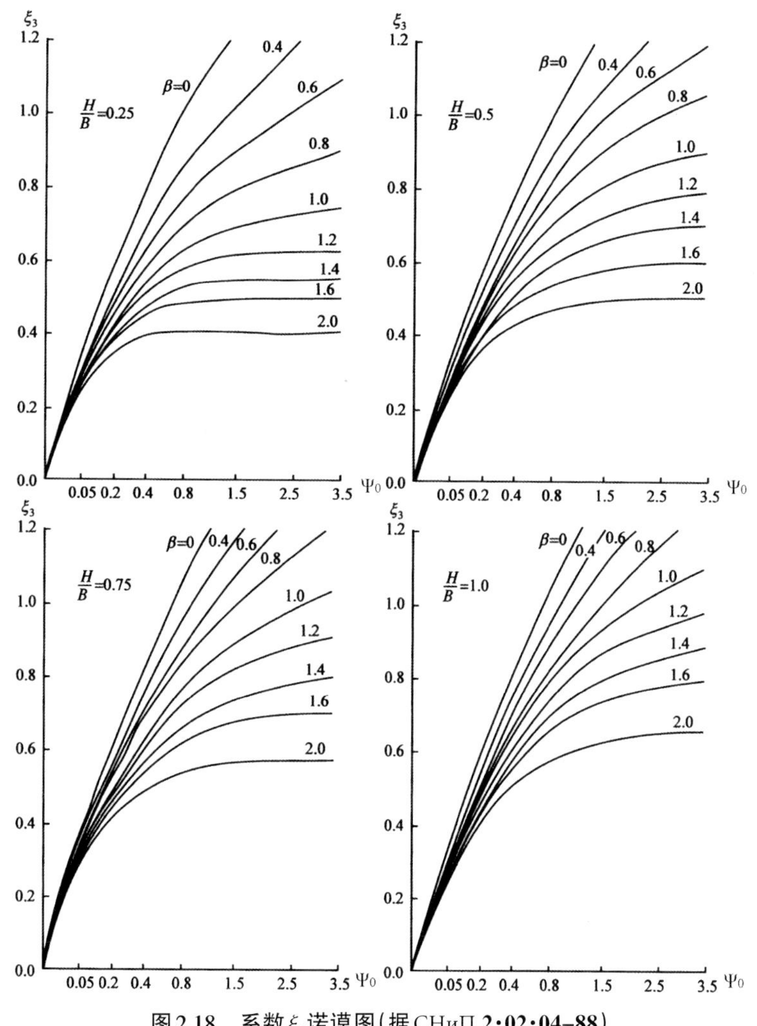

图2.18 系数ξ_d诺谟图（据СНиП 2·02·04–88）

H/B为中间值时，ξ_d可按内插法确定。

炉、火墙等）架空采暖房屋离热源最近的外墙墙基下的稳定融化深度的近似方法。

1）确定稳定融化盘中最大融化深度点A（图2.19）[①]

（1）南北向房屋中，当火炉设在靠南墙时，则最大融深点出现在火炉正中的下面；当火炉设在北墙时，则最大融深点出现在火炉正中偏南约1 m的下面；

（2）东西向房屋中，最大融深点出现在火炉正中偏房屋剖面中心约0.5 m的下面。

2）稳定融化盘中最大融化深度H_{max}

根据大量调查，归纳房屋融化深度与房屋宽度、长度、土质及用途的关系，列表于表2.6。

3）各外墙离热源最近点的墙基轴线处的最大融化深度

确定各外墙离热源最近点的墙基轴线处的最大融化深度H_{wq}（从地坪起算，见图2.19）方法：

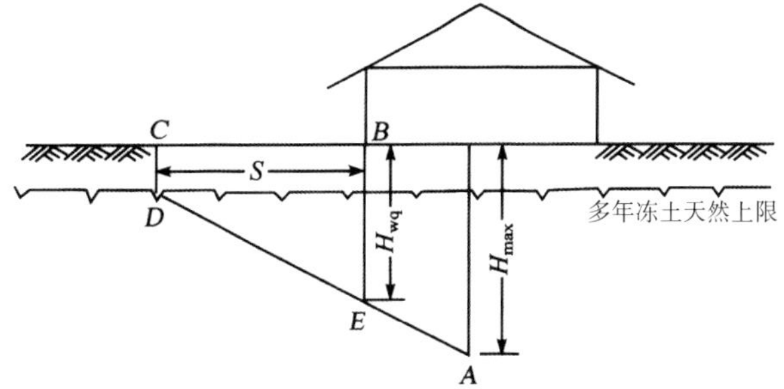

图2.19 墙基下最大融深确定图

A—稳定融化盘最大融深点；

S=H_{max}—稳定融化盘的最大 融化深度；

H_{wq}—稳定融化盘在外墙轴线处的融化深度。

①交通部科学研究院西北研究所、第一铁路设计院、中科院兰州冰川冻土所，1973，青藏高原多年冻土地区铁路勘察设计细则（初稿）。

表2.6　热源架空时房屋稳定融化盘中最大融深 H_{max}（m）

房屋类型	B=5.6		B=7.2		B=9.0	
	粗颗粒土	细颗粒土	粗颗粒土	细颗粒土	粗颗粒土	细颗粒土
旅馆、卧室、公寓	7.8	5.7	8.6	6.3	9.4	6.9
办公室、工区房屋、住宅、宿舍	7.2	5.3	7.9	5.8	8.7	6.4
浴　室	10.0	7.3	11.0	8.0	12.1	8.8
厨房、食堂	6.5	4.8	7.2	5.3	7.9	5.8
病　房	8.4	6.2	9.2	6.8	10.1	7.5

注：①表内的 H_{max} 值均为房屋的长宽比 L/B 大于和等于5情况下的数值；当 L/B 等于1时，应乘以0.8的系数；当 L/B 为1～5中间数值时，用插入法求得。

②表内的 H_{max} 值是按天然上限深度为2.4 m时列出的，如天然上限深度不同时，应相应增减其差值。

③其他房屋的 H_{max} 值可比照表内所列的相似房屋确定。

（1）南北向房屋的北墙，天然上限即为其 H_{wq}。

（2）南北向房屋的南墙和其他朝向房屋外纵墙，其 H_{wq} 可用作图法确定：

①作最大融化深度点 A；

②从外墙外边量取距离 S 与地表交于 C 点。取 $S=m\cdot H_{wq}$，其中 m 为影响采暖房屋墙基下融深的朝向系数：南墙 m=1，东（西）墙 m=0.7，东（西）偏南墙 m=0.8，东（西）偏墙 m=0.4；

③作 C 点的投影线交于上限于 D 点；

④连 D、A 点交于外墙轴线于 E 点，BE 即为稳定融化盘外墙轴线的融深 H_{wq}，其值按比例尺量的。

2.3.4　冻结深度

冻土区任何基础类型的采暖房屋，寒季大地回冻之时，地基土的冻结进程也随着室外自然环境的冻结过程变化而变化，室外的冻结线仍然侵入到采暖房屋的基础内侧（图2.11及图2.12），构成最冷季节时的最小融化盘。

不论是多年冻土区或是季节冻土区，采暖房屋基础各墙外侧地基土都将随着寒季大地冻结而冻结，但各朝向墙外地基土冻结的发展进程并不一致。据有关观测调查资料（表2.7）（姜洪举、程恩远，1989），基础四角的地基土先冻结，中间部位后冻结，北墙比南墙先冻结。西北角、北墙及东北角的地基土的最大冻结深度出现的时间为3月20日，与天然条件下达到最大冻结深度的时间相同，而西墙中部及东北角早些，为3月10日，东墙中部及南墙西侧为3月5日，南墙偏中部最早，为2月20日，说明南墙受太阳辐射影响较大，终止冻结时间较早。同样，在祁连山木里多年冻土地区采暖试验房屋的观测资料亦反映相似情况（图2.20）（陈肖柏等，2006）。

表2.7　东北大庆地区试验房屋基础外墙最大冻结深度

位置	南　墙			东南角	东墙中部	东北角	北　墙			西北角	西南中部	天然条件
最大冻深/m	1.600	1.353	1.537	1.767	1.459	1.707	1.574	1.685	1.773	1.842	1.667	1.970
与天然冻深比/%	81.2	68.7	78.0	89.7	74.1	86.7	79.9	85.5	90.0	93.5	84.6	
出现时间（月：日）	3：5	2：20	2：23	3：10	3：5	3：20	3：20	3：20	3：20	3：20	3：10	3：20

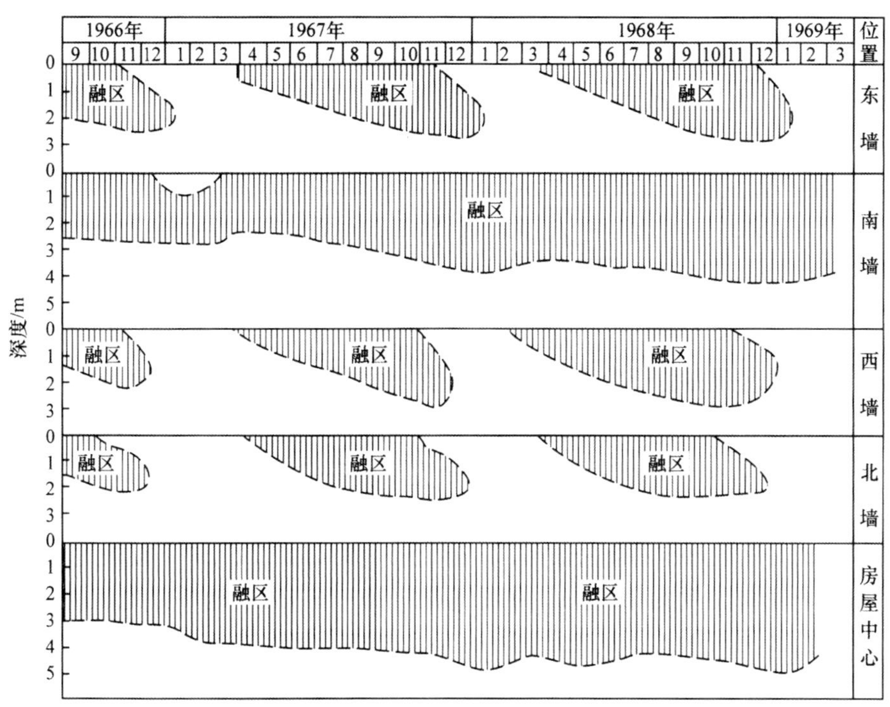

图2.20　祁连山木里多年冻土区采暖试验房屋中心与外墙下地基土的零温线

当采暖房屋室内地坪直接与地面接触条件下，冻结线最大入侵室内的范围与采暖房屋室内地面温度有关，室内温度愈高，地基土的冻深愈小。在室内地面中心温度为13～18 ℃时，冻结线入侵范围达外墙基础内侧0.5～2.0 m，通常情况下，阴面入侵范围较阳面大些。墙外下的冻结深度随大地冻结强弱而变化，其冻结深度大致是天然最大冻结深度的70%～90%（北墙为80%～90%，南墙为70%～80%，墙角约90%）。墙内下的最大冻结深度为墙外的40%～75%（基础中部约40%，墙角约75%）。冻结线是否到达基础底面深度取决于基础埋置深度。

室内外地坪高差对冻深的影响不可忽视，室内外地坪高差为0 m、0.3 m、0.5 m和0.75 m时，室内冻结深度为大地最大深度的82%、86%、98%和100%。

当设置有通风地下室的采暖房屋时，房屋下的冻结线将比室外大地最大冻结深度还要深一些，这是因通风地下室的温度比天然温度更冷的缘故。

采暖房屋下地基土回冻将发生冻胀，对建筑物基础产生冻胀作用，引起建筑物冻胀破坏。当基础底面处于冻结线下，地基土将对房屋基础侧面产生切向冻胀力作用，若基础底面处于冻结线之内，将对基础侧面产生切向冻胀力和基础底面产生法向冻胀力的联合作用。因此，建筑物设计前应该了解和掌握建筑区场地最大季节冻结深度。通常情况下，用现场直接观测法、查阅图表法和计算法来获取。

1.现场直接观测法

目前使用的方法主要有冻土器法和地温法。

（1）冻土器。由外管和内管组成，外管为硬塑管，埋入土中起套管保护作用；内管为一根有厘米刻度的软橡皮管，底端封闭，顶端与短金属环、木棒及铁盖相连，内管内应灌注当地干净的井水至刻度的0线处。内管长度一般为3.5～4.0 m。

（2）地温法。在场地内平坦地面处，设置直径为50 mm的直管，深度视工作要求确定，内装入热敏电阻温度计，测点由地表起，1 m内相隔0.25 m布置一个测点，1 m以下每隔0.5 m布置一个测点。采用数字电压表或数字采集仪测量电阻值，通过热敏电阻温度计的标定值换算为温度值。按场地土层的起始冻结温度（无土层冻结温度值时可近似取0 ℃）确定冻结深度。

2. 查图表法

《冻土区建筑地基基础设计规范》(JGJ 118-2011）规定，设计冻深（z_d）按下式计算：

$$z_d = z_0\psi_{zs}\psi_{zw}\psi_{zc}\psi_{zt0} \tag{2.19}$$

式中： z_0为标准冻深，m。采用在地表平坦、裸露、城市之外的空旷场地中不少于10年实测最大冻深的平均值。当无实测资料时，按《冻土地区建筑地基基础设计规范》中《中国季节冻土标准冻深线图》查取。

ψ_{zs}为土的类别对冻深的影响系数；ψ_{zw}为冻胀性对冻深的影响系数；ψ_{zc}为周围环境对冻深的影响系数；ψ_{zt0}为地形对冻深的影响系数。

各类影响系数可从该规范查得。

3. 计算法

国内外确定季节冻结深度的计算公式有很多，各公式考虑的因素以及表达方式各异（刘铁良，1983；B.A.库德里亚采夫，1992)，但大同小异，这里不再一一介绍。

最为简单的采用斯蒂芬的简化方程来计算（徐学祖等，2001)，即：

$$h_f = 416\sqrt{\frac{\lambda_f nFI}{L}} \tag{2.20}$$

式中：h_f为冻结深度，m；λ_f为冻土的导热系数，J/(s·m·K)；n为空气冻结指数修正系数，随地表条件而异；FI为空气冻结指数，℃·d；L为土的潜热，L=333.674$\omega\rho_d$，J/m^3。ω为含水率，以小数计；ρ_d为土的干密度，g/m^3。

铁道部第三勘察设计院根据地表大兴安岭多年冻土区的调查统计，提出经验公式：

$$h_{\max} = k\sqrt{30\sum t_m} \tag{2.21}$$

式中：$h_{\max}$为最大季节冻结深度，m；$\sum t_m$为冻结期内各月平均负气温绝对值总和，度・月；k为各种土的经验系数：黏性土为0.055，砂卵石为0.069，碎石夹土为0.062，风化成砂状的岩石为0.094，风化成碎石状的岩石为0.100。

郝振纯等（2013）根据青藏高原黄河源区9个气象站的实测资料的最大负积温、站点高程和纬度、最大冻结深度，利用SPSS统计分析软件，采取逐步进入法做多元线性回归分析，得出三个区的线性回归方程：

$$h_{\max} = \begin{cases} -0.275H - 0.059M_{\mathrm{ANT}} + 956.819 \\ (H \leqslant 3500, M_{\mathrm{ANT}} \geqslant -1000) \\ -0.063H - 0.070M_{\mathrm{ANT}} + 246.342 \\ (H > 3500, M_{\mathrm{ANT}} \geqslant -1500) \\ 0.035H - 0.032M_{\mathrm{ANT}} + 1.558 \\ (E_{\mathrm{LSE}}) \end{cases} \tag{2.22}$$

式中： $h_{\max}$为最大季节冻结深度，cm；H为站点高程，m；M_{ANT}为最大负积温，℃；E_{LSE}为其他条件。

三个线性方程的R^2分别为0.76、0.91和0.90。

2.3.5　冻胀力作用下的基础稳定性

冻土地区（季节冻土区和多年冻土区），建筑物基础埋置于季节冻结深度下或多年冻土层中，季节活动层每年的寒季都会产生冻结，有些可回冻至基础底面，有些仅在基础周围。不论哪种情况，建筑物基础都会受到地基土回冻时产生冻胀力的作用，季节冻土区将受到基侧切向冻胀力和基底法向冻胀力的联合作用，多年冻土区仅受基侧的切向冻胀力作用，使基础产生被拔起。当冻胀上拔力超过基础上的建筑物荷载应力时，基础将失去稳定性以致建筑物遭到破坏。因此，冻土区的房屋设计时，应对地基土回冻时，冻胀力作用下基础稳定性进行验算。

在我国的《冻土地区建筑地基基础设计规范》（JGJ 118-2011）及苏联建筑规程和规范《多年冻土上的地基与基础》（СНиП 2·02·04-88）中都有“冻胀性土地基基础的稳定性验算”的规定。

在切向冻胀力作用下，所有基础的稳定性都必须满足下式要求：

$$G_0 + R_{ta} > nA_{\tau}\sigma_{\tau} \tag{2.23}$$

式中：G_0为作用在基础上的永久荷载标准值，kN。包括基础的自重（砌体、素混凝土基础）或全部（配抗拉钢筋的桩基础），若基础在地下水中时取浮重度；R_{ta}为基础伸入冻胀性土层之下，或冻土中，地基土所产生的锚固力（或摩阻力，或冻结强度等）特征值（对素混凝土和砌体结构基础不考虑此值），kN；σ_{τ}为地基土冻结时的单位切向冻胀力标准值，kPa，应按实测资料取用，如无实测资料时可按本书第1章的表1.7选取，在同一类土中含水率大者取大值；A_{τ}为与地基土冻结在一起的侧表面积，m²；n为安全系数，对静定结构取1.1，对静不定结构取1.3。

1.桩基和墩式基础

《冻土地区建筑地基基础设计规范》（JGJ 118-2011）规定应满足下式：

$$0.9G_0 + R_{ta} \geqslant \sum \sigma_{\tau i} A_{\tau i} \tag{2.24}$$

式中：$\sigma_{\tau i}$为第i层土中单位切向冻胀力标准值，kPa；$A_{\tau i}$为与第i层冻结在一起的桩、墩基础侧表面积，m²；R_{ta}为锚固力，按下列情况计算取值：

1）季节冻土区，桩、墩基础侧表面与非冻土间的锚固力（摩阻力）

按下式计算

$$R_{ta} = \sum (0.5 \cdot q_{sia} A_{qi}) \tag{2.25}$$

式中：q_{sia}为在第i层内土与桩、墩基础侧表面的摩阻力特征值，kPa，按桩基受压状态的情况取值，在缺少试验资料时可按表2.8选取［《建筑桩基技术规范》（JGJ 94）中的表5.3.5-1］；A_{qi}为第i层土内桩、墩基础的侧表面积，m²。

表2.8　桩的极限侧阻力标准值(kPa)(据JGJ 94-2008)

土的名称	土 的 状 态		混凝土预制桩	泥浆护壁钻(冲)孔桩	干作业钻孔桩
填土			22～30	20～28	20～28
淤泥			14～20	12～18	12～18
淤泥质土			22～30	20～28	20～28

续表2.8

土的名称	土的状态		混凝土预制桩	泥浆护壁钻(冲)孔桩	干作业钻孔桩
黏性土	流塑	$L_L>1$	24～40	21～38	21～38
	软塑	$0.75<L_L\leqslant 1$	40～55	38～53	38～53
	可塑	$0.50< L_L\leqslant 0.75$	55～70	53～68	53～66
	硬可塑	$0.25<L_L\leqslant 0.50$	70～86	38～84	66～82
	硬塑	$0< L_L\leqslant 0.25$	86～98	84～96	82～94
	坚硬	$L_L\leqslant 0$	98～105	96～102	94～104
红黏土	$0.7<a_w\leqslant 1$		13～32	12～30	12～30
	$0.5<a_w\leqslant 0.7$		32～74	30～70	30～70
粉土	稍密	$e>0.9$	26～46	24～42	24～42
	中密	$0.75<e\leqslant 0.9$	46～66	42～62	42～64
	密实	$e>0.75$	66～88	62～82	64～86
粉细砂	稍密	$10<N\leqslant 15$	24～48	22～46	22～46
	中密	$15<N\leqslant 30$	48～66	46～64	46～64
	密实	$N>30$	66～88	64～86	64～86
中砂	中密	$15<N\leqslant 30$	54～74	53～72	53～72
	密实	$N>30$	74～95	72～94	72～94
粗砂	中密	$15<N\leqslant 30$	74～95	74～95	76～98
	密实	$N>30$	95～116	95～116	98～120
砾砂	稍密	$5<N_{63.5}\leqslant 15$	70～110	50～90	60～100
	中密(密实)	$N_{63.5}>15$	116～138	116～130	112～130
圆砾、角砾	中密、密实	$N_{63.5}>10$	160～200	135～150	135～150
碎石、卵石	中密、密实	$N_{63.5}>10$	200～300	140～170	150～170
全风化软质岩		$30<N\leqslant 50$	100～120	80～100	80～100
全风化硬质岩		$30<N\leqslant 50$	140～160	120～140	120～150
强风化软质岩		$N_{63.5}>10$	160～240	140～200	140～220
强风化硬质岩		$N_{63.5}>10$	220～300	160～240	160～200

2）多年冻土区，按保持地基冻结状态设计原则

一般分下列情况：

（1）当采用架空通风基础，房屋地面下不存在融化盘时，基础侧表面与冻土间的锚固力（冻结强度），可按下式计算：

$$R_{ta}=\sum_{1}^{i}(\tau_{fi}\cdot A_{fi}) \tag{2.26}$$

式中：τ_{fi}为第i层内冻土与基础间冻结强度特征值，kPa，按实测值确定，在缺少资料时，可按《冻土地区建筑地基基础设计规范》（JGJ 118-2011）中选用。A_{fi}为第i层冻土内基础侧表面积，m²。

（2）当房屋地面下存在有融化盘时，除了融化盘下基础与冻土间存在冻结强度的锚固力外，预测融化盘内冻土地基逐渐融化时，随冻土地基融化过程出现负摩阻力（f_n），和冻土地基完全融化固结时产生融土摩阻力（需要相对长的时间）。因此，在计算正融土中桩的承载力时必须考虑负摩阻力，据试验研究，约占8%（奥兰多.B.安德斯兰德、布兰科.洛达尼，2011）。则计算式变为：

$$R_{ta}=\sum_{1}^{i}(\tau_{fi}\cdot A_{fi})-f_n \tag{2.27}$$

式中：τ_{fi}应是融化盘下冻土地基与桩间的冻结强度，而A_{fi}则是融化盘下冻土地基与桩冻结的侧表面积。

3）高温多年冻土或岛状多年冻土区，按逐渐融化（原则Ⅱ）或预先融化（原则Ⅲ）设计时，桩、墩基础侧表面与非冻土间的锚固力（摩阻力）

一般可按季节冻土区的计算式确定。

2.采暖建筑物基础

《冻土地区建筑地基基础设计规范》（JGJ 118-2011）给出了切向冻胀力作用下桩、墩基础切向冻胀力计算的规定：

（1）采暖情况下，作用在基础上的冻胀力P_h按下式计算：

$$P_h=\frac{\psi_t+1}{2}\psi_h P_e \tag{2.28}$$

式中：P_h为采暖情况下，作用在基础上的冻胀力，kN；Ψ_t为采暖对冻深的影响系数，按表2.9规定确定；Ψ_h为由于建筑物采暖，基础周围冻土分布对冻胀力的影响系数，按表2.10确定，其适用部位见图2.21；P_e为裸露的建筑物中作用在基础上的冻胀力，kN。

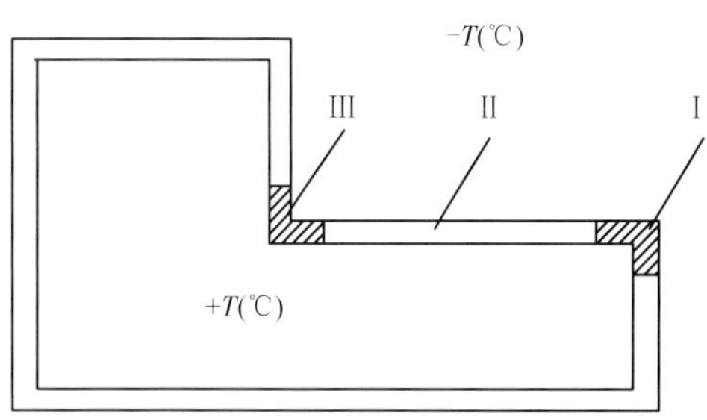

图2.21　Ψ_h的适用部位

Ⅰ—阳墙角；Ⅱ—直墙角；Ⅲ—阴墙角。

表2.9　采暖对冻深的影响系数Ψ_t

室内地面高出室外地面/mm	外墙中段	外墙角段
≤300	0.70	0.85
≥50	1.00	1.00

注：1.外墙角系指从外墙阳角顶点算起，值两边隔断设计冻深1.5倍的范围内的外墙，其余部分为中段；

2.采暖建筑物中的不采暖房间（门斗、过道和楼梯间等），其基础的采暖影响系数与外墙相同；

3.采暖对冻深的影响系数适用于室内地面直接建在土上，采暖期间室内平均温度不低于10 ℃，当小于10 ℃时Ψ_h宜采用1.00。

表2.10　采暖建筑物周围冻土分布对冻胀力的影响系数Ψ_h

部　位	Ψ_h
凸墙角(阳墙角)	0.75
直线段(直墙角)	0.50
凹墙角(阴墙角)	0.25

注：角段的边长自外墙顶点算起至设计冻深的1.5倍范围内的外墙。

（2）P_e的数值可按下式计算：

$$P_e=\sum\tau_{fi}A_{fi} \tag{2.29}$$

（3）基础的稳定性应按下式计算：

$$0.9G_0 + R_{ta} \geqslant P_h \tag{2.30}$$

（4）非采暖建筑物中基础的冻深影响系数应符合下列规定：

A.非采暖建筑物中，内、外墙基础的冻深影响系数 Ψ_t =1.10；非采暖建筑物系指室内温度与自然气温相似，且很少得到阳光的建筑物。

B.非采暖对冻深的影响系数不得与地形对冻深的影响系数的阴坡系数连用。

3.自锚式基础

自锚式基础主要指扩底桩、扩展式、爆扩桩、机扩桩基础，其扩展部分基础的顶面必须置于最大冻结深度以下，在基侧切向冻胀力作用下的基础稳定性必须满足下列要求：

$$0.9G_0 + A_{qi}R_{ta} \geqslant \sum \tau_{fi}A_{fi} \tag{2.31}$$

式中：R_{ta}为当基础受切向冻胀力作用而上移时，基础扩大部分顶面覆盖土层产生的反力，kPa，该反力按地基受压状态承载力的计算值取用；当基础上覆盖土层为非原状时，该反力根据实际回填质量尚应乘以0.6～0.8的折减系数；A_{qi}为基础扩大部分顶面的面积，m²。

2.3.6 地基承载力与变形

冻土地基的允许承载力为冻结地基土承担载荷的能力，是指冻结地基土的极限长期强度（极限长期抗压强度），根据地基载荷试验或极限应力状态理论分析计算确定的冻土力学参数特征值。

冻土地基的承载力除了受基础的形状、宽度、埋置深度及建筑物的结构特性的影响外，主要受着地基土的岩性、土温及含水率的影响，且随着土温降低、含水率减小而增大。在多年冻土区地基承载力计算时应该考虑土温对冻土强度和变形的影响。

冻土地基承载力值除了与其物质成分、孔隙比等因素有关外，冻土中的含冰率在很大程度上起着控制作用。冻土中的未冻水含量直接制约地下冰的含量及冰-土间胶结强度。地温高，未冻水含量增大，强度降低；反之，冻土地温降低，未冻水含量减少，强度增大。所以，在确定冻土地基承载力时，必须先确定建筑物基础下冻土的温度状态，采用建筑物使用期间最不利的地温状态来确定冻土地基承载力才是最安全的。当然，按非冻土地基状态来确定地基承载力，显然没有考虑地基土冻结状态下的高强度特性。若按勘察期间的冻土地温状态来确定建筑物使用期间的承载力是不安全的，因未考虑建筑物对冻土地温的影响。

1.地温变化的影响

在静力计算前，应通过热工计算，确定冻土地基在建筑施工与运营中温度场的变化及融化深度，要用建筑物运营期间最不利的地温来确定冻土地基的承载力。

2.《冻土地区建筑地基基础设计规范》（JGJ 118-2011）规定

1）采用保持冻土地基处于冻结状态的设计原则（原则Ⅰ）时，冻土地温较低的坚硬冻土（表2.11），土中的冰能将土颗粒胶结而具有较大强度，能满足一般建筑物基础荷载作用下承载力和变形要求，可按承载力计算。基础底面的压应力应符合下式要求：

（1）当轴心荷载作用时

$$P_k \leqslant f_a \tag{2.32}$$

式中：P_k为相应于荷载效应标准组合时，基础底面处的平均压力值，kPa；f_a为未经深宽修正的地基承载力特征值，kPa，参考表2.12选用。

表2.11　苏联CHиП规范划分坚硬冻土的近似温度界限（H. A. 崔托维奇，1985）

土名	粉砂	粉土	粉质黏土	黏土	含蒙脱石黏土
温度界限/℃	−0.3	−0.6	−1.0	−1.5	−6～−7

表2.12　冻土承载力特征值f_a

土　名	不同土温（℃）时的承载力特征值/kPa					
	−0.5	−1.0	−1.5	−2.0	−2.5	−3.0
碎砾石类土	800	1000	1200	1400	1800	1800
砾砂、粗砂	650	800	950	1100	1250	1400
中砂、细砂、粉砂	500	650	800	950	1100	1250
黏土、粉质黏土、粉土	400	500	600	700	800	900

注：①冻土“极限承载力”按表中数值乘以2取值；

②表中数值适用于少冰冻土、多冰冻土、富冰冻土；

③冻土含水率属于饱冰冻土时，冻结黏性土承载力取值应乘以0.8～0.6（含水率接近Ⅲ类时取0.8，接近含土冰层时取0.6，中间取中值），冻结碎石土和冻结砂的承载力取值应乘以0.6～0.4（含水率接近富冰冻土时取0.6，接近含土冰层时取0.4，中间取中值）；

④当含水率小于等于未冻水含水率时，按非冻土取值；

⑤表中温度是运营期间基础底面下的最高地温值；

⑥本表不适用于盐渍化冻土和冻结泥炭化土。

（2）偏心荷载作用时，除按承载力计算外，符合式（2.32）要求外，尚应符合下列要求：

$$p_{k\max} \leqslant 1.2 f_a \tag{2.33}$$

式中：$P_{k\max}$为相应于荷载效应标准组合时，基础底面边缘的最大压力值，kPa。

2）采用保持冻土地基处于冻结状态的设计原则（原则Ⅰ）时，基础底面的压力，可按下式确定：

（1）当轴心荷载作用时

$$P_k = \frac{F_k + G_k}{A} \tag{2.34}$$

式中：F_k为相应于荷载效应标准组合时，上部结构传至基础顶面的竖向力值，kN；G_k为基础自重和基础上的土重，kN；A为基础顶面面积，m^2。

（2）当偏心荷载作用时

$$P_{k\min} = \frac{F_k + G_k}{A} + \frac{M_k - M_e}{W} \tag{2.35}$$

$$P_{k\max} = \frac{F_k + G_k}{A} + \frac{M_k + M_e}{W} \tag{2.36}$$

式中：$p_{k\min}$为相应于荷载效应标准组合时，基础底面边缘的最小压力值，kPa；M_k为相应于荷载效应标准组合时，作用于基础底面的力矩值，kN·m；M_e为作用于基础侧表面与多年冻土冻结的切向力所形成的力矩值，kN·m；W为基础底面的抵抗矩，m^2。

3） 切向力所形成的力矩值可按下式确定：

$$M_e = \tau_f \cdot h_b \cdot L(b + 0.5L) \tag{2.37}$$

式中：τ_f为多年冻土与基础侧表面间的冻结强度特征值，kPa，应由试验确定，无试验资料时，可按《冻土地区建筑地基基础设计规范》（JGJ 118-2011）或表2.13选用；h_b为基础侧表面与多年冻土冻结高度，m；b为基础底面的宽度，m；L为基础底面平行力矩作方向的边长，m。

表2.13　几种典型土与混凝土的最大长期冻结强度/kPa

土　名		粉质黏土	砂质黏土	粉土	中砂	砾石土
土温/℃	−1	150	140	190	200	190
	−2	270	260	290	360	340
	−3	390	390	340	540	530
	−4	520	510	450	710	700

4） 按逐渐融化状态（原则Ⅱ）和预先融化状态（原则Ⅲ）的设计原则（第二极限状态），即地温高于表2.11的界限值时，此时的冻土应视为塑性冻土，在基础荷载作用下，会出现压缩、沉降变形，地基的计算还应进行变形量计算。地基变形量应符合下式要求：

$$S \leqslant S_y \tag{2.38}$$

式中：S为运营期间塑性冻土地基的计算变形量，mm；S_y为现行国家标准《建筑地基基础设计规范》GB 50007规定的地基变形量允许值。

（1）在建筑物施工和运营过程中逐渐融化的冻土地基，应按线性变形体计算，其地基变形量应按下式计算：

$$S = \sum_{i=1}^{n} A_{0i}(h_i - \Delta_i) + \sum_{i=1}^{n} m_v(h_i - \Delta_i)p_{ti} + \sum_{i=1}^{n} m_v(h_i - \Delta_i)p_{0i} + \sum_{i=1}^{n}\Delta_i \tag{2.39}$$

式中：A_{0i}为无荷载作用时，第i层冻土融化下沉系数，由试验确定；无试验资料时，可按《冻土地区建筑地基基础设计规范》（JGJ 118-2011）中选用。m_v为第i层融土的体积压缩系数，由试验确定；无试验资料时，可按《冻土地区建筑地基基础设计规范》（JGJ 118-2011）中选用。Δ_i为第i层冻土中冰夹层的平均厚度，mm，当Δ_i大于或等于10 mm时才计入。h_i为第i层土的厚度，h_i小于或大于$0.4b$，b为基础的短边长度，mm。n为计算深度内土层划分的层数；p_{ti}为第i层中部以上的自重应力，kPa；p_{0i}为基础中心下地基土冻融界面处第i层土平均附加应力，kPa，按下式计算：

$$p_{0i} = (\alpha_i + \alpha_{i-1})\frac{1}{2}p_0 \tag{2.40}$$

式中：α_{i-1}、α_i为 中心下第i−1层、第i层冻融界面处土的应力系数，按表2.14确定；P_0为基础底面的附加应力，kPa。

（2）冻土地基在最大融深范围内不完全预融时，其下沉量按下式计算

$$S = S_m + S_n \tag{2.41}$$

式中：S_m为已融土厚度h_m内的下沉量，按公式（2.39）计算，此时A_{0i}为0，Δ_i为0；S_n为已融土下的冻土在使用过程中逐渐融化压缩的下沉量，按公式（2.39）计算。此时的计算深度$h_i = H_u - h_m$；H_u为地基土的融化总厚度，$H_u = H_{max} + 0.2h_m$，其中H_{max}为冻土地基的计算最大融深。

表2.14　基础下多年冻土融冻界面处土中应力系数α（JGJ 118–2011）

h/b （h/r）	圆形（半径=r）	矩形基础底面长宽比l/b					简　图
		1	2	3	10	条形	
0	1.000	1.000	1.000	1.000	1.000	1.000	
0.25	1.009	1.009	1.009	1.009	1.009	1.009	
0.50	1.064	1.053	1.033	1.033	1.033	1.033	
0.75	1.072	1.082	1.059	1.059	1.059	1.059	
1.00	0.965	1.027	1.039	1.026	1.025	1.025	
0.50	0.684	0.762	0.912	0.911	0.902	0.902	
2.00	0.473	0.541	0.717	0.769	0.761	0.761	
2.50	0.335	0.398	0.598	0.651	0.636	0.636	
3.00	0.249	0.298	0.474	0.549	0.560	0.560	
4.00	0.148	0.186	0.314	0.392	0.439	0.439	
5.00	0.098	0.125	0.222	0.287	0.359	0.359	
7.00	0.051	0.065	0.113	0.170	0.262	0.262	
10.00	0.025	0.032	0.064	0.093	0.181	0.185	
20.00	0.006	0.008	0.016	0.024	0.068	0.086	
50.00	0.001	0.001	0.003	0.005	0.014	0.037	
∞	0.000	0.000	0.000	0.000	0.000	0.000	

（3）由于偏心荷载、冻土融深不一致或土质不均匀及相邻基础相互影响等而引起基础倾斜，应按下式计算：

$$i = \frac{S_1 + S_2}{b} \tag{2.42}$$

式中：S_1、S_2为基础边缘下沉值，mm，按公式（2.39）计算；b为基础倾斜的长度，mm。

3.苏联建筑规程与《多年冻土上的地基和基础》（С Н и П 2·02·04–88）规定

1）按第一极限状态法（按承载力）

采用设计原则Ⅰ利用多年冻土时，冻土地基承载力计算方法：

要求基础作用于多年冻土地基上的荷载应力不大于冻土的极限长期强度，荷载与冻土地基承载力的关系应满足下列要求：

$$P_k \leqslant f_a/k_n \tag{2.43}$$

式中：P_k为基础作用于冻土地基上的计算荷载；f_a为冻土地基的允许承载力（长期极限承载力）；k_n为按建筑物类型和重要性给出的安全系数。对于桥梁墩、台桩基础可取1.4。

对于桩基和柱式基础，多年冻土地基的承载力可由桩基和柱基底面允许承载力和侧表面的冻结强度组成，即：

$$f_a = \gamma_t \gamma_c (RA + \sum_{i=1}^{n} \tau_{fi} A_{fi}) \tag{2.44}$$

式中：R为桩端或柱式基础底面多年冻土的极限长期强度（允许承载力）；A为桩或柱基础底面支承面积；τ_{fi}为第i层多年冻土与桩侧面或柱侧面的极限长期冻结强度；A_{fi}为第i层多年冻土与桩侧面或柱侧面的冻结面积；γ_t为温度系数，考虑建筑物在施工和运营期间地基土温度变化的修正系数，一般取1.0～1.1；γ_c为地基工作条件系数，按表2.15确定；n为多年冻土计算层的数目。

表2.15 地基工作条件系数γ_c

基础类型和施工方法	γ_c
天然地基土的柱式和其他类型基础	1.0
填土上的上述基础	0.9
用泥浆回填的钻孔插入桩(泥浆强度超过周围土体强度)	1.1
泥浆强度等于周围土体强度的上述桩基	1.0
插入桩和钻孔灌注桩	1.0
导孔直径小于直径的0.8倍的钻孔打入桩	1.0
导孔直径较大的钻孔打入桩	0.9

单桩地基的承载力，应根据现场桩基静载试验结果按下式确定：

$$f_a = \gamma_t K \frac{f_{ay}}{K_t} \quad (2.45)$$

式中：f_a为静载试桩的极限长期承载力；K_t为安全系数（可靠度系数），采用1.1；K为考虑试验桩与设计桩工作条件不同的系数，按下式确定：

$$K = \frac{f_{as}}{f_{aj}} \quad (2.46)$$

f_{as}和f_{aj}分别为试验桩与设计桩的计算承载力。

设计桩的桩侧冻结强度和桩端冻土抗压强度，按设计地温确定。试验桩桩侧冻结强度和桩底冻土抗压强度，按试验实测地温确定。如果试验地温采用试验实测地温，则K=1。

2）按第二极限状态法（按变形）

（1）不考虑融化地基和基础（建筑物）共同工作时，按变形计算地基应满足下列条件：

$$S \leqslant S_y \quad (2.47)$$

式中：S为在极限计算融化深度H内，在土自重和建筑物长期荷载作用下，运营过程中，地基和基础的杆塔变形值；S_y为地基与基础共同变形的极限允许值，按相关规定确定。

（2）考虑地基与建筑物共同工作时，变形计算地基与基础应满足下列条件：

$$P_k \leqslant \frac{P_{kj}}{\gamma_e \gamma_n} \quad (2.48)$$

式中：P_k为在正融地基不均匀下沉时，基础（建筑物）结构构件中产生的计算力；P_{kj}为建筑物结构构件抗力的极限值，按有关结构设计规范计算确定；γ_e为地基-建筑物系统工作条件系数，取1.25；γ_n为按建筑物的用途给出的安全系数，对于Ⅰ、Ⅱ、Ⅲ级建筑物分别采用1.0、0.95和0.9。

（3）建筑物运营过程中，正融地基的下沉量按下式确定：

$$S = S_{th} + S_p \quad (2.49)$$

式中：S_{th}为正融土自重作用下的下沉量，按下式计算：

$$S_{th} = \sum_{i=1}^{n} (A_{0i} + m_v \sigma_{ci}) h_i \quad (2.50)$$

σ_{ci}为第i层土中部的垂直应力，kPa；h_i为第i层正融土的厚度，mm；S_p为取决于建筑物质量的地基下沉量。按有限厚度线性变形层方法计算时，地基下沉量由下式确定：

$$S_p = p_0 b k_h \sum_{i=1}^{n} m_{vi} K_{ui} (K_i - K_{i-1}) \tag{2.51}$$

P_0为基础底面地基上的长期垂直压力，kPa；b为基础底面宽度，m；k_h为无量纲系数，根据Z/b值按表2.16确定，Z为基础底面至融化带下界面（或至融化时不下沉的土层顶面）的距离，m；K_{ui}为根据L/b值按表2.16确定的系数，这里Z为从基础底面至第i层土的中部的距离，m；K_i、K_{i-1}为根据L/b、Z_i/b和Z_{i-1}/b按表2.17确定的系数，这里Z_i和Z_{i-1}分别为从基础底面至第i层土的底面和顶面的距离，m。

表2.16　系数k_h和K_{ui}值

Z/b	k_h	土的K_{ui}系数			
		粗碎屑土	砂土和粉土	粉质黏土	黏土
0～0.25	1.35	1.35	1.35	1.36	1.55
0.25～0.5	1.25	1.33	1.35	1.42	1.79
0.5～1.5	1.15	1.31	1.35	1.45	1.96
1.5～3.0	1.10	1.29	1.35	1.52	2.15
3.0～5.0	1.05	1.29	1.35	1.53	2.22
5.0	1.00	1.28	1.35	1.54	2.28

表2.17　系数K值

L/b	在L/b时的系数K						
	1	1.4	1.8	2.4	3.2	5	10
0	0	0	0	0	0	0	0
0.2	0.100	0.100	0.100	0.100	0.100	0.100	0.104
0.4	0.200	0.200	0.200	0.200	0.200	0.200	0.208
0.6	0.299	0.300	0.300	0.300	0.300	0.300	0.311
0.8	0.380	0.394	0.397	0.397	0.397	0.397	0.412
1.0	0.446	0.472	0.482	0.486	0.786	0.486	0.511
1.2	0.499	0.538	0.556	0.565	0.567	0.567	0.605
1.4	0.542	0.592	0.618	0.635	0.640	0.640	0.687
1.6	0.577	0.637	0.671	0.696	0.707	0.709	0.763
1.8	0.606	0.676	0.717	0.750	0.768	0.772	0.831
2.0	0.630	0.708	0.756	0.796	0.820	0.830	0.892
2.5	0.676	0.769	0.832	0.889	0.928	0.952	1.020
3.0	0.708	0.814	0.887	0.953	1.011	1.056	1.138
3.5	0.732	0.846	0.927	1.016	1.123	1.131	1.230
4.0	0.751	0.872	0.960	1.051	1.128	1.205	1.316
6.0	0.794	0.933	1.037	1.151	1.257	1.384	1.550
10.0	0.830	0.983	1.100	1.236	1.365	1.547	1.696
16.0	0.850	1.011	1.137	1.284	1.430	1.645	2.095
20.0	0.857	1.021	1.149	1.300	1.451	1.679	2.236

2.3.7 基础埋深

根据《建筑地基基础设计规范》GB 50007-2011的规定，建筑工程的基础埋置深度，应按下列条件确定：

（1）建筑物的用途、有无地下室、设备基础和地下设施，基础的形式和结构；

（2）作用在地基上的荷载大小和性质；

（3）工程地质和水文地质条件；

（4）相邻建筑物的基础埋深；

（5）地基土冻胀和融沉的影响。

冻土区建筑工程的基础埋置深度，要特别注意地基土的冻胀和融沉作用。除了乡村及临时建筑物外，大部分都是两层以上的建筑物，基础埋置深度均有所增大，基础类型多采用桩、柱基础，条形基础相对少些。

1.季节冻土区

目前大多数国家都规定冻胀性敏感地基土上的建筑（结构）物，不管是否采暖，通常情况下，基础都应埋置在最大季节冻结深度线以下。

从我国近期调查看，季节冻结深度小于1.0 m的地区，除农村外基本上没有实施基础浅埋；中等冻深（冻深为1.0～2.0 m）地区多层建筑和冻胀性较强的地基埋深多数控制在冻深线以下；深季节冻土区（冻深大于2.0 m），在弱冻胀性地基土上有采用基础浅埋的，如多年冻土南界以外的融区（多为粗颗粒土地基），采暖建筑物中有采用浅埋基础，但工程数量不大。20世纪80年代，黑龙江省大庆市春季施工验槽时，根据不同地基土的冻胀性和融化下沉特性，允许多层采暖建筑物基础下残留不同厚度的冻土层，但现已很少采用了。在内蒙古和大兴安岭地区，季节冻结深度大，完全融化将延续至6、7月份，在弱冻胀性天然场地的浅基础设计施工验槽中仍残留部分冻土层。

鉴于季节冻结深度受气温波动的影响，多年最大季节冻结深度的平均值与最大值之差达15%～20%。为避免极端气候条件下，季节冻结深度会超过标准冻结深度，可能对冻胀性地基土上的基础产生不利影响。因此《冻土地区建筑地基基础设计规范》JGJ 118-2011规定，强冻胀性、特强冻胀性地基土，基础埋置深度宜大于设计冻深0.25 m；浅季节和中等季节冻结深度地区，基础埋置深度不宜小于设计冻深；深季节冻土区，不冻胀、弱冻胀、冻胀性地基土，基础底面可埋置在设计冻深范围内，基础适当浅埋，但应依据当地的工程经验和计算确定。

根据季节冻土区和多年冻土区地基土冻胀性的观测（童长江等，1985），地基土主冻胀带出现在季节冻结深度的上、中部，即2/3冻结深度以内，90%以上的冻胀量都发生在此冻深的土层内，余下的1/3冻深内地基土的冻胀性就很少（图2.22）。因此，只要地基土的承载力能满足设计要求及做好防冻胀措施，基础适当浅埋是可以的。在基础持力层范围内建筑物荷载对地基土的冻胀性具有一定的抑制作用。

《建筑地基基础设计规范》GB 50007-2011中规定，当建筑基础底面之下允许有一定厚度的冻土层，可用下式计算基础的最小埋深：

$$d_{\min} = z_d - h_{\max} \tag{2.52}$$

式中：d_{min}为基础的最小埋置深度，m；z_d为设计冻深，m；h_{max}为基础底面下允许残留冻土层的最大厚度。在深季节冻土区，基础底面土层为不冻胀、弱冻胀、冻胀土时，基础埋深可以小于场地冻结深度，基底允许冻土层厚度应根据当地经验确定。没有地区经验时可从该规范的附录G查取。

在此需要强调的是，不论基础底面埋置于季节冻结深度线以下，或是基础底面下留有一定厚度的冻土层，基础侧向都必须设置防冻胀措施，最简便的方法是在基础两侧回填厚度不小于300 mm的干净的粗砂、砂砾石。如果地基土为粉质黏土或黏土层，在防冻胀层的粗颗粒土底部及基础与地基土间铺设防细粒土渗入的土工布，避免防冻胀层遭受细粒土“污染”而具有冻胀性。

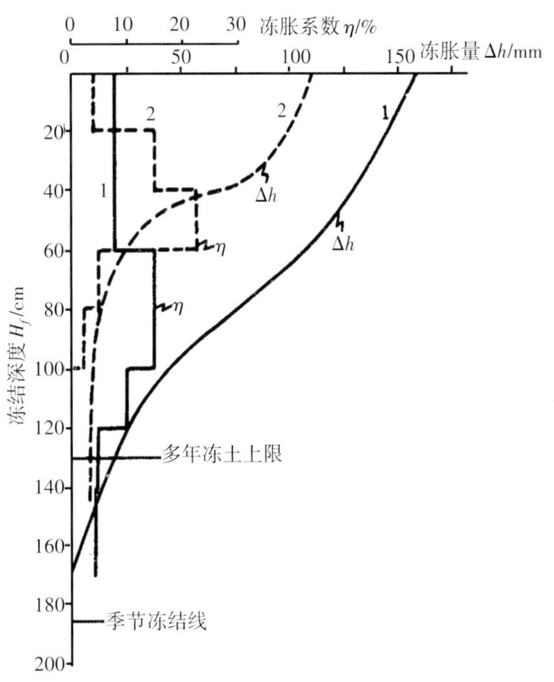

图2.22　冻胀量、冻胀率沿冻深分布

1—季节冻土区；2—多年冻土区。

2.多年冻土区

20世纪80年代以前，我国多年冻土区的采暖房屋建筑绝大部分都采用条形基础，基础底面埋置深度都在多年冻土上限处，底面下设0.25 m左右的砂垫层（图2.11及图2.12）。几年后均遭受冻土地基融沉和冻胀作用而产生不同程度的破坏。据内蒙古牙克石林业设计院1981年的大兴安岭“满归地区的冻土及房屋破坏调查报告”中反映，1958—1978年陆续修建房屋共计58309 m^2，到1979年报废房屋达21501 m^2，占建房面积的36.9%，原因都是基础遭受冻胀和融沉破坏。

俄罗斯和美国、加拿大等在多年冻土区的房屋建筑基本上都是采用桩柱基础。目前，我国多年冻土区的建筑工程，除融区（河流融区）和基岩出露较浅的地段仍采用条形基础或墩式基础外，大部分都采用桩基或柱基，或架空通风基础。

多年冻土地区房屋建筑基础的埋置深度，根据设计原则有所区别。

1）按原则Ⅰ：保持冻结状态，利用多年冻土作为地基

（1）采用架空通风地下室

美国、加拿大及俄罗斯的架空通风地下室建筑，其架空高度基本上为1～1.5 m，有些约为半层楼高［内设有供热、供水和排水管道，图2.23（陈肖柏等，2006），图2.24（吴紫汪等，2005）］。我国的建筑工程架空高度多为0.5～1.0 m［图2.25、图2.26（吴紫汪等，2005）］。

架空式通风基础下的融化盘深度基本上如同季节融化深度，相差不大。大兴安岭地区最大融化盘深度为2.1～2.9 m，青藏高原为1.0～2.0 m。国外多为桩基础，我国多为柱式基础。我国柱式基础的埋置深度为深入多年冻土上限0.8～2.5 m，桩端的埋置深度为3.8 m（上限为1.5 m）。这种情况下，基础埋置深度除了满足承载力要求外，还应满足抗冻拔稳定要求，后者往往是控制性条件（图2.27、图2.28）。冻土地基的承载力取决于多年冻土与桩基础侧表面的冻结强度和桩柱基端下冻土地基的承载力，只要基础深入多年冻土的冻结锚固力大于冻胀力时，该深度即为桩基础埋置深度。

图2.23　阿拉斯加架空式住宅

图2.24　俄罗斯架空式住宅

图2.25　大兴安岭地区架空式建筑物

图2.26　青藏高原五道梁架空式建筑群

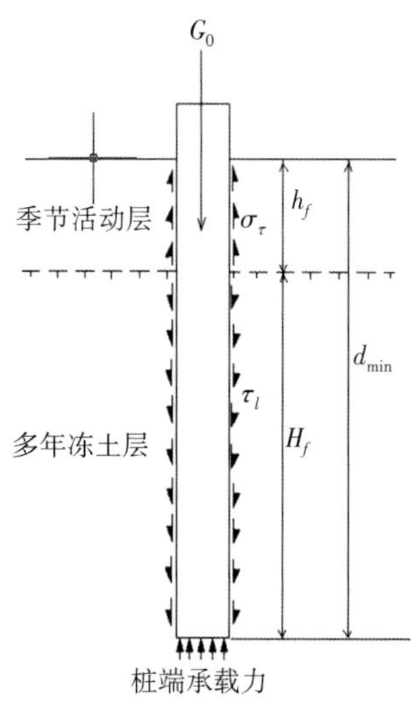

图2.27　多年冻土中作用于桩基上力系图

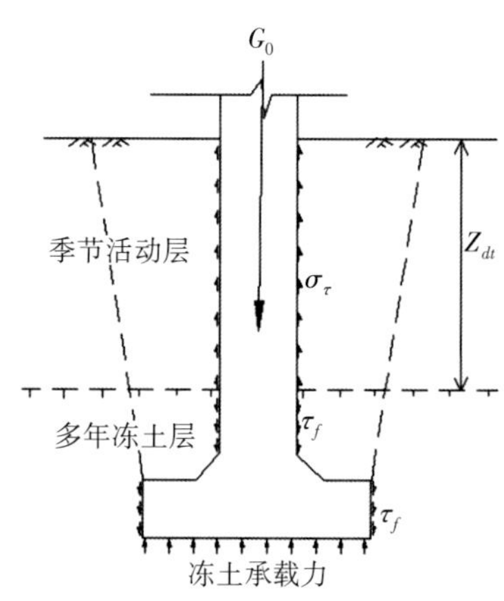

图2.28　多年冻土中作用于扩大基础上力系图

根据公式2.23，即应满足下列要求：

$$\sum_{i=1}^{n}\tau_{fi}A_{fi} + 0.9G_0 \geqslant \sum_{i=1}^{n}\sigma_{\tau i}A_{\tau i} \tag{2.53}$$

那么，桩基础的最小埋置深度为：

$$d_{\min} \geqslant \frac{n\sigma_\tau h_f}{\tau_f} - \frac{0.9G_0}{\pi D\tau_f} \tag{2.54}$$

$$d_{\min} = H_f + h_f$$

式中：σ_τ为地基土回冻时的单位切向冻胀力标准值，kPa；h_f为地基土回冻的季节冻结深度，m；τ_f为多年冻土的冻结强度，kPa；H_f为桩基深入多年冻土的深度，m；D为桩基的直径，m；G_0为作用在桩基上的永久荷载，kN；n为安全系数。

采用桩柱式的浅基础，基础底面置于多年冻土稳定人为上限之下的最小深度应大于0.5 m。当建筑物无稳定人为上限时，基础的最小埋置深度可根据冻土的设计融深（Z_{dt}）确定（表2.18）。

表2.18　浅基础最小埋置深度（据JGJ 118–2011）

地基基础设计等级	建筑物基础类型	基础最小埋置深度/m
甲、乙级	浅基础	$Z_{dt}+1$
丙级	浅基础	Z_{dt}

设计融深等于标准融深乘以各种融深影响系数。标准融深指衔接多年冻土的季节融化层，属非融沉性黏性土且地表平坦而裸露的空旷场地中不少于10年实测最大融深的平均值。融深主要受气温影响，同时也受土质、含水率、地面坡度等因素影响。

$$Z_{dt} = z_{0t}\psi_{tm} \tag{2.55}$$

式中：z_{0t}为标准融深，m；Ψ_{tm}为影响系数（土质、含水率、地形、地表覆盖）。按《冻土地区建筑地基基础设计规范》JGJ 118–2011确定。

据观测资料表明（铁道部第三勘察设计院，1994），基础最大融化深度下的冻土地基中会出现一层0～-0.5 ℃的高温冻土层，其厚度与多年冻土的年平均地温、地基土的组构、基础类型和融化深度有关。这层高温冻土距冻融界面的距离：架空通风基础为0.5～0.7 m；灌注桩基础为0.5～1.0 m；通风洞基础为1.0～1.4 m；爆扩桩基础为0.7～1.4 m。冬季回冻时，冻融界面下冻土温度也随之降低，影响深度可达1.4～2.4 m以下，地温降低-0.5～-3.0 ℃。由于冻土温度的变化，产生下沉（2～10 mm）和冻胀（2～32 mm）。因此，表2.18的浅基础最小埋置深度，基础深入设计融化深度下多年冻土的深度似乎有些浅，铁道部第三勘察设计院提出（表2.19），桩基应深入3 m，其他基础形式应深入1.5 m。青藏高原许多架空通风基础房屋的工程实例，桩柱基础深入多年冻土的深度为1.0～2.5 m。

表2.19　基础最小埋置深度

建筑物等级	基础类型	基础最小埋深/m
一（甲）级 二（乙）级	桩基（不含爆扩桩、钻扩桩）	$Z_{dt}+3$
	除桩基外的其他基础	$Z_{dt}+1.5$
三（丙）级	各类基础	不作规定

（2）不设置架空通风地下室

房屋地板直接坐于地面（或抬高室内地面），在地板下就会形成融化盘。此时，房屋基础仍是利用融化盘下的多年冻土作为地基，基础应置于最大融化盘深度下的多年冻土中。根据前面所述，采暖房屋的最大融化盘深度均达7～10 m，起码为房屋宽度的0.8～1.4倍，计算方法按本章2.3.3节的相关公式确定。显然，该情况下的采暖房屋基础形式应采用桩基，而不适用浅基础。基础的最小埋置深度应符合表2.18或表2.19的要求，建议按表2.19选用。

2）按原则Ⅱ：逐渐融化状态，利用多年冻土作为地基

设计原则Ⅱ的适用条件，仅用于最大融化深度范围内的冻土层；不融沉和弱融沉性土的地基，它仅适用于少冰冻土和多冰冻土，对高含冰率冻土是不适用的。

基础埋置深度除应满足承载力要求外，需进行冻土地基逐渐融化时的沉降量计算和冬季地基土回冻时冻胀作用下的基础稳定性计算。

基础形式可采用桩柱基础或扩大式浅基础。不论何种形式，基础底面的埋置深度均应超过最大融化深度以下，最好能加深1.5～3.0 m。

3）按原则Ⅲ：预先融化状态，利用多年冻土作为地基

预先融化设计原则主要用于高温冻土区的低含冰率粗颗粒土层，否则，预先融化后土层的压密固结需耗费巨大的成本。

基础埋置深度可按季节冻土的设计处理。但基础底面仍应置于地基最大冻结（回冻）深度线以下0.5 m，且应进行抗冻胀稳定性计算。

特别强调的是，不论采用何种设计原则，在最大季节融化深度范围内，都应设置防冻胀措施，避免应地基土冻胀导致建筑物变形破坏。

2.3.8 岛状多年冻土区的地基

岛状多年冻土区主要分布在连续多年冻土区的边缘地带，如青藏高原东部果洛、玉树以东；唐古拉山安多以南的申格里贡山至两道河一带；新疆天山的多年冻土下界海拔高度附近；大兴安岭多年冻土南界附近的满洲里、牙克石、海拉尔、博克图、加格达奇南以及小兴安岭的伊春、北安、黑河等地。

岛状多年冻土多残存在低洼沼泽湿地、地表植被覆盖较好的细颗粒土地带，多半属于不衔接多年冻土。多年冻土厚度变化较大，大部分为3～10 m，个别地段可达15 m以上，年平均地温为0～-0.5 ℃，属于极不稳定地温带。岛状多年冻土区的多年冻土上限埋置深度变化较大，沼泽湿地一般为1.0～2.0 m，山前斜坡为1.5～3.0 m，河漫滩及人为扰动地段为3.0～8.0 m。岛状多年冻土处于相互孤立分布，面积大者达千余平方米，小者为百十平方米。

岛状多年冻土区，通常气温较高，吸热量往往大于散热量。在全球气候转暖条件下，岛状多年冻土处于退化和消亡过程中，热稳定性差，抗外界及人为因素热扰动的能力极弱。在不衔接岛状多年冻土区地段，多年冻土与季节冻土间的融化夹层，地温处于零温或略高状态，且多含有冻结层上水存在。

从建筑场地选址看，尽量避开岛状多年冻土地段，选择在地势较高、干燥、植被覆盖较差的阳坡地带，地基土为粗颗粒土（砂砾石、块碎石），具有较好的排水条件的融区地段。当受各种因素制约而避不开时，也应避免选择在低洼的沼泽湿地地段。

岛状多年冻土区建筑工程的地基设计：

（1）当多年冻土层厚度较小，年平均地温较高时，一般可采用设计原则Ⅲ，即预先融化状态的设计。基础底面置于最大季节冻结深度线以下的融化土层上或基岩上。

（2）当多年冻土层厚度较大，年平均地温较低时，可采用设计原则Ⅱ，即允许多年冻土地基在工程施工和运营期间逐渐融化，基础底面应穿过融化夹层置于弱融沉多年冻土层上。

1. 自然融化

自然融化方法适用于多年冻土厚度较小，年平均地温较高的岛状多年冻土区，采用原则Ⅲ设计。提前一二年，在5月开始将拟选建筑场地的地表覆盖物（植被、泥炭层等）铲除，疏干地表水，依靠暖季的太阳和高气温使多年冻土层逐渐自然融化。按自然融化方法的地基设计时，最为合理的基础形式是桩柱基础。需做下列工作：

（1）桩柱基础底面应穿过最大季节冻结深度及融化夹层，置于可靠的持力层上。

（2）计算基础底面下持力层自然融化时的融化下沉和压缩沉降量，不能满足时应进行压缩和加固措施，如机械法，主要是深层压密；物理法，主要是砂井排水等；化学法，主要是化学溶剂进行化学加固；电化学法，主要是在电渗同时注入水玻璃等加固剂。

（3）基础承载力可计入桩端融土层的地基反力及融土层的摩擦力。

（4）最大季节冻结深度范围内不考虑摩擦力，而应验算冻胀力作用下基础的稳定性，不满足要求时，应采取防冻胀措施以减小或消除基侧的切向冻胀力。

（5）当地基土承载力不满足要求时，可采用扩大式基础，将基础底面应置于最大冻结深度线以下。

2. 控制融化法

控制融化法适用于冻土层厚度较大，年平均地温较低的岛状多年冻土区，可采用原则Ⅱ设计，即允许多年冻土地基在施工和运营期间逐渐融化。有两种情况：

（1）当冻土地基的土质为少冰或多冰冻土的粗颗粒土时，可采用原则Ⅱ设计，适用桩柱基础。应进行下列工作：

①计算房屋地面下最大融化盘的深度；

②计算预计融化深度内冻土地基的融化下沉和压缩沉降量；

③计算冻土地基的承载力；

④确定基础埋置深度，基础底面应置于多年冻土上限以下3 m；

⑤进行基础抗冻胀稳定性验算。

（2）当冻土地基的土质为高含冰率冻土时，宜采用原则Ⅱ设计：

其一，基础应穿过最大融化盘深度以下的多年冻土层内，适用基础形式主要为桩基：

①计算房屋地面下最大融化盘的深度；

②计算冻土地基的承载力；

③桩基础应深入多年冻土层的深度不小于3 m；

④进行基础抗冻胀稳定性验算；

⑤计算房屋地板的热阻，减少或消除传入冻土地基的热量。

其二，采用架空通风地下室和消除采暖房屋的热影响，维持多年冻土地基的相对热稳定性。适用基础形式有条形基础、柱式基础、片伐基础等架空通风基础：

①确定架空通风基础的通风孔面积，架空高度和提高适应变形能力的建筑物结构；

②计算房屋地板的热阻，满足房屋保暖和减少或消除传入冻土地基的热量；

③计算冻土地基的承载力；

④基础底面应深入多年冻土层深度不小于3 m；

⑤进行基础抗冻胀稳定性验算；

⑥采取有效措施保护建筑场地和周围多年冻土环境。

上述各项要求和计算均可按本章的相关内容进行。

2.4 冻土中的基础

多年冻土区建筑工程地基基础设计，不论采取何种原则，都应满足两个基本要求：其一，作用于地基的荷载都应小于地基土（冻土或融土）承载力（冻土为极限长期承载力；融土为允许承载力）；其二，基础运营期间的变形（冻土融化下沉和压缩变形的沉降）不超过允许值。同时，建筑物基础埋置深度和结构均应满足抗冻胀稳定性的要求。

2.4.1 基础设计应考虑的问题

1. 季节冻土中的基础

季节冻土区的基础设计，除了满足建筑物的要求外，应考虑基础的形式、埋置深度和抗冻胀稳定性。从季节冻土区建筑物破坏情况调查来看，建筑物破坏的主要原因是地基土冻结过程中水分迁移形成冰透镜体引起冻胀位移所致。

1）冻胀问题

引起地基土冻胀的三大要素：土质、水分及负温度。在基础设计时，采取措施消除或削弱其中一个要素，地基土的冻胀性就会大大地减弱或消失，减小作用于基础侧面切向冻胀力或水平冻胀力和基础底面的法向冻胀力。如土质改良、隔热保温、基侧涂以黏附油脂性材料、套管隔离、降低地下水位、增加基础埋置深度等措施都能起到防止基础冻胀（图2.29）[①]。采暖结构也可减小冻深。据我国东北季节冻土区大量工程实例，采取综合防冻胀措施比单一措施所得的效果往往是事半功倍。

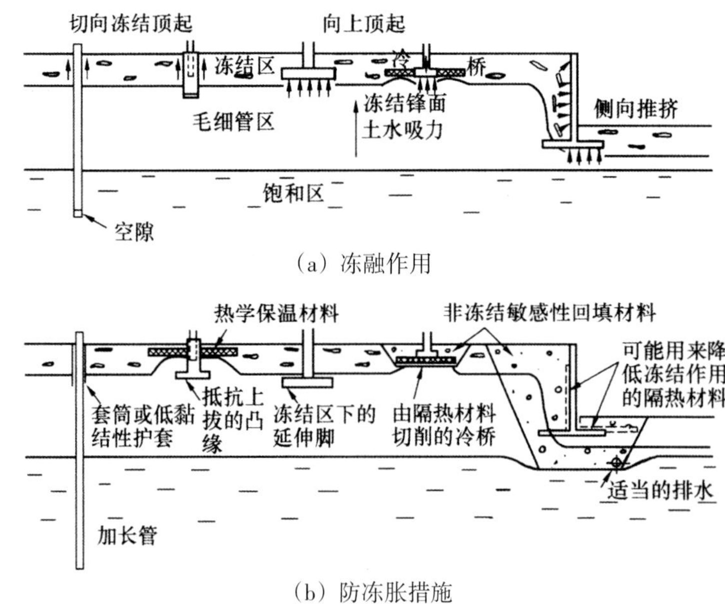

（a）冻融作用

（b）防冻胀措施

图2.29 各类基础形式的冻融作用和防冻胀措施

①美国陆军部冷区研究与工程实验室，深季节冻土地区和多年冻土地区基础设计与施工，沈忠言译，1984。

2）基础埋深问题

基础埋深应给予足够重视，原则上，基础底面应置于最大季节冻结深度线以下0.5 m，特别是有地下水存在的地段。多层房屋基础埋深最浅也必须超过(2/3)～(4/5)的最大季节冻结深度，因为多层房屋的荷载对地基土的冻胀性有抑制作用。

3）基础形式问题

适用于季节冻土区建筑物的基础形式有柱基、墩基、斜面基础（图2.30）、自锚式基础（图2.31）等，均可用于浅基础，一些特殊建筑物亦可采用桩基。主要取决于地基土的承载力、沉降和基础抗冻胀稳定性。

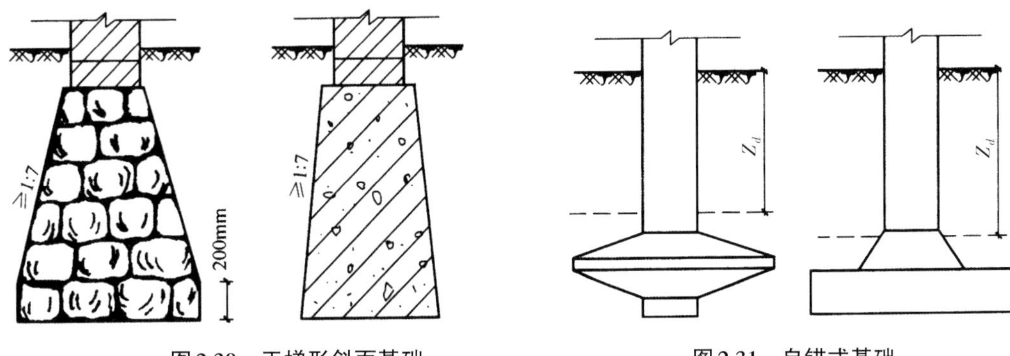

图2.30　正梯形斜面基础

图2.31　自锚式基础

2. 多年冻土中的基础

多年冻土区房屋建筑破坏的主要原因是冻土地基融化下沉（图2.1、图2.2），亦有遭受地基土回冻时的冻胀（切向冻胀力及法向冻胀力作用）破坏。

1）融化下沉问题

多年冻土地基融化下沉性主要取决于冻土地基的含冰率、地温和土质。高含冰率冻土中具有不同厚度的地下冰层，特别是层状和网状构造的冻土，具有厚层或巨厚层地下冰，融化时会产生很大的下沉量，以致出现融陷（图2.1）。由多年冻土区采暖房屋下沉变形调查可知，多数采用浅基础所致（图2.11至图2.14），即是采用桩基（如爆扩桩基础等），其埋置深度不足，桩基端仍然置于最大融化盘深度内。

2）基础的支撑条件

当基础端支撑于低含冰率的粗颗粒冻土上时，冻土地基融化仍具有较高的承载能力，地基的稳定性较好，可按原则Ⅱ设计。当基础端支撑在高含冰率细颗粒冻土上时，因其多为层状、网状冻土构造，含有厚度不一的多层地下冰，在房屋采暖的影响下，冻土地基融化时具有较大融化下沉性和较高压缩性，地基土的稳定性较差，承载能力也较小，应按原则Ⅰ或Ⅲ设计（图2.32）。无论何种情况，都应做好防冻胀措施。

3）基础形式

在低含冰率粗颗粒冻土地段，可作为基础的支撑地基，采用浅基础、柱基等。在高含冰率冻细颗粒土地段，基础的支撑端应穿过季节活动层，置于最大融化盘下的多年冻土之中，如采用桩基础，或者采用通风地下室或冷却装置冷却冻土地基，使之保持冻结状态，或者采用隔热保温层减小房屋热量的下渗等（图2.33）。

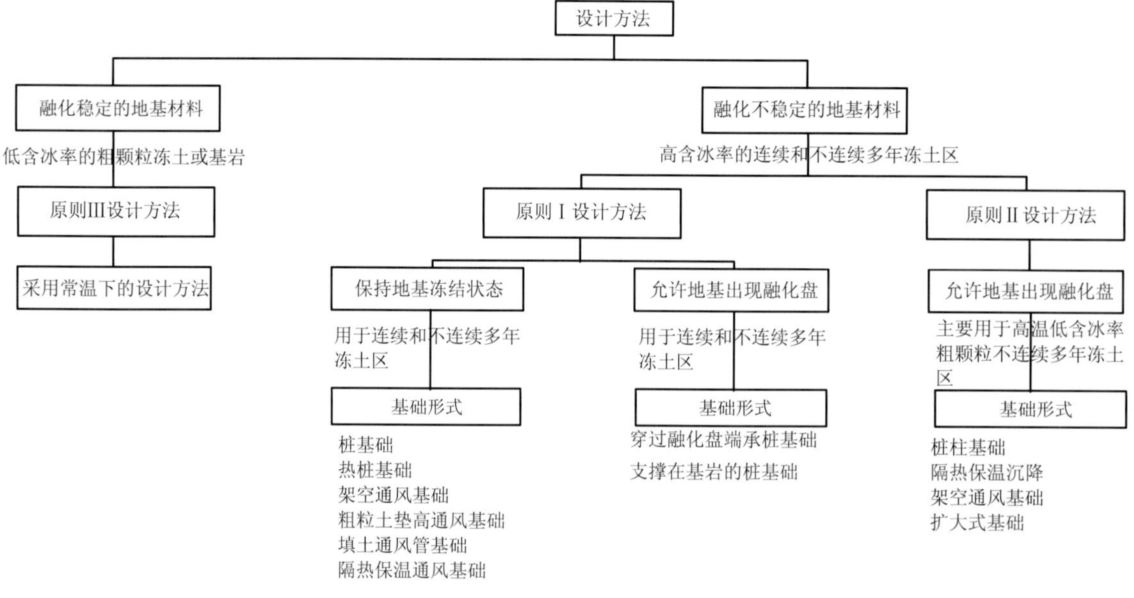

图2.32　多年冻土区的基础设计方案

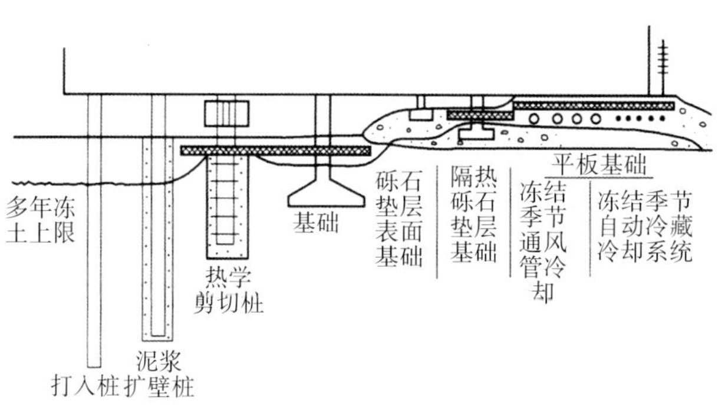

图2.33　多年冻土中不同基础类型①

2.4.2　浅基础

1. 季节冻土区

浅基础可采用现行国家标准《建筑地基基础设计规范》GB 50007-2011规定的基础形式，但都应按现行行业标准《冻土地区建筑地基基础设计规范》JGJ 118-2011的规定，进行冻胀力作用下基础稳定性验算。

原则上，季节冻土区基础底面的埋置深度应置于最大季节冻结深度之下，最少也应埋置在最大季节冻结深度的2/3深度之下，且回填厚度不小于300 mm的砂砾垫层。需要时，一般可采用下列方法减小基础埋置深度：

（1）当采用砂砾垫层减小基础埋深时，必须满足两个条件：其一，砂砾垫层中粉黏粒（粒径<0.075）含量不大于15%；其二，冻结线内砂砾垫层的地下水应能予排除。

（2）扩大基础外侧的散水宽度，其下铺设隔热保温层，避免冻结线侵入基础底面引起基底法向冻胀力。

①美国陆军部冷区研究与工程实验室，深季节冻土地区和多年冻土地区基础设计与施工，沈忠言译，1984。

（3）基础内侧布设采暖地沟或采暖设施，主要布设在阴侧和拐角地段。

不论何种基础形式，基础外侧都应回填厚度不小于300 mm干净的砂砾石层，减少切向冻胀力作用。

2.多年冻土区

1）地基处理方法

从多年冻土区采用浅基础成功的实例看，浅基础都是坐落于高填砂砾石垫层中（或之上），再采用架空通风或通风管以保持多年冻土地基处于冻结状态，并排除地表水和地下水侵蚀。基础形式有柱式、墩式、扩大式、筏式基础等（图2.34至图2.37）。

对于加热的重荷载大型结构物，如油库等也可以采用有通风管的砂砾石垫层板型基础，降低地面板下多年冻土的地温（图2.38）。需要注意的是，垫层厚度应按夏季的最大融化深度确定；当气温升高达到0 ℃时应及时关闭通风管口，避免热空气进入管内，在冻结季节应将管口打开，让冷空气进入管内，加速垫层降温，保护多年冻土地基，管口可采用自动装置予以实施。在加热非常大的结构物时，可采用热棒+保温隔热层复合基础降低基底多年冻土地基的地温。

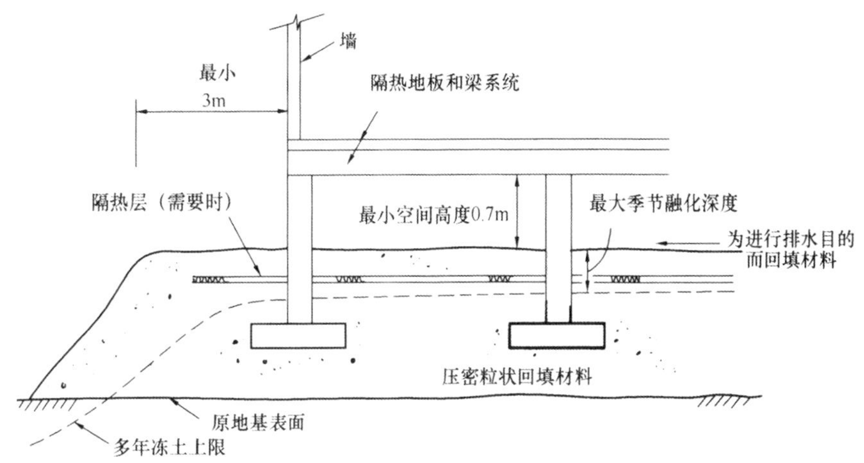

图2.34　基础置于表面覆盖有较厚隔热砾石垫层[1]

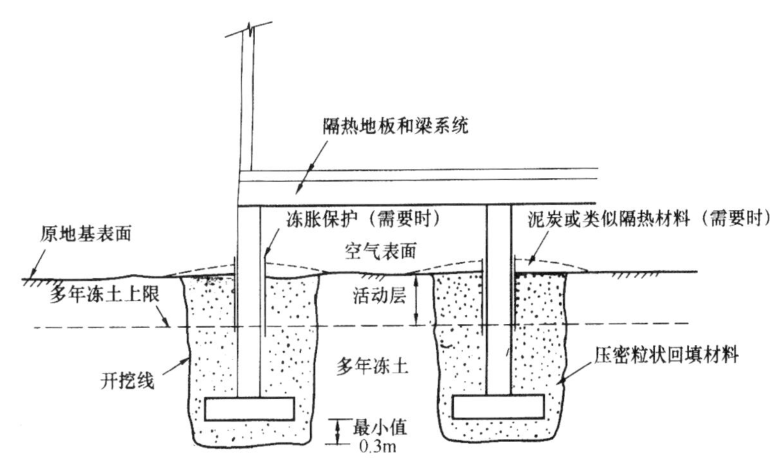

图2.35　基础置于原地面下开挖基坑[1]

①美国陆军部冷区研究与工程实验室，深季节冻土地区和多年冻土地区基础设计与施工，沈忠言译，1984。

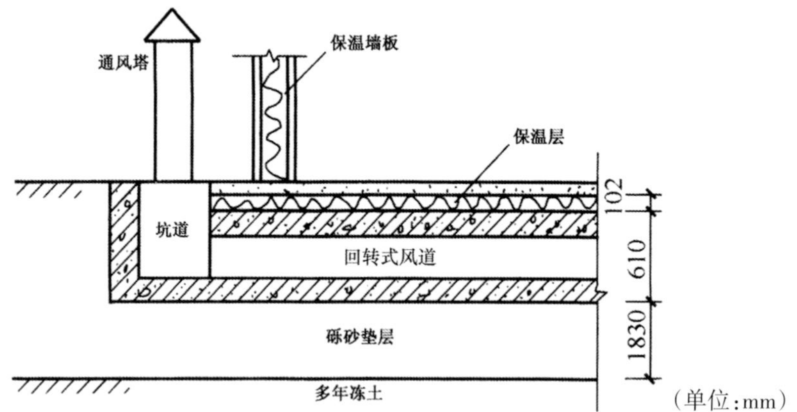

图2.36 费尔班克斯地区筏式基础（均引自JGJ 118-2011）

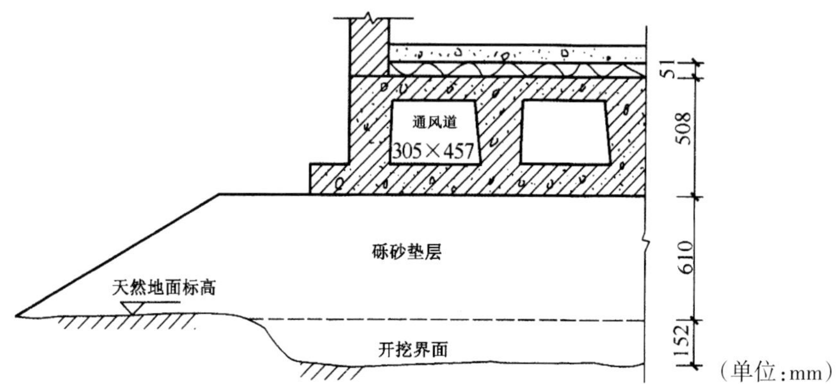

图2.37 格陵兰图勒地区筏式基础（均引自JGJ 118-2011）

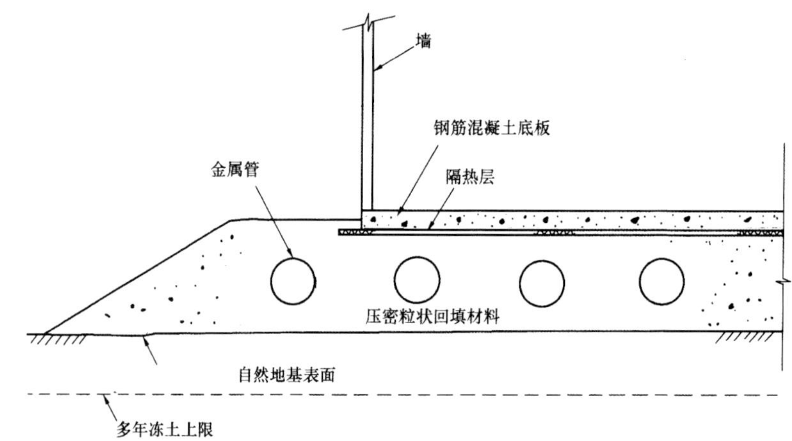

图2.38 置于通风管压实土上的隔热混凝土板

2）浅基础设计

浅基础设计过程的步骤：

（1）根据影响冻土地基稳定性因素选择基础的埋置深度；

（2）估算基底下的最高温度，以确定对冻土地基的影响；

（3）按承载力理论确定安全系数条件下的基础尺寸；

（4）按本构关系进行基础的沉降分析；

（5）当沉降或变形速率超出要求范围时应对基础尺寸或埋置深度进行修正。

冻土地基力学性质与地温的关系是浅基础设计中需要考虑的，尤其是地基中地温分布形式是设计中主要考虑的重要因素，应采用最大温度极限值进行设计，可按公式2.2温度由地面向下传递的指数衰减曲线来确定。

3）承载力及变形确定

非冻土地基，浅基础的允许压力是根据地基土抵抗破坏，且沉降变形在允许范围内的原则确定的，其标准也适用冻土地基中的浅基础，只是还要考虑冻土地基的强度及其随温度变化的规律，基础沉降变形主要是来自冻土地基的蠕变变形，而不是固结变形。

冻土地基承载力及变形计算按本章所述方法确定。

2.4.3　桩基础

在深季节冻土区和高温高含冰率多年冻土区，使用桩基础具有很多优点，其热干扰最小，可使建筑物避免季节活动层的冻胀、融沉作用，可支撑在强度相对稳定的深处多年冻土层上。再一个优点是桩基础可预制，也可以现浇灌（国外不主张此方法），避免进行较大热干扰的开挖式挖掘过程。同时，桩基础稍做变化可变为具有更大制冷能力的架空通风基础、热桩基础等。根据不同的冻土地基土质条件，可进行机械化安装。

1.桩基的类型

用于冻土中桩的类型最为常用的有钢筋混凝土桩、木桩、钢桩等。桩的类型选择取决于土的类型、地温状态、承受荷载、采用的材料、施工设备、运输条件和桩的安装费用等。

1）钢筋混凝土桩

在北美多年冻土区的工程中很少使用钢筋混凝土桩，俄罗斯的西伯利亚及我国多年冻土区则广泛采用。北美主要采用预制钢筋混凝土桩，通常是安装在预先融化或钻好的孔中，偶然才采用现浇形式。我国则较多采用现浇形式。

北美认为，混凝土具有较低的抗拉强度，在地基土冻胀力作用下往往会产生拉裂，低配筋的轻载混凝土桩中的钢筋大量伸长，使暴露在外的钢筋产生腐蚀。在这种环境条件下采用预制桩是较好的形式，可以防止混凝土开裂，预应力钢筋具有较大的优点。

2）木桩

北美较多采用当地的木材，是成本最小的桩基。常用的木材一般为云杉、花旗松或松树等，长度为6～15 m，顶端直径为150～250 mm，底端为300～350 mm。在季节活动层内应做防腐处理保护以防止其腐烂，且可以减小桩侧的冻胀力作用。

木桩的优点是隔热性好，通常在饱和的多年冻土中能保持较好的完整性。但它具有较低的结构承载力，且不能在冻土中对其进行机械作用。

3）钢桩

钢管桩和工字型（H型）钢桩是多年冻土中最适用的形式。用混凝土或砂充填钢管桩可以提高其承载力。敞口钢管桩和H型钢桩可打入高温多年冻土中很深，可接长或截断，并能承受较高的荷载。底端封闭或加箍的钢管桩通常用于插入预先钻好的孔中，桩与钻孔的缝隙中浇灌水泥砂浆或混凝土。在多年冻土中基本上没有腐蚀现象发生，在季节活动层及其下0.5 m范围内可先涂底漆，再在其上涂防腐剂。多年冻土中钢管桩不能采用防腐蚀措施，否则就没有冻结强度。

设计时，当需承受侧向荷载时通常选用钢管桩。管壳厚度应不小于2.5～3 mm，否则对承载力不起作用。对钢管桩和H型钢桩的平均压缩应力不宜超过63 MPa。

2.桩的安装方法

桩的安装方法取决于多年冻土的地温、土的类型、桩的类型及埋置深度、现场可采用的施工设备等。通常采用的方法：预先钻孔法（旋挖钻、麻花钻、冲击钻、回旋钻等）、打入法（融化打入、钻孔打入）、人工挖孔法。

1）预先钻孔法安装

预先钻孔的方法多为螺旋（麻花）干钻成孔，回旋钻或冲击钻法成孔。

（1）成孔

螺旋（麻花）干钻或旋挖钻较适用冻结粉土和黏性土等细颗粒类土（图2.39、图2.40），以及砂砾类土（图2.41、图2.42），对漂砾类土就不太好用。旋挖钻的孔径可达1.2～1.5 m或更大一点。旋挖钻钻进速度较快，钻进速率达6～8 m/h，省力，定位精确、孔的尺寸控制精确高，对多年冻土热干扰最小，设备移动较方便。

图2.39 旋挖钻钻进中（答治华提供）

图2.40 适用黏性土的旋挖钻钻头（答治华提供）

图2.41 适用砂砾类土的旋挖钻（童长江摄）

图2.42 适用砂砾类土的旋挖钻钻头（童长江摄）

国内一些施工单位采用麻花钻或冲击钻，或是多次扩孔。这种方法成孔的垂直度不够精确，孔径不易控制，孔壁易坍塌，孔底残留物不易清净。

大口径回旋钻较少，也需多次扩孔。低温细颗粒冻土孔壁较为稳定，粗颗粒冻土则易坍塌，需用泥浆护壁，可能会把过多的热量带入多年冻土中。

钻孔直径应比预制桩径大100～150 mm。桩与孔壁间隙过小，回填料不易充填密实，往往出现空隙，桩侧与多年冻土的冻结强度减弱可导致承载力不能满足设计要求。间隙过大，回填料过多，填料回冻散热会引起多年冻土升温，回冻期增长。

（2）成桩

预制桩，直接垂直吊装插入钻孔，施工中要防止孔壁受损塌落。

钻孔灌注桩，用于低温连续多年冻土或不连续多年冻土区时，应采用低温混凝土，入孔温度宜为5～10 ℃。桩基混凝土强度等级不应低于C30。

当钻孔灌注桩桩端持力层含冰率大时，孔深应适当加深置于含冰率较小的冻土层上，在孔底铺设300～500 mm的压实砂砾石垫层。

（3）孔与桩壁间回填

预制桩插入钻孔定位后，通常采用水泥砂浆充填孔于桩壁的间隙，或含有砂的水泥砂浆。黏土难以搅拌和灌注。回填时，砂浆温度不宜超过5 ℃，稠度大些，且用小直径振动器振实，以保证沿桩没有任何桥接现象，不留孔隙。整个作业应一次性连续操作。

也有预先将高含水率水泥砂浆充填钻孔，当桩插入到设计深度时，水泥砂浆正好上升到地面。这种方法施工的桩难以定位和铅直，且施工速度要快。钢管桩和H字形钢桩用这种方法容易安装。

钻孔插入桩，适用于各种岩性和冻土条件的地基。当对冻结层上水发育地段应采取防止坍塌的措施。

钻孔插入桩的优点：①适用于各种冻土地基；②施工设备简单；③桩位及标高容易控制，有利于承台等拼装化；④对初始温度较低的冻土地基，也能较快回冻，可以连续施工。缺点：①对初始温度较高的冻土地基，回冻时间较长，前期承载力低，不能连续施工；②桩径大时，设备易受限制。

2）钻孔打入法安装

此法主要用于高温细颗粒冻土层。在冻土中预先融化一个孔后，再在其内打入桩。通常较适用于重型钢管桩和H字形钢桩。预制钢筋混凝土桩也有此法（图2.43），但应注意桩头的保护，避免损坏。

钢筋混凝土预制桩，宜采用钻孔打入方法，特别是用于含有大块碎石的塑性冻土地区。钻孔直径应比预制桩直径或边长小50 mm，钻孔深度应较桩入土深度大300 mm。

图2.43　俄罗斯雅库茨克地区通过蒸汽解冻安装预制混凝土桩

（奥兰多·B.安德斯兰德等，2011）

用普通桩锤或振动锤打桩时应连续击进，打桩中断时间不宜长于5～10 min，否则就会出现回冻或增加打入困难。

打入桩较适合于不含块石漂石的黏性土、砂性土和卵砾石所构成的高温冻土地基。当地下水发育时，应采取防止孔壁坍塌的措施。

钻孔打入法的优点：①前期承载力较高，可以连续施工；②对桩周冻土地温场的扰动较小，回冻较快。缺点：①需要配备打桩设备；②桩的平面位置和标高不易控制，不利于拼装化；③受施工器具限制，桩径不大。

3）灌注桩

钻孔灌注桩在我国多年冻土区广泛应用，特别是大直径的桥桩主要采用钻孔灌注桩施工方法，在房屋建筑工程中也有采用。采用低温早强混凝土，适用于多年冻土年平均地温低于-0.5 ℃条件下的各类冻土地基。

钻孔方法有采用干钻法，也有采用泥浆回旋钻法。成孔过程中要做好清孔和护壁。

多年冻土区应采用低温混凝土，用导管从孔底开始浇注，一定高度后即进行振动振捣。混凝土入模温度控制在5～10 ℃。混凝土坍落度应控制在22 mm内。

由于灌注桩具有较大的热扰动，施工季节宜在多年冻土地温最低的季节（2～5月）进行，以便使灌注桩的混凝土较快散热，减小混凝土水化热对桩周多年冻土的热扰动，且能加快多年冻土的回冻。

钻孔灌注桩的优点：①承载力大；②设备简单，并能充分利用当地的砂石集料。缺点：对桩周多年冻土地温场扰动较大，回冻时间长，不能连续施工。

上述桩基安装方法的比较见表2.20。

表2.20 多年冻土区钻孔桩基安装方法比较

比较项目	钻孔灌注桩	钻孔插入桩	钻孔打入桩
适用地层	各种土层	各种土层	黏性土、砂性土
对冻土地基的热扰动	最大	较小	最小
单桩承载力	最大	较小	较大
施工难易程度	容易	复杂	较复杂
能否制作大直径桩	能	不能	不能

3. 桩的大小及埋置深度

根据作用于桩上的荷载、冻土地基承载力和桩的工作条件（冻土岩性、地温、含冰率、材质、施工工艺和季节等）确定桩径及埋置深度。为确保桩的结构稳定性，桩材的抗弯强度应超过土的抗压强度的15%以上，桩基础的设计计算，按《建筑桩基技术规范》JGJ 94-2008相关内容进行。

桩基设计中应尽可能地减少对多年冻土地基的热干扰，有效增加基础的抗冻胀稳定性，力求减少桩的数量，通过增加桩的埋置深度或增大桩的直径来满足建筑物荷载要求。

桩基安装过程中冻土地基承载力形成与桩周土质温度、热扰动、回填（灌注）料的热量、桩基的安装方法及桩周的回冻时间有关。初期，钻孔打入法安装的桩基具有较大的承载力，桩端阻力及桩侧的冻结力能较快形成。钻孔插入桩和钻孔灌注桩的承载力主要由桩端阻力承担，桩侧没有冻结力，摩擦力基本上也可忽略。

4. 桩周的回冻

多年冻土区控制桩周回冻时间主要取决于多年冻土地温状态，单位长度范围内充填泥浆的数量，泥浆的熔化潜热、入模温度以及桩间距离（群桩）。在同一场地条件下，回填泥浆体积和含水率越小，桩间距越大，则回冻的时间就越短。

1）自然回冻

采用桩周泥浆回填料的体积回冻时潜热计算法最为简单（图2.44）（奥兰多.B.安德斯兰德等，2011）。只要通过试验测定泥浆回填料的含水率和干密度，就可以算出水、土和桩的含热量（焓）。

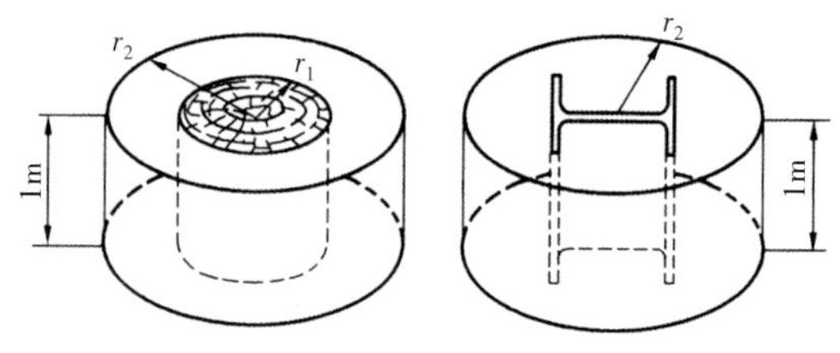

图2.44 桩周泥浆回填料体积热的计算法

每米长度范围内泥浆体积潜热取决于泥浆体

积、含水率和干密度。假设泥浆全部回冻，则单位体积泥浆中的潜热为：

$$Q = L\omega\rho_d \tag{2.56}$$

式中：Q为每米桩长度范围内所需泥浆体积潜热，J/m；ω为泥浆含水率，小数计；ρ_d为泥浆的干密度，kg/m³；L为泥浆的潜热，J/kg。

按图2.44所示即为体积潜热计算。即：

$$Q = \pi L(r_2^2 - r_1^2)\omega\rho_d \text{ 或 } Q = L(\pi r_2^2 - A)\omega\rho_d \tag{2.57}$$

式中：r_1为桩的半径，m；r_2为钻孔的半径，m；A为H型桩截面积，m²。

因此，控制回填砂浆的水分是非常重要的，它涉及回填的捣实及回冻时间。回填物质应采用砾砂、粗砂等砂类土，不宜用黏性土，因砂类土的冻结温度较高，通常接近于水的冻结温度，同时，砂类土较易沉入桩底，密实度较高，可把水分挤出，有利于填料的回冻。

桩基自然回冻中，热流总是流向更冷的区域。假设热量仅沿着桩和砂浆的半径方向传递，在冬季后期，热量从桩身向上传送到地表和向外传递时，回冻速度会很快（图2.45）（奥兰多·B.安德斯兰德等，2011）。在夏季后期，回冻时间取决于季节融化层以下多年冻土中冷能的储备情况。

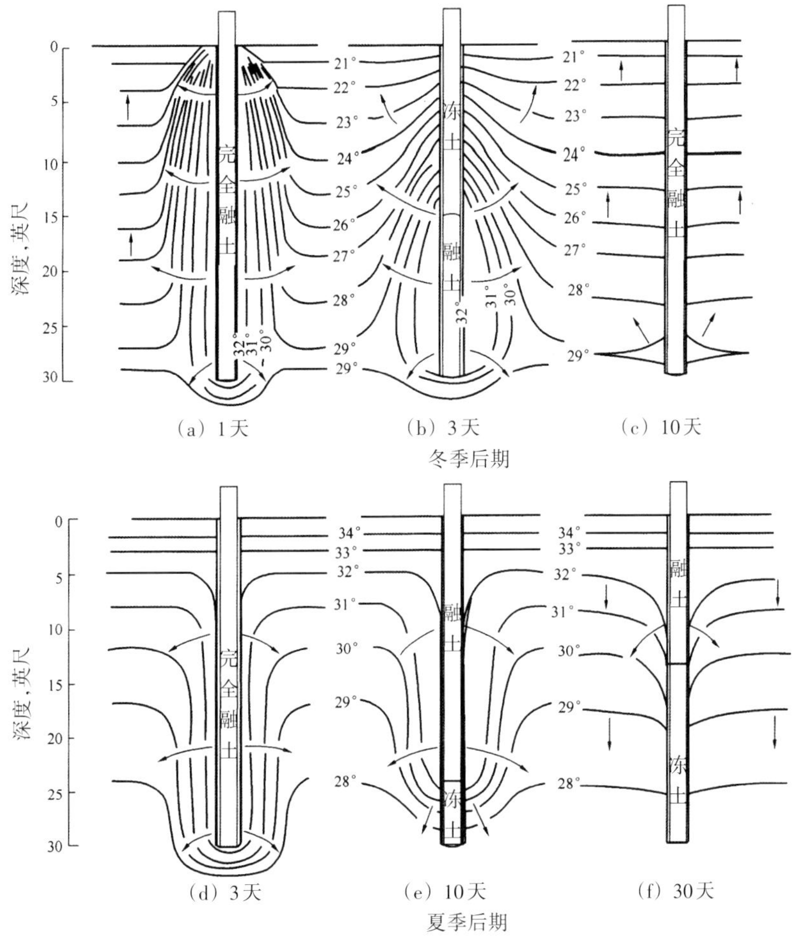

图2.45　冬季和夏季多年冻土中桩基的自然回冻（保留原图单位：英寸和°F）

青藏高原桩基试验观测（表2.21）（励国良等，1980），桩基回冻时间，除了与桩基安装方法、桩基自身热量（取决于填料的含水率、密度及体积）有关外，还与桩周多年冻土温度状态有密切关系。

表2.21 青藏高原多年冻土区桩基回冻时间(注:16 m有承压水)

桩基安装方法	打入桩	插入桩	灌注桩			
试验地区	五道梁	五道梁	清水河	沱沱河	楚玛尔河	昆仑山垭口
土质	细砂、凝灰岩	细砂、凝灰岩	粉细砂、粉质黏土	黏土、凝灰岩	中砂、粉质黏土	粉质黏土、粉土
年平均地温/℃	-1.0～-1.4	-1.0～-1.5	-0.5～-1.0	0～-0.3	-0.5～-1.0	-2.8～-4.0
冻土上限/m	1.5～2.0	1.5～2.0	2.0～2.5		2.0～2.5	1.0～2.1
桩径/m	0.40	0.30	0.55～0.63	1.0	1.25	1.0
桩长/m	6.5	6.9	8.65	20	14.5	15
入模温度/℃				8.0	11.5	11.0
回冻时间/d	5～11	6～15	50～60	280天未回冻	30～100	15～30
试验时间/a	1974—1978			2001—2002		

沱沱河地区的多年冻土与融区过渡带，因地下16 m深处有承压水，地温基本上为0 ℃左右，多年冻土层中4.8～6.8 m（地温-0.31 ℃）的地温观测表明，第280天仍未见桩周冻土回冻（图2.46）（王旭等，2005）。

楚玛尔河属于高温不稳定多年冻土区，冻土地温为-0.5～-1.0 ℃。夏季钻孔浇灌，经30天后，8.5 m深以下回冻，土温达-0.1～-0.57 ℃（图2.47）（王旭等，2005）。100天后，冻土上限（2.5 m）以下桩壁均为负温，但仍未达到设计温度。

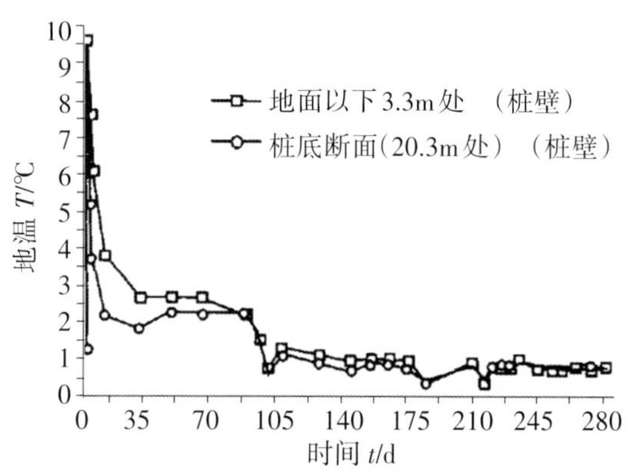

图2.46 沱沱河地区灌注桩回冻时间

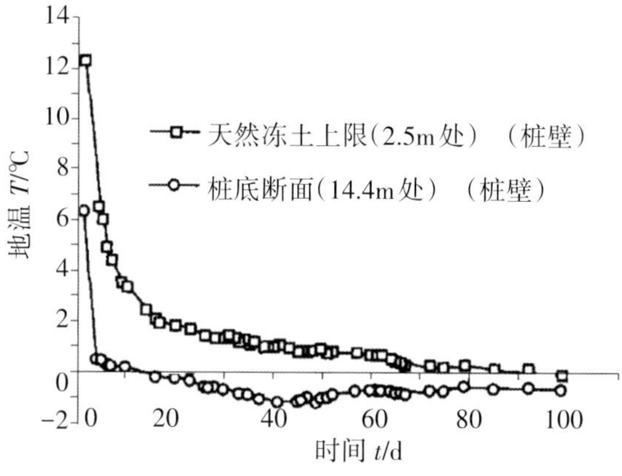

图2.47 楚玛尔河地区灌注桩回冻时间

昆仑山垭口为低温多年冻土区，冻土地温为-2.8～-4.0 ℃。夏季钻孔灌注桩施工，30天后，除2 m范围内为正温外，沿桩身各点均为负温度（-0.43～-1.26 ℃），50天后土温达-1.0～-1.85 ℃（图2.48）（王旭等，2005）。但仍比天然孔地温相差较大，需一段回冻时间。

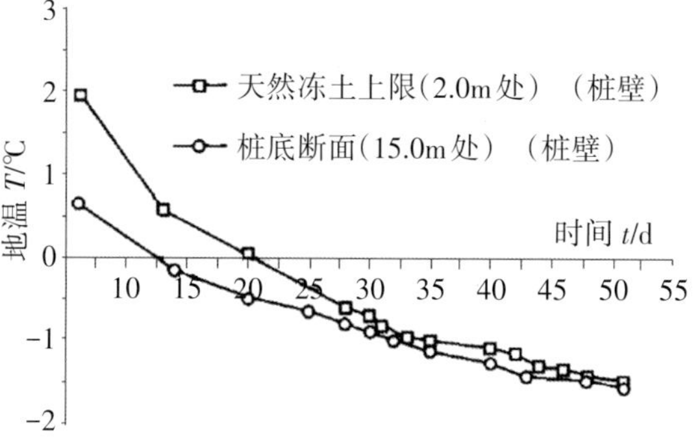

图2.48 昆仑山垭口灌注桩回冻时间

由此可见，原始状态的冻土地温对灌注桩周的回冻起着重要作用。回冻过程中，桩端回冻较快，对提高桩端承载力是有利的。多年冻土区桩基设计时必须充分考虑冻土地温、桩径大小、入模温度以及施工季节的影响。图2.45表明，利用自然回冻的施工季节宜在多年冻土地温最低期（2～5月），在这期间冻土地基具有较多的"冷储量"，加速桩周的回冻。

2）人工回冻

当冻土地温过高或引进的热量太多，计划施工期内无法达到自然回冻时，必须采取人工制冷方法使回填料达到合乎要求的冻结状态，通常的方法是通过桩上的纵向或螺旋形钢管进行循环，或者在桩基中插入热棒（两相热桩），利用人工或自然冷能加速桩周填料的回冻。

2.4.4　冷却地基

多年冻土区采暖房屋下通常都会形成融化盘，为维持冻土地基的热稳定性和稳定状态，充分利用多年冻土区寒冷气候条件，应采用专门冷却设施。多年冻土区房屋设计中，除了做好室内地面保暖隔热外，常用的地基冷却系统有：架空通风冷却系统、填土通风管冷却系统、热棒热桩冷却系统。

1.架空通风冷却系统

架空通风冷却系统是采用桩基础将建筑物架空，地面与建筑物一层地板间留有一定高度的通风空间。通常是直接设在地面上的（图2.23至图2.26），也有设在地下或半地下（图2.36）。这种简单的通风空间或通风道，借助通风空间的空气对流，将房屋地坪、楼板传下的热量拦截、带走，释放到大气中，从而防止采暖房屋的热量传入冻土地基中，保持冻土冻结状态的热稳定性。这种结构称为通风地下室。架空通风基础常采用桩基础，地下设半地下通风地下室，主要采用圈梁柱基、条形基础。

架空通风的高度各不一样，俄罗斯、阿拉斯加等地面式架空通风冷却系统的架空高度多为1.0～1.8 m（图2.23、图2.24），厂房架空高度达1.6～1.8 m（图2.49）（吴紫汪等，2005），用作地下车库时，架空高度可达2.5 m。我国青藏高原和东北大兴安岭地区的地面式架空通风冷却系统的架空高度多为0.5～1.0 m［图2.25、图2.26、图2.50（丁靖康等，2011）］。桩基架空通风高度应视房屋宽度而定，一般说，宽度不大于24 m时约1.0 m，大于24 m时应不小于1.5 m。

图2.49　雅库茨克厂房架空（1.6～1.8 m）

图2.50　青藏铁路桩基架空通风基础群桩承台架空基础

青藏铁路架空通风基础房屋观测资料（图2.51）（丁靖康等，2011），基础下任何深度的地温，无论是暖季，还是寒季都比天然状态的低。多年冻土上限埋深较天然条件要浅1 m。设计时应重视地坪的隔热设计，良好的地坪隔热，既有利于保护冻土地基的热稳定性，又可提供舒适的室内居住环境。

通风冷却系统有些设置在地下，或称通风地下室（图2.36），地下室的热空气通过通风塔（烟囱效应）排出（抽吸）到大气，冷空气则从地面通风道进入地下室，通过冷热空气的交流，保持冻土地基冻结状态和热稳定性。其通风孔的面积可按《冻土地区地基基础设计规范》JGJ 118-2011的附录E确定。

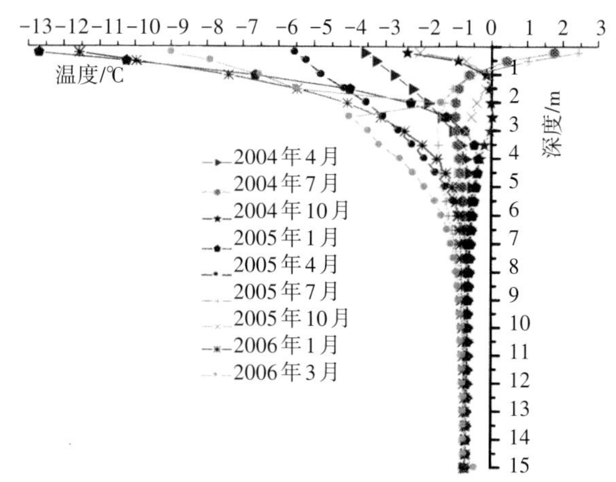

图2.51 青藏铁路不冻泉架空通风基础下月平均地温曲线
（桩基，架空高度0.4 m）

满归架空通风基础试验房屋实例。

1974年，齐齐哈尔铁路科研所等单位，在满归修建架空通风基础试验房屋。房屋为矩形平面，长（L）19.09 m，宽（b）6.11 m，面积116.64 m^2。基础为毛石条形基础，其上设高0.4 m，宽0.6 m的钢筋混凝土圈梁。基础下地基换填砂砾石0.9 m［图2.52（a）］。通风孔由钢筋混凝土槽形板构成［图2.52（b）］。通风基础高度为0.54 m，有效高度h=0.14 m（因有0.4 m高的地梁），通风高度与房屋宽度之比，h/b=0.14/6.11=0.023，满足大于0.02的要求。

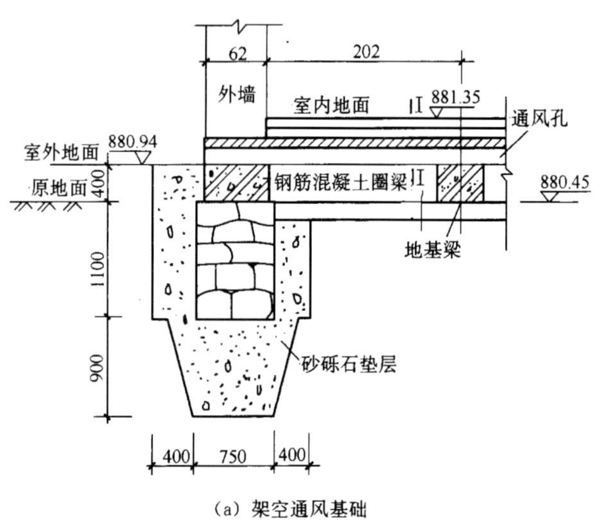

（a）架空通风基础

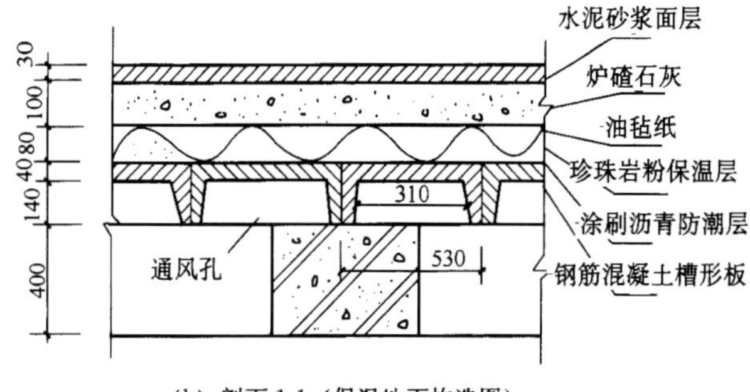

（b）剖面 1-1（保温地面构造图）

图2.52 满归架空通风基础试验房屋实例图（单位：mm）

多年冻土厚度大于20 m，上限埋深2.30～3.80 m，年平均地温为-1.1～-1.7 ℃。地基土于1975年4月开始融化，至9月达最大深度；11月开始回冻，至翌年1月底，地基融土全部冻结。各月末融化深度和冻结深度的平均值（自通风空间地面算起）见表2.22。

表2.22 满归架空通风基础试验房屋实测与计算比较

项目	融化深度/m							回冻深度/m			通风模数
	4月末	5月末	6月末	7月末	8月末	9月末	10月末	11月末	12月末	1月末	
实测值	0.60	0.91	1.65	2.19	2.52	2.74	2.74	1.61	2.27	2.74	0.0245
计算值	0.37	0.83	1.42	1.88	2.20	2.35	2.35	0.35	1.60	2.35	0.0214

2.填土通风管冷却系统

填土通风管冷却系统是指在天然地面上用粗颗粒土（砂砾石类土）填筑一定高度垫层作为建筑物的地基，在垫层内埋设通风管（图2.38），或垫层面上铺设通风管（图2.53）（中铁西北科学研究院有限公司，2006）或筏型通风道基础（图2.37）。通过通风管内空气的对流，将房屋室内地板传至填土垫层的热量带出，释放至大气中，将融化深度控制在填土垫层地基内，不至于传入冻土地基中。冬季，冷空气可通过通风管冷却填土垫层，从而保持冻土地基的冻结状态和热稳定性。

填土通风管冷却系统的基础，多为圈梁柱基、条形基础、筏型基础等。通风管的管内直径D，应根据房屋的宽度和填土厚度来选择，一般可采用0.3～0.4 m。要使通风管自然通风良好，通风管的长度L与管径D的比例应满足一定关系，据青藏铁路通风路基试验，通风管的长径比$L/D \leqslant 30$（《青藏铁路》编写委员会，2016）。通风管净间距应通过热工计算确定，一般情况不宜超过管径的2倍，可采用0.3～0.6 m。通风管埋置深度以0.5 m（从室内地坪起算）为宜，通风管口面积可按《冻土地区建筑地基基础设计规范》JGJ 118-2011通风孔面积计算方法确定。通风管布设应超出范围纵向边线外2～3 m，山墙外通风管数量不宜少于2根。

自然通风时，通风管轴线应尽量与当地主导风向一致为宜，必要时可采取强迫通风。

图2.53　风火山冻土站填土通风管基础（左图：1976年；右图：2000年）

青藏高原风火山冻土站填土垫层高度为0.6～0.8 m，通风管直径为0.3 m。东北大兴安岭多年冻土区填土垫层高度以1.0～1.5 m居多。该通过热工计算确定较为合理，一般说，土体厚度应以确保地基多年冻土上限不下降为宜，不宜小于1.0倍的多年冻土上限深度。填土厚度确定时应考虑下列因素：

（1）房屋荷载扩散到原地面软弱层时，应按软弱层允许承载力来确定填土层的厚度。

（2）填土层下多年冻土活动层的压密下沉会引起通风管变形，为不影响通风管的正常使用，应预留沉降高度处理，一般取0.15 m。

（3）室内地坪不应直接与通风管接触，因需留有设置圈梁、条形基础和地坪保温层的空间，并使上部荷载能在填土层中分布均匀。

（4）通风管地基的融化深度应小于填土层加天然上限的深度。填土层应有足够的热阻来保证冻土地基天然上限不会下降。

据青藏铁路不冻泉车站车库填土通风管基础房屋的观测资料，填土层平均高度为1.2 m，通风管内径0.24 m，外径0.35 m，管中心间距0.82 m，管顶埋深约0.4 m，长径比为43。该处多年冻土天然上限深度3.9 m，从图2.54可知，填土通风管基础房屋下地基最大融化深度（从室内地

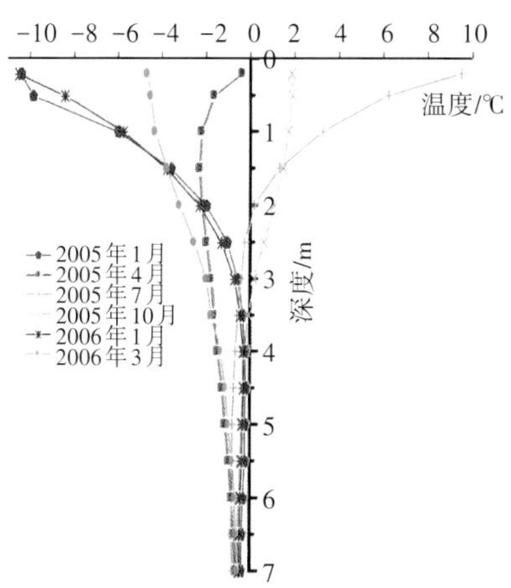

图2.54　填土通风管基础房屋下地基月平均地温曲线

坪起算）约3.7 m（丁靖康等，2011）。

图2.53为青藏高原风火山多年冻土观测站试验与生活房屋，1976年修建，多年冻土为粗颗粒富冰冻土，天然上限深度1.7 m。通风管为混凝土管，内径0.33 m，外径0.40 m，管净间距0.45 m。填土层平均厚度0.80 m，通风管顶埋深约0.40 m，地基最大融化深度（从室内地坪起算）约1.7 m。使用40年仍完好。

根据青藏高原和东北大兴安岭多年冻土区采用填土通风管基础的房屋使用情况看（表2.23），效果良好。

表2.23　桩基架空及填土通风管基础使用情况调查（丁靖康等，2011）

地区	地点	多年冻土特征	年平均气温/℃	房屋夏季最大融化深度/m	全部回冻月份	基础类型	房屋类型	架空高度通风管内径/mm	地基条件建筑年份
东北多年冻土区	阿木尔劲涛	大片连续多年冻土	-5～-6	2.1	1	桩基架空通风基础	住宅	-	多年冻土
	朝晖站		-5	2.9	1	桩基架空通风基础	住宅	-	
	满归		-4.5	2.74	1	填土通风管条形基础	住宅	540	
青藏高原多年冻土区	风火山		-6.6	0.9	10	桩基架空通风基础	锅炉房	800	富冰冻土，天然上限1.7 m。1976年
	风火山		-6.6	1.7	11	填土通风管圈梁基础	住宅	330	富冰冻土，天然上限1.7 m，填土高度0.8 m。1976年

3.热棒热桩冷却系统

热棒、热桩冷却系统是通过建筑物侧面插入热棒（热虹吸）或填土地基中埋设热棒，通过热棒中液、汽两相对流循环的热传输装置，将建筑物地面渗出的热传送到大气中。按热棒热桩冷却系统设计的房屋基础，通过热棒（热桩）可有效地将传入地基的热量输送出去，且使地基土回冻一定厚度，拦截渗入的热量，控制基础-地基的热周转过程，保持冻土地基的热稳定性。

多年冻土区常用的热棒热桩基础形式有以下几种。

1）直型热棒散热基础

直型热棒是采用常规定型热棒产品，直接插入建筑物周围（图2.55）或架空通风地下室内的基础附近（图2.56），通过热棒的制冷，使基础周围地基土回冻，保持冻土地基的冻结状态。

图2.55　阿拉斯加热管散热建筑

（陈肖柏摄）

图2.56　雅库茨克热电厂架空地下室内热棒散热桩基础

（童长江摄）

热棒的冻结半径除决定于热棒本身的传热特性外，与土体的含水率、密度及空气的冻结指数有密切关系。天然条件下，东北大小兴安岭地区的热棒冻结半径为1.0～2.0 m，青藏铁路试验观测结果约为2.0 m。热棒的冻结半径r是气温冻结指数的函数（图2.57），在《冻土区建筑地基基础设计规范》JGJ 118-2011的附录中给出求解公式：

$$\sum T_f = \frac{S}{24}\left[\pi z R_f(r^2 - r_0^2) + \frac{r^2}{4\lambda_s}\left(\ln\frac{r^2}{r_0^2} - 1\right) + \frac{r_0^2}{4\lambda_s}\right] \tag{2.58}$$

式中：$\sum T_f$为计算地点的气温冻结指数，℃·d；S为热棒周围融土的体积潜热，kcal/m^3(1 kcal =4.187 kJ)；r_0为热棒蒸发段的外半径，m；λ_s为融土的导热系数，kcal/(m·h·℃)。

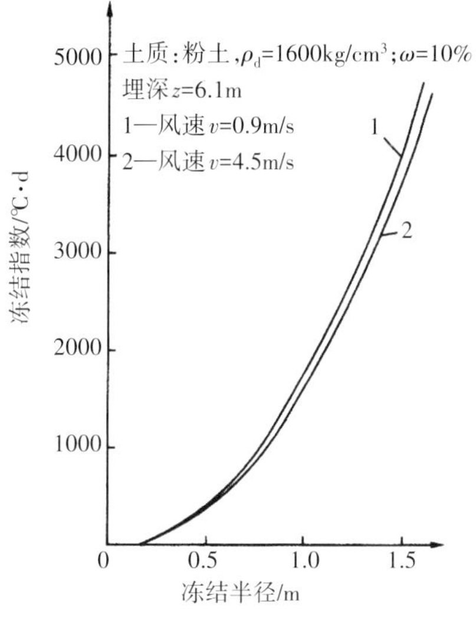

图2.57 热棒冻结半径与冻结指数关系

一般钢管热棒基础的计算算例见《冻土区建筑地基基础设计规范》JGJ 118-2011。

2）钢管桩、混凝土管桩热桩架空基础

钢管桩架空通风基础，是采用钢管桩基础内充填制冷液体（煤油或液氨）（图2.58）（吴紫汪等，2005）或混凝土管桩内插入热棒（图2.59），空心管桩内再回填湿砂、砾砂、混凝土，通过热棒制冷作用以降低桩周多年冻土地温，保持桩基冻土地基冻结状态。

图2.58 西伯利亚纳德姆镇制冷钢管桩基础

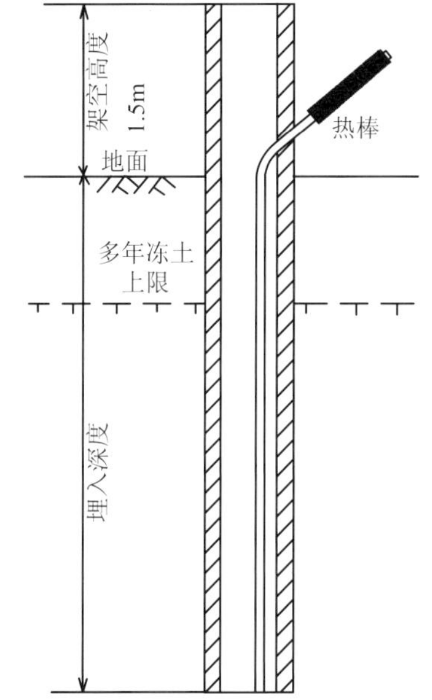

图2.59 钢筋混凝土管热棒制冷桩示意图

3）填土热棒圈梁基础

填土热棒圈梁基础是指在天然的地面上，用非冻胀敏感性的粗颗粒土（砾砂、砂砾石等）填筑一定厚度的填土地基，在填土基础内埋设热棒（“L”形），并与圈梁、填土组合成复合基础(图2.60)。暖季，用室内地坪和填土中的保温层，以及填土层厚度的热阻来阻止房屋热量，控制和减小最大融化深度。寒季，热棒工作，可将地坪漏热及地基中的热量散出，使填土层和地基土回冻，保持冻土地基冻结状态的热稳定性。

填土热棒圈梁基础实质上是一种复合地基，填土层采用非冻胀敏感性材料可以减小或抑制填土层的冻胀性，地坪及填土层中铺设保温层可尽量减小热量传入和地基的融化深度，下部埋深热棒可散出地基中的热量和回冻，保持冻土地基的冻结状态和热稳定性。

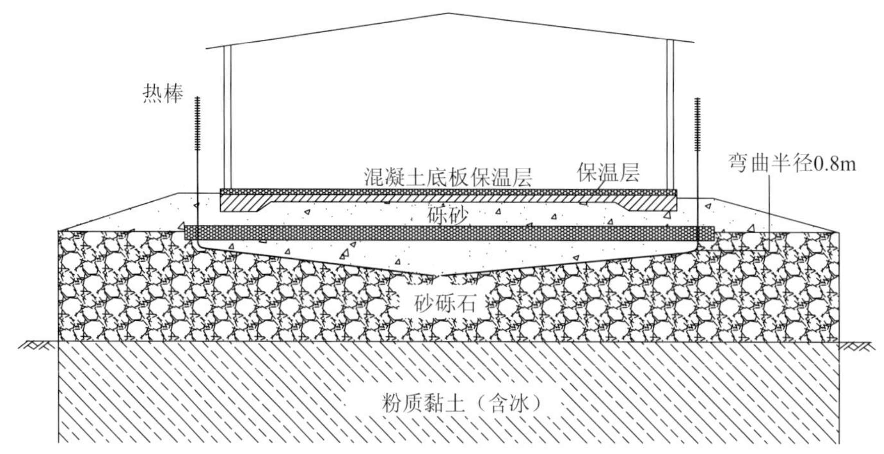

图2.60 填土热棒圈梁基础

填土层中粉黏粒含量应控制在15%之内，厚度宜保持多年冻土上限不下降为准。经热工计算确定，一般应不小于建筑场地多年冻土上限深度的1.0倍，填筑边界应超出范围外轮廓线3～5 m，朝阳方向应适当加宽。填筑前应将原地面做成1%的坡降，宜向天然地面低的方向倾斜，以构成良好的排水条件，保持填土地基干燥，不得存在地表水或地下水径流。如果填土层内不埋设热棒的话，单纯填土地基，仅适用于气温冻结指数大于融化指数3倍以上的连续多年冻土区。

热棒的功率、埋设间距及深度，应根据房屋地坪漏热热量、暖季地基的融化深度及多年冻土地基的年平均地温经热工计算确定。填土热棒基础计算见《冻土区建筑地基基础设计规范》JGJ 118-2011。

4.填石冷却系统

在20世纪六七十年代，大兴安岭多年冻土区许多房屋建筑采用填土地基，填料主要是砂砾石，填土高度不一，最低约1.0 m，最高5～6 m，一般为1.0倍的多年冻土上限深度，为条形基础。从使用情况看，因房屋地坪的隔热效果较差，漏热现象较严重，且有水流现象，地基融化盘的最大深度未能控制在上限之内，房屋出现下沉变形。

块石填料是具有相变异特性的散热材料，其相变异系数达3.5。寒季，块石层的当量导热系数很大，达10.55 kcal/(m·h·℃)；暖季，其导热系数很小，仅为0.87 kcal/(m·h·℃)，两者比值达12以上。为此，块石层具有良好的“热开关”效应：寒季，冷量可直通块石层，“沉淀”和储存于下部；暖季，块石层可相应地阻止热量下传。

根据块石层的热物理特性，可将原来的填土（砂砾石）与块石层结合，形成块石填土地基（图2.61）（丁靖康等，2011）。在天然地面上先铺设0.3～0.5 m的砂砾石层，起排水作用，其上铺设1.2～1.5 m厚度的块石层，表面上设一层土工布（防细粒土漏下），上面再填筑一定厚度的非冻胀敏感性砂砾石层，这样构成块石填土复合地基，是近年来发展的人工地基。

图2.61 青藏铁路块石填层地基房屋建筑

（片块石层厚度1.5 m）

块石层应满足的技术要求：块石的抗压强度应不小于30 MPa，粒径为150～300 mm，填层厚度一般不小于1.0～1.5 m。

2.5　防冻胀设计

寒冷地区地基土防冻胀措施通常有地基土改良法（置换法、物理化学改性法）、隔热保温法（减小冻结深度）和排水隔水法（疏干和削弱地基土水分迁移）。

地基土冻胀而出现冻胀力（冻拔力或膨胀力），引起建筑物变形破坏。采用回避隔离措施、增大基础压力和锚固力、强化结构的坚固性或变形适应性等能有效防止冻胀。

从效果看，宜采用地基处理和结构措施等综合治理方法作为防冻胀设计。

2.5.1　地基土质改良

地基土质改良防冻胀措施，主要采用非冻胀性土置换冻胀性地基土，通常采用的换填料是粗颗粒土，如砂砾石、砾砂、粗砂等。

换填法防止建筑物冻害的效果与换填深度、换填料的粉黏粒含量和排水条件、地基土土质、地下水位和建筑物适应不均匀冻胀变形的能力等因素有关。采用换填法时，还要考虑料源及运输条件、建筑物的结构特点、工程造价等。

1. 换填法

1）换填深度的确定

换填深度指在建筑场地最大季节冻结深度范围内，用非冻胀性材料全部或部分换填冻胀性地基土，即换填率。确定地基土换填率时应考虑两方面因素：

（1）地基土冻结深度较大时，换填率的确定可考虑地基土冻胀性随冻结深度增大而减小的规律。在封闭系统下，冻胀量主要发生在主冻胀带［(2/3)～(4/5)的最大冻深］以上，此冻深以下地基土的冻胀量就很小。当地下水位较浅时，要考虑地下水的影响因素。换填后的地基土冻胀变形应控制在建筑物允许变形房屋之内。

（2）融化期，换填料及其下部地基土融化后的地基承载力有降低的可能性。在确定换填率时，应考虑承载力下降时的沉降变形仍能满足建筑物允许变形的要求。

换填法常用于浅基础，如墩基、柱基、条形基础等。地下水位较深时，主冻胀带偏于冻结层的上部。基础加换填层的总厚度可按当地最大冻结深度的80%确定。采暖建筑可按房屋不同部位的采暖影响系数（表2.9）做予折减。当地下水位较高时，基础加换填层总厚度应等于当地的最大冻结深度。

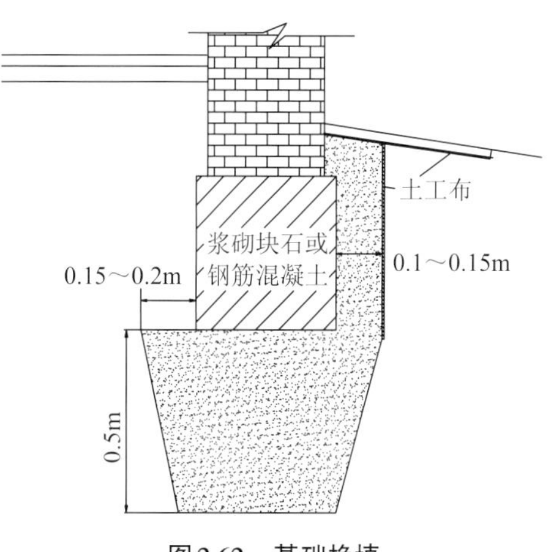

图2.62　基础换填

换填层主要做基础的垫层，以消除基础底部的法向冻胀力。换填断面多为倒梯形，也可采用矩形，厚度一般不小于0.5 m为宜（图2.62）。换填层的宽度应比基础宽度大些，一般不小于0.15～0.2 m。基础侧面也会受到切向冻胀力的影响，基础的外侧应予以适当换填，厚度一般不小于0.1～0.15 m。

2）换填层细颗粒土的控制

粗颗粒土的冻胀性是随着其中所含的粉黏粒（小于0.075 mm粒径）含量增加而增大。当含有粒径小于0.02 mm的粉黏粒达总重量的3%时，冻结过程中就会产生水分迁移，出现分凝冰现象。当粉黏粒含量控制在5%之内，就可认为粗颗粒土不发生冻胀。从试验资料可知（童长江等，1985），粉黏粒含量控制在12%之内，其冻胀率一般小于2%。《冻土区建筑地基基础设计规范》JGJ 118中规定，粉黏粒含量控制在15%，其冻胀性仍可认为是“不冻胀”。这是建筑工程将粗颗粒土划为不冻胀的基本条件，但不适用于高铁路基工程。

粗颗粒土的冻胀性还受水分（地基土的含水率和地下水位）的控制。据试验观测资料统计，当冻结层底面距地下水位距离（H_W）小于0.5 m时，即使换填层含土量（粒径小于0.05 mm）<5%，冻胀率η>2%，甚至达4.5%～5.7%（表2.24）（朱强等，1988）。当地下水位大于《冻土区建筑地基基础设计规范》JGJ 118-2011要求时，应减小换填层中粉黏粒的含量，或者应加强排水措施。也就是说，换填砂砾类土划为不冻胀的充分条件是冻结期间有排水出路。

表2.24 不同地下水位和含土量下换填层的冻胀率

地下水位距离 H_W/m	粒径<0.05 mm含量(%)下的冻胀率η/%					
	0～2.5	2.5～5	5～7.5	7.5～10	10～15	>15
>2	0.29	0.78	0.48	1		0.25
1.5～2.0	0.44	0.52	0.42	1	0.35	
1.0～1.5	0.67	0.85	0.82	0.43	1.7	1.3
0.5～1.0	0.24	0.17	0.1	0	0.23	0.25
<0.5	2	2.2	5.2	5	5.7	4.5

3）防止换填层的“污染”

所谓换填层的“污染”是指砂砾换填层在工程运营中，由于地表及基础侧向渗水，不断地带入粉黏粒（<0.075 mm颗粒），使换填层内的粉黏粒含量增加，冻胀性相应增大，最终使防冻措施失效。

从工程调查资料（朱强等，1988）看，这种“污染”，主要发生在表层0～0.4 m范围，个别深达0.8 m，换填层含土量可增大到30%以上。东北地区（如大庆地区），通信电杆基础，虽然基础周围回填块石厚度达0.4～0.5 m，外围周圈用木桩密闭，若干年后，电杆逐渐被冻拔起来而倒塌，究其原因，地表及基坑周围的渗水带入大量的粉黏粒颗粒而“污染”了块石换填层，导致换填层冻胀性增大。

为此，在基础散水下及基侧换填层外侧铺设防细粒土渗透的土工布，可防止粉黏粒随水流渗入换填层，保持换填层原有的“纯度”。

4）换填法的工程评价

（1）在砂、砾石料较丰富，单价较低的地区，换填法具有较大的优越性。

（2）地下水位较低的砂土、粉质黏土层内换填所需的换填深度较小。但换填层下为含黏粒较多的重黏性土时，换填深度要加大。当地下水位较高时，又有很厚的重黏性土，往往需要整个冻结深度房屋全部换填才能起到防冻胀效果。

（3）建筑物适应不均匀冻胀变形能力强的结构，换填深度可以减小。对不均匀变形敏感的结构，需要对整个深度进行换填，且对粉黏粒含量的控制要求较严格，换填法就不一定经济合理。

（4）仅在基础底部换填的防冻胀效果不佳，基侧也应进行换填，否则，基侧的切向冻胀力仍是造成建筑物冻害的重要原因。

2. 物理化学改性法

物理化学改性法就是利用交换阳离子及盐分对土的冻胀性影响规律，采用人工材料处理地基土，以改变土颗粒与水之间的相互作用，使土体中的水分迁移强度及其冰点降低，从而达到削弱地基土冻胀之目的。

物理化学改性法防止土体冻胀在国外已应用多年了，方法也多种多样。在此仅介绍人工盐渍化改良地基土、憎水性物质改良地基土和使土颗粒聚集或分散改良地基土三种方法。

1）人工盐渍化法改良地基土

人工盐渍化法指在地基土中加入一定量的可溶性无机盐，如氯化钠（NaCl）、氯化钙（$CaCl_2$）、氯化钾（KCl）等，使之盐渍化。

土中加入可溶性无机盐后，可使电解质增加，增大土颗粒表面水膜厚度，降低表面能和毛细作用，进而减小水分迁移强度和降低土的冻结温度。溶液冻结温度随其浓度增加而降低（表2.25）。

表2.25　不同盐渍度土的冻结温度（t_f，℃）（ω=25%）

土　质	盐 浓 度/%			
	0.4	0.55	0.85	1.2
粉质黏土	−1.2	−1.5	−2.6	−3.0
粉质土	−1.3	−1.7	−2.5	−3.4
细砂	−1.3	−1.6	−2.5	−3.5

掺入量多少是根据土的种类和施工方法而定的。一般情况下，按质量比加入，砂质黏土掺入量为2%～4%的氯化钠、氯化钙；含少量粉土和黏土的砂质土，掺入量为1%～2%氯化钠、氯化钙。

三种施工工艺：

（1）直接将盐铺设在地面上，通过雨淋渗入地基土中。

（2）先将换填层盐渍化后再回填入基坑。

（3）在基础周围设置浅孔，填入盐结晶，继而在孔内注入同种盐类的饱和溶液。

2）憎水性物质改良地基土

用憎水性物质改良地基土的方法是指在土中掺入少量的憎水性物质，使土颗粒表面具有良好的憎水性，减弱或消除地表水下渗或地下水上升，减少土体的含水率，进而削弱土体冻胀性及地基土与建筑物间的冻结强度。

通常用石油产品或副产品和其他化学表面活性剂掺和到土中制作成憎水性土。石油产品有重油、柴油、液体石油沥青、液体煤焦油等。化学表面活性剂有（裴章勤等，1982）：

（1）NN′-双十八烷基-NN′四甲基乙二胺溴化物[$C_{18}H_{37}N^+(CH_3)_2CH_2CH_2(CH_3)_2N^+C_{18}H_{37}2B'_r$]；

（2）NN′-双十二烷基-NN′-四甲基乙二胺氯化物[$C_{12}H_{25}N^+(CH_3)_2CH_2CH_2(CH_3)_2N^+C_{12}H_{25}\cdot 2Cl$]；

（3）NN′-双十八烷基乙二胺（$C_{18}H_{37}NHC_2H_4NHC_{18}H_{37}$）；

（4）三甲基十八烷基氯化铵[$C_{18}H_{37}-N(CH_3)_3\cdot Cl$]；

(5)三甲基十二烷基氯化铵[$C_{18}H_{37}N(CH_3)_3 \cdot Cl$]。

表面活性剂可使憎水性的油类物质被土颗粒牢固吸附，起着削弱土与水的相互作用。

NN-22十八烷基乙二胺为新型表面活性剂（铁道科学研究院金化所等，1978），这种表面活性剂（占土重0.1%）配成水溶液与柴油（水和柴油占土重6%）（-10#或0#的混合油）、土拌和成憎水性土。

憎水性土的制作步骤：

（1）将土弄松，晒干（风干状态），然后再粉碎，一般要求，大于5 mm的团粒数量不得高于总土体积的10%；

（2）将土加热到120～150 ℃；

（3）倒入已经加热的憎水性材料溶液，然后进行搅拌，直至均匀为止。

施工步骤：

（1）憎水性土填筑前，先将基础侧表面涂抹两遍液态的憎水性材料；

（2）按设计憎水性土的厚度（0.15～0.25 m）立好模板，分层填入憎水性土，并夯实。

3）土颗粒聚集或分散法改良地基土

从土冻胀性与土的粒度成分的关系可知，当土颗粒粒径大于0.1 mm或小于0.002 mm组成的土体，其冻胀性大大减弱。采用化学添加剂可使土颗粒凝聚（聚集作用）或分散，使土体的冻胀性减弱。

聚合剂作用是使土中细颗粒凝聚成较大的团粒。聚合剂有顺丁烯聚合物（土壤改良剂）、聚合丙烯酸钠、聚乙烯醇和高价阳离子Fe^{3+}、Al^{3+}等聚合剂等，都有减弱冻胀性的效果（表2.26）。除黏土外，聚合剂对粉土和粉质黏土具有明显的防冻胀效果。

表2.26　聚合剂防冻胀效果(裴章勤等,1982)

聚合剂		冻胀比	
种类	用量/%	黏土	粉土
CKD-197	0.5	2.27	2.31
土壤改良剂	1.0	1.87	2.91
苯乙烯与硫酸	0.5	1.43	0.14
甲酯共聚物	1.0	1.79	0.30
聚乙烯醇	0.5	1.17	1.76
（PVA）	1.0		0.78
$FeCL_3$		0.20，1.49	0.48

注：冻胀比=处理土的平均冻胀率/未处理土之平均冻胀率。

化学分散剂则使土体中细颗粒含量增加，即使天然团粒分散，增大土体的密度。这样，土体的渗透性及其内部水分迁移强度均有显著下降，起到防冻胀效果（表2.27）。

磷酸盐防治土体冻胀的效果较显著，平均冻胀比为0.2，且天然冻胀率越大的土体，防冻胀效果越好，耐久性强。分散剂便宜，使用量小，施工简便，反应速度快，土体不需要预先处理，也无须养护。

表2.27　磷酸盐的防冻胀效果(裴章勤等,1982)

聚合剂		冻胀比		
种　类	用量/%	黏　土	粉　土	粉质黏土
四偏磷酸钠	0.5 1.0	0.49,0.21 0.40	0.31,0.36 0.3,0	0.18,0.22 0.06
六偏磷酸钠	0.5 1.0	0.37 0.25	0.58 0.29	0.42 0.06
三聚磷酸钠	0.5 1.0	0.42 0.32	0.48 0.46	0.09 0.00

4）物理化学改性法的工程评价

（1）物理化学防冻胀方法具有简单易行，材料来源广泛，较为经济的优点。

（2）缺点是防冻胀的有效时间较短，特别是盐渍化法，其寿命取决于地基土的渗透性，排水条件和基础的防渗性能。透水性小的土体采用盐渍化法最有利，砂性土中的盐容易被淋漓掉。采用盐渍化法，一般经过5～6个冬季便会失效，采用补充措施来延长其防冻胀效果，通常每隔2～4个冬季就需要添加一次结晶盐。

（3）采用人工盐渍化和地基分层动力夯实措施相结合的方法能延长防冻胀效果。据试验资料，当粉质黏土的干密度达2～2.01 t/m^3，孔隙水溶液的实际浓度为0.15 g/cm^{3}情况下，在开敞系统中经16次冻融循环仍能保持防冻胀的稳定性。

2.5.2　隔热保温法

隔热保温法是指在建筑物基础底部或四周设置隔热层，以增大热阻。从防冻胀角度看，隔热保温法可延迟地基土的冻结，提高地基土的温度，减小冻结深度，进而达到防冻胀的目的。从防融沉角度看，隔热保温法可减小冻土地基的融化深度，以达到防融沉的目的。

隔热材料：主要采用工业隔热材料，如聚苯乙烯泡沫塑料（EPS）、挤塑聚苯乙烯泡沫塑料（XPS）等；还有其他材料，如炉渣、火山灰、泡沫混凝土、玻璃纤维等。

工业隔热保温材料技术性能指标：导热系数应小于0.025 W/(m·k)，吸水率应小于0.5%。在250 kPa压力下的压缩变形不超过5%。

季节冻土区采暖房屋基础隔热层防冻胀措施（图2.63），垂直墙体的内侧及底部铺设隔热层基础，避免通过墙体基础的“冷桥”产生冻结穿透作用，使基底及内侧冻结。非隔热室内地坪的

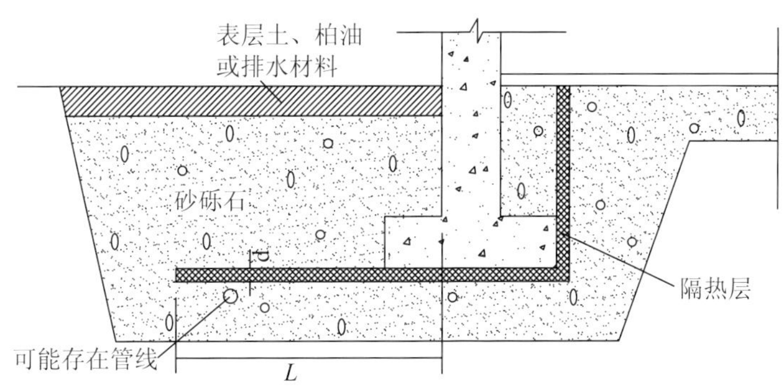

图2.63　季节冻土区采暖房屋基础隔热层防冻胀

温度可抵抗冰冻作用。但在多年冻土区，应该加强室内地坪的隔热措施，避免室内的“热漏”，出现更深的融化盘。

对于非保温房屋应采取隔热层与排水层相结合的措施（图2.64），通常在各层下铺设透水的砂砾石层。在建筑物四周及基础底部下连续铺设隔热保温层，且要防止形成“冷桥”现象，避免局部的冷冻穿透作用。

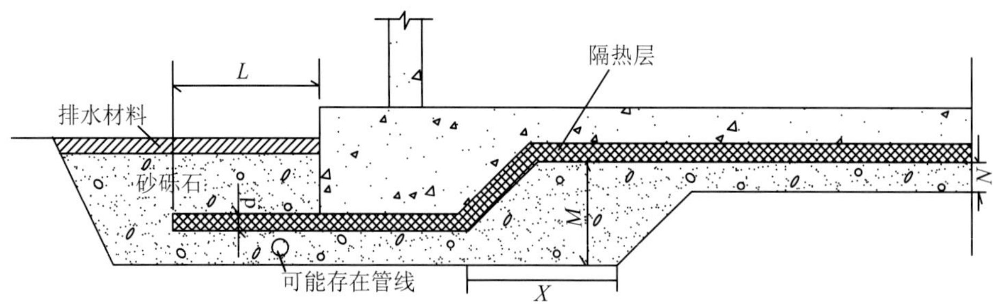

图2.64　非采暖房屋基础隔热层防冻胀措施

聚苯乙烯泡沫塑料隔热层的厚度和铺设宽度可通过热工计算确定，也可以采用曲线图确定（童长江等，1985）。采暖房屋可按当地的冻结指数和室内温度由图2.65查得所需的聚苯乙烯泡沫塑料隔热层的厚度、铺设宽度。非采暖房屋的聚苯乙烯泡沫塑料隔热层的厚度、铺设宽度可由图2.66查得。

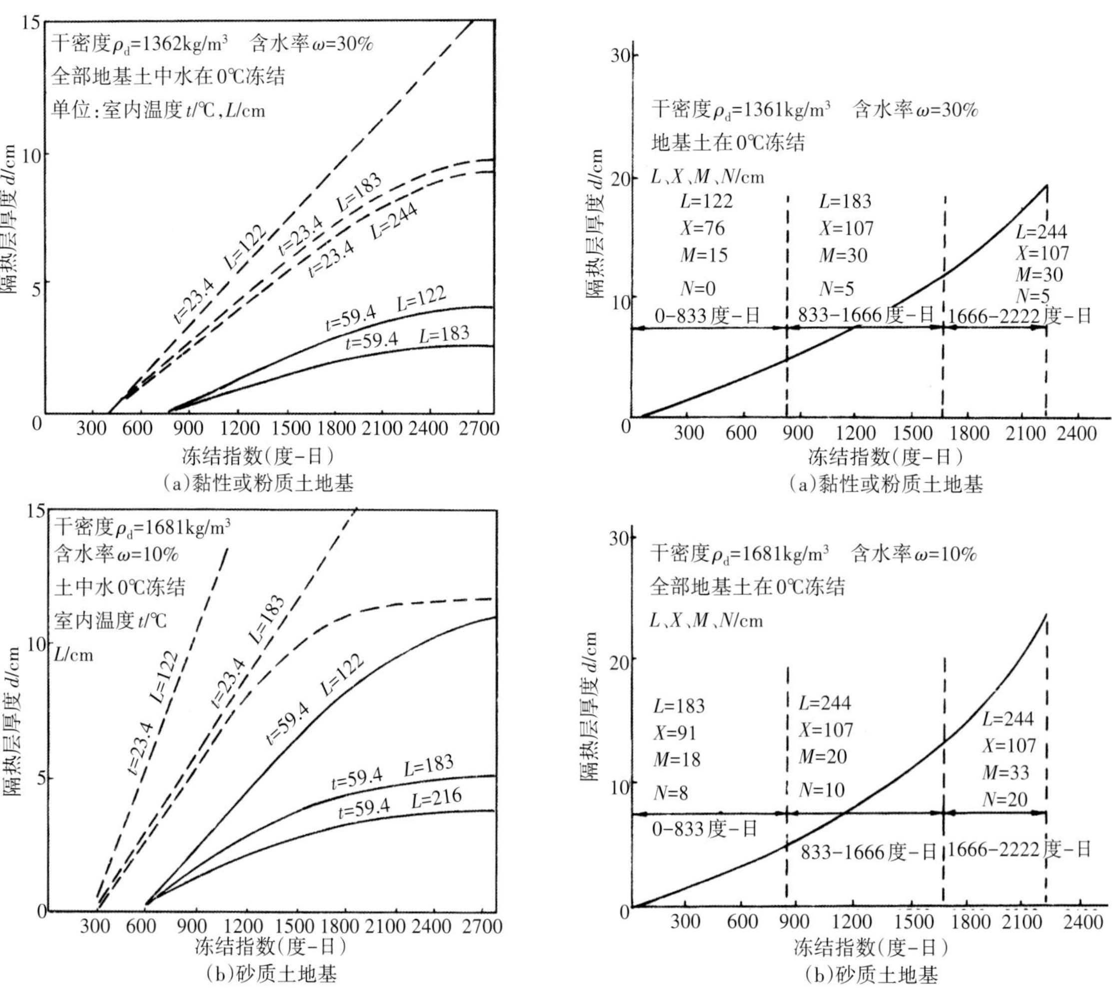

图2.65　采暖房屋最小隔热层厚度设计曲线

图2.66　非采暖房屋最小隔热层厚度设计曲线

采用聚苯乙烯泡沫塑料等工业材料具有隔热性能好，吸水性低，强度高等优点。强度性能可按技术要求选择不同强度的隔热板，尤其是铺设在基础底部的隔热板必须满足设计强度要求，避免产生大的压缩变形。当地下水位较高时，应选择吸水性更小的隔热板，否则因长期浸泡会使其导热系数增大而导致保温效果降低。随着工业发展，隔热材料的价格也相应降低。其他隔热材料因强度较低、吸水率大，隔热效果会降低，视使用条件而选择。

2.5.3　隔水排水疏干法

水是引起地基土冻胀或融沉的重要因素之一。隔水排水疏干法必须做好两方面的措施：一方面要排除和隔断地表水等外界水源的渗入，另一方面是降低地下水位和地基土中水分。

地表排水隔水，做好房屋墙外的散水坡及基槽内积水（图2.67），同时设置排水沟排除积水。当下卧层为砂砾石，且水位较低时，可和基槽排水管连通，疏干基槽水分（图2.68）。

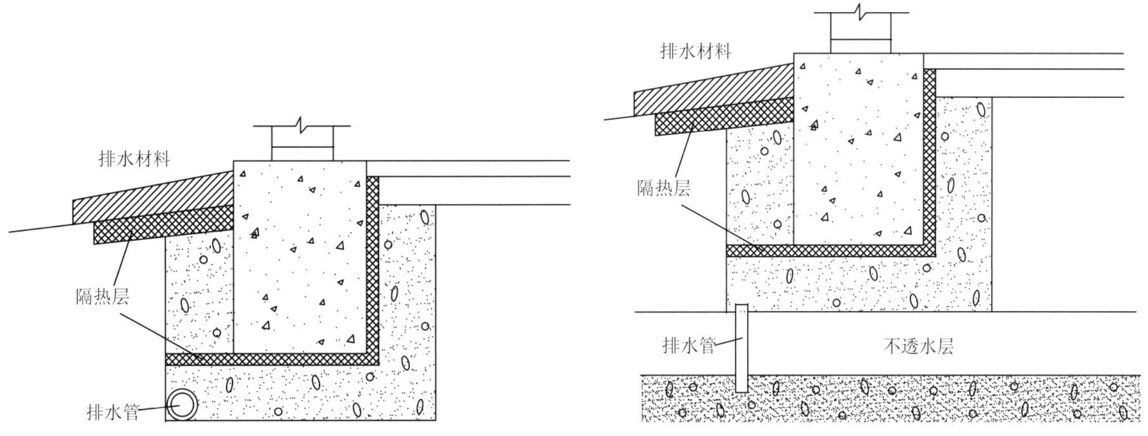

图2.67　季节冻土区基础排水隔水措施　　图2.68　季节冻土区基础排水至下卧透水层

在多年冻土区，基槽水分往往难以排除，可在距房屋外的斜坡设置排水井，且与基槽的排水管连通（图2.69），它们中间铺设加热电缆，随着基槽冻结，水分会被挤出至排水井，排出地表。排水井周用砂砾石换填，井顶先用块石覆盖，厚度0.3～0.5 m，再覆盖0.1 m厚度的聚苯乙烯泡沫塑料隔热保温层，其上再用草皮及干土等覆盖（图2.70）。加热电缆作为备用，以防在排水井冻结时，可加热使冰融化。

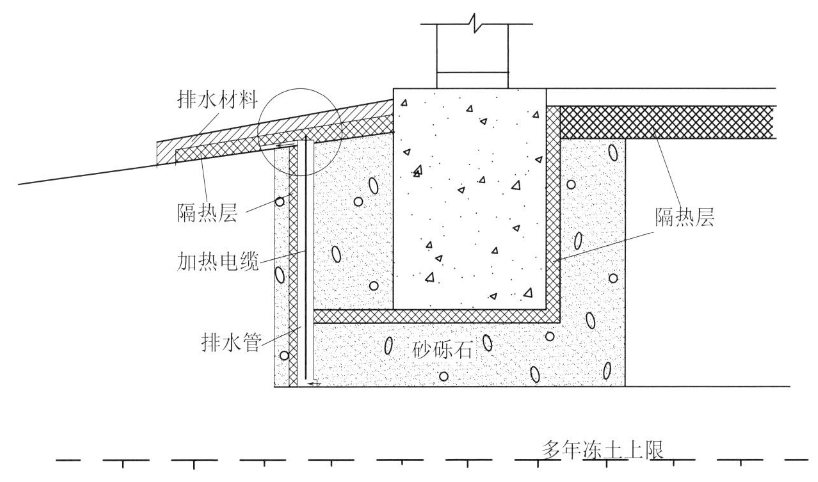

图2.69　多年冻土区基础排水至排水井

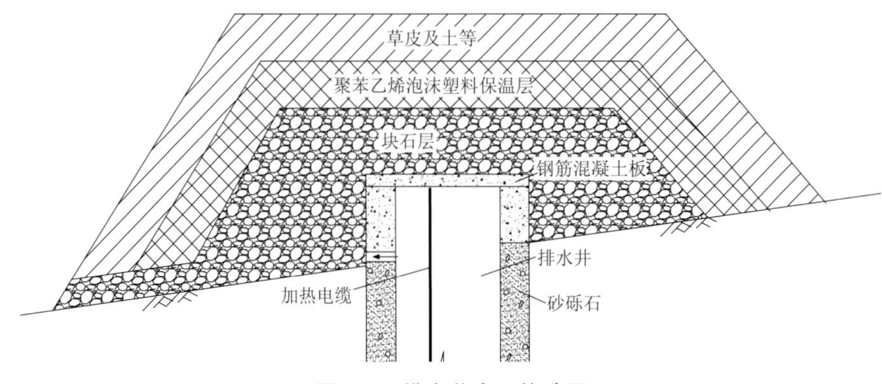

图2.70 排水井出口构造图

排水隔水以降低地下水位和水分，是防冻胀的重要措施。该方法应结合工程地点的地形、冻胀及水文地质条件进行设计。通常与换填法相结合应用。在多年冻土区中采用这种方法一定要做好出水口的防冻措施，铁道部第三设计院在东北大兴安岭地区采用暗式保温出水口（俗称保温圆包头）取得良好效果。

2.5.4 隔离回避法

隔离回避法是指在基础与周边地基土间采用隔离措施，使基础侧表面与地基土间不产生冻结（不产生冻结强度），从而消除地基土对基侧的切向冻胀力作用。不论是季节冻土区或是多年冻土区，采用桩基础时，用该方法可以有效地防止建筑物的冻胀。

隔离法有两种，即季节活动层范围内，桩柱基础外有套筒和无套筒。有套筒的冻胀隔离法是在桩柱基础外先套以钢护套筒，其底部带有外凸的凸环，埋入最大季节活动层深度底部［图2.71（a）］，套筒外壁先用憎水性物质涂抹一层，避免地基土冻胀时出现冻拔。套筒与桩柱基础间（间隙一般为20～50 mm）充填憎水性混合物。套筒外用粗砂及水混合物回填。无套筒的冻胀隔离法，即上述方法中不加钢护套筒，桩柱基础与地基土间直接用憎水性混合物充填［图2.71（b）］。

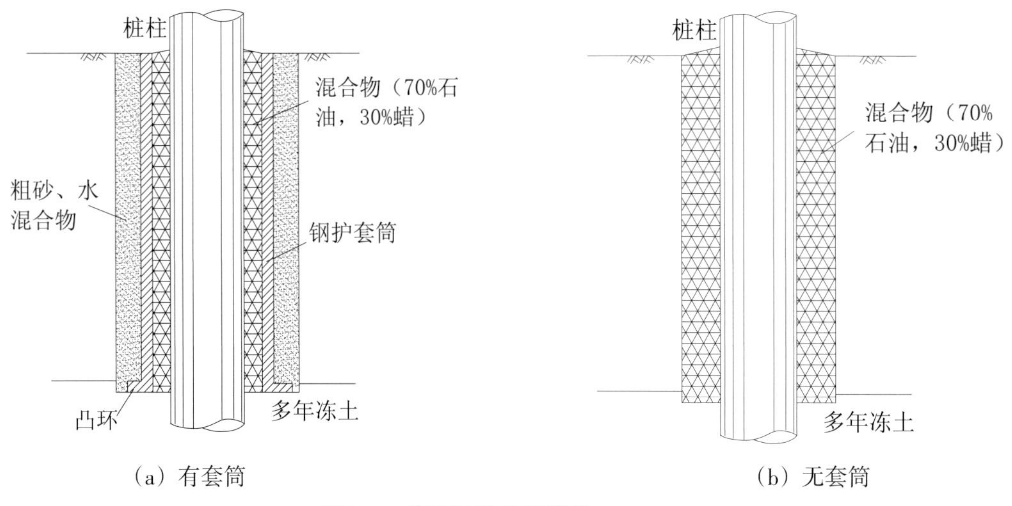

图2.71 隔离法防冻胀措施

桩柱基础隔离法防冻胀仅是对基础而言，桩柱基础上的圈梁与地面间也必须架空隔离，避免地面冻胀直接与地基圈梁接触，引起建筑物冻胀破坏。地基圈梁的架空隔离高度应根据当地地表最大冻胀量确定，且在圈梁两侧外用挡板（或砖）阻挡，避免土体、杂物进入架空隔离空间。

对桩柱基础，隔离法防冻胀的效果是比较理想的，方法简便。实践中出现钢护套筒冻拔现象，多系钢护套筒底部的凸环没有起到锚固作用，钢护套筒外壁的憎水性物质涂抹的厚度偏小，未能避免地基土的冻结作用。这些失误大多数是施工的疏忽而引起的。

2.5.5 锚固法

锚固法防冻胀措施旨在将基础锚固于地基土中，基础结构强度应能抵抗地基土的切向冻胀力，其计算方法按“冻胀性地基土上基础的抗冻胀稳定性验算”进行。

锚固法通常采用基础：深桩基础、扩大基础、爆扩桩基础、挤扩桩基础、扩孔桩基础、排架桩板型基础等。

1.深桩基础

用于多年冻土区及地基承载力低或地下水位高、其他基础形式施工困难等情况。桩基础埋深除应满足承载力要求外，还应满足抗冻拔稳定性要求，且是控制条件。多年冻土区的桩基础设计参阅本章2.4.3节。

2.扩大基础

寒区扩大基础的扩大部分应埋置于季节活动层的下面，一则满足地基承载力要求，二则可利用基础扩大部分的自锚作用防止基础冻拔。

3.爆扩桩基础

采用爆破方法成孔，并在季节活动层以下形成扩大头（图2.72），直径一般按经验确定，通常采用1.2～1.5 m。采用爆扩桩径及配筋除应满足设计荷载作用下的强度要求外，还应满足切向冻胀力作用下的抗拉强度要求。爆扩桩基础施工简单，进度快，适用于地下水位较浅的黏性土地基，砂性土及砾石土地基易产生塌孔。由于爆扩桩的成孔和形成大头的尺寸不易准确控制，应用时，应通过试验以控制施工质量。

4.挤扩桩基础

先采用钻进按设计要求成孔，然后在孔底填入砂砾石及水泥砂浆，用冲击方法将砂砾石挤扩到孔壁四周，形成扩大头，再进行灌注桩的施工程序完成挤扩桩的施工。挤扩桩适用于黏性土，或高温冻结黏性土。

5.扩孔桩基础

先用钻进成孔，再用具有能收缩与扩张的钻头，其三翼刮刀钻头位于锥形盛土斗之上。扩孔桩钻头适用于黏性土地基。

6.排架桩板型基础

如同扩大基础的扩大板一样，只是两个桩的扩大板连起来形成“框架”（图2.73）。该基础有利于防冻胀，但基槽开挖较大。

工程实践表明，上述防冻胀方法能起到一定的效果，但各有优、缺点。应用过程中，应根据地基土及工程建筑的具体情况，综合地使用上述方法，能起到事半功倍的效果。

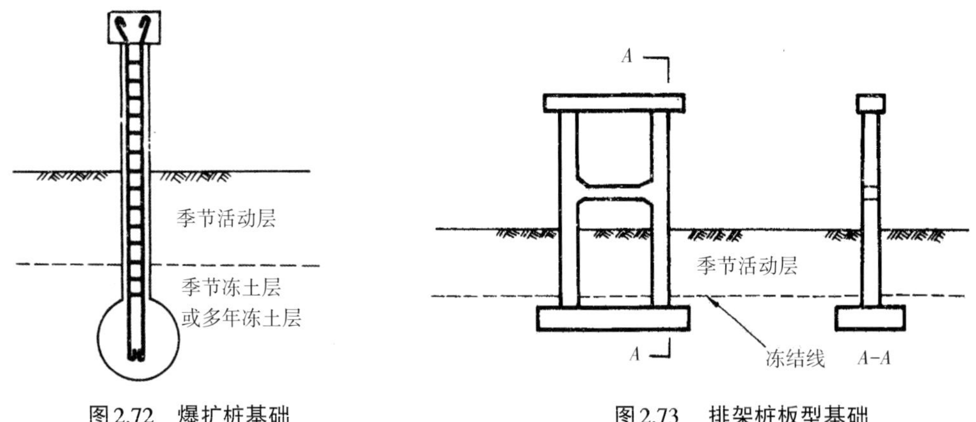

图2.72　爆扩桩基础　　　　图2.73　排架桩板型基础

2.6　防融沉设计

多年冻土区建筑工程，除了会出现冻胀破坏外，更多的工程实例表明，冻土地基的融化下沉引起的建筑物破坏成为多年冻土区工程建筑的主要灾害。因此，多年冻土区的房屋建筑基础设计，除了考虑地基的防冻胀设计外，还应注重地基的防融沉设计。

冻土地基防融沉设计方法通常有两类：一类是采用“冷却”降低冻土地基地温的方法，另一类是被动维持冻土地基地温状态的方法。

“冷却”冻土地基地温的方法有架空通风地下室、填土通风管、热棒（桩）、块石填土等地基，以及填土隔热-通风管、隔热-热棒复合地基。

被动维持冻土地基地温的方法有隔热保温地基、砂砾石高填地基等。

工程实践表明，多年冻土区的房屋建筑采用架空通风冷却系统对降低冻土地基地温，避免“融化盘”形成最为有效，施工简便，造价较低。

基础防融沉方法可归纳为：

防融沉措施
- 物理法——换填法：用“纯净”粗粒料换地基冻土
- 防排水
  - 排水法：排除基础周围积水
  - 隔水法：阻隔地下水流入地基
- 保温法——隔热保温法：工业保温材料阻隔大气热量侵入基土，避免基底冻土融化
- 冷却法
  - 块石铺筑：基础铺盖块石层，利用其“热开关”特性降温
  - 通风管法：基础埋设通风管
  - 热棒：利用密封管内工质的“温差”与“潜热”传输，冷却地基
  - 保温层 + 热棒：上部保温隔热 + 下部热棒冷却的复合热棒
- 结构法
  - 锥柱扩大基础：锥形柱 + 柱底扩大板基
  - 热桩基础：桩柱内埋设热棒的复合桩柱基础
  - 扩底桩基础：桩基底部扩大头，人工或机械施工
  - 锥形 + 桩基 + 扩底基础：活动层内为锥形 + 冻土层内直桩 + 基底扩大头
  - 深桩基础：合理增长的桩基础
- 综合措施：复合措施

第3章　冻土区路基工程

多年冻土区的公路工程、铁路工程，不论其路基病害（热融下沉、纵向和边坡裂缝等）的表现形式和成因以及冻害的防治措施等都具有相似性。大量调查资料表明，多年冻土区道路（基）工程的病害以路基热融下沉为主，表现的形式有路基下沉（图3.1、图3.2）、路面及路肩纵向裂缝（图3.3、图3.4）和路肩边坡裂缝（图3.5、图3.6），其次还有路基冻胀（表现不明显），冰害（图3.7、图3.8）等。公路工程的路面龟裂及翻浆也为冻土区常见的病害（图3.9）。冰害往往出现公路上方有泉水地段，如青藏公路风火山南坡的K3085至K3087、乌丽的K3129至K3131，牙林铁路线的伊加140 km、满归河边工区，以及内蒙古大兴安岭林区公路都有大量的涎流冰出现。

图3.1　青藏公路路基热融下沉
（童长江摄）

图3.2　东北牙林线铁路路基热融下沉
（李庆武摄）

图3.3　青藏公路路基纵向裂缝
（童长江摄）

图3.4　青藏铁路路基纵向裂缝
（包黎明摄）

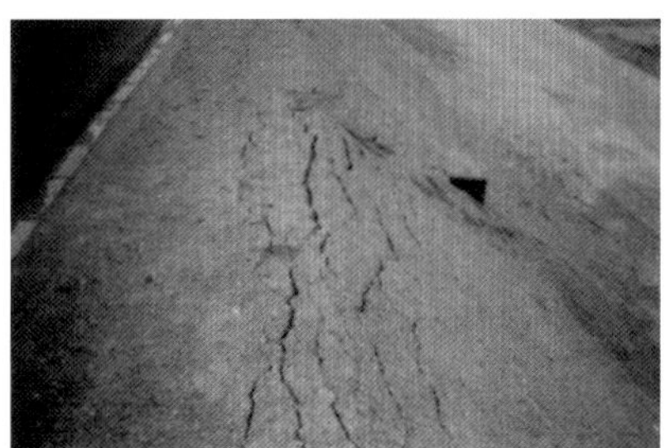

图3.5　公路路肩边坡裂缝
（吴紫汪等摄,2005）

图3.6　铁路路肩边坡裂缝
（李永强摄）

图3.7　青海省天-木公路涎流冰
（童长江摄）

图3.8　东北牙林线铁路涎流冰
（童长江摄）

图3.9　214国道沥青路面翻浆龟裂

究其原因，路基修筑改变了冻土地基的热状态，地温升高，多年冻土上限下降，地下冰融化，产生路基热融下沉。阴阳坡不均匀受热，路基坡脚冻土环境破坏和排水不畅而积水，引起路基下冻土融化不均，受热强一侧的冻土上限变化较大，致使路基下沉，边坡失稳，路面开裂。

路基修筑不仅影响着多年冻土层原有的地-气间的热量平衡状态，同时也改变了路基下及周边一定范围的水文地质条件和环境，使地下水的径流条件出现变化或受阻，或截阻径流而出露，因而产生涎流冰。

路面面层龟裂、翻浆，多因基层含水率过高，或地下水位较浅，边沟排水不畅、积水，或路基高度不足，或路基填料不良而导致冻结过程中水分迁移，使水分聚集在路面下的基层冻结，加上路面结构层的强度不足，在春融期间使路面软化，出现龟裂和翻浆。

公路和铁路路基都具有许多相似性。但在路基上部承载外荷作用的“面层”结构层却大不相同，使多年冻土与“面层”间的热力效应出现差异：公路工程的表层主要为黑色沥青路面、白色或灰色的水泥路面，属封闭式“面层”结构；铁路工程的表层主要为碎石道砟及枕木，属开敞式“面层”结构，高速铁路的无砟混凝土基层则属封闭式“面层”结构。两种“面层”结构引起冻土地基与大气间的热力效应强度相差很大，封闭式“面层”结构无表面蒸发散热作用，热流方向受阻而向下，往往具有“贯入”式蓄热作用；开敞式“面层”结构的热量方向是向上的，具有散热作用。沥青路面的强烈吸热和无蒸发散热作用，使路基下融化深度增大。

多年冻土区，地表层热量的主要来源于太阳辐射，不同的表面特性对太阳短波的反射率（或吸收率）不同，它们的表面温度就不同。表3.1表明黑色沥青混凝土的反射率最小，吸热率最大，地表面的n系数（地表面温度指数和空气温度指数之比）表明融化期和冻结期的热量差异（表3.2）。

由表3.2的n系数特性表明，地表温度总是高于气温，融化期的n系数均大于冻结期的n系数，沥青混凝土表面相差最大，碎石层表面相差较小。青藏高原风火山地区，粉质黏土地表年平均温度比年平均气温要高出2 ℃～4 ℃（丁靖康等，2011），公路沥青混凝土路面要高出6 ℃（臧恩穆等，1999）。由此可见，公路沥青混凝土路面对基底多年冻土层的影响远大于铁路碎石道砟的影响程度。

表3.1 不同表面特性的反射率（丁靖康等,2011）

表面特性	沥青混凝土路面	混凝土新路面	混凝土旧路面	砾石路面	碎石路面	黄色石英砂路面	砂卵石路面
反射率α	0.06	0.20	0.27	0.12	0.14	0.34	0.23

表3.2 我国多年冻土地区地表n系数的参考（丁靖康等,2011）

地　区	青藏高原地区		东北地区	
地表类型	n_t系数	n_f系数	n_t系数	n_f系数
森林中苔藓地表	–	–	0.4	0.3
草皮覆盖地表	1.0	0.5	1.0	0.5
碎石层、卵石层表面	1.65	1.04	–	–
细颗粒土地表	2.5	0.8	1.5	0.85
砾石土、碎石土表面	3.5	0.65	2.0	0.7
水泥混凝土表面	3.5	0.7	2.0	0.7
沥青混凝土表面	5.0	0.65	3.0	0.7

就公路工程、铁路工程路基而言，线路通过多年冻土地带一定范围内，路基的路床（本体）、路基的地基及相邻空间（路基两侧一定范围的冻土环境）所构成的路基系统，将改变天然条件下的热力状态，重新建立新的大气与多年冻土之间热平衡体系。在此过程中（3～5年，或更长时间），多年冻土上限（位置）或下降，或稳定，或上升，将导致路基或沉陷，或稳定。因此，多年冻土区道路工程设计的重点在于保持或改善路基系统的热学稳定性，进而保证其力学稳定性。鉴于公路和铁路路基病害的特征、产生原因和防治方法具有相似性，仅影响程度有所差异，作为路基研究就归为一章进行讨论。

3.1　冻土工程地质选线

道路工程线路长，穿越各种地貌单元，遇到的地质和水文地质条件异常复杂，且工程项目较多，有路堤、路堑、桥梁、涵洞、隧道、通信、站舍以及环境工程等。从工程地基角度，本章仅依冻土工程地质条件讨论路基工程的线路选择。

多年冻土的工程性质，除了与地质、地貌和水文地质条件相关外，还与温度有紧密联系的特殊土体，用作地基时，就必须考虑大气-路基-冻土环境系统间的热量平衡关系。天然环境中，在地质年代历史作用下，多年冻土-地质地貌-水文地质-环境状态所构成冻土环境体系的热力学特性是处于相对稳定状态的。当路基工程建设出现其中，势必扰动了冻土区原有的热力学稳定性，须经一段时间建立新的热量平衡状态，此时或许加剧了多年冻土变异和消亡。历史经验与教训表明，道路工程穿越多年冻土区时，从规划选线、设计方案、施工程序和运营管理等都必须密切关注这个体系的热量平衡关系，认真贯彻“预防为主，保护优先，建设与保护并重”原则，视冻土工程地质条件，采取各种工程措施和新技术，保持或尽力减小对多年冻土区热量平衡的扰动，达到冻土环境与工程安全双赢的目的。

3.1.1　选线原则

多年冻土区，道路（基）工程的选线，除了遵守非冻土区的基本原则外，重点从冻土工程地质条件和冻土环境保护出发确立线位，同时考虑技术经济的合理性，施工、运营、养护条件的可行性，在高含冰率冻土地段要遵守“宁填勿挖” 的基本原则。根据国标《冻土工程地质勘察规范》GB 50324-2014，行业标准《青藏铁路高原多年冻土区工程设计暂行规定》①及《多年冻土地区公路设计与施工技术细则》JTG/T D31-04的规定，线位设计应遵循下列原则：

（1）线路宜选择在干燥、向阳的缓坡上部少冰冻土地带，以路堤形式通过。图3.10为同一地貌单元不同地形部位的高含冰量冻土分布情况，从坡向上看，阳坡较阴坡接受的太阳辐射多，地温相对较高，水分蒸发较多，地下冰发育较差。在连续多年冻土和岛状多年冻土地带，阴坡有高含冰量冻土，阳坡则无。阳坡地表干燥，植被稀疏，多为少冰冻土或多冰冻土。从坡度看，坡度大，覆盖层薄，排水条件好，不利于地下冰生长；坡度小，覆盖层厚，水分充足，植被易生长，有利于地下冰发育。青藏公路沿线的调查资料表明，坡度小于10°的山坡上，一般地下冰发育，

①铁道部第一勘察设计院，青藏铁路高原多年冻土区工程设计暂行规定，2001。

尤以4°～8°最有利于地下冰生长，10°～16°的坡上，地下冰发育条件变差，大于16°的山坡上，一般见不到厚层地下冰，坡度大于25°时，只有裂隙冰存在。从部位看，自山坡上部至下部，岩性由粗变细，松散物堆积由薄变厚，地下冰厚度自上而下逐渐增厚，由少冰冻土逐渐过渡到含土冰层。

（2）山前线位宜高不宜低，宜选择高线位，在融冻泥流、热融滑塌发育地段宜在其外缘下方，以路堤形式通过。山前坡地上常见有地下冰分布，往往都有融冻泥流、热融滑塌等不良冻土现象存在的可能性，通常应在其外缘下方，以路堤形式通过。一旦地表植被破坏就可能出现融冻泥流热融滑塌现象，且具有溯源侵蚀作用，图1.14是因路基边沟开挖时未及时恢复保护，地下冰出露融化引起的融冻泥流现象。

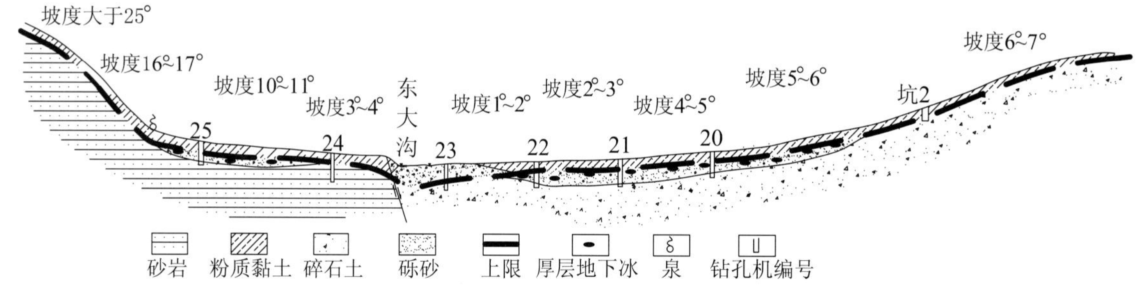

图3.10 风火山东大沟不同坡向坡度上的地下冰发育情况(青藏公路科研组,1983)

（3）线路沿河谷布设时，宜选择高阶地或台地，全融化的高河漫滩区。绕避河流融区与多年冻土区的过渡带、融区与冻土岛的间隔分布等不稳定带，宜以最短距离通过。

（4）线路尽量选择在良好的地基土上，即块石、碎石、卵石、砂砾等粗颗粒土和含水率小的硬塑至半干硬的黏性土。这些地段地表干燥，冻土含冰率小，基底较为稳定。

（5）线路应绕避各种不良冻土现象发育地带、高含冰量冻土（富冰冻土、饱冰冻土及含土冰层）地带。如必须通过时，宜选择在地势平缓、冻土现象分布较窄、冰层较薄地带，且应符合下列要求：

①多年冻土沼泽、热融湖塘地段选线

a.通过多年冻土沟谷沼泽：沼泽呈带状分布，应采用路堤特殊设计方法，以最短线路通过，最好是跨越沼泽；冲、洪积阶地范围宽广的大片沼泽区，线位宜选择在沼泽的边缘，因其泥炭层较薄，含冰率相对较小地段；线路在沼泽中间通过时，宜选择沼泽底部较浅处，且应注意是否有古河床和沼泽底部横向坡度大小。古河床的泥炭、淤泥等软弱土层较厚，含冰率高，横向坡度大易出现滑动。

b.通过缓山坡沼泽。当线路方向与山坡走向平行时，应避免在沼泽底部横向坡度较陡地段通过，因沼泽中冻土含冰率较高，底部横坡较陡，暖季时，路堤易产生滑移，在振动荷载作用下，往往会使路堤突然下滑；否则，应做特殊处理和设计。

②厚层地下冰地段选线

宜绕避通过此地段，或与路桥方案比较，选择最短距离或地下冰厚度较小的地段通过。应避免挖方，路堤形式通过时应尽量减少零断面及高度小于1.0 m的低填方，且宜避免高度大于3.0 m的高填方。青藏铁路修建时在高含冰量冻土地段有一路堑工程，开挖时出现地下冰融化呈涎流冰现象（图3.11），路堑成型，做好骨架护坡后，因坡脚冻土融化出现热融滑塌（图3.12），路堑坡顶及边坡出现裂缝，滑移（图3.13）。

图3.11　地下冰地段开挖的流冰

图3.12　地下冰地段路堑热融滑塌

图3.13　地下冰地段路堑坡顶滑塌裂缝

（均为刘永智摄）

③冰椎、冻胀丘地段选线

冰椎、冻胀丘地段一般都有来自多年冻土层上水或层下水的水源，应进行水文地质勘察，查清水源、径流方向、估算其流量。

a.属于多年冻土层上水引起的冰椎、冻胀丘。在衔接多年冻土区，通常属于季节性潜水，其流量有限，一般于12月末就枯竭。线路应选在其下方以路堤形式通过，距离宜在允许范围之外（几十米）。切勿在上方通过，因路堤地基土压密或冻土上限提高而阻碍冻结层上水的通道，引起冰椎、冻胀丘上移，出现在路堤的上方，影响路基和行车安全。

b.属于多年冻土层间水或层下水引起的冰椎、冻胀丘。地下水具有一定的承压性，流量较大，或许属常年性。线路宜选择在其上方通过，因路堤地基土压密或冻土上限升高都不会阻隔地下水的通道。

c.山坡或分水岭地段，不论是路堤或路堑通过都可能阻隔地下水通道，或揭露地下水，引起冰害。这种情况应做好排水措施，在路堤的上方，或路堑两侧的排水沟应采用保温式防渗盲沟，深度应大些，沟底坡率尽量加大，与涵洞或桥连接，快速排出水流。盲沟出口应保温，避免冻结阻隔水流。

（6）越岭地段选线。线路跨越分水岭时，为降低高度，多选择在垭口通过。根据多年冻土分布特征和水文地质特点，垭口地段处于马鞍形地形，往往地层较破碎，松散覆盖层厚度较大，地下水较富集，或是有构造带分布，也许成为地下冰较富集地段（图3.14）。选线时应进行地质-冻土工程地质及水文地质调查，地表植被发育、沼泽积水较多的情况表明冻土较发育，可能存在厚层地下冰。此时，宜避开，选择地下冰含量较少的地段，不宜选择深挖路堑，宜以隧道形式通过。

图3.14　青藏铁路风火山隧道外地下冰

可见，多年冻土区道路（路基）工程选线，应尽量避免挖方，避免低填浅挖，严禁路基两侧就地取土，线路宜选择高线位，基底应保护地表植被、泥炭层，可填碎石压密增加基底强度，并以合理的路堤高度通过。东北大兴安岭及青藏高原多年冻土区工程实践证明，该基本原则不容忽视，单纯为节省土方，采用填挖平衡的设计，其结果可能适得其反。

3.1.2 冻土工程勘察

多年冻土区冻土工程地质条件优劣，除了按非冻土区工程地质条件的判断方法外，更侧重于查清冻土工程类型（含冰程度）和冻土年平均地温，前者决定着冻土地基融沉性和冻胀性，后者决定着多年冻土的热稳定性和受外界热扰动影响的热惰性。多年冻土区的水文地质条件，往往受到它们的制约。它们的综合作用反映出不良冻土现象的发育程度，尤其是斜坡地带的稳定性。

冻土工程勘察应关注：

（1）查明线路沿线多年冻土层的含冰程度与特点（表1.24），少冰冻土、多冰冻土列为低含冰率冻土，富冰冻土、饱冰冻土和含土冰层列为高含冰率冻土。这决定着路基工程的防治措施和设计方法。

（2）查明线路沿线多年冻土层的年平均地温，分为多种地温带（表1.22）。公路工程以冻土年平均地温-1.5 ℃为界，铁路工程以-1.0 ℃为界（表1.23）。高于界限地温的多年冻土属于高温冻土，低于界限地温的多年冻土划为低温冻土。这决定着多年冻土区路基工程的设计原则。

因此，根据冻土工程勘察资料来决定道路（路基）工程的选线方法及线位，实践证明是科学的。

3.2 路基设计要素

3.2.1 冻土路基热稳定性及地温分带

1. 冻土路基温度场

修筑在多年冻土上的道路工程，则改变了大气与地表层的热交换条件，打破了多年冻土区原有的热平衡状态，重新构建气-地（工程环境）热交换平衡的地温场。对于线性工程，改变了自然环境的地表性状（植被覆盖度、土质性质和密度等）、面积与形状（高差、阴阳坡）、周边的水文地质环境（地下水径流和含水程度），增加了路面材料（沥青、混凝土、砂砾碎石等）。这些工程环境突出地改变了自然环境的地表反射率，从而改变了地表层热交换量，加上工程施工所带来的热扰动和蓄热，使之初期的地-气热交换过程都表现在基底多年冻土地温升高，上限下降。经过若干年后，其他环境条件相似情况下，路面材料对基底多年冻土上限的影响仍表现明显（表3.3）（中交第一公路勘察设计研究院等，2006）。由此可见，沥青路面的强烈吸热作用致使地温升高，上限下降，而碎石路面表现为放热作用，冻土上限则处于上升。

图3.15及图3.16分别展示低温冻土区和高温冻土区沥青路面材料路基下地温包络线。从中看出，不论在低温或高温的多年冻土区，沥青路面下多年冻土上限都下降，说明其具强烈的吸热作用。

表3.3　不同路面材料路堤下多年冻土上限变化对比

地区	青藏公路					青藏铁路				
	地点	面层材料	路堤高度/m	天然上限/m	人为上限/m	地点	面层材料	路堤高度/m	天然上限/m	人为上限/m
高温冻土	清水河Ⅲ	沥青		-2.2	-6.24	清水河Ⅲ	碎石	3.3	-2.0	-0.6
	楚玛尔河Ⅲ	沥青		-2.3	-6.67	楚玛尔河Ⅲ	碎石	2.9	-2.3	-0.6
低温冻土	风火山Ⅰ	沥青		-2.1	-4.34	风火山Ⅰ	碎石	3.8	-2.6	+0.8
	五道梁Ⅱ	沥青		-2.2	-4.3	五道梁Ⅱ	碎石	2.7	-2.2	-0.4

注：上限从天然地面起算，负值为地面以下，正值为地面以上；Ⅰ为低温稳定冻土区，Ⅱ为低温基本稳定冻土区，Ⅲ为高温不稳定冻土区。

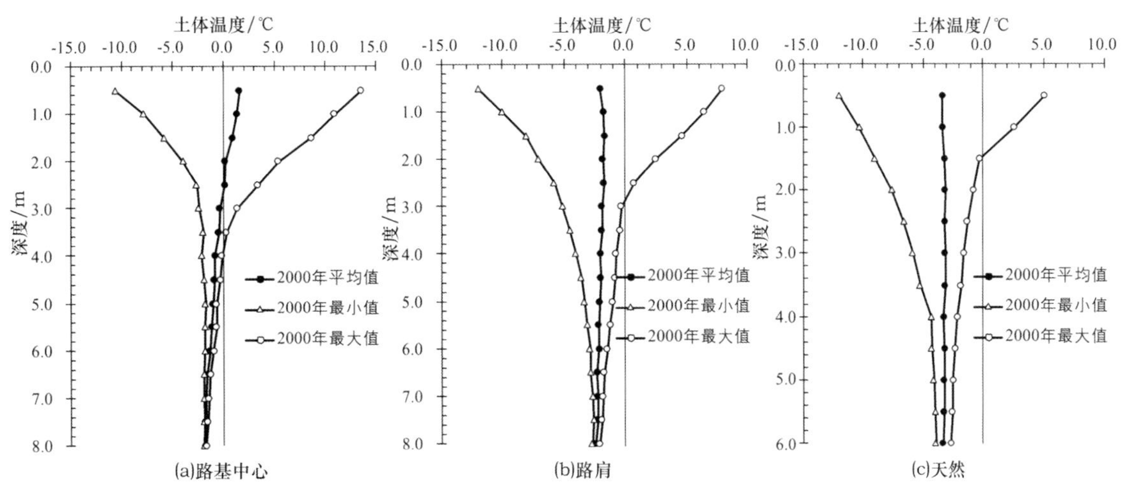

(a)路基中心　(b)路肩　(c)天然

图3.15　低温冻土区沥青路面材料路基的地温包络线图

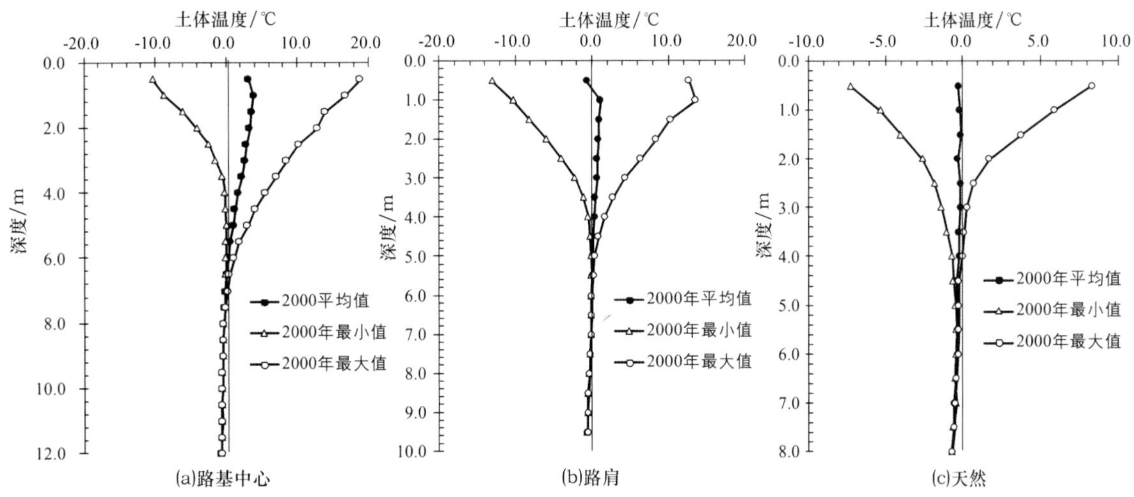

(a)路基中心　(b)路肩　(c)天然

图3.16　高温冻土区沥青路面材料路基的地温包络线图

图3.17及图3.18是214国道投入运营前期（第三年）路基地温变化稳定曲线（臧恩穆等，1999）。图中可看出，多年冻土年平均地温为-0.9～-1.0 ℃的地区（不稳定地温带），路基下地温相对变化较小，上限略有上升（0.2～0.7 m）；而多年冻土年平均地温为-0.3～-0.5 ℃地区（极不稳定带），路基下地温变化较大，上限则下降（0.2 m）。三种路面材料（砂砾、沥青、水泥）的

对比，沥青路面上限是下降的，水泥路面地温升高，-0.1～-0.3 ℃地温区的范围较砂砾路面大。当道路运营后，路基下地温还会出现变化，融化深度将增大。

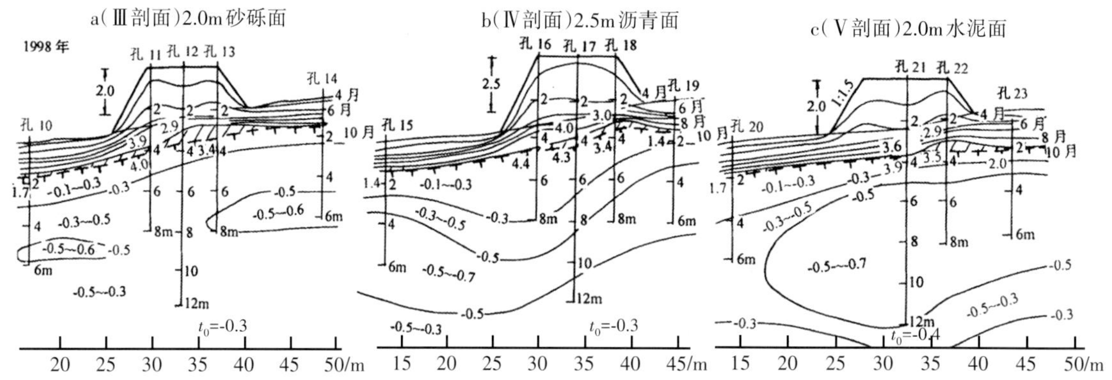

图3.17 连续多年冻土区极不稳定地温带路基融化逐月进程曲线（t_0：年平均地温）

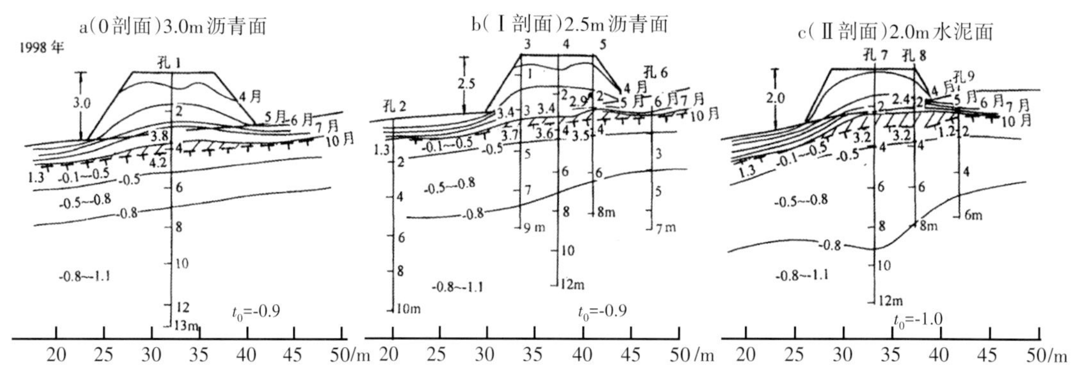

图3.18 连续多年冻土区不稳定地温带路基融化逐月进程曲线（t_0：年平均地温）

地处多年冻土区极不稳定地温带的青藏铁路碎石路面路基下多年冻土上限却是上升的（图3.19），路基中心上升幅度最大达1.69 m。路基阳坡（左侧），上限上升0.51 m，而阴坡（右侧）上限则上升0.94 m。可见，碎石路面具有良好的散热性能。

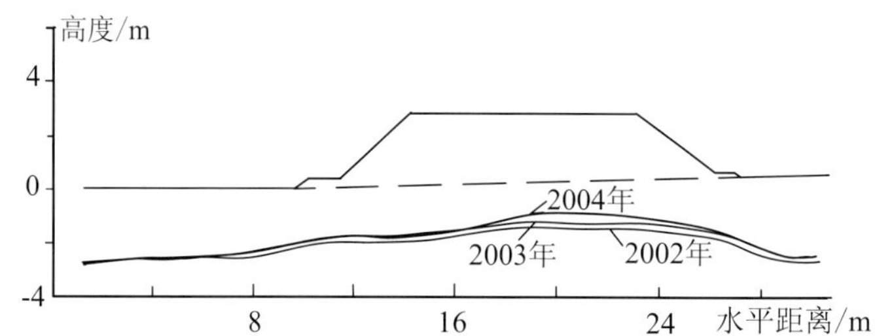

图3.19 青藏铁路极不稳定地温带路基下上限变化（中铁西北科学研究院有限公司等，2007）

2.冻土的热稳定性

在工程建筑影响下，地表性状、水文地质条件、植被铲除等变化都将会导致活动层深度增大，地下冰融化，多年冻土上限下降。但因多年冻土层的年平均地温不同，冻土对外界热扰动和干扰反映的敏感性不一，加上冻土中含冰程度增加有利于增大其抗外界热扰动的惰性。同一环境条件下，多年冻土年平均地温越低、含冰率越高，对外界热扰动反映表现出的惰性越强，其热稳定性越好。

假设，暖季，地表吸收而进入地中的热量都用融化活动层中的冻土，即为季节融化深度

(h_t)；寒季，进入地中的热量用于活动层中季节融化层的冻结而放出热量，在严寒的气候条件下，或许还有多余的热量用于零度以下土层的降温。这种情况下，季节冻结层深度可能大于季节融化层深度，出现潜在的冻结深度（h_{qf}）。

工程活动下，多年冻土对人为活动影响（热影响）的反应快慢程度表明其对外界热干扰的敏感性。当季节融化深度与潜在季节冻结深度的比值增大时，表明冻融热量平衡过程中，对工程活动影响的敏感性增大；反之，对工程活动影响的敏感性减小。冻土热侵蚀敏感性（S_{Te}）表示为（吴青柏等，2002年）：

$$S_{Te} = \frac{h_t}{h_{qf}} \tag{3.1}$$

式中：h_t为季节融化深度，m；h_{qf}为潜在季节冻结深度，m。

显然，在最外部热侵蚀作用下，多年冻土在热交换周期中能够维持原有冻土的冻融过程和年平均地温变化的能力，称为冻土的热稳定性。当暖季期间土体表面吸收的热量与融化由季节融化层底板到潜在季节冻结深度区间土层所需的热量与升高季节冻结层底板温度至0 ℃所需热量之和的比值来描述冻土热稳定性（S_T），即：

$$S_T = \frac{Q_t}{Q_+} \tag{3.2}$$

式中：Q_+为暖季期间土体吸收的热量；Q_t为融化由季节融化层底板到潜在季节冻结深度区间土层所需的热量与升高季节冻结层底板温度至0 ℃所需热量的总和，即：

$$Q_t = \frac{\lambda_t \left| t_{dcp} \right| T}{h_t} + Q_\varphi (h_{qf} - h_t) \tag{3.3}$$

式中：λ_t为导热系数；t_{dcp}为多年冻土层顶板的年平均温度；T为时间周期；h_t为季节融化深度；h_{qf}为潜在季节冻结深度；Q_φ为相变热。

土体年热循环量（Q）是土体暖季期间吸收的热量（Q_+）和寒季期间放出的热量（Q_-）之和。采用冻土热侵蚀敏感性（S_{Te}）来描述，则冻土热稳定性可以下列方程表示：

$$S_T = \frac{1 + S_{Te}}{S_{Te}} \times \frac{Q_t}{Q} \tag{3.4}$$

根据青藏公路及天然条件的实测钻孔地温资料（取多年平均值），按季节融化深度、潜在季节冻结深度的方程（B. A. 库德里亚采夫，1992）和冻土热侵蚀敏感性公式（式3.1）计算结果可知，冻土热稳定性与多年冻土顶板和年平均地温、季节融化深度和热侵蚀敏感性有着密切的关系。

1）冻土热稳定性与冻土温度的关系

冻土热稳定性与多年冻土顶板温度、年平均地温、地表温度、地表年较差温度等温度指标有密切的关系。多年冻土年平均地温和顶板温度呈较好的线性关系（图3.20及图3.21）（吴青柏等，2002），冻土温度越低，冻土受人为活动热扰动影响越小，冻土稳定性越好，反之亦然。冻土热稳定性大于1，用于融化季节融化层底板至潜在季节冻结深度区间冻土与升高季节冻结层底板温度至0℃所需的热量（Q_t）越多，暖季吸收的热量较小，寒季土体放出热量就越大，越有利于多年冻土的降温和发育。冻土热稳定性小于1，表明暖季吸收的热量大于Q_t，部分吸收的热量用于冻土升温，多年冻土则处于退化。

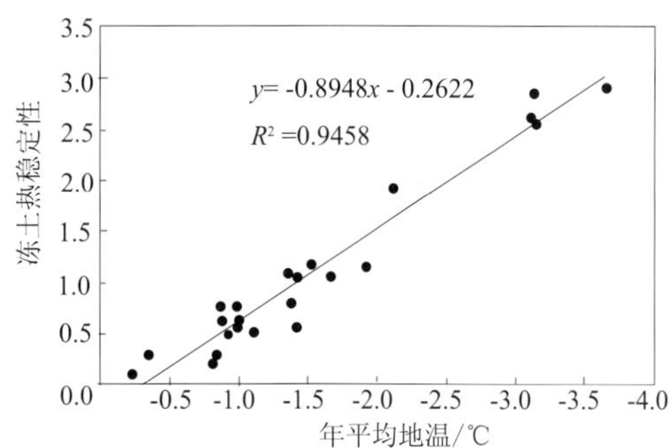

图3.20　冻土热稳定性与年平均地温的关系

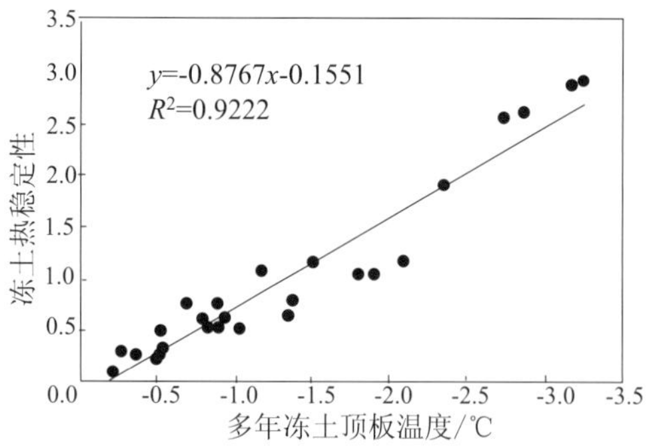

图3.21　冻土热稳定性与多年冻土顶板温度的关系

2）冻土热稳定性与季节融化深度的关系

图3.22（吴青柏等，2002）表明冻土热稳定性与季节融化深度呈幂函数关系。青藏公路沥青路面条件下，①当冻土热稳定性（S_T）大于1.5时，冻土热稳定性急剧减小仅导致季节融化深度微弱变化；②当冻土热稳定性为0.5< S_T<1.5时，冻土热稳定性随季节融化深度变化而变化；③当冻土热稳定性S_T<0.5时，季节融化深度剧烈变化，冻土热稳定性呈微弱变化。由此可见，当冻土热稳定性较强时，暖季吸收的热量仅使融化季节融化层底板至潜在季节冻结深度区间冻土产生微弱融化，而不足以使季节冻结层底板温度升至0 ℃。随着冻土热稳定性减弱，暖季吸收的热量不仅使之产生较大融化，且可使季节冻结层底板温度升高至0 ℃。当冻土热稳定性变差时，季节冻结层底板温度较高，暖季吸收热量微弱变化，就使得季节冻结层底板温度迅速升高至0 ℃，使季节融化层底板至潜在季节冻结深度区间的冻土完全融化。

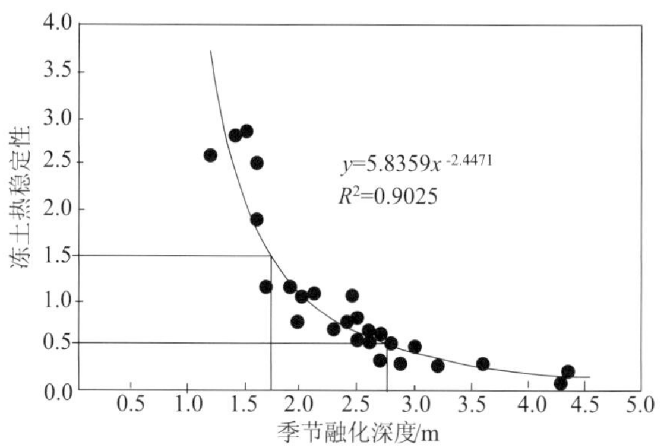

图3.22　冻土热稳定性与季节融化深度的关系

3）冻土热稳定性与热侵蚀敏感性间的关系

从冻土热稳定性的定义可知，融化季节融化层底板至潜在季节冻结深度区间冻土和升高季节冻结层底板温度至0 ℃所需的总热量（Q_t）与土体年热循环量（Q）的比值有着一定关系。青藏公路沥青路面条件下，若Q_t / Q比值趋于1时，在热融蚀敏感型的多年冻土中，要保证人为活动下冻土的温度，冻土热稳定性（S_T）最小应大于2.4，一般冻土年平均地温应低于−3.0 ℃；对热融蚀不敏感型的多年冻土，2.1< S_T<2.4，就可以保证人为活动下多年冻土处于稳定状态，年平均地温为−3.0～−1.5 ℃。所以，在考虑人为活动下多年冻土的稳定性时，还应考虑多年冻土的热融蚀敏感性。

图3.23、图3.24（吴青柏等，2002）展示冻土热稳定性、热融蚀敏感性与季节融化深度、冻土年平均地温的关系。对冻土热融蚀敏感性弱的多年冻土，季节融化深度较小，冻土年平均地温较低，冻土属稳定性状态；对冻土热融蚀敏感性强的多年冻土，季节融化深度大，冻土年平均地温高，冻土属不稳定状态。由此可看出，低温冻土的冻融过程是以冻结过程为主，寒季热量循环部分用于季节融化层的冻结，剩余热量用于冻土降温，潜在季节冻结深度则远远大于季节融化深度，使冻土热融蚀敏感性减弱，冻土热稳定性增强。高温冻土的冻融过程是以平衡或融化过程为主，暖季与寒季的热量循环多处于平衡状态，季节融化深度增大，潜在季节冻结深度减小，冻土

热融蚀敏感性增强，热稳定性减弱。

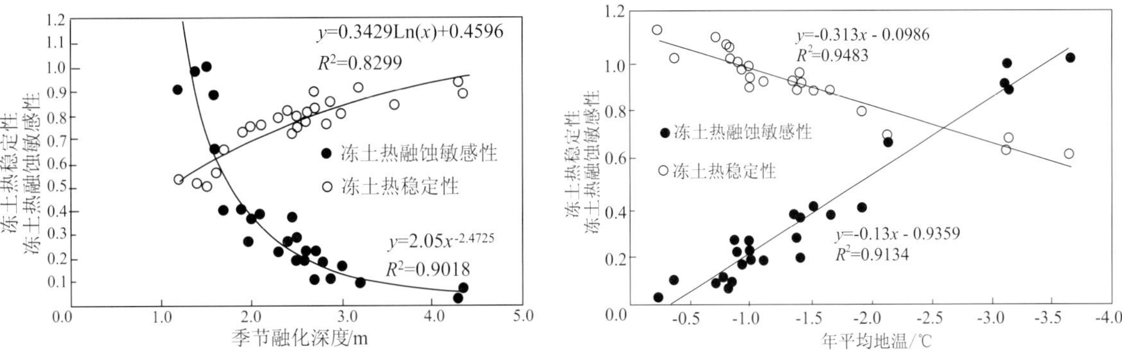

图3.23　冻土热稳定性、热融蚀敏感性与季节融化深度关系　图3.24　冻土热稳定性、热融蚀敏感性与年平均温度关系

高含冰率冻土，尽管冻土年平均地温较高，但高含冰率冻土融化相变热较大，使季节融化深度变化较小，冻土热融蚀敏感性变弱。即使这样，由于高含冰率冻土融化后的变形量仍较大，工程建筑的破坏性较低含冰率冻土大。

3.路基工程的地温带划分

根据上述分析，对公路与铁路工程来说，主要差别在于路基断面宽度和路面材料。一般情况下，公路的路基宽度按《公路工程技术标准》JTG B01的规定，高速公路和一级公路的4车道路基宽度为23～28 m，二级至四级公路的2车道路基宽度为7.5～12 m。铁路的路基面宽度按《铁路路基设计规范》TB 10001的规定，单线路基面宽为7.5～7.9 m，双线为11.2～12.1 m。目前我国多年冻土区的公路为2车道，铁路为单线，路基面宽基本上为7.5 m。公路路面材料为沥青和混凝土路面，以吸热和阻隔蒸发耗热为主，增大了基底多年冻土的融化速率，而铁路路面材料为碎石道砟，具有冷储和散发蒸发热的作用。

观测资料表明，在相同的多年冻土及环境条件下，不论是高温冻土或是低温冻土区，公路路基下的多年冻土上限多出现下降（吴青柏等，2002），高温冻土区，不但人为冻土上限较深，且有大量冻结层上水聚集，形成融化夹层，而铁路路基下的多年冻土上限多出现上升或保持的状态。根据青藏公路的调查，多年冻土年平均地温低于或等于-1.5 ℃的地区，即使是高含冰率冻土，但路基病害相对较少，主要分布在高山及低山区。冻土年平均地温高于-1.5 ℃的高含冰率冻土区，路基病害率相对较高，主要分布于高平原、丘陵及河谷区。

多年冻土区路基病害产生的原因较多，冻土含冰率及热稳定性是主要原因。根据图3.20冻土热稳定性和年平均地温的关系，并按《多年冻土地区公路设计与施工细则》JTG/T D31-04-2012及《铁路特殊路基设计规范》TB10035-2006的规定，多年冻土区地温带的划分列于表1.23。按图3.20的冻土热稳定性指标，沥青路面下的冻土热稳定性指标大于1者属于稳定和基本稳定地温带，小于1者属不稳定和极不稳定地温带。散热的碎石路面下，冻土热稳定性指标大于0.5，路基下多年冻土上限仍能保持原状态，仍可属于基本稳定的地温带。工程实践表明，在年平均地温为-1.0 ℃条件下，沥青路面下多年冻土上限呈现为下降型，而碎石路面下多年冻土上限则表现为上升或保持原状。因此，两种路面条件下，多年冻土基本稳定地温带的下界划分有所不同：沥青路面为-1.5 ℃，碎石路面为-1.0 ℃。以此为界，公路与铁路低温冻土的冻土年平均地温分别为T_{cp}≤-1.5 ℃和-1.0 ℃（图3.25），高于此界者属高温冻土。

应该注意，公路和铁路系统的多年冻土地温分带是以现时的多年冻土年平均地温资料为基础的，随着全球气候转暖，气温升高条件下（丁一汇等，2002），多年冻土的地温也随之而变化（图3.26）（吴青柏等，2001），各地温带的冻土面积也会发生较大的变化，低温冻土的面积将缩小，部分将转为高温冻土，高温冻土的面积将会扩大，不稳定地温带冻土将处于退化。冻土路基设计时应予考虑气候转暖的因素。

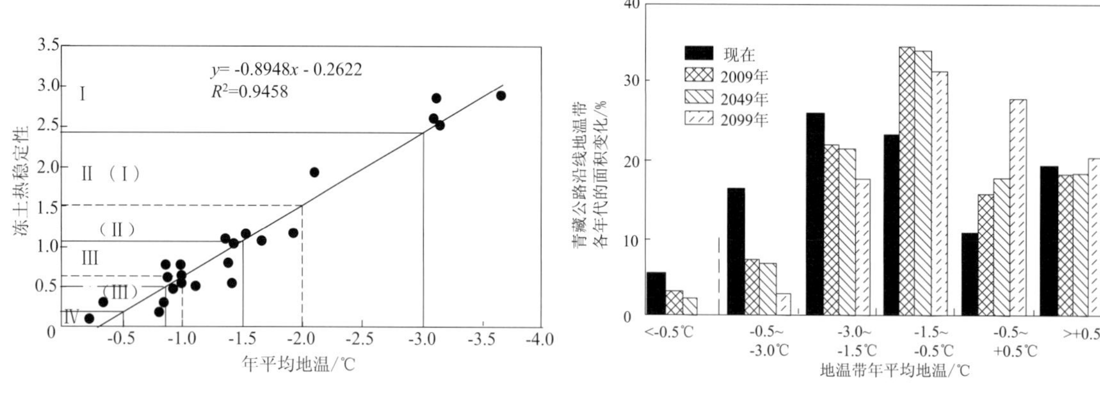

图3.25　多年冻土地温分带

实线与点画线和Ⅰ等为青藏公路；
虚线及（Ⅰ）等为青藏铁路。

图3.26　不同年代气温变化后的冻土地温带变化

3.2.2　冻土路基的冻土工程类型

冻土工程特性中各力学指标起重要作用的因素是冻土含冰率（或含水率），它不仅反映在冻土冷生构造的差异性，也反映在冻胀性、融沉性、强度方面。作为建筑物地基的冻土，依据冻土含冰率划分为五种工程类型：少冰冻土、多冰冻土、富冰冻土、饱冰冻土及含土冰层（表3.4）。

表3.4　综合冻土工程分类（吴紫汪，1982基础上补充）

综合冻土工程分类		Ⅰ	Ⅱ	Ⅲ	Ⅳ	Ⅴ
分类名称		少冰冻土	多冰冻土	富冰冻土	饱冰冻土	含土冰层
		低含冰率冻土		高含冰率冻土		
体积含冰率	黏性土	<0.10	0.10～0.20	0.20～0.30	0.30～0.50	>0.50
	非黏性土	0.15	0.15～0.25	0.25～0.35	0.35～0.50	>0.50
融沉性分类	名　称	不融沉	弱融沉	融　沉	强融沉	融　陷
	融沉系 A_0/%	<1	1～5	5～10	10～25	>25
冻胀性分类	名　称	不冻胀	弱冻胀	冻　胀	强冻胀	特强冻胀
	冻胀系数 η/%	<1	1～3.5	3.5～6	6～12	>12
强度分类	名　称	少冰冻土	多-富冰冻土		饱冰冻土	含土冰层
	相对强度值	<1.0	1.0		0.4～0.8	<0.4
冷生构造类型		整体状	微层-微网状	层　状	斑　状	基底状
界限含水率*ω/%		$<\omega_p$	$\omega_p\sim(\omega_p+7)$	$(\omega_p+7)\sim(\omega_p+15)$	$(\omega_p+15)\sim(\omega_p+35)$	$>\omega_p+35$

注：以黏性土为例。

多年冻土融化沉降变形取决于土质、含冰率和温度。随着地温升高，冻土融化，引起冻土融化变形的主导因素是含冰率。冻土路基变形监测表明，不同的冻土工程类型，融化后的融化压缩性引起路基变形量是不同的，少-多冰冻土的体积含冰率通常为0.1～0.2之间，其融化下沉系数最大也不超过5%，融化变形量较小；富-饱冰冻土及含土冰层的体积含冰率均超过0.2，以致大于0.5以上，融化下沉系数为5%～25%，融化变形量很大，路基病害率就很高。图3.27（徐安花，2014）是青藏高原东部地区（多年冻土年平均地温较高）国道214的道路病害率所对应的不同冻土工程类别的相应关系。

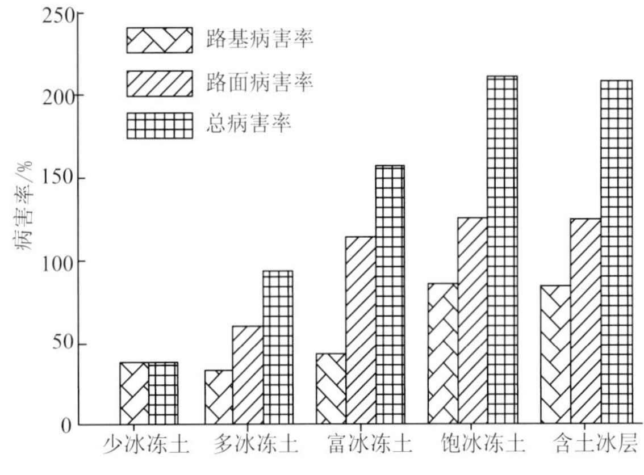

图3.27　214国道冻土工程类型与路基病害率的关系

由此可知，冻土的热稳定性是粒度成分、冻土含冰率及温度状况的综合反映，是路基变形的本质因素，而冻土的热融下沉特性是冻土路基变形的表现形式，是冻土路基稳定性的控制指标。因此，冻土路基工程的工程分类必须以冻土的热稳定性及热融下沉特性为指标，以达到本质与现象的统一。

按表3.5的道路工程冻土工程类型的划分，可采用相应的路基设计原则。

表3.5　道路工程冻土工程类型分类

<table>
<tr><th rowspan="2">含冰特征</th><th colspan="4">多年冻土年平均地温/℃</th></tr>
<tr><th>0～-0.5</th><th>-0.5～-1.5
(-0.5～-1.0)</th><th>-1.0～-3.0
(-1.5～-2.0)</th><th>< -3.0
(< -2.0)</th></tr>
<tr><td>少冰冻土(S)</td><td rowspan="2">Ⅲ</td><td rowspan="2">Ⅲ Ⅱ</td><td rowspan="2" colspan="2">Ⅱ</td></tr>
<tr><td>多冰冻土(D)</td></tr>
<tr><td>富冰冻土(F)</td><td rowspan="3">Ⅲ Ⅱ</td><td rowspan="3">Ⅱ</td><td rowspan="3" colspan="2">Ⅰ</td></tr>
<tr><td>饱冰冻土(B)</td></tr>
<tr><td>含土冰层(H)</td></tr>
</table>

注：括号内的地温带属铁路系统地温分带。

Ⅰ类冻土，由于多年冻土年平均地温较低，虽然冻土的含冰率较高，但其热容量较大，其热稳定性较好。从青藏公路监测场地的资料看，沥青路面下多年冻土上限均有明显的变化（图3.28）（刘戈等，2008），低温冻土区，路基下冻土上限也有所降低，仅是比高温冻土区变化小些而已。根据多年冻土融化速率对比图（图3.29）（刘戈等，2008）看，高路堤条件下，沥青路面下融化速率为3.0～5.0 cm/a，比天然地面小；高温冻土区的沥青路面路基下融化速率高达23.0～29.0 cm/a，远远大于天然地面。由此说明，低温区用提高路基高度来保持路基稳定性是可行的，而高温区则不能维持路基稳定性。

由此可见，在Ⅰ类冻土，虽然其热稳定性较好，天然和工程因素扰动下，冻土条件也会发生微弱的变化，仍需按原则Ⅰ保护冻土状态进行设计，对处于地温带边缘地段可能需要采取一定强化措施来保护路基下冻土稳定性。

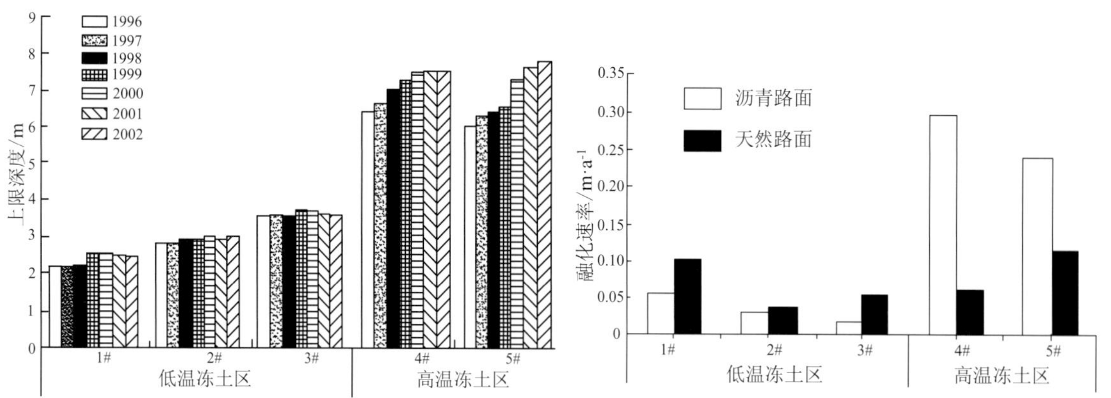

图3.28　监测场地多年冻土上限变化　　**图3.29　监测场地多年冻土融化速率对比**

Ⅱ类冻土，属于高温冻土区，即属于不稳定地温带，其热稳定性较差，天然和工程因素影响下，冻土条件会发生较大或强烈的变化，冻土上限会产生较大幅度的下降，高含冰率冻土地带融化时的沉降量都较大，通常应采取有效的工程措施防止或延缓多年冻土融化。一般可按原则Ⅱ控制冻土融化速率进行设计。有两种情况应分别对待：

（1）对于少冰冻土和多冰冻土来说，由于其含冰率较低，冻土融化后产生的变形量较小，不会引起路基病害。当冻土厚度较大时，宜采取控制冻土融化速率的原则设计。

（2）对富冰冻土、饱冰冻土及含土冰层等高含冰率冻土来说，冻土融化后产生较大或很大的融沉量，引起较大或严重路基病害。一般被动保护冻土工程措施（如提高路基高度或增设保温护道等）难以防止冻土融化、上限下降，应采取冷却降温的强化工程措施（块石路基、通风管路基、热棒路基等）控制或减缓冻土融化速率，以维持冻土稳定性。

Ⅲ类冻土，属高温冻土区的极不稳定地温带，热稳定性很差，天然或工程因素影响下，冻土条件将发生根本性变化，冻土上限大幅度下降，冻土转为岛状冻土或出现退化。冻土路基设计应考虑两种情况：

（1）高含冰率冻土区，融化后将产生很大的融化沉降量。当冻土厚度大于5 m时，应采取冷却降温的强化措施进行综合治理或低架旱桥代替填土路基。当冻土厚度不超过5 m时，通过经济、技术比较，或采取冷却降温强化措施，控制或延缓冻土融化速率，或采取清除高含冰率冻土的措施。

（2）在低含冰率冻土区，融化后的融沉量不大，通常可按原则Ⅲ预融或破坏冻土的设计原则，或者按非冻土区的设计原则。当冻土地基为多冰冻土，且厚度超过5 m时，宜采取控制冻土融化速率的设计原则。

3.2.3　冻土路基变形特征

1. 冻土路基变形的主要形式

据青藏公路现场调查、勘探与现场实体观测的资料表明，多年冻土地区路基变形是以沉降变形为主，冻土地基融化时路基产生不均匀下沉占路基病害路段的80%以上。路基病害主要表现形式为纵向凹陷与波浪沉陷、路基横向倾斜、纵向裂缝与路基开裂等。

具体表现为：

（1）不均匀沉降变形较轻的路段主要为路基整体下沉，路面基本平整。

（2）不均匀沉降变形严重的路段主要为路基局部凹陷，造成路面波浪起伏，十几米范围内波峰与波谷的高差达0.3～0.5 m，高含冰率冻土路基在几米内路面高差可超过0.5 m。

（3）高路堤的路基纵向裂缝为几毫米至0.4 m，一般长度几十米，长者达上公里。路基高度大于3.0 m，裂缝急剧增加，条数占总量的66.2%，长度占总量的70.6%（窦明建等，2002），朝阳面的条数约为阴面的5倍（图3.30）（中交第一公路勘察设计研究院等，2006）。

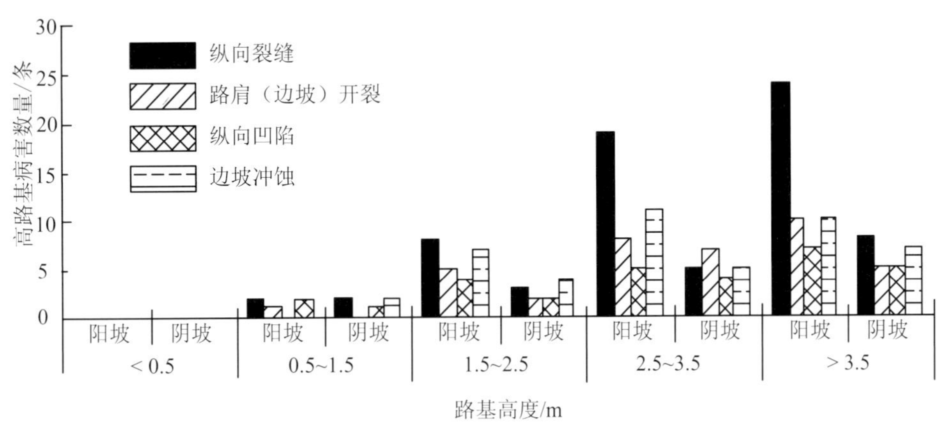

图3.30　青藏公路冻土区高路基病害与路基高度关系

（4）路面倾斜，阳面沉陷量较阴面大，沉陷差最大达0.38 m，平均为0.15 m。局部地段出现弧形裂缝（图3.31）。

（5）路基随地温波动出现冻胀与融化变形，冻胀变形小，而融化变形大。

图3.31　青藏公路局部地段弧形沉陷裂缝

（俞祁浩摄）

青藏铁路路基变形有沉降、冻胀和裂缝。据资料介绍（李永强，2008）：

（1）建设初期，冻土路基变形以沉降变形和冻胀变形为主。沉降量源于季节融化层的压缩和工程扰动下多年冻土上限下降引起的冻土融化。

（2）建设中期，路基填筑基本完成，冻融变形主要发生在季节融化层内。多年冻土区的边缘和高温冻土区地段，路基变形较大，在周围冻土水热环境和侧向热侵蚀影响下，加大路基变形差异，引起路基裂缝和滑塌现象。

运营期40个监测断面表明（截至2008年），路基沉降变形相对稳定，路基累积变形量最大者处于多年冻土南界附近。

路基裂缝调查说明，新增裂缝数量大大减少，但开裂程度却比建设中期严重，其中风火山斜坡的左侧（阳面）路肩纵向裂缝最大宽度0.3 m [图3.32（左）]，长度35 m，下沉量50～100 mm。路基纵向裂缝多发生于填土路基，高度4～5 m，阳面，坡面以骨架护坡防护 [图3.32（中）]。个别纵向裂缝与横向裂缝相连向路中心发展 [图3.32（右）]。

铁路路基变形的特点：

（1）路基沉降变形多为整体下沉，高温冻土区沉降量较低温冻土区大，冻土南界及融区边缘地带较为严重，有弱冻胀现象。

（2）纵向裂缝多发生在左路肩（阳面）及骨架护坡地段。低温冻土区的高路堤地带易出现裂缝。

（3）纵向裂缝发育地段多与周边环境（地面积水、地下水位较高等）及降水等有关。

图3.32 青藏铁路左路肩裂缝（左）、纵向裂缝（中）、路肩裂缝向路中发展（右）（李永强摄）

2. 冻土路基变形的特征

多年冻土区道路工程路基变形主要特征是冻土路基融化下沉，多为大波浪的沉降变形。当路基高度小于"临界高度"时，大部分路基沉降往往呈现整体下沉，多形成"融化夹层"。当路堤高度超过"临界高度"后，沥青路面和水泥路面下，仍有冻土路基融化下沉变形，多处于朝阳侧。砂石路面下冻土上限多数处于上升，形成"冻土核"，伴随而来，朝阳面路肩出现大量纵向裂缝。冻土路基变形的特征如下。

1）青藏公路沥青路面（沥青路面为主）

（1）根据青藏公路沥青路面8个监测断面观测资料，多年冻土年平均地温均低于-1.5 ℃的低温多年冻土区。气候变化及工程活动对此类多年冻土的热影响较小，冻土路基融沉变形较小，通常采用抬高路基高度可以保证路基的基本稳定。年平均地温高于-1.5 ℃的高温多年冻土区，极易受到气候变化及工程活动的影响，路基稳定性极差，路基出现较严重的热融沉降变形，仅靠提高路基高度难以保持路基稳定性。年平均地温介于-1.0～-1.5 ℃的基本稳定地温带和不稳定地温带的过渡带。路基热融沉降变形较多，路基稳定性取决于工程活动的热扰动程度和冻土含冰率大小。

路基的冻胀和融沉量随气温-地温呈周期性变化，融沉变形量大于冻胀量，冻土路基呈现下沉为主，不均匀融沉引起纵向裂缝。

（2）低路堤的变形特征。路堤低于临界高度的低路堤，沥青路面下路基以整体沉降为主，路基下冻土上限呈下降形式，形成凹陷的"锅状"，中心深度（以天然上限为基准）一般为1～2 m，深者达4 m左右，出现不冻结的"融化夹层"，积水。寒季，最大的冻结深度达3.5 m，路基最大冻胀量0.3 m。

（3）高路堤的变形特征。路堤高于临界高度的高路堤，沥青路面的路基病害则以纵向裂缝和边坡开裂为突出，占总病害总数的58.9%（中交第一公路勘察设计研究院等，2006），路基仍有下沉。碎石砂石路面路基下则出现"冻土核"，朝阳侧冻土上限较深，阴面冻土上限较浅。

（4）零填、挖方路堤，路基出现最大融沉，时间在11～12月，滞后时间比低路堤长，属严重融沉病害地段。

总之，冻土路基的变形特征与冻土路基下融化盘的形状有关。

2）青藏铁路（碎石道砟表面）

（1）建设初期：路基填筑后第一年，其特点：①路基总体沉降变形量不大；②沉降变形主要发生在基底原天然上限到原地面间的土层中；③冻胀变形产生在原天然上限到原地面间的土层中；④高温冻土区（楚玛尔河、沱沱河、布曲河等）的路基沉降变形大于低温冻土区，阳坡大于阴坡，阴坡冻胀变形较大；⑤纵向裂缝的产生与宽度是随沉降变形发展而出现；⑥施工期间的工程活动对冻土环境和冻土的热影响，填土自身热量未能及时消散。

（2）建设中期：路基竣工后经历1～2年的冻融循环和自然环境影响，地温场形态趋于稳定，冻土上限有不同程度的上升，局部地段已抬升至原天然地面以上，阴阳坡出现差异。路基沉降变形总量和差异减小，裂缝出现，数量减少，但水热环境变化明显。

路基变形主要是冻土上限以上季节融化层土体在自重和道床荷载作用下发生融化压缩变形，受控于土层厚度、密度和含水率。

路基裂缝以纵向开裂为主，宽度逐渐增大，裂缝宽度大于30 mm的占48.1%；其中阳面占发现纵向裂缝总数的40%，阴面占60%，但阳面裂缝开裂程度较严重。仅设土护道的一般路基出现纵向裂缝的概率最大，裂缝最严重；设保温材料和热棒的路基出现纵向裂缝的概率大，尤其是热棒试验段新增裂缝较多；片石路基和加筋路堤的裂缝位于边坡上，出现概率最小；高温冻土区的饱冰冻土、含土冰层较其他冻土工程类型地段产生纵向裂缝的概率大，细粒土地基较粗粒土地基地段产生裂缝的概率大。

路堤横向裂缝发生：过渡段（包括地基地层过渡段、路桥或路涵过渡段、不同工程措施过渡段等）产生横向裂缝的概率较大；细粒土地基较粗粒土地基产生的概率大；两侧天然地面的裂缝大多数有延伸至路基方向的裂缝；饱冰冻土和含土冰层地段较其他冻土工程类型路堤产生的概率大；片石路基产生裂缝的概率最小。

各种环境和冻土条件下的路基地温场逐渐趋于相对稳定，冻土人为上限上升，形态趋于稳定，在气候长周期（50年）内会有缓慢变化。青藏铁路沿线几个典型地段地温场：

（1）气温和冻土温度均低的地区（典型代表地区：五道梁、风火山、昆仑山）年平均气温低于-5.0 ℃，冻土年平均地温低于-1.0 ℃。冻土人为上限上升，路基变形较小，裂缝较少。

（2）气温较高而冻土地温较低的地区（典型代表地区：北麓河、楚玛尔河部分地段、红梁河附近等）年平均气温高于-5.0 ℃，冻土年平均地温低于-1.0 ℃。采用块片石降温措施和多冰、少冰冻土地段采用一般填土和护道措施后，多年冻土上限都有所抬升，一般达路基基底以下（表3.6）。路基变形和裂缝较小，但在细粒土且含水率较大地段，路基变形较大，易产生裂缝。

表3.6　气温高地温低地区不同工程措施路基冻土上限抬升和地温对比（李永强，2008）

地温及上限	路基类型					
	北麓河(块石路基)		北麓河(碎石路基)		北麓河(普通路基)	
	左路肩	右路肩	左路肩	右路肩	左路肩	右路肩
浅层地温/℃	0.99	-2.12	-0.39	-1.84	0.21	-2.28
基底地温/℃	-0.08	-1.25	-0.09	-0.47	0.15	-0.42
原上限地温/℃	-0.49	-1.01	-0.09	-0.36	-0.32	-0.59
上限抬升值/m	1.0	1.0	2.0	2.0	0.5	0.3

（3）气温和冻土地温均高的地区（典型代表地区：乌丽、开心岭、沱沱河、通天河、布曲河、唐古拉山南麓）年平均气温为-4.0 ℃左右，冻土年平均地温高于-1.0 ℃。大河盆地及融区边缘地带属气温和冻土地温均高地段。高含冰率冻土地段采取“以桥代路”，低含冰率冻土地段采用片石路基和土护道措施后，冻土上限都有较小幅度抬升（表3.7），均在路基基底以下。原地面以下的季节融化层，含水率较大，细粒土含量高地段，路基变形较大，可引发裂缝产生。

表3.7 开心岭地区不同工程措施路基冻土上限抬升和地温对比(李永强,2008)

地温及上限	路基类型					
	开心岭(块石路基)		开心岭(碎石路基)		开心岭(普通路基)	
	左路肩	右路肩	左路肩	右路肩	左路肩	右路肩
浅层地温/℃	0.04	-0.55	-0.37	-0.52	-0.08	-0.70
基底地温/℃	-0.63	-2.10	-0.20	-0.31	0.20	-0.12
原上限地温/℃	-0.67	-1.43	-0.23	-0.41	-0.12	0.19
上限抬升值/m	0.70	1.10	0.20	0.70	0	0.20

路基修筑引发环境工程地质问题主要表现在水热输运通道改变和侧向热侵蚀作用。其一，改变了多年冻土与大气间热交换条件，引起多年冻土地温升高，冻土上限变化，路基基底出现融化变形；其二，阻隔地表水径流，路基坡脚积水，引起冻土融化而沉陷，导致路基出现裂缝，改变地下水径流条件，路基上方侧引发冰椎和冻胀丘，下方侧植被枯萎，荒漠化加重。这是建设中期明显出现的冻土环境工程地质问题。

运营期：冻土路基全面完成，直到开通运营，又历经2～3个冻融循环，路基和基底都处于相对稳定的热交换过程，路基工程状态较为稳定，但促成有害工程状态形成的影响因素也越来越明显。

（1）路基变形趋势：根据开通运营两年间的40个监测断面观测，路基变形总体呈现衰减趋势，变形总量绝大部分在50 mm以下。但是，在多年冻土南界附近的沉降变形较大。

（2）路基裂缝：新增裂缝数量大大减少，但开裂程度却比建设中期严重。裂缝严重地段大多数处于斜坡高路堤、路基两侧高差较大、阳面坡面斜长较大的骨架护坡、路肩和土护道裂缝渗水等地带。其原因是路基横向变形差异、冻缩开裂和融化初期列车动荷载介入。裂缝产生后，侧向侵蚀导致裂缝开裂发展，并产生竖向变形差异。

（3）路基温度场：据50个典型多年冻土区路堤观测断面，78%的断面左、右路肩的最大融化深度均浅于原天然上限，其中26%的断面的路基冻土人为上限已上升到基底以上。但有2个断面（瓦里百里塘及安多冻土南界附近）左、右路肩的最大融化深度比原天然上限深。观测断面中有18%的断面，左路肩（阳面）最大融化深度比原天然上限深，右路肩（阴面）则浅，可能引起路基左侧下沉或开裂。除了安多冻土南界的断面外，路基仍处于稳定状态。

（4）路基水热环境：调查发现路基坡脚积水量越大，其裂缝越发育，如不冻泉北的路基坡脚积水量达2475 m^3，出现裂缝长达300 m；曲吾（曲水河）一带，积水量为2889 m^3，其裂缝长度达398 m。由此可见，运营期间，路基坡脚（或路肩）积水会引起周边冻土环境变化，引起路基变形和裂缝发展。

3. 冻土路基变形形成原因

除了受荷载作用变形外，气–地间热量交换与平衡变化是引起冻土路基下多年冻土热状态变异的主要原因，冻土环境改变的热侵蚀作用加速了冻土路基变形发生与发展。

1）气–地间热量交换与平衡变化

冻土路基修筑后，极大地改变了天然地表的性状，改变了地表的反射率（表3.8）和面积、基质材料和性质、水分含量及耗热的途径，进而改变了大气与地表面的辐射–热量平衡，很大程度上改变了冻土路基表面的吸热量，进而使冻土路基热量年总收支发生变化，路基下多年冻土上限出现波动（上升或下降）。

表3.8 不同路面的反射率（丁靖康等，2011）

表面特征	沥青混凝土路面	混凝土新路面	混凝土旧路面	砾石路面	碎石路面	黄色石英砂路面	砂砾石土路面
反射率α	0.06	0.20	0.27	0.12	0.14	0.34	0.23

显然，冻土区的季节冻结深度和季节融化深度都取决于当地地表的冻结指数（1年内低于0 ℃温度与时间乘积之和）和融化指数（1年内高于0 ℃温度与时间乘积之和）。利用地面n系数（地表温度指数与空气温度指数的比值）即可将气温的冻结指数或融化指数换算为地表的冻结指数或融化指数。

地表的n系数为：

$$n = \frac{I_s}{I_a} \tag{3.5}$$

式中：I_s为地表的温度指数；I_a为空气的温度指数。

地表面温度取决于地理位置（纬度）、太阳辐射、覆盖物的性质和面积、地表物性与反射率、湿度及气候环境等因素，也影响着n系数。据有关资料，不同地表面的n系数相差很大（表3.9）。沥青路面强烈吸热和隔水（无表面蒸发），暖季时路面温度可达50 ℃以上，即使寒季，其表面温度也比气温高，所以，沥青路面的n_t系数很大，而n_f较小。

表3.9 不同地区地表面的n系数参考值（丁靖康等，2011）

地表类型	青藏高原		东北大兴安岭*	
	n_t系数	n_f系数	n_t系数	n_f系数
森林中苔藓地表	–	–	0.4	0.3
草皮覆盖地表	1.0	0.5	1.0	0.5
碎石层、卵石层表面	1.65	1.04	–	–
细颗粒土地表	2.5	0.8	1.5	0.85
砾石土、碎石土表面	3.5	0.65	2.0	0.7
水泥混凝土表面	3.5	0.7	2.0	0.7
沥青混凝土表面	5.0	0.65	3.0	0.7

注：*东北多年冻土区地表n系数值是参考美国陆军阿拉斯加和青藏高原资料，结合我国大兴安岭多年冻土环境特点确定的。

有了表面的n系数和空气的融化指数与冻结指数，即可计算出表面的平均温度：

$$\bar{t}_s = \frac{n\,\bar{t}_a T_a}{T_s} \tag{3.6}$$

式中：$\bar{t}_s$为计算表面的平均温度。当气温为融化季节平均温度时，计算出的地表温度为融化季节的地表平均温度；当气温为冻结季节平均温度时，计算出的地表温度为冻结季节的地表平均温度。$\bar{t}_a$为空气的平均温度；T_a、T_s分别为融化或冻结季节空气和地表温度延续时间。

据表3.9的n系数特征分析，融化期间，青藏公路沥青路面n_t系数比碎石层路面的n_t系数大3倍，则沥青路面下的融化深度比碎石层路面大得多。冻结期间，沥青路面的n_f系数比碎石层路面的n_f系数小1.6倍，则沥青路面的冻结深度比碎石层路面浅。又如风火山冻土站（海拔高度4750 m）的观测，气温冻结指数是融化指数的4.3倍，沥青路面的冻结指数仅是融化指数的0.59倍，沥青路面的融化指数却是冻结指数的1.68倍，说明沥青路面下的融化深度是冻结深度的1.68倍。由此可知，在相同的冻土环境条件下，青藏公路沥青路面路基下的多年冻土上限多处于下降趋势，冻结深度又小于融化深度，故在路基下容易形成融化夹层；青藏铁路碎石层路面的路基下多年冻土上限是处于上升过程，在路基下易形成冻土核。据青藏高原热量平衡观测，沥青路面的修筑，一方面增加了20%（代寒松等，2006）对太阳的吸收率；另一方面，沥青路面阻碍了路基表面的蒸发过程，蒸发耗热不能释放（张中琼等，2014），使之较天然地面下土层提前20～30天融化，滞后20天左右冻结，纬度越低，这种现象就越大，更加速路基下多年冻土融化和增大上限下降幅度。

2）冻土含冰属性变化

冻土路基变形的内因是多年冻土中含有大量的地下冰层，融化后产生较大的融化下沉量。自然条件稍有变化都会使冻土中的冰出现明显变化，这就决定了冰性质的不稳定性和冻土性质的不稳定性。

3）冻土路基温度场变化

青藏公路沥青路面病害调查表明（陈建兵等，2008），低路基的病害以热融凹陷为主，高路基的变化以纵向裂缝、路肩开裂与滑移为主，且伴有纵向凹陷与波浪沉陷。

低路基（高度低于1.5 m）条件下，沥青路面对太阳辐射的吸收率增大了20%，且不能有效地释放路基内的蒸发耗热，使路基表面的年平均温度比天然地表高出4 ℃，引起路基内的融化时间延长30～40天，路基中心下多年冻土融化深度增大，上限下移，形成凹形融化盘（图3.33），且大量积水，加速融化盘发展，寒季不能完全回冻，出现不衔接的融化夹层，增大路基沉降变形。据钻探揭示，47%的路基钻孔存在不衔接的融化夹层，积水，部分有承压现象（说明有流水补给）。

高温多年冻土区路基在青藏公路整治后，路基高度都有较大的提高。随着路基高度增加，突出地显示了阴阳坡面的影响（图3.34）。高路基阳坡病害率（占统计总量的66.5%），明显地大于阳坡的病害率（占统计总量的33.5%）。

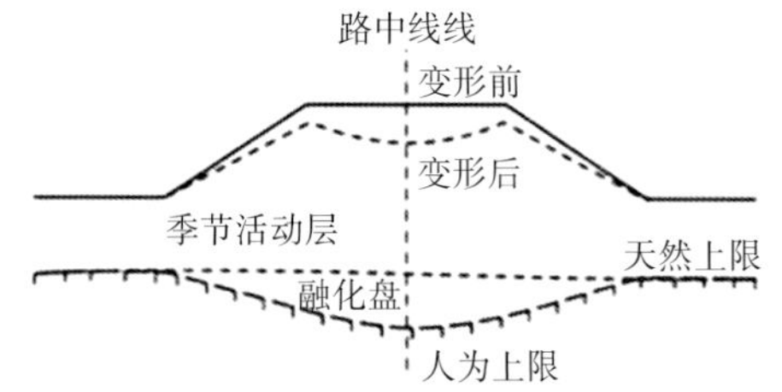

图3.33 低路基冻土上限凹陷融化盘示意图

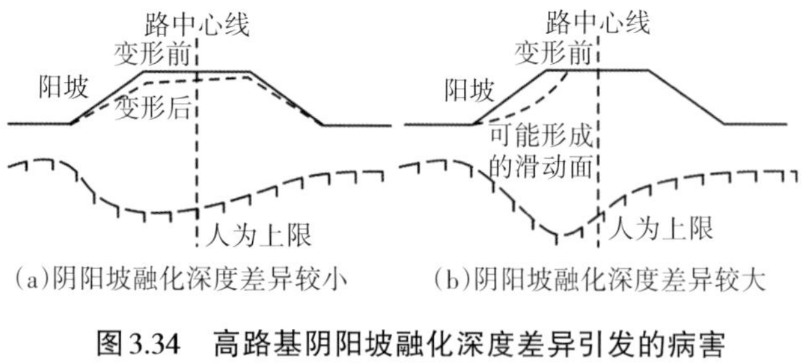

(a)阴阳坡融化深度差异较小

(b)阴阳坡融化深度差异较大

图3.34 高路基阴阳坡融化深度差异引发的病害

在路基高度为临界高度上下情况下，当路基阴阳坡下融化深度差异较小时，路基出现整体倾斜变形［图3.34（a）］；当路基阴阳坡下融化深度差异较大时，就可能在路肩侧或边坡出现纵向裂缝与滑塌［图3.34（b）］。

4）融化夹层与冻土核形成

高温冻土区，当路基高度大于临界高度较大时，冻土路基下融化盘深度都较大，形成一年或多年不冻结的融化夹层，聚集了地下冰融化水体和汇集冻结层上水，使融化夹层的土体成为软弱层。在路基及行车荷载作用下，产生沉降变形或边坡滑移（图3.35）。

在低温冻土区，即是青藏公路黑色沥青路面高路基下，较低气温和较低冻土温度双向冷却，最大冻结深度能使季节融化层回冻，且可能具有潜在冷能产生潜在冻结，致使路基下多年冻土上限上升，形成冻土核。然而，强烈的太阳辐射作用下，阳坡的融化深度较阴坡大，使路基下冻土核偏向阴坡侧，在阳坡出现纵向裂缝或滑动（图3.36）。

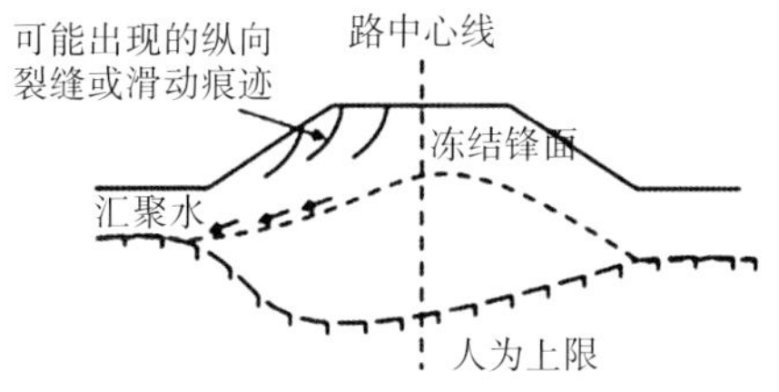

图3.35　高温冻土区高路基下融化夹层

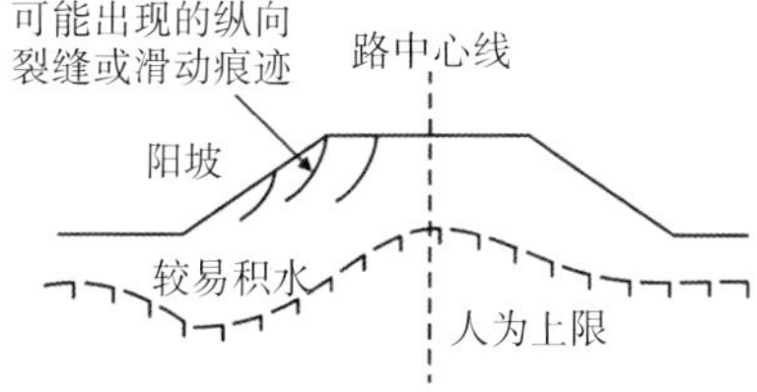

图3.36　低温冻土区高路基下冻土核

青藏铁路碎石路面高路基条件下，低温冻土区的路基下多年冻土上限普遍都出现抬升，以致抬升至原地面以上的路基本体内，形成冻土核［图3.37（a）］，路基两侧路肩可能出现纵向裂缝。当出现阴阳坡受热差异较强时，冻土核向阴面偏移［图3.37（b）］，阳坡可能出现纵向裂缝或滑移。

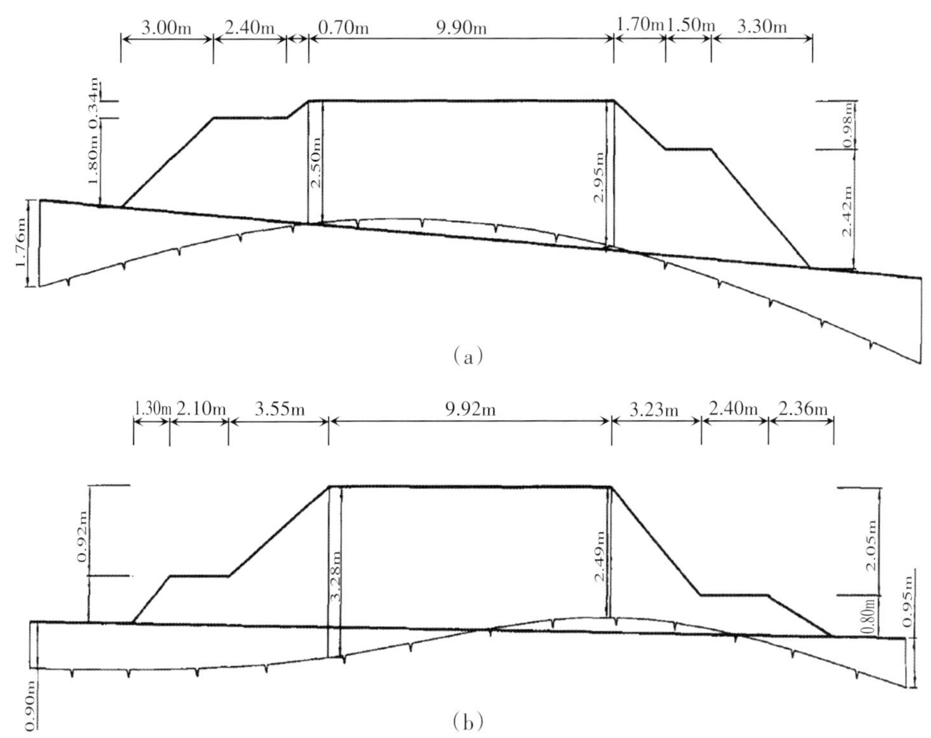

图3.37　青藏铁路五道梁路基下冻土上限上升(a)和偏移上升(b)(李永强,2008)

5）冻土环境热侵蚀作用

地表植被铲除，地表裸露，地表水在路基低洼地带积水和热融湖塘侵蚀作用（图3.38）以及边沟积水（图3.39）都会引起季节融化深度增大，冻土上限下降，导致路基沉降变形和纵向裂缝产生。在青藏公路黑色沥青路面条件下，冻结层上水的侵入至路基下的融化夹层中，延展了路基下多年冻土人为上限的横向范围，增大了路基沉降变形和纵向裂缝的发展。在青藏铁路碎石路面条件下，路基下多年冻土人为上限上升及路基边沟积水使冻土上限下降组合形成路基侧积水洼地，引起路基边坡产生纵向裂缝和滑移。

图3.38 青藏公路路边积水(左)及热融湖塘(中)(童长江摄)侵蚀引起路基沉降和青藏铁路基侧积水(右)(李永强提供)

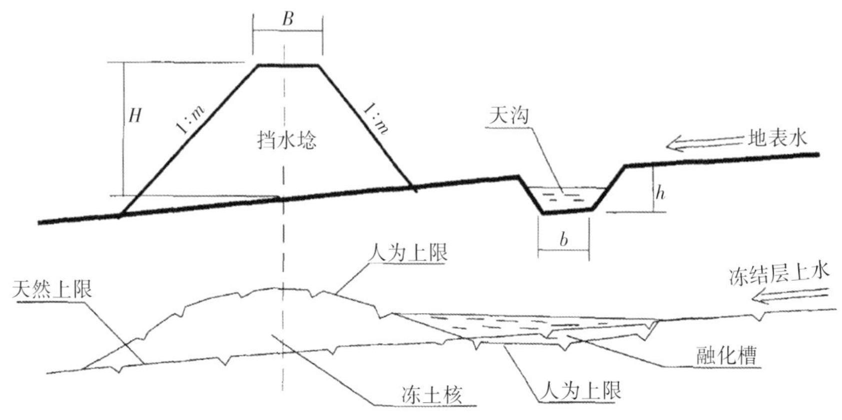

图3.39 挡水埝和排水沟引起路基人为上限变化(李永强,2008)

4. 冻土路基变形治理原则

由多年冻土区路基变形原因分析可知，内因是冻土体内热稳定性和含冰特征决定了冻土体受热敏感体和受热影响的不稳定性，外因是来自于太阳辐射及水体入侵所带来的热侵蚀作用和影响。另外，路基填料质量能否满足抗拉要求、达到压实质量规定也是引起路基变形的因素。

预防和治理路基变形的原则应满足下列要求：

(1) 按传热学原理，采取阻止或减弱太阳辐射热量传入路基的工程措施，或者引入大气冷能增强基底下多年冻土的冷储量，达到维持或减小路基基底下多年冻土上限变化，避免路基下形成融化夹层或冻土核。

(2) 采用热学不对称结构措施，避免路基下多年冻土上限抬升的同时出现不对称性（阴阳坡差异），抑制路基裂缝的发生与发展。

(3) 不同路面性质具有不同的热量吸收率，黑色沥青路面路基的热量主要来自于路面，砂砾和碎石路面路基的热量主要来自于坡面。坡面热防护措施可根据条件差异变化。

(4) 从冻土环境角度出发，应采取工程措施保护路基坡脚的冻土环境，避免积水和保护（维护）植被等生态环境，或增设块碎石、保温护道。坡脚不宜设排水沟，应将积水排挤出坡脚5 m以外，与整体路基排水系统连接，且保持畅通，从而降低水对路基的侧向热侵蚀，降低路基土体含水率，提高路基抗冻融循环的能力。

(5) 选用良好的路基填料，宜选用粗颗粒填料，细颗粒填料应确保其的含水率、密度、黏聚力等指标符合防冻胀要求，满足抗拉裂要求，达到路基土体的压实质量和含水率规定要求。

(6) 线位和路基结构应符合冻土区特殊要求。根据冻土工程地质条件，特别是多年冻土的年平均地温、含冰率等采用不同的路基结构和工程措施，满足路基的热学和力学稳定性要求。

3.2.4　冻土地基利用原则

冻土地基设计原则的选用应根据多年冻土地基的冻土工程地质条件、建筑物的温度特征和地基土性状可能出现的变化。冻土工程地质条件主要是多年冻土工程类型、年平均地温、上限深度、厚度，冻土地基的融化下沉系数和压缩特性，地基土的物质成分和性质。建筑物温度特性是指路基对太阳辐射热量的吸收率，即路面性状所决定。地基土性状可能变化是指在运营过程中，冻土地基能否维持冻结状态或逐渐融化的变化过程，避免形成融化夹层或冻土核。

显然，《冻土地区建筑地基基础设计规范》（JGJ 118-2011）提出三种多年冻土地基设计状态也适用于多年冻土路基工程。在衔接或不衔接多年冻土区，主要采用保持冻结状态（原则Ⅰ）和逐渐（控制）融化状态（原则Ⅱ）的设计原则，在多年冻土南界的零星岛状多年冻土区也可预先融化状态设计（原则Ⅲ）或清除多年冻土按非冻土区的设计原则。在全球气候变暖的大背景下，应将多年冻土热稳定性作为最重要的指标（黄小铭，2001），且结合冻土工程类型来选择设计原则，其应用条件：

（1）冻土地基冻结状态的设计原则宜应用于下列条件：

①低温冻土区和高地震区；

②低温、高含冰率冻土区；

③采用原则Ⅰ利用冻土地基设计的经济性比原则Ⅱ更合理时。

（2）逐渐融化的设计原则宜应用于下列条件：

①高温、低含冰率冻土区；

②粗颗粒冻土地基，融化后的下沉变形量逐渐趋于稳定，且能满足设计要求。

（3）预先（允许）融化状态的设计原则宜应用于下列条件：

①低含冰率冻土区，融化后下沉量不会引起路基病害；

②岩基地段；

③极高温、冻土厚度极小（小于3 m或埋深极大的残留冻土）、低含冰率粗颗粒土的多年冻土南界、零星（稀疏）冻土区。

（4）多年冻土区的融区和冻土岛的设计原则

①多年冻土区内的融区（河谷融区、辐射融区、湖泊融区），可按非冻土区的路基设计原则与方法进行设计；

②冻土面积较小，高含冰率，厚度较大的冻土岛，经技术、经济和线型顺适等综合考虑，可采用控制融化状态或保持冻结状态设计原则设计；

③面积小，厚度薄，含冰率较高、埋深浅的残留冻土岛，可采用换填方法处理。

采用原则Ⅰ设计时，应采取有效措施防止基底下多年冻土升温和融化；采用原则Ⅱ设计时，采取的措施应能控制基底下多年冻土的融化速率，运营期间的冻土地基变形速率和变形总量满足设计要求；采用原则Ⅲ设计可视情况而定，或融，或换填。值得注意的是，不同地段可采用不同设计状态，但应考虑到从一个设计原则地段过渡到另一个设计原则地段的过渡带，路基结构对地基不均匀变形的适应性。

采用措施通常为：降低地表温度，增加热阻，增加冻土地基冷储量，防止地表水及地下水的热侵蚀作用，保护路基周边冻土环境等。

冻土区不良冻土现象应视具体情况进行特殊设计。不良冻土现象地段有厚层地下冰地段，热融滑塌、热融湖塘、融冻泥流地段，冻胀丘、冰椎地段，冻土沼泽地段，路堑地段，路桥（涵）过渡段。

3.3 冻土路基

多年冻土区路基工程的病害原因说明，在冻土环境改变条件下，冻土地基的热力状态会发生巨大变化，以致是根本性变化，导致冻土地基热平衡被打破。在重新建立新的热平衡状态的过程中，冻土上限出现变化（下降或上升），冻土中的地下冰发生融化或发育，即在冻土路基中形成融化夹层或冻土核，导致冻土路基产生沉降、裂缝或冻胀。

因此，多年冻土区的路基设计，除了应符合《公路路基设计规范》《公路工程技术标准》及《铁路路基设计规范》《铁路特殊路基设计规范》等规定的要求外，更重要的是应根据路基的冻土工程地质条件、病害特点，采用防、治结合的工程措施，确保冻土路基工程的稳定性。

3.3.1 填方路基

多年冻土条件下，路基下的冻土工程地质条件是随着温度（热状态）变化而发生变化，即为与非冻土区路基设计的重大区别所在。冻土地基近地表层的双重性，使地基土具有双层结构，即季节冻结层与非冻土层（季节冻土区）和季节融化层与多年冻土层（多年冻土区）。自然条件下，近地表层的下界面（最大冻结深度线和融化深度线）是受着气候、水分、环境及工程活动等因素影响而经常发生变化。多年冻土区最大季节融化深度，即冻土上限，除了自然因素外还随着路基修筑改变了路基底下冻土地基的热状态而出现变化，冻土上限下降或上升。

多年冻土区一般路堤设计中，涉及冻土路基的设计原则、路堤高度和路堤防排水问题。

1.冻土路基设计原则

冻土路基的设计原则，应遵守冻土地基利用原则，以路基基底下冻土地基的冻土工程类型和热状态为依据，相对应地确定设计原则及其适用范围。

2.冻土路堤的设计高度

冻土区路堤设计时，除了依据路基的强度与变形指标外，还应针对冻土地基的含冰程度（冻土工程类型）和热稳定性（冻土地温带）的影响进行有效控制设计。

据青藏公路、青藏铁路路堤冻土人为上限调查，多年冻土区路堤下人为冻土上限变化与路堤的填筑高度、填料性质、路面性质、路堤走向、路基地基的冻土工程地质条件（主要是冻土工程类型和年平均地温）、气候特征以及施工（季节及工艺）等因素有关。

1）路堤的最小（下）临界高度

在多年冻土区，保持路基基底冻土上限处于相对稳定状态的最小路堤高度，即为路堤的临界高度，亦称下临界高度。一般情况下，路堤临界高度能基本控制路基-冻土地基系统的水热平衡状态，防止多年冻土地基融化，维持冻土上限相对稳定。

多年冻土区路堤临界高度早已被人们所关注。黄小铭（1983）根据青藏高原风火山地区研究，天然上限为1.3～1.9 m条件下，黏性土填筑的路堤最小临界高度为0.63 m，设计时，还应考虑气温波动等因素。青藏公路科研组（1983）根据青藏公路沿线砂砾及沥青路面路基高度与冻土上限变化关系，在天然上限1.3～1.5 m时，临界高度分别为0.65 m及1.16 m，在天然上限1.5～2.0 m及2.3～2.5 m时的临界高度分别为0.2 m（砂石）及1.15 m（沥青）。臧恩穆等（1999）依据214国道砂砾路面沿线临界高度的平均值，加上1.5倍方差，临界高度为1.18 m。戴竞波（1983）总结了东北大兴安岭地区铁路路堤临界高度，大片连续多年冻土带为1.5 m，岛状融区多年冻土带为2.0 m。加拿大北极圈多年冻土区公路路堤，填土高度不得小于1.4 m，两侧护道宽度为6 m。美国阿拉斯加多年冻土区公路路堤高度，在冻土工程地质条件较好地段（冻土融化后的加州承载比CBR值大于3），路堤最小高度为0.9 m；在冻土工程地质条件较差地段（冻土融化后的加州承载比CBR小于3），最小路堤高度为1.5～1.8 m，实际上，一般要求路堤高度不小于2.0 m，且要求填料为弱冻胀性的粗颗粒土。

中交第一公路勘察设计研究院根据1979年组建的科研组，在调查和研究基础上，将评价冻土热稳定性的冻土地温指标应用于设计中，1995年第二期整治工程，根据高低温冻土区划分（以多年冻土年平均地温-1.5 ℃为界，高者为高温冻土区，低者为低温冻土区），提出冻土路基最小填土高度建议值（表3.10）和填料换算系数（表3.11）。青康公路（214国道）不同地温环境下的路堤临界高度值（表3.12、表3.13）。

表3.10 1995年青藏公路沥青混凝土路面路基最小填土高度建议值（中交第一公路勘察设计研究院等，2006）

设计原则	保护冻土(低温冻土)			控制融化速率(高温冻土)		
冻土类型	富冰冻土	饱冰冻土	含土冰层	富冰冻土	饱冰冻土	含土冰层
路基高度/m	1.6～2.0	1.8～2.6	2.4～3.2	1.8～2.4	2.2～3.2	2.6～3.4

表3.11 填料换算系数（中交第一公路勘察设计研究院，2006）

土 名	粉黏性土	亚砂土	砂质细砂砂土	砂、砂土质砾石砂砾土	干燥密实砂砾
换算系数	0.6～0.65	0.7～0.75	0.8～0.85	1.0	1.1～1.2

表3.12 109—214国道砂砾路面设计临界高度值(H_0)（臧恩穆等，1999）

多年冻土类型	高温冻土	中温冻土	低温冻土
设计临界高度值/m	1.30*	1.17**	0.99**

注：*包络线；**统计回归值加1.5倍的方差值。

表3.13 冻土路堤设计高度（臧恩穆等，1999）

冻土类型		相对稳定低温冻土	中温过渡型冻土	高温不稳定冻土	高温极不稳定冻土
冻土年平均地温/℃		≤-1.8	>-1.8，<-1.0	≥-1.0，<-0.3	≥-0.3
对应的年平均气温/℃		-6.0±0.5	-5.0±0.5	-4.0±0.5	>-3.5
设计高度/m	沥青混凝土路面	2.5～2.8*	3.0～3.4*	3.8～4.0**	>4.0**
	水泥混凝土路面	1.7～1.9	2.0～2.2	2.3～2.4	>2.5
	砂砾路面	1.3～1.4	1.5～1.6	1.7～1.8	>2.0

注：*沼泽、泥炭土地段，地表水，地下水活动频繁路段，植被生长发育路段取大值。**建议不用沥青路面。

青藏铁路多年冻土区路基设计中，在高含冰率冻土地段的黏性土填筑路基时，最小路堤设计高度应根据不同冻土地温分区的温度状态确定（表3.14）。填料为非黏性土时，应考虑填料性质对路堤高度的影响，其厚度应进行修正（表3.15）。

表3.14 青藏铁路多年冻土区黏性土路堤最小设计高度*

多年冻土地温分区	低温稳定区	低温基本稳定区	高温不稳定区	高温极不稳定区
多年冻土年平均地温 T_{cp}/℃	T_{cp}<-2.0	-2.0≤ T_{cp}< -1.0	-1.0≤ T_{cp}< -0.5	-0.5≤ T_{cp}< 0
最小路堤设计高度/m	1.50	1.90	2.30	2.50

注：*见于铁道部第一铁路勘察设计院，青藏铁路高原多年冻土区工程设计暂行规定，2001。

表3.15 路堤最小设计高度土质换算系数*

填料名称	一般黏性土	砂类土	砂、砾混合土	块、卵石土
换算系数	1.00	1.20	1.30	1.40

注：*见于铁道部第一铁路勘察设计院，青藏铁路高原多年冻土区工程设计暂行规定，2001。

根据“附面层”原理，计算区域的上边界温度条件。据青藏高原北麓河气象站60 m深钻孔测温资料，天然地表以下30 m处地温梯度的平均值为0.03 ℃/m，以此作为计算区域的下边界条件。利用有限单元分析软件MSC. Marc 2000计算出不同年平均地温条件的路堤下临界高度（表3.16）。

表3.16 不同年平均温度条件下路堤的下临界高度（张建明，2004）

年平均气温/℃	-2.8	-3.0	-3.5	-4.0	-4.5	-5.0	-5.5	路基设计使用年限
年平均地温/℃	-0.3	-0.5	-1.0	-1.5	-2.0	-2.5	-3.0	
沥青路面/m（公路）	-	6.07	4.40	2.57	1.25	0.86	0.66	20年
沥青路面/m（公路）	-	8.24	5.32	3.11	4.67	1.04	0.71	30年
砂砾路面/m（公路）	1.98	0.79	0.38	0.37	0.37	-	-	20年
砂砾路面/m（公路）	3.37	1.84	0.55	0.42	0.42	-	-	30年
砂砾路面/m（铁路）	6.76	4.15	1.08	0.57	0.51	-	-	50年

按路堤临界高度与气温融化指数的关系，求得路基基底为含土冰层，年平均地温为-2.0 ℃，活动层含水率为14%黏性土路段，路堤填料采用混合砂砾土的路堤临界高度（表3.17），及基底为少冰、多冰冻土，年平均地温为-0.8 ℃，活动层含水率在10%左右的粗颗粒土路段，路堤填料为混合砂砾土的路堤临界高度（表3.18）。其特点：其一，融化指数相同，黏性土路段的路堤临界高度一般都大于粗颗粒土路段；其二，随着融化指数变化。黏性土路段的路堤临界高度变化要比粗颗粒土路段大。

表3.17 黏性土路段的临界高度（青藏公路冻土路基研究组，1988）

融化指数/度·日	1400	1600	1800	2000	2200	2400	2600	2800	3000
天然上限/m	1.00	1.05	1.10	1.15	1.20	1.25	1.30	1.35	1.40
路堤临界高度/m	1.30	1.40	1.55	1.70	2.10	2.20	2.35	2.45	2.50
土 质	路堤填土：混合砾石土，ρ_d=1850，ω=8%；地基土：砂砾土，ρ_d=1700，ω=10%								

表3.18 砂砾土地段的临界高度(青藏公路冻土路基研究组,1988)

融化指数/度·日	1600	1800	2000	2250	2400	2700	2950	3150
天然上限/m	1.80	1.90	2.00	2.13	2.20	2.35	2.45	2.51
路堤临界高度/m	1.40	1.45	1.55	1.65	1.70	1.75	1.80	1.90
土 质	路堤填土:混合砾石土,ρ_d=1850,ω=8%;地基土:砂砾土,ρ_d=1700,ω=10%							

根据青康公路长石头山连续多年冻土湿润性路段的模拟分析，沥青、水泥混凝土、砂砾三种路面运营30年后路基中心剖面下天然和人为上限变化与路堤高度的关系如图3.40、图3.41所示，它们的热状态稳定临界高度分别为4.50、1.60、1.00 m。

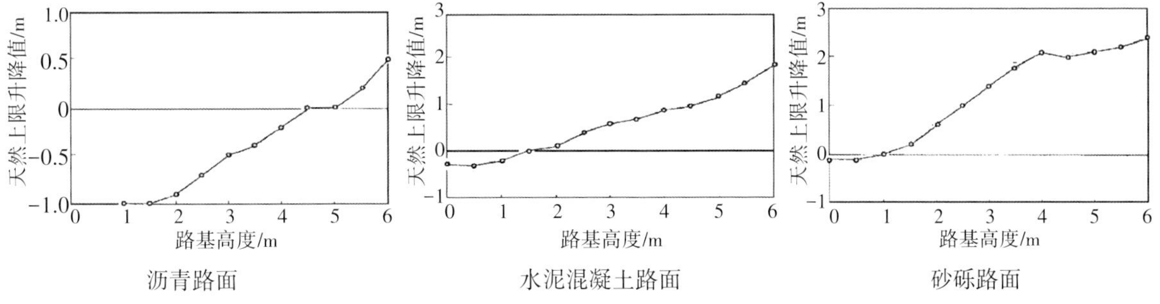

图3.40 路基下冻土天然上限变化与路堤高度的关系(李东庆等,1999)

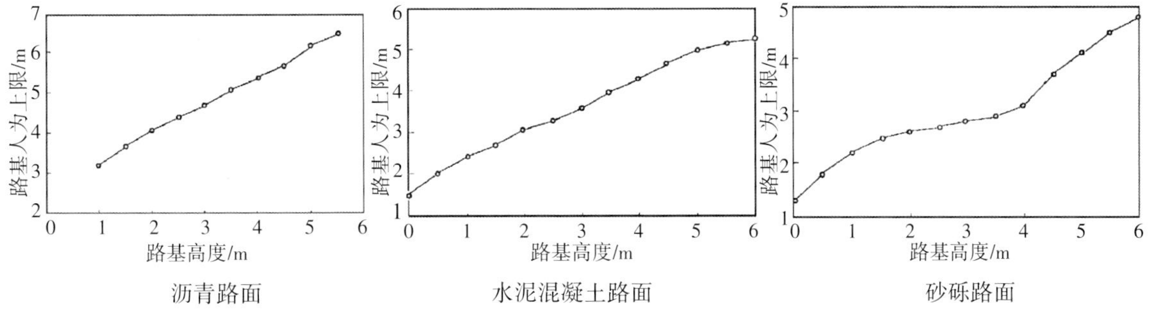

图3.41 路基下冻土人为上限变化与路堤高度的关系(李东庆等,1999)

值得注意的是，不能一概地认为，只要在多年冻土区的道路工程都存在临界高度，既不考虑是在多年冻土区边缘地带或是腹部地区，也不考虑多年冻土年平均地温高低以及路堤表面的特性，只要在多年冻土区就存在维持稳定冻土上限的路堤临界高度。事实并非如此，青藏公路等多年冻土区的一些路基工程，虽然一直抬高路堤临界高度，但路基下多年冻土上限仍未终止下降，以致在不少路段的路基下出现“融化夹层”，形成不衔接多年冻土。可见，确定多年冻土区路堤临界高度时应考虑下列因素：年平均气温、空气与地面冻结指数及融化指数的关系、多年冻土年平均地温、冻土天然上限深度、路堤表面特性及填料性质、路堤坡脚地表积水状态、使用年限和施工的热影响。

2）路基临界高度计算方法

多年冻土区道路工程采用保护冻土设计原则的基本要求是满足多年冻土上限不下降。最基本的方法是增加高路基填土高度，满足路堤最小临界高度，增大热阻来抵御因路基修筑带来的热量，保持路基下多年冻土上限稳定。目前确定路堤临界高度主要方法有两种：其一，通过大量野外试验和观测，取得不同条件下，路堤临界高度与冻土上限间的经验公式；其二，考虑土质参数、气候条件，采用传热学原理的理论计算方法。

（1）根据路堤临界高度与冻土天然上限关系的经验公式

①《公路路基设计规范》（JTGD 30-2004）给出低温冻土区按保护冻土原则设计时，砂石路面与沥青路面的上下临界路基高度的经验公式。

②青藏公路路基高度计算方法（中交第一公路勘察设计研究院等，2006）。

砂砾路面：
$$H_{砂} = 1.0 - 0.15h_{天} \tag{3.7}$$
$$H_{砂} = 0.933 - 0.088h_{天} \tag{3.8}$$
沥青路面：
$$H_{沥} = 2.46 - 0.4h_{天} \tag{3.9}$$
$$H_{沥} = 2.36 - 0.33h_{天}\text{（加1.5倍方差，适于气温为-6.0～-7.5 ℃）} \tag{3.10}$$
$$H_{沥} = 2.87 - 0.44h_{天}\text{（加1.5倍方差，适于气温为-4.5～-5.5 ℃）} \tag{3.11}$$

在唐古拉山以南的高温冻土区，按公式（3.7）、公式（3.9）计算结果应乘以1.1～1.2的系数。

③青康公路路堤临界高度计算方法（臧恩穆等，1999）

砂砾路面：
$$h_{人} = 1.07h_{天} + 0.73 \tag{3.12}$$

式中：$h_{人}$为路堤下冻土人为上限；$h_{天}$为路堤下的天然上限。

使路基下冻土天然上限保持不变的路堤填土高度H_0即为路堤临界高度
$$H_0 = 0.07h_{天} + 0.73 \tag{3.13}$$
沥青路面：
$$H_0 = A - Bh_{天} \tag{3.14}$$

式中：H_0为冻土路堤临界高度，m；A、B为常数，其中A代表地段性参数。

越岭低温地段：A=3.5，B=0.70；微丘低温地段：A=3.6，B=0.72；

盆、滩中温地段：A=5.0，B=0.82；高平原中温地段：A=5.2，B=0.90。

（2）根据融化指数确定路堤临界高度的经验公式

多年冻土区路堤-地基体系的融化深度取决于年平均地温、暖季的持续时间、地表温度、路基与地基土的热物理性质和路堤高度等因素的综合作用。

①《多年冻土地区公路设计与施工技术细则》（JTG/T D31-04-2012）给出低温多年冻土区新建和改建路堤设计临界高度H_0计算公式。

② 青藏公路的经验公式：

任何地基条件任何填料的路堤临界填筑高度H_0（中交第一公路勘察设计研究院等，2006）：
$$H_0 = K_2(K_1h_{融} - h_{天}) \tag{3.15}$$
$$K_1 = \sqrt{\frac{\lambda_1}{Q_1} \cdot \frac{Q}{\lambda}} \tag{3.16}$$
$$K_2 = \sqrt{\frac{\lambda_2}{Q_2} \cdot \frac{Q_1}{\lambda_1}} \tag{3.17}$$

以粗颗粒土为标准地基时，沥青路面下融化深度：
$$h_{融} = 1.39 + 0.239I_{砂} \tag{3.18}$$
或
$$h_{融} = 46.8 - 0.394H_{拔} - 0.699L_{纬} \tag{3.19}$$

式中：$h_{融}$为标准地基下，沥青路面路堤融化深度，m；$I_{砂}$为砂砾路面下路堤融化深度，m；$h_{天}$为当地的冻土天然上限，m；K_1为利用标准地基路堤融化深度计算当地路堤融化深度的换算系数；K_2为填料换算系数，按表3.19取值；λ、Q为标准地基土的导热系数和相变热，W/(m·℃)；λ_1、Q_1为当地天然上限内土的平均导热系数和平均相变热；λ_2、Q_2为代换填料的导热系数和相变热；$H_{拔}$为计算点的海拔高程，100 m；$L_{纬}$为计算点的地理纬度，°。

$$Q = 80(\omega - \omega_u)\rho_d \tag{3.20}$$

式中：ω为总含水率，%；ω_u为未冻水含量，%；ρ_d为土的干密度，g/cm³。

标准地基的热参数取全断面的加权平均值$\sqrt{\frac{Q}{\lambda}}$=149.892～138.508。如果计算路段钻探时间在寒季则取低值，在最大融化季节取高值，用于填料换算系数时均取高值。

表3.19 填料换算系数(K_2)

土类	粉质黏土	粉土	砾质细砂、砂土	砂、砂土质砾石、砂砾土	干燥砂砾
K_2值	0.6～0.65	0.7～0.75	0.8～0.85	1.0	1.1～1.2

注：取值时可按路堤所处的地带类型，潮湿地段区低值，干燥地段取高值。

③青康公路的经验公式：

砂砾路面的路堤填筑高度与路堤下冻土上限升降值的关系确定临界高度（臧恩穆等，1999）：

直线方程回归：
$$\Delta H = 1.27H - 1.06 \tag{3.21}$$

对数方程回归：
$$\Delta H = 1.48\lg H + 0.147 \tag{3.22}$$

式中：ΔH为路堤下冻土上限的升降值，m；H为路堤填筑高度，m。

④ 青藏铁路路堤临界高度计算方法：

青藏高原多年冻土腹部地区（年平均地温T_{cp}< -1.0 ℃）黏性土填筑的低路堤经验统计公式（黄小铭，1983）：

$$\Delta H = 1.10H - 0.61 \tag{3.23}$$

清水河试验段低温基本稳定多年冻土区粗颗粒土填筑低路堤的经验公式（中铁西北科学研究院，2000）：

$$\Delta H = 0.70H - 0.38 \tag{3.24}$$

考虑朝阳路肩水平热流的加热作用，该处的融化深度比路堤中心增大15%左右，应乘以1.15的修正系数，且以阳侧路肩融化深度作为控制路堤临界高度。

⑤ 俄罗斯贝阿铁路路堤临界高度计算公式

据资料（丁靖康等，2011）介绍，俄罗斯贝阿铁路研究指出，路堤下多年冻土上限的上升高度与路堤高度、天然条件下的活动层厚度、多年冻土年平均地温与气温融化指数有关，可采用经验公式计算临界高度，供我国大兴安岭多年冻土区路基设计参考。

低温多年冻土区：

a.细颗粒土填料：

$$h = H + h_e - \frac{1}{K(1.24 + 0.55H)} \tag{3.25}$$

b.粗颗粒土填料：

$$h = H + h_e - \frac{1}{K(1.4 + 0.6H)} \tag{3.26}$$

高温多年冻土区：

a.细颗粒土填料：

$$h = H + h_e - K_c\frac{(2.4 + 0.4T_{cp})}{0.95H} \tag{3.27}$$

b.粗颗粒土填料：

$$h = H + h_g - K_c \frac{(6.8 + 1.2T_{cp})}{1.75H} \tag{3.28}$$

式中：h为地基多年冻土上限的上升或下降值；H为路堤高度；h_e为天然条件下的活动层厚度；T_{cp}为多年冻土年平均地温；K为气候修正系数（表3.20），考虑贝阿铁路多年冻土区不同地段气温融化指数的差异而采取的系数；K_c为考虑地表水条件的系数，当路堤旁无积水时，为0.65；h_g为前期施工，天然植被破坏后的多年冻土上限，其值为：

$$h_g = mh_e$$

m为前期工程的热影响系数，按表3.21选用。

表3.20 气候修正系数

地 段	涅利亚塔	伦拉	乌斯季纽克扎	腾达*	丘利曼
系数K值	0.98	1	0.96	0.98	1.1

注：*俄罗斯的腾达位置在我国兴安乡北面约70 km。

表3.21 前期工程的热影响系数

前期工程	影响系数
砍伐树木并清除苔藓植被	2.7
砍伐树木，保留苔藓植被	2.20
前期施工项目	影响系数m
施工车辆碾压苔藓植被	1.30

（3）热参数折算修正计算

根据同一气候区，路堤融化过程和当地天然地层的融化过程的关系，通过边界条件的变换求得适应当地气候条件的路堤临界高度（$H_{临}$）：

$$H_{临} = (m_t \cdot \alpha \cdot \beta - 1) h_{天} \tag{3.29}$$

式中：m_t、α、β分别为水平附加热流、热物理性质、表面状态的修正系数，按表3.22取值。

表3.22 路堤融化深度计算公式系数

修正系数		取值
水平附加热流系数m_t		1.15
物性性质系数α		$\sqrt{\lambda_H Q_T / \lambda_T Q_H}$
表面状态修正系数β	表面状态一致	1.00
	天然表面有草皮，填方为黏性土	1.06
	天然表面有草皮，填方为砂砾	1.12

注：λ_T，λ_H分别为天然地层与填方土质的导热系数，W/(m·℃)；Q_T，Q_H分别为天然地层与填方土质的相变热，kJ/m³。

（4）利用斯蒂芬公式近似解计算

根据路堤临界高度（$H_{临}$）定义，则：

$$H_{临} = h_{max} - h_{天} \tag{3.30}$$

式中：h_{max}为路堤填料的最大融化深度。

$$h_{max} = \sqrt{\frac{2\lambda \sum t\tau}{Q}} \tag{3.31}$$

式中：λ为填料土的导热系数，W/(m·℃)；Q为相变热，kJ/m³；$\sum t\tau$为地表的融化指数，℃·h。

或从一维传热出发，考虑路堤材料和天然地基土的特性（导热系数和体积潜热）以及天然上限和路基基底融化层的压密下沉性等得出适用一定范围的计算路堤临界高度方程（程国栋等，1983），但该经验公式需要的参数较多，应用不太方便。

3）路堤上临界高度

青藏高原及东北大兴安岭多年冻土区的公路、铁路路堤观测资料表明，随着路堤填土高度增加，冻土上限上升值也在越大。但当路堤高度达到一定高度后，冻土上限不会继续上升，而出现下降现象。当路堤高度不高时，顶面是主要换热面，随着路堤高度增加，坡面逐渐成为主要的换热面，且具有不同朝向和坡度，接受的太阳辐射强度和时间也随之不同，从而使不同坡面的坡面温度、坡面下的地温和冻土上限值都会发生变化。

根据北麓河试验段资料绘制的图3.42（张建明，2004）可看出，随着路堤高度增大，路基下冻土上限下降，该地区的路堤高度为2.5～5.0 m。

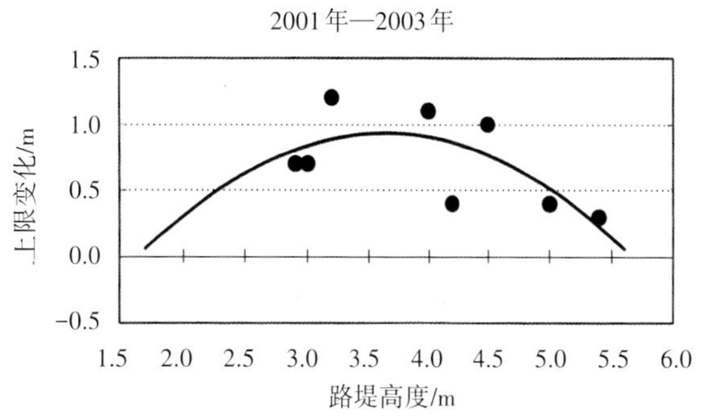

图3.42　冻土上限变化与路堤高度的关系

按目前路堤上临界高度的定义（黄小铭，1983），是指竣工后堤身与基底天然上限在第一个寒季冻结衔接的最大填筑高度。

路基基底冻土天然上限上升的必要条件是，工程所在地区的气候冻结能力必须大于融化能力。用于季节融化层冻结后剩余（潜在）的冻结能力才能使基底冻土上限上升，也就是说，潜在冻结能力（或冻结指数）大的地区，填筑的路堤高度就可增加。

寒季，路堤的冻结是自上而下和自下而上的双向冻结。低温冻土区，年平均地温均低于-1.0～-1.5 ℃，能使季节融化层逐渐产生回冻，地温越低，回冻的速度越大，回冻高度也越大。高温冻土区，年平均地温较高，仅能或难以维持冻土上限的稳定，回冻的高度很小。低温冻土区，气候较寒冷，具有较低的年平均气温，冻结指数较大，自上而下使路堤冻结后还有较大的潜在冻结能力，使路基下的季节融化层回冻，达到与多年冻土上限衔接。年平均气温越低，冻结指数越大，路堤的上临界高度越高。在路堤的双向冻结过程中，自上而下产生的冻结深度往往超过80%，而基底附近的土层散热条件最差，回冻高度较小。因此高路堤下往往在脚底下形成高温冻土夹层，甚至是融化夹层。

表3.23反映了暖季的早期和晚期施工对路堤热状态的影响。暖季早期施工可减小路堤中的蓄热和冻结过程的影响。

表3.23　施工季节对基底天然上限影响程度比较(中铁西北科学研究院有限公司等,2006)

断面	路堤中心填土高度/m	填筑与完工日期	填筑期平均气温/℃	填料平均温度/℃	填筑当年平均冻速/cm·d^{-1}	上下冻结衔接历时/d	对基底冻土上限影响
0+280A	5.4	7～9月	4.4	6.5	3.0	150	天然上限下降0.25 m
0+245	4.2	6～7月	2.0	4.2	5.1	130	天然上限上升1.0 m

根据计算资料，青藏高原的路堤高度大于4 m以上，经当年冬令期过后，路堤体内仍残留融化夹层，且随着路堤高度增加而增大。按其不存在融化夹层，并考虑设计使用期30年和多年冻土不同年平均地温条件下，得出路堤的上临界高度（表3.24）。

表3.24　不同年平均温度条件下路堤的上临界高度(m)(张建明,2004)

年平均气温/℃	−2.8	−3.0	−3.5	−4.0	−4.5	−5.0	−5.5
年平均地温/℃	−0.3	−0.5	−1.0	−1.5	−2.0	−2.5	−3.0
沥青路面/m(公路)	–	2.79	3.47	3.71	3.99	4.11	4.55
砂砾路面/m(铁路)	3.41	3.42	3.99	4.13	4.39		

4）路堤临界高度存在的条件

一定的地区环境下，冻结指数越大，冻结深度也就越大，路堤临界高度存在的可能性越大；反之，融化指数越大，融化深度也就越大，路堤临界高度或许不存在。根据青藏公路的观测资料，冻结指数和融化指数大小与年平均气温有着密切的关系（图3.43）（丁靖康等，2000）。

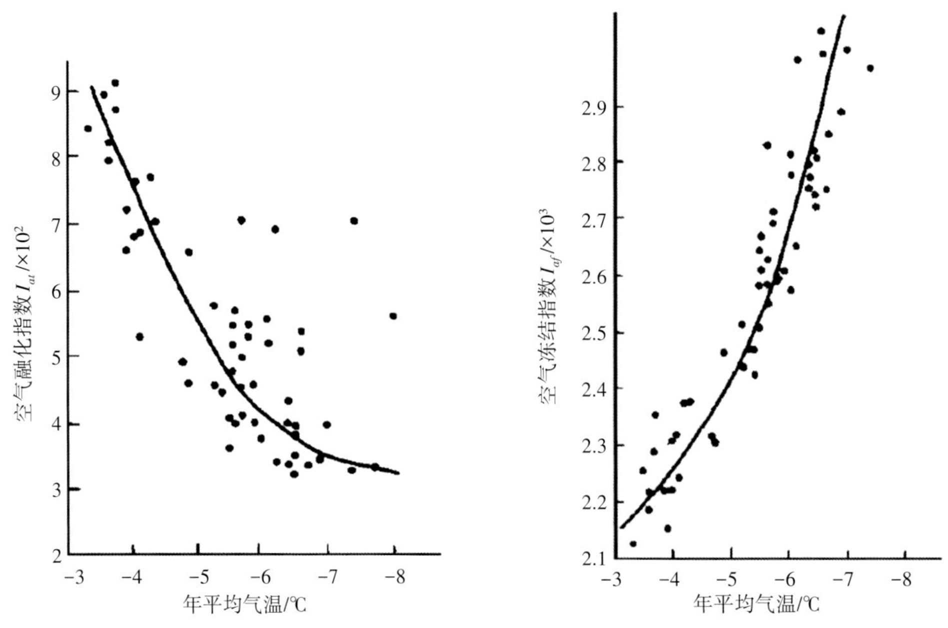

图3.43　融化指数(上)及冻结指数(下)与年均气温关系

根据青藏高原的调查，同一地区地表面的年平均温度比年平均气温要高2～5 ℃。由表3.9可知，不论地表面材料性质如何，多年冻土区的地表融化期的n_t系数总是大于冻结期的n_f系数，融化期的n_t系数大于1，而冻结期的n_f系数小于1，也就是说，融化期地表面的融化指数大于空气的融化指数，冻结期地表面的冻结指数小于空气的冻结指数。青藏高原多年冻土区黏性土、砂砾石和沥青表面融化期的n_t系数分别为2.5、3.0和4.5，即地表面的融化指数比气温融化指数大2～5倍，甚至更大，地表面的冻结指数小于空气冻结指数，一般为空气冻结指数的0.6～0.9倍。地表面的冻结指数（I_{sf}）、融化指数（I_{st}）与空气冻结指数（I_{af}）、融化指数（I_{at}）的关系为$I_{sf}=n_fI_{af}$和$I_{st}=n_tI_{at}$。

根据计算冻结深度和融化深度最简便的斯蒂芬方程，忽略冻土和融土导热系数的微小差别，冻结深度和融化深度仅随冻结指数和融化指数而变化，则$n_tI_{at}=n_fI_{af}$时，即可认为路堤的融化深度与冻结深度是相等的。显然，要使路堤下多年冻土上限位置保持不变的基本条件：路堤的冻结深度等于或大于融化深度加天然上限深度。否则，$n_tI_{at}>n_fI_{af}$时，路堤的融化深度就要大于冻结深度，路基下多年冻土上限就要下降，以致出现融化夹层。此时，I_{at}与I_{af}所对应的年平均气温即为路堤临界高度的年平均气温临界值。根据$I_{af}/I_{at}=n_t/n_f$，绘制I_{af}/I_{at}和n_t/n_f与年平均气温的关系曲线，它们的交点所对应的年平均气温即为路堤临界高度的年平均气温临界值（图3.44），对于青藏公路细颗粒土路堤，临界高度的年平均气温临界值为-3.8 ℃，相当于高原多年冻土区地表面年平均温度为0 ℃时（多年冻土可能发育的基本条件），相应的年平均气温为-4.0 ℃。所以，当年平均气温高于临界值时，可能不存在路堤临界高度，只有年平均气温低于临界值时，才存在路堤临界高度。也有根据相应的上边界条件和土质参数，采用理论计算方法获得不同气温条件下路基的上下临界高度，进而获得路基临界高度存在与否的年平均气温临界值（赖远明等，2000）。

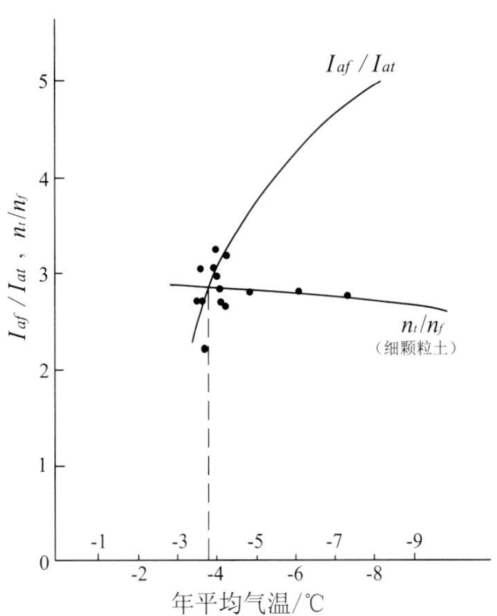

图3.44　临界高度的年平均气温临界值

（丁靖康等，2000）

据青藏公路黑色沥青路面下钻探资料，当I_{af}/I_{at}的数值大于n_t/n_f时，存在路堤临界高度，否则，可能不存在（表3.25）。在楚玛尔河高平原地带，路基下有大量的融化夹层，且含水，从不冻泉至楚玛尔河63 km，路堤高度为1.0～3.5 m，路基中心孔59个，其中39个孔具有融化夹层，占66.1%，未见融化夹层12个孔（平均路基高度1.1～1.8 m），占20.4%。

表3.25　青藏公路沥青路面路堤临界高度判别（丁靖康等，2011）

地　点	I_{af}/I_{at}	n_t/n_f	路堤临界高度
清水河	5.04	5.56	不存在，有融化夹层
昆仑山	6.19	5.56	存在
风火山	7.11	5.56	存在

根据计算资料，路堤临界高度存在的条件与当地年平均气温及路堤表面材料性质有密切关系。以路堤的上下临界高度随年平均气温作为限制条件，它们的交点对应的气温即为路堤临界高度存在的年平均气温临界值。按公路设计年限30年考虑，沥青路面的年平均气温临界值为-3.9 ℃［图3.45（左）］，砂砾路面的年平均气温临界值为-2.8 ℃［图3.45（右）］；按铁路设计年限为50年考虑，砂砾路面的年平均气温临界值为-3.1 ℃。

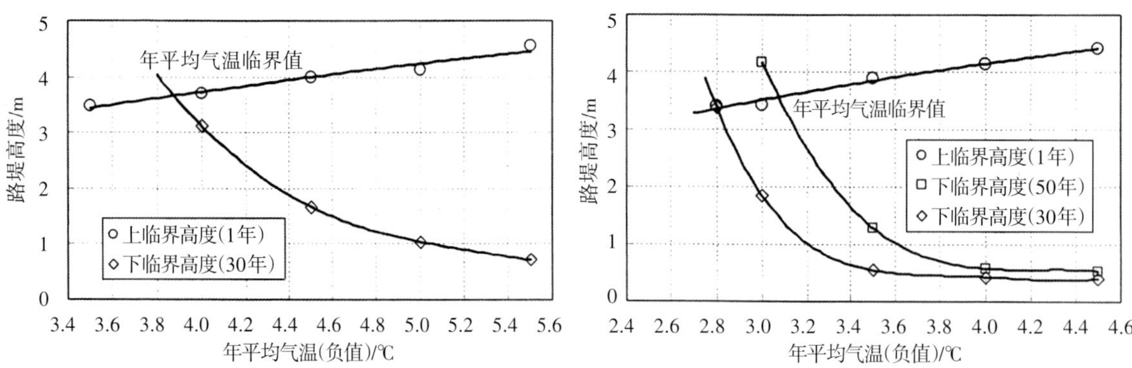

图3.45 沥青(左)和砂石(右)路面临界高度的年平均气温临界值(张建明,2004)

5）路堤设计高度

多年冻土区路基设计中，除了根据变形和强度进行设计外，主要针对路基温度场的分布特征，采用控制温度在路基中的传递途径和影响范围，再考虑在气温变化和设计使用年限条件下，做适当的调整，最终确立冻土路基的合理高度。

冻土路基设计时应考虑的主要因素：

（1）多年冻土的工程性质：在多年冻土上限下2～3 m范围内含冰特性具有很大的变化，很大程度与季节融化层的类型和性质有密切关系，如沼泽、植被、草炭等季节融化层分布地段，下卧的多年冻土都具有很厚的地下冰层，多年冻土工程类型多属于饱冰冻土或含土冰层；植被发育的黏性土季节融化层，下卧的多年冻土工程类型多属于饱冰冻土及富冰冻土；裸露的黏性土季节融化层，下卧多年冻土工程类型多为富冰冻土或多冰冻土；裸露粗颗粒土季节融化层，下卧多年冻土工程类型多为多冰冻土或少冰冻土。

（2）冻土年平均地温；低温冻土具有小的融化深度，即较低的冻土路基高度，高温冻土具有较大的融化深度，相对需要较高的临界高度。

（3）全球气候转暖的波动变化影响：按30年的运行时间考虑，全球气温升高会对多年冻土季节融化深度产生影响。对低温多年冻土地带的影响较小，高温多年冻土对气温升高的敏感性就高些。根据数值模拟计算（臧恩穆等，1999），年平均气温-6.0 ℃条件下，冻土上限下移增大60 mm；年平均气温为-3.0 ℃条件下，冻土上限下移增大400 mm。

（4）路基下天然季节融化层的压缩性：路基下季节融化层在反复冻融循环作用过程中，密实度较非冻土区相对较小。特别是具有沼泽、草炭、泥炭层分布地段，以及为保护冻土，原地表的草炭层都不允许铲除，这些土层的排水固结较缓慢，施工中一般仅能完成30%～40%的压密度。对于旧线改造路基，可不考虑，但对新线路基，应予考虑路基下季节融化层的压实沉降，根据现场和试验资料，填土路基的预留高度可参考表3.26取值。

表3.26 高原多年冻土区路基填土的预留高度(m)(臧恩穆等,1999)

一般路段	特殊路段		
	一般土质条件沼泽地段	富含腐殖土、草炭土沼泽地段	富含泥炭土沼泽地段
0.05～0.075 m	0.075～0.125 m	0.125～0.15 m	0.15～0.20 m

多年冻土路基设计高度，根据不同的冻土工程地质条件，有不同的设计原则。

情况一，按保护冻土的设计原则，路基设计高度可采用路基临界高度再加安全高度的方法确定。低温多年冻土区的新建和改建路基的路基设计高度，按（JTG/TD 31-04-2012）给出的公式确定。

情况二，按控制多年冻土融化速率的原则（不清除地表草皮、泥炭层），路基设计高度按满足路面设计使用年限内路基变形量不大于允许变形量的设计方法进行。

据青藏公路调查、钻探和探地雷达资料，控制路面允许变形量指标情况，不同冻土工程地质条件下，多年冻土人为上限下降的允许值为表3.27。

表3.27 不同冻土工程类型的人为上限下降允许值（中交第一公路勘测设计研究院等，2006）

地基多年冻土类型	冻土上限下降允许值/m
含土冰层	0.15～0.20
饱冰冻土	0.50～0.75
富冰冻土	1.00～1.50

新建公路路基设计高度：

$$H_{设} = MH_{临} + K \cdot P \cdot \phi \cdot t \cdot m + S \tag{3.32}$$

改建、整治工程原有沥青路面路段，路基加高值：

$$\Delta h = K \cdot P \cdot \phi \cdot t \cdot m \tag{3.33}$$

式中：M为综合修正系数（表3.28）；K为气温修正系数，青藏公路取1.075；P为平均融化速率（$P=\Delta h/\Delta T$，Δh为勘探年沥青路面下多年冻土人为上限下降值，m。$\Delta h=h_1-h_t-h_r$；h_1为勘探年路基高度，m；h_r为勘探年路基下多年冻土人为上限，m；h_t为计算断面的冻土天然上限，m；ΔT为沥青路面竣工至勘探的时间，以年计算）；ϕ为融化速率衰减系数，$\phi=1/\ln t$；t为路面设计年限，以年计算；m为填土当量换算经验系数，见表3.29；S为季节融化层压缩沉降量，m。

表3.28 综合修正系数M

冻土类型	多冰冻土	富冰冻土	饱冰冻土	含土冰层
M	0.6～0.7	0.9～1.0	1.1～1.2	1.15～1.25

表3.29 填土当量换算经验系数m取值表

冻土类型	适用条件		m^*
	路基高度h/m	上限下降值Δh/m	
含土冰层	3.8～3.0	0.4～1.2	1.0～5.0
饱冰冻土	2.4～2.8	0.8～1.6	1.0～2.5
富冰冻土	1.8～2.0	0.8～1.8	1.0～2.0

注：*设计时，现有路基低者；上限下降值大者，m取大值。

情况三，青康公路根据调查研究，可以根据多年冻土工程地质条件、冻土工程类型、冻土地温、冻土上限、气温上升速率以及路面类型与材料性质等进行计算或数值模拟。没有条件时，可参考采用经验数值（表3.13）。

《多年冻土地区公路设计与施工技术细则》（JTG/TD 31-04-2012）提出，除基岩外，路基最小高度不宜低于1.5 m，非纵坡或构筑物控制段路基高度不宜超过3.5 m。

不论何种情况下，冻土路基的两侧都应该做好排水措施，避免积水。路堤基底都必须做好排水和切断土层毛细水与路堤的连通。当地表排水条件较好，路堤下部采用细颗粒土填筑时，路堤底部应设置厚度不小于0.5 m的粗颗粒土（粉黏粒控制在15%之内）垫层，采用粗颗粒土填料；当地表排水条件较差时，路堤宜采用粗颗粒土填筑，路堤底部应做好排水措施，切断基层毛细水的联系，避免出现冻胀和翻浆。

3.3.2 低填浅挖及零断面路基

多年冻土区低填浅挖和零断面的路基地段，往往是冻土热融下沉、冻胀等病害最严重的地方。这里所指的低填浅挖和零断面系指路堤填筑高度和开挖深度小于最小临界高度的路段。从保护冻土的原则出发，不宜采用路堤填土高度和开挖深度小于0.5 m的低填浅挖路堤。因此，线路选线和路基设计时，尽量减少或缩短这种路段的长度和段落。

低路堤，对外部温度变化的响应迅速，随着外部持续的正积温增加，低路堤的热阻较小，路基中心下部出现融化核的厚度就会迅速地增加。根据同一地区，不同气温条件下的有限元数值计算结果（汪海年，2004），路基基底最大融化深度与路基高度呈良好的线性关系（相关系数达90%）（图3.46）。随着公路运营时间越长，路基高度对基底下冻土融化深度的影响就日益增大。

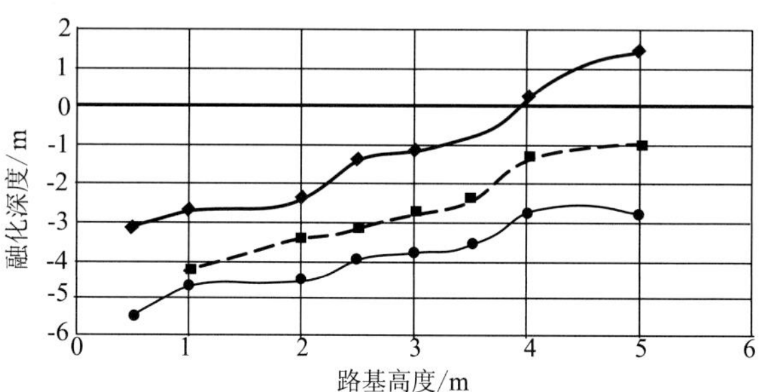

图3.46 不同年平均气温地区公路运营30年后基底融化深度与路基高度的关系

年平均气温：◆−5.2 ℃；■−4.5 ℃；●−4.0 ℃。

从低填浅挖和零断面地段的设计角度，都需密切注意基底多年冻土的热融下沉问题，关注基底的换填保温和防排水措施，特别是冻结层上水的防治。目前多年冻土区低填浅挖和零断面地段出现热融下沉的问题有：①底部的保温层厚度偏小或缺失；②碎石粗粒料换填层粒径偏小，仅能起着减少冻胀性，蓄冷作用不足；③防排水措施未能起到设计的要求，特别是没有完全阻隔冻结层上水的渗入，尽管其水量很小，但亦能部分融化基底多年冻土层；④在不适宜的季节进行施工，大量的蓄热潜伏在地基和换填层中，引起工后基底下多年冻土继续融化；⑤不能按常规施工方法进行施工，在设计高程上预留一定厚度原土保护层，届时一鼓作气，挖除保护层，立即进行防渗、保温及换填工序，达到原地面，且应分段施工。

从路基调查看，低填浅挖和零断面路基病害地段都出现在富冰冻土、饱冰冻土和含土冰层等高含冰量冻土和高温冻土带，路基下往往出现有融化夹层。常用的路基设计原则和冻土地基处理方法如下。

1.破坏多年冻土的设计原则

适用条件：

（1）路基下冻土地基为少冰冻土和多冰冻土地段，冻土层内含水率较小，基本属于干燥，冻土地基条件比较好。

（2）基底下富冰冻土、饱冰冻土、含土冰层厚度不大，埋藏深度浅或小于3.5 m地段。

（3）冻土地基为基岩，或含水率小于10%的粗颗粒土。

地基处理：清除高含冰冻土，按常规的非冻土地区路基设计方法进行设计。

2.保护冻土的设计原则

适用条件：

（1）基底下富冰冻土、饱冰冻土和含土冰层等高含冰率冻土的厚度较大，不宜全部采用换填方法以防止冻土地基下沉。

（2）冻土地温为稳定带、基本稳定带。

（3）地基土为坚硬冻结黏性土。

地基处理：采用地基土换填和保温隔热方法处理，做好纵向排水和边坡防护。

3.逐渐融化冻土的设计

（1）冻土地基含冰率较小，埋深较大。

（2）冻土地温较高为不稳定带或极不稳定带。

（3）高含冰率的粗颗粒冻土，厚度超过2倍冻土天然上限。

地基处理：

（1）预先超挖，暖季暴晒，然后换填粗颗粒土和铺设沥青路面，简易运营1～2年。

（2）超挖换填，路基设计高度应增加预融深度的沉降预留量和超挖深度。

低填浅挖和零断面路基的设计方法，可按《多年冻土地区公路设计与施工技术细则》及《青藏铁路高原多年冻土区工程设计暂行规定》的规定和方法进行。

平坦地段，当路堤填土高度小于路堤最小临界高度及零断面时，高含冰率冻土地段可按下列方法处理：

（1）当高含冰率冻土层的厚度较薄，且埋藏深度较浅时，可采用全部挖除换填处理（图3.47、图3.48）。换填料应采用保温、隔水性能较好的黏性土或设置XPS隔热保温层，或具有能储存冷空气的片块石。换填深度与路堤高度之和应不小于路堤设计最小临界高度与天然上限之和。

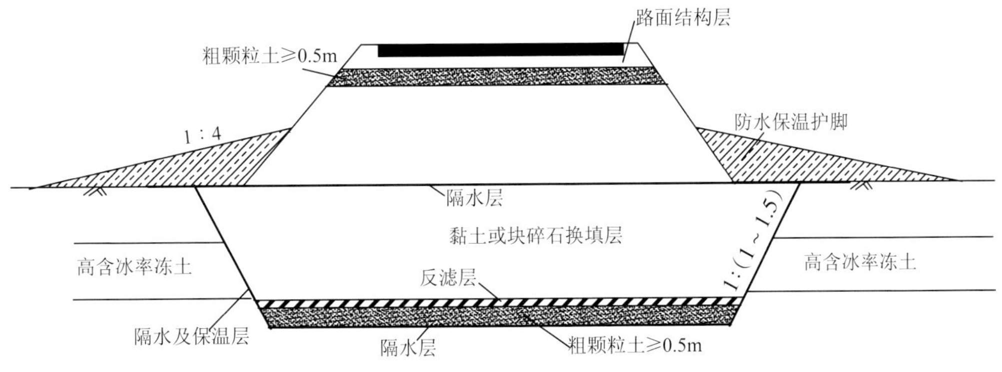

图3.47　高含冰率冻土全部换填

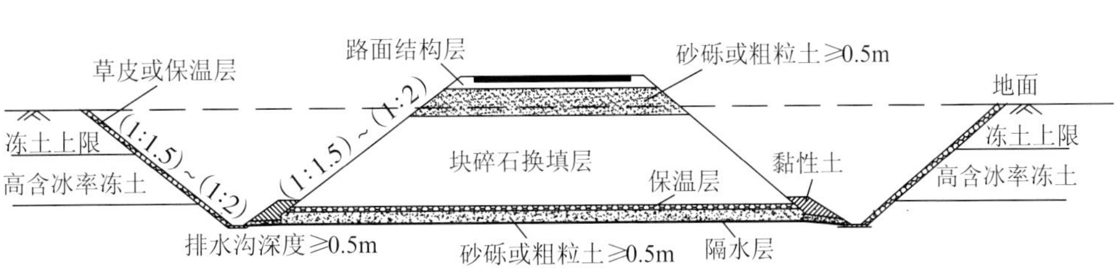

图3.48　全部换填断面

（2）当高含冰率冻土层的厚度较厚时，可部分挖除进行换填处理（图3.49）。

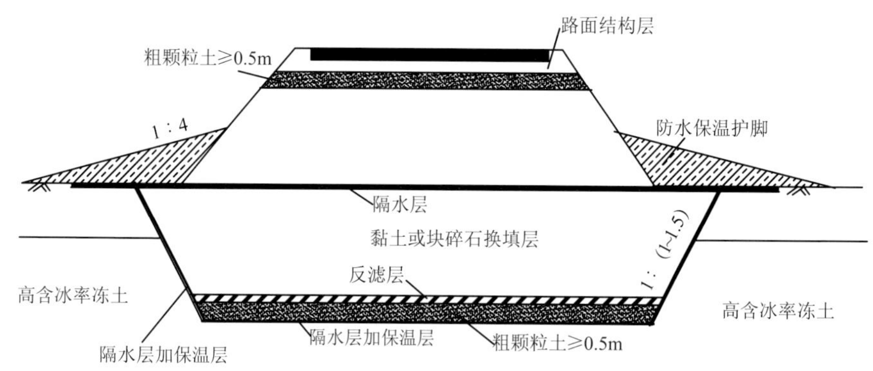

图3.49　高含冰率的土层部分换填

高含冰率冻土厚度较大，可部分换填，采用保温、隔水性能较好的黏性土，或具有能储存冷空气的片块石换填。换填深度与路堤高度之和应不小于路堤设计最小临界高度与天然上限之和。

低路堤及零断面路堤的设计应按以下要求进行：①为防止路堤修筑后多年冻土上限下降造成路堤热融沉陷，基底应采用粗颗粒土或黏性土换填，其厚度应通过热工计算确定，无计算资料时，可按1.4～1.6倍的冻土天然上限深度换填。②当采用粗颗粒土换填时，为防止地表水的渗入，应在地面上铺设复合土工膜防渗层，向外成4%的横向排水坡。③部分或全部换填时，按热工计算大于路堤最小设计高度时，应按计算换填厚度进行设计；小于路堤最小设计高度时，应按最小设计高度进行换填；换填层底部应向外成4%的排水横坡。④当采用工业保温层材料作为保温层时，保温层应设置在路肩以下0.8 m处，且向外成4%的排水横坡。保温层上下面上应铺设一层0.2 m的中粗砂垫层，宽度较路基面宽1.2 m（两侧各0.6 m）。

缓坡地段，在低温稳定区和基本稳定区的缓坡地段进行路堤设计时，需考虑下列两种情况：

（1）地面横坡缓于1∶5的高含冰率冻土缓坡地段（包括路堤基底下2倍冻土上限范围内有累计大于0.15 m厚的含土冰层，或0.4 m厚的饱冰冻土，或0.6 m厚的富冰冻土地段），路堤结构可参考平坦地段路堤结构设计。基底不宜挖台阶，路堤上方一侧应设置挡水埝或截水沟，下方坡脚设置反压保温护道，宽度为2.0～3.0 m，高度为1.0～2.0 m。

2）地面横坡陡于1∶5的高含冰率冻土斜坡地段，路堤上方侧设置挡水埝，下方侧坡脚应设置反压保温护道，宽度为2.0～2.5 m，高度为1.0～2.0 m，坡率为1∶1.5。

路基侧排水系统是否通畅往往对路基底下多年冻土有很大的影响。在高温冻土区，原始冻土环境未受破坏情况下，通常不宜修筑保温护道，但在防水保温护道（图3.50）表面和保温坡脚（图3.51）应铺设防水性强的黏性土及泥炭草皮或碎石层。如采用砂砾、粗颗粒土或其他渗水性强的材料作为保温护道时，表面应覆盖0.2 m厚度黏性土作为防水保护层。保温护道和保温护脚的尺寸按表3.30确定。

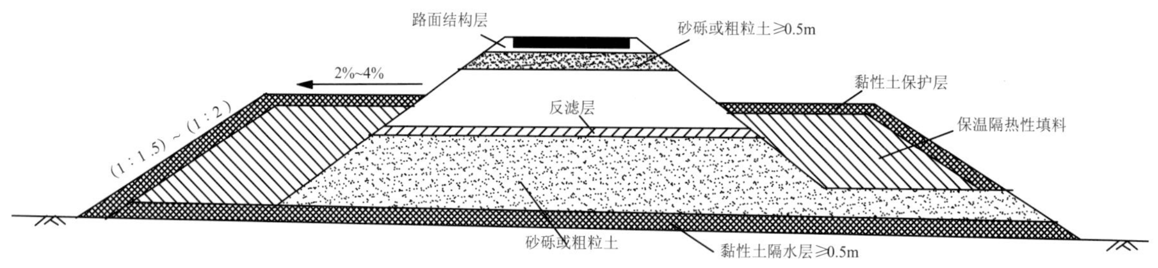

图3.50　保温护道

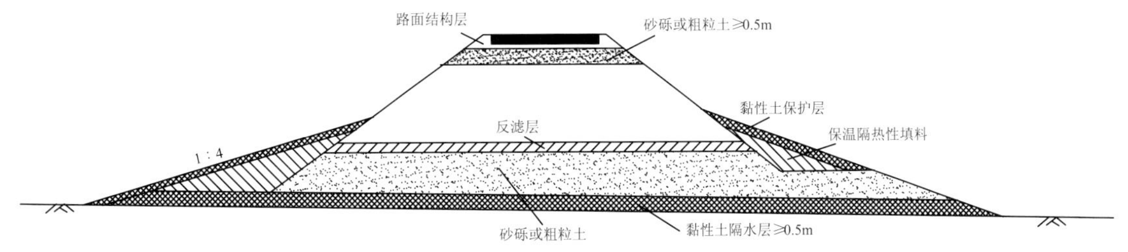

图3.51　保温护脚

控制融化速率设计时，应按不同冻土条件进行分段设计，根据多年冻土上限允许下降值（表3.31）确定段落，路堤高度按低温冻土区改建路基的临界设计高度确定。

表3.30　路堤保温护道和保温护脚的尺寸（JTG/TD 31-04-2012）

路堤高度/m	护道或护脚	高度/m	宽度/m
≤3	护脚	0.8～1.2	2.0～2.5
>3	护道*	1.5～2.5	2.0～3.0

注：*《青藏铁路高原多年冻土区工程设计暂行规定》规定：护道一般高度0.8～1.6 m，宽度1.5～2.5 m；当路堤高度大于6.0 m时，与表中数据相同。

表3.31　富含冰冻土人为上限下降允许值（JTG/TD 31-04-2012）

冻土工程类型	人为上限下降允许值/m	冻土工程类型	人为上限下降允许值/m
含土冰层	0.15～0.20	富冰冻土	1.00～1.50
饱冰冻土	0..50～0.75		

低填浅挖换填地段能否达到预期的效果，施工季节与方法起着重要作用，即施工期间能否确保冻结层上水不进入到基坑，否则有可能造成多年冻土地基融化。为此，应做好下列几方面：

（1）预先备足所需的砂砾垫层料、换填料，隔水材料等。

（2）施工季节宜在寒季末（3月中至5月初），此时冻结层上水仍处于冻结状态，有利基槽施工，避免水的侵蚀。

（3）做好基槽两侧季节融化层的止水防渗措施，将隔水层或隔水板嵌入多年冻土上限以下0.25 m，且在换填层与冻土层间铺设隔水层，防止冻结层上水渗入换填层（图3.49、图3.51）。

（4）开挖将至设计高程时，应预留0.5 m的防护层，然后分段快速施工，进行挖掘、按设计要求铺设侧壁与基底的防渗层、砂砾垫层和保温层、换填等工序，一气做成。避免多年冻土层出现融化。

（5）路堤两侧修筑防水保温护脚，高度不小于1.0 m，宽度不小于2～3 m，填料可采用黏性土或碎石（但要做好防渗层）。

3.3.3　路堑

冻土区的路堑工程问题，不仅要考虑力学稳定性问题，还要考虑热学稳定性问题。由于热学稳定性的变化可导致力学体系稳定性的变化，图3.12主要是地下冰融化引起局部泥流坍塌，牵引至整个边坡失稳产生滑坡。因此，冻土区路堑工程，在满足力学稳定性要求条件下，更要注重边坡和基底的热学稳定性。

多年冻土区的路堑工程需要解决的问题（黄小铭等，1983）是：断面形式和处理措施，保温换填厚度的计算，边坡稳定性及基底强度的计算等。

1.断面形式及处理措施

合理的断面形式（图3.52）和处理措施应尽量减少对多年冻土的扰动和破坏，以利于冻土热状态平衡的恢复；减少大气降水的渗入、浸湿和冻结层上水的危害。同时，尽量减少工程量，便于养护和维修。对断面的具体要求：

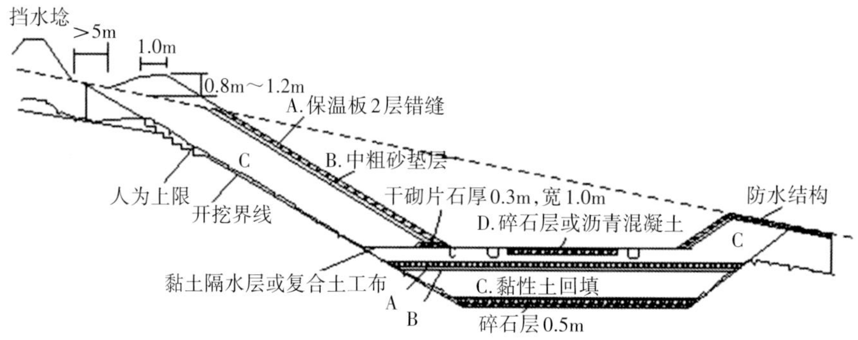

图3.52 路堑合理断面图

（1）采用一般断面。按“宁超勿欠”的原则，开挖断面应相对于确定的保温层厚度，预留适当的超挖量（尤其是地下冰部分），使季节融化深度停留在换填交界面以上（图3.53）。

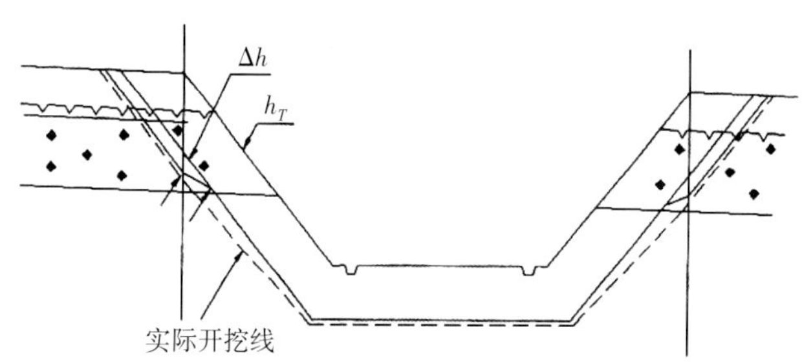

图3.53 路堑开挖断面示意图

h_T—计算隔热层厚度；Δh—坡顶折角出隔热层加大值；$\Delta h=(0.06–0.10)h_T$。

（2）按“先排水系统，后主体工程”要求，做好路堑顶挡水埝和埝外天沟组成坡顶排水系统，防止上方横坡的冻结层上水危害边坡（图3.54）。

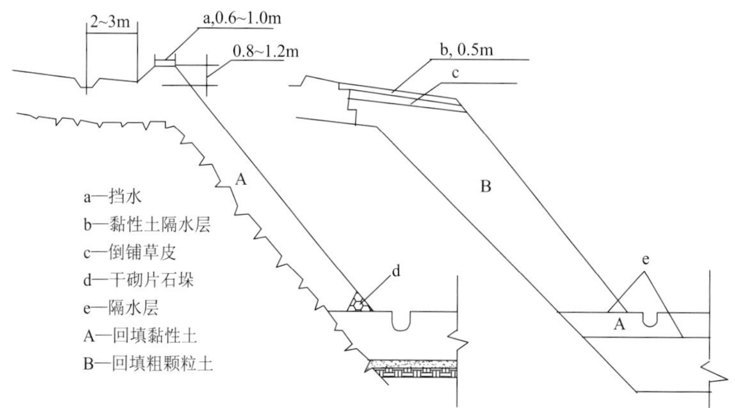

图3.54 边坡基底截、排、隔水设施示意图

（3）采用浅宽侧沟断面（最好为U形断面），沟底用柔性隔水材料，或黏性土，或加筋复合防水土工膜铺砌，便于维修和保持侧沟排水顺畅。

（4）用设置侧沟上方平台的方式增强边坡稳定，或用设置平台并配置坡脚干砌片石支垛的方式加强边坡水分的排泄，增进边坡稳定（图3.54）。

处理措施应考虑下列因素：

（1）换填材料应以当地材料（碎石、卵砾石、黏性土、草皮等）为主。黏性土换填并在表层铺砌草皮的边坡防护形式，有利于减少边坡吸热，减小融化深度。路堑基底换填宜选用一定粒径范围的碎砾石，并用不透水的黏性土封层。基底用粗颗粒土换填深度为1～1.5 m。

（2）为减少开挖换填量，在边坡和基底铺设工业隔热材料。铺设时，在隔热板底部设置一定厚度的粗砂隔断层。当隔热板铺设于边坡表面时，应适当留有泄水孔（图3.55）。

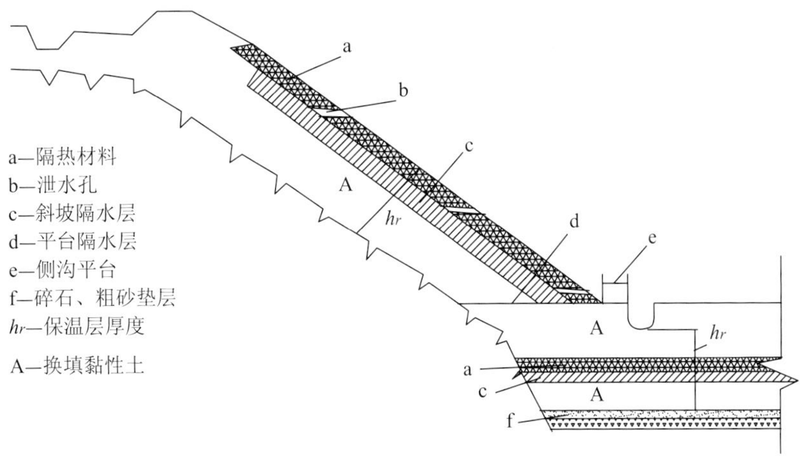

图3.55　铺设隔热材料地面示意图

（3）为防止水分浸入基底，应在边坡、基底适当部位设置防渗隔断层，并要控制填料的含水率及夯实密度。加强侧沟的排水措施。

（4）当路堑顶不设置挡水埝时，由于路堑顶边坡点受双向热源影响，融化深度约比坡中部大6%～10%，故应根据地下冰厚度适当加大坡面上半部隔热层厚度。

（5）合理安排施工时间，宜选择寒初（9～11月）暖初（3～5月），进行开挖，应采用快速施工、连续作业方法，减少冻土暴露时间和加强保温防护。

2.换填保温厚度的确定

隔热保温换填层厚度设计计算可用经验公式或等效热阻的方法确定，计算时应考虑修正系数。无资料时，一般情况下换填保温层厚度可采用1.4～1.6倍天然上限，边坡坡率为（1：1.75）～（1：2.0）。

保温隔热层厚度可按《多年冻土地区公路设计与施工技术细则》的计算公式确定：

$$h_T = k \cdot \frac{\lambda_0}{\lambda_t} \cdot h_t \tag{3.34}$$

式中：h_T为设计边坡防护厚度或基底换填厚度， m；k为安全系数，设计边坡保温层时，取1.2～1.5，设计基底换填时，取1.5～2.0[①]；h_t为当地天然上限深度， m；λ_t为当地季节融化层融化状态下平均导热系数，W/(m·K)；λ_0为所选用保温材料或换填材料的导热系数，W/(m·K)，如果为多

①铁道部第一勘察设计院，青藏铁路高原多年冻土区工程设计暂行规定，2001。

层材料则依据热阻等效原则计算平均导热系数，即：

$$\lambda_0 = h_T/(\frac{h_1}{\lambda_1} + \frac{h_2}{\lambda_2} + \cdots + \frac{h_n}{\lambda_n})$$

式中：h_n（n=1，2，…）为如果边坡防护或基底换填为多层材料，则分别对应各层材料的厚度；λ_n（n=1，2，…）分别为各层材料的导热系数，W/(m·K)。

路堑保温层厚度可按下列方法确定（黄小铭，2006）：

将路堑边坡或基底的人为上限深度，加上施工条件和填料条件所要求的安全贮备，就可以确定保温层（换填）层厚度，即：

$$Z=K_\Phi \cdot H_{max} \tag{3.35}$$

式中：Z为保温（换填）层厚度，m；H_{max}为边坡或基底人为上限深度，m；K_Φ为工程安全系数，视施工和填料条件而定，K_Φ>1。

对于边坡：
$$H_{s\,max} = K \cdot K'_s \cdot K'' h_{max} \quad （南坡）$$
$$H_{N\,max} = K \cdot K'_N \cdot K'' h_{max} \quad （北坡）$$

对于基底：
$$H_{D\,max} = K \cdot K'' \cdot K_D h_{max}$$

当路堑顶不设挡水埝时，由于路堑顶边坡融化深度最大，在按上式确定保温（换填）层厚度后，应在边坡中部以上增加ΔZ。

$$\Delta Z=(0.06\sim0.10)Z \tag{3.36}$$

式中：K_D为结构修正系数，K_D=1.10；K'为朝向修正系数，当坡率为（1∶1.5）～（1∶1.75）时，阳坡为1.15，阴坡为0.95；K''为表面状态修正系数，黏性土表面为1.05，草皮表面为1.00；K为填料修正系数：

当边坡用黏性土换填时，

$$K = \sqrt{\frac{\lambda_1}{W_1 \cdot \rho_1} \div \frac{\lambda_0}{W_0 \cdot \rho_0}} \tag{3.37}$$

当边坡用粗颗粒土换填时，

$$K = \sqrt{0.8(\frac{\lambda_1}{W_1 \cdot \rho_1} \div \frac{\lambda_0}{W_0 \cdot \rho_0})} \tag{3.38}$$

式中：λ_0、λ_1为天然上限土层与边坡换填材料导热系数的加权平均值，W/(m·K)；W_0、W_1为相对应λ_0、λ_1的土层含水率的加权平均值，%；ρ_0、ρ_1为相对应λ_0、λ_1的土层干密度的加权平均值，g/cm^3；h_{max}为当地的最大天然上限，m。

基底铺设保温隔热材料时，宜在其底部设置一定厚度的砂垫层，边坡铺设保温隔热材料时，应预留泄水孔。

3. 边坡、基底稳定性验算

路堑基底的稳定性验算可按一般地区要求进行，但要求热工计算可靠，季节最大融化深度不要超过换填厚度，且能有效地防止大气降水及边坡冻结层上水对基底的侵蚀。

图3.56为青藏铁路昆仑山路堑的实际断面，运营良好。

4. 支挡结构防护措施的设计

在场地允许的情况下，为减少路堑开挖和换填土方量，可采用“L”挡墙或桩板墙（图3.57）的支挡结构。通常适用于低路堑或与温度措施相结合的深路堑。

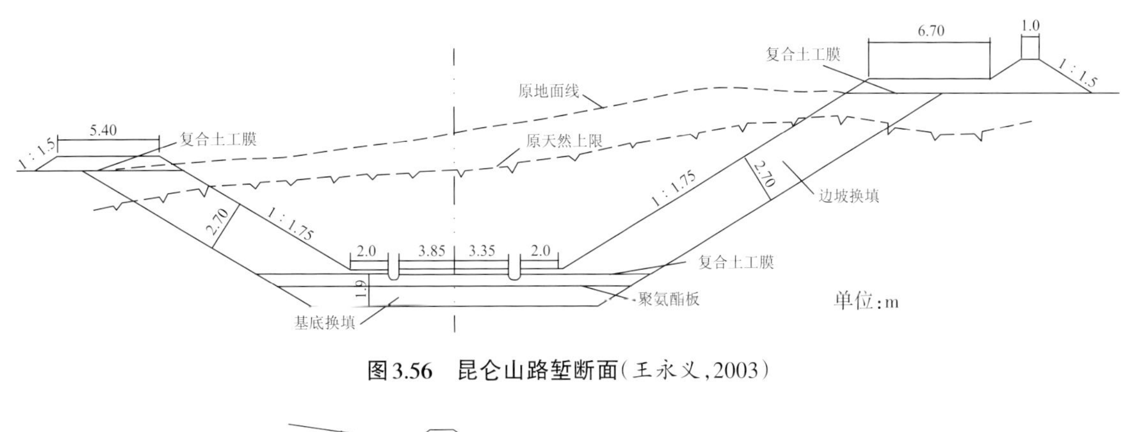

图3.56　昆仑山路堑断面（王永义，2003）

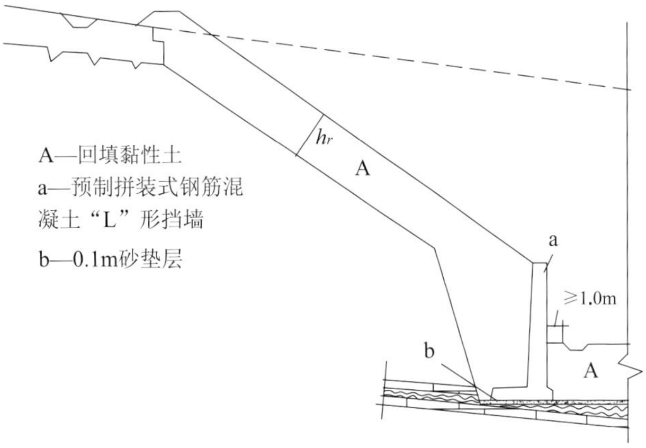

A—回填黏性土
a—预制拼装式钢筋混凝土“L”形挡墙
b—0.1m砂垫层

图3.57　路堑边坡上保下挡防护示意图

设计时应着重考虑下列因素：

（1）尽量用在地表横坡小的路段。

（2）挡墙基础应埋置于人为上限以下0.3～0.5 m，或坐落于基岩上。

（3）依据土体含冰率，天然上限位置及稳定斜坡坡率估算坍落范围和墙后坍落物的堆积高度，按墙后堆土的土压力为主的原则设计挡墙断面。

（4）在墙身不同高度设置泄水孔，并加强路堑纵向排水，侧沟采用浅宽形式。

在深路堑，采用下挡上保的断面可以减小开挖换填量。但要求墙背后回调足够厚度的填料。设计时要考虑挡墙在水平冻胀力作用下的稳定性和保温层厚度等结构防护措施。采用钢筋混凝土“L”形挡墙或锚钉板结构或桩板墙形式具有其优点。

3.3.4　过渡段

道路过渡段主要包括：填方（路堤）、挖方（路堑）过渡段，路基与桥（涵）过渡段，多年冻土区与融区过渡段，不同冻土工程地质条件（或不同路堤结构）过渡段。

填挖过渡段的研究（刘建坤等，2008），采取换填厚度不断变化且顺接形式以及设置一定长度的保温隔热材料，并用角砾土对过渡段天然上限以下进行换填。试验证明这种综合处理措施是得当的、合理的。

路桥过渡段的调查研究结果，路桥过渡段沉降变形是比较典型的，也是最为普遍的一类路基病害。通过对青藏铁路西大滩至尺曲谷地164座桥梁路桥过渡段沉降病害调查及相关因素分析（牛富俊等，2011）。过渡段路基沉降与桥走向的南北端、路基坡向、路基高度、多年冻土类型

(含冰量)、地温、路基结构以及地质条件等因素相关。桥北端平均沉降量超出南端，阳坡总量大于阴坡（图3.58）；沉降量随着路基高度呈对数趋势增加（图3.59）。富冰冻土、饱冰冻土等高含冰量冻土区沉降明显高于多冰、少冰地段；高温多年冻土区沉降量比低温多年冻土区大（图3.60、图3.61）。路基结构对过渡段沉降也有一定的响应性，表现为特殊结构路基沉降较小；粉土、粉质黏土等细颗粒地层段沉降量比砾石土等其他岩性地段大（图3.62）。通过相关性分析表明，过渡段路基沉降主要受高温、高含冰率冻土及阳坡受热强烈的影响，粉质黏土多具有高含冰率冻土的特性。

过渡段的处理措施仍以保护冻土和防热侵蚀作用为主：

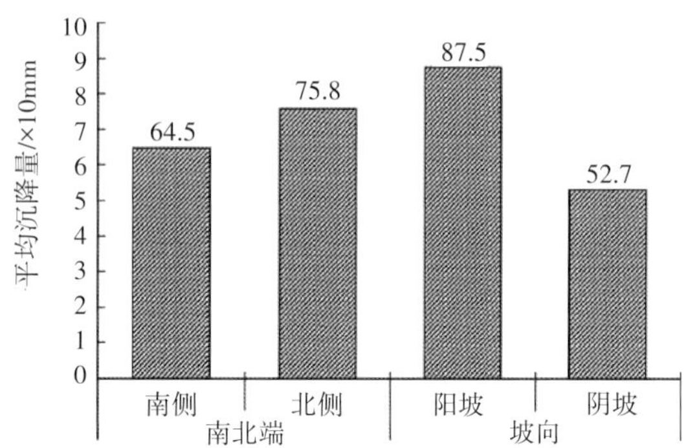

图3.58　过渡段沉降与桥南北、坡向关系

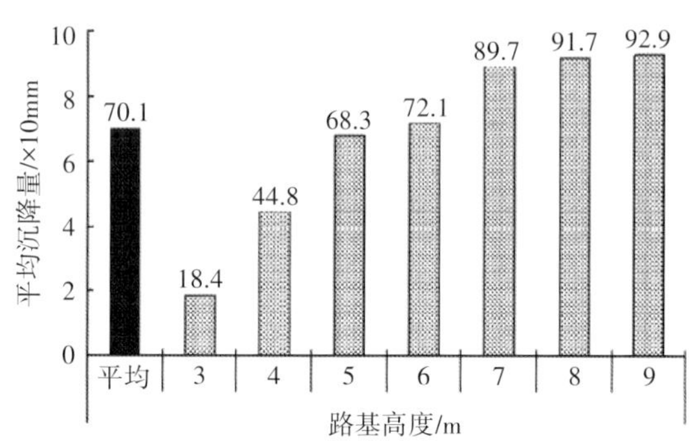

图3.59　过渡段沉降与路基高度关系

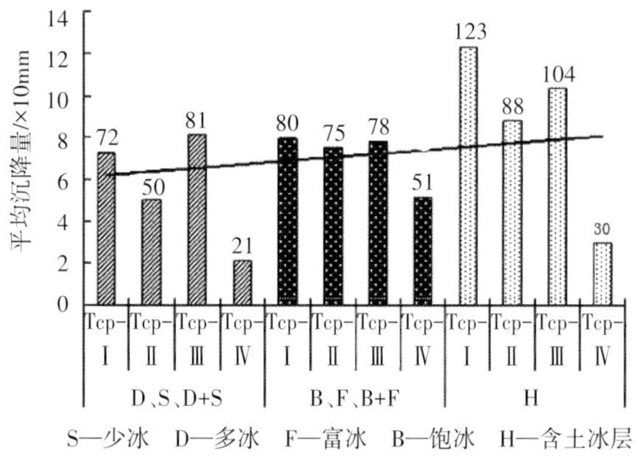

图3.60　沉降与冻土类型、地温的关系

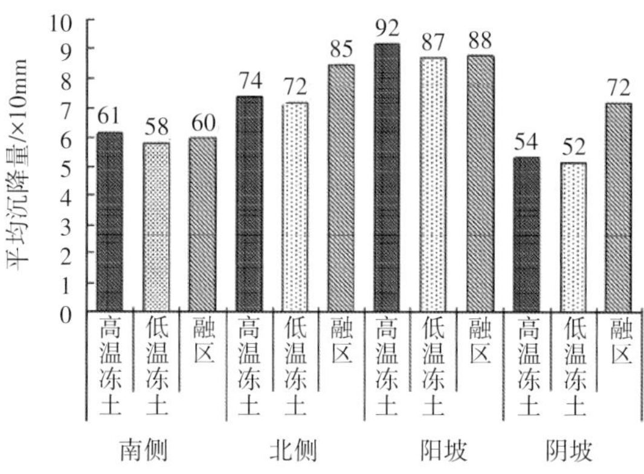

图3.61　不同走向坡向沉降与地温的关系

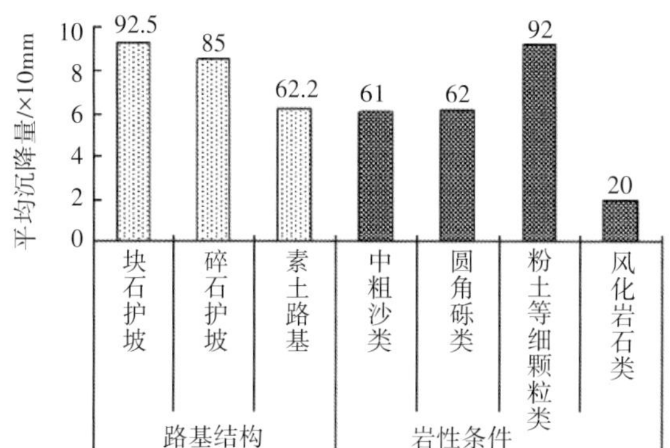

图3.62　过渡段沉降与路基结构、岩性关系（图3.58至图3.62牛富俊等，2011）

1.填挖过渡段

挖方路段与填方路段间存在一定距离的浅挖、零断面和低填地段，属填挖过渡段路基的纵向过渡段设计，应考虑路基的连续性。当路堤路基最小填土高度等于路基临界高度（或按低温冻土区1.5 m）时，即可认为填挖过渡段路基是填方过渡段的起点（或终点）；当路基挖方的开挖深度等于基床厚度（或按0.8 m考虑）时，则认为路基填挖过渡段的路基是挖方过渡段的终点（或起点）。过渡段的设计宜以挖方路段的设计为据，向填方路段延伸。在填挖高度等于"零"的断面为起点（或终点）时，路基中应用保温隔热材料做换填层。挖方段应进行基底换填，换填厚度可参考公式3.34或3.35确定，并应将挖方路段向填方过渡延伸，在填方路基中以设置保温隔热层。填方段基底除应予挖方地段换填基底顺接外，还应设置沿路线纵向的排水坡，向路段填方方向排水。

过渡段路基横断面设计，当地表横坡大于1∶3时，路基基底横断面方向以开挖台阶方法防止滑移。纵向台阶长度应大于或等于2.0 m，水平宽度不小于1.0 m。横断面方向应不小于1.0 m，台阶深度不小于0.3 m，并设置2%向内倾斜的横坡。最小路堤填土高度应满足路基临界高度要求，当路基最小填土高度不能满足路基临界高度的要求时，可设置XPS隔热保温层，其厚度应通过热工计算确定，但最小厚度不小于60 mm，埋置深度宜设置在里面结构层以下，或者采用其他温度调控措施来保持冻土路基的稳定性。

图3.63为青藏铁路填挖过渡段处理方案。挖方段，对不稳定冻土层的处理采取挖除路基面以下富冰、饱冰冻土，回填粗粒土，路基换填为3.5 m，在路基面下0.2 m处铺设复合土工膜，0.7 m处铺设XPS保温板，路基面加宽0.6 m，两侧设U型侧沟，侧沟外留2 m平台。复合土工膜上"U"形侧沟，采用C15混凝土浇筑，且每2 m留一泄水孔，在堑顶外侧挡水埝采用原地层天然上限以上的土层填筑。在填方段，路基面下0.7 m处铺设XPS保温板，并从零断面处一定范围内由换填向不换填顺接，坡度不得小于1∶10，当路堤高度达到一定高度时，不再铺设保温板。

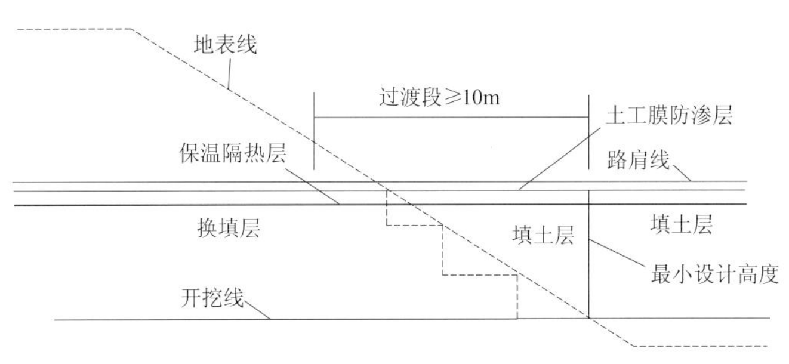

图3.63　路堤与路堑过渡段

2.路基与桥（涵）过渡段设计

路基与桥（涵）接触处的路基设计即为路桥（涵）过渡段设计（图3.64、图3.65）。桥（涵）过渡段的长度不小于20 m，且不宜大于50 m。若路基高度不能满足路基临界高度时，应采用保温隔热工程措施，或XPS隔热层。当桥（涵）基础深度较大时，路基与桥（涵）过渡段应采取换填或设置保温隔热层，以保护多年冻土地基。除设置保温隔热层外，路基与桥（涵）过渡段应采用砂砾土换填，其粉黏粒含量不大于5%，且满足压实度的要求。

清水河试验段通过路桥过渡段路堤底层堆砌一定厚度的片石填料，形成通风型路基，片石区以上采用倒梯形的过渡段填筑形式，并于路基两侧加设保温护道。具体工程设置横纵断面如图3.64（刘建坤等，2004）所示。

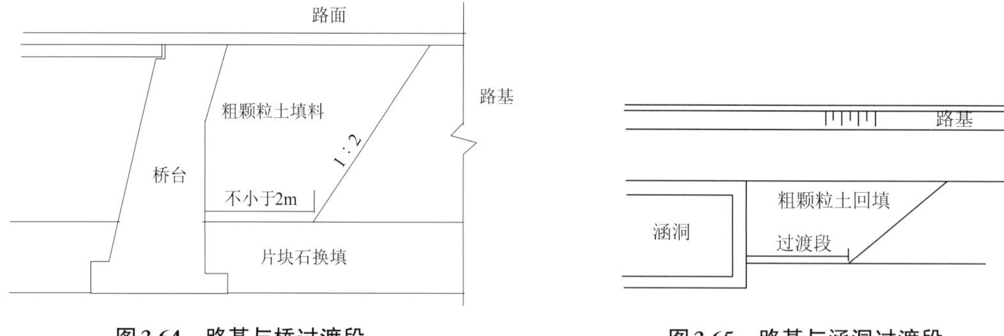

图3.64 路基与桥过渡段　　图3.65 路基与涵洞过渡段

3.融区与多年冻土区过渡段路基设计

融区与多年冻土区过渡段路基设计，既要防治冻胀（融区），也要防治融沉（冻土区）。从这一原则出发进行路基设计，路基最小填土高度不宜小于1.5 m。或者采用块石路基为宜，或在填土路基中铺设防水隔热层。过渡段处理应以多年冻土区段为主向融区顺延。

其他不同工程地质条件的过渡段也可参考此方案进行，应以高含冰率冻土区为主，向低含冰率冻土区顺延。

3.3.5 路基排水

对路基产生侵蚀作用的水主要为地表水及冻结层上水，做好多年冻土区路基防排水措施是保持冻土路基稳定性的重要措施之一。

多年冻土区路基排水应紧密地结合当地的地形地貌、冻土特征、水文及水文地质条件，做到路基排水和冻土环境保护相结合，挡水埝、排水边沟、地下水的防渗、桥（涵）与天然河沟及路基侧向保护等构成完整、畅通的路基防排水系统。不得在路基附近形成洼地，更不得在路基坡脚积水。

多年冻土路基排水边沟宜采用宽浅形式（图3.66）。根据地形、冻土特征、汇水面积、边坡高度等条件来确定排水边沟的尺寸。排水边沟离坡脚的距离一般不小于5 m，高含冰率冻土地段不宜小于10 m。排水边沟的纵坡应与线路纵坡保持一致，一般不宜小于0.3%。排水边沟形式可用干砌边沟或“U”形（或梯形）预制混凝土拼装边沟。排水沟的结构形式采用：土工布（厚0.2～0.3 mm）+粗颗粒填料（厚0.2 m）+预制件的半柔性半刚性的结构形式（图3.66）。排水沟应设计较大的纵坡且加固，以利排水畅通。断面应根据地表径流条件设计，底宽一般不宜小于0.6 m，深度不大于0.4 m，坡率宜采用1∶1。当土质为软塑及流塑状的黏性土、含有一定量黏性土的粗粒土时，宜采用（1∶1.5）～（1∶2）的坡率；当土质为泥炭时，宜采用（1∶0.5）～（1∶1）的坡率。沟底应铺设0.2 m厚的细砂砾层或粗砂层，并在细砂砾层中增设“两布一膜”复合土工布，或上下铺设防渗膜，或中间加保温层，保温和防止水下渗。

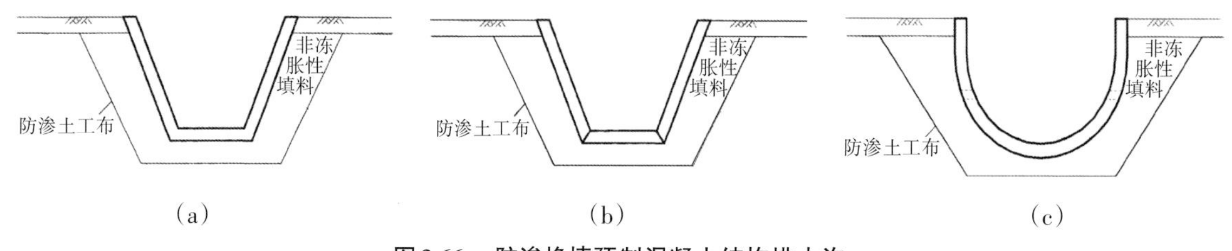

图3.66 防渗换填预制混凝土结构排水沟

（a）预制混凝土梯形排水沟；（b）拼装式预制混凝土梯形排水沟；（c）预制混凝土“U”形排水沟

当路基地形一侧较高或挖方边坡一侧的山坡汇水面积较大时，挡水埝和截水沟宜设置在路基上方一侧10 m外。挡水埝的顶宽不宜小于1.0 m，高度不小于0.8 m，内侧坡率为（1∶0.5）～（1∶1），外侧坡率宜为（1∶1.5）～（1∶2）。对土质松散并含有较多碎砾石的山坡地段，挡水埝易渗漏，应加强防渗措施，或加大挡水埝的尺寸进行铺砌加固，或在挡水埝外侧铺设防渗土工膜和埋设竖向隔水板。基侧应设置排水沟，排除挡水埝与基侧积水对路基侵蚀。

当路基两侧地势较平缓，线路纵、横坡不大，且线位较低时，可设置大弧度连续挡水埝，并使挡水埝与涵洞和排水沟顺接。路基两侧宜设置防水保温护道（不宜小于5 m），一般高度路段的高度为1.5～2.0 m，积水段应高出最高水位0.5 m，表面设置向外4%的横坡，以阻止路基外的地表水靠近和侵蚀冻土路基。当路基附近范围内冻土环境遭受破坏和路侧积水时，可设置一定高度的防水保温护道（表面下0.8 m埋设保温层），把积水挤出5～10 m以外。这种做法的目的是以此减少路基侧向积水对基底地下水的补给，另外对路基边坡有反压作用，利于路基的力学稳定。

防止边沟土质的反复冻融循环和冻胀作用引起边沟坍塌和裂缝，应在浆砌片石等刚性边沟的周边、底部用非冻胀性土质做垫层。

在含土冰层分布地段，以设置挡水埝为宜，尽量避免设置截水沟和排水沟。应尽量维持天然断面排水系统，避免改河、改沟。路堤通过天然沟谷时，宜“逢沟设涵、设桥”，原则上不得两沟合并设涵、设桥，更不得让一条沟的水沿路堤流入它沟，造成冻土环境破坏，影响路基稳定性。

3.3.6　挡土墙(支挡结构)

挡土墙的设置是根据工程需要而设置的。当遇到下列情况时，可考虑设置挡土墙：

（1）横坡陡于1∶5的斜坡、路堑边坡开挖，或加强路堤边坡稳定性。

（2）避免大量或减小挖方的路堑和高边坡路段。

（3）不良冻土冷生现象的路段，如厚层地下冰、热融滑塌等地段。

（4）水流冲刷严重地段。

（5）为保护冻土环境或相邻已有建筑物地段。

多年冻土区挡土墙类型的选择应综合考虑冻土工程地质、水文地质、环境和施工条件以及工程造价等因素，宜采用预制拼装施工工艺的轻型、柔性结构，如锚杆挡墙、锚定板挡墙、加筋土挡墙以及钢筋混凝土悬臂式挡墙等，不宜采用重力式浆砌片石挡墙。采用轻型、柔性结构挡土墙可以加快施工进度，减少冻土基坑暴露时间，减少对冻土地基的热侵蚀，适应变形能力强，可减少水平冻胀力的作用。重力式挡土墙适应变形能力最差，对冻胀的约束大，在墙背土水平冻胀力下，极易使挡土墙破坏。

一般来说，挡土墙需要有较好的地基，如少冰冻土及多冰冻土；否则，基础底面应埋置在稳定的人为上限以下不少于0.25 m处。一般情况，基础埋深应不小于建筑地点天然上限的1.3倍。如果基础处于富冰冻土和饱冰冻土上时，基础底面应埋入多年冻土人为上限以下至少0.5 m，且在底面下铺设厚度不小于0.3 m的砂砾垫层，且应宽出基础底面0.5 m，为使地基受力均匀，防止局部应力集中造成冻土融化（图3.67）。含土冰层的长期强度很小，外荷载作用下，产生衰减融变，出现较大的下沉变形。为此，应进行换填处理，减小作用于含土冰层上的应力。换填土的深度不宜小于基础宽度。

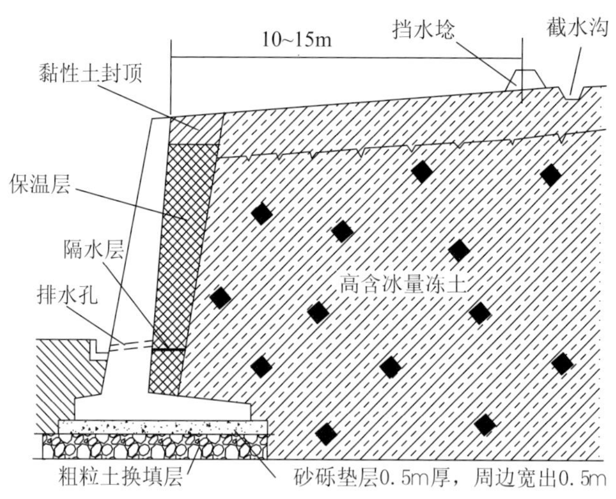

图3.67 保温挡土墙结构

挡土墙墙背需要足够厚度的保温层，可采用工业保温材料，如EPS或XPS，也可以采用别的保温材料。墙背铺设保温材料主要是保护墙背的高含冰率冻土不会产生融化。保温层厚度可通过保温层计算确定，应使保温层与挡土墙的总厚度大于最大季节融化深度。如果采用黏性土作为保温层时，在墙背应填充0.8 m厚的碎石层，以避免黏性土冻结对挡土墙产生冻胀力。路堑地段的挡土墙设置可按路堑设计的有关措施采用（图3.68）。

图3.68 青藏铁路北麓河"L"形挡土墙(张剑提供)

多年冻土区支挡建筑的修建常因边坡开挖出现较大的临空面，一方面使边坡失去力学稳定性，另一方面使冻土暴露而失去热学稳定性。采用挡土墙结构形式最为直接地处理了热、力学的问题。然而，冻土区的挡土墙背土体，在冻结过程中常易成含冰冻土，形成新的冻结界面，土压力消失，产生冻胀应力（图3.69），引起墙体向前位移或倾覆。融化期间，冻结层融化，冻胀力逐渐消失，土压力逐渐增长。挡土墙背土体的冻融过程是土压力与冻胀力的交替循环作用过程，试验结果表明，作用于挡土墙体的水平冻胀力较土压力要大几倍至十几倍。所以，土压力和冻胀力不能同时考虑。水平冻胀力大小，除与墙背填土性质有关外，还与墙

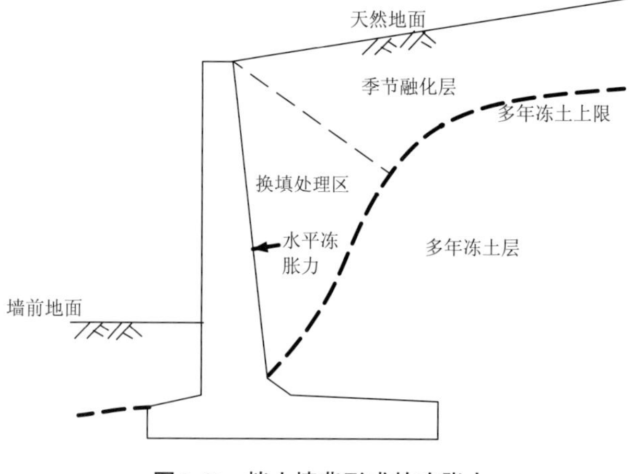

图3.69 挡土墙背形成的冻胀力

体高度及其对填土冻胀约束程度有关，墙体越高、约束越大，则冻胀力就越大，这是多年冻土区挡土墙背作用应力的变化特性，也是重力式挡土墙不能适应而易破坏的原因。

《冻土区建筑地基基础设计规范》指出，作用于挡土墙背上的土压力计算，应根据挡土墙背多年冻土人为上限的位置来确定。当上限较平缓，滑裂面可在墙背融土层中形成时，可按库伦理论或朗肯理论计算；当上限较陡，墙背融土层厚度较小，滑裂面不能在融土层中形成时，应按有限范围填土计算土压力。这时应取多年冻土上限面为滑面，并取冻融过渡带土的内摩擦角和黏聚力计算主动土压力。当冻融界面难以确定时，也可以按库伦理论进行计算。

冻融过渡带土的内摩擦角和黏聚力应由试验确定，在无试验资料时，按表3.32取值。

表3.32　冻融过渡带土的Φ、C标准值

土的类型	内摩擦角Φ/°	黏聚力C/kPa
细颗粒土	20～25	10～15
砂类土	25	
碎、砾石土	30	

刚性挡土墙稳定性计算按《多年冻土区公路设计与施工技术细则》规定进行。

作用于墙背的水平冻胀应力大小分布应由现场试验确定。一般情况，墙背水平冻胀应力的分布如图3.70所示，图中最大水平冻胀应力可按表1.9取值。并符合下列规定：

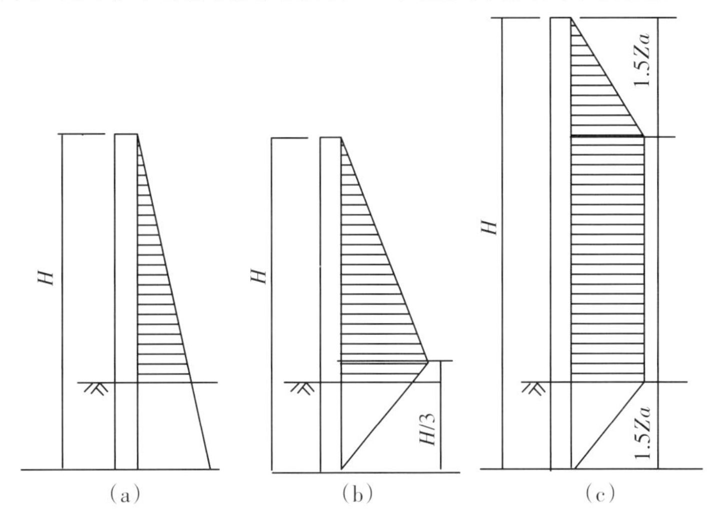

图3.70　水平冻胀力沿墙背的分布图式

Z_a—墙背中部多年冻土上限深度；H—挡土墙高度。

（1）对于粗颗粒填土，均可假定水平冻胀应力为直角三角形分布［图3.70（a）］。

（2）对于黏性土、粉土，当墙高小于或等于3倍多年冻土上限埋深Z_a时，宜采用图3.70（b）的分布图式；当墙高大于3倍上限埋深Z_a时，可采用图3.70（c）的分布图式。

（3）对于各种图式，在计算中均可不考虑基础埋深部分的水平冻胀力。

（4）当通过计算所得挡土墙断面过大时，应在墙背和墙顶地面铺设保温层，用不冻胀的粗颗粒土换填墙背边坡的冻胀性土等措施，减小水平冻胀力。

据黑龙江省一些水库挡土墙观测，挡土墙背上部与细颗粒填土间都有裂缝出现（图3.71）。因上部含水率较小，冻结初期，墙背细颗粒土出现冻缩现象，与挡土墙间出现分离，其深度1.0～1.3 m。这种情况下，墙背填土冻结时产生的水平冻胀力仅出现于挡土墙的中下部，上部存在“非冻结区”，对墙体不产生水平冻胀力作用。

因此，挡土墙背水平冻胀力设计取值应根据建筑场地的土质、地表冻胀量、冻结深度、冻结期地下水位和最大水平冻胀力为参数，且考虑挡土墙结构的水平允许挠度等因素进行修正，以获得设计值。

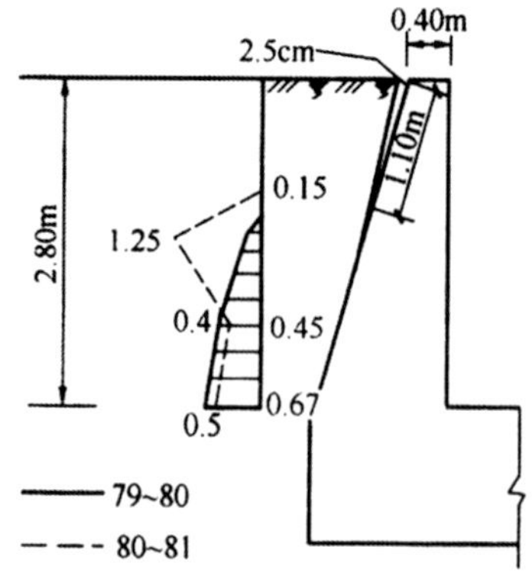

图3.71 水平冻胀力沿墙背分布

（JGJ 118-2011）

在工程设计中，挡土墙水平冻胀力不能直接采用全约束状态的最大水平冻胀力的标准值。因为任何墙体受力后都会有一些变形，挡土墙的水平冻胀力设计值会随墙体变形而变化。根据有关资料（那文杰等，1977），1.0～5.0 m高的挡土墙水平冻胀力的取值方法：

（1）先按土的冻胀性工程分类判定标准，确定土的冻胀类别，计算外露墙前地面（冰面）高程以上0.5 m填土处或实测土的冻胀量h_d，然后按表1.9选定全约束状态挡土墙单位水平冻胀力标准值σ_h。

（2）按照设计挡土墙高度及结构形式、建筑材料等，应用《水工建筑物抗冰冻设计规范》GB/T 50662-2011确定挡土墙相对墙高各点的允许变形值，系数α_d值，悬臂式挡土墙可取0.94，变形性能较大的支挡建筑物可按式3.39计算。

$$\alpha_d = 1 - \sqrt{\frac{[s']}{h_d}} \tag{3.39}$$

式中：$[s']$为自墙前地面（冰面）算起1.0 m高度处的墙身水平影响变形量，可根据国家现行有关标准，以及结构强度和具体工程条件确定。

（3）按挡土墙背的边坡比，确定挡土墙背坡坡度影响系数C_f，可取0.85～1.0，坡比越小，系数值越大。

（4）对全约束状态的水平冻胀力进行变形、坡比修正，按式3.40计算挡土墙水平冻胀力设计值σ_{hs}，

$$\sigma_{hs} = \alpha_d C_f \sigma_{hs} \tag{3.40}$$

式中：σ_{hs}为最大单位水平冻胀力设计值，kPa；α_d为系数，悬臂式挡土墙取0.94，变形性较大的支挡式建筑物，可按公式3.39计算；C_f为墙背边坡度影响系数，取0.85～1.0。

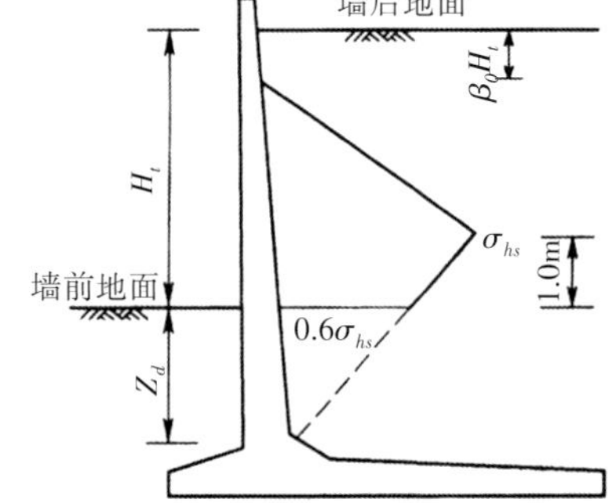

图3.72 单位水平冻胀力分布

H_t—自挡土结构（墙）前地面（冰面）起算的墙后填土高度，m；
σ_{hs}—最大单位水平冻胀力设计值，kPa；
β_0—非冻胀区深度系数，按表3.33取值。

根据挡土墙的相对墙高及水平冻胀力设计值绘制挡土墙水平冻胀力设计压强图3.72（GB/T 50662-2011）。

当墙背有水平冻胀力时，土压力可忽略不计。当作用在冻土区纵断面上的最大水平冻胀力呈三角形分布时，挡土墙绕墙体前的倾覆力矩M_a可按《多年冻土区公路设计与施工技术细则》（JTG/TD 31-04-2012）规定进行计算。

表3.33 系数β_0

挡土结构(墙)后计算点的冻胀级别	小于等于Ⅱ	Ⅲ	Ⅳ	Ⅴ
β_0	0.21	0.21～0.17	0.17～0.10	0.10

1. 锚定板土挡墙

多年冻土区采用锚定板挡土墙的研究及实例比较少，当前试验研究资料，在季节冻土区的水利工程中也有采用的实例。锚定板挡土墙是由墙面、拉杆、锚钉板、墙面与锚定板间的土体组成的复合结构（图3.73）。在多年冻土区采用锚定板支挡结构具有其优点，即利用冻土高强度特性来平衡水平冻胀力的作用。但在较小的外部荷载作用下，冻土又常常出现应力松弛和融变变形。因此，多年冻土区锚定板的计算理论和设计方法是由冻土的流变特性所决定，需要确定冻土中锚杆抗拔力及作用在墙背的水平冻胀力值。

冻土锚定板设计主要是确定锚定板的面积及埋入深度。锚定板的面积应根据设计荷载和锚定板前方冻土允许承载力确定。锚定板埋入多年冻土上限的深度及冻土上限以外拉杆长度应根据多年冻土人为上限的位置确定。冻土锚定板的设计（丁靖康等，2011）：

1）锚定板埋置深度的确定

在冻土强度随深度变化的情况下，当锚定板面积一定时，可以改变锚定板埋置深度来满足设计荷载的要求。当冻土强度变化时，可改变锚定板面积来满足设计荷载的要求。考虑锚定板的整体稳定性，其埋置深度应不小于某一极限值，即锚定板的最小埋置深度。

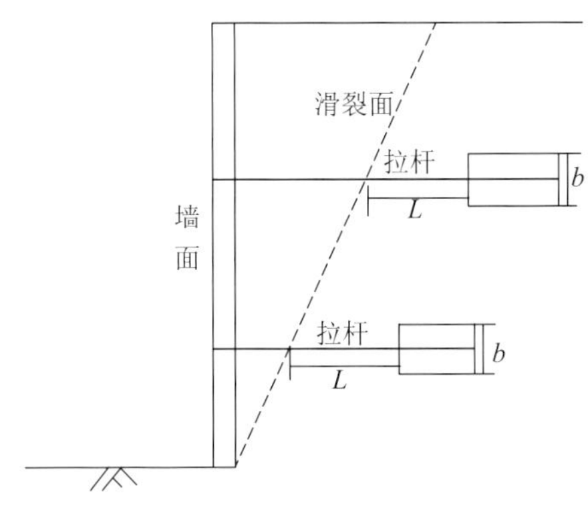

图3.73　锚定板挡土墙示意图

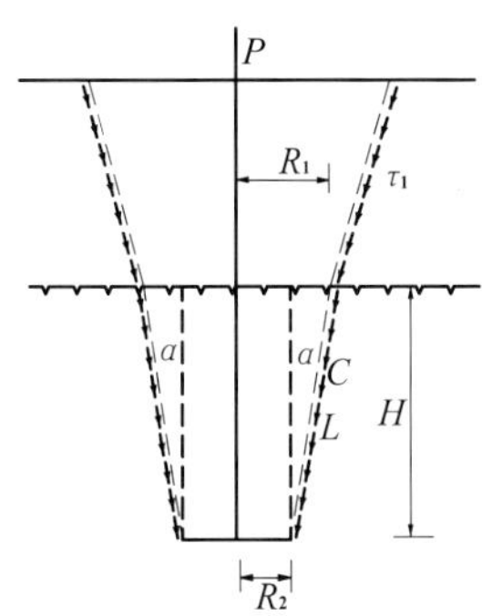

图3.74　锚定板最小深度计算图

若锚定板整体稳定性破坏时，锚定板前方多年冻土和活动层融土则沿图3.74的圆锥面发生剪切破坏。这时外荷载应予剪切面的抗剪强度平衡，即

$$F_1\tau_1 + F_2C = P \tag{3.41}$$

式中：F_1为活动层融土剪切圆锥面面积，cm^2；F_2为多年冻土剪切圆锥面面积，cm^2；τ_1为活动层融土抗剪强度，kg/cm^2；C为冻土抗剪强度，kg/cm^2；P为外荷载，kg。

若略去融土部分的抗剪力，则冻土部分抗剪力与外荷载相平衡，对于圆形锚定板有：

$$\pi(R_1 + R_2)L\cdot C\cdot\cos\alpha = P$$

将$L = \dfrac{H}{\cos\alpha}$代入得：

$$\pi(R_1 + R_2)H\cdot C = P \tag{3.42}$$

式中：R_1为多年冻土剪切圆台体顶面半径；R_2为锚定板半径；H为剪切圆台体母线长度；α为冻土应力扩散角。

将$R_1 = R_2 + H\times\tan\alpha$代入式（3.42），得：

$$H^2\cdot\tan\alpha + 2R_2H - \frac{P}{\pi C} = 0 \tag{3.43}$$

式（3.43）是冻土锚定板的极限状态方程，解此方程可得出多年冻土锚定板的最小埋置深度。

锚定板设计埋深除考虑其最小埋深外，还应考虑多年冻土上限的年际波动和支挡结构物的可靠度要求。

2）锚定板前方冻土允许承载力

锚定板前方冻土允许承载力，可根据锚定板现场试验确定的极限荷载P_K决定，即：

$$[P] = \frac{P_K}{f_K} \tag{3.44}$$

式中：f_K为全系数，一般采用2.5。

在无现场试验资料时，P_K亦可根据球形压模试验确定的极限长期黏聚力C_{gi}，采用普朗特公式计算。

对于条形锚定板：$P_K = (\pi + 2)C_{gi}$。

对于方形锚定板：$P_K = 5.71C_{gi}$。

对于圆形锚定板：$P_K = 5.68C_{gi}$。

表3.34为部分冻土的黏聚力和允许承载力，供锚定板设计参考。

表3.34 冻土黏聚力和允许承载力（丁靖康等，2011）

土名	含水率/%	温度/℃	干密度/g·cm^{-3}	冻土构造	极限长期黏聚力/kg·cm^{-2}	极限荷载/kg·cm^{-2}	允许承载力/kg·cm^{-2}	备注
风火山粉质砂黏土	24.2	−2.5	1.45	微层状	1.33	7.55	3.78	按圆形锚定板计算，安全系数采用2
	28.6	−2.3	1.37	微层状	1.34	7.61	3.81	
	28.4	−1.5	1.39	微层状	0.82	4.66	2.33	
	31.7	−2.7	1.34	微层状	1.33	7.55	3.78	
	36.2	−2.5	1.32	微层状	1.30	7.38	3.69	
	33.8	−2.0	1.33	微层状	1.55	8.80	4.40	
风火山黏土夹层	21.6	−1.6	1.69	网状	1.39	7.90	3.95	
	19.6	−1.5	1.53	网状	1.15	6.53	3.27	
风火山含大量冰夹层砂黏土	78.2	−2.0	1.03	层状	0.98	5.57	2.78	
	119.4	−2.0	0.58	层状	1.16	6.59	3.29	
	118.5	−2.0	0.76	层状	0.80	4.54	2.27	
北麓河黏土、砂黏土	33.8	−1.0	1.37	层状	0.61	3.46	1.73	
	33.1	−1.7	1.41	层状	1.08	6.13	3.07	
	37.5	−1.5	1.32	层状	0.72	4.09	2.04	
	44.7	−1.1	1.32	层状	0.73	4.15	2.07	
	38.9	−2.0	1.30	层状	1.45	8.24	4.12	
清水河砂黏土、黏砂土	62.8	−1.5	1.00	层状	1.08	6.13	3.07	
	54.3	−1.5	1.02	层状	1.22	6.93	3.46	
	70.4	−1.8	0.93	层状	1.48	8.41	4.20	
	50.9	−1.8	1.02	层状	1.74	9.88	4.94	

3）冻土锚定板的设计与计算

一般采用两种方法：

（1）按第一极限状态（允许应力）设计。

按允许应力方法设计锚定板时，锚定板前方冻土的黏聚力与允许承载应由试验确定。无试验资料时，可参考表3.34取值。

①假定锚定板埋置深度为H，并确定H深度处的地温最高值t；

②根据锚定板前方冻土工程类型和地温t确定冻土的允许承载力［σ］；

③根据设计荷载计算锚定板面积$A'=P/[\sigma]$；

④选择确定锚定板面积A，使$A>A'$；

⑤按冻土锚定板极限状态方程计算锚定板最小埋置深度h，h应满足关系式$H>h$，否则另选埋置深度H进行计算；

⑥在确定锚定板面积A及埋置深度H后，计算锚定板拉杆尺寸，选择钢筋规格，并使$\sigma_A S>A[\sigma]$（σ_A为钢筋允许应力，S为钢筋截面积）；

⑦进行接头设计。

（2）按第二极限状态（允许变形）设计。

按允许位移设计冻土锚定板时，应根据设计时荷载P确定作用下的锚定板前方冻土的压应力σ，然后计算出在该应力作用下，建筑物使用年限内的蠕变位移S应满足下面关系式：

$$S<\frac{[S]}{1.5}$$

式中：$[S]$为建筑物的允许变形，1.5为安全系数。

按允许位移法设计锚定板时，锚定板的埋置深度应满足最小埋置深度的要求。除此以外，冻土区的挡土墙还可采用加筋土挡土墙或桩板挡土墙。

2.挡土墙防冻融作用的措施

挡土墙防冻融作用主要应做好下列措施：

（1）挡土墙的两端应嵌入原状土层中，土质边坡不应小于1.5 m，强风化的岩石边坡不应小于1.0 m，微风化的岩石边坡不应小于0.5 m。

（2）挡土墙基底应埋入多年冻土人为上限以下0.5 m，或工地冻土天然上限的1.3～1.5倍。遇高含冰率冻土层时，基底下应铺设0.3 m砂垫层。

（3）墙背的冻土含冰层累计厚度大于0.3 m时，或土的冻胀级别属于Ⅲ、Ⅳ、Ⅴ级时，宜采用粗颗粒土换填，换填范围不宜小于图3.75（GB/T 50662-2011）所示的范围，或铺设保温层。

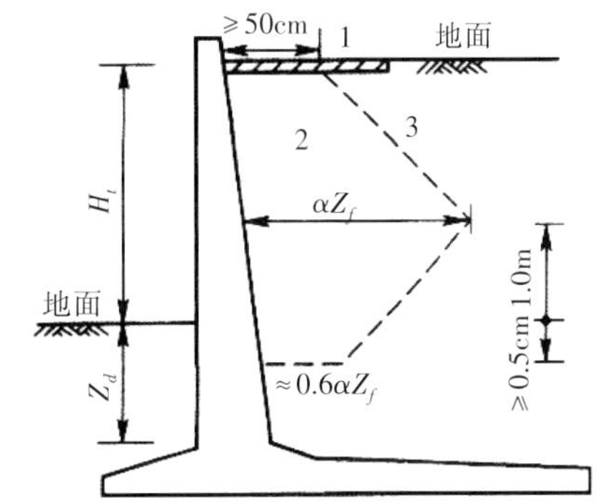

图3.75　挡土墙背换填范围示意图

1—封闭层；2—非冻胀性材料；3—换填范围线；
Z_d—墙前土的设计冻深，m；
Z_f—换填土的设计冻深，m；
H_t—自墙前地面算起的墙后填土高度，m；
α—系数（表3.35）。

（4）沿墙高和墙长应设置泄水孔，每隔2～3 m交替布置。最底层泄水孔底部应铺设隔水层。

（5）采用保温材料防挡土墙背后土冻结时，材料物理性能应符合设计要求，铺设厚度经热工计算确定。通常可采用单向或双向铺设。

表3.35　系数α

挡土墙后计算点土的冻胀级别	Ⅰ、Ⅱ	Ⅲ	Ⅳ
α	≤0.3	0.3～0.6	0.6～0.9

3.4 特殊结构路基

多年冻土区大量工程病害的诱因，绝大部分都是源于地温升高引起热学稳定性失衡，导致力学稳定性平衡的破坏。因此，多年冻土区工程设计，不论是选址、结构、措施、施工和环境保护，都必须采用各种方法来调控大气、工程和冻土间的热量平衡关系，尽量使冻土地基温度降低，确保冻土地基的热学稳定性。除了以桥代路方法外，下面几种特殊结构路基是经过国内外的铁路、公路工程实践检验，确认具有良好的工程效果，能较好地保护冻土地基的地温维持原有状态，或能改善、降低冻土地基的地温，达到保护冻土，增加冻土地基和工程的稳定性。

3.4.1 块石路基

利用块石、碎石作为多年冻土区降温方法，国内外都有大量的报道。苏联在贝阿铁路，尤其是沼泽泥炭地区广泛地利用大块石（平均粒径0.2～0.4 m）降低冻土地温，提高路基下冻土上限。加拿大多年冻土区的路堑边坡亦采用碎石覆盖，厚度0.3～1.0 m，铁路基底采用0.8～1.2 m的碎石层，改善施工条件，保护多年冻土稳定性。美国阿拉斯加的公路广泛地采用块石护坡和路堤，称之为“空气循环路堤”，厚度为2～3 m。试验证明，块石路基或护坡内部的空气密度分布不均，底部热流上升，冷流下降。20世纪60年代，中铁西北研究院在青藏高原风火山厚层地下冰地段的路堑边坡，采用粒径50～80 mm，厚度1.2 m的块石层来保护边坡稳定。原中科院冰川冻土所1979年在青海省热水的多年冻土区修筑块石路堤，基底平均地温较普通粉质黏土路堤的地温低得多，且路堤下冻土上限有较大幅度上升。黑龙江西北部苔草泥炭沼泽区设置3.2 m高的块石路基，地温比同一断面的天然地温低0.9～1.7 ℃。同时，阿尔卑斯、东天山、乌鲁木齐河谷、辽宁宽甸县、田恒铁路大前岭隧道口、河北平泉县、北海道及夏威夷的死火山口等许多地区的报道，在年平均气温为正值的环境中，碎石层下存在多年冻土或“冷穴”现象。青藏高原的昆仑山垭口，0.15 m厚的块石层下平均地温比邻近细颗粒土层下地温低7.1 ℃。这些报道表明，块石层，在暖季具有绝热作用，寒季具有较大的导热系数，使之具有冷却下卧土层的作用。

1.块石路基的工作特性及应用

多年冻土区的寒冷季节，空气温度极低，冷空气密度较大，向下流动，通过块石层的多孔介质下降沉至路基底部，在冷热空气的密度差和温差作用下，驱使路基块石层内空气产生自然对流，使路基底部热的气体上升，增加了基底的冷空气储量，降低了路基中的温度，从而达到保护多年冻土的目的。反之，暖季期间，外界温度较高，仅通过路基表面和坡面以热传导方式使热量传入路基内，加热了路基上层孔隙中的空气。密度小而轻的热空气仅在孔隙上层，密度较大而重的冷空气在孔隙下层，不能形成对流，仅以热流方向相反的传导方式进行热交换，且空气的导热系数极小，仅0.025 W·$(m\cdot K)^{-1}$，大大降低了热交换速率，只能小部分使路基内上层温度有所升高。所以，块石层能使寒季放热加强，暖季吸热减小，起到“阻热、传冷”特性所构成的“热屏蔽半导体作用”，终使块石路基内年均温度下降，促使冻土人为上限上升，冻土处于进化过程（图3.76）。据Goering（1996）的数值分析，相对于普通路基而言，大孔隙块石路基发生的空气自然对流使路基年平均温度下降5 ℃。

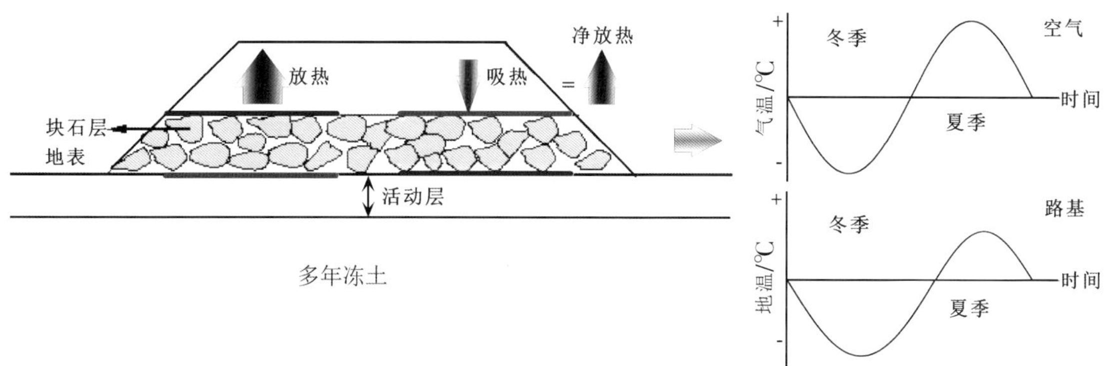

图3.76　块石路基降温机理示意图(吴青柏等,2007)

由此可见，块石层具有变异性的热物理特性：正温条件下，它的导热系数很小，负温条件下，具有很大的导热系数，较正温的导热系数大12倍以上。据青藏高原风火山地区的试验资料计算（赫贵生等，2006），路堤倾填1.3 m后的块石层，寒季传入地基的冷量是暖季传入地基热量的3.7倍（粗颗粒土层约为1.9倍）。与同厚度的粗颗粒土相比，块石层暖季传入的热量，仅是粗颗粒土层的46%，而寒季传入的冷量却是粗颗粒土的1.12倍。可见块石层具有一定的“热屏蔽作用”，是“隔热不隔冷”的散体隔热材料（图3.77）。

图3.77　青藏铁路(左)和214国道(右)块石路基施工(左图葛建军提供,右图房建宏提供)

路基修筑对基底多年冻土产生影响的核心是改变地-气间的热量收支平衡状态。通过改变路基工程的结构特性，增加路基体内的温差调控，使基底下的多年冻土地基由吸热过程变为散热过程，将普通路基改为块石路基以达到调控对流冷却地基的目的。

影响块石路基热稳定性的主要因素：气候是外部诱导因素，如年平均气温、风速与风向、干燥度；多年冻土特征是导致路基变形的本质和环境因素，如年平均地温、冻土工程类型、季节融化深度，以及地基岩性、地形（坡向与坡度）和地表性状（植被覆盖度）；路基工程特点是改变冻土地基热状态的人为活动因素，如路基高度、走向、结构（路面材料、块石层粒径及厚度）。

多年冻土的年平均地温及其冻土工程类型（含冰率）是路基变形的本质因素，气候条件和路基工程特征只是外因。青藏公路路基病害调查表明，不同冻土工程类型地段产生严重路基病害中，绝大部分发生在年平均地温高于-1.5 ℃的高温、高含冰率冻土区，尤其是在含土冰层、饱冰冻土及厚层地下冰地段的路基变形最大。当年平均地温低于-1.5 ℃地区，即使是高含冰率冻土，路基也相对稳定，且路基病害相对较少（图3.78）（刘永智等，2002）。

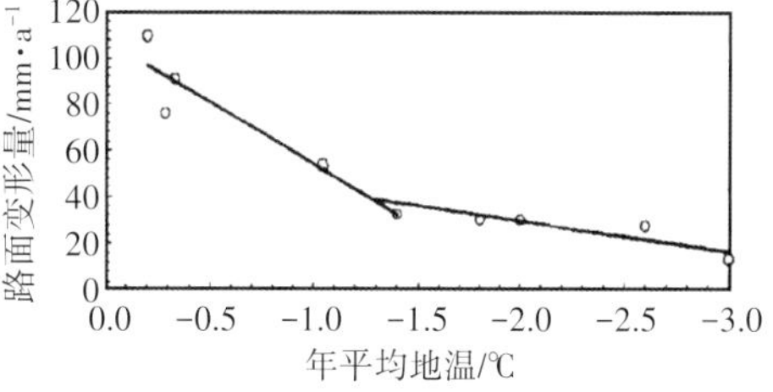

图3.78　年平均地温与冻土路基变形关系

青藏铁路、青藏公路等大量实践证明，块石路基可使路基基底的地温降低，保持多年冻土地基的稳定性。表3.36表明不同冻土环境和冻土特征下块石措施的工程效果。尽管施工的蓄热影响尚未消除，但仅一年就产生了明显的效果，块石路堤基底的地温平均值比对比路段低了0.5～1.0 ℃。青藏铁路8个断面观测也表明（表3.37），经过2～3个冻融循环，块石结构路堤下多年冻土上限普遍上升了1.4～5.3 m，冻土年平均地温越低，降温趋势越显著。

表3.36 块石路堤原多年冻土上限处地温变化对比(℃)(《青藏铁路》编写委员会,2016)

试验地点	冻土特征与年平均地温	工程措施	试验里程	2004年			2005年			降低温度		
				左路肩	右路肩	中心	左路肩	右路肩	中心	左路肩	右路肩	中心
五道梁	含土冰层为主，T_{cp}=−2.3～−2.4 ℃	块石护道	DK1082+625	−0.16	−1.17		−0.68	−1.99		0.52	0.82	
			DK1082+675	−0.36	−1.40		−0.66	−1.91		0.50	0.51	
			DK1082+725	−0.37	−1.25		−0.73	−1.75		0.36	0.50	
			DK1082+825	−0.06	−0.85		−0.16	−1.10		0.04	0.25	
			DK1082+775	−0.21	−1.00		−0.36	−1.85		0.15	0.85	
北麓河	含土冰层为主，T_{cp}=−1.4～−1.7 ℃	块碎石路堤加片石护道	DK1142+660	−0.41	−0.89	−0.59						
			DK1142+700	−0.49	−1.01	−0.61						
			DK1142+530*	−0.32	−0.59	−0.49						
开心岭	含土冰层为，T_{cp}=−0.65～−0.78 ℃		DK1262+390	−0.54	−0.91	−0.55	−0.67	−1.43	−0.98	0.13	0.52	0.43
			DK1262+430	−0.20	−0.32	−0.30	−0.28	−0.85	−0.50	0.08	0.53	0.20
			DK1262+530*	−0.08	−0.17	−0.07	−0.12	−0.19	−0.10	0.04	0.02	0.03

注：*为对比试验段。

表3.37 青藏铁路块石路堤修筑后冻土上限变化(2002年—2004年)(《青藏铁路》编写委员会,2016)

铁路里程	位置	地温分区	年均地温/℃	冻土工程类型	路堤高度/m	路堤结构	冻土上限/m		上限变化/m
							天然	人为	
DK1102+000	可可西里北坡低温区	Ⅳ	−2.4	DFH	3.6	堤+坡	1.6	1.51	+3.7
DK1160+592	风火山隧道出口对面	Ⅳ	−2.1	FBD	6.55	堤	1.5	2.75	+5.3
DK1053+600	楚玛尔河高平原	Ⅲ	−1.5	DBF	3.3	堤+坡	2.6	3.9	+2.0
DK1141+374	北麓河地区	Ⅲ	−1.36	H	4.84	坡	2.0	3.64	+3.2
DK1191+770	乌丽盆地	Ⅱ	−0.54	FB	3.7	堤	2.8	4.3	+2.2
DK1272+120	开心岭南坡盆地	Ⅱ	−0.8	FH	3.6	坡	2.9	5.1	+1.4
DK1273+455	开心岭南坡盆地	Ⅰ	−0.5	FH	4.0	坡	3.0	5.0	+2.0
DK1297+930	布曲河西岸阶地	Ⅰ	−0.34	BD	3.0	堤+坡	2.4	3.4	+2.0

注：D、F、B、H分别为多冰冻土、富冰冻土、饱冰冻土和含土冰层；堤—块石路堤，坡—块碎石护坡。Ⅰ—高温极不稳定冻土区，T_{cp}≥−0.5 ℃；Ⅱ—高温不稳定冻土区，−1.0≤T_{cp}<−0.5 ℃；Ⅲ—低温基本稳定冻土区，−2.0≤T_{cp}<−1.0 ℃；Ⅳ—低温稳定冻土区，T_{cp}<−2.0 ℃。

2003年，青藏公路五道梁地区也做了块石路基试验段（K3006+300）和一般填土路基（K3006+600）对比观测。观测表明（中交第一公路勘测设计研究院等，2006），路基基底（路面下5.7 m）地温，不论是路基中心还是路肩位置，块石路基基底地温年平均值均低于普通填土路基，寒季更为明显。路基下15 m处年平均地温，片块石路基的左路肩、路中心、右路肩分别为−0.70、−0.73、−0.70 ℃，对比断面的普通填土路基相应位置的地温分别为−0.49、−0.46、−0.48 ℃。数值模拟结果表明，块石路基地温明显低于普通填土路基。

2.块石路基的粒径选择

块石层是具有高渗透性的多孔介质。根据多孔介质渗流理论，多孔介质内部发生自然对流的判别参数是瑞利（Rayleigh）数R_a，其表达式为（孔祥言，1999）：

$$R_a = \frac{\rho g C\beta K H\Delta T}{\mu\lambda} \tag{3.45}$$

式中：C、β、μ分别为孔隙内流体的体积热容量、体积热胀系数、运动黏度；g为重力加速度；K为介质渗透率；H为介质层厚度；ΔT为介质底顶温差（适用于底板温度高于顶板）；λ为介质的等效导热系数。

研究表明，存在一个临界瑞利数R_{ac}，当$R_a < R_{ac}$时，块石层处于稳定的单纯热传导状态，而当$R_a \geqslant R_{ac}$时，块石层中将产生自然对流。因此，R_{ac}成为能否发生自然对流的依据，其大小依赖于块石层的几何现状和边界条件。对于长高比为h_1，宽高比为h_2，六面均封闭（不可渗透），上下边界定温（下边界高于上边界），侧面绝热的三维长方体多孔介质区域，临界瑞利数R_{ac}为：

$$R_{ac} = \left(b + \frac{l^2}{b}\right)^2 \pi^2 \tag{3.46a}$$

$$b = \left[\left(\frac{m}{h_1}\right)^2 + \left(\frac{n}{h_2}\right)^2\right]^{1/2} \tag{3.46b}$$

式中：l、m、n分别为多孔介质区在铅垂高度、水平长度和水平宽度方向的胞格数。

显然，从式（3.46a）看出，最小的临界瑞利数R_{ac}为$4\pi^2$。随着长高比h_1或宽高比h_2的变大，最小的R_a值迅速趋向$4\pi^2$，除了细高的长方体，即h_1或h_2远小于1外，侧壁对临界瑞利数的影响很小。在宽高比h_2大于1时，最小的R_a接近于$4\pi^2$。

赖远明等（2006）采用环境空间为试验模型5倍的试验表明，在顶部封闭条件下，不同粒径的块石层底部中心温度变化是随时间推移而降温的，温度波动范围均在0 ℃线下，其中粒径为221 mm的温度最低。温度趋于稳定的第8个周期平均温度进行对比，块碎石平均粒径为100 mm以下的碎石层的降温效果明显地比平均粒径大于100 mm以上的块碎石差，平均粒径为221 mm的块石层底部温度最低，降温效果最好（图3.79、图3.80）。

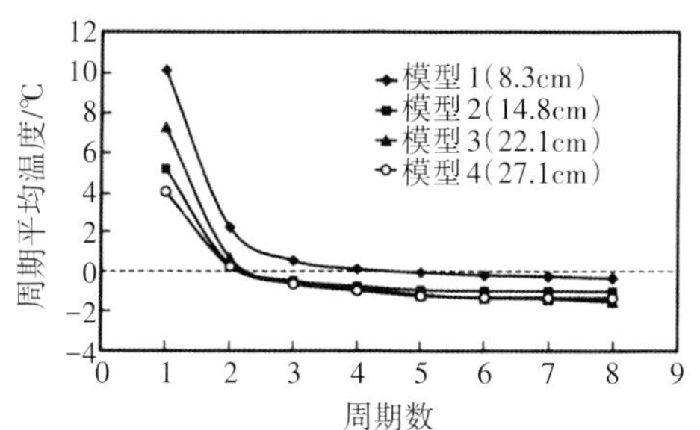

图3.79　封闭块石层底部中心周期平均温度随时间变化

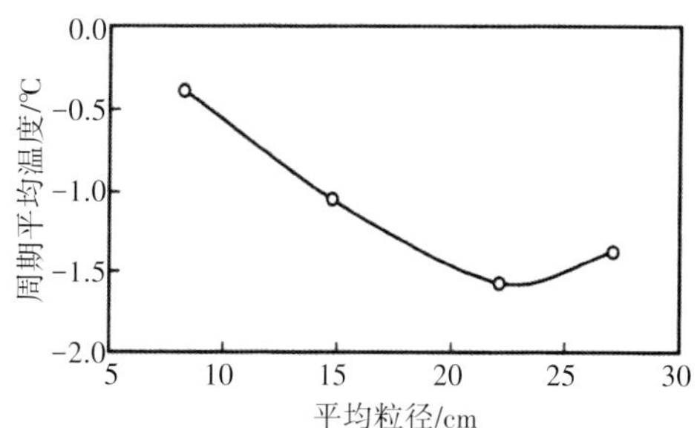

图3.80　第8个周期封闭块石层底部中心周期平均温度

表3.38表明各粒径块石层第8个周期底部中心周期平均温度。从表中可看出，平均粒径为221 mm块石层底部的温度最低，为-1.57 ℃，比平均粒径148 mm和271 mm的块石层底部温度分别低0.52 ℃和0.19 ℃。这表明220 mm左右的粒径块石层降温效果最佳。也就是说，块石层的粒径为200～300 mm范围内，可取得良好的降温效果。

表3.38　第8周期封闭块石层底部中心周期平均温度

平均粒径/mm	83	148	221	271
平均温度/℃	-0.39	-1.05	-1.57	-1.38

顶部开放条件下，不同粒径的块石层底部温度变化曲线，温度变化相对稳定，但周期温度较差较大，处于0 ℃线上下波动，粒径越大，较差越大，其中粒径为83 mm的波动最小，但基本上是在0 ℃线之上。从块石层底部中心周期平均温度随时间变化曲线看（图3.81），当块石层平均粒径为83 mm时，其底部中心平均温度始终降低很小（表3.39），明显不如顶部封闭条件的状态。块石层在顶部开放条件下，易受外界因素影响，其内部以强迫对流为主，自然对流处于次要位置或很难发生。

表3.39　开放块石层底部中心温度周期较差

平均粒径/mm	83	148	221	271
平均温度/℃	8.85	16.26	17.78	19.08

2004年中科院冻土工程国家重点实验室在青藏铁路北麓河含土冰层地段进行实体工程试验研究，块石路基顶宽7.6 m，底宽18.6 m，坡率1∶1.5，路基下部倾填粒径为200～300 mm（含有10%的100 mm和400 mm粒径的块石）、厚度为1.2 m的块石层，上部铺设彩条布后填筑2.5 m的粗颗粒土。试验段年平均地温-1.4 ℃，年平均气温-5.2 ℃，平均风速4.1 m/s，设置了开放、封闭状态的块石结构路基和素填土路基各30 m。封闭状态即为块石路基阴阳坡两侧用0.2 m厚的填土覆盖。试验块石路基的纵向衔接未做处理，内部仍然连通。试验观测表明，开放状态下块石路基对基底下土体的降温影响深度可达6.0～10.0 m，封闭状态下的降温影响深度仅为1.5～3.0 m（图3.82）（吴青柏等，2006）。此结果说明，前者的块石路基内产生了强迫对流，而后者无强迫对流过程，仅为自然对流，试验室模拟难以达到现场的效果。为此，青藏铁路块石路基受风积沙的覆盖会对块石路基降温效果产生一定的影响。

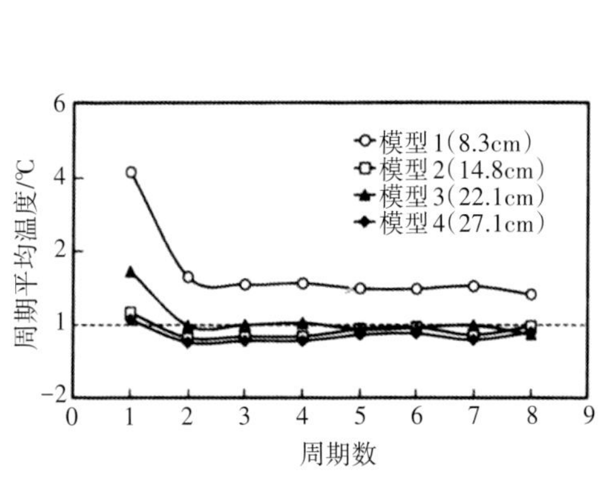

图3.81　开放块石层底部中心周期平均温度随时间变化曲线

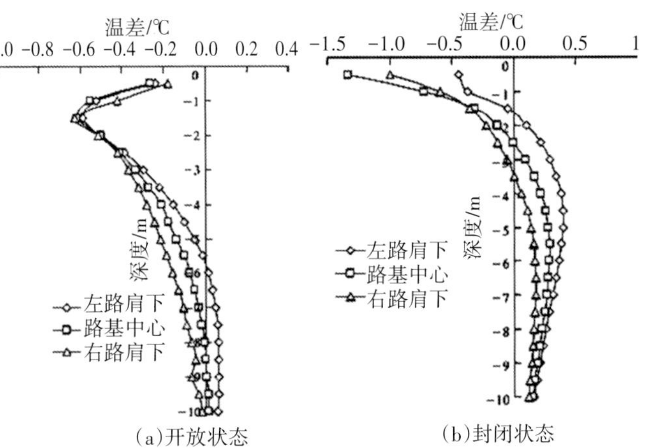

图3.82　开放和封闭状态下块石路基下土体降温曲线

青藏铁路高含冰率多年冻土区许多地段采用块石路基结构形式，块石粒径为200～400 mm，厚度为1.2～1.5 m，上部填筑一定厚度的砂砾石土等A级填料层，厚度随路基高度而变化，最小路堤填料层不小于0.8 m。通过对6个块石路基监测场地2～3年的监测，青藏铁路多年冻土区的块石路基下地温状态、多年冻土上限变化和“冷量”积累取得了初步的结果（表3.40）。块石路基施工后多年冻土上限都得到较大的抬升，幅度为1.7～2.6 m，显然是因块石路基结构发挥冷却效果，抑制路基下土体的升温。

表3.40　青藏铁路块石路基工程多年冻土上限抬升值(吴青柏等,2005)

地　点	多年冻土年平均地温/℃	多年冻土上限/m	工程设计参数/m		路基下冻土人为上限/m	冻土上变化/m
			填土高度	路基高度		
楚玛尔河	−1.48	2.60	2.1	3.1	3.90	+1.80
斜水河	−0.72	2.45	5.1	6.3	6.15	+2.60
可可西里	−2.64	1.60	2.4	4.0	3.40	+1.60
北麓河盆地	−1.48	1.90	2.3	4.5	1.50	+1.90
风火山区	−2.23	1.50	3.5	5.7	6.45	+1.70
乌丽盆地	−0.50	2.80	2.5	3.7	4.60	+1.90
布曲河盆地	−0.34	2.40	1.8	3.0	3.60	+1.80

青藏铁路北麓河块石路堤的试验表明，块石粒径为 300 mm的块石路堤，从路堤基底地温、原上限处地温和上限抬升幅度等均优于粒径为100 mm的块碎石路堤。

块石路堤选定最佳的粒径后，长期使用过程中其块石粒径、孔径和孔隙度还会发生变化，会影响长期效果。块石路堤对流换热长期效果受石材及其风化程度、冻土环境、风沙堆积等因素影响。

3.块石层的铺砌厚度

影响块石路堤产生自然对流的主要参数是瑞利（Rayleigh）数R_a，公式（3.45）中，H为路堤块石层实际填筑厚度（高度），ΔT为路堤块石下边界与上边界间的温差（适用于底板温度高于顶板温度）。只有当$R_a \geqslant R_{ac}$时，块石层空隙中的空气才能开始流动而产生自然对流，使块石层下边界向上边界传热的效应大于单纯的热传导。R_{ac} 就成为能否产生自然对流的重要控制参数，其大小取决于块石层的形状和边界条件。

对于块石路堤来说，在给定的路堤合理设计高度下，既要满足公路路面结构层设计的基本要求，也要保证块石层在冬季自然对流的降温效应，路堤中块石层应满足一定厚度。这时，块石路堤中能否产生自然对流就完全取决于上、下边界间的温度差ΔT，即块石层的高度H和温差ΔT必须达到一定的值，使得瑞利（Rayleigh）数R_a能大于产生自然对流的临界R_{ac}，由公式（3.45）可知

$$H\Delta T \geqslant \frac{\mu\lambda}{\rho g\beta KC}R_{ac} \tag{3.47}$$

如果块石层高度H已经给定，则发生自然对流的临界温差ΔT_c可表示为

$$\Delta T_c = \frac{\mu\lambda R_{ac}}{\rho g\beta KC}\frac{1}{H} = \frac{M_p}{H} \tag{3.48}$$

只有当$\Delta T \geqslant \Delta T_c$时，路堤块石层中才会产生自然对流效应。

图3.83描述了冻土路堤块石层下、上边界间温度差的具体变化（孙斌祥等，2006）。只有温度差ΔT大于临界温度差ΔT_c，才对块石层自然对流效应的强弱产生影响，并决定自然对流效应延续的时间（图中竖线部分）。其中，t_1为一个周期中块石层发生自然对流的起始时间，t_2为自然对流的终止时间，显然t_1、t_2为下述方程在负温半周期内的两个实根。

$$\frac{M_p}{H} = T(0, -H, t) - T_b \tag{3.49}$$

为反映表面温度下降越大、持续时间越长，其产生的自然对流效应就越强的特征，可定义为积温：

$$A_t = \int_{1}^{t_2} [T(0, -H, t) - T_b - \Delta T_c] \mathrm{d}t \tag{3.50}$$

A_t为度量路堤块石层发生自然对流降温效应强度的积温指数，称为自然对流指数，℃·d。

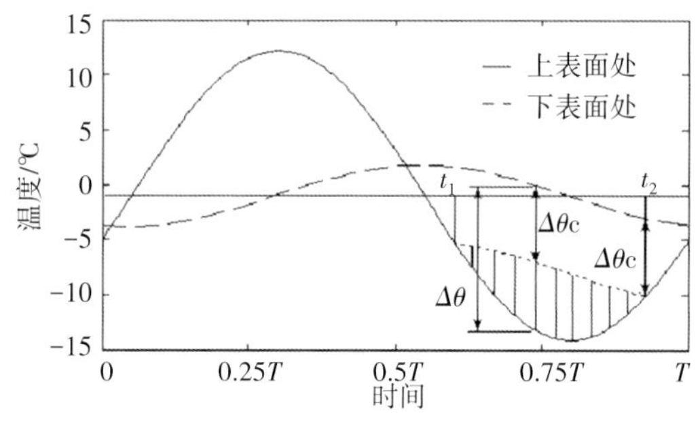

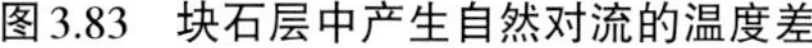

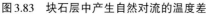

图3.83 块石层中产生自然对流的温度差

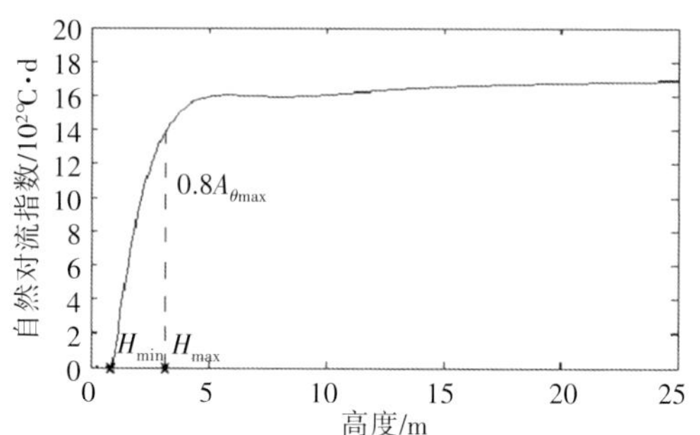

图3.84 自然对流指数随块石层高度变化

块碎石路堤在冬季能产生自然对流的指数A_t要大于0，为使对流效应尽可能大，其值也就应尽可能大。图3.84为通过计算得到的一种路堤块石层在给定具体边界条件下的自然对流指数A_t随块石层高度H的变化规律（孙斌祥等，2006），H比较小时，积温指数保持为0，块石层存在一个最小高度$H_{\min}$，当$H>H_{\min}$时，自然对流指数将大于0，然后，随着H的增加，指数也急剧增加。当H达到一定值后就进入缓慢变化阶段。当H增加到块石层下边界$T(0, -H, t)$的波动趋近于0时，A_t就达到最大值，即满足$0 \leqslant A_t \leqslant A_{\max}$。从图3.84可见，冻土区块碎石路堤的自然对流指数A_t随块石层填筑高度的变化规律有三个区域：零区、急增区和缓变区，它们分别反映路堤块石层处于自然对流不发生阶段、急速阶段和平缓发展阶段。这个规律具有普遍性。

由此可见，路堤块石层中只有温度梯度较大的区域才有较显著的自然对流效应。鉴于温度在传播过程中的衰减，块石层下部的温度梯度已经很小，对自然对流效应的增强不起多大作用。因此，块石层高度只要满足自然对流指数的0.8倍时即可，可定位为块石层的最大高度值$H_{\max}$。

$$H_{\max} = H\Big|_{A_t = 0.8A_{t\max}} \tag{3.51}$$

为此，在多年冻土区的环境条件下，基于块石层中的自然对流降温效应，块石路堤的块石层填筑高度只需取适当的数值，即满足

$$H_{\min} \leqslant H \leqslant H_{\max} \tag{3.52}$$

根据数值模拟的结果（王爱国等，2006），当路堤高度为3.5 m时，块石层厚度为0.6 m情况下，路堤中心冻土上限有一定下降，深部（−15 m）冻土温度也有所下降。块石层厚度为0.6～1.5 m，随着块石层厚度增大，路堤高温区被块石层逐渐分为上下两部分，块石层中高温区减少，且范围也逐渐缩小，温度逐渐降低。说明块石层厚度范围内随着块石层增厚，块石层中空气的对流循环制冷能力逐渐增强。该趋势可持续到块石层厚度大2.5 m。路堤块石层厚度再继续增加，冻土上限则下降，深部冻土温度亦上升（图3.85）。因此，在模拟采用的路堤结构下，块石层的最佳厚度为2.0～3.5 m，厚度为2.5 m时路堤中心冻土上限抬升到最高位置（图3.86）。根据青藏

铁路和青藏公路的经验，块石层厚度应满足1.2～1.5 m。

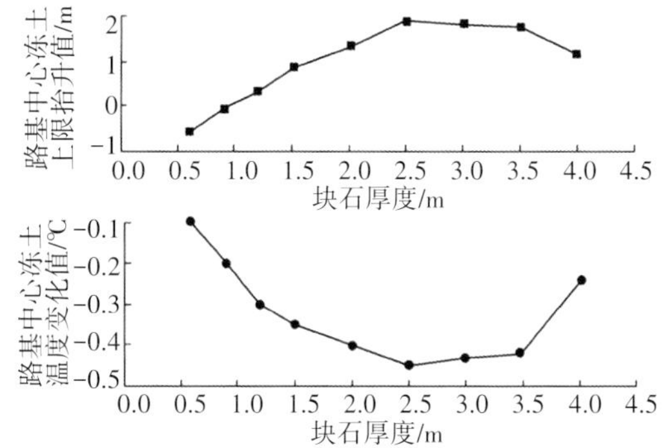

图3.85　块碎石路堤中心冻土上限及深部(15 m)冻土温度随块碎石厚度变化

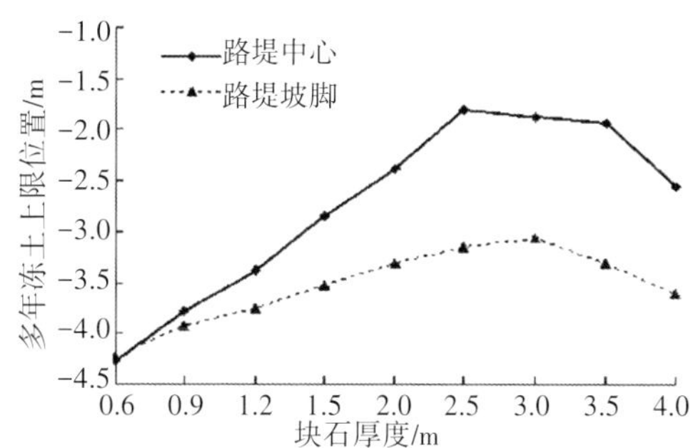

图3.86　不同块石层厚度的冻土上限位置

4.块石层铺砌位置

由式（3.45）可知，在一定的工程环境条件，块石层上下表面的温度差（ΔT）决定内部空气的状况。依据地温随深度递减的指数衰减规律逐渐地传递到路堤内的块石层表面，在满足路基结构层和力学稳定性的要求下，要增强降温效果，块石层在路堤中的设置位置就应尽量往上，减小上覆砂砾石层厚度。这种情况下，路基上覆土层厚度和所在地段的气候环境就往往影响着块石层的冷却降温效果，年平均气温越低，冻结指数越大，越有利于块石层的冷却降温效果。

据王爱国等（2011）的研究，在天然地表年平均气温为-4 ℃，块石路堤的块石层厚度固定为1.5 m的情况下，数值模拟不同上覆砂砾石层厚度下，路堤中心冻土上限（相对于天然冻土上限）位置及深部（15 m）冻土地温的变化。路堤中心冻土上限随上覆砂砾石层厚度增大而抬升，但从图3.87（b）还看出，在路基深部（15 m深处）的冻土地温却有明显的变化，上覆砂砾石层厚度从1.0 m增至2.5 m时，深部冻土地温的负温值是在增加的，在上覆砂砾石层厚度大于3.5 m后深部冻土地温的负值是在减小。图中表明，上覆砂砾石层厚度为2.5～3.5 m，深部冻土地温的负值最大，路堤的冷却效果最好。可见。上覆砂砾石层厚度增大，地表传至块石层顶面的温度负值减少，减小了块石层顶面的温差，降低了块石层中空气对流速度，减弱了块石层的冷却能力。据研究结果，在1.5 m厚的块石层路基上，覆砂砾石层厚度最好不要超过6 m，方能保证块石层路基整体的冷却能力，使路基下冻土不升温而降温，多年冻土上限位置才能得到最大的抬升。

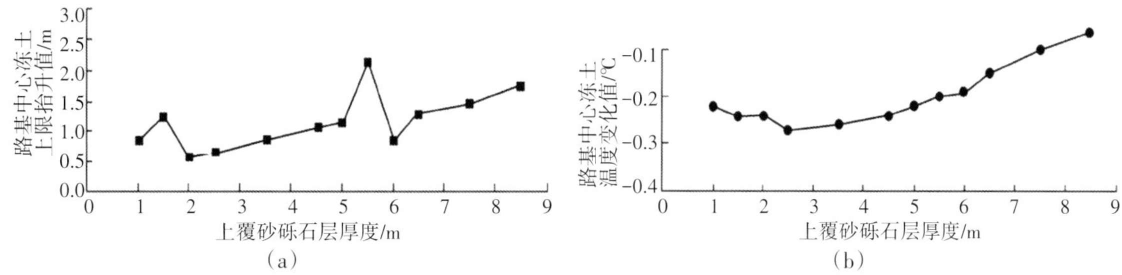

图3.87　路堤中心冻土上限(a)及15 m深处冻土地温(b)随上覆砂砾石层厚度的变化

青藏铁路开心岭块石路堤试验段的资料表明（表3.41）（《青藏铁路》编写委员会，2016），块石层设置在天然地面上0.3 m，不同的路堤和块石护道高度，块石层路堤的降温效果较普通素土路堤好，地温要低0.5～1.0 ℃，表明增加护道高度较宽度更有利于路堤基底的降温，上覆土层厚度为3.5 m的冷却温度较厚度2.1 m时要大些，在路堤较窄情况下，或许与块石层内空气与外界冷空气对流循环强度规模受到其宽度影响有关。

为此，在年平均气温为-4.0 ℃及块石层厚度为1.5 m条件下，路堤高度为3～5 m时，块石层宜设置在地面以上0.3～0.5 m；当路堤高度为5 m以上的高路堤，块石层上覆土层厚度不宜超过4～5 m；若路堤再高时，宜将块石层铺设位置提高，保持其上覆土层厚度为2.5～3.5 m。如果年平均气温高于-4.0 ℃时，块石层的顶面宜设置在路床顶面下0.3～0.5 m。

表3.41 块石层路堤和对比路堤不同部位基底及天然上限处地温年平均值(℃)

部位	DK1262+390 块石路基，高5.3 m，上覆土层厚度3.5 m，阳坡护道宽6 m，阴坡宽4 m				DK1262+430 块石路基，高3.9 m，上覆土层厚度2.1 m，阳坡护道宽5 m，阴坡宽3 m				DK1262+530 普通素土对比段			
	2004		2005		2004		2005		2004		2005	
	基底	上限处	基底	上限处	基底	上限处	基底	上限处	基底	上限处	基底	上限处
左护道	−2.41	−1.01	−2.13	−1.23	−1.6	−0.43	−1.41	−0.68				
左路肩	−0.40	−0.54	−0.63	−0.67	−0.21	−0.20	−0.28	−0.28	0.14	−0.08	0.20	−0.12
中　心	−0.89	−0.55	−1.47	−0.98	−0.46	−0.30	−0.74	−0.50	−0.22	−0.07	−0.13	−0.10
右路肩	−1.46	−0.91	−2.10	−1.43	−0.70	−0.32	−1.33	−0.85	−0.12	−0.17	−0.12	−0.19
右护道	−2.07	−0.98	−2.41	−1.75	−1.94	−0.51	−2.14	−1.33				

5.辅助防护结构

辅助防护结构是指保证块碎石路堤的冷却降温效果所需的一些辅助措施，主要包括：①防止上覆土层细颗粒土落入块石层中，堵塞孔隙，影响孔隙内空气对流，为排除和防止底部地表水入侵及细粒土涌入块石层，需在块石层上下面铺设砂砾石和土工布；②为减小坡脚的热侵蚀，路堤两侧铺设碎石护道；③为改变路基边坡的热力状态和吸热，降低坡面的温度和较差，特别是阴阳坡的温差影响，需做碎石护坡；④为增强块石路堤的冷却降温效果，可将块石路堤和块石护坡组合成“U”形块石路基；⑤为避免块石路基与相邻路基间产生不均匀沉降差，需做过渡段处理。

为满足块石路基空隙率不小于25%，压碎值不大于25%的设计要求，保证其空气对流效果，除了要求块石料的强度和粒径外，应在块石层的上下表面做防护措施。首先对地基进行处理，保持原地面状态下，预先铺设0.3 m厚的碎石层，采用重型震动压路机，将碎石层压入地基土层内，以达到设计强度要求。在其表面铺设0.3～0.5 m厚的砂砾石层，压实且构成2%的人字坡后，其上铺设防渗土工布，再按设计要求倾填块石层，块石路基中不得充填碎石或其他杂物。块石层顶面，先铺设防渗土工布后才能填筑路基体的砂砾石填料。上层土工布应全断面宽度铺设，且对边坡（包括碎石护坡）进行防护，防止细颗粒土落入充填块石层的空隙中，堵塞空隙通道。

采用倾填块石的施工方法，块石层两侧难以保持一定的坡率，可适当采取块石码砌方法（最好不码砌）来保持边坡坡率。但应注意保持块石边坡的空隙和联通性。

青藏铁路北麓河、开心岭在块石路基试验的基础上，进行了块石、碎石护道的试验。块石的粒径为0.25～0.30 m，碎石粒径为0.07～0.12 m。护道宽度：阳坡宽6.0 m，阴坡宽4.0 m。高度为1.5 m。试验表明，采用块石护道加宽的路堤底面温度略低于碎石加宽路堤。但在开心岭采用相同粒径而不同宽度的块石护道试验，护道基底暖季期温度回升略高于路基中心。要降低护道基底暖季温度上升的幅度，增加块石护道的宽度并不可取，而是应该增加护道块石层的厚度。总的趋势是，块石路基的冷却降温效果比素土路基好，采用护道加宽的块石路基有较大的冷却降温和抬升上限的效果。

太阳直接辐射是路基表面（路堤面和坡面）升温的直接热源。坡面吸热量在黑色沥青路面的路基中占总吸热量的30%，而在砂砾路面路基中却能达到70%。利用碎石层具有热开关效应和遮阳作用，在路基坡面上铺设一定厚度的碎石层，能起到减少坡面的吸热量和减小太阳直接辐射量，以达到保护路基基底下多年冻土的热稳定性。通常采用粒径为80～100 mm的碎石或150～250 mm的块石，阳坡铺设厚度为1.2 m，阴坡铺设厚度为0.8 m。工程试验结果，块石层护坡较碎石层护坡具有较强的冷却降温效果，碎石层较块石层护坡具有较好的隔热和遮挡作用，厚度大的具有较好的效果。

如果将块石路基与块石护坡组合起来构成“U”形块石路基，集两者的优势，就具有更强的冷却降温效果。青藏高原北麓河试验路堤的观测资料表明，“U”形块石路基具有相互助强的冷却降温效应。在路基下0.5 m、原天然上限和路基下部5 m深处的地温，分别降低到-3.67 ℃、-3.31 ℃和-2.36 ℃，其降幅分别达到1.13 ℃、1.28 ℃和0.77 ℃。多年冻土上限变化亦非常明显。2004年—2006年“U”形块石路堤下多年冻土上限抬升幅度达0.9～1.4 m，甚至进入了路堤本体，其幅度比普通路基大0.86 m，比路基中心要大0.5 m（表3.42）。

表3.42　普通路基与“U”形块石路基下冻土上限深度(m)（吴青柏等，2010）

年份		2004	2005	2006	2007	年份		2004	2005	2006	2007
普通路基	左路肩	2.26	2.08	2.28	2.12	“U”形块石路基	左路肩	1.50	0.86	0.64	
	路中心	2.27	1.40	1.56			路中心	1.42	0.64	0.20	0
	右路肩	2.00	0.70	0.84	0.68		右路肩	1.20	0.62	0.10	高于原地面

从“U”形块石路基的热状态看，不仅多年冻土上限逐年上升，土体温度逐年降低（图3.88），路基下部5 m深处降温幅度较大，甚至10 m深度左右的多年冻土地温仍见有降温趋势。这充分说明“U”形块石路基具有极为显著的降温作用。

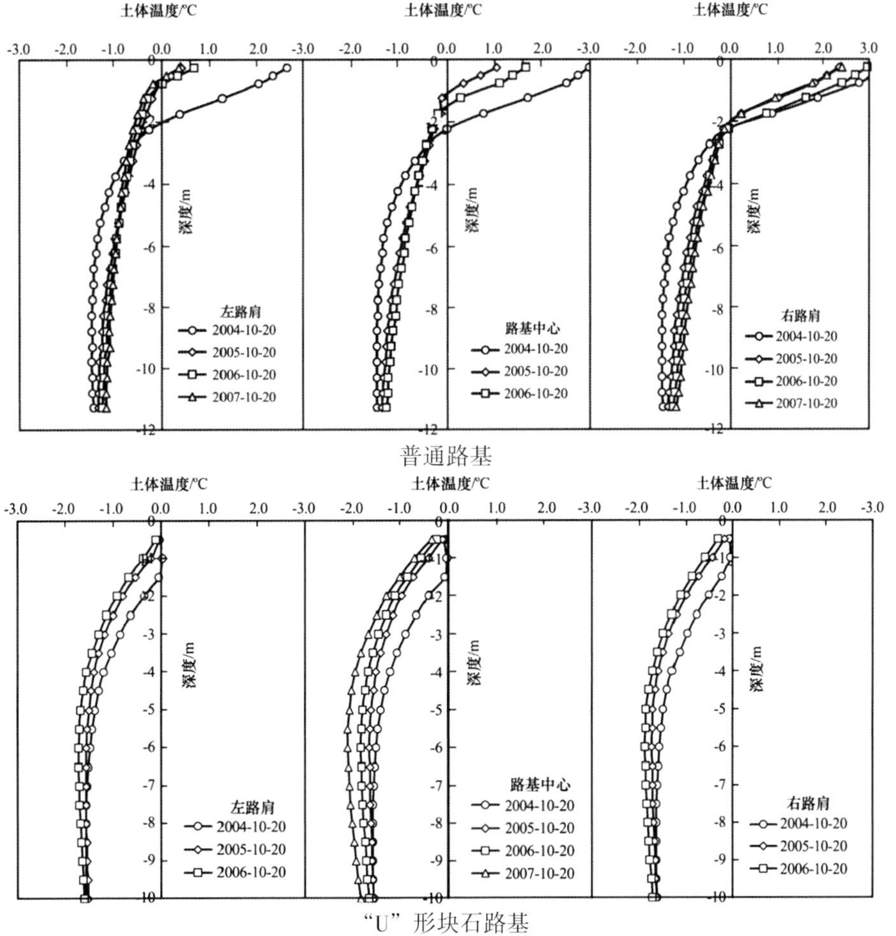

图3.88　2004年—2007年普通路基和“U”形块石路基下部土体热状态的变化

块石路堤地段（高温高含冰率冻土）与素土路基（少冰、多冰冻土）间的过渡段需做些处理，按下列原则进行（图3.89）：

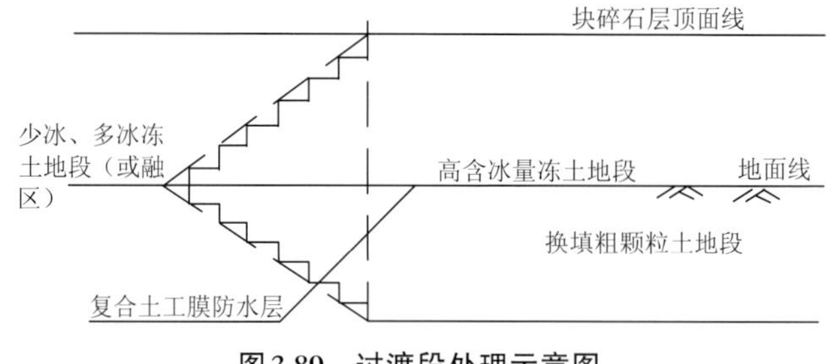

图3.89 过渡段处理示意图

（1）高含冰量冻土地段基底换填处理时，应向少冰、多冰冻土（或融区）段逐步过渡。

（2）块石层路堤底部应向少冰、多冰冻土（或融区）地段延伸，逐步回缩过渡。

（3）过渡段长度和基底换填深度、填料应符合设计要求，连接坡度不小于1：2。

（4）台阶纵向长度一般为1～2 m，高度0.3 m，且在块石层表面铺设一层土工布。

6.不同环境与冻土温度条件下块石路基的适应性

块石路基结构是多年冻土区防止基底冻土升温和上限下降很好的工程措施，它具有明显的热屏蔽和冷却降温的作用。块石路基修筑后，路基下多年冻土上限得到大幅度的抬升，一般为1.7～2.6 m，最大的可达4.7 m（上升到原地面以上，进入路堤底部）。

根据吴青柏等（2005）的观测资料，块石路基下多年冻土层的温度有升高的现象，特别是冻土上限附近（上限至6～10 m深度）范围内，地温升高较为明显。经历7～8年的冻融循环，块石护坡及“U”形块石路堤的监测地温数据表明（图3.90），“U”形块石路堤能够较显著地降低路基下浅层土体地温，并保持多年冻土深层地温的稳定，块石护坡能提高路基下多年冻土上限和降低冻土地温。同时也看出，低温冻土区，块石路基能明显而有效地降低路基下多年冻土地温，深层地温较为稳定，而高温极不稳定冻土区，块石路堤和块石护坡的路基下降温效果较差，路基下部多年冻土地温有升高现象，且伴有从底部开始的缓慢退化。这些现象说明，块石路基的冷却降温效果也受多年冻土年平均地温的影响。应该注意的是，上覆填土厚度会减弱块石层顶部冬季的负温强度，影响块石层的冷却降温效果，在一定上覆砂砾石层厚度（建议不超过4～5 m）以下的块石路基结构，随着时间的推移，块石层路基下“冷量”累积的冷却降温效果可能会有所增强。

由上所述，块石路基整体的冷却降温效果与多年冻土年平均地温有密切关系，年平均地温越低，冷却降温效果越好，越有利于深层冻土地温的稳定性。在极不稳定地温带地区，块石路基的冷却降温效果较差，深层地温有升高现象，需要采取补强措施以保持路基下冻土热稳定性。同时也表明，风速较强的地区，块石路基的降温效果较风速较弱的地区好，越有利于路基下多年冻土的冷却降温。

7.路基变形

块石路基的变形主要包括：路基本体的压密变形，土体的冻胀变形，块石层的微小变形，路基基底土层的融化下沉和压缩变形等。

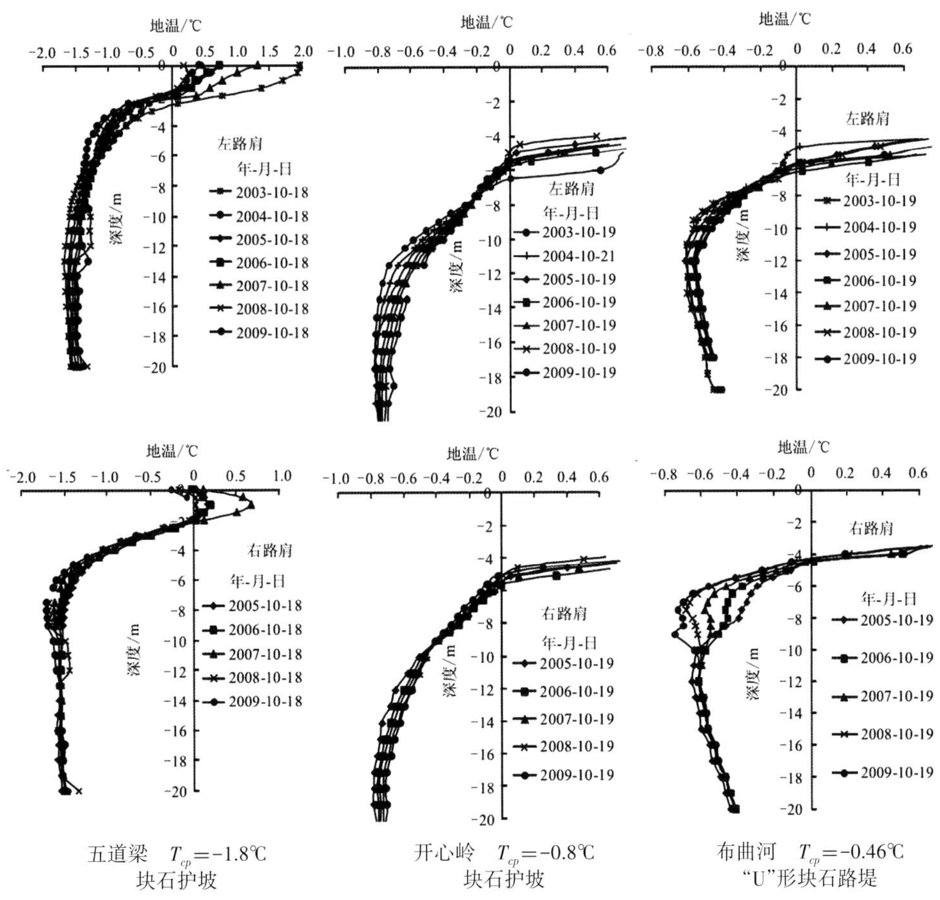

图3.90　不同监测断面左右路肩地温曲线(穆彦虎等,2010)

路基变形随时间的变化看出，路基施工完成后第一个冻融循环，路基变形相对较大，随时间延长变形逐渐减小，经过三个冻融循环后，路基变形基本趋于稳定（表3.43）（《青藏铁路》编写委员会，2016）。表明块石路基的沉降量小于普通路基的沉降量。

表3.43　不同时间块石路基(+575)和对比路基(+625)累计沉降值

断面	位置	总沉降量/mm	2002年		2003年		2004年	
			沉降量/mm	占总沉降量/%	沉降量/mm	占总沉降量/%	沉降量/mm	占总沉降量/%
DK1025+575	左路基表面	−215	−164	76.3	−34	15.8	−17	7.9
	右路基表面	−177	−135	−7633	−32	18.1	−10	5.6
DK1025+625	左路基表面	−315	−227	−72.1	−52	16.5	−36	11.4
	右路基表面	−244	−199	−81.6	−31	12.7	−14	5.7

3.4.2　通风管路基

通风基础在建筑工程中广泛应用，用于道路工程较少，1974年美国曾在阿拉斯加的费尔班克斯西40 km的公路上进行过现场试验，其内径为0.2～0.5 m的金属波纹管，平行埋设于路基坡脚附近，两端有进风口和出风口，构成“烟囱效应”（图3.91），以促进空气流动。加拿大育空比佛河试验场（图3.92）和我国214国道路基试验场也进行了平行埋设于路基坡脚通风管试验研究（图3.93）（王建良等，2004）。据资料报道，俄罗斯曾进行过将通风管垂直穿越路基埋设于填土底部的通风路基试验，进风口与出风口具有一定高差，试验结果表明效果良好。

图3.91 加拿大育空比佛河试验场通风管进出口风口

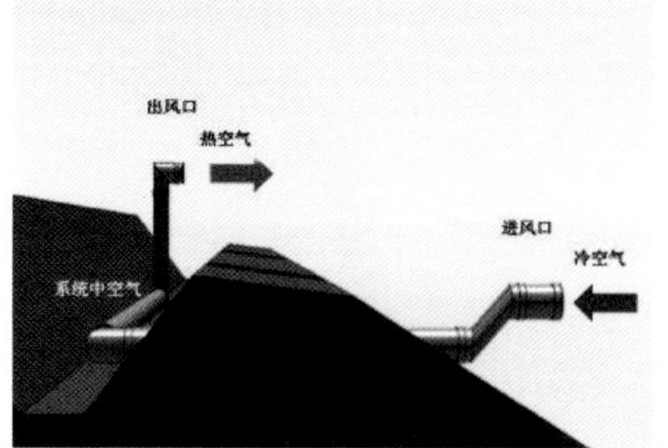

图3.92 加拿大育空比佛河通风管试验场

（Paul Murchison）（2012年中加寒区道路运营技术国际研讨会资料）

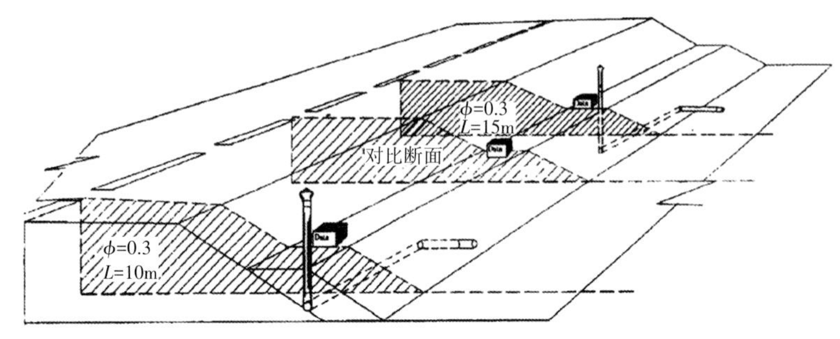

图3.93 214国道路基试验段

2001年青藏铁路第一次将通风管应用于路基工程，在清水河、北麓河进行了通风管路基试验研究。利用通风管中空气对流，暖季可带出填土施工和路基上部传入所带来的热量；寒季，可以降低路堤中土体的温度，增加基底下多年冻土地基的冷储量，提高路堤热稳定性。通风管应用需要一定的气候环境，气温使通风管内的冻结指数大于融化指数的2倍时，才具有潜在冻结能力，使管底的冻结深度大于融化深度，保持冻土地基的热稳定性。

1.通风管路基的工作特性

当流体从大空间进入圆管时，流动边界层有一个从零开始增长直到汇合于管子中心的过程。同样，当流体与管壁之间有热交换时，管子壁面上的热交换也有一个从零开始增长直到汇合于管子中心线的过程。当流动边界层及热边界层汇合于管子中心线后，这时流动及换热充分发展，以后换热强度将保持不变。从进口到充分发展段之间的区域定义为入口段。入口段的热边界层较薄，局部表面传热系数比充分发展段较高，且沿着主流方向逐渐降低。如果边界层中出现湍流，则因湍流的扰动与混合作用又会使局部表面传热系数有所提高，再逐渐趋于一个定值（图3.94）（黄明奎等，2004）。

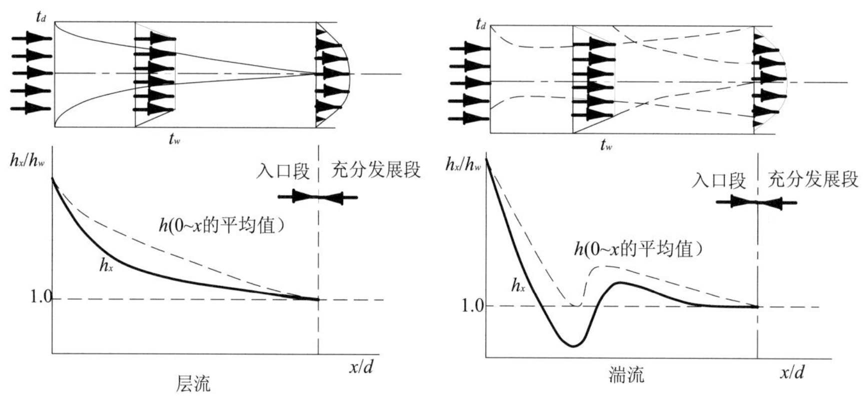

图3.94 管内流动局部表面传热系数的变化

实验研究表明，层流时入口长度L由下式确定：

$$\frac{L}{d} \approx 0.05R_e P_r \tag{3.53}$$

式中：d为管内径，R_e为雷诺数，P_r为普朗特数。

在湍流情况下，只要$L/d>60$，则表明传热系数不受入口段的影响。亦即是$d/L>0.017$，青藏铁路试验路段的d/L实质上均大于0.02。因此，要充分利用入口段换热效果来强化换热，从而使通风管能有效地保护冻土。

空气在通风管内的流动会出现两种情况：一是由于外力迫使流体穿越通风管时，空气流是有一定压力的，此种流动为强迫对流。二是由冷、热空气流体各部分的密度差产生的浮升力而引起，即为自然对流。空气流过通风管壁面时与管外土体间相互产生的换热过程，即为对流换热，这种过程包括流体位移所产生的对流和流体分子间的导热作用，具有导热和对流的联合作用。

强迫对流是整个流体有整齐的宏观运动，流体的流速对换热系数的大小产生很大影响，而自然对流只是流体内部不存在整齐的宏观运动，浮升力的大小则是影响换热系数大小的作用因素。当空气通过管内的流动是以自然对流方式进行时，流体的运动状态主要以层流方式为主；当空气通过管内的流动是以强迫对流方式进行时，流体的运动状态主要以湍流方式为主。强迫对流的放热系数为20～100 W/(m²·K)，自然对流的放热系数为1～10 W/(m²·K)。可见强迫对流的放热系数是自然对流的2倍以上（蒋富强等，2008）。

不同长径比通风管情况下，强迫对流是不同的。由于空气在流动过程中受到管内粗糙度、雷诺数及管道弯曲度等影响，其风压将沿程降低。为保证空气以一定的初速度穿越通风管，空气流的初速度必须大于空气流穿越通风管时所损失的风压。管内的流动状态（层流或湍流）是以其临界速度为分界点，低于临界速度的空气流过通风管的方式为层流，高于临界速度的空气流过通风管的方式为湍流。临界速度值取决于流体物性与流道形状和大小。层流时，沿壁面法向方向的热量转移依靠导热；湍流时，最贴近壁面一薄层具有层流性质，在薄层之外，热量的转移除依靠导热机理外同时还依靠湍流扰动的对流机理。

一般情况下，管道里能保持层流流动的临界雷诺数为：$R_e = 2300$。

青藏高原地区，0 ℃条件下，空气运动黏性系数为：$\nu = (2.30\sim2.73)\times10^{-5}\ \mathrm{m^2/s}$。

对于内径d为0.4 m的通风管，其临界速度：

$$V_{lj} = \frac{vR_e}{d} = 0.132\ \mathrm{m/s} \tag{3.54}$$

对于内径d为0.3 m的通风管，其临界速度：$V_{lj}= 0.176\ \mathrm{m/s}$。

根据计算结果，目前青藏铁路的设计，通风管内层流与湍流分界的临界速度非常小，空气流几乎不可能以层流方式流动。因此，通风管内强迫对流的空气热交换是湍流方式。

采用通风管来冷却路基下半部冻土，必须使寒季输入路基内的冷量要大于暖季输入路基内的热量。青藏高原的冻结指数和融化指数的资料（表3.44）表明，冻结指数都超过融化指数的2倍以上，除了沱沱河、温泉地区的冻结能力较弱外，其他地区具有较大的潜在冻结能力，能满足通风管路基冷却基底下冻土地基的要求。

2.青藏铁路试验结果

青藏铁路建设工程于2001年开始在清水河、北麓河选择两段线路正线修筑通风管试验路堤，前者长385 m，后者长422 m。三年的监测表明，不论通风管埋设在路堤中部或下部，两个试验路段路堤中心的通风管中气温与管外环境气温变化都呈现良好的一致性，都比环境温度高些。两者的差值沿通风管中风向（右侧至左侧）逐渐增加。暖季期，管中与环境温度相差不大，温度梯度很小，换热微弱或停止；寒季期，环境温度低于管中温度，温差较大，整体上通风管是处于放热状态，有利于通风管路基下多年冻土地基冷却降温。在气温低于-2.1 ℃地区条件下，通风管中的负积温应能满足要求，但从工程安全性考虑，规范（JGJ 118-2011）提出通风管基础适用的年平均气温宜低于-3.5 ℃的建议是适宜的。

表3.44 青藏高原多年冻土区的气温、冻结指数和融化指数

地　区	年平均气温/℃	气温冻结指数Ω_f/℃·d	气温融化指数Ω_t/℃·d	Ω_f/Ω_t	备注
楚玛尔河高平原	-4.9	-2703	539	5	资料（丁靖康等，2011）
五道梁地区	-4.7	-2576	476	4.4	
风火山地区	-5.6	-2770	354	6.8	
沱沱河地区	-3.4	-2323	717	2.2	
温泉地区	-3.1	-2043	589	2.5	
土门格拉地区	-4.2	-2406	529	3.5	
玛多地区	-3.69	-2079	756	2.75	（罗栋梁等，2014）
花石峡地区	-4.2				

不论通风管埋设位置高低，施工后两年都将路堤中通风管周围土体温度降低到0 ℃以下，降温幅度随埋设高度和管径增加而增加（表3.45、表3.46）（《青藏铁路》编写委员会，2016）。通风管内融化指数仅为普通路堤同深度层面融化指数的50%，冻结指数是融化指数的2～4倍，是普通路堤（DB）的4～6倍。表明路堤中埋设通风管具有明显的"阻热、导冷"效应，有利于路基下多年冻土冷却降温，起到保护多年冻土路基稳定性作用。

表3.45 青藏铁路北麓河通风管外壁及管下0.5 m处土体温度和积温

断面	年份	年平均温度/℃		积温/℃·d					
				管壁			管壁下0.5 m		
		管壁	管壁下0.5 m	正积温	负积温	差值	正积温	负积温	差值
DK1140+015（ZBH300）	2003	-0.93	-0.24	876.25	-1216.9	-340.67	633.15	-721.52	-88.37
	2004	-2.08	-1.51	537.56	-1295.46	-757.90	252.54	-802.71	-550.18
DK1140+075（ZBH400）	2003	-1.01	-1.13	956.82	-1326.07	-369.25	579.20	-990.53	-411.33
	2004	-2.48	-1.91	+517.03	-1422.52	-905.49	242.31	-941.06	-698.75
DK1140+882（DB-M）	2003	-0.24	-0.34	-380.31	-46.85	-87.54	233.57	-358.92	-1125.36
	2004	-0.46	-0.35	-101.24	-269.05	-167.81	57.61	-185.29	-127.68
DK1141+237（XBH300）	2003	-1.20	-1.17	579.60	-1018.42	-438.82	210.89	-638.95	-428.06
	2004	-2.23	-1.89	380.27	-1195.60	-815.33	112.12	-803.48	-691.36
DK1141+284（XBH400）	2003	-1.38	-1.34	618.51	-1121.63	-503.11	190.02	-679.58	-489.56
	2004	-2.09	-1.82	545.64	-1309.78	-764.14	131.95	-794.50	-622.55
DK1141+882（DB-B）	2003	-0.17	-0.10	35.31	-95.62	-60.31	112.71	-48.84	-36.14
	2004	-0.11	-0.07	0.19	-38.59	-38.40	0.00	-25.75	-25.75

注：Z为通风管埋设路堤中部；X为通风管埋设路堤下部；H为钢筋混凝土管；数字为管径，mm。

表3.46　清水河试验段通风管路堤和普通路基的融化指数与冻结指数(℃·d)对比

断面位置	位置	2002年		2003年		2004年	
		融化指数	冻结指数	融化指数	冻结指数	融化指数	冻结指数
DK1026+37（ZBH300）	路基表面	4332.86	−59.19	4130.06	−6.08	4223.45	−55.31
	通风管内壁	679.96	−1611.36	424.36	−1207.59	318.20	−1151.15
	通风管外壁	875.03	−1677.90	626.24	−1231.36	431.83	−1172.06
DK1026+252（DB）	路基表面	3641.20	−202.12	3312.61	−83.25	3606.32	−163.17
	相当于管内壁位置	754.95	−458.14	844.78	−301.26	607.77	−181.61
	相当于管外壁位置	968.80	−606.86	670.23	−187.44	786.14	−287.64

从北麓河通风管路堤基础断面最大融化期路基地温分布曲线可看出（图3.95），施工后第三年，路堤下最大融化深度变浅，基本上升到原地面高度，且−1.0 ℃等温线整体上升，说明路基下多年冻土的冷储量逐渐增加。普通路堤的0 ℃等温线仅在路中心偏右侧上升，而−1.0 ℃等温线恰恰下移，表明下伏多年冻土的冷储量逐渐减少。

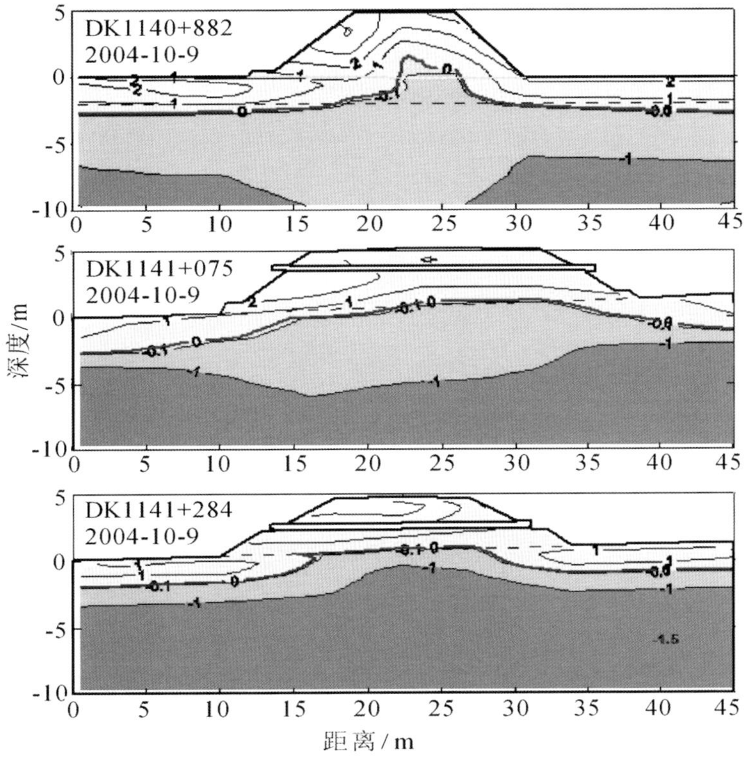

图3.95　青藏铁路北麓河通风管路基最大融化期地温场分布

青藏铁路清水河通风管路基测试断面铺轨前后的沉降量变化表明（表3.47），通风管路基铺轨后沉降量逐渐减小，趋于稳定，而普通路基铺轨后沉降量则增大。北麓河通风管路基沉降变形量也具有相似特点，这表明通风管路基具有冷却降温作用，能使冻土路基趋于稳定。

表3.47 青藏铁路清水河通风管路基左右路肩铺轨前后沉降量

（中铁第一勘察设计院集团有限公司等，2007）

断面	总沉降量/mm		铺轨前				铺轨后			
			沉降量/mm		占总沉降量/%		沉降量/mm		占总沉降量/%	
	左路肩	右路肩	左路肩	右路肩	左路肩	右路肩	左路肩	右路肩	左路肩	右路肩
ZBH400	158	81	103	61	65.2	75.3	55	20	34.8	24.7
XBH400	332	211	236	158	71.1	74.9	96	53	28.9	25.1
DB	290	129	56	57	19.3	44.2	234	72	80.7	55.8

3. 通风管管材与管径选择

目前实体工程中采用的通风管材质主要为钢筋混凝土管和PVC塑料管。不同材质的通风管具有不同导热系数，会影响通风管的导热性能，导热系数大的材质通风管具有较大的传热效果。PVC管和金属波纹管具有较好的连续性和延展性。但PVC管的导热系数较小，耐久性较差，易损率较高，价格较低，而金属波纹管最大的优点是导热性能好，强度和耐久性都好，造价却较高。钢筋混凝土管的导热性居中，但连续性和延展性不如PVC管和金属波纹管。通常采取预制工艺，每节长度一般为2 m，在质量保证前提下具有较高的强度和耐久性。

根据北麓河试验段的测试结果，钢筋混凝土管和PVC管两者传热效果的差异不大（表3.48）（中铁第一勘察设计院集团有限公司等，2007），而PVC管的损坏率却较大，特别在路基两端伸出的进风口和出风口，损坏率较严重，耐久性较差，可能与施工和高原紫外线照射、冻融循环作用等因素有关，故进出口需用其他强度高的材料代替。

表3.48 北麓河试验段钢筋混凝土管、PVC管外壁及管下0.5 m出土体温度和积温

断面	年份	年平均温度/℃		积 温/(℃·d)					
		管壁	管壁下0.5 m	管 壁			管壁下0.5 m		
				正积温	负积温	总积温	正积温	负积温	总积温
ZBP300 (DK11410+927)	2003	−0.95	−0.64	594.4	−942.3	−348.0	444.0	−677.5	−233.5
	2004	−2.08	−1.40	310.9	−1069.7	−758.8	249.6	−761.4	−511.9
ZBH300 (DK1141+015)	2003	−0.93	−0.24	876.3	−1216.9	−340.7	633.2	−721.5	−88.4
	2004	−2.08	−1.51	537.6	−1295.5	−757.9	252.5	−802.7	−550.2
XBP400 (DK1141+175)	2003	−1.90	−1.48	296.5	−989.0	−692.5	123.5	−664.5	−541.0
XBH400 (DK1141+284)	2003	−1.38	−1.34	618.5	−1121.6	−503.1	190.0	−679.6	−489.6

注：Z为通风管埋设路堤中部；X为通风管埋设路堤下部；P为PVC通风管；H为钢筋混凝土管；数字为管径，mm。

通风管管径大小会影响管内流体的运行方式，进而影响通风管与土体的换热效果。

通风管路基设计时，在给定的路堤宽度下要考虑通风管的换热面积，通风管的换热面积与通风管的管径和管间距有关。在假设其他条件不变的条件下，温度仅沿着半径方向发生变化，那么圆柱体坐标的温度差仅依通风管半径而变化。根据导热的基本规律：

$$Q = -\lambda F \frac{dt}{dr} = -\lambda \pi r L \frac{dt}{dr} \tag{3.55}$$

积分整理后得：

$$Q = \frac{2\pi\lambda L}{\ln \frac{d_2}{d_1}} (t_1 - t_2) \tag{3.56}$$

由此可见，每小时通过通风管的热量与导热系数λ，管长度L，温差（$t_1 - t_2$）成正比，与管内外径比值的对数成反比。表3.49也大致反映了这种情况。

表3.49 北麓河不同管径通风管路堤的总积温

断面	年份	总积温/℃·d	
		管壁下	管壁下0.5 m
DK1140+015(ZBH300)	2003		-272.56
DK1140+075(ZBH400)			-326.29
DK1141+015(ZBH300)	2004		-492.35
DK1140+075(ZBH400)			-538.16
DK1141+237(XBH300)	2003	-567.63	-413.64
DK1141+284(XBH400)		-601.72	-456.95
DK1141+237(XBH300)	2004-01-01及2004-03-09	-718.23	-449.41
DK1141+284(XBH400)		-750.53	-456.82

注：Z为通风管埋设路堤中部；X为通风管埋设路堤下部；H为钢筋混凝土管；数字为管径，mm。

青藏铁路北麓河通风管试验路基，按管间距为2倍的管径考虑，那么管径为400 mm通风管路基单位面积内通风面积占10.47%，而管径为300 mm的通风面积占7.85%。表3.50表明，增加通风管管径可增加路基土体的降温能力。应该看到，暖季大管径带入的热量也比小管径多，会增大路基下的融化深度。

在给定路堤宽度情况下，仿真试验综合分析认为，管径0.7～1.0 m较为合适（表3.50）（李宁等，2005）。以青藏公路五道梁试验路基为依据建立计算模型的结果表明，大管径的通风管路基冷却降温效果优于小管径的通风管路基。

表3.50 不同管径下温度波(-4 ℃)在各年的最大传递深度及各年最大融化深度(m)

方案		第2年		第4年		第6年		第8年		第10年	
		传深	融深	传深	融深	传深	融深	传深	融深	传深	融深
管径D=0.4 m	管间距L_1=0.8 m/15根	-1.68	-1.31	-3.48	-1.12	-5.94	-0.95	-7.01	-0.94	-8.11	-0.94
管径D=0.7 m	管间距L_2=1.4 m/9根	-1.39	-1.23	-3.22	-0.96	-5.78	-0.89	-6.80	-0.86	-7.83	-0.86
管径D=1.0 m	管间距L_3=2.0 m/6根	-1.35	-1.14	-3.05	-0.92	-5.40	-0.87	-6.31	-0.85	-7.17	-0.83

注：传深为-4 ℃温度波的最大传递深度，m；融深为最大融化深度，m。

现场试验观测和计算表明，通风管路基的管径应以冷却降温效果来控制，且要考虑工程造价和施工技术。管径太小（如D<0.4 m），冷却降温效果、经济性和施工压实都不好；管径过大（如D>1.2 m），冷却降温效果好，但管材强度要求高，压实不好，路基变形大。D与冷却降温效果的影响半径（R）的关系（李宁等，2005）大致为：

$$R = k\left[\frac{D}{D_0}\right]^{\alpha} \tag{3.57}$$

式中：D_0= 1.2 m；k≈3.5～4.5 m；α≈0.3～0.5。

从北麓河等现场实体工程试验和设计、施工情况总体分析，通风管路堤的管径宜采用0.4～0.7 m，且能满足管径（D）与长度（L）比值应大于0.02，或长径比为L/D≤30。

4.通风管铺设间距确定

根据通风管对路基温度场的观测研究应包括通风管下路基温度场和两管间中心处的温度场，以通风管有效冻结半径能使管间的冻结土体相互连接，形成似如天然大地一样的层面冻结来确定通风管铺设间距的合理性是较为理想的。

从青藏铁路清水河通风管路基试验断面观测资料看（图3.96）（中铁第一勘察设计院集团有限公司等，2007），在路基面下7.5 m处，通风管路堤与普通填土路基（DB）的温度相交，即通风管对下卧土体温度影响范围约为3.5 m。埋设于路堤下部通风管（XBP40）在6.5 m深处比对比路堤（DB）温度低0.4 ℃，降温幅度大于0.4 ℃的范围即为通风管影响范围，则PVC通风管的有效影响半径为2.5 m。同理，在6.5 m深度处，XBH30较对比路堤低0.5 ℃，则混凝土通风管的有效影响半径为2.5 m。从安全考虑，管径为0.3～0.4 m通风管的间距为1.0～1.5 m较适合。

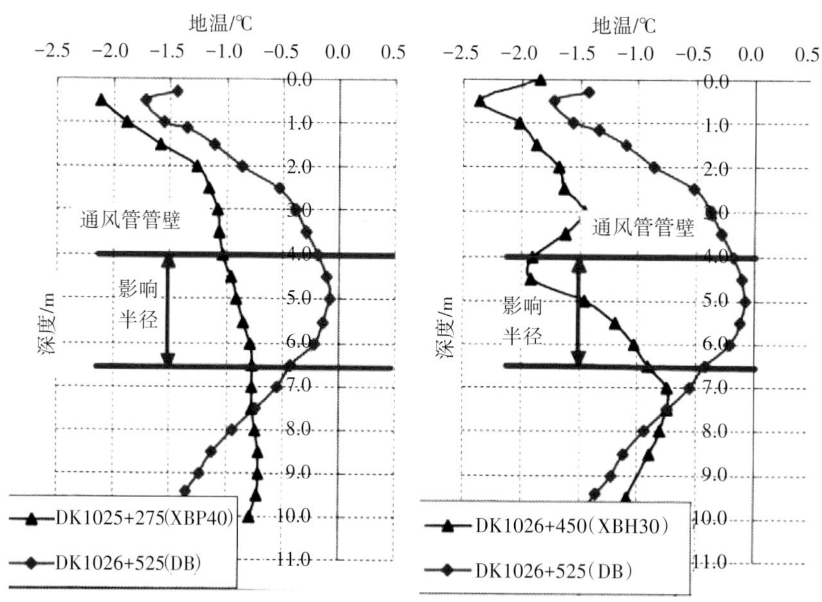

图3.96 青藏铁路清水河通风管路堤与对比路堤平均地温沿深度变化曲线(2003-09-01至2004-09-01)

青藏铁路北麓河钢筋混凝土通风管（XBH300、XBH400）和对比路堤（DB）管体中心至原天然地面下6 m的地温分布曲线表明（图3.97）（《青藏铁路》编写委员会，2016），通风管路堤下地温影响范围可超过原地面下2.0 m。以通风管下地温较对比路堤温度变幅低于0.5 ℃为据，则通风管下土体温度影响范围达2.6 m，若以地温变幅低于1.0 ℃为据，最大影响范围达2.1 m。加入通风管埋设高度距原地面0.7 m的高度，温度影响范围可达2.8 m。可见，管径为0.3～0.4 m时，通风管间距远超过目前设计的2倍管径。

李宁等（2005）仿真试验研究了管间距、管径和埋设深度对通风管降温效果的影响。试验方案选择管径D为0.4 m，管壁厚为60 mm，路堤高度3.0 m，通风管埋设深度为2.5 m，管间距L分别为0.8 m（2D）、1.2 m（3D）、1.6 m（4D）。不同管间距布设下的降温效果（表3.51）表明，管间距越小，负温温度波传递速度越大，储冷效果越好，暖季融化深度也大。仿真试验设定的管间距（S/D≤4）都能取得较好的降温效果。

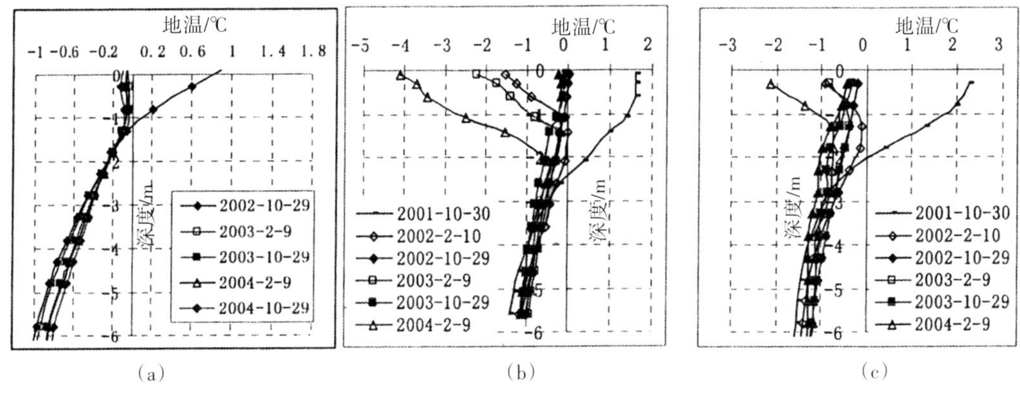

图3.97　青藏铁路北麓河通风管下地温随深度分布曲线(原地面起算)

（a）普通路堤；（b）钢筋混凝土通风管路堤（XBH300，管径0.3 m）；

（c）钢筋混凝土通风管路堤（XBH400，管径0.4 m）。

表3.51　不同管间距下温度波(-4 ℃)在各年的最大传递深度及各年最大融化深度(m)

方案	第2年		第4年		第6年		第8年		第10年	
	传深	融深	传深	融深	传深	融深	传深	融深	传深	融深
管间距 L_1=2D	-1.60	-1.37	-4.07	-1.12	-5.58	-1.04	-6.48	-0.96	-7.30	-0.96
管间距 L_2=3D	-1.40	-1.23	-4.00	-1.03	-5.50	-0.95	-6.32	-0.95	-7.13	-0.87
管间距 L_3=4D	-1.35	-1.20	-3.90	-0.96	-5.40	-0.86	-6.20	-0.85	-7.00	-0.82

注：D为管径，D=0.4 m；传深为-4 ℃温度波的最大传递深度，m；融深为最大融化深度，m。

综上所述，通风管路基管间距的确定应以有效冷却降温影响半径（R）作为优化依据，一般情况下，通风管管间距应小于冷却降温影响半径，且应大于施工机械压实距离。为此，选3～4倍的管径作为管间距，即通风管净间距为1.0～1.5 m是适宜的。

5.通风管埋设深度

通风管埋设深度的确定，通常以管下路基填土和路基下多年冻土季节融化层在寒季期能够快速回冻为依据。当忽略土体-空气界面热阻影响时，埋地管道与土体间换热系数的近似计算（吴国忠等，2003）：

$$\beta = \frac{2\lambda}{D\ln\dfrac{4h}{D}} \tag{3.58}$$

式中：λ为土体的导热系数，W/(m·K)；D、h分别为通风管管径和埋设深度。

在一定简化条件下，通风管埋设深度越深，换热系数就越低，对周围土体冷却降温效果就越差。考虑地面水流、风沙、积雪及地面风速减低等因素的影响，相关规范的规定，通风管管底埋设高度距地面的距离不应小于0.5 m（图3.98）。由式（3.58）可知，通风管管径大小和埋置深度影响着通风管与土体的换热系数，按极值定理得：

$$\frac{h}{D} = \frac{e}{4} \tag{3.59}$$

可见，要使换热系数达到一定值。通风管埋设深度与管径成正比，埋设越深，管径相应就越大。

根据青藏铁路北麓河通风管路基试验资料（表3.46）表明，低位（地面以上0.5～0.7 m，代号XB）埋设通风管的路基冷却降温效果优于高位（路堤中部，代号ZB）埋设的通风管路基。仿真试验研究（李宁等，2005），路堤高度为3.0 m时，由路面起算，通风管埋置深度为2.5 m、2.0 m和1.5 m，计算结果表明，通风管埋置深度越大（越靠近原地面），冷却降温效果越好。

从通风管的强度和路基稳定性要求考虑，通风管宜采用低位埋设较好，其埋置深度h应大于3～5倍（李宁等，2005）的管径D，大管径取小值，小管径取大值。

6. 通风管路基辅助结构与防护措施

1）自控风门通风管

为避免暖季期热空气通过通风管，使路堤内和路基下土体出现升温，可在通风管进出口端（或进口端）设置阻挡板，维持寒季（或负温）期的冷却温度，减少通风管路基下多年冻土地基升温。俞祁浩等（2004）设计了自动温控开关风门装置（图3.99），正温期关闭通风管口风门，负温期开启风门，有效地阻挡热空气进入通风管，提高了通风管路基的降温冷却效果。

图3.98 国道214通风管路基

（房建宏提供）

（a）晨时开启状态

（b）中午关闭状态

图3.99 通风管路基自动温控风门装置的工作状态（俞祁浩摄）

青藏铁路北麓河对有、无风门的通风管路基进行对比试验观测（DK1141+237～+280），两种通风管路堤高度均为3.5 m，通风管中心线距天然地面高度为1.5 m。对比观测结果表明，寒季期间，自控风门处于开启状态，有、无自控风门通风管路基的管内温度变化基本一致。暖季期间，自控风门处于关闭状态，通风管路基的温度较无自控风门通风管路基的温度低些，中心位置的温度最低，阳坡温度高些（表3.52）。这种现象表明，通过自控风门装置几乎消除暖季期间空气对流存在对路基的加热作用，使得通风管内壁中心部位的平均气温较空气温度低1.13 ℃，靠近坡部位低1.49 ℃。

表3.52 不同路基结构通风管内壁温度平均值

路基结构	暖季通风管内壁不同位置平均温度/℃		
	路左	中心	路右
通风管路基	4.95	3.06	3.14
自控通风管路基	3.46	1.93	2.99
差值	1.49	1.13	0.15

路基下-3.0 m的多年冻土上限附近有、无自控风门通风管路基的实测资料对比：①降温更迅速，最低温度的差值不断地扩大；②放热时间延长，增加40天；③放热过程更明显。根据监测温度数据进行计算，自控风门通风管路基的放热时间（正值为放热，负值为吸热）为通风管路基的2倍，相对能快速地降低管周土体温度。暖季期间，自控风门通风管路基的融化速率和融化深

度均较小（图3.100），到达最大融化深度的时间要提前20天。

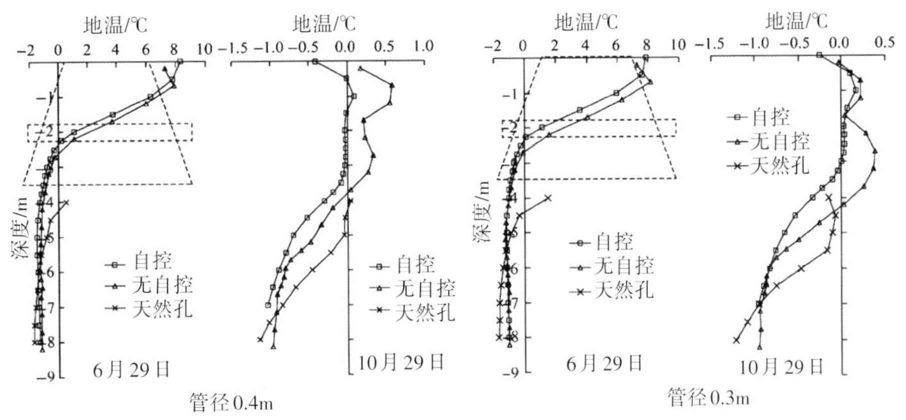

图3.100　暖季期有、无自控风门通风管路基地温对比（俞祁浩等，2004）

2）“透壁式”通风管

目前青藏铁路、青藏公路和国道214等的通风管路基所采用的通风管均为无孔的钢筋混凝土管、PVC塑料波纹管，依靠冷空气密度大的自然对流和风力作用带走管中的热空气，并通过管壁的热传导方式逐渐地使管内与管外土体的热量交换而冷却降温。“透壁式”通风管是在管壁上开了许多的孔（图3.101）（胡明鉴等，2004），进入通风管的冷空气不仅通过管壁的热传导方式，且可通过管壁的孔洞与管外土体直接对流换热方式，加速路基的冷却降温效果。但应防止细粒土、地下水等进入管内，影响填方效果。

图3.101　“透壁式”通风管现场埋设

青藏高原北麓河试验结果，同一条件下，“透壁式”通风管对路基有较好的冷却能力，下部融化盘很小。当气温比地温高时，需增设风门，减小热空气的影响。相对普通通风管来说，增加了许多工序和防护措施，工程成本有较多的增加。

3）集风口及坡脚冷却降温

在管径一定条件下，通风管进风口的有效面积，即横截面积，取决于通风管轴向与风向的一致性。当它们同向时，则能达到最有效的进风量。当处于斜交时，仅有平行通风管轴向的风速分量能进入通风管。

当风速一定时，路堤通风管进风口横截面积在风速方向的投影面积越大，通风管进风量也就越大，寒季进风量大将更有利于路基的降温。因此，在通风管的进风口加装自动迎风的采风口，在采风口装置或加装自控风门，即在通风管进风口安装一根高出通风管一定高度的竖向采风管，进风口采风管可装“风帽”，既可设置为固定的，也可设置为随风而摆动的活动式的（图3.102）。采风集风口可尽量增大，以增强进入通风管的风量，同时可以避免管道堵塞。出风口处也设置竖向高于进风口或路面的通风管，利用空气密度差和“烟囱”效应，使进入通风管后的冷空气，通过路基内而被加热的空气迅速带出。

在既有路基条件下，通风管也可作为治理路基沉降的工程措施。通风管可在路基边坡（一侧或两侧）埋设，降低路基边坡的地温而达到降低整体路基的地温，防治边坡沉降。国道214的试验段（图3.93）和加拿大育空比佛河试验场（图3.91、图3.92）属于边坡通风管降温。一般长约20 m，仍需设置进风口和采风口，向进风口倾斜，坡率为2%左右。

当路基为宽幅路面时，出风口可安装在中间隔离带，通风管的进风口仍设置活动式采风口（图3.103），增大通风管的采风量。出风口的管帽可设计为“斗笠式”，可自由出风。通风管自路基中心按人字形铺设，坡率为4%左右。

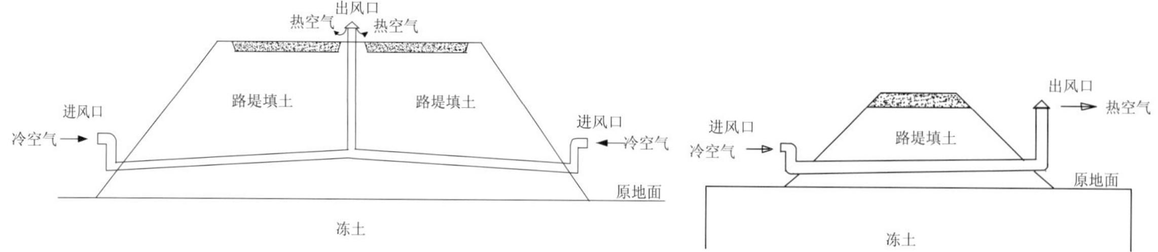

图3.102 通风管路基采风口（杨丽君等，2011）　　图3.103 宽幅路面的通风管路基进风口和采风口布设

7. 通风管路基施工要求

通风管路基施工需要注意的事项：

（1）路基基底草皮不清除，用重型震动压路机将碎石压入地表层内。

（2）按埋设深度和间距的设计要求，进行沟槽开挖（或不开挖）和通风管敷设。

（3）通风管管周应铺设中粗砂保护层。

（4）管顶铺设不小于0.2 m中粗砂后，按路堤压实度填筑和压实。

3.4.3 热棒路基

热棒（热虹吸）是汽、液两相对流循环换热的一种热传输装置。热棒在国内外寒区工程中广泛应用，用于解决基础冻胀、融沉等许多冻土工程问题，如：用来改善多年冻土分布区工业与民用建筑建筑物的地基、煤场内部、低温储存库、桩基和基础、地上管道、输水池、输电线路、桥墩、涵洞等的修建与运营时的地基稳定性；用来防治道路、机场跑道、堤坝等修建运营时的冻胀和融沉问题；建造“冻土墙”和防渗幕、冰岛、冰道和冰渡口；防治多年冻土的热融、热侵蚀、融冻泥流、冻胀等不良冻土过程；用来形成冻结壁，成为地下工程、采矿工程的冻结壁，以及寒区存储危险性废弃物的天然容器壁；对土壤进行化学、物理改良等。

Manitoba北部50 km的高速公路，20世纪70年代末期修建。80年代初地基出现严重问题，冻土退化引起路肩失稳和路面纵向裂缝。1995年重铺30 km路面，采用热棒措施起到良好效果。

2001年Douglas Goering报道了多年冻土区的费尔班克斯Loftus道路采用的“发卡式热棒”，中间夹有一层刚性绝缘（热）板。1985年McFadden报道了阿拉斯加Bethel机场跑道冻土路基安装热棒以控制多年冻土的融化下沉。1983年Hayley介绍了阿拉斯加的费尔班克斯附近农场环形公路及休斯敦安大略湖的海湾铁路，使用热棒代替反渗透聚合薄膜，通过冻结土体形成反渗透层来阻止水的影响。

中国于1987年由铁道部科学研究院西北研究所经室内研究，1989年在青藏高原五道梁进行现场试验。2001年青藏铁路在清水河进行试验研究，而后在青藏铁路建设中大量使用，热棒路基累计长度达44.1 km（丁靖康等，2011）。竣工后陆续追加了许多路段，保证了冻土路基的稳定及列车的运行速度和安全。

2002年青藏公路二期改造中开始大量使用热棒，以冷却冻土地基，提高冻土上限，治理路基热融下沉、边坡滑塌和纵向裂缝。总计使用了1558根（中交第一公路勘测设计研究院等，2005），另有180根科研对比热棒。取得了良好的效果。

2003年铁道部批准了哈尔滨铁路局冻土病害整治试点工程，在我国大兴安岭多年冻土区运营近五十年的既有铁路牙林线、嫩林线路基病害路段整治试验研究，选择了病害较严重的三个区中的五个路段，共3 km和5座涵洞，采用ϕ108和ϕ89两种规格，共1342根。经历一个冬季，使路基基底下多年冻土上限普遍提高了25%～70%（哈尔滨铁路局齐齐哈尔铁路科研所等，2007），上升幅度一般为1.5～3.0 m，最大达4.0 m。

2005年伊春岛状多年冻土区亦用热棒整治公路病害（綦万奎，2006）。

2007年柴达尔（热水）至木里的地方铁路建设中，在高温高含冰率地段采用热棒以防止路基沉降（青海省地方铁路管理局等，2010）。

2010年青藏高原输电线路杆塔基础采用热棒来保持冻土地基的冻结状态和稳定性，取得良好效果（谭青海等，2012）。

热棒用于其他工程还有：

20世纪70年代，美国阿拉斯加1200 km的输油管道工程，采用了112000根热桩（热棒+钢管桩）。热棒直径50～750 mm，长度8～18 m，工质为氨。热棒安装后，管道支柱和6 m深处冻土温度迅速下降，到1975年元月初，地温达−24 ℃，4月回升至−7.0 ℃，夏天仍保持0 ℃以下。至今已运营30年。

Kubaka大坝建立在冻结地基上，在富冰细砂层有2 m的煤层，建坝时，用热棒形成一个不渗透的冻结地基，极大地减少持水大坝沉降的可能性。

20世纪60年代早期，苏联学者С. П. Гапеев提到过热传导桩。列宁格勒铁路运输设计院、莫斯科铁路运输设计院和西伯利亚冻土研究站曾用煤油做工质，设计了单相单管和多管热传导装置，用于伊尔库茨克公路和雅库茨克水库坝基等工程。同时，广泛用于工业与民用建筑的基础防止多年冻土热融下沉，或和混凝土构成热桩基础，或与钢管、工字钢构成热棒钢基础。

日本于1985年采用热棒建设热棒冷库。

可见，热棒广泛地用于冻土区各类工程建筑的地基基础，是防止多年冻土地基热融下沉的强力措施。

1.热棒的工作原理

热棒结构图（图3.104）可知，插入多年冻土地基的热棒，在寒季，当热棒下端冻土温度t_2（地面下多年冻土）高于热棒上端环境温度t_1（地面上部大气）时，热棒蒸发段管内的工质液体受热蒸发变成蒸汽，形成蒸汽流而上升至冷凝段；当冷凝段的蒸汽受到管外冷空气冷却而成液珠，在重力作用下，沿着管壁回流到蒸发段。通过热棒管内工质的蒸发、冷却循环过程，不断地将多年冻土地基的热量带到大气中散发，从而使多年冻土地基的土温降低，直到热管蒸发段和冷凝段的温度相等时，这个过程就停止。在暖季，当

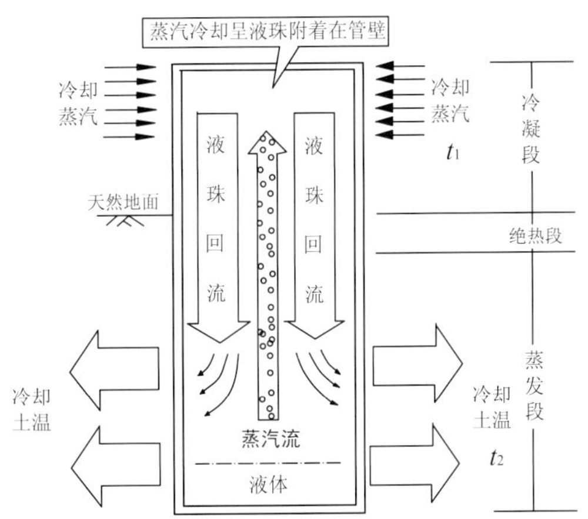

图3.104 热棒工作原理示意图(土谷等,1990)

$t_1 > t_2$时，热管冷凝段的蒸汽不能冷却成液珠，无法产生汽、液两相对流循环，也就不能与蒸发段的蒸汽产生冷量自动交换，不能将地基外部的热量带到地基下的多年冻土中。所以，热棒是一种单向传热元件，气温低于地温时，能够产生制冷作用，使地基冷却、降温；气温高于地温时，不会向地基传递热量而升温。

由此可见，热棒在实现热量传递过程中包含着几个主要过程：

（1）热量从热源（冻土地基）通过热棒壁和充有液体的工质传递到液-汽分界面；

（2）液体工质在蒸发段内的液-汽分界面上蒸发；

（3）蒸汽腔内的蒸汽从蒸发段流向冷凝段；

（4）蒸汽在冷凝段内的汽-液分界面上凝结；

（5）热量从汽-液分界面通过液体和管壁传给冷源（大气）；

（6）在冷凝段冷凝后的工作液体回流到蒸发段。

热棒的热传输过程中有底部蒸发段的热传导和热对流，沿着热棒长度上有热对流，热棒上部冷凝段的散热器表面和风间有空气侧向热对流（应包含有对流、辐射和传导）。所以，热棒的热传输与传热的面积、环境温度与地基内温度的温差，以及空气的对流传热系数等因素有关。

热棒的热传输是利用“温差”和“潜热”进行的，靠管内的工质蒸发和冷凝来进行热量的传输。热棒中蒸汽的高速流动（可接近声速），使之传热效率非常高，是液体对流传热效率的60倍以上。据美国北极基础有限公司资料，如果热棒设计得当，其传热效率可达到150000 kcal/(m·h·℃)以上。热棒的有效导热系数远远高于其他物质（表3.53）。

表3.53 热棒有效导热系数与其他物质导热系数的比较（丁靖康等，2011）

有效导热系数	热棒	液体对流	铜	钢	冻土	融土
kcal/(m·h·℃)	208040	3566	327	37	1.9	1.2

热棒冷凝器与蒸发器之间存在0.006 ℃温差时，即可启动工作。液体对流桩（俄罗斯有些热棒的工质采用煤油），通常要求空气温度低于土体温度2.33 ℃时才能启动工作。

目前寒区工程中使用的热棒是重力式低温热棒，管中没有毛细管芯，管中的液体工质不能上升到冷凝段，而需靠工质的蒸发和冷凝来完成热传输。只要沿着热棒长度范围内存在温差，液体工质的蒸发和冷凝就随处都会发生，直至温差消失。因此，蒸发段的温度分布是均匀的，具有等温性。

热棒具有热开关性能，只允许热流向一个方向流动，而不允许反向流动。当地基（热源）温度高于空气温度时，热棒就开始工作，当地基（热源）低于空气温度时，热棒就不传热。所以，热棒用于多年冻土区、寒区，能使冻土地基冷却降温，暖季却不会使冻土地基升温。

2.热棒设计参数

热棒结构参数指热棒自身的设计参数，包括冷凝段与蒸发段长度、翅片数量、工质等。冷凝段放热的好坏取决于冷凝器表面与空气间的放热系数，蒸发段的热传输能力取决于蒸发器表面与液体工质间的放热系数。

热棒埋设于冻土地基中，形成大气-热棒-地基热交换系统。该系统中的热棒传输功率取决于几个因素：①热棒的几何尺寸；②热棒制冷工质的种类和充液量；③热棒构成材料的热物理性质；④热棒周围土体的热物理性质；⑤热棒内壁与工质间的放热系数和冷凝器壁到空气的散热条件；⑥土体与空气的温度等。这些都涉及热棒制作过程中所需考虑的各部分热阻（热棒与土体、大气间）、传热极限问题（携带极限、干涸极限和沸腾极限）的控制、蒸发段与冷凝段长度的最优化及充液量。充液量是影响热棒传热极限的决定因素，且由热棒的总长度计算而定的。热棒在工程中应用时，应根据地区的自然环境条件和热棒自身的应用技术条件提出热棒的产品要求，专业厂家按国标《热棒》（GB/T 27880）要求制作过程中对这些参数进行计算和控制。

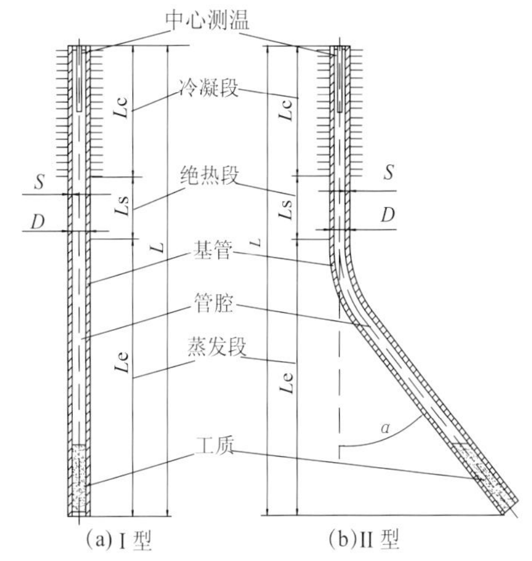

图3.105　热棒的组成与形状（GB/T 27880）

D—基管外径，（mm）；L_c—冷凝段长度，（m）；L_s—绝热段长度，（m）；L_e—蒸发段长度，（m）；L—热棒高度，（m）；S—基管公称壁厚，（mm）；α—湾区角，（°）。

路基工程或其他工程建筑物常用的热棒规格见表3.54，设计时可根据工程建筑物的使用要求和冻土工程地质条件进行热工计算，确定相应的热棒规格和选择热棒的形状（图3.105）。一般情况下，热棒使用年限不少于30年。

热棒管壳材质与工质的种类是决定热棒运行质量和使用年限的关键因素。首先，管壳材料与工质必须相容，即两者不能起化学反应；其次，不同工质热棒的最佳工作温度范围是不同的。常见的管壳材料有低碳钢、不锈钢、铜、铝等。常用的工质有氨、二氧化碳、丙烷、氟利昂等。热棒工质的选择应根据使用要求的工作温度范围和管壳耐压性能，以及工质与管壳材料的相容性（表3.55）来确定，如果不相容，在化学反应过程中生成的气体和其他物质将可能使热棒不能工作。热棒的工作温度范围一定要在工质的凝固点和临界温度之间（表3.55），且应避免在接近临界点即凝固点附近。因接近凝固点时，工质的饱和蒸汽压及密度均很低，蒸汽流动速度大，易形成大的蒸汽压降或出现声速限、携带限。接近临界点时，工质的品质因素将大大下降，压力过高。一般说，工作温度在工质的正常沸点附近较好。

表3.54　常用热棒规格和尺寸（GB/T 27880）

标准外管直径D/mm	长度/m	管壁厚度/mm	冷凝段长/m	绝热段长/m	翅片高度/mm	翅片厚度/mm	翅片节距/mm	开齿高/mm	齿宽/mm	额定功率W
30～45	≤6	2.5～3.5	≤2	≤1	≤25	≤2	5～20	5～20	2～8	200
45～60	≤9	3.5～4.5	≤3	≤1	≤25	≤2	5～20	5～20	2～10	240
60～80	≤12	4.0～5.5	≤4	≤2	≤30	≤2	5～25	10～25	2～10	300
80～100	≤20	5.0～6.5	≤5	≤2	≤40	≤2	5～25	10～35	2～12	500
90～110	≤30	5.0～7.5	≤6	≤3	≤40	≤2	5～25	10～35	2～12	700
110～130	≤40	6.0～8.5	≤8	≤4	≤50	≤2	5～30	20～40	2～12	1000

目前，我国寒区土木工程中使用的低温热棒均按国家标准（GB/T 27880）制作，管基普遍使用冷拔（轧）无缝碳钢管。工质选用优等品级的液体无水氨（液氨）或工业液体二氧化碳。氨热棒，其物理特性见表3.55，汽化潜热达333.89 kcal/kg。在其工作温度范围内，只要蒸发段与冷凝段间存在温差，热棒都能启动工作，进行热量的正常传输。

表3.55 工质与管壳材料的相容性及其物理参数(丁靖康等,2011)

工质	工质与管壳的相容性				工质的物理参数				
	低碳钢	铝	铜	不锈钢	凝固点/℃	沸点/℃	临界温度/℃	临界压/$kg \cdot cm^{-2}$	工作温度范围/℃
氨(NH_3)	相容	相容	不相容	相容	-76.15	-33.45	132.15	115	-63.15～66.85
二氧化碳(CO_2)	相容	相容	相容	相容	-57.60	-77.40(升华)	31.04	75.3	-46.6～15.64
丙烷(C_3H_8)	相容	相容	相容	相容	-18.77	-42.10	96.80	43.4	-151.7～48.8
氟利昂$_{22}$($CHCL_2F_2$)	相容	相容	相容		-160.00	-40.80	96.00	50.8	-129.3～48.4

热棒外露部分的表面，一般都用防腐油漆处理成白色、银灰色，以提高其对太阳的反射率和本身的长波辐射率，处理合适，冷凝器表面的反射率可达0.96，长波辐射率可提高到0.95。

热棒的产冷量，即热棒在实际工作中的有效功率，不仅取决于热棒本身的额定功率，还取决于实际工作的时间及周围土体的温度、气温、风速及热阻等。不同的冻土地质条件，热棒的产冷量也不同。因此，在热棒设计计算过程中应收集相关的资料：①气温；②风速；③地表温度；④路基几何尺寸及各层土的物理、热物理参数；⑤路基的地层岩性；⑥冻土类型、天然及人为冻土上限、年变化深度及年平均地温。实际上，热棒-地基体系中，热棒的有效功率比其额定功率小得多。所以，不能简单地用工作时间和额定功率来直接计算热棒的传热量（产冷量），需要通过计算热棒有效功率才能求得其在寒季工作期间的产冷量（Q_y）。

热棒在寒季的产冷量和降温效果，与热棒蒸发段外直径和长度等有关，其热工计算性能应由试验确定。《冻土地区建筑地基基础设计规范》JGJ 118-2011及相关资料给出了热棒产品性能和介绍了埋置于地中的热棒，其产冷量的计算方法。

3.热棒的适用条件

影响热棒工作的最主要因素是冻土地温变化与气温冻结能力。地温与气温之间的温度差值是低温热棒启动和持续工作的主要影响因素，一般认为启动温差为气温低于地温1 ℃（郭宏新等，2009）。冻结指数越大，热棒累积工作时间越长，尽管气温升高的趋势不可避免，但负温持续时间减少并不剧烈，热棒仍可持续工作。我国多年冻土区的年平均气温都较低，负温期在5～8个月，这对热棒持续启动和散热导冷有利，气温与地温的温差变化不大，热棒的启动工作条件（气温低于启动温度差不能小于0.2 ℃）受影响很小。

热棒具有高效的热传输效率，具有无能耗，工作启动温差很小和单向传热的特性，加上无须外加动力，不需要部件的运动、无噪声干扰、无须日常养护维修和使用年限可达30年等优点，因而非常适合于人烟稀少、缺乏动力的边远地区使用，特别是气候寒冷的青藏高原、新疆和东北大小兴安岭地区使用。适用于新建、改建、补强工程和病害治理等。近年来，热棒在青藏铁路、青藏公路、国道214、前嫩公路及青藏高压输电线路等工程得到广泛的应用和取得良好的效果。

热棒是用于寒区各种环境防地基热融沉降的最佳工程措施之一，可以降低冻土地基的地温，减小和抑制冻土的热融下沉变形。在青藏高原清水河（高温冻土）及风火山（低温冻土）地区进行单支低温热棒现场试验研究。试验热棒长7 m（其中蒸发段长3 m，冷凝段长1.5 m）。试验地段地面以下6～8 m处3月份地温平均值为-1.4 ℃。埋设初期（第1年3月10日至4月20日）距热棒蒸发段3～8 m周围土体的温度平均值列表3.56。

表3.56　2004年距热管蒸发段(3～8 m)不同距离的土体平均地温(℃)(郭宏新等,2009)

地点	年平均气温/℃	年平均地温/℃	热管侧壁	1#孔0.3 m	2#孔0.8 m	3#孔1.3 m	4#孔1.8 m	5#孔5.0 m	平均温度
清水河	−4.0	−0.7～−0.9	−4.71	−4.08	−1.42	−1.30	−1.21	−1.08	−2.54
风火山	−5.6	−1.8～−2.6	−6.33	−5.08	−3.73	−3.55	−3.31	−3.15	−4.40

根据有限单元方法的模拟计算结果表明，在低温冻土区（风火山为例），从第1年起地温曲线向着低温方向移动，直至第30年，在热管寿命期的30年内，热棒是在抵御全球气候升温的影响，使土体处于放热的“冷却降温”状态［图3.106(a)］。第30年起，热棒开始停止工作，直到第50年路基土体的地温曲线才与无热棒路基的地温曲线相近，也就是说，热棒工作期间土体积蓄的冷量才消耗殆尽。高温冻土区（清水河为例），从第1年起，热棒冷却降温的地温曲线如同低温冻土区，但在第30年热棒停止工作时，其地温曲线已回到位于第1年高温区域［图3.106(b)］，说明热棒失效后，不足于抵御大气升温带来的影响，前期的冷量积蓄在工作期间就开始消耗，只能通过选择适当的热棒蒸发段面积和热棒布设密度来改变这种状态。

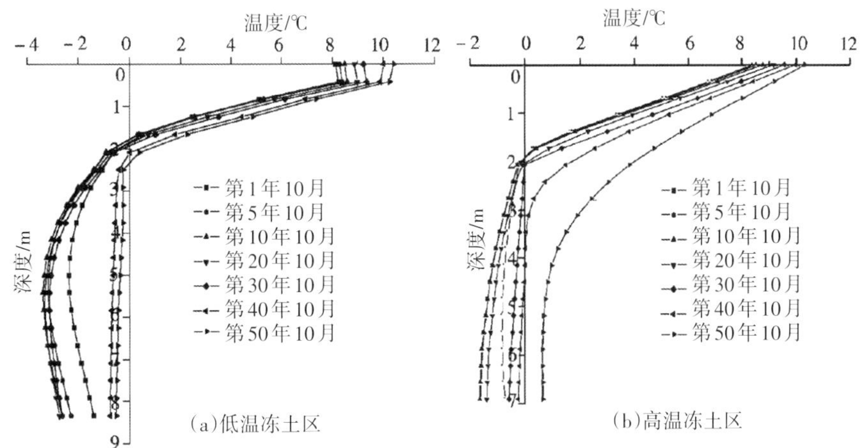

图3.106　高低温冻土区热棒路基阳坡坡脚地温曲线变化(郭宏新等,2009)

4.热棒的设置间距

热棒在地中冷却降温所能传播的最大距离就是热棒的影响半径，温度梯度即从热棒壁向外的水平距离增加而减小至零。青海柴木铁路沼泽化多年冻土区的观测资料，若以降低0.5 ℃为判别标准，最低温度作为依据的有效影响半径为4.5 m，以年平均温度作为衡量依据的有效冷却半径为2.4 m（图3.107）。青藏铁路清水河试验段观测的热棒有效影响半径为1.45 m（中铁第一勘察设计院集团有限公司等，2007）。安多试验段的观测资料表明（图3.108），不同直径热棒的有效影响半径亦不同，ϕ60 mm、ϕ89 mm（表3.57）和ϕ108 mm的有效传播范围分别为1.8 m、2.3 m及

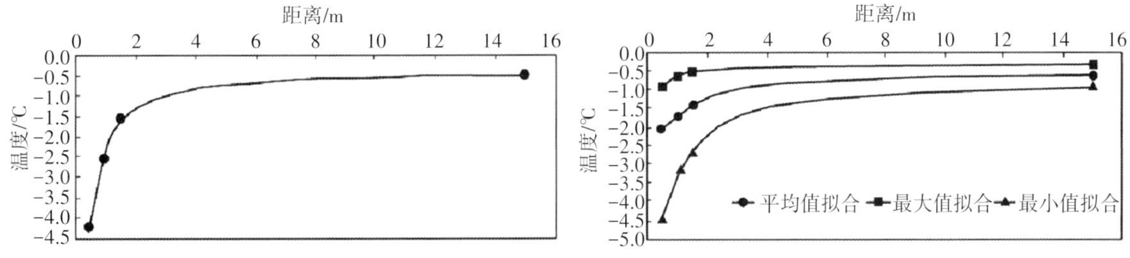

图3.107　青海柴木铁路3.5 m深处热棒水平方向地温曲线(陈继等,2011)

2.55 m。整治东北大兴安岭多年冻土区运营近五十年牙林线、嫩林线铁路的冻融病害，“既有铁路牙林嫩林线多年冻土区试验工程”的观测结果（图3.109）（哈尔滨铁路局齐齐哈尔铁路科研所，2007），热棒的影响半径为2.0 m。

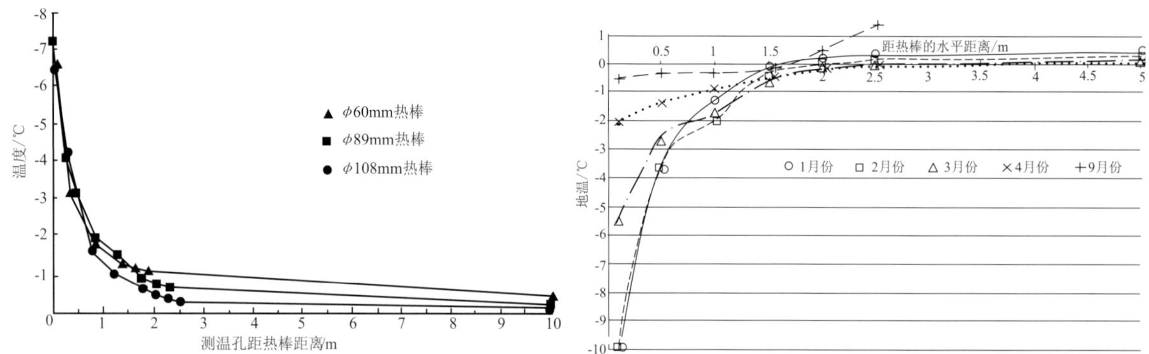

图3.108 安多热棒水平距离的温度变化曲线(李宁等,2006)　　**图3.109 大兴安岭热棒水平距离的温度变化曲线**

表3.57 安多天然地面热棒(φ89,翅片高度25 mm)周径平均地温(℃)

时 间	距热棒壁外的距离							
	侧壁 0 m	1#孔 0.3 m	2#孔 0.8 m	3#孔 1.3 m	4#孔 1.8 m	5#孔 2.05 m	6#孔 2.3 m	天然孔 10 m
2004-11-10至2005-4-20	-6.47		-2.10	-1.73	-1.11	-0.95	-0.87	-0.30
2005-11-9至2006-4-20	-6.06	-3.38	-1.94	-1.58	-1.05	-0.91	-0.83	-0.32

由各地多年冻土区热棒试验段的观测资料可知，热棒启动工作后（约10月份），蒸发段的温度逐渐降低，管周土体也降温，达到最低温度后（3～4月间），随着大气温度回暖，热棒的冷量采集减少，蒸发段的温度就逐渐减小而升高，管周土体温度滞后升高。前期为热棒的储冷阶段，以采集冷量，大量冷量集中在热棒蒸发段，以迅速降低管周土温为主，同时也逐渐向管周土体传递和扩散。后期蒸发段温度降低，管周土体温差作用下，继续向四周扩散，增大传热范围。显然，大气温度越低，持续时间越长，即冻结指数越大，热棒的储冷越多，向管周土体扩散距离越远，即影响半径就越大。可见，热棒输入地基总冷量和热棒侧壁温度与地温的温差成正比。

据资料介绍（丁靖康等，2011），在无试验条件时，可根据当地的气象资料和多年冻土地基的热物理性质，分析确定热棒工作期、蒸发段表面温度较差（蒸发段表面最低温度与起始温度之差）、温度波动周期（从开始工作至热棒表面出现最低温度的时间），采用修正的傅里叶方程进行估算：

$$L = k\sqrt{\frac{\lambda T}{\pi C}}\ln\frac{A_0}{A_1} \tag{3.60}$$

式中：L为热棒传热影响范围，m；k为修正系数，在青藏高原多年冻土地区可取0.20～0.25；λ为热棒蒸发段周围冻土的平均导热系数，kcal/(m·h·℃)；T为热棒蒸发段温度波动周期，h；C为热棒蒸发段周围冻土的平均热容量，kcal/(m³·℃)；A_0为计算期热棒蒸发段的温度较差，℃；A_1为计算期热棒传热影响范围边界处的温度较差，可取0.1～0.2 ℃。

在清水河地区，每年10月至第2年1月，热棒的传热影响半径为1.57 m。据清水河地段K1025的试验资料，天然场地热棒的影响半径为1.45 m。

《冻土地区建筑地基基础设计规范》给出，采用热棒冻结地基时，热棒的冻结半径r，是气温冻结指数的函数（图3.110）及求解公式。

采用数值模拟计算来研究热棒的纵向埋设间距对于热棒路基基底温度场的影响表明，热棒的纵向间距越小，路基中心线上地温沿深度分布曲线越向负温一侧偏移（图3.111）（青海省地方铁路管理局等，2010），越有利于路基下地温的降低和冻土人为上限的抬升。

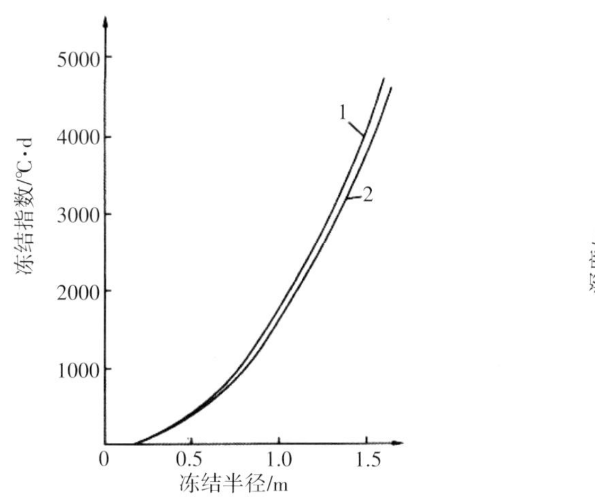

图3.110　热棒冻结半径与气温冻结指数关系（JGJ 118–2011）

粉土，ρ_d=1600 kg/m^3，ω=10%；

风速1 v=0.9 m/s，风速2 v=4.5 m/s；

蒸发段埋深N=6.1 m。

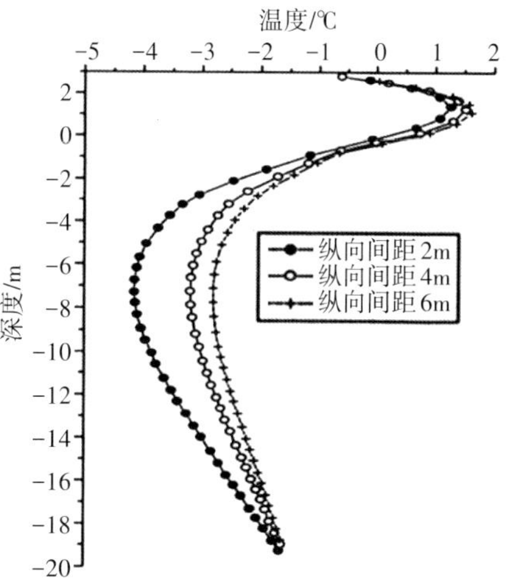

图3.111　不同热棒纵向间距下路基中心线上地温分布曲线（第5年）

根据青藏高原、祁连山和东北大兴安岭的现场试验和数值模拟的结果看，热棒的有效冷却降温半径为1.5～2.0 m，温度波及范围可能较大，对土体的冷却降温能力是有限的，不足以保持冻土地基热稳定性。据此，热棒纵向间距按3.0～4.0 m来布设是合理的。热棒的横向间距取决于路基路面和建筑物的宽度，在不影响行车安全的条件下，尽量缩小间距为宜。当路基宽度过大时应改变热棒的埋置方式，即由直插改为斜插，或者采用弯型热棒来达到路基中心部位的冷却降温效果。当然，热棒的产冷量与当地的冻结指数、风速有关，冻结指数越大，热棒的产冷量越高，有效冷却降温影响半径也越大。

5.热棒的合理埋深

热棒蒸发段的埋置深度取决于使用的意图与目的。在寒区地基基础工程中通常使用热棒的主要用途：①用以消除冻土工程施工和运营时产生的热干扰，防止冻土地基融化；②降低多年冻土地基的地温，以提高冻土地基承载力；③调节冻土区工程建筑地基的人为冻土上限，减少活动层厚度，以达到减少或抑制冻土地基的融沉和冻胀性；④促使既有工程建筑物融化地基回冻，保持寒区工程的稳定性；⑤构筑地下冻土墙，隔水、防渗和稳定性地下工作面；⑥构筑人工冷藏库。

就路基和建筑工程来说，热棒使用是防止因路基和建筑工程修筑而导致基底下多年冻土地基温度升高、地下冰融化产生热融下沉的重要工程措施之一，热棒的蒸发段应该埋设在起支撑作用的冻土地基持力层中，使冻土地基冷却降温、增大冻土地基承载力，提高冻土人为上限，增强冻土地基的热稳定性。作为工程建筑物冻融病害治理措施，热棒应埋设在引起工程病害根源的部位，恢复其原有的状态和提高承载力。

1）热棒蒸发段埋设在路基季节融化层内的温度场

根据数值模型计算（青海省地方铁路管理局等，2010），将热棒的蒸发段埋置在多年冻土季节融化层内，季节融化层的回冻面积有较大的增加（图3.112），在寒季的初中期，能使路基及路基下的季节融化层有较大的回冻，但多年冻土上限以下的冻土地温处于较高状态，尽管在第2年间冻土地温有所降低，仍处于高温状态。在暖季期间，季节融化层逐渐转为正温，在热棒附近能残存局部的负温状态或消失。

2）热棒蒸发段埋设在路基基底下多年冻土层内的温度场

热棒蒸发段埋设在多年冻土上限以下（图3.113），季节融化层的回冻面积较小，但多年冻土上限以下的冻土地温却有较大幅度的降低，第2年仍可保持在低温状态。在暖季期间，季节融化层逐渐转为正温，而上限下仍可保持较低的负温。

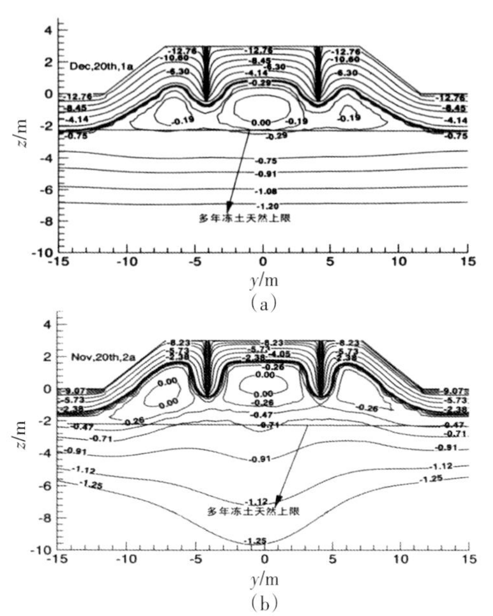

图3.112 蒸发段埋在路堤融化层的热棒路基运营第1年(a)和第2年(b)12月15日地温分布图

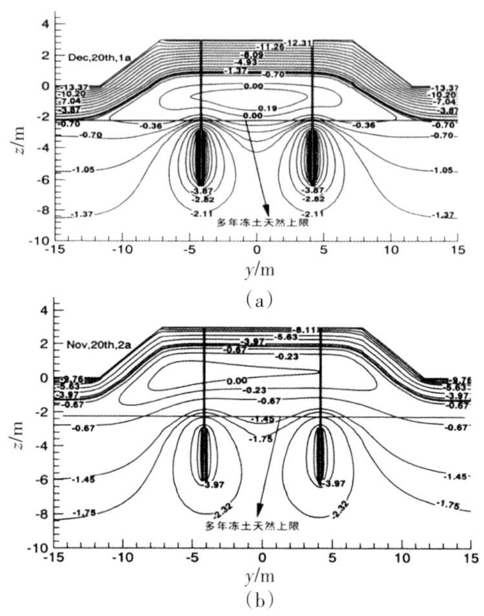

图3.113 绝缘段埋在路堤融化层的热棒路基运营第1年(a)和第2年(b)12月15日地温分布图

3）新建工程热棒蒸发段埋设在季节融化层内和冻土上限以下

在新建路基工程中，热棒的冷凝段（长1.5～4 m）外露在路基面以上，蒸发段（长4.5～6 m）埋置于路基基底下的多年冻土季节融化层（一般厚度为2～3 m）和上限以下（插入深度2～4 m）。

图3.114为青藏铁路清水河热棒试验断面的最大融化深度变化曲线。路基完工后的第1年，热棒路堤下最大融化深度人为冻土上限提高最大，平均上升1.29 m，而普通路堤仅上升0.3 m。2003年较2002年平均上升0.55 m，2004年较2003年平均上升0.31 m。

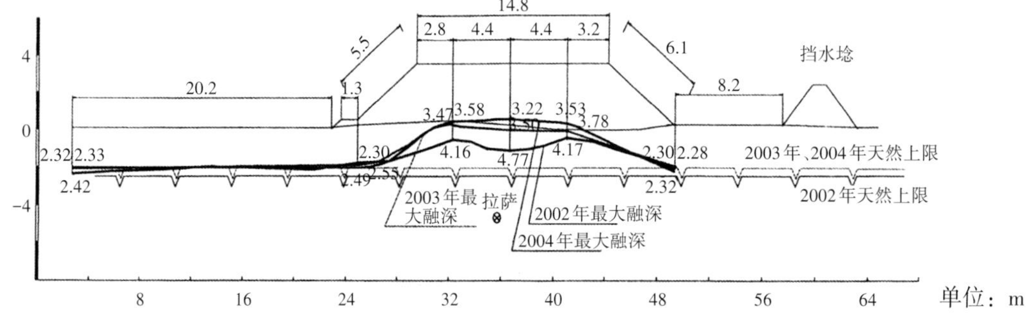

图3.114 青藏铁路DK1024+425断面2002年、2003年和2004年路堤最大融化深度变化曲线

（《青藏铁路》编写委员会，2016）

图3.115为青藏铁路北麓河热棒试验断面的最大融化深度变化曲线。与普通路基相比，冻土上限抬升量为0.34～1.64 m，普通路基冻土上限下降量约为0.2 m。

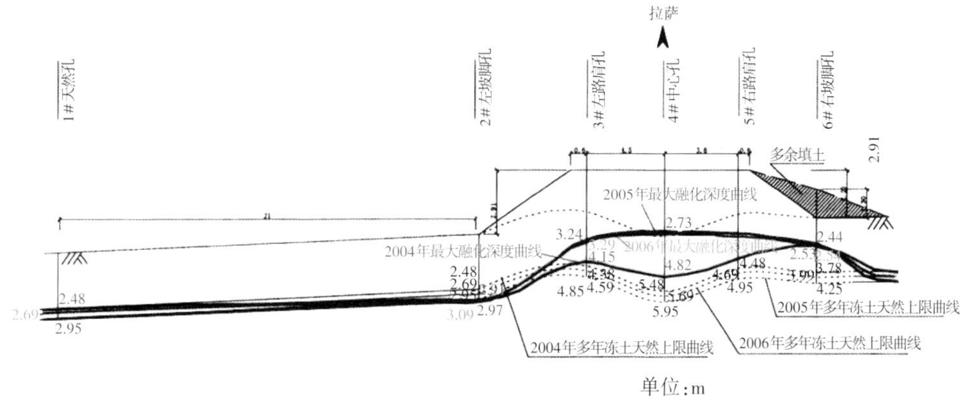

图3.115 青藏铁路DK1505+275断面2004年、2005年和2006年路堤最大融化深度变化曲线

（中铁第一勘察设计院集团有限公司等，2007）

4）既有工程病害整治中热棒蒸发段埋设在融化盘内及冻土上限以下

为整治东北大兴安岭多年冻土区运营近五十年牙林线、嫩林线铁路的冻融病害的观测研究（哈尔滨铁路局齐齐哈尔铁路科研所等，2007）。热棒采用斜插，角度为75°向外倾斜插入路基，热棒长9 m，冷凝段外露4 m，热棒纵向间距为3～3.5 m。蒸发段置于季节融化层和冻土上限以下。施工后第2年（2005年），基底多年冻土上限普遍上升，一般达1.5～3.0 m（图3.116、图3.117），最大达4.0 m，25%～40%地段形成冻土核。

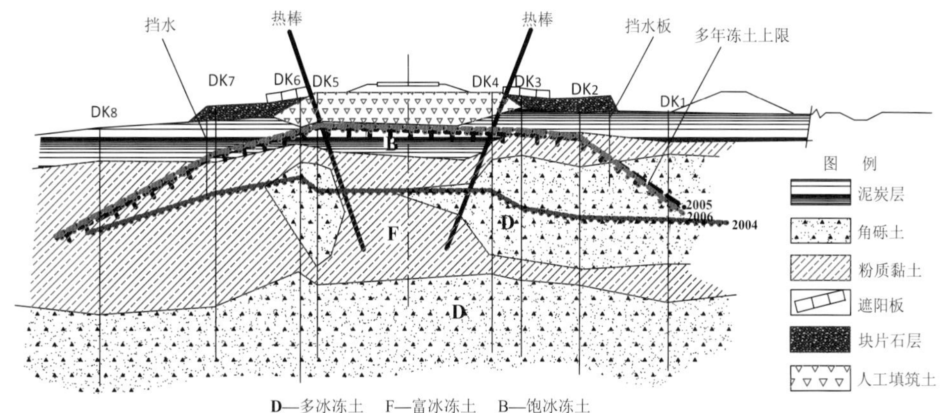

图3.116 牙林线100^K100地质断面及冻土上限

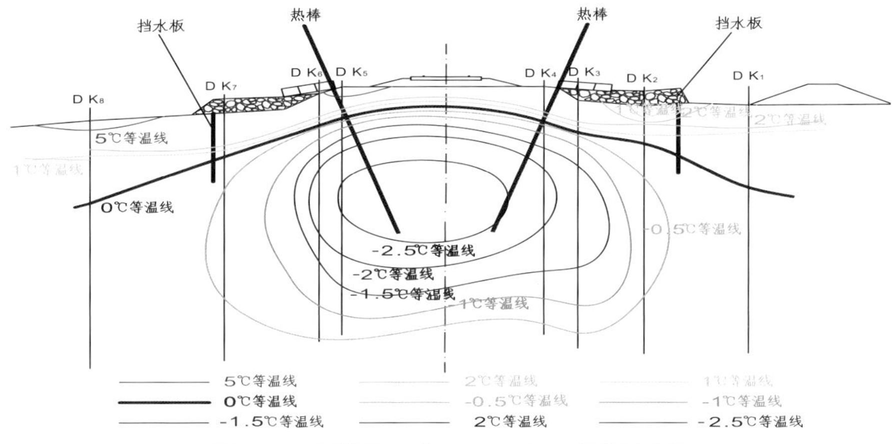

图3.117 牙林线101^K100 2006年10月等温曲线

新建工程的热棒蒸发段埋设位置应置于多年冻土季节融化层内和冻土上限以下一定深度（2～4 m）。既有工程病害治理地段应直接置于融化盘内，热棒底端应达融化盘底部，可能的话，应插入多年冻土上限以下一段深度，使融化盘回冻能与多年冻土衔接，不应出现融化夹层。

6.热棒的敷设方式

热棒的敷设方式有单棒竖插、单棒斜插、双棒竖插和双棒斜插等（图3.118、图3.119）。目前我国工程中使用的热棒主要是“直型”的，即弯曲角α为0°（产品标准中称90°）。青藏公路宽幅路面试验路段亦有采用“弯曲型”热棒，俗称“L”形热棒，弯曲角为45°（定型产品或软管连接）。有些“L”形热棒的弯曲角更大些，或呈“发卡”式的热棒。

“发卡”式热棒，又称柔性（或刚性）热棒，其工作原理与刚性热棒相同，只是为了适应工程实际应用的需要而作。但因“发卡”式热棒用于路基工程时，需将整根热棒都埋设在路堤内，因而要求当地具有很大的冻结指数，才能使冷凝段所处位置能有较多的负温值和工作期，使下面蒸发段的土体冷却降温，保持路基的热稳定性。我国多年冻土地区寒冷环境条件下，采用埋地“发卡”式热棒，路基基底下土层冷却降温效果很难满足设计要求。

热棒的敷设方式应根据工程需要和环境，以及施工条件确定：

（1）寒区工程中通常可采用竖插热棒的敷设方式。在横断面较小的道路工程或建筑工程等常采用直型热棒，以满足基底的冷却范围和面积。

（2）当路面宽度较大，多年冻土地温较高的平坦、开阔地带情况下，采用斜插热棒的敷设方式具有较理想的效果，斜插的角度为75°（热棒与地面水平线的夹角）。在宽幅路面（超过10 m以上）的情况下，宜采用弯形、“L”形热棒（图3.120），弯曲角度根据工程需要确定。在整体式高速公路，两侧可采用弯形热棒，中间的“隔离带”可采用一排或双排的直形或弯形热棒（图3.121），这样可避免在路基中选出凹形冻土人为上限。

图3.118　东北嫩林线既有路基热棒防融沉措施（斜插）（童长江摄）

图3.119　青藏公路热棒路基（直插）

图3.120　前嫩公路弯型（“L”形）热棒施工（郭智荣提供）

图3.121　高等级公路（214）两侧及隔离带多排热棒（房建宏提供）

图3.122　青藏铁路双排双向布设热棒

（3）在高温高含冰量冻土和冻土退化区，地势较平坦和路堤高度<2.5 m条件下，宜设置双向直形热棒，或多排直形热棒（图3.122），也可设置弯形热棒。

（4）高路堤具有阴阳坡影响，或地面横坡陡于1∶5，路基下多年冻土人为上限出现偏移时，宜在阳坡敷设热棒，但应将蒸发段埋置于融化盘内，或者两侧热棒的蒸发段均埋置于融化盘内，且将阳坡侧热棒向阳坡侧适当偏移。如果热棒蒸发段埋置于多年冻土上限以下，即便是单纯地将热棒向阳坡偏移一段距离，对路基内融化盘的分布影响也不大。

针对热棒不同敷设方式进行的数值计算结果表明，埋设热棒后能明显地降低路基及下伏土体的地温年平均值，双插热棒的地温低于单插热棒的地温，斜插低于竖插（图3.123）。选择适合的热棒和布设间距合理时，路基中心不会出现融化核（图3.124）。

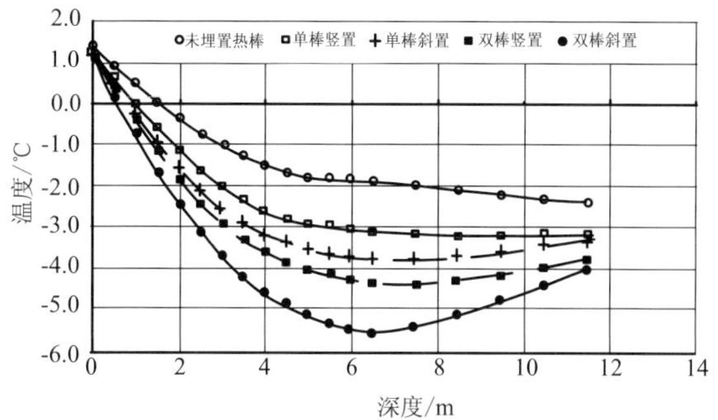

图3.123　热棒不同敷设方式路基中心地温年平均值

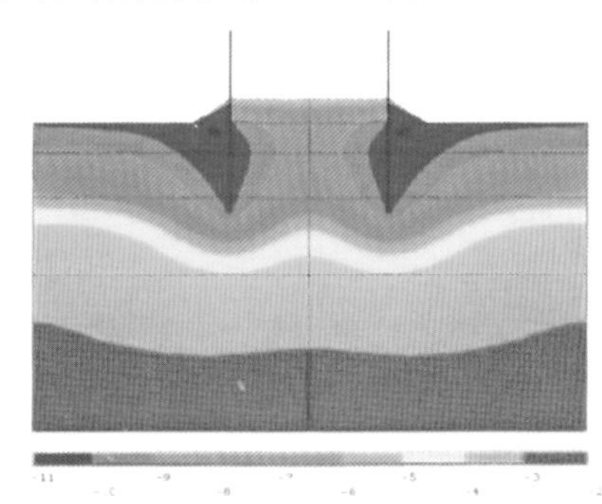

（a）双棒竖置　（b）双棒斜置

图3.124　热棒不同敷设方式的温度场（3月15日）（中交第一公路勘测设计研究院等，2006）

7.热棒的施工要求

热棒施工应注意的事项：

（1）路基施工达到设计要求后，按设计要求定位和确定敷设方式；

（2）钻探应采用干钻，且避免出现落石或塌孔；

（3）热棒吊装应避免热棒拖地和损坏；

（4）热棒与孔壁间的回填应密实；

（5）等待回填料回冻后拆除支架；

（6）恢复路基原状。

3.4.4　隔热保温路基

多年冻土区路基修筑，特别是低路堤、零断面或路堑中，大气热量易引起路基下多年冻土升温，影响路基热稳定性。新型工业隔热材料的导热系数比土体导热系数小，将其埋入路基体内可以阻隔暖季大气热量进入路基，以满足多年冻土区最小路堤高度，保持基底多年冻土的热稳定性。但隔热层也能阻隔大气冷量进入路基。在全球气候转暖的大环境下，隔热保温层路基只能起到延缓多年冻土退化的作用。

在多年冻土区路基工程中，应用隔热层以维持冻土路基的热稳定性已有近五十年的历史。起始于美国的土木工程，近年来我国冻土区不少路基工程也有采用。路基工程试验研究表明，在阿拉斯加、西伯利亚等低温多年冻土区，路基工程中采用隔热保温层具有较好的长效效果。但用于高温多年冻土区的路基工程中，尚应配合有冷却降温措施，如热棒等所构成的复合路基，对保持冻土路基稳定性具有更好的长效效果。

目前，我国路基工程中采用的工业隔热保温材料有：聚苯乙烯泡沫塑料（EPS）、聚氨酯泡沫塑料（PU）和挤塑聚苯乙烯泡沫塑料（XPS）。这些隔热保温材料具有质量轻、吸水率低、导热系数小的特点（表3.58），且可制作为所需的成型材料。

表3.58　常用高于隔热保温材料的物理、热物理和力学性能

隔热保温材料名称	密度 /kg·m^{-3}	抗压强度（压缩10%）/kPa	体积吸水率 /%	导热系数 /kcal·(m·h·℃)$^{-1}$	比热 /kcal·(kg·℃)$^{-1}$
聚苯乙烯泡沫塑料,EPS	25～35	200～300	<1%	0.03～0.035	0.35
聚氨酯泡沫塑料,PU			<1%	0.025～0.030	
挤塑聚苯乙烯泡沫塑料,XPS	40～50	400～500	<1%	0.025～0.040	

在路基工程中更多地使用挤塑聚苯乙烯泡沫塑料（XPS）。根据EPS和XPS隔热保温材料的对比试验，两种材料在反复冻融循环和不同荷载作用下的导热系数、吸水率变化不大，但强度随着冻融循环次数增加而稍有下降趋势。试验结果表明，EPS板的导热系数比XPS板大，PU板导热系数最小，EPS板的体积吸水率是XPS板的6倍还多，抗压强度只有XPS板的一半（表3.59）（中交第一公路勘测设计研究院和中铁第一勘察设计院，2006）。

表3.59　隔热保温材料冻融循环后的物性测试结果

材料类型	冻融循环次数	导热系数/W·(m·K)$^{-1}$	体积吸水率/%	抗压强度/kPa
EPS	5	0.0253	2.6	401*(347)**
	10	0.0249	2.5	372*(335)**
	20	0.0253	2.8	383*(352)**
	30	0.0242	2.5	337*(326)**
	平均	0.0249	2.6	373*(340)**
PU	5	0.0193	0.5	308
	10	0.0184	1.1	306
	20	0.0188	1.0	263
	30	0.0181	1.1	282
	平均	0.0187	0.9	290
XPS	5	0.022*(0.024)**	0.422*(0.469)**	646*(560)**
	10	0.023*(0.025)**	0.362*(0.402)**	637*(552)**
	20	0.021*(0.023)**	0.39*(0.433)**	628*(544)**
	30	0.019*(0.021)**	0.38*(0.423)**	633*(574)**
	平均	0.021*(0.023)**	0.389*(0.432)**	636*(557)**

注：EPS板的*表观密度为42 kg/cm^3；**表观密度为30 kg/cm^3；PU板的表观密度为59 kg/cm^3；XPS板的*表观密度为44.9 kg/cm^3，**X350型表观密度为45 kg/cm^3。

1. 隔热保温路基的工作原理

隔热保温路基是在路基内铺设一层隔热保温层，利用其低导热性能（热阻）阻止上部热量传入到下部，延缓多年冻土融化，减小冻土上限下降，从而保持多年冻土的相对稳定。

大气一年为周期的近似于正弦波动的温度边界条件下，热量传入土层内的温度也呈现随深度振幅逐渐减小、相位出现滞后的周期性波动变化。多年冻土层的地温表现出最高与最低温度随深度动态变化的包络线。最高温度包络线随时间和深度变化时，达到冻结状态温度（通常以0 ℃为判断，实际应低于0 ℃）的深度，即为多年冻土上限位置。路基内未设隔热保温层时，土中最高与最低温度包络线通常是较为光滑的衰减曲线（图3.125的粗线）。当铺设隔热保温层后，因其导热系数（表3.59）与土层导热系数（表3.60）的巨大差异，阻隔了保温层上部热量的传递，下部的温度较之上部出现很大的差别，使下部土体的温度年振幅降低，最高、最低温度包络线之间的范围缩小（图3.125的细线）。此时，最高温度包络线随时间和深度变化达到冻结状态温度的深度减小，即与深度0 ℃轴线相交点较无隔热保温层时有所提高，这意味着冻土层土温不受热影响，减小多年冻土原上限位置下降或保持原位（或者说原多年冻土的温度可保持住）。

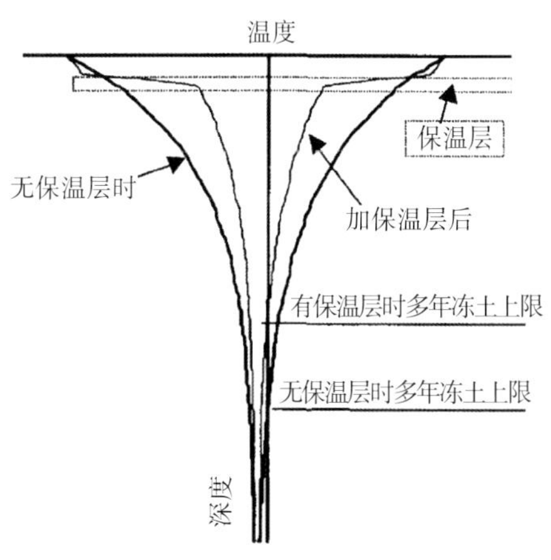

图3.125 路基内有无隔热保温层的温度变化曲线

基于这种原理，在路基的一定深度内铺设隔热保温层能够起到增大路堤的热阻，减小保温层下的温度（图3.126）和传入冻土路基的热量，延缓和减小多年冻土的融化和年平均地温升高，维持多年冻土的相对稳定状态。

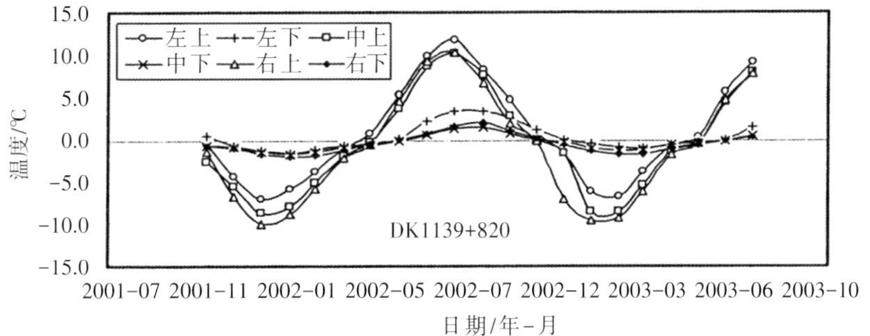

图3.126 隔热保温层上下面温度变化曲线（《青藏铁路》编写委员会，2016）

表3.60 填料、材料和路面结构层的物理和热物理性质（中交第一公路勘测设计研究院等，2006）

填料名称	密度 /kg·cm^{-3}	冻结后导热系数 λ_f/W·(m·℃)$^{-1}$	融化后导热系数 λ_t/W·(m·℃)$^{-1}$	冻结后热容量 C_f/kJ·(m^2·K)$^{-1}$	融化后热容量 C_t/kJ·(m^2·K)$^{-1}$	相变潜热 /J·m^{-3}
路面结构层	1827	2.441	1.808	1612	2025	22.30×10^6
碎石，块径60～80 mm	1490	0.396	0.396	1250	1250	0
砂砾填料	1800	1.980	1.919	1913	2227	20.40×10^6
砂黏土	1480	0.909	0.959	1900	2183	45.18×10^6
含角砾砂黏土	1680	2.059	0.939	2414	3205	51.98×10^6

续表 3.60

填料名称	密度 /kg·cm^{-3}	冻结后导热系数 λ_f/W·(m·℃)$^{-1}$	融化后导热系数 λ_t/W·(m·℃)$^{-1}$	冻结后热容量 C_f/kJ·(m^2·K)$^{-1}$	融化后热容量 C_t/kJ·(m^2·K)$^{-1}$	相变潜热 /J·m^{-3}
弱风化基岩	1950	1.969	1.030	2197	2866	82.15×10^6
空气	0.678	0.024	0.024	0681	0681	
水泥混凝土	2000	1.28	1.28	1670	1670	含水率2%
沥青混凝土	2120	0.74	0.74	3520	3520	含水率1%
碎、砾石混合料	2060	2.14	2.10	2088	2253	含水率3%
道砟	1900	1.51	1.45	1879	2027	含水率5%

注：单位换算为1 J = 0.239 cal；1 W = 1 J/s；1 W/(m·K)=0.86 kcal/(m·h·℃)。

2.隔热保温路基的适用条件

从图3.127可以看出，不同厚度的隔热保温层和路基填土高度的组合，可以达到协同的隔热保温效果，保证路基的热稳定性。计算结果表明，隔热保温层厚度增加到一定程度（100 mm）后，即增加隔热保温层厚度，其相应的隔热保温效果改善不明显，综合考虑经济和强度，100 mm为比较合适的隔热保温层铺设厚度。图3.127表明，当年平均气温高于-3.84 ℃时，隔热保温法不能保证路基在运营期内的热稳定性；当年平均气温低于一定值后（-5.20 ℃），1 m高度路基即可保证路基的热稳定性，无须增设保温层。但在路基中放置隔热保温层对减小周期性冻融过程中的变形幅度有作用，对路基稳定性有好处。基于经济和工程实际考虑，青藏高原年平均气温在-3.8～-5.2 ℃之间的多年冻土地区，可采用隔热保温法来保持路基的相对热稳定性。

在不同路基高度条件下，将铺设在天然地面以上0.5 m的满幅宽度同一厚度隔热保温层的模拟计算表明（图3.128），相同年平均气温地区，随着多年冻土年平均地温降低，路基填土高度也可相应降低。在相同路基高度下，如果多年冻土年平均地温较低时，隔热保温路基结构可适用于年平均气温更高些的地区。图中可看出，年平均地温对不同填土高度的隔热保温路基影响程度是不同的，对低路基高度的影响较大，对高路基高度的影响相对较小。

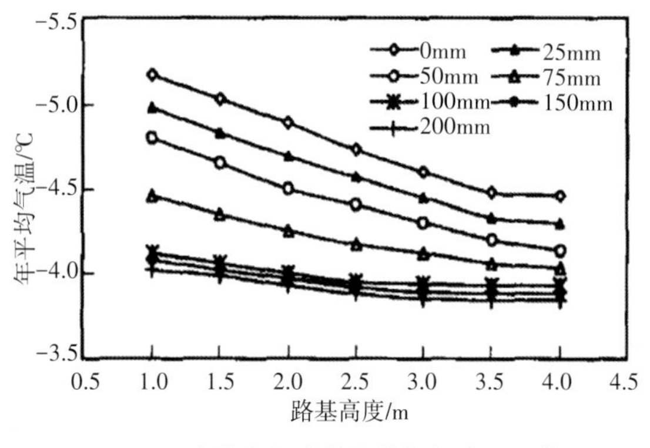

图3.127 青藏高原路基隔热保温法适用范围（温智等，2005）

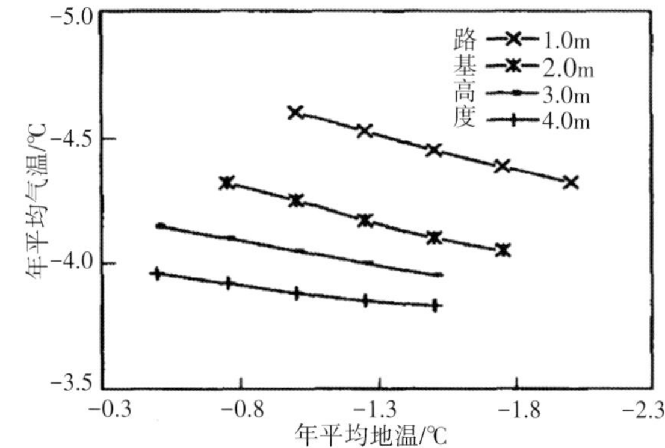

图3.128 不同路基高度下冻土热状态对隔热保温层适用范围的影响（温智等，2005）

据青藏公路昆仑山隔热保温路基试验段（K2896）表明，尽管隔热保温路基地段的天然场地多年冻土退化较严重，冻土上限下降速率较大，但路基下多年冻土人为上限下降速率却比对比路段小，相对于1996年多年冻土天然上限，2002年隔热保温路基下冻土上限抬升幅度达0.41 m，对比路段的多年冻土已经融化到原天然上限以下0.10 m。在低温多年冻土区，保温层的使用可以延缓多年冻土退化，保持路基的热稳定性，延长路基的使用年限。

青藏铁路北麓河隔热保温路基的试验观测资料（表3.61）表明：

（1）三年后（2004年）隔热保温路基中心位置的冻土人为上限深度为1.29～1.50 m，未采用隔热保温层的素填土路基中心的冻土人为上限深度为2.90 m。说明隔热保温层起到了明显的隔热保温作用，使路基下冻土人为上限抬高了1.40 m。

（2）由于路基边坡未埋设隔热保温层，侧向热侵蚀作用对路基的影响没有减弱，隔热保温路基的左右路肩下冻土人为上限与素填土路基比较接近。同时也可看出，高路堤下，阴阳坡的冻土人为上限变化较大，阴坡的冻土人为上限明显较阳坡浅1.0 m左右。

（3）隔热保温路基冻土人为上限的变化能较快逐渐稳定，而素填土路基的冻土人为上限仍处于变化中。

（4）隔热保温路基中心的冻土人为上限比多年冻土天然上限浅，使冻土人为上限抬高了1.0 m。

表3.61　青藏铁路北麓河试验段路基下冻土人为上限变化(m)(中铁第一勘察设计院,2006)

试验段里程	保温板		埋设位置	路堤高度	2002年			2003年			2004年			天然上限(2004)
	材质	厚度			左路肩	路中心	右路肩	左路肩	路中心	右路肩	左路肩	路中心	右路肩	
DK1139+900	PU	40 mm	地面上0.5 m	3.34	2.50	2.00	1.50	2.85	1.50	1.00	3.00	1.25	0.90	2.30
DK1139+780	PU	40 mm	路肩下0.8 m	2.94	2.30	1.40	2.00	2.50	1.40	1.70	2.75	1.35	–	2.70
DK1139+820	EPS	80 mm	地面上0.5 m	2.69	2.00		2.00	–	–	1.10	2.50	1.50	1.00	2.60
DK1139+740	EPS	80 mm	路肩下0.8 m	3.03	2.25	2.00	2.30	2.50	1.60	1.85	2.65	1.50	1.85	2.60
DK1139+670	EPS	100 mm	地面上0.5 m	4.12	2.50	1.80	1.75	2.65	1.75	1.50	2.75	1.50	0.80	2.50
DK1139+940	素填土		无	4.34	2.52	2.10	1.50	2.85	3.10	0.90	3.05	2.90	0.50	2.52

青藏铁路有无隔热保温层路基的计算结果表明（采用0.1 m的EPS板），隔热保温层可以阻止热量对路基的侵入，减小路基下多年冻土人为上限下降（图3.129）（青藏公路冻土路基研究组，1988）。隔热保温路基的冻土人为上限较素土路基上升1.0 m。路基修筑后第50年，隔热保温路基的最大融化深度也较浅。

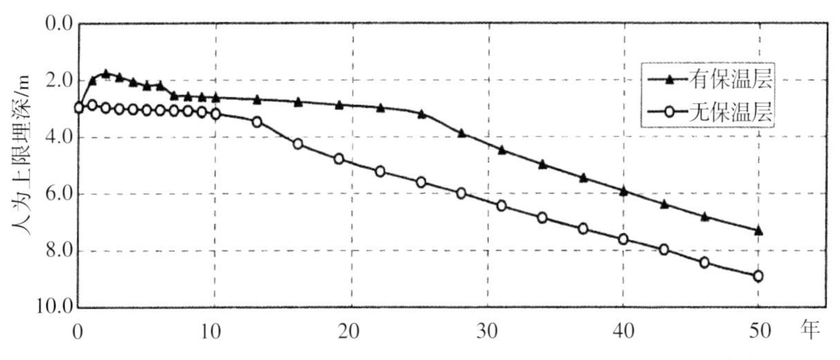

图3.129　有无隔热保温层路基中心下冻土人为上限随时间变化

(路基高度1.0 m,年平均气温-3.0 ℃)

年平均气温低于-4.0 ℃时，当遇到下列情况，可以采用隔热保温措施，以达到阻隔大气热量传递到路基内，提高路基下多年冻土人为上限，抑制或减小因冻土上限下降而引起路基沉降。

（1）路基设计高度因纵坡控制不满足路基最小临界高度地段；

（2）路堑或垭口处的换填低路堤地段；

（3）低路堤或阴坡线路（路堤阳坡较低）地段；

（4）治理路基下融化盘偏移的病害地段。

值得注意的是，即便保温材料在抬高上限的同时，下伏冻土温度也普遍升高，保温层下仍存在着热积累。因此，在一定时间内，当年平均气温高于-3.8 ℃后，采用保温法不能保证路基下冻土上限不下降。当然，在年平均气温较低（例如<-6.0 ℃），即使不用保温板的普通路堤也可以使多年冻土上限不下降。

3.隔热保温路基的保温材料选择

在寒区工程中使用的EPS、PU和XPS隔热保温材料，需要考验这些材料在反复冻融循环和不同荷载作用下，其导热系数、吸水率和强度变化等老化问题。在实验室条件下对三种隔热保温材料分别进行冻融循环试验，即浸泡于水中7小时，取出后置于-15 ℃冰箱冷冻17小时，再取出置于水中7小时，如此反复冻融循环，测定它们的导热系数、吸水率和抗压强度的变化。采用平行多个样品，经历5、10、20、30次的反复冻融循环试验，测试结果见表3.59。

从测试结果看，反复冻融循环后隔热保温材料的导热系数、体积吸水率变化不大，它们的抗压强度出现一些波动，呈现出随冻融循环次数增加而有所下降的趋势。置于潮湿环境条件下，XPS板的耐久性最好，其隔热保温性能随时间的变化很小，使用两年以后，热阻几乎稳定，仍能保持80%以上，即使经过200次的-45 ℃至20 ℃的冻融循环后仍能保持98.4%的热阻。几种隔热保温材料在浸水24小时后，除XPS的抗压强度基本未出现降低外，PU板、EPS板及酚醛泡沫板的抗压强度均有所降低。可见，XPS板具有导热系数很小、吸水率较低、抗压强度较大、耐久性好等优点。XPS的导热系数为0.021 W/（m·K），而碎石的导热系数为2.04 W/（m·K），为XPS板的97倍。

隔热保温板的强度选择，既要考虑车辆荷载特点和路面下应力扩散，亦要考虑施工压实时压路机传递到隔热保温板上的压应力。若要使隔热保温板上的土层得到高质量压实度的话，难以控制压路机传到隔热保温板上的压应力不大于0.3 MPa。这是选材时需要考虑的。

4.隔热保温路基的保温层厚度确定

隔热保温层的厚度直接影响隔热保温路基的隔热保温效果。隔热保温效果并不是随厚度增大而呈正比，而是达到一定厚度后随厚度增大而逐渐衰减。

由图3.130的观测看出，当隔热保温层厚度为10 mm增加到50 mm时，路基下的融化深度迅速减小，从50 mm增加至100 mm时，融化深度减小缓慢。如风火山试验资料：当隔热保温层厚度由50 mm增加到100 mm，路基下融化深度仅由减小32.7%至减小42.3%，隔热保温层厚度增加了1倍，路基下融化深度仅增加9.6%。昆仑山试验路

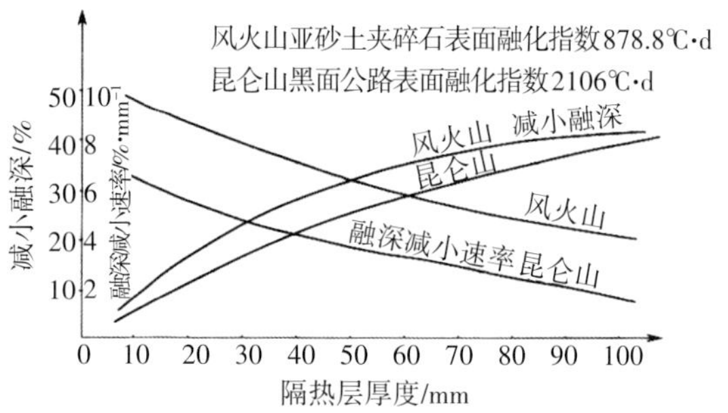

图3.130 隔热保温效果与隔热保温层厚度的关系

（丁靖康等，2011）

基隔热保温层厚度从10 mm增至20 mm时，可使路基下融化深度减小4.8%，从90 mm增至100 mm时，融化深度仅减小1.9%；五道梁试验路基隔热保温层厚度由50 mm增加1倍时，路基下融化深度由减小46%到仅减小14.4%。

由此可知，在一般的路基高度（2.5 m）情况下，XPS板的厚度宜选择80～100 mm。当路基高度超过3.0 m时，必须考虑路堤边坡的侧向传热影响，隔热保温层的埋置深度就应降低。

黑色沥青路面下冻土的融化深度与隔热保温层厚度的关系可通过多层介质斯蒂芬方程来估算：

$$I_s = \frac{L_n \cdot h_n}{24K^2}\left(\sum R_{n-1} + \frac{R_n}{2}\right) \tag{3.61}$$

式中：I_s为沥青路面的融化指数，℃·d；L_n为第n层的体积融化潜热，kcal/m^3；h_n为第n层的融化深度，m；R_n为第n层中融化层的热阻，（h·℃·m^2）/kcal；$\sum R_{n-1}$为第1层至第n层的热阻之和，（h·℃·m^2）/kcal；K为地区修正系数，K=1.20～1.95。

隔热保温层的热阻R_b：

$$R_b=\delta_b/\lambda_b \tag{3.62}$$

式中：δ_b为隔热保温层的厚度；λ_b为隔热保温层的导热系数。

在路基中铺设隔热保温层后，总的导热系数（λ）计算为：

$$\lambda = \frac{H}{\dfrac{\delta_b}{\lambda_b} + \dfrac{\delta_s}{\lambda_s}} \tag{3.63}$$

式中：H为路基总高度；δ_b、δ_s分别为隔热保温层、路基填土的厚度；λ_b、λ_s分别为隔热保温层、路基填土的导热系数。

采用隔热保温路基和抬高路基高度都是通过调控热阻来达到减小热量传入，起到保护多年冻土的目的。从热阻的角度，将两者进行等效处理，则：

$$\frac{\delta_x}{\lambda_x} = \frac{\delta_s}{\lambda_s} \text{ 即 } \delta_s = \frac{\delta_x \cdot \lambda_s}{\lambda_x},\ \delta_x = \frac{\delta_s \cdot \lambda_x}{\lambda_s} \tag{3.64}$$

式中：δ_x、δ_s分别为隔热保温层和等效土体的厚度；λ_x、λ_s分别为隔热保温层和等效土体的导热系数。

根据多年冻土区路基合理高度（$H_{合}$）概念，确定路基中隔热保温层的合理厚度（$\delta_{合}$）：

$$\delta_{合} = \frac{\left(H_{合} - h_{上} - h_{下}\right) \cdot \lambda_b}{\lambda_s} \tag{3.65}$$

式中：$h_{上}$为隔热保温层上覆填土厚度；$h_{下}$为隔热保温层下伏垫土层厚度；λ_b、λ_s分别为隔热保温层、路基填土的导热系数。

所计算厚度值均应乘以安全系数k，用于路基时，k=1.5～2.0，用于边坡时，k=1.2～1.5。

根据青藏公路统计的经验公式，

$$H_{合} = 0.0542\Delta t - 1.1045\, h_{天} + 4.7876$$

$$h_{天} = 0.0232(t_0 - 1999) + 2.01$$

将上述经验公式代入式（3.65），则得：

$$\delta_{合} = 0.0542\frac{\lambda_b \cdot \Delta t}{\lambda_s} - 1.1045\frac{\lambda_b \cdot h_{天}}{\lambda_s} + 4.7876\frac{\lambda_b}{\lambda_s} - \frac{\lambda_b}{\lambda_s}\left(h_{上} - h_{下}\right) \tag{3.66}$$

式中：各符号意义同前。

青藏铁路隔热保温路基试验段观测表明（中铁第一勘察设计院，2006），随着隔热保温板厚度增加，板上下的温差随之增大（表3.62），路基下冻土人为上限抬升高度也增大（表3.63），就是说隔热保温板厚度增大，阻隔外界热量向下传输的能力也增大，使得板上下温差增大，对路基的保温效果也较好。

表3.62　青藏铁路隔热保温路基不同厚度EPS板上下温差(℃)对比

断面里程	保温板厚度	埋设位置	路堤高度/m	2002年			2003年			2004年		
				板上	板下	温差	板上	板下	温差	板上	板下	温差
DK1027+045	60 mm	路肩下0.8 m	3.1	6.1	5.74	0.36	6.82	5.12	1.7	7.36	5.49	1.87
DK1027+160		地面上0.5 m	3.8	−0.21	−0.4	0.19	−0.16	−0.32	0.16	−0.16	−0.4	0.24
DK1139+820	80 mm	地面上0.5 m	2.69	9.4	1.8	7.6	–	–	–	5.3	0.7	4.6
DK1024+775		路肩下0.8 m	3	14.25	4.72	9.53	11.89	3.85	8.04	7.34	1.71	5.63
DK1139+740			3.03	9.8	3.8	6	8.7	–	–	4.8	–	–
DK1024+625	100 mm	地面上0.5 m	3	8.1	1.02	7.08	6.15	0.03	6.12	–	–	–
DK1139+670			4.12	8.4	1.1	7.3	–	–	–	14.5	11.2	3.3
DK1024+725		路肩下0.8 m	3	14.43	4.84	9.59	11.52	3.4	8.12	9.02	1.9	7.12

表3.63　青藏铁路不同厚度EPS板隔热保温路基下人为上限(m)统计

断面里程	保温板厚度	埋设位置	路堤高度/m	2002年			2003年			2004年		
				左路肩	中心	右路肩	左路肩	中心	右路肩	左路肩	中心	右路肩
DK1027+045	60 mm	地面上0.5 m	3.1	4.2	3.9	2.9	5.2	3.9	2.9	4.2	3.4	3
DK1027+160		路肩下0.8 m	3.8	–	1.6	–	–	1.6	–	–	1.6	–
DK1024+775	80 mm	路肩下0.8 m	3	4.92	3.85	3.85	5.03	4.35	4.95	5.01	2.34	3.27
DK1024+625	100 mm	地面上0.5 m	3	3.29	3.29	2.79	3.22	3.09	2.74	3.57	2.99	3.04
1024+987正线外			1	2.1	1.5	1.9	1.8	1.2	1.68	1.8	1.22	1.68
1024+962正线外			1.5	1.3	1.2	1.2	1.2	0.95	1.1	1.21	1	1.1
DK1024+725		路肩下0.8 m	3	4.98	3.53	3.56	4.93	4.53	3.77	4.3	2.03	3.13

5.隔热保温路基的保温层埋设深度

隔热保温层的合理埋置深度，一方面考虑施工质量能否保证，另一方面考虑竣工后受车辆荷载及路基结构自重影响下隔热保温层的破坏及其隔热效果。因此，隔热保温层的合理埋置深度的确定原则应视保护的主要对象而定，在满足隔热保温层的自身强度、路面结构层厚度和保持冻土上限稳定的基础上，尽可能将隔热保温层埋置深度浅些，以发挥它的隔热功能，减少路基体的吸热，前期多年冻土上限抬升较为明显，上限稳定发展阶段时间越短。从保护多年冻土地基考虑，防止热量从坡面传入地基，隔热保温层低埋的路基多年冻土上限最浅，延续时间长，能取得较好效果。

1）基于应力扩散理论的保温层埋置深度的确定

根据车辆荷载的特点和路面下应力扩散原理（图3.131），以隔热保温层的允许承载力作为判别指标，可推导出下列公式，以计算隔热保温层的合理埋置深度。

$$\frac{2Pd}{d+2h\,\mathrm{tg}\,\phi}+h\rho\leqslant\sigma \tag{3.67}$$

式中：P为轮胎压强，MPa；d为单轮胎压面当量圆直径， m；ρ为隔热保温层以上各结构层密度加权平均值，MN/m^3；ϕ为隔热保温层以上和结构层应力扩散角加权平均值，°；h为隔热保温层的合理埋置深度， m；σ为隔热保温层的允许压应力，MPa。

不同的隔热保温层有着不同的允许压应力（σ）。隔热保温层以上的不同填料对应地计算出不同应力扩散角加权平均值（ϕ）和结构层密度加权平均值（ρ）。代入不同参数就可以计算出相应的隔热保温层的合理埋置深度。鉴于材料荷载可能有较大的超载，应将所得的计算值乘以安全系数，通常可取1.3～1.5。

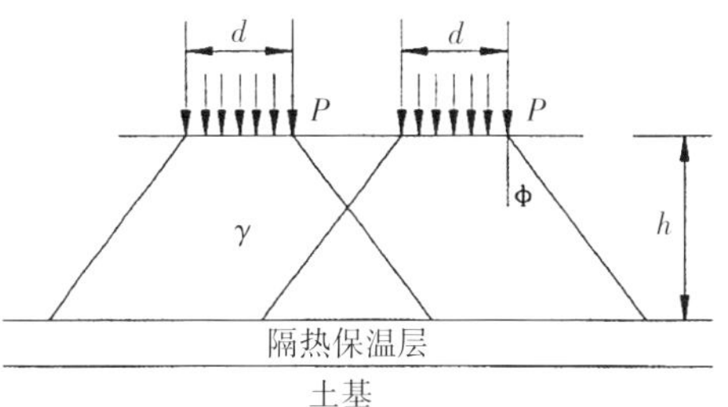

图3.131　车辆荷载扩散示意图

2）基于路基自重和车辆荷载作用下隔热保温层的受力分析

根据东北岛状多年冻土区博牙高速公路的计算分析研究了埋设在路基顶面以下0.3 m、0.5 m、0.8 m处XPS板上下面的受力状态（王芳，2011）。在4 m高路堤+3 m换填碎石条件下，XPS板压力最大值出现在轮压下面，140～160 kPa，板下所受压力比板上小0.65～0.84 kPa。XPS板埋置深度越大，所受的压力越小。埋深0.8 m处比埋深0.5 m处的板上下的压力分别小4.26 kPa及4.08 kPa；埋深0.5 m处比埋深0.3 m处板上下的压力均小3.04 kPa。相当于埋置深度增加0.1 m，板所受的压力减小1.45 kPa，随着埋置深度增大，压力减小幅度稍有降低。将XPS板置于路基顶面下，板上下的压力分别为163.15 kPa和160.62 kPa。该路段选择X350，即压缩强度为350 kPa，其极限抗压强度达563 kPa，仍能满足设计要求。所以，隔热保温层埋设深度应考虑选用隔热保温材料的强度来确定。

3）基于路基沉降引起隔热保温层拉应力确定埋置深度

在上述相同条件下，假设路基沉降半径R=13 m，最大沉降量分别为30 mm、50 mm、65 mm时，XPS板上下的压力计算结果见表3.64。

表3.64　路基沉降引起的XPS板上下的压力和拉力（王芳，2011）

XPS板	沉降量/mm	置于路基顶面下不同深度的竖向压力/kPa				置于路基顶面下不同深度的横向拉力/kPa			
		0	0.3 m	0.5 m	0.8 m	0	0.3 m	0.5 m	0.8 m
板上	30	250.30	243.69	239.04	231.86	7.06	5.98	5.29	4.26
	50	417.16	406.15	398.41	386.43	11.68	9.97	8.82	7.11
	65	542.31	527.99	517.93	502.36	15.30	12.96	11.47	9.24
板下	30	248.99	242.46	237.86	230.74	7.77	6.77	6.11	5.13
	50	414.99	404.10	396.43	384.57	12.95	11.28	10.18	8.55
	65	539.48	525.33	515.36	499.94	16.84	14.66	14.66	11.12

可见，在路基沉降作用下，路中心处XPS板受压（拉）最为严重，边缘的应力起伏较大，竖向压力远远大于横向拉力，板上压力比板下压力大1～2 kPa，故应以板上最大压力作为控制指标来确定隔热保温层的埋置深度。

由表3.64可知，当沉降量达65 mm时，隔热保温层上部的压力为500～540 kPa，最大与最小压力差为40 kPa，小于所选隔热保温板的抗压强度，但有非常大的压缩变形。可见，在重度沉降（沉降量大于65 mm）条件下，XPS板埋置在路基顶面以下0.5 m，仍可保证板不被压坏。

4）基于热影响下隔热保温层埋置深度的分析

在路基高度为3.5 m，采用0.1 m厚度的EPS隔热保温层，满幅铺设条件下，隔热保温层埋设深度越深，保温效果越好（图3.132）（《青藏铁路》编写委员会，2016）。对于埋设深度在地面以上2.0 m和3.0 m的隔热保温路基而言，路基中心孔下冻土人为上限上升高度约3.0 m，但从人为上限上升趋势转向下降趋势的拐点时间看，大约9年，普通路基大约10年。隔热保温层埋设深度在地面以上0.5 m的隔热保温路基，冻土人为上限抑制和维持在隔热保温板下，转向下降趋势的时间大约是路基修筑后第30年，此时的人为上限深度仍比埋置于地面以上2.0 m和3.0 m的隔热保温路基人为上限分别高0.6 m和1.0 m，比普通路基高近2.0 m。隔热保温层埋设深度越深，越能更好地阻止路面及路基边坡的热量传入，减小路基下的冻土融化深度。

从隔热保温层埋置深度的数值计算结果看，隔热保温层埋设位置越高，前期路基下冻土人为上限抬升越明显，但人为上限稳定发展阶段的时间越短（图3.133）。

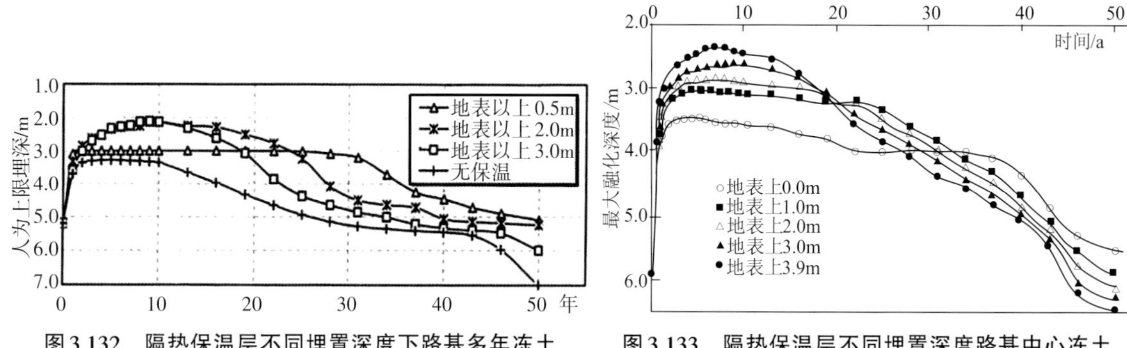

图3.132 隔热保温层不同埋置深度下路基多年冻土人为上限随时间的变化过程

图3.133 隔热保温层不同埋置深度路基中心冻土人为上限变化（路基高度4.0 m，年平均气温为-4.0 ℃）（温智，2005）

青藏铁路正线外对低于1.5 m高度的低路堤中埋设隔热保温层做过试验研究，在地表面上0.5 m的路堤中埋设100 mm厚的EPS隔热保温层。效果比较观测表明：

（1）隔热保温层上下温差比较。路堤较低的隔热降温幅度比较大，路堤高度1 m的隔热保温层上下温度降幅达47%，路堤高度1.5 m的隔热保温层上下温度降幅为37%。说明较低路堤的降温幅度较大，隔热保温层的阻隔热量传输有积极作用。

（2）路基基底和原天然上限处的积温比较。1 m高路堤的基底处于冻结状态，原天然上限处的负积温多，能增加基底地层的冷储量。

（3）路基下的冻土人为上限。工后三年（2004年）路基中心的人为上限分别抬升1.22 m和1.0 m，均较天然上限（2.4 m）高（表3.65）（中铁第一勘察设计院，2006）。与3 m高度的普通路基比较，相当于增加了1.5～2.0 m的填土高度（据热阻当量计算，为1.34 m）。但路基左右侧人为上限有一定差异，需做补强措施。

表3.65　不同高度有无隔热保温层路堤下的冻土人为上限(m)对比

试验地点		天然上限/m	路堤高度/m	项目	2002年			2003年			2004年		
					左路肩	路中心	右路肩	左路肩	路中心	右路肩	左路肩	路中心	右路肩
清水河	有保温板	2.4	1.0	实测值	2.1	1.5	1.9	1.8	1.2	1.68	1.8	1.22	1.68
				抬升量*	1.3	1.9	1.5	1.6	2.2	1.72	1.6	2.18	1.72
		2.4	1.5	实测值	1.3	1.2	1.2	1.2	0.95	1.1	1.21	1.0	1.1
				抬升量*	2.6	2.7	2.7	2.7	2.95	2.8	2.69	2.9	2.8
	普通	2.2	3.0	实测值	4.17	3.89	3.74	4.05	3.68	3.67	3.74	3.06	3.18
				抬升量*	1.03	1.31	1.46	1.15	1.52	1.53	1.46	2.14	2.02

注：*比天然上限的抬升量。

从保护路基下多年冻土地基的稳定性看，隔热保温层在路基中埋设深度宜大些较好，特别是路堤高度较大（大于1.0 m以上）的路基，埋置深度宜在原地表以上0.5 m，但不宜直接埋设在原地面上。埋设深度大些可以减少路基边坡的侧向热量侵蚀。在低路堤或路堑中，保证隔热保温板不被压坏的前提下，隔热保温层的设置深度宜尽量浅一些，板下可进行适度换填，以满足路基的强度要求。

6.保温层上部最小压实厚度

目前所使用的隔热保温材料的强度还不能满足车辆荷载直接置于在其上面。为此，在铺设隔热保温层时，应满足隔热保温路基结构层要求，其上都应铺垫一层填料。施工时，铺垫层太薄可能挤压破坏隔热保温层，影响其隔热保温性能，若太厚，又不能达到设计要求的压实度。在选定合理的压路机接触应力后，为满足结构铺垫层压实度和隔热保温层不被压坏的条件下，隔热保温层上进行压实时的最小结构铺垫层厚度确定就成为关键因素。

压路机应选择轻型光轮压路机，不得选用羊足碾和重型震动压路机。根据圆柱体和平面挤压原理，其产生的最大接触应力（σ_{max}）为：

$$\sigma_{max} = \sqrt{\frac{q}{\pi^2 R\left(\theta_1 + \theta_2\right)}} \tag{3.68}$$

式中：q为线压力；R为压路机滚轮半径；θ_1、θ_2为分别为土基、压轮刚度。

简化后，对滚轮最大接触应力（σ_{max}）可由下式计算：

$$\sigma_{max} = \sqrt{\frac{qE_0}{R}} \tag{3.69}$$

式中：E_0为土基（结构层）变形模量，MPa。

压路机的接触应力（σ_{max}）与结构层极限强度（σ_p）的关系：

$$\sigma_{max}=(0.8\sim0.9)\sigma_p \tag{3.70}$$

满足上述条件时能够得到最好压实效果。以两轴三轮压路机后轮为例，假设取隔热保温层的强度$\sigma = 0.3$ MPa，隔热保温层上结构层为水泥稳定土，扩散角$\phi=36°$，压路机滚轮直径$d = 0.53$ m，依应力扩散原理，则：

$$\frac{0.53 \times \sigma_{max}}{0.53 + 2h\,\mathrm{tg}\,36°} + h \cdot \rho \leqslant 0.3 \tag{3.71}$$

若隔热保温层上结构层取水泥稳定土施工压实厚度h=0.2 m，ρ=0.018 MN/m^3，由式（3.71）可得σ_{max}≤0.46 MPa。显然，所选的隔热保温层的强度满足不了水泥稳定土的压实度的要求，结构层土只有黏性土才能满足要求。所以应选用具有较高抗压强度的隔热保温板。表3.66所示为部分结构层的极限强度值（中交第一公路勘测设计研究院等，2006）。

表3.66 部分结构层极限强度表

被压材料	极限强度/MPa
低黏性土(砂土、亚砂土)	0.3～0.6
中黏性土(亚黏土)	0.6～1.0
高黏性土(重亚黏土)	1.0～1.5
碎石路基	3.8～5.5
砾石路基	3.0～3.8
水泥稳定土	5.0～6.3

东北国道301博牙高速公路岛状多年冻土区选用的XPS板（型号X350），经加载速率为5 mm/min的压缩强度试验，3个试件的平均值如图3.134所示。在压缩变形为3～35 mm之间，压力变化范围很小，超过35 mm后，压力迅速增加，此时的变形率为70%，即为极限抗压强度，达563 kPa。对应压缩变形率10%时的压缩强度为385 kPa。

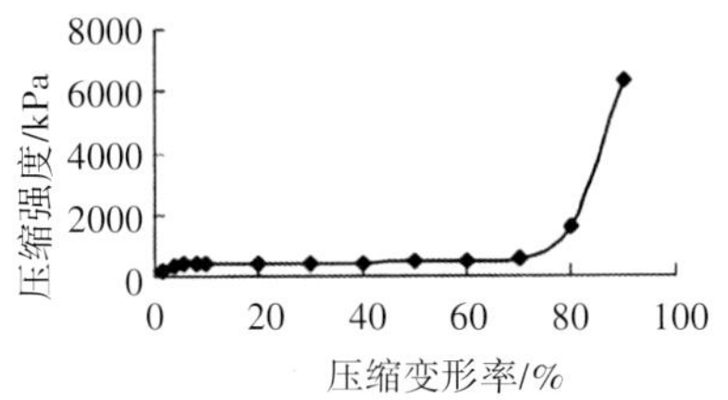

图3.134 X350型板的压缩试验结果(王芳,2011)

采用砂砾作为XPS板上的填料。砂砾填料的密度ρ= 0.0186 MN/m^3，应力扩散角ϕ=35°。根据应力扩散原理，计算隔热保温板上的路基填料最小压实厚度。①按照后轮最大静线载荷（分别为1170 N/cm，1346 N/cm）计算得板上路基填料最小压实厚度分别为≥0.26 m和≥0.23 m；②按照最大工作质量（分别为21000 kPa和25000 kPa）计算得板上路基填料最小压实厚度分别为≥0.26 m和0.28 m。

由此得出，从安全考虑，XPS板上路基填料的最小压实厚度为0.3 m。根据压实效果与压路机之间的关系，压实厚度不宜超过0.5 m。为保证路基结构层能被压实，又保证XPS板不变薄而降低其隔热效果，推荐XPS板上路基填料的压实厚度为0.3～0.4 m。青藏铁路采用PU板，板上填料最小压实厚度为0.2 m（中国铁路工程总公司青藏铁路施工新技术编委会，2007）。

7.隔热保温路基沉降变形

从隔热保温路基和普通路基的对比观测可知，采用隔热保温层后，路堤的总变形量整体上比普通路基小（表3.67）。据不同保温层（PU、EPS）和埋设深度的试验路段观测资料看出：

（1）虽然试验场地条件有差异，整体上说，隔热保温路基总变形量比普通路基小些。

（2）即使3 m高的路堤情况下，试验段隔热保温路基左路肩总沉降量（平均为117 mm）比普通路基总沉降量（199 mm）小，能起到减小路基沉降的积极作用。

（3）从总沉降量年度变化量对比看，2002年至2004年观测年段内，不同埋设深度（60 mm、80 mm和100 mm）隔热保温（PU、EPS）路基左路肩的平均沉降量分别为37.9 mm、26.4 mm和30.3 mm，而普通路基的沉降量相应为55.4 mm、36.0 mm和44.7 mm。右路肩也有相似情况。

（4）整体上说，隔热保温层埋设在原地面以上0.5 m的效果较好。低路堤使用隔热保温层对减小路堤沉降有积极作用。

（5）根据路基表层和基底的沉降观测，路堤沉降量主要来自于基底地层的沉降，路堤本体的沉降较小，隔热保温层起到减小沉降量的积极作用。

（6）从左右路肩的沉降量变化比较看，左右路肩存在较大的沉降差异，左路肩（阳坡侧）沉降量较大，变化幅度也较大。虽然隔热保温层有减小左右路肩沉降差异的一定作用，但仍需采用补强措施以减小两侧的沉降差，如保温护道或碎石护坡等措施。

表3.67　不同厚度和埋设深度隔热保温路基的沉降变形量（中铁第一勘察设计院，2006）

<table>
<tr><th rowspan="3">断面里程</th><th rowspan="3">EPS保温板厚度/mm</th><th rowspan="3">埋设位置</th><th rowspan="3">路堤高度/m</th><th colspan="4">总沉降量/mm</th></tr>
<tr><th colspan="2">左路肩</th><th colspan="2">右路肩</th></tr>
<tr><th>沉降量</th><th>平均值</th><th>沉降量</th><th>平均值</th></tr>
<tr><td>DK1027+160</td><td>60</td><td rowspan="5">地面上0.5 m</td><td>3.8</td><td>-129</td><td>-129</td><td>-38</td><td>-38</td></tr>
<tr><td>DK1139+820</td><td>80</td><td>2.69</td><td>-22.6</td><td>-22.6</td><td>-62.1</td><td>-62.1</td></tr>
<tr><td>DK1024+625</td><td rowspan="3">100</td><td>3.0</td><td>-58</td><td rowspan="3">-72.7</td><td>-32</td><td rowspan="3">-42</td></tr>
<tr><td>1024+987（正线外）</td><td>1.0</td><td>-61</td><td>-16</td></tr>
<tr><td>1024+962（正线外）</td><td>1.5</td><td>-99</td><td>-78</td></tr>
<tr><td>DK1027+045</td><td>60</td><td rowspan="4">路肩下0.8 m</td><td>3.1</td><td>-45</td><td>-45</td><td>-137</td><td>-137</td></tr>
<tr><td>DK1024+775</td><td rowspan="2">80</td><td>3.0</td><td>-185</td><td rowspan="2">-99.4</td><td>-113</td><td rowspan="2">-66.5</td></tr>
<tr><td>DK1139+740</td><td>3.03</td><td>-13.8</td><td>-19.9</td></tr>
<tr><td>DK1024+725</td><td>100</td><td>3.0</td><td>-248</td><td>-248</td><td>-133</td><td>-133</td></tr>
<tr><td>DK1024+825</td><td colspan="2">对比断面</td><td>3.0</td><td>-199</td><td>-199</td><td>-103</td><td>-103</td></tr>
</table>

8. 隔热保温路基的施工要求

施工季节应避开最大融化深度的季节，宜选择寒季末暖季初时节，3月末至5月初，最高气温不超过10 ℃，最低气温在0 ℃左右，土层开始融化前进行隔热保温层铺砌。通常应在6月底之前完成。基本要求：

（1）低埋的隔热保温层应铺设在地面以上0.5 m，其下应铺填不含>10 mm块石、砾石及含泥量<5%的中粗砂垫层，压实后的厚度为0.2 m。

（2）隔热保温层铺设拼接方式有平接、搭接、企口和弯道拼接（图3.135），人工密贴摆放，缝间用黏合剂黏结。

（3）隔热保温层上铺填不含>10 mm块石、砾石及含泥量<5%的中粗砂垫层，压实后的厚度为0.2 m（图3.136）。

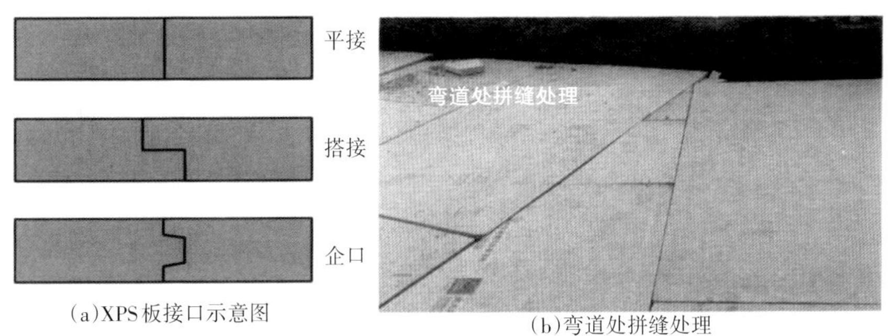

（a）XPS板接口示意图　（b）弯道处拼缝处理

图3.135　隔热保温层拼接方式

图3.136 国道214隔热保温路基施工(房建宏提供)

3.4.5 块石-通风管复合路基

块石-通风管路基是通过块石大孔隙和路堤介质中增设通风管，改变路堤结构的传热方式，达到降低路基基底的温度，保护多年冻土的目的。

不论暖季或寒季，路堤中铺设通风管就等于在路基中增加了一个冷却面，既可拦截和带走路基面传入的热量，又可冷却通风管周围土体，增大路基冷储量。

根据块石路基和通风管路基的工作特性，在同一路基集中它们的优点，组成复合路基结构形式。通过通风管与大气的对流换热，以及块石（碎石）内冷热空气的对流、传导双重作用来冷却路基的特殊复合路基结构，发挥各自冷却路基的作用，加大路堤的冷储量。

1.块石-通风管复合路基的工作原理

块石、碎石层具有相变异特征的热物理性能，在正温条件下，导热系数很小，在负温条件下，导热系数很大。负温与正温导热系数之比值在12以上。从而减小暖季传入地基的热量，增加寒季传入地基的冷量。

多年冻土区路堤中埋设通风管后，不但有效地扩大了路基体与空气的接触面，增加了空气向路堤及地基传输能量的途径。在通风管中自然对流和强迫对流的作用下，消耗了路基土内的热量，有效地阻止路基表面吸收的辐射热量下传。通过通风管传入路基及地基的冷量大于传入的热量，可增加冻土路基的冷储量，提高路堤下多年冻土上限。

块石（碎石）路堤中增设通风管，就等于在块石（碎石）层顶面增加了一个冷却面，增大了其顶底面的温差，增强了其空隙内空气的对流换热强度和路基基底的冷却作用。

2.块石-通风管复合路基适用条件

根据前面所述，块石路基和通风管路基都具有“热屏蔽”和“高传冷”作用，暖季期可以减小热量传入路基，寒季又可以集冷下传至路基基底，冷却冻土地基，保持或提高多年冻土人为上限。因此，在年平均气温低于-3.5 ℃的高温高含冰量土多年冻土地段，可采用块石-通风管复合路基结构形式，集两种路基结构的优点，增加冷却路基的冷储量，加大冷却路基的能力，更有利于保护冻土路基的稳定性。

图3.137是考虑全球气候变暖的影响下，假设未来50年气温升高1.0 ℃时，预测研究了各种路基结构形式冻土人为上限的变化。块石-通风管复合路基结构形式优于块石和通风管路基单结构形式，更优于普通路基结构形式，可以大幅度地提高冻土人为上限，保护冻土地基稳定性。

根据研究表明，在214国道退化型多年冻土区，未来50年年平均气温升高2.6 ℃的条件下，沥青路面的块石-通风管复合路基可以降低基底底部多年冻土温度，冻土人为上限始终高于单结构通风管路基，由初始的-0.55 m下降到第50年的-0.90 m，经历50年共下降了0.35 m。可见历经长期的气候升温过程，封闭式块石-通风管复合路基结构形式在一定时期内能起到保护多年冻土的作用。

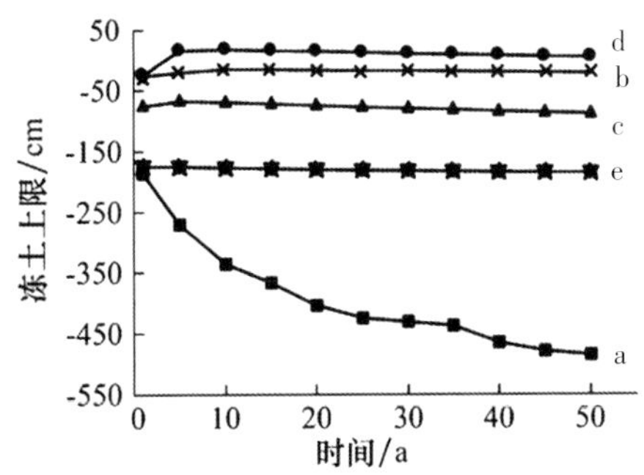

图3.137　各种结构的路基下冻土人为上限与天然上限变化(张坤等,2011)

a—素填土路基；b—封闭块石路基；
c—普通通风管路基；
d—通风管-块石（封闭）复合路基；
e—天然上限。

3.块石粒径和通风管管径选择

从块石路基的讨论可知，块石的粒径宜选用200～300 mm。

通风管的管径（D）宜采用0.4～0.5 m的钢筋混凝土预制管，为保证通风管的强度，管壁的厚度（δ）应为50～80 mm。管的径长比值应大于0.02。通常每节长度为1.0～2.0 m，管的接头建议采用柔性钢承口管，保持通风管的平整性，有利于施工。

4.块石层的铺砌厚度

块石-通风管路基中块石层厚度选择，目前尚难以确定最佳厚度。与块石路基相比，因为有通风管的降温作用，块石层厚度可适当做些调整。然而，为了更好地发挥块石-通风管路基的冷却降温效应，适应宽幅沥青路面强吸热作用，建议按照块石路基结构设计。块石路基中，块石层的铺砌厚度不宜小于0.6 m，否则路基中心的冻土人为上限会下降，超过此厚度，人为上限才开始有逐渐抬升。块石铺砌厚度为0.6～2.5 m时，路基下冻土人为上限呈近似于直线上升阶段（王爱国等，2011)。《青藏铁路高原多年冻土区工程设计暂行规定》中规定，块石层填筑厚度不小于0.8 m；《多年冻土地区公路设计施工技术细则》(JTG/TD 31-04-2012）中规定，块石层铺筑厚度宜为1.0～1.5 m，上层厚度为0.2～0.5 m，下层厚度为0.8～1.0 m；《共和-玉树公路多年冻土区设计与施工技术指南》①中规定，块石层铺筑厚度宜为1.0～1.5 m，在富冰冻土区采用1.2 m，饱冰冻土区采用1.5 m。公路设计中应满足路面结构层的要求。从路床设计要求和工程造价角度考虑，并能保证路基下冻土人为上限的抬升和保护多年冻土的稳定，块石层宜在路面结构层下铺设，铺筑厚度一般为1.0～1.5 m为佳。

通风管路基试验观测资料表明，通风管能将其下2.5 m范围内土体的平均地温降低0.4～0.5 ℃。考虑给予一定的安全系数，采用管径为0.4～0.5 m（外径）的预制钢筋混凝土管，管铺设的净间距宜为1.0～1.5 m。青藏铁路通风管路基试验结果认为，管径为0.3～0.4 m时，通风管铺设间距宜采用管中心间距1.6～2.0 m（试验段的管净间距为管径的2倍）。

5.块石层及通风管铺砌位置

块石-通风管复合路基的块石层铺砌位置宜在结构层下0.3～0.5 m，或底面在原地面以上0.5 m。采用倾填方式铺筑。

---

①中交第一公路勘察设计研究院有限公司寒区道路工程研究所，2011。

块石-通风管复合路基，应充分发挥各自的优势，利用通风管铺筑可以增加块石-通风管复合路基的冷却面，将其直接设置在块石层的顶部（图3.138）或者中部偏上，增大其顶底面的温差，使之孔隙中空气产生对流换热，加速冷却路基下冻土地基，同时，又通过通风管将块石层的热量排出。如果通风管埋置深度过大，既不能发挥通风管快速冷却的特性，特别是具有强迫对流换热的优势，又失去块石层的对流换热作用。如果块石层采用双层铺筑的话，通风管宜埋设在上下层之间偏上位置，即铺筑在下层块石层的顶面（图3.139）。通风管两端均应伸出两端边坡0.3 m，也可设置“自控风门”以加强通风管的降温作用。

图3.138 块石-通风管复合路基

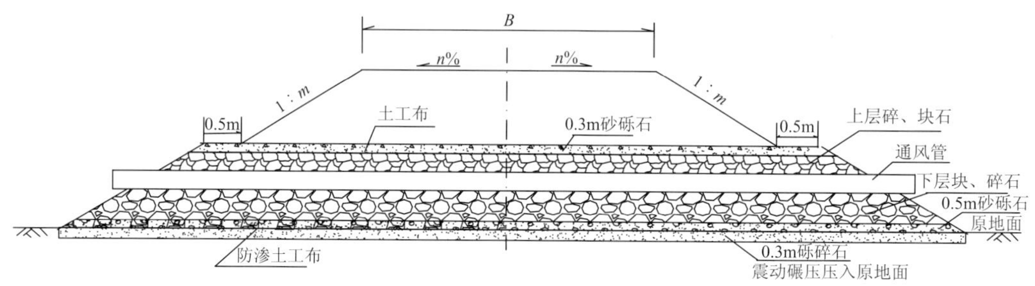

图3.139 块石-通风管复合路基结构示意图

3.4.6 热棒-隔热层复合路基

热棒是一种无源、高效的液、汽两相对流循环的热传输装置。寒季，热棒能将寒季大气冷量带入冻土地基，形成冻结区；暖季，外界热量通过路堤介质逐渐传入到冻土地基中，使寒季回冻的冻土地基逐渐升温、融化，冻结区无法保持持久性，终究会在暖季期间融化。

隔热保温材料是一种多孔介质，对热量的对流起着较强的阻抗和隔热作用。暖季，隔热保温层阻隔了热量向冻土地基传递，有效地减小了隔热保温层下界面的融化指数（可减小86%），使路基下冻土地基的融化深度减小；寒季，隔热保温层的阻隔，板上下间的冻结指数也相应减小了83%，使基底冻土地基不能回冻。

可见，单一的工程措施，有其独有的优势，也有其不足和缺陷。热棒能主动制冷，却无法避免暖季期间热量的侵蚀。隔热保温层具有较强的热阻，能阻隔热量对冻土路基的热侵蚀，减小融化深度，但阻隔了寒季冷能传入冻土路基，抑制冻土人为上限上升。热棒-隔热层复合路基则取各自优点，暖季，隔热保温层阻隔热量的侵蚀，保持着上一年度热棒的产冷量和冻土人为上限；寒季，热棒又发挥其冷却地基作用，继续冷却冻土地基，使冻土人为上限进一步提升，如此反复循环，保护了多年冻土路基的稳定性。

1. 热棒-隔热层复合路基适用条件

根据多年冻土形成的年平均气温条件，在我国东北地区，多年冻土区南界大致为年平均气温0 ℃等温线相当；在西部高山、高原地区，多年冻土带下界大致与年平均气温-2.0 ℃～ -3.0 ℃等温线相当。多年冻土地区的冻结指数都大于融化指数，具有足够的低温冷却期来使热棒蒸发段周围土体冷却形成冻土。隔热保温材料具有阻隔大部分热量传入地基的作用，可以阻隔暖季热量传入地基，以保持冻土地基的冻结状态，减少路基下冻土升温和人为上限的下降。

热棒–隔热保温层复合路基是集热棒和隔热保温层的各自优点，在地表以上的路基中设置隔热保温层，将其安置在热棒绝热段附近。暖季期间，可以发挥隔热保温层的阻热作用，阻隔热量传入冻土地基，避免热棒无法保持冻土地基地温和人为上限的缺点；寒季期间，热棒又可发挥其冷却降温作用，使冻土地基继续冷却，提高冻土人为上限，避免了隔热保温层阻隔冷量传入地基的缺陷。

可见，热棒–隔热保温层复合路基适用于高温冻土区的路基工程，以降低冻土地基地温，提高人为上限，保持路基稳定。

2. 热棒及隔热层的技术要求

根据场地的气候、多年冻土特征、路基与地基的热物理参数，确定全球气候变化条件下路基使用年限和要求冻土上限抬升值来求得耗冷量以及布设间距，选取一定的安全系数、热棒尺寸规格、合适参数值，以此向热棒专业生产厂家提出技术要求。

结合路基工程使用的状态确定选取所需的隔热保温材料及其参数。用于路基工程宜选用XPS定型板，它具有较高的抗压强度（不低于0.6 MPa）和较小的导热系数［不大于0.03 W/(m·℃)］，板厚一般为80～100 mm，采用搭接或企口的接口较好，全幅铺盖。

3. 热棒及隔热层埋设位置

1）热棒的埋设深度

依据构造物基础埋深和需强化的地基深度确定热棒埋置深度，为此应将热棒的蒸发段埋置于多年冻土层内，才能起到冷却和降低冻土层温度的作用。不论是直形热棒或弯形热棒，都应尽量将热棒的绝热段置于隔热保温层的下面（图3.140），使其置于路基和最大季节融化层内。当路基高度较高时，应选择蒸发段长度较长、功率较大的热棒，绝热段可适当高于隔热保温层上，但仍要使热棒的蒸发段1/2～2/3的长度埋入多年冻土层内为宜。

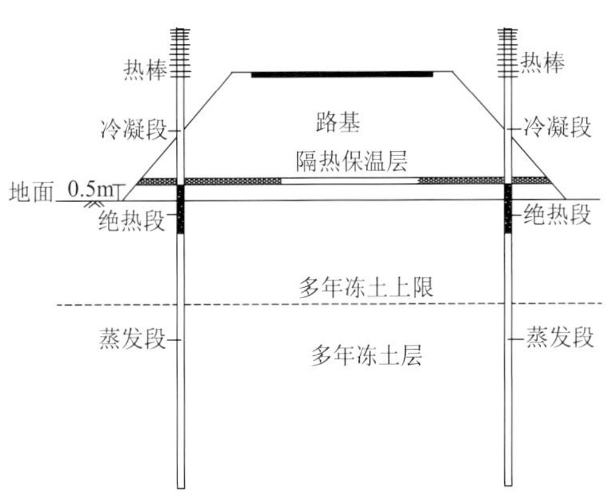

图3.140　热棒埋设位置(热棒总长9 m)

2）热棒埋设间距

根据热棒冷却的有效半径确定，根据青藏公路、青藏铁路和东北大兴安岭地区的经验，目前使用的热棒的冷却有效半径为1.5～2.0 m，设计中热棒间距可取3～4 m。

3）隔热保温层埋设深度

路基工程，隔热保温层的埋设深度宜大些较好，通常情况下，宜埋置在原地表面以上0.5 m，不宜直接埋置在地表面上，且要全幅铺设。青藏公路的经验表明，采用厚度为80～100 mm的隔热保温层，可以阻隔80%以上传入冻土地基的热量。低路堤情况下，在保证隔热保温层不被压坏的条件下，其埋置深度可适当距地表面高些。当隔热保温层埋置在地面以下时，需对隔热保温层做防潮、防水处理。

4. 热棒及隔热层埋设方式

热棒-隔热层复合路基的施工应分为两阶段进行：首先进行隔热保温路基的正常施工，达到路基的设计高度；然后再按设计要求进行热棒的安装施工。

1）隔热保温层的铺设

热棒-隔热保温复合路基，隔热保温层宜尽量为低埋设方式。从沥青路面路基边坡传入地基的热量占总传入热量的30%左右（砂石路面可达70%），边坡传入的热量与路堤高度、边坡的反射率、坡面的朝向以及太阳的入射角等因素有关。隔热保温层宜置于热棒的绝热段之上，使热棒蒸发段的大部分能插入至多年冻土体中。隔热保温板应在路基横断面全幅铺设，热棒周边应尽量覆盖严密。板间连接宜采用企口或搭接方式，用专用黏合剂黏结。

2）热棒的安装

热棒的设埋应在隔热保温路基施工完成后进行。按设计间距埋设热棒，采用钻孔插入施工工艺。施工过程中应采取严格的措施保证隔热保温层不受破坏。

根据选用的热棒形式确定施工方法：直形热棒通常采用先钻孔，后插入的方法；斜插直形热棒，则按斜插热棒的设计角度，采用斜孔钻探法钻孔，然后斜插热棒，但应采取措施防止塌孔；弯形热棒，可采用斜孔钻探法施工。上述形式的热棒适合在隔热保温路基施工完成后，采用钻探法安装施工。

弯形热棒亦可与路基修筑同步进行，在设计埋设深度预先摆放好热棒，随后填筑路基，当路基高度略高出地面（0.3～0.5 m）时，按隔热保温路基施工要求铺设隔热保温层。高速公路宽幅路面整体式路基条件下，尽可能采用弯形热棒与隔热保温层组合的复合路基，除路基两侧埋设热棒外，在中间隔离带中应埋设一排或双排弯形热棒（图3.141、图3.120）。

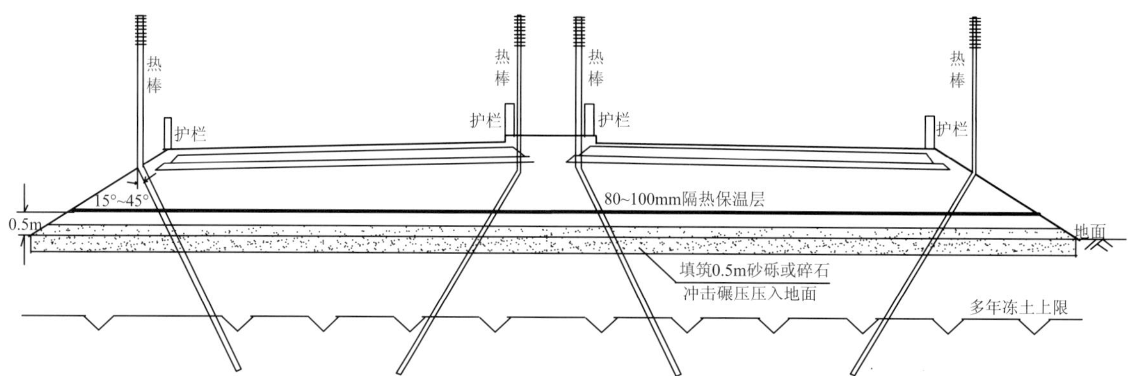

图3.141 宽幅路面弯形热棒-隔热保温层复合路基结构示意图

我国多年冻土区使用“发卡”式热棒的地区较少，仅新疆高速公路和青藏公路的试验工程有所报道。鉴于我国多年冻土区的气温较高，年平均气温（-5.5 ℃）最低的地区较少。为此，“发卡”式热棒在我国使用会受到较大限制。

3.4.7 路堤块(碎)石护坡与护道

相同的路基高度下，坡面对砂砾石路面的基底热量影响值约占总量的70%以上，对沥青路面的影响值也占30%左右（热量主要来自沥青路面）。随着路堤高度增加，坡面对路基热量影响逐渐明显，基底面边缘部位热流分布逐渐出现次一级峰值，且不断地增强，基底面热量分布由底面中心集中传热方式过渡到以路面为主和坡面为次的传热方式。因此，随着路基高度增加，必须做好坡面的热流防护。

路基坡面铺设块（碎）石层不仅可以防太阳辐射热，还可以调控对流和传导，暖季期可减少大气热量传入路基，寒季则有利于路基向外界散热，使路基坡面的传热机制由路基本体传导传热方式变为多孔介质的点接触传导传热和空气对流传热的混合传热机制，有效地减少对太阳辐射热的吸收，起到主动降温措施作用。

20世纪七八十年代，青藏公路的路基两侧广泛地修筑了土护道，以减少人为活动对路基坡脚和附近天然地面的破坏，阻止路基侧向地表积水渗入基底，且对路基边坡起着反压作用，防止路肩及边坡滑塌。但从热稳定性看，有些地区（高温冻土区）就不能期望有“保温”效果。2002年至2004年对青藏公路楚玛尔河高平原地段（K2933）保温护道的地温观测表明，在黑色路面强烈吸热作用下，暖季期间地表下0.5 m深处的地温高出天然地面约10 ℃，左护道处高出5 ℃，右护道与天然地面相当。左护道地温与天然地温的差异说明，土护道铺设后，地温有明显升高趋势，不利于下伏冻土的热稳定性。

从土护道的垂向地温平均值看（图3.142），左护道（阳面）不同深度的地温均高于天然孔地温，热流方向向下，说明多年冻土处于吸热状态，长期如此就加速了多年冻土退化。右护道（阴面）恰好相反，热流方向向上，多年冻土处于放热状态，冻土处于发育，这是路基两侧太阳总辐射量具有较大差异的结果。路基两侧阴阳坡热量差异导致多年冻土人为上限差异变化，左护道下冻土人为上限下降，形成融化夹层，右护道下冻土人为上限则上升，形成冻土核，最终引起路基变形，产生纵向裂缝。

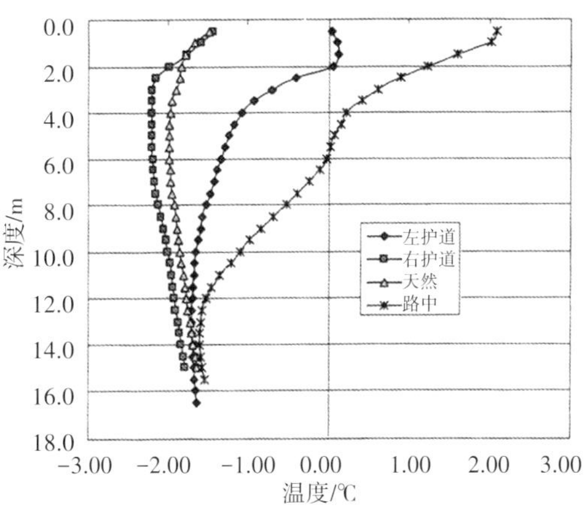

图3.142　不同部位地温年均值随深度变化

由此看来，就土护道与天然地面而言，尽管可近似地认为两者表面的太阳辐射总量大致相同，但存在表面反射率的差异。因天然地面有植被，一方面增加地表反射率，另一方面它的根系具有持水特性，水分蒸发将消耗大量热量，降低了地温，有利于保护冻土。所以，高温冻土区单纯采用土护道以求达到对路基的保温作用是适得其反，易造成路基下存在融化夹层。

因此，改变土护道的表面性状和内部物质成分使护道能起到真正的保温作用成为必要的措施。试验表明，利用块（碎）石的通风、对流效应，将土护道改为块（碎）石护道，可以起到冷却路基的效果；或者采用植被护坡和护道，改变护道表面的反射率和持水状态，减小热量吸收和增大护坡护道的散热作用，恢复其天然状态，降低地温。

1.路基块（碎）石护坡与护道的工作原理

块（碎）石护坡是指在路基的坡面上倾填一定厚度的块（碎）石层，利用它的热开关效应和遮阳作用，保护路基下多年冻土的稳定性。暖季，外部的热空气与块（碎）石层孔隙中的空气不发生对流，仅在块（碎）石层的表层形成一层热空气层，热量传输仅靠块（碎）石护坡层的点接触传导，慢慢向路基传递。在块（碎）石护坡层中被空气加热的热空气，在密度差的作用下，沿块（碎）石护坡层孔隙又返回大气，减少热量传入路基基底，达到较强的热屏蔽作用。寒季，大气密度大的冷空气，置换着块（碎）石护坡层孔隙中密度小的热空气，形成对流，起到冷却路基的传冷效果。

太阳直接辐射是路基表面（路堤面和坡面）升温的直接热源。太阳辐射导致地表温度升高，同时热量向地下传导，使地温升高。观测资料表明，净辐射与地表温度有很强的相关性（图3.143）（中铁西北科学研究院有限公司等，2006）。采用遮阳板（棚）能够有效地阻隔太阳辐射，减少82%的辐射强度（《青藏铁路》编写委员会，2016），降低地面（棚内外地面温度相差8 ℃）或斜坡表面温度。

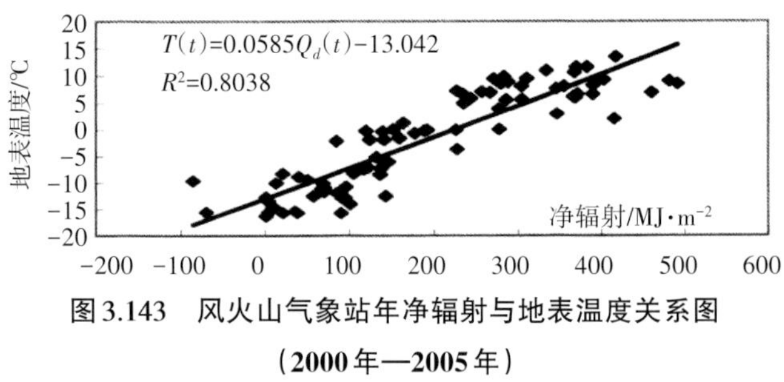

图3.143 风火山气象站年净辐射与地表温度关系图

（2000年—2005年）

可见，块（碎）石护道具有如同块石通风路基的作用。应该强调的是，路堤的护道作用，除了具有保温作用外，更重要的作用是对路基坡脚具有排水功能，避免路基坡脚积水和导致路基基底地温升高及地基土强度弱化。因此，在做块（碎）石路基护道时，原地面上还必须先采用土护道措施以排除路基坡脚的积水，达到排水功能的厚度后，再修筑块（碎）石护道。排水与保温相结合应是多年冻土区护道的基本设计原则。

2.路堤块（碎）石护坡与护道的适用条件

块（碎）石护坡与护道能充分发挥其工程效果的因素如下。

1）气候条件

年平均气温是决定有效潜在冻结能力，满足多年冻土生存和发育的基本要求。据青藏高原的研究资料，若对应的年平均气温为−2.74 ℃，即为该区黏性土地带形成多年冻土的基本条件（砂砾石地区则需更低的气温条件）为依据，得准线Ⅰ（图3.144），过剩的冻结指数（积温差）Ω_c= −1000 ℃·d，冻结数（气温冻结指数与融化指数之比）F=2，其上部分均在北纬32°15′至35°30′的地区，有较多的有效潜在冻结能力，寒季能形成衔接多年冻土和继续冻结的潜在冻结能力。其下部分，已处于多年冻土的南、北界边缘地区，没有富余冻结能力。以高原多年冻土区地表年平均温度t=0 ℃时相对应的年平均气温T_0≈−4.0 ℃为准，得准线Ⅱ，它的过剩冻结指数Ω_c=−1500 ℃·d，冻结数F=3（图3.144），其上部分的过剩冻结指数绝对值均大于−1500 ℃·d，相当于分布在32°30′至35°23′的地区，即青藏高原的腹部地带，具有强大的有效潜在冻结能力，适宜采用大气冷能降温的工程结构措施。

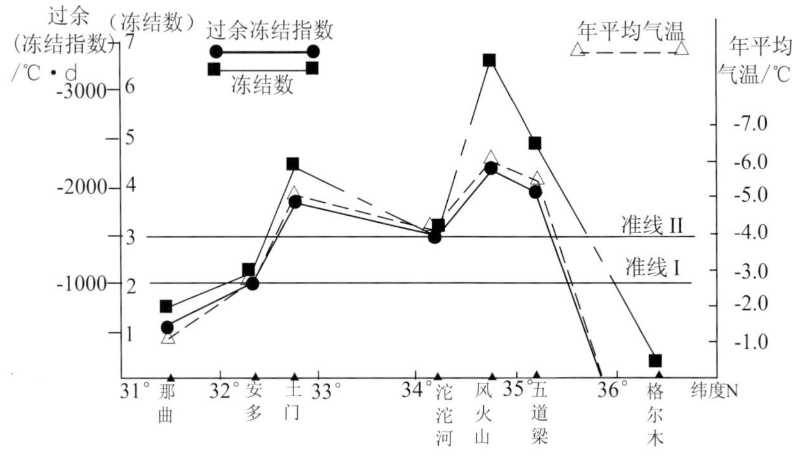

图3.144 青藏高原多年冻土区潜在冻结能力标示图

（据中铁西北科学研究院有限公司等，2006）

可以认为，在准线Ⅰ对应的过余冻结指数Ω_G的绝对值≥1000 ℃·d、冻结数F≥2的地区，利用块（碎）石层护坡来保持多年冻土路基稳定是合理的。

2）地表、地层条件

地表、地层条件是指块（碎）石层能以保持地温场稳定的岩土地基的热物理特性、本身的温度状态、岩性、含水（冰）和水文地质条件。

同一裸露地区，地表年平均温度都比气温高，砂石地面要高出2～4 ℃，沥青路面要高出5～6 ℃，高温冻土区最大可达10～15 ℃，低温冻土区则高出5～10 ℃。地表过剩冻结指数仅是气温过剩冻结指数的50%左右。因此，以气温作为衡量地中的潜在冻结能力时，需充分考虑到气温积温与地面积温的对应关系。根据附面层理论（青藏公路冻土路基研究组，1988），相同的气温波动在不同物质表面引起的温度变化是不同的，不同的地表性状（物质成分、地形地貌、水分状态、植被和覆盖度等）对太阳辐射热的吸收也是不同的。

在一定条件下，局地因素的影响会超过大气的影响，如路基修建往往造成朝向的变化，导致阳坡的融化指数比阴坡大一半；裸露地面（砂石）平均温度比有遮阳措施（如遮阳棚）地面高出8 ℃（中铁西北科学研究院有限公司等，2006）；块石堆中的年平均地温较相邻的矿物土要低4～7 ℃，Harris在昆仑山垭口块石堆（0.15 m厚）下测得地温年平均值比相邻细粒土的地温低7.1 ℃（程国栋，2003）。

当路基坡脚有积水情况下，土护道修筑能起到排水作用。但土护道修筑设计必须与路基排水系统紧密连接，避免铺设土护道失去排水的功能。

3. 路基护坡与护道的块（碎）石粒径选择

1）块（碎）石护坡的粒径选择

块（碎）石层中发生自然对流的强弱取决于瑞利（Rayleigh）数R_a的大小，在负温梯度作用下，R_a越大，自然对流强度就越大。根据实验表明，随着碎石粒径的增大，R_a也增大，这主要是由于碎石层的空气渗透率（K）增大的关系。空气渗透率大小随碎石粒径变化较为显著，导热系数则随粒径增大而减小（表3.68）。

表3.68　不同粒径材料的物理参数（孙斌祥等，2004）

材料	粒径 /mm	密度 /kg·m^{-3}	空隙率 /%	渗透率 /m^2	导热系数 /W·m^{-1}·K^{-1}	容积热容量 /J·m^{-3}·K^{-1}
碎石	20～40	1520	44.4	7.80×10^{-7}	0.424	1.277×10^{6}
碎石	40～60	1500	45.2	2.28×10^{-6}	0.407	1.260×10^{6}
碎石	60～80	1400	45.7	4.38×10^{-6}	0.396	1.250×10^{6}
碎石	100～150	1410	46.5	6.67×10^{-6}	0.385	1.184×10^{6}
卵砾石	≤40	1790	36.1	3.00×10^{-8}	0.522	1.343×10^{6}
砂砾石	≤5	1800	–	3.00×10^{-10}	0.766(0.857)	$1.581(1.393)\times10^{6}$
空气	–	0.900	–	–	0.024	0.909×10^{3}

根据室内的模型试验和计算结果认为，碎石层粒径为60～80 mm的降温效果较佳（孙斌祥等，2004），在模型顶部开放及一定风速条件下，平均粒径为70 mm的碎石层的降温效果好于平均粒径约220 mm的块石层（喻文兵等，2003）。然而，青藏铁路的北麓河实体试验观测的结果却

认为，碎石层具有较强的热屏蔽作用，其降温效果次于块石层（孙志忠等，2004）。

青藏铁路北麓河试验段块片石和碎石护坡对比试验研究（图3.145），块片石的粒径为400～500 mm，铺设厚度为0.8 m，碎石的粒径为50～80 mm，铺设厚度为0.8 m。其观测结果：

图3.145 块(左)碎(右)石护坡(葛建军摄)

温度场的对比分析：选择路基表面下0.3 m、路基基底和路基原天然上限附近的路基中心平均地温值进行分析，三年的观测资料表明（表3.69），路基表面下0.3 m的地温差别最大，低0.2～0.4 ℃，路基基底居中，低0.1～0.2 ℃，路基原天然上限附近差别最小，低0.1 ℃。积温对比分析，块石和碎石护坡路基中心的负积温值比普通路基多，差值也随深度增加而减小。

表3.69 路基中心不同位置的平均地温(℃)和积温(℃·d)对比(《青藏铁路》编写委员会,2016)

观测年份	观测断面	路基表面下0.3 m		路基基底		路基原天然上限附近	
		平均地温	积温	平均地温	积温	平均地温	积温
2002	DK1141+374块片石护坡	-0.93	6.96	-0.02	-2.40	-0.26	-36.26
	DK1141+324碎石护坡	-0.68	41.36	-0.01	-0.55	-0.32	-45.28
	DK1140+882普通路基	2.21	418.32	0.28	42.50	-0.21	-29.66
2003	DK1141+374块片石护坡	0.33	55.80	-0.22	-81.67	-0.33	-120.85
	DK1141+324碎石护坡	0.06	-40.11	-0.27	-98.18	-0.44	-160.91
	DK1140+882普通路基	0.47	126.09	-0.06	-19.12	-0.33	-119.46
2004	DK1141+374块片石护坡	-1.30	-477.93	-0.25	-90.44	-0.44	-159.44
	DK1141+324碎石护坡	-2.28	-489.65	-0.20	-42.50	-0.52	-110.70
	DK1140+882普通路基	-0.82	-294.35	-0.08	-30.16	-0.42	-152.56

比较北麓河试验段同一时间观测的块石、碎石护坡与普通路基的地温等温线图（图3.146）（《青藏铁路》编写委员会，2016）可看出，在路基本体内，普通路基地温整体上高于块石、碎石护坡路基。块石、碎石护坡路基阴阳坡的地温差异较小，普通路基则差异较大。

观测表明，块石护坡路基下的冻土人为上限抬升了2.5 m，碎石护坡路基下的冻土人为上限抬升2.2 m，普通路基下冻土人为上限抬升1.8 m。相比较，块石、碎石护坡路基的冻土人为上限较普通路基分别抬升了0.7 m及0.4 m。

通过块石、碎石层下0.2～0.7 m深度范围土层的热收支计算（马辉，2006），观测期间，碎石层下土体的总热收支为3878.8 kJ·m^{-2}，处于吸热状态，而块石层下土体总热收支为-10940 kJ·m^{-2}，处于散热状态。由此说明，在相同厚度条件下，粒径为400～500 mm的块石层比粒径为50～80 mm的碎石层具有更好的冷却地基土的作用。

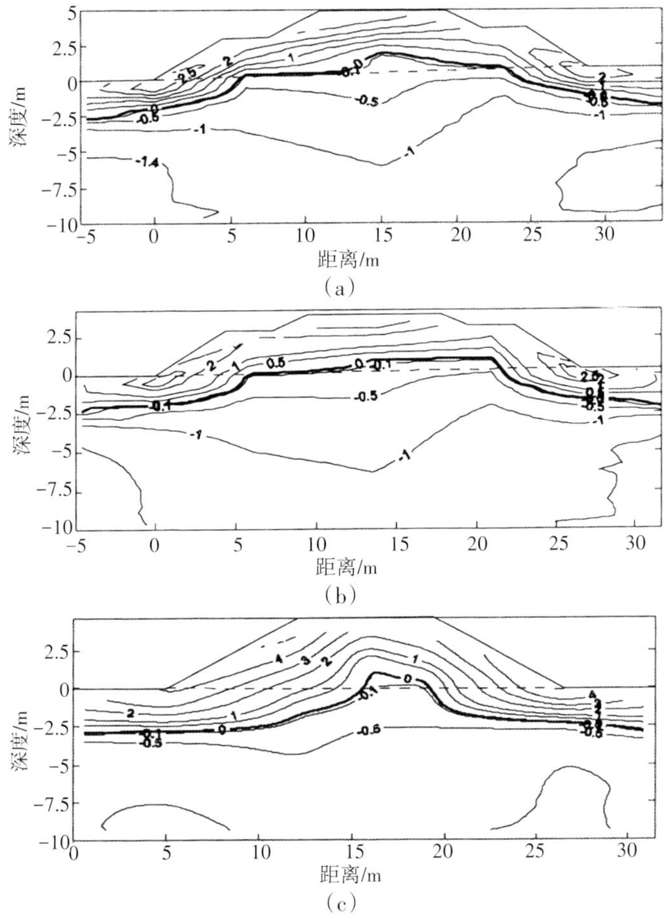

图3.146　北麓河试验段块石护坡(a)、碎石护坡(b)及普通路基(c)等温线对比图(2004年09月29日)

在一定粒径范围内，块（碎）石层的降温效果随着粒径增大而增强，是因其渗透率碎石粒径增大而增加，但粒径超过400 mm后，其渗透率则因表面积减小和孔隙特征改变，导致其随粒径增大而减小。封闭块（碎）石层最佳降温粒径室内试验研究表明，221 mm和271 mm粒径的降温效果优于83 mm和148 mm粒径。

根据上述室内与现场的试验研究，以及工程实践中的情况，块石的粒径宜选用150～250 mm，碎石粒径宜选用80～100 mm。

2）块石、碎石护道粒径选择

青藏铁路仅在五道梁地段进行过块石和碎石护道试验研究（图3.147）。块石护道断面里程及结构尺寸（表3.70）和两年的试验观测结果如下。

表3.70　青藏铁路片石护道试验段的结构尺寸

地段	观测段里程		项目	粒径/mm	厚度/m	护道铺设宽度/m		备　注
	里程	代号				阳坡(左)	阴坡(右)	
五道梁	DK1082+625	A1	护道	100	1.5	6.0	4.0	年平均气温5.6 ℃,年平均地温-2.3～-2.4 ℃
	DK1082+675	A2		200	1.5	6.0	4.0	
	DK1082+725	A3		300	1.5	6.0	4.0	

(1）护道路基冻融过程变化规律

由图3.148可知，左路肩，均于4月下旬至5月上旬地表开始融化。A3断面比A1和A2断面迟5天左右。右路肩，A1和A3断面于5月中旬地表开始融化，A2断面于5月下旬地表开始融化，迟5～10天。左右路肩比较，左路肩比右路肩地表融化提前10天至1个月，回冻也相应推迟相同时间，达最大融化深度也比右路肩推迟20天，完全回冻则推迟2～3个月。

图3.147　块(左)碎(右)石护道(葛建军摄)

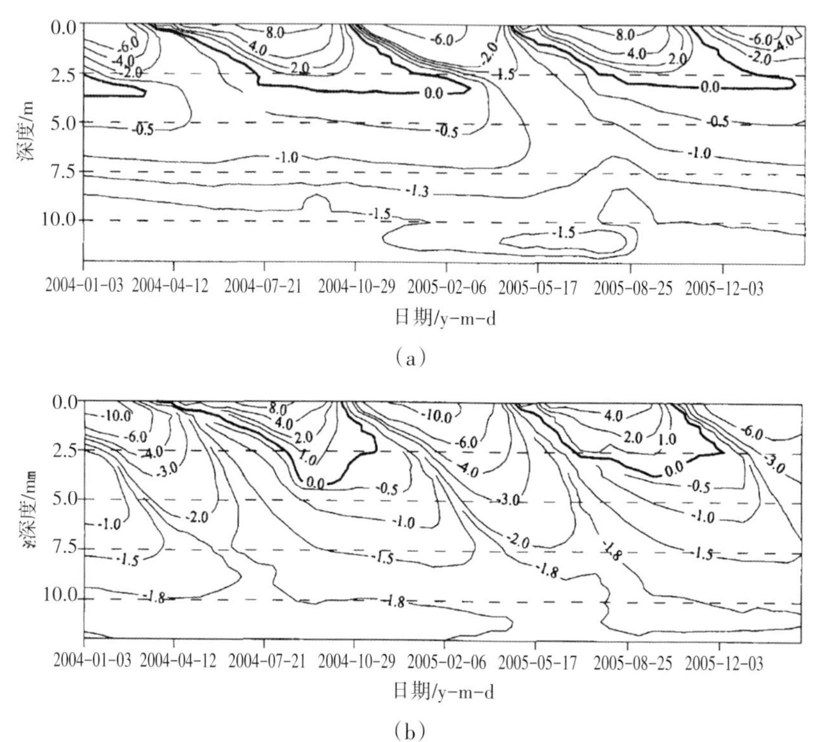

图3.148　五道梁块石护道DK1082+725(A3)左(a)、右(b)路肩冻融过程曲线(徐连军,2006)

（2）护道路基地温时空变化规律

A1断面左路肩（阳坡）2005年的不同深度地温年平均值基本上高于2004年，但4.5 m深度以下变化不大，而右路肩则较上年度有所降低。A2、A3断面的左右路肩不同深度的地温年平均值均较低于上年度。

（3）护道路基下原天然地面地温变化

左路肩正、负温期为5～7个月，右路肩负温期为7～9个月，正温期为3～5个月；左右坡脚负温期9～11个月，正温期1～3个月。除A1和A2断面左路肩（阳坡）原天然地面最高与最低地温年平均值为正值外，A3断面却为负值，右路肩及左右脚坡均为负值。说明块片石粒径大具有较好的降温功能，A1断面的碎石降温功能最小。

（4）护道路基的地温场

2005年各观测断面的地温均低于2004年，说明寒季冷量的储存增加，使左边坡下没有出现较大的融区。

各观测断面最大季节融化深度的地温场表明，在同一水平面上，左右护道坡脚和左路肩的地温较高，其次左右路基坡脚地温较低，右路肩地温最低。左右路肩、路基坡脚和右护道坡脚冻土人为上限都在原天然冻土上限之上，冻土人为上限有所抬升。但各断面左护道坡脚的冻土人为上限在原天然上限之下。

（5）护道路基冻土人为上限的地温特点

路基下冻土人为上限的地温逐年降低。路基阳坡或阴坡，各断面的路肩、护道坡脚、路基坡脚的冻土热稳定性是依次升高的，但路基阴坡要比阳坡的热稳定性高。显然是与受太阳辐射作用和在相同深度处地面温度波的传导距离不同有关。块石护道对路基坡脚的冷却作用很强，而对护道坡脚冷却作用却很弱。

（6）护道路基原冻土天然上限地温变化特点

块（碎）石护道路基冻土人为上限在天然上限的基础上普遍抬高。各观测断面左右路基坡脚和路肩原冻土天然上限最高值、最低值和年均地温都有逐年降低的趋势，左右路基坡脚的热稳定性却比路肩高，这是因路基坡脚受护道冷却作用的影响。

综观上述的观测资料比较，块石护道冷却路基的效果比碎石护道好，不宜混合使用。

4.路基块（碎）石护坡与护道铺设厚度

根据多孔介质渗流理论，要使粒径一定的块石层达到理想的降温效果，除需要利用它的变当量导热系数的特点外，还需要达到一个最小的厚度。这一厚度需要满足以下条件：负温期、冷能可以充分传输到底部、在正温期热量不能达到底部。块石层中要发生自然对流的最小临界瑞利数R_{ac}为$4\pi^2$，瑞利数的大小与介质的厚度成正比，以此可以求得块碎石层护坡产生自然对流的临界厚度。居于对流降温效应，路面温度振幅（θ）为一定值时，路堤冬季自然对流效应开始能“冷却地基”临界状态相对应的碎石护坡层最小厚度（H）可由下式（孙斌祥等，2005）确定：

不透气边界：
$$H_{\min} = -43.61 \, \text{lin}\, \theta + 180.3 \tag{3.72a}$$

透气边界：
$$H_{\min} = -34.94 \, \text{lin}\, \theta + 129.3 \tag{3.72b}$$

对于道砟碎石护坡路堤，厚度为1 m，其碎石表面温度振幅为13 ℃条件下，按公式3.72求得碎石护坡最小厚度为0.7 m（不透气边界）和0.4 m（透气边界）。

中铁西北院风火山观测站碎石护坡试验路堤，碎石粒径50～150 mm，上部厚度0.7 m，中下部为0.55～0.6 m，碎石层表面温度振幅取14.2 ℃，按公式3.72求得碎石护坡的最小厚度为0.66 m（不透气边界）和0.37 m（透气边界）。

碎石护坡路堤冬季自然对流效应具有如下特点：

（1）对于一定厚度的碎石护坡路堤，其冬季自然效应随路面温度振幅变大而增强；

（2）在相同条件下，透气边界碎石层中的空气能与外界大气组成对流循环，使透气边界碎石护坡路堤的冬季自然对流效应明显强于不透气边界的碎石护坡路堤；

（3）在给定路面温度振幅，碎石护坡路堤的冬季自然对流效应随碎石护坡层厚度变大而增强；

（4）路堤碎石护坡层的冬季自然对流效应通常是从坡脚开始形成的，因此，相比较而言，碎石护坡层下部分的自然对流降温能力更强；

（5）因碎石层的有效导热系数远小于砂砾石等传统路基填料，所以，路堤碎石护坡层除了具有冬季自然对流降温效应以外，在夏季还能起到热阻材料的作用，阻止更多热量的传入；

（6）碎石护坡层厚度较小时，其产生的冬季自然对流效应比较弱，主要发挥热阻材料的作用。

总之，在多年冻土地区，碎石护坡路堤冬季自然对流降温效应产生及其演化主要与碎石护坡层厚度、碎石粒径、边界形式、冻土条件等密切相关。

青藏铁路在五道梁、开心岭、北麓河、清水河均有碎、片石护坡试验段，观测断面结构尺寸见表3.71。主要结论：

表3.71 青藏铁路碎石护坡试验段的结构尺寸(《青藏铁路》编写委员会，2016)

地段	观测段里程	项目	粒径/mm	护坡铺设厚度/m		备注
				阳坡(左)	阴坡(右)	
清水河	DK1026+155	护坡	片石	1.2	1.2	年平均地温-0.46 ℃，天然上限2.8 m
	DK1026+190			0.8	0.8	年平均地温-1.2 ℃，天然上限1.5 m
五道梁	DK1082+375	护坡	100	1.0	0.6	年平均气温-5.6 ℃ 年平均地温-2.3～-2.4 ℃
	DK1082+425			1.3	0.8	
	DK1082+475			1.0	1.2	
北麓河	DK1142+945	护坡	100	1.3	0.6	年平均气温-5.2 ℃，年平均地温-1.4～-1.6 ℃，天然上限1.9～2.1 m
	DK1142+990			1.6	0.8	
开心岭	DK1262+575	护坡	70～120	1.2	0.6	年平均气温-3.3 ℃， 年平均地温-0.6～-0.7 ℃
	DK1262+625			1.6	1.0	
	DK1262+675			1.4	0.8	

（1）厚度1.2 m的块石层，暖季与寒季使路基阳坡侧分别降低地温1.9 ℃与1.65 ℃，阴坡侧分别降低地温1.26 ℃与0.47 ℃。厚度0.8 m块石层，暖、寒季使路基阳坡侧分别降低地温1.65 ℃与1.06 ℃，阴坡侧分别降低地温1.22 ℃与0.07 ℃。

（2）与一般路基比较，厚度1.2 m和0.8 m的块石层，2004年在阳坡侧路肩下2.6 m处的积温分别小777 ℃·d和582 ℃·d，阳坡侧路肩下2.2 m处的积温分别小273 ℃·d和220 ℃·d。

（3）1.2 m厚度的块石护坡较0.8 m降温效果好。

（4）碎石层下年平均地温低于普通路基坡面温度，左侧阳坡碎石层降低了坡面温度约3.0 ℃，右侧阴坡碎石层降低了坡面温度1.6 ℃。普通路基年较差均明显大于碎石护坡坡面年较差，其中，左侧差值为13 ℃，右侧为20 ℃。

（5）普通路基阴阳坡的坡面温差为2.2 ℃左右，碎石护坡阴阳坡的坡面温差为0.7 ℃，说明碎石层护坡可减小阴阳坡的坡面温差，减弱路基温差的不对称性。

（6）碎石护坡路基的冻土人为上限抬升值大于普通路基。

（7）阴阳坡铺设厚度分别为0.8 m及1.6 m碎石层护坡的人为上限抬升值大于铺设厚度分别为0.6 m和1.3 m的碎石层护坡路基，说明碎石层铺设厚度大的工程效果好些。

（8）三种不同阴阳坡厚度（0.6 m/1.2 m、1.0 m/1.6 m、0.8 m/1.4 m）碎石护坡路基的地温观测资料表明，铺设厚度越小，效果越差。护坡碎石层厚度越大，路基下冻土原天然上限处的地温也越低。

碎石护坡与块石护道冷却路基效果对比分析（徐连军，2006）：

（1）碎石护坡与块石护道具有明显的冷却降温作用，左右路肩不同深度地温年平均值逐年减低，右路肩温度较左路肩低，降温幅度略大。

（2）左右路肩冻土人为上限均高于天然上限。块石护道路肩左右路肩、路基坡脚和右护道坡脚的冻土人为上限均在原天然上限之上，左护道则在天然上限之下。

（3）碎石护坡与片石护道铺砌厚度大，护道铺砌宽度大，其降温效果较好。建议：

①块（碎）石护坡铺设厚度：阳坡宜不小于1.2 m；阴坡宜不小于0.8 m。

②块（碎）石护道铺设宽度：在保持护坡厚度条件下，阳坡宜不小于3～4 m；阴坡宜不小于2～3 m。

5.路基块（碎）石护坡与护道铺设结构

路基块（碎）石护坡与护道的基本结构形式如图3.149所示，可作为块石路基、通风管路基、隔热保温路基、热棒路基及它们的复合路基等路基工程的补强措施，有利于提高各种工程措施的降温效果、冷量采集和储存能力。

要使护道具有排水功能，必须先做土护道，防止水流渗入路基坡脚与基底。防排水土护道的最小高度必须满足多年水流溢漫高度以上0.5 m，然后在其上填筑块石层。

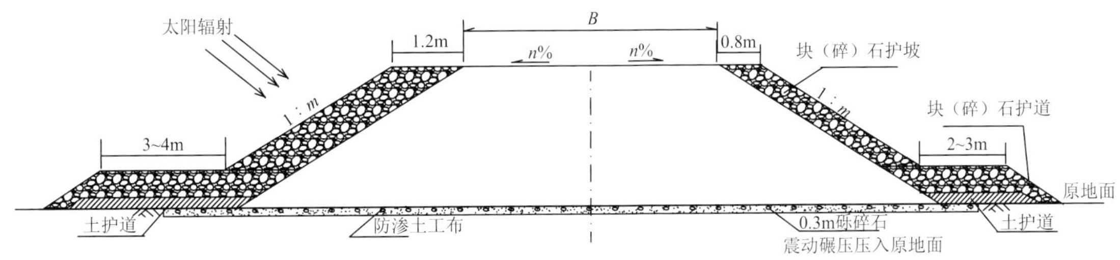

图3.149　路堤块(碎)石护坡与护道结构示意图

3.4.8　路基遮阳棚(板)护坡

多年冻土区太阳辐射是使地温升高的主要因素，特别是低纬度、高海拔的青藏高原，太阳辐射十分强烈，裸露地面温度普遍高于空气温度5 ℃左右，因此降低路堤坡面温度可控制基底多年冻土温度升高。采用遮阳方法可以有效地减小太阳辐射的影响，特别是对路堑朝阳堑坡的防护具有实际意义，实质上变路堑、路堤阳坡为阴坡，从而降低基底冻土温度，减小冻土人为上限下降幅度，有利于路基的热稳定性。因此，东北地区可采用植草方法达到减少太阳辐射对路基的热影响，降低路基边坡表面温度，有利于冻土路基的热稳定性。

青藏铁路风火山段修建了遮阳棚（图3.150）和路堤边坡遮阳板（图3.151）试验，据试验资料，遮阳棚地表平均温度比棚外要低5～8 ℃，最大可低15～20 ℃（图3.152）（《青藏铁路》编写委员会，2016），冬季两者相差较少，夏季差异较大，仍可保持遮阳棚内地表年均温度在0 ℃。室内试验结果，遮阳板可降低土体表面温度约91%。

图3.150　青藏铁路遮阳棚试验(丁靖康等,2011)

图3.151　青藏公路路堤边坡遮阳板试验(李永强摄)

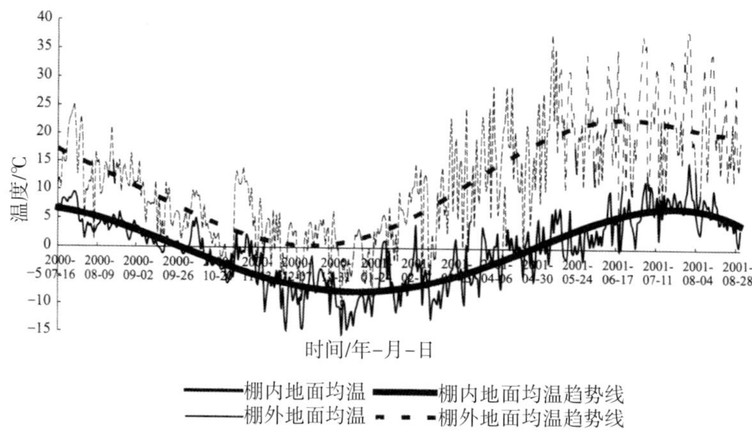

图3.152 遮阳棚内外地面一年内14时的温度对比

从一年后遮阳棚内外的地温观测可知，棚内左右路肩和路中心的路基下多年冻土人为上限上升值分别为1.1 m（阳坡）、1.4 m（中心）和1.27 m（阴坡），靠近遮阳棚左右侧附近的堑坡顶上，因受遮阳棚影响，人为上限上升值分别为0.1 m（阳面）和0.36 m（阴面），远离遮阳棚阴面的天然上限，却受大气温度影响，冻土上限下降了0.11 m。可见，遮阳棚对路基基底多年冻土的降温效果较为显著，能起到积极保护多年冻土的作用。

青藏铁路在北麓河路基两侧用彩钢夹芯板铺筑遮阳板试验段。观测资料表明，遮阳板试验路基土体温度比普通路基土体温度要低3.0～5.0 ℃。到最大冻结期时，普通路基阳坡侧路肩出现融化现象，遮阳板路基土体温度仍保持在−2.0～ −3.0 ℃，甚至更低的温度；在最大融化期时，普通路基阳坡侧路肩土体温度高达4.0～5.0 ℃，遮阳板路基土体温度也仅有2.0～2.5 ℃，两者相比，普通路基土温要高出遮阳板路基土温2.0～3.0 ℃。路基各部位的冻土人为上限变化比较表明（表3.72）（《青藏铁路》编写委员会，2016），普通路基靠近中心外，阳坡和阴坡坡脚和护道的冻土人为上限都出现下降（阴坡小或略有上升），遮阳板路基的冻土人为上限基本都是上升的，最大上升值可达2 m。青藏公路遮阳板使用说明（中交第一公路勘测设计研究院等，2006），可使板下地表年平均温度降低4～6 ℃，路基下多年冻土年均温度降低0.5～1.0 ℃，路中冻土人为上限抬升0.5～1.0 m，有效地缩小路基下融化盘，控制路基融化变形。

表3.72 路基各部位测温孔最大融深及人为上限上升值(m)(数值相对天然地面而言)

孔位	2003年融深		2004年融深		2005年融深		2005年较2003年上限上升值	
	普通路基	遮阳板路基	普通路基	遮阳板路基	普通路基	遮阳板路基	普通路基	遮阳板路基
左坡脚	−1.74	−2.68	−1.65	−2.36	−2.07	−1.73	−0.33	0.95
左护道	−2.24	−2.8	−2.31	−1.37	−2.47	−0.77	−0.23	2.03
左路肩	−1.62	−1.41	−1.26	0.19	−1.13	0.95	0.49	2.36
路中心	−0.42	−1.14	0.16	−0.4	0.53	1.0	0.95	2.14
右路肩	−0.32	−0.88	−0.02	0	0.08	0.47	0.4	1.35
右护道	−0.95	−1.92	−0.86	−0.86	−0.86	−0.5	0.09	1.42
右坡脚	−1.72	−2.1	−1.7	−2.0	−1.79	−1.33	−0.07	0.77

遮阳棚（板）降温机理：①有效地遮挡太阳辐射，减少了对地面加热作用；②遮阳板与地面间的空隙（0.15～0.2 m最佳），可增大空气流动，将地面的热量带出；③遮阴起到了降温作用，可使坡面空气温度降低相对稳定的数值。可见，遮阳棚（板）的重要作用是减少或避免太阳辐射对地面的加热作用和增大地面空气流动，降低了地面温度，进而减少基底下多年冻土的吸热量。

从使用情况看，青藏高原风力较大，加上冻土地区的冻胀作用，温差较大，遮阳板板面出现热胀冷缩变形、损坏，锚杆被冻胀拔起，甚至还有人为损坏现象。

3.5　斜坡路基(路基护坡)

多年冻土地区斜坡地带因冻融过程所出现的各类地形地貌现象，冻土调查和冻土工程地质测绘中都归结于冻结和融化过程产生的“不良冻土现象”（也称冷生现象，或冰缘现象）进行研究，分门别类地进行描述、分析和提出各种工程设计要点和防治措施。1989年列入《冻土工程地质勘察规范》（GB 50324-2014）勘察内容。冻结过程产生的冻胀丘、冰椎（冰漫或冰瀑布）及坍塌等直接影响桥涵、隧道和公路工程的安全（图3.153、图3.154）。由于工程修筑改变了周边冻土层的地温、土层的渗透性和地表水的流径、地下水的渗径等水文地质条件，融化过程产生的热融滑塌、融冻泥流和热融湖塘等直接危及斜坡路基和湖塘岸边路基的稳定性。

1.冻土斜坡稳定性

多年冻土区与非多年冻土区斜坡稳定性失稳的重要诱发原因是水（地表水和地下水）的浸入和地下冰融化，导致土层抗剪强度减低，以致丧失，在重力或外力作用下出现滑移。多年冻土区的另一重要因素是地下冰存在，当自然或人为揭露地下冰后，在热力作用下，地下冰融化和水侵蚀土层，逐渐融化、开裂、坍塌的坡体沿滑动面滑下，土体过饱和而流动，导致斜坡失稳，且呈溯源侵蚀，直达冻土中厚层地下冰消失为止。即使低缓坡度的土体也会出现热融坍塌（图3.155）。斜坡土体失稳期为每年的暖季，集中于冻土上限以上土层范围。

图3.153　冰漫危及大兴安岭北漠北公路

图3.154　冻胀丘逼迫青藏公路绕行
（均为童长江摄）

图3.155　人为作用的低缓坡度的热融坍塌

根据青藏公路沿线高含冰率冻土的分布规律，厚层地下冰分布于多年冻土上限居多。低山丘陵，坡度小于10°的山坡中地下冰发育，尤以4°～8°最有利于地下冰的生长（图3.10）；10°～16°的山坡，地下冰发育条件较差；大于16°的山坡一般少有厚层地下冰，当山坡大于25°时，以剥蚀作用为主，多为裂隙冰（图3.156）。地下冰赋存的土层岩性多为冰水沉积的粉质黏土、细粉砂、粉质土、泥质砂砾岩、泥岩，地下冰上覆土层以粉质黏土、粉土、粉细砂为主。

青藏公路、青藏铁路、黄河源区以及东北大兴安岭多年冻土区都可见到融化过程中的热融滑塌、热融坍塌、融冻泥流等冷生现象。青藏公路K3035（红梁河至曲水河之间）、K3057（北麓河至风火山之间）以及青藏铁路DK1500前后（央尕尔布茸谷地）等的斜坡上热融滑塌体直接影响着路基的稳定性，为人们所关注。青藏公路K3035热融滑塌系因地面下2.0～4.0 m为厚层地下冰（图3.157）。1990年路基排水边沟开挖时，暴露的地下冰未及时覆盖，产生热融滑塌，至1996年已发展长达50～60 m，至2000年长达90～100 m，宽度受地下冰赋存范围所制约，约30 m。

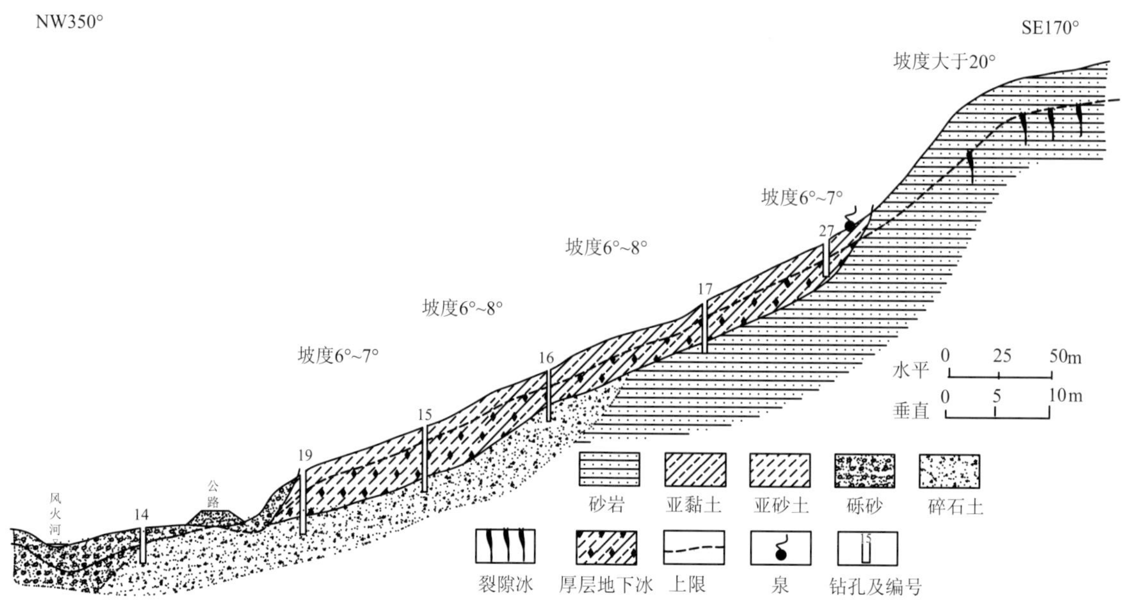

图3.156 青藏高原风火山气象站对面山坡剖面(青藏公路科研组,1983)

1960年中铁西北科学研究院在青藏高原风火山试验研究站开展铁路工程试验研究工作，其中在厚层地下冰地段进行路堑工程试验研究（图3.158）。当年路堑（全长100 m）开挖时，裸露地下冰（可达5 m）未及时覆盖，出现热融滑塌，被迫废弃60 m。后试验段及时对边坡采用厚0.6～0.8 m，1∶1.8坡率的草皮和黏性土混合料回填夯实，表层人工铺砌0.2 m活草皮保温防护层。路基基底回填0.3 m粉质黏土后堆填粒径为50～80 mm、厚度1.1～1.6 m的当地细砂岩碎石作为换填保温层。路堑试验工程至今完好。

图3.157 青藏公路K3035热融滑塌体剖面(童长江摄)

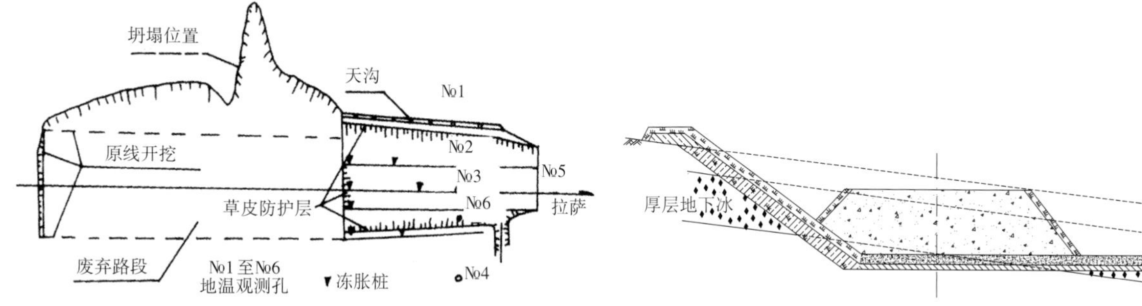

图3.158 风火山厚层地下冰路堑试验工程示意图(中铁西北科学研究院有限公司等,2006)

青藏铁路安多北的央尕尔布茸谷地（DK1500左右）一带是一个构造断裂异常复杂的断陷谷地，冻结层上水较发育，谷地及斜坡的冻胀丘、冰椎及厚层地下冰发育，存在热融滑塌现象（图3.159）。该地段冻土上限为1.5～2.8 m，年平均地温为-0.3 ℃，上限以下为饱冰冻土及含土冰层。竣工三年的总沉降量达254 mm，路基基底总沉降量达200 mm。阳坡坡脚最大水平位移量达117 mm。采取块石路基特殊措施，三年后逐渐稳定。

对于斜坡路基稳定性，应从自然斜坡的稳定性来考虑人为影响情况下斜坡滑动面的位置。多年冻土区斜坡路基的滑动面出现于三种情况：

1）路基基底坡面

路基修筑使地表水及冻结层上水富集于坡脚，促使冻土融化，基底坡面土体强度降低而沿坡面滑动，特别是斜坡沼泽化湿地斜坡，土体强度低，易出现滑移现象。

2）冻土天然上限

冻土区斜坡地段，冻结层上水往往富集于多年冻土上限处，成为软弱层，冻融界面强度降低而构成滑动面，出现滑移。

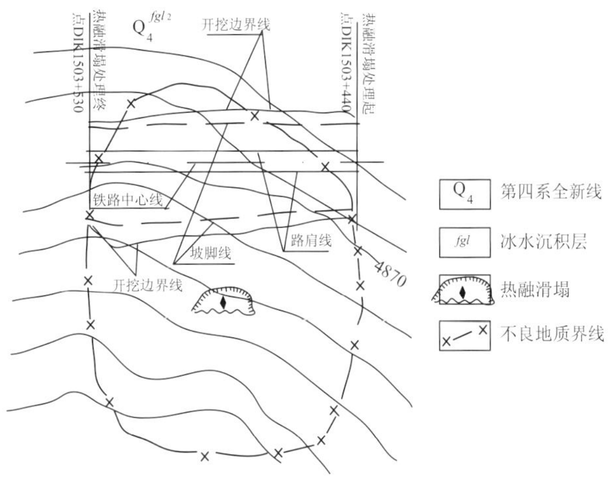

图3.159　青藏铁路安多试验段热融滑塌区

（赵文杰，2007）

3）冻土人为上限

路堤修筑后，改变了路堤下多年冻土热状态，形成新的热平衡，即为人为上限。因阴阳坡的受热作用差异，人为上限出现阴高阳低的斜坡，可能成为斜坡滑动面（图3.160）。

多年冻土区斜坡稳定性的实质是冻土中含有冰，控制着斜坡岩土的力学属性。随着冻土温度场的变化，岩土的含水率亦随之变化，导致岩土力学性质发生变化，出现同一岩土不同状态下（冻结或融化）力学性质的差异，冻融交界面的强度最弱（表3.73），容易产生变形和滑移现象。另外，气温年变化周期内，冻土存在有最大冻融界面，即冻土上限界面上存在一层聚冰层（带），最大季节融化季节期间，上限处聚集大量水分，成为岩土的软弱面。当出现人为上限时，冻融交界面的聚冰层（带）出现大面积融化，土层呈现过饱和或流动状态，安全系数最小（图3.161），更易产生滑移现象。相比较而言，斜坡路基沿人为上限滑动的安全系数最小，成为最危险的滑动面。再者，高温冻土条件下，冻融界面冻土温度越高，具有较大的蠕变特性，随着时间延续，冻土强度迅速衰减，趋于其长期强度（一般仅为瞬时强度的20%左右）。

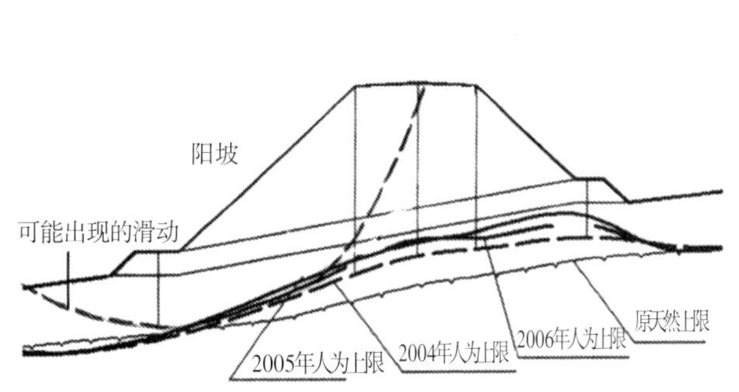

图3.160　冻土人为上限可能产生滑动面

（赵让宏，2010）

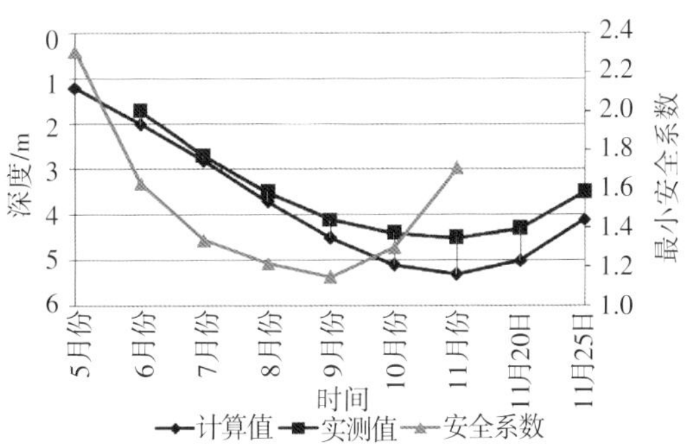

图3.161　冻融进程与稳定性（安全）系数变化曲线

（赵文杰，2007）

由此可见，多年冻土区斜坡路堤的变形破坏主要是由冻土土体在不同温度和湿度条件下沿着冻融界面的软弱带产生滑移。实际上，斜坡路堤最危险的滑移面是在冻融交界面略上一点的位置。

从多年冻土区斜坡路堤稳定性的特征和变化规律看，冻土高低含冰率及其随温度变化决定了斜坡滑移面的位置。在高含冰率冻土中，冻土处于不稳定或极不稳定地温带，热学稳定性较差，上限附近微小的地温变化都会引起冻土产生较大的压缩或压密变形，累积变形增大就降低斜坡路

表3.73 粉质黏土出现快剪试验资料(赵文杰,2007)

地基土状态	不同垂直压力下的抗剪强度/kPa				内摩擦角	黏聚力
	50	100	125	150	φ/°	C/kPa
融化	21.41 22.53 20.18	32.79 34.75 30.86	39.34 41.58 39.77	43.23 45.12 42.65	12.57 13.07 13.21	10.596 11.338 8.426
冻融界面	19.37 18.56 17.97	28.45 29.55 27.46	37.59 38.27 36.87	41.76 40.55 40.11	13.02 13.00 13.01	7.226 7.195 6.501
冻结	42.196 43.792 43.358	56.238 61.236 57.540	75.768 80.444 77.266	86.506 87.724 88.830	24.39 24.57 24.88	17.000 19.723 17.467

堤整体的力学稳定性，出现侧向滑移变形。在低含冰率冻土中，即使属于极不稳定地温带，由于含冰率较少，地温的变化或上限形态的变化，对土体的力学稳定性影响不大，但仍需进行力学稳定性的分析来确定路堤整体稳定性。

斜坡路基中，冻土热学稳定性主要表现在冻土年平均地温和多年冻土上限的位置及形态变化。前者反映冻土的稳定性，即按地温带来表征，后者表现在路堤下冻土上限的形态：

（1）稳定型：路堤下冻土人为上限上升进入到路堤内，形成冻土核。

（2）基本稳定型：路堤下冻土人为上限上升，仅置于季节融化层内。

（3）欠稳定型：路堤下冻土人为上限未出现上升，仍在原天然上限处。

（4）不稳定型：路堤下冻土人为上限下降，处于原天然上限之下。

冻土力学稳定性主要表现在抗剪强度。岩土工程力学稳定性评价主要按边坡稳定性系数分析计算来判断，《建筑边坡工程技术规范》（GB 50330-2002）按四种边坡稳定状态的稳定性系数进行评价，当边坡稳定性系数小于边坡稳定安全系数时应对边坡进行处理。

对于冻土斜坡来说，除了非冻土区所需考虑的自然影响因素外，关键点是要考虑地温变化特点和冻土上限位置。从图3.161看出，斜坡稳定性系数是随着冻融过程变化的，其最小值出现在9月间，冻土达到最大融化深度的时间和冻土上限位置，此时冻融界面的温度最高，含水率最大（冻土未冻水含量、地下冰融化水和冻结层上水渗入），土体的力学强度最弱。对冻土斜坡路基稳定性评价时，还需考虑路堤填料属性和结构体等人为影响因素。

工程实践表明，斜坡路基沉降变形主要来源于路基下季节融化层和天然上限下降，阳坡侧沉降变形较阴坡侧大，且有水平位移现象。因此，斜坡路基的工程措施应提高路基下冻土人为上限，使之能达到稳定型或基本稳定型状态，还要采取措施减小阴阳坡两侧的冻土人为上限的差异性。工程措施应以冷却降温和防排水为主：

（1）按“块石路基”设计要求在路基基底采用抛填块石处理，厚度一般为1.2～1.5 m。

（2）阳坡侧增设保温碎石护坡和块石护道或热棒（+隔热层），或下游侧设保温块石护道。

（3）路基基底下的热融滑塌体应清除，换填粗颗粒土。

（4）路基上游侧设置挡水埝及排水沟，距路基坡脚10 m外，挡水埝高1.5 m，顶宽1.0 m，边坡坡度1∶1.5，外侧为排水沟。在挡水埝中心线沿纵向布设热棒，间距3.0 m；或者埋设PVC阻水板（底部应插入冻土天然上限下0.5 m），板厚1.2 mm。排水措施应与路基整个排水系统相连接。

（5）斜坡路基坡脚（特别是上游侧）应设置保温黏性土防水层，将积水挤出坡脚3～5 m外，最好与块石护道措施一起设置。

青藏铁路安多试验段的观测表明（中铁第一勘察设计院集团有限公司等，2007），上述工程措施可以提高路基下多年冻土人为上限，最大可提高2.4 m。阳坡坡脚受热面积较大，地温较高，需要加强热防护措施，增设热棒。

2.路堑边坡稳定性

多年冻土区斜坡地段冻土层中往往含有不同程度的地下冰层，路堑工程大面积挖掘，破坏和扰动冻土体的热平衡状态远比路堤严重，使高含冰率冻土大面积裸露，增大冻土融化深度和地下冰融化，若热防护措施不足就会产生冻胀、热融滑塌等边坡失稳病害。

青藏铁路的路堑和半路堑路段有78处，先后出现严重病害的路堑边坡有15处，占路堑边坡总数的19.2%（胡田飞等，2015），其中有4处整体失稳。路堑边坡病害的主要形式：路堑顶部纵向裂缝、坡面防护结构破坏、局部滑塌、坡脚鼓胀等（图3.11至图3.13，图3.162至图3.163）。

图3.162　路堑边坡滑塌(张钊摄)

图3.163　路堑坡脚鼓胀(胡田飞,2015)

路堑边坡失稳的主要原因：①路堑大面积开挖，原有冻土上限被人为铲除，破坏了多年冻土层的热平衡状态；②路堑冻土体内含有厚层地下冰，暴露或素土掩埋过程中大量融化，出现融化水，坡脚大量渗水；③青藏高原低山丘陵地区含有地下冰的浅部土层主要为粉质黏土（含碎石），粉土以及泥灰岩，泥岩，泥质砂岩的风化、半风化物，饱水后强度急剧下降；④施工期间坡面强烈吸热，高含冰率冻土受热影响，不但引起地下冰融化，同时也使冻土层土温升高；⑤虽然工程设计与施工中都积极采取隔热保温措施，但路堑边坡冻土热平衡破坏，以及回填土、工程措施和构筑物的蓄热影响，导致路堑边坡初期以融化为主，后期冻土热平衡状态恢复又处于缓慢过程。

据现场调查（熊治文等，2010），在含冰条件相同的情况下，路堑边坡失稳多发生在坡面较高的一侧，与坡体走向的关系并不密切，显然与坡面的吸热面积有关。有些地段，施工期出现边坡失稳后，虽然采用修复及补强措施（增设热棒），经历5年后的调查发现，原坡面仍存在起伏变形、坡顶裂缝宽大等滑移迹象，坡脚1 m深度以下基床土体含水率仍达饱和状态，说明该路堑边坡失稳与高含冰冻土融化水的活动有关（图3.164）。

由此可见，多年冻土地区路堑边坡病害有两种情况：土质边坡的冻土层中含有地下冰层，边坡病害多因热融作用引起，整治原则应以热防护措施为主，兼以排水截（阻）水疏导，避免冻土地下冰融化和边坡坡脚土体浸水饱和而丧失强度；岩质边坡的冻结岩体中或许含有裂隙冰，边坡病害多由冻胀作用引起，整治原则应以排水截（阻）水疏导的防冻胀措施为主，兼以加固、防护。

（1）路堑热防护措施：隔热保温、散热、植草、冷却等，加强排水截水措施。

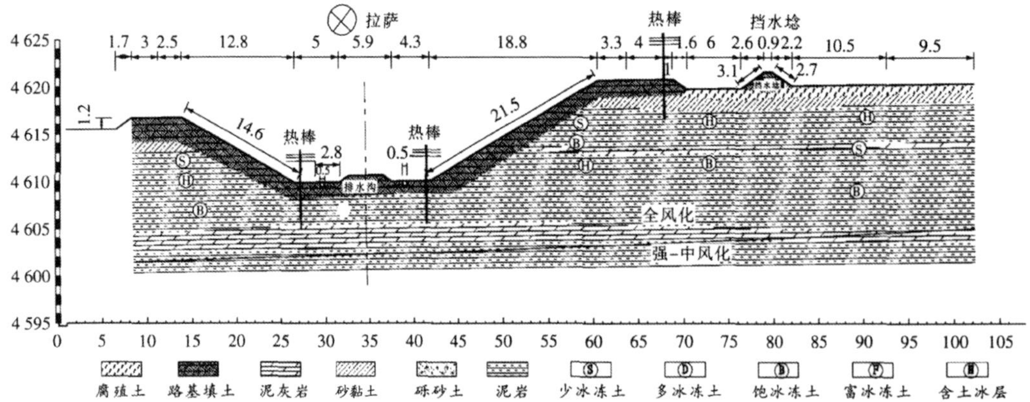

图3.164 多年冻土区热融型路堑边坡失稳的地质和工程情况(单位：m)(熊治文等,2010)

（2）坡顶：埋设隔热保温层+热棒的复合措施，植草。在20 m外设置挡水埝+阻水板，排水沟。

（3）坡面：拼装式骨架（锚钉）护坡+人工植草或乡土草皮移植的复合措施（图3.165）；植草或乡土草皮移植护坡。青藏铁路曾做过加筋土护坡、泡沫玻璃板护坡、改良土护坡等试验，但因预制工艺复杂及抗紫外线老化能力差，不适用于高原环境。

（4）坡脚：保温排水盲沟，热棒+保温层复合措施。

（5）路堑防冻胀措施：用喷射混凝土护坡封闭岩面裂隙及加固岩体，或锚索加固岩体；边坡设置排水孔，坡顶设置挡水埝和排水沟；坡脚设置保温排水盲沟。

图3.165 拼装式骨架护坡(左)+植草护坡(右)(或草皮移植)两者结合(答志华摄)

3.振动条件下路基稳定性

振动荷载作用引起冻土路基的振动反应和变形，其振源来自两方面：其一，路基上部行车振动荷载作用；其二，路基下部地震荷载作用。

行车振动是机车通过实时加速度和速度变化、机车振动频率施加于路基断面上，引起路基断面动力响应。在不同季节、不同时段地周而往复常态化地出现，其振动频率仅在一定范围变化。路基变形多以沉降、斜坡滑移等为主，变形会逐渐稳定。

地震是瞬时施以的加速度和速度变化，具有非常强的破坏力，其时间、地点、强度等尚不能准确预报。地震灾害引起的破坏是道路交通设施自身结构破坏，如路基路面掩埋、沉陷，桥梁断裂，隧道塌陷，边坡滑动-崩塌等。

多年冻土的场地条件是随时间而变化的，暖季期，多年冻土区属于两种性质（融土和冻土）土层结构；寒季期，多年冻土区属冻土性质的土层结构。有关研究表明，冻土层厚度和硬度对地表加速度反应谱影响很大，在不同地震强度下冻土场地具有高频放大现象，但冬季的地震峰值加速度不一定大于夏季的地震峰值加速度；冻土层对路基地震应力性状的影响远大于对加速度反应谱的影响，动应力幅值和变化频率比不含冻土层大得多；冻土场地的最大竖向加速度大于非冻土场地，水平方向加速度却小于非冻土场地；最大动剪应力在冻融交界层剧烈波动变化；冻土层厚度对路基的振动位移影响最大，特别是含有融土层的斜坡路基在震动荷载下的位移值最大等特性。从震害后果看，场地中是否有冻土层存在将直接影响场地地面运动和上部构筑物的破坏类型。

1）行车振动下路基稳定性

机车动荷载对路基变形的影响可能比汽车要大一些，青藏铁路机车的载重和速度都高于公路。青藏铁路北麓河地区选择了素土路基+阴坡块石护坡、块石路基+块石护坡、碎石路基+块石护坡、通风管路基+阳坡碎石护坡、保温层路基+热棒5种路基结构进行寒季与暖季强震动实时观测，研究不同结构路基的机车振动加速度传递规律。得到以下结论（陈拓，2011）：

（1）在多年冻土区，机车通过时，素土路基表层振动响应强烈，不利于维持路基结构的动力稳定性。

（2）机车动荷载通过路基结构传递，与路基结构相同的成分显示卓越性，与路基结构差异较大的成分被吸收。碎石路基、块石路基、普通路基结构的固有频率在30～40 Hz，通风管路基的固有频率在40～50 Hz。

（3）不同结构路基对机车动荷载传递的衰减效应均呈现出暖季大于寒季。寒季因土体冻结，会有结构刚度大，传递速度快，衰减效应小。暖季时加速度能量谱从路肩到坡脚衰减到5%以下，寒季时衰减到10%～20%。

（4）列车振动荷载从素土路基顶部到内部的传递，因路基结构边坡反射，在路基内部能量谱的频率未见明显衰减，路基中心原天然地面的振动大于坡脚，原天然地面下部土体有明显的衰减效应；块石路基结构下部有不同材料层分布的结构特征，列车动荷载传递在块石层上部土体内部振动有增大效应，通过块石层后，振动荷载的加速度幅值迅速衰减（图3.166）（陈 拓，2011）。说明列车振动传递与路基结构有关，在路基中心，块石路基到达天然地面时衰减效应要大于素土路基。

（5）素土路基和块石路基的最大沉降量都发生在路基上部土体，最大位移分别为0.018 mm及0.020 mm；但块石路基控制振动沉降量的效果好于素土路基（图3.167）。

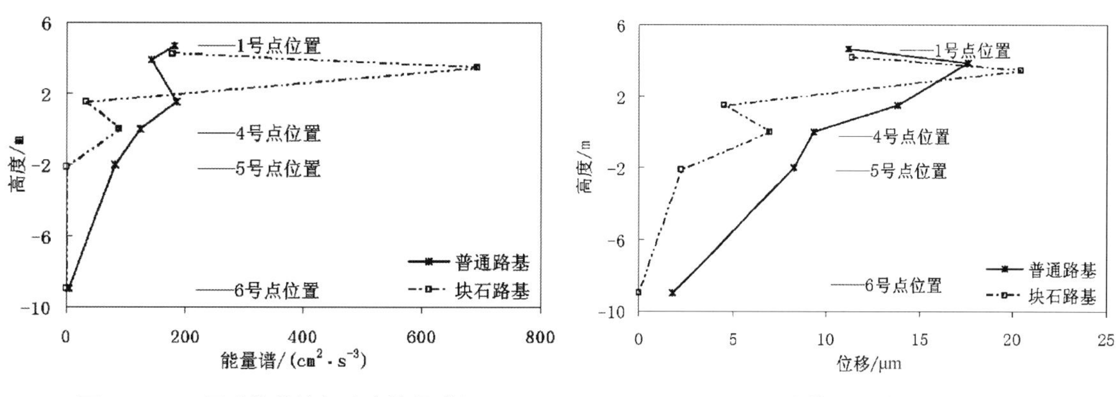

图3.166　不同路基结构加速度能量谱沿路基高度分布　　**图3.167　不同路基结构的振动沉降量分布**

（陈拓，2011）

（6）根据数值计算，路基运营过程中的蠕变效应随时间延长，素土路基各点的位移和蠕变应变不断增大，并最终趋于稳定。路基的竖向变形最大值由路基顶部中心向路基内部和两侧逐渐减小，竖向变形最大值在路基顶部中心，达14 mm。道砟下的蠕变应变值增大，原天然地面处的应变值最小。

由观测与数值计算可知，列车动荷载循环作用主要在多年冻土路基中，对块石路基等特殊结构路基，加速度能量谱传递衰减效应几乎都在路基内部，到达原天然地面已经很小了。但在长期持续机车荷载作用下，两侧坡脚产生较大的剪应变，应变幅值最大可达0.186，并且从坡脚位置逐渐向上扩展，形成贯通面。最大蠕变应变出现在两侧坡脚位置，应变幅值可达0.08，蠕变特征有向上贯通的趋势，因此在实际工程中应考虑对路基两侧坡脚加固。

2）地震作用下路基稳定性

地震是因断层上岩石突然位移而释放能量，以纵波和横波形式向四面传播形成地震波。横波与面波到达时地面振动最强烈，被认为是主要引起的地震破坏。道路工程抗震设计规范进行动力分析时，一般不考虑垂直地震的影响，仅考虑横波沿土层向上传播的作用。地震地面运动特性中，对构筑物反应起控制作用的影响因素为地震强度、频谱特征和强震持续时间，即加速度峰值大小、波形和强震持续时间。地震致使路基破坏的形式有三大类型：基底变形引起的破坏，沉陷为主；路堤变形引起的破坏，多出现边坡裂缝、滑动和塌陷等；山坡（堑坡）变形破坏、坍塌、滑动等（图3.168、图3.169）。

图3.168 昆仑山8.1级地震引起多年冻土区109国道路基破坏（童长江摄）

图3.169 昆仑山8.1级地震引起多年冻土区109国道路肩（左）和坡脚（右）开裂（俞祁浩摄）

3.6 冻土湿地路基

1. 冻土湿地生存环境

在多年冻土区分布的领域里，特殊的地理和冻土环境，构建了多年冻土与沼泽湿地共生模式。沼泽湿地强发育区主要分布于连续多年冻土区；沼泽湿地中等发育区与不连续多年冻土区相吻合；沼泽湿地弱发育区多分布于岛状或零星多年冻土区。这表明两者的生成发育间是相互呼应、相互促进的。我国东北的大兴安岭、西部青藏高原和天山多年冻土地区，沼泽湿地越发育的地区，多年冻土愈发育，冻土厚度愈大，地下冰层越多而厚，冻土上限越浅，黏土层也越厚。反之亦然。

多年冻土区的沼泽湿地主要分布于：①古河道和滩地；②河谷平缓阶地、冲积平原；③山间洼地；④山前洪积扇平缓坡地；⑤分水岭的平缓凹地。越是多年冻土发育地带，河流垂直侵蚀切割越弱，水平侵蚀扩展越强，沼泽湿地也就越发育，有利于植被生长。据资料介绍（孙广友等，2008），沼泽土壤热通量占沼泽表面辐射平衡的比例很小，约为10%，而潜热通量占比例很高，为70%左右。这表明，沼泽湿地的植被和积水起到了屏蔽热量的作用，热量主要用于沼泽表面的蒸发，进入土壤的热量很少。在退化性多年冻土区，岛状或零星的多年冻土都存留在沼泽湿地中。

我国多年冻土区沼泽湿地工程地质条件：

（1）大兴安岭地区：表层为草炭、泥炭层，腐殖质黏土，厚度0.5～2.5 m，多积水和饱水，含冰率较大；下伏土层淤泥质粉质黏土含砾、碎石，厚度1.5～2.5 m，在沟谷中厚度可达4.0～5.0 m，含冰率达40%～50%，属饱冰冻土和含土冰层；再下层，河谷地段多为粗砂、砾砂、砂砾石，沟谷地段多为碎石及粉质黏土、强风化碎石层，含冰率为20%～40%，富冰冻土和饱冰冻土。多年冻土上限为0.8～1.5 m。

嫩江地区沼泽湿地土层的物理力学指标（表3.74）。试验结果表明，寒区湿地的软土天然含水率接近液限值，孔隙比大于1，土体呈软塑状态，为高压塑性土。

表3.74　寒区湿地两层原状土物理力学性质指标（刘红军，2007）

指标	ω /%	G_S	ω_P /%	ω_l /%	I_l	e	ρ /g·cm^{-3}	S_r /%	α_{1-2} /MPa	E_{S1-2} /MPa	C_q /kPa	φ_q /°
腐殖质黏土	41.64	2.71	32.5	48.7	0.56	1.17	1.77	97	0.85	2.17	13.2	2.1
淤泥质粉质黏土	36.25	2.71	27.4	40.8	0.66	1.04	1.81	95	0.71	2.36	16.5	16.7

（2）青藏高原地区：表层为草炭层，厚度0.2～0.5 m，含水率较高或饱水，或充水；下伏多为粉质黏土、砂质黏土，或黏土，含砾、角砾，厚度2.0～3.5 m，夹有冰层厚度达20～40 mm，为富冰、饱冰冻土；再下面为砂质黏土、粉土，含砾，厚度达3.0～5.0 m，常见有冰层，厚度达3.2 m，为饱冰冻土及含土冰层；基岩为泥岩、泥灰岩的风化层。多年冻土上限1.0～3.2 m。

在青藏高原地区桃二九北的扎加藏布湿地试验段，表层草炭层都不很发育，厚度较薄。地基土以粉质黏土为主，塑限含水率约12.4%，液限含水率约21.8%，塑性指数约9.4。压缩试验和三轴试验资料列表于3.75。

表3.75　不同含水率的压缩参数及三轴试验强度指标（中铁第一勘察设计院，2006）

含水率/%	7.2	11.05	14.3	含水率/%及饱和度		7.2	S_r=0.85	S_r=0.88
初始孔隙比e_0	0.35	0.35	0.35	素土	内摩擦角φ/°	21.12	14.6	8.10
压缩系数α_V/MPa^{-1}	0.113	0.138	0.144		黏聚力C/kPa	52.09	19.17	22.53
压缩模量E_S/MPa^{-1}	11.963	9.781	9.389	两层加筋土	内摩擦角φ/°	24.89	20.33	18.01
体积压缩系数	0.084	0.102	0.107		黏聚力C/kPa	64.46	7.59	18.29
压缩指数C_C	0.038	0.046	0.048					

2. 冻土湿地路基变形特点

建筑在冻土沼泽湿地的路基变形主要发生在基底下的地基土：草炭泥炭土、粉质黏土、砂质黏土及地下冰层，包含季节融化层和多年冻土融化层。变形主要形式为沉降变形和冻胀变形。

湿地地基土变形的主要影响因素是土的组成与结构以及外界环境：

（1）土质成分：外荷载作用下，土体颗粒粒度和矿物成分决定了土体的变形特点和变形量。粗粒土是单粒结构，土体的变形是土粒滚动和滑动及土体密度变化决定的；细粒土多为偏平鳞片状结构、絮凝状结构和分散结构，其压缩变形源于颗粒间的水膜被挤出，土粒间相对滑动和扁平状土粒的挠曲变形。土中有机质（纤维素和腐殖质）存在会使土体的压缩性和收缩性增大，影响其强度。

（2）有机质：沼泽湿地最主要成分是泥炭和泥炭质土，具有高含水率、孔隙率大、比重小、液塑限高的特点，若有机质含量高的话，容易形成大孔隙的架空结构，赋存大量孔隙水。

（3）孔隙水：沼泽湿地的土体孔隙大多数被水充满。压缩过程中孔隙水被挤出，含水率降低。粗粒土，透水性强，压力作用下排水快，压缩很快完成，压缩量不一定很大。细粒土的孔隙小，孔隙体积大，结合水膜的存在使其透水性弱，压力作用下孔隙水排出较慢，需较长时间才能完成压缩，压缩量较大。黏土矿物成分影响结合水膜厚度和压缩性。非饱和土的压缩中首先是气体的逸出，然后才过渡到饱和状态的孔隙水排出。

（4）应力历史：先期的环境变化引起应力变化对湿地有不同的固结作用，如冰川覆盖、水位变化、表面暴露而干缩等现象，都会对湿地土体产生不同程度的固结作用。

（5）温度：非冻结状态下，温度对有机质高的压缩性有较大影响，源于温度变化会引起饱和土孔隙水体积变化及相应有效应力变化。在冻结状态下，土体温度降低产生水分迁移及水分聚集，未冻水量减小，结冰率增加，强度增大，压缩性减弱。

不论采取何种工程措施，冻土沼泽湿地软土地基土随着路基加荷过程都会逐渐地出现固结排水压缩沉降，侧向位移。图3.170是东北国道111富裕至讷河段沼泽湿地软土地基公路施工过程的观测资料，表层0.3 m耕土，下部为2.1 m粉质黏土，再下为0.5 m细砂，底层为圆砾。前期填筑砂砾排水垫层，因寒季未继续施工，冻结的软土沉降无明显增加，次年融化时沉降量有所增

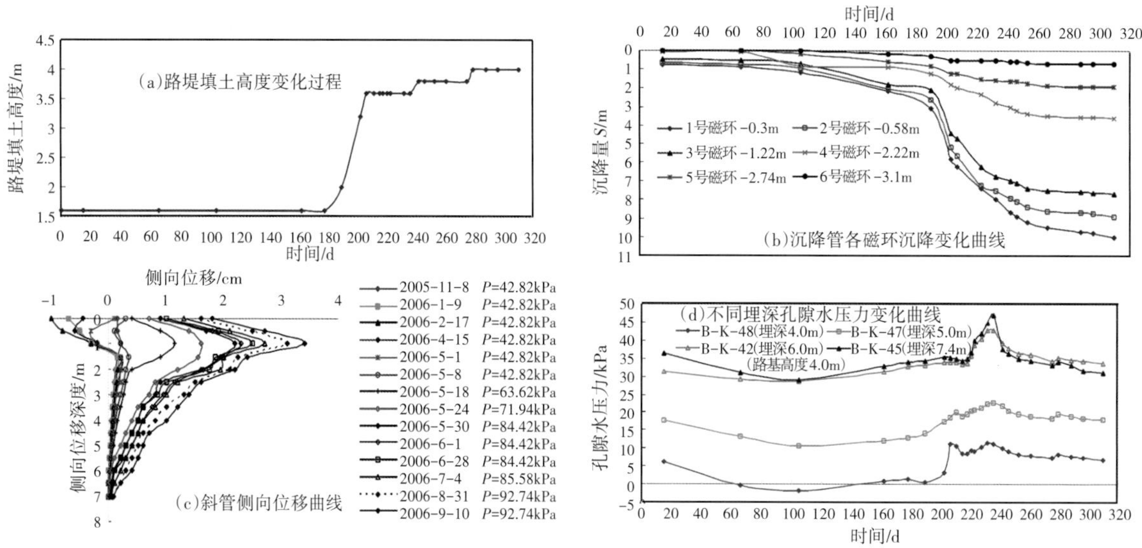

图3.170　沼泽湿地路基加载时压缩沉降过程曲线（刘红军，2007）

加，在5、6、7月集中填土2.4 m［图3.170（a），路基高度4.0 m］，软土地基沉降量明显加速增大，越接近地基表面沉降量越大［图3.170（b）］，软土的沉降量占总沉降量的80%，孔隙水压力也随之增大［图3.170（d）］。5月中旬至7月初，软土地基的侧向位移明显增加，最大位移量达30.5 mm［图3.170（c）］。多年冻土区沼泽湿地路基施工中也有类似的过程。

多年冻土区沼泽湿地的季节融化层，随气温变化而呈现融化—冻结—融化周期性循环状态，土体出现融沉—冻胀—融沉变形。暖季期，路基填土加载，多年冻土人为上限以上湿地软土地基出现固结压缩沉降，越接近地基表层沉降量越大。在加载过程中，路基中心沉降速率比路肩沉降速率大。冻土人为上限以下的冻结层，整体性好，强度高，可将中部的荷载传递到路基两侧的边缘地带，软土地基出现侧向位移。侧向位移量增加和最大位移深度主要受荷载大小、加载速率及软土层厚度的影响。因阳坡侧受热强度大，出现阳坡侧的沉降量大于阴坡侧的不均沉降现象。寒季期，路基下季节融化层逐渐冻结，软土地基随之出现冻胀，冻胀量大小受软土地基固结压缩后的余留含水率及荷载应力的影响。土工格栅处理湿地路基下软土的沉降量表现为暖季大，寒季小，且有冻胀现象（图3.171）。

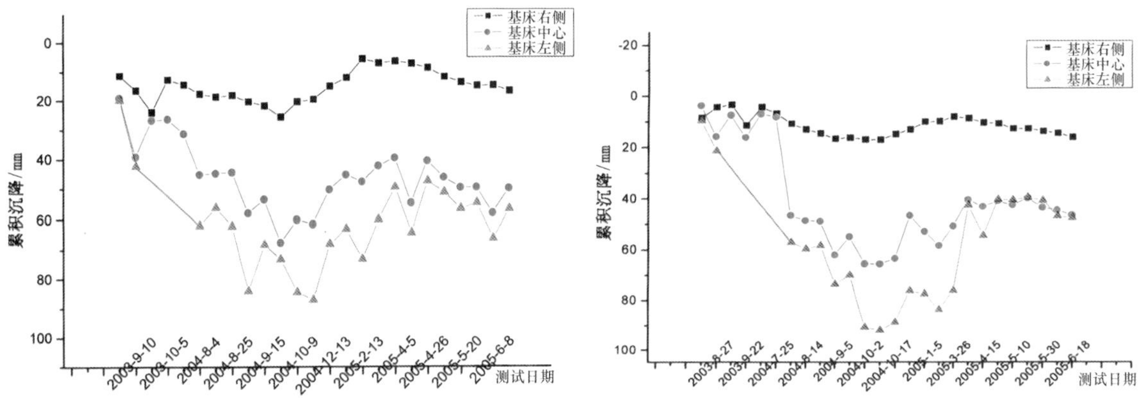

图3.171　基床表层底部(左)及护坡与路基交接面(右)以下的沉降随时间变化曲线(《青藏铁路》编写委员会,2016)

多年冻土沼泽湿地路基下地基土的冻融状态随时间进程变化。路基填筑后的初期，由于填土的蓄热作用，地基土的融化深度是增大的，冻土人为上限下降，出现融化核，最大季节融化深度大于实测天然上限，说明土工格栅措施对保护冻土的效果不佳。随着时间推移，除了退化性多年冻土区外，路基下冻土人为上限都会逐渐恢复和上升，路基的散热量逐渐大于吸热量，整个融化核的面积减小（图3.172）。土工格室的工程措施有相似情况，但采取抛填块石的工程措施，路基冻土人为上限上升幅度很大，没有出现融化核现象，说明抛填块石的工程措施不但有保护冻土的效果，而且对路基稳定性也能起到助强的作用。

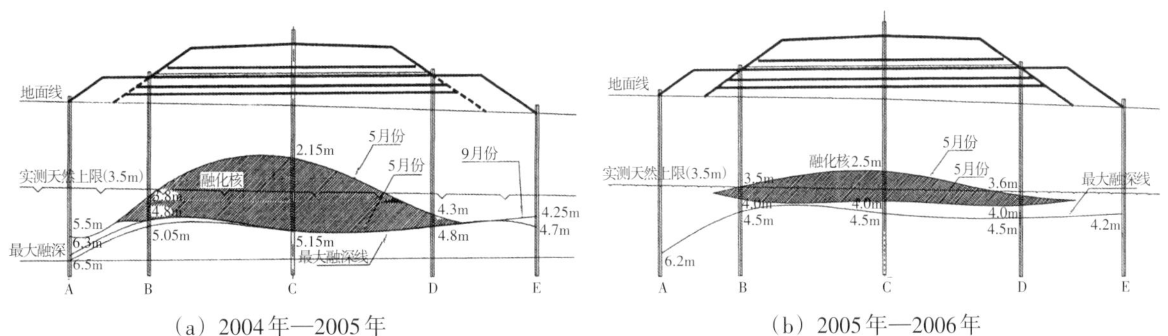

（a）2004年—2005年　　（b）2005年—2006年

图3.172　青藏铁路扎加藏布土工格栅处理沼泽湿地路基下最大季节融化深度随季节变化分布图

（《青藏铁路》编写委员会,2016）

3.冻土湿地地基处理

冻土湿地含有腐殖质土、泥炭土，且含有不同厚度的地下冰层。当将其作为建（构）筑物地基时，其变形、热力学稳定性方面都难于满足要求，需要进行地基处理。

冻土湿地的地基处理应满足以下几方面的要求：

（1）强度要求：满足上部建（构）筑物自重和外部荷载作用下的强度（压缩、剪切等）要求，不能承受局部或整体的破坏；

（2）变形要求：满足上部建（构）筑物自重和外部荷载作用下的变形（沉降、侧向位移）要求，不能超过建（构）筑物的不均匀容许沉降变形；

（3）热学要求：满足上部建（构）筑物自重和外部热力作用下的热稳定性要求，冻土人为上限变化不能超过引起冻土融化下沉的变形；

（4）动力稳定性要求：满足动荷载（地震、机车循环）作用下不会产生液化、失稳、沉陷等灾害。

冻土湿地的地基处理方法宜采取综合治理，热、力学方面应同时满足要求，做好冻土工程地质勘察，不仅要了解地基土的基本性质，还需要了解冻土特征和环境、水文（地质）特点，结合建筑结构类型、要求、建材、施工等方面，综合确定地基处理方案。

冻土区湿地处理的目的：①提高软弱地基强度，保证地基稳定性；②降低软弱地基的压缩性，减少地基的沉降变形；③降低冻土地基温度，减小湿地的冻土人为上限降低或抬高冻土人为上限，保持冻土湿地的热稳定性；④防止地震引起地基土的振动液化等。

冻土湿地引起的工程病害主要表现为融沉、冻胀、翻浆。冻土湿地的地基处理基本方法为排水疏干和隔水、加固地基、地基土改良和保护冻土地基的热状态。目前，公路软弱地基的处置方法很多，总体上归纳起来主要有置换法、排水固结法、复合地基法和强夯法等。①排水固结法：塑料排水板预压固结法、砂井或袋装砂井预压固结法、真空预压排水固结法；②复合地基法：碎石桩挤密法、水泥搅拌桩法、粉喷桩法、薄壁混凝土管桩法、CFG桩法、强夯碎（块）石墩复合地基法，土工聚合物加筋法等；③置换法：清淤换填、抛石挤淤等；④回避法: 以桥代路。

各种处理方法都有优缺点，都具有自身的适用条件，能否适合冻土地区需要根据所面对的软土地基性质和工程实际情况，选择一种或几种合适的方法进行软基处理。

深季节冻土区，最大季节冻结深度达2.0～2.5 m以上地区。在多年冻土区内的融区，最大季节冻结深度可达4.0 m。多采用排水固结法、置换法、碎石桩挤密法、土工格栅+EPS、土工格室+EPS。

多年冻土区，一般情况下，最大季节融化深度（上限）0.8～3.5 m，上限下部往往含有厚层地下冰。地基处理基本上采取保护多年冻土原则，并与排水隔水措施相结合，青藏铁路采用土工格室+渗水土、土工格栅+渗水土、抛填块石（+碎石护坡）三种方法（段东明，2010），均应在路基的坡脚修筑保温护道。根据试验结果，抛填块石地基处理措施能有效地保护基底下多年冻土热稳定性，其他两种方法的基底下出现融化核，但随时间推移，融化核逐渐缩小或消失。因此，采用土工格栅（格室）+渗水土还应加保温层（EPS或XPS），必要时还需布设热棒。

冻土区湿地的冻胀、翻浆防治方法的关键措施：隔断湿地水分补给、排水疏干、保温（保持地基土处于融化状态或冻结状态）、地基土置换法。

第4章　冻土区桥涵与隧道工程

桥梁与隧道是铁路、公路工程建设与运营的关键与控制性工程。在多年冻土区，桥梁与隧道工程及涵洞的设计、施工都具有不同于非冻土区的特点和要求，产生的工程问题也非常规地区所遇到的，如冻胀、融沉、冰塞等导致的冻土工程问题。冻土区构筑物的设计与施工除了从力学稳定性考虑外，还应考虑热学稳定性。

4.1　桥梁工程

多年冻土区桥梁工程建设历时很久了，国内外许多成功的经验告诉我们，桥梁工程的设计选择能较好适应多年冻土区不均匀地基变形的简支梁上部结构；选择适应多年冻土工程地质高度热敏感性的桩基础；选择能适应多年冻土环境条件的快速施工方法等。除“以桥代路”工程措施外，多年冻土区桥梁工程的环境具有以下特点：

（1）高原多年冻土区的河道浅，滩地、阶地宽阔，水流浅薄，摆动性较大，河床坡降小而宽阔，裸露。除了径流较大的大河外，不论是青藏高原或是大兴安岭多年冻土区的河床下都存在有多年冻土层，属于非贯穿融区，冻土的年平均地温接近0 ℃的高温不稳定多年冻土。在河滩和阶地都存在多年冻土层，上限一般都在3～4 m，甚至更深些，有些地段存在非衔接多年冻土层。

（2）多年冻土区河床中常有不同宽度的河心滩，存在过水和非过水断面，河水经常流动地段，冻土融化深度大。非过水地段融化深度小，随着河流频繁改道而影响着河床下多年冻土分布。

（3）河床及滩地的地下水位较浅，与主流河道的水流有密切的水力联系。冬季河床地段季节冻结深度不均匀，易产生冻胀丘和冰椎。由于河床及滩地、阶地的地层变化较大，存在有粉质土、粉质黏土和砂、砾石等，地下水较丰富，往往是产生冻胀丘的易发地带。

（4）跨河的桥梁工程，各桥墩所处地段、地层、水文等条件不同，存在着多年冻土和融区，冻土上限、地温、地基土承载力、冻结力、冻胀力和融沉性等冻土参数的巨大变化，需要区别对待。

多年冻土区，早期桥墩基础都是采取挖基浇筑的墩基、柱基为主，后期采用小直径的群桩基础，现今采用深大直径的桩基础。桩基础具有适应多年冻土工程地质条件，施工简便，承载能力强，对多年冻土地基热干扰小等优点。美国、加拿大等国家采用的桩基础主要有：普通钢管桩、“H”形截面钢桩、螺旋钢管桩、钢管热桩和内插热棒钢管桩。俄罗斯较多采用工厂预制的钢筋混凝土桩，截面有圆形、矩形。工字形桩、十字形桩，既可减小桩基重量，又可增大桩基的冻结面积，提高冻结力。我国大多数采用现场浇注的钢筋混凝土圆形桩，因其结构简单、施工方便、就地集料、桩基尺寸较随意，冻结段具有较大冻结力等优点，较适合国情。随着近年采用深大口径的旋挖钻机械成孔新工艺，缩短钻孔灌注桩的施工时间，大大减小对冻土地基的热干扰。青藏铁路多年冻土区桥梁441座（占总数65.3%），总长119.3 km（丁靖康等，2011），全部采用钢筋混凝土钻孔灌注桩。

4.1.1 桥梁变形

多年冻土区河流地带的冻土特征非常复杂，有贯穿和非贯穿融区，衔接和非衔接多年冻土，冻土含冰率变化复杂，冻土地温在高温范围摆动，地表水、地下水热侵蚀强烈，气候与工程热干扰并行，导致多年冻土区桥梁冻害频发。常见的病害主要形式有以下几种。

1.冻土地基因多年冻土融化或退化引起桥梁病害

（1）桥墩不均匀下沉（图4.1，童长江摄）。

（2）桥墩下沉倾斜（图4.2，吴紫汪等，2005）。

（3）桥头下沉出现桥跳现象（图4.3，吴紫汪等，2005）。

（4）桥台及锥坡热融下沉（图4.4，吴紫汪等，2005）。

桥墩融化下沉原因是桥墩施工和运营中的热量传至多年冻土地基引起冻土融化，以及气候转暖使冻土退化。桥墩基础埋置深度不足，冻土融化时，基础沉降变形过大，致使桥梁破坏。

图4.1 楚玛尔河大桥墩下沉变形

图4.2 雅玛河桥墩下沉倾斜

图4.3 桥头下沉

图4.4 桥台下沉

图4.5 黑龙江庆安冻胀罗锅桥

图4.6 吉林张万贯桥墩冻胀被废弃

图4.7 桥墩冻胀桥面开裂

（童长江摄）

图4.8 大兴安岭桥台冻胀

（齐铁科研所提供）

图4.9 大兴安岭桥台锥体冻胀裂缝

（齐铁科研所提供）

2.多年冻土季节融化层的冻胀作用引起桥梁病害

（1）桥墩不均匀冻胀引起整体变形（图4.5，吴紫汪等，2005）。

（2）桥墩冻胀拔起（图4.6，童长江提供）。

（3）桥墩冻胀桥面开裂（图4.7）。

（4）桥台冻胀引起梁台拉开（图4.8）。

（5）桥台锥体冻胀裂缝（图4.9）。

桥梁冻胀破坏原因是桥墩基础埋置深度不足或施工方法不妥，以及地基土土质不良和水分过大引起。桥桩切向冻胀力和桥台基底法向冻胀力超过上部荷载而出现冻拔现象。

3.水位及气温昼夜变化引起冻融破坏

（1）水位变化带桥墩混凝土冻融剥蚀，以致露出钢筋（图4.10）。

（2）桥墩或桥梁混凝土冻裂（图4.11）。

多年冻土区寒季初（9、10月）末（4、5月）期间，昼夜温差较大，河水水位变化带或桥面渗水往往使桥墩混凝土的微裂缝湿润出现冻融循环破坏。

村寨公路的低矮小桥，冬季期间往往出现冰塞现象，桥下冻胀把桥面抬起，或冰覆盖桥面。大河春融武开江时，出现河冰撞击桥墩致使破坏现象（图4.12）。

图4.10　桥墩混凝土冻融剥蚀（齐铁科研所提供）

图4.11　桥墩混凝土冻裂（齐铁科研所提供）

图4.12　大兴安岭桥墩被流冰撞击破坏　（童长江摄）

4.桥梁产生冻害的原因

多年冻土区的桥梁基础均建立在冻土地基上。河流区段的多年冻土条件变化非常复杂；水流作用下的冻土热稳定性较差；外界热干扰对冻土地基的热稳定性影响非常强烈；以桥代路的冻土沼泽湿地，常属富含厚层地下冰地段；季节融化深度（冻土上限）通常都较深，水分含量较多，具有较大的冻胀性。季节冻土区河段的地基土也常具有较强的冻胀性。

桥梁建设会干扰和破坏建桥地段多年冻土的热平衡状态，人为带入冻土地基的热量将使冻土地基地温剧烈升高，改变冻土地基原有的生存环境，引起冻土地基融化和工程性质变化。桥梁工程竣工后，冻土地基通常需要2～3年的热量（来自于气候和多年冻土自身）调整，建立新的热量平衡状态，形成新的冻土上限。在此过程中，冻土地基产生热融下沉，对桥梁基础稳定性构成一定的影响，或引起桥梁基础和上部结构的融沉变形。

寒季期间，冻土上限以上地基土（多年冻土区的季节融化层和季节冻土区的季节冻结层）会出现冻结。冻结过程中，在桥梁基础侧面地基土的切向冻胀力或桥梁基础下的法向冻胀力作用下，出现桥梁-地基土系统间力系平衡的稳定性问题。当地基土冻胀力超过桥梁荷载时，桥墩将被冻胀拔起或抬起，引起桥梁冻胀变形。

桥梁混凝土构件的剥离、裂缝、挤碎破坏，主要是水分浸润混凝土构件中的微裂隙或空隙，在寒季初末期间，在昼夜正负气温交替作用下，产生冰劈作用，引起混凝土构件剥蚀、裂缝。由于桥梁基础冻胀（或沉降），致使上部构件变位、挤压而破碎。

4.1.2 桥梁地基与基础

1.地基

承载构筑物荷载的冻土地基属四相体系：固体颗粒（土）、气、水（未冻水）和冰。

土，在冻结状态下，地基土异常坚硬，尤其是粗颗粒土，具有高强度特性，但在土温较高时（略低于土体冻结温度），黏性土（特别是黏土）却具有塑性冻土特性，较低的强度，且具有较高的压缩性和流变性。在河床的某些地段，或许存在有非贯穿融区、地下水富集区，冻土上限往往较深，存在不衔接多年冻土层。在确定冻土地基土强度时，不仅是考虑地基土的颗粒级配、密度、含水率，更多要考虑土温、含冰率及其冻融过程对地基土性质的改变和强度影响。

地下冰，多年冻土区河床地带地基土中地下冰含量变化比较复杂。通常情况下，冻土上限处都有一层地下冰层。粗颗粒土中较少出现厚层地下冰，但有透镜状地下冰，厚度为10～300 mm居多。细颗粒土层中具有较高含冰率，呈隐晶结构，或微层状、层状，含水率最大可达40%～45%以上。在保持冻结状态下，冰本身具有一定的承载力，作为可变的承载体，更大意义在于它把土颗粒胶结形成坚硬的冻结土体，具有比原有物质成分（土、冰）更高的承载力。冰一旦融化后，不但冰本身的强度完全丧失，冻土的强度也丧失，还产生很大的下沉量，其大小取决于冰的含量和土的密度。

水，存在冻土中的水，即为未冻水。土温降低，未冻水量减小，冻土具有更高的强度；土温升高，未冻水含量增高，冻土呈现塑性状态，承载力降低且具较大的塑性变形。当冻土融化时，融化的水排出，引起地基下沉。当寒季冻结时，又产生冻胀。

基岩，河床下冻结坚硬岩石裂隙或夹层中常被冰所充填（图4.13），软弱岩石风化带往往含有层状冰和裂隙冰（图4.14）。

图4.13 基岩中层间层状冰

图4.14 基岩中裂隙冰（均为牛富俊摄）

由此可见，桥梁工程冻土地基的强度不仅受土体颗粒级配、密度和含水率的影响，且还受土温及含冰率的影响。河流区域范围的多年冻土多属于高温冻土，人为与气候热干扰下，冻土上限较深，冻土地基融化下沉和蠕变性都较大，冻结期，冻胀力对桥墩基础的作用不可忽视。保持或减小对冻土地基的热扰动，不仅对桥梁基础施工和控制冻土地基融化是重要的，而且对桥梁工程运营稳定性也是重要的。

2.桩基础

多年冻土基础类型应根据冻土特征和基础设计原则选择，常用的基础类型有扩大基础，如明挖扩大基础、钻孔扩孔桩基础；桩基础，如钻孔打入桩、钻孔插入桩、钻孔灌注桩、挖孔灌注桩。目前，我国多年冻土区的桥梁工程和建筑工程几乎都采用钻孔灌注桩。早期，大兴安岭多年冻土区融区的大中河流桥基采用沉井基础。

（1）钻孔打入桩：适用于各类冻土。含大块石、漂石的各类冻土及冻结坚硬岩层，成孔艰难。桩基为带钢帽和钢尖的预制钢筋混凝土桩。预先采用钻探设备成孔，孔径略小于桩径，然后吊桩导入钻孔，用吊锤徐徐把桩打入至设计深度。在塑性冻结的黏性土、砂性土中，可采用直接打入方法施工。季节融化层内应采取护壁措施，防止塌孔。

（2）钻孔插入桩：适用于各类冻土。桩基为带钢尖的预制钢筋混凝土桩。预先采用钻探设备成孔，孔径略大于桩径。先在孔内灌入少量（刚好能填满桩与孔壁的间隙）的混凝土砂浆，然后吊桩插入钻孔内，用吊锤徐徐把桩打入至设计深度。季节融化层内应采取护壁措施，防止塌孔。

（3）挖孔灌注桩：适用于低温（低于-1.0 ℃）各类冻土。挖孔时应防止孔壁坍塌，宜在寒季施工，即大气温度为负温期。混凝土应采用低温混凝土，入模温度尽量低，一般不宜超过10 ℃。

（4）钻孔灌注桩：适用于各类冻土。青藏铁路采用大功率旋挖钻，钻进速度快，孔壁整齐。季节融化层内应护壁，防止塌孔。

20世纪70年代，铁道部第三勘测设计研究院、哈尔滨铁路局等单位在大兴安岭的牙林线高纬度多年冻土区进行过桩基试验。铁道部西北研究所、铁道部第一勘察设计院等单位在青藏高原的五道梁、风火山、清水河开展过桩基试验研究。这些试验桩尺寸一般都不大于0.65 m，桩长小于8.5 m。21世纪初，青藏铁路建设期间开展了大桩径（大于1.0 m）、深桩（桩长12～24 m）的桩基试验。

鉴于我国多年冻土区工程建筑中几乎都采用钻孔灌注桩，按保持冻土地基冻结状态设计原则时，应考虑对冻土地基的热力影响问题。根据目前青藏公路、青藏铁路及大兴安岭冻土区桥梁工程等试验研究，重点讨论灌注桩设计时所需关注的几个问题。

1）灌注桩水化热的影响范围

多年冻土区采用钻孔灌注桩对冻土地基的热影响，源自浇灌后混凝土硬结过程中放出大量的水化热，引起桩周多年冻土地基升温和融化。

由于水化热引起混凝土内部绝热温升值：

$$T_{(f)} = \frac{G \times q}{C \times \rho}\left(1 - \mathrm{e}^{-mt}\right) \tag{4.1}$$

不同龄期混凝土内部温度：

$$T_{u(f)} = T_m + T_{(f)} \cdot \alpha \tag{4.2}$$

式中；$T_{(f)}$为浇筑完一段时间混凝土的绝热温升值，℃；q为每千克水泥水化热量，kJ；G为每立方米混凝土水泥用量，kg；C为混凝土的比热，kJ/kg·℃；ρ为混凝土的质量密度，kg/m^3；m为与水泥品种浇捣时间有关的经验系数；t为龄期，d；T_m为混凝土入模温度，℃；α为混凝土散热系数。

混凝土浇灌后，在混凝土水化热作用下，桩身混凝土温度随时间急剧上升，随水化热的减小和周围冻土的吸热，桩身混凝土逐渐降温（图4.15）。不同距离土体温度升高到最大值的时间不同，距桩越近，温度升高越大，时间越短；距桩越远，温度升高越小，时间越长。随着龄期增长，水化热逐渐减小，土温也逐渐减小。在桩周一定距离内，冻土层被融化，由图4.15计算，一般在混凝土配合比和混凝土入模温度下，钻孔灌注桩周冻土层融化厚度在0.5～1.0 m。

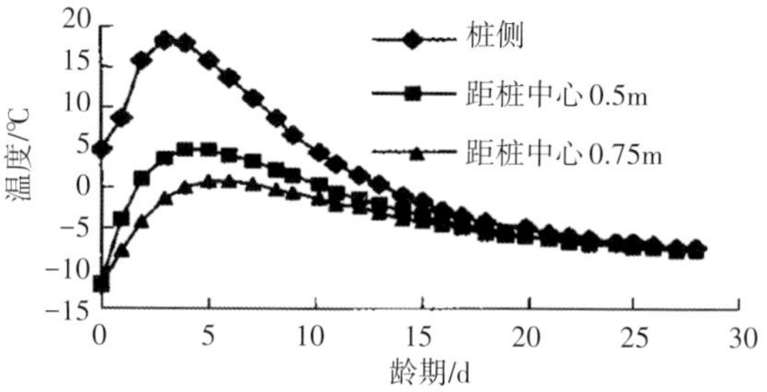

图4.15 桩周不同距离土体温度变化曲线

（贾晓云等，2003）

桩基混凝土的最大升温值、降温规律和桩周冻土层融化厚度主要取决于桩基混凝土用量（与桩径和桩长有关）、品种、入模温度及冻土层的年平均地温、含冰率及岩性。

实际上，钻孔灌注桩对桩周冻土层的影响，除了使桩周冻土层融化一定厚度外，会使桩周一定范围的多年冻土层地温升高。

从黑龙江大兴安岭塔河南加漠公路桥桩的地温观测资料看，岛状多年冻土，年平均地温为-2.0 ℃，上限1.6 m。3.6 m以上为填筑土、泥炭土和圆砾，属富冰、饱冰冻土，3.6～4.5 m为含土圆砾、块石土，属多冰冻土；以下为强风化凝灰岩。桥桩直径1.2 m，桩长15 m。从7月底浇筑完成即时观测看（图4.16），距桩侧1 m处：浇筑完后第一天，从地表至12 m深处冻土温度都相继升高，2 m以上升高幅度最大；第5天冻土温度达最高，升幅为0.1～1.0 ℃，水化热横向传输速度0.2 m/d；随后，冻土温度整体开始下降，14～16 m深处冻土温度恢复较慢。始终保持在-1.9 ℃；第25天，4 m深处的冻土温度回降到0 ℃；第90天，2 m以下冻土温度稳定在-1.9 ℃（此时为10月末）。距桩侧2 m处：浇筑完后第1天，冻土温度有所升高，升幅不大，4 m深处处于0 ℃以下，随时间推移，整体的冻土温度没有回升表现，14～16 m深处冻土温度保持在-1.9 ℃。由此判断，试验场混凝土水化热的影响范围在1～2倍桩径之间。

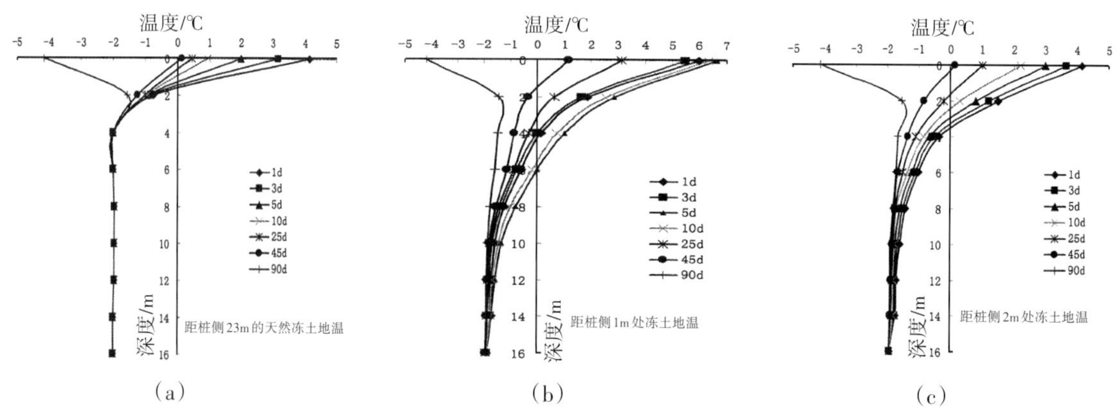

图4.16 大兴安岭塔河岛状多年冻土区钻孔灌注桩侧冻土温度变化曲线（季成，2015）

桩径1.2 m，桩长15 m，多年冻土年平均地温-2.0 ℃，泥炭土及圆砾，饱冰、富冰冻土。（a）20 m外天然孔地温，（b）桩侧外1 m冻土温度；（c）桩侧外2 m冻土温度。

青藏铁路多年冻土区不同冻土带桥梁钻孔灌注桩的地温观测（王旭等，2004），低温（T_{cp}-Ⅳ）多年冻土区试桩浇筑后，桩壁（SB）地温急剧升高（图4.17），浇筑3天冻土上限（2 m）处地温达4.31 ℃，桩底地温也升高，达1.59 ℃，随后桩身各点地温逐渐降低。第8天，断面以下3.5～7.5 m降至-0.027～-0.32 ℃，桩底出现负温（-0.35 ℃）。第30天，地面以下2.0 m的桩壁地温为-0.43 ℃，桩底地温达-1.63 ℃。第50天，2.0 m深处桩壁地温为-0.49 ℃，桩底地温达-1.85 ℃，此时基准桩的地温分别为-2.98 ℃和-3.43 ℃。说明浇筑50天后尚未回冻到该地区原有地温。

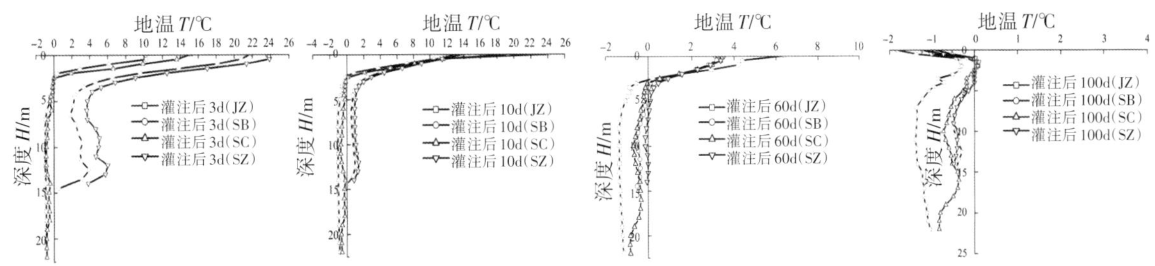

图4.17　青藏铁路低温冻土钻孔灌注桩桩周地温变化曲线（王旭等，2004）

JZ为桩外20 m基准测温孔，SB为桩壁测温孔，SC为桩侧0.3 m测温孔，SZ为桩中心测温孔。

高温（T_{cp}-Ⅱ）多年冻土区试桩混凝土浇筑后，桩周冻土层地温急剧升高（图4.18），3天后，天然上限附近（2.5 m）地温达6.51 ℃，桩底地温也升高，达0.47 ℃。第18天，桩底出现负温，为-0.18 ℃。第30天，地面下8.5 m深处桩侧地温-0.10 ℃，桩底地温-0.57 ℃。第60天，地面下4.5 m处桩侧地温为-0.026 ℃，桩底地温-0.57 ℃。第100天，上限处（2.5 m）桩侧地温-0.03 ℃，桩底地温为-0.62 ℃。此时基准桩2.5 m地温为-0.37 ℃，桩底地温为-1.26 ℃。说明灌注后100天试桩尚未回冻到该地区原有地温。

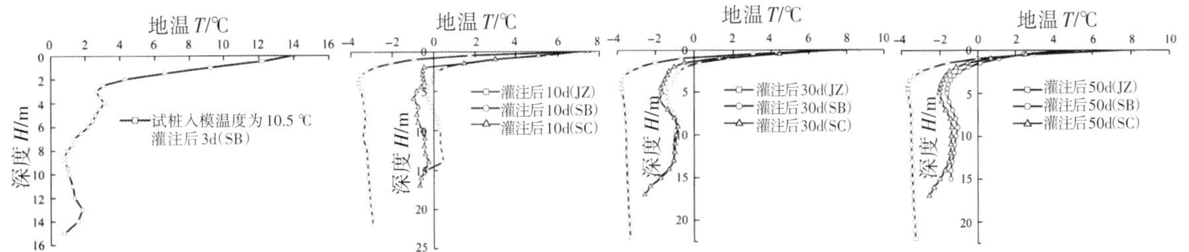

图4.18　青藏铁路高温冻土区钻孔灌注桩桩周地温变化曲线（王旭等，2004）

JZ为桩外20 m基准测温孔，SB为桩壁测温孔，SC为桩侧0.3 m测温孔，SZ为桩中心测温孔。

依据青藏公路昆仑山口试桩作为分析原型，考虑当地地质和灌注桩（桩径1.2 m，桩长15 m，入模温度5 ℃）条件，计算结果（图4.19）：①施工后80天，包括混凝土桩本身的温度都已经降至0 ℃以下；②桩侧外不同点的冻土温度升高到最高值的时间不同，距桩越近，时间越短，距桩越远，时间越长，桩外1.2 m处增温不超过0.5 ℃，1.8 m处最高温度始终没超过0 ℃；③施工后200天，近桩土温尚未恢复到初始状态；④桩端处土温升幅明显小于桩身中部，随距桩侧越远，差异越小，距离桩侧3.6 m以外的土温基本没有变化（图4.20），说明混凝土放热的融化厚度为0.6 m左右，影响范围是3～4倍桩径（比大兴安岭实测的影响范围大）。

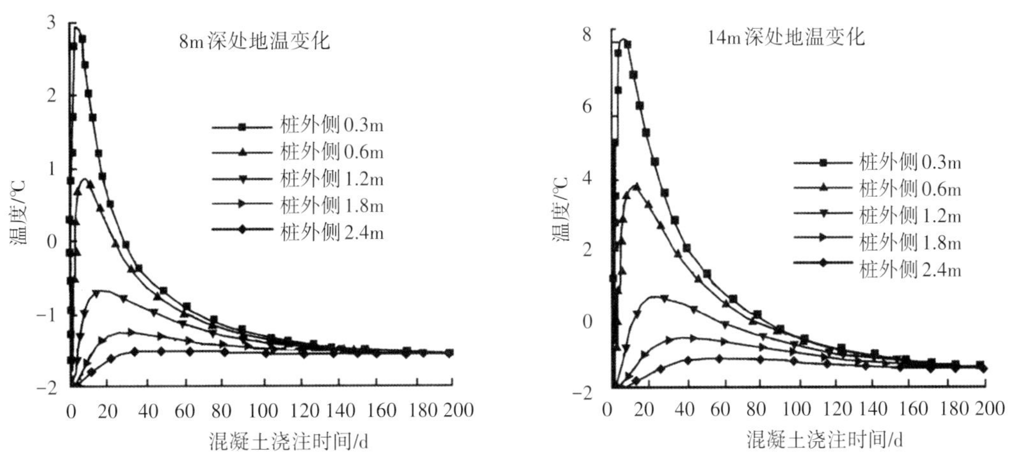

图4.19　青藏公路昆仑山口低温多年冻土区不同深度土体温度随时间的变化曲线（熊炜等，2009）

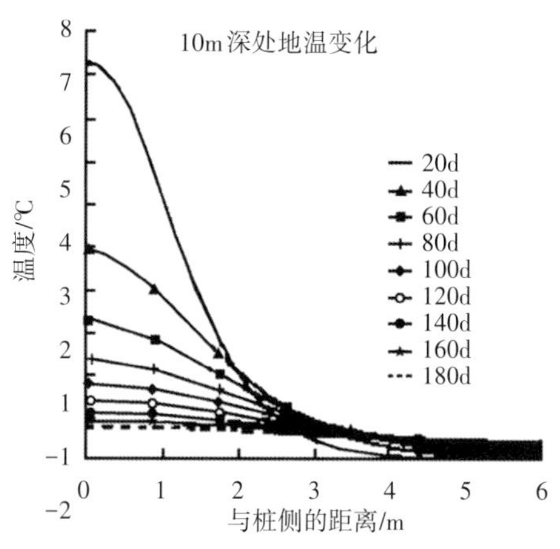

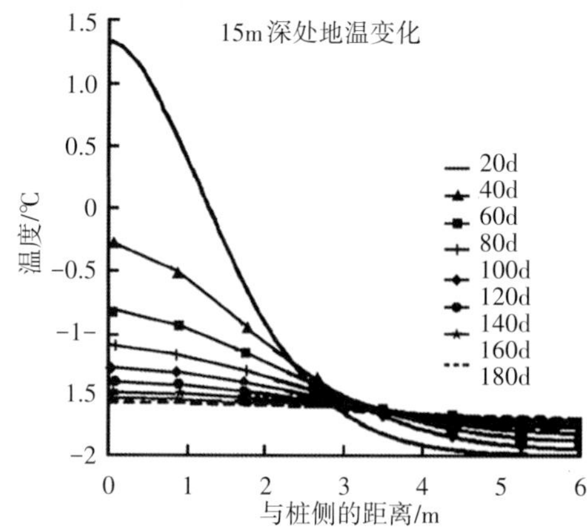

图4.20 青藏公路昆仑山口低温多年冻土区不同深度土体温度随时间的变化曲线（熊炜等，2009）

由此可见，钻孔灌注桩混凝土水化热对桩周冻土影响是随着距桩的距离增加而逐渐减小。据试验观测和模型计算分析：①在桩径向，混凝土水化热对桩侧0.5 m范围内冻土的影响最大，冻土地基出现融化状态，1 m范围内对冻土温度有较大影响，2～3倍桩径外冻土温度不受混凝土水化热的影响；②在桩径竖向，混凝土水化热对冻土地基的影响是沿深度增加而减小，对桩底的影响较小，在冻土上限处的影响最大；③混凝土的入模温度高些有利于混凝土强度增长，但对桩周冻土温度有很大的影响，5～10 ℃是钻孔灌注桩较合理的入模温度。

2）灌注桩桩周冻土温度的回冻时间

钻孔灌注桩浇筑的热干扰必然会引起桩周冻土温度场的变化，融化桩周一定范围的冻土，使一定范围的冻土温度升高。荷载施加到桩基之前，最好保证桩侧冻土地基先回冻到设计要求。所以，桩周冻土回冻的时间和温度就成为桥梁工程设计与施工所密切关注的问题。

桩周冻土的回冻时间与温度，不同的要求有不同的含义（定义）：

（1）桩周融土回冻到“起始冻结温度”所需时间。

（2）桩周融土回冻到“设计温度”所需时间。

（3）桩周融土回冻到“天然状态地温”所需时间。

通常宜选择“设计温度”作为钻孔灌注桩的回冻标准，设计温度应从桩基混凝土强度增长、冻土地基承载特性及施工要求综合确定桩基的回冻温度。按“起始冻结温度”确定回冻温度，不能达到冻土地基承载特性要求；按“天然状态地温”确定回冻温度，回冻时间过长，高温或退化性多年冻土区，往往无法回冻到天然状态。

图4.21为青藏公路昆仑山混凝土灌注桩（试桩直径1.2 m，桩长15 m，挖孔桩）回冻过程观测资料（黑龙江交通科学研究所，2006），由于热量向桩周冻土扩散及桩周冻土融化，桩身本身混凝土实际温度仅11～14 ℃。随后，温度迅速降低，至第7天，温度降至3～4 ℃。第10天后，降温速度减缓，至第20天，温度降至0 ℃。第60天，温度达-1.0 ℃。混凝土桩温度降至-2.0 ℃，需110天，即达试桩的天然状态冻土温度。

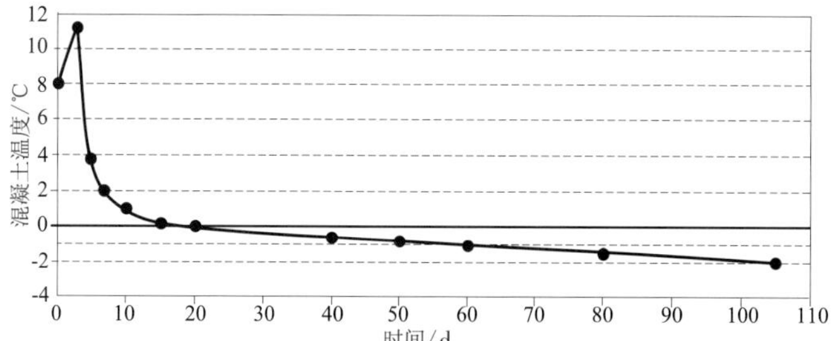

图4.21 混凝土灌注桩5 m深处桩中心温度随时间变化

桩径1.2 m，桩长15 m，年平均地温-2 ℃，粉质黏土及砂砾土，多冰富冰冻土，挖孔桩。

青藏铁路试桩特征断面地温变化见表4.1（王旭等，2004）。昆仑山口低温多年冻土区，6月末灌注完毕，50天后桩壁地温尚未达到天然状态的地温。清水河高温冻土区，7月下旬灌注完毕。混凝土灌注100天时，仍未达到天然状态地温。另一桥桩试验资料（《青藏铁路》编写委员会，2016），11月浇筑，4天3.5 m深处桩壁地温达3.6～4.6 ℃，桩底地温达1.26 ℃，32天全桩均达负温（-1.03～-0.24 ℃），53天后桩壁地温介于-1.35～-0.5 ℃。寒季浇筑灌注桩，清水河、北麓河试桩30～60天，桩基地温降至0 ℃，50～75天基本回冻。

表4.1 试桩特征断面地温变化（王旭等，2005）

位置	断面特征（天然地面以下）	昆仑山口			清水河			
		3 d	30 d	50 d	3 d	30 d	50 d	100 d
桩壁	2.0(2.5*) m(冻土天然上限)	4.31	-0.43	-0.49	6.51	1.44	0.82	-0.03
	14.5 m(桩底断面)	1.59	-1.63	-1.83	0.47	-0.57	-0.59	-0.62
桩侧0.3 m（桩中心）	2.0(2.5*) m(冻土天然上限)		-1.01	-0.65	9.1	1.61	0.92	0.0
	14.5 m(桩底断面)		-1.91	-2.10	3.8	0.40	-0.05	-0.48
天然孔	2.0(2.5*) m(冻土天然上限)	-2.82	-2.79	-2.98	-0.21	-0.37	-0.56	-0.37
	14.5 m(桩底断面)	-3.21	-3.48	-3.43	1.07	-0.97	-1.34	-1.26

注：昆仑山口，冻土上限1.0～2.1 m，年平均地温<-2.8 ℃。设计桩径1.0 m，桩长15 m。混凝土入模温度11.0 ℃，2002年6月27是灌注完；*清水河，冻土上限2.0～2.5 m，年平均地温1.0～0.5 ℃。设计桩径1.25 m，桩长14.5 m。混凝土入模温度11.5 ℃，2002年7月21日灌注完。

沱沱河多年冻土区域融区过渡带，高温极不稳定多年冻土区，岩性从上至下依次序为粗砂、粉质黏土、强风化泥灰岩（含冰层）、风化泥灰岩、砂岩。16 m深处见承压水，水压小于160 kPa。设计桩径1.0 m，桩长20.3 m，入模温度8 ℃。10月初灌注完毕。混凝土灌注4天后，地面下3.3 m孔壁温度11.4～12.5 ℃，孔侧（0.3 m）温度升至4.96～6 ℃，桩底温度为6.75 ℃（王旭等，2005），桩底下3.0 m地温为0.7 ℃。除地面下4.8～6.8 m的桩壁地温为负值外，其他测点地温均为正温。表明多年冻土区与融区过渡带冻土层较脆弱，钻孔施工和混凝土浇筑对该地区冻土层地温的影响很大，致使桥梁群桩基础局部区域内的冻土层无法回冻，几乎不复存在。

对于桩径1.0～1.3 m的混凝土灌注桩，回冻到“起始冻结温度”所需时间，可用经验公式估算：

$$t = k\sqrt{\frac{Q}{\lambda_f(T_{cp} - T_f)}} \tag{4.3}$$

式中：t为桩周融土回冻至其起始冻结温度的时间，d；Q为桩周融土冻结时放出的潜热（数量上可认为等于混凝土15天放出的水化热），kcal；λ_f为冻土的导热系数，kcal/(m·h·℃)；T_{cp}为多年冻土年平均地温，℃；T_f为桩周融土的起始冻结温度，℃；（T_{cp} - T_f）取绝对值；k为修正系数，k=0.13～0.15。

清水河、北麓河和昆仑山的年平均地温分别为-0.5 ℃、-0.7 ℃和-2.0 ℃，冻土导热系数λ_f=1.7 kcal/(m·h·℃)，桩周融土的起始冻结温度T_f= -0.15 ℃，混凝土入模温度为15 ℃。经式(4.3)计算，回冻到起始冻结温度的时间，清水河约为27天，北麓河约为23天，昆仑山约为15天。基本符合实际观测的结果。

可见，钻孔灌注桩回冻时间取决于多年冻土地基的年平均地温、岩性、含冰程度、冻土环境、浇筑混凝土总水化热量、入模温度和施工特点等因素。

（1）多年冻土年平均地温越低，回冻时间越短，低温区，7天后桩身出现负温，30天基本回冻到起始冻结温度；反之，地温越高，回冻时间越长，高温区需50～60天基本回冻到起始冻结温度。极不稳定冻土区，可能难于回冻。

（2）冻土中含冰率越高，融化时间较长，回冻也越缓慢。

（3）施工方法，旋挖钻成孔，热扰动小，回冻较快；人工挖孔桩的回冻时间最长；冲击钻成孔桩的回冻时间也较长。钻孔插入桩达到0 ℃的时间较灌注桩少20天左右。

（4）桩径越大，热扰动越大，温度波及范围为2～3倍桩径；群桩的热扰动较单桩大；桩间距越小，热扰动的叠加效应越大。灌注桩间距不宜小于3倍桩径。

（5）混凝土中水泥水化热越大，入模温度越高，带入的热量越大，回冻越慢。

（6）冬季施工桩基回冻时间较夏季施工回冻时间短些。

3）桩周融土回冻过程，早期灌注桩的垂直承载力

在桩周回冻过程，桩基-地基系统中有两个界面：桩-融土界面和融土-多年冻土界面。桩-融土间的联系是土颗粒与桩基表面间的水膜胶黏结，因混凝土水化热引起的环状融土厚度较小，在这种情况下，一般是没有摩擦阻力的。桩周冻土为黏性土时，只有融土厚度超过临界值才能有摩擦阻力。随着混凝土水化热的散失和多年冻土“冷却”作用，这种融化土逐渐降温回冻，桩-融土界面范围逐渐缩小，融土-多年冻土界面范围逐渐扩大，向桩-融土界面靠拢，最终变为桩-多年冻土界面，即由桩-融土的水胶联结变为桩-多年冻土的冰胶结联结，桩与多年冻土间的冻结力形成，且随着回冻地温降低而增大，这时冻土才具有承载能力。因此，多年冻土区，钻孔灌注桩浇筑后一段时间内（回冻至低于冻结温度之前），桩侧融土的摩擦阻力是很小的，桩底冻土出现融化，桩底的承载能力是较小的。

（1）高温极不稳定冻土区（T_{cp}>-0.5 ℃），钻孔灌注桩桩周冻土要在混凝土强度形成时回冻是很难的，这时混凝土灌注桩的承载能力是由桩侧的摩阻力和桩端阻力组成。如沱沱河多年冻土区与融区过渡带的钻孔灌注桩始终无法回冻。在这种情况下，可按融土地区铁路或公路的桥涵地基基础设计规范中钻（挖）孔灌注桩的承载力允许值计算公式计算灌注桩承载力（桩侧摩阻力和桩端阻力）。但需考虑桩周冻土融化土下沉时，桩身存在阻止融土变形发展，桩-融土界面上产生一定的桩侧摩阻力，即负摩阻力，引起承载能力衰减，数值为8%左右（孙建波等，2011）。

融土条件下，钻（挖）孔灌注桩的允许承载力［$\boldsymbol{P}$］计算的基本公式：

$$[P]=\frac{1}{2}U\sum f_i l_i + m_0 A[\sigma] \tag{4.4}$$

式中：U为成孔桩径周长，m；l_i为各土层厚度，m；f_i为各土层与桩侧的摩阻力，kPa；A为桩端的截面积，m²；［σ］为桩端处土的承载力允许值，kPa；m_0为桩底承载力折减系数。

从青藏高原典型湿润性多年冻土地段，桩径1 m，桩长20 m钻孔灌注桩分析，回冻2个月后桩身表面地温平均值只达到天然地温平均值的57.07%。按公式（4.4）的计算结果，只要混凝土强度达到设计标准，不管是否回冻，单桩的承载力均可满足梁前的承台及墩（桥）台的施工要求（吴亚平等，2004）。

清水河高温多年冻土区（年平均地温为-0.5～-1.0 ℃）钻孔灌注桩回冻曲线表明，浇筑后12天，桩底地温已回冻至0 ℃，在冻土上限处桩侧地温未回冻。第1次加载试验时（图4.22），桩周土体大部分处于正温，尚未回冻，按一般地区桩基试验的慢速加载方法进行。加载至2400 kN，最大沉降量为5.85 mm，残余沉降量为3.99 mm，回弹率为31.8%，大部分为塑性沉降。此时，桩侧分段平均摩阻力分别为：

0.0～5.5 m：中砂（底部含0.2 m硬黏土）的桩侧摩阻力为59.8 kPa。

5.5～11.5 m：中砂（顶部含0.5 m硬黏土）的桩侧摩阻力为25.8 kPa。

11.5～14.4 m：粉质黏土（顶部含1.5 m中砂）的桩侧摩阻力为15.8 kPa。

沿桩长平均值为36.9 kPa。桩端阻力为255.8 kPa。说明桩-土体系在未回冻时承载力是较小的。

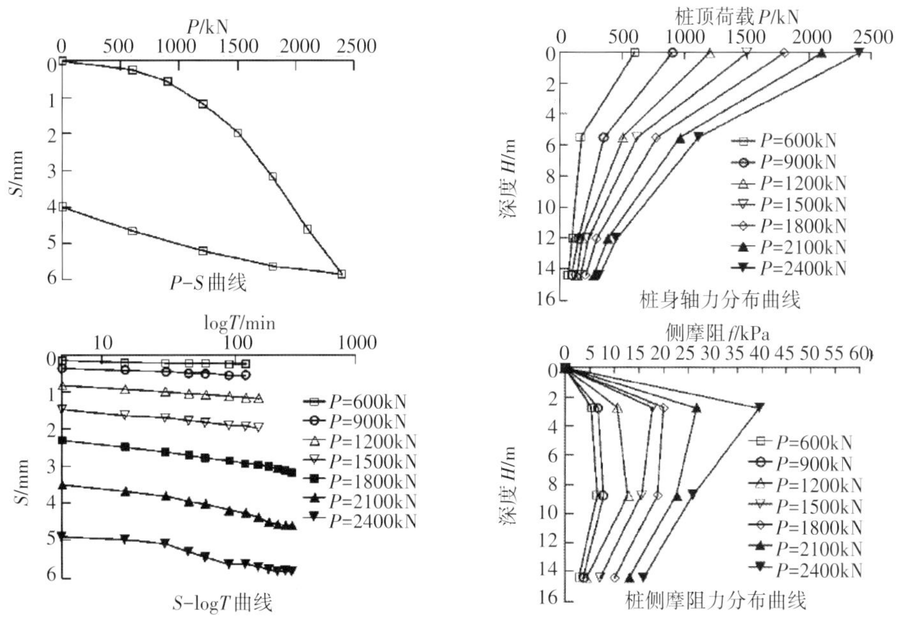

图4.22 清水河钻孔灌注桩第1次加载时$P-S$、$S-\log T$和桩身轴力、桩侧摩阻力分布曲线（王旭等，2005）

第2次加载时（图4.23），桩周土体地温降低，回冻范围增大，考虑冻土流变性及其他因素，采用多年冻土区桩基快速加载试验方法。加载至4800 kN，最大沉降量为13.92 mm，残余沉降量为9.90 mm，回弹率28.9%，产生较大的塑性沉降。

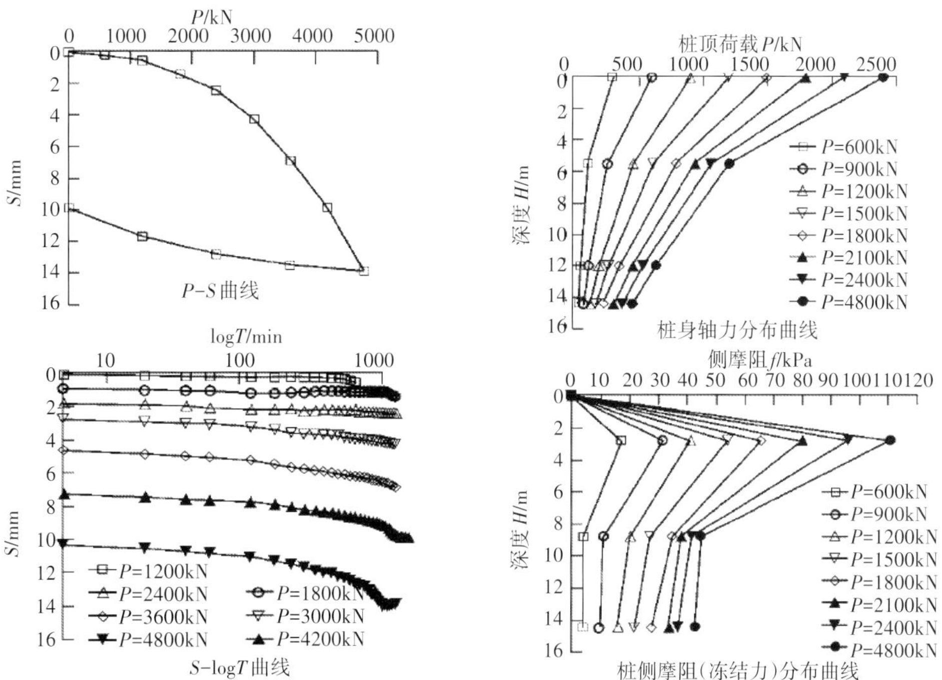

图4.23 清水河钻孔灌注桩第2次加载时$P-S$、$S-\log T$和桩身轴力、桩侧摩阻力分布曲线（王旭等，2005）

加载至2400 kN时桩侧分段平均摩阻力分别为：

0.0～5.5 m：中砂（底部含0.2 m硬黏土）的桩侧冻结力为54.0 kPa。

5.5～11.5 m：中砂（顶部含0.5 m硬黏土）的桩侧冻结力为27.01 kPa。

11.5～14.4 m：粉质黏土（顶部含1.5 m中砂）的桩侧冻结力为21.5 kPa。

沿桩长平均值为27.01 kPa。桩端阻力为292.0 kPa，相应的位移为2.42 mm。比第1次加载相同荷载下位移小，加载至4800 kN时桩侧分段平均摩阻力分别为：

0.0～5.5 m：中砂（底部含0.2 m硬黏土）的桩侧冻结力为110.8 kPa。

5.5～11.5 m：中砂（顶部含0.5 m硬黏土）的桩侧冻结力为44.5 kPa。

11.5～14.4 m：粉质黏土（顶部含1.5 m中砂）的桩侧冻结力为42.7 kPa。

沿桩长平均值为68.9 kPa。桩端阻力为735.3 kPa，相应的沉降量较大，为13.92 mm，残余沉降量为9.90 mm。说明随着桩周及桩端土层回冻提高了桩侧和桩端阻力。

昆仑山口低温多年冻土区（年平均地温<-2.8 ℃）钻孔灌注桩回冻曲线表明，浇筑后10天，试桩中部（3.5～7.5 m）及桩底地温已出现负温，30天时，在冻土上限处桩侧至桩底均出现负温，50天后桩土体系尚未回冻天然状态的地温。试样在试桩龄期达到30天时，采用快速加载方式进行桩基加载试验（图4.24）。

试验加载至7600 kN（最大荷载）时，桩顶竖向位移4.93 mm，卸载后未回复的变形为1.01 mm，回弹率79.5%，桩体变形主要为弹性变形，说明基桩的竖向承载力很高。试桩龄期30天，桩土体系尚未完全回冻到设计温度，基桩竖向承载力能够满足承台、桥墩（台）和架梁施工要求。

试验荷载为1800 kN［修筑承台、桥墩（台）和架梁施工的设计荷载］，沿桩身平均冻结力为31.1 kPa。荷载达7600 kN时分段平均冻结力：

0～5 m：砂砾土（2 m厚，未冻）和粉质黏土（3 m厚），桩侧冻结力为222.2 kPa。

5～10 m：粉质黏土，桩侧冻结力为48.9 kPa。

10～15 m：粉质黏土（4 m厚）和粉土，桩侧冻结力为44.6 kPa。

当加荷到1800 kN时，桩端阻力为335 kN，桩端阻率19%。当加荷至7600 kN时，桩端阻力为2684 kN，桩端阻率35%。

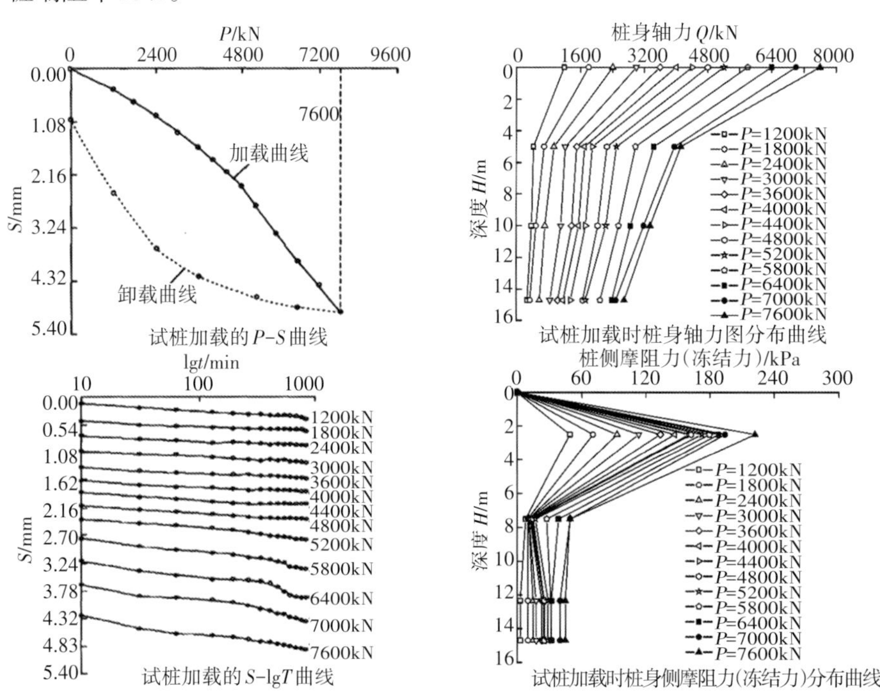

图4.24 昆仑山口钻孔灌注桩加载时P-S、S-$\log T$和桩身轴力、桩侧摩阻力分布曲线（王旭等，2013）

4）回冻后，钻孔灌注桩桩基垂直承载能力

不同多年冻土地温带钻孔灌注桩桩周回冻到天然地温状态需要较长的时间，一般超过50天左右。低温冻土区（年平均地温低于-2.5 ℃以下）30天后桩壁地温接近天然地温，高温冻土区（年平均地温高于-1.0 ℃）回冻时间需要50～60天。

（1）据昆仑山垭口附近低温冻土区青藏公路灌注桩的两次承载力试验（黑龙江交通科学研究所，2006），可以了解桩侧冻土地温降低至-0.5 ℃后，随地温继续降低，灌注桩承载力增长的情况。表4.2为人工挖孔试验灌注桩参数，地层情况：0～1.6 m粉质黏土，含水率40%；1.6～5.7 m碎石粉砂，含冰率20%～30%；5.7～8.9 m碎石块粉质黏土，含冰率15%～25%；8.9～12 m含泥炭粉质黏土，含冰率10%～20%；12～17 m含泥炭粉砂土，含冰率60%；17 m以下强风化基岩，含水率4%。

表4.2　青藏公路昆仑山口试验灌注桩参数表

试桩编号	桩身桩径/mm	实际桩长/m	有效桩长/m	荷载箱距桩端位置/m	成桩方法
1#	1200	16	15	1.5	人工挖孔灌注桩
钢筋计埋设深度		5.7 m、7.6 m、8.9 m、12 m、15 m			
2#	1200	16	15	1.5	人工挖孔灌注桩
钢筋计埋设深度		5.5 m、7.3 m、8.9 m、12 m、15 m			

第1次静载试验，试桩中心混凝土温度及桩侧土温为-0.5～-0.7 ℃，桩底温度-1.1～-1.2 ℃，尚未达到天然地温（图4.25）。最大荷载作用下，桩与冻土界面是剪应力（表4.3）和桩侧冻结摩阻力分布曲线（图4.26）。冻土层最大冻结摩阻力为148.69 kPa，相应位移6.54 mm，上段桩侧平均桩侧摩阻力为108.59 kPa。

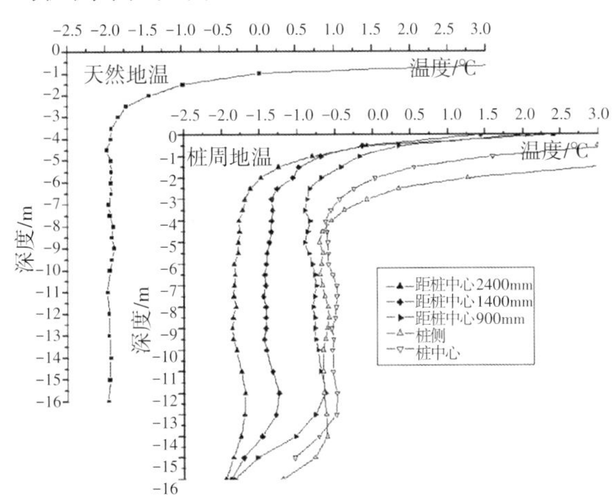

图4.25　第1次测试时天然与桩周地温状况

（刘雨，2005）

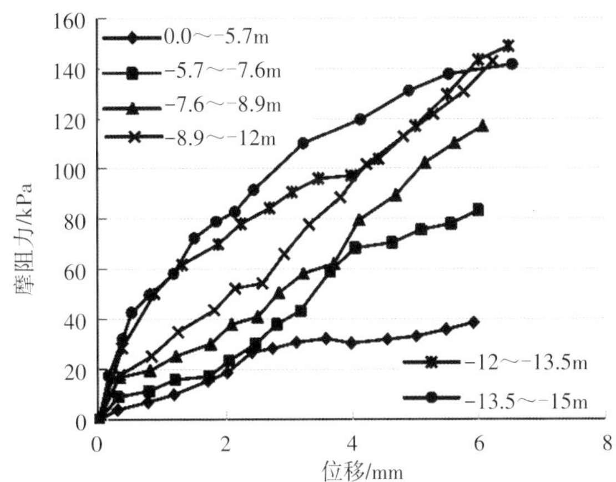

图4.26　第1次测试时桩侧摩阻力-位移曲线

（刘雨，2005）

第2次静载荷试验时（浇筑后90天），试桩中心混凝土温度及桩侧平均地温为-1.5 ℃，距桩中心2.4 m处地温为-1.7～-1.8 ℃（图4.27），桩底地温为-1.8～-1.9 ℃，可认为完全回冻。第2次加载5000 kN，大于第1次加载值，向上、向下位移比第1次加载时减少2 mm左右，说明桩基承载力增大。最大荷载作用下，桩与冻土界面是剪应力（表4.3）和桩侧冻结摩阻力分布曲线（图4.28）。冻土层最大冻结摩阻力为220.50 kPa，上段桩侧平均桩侧摩阻力为125.4 kPa。

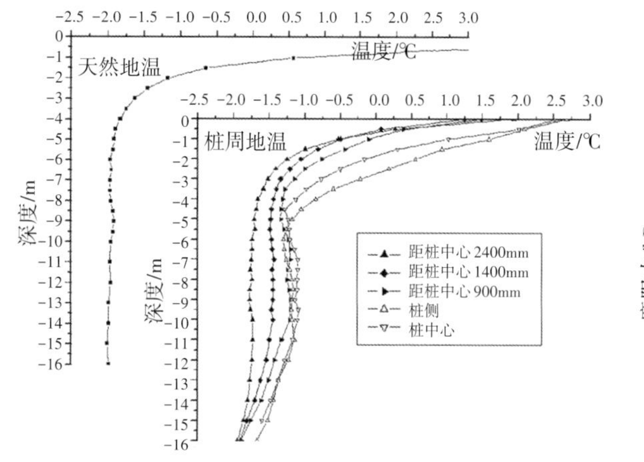

图4.27 第2次测试时天然与桩周地温状况

（刘雨，2005）

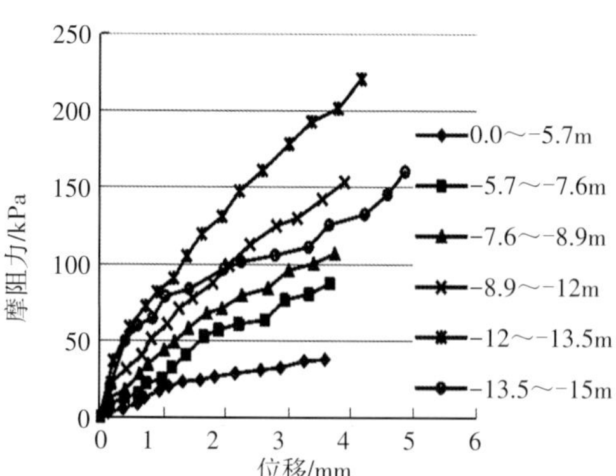

图4.28 第2次测试时桩侧摩阻力-位移曲线

（刘雨，2005）

表4.3 最大荷载作用下，上部桩与冻土界面上的剪应力（kPa）和位移（mm）（黑龙江交通科学研究所，2006）

试桩编号	试验温度/℃	荷载/kN	12～13.5 m		8.9～12 m		7.6～8.9 m		5.7～7.6 m		5.7～上限		冻结桩段平均剪应力
			应力	位移	应力	位移	应力	位移	应力	位移	应力	位移	
1#	-0.6	4500	148.69	3.52	142.51	3.27	116.95	3.11	83.15	3.04	38.39	2.96	105.98
2#	-0.6	4500	167.20	3.60	131.19	3.36	106.35	3.19	85.26	3.12	38.64	3.04	105.72
1#	-1.5	5000	220.51	2.68	153.10	2.42	106.91	2.26	87.42	2.19	37.87	2.11	121.15
2 #	-1.5	5000	243.11	2.61	133.80	2.25	108.47	2.09	86.96	2.01	39.41	1.93	122.35

低温冻土区昆仑山口1#试桩5 m和10 m处桩侧表明地温及冻结强度随时间的变化曲线（图4.29）看出，混凝土浇筑后12天，桩侧土温降至0 ℃，冻结强度达35 kPa，第28天，桩侧土温降至-0.2 ℃，冻结强度达40 kPa，随着桩侧土温继续降低，冻结强度也相应增大。桩端冻土温度在混凝土浇筑后12天也达到0 ℃，抗压强度达500 kPa，随着地温降低，抗压强度继续增长（图4.30）。

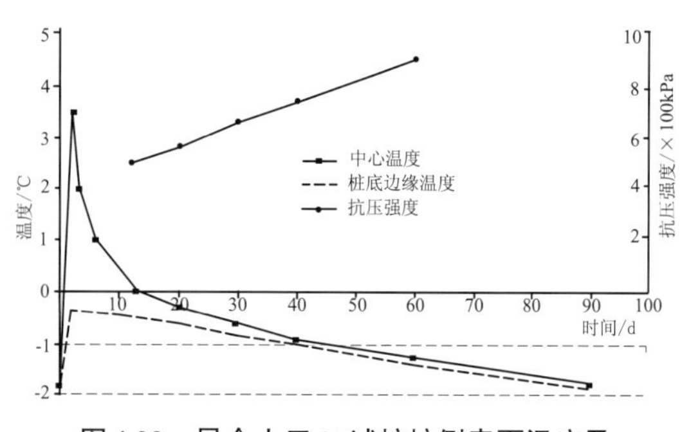

图4.29 昆仑山口1#试桩桩侧表面温度及冻结强度随时间变化曲线

（黑龙江交通科学研究所，2006）

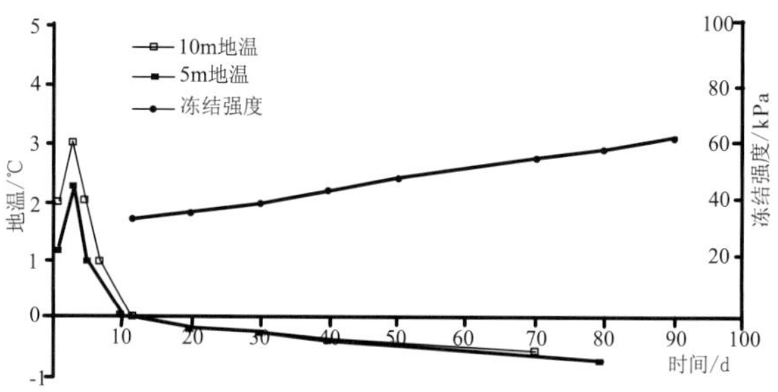

图4.30 昆仑山口1#试桩桩端温度及抗压强度随时间变化曲线

（黑龙江交通科学研究所，2006）

图4.31及图4.32为下段桩土界面抗剪强度。试验初期，随着剪应力（荷载）增大，桩的剪切位移迅速增大，当剪应力增大到一定数值（比例界限）后，桩剪力位移随剪应力增加迅速增长；在剪应力达到另一界限（极限荷载）后，桩的进入渐进流动阶段。一般把比例界限的剪应力称为桩-土界面的计算冻结强度，极限荷载对应的剪应力即称桩-土界面的极限冻结强度，试验结果列于表4.4。

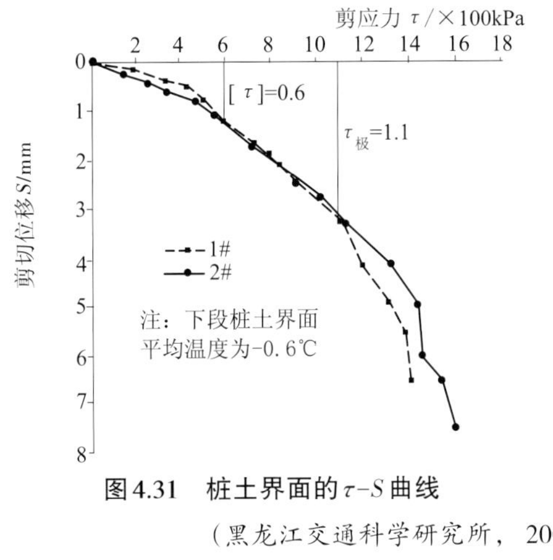

图4.31 桩土界面的τ-S曲线

（黑龙江交通科学研究所，2006）

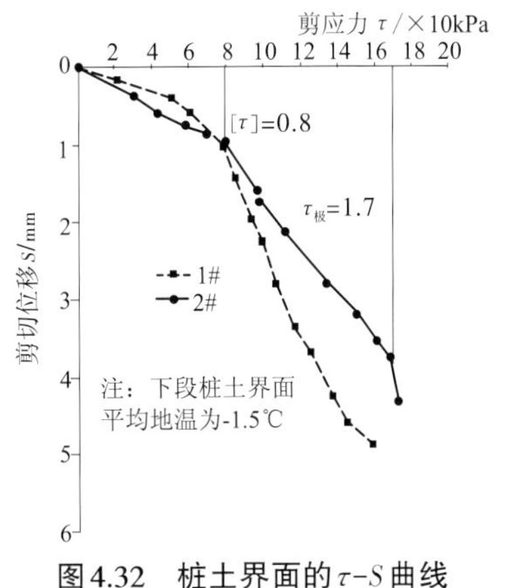

图4.32 桩土界面的τ-S曲线

（黑龙江交通科学研究所，2006）

表4.4 试桩下段计算冻结强度和极限冻结强度及其对应的位移（黑龙江交通科学研究所，2006）

试验时间	桩-土界面平均温度/℃	计算冻结强度/kPa	计算冻结强度对应位移/mm	极限冻结强度/kPa	极限强度对应位移/mm
2004年7月	-0.6	60	1.3	110	3.3
2004年9月	-1.5	80	1.0	170	3.7

图4.33及图4.34为桩端多年冻土载荷试验结果。桩底投影面积为11 310 cm²，试验时多年冻土地温：第1次为-1.2 ℃，第2次为-1.8 ℃。由试验的荷载与沉降曲线可得，桩端多年冻土地温为-1.2 ℃时，地基允许承载力约1240 kN，即计算强度为110 kPa。桩端多年冻土地温为-1.8 ℃时，地基允许承载力约1470 kN，即计算强度为130 kPa。

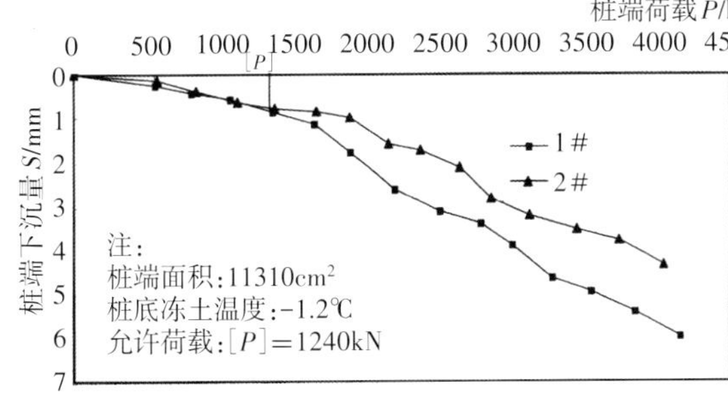

图4.33 第1次试验的荷载-沉降曲线

（黑龙江交通科学研究所，2006）

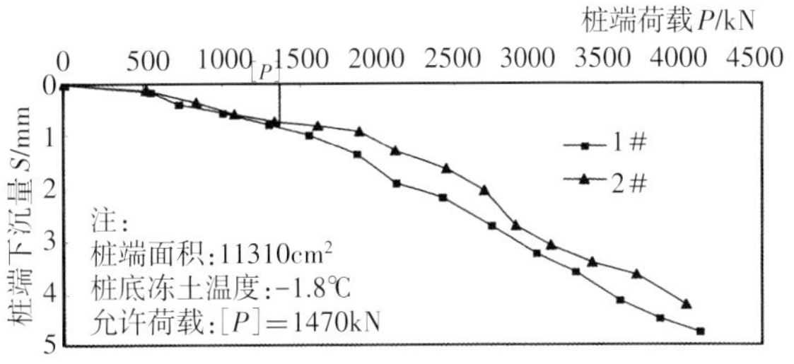

图4.34 第2次试验的荷载-沉降曲线

（黑龙江交通科学研究所，2006）

按桩长为15 m时，桩的允许承载力和极限承载力计算结果列于表4.5。

表4.5 昆仑山口桩长15 m时，桩的允许承载力和极限承载力（黑龙江交通科学研究所，2006）

试桩编号	桩底冻土温度/℃	计算冻结强度/kPa	极限冻结强度/kPa	计算冻结力/kN	极限冻结力/kN	计算桩底反力/kN	极限桩底反力/kN	允许承载力/kN	极限承载力/kN
1#	-1.2	60	110	3030	5560	1500*	2570**	4530	8130
2#				3030	5560	1800	3170**	4830	8730
1#	-1.8	80	170	3950	7900	1800	3150	5750	11550
2#				3950	7900	2400	3600	6350	12000

注：依据P-S曲线确定地基下沉量。*按下沉1.3 mm计算的地基反力；**按下沉3.3 mm计算地基反力。

多年冻土中桩基承载力是由桩侧冻结强度和桩端冻土反力所构成。一般情况下，在桩长较长，桩径较小，桩端多年冻土尚未承受荷载或承受荷载较小时，桩侧冻结力已破坏。因此，在多年冻土中确定桩基承载力时，应根据桩侧冻结强度破坏的位移来确定桩端多年冻土的反力，不能按桩端多年冻土抗压强度来确定桩端承载力。昆仑山口试验表明，大直径桩侧冻结界面和桩端多年冻土地基可以协同工作，可以同时考虑桩侧冻结强度和桩端承载力来确定桩基的允许承载力和极限承载力。

（2）东北大兴安岭地区漠河县东部劲涛镇多年冻土也进行了桩基试验。场地处于额木尔河阶地，年平均气温为-4.9 ℃，沼泽化，发育着大片多年冻土。桩基设计总长11.5 m。露出地面0.5 m，桩身桩径1.0 m。采用负温早强混凝土灌注。人工挖孔灌注桩工艺。2010年5月开始施工，6月完成。

第1次静载试验是在基桩浇筑后约半年后的11月下旬进行的。冻土温度在11 m以下基本保持恒定（图4.35），为-1.8 ℃。0～3 m内地温变化较大，最高地温为-0.05 ℃，8 m深处最低，约-2.28 ℃。施工前天然地温最高为-1.93 ℃，3 m深处地温最低，达-3.45 ℃。试验时尚未完全回冻到天然状态。

按规范（JGJ 118-2011）估算，桩的极限承载力为2000 kN。单桩竖向抗压静载试验荷载标准值1000 kN，第1级按标准值的40%加荷，分9级静载，每级为标准值的20%，作用时间60 min，直至达到标准值的200%结束。

单桩竖向静载试验*P*-*S*曲线（图4.36），曲线平缓变形，没有明显陡降段。单桩竖向静载试验*S*-log*T*曲线（图4.37）也未发现明显向下弯曲情况。当桩顶荷载达到设计进行承载力2000 kN时，桩顶总沉降量仅为2.30 mm，按沉降40 mm为极限承载力标准，试桩远未达到极限承载力。

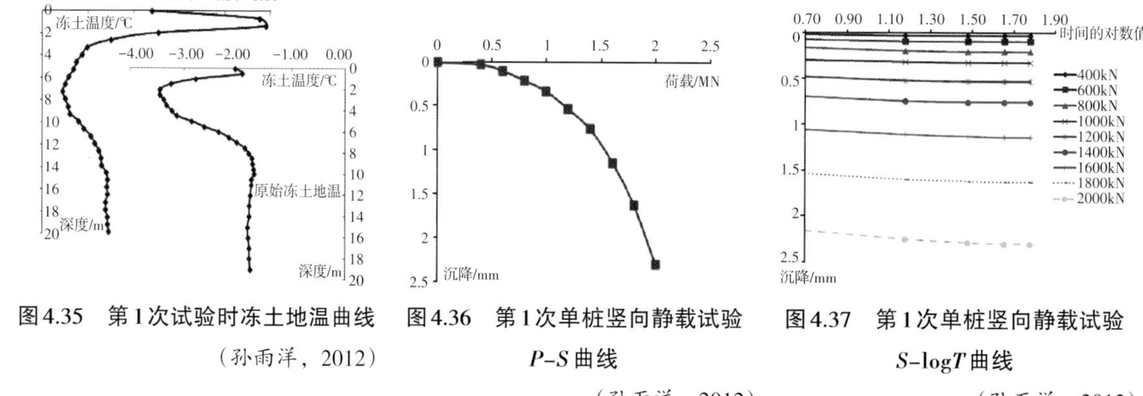

图4.35 第1次试验时冻土地温曲线（孙雨洋，2012）

图4.36 第1次单桩竖向静载试验*P*-*S*曲线（孙雨洋，2012）

图4.37 第1次单桩竖向静载试验*S*-log*T*曲线（孙雨洋，2012）

第2次静载试验是在基桩浇筑后9个月于翌年2月下旬进行的。冻土温度在11 m以下基本保持恒定（图4.38），为-1.9 ℃。桩侧冻土最高地温为-2.0 ℃，已完全回冻。受气温影响表层地温较低。

按规范（JGJ 118-2011）估算，桩的极限承载力为6000 kN。单桩竖向抗压静载试验荷载标准值3000 kN，第1级按标准值的40%加荷，分9级静载，每级为标准值的20%，作用时间60 min，直至达到标准值的200%结束。但因气温较低，锚桩钢筋被拉断，于第6级提前结束试验。

单桩竖向静载试验*P*-*S*曲线（图4.39），曲线平缓变形，没有明显陡降段。单桩竖向静载试验*S*-log *T*曲线（图4.40）也未发现明显向下弯曲情况。当桩顶荷载达到设计试验承载力4200 kN时，桩顶总沉降量仅为2.21 mm。本次试验荷载增加，但总沉降量减小，说明桩周冻土温度降低，桩的承载力得到进一步提高。

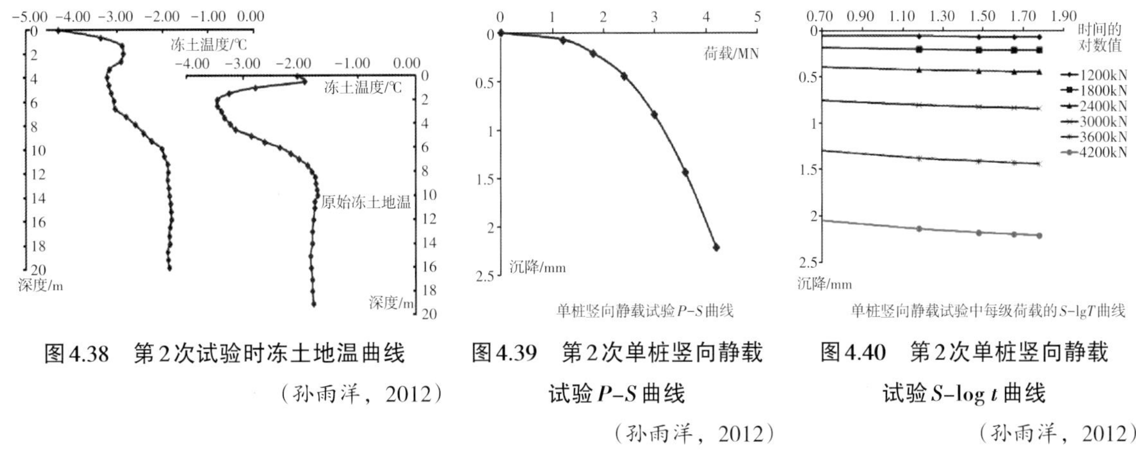

图4.38 第2次试验时冻土地温曲线

（孙雨洋，2012）

图4.39 第2次单桩竖向静载试验 P–S 曲线

（孙雨洋，2012）

图4.40 第2次单桩竖向静载试验 S–$\log t$ 曲线

（孙雨洋，2012）

按有限元计算得到试桩加载至破坏时的单桩荷载位移曲线（图4.41、图4.42），为缓变形。冻土温度为-2.0 ℃，按规范（JGJ 118-2011）的公式计算，冻土破坏时的桩顶荷载为5351 kN，由图4.41得到对应桩顶沉降为15.14 mm。以桩顶沉降40 mm为标准，从图4.41得桩的极限承载力为7357 kN。桩端冻土温度为-6 ℃时，按规范公式计算，冻土破坏时的桩顶荷载为9315 kN，由图4.42得到此时的桩顶沉降为13.69 mm。以桩顶沉降40 mm为标准，从图4.42得桩的极限承载力为13125 kN。说明桩端冻土压坏时桩顶沉降小于规范静荷载试验规定的标准。有限元分析确定的桩基极限承载力约为现行标准确定的桩基极限承载力的70%。室内试验表明，冻土温度-2 ℃时，在5351 kN竖向荷载作用下，冻土破坏是三轴压-剪破坏。由此可知，按非冻土区的破坏标准来确定冻土中桩的极限承载力尚需商榷。

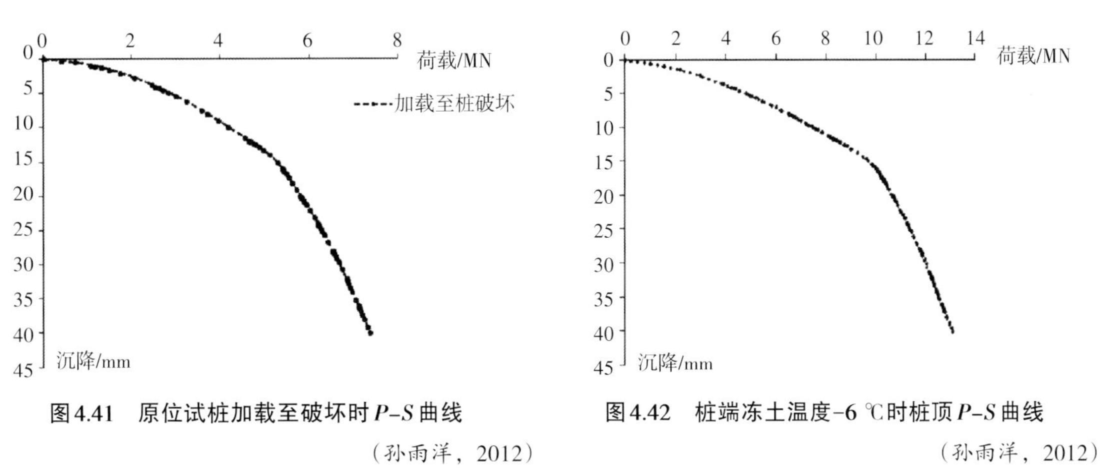

图4.41 原位试桩加载至破坏时 P–S 曲线

（孙雨洋，2012）

图4.42 桩端冻土温度-6 ℃时桩顶 P–S 曲线

（孙雨洋，2012）

5）钻孔灌注桩上施加荷载的时间

上述试验观测说明，在多年冻土年平均地温低于-2.0 ℃条件下，浇筑后12天，桩周就回冻到0 ℃（或起始冻结温度），桩端冻土温度低于0 ℃。高温冻土区，桩周回冻到0 ℃的时间通常需要30～60天。钻孔灌注桩周冻土回冻后，桩周的冻结强度就逐渐形成，桩端多年冻土也具有一定的承载能力。能否承受施加荷载，与混凝土强度增长情况有关，一般来说，正常养生条件下，混凝土28天养生期内，桩基不能承受荷载压力。鉴于多年冻土区钻孔灌注的入模温度较低，桩周温度相对较低，冻土中混凝土的养生环境不能达到正常养生环境，桩基混凝土强度应按冻土区混凝土的养生环境经计算或实验取得的混凝土强度增长规律确定，只要桩基混凝土强度达到设计强度要求时，即可施加荷载。

3.多年冻土中桥梁地基基础设计

多年冻土区桥梁位置、结构类型和基础设计原则，应根据桥址区的冻土工程地质条件，如地层岩性、冻土厚度、含冰率、年平均地温、物理力学性质、上限变化、地下水活动情况、不良冻土现象（冰椎、冰丘、厚层地下冰等），以及桥梁工程竣工后引起冻土地基变化（上限升降、地温变化、物理力学的改变等）预测综合分析、比较确定。

1）桥基设计原则

多年冻土桥梁基础设计原则，根据多年冻土热稳定性情况确定：

（1）保持冻土地基冻结状态的设计原则

保持地基冻结状态是指在桥基施工和运行过程中，基础下多年冻土地基处于冻结状态。该原则适用于低温冻土，按我国冻土地温分类，低温冻土区的年平均地温应低于-1.0～-1.5 ℃，且为非常年流水的河床；也适用于连续多年冻土区和非连续多年冻土区的以桥代路地段。

（2）容许融化设计原则

容许融化设计原则是指桥基施工和运行期间会引起冻土地基热状态变化。适用于连续多年冻土区或非连续多年冻土区，年平均地温高于-1.0 ℃的高温冻土区。多年冻土的热状态为不稳定或极不稳定，人为和自然（气候、水流）热干扰下难以恢复和保持冻土的热状态。根据冻土条件可按两种情况设计：

①自然融化：适用于基底以下有弱融沉性或不融沉性的冻土地基，融沉的总沉降量不超过允许值，不论多年冻土厚度大小，均允许施工和运行期间基础下冻土地基自然融化。或者桥基穿过多年冻土层，以端承桩形式坐落于非冻结的土层上。

②预先融化：适用于多年冻土厚度较小，埋置深度较浅，冻土地基属于融沉、强融沉融陷性，在基础施工期将冻土地基挖除换填处理。多年冻土层埋深大时，按自然融化原则设计。

上述各设计原则应用时，必须做好季节融化层内的防冻胀措施，避免桥基冻胀产生变形。

2）桥梁多年冻土地基的人为上限及基础最小埋置深度

多年冻土地区大河河床、漫滩及岸边地带多为融区。小河的河床多半为非贯穿融区，存在有多年冻土，以致埋藏有地下冰。不论存在多年冻土与否，每年的寒季，河漫滩、岸边地带都会冻结，形成一定厚度的季节冻结层，或出现冰椎、冻胀丘。

近年来，青藏铁路等桥梁工程地基较多采用大功率的旋挖钻施工，但在小桥地带，仍有采用明挖基础施工，且桥台的基础埋置深度多置于多年冻土地基中。暖季明挖基础施工，除了使多年冻土暴露外，基坑往往容易积水，带来的热干扰使多年冻土上限下降，工后回冻期达数月，以致数年。

据以往的经验，明挖基础致使基底多年冻土热扰动较大，引起基底冻土地温上升、基底冻土融化。如青藏公路红梁河桥基（河床最大融化季节时4.0 m的地温为-2.6 ℃）6、7月施工，桥墩、桥台基坑冻土融化0.5～0.7 m，地温升至1.0～1.6 ℃。回填后，因地温较低，一个月后基底回冻，但1年后（6月），桥墩处河床融化0.1 m，至9月最大融化深度时，人为上限比天然上限下降0.9 m。小桥建成后约半年，迎水流向南侧桥台下沉量达45 mm，桥墩达34 mm。以后逐渐稳定。高温冻土区清水河公路桥址（图4.43），河床下2.5～7.0 m处年平均地温为-0.4 ℃。明挖施工，“一”字形桥台，基底在原天然上限下0.2 m，通车后，桥台中部断裂，经第二年钻探和第三年测温判断，桥下主河槽下冻土上限已融化深度至4.0 m，为天然上限的1.5倍，桥台基底中心上限下降0.2～0.3 m。

桥梁基础采用插入桩、打入桩、灌注桩的成桩方式比明挖圬工基础对基底冻土的热扰动小（表4.6），只要控制混凝土的入模温度，即使采用灌注桩，对冻土原始地温场的直接影响也仅是桩周0.5～1.0 m。明挖基础施工期应尽量选择在寒季，可以减小施工热扰动引起冻土地温升高，尽早使冻土地基回冻，减少地基融化的沉降和加速基础周围和基底冻土的回冻，冻土人为上限上升，使桩周有足够的冻结强度和基底冻土热稳定性。观测资料表明（表4.7），对于埋式桥台，地基多年冻土上限是上升的，桥墩地基多年冻土上限是下降的，其变化深度约是天然上限的1.5倍。

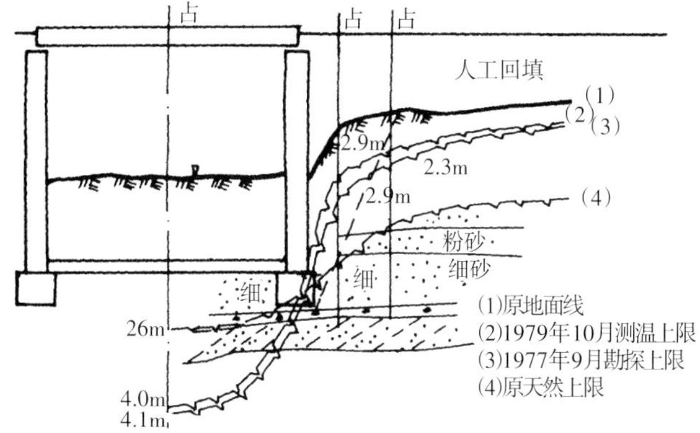

图4.43 青藏高原清水河公路桥冻土人为上限变化

（黄小铭，2003）

表4.6 施工方法、冻土条件对基础人为上限影响比较（黄小铭，2003）

项　目	红梁河桥墩	风火山东大沟桥墩	清水河桥墩
桥址条件	基底为粉砂、粉质黏土	基底为卵石土、粉质黏土、块石土	基底为细砂、粉质黏土、泥灰岩
河床天然上限/m	1.8	2.5	2.5
施工日期	1969年1月开挖，8月初回填	1969年8月4日灌注	1976年8月10日灌注
施工当年年平均气温/℃	−4.8（五道梁）	−4.9（风火山）	−6.2（清水河）
施工当年气温正积温/℃·d	459	445	384
桥梁形式	2～6 m混凝土梁桥	2～8 m混凝土梁桥	2～6 m混凝土梁桥
基础施工方法	明挖圬工基础	D70钻孔灌注桩	D120钻孔灌注桩
从河床面起算基础埋置深度/m	2.9	8.5	7.5
河床原始地温（40 m处）/℃	−2.7	−2.2	−0.7
完工时基础内部初温/℃（0.5～5.0 m平均）	>10 ℃（7月26日测）	12.6 ℃（8月5日测）	6.2 ℃（8月11日测）
基础完工时基底温度/℃	4.3（2.9 m）	1.5（8.5 m）	0.5（7.5 m）
当年基底回冻高度及所需时间	回冻0.6 m（距天然上限0.9 m）需81天	回冻5 m（距天然上限1.0 m）需29天	回冻4.0 m（距天然上限1.0 m）需70天
基底回冻速度/mm·d^{-1}	9（81天）	17.2（29天）	5.7（70天）
建桥次年基础内温度/℃ 1.0～4.0 m平均	0.9	0	0.5
基底	−0.5	−2.4	−0.2
基础人为上限/m	2.7（基础内）	2.5（桩内）	3.5～4.0（桩内）
人为上限比天然上限加深值/m	0.9	0	0.9～1.4
人为上限/天然上限（倍数）	1.5	1.0	1.4～1.5

基础人为上限（H_r）应通过热工计算确定。一般情况下，对小桥可采用经验公式：

$$H_r = kH_t \tag{4.5}$$

式中：H_t为河床天然上限，m；k为工程热影响系数，无量纲，见表4.8。

表4.7 桥桩基墩、台冻土人为上限变化对比表（黄小铭，2003）

项目	清水河桥		风火山东大沟桥	
	桥台	桥墩	桥台	桥墩
施工方法	钻孔打入桩	钻孔灌注桩	钻孔灌注桩	钻孔灌注桩
天然上限/m	1.6	2.6	2.85	2.5
桥台后填土高度/m	1.46		1.50	
基础完工时融深/m	2.8(9月7日测)	7.5(8月11日测)	8.5(7月24日测)	8.5(8月5日测)
当年9月底融深/m	2.9	3.5	3.0	3.5
人为上限(次年)/m	2.2	3.5～4.0	2.0	2.5
天然上限升降值/m	+0.8	−0.9～1.4	+1.35	0

表4.8 工程热影响系数k值

基础类型	埋式桥台	桥墩			
		高温冻土区*		一般冻土区	
		明挖圬工	桩基	明挖圬工	桩基
k值	1.0	2.0	1.6	1.6	1.2

注：指年平均地温高于−0.5 ℃的冻土层，<−0.5 ℃者即为一般冻土。

桥梁基础埋深除了考虑地基的热学和力学性质外，还要考虑气温对冻土温度的影响。仅考虑热影响时，可按下式确定基础最小埋置深度：

$$h_{\min} = H_r + \Delta H \tag{4.6}$$

式中：$h_{\min}$为基础最小埋置深度，m；H_r为基础人为上限，m；ΔH为天然上限的气温变化增量，m。

天然上限的气温增量是考虑工程使用年限内，气候转暖引起的上限增量，应用百年预报资料确定。按五道梁及沱沱河资料统计，百年（设计频率为1%）平均气温可能升高1.0 ℃的话，天然上限加深量一般约为0.2倍的天然上限。除此外，作为基础埋置深度还应再加上工程影响的上限加深量，一般情况下，可认为在人为上限以下1.0～1.5 m。

当按保护多年冻土地基冻结状态的设计原则时，《青藏铁路高原多年冻土区工程设计暂行规定》规定，桥梁基础最小埋置深度应按下列公式计算：

$$h_{\min} = H_r + \Delta H + \Delta h \tag{4.7a}$$

$$\Delta H = H_t \cdot A(K_p - K_{\mathrm{H}}) \tag{4.7b}$$

式中：K_p为设计频率的年平均气温，℃，按1%的保证率取值；K_H为勘察年（及设计选用年）的年平均气温，℃；A为由气温、地层、植被等条件决定的气温波动上限变化率，%/℃，由年均气温-融化深度变化规律确定。当无资料时可取统计值：

一般黏性土地层、无植被覆盖：A=20%/℃～25%/℃。

一般黏性土地层、植被覆盖良好：A=7%/℃～10%/℃。

k为经验系数。按公式（4.5）计算人为上限时，对于埋式桥台为1.0；对于无冲刷桥墩台，取1.0～1.4，根据地表破坏程度较小者，取小值，较大者，取大值；对于有冲刷桥墩台，取1.5～

2.1，当流速、水深较大者取大值，当流速、水深较小时取小值；Δh 为安全值，m，对明挖基础，取1.5 m，对于桩基础，取4.0 m。

不衔接多年冻土，在季节冻结层较厚时，可将明挖基础置于季节冻结层内。冻胀性土层中，明挖基础底面应埋置在最大冻结线以下不小于0.25 m，桩基础承台底应高出地面不小于0.3 m；弱冻胀性土层，明挖基础底面埋深应不小于80%的冻结深度，基侧均应做好防冻胀措施。

桥台锥体坡面铺砌基础的埋置深度，无冲刷时不应小于1.25 m，冻胀性地基土中应对基础周边用砂砾石换填。

3）桥梁基础形式选择

多年冻土区桥梁基础形式选择应考虑河床结构特点和冻土工程的条件，选定设计原则。若采用保持冻土地基冻结状态设计原则，桥梁基础设计应尽量采用减少基础施工对冻土地基热干扰的基础形式。

我国在多年冻土区的桥梁基础主要采用钻孔灌注桩基础和明挖基础。工程实践说明，明挖基础施工时对多年冻土地基产生较大的热干扰，基础周围回冻时间较长。明挖基础适用于基础埋置深度小于5 m的少冰冻土、多冰冻土地基。采用明挖基础时，应选择寒季施工，浇筑时控制混凝土的入模温度，不宜高于10 ℃。

桩基础是多年冻土桥梁工程较好的基础形式，最大优点是对多年冻土地基热干扰较小，成孔速度快，桩周回冻时间较短，具有较高的承载力。灌注桩适用于多年冻土年平均地温低于-1.0 ℃各类冻土。钻孔打入桩或插入桩较钻孔灌注桩对多年冻土地基的热干扰小，适用于高温冻土地基，钻孔打入桩较适合于黏性土、砂土为主的塑性冻土地基。

计算表明，增加多年冻土钻孔灌注桩桩长虽可以提高桩基的承载力，但桩长增加到一定值后，桩长增加对荷载的位移影响很小。桩长为15 m时，桩径增大100 mm，极限承载力提高44%，增大200 mm时，极限承载力提高111%，增大350 mm时，极限承载力提高244%。桩长增加只能小幅度地提高桩基承载力，且不能控制桩达到极限承载力时桩顶的位移。所以，桩径增大对承载力的影响较为明显，桩径大比桩径小的承载力增大幅度大。

4）桩基承载力计算

（1）桩基竖向承载力计算

在桩周冻土地基温度场恢复后，桩-土间的受力系统形成。计算时，不应考虑季节融化层和冻土上限下一定深度的冻结强度。因为，暖季期间，寒季冻结的季节融化层会全部融化，加上桩基导入的热量影响深度，一般不大于0.5 m，为安全起见，1倍桩径深度的冻结力也不宜考虑。因此，一年中桩基冻结力可计算的有效桩长应扣除季节融化层厚度及桩基导入影响深度（桩径）。有效桩长内，大直径桩基的承载力按桩周冻结力和桩端阻力之和考虑。一般可按下式计算：

铁路桥规（TB 10002.5-2005）：

$$[P] = \frac{1}{2}U\sum f_i l_i m'' + m_0 A[\sigma] \tag{4.8}$$

公路桥规（TG/T D31-04-2012）未对多年冻土做具体规定，可按“摩擦桩单桩轴向受压承载力允许值”的钻（挖）孔灌注桩的承载力允许值公式计算：

$$[P] = \frac{1}{2}U\sum_{i=1}^{n} f_i l_i + A[\sigma] \tag{4.9}$$

冻土建筑地基基础规范（JGJ 118-2011）：式中最后一项为多年冻土季节融化层，暖季期间土层全部融化，计算时通常不计其摩阻力，若考虑融化时产生负摩擦力，可取10 kPa，以负值代入。

$$[P]=[\sigma]A+U\left[\sum_{i=1}^{n}f_il_i+\sum_{i=1}^{n}q_jl_j\right] \tag{4.10}$$

式中：U为成孔桩径周长，m；l_i为各土层与桩侧表面冻结面积，m²；f_i为各土层与桩侧的冻结力，kPa；按表4.9或铁路桥规取值；A为桩端支撑截面积，m²；［σ］为桩端处土的承载力允许值，kPa，按表2.12或铁路桥规取值；q_j为各融土层桩周侧阻力特征值，kPa；l_j为各融土层桩侧长度，m；m''为采用不同沉桩方式时冻结力修正系数，钻孔插入桩取0.7～0.8；钻孔打入桩取1.1～1.3；钻孔灌注桩取1.3～1.5；m_0为桩底支承力折减系数，根据孔底条件取0.5～0.9。

表4.9 多年冻土与混凝土基础表面的冻结强度f / kPa（JGJ 118–2011）

土 名	土层月最高平均温度/℃						
	−0.5	−1.0	−1.5	−2.0	−2.5	−3.0	−4.0
黏性土	60	90	120	150	180	220	280
砂 土	80	130	170	210	250	290	280
碎石土	70	110	150	190	230	270	250

注：1.不融沉冻土按表列数值降低10%～20%，与基础无明显胶结力的干土，不考虑其冻结力（按融土摩擦力计算）；强融沉土（饱冰冻土）降低20%；含土冰层降低50%；当基础周围回填0.05～0.1 m砂层时可按强融沉土（饱冰冻土）取值。

2.未做处理非钢结构按表列数值降低30%。

3.表列数值不适用于含盐量大于0.3%的冻土。

（2）水平荷载作用下，桩端稳定性验算

《冻土工程学》（Э.Д.叶尔绍夫，2015）中，对水平荷载作用下的桩基应进行稳定性验算。计算图式（图4.44）的验算内容包括确定因桩弯曲而产生土中应力与之相对的土的抗剪强度。由于桩的弯曲产生的土中应力不应超过土的抗剪强度：

$$\sigma_z \leqslant \frac{4}{\cos\phi}\left(g\cdot\rho\cdot Z\cdot \mathrm{tg}\phi+0.3C\right) \tag{4.11}$$

式中:σ_z为临界点处土中的应力，Pa；Z为临界点的深度，$Z=H_{th}/3$；ρ为Z深度处融土的密度，kg/m³；ϕ为Z深度处融土的内摩擦角，°；C为Z深度处融土的黏聚力，Pa；g为重力加速度。

σ_z按下式计算：

$$\sigma_z=K_bZ\left(U_pA_1-\frac{\phi_0}{a_e}B_1+\frac{M_0}{a_e^2E_bI_p}C_1+\frac{H_0}{a_e^3E_bI_p}D_1\right) \tag{4.12}$$

式中：$a_e=\sqrt[5]{\dfrac{K_b\left(1.5d_p+0.5\right)}{3E_bI_p}}$

$$U_p=U_0+\phi_0L_0+\frac{FL_0^3}{3E_bI_p}+\frac{ML_0^2}{2E_bI_p}$$

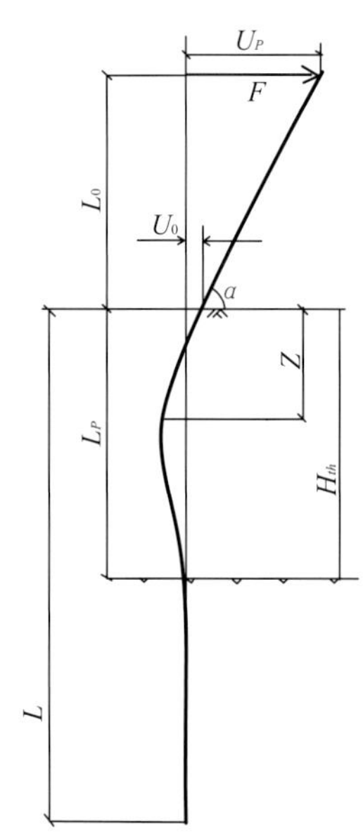

图4.44 水平受荷桩的计算图式

（Э.Д.叶尔绍夫，2015）

U_P—桩顶位移；F—作用在桩的水平荷载，N；U_0—地面处桩的位移；α—桩与地面的夹角；Z—临界点深度，$Z=H_{th}/3$；L_P—桩受弯段长度，$L_p=H_{th}+1.5d$；L_0—桩在地面以上的自由长度，m；H_{th}—季节融化层厚度；d_p—桩径。

$$U_0 = H_0 e_{HN} + M_0 e_{HM}$$

$$H_0 = F; M_0 = M + FL_0$$

$$\phi_0 = H_0 e_{MH} + M_0 e_{MN}$$

$$e_{HN} = \frac{1}{a_e^3 E_b I_p} A_0; e_{MH} = e_{HM} = \frac{1}{a_e^2 E_b I_p} B_0; e_{MN} = \frac{1}{a_e E_b I_p} C_0$$

$$M = \begin{cases} 0.0 & \text{对承台中的单桩} \\ -\dfrac{e_{MH} + L_0 e_{MN} + \dfrac{L_0^2}{2E_b I_p}}{e_{MN} + \dfrac{L_0}{E_b I_p}} & \text{对群桩} \end{cases}$$

式中：K_b为系数，K_b=0.523E_b/d_p；E_b为桩材的弹性模量；I_p为桩截面的惯性矩，m^4；A_0、B_0、C_0为参数，按表4.10查取；A_1、B_1、C_1、D_1为参数，按表4.11查取。

表4.10　参数A_0、B_0、C_0值（Э．Д．叶尔绍夫，2015）

桩受弯段的换算长度$\bar{L}_p = L_p \cdot a_e$	A_0	B_0	C_0
0.6	0.072	0.180	0.600
0.8	0.170	0.319	0.798
1.0	0.329	0.494	0.992
1.2	0.556	0.698	1.176
1.4	1.849*	0.918	1.342
1.6	1.186	1.134	1.480
1.8	1.532	1.321	1.581
2.0	1.841	1.460	1.644
2.5	2.290	1.565	1.680
3.0	2.385	1.586	1.691
4.0以上	2.401	1.600	1.732

注：*原书数值可能有误，是否为0.849？引用者注。

表4.11　参数A_1、B_1、C_1、D_1值（Э．Д．叶尔绍夫，2015）

临界点处的换算深度$\bar{Z} = Z \cdot a_e$	A_1	B_1	C_1	D_1
0.0	1.000	0.000	0.000	0.000
0.2	1.000	0.200	0.020	0.001
0.4	1.000	0.400	0.080	0.011
0.6	0.999	0.600	0.180	0.036
0.8	0.997	0.799	0.320	0.085
1.0	0.992	0.997	0.499	0.167
1.2	0.972	1.192	0.718	0.288
1.4	0.955	1.379	0.974	0.456
1.6	0.913	1.553	1.264	0.678
1.8	0.843	1.706	1.584	0.961

续表 4.11

临界点处的换算深度 $\bar{Z}=Z\cdot a_e$	A_1	B_1	C_1	D_1
2.0	0.735	1.823	1.924	1.308
2.2	0.575	1.887	2.272	1.720
2.4	0.347	1.874	2.609	2.195
2.6	0.033	1.755	2.907	2.724
2.8	−0.385	1.490	3.128	3.288
3.0	−0.928	1.037	3.225	3.858
3.5	−2.928	−1.272	2.463	4.990
4.0	−5.853	−5.941	−0.927	4.548

（3）冻胀力作用下桥桩基础稳定性验算

多年冻土季节活动层每年的寒季都会冻结，土层产生膨胀，桩基将承受切向冻胀力作用而出现变形。因此，在冻土区的桩基础都需要进行冻胀作用的稳定性验算。

在冻胀力作用下，桩、墩基础稳定性应满足下式要求：

$$\sum\sigma_\tau H_j U\leqslant 0.9G_k+R_m \tag{4.13}$$

$$R_m=\frac{1}{k}U\sum_{i=1}^{n}f_i(L-H_j)$$

式中：σ_τ为季节活动层冻结过程中的切向冻胀力，kPa，按表1.7或表4.12取值；H_j为季节活动层厚度，m；U为桩的周长，m；G_k为作用于桩上的永久荷载，kN；R_m为桩、墩基础在多年冻土中所产生的锚固力，kN；f_i为多年冻土与基础间的冻结强度，kPa；L为基础埋置深度，m；k为安全系数。

表4.12 多年冻土季节活动层冻胀时对混凝土基础的单位切向冻胀力(kPa)(TB 10002.5-2005)

<table>
<tr><td rowspan="3">黏性土</td><td colspan="2">I_L</td><td>$I_L\leqslant 0$</td><td>$0<I_L\leqslant 1$</td><td>$1<I_L\leqslant 3$</td></tr>
<tr><td rowspan="2">σ_τ</td><td>非过水建筑物</td><td>0～30</td><td>30～80</td><td>80～150</td></tr>
<tr><td>过水建筑物</td><td>0～50</td><td>50～150</td><td>150～250</td></tr>
<tr><td rowspan="3">砂　土</td><td colspan="2">S_r 或 ω/%</td><td>$S_r\leqslant 0.5$ 或 $\omega\leqslant 12$</td><td>$0.5<S_r\leqslant 0.8$ 或 $12<\omega\leqslant 18$</td><td>$S_r>0.8$ 或 $\omega>18$</td></tr>
<tr><td rowspan="2">σ_τ</td><td>非过水建筑物</td><td>0～20</td><td>20～50</td><td>50～100</td></tr>
<tr><td>过水建筑物</td><td>0～40</td><td>40～80</td><td>80～160</td></tr>
</table>

注：1.粉黏粒含量大于15%的碎石土，视其含水率按表中砂土采用；粉黏粒含量小于15%时，视其含水率按表中$S_r\leqslant 0.5$或$0.5<S_r\leqslant 0.8$两栏采用。

2.粉质黏土和粉黏粒含量大于15%的砂土用表中的较大值。

3.未做处理的钢结构基础，按表列数值降低20%～30%。

通过上述计算，如果不能满足设计要求，应采取防冻胀措施，对桩侧季节活动层的土体进行置换，或桩侧涂抹不冻结的化学材料等处理（图4.45）（朱卫东，2005），减小、削弱切向冻胀力；或者增大桩端径、桩基埋深，但应重新验算，达到满足设计要求为止。

图4.45 桥台身涂油渣10 mm防冻胀

4.1.3 多年冻土区桥台基础的防护

桥头段包括桥台、锥体护坡和路桥过渡段。大兴安岭和青藏高原多年冻土区桥梁病害的主要原因是桥梁墩台变形，其中桥头地段病害占着主要部分。病害表现为桥台沉降和冻胀、倾斜（前倾和后倾）、护坡沉降和开裂、桥头路堤下沉等，甚至出现前后桥台左右反向倾斜。桥台变形导致桥梁构件破坏，主要形式有：①垫石裂缝；②梁端上翼缘或下翼缘顶紧，成刚性接触；③限位块裂缝或断裂；④支座移动；⑤抗震桩破坏；⑥墩台下沉。这些病害实质是桥台地基融沉和冻胀的结果。

1. 桥梁墩台变形特征

青藏铁路桥梁墩台基础主要采用桩基，桩基都埋入多年冻土上限以下，但承台底面都处于融化层中（图4.46）。从变形情况看：

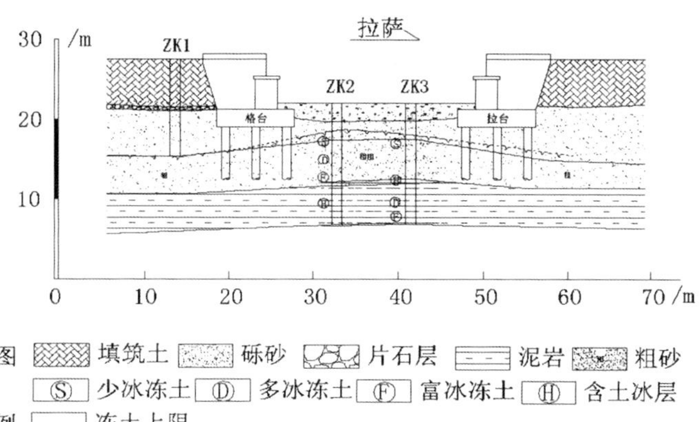

图4.46 青藏铁路尺曲谷地中桥工程地质断面图（熊治文，2011）

1）沉降变形

具有寒季缓慢胀起，暖季回落的特点，桥台的沉降变形量很小，最大冻胀量为5～7 mm。总的来说，竖向变形处于基本稳定状态。

2）纵向变形

桥台有前倾或后倾现象。图4.47为某桥台倾斜角度变化曲线（曲线角度为桥台前墙边线与竖直线间夹角）。观测期间，桥台倾斜有向前倾斜的，亦有向后倾斜的（沉降观测点设置在前墙位置）。格台（格尔木方向）向拉萨（方向）起始倾斜时间大部分在11月，相向倾斜出现在6～7月。这与台前融沉和台后冻胀有关。

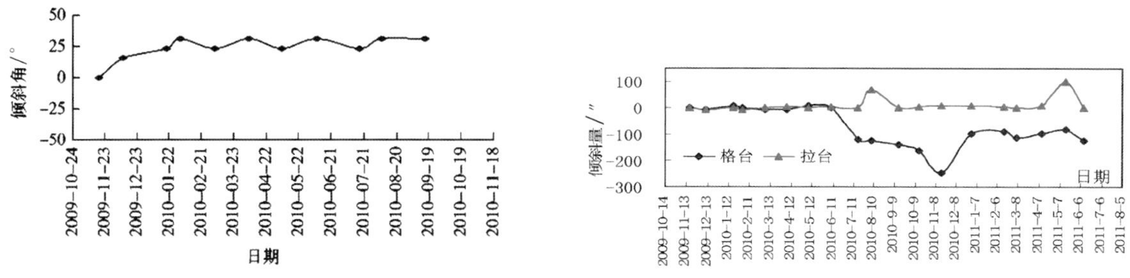

图4.47 桥台倾斜角度变化曲线（熊治文，2011）

注：左图为低温冻土区，右图为高温冻土区。格台为格尔木方向；拉台为拉萨方向。正值为前倾，即向拉萨方向倾斜，负值为后倾，即向格尔木方向倾斜。

2.桥台变形原因

多年冻土区桥台变形主要是季节活动层地基土的冻胀与融沉。采用桩基础的桥台，除了活动层的最大冻胀与融沉外，多年冻土地基升温及融化引起桩基承载力变化亦是产生变形的原因。

多年冻土区地基土冻结过程中，桥台会受到承台底面的法向冻胀力和台背的水平冻胀力作用（图4.48）。冻胀力大小与土质、水分、地温等因素有关。冻土地基融沉性取决于其土质、含冰率、地温及荷载。

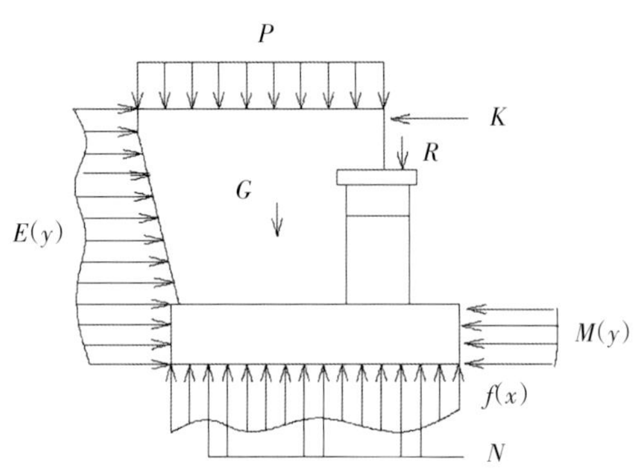

图4.48 多年冻土地基上桥台受力示意图

P—包括桥台上部道砟、轨枕、钢轨、列车活载在内人换算荷载；R—梁重和桥面系传来的荷载；$E(y)$—台后土压力及水平冻胀力；G—桥台自重；N—桩基反力；$f(x)$—承台底面的法向冻胀力；$M(y)$—台前抗力；K—梁体传来的约束力，当梁端与胸墙接触或支座失效时存在。

桥梁变形调查可知（熊治文，2011），尽管变形原因各异，但都与桥址的冻土工程地质和水文地质条件有关。桥台病害较为严重原因归纳起来：①桥台地基土及背后路基填料粉黏粒含量高，地基土粉黏粒含量17%～25%，及粉质土，冻胀率为11%～25%；路基填料的粉黏粒含量12%～26%，冻胀率为6%～21.5%；②桥台地基土冻土多为富冰冻土至含土冰层；③活动层内冻结层上水发育，冻结前有水分补给，桥台前部出现冰椎，致使桥台后倾，护锥体冻胀，出现裂缝；④桥梁所处地段是三维受热，引起桥台冻土地基融化，桥台下高温冻土退化。可见，寒季期，地基土及台背路基填土都具有较大的冻胀性，达到强冻胀，甚至为特强冻胀。暖季期，桥台和桥背路基下的高含冰率冻土地基，在三维热力影响下出现冻土退化和较大的融化下沉量。

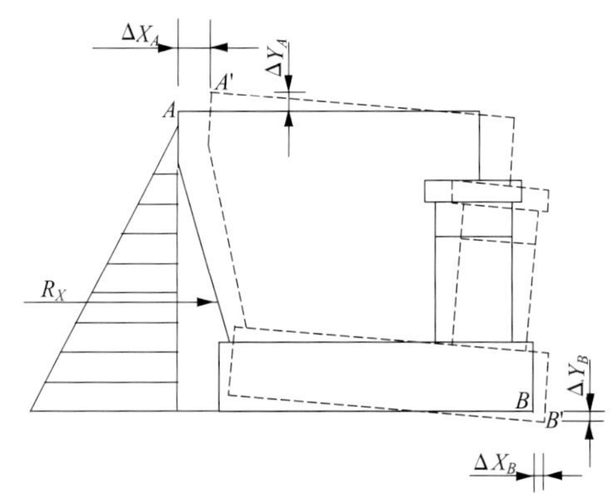

图4.49 水平冻胀力作用下桥台位移示意图

因此，多年冻土区桥梁墩、台变形的主要原因：①桥台桥背土体的强冻胀产生的水平冻胀力作用（图4.49）；②桥台承台下强冻胀地基土产生的法向冻胀力作用（图4.50）；③多年冻土条件变化引起冻土地温升高或退化，桩基承载力减弱。

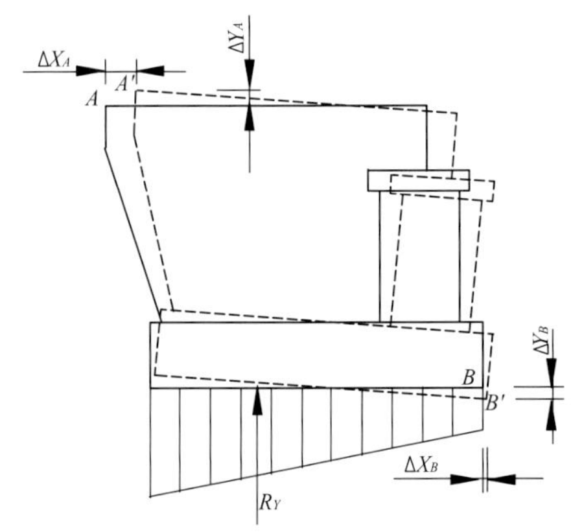

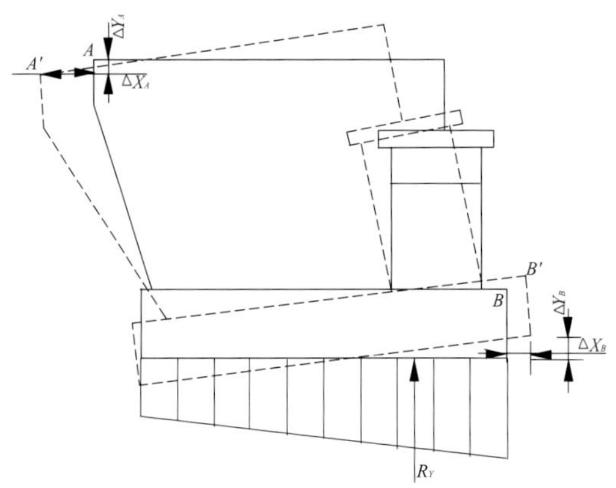

图4.50 法向冻胀力作用下桥台位移示意图（左图：前倾；右图：后仰）

3.桥头路基变形特征

多年冻土区桥头路基沉降变形是道路工程中比较典型和普遍的病害。桥头路基过渡段沉降变形常表现在路基面沉降和桥台护锥沉降（图4.51）、开裂（图4.9）、隆起等。

图4.51　桥台护锥表面沉降（牛富俊摄）

据青藏铁路164座路桥过渡段病害调查资料（牛富俊等，2011），沉降率高达82.6%，平均沉降量为70 mm。平原、盆地等区域的沉降量大于山区和沟谷地带。

1）过渡段沉降与桥南北端、坡向关系

据统计（图4.52），桥北侧（格尔木方向）总沉降量高出南侧17.5%，平均沉降量高出11 mm。阳坡总沉降量高出阴坡约65.9%，平均沉降量高出35 mm。这显示出不同方位接受太阳辐射热量不同，北侧接受辐射热量多，水平热流对路堤加热增加路堤堤身的热储而加剧了冻土升温融化。

2）路基（桥台）高度对过渡段沉降的影响

总的趋势是路基高度越高，过渡段沉降量越大（图4.53）。路基高度小于3 m的总平均沉降量只有18 mm，路基高度大于8 m的平均沉降量为93 mm。路基高度为4～6 m时，平均沉降量接近于总平均沉降量（70 mm）。

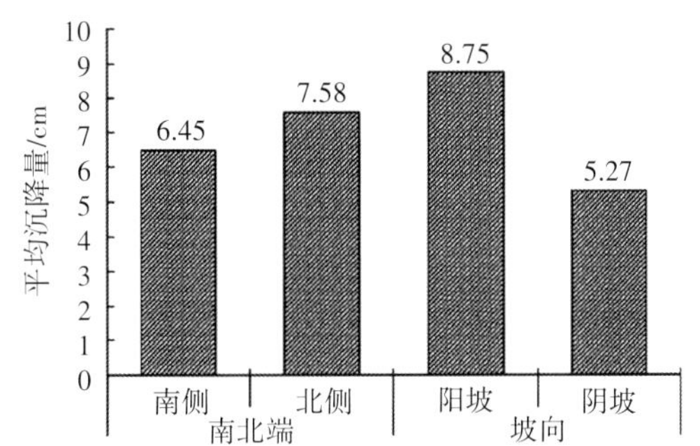

图4.52　过渡段沉降与桥南北端、坡向关系

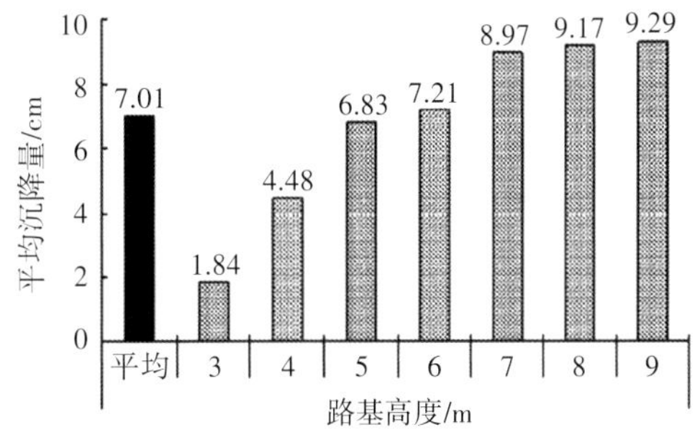

图4.53　过渡段沉降与路基高度统计关系

3）过渡段沉降与路基结构和地基土类型关系

据调查统计，块石、碎石护坡是作为热防护措施设置的，路基本体为素土路基，桥头路基是在三维受热作用下构成的热影响，比其他地段路基的二维受热条件要强烈，过渡段沉降变形仍反映在素土路基结构下产生的。细颗粒地基土平均沉降量比粗颗粒地基土大，达到92 mm，风化砂岩、片岩地基土沉降量非常小（图4.54）。显然，地基土的强度越大，沉降量越小。

4） 过渡段沉降与冻土工程类型及年平均地温关系

冻土工程类型是以含冰率大小来划分的，含冰率越高，沉降量越大，近似于直线关系。含土冰层的平均沉降量达93 mm，富冰、饱冰冻土地段为90 mm，多冰、少冰冻土为72 mm。高温冻土区过渡段的平均沉降量比低温冻土区大，高温高含冰冻土地段的平均沉降量最大（图4.55）。不论桥台方向和过渡段阴阳坡，高温冻土区过渡段平均沉降量均大于低温冻土区（图4.56），约大14 mm。

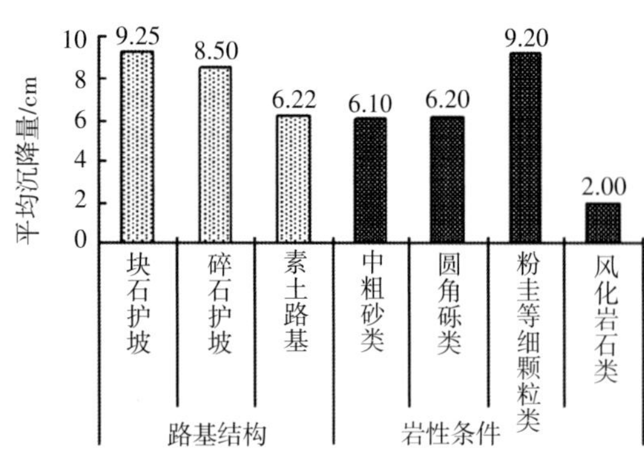

图4.54　过渡段沉降与路基结构、冻土工程类型的统计关系

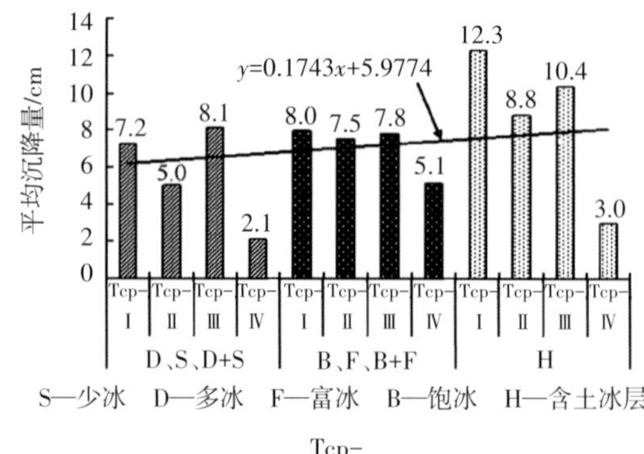

图4.55　过渡段沉降与冻土工程类型、年平均地温关系

由此可见，桥头地段冻土地基的冻土工程类型及年平均地温是路桥过渡段沉降量大小的决定因素，不同方位、坡向吸收太阳辐射热量是过渡段沉降量大小的诱导因素。桥头路基因增加一个桥头锥体护坡受热面，即附加热源，其冻结与融化过程变为三维传热，必然会使桥头的融化深度大为增加，冻土人为上限较相邻路基要大，且稳定期长。通过路基结构和工程措施可以改变和减小太阳辐射热影响，防治桥台过渡段路基的沉降。

在青藏铁路桥梁调查期间，大部分桥头路基出现较大的沉降变形，最严重处最大累计（不严格，有的是与设计比较，有的是与从通车时比较）沉降量达1.3 m。自2010年4月以来较为严重的5座桥梁1年内的桥头路基下沉量和轨面与路肩高度差的调查统计资料，多数桥头年沉降量大于20 mm，在距桥头2 m处，最大年沉降量近50 mm，路基面与轨面高差达1.9 m；距桥头12 m处，最大年沉降量达44 mm，路基面与轨面高差达1.83 m。据维修资料，桥头路基下沉影响范围，一般为桥台高度的1.5～2.0倍。

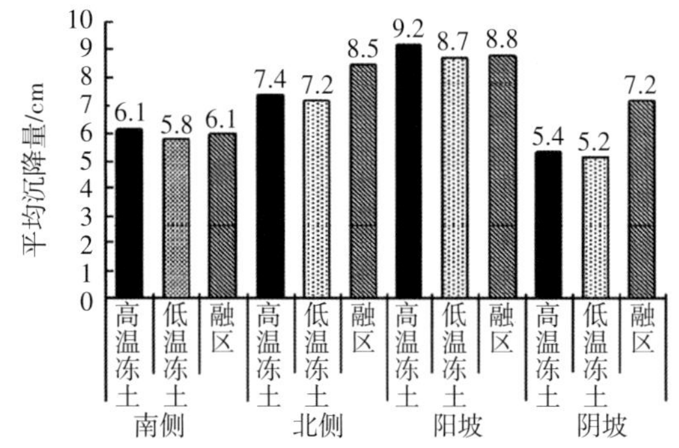

图4.56　不同走向、坡向的过渡段沉降与地温带关系

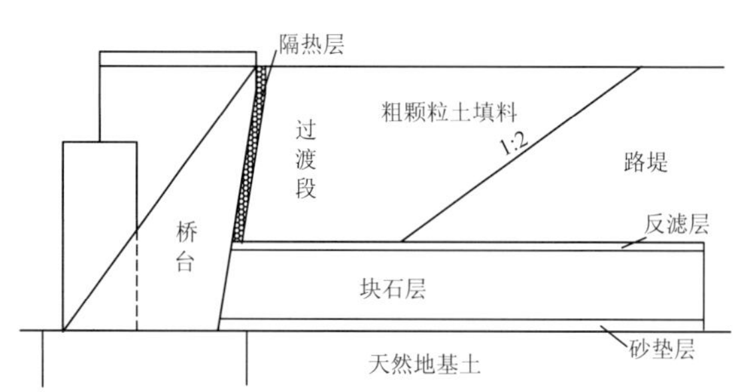

图4.57　路桥过渡段设置示意图

4. 桥台及路桥过渡段变形整治

由桥台、桥头路基的变形特征可知，冻结过程中桥背水平冻胀力、桥台底面法向冻胀力是引起桥台变形的主要原因。冻土地基融化是造成墩、台及过渡段路基下沉的重要因素。据此，可采用相应的工程措施来控制或消除桥梁墩、台变形。在设计与施工中应遵循下列基本原则：

（1）加强防排水措施，防止地表水及冻结层上水对墩、台基础和填土的侵蚀和影响。

（2）采用冷却降温措施，减小冻土地基融化深度，抬高承台底面的冻土人为上限，提高冻土地基承载力。

（3）严格控制粗颗粒填料的粉黏粒含量和含水率，削减其冻胀性。

（4）采用热防护措施，屏蔽或隔离外部热源侵入。

（5）改变路基结构形式，减小对冻土地基热扰动。

大量的试验和工程实践表明，热棒、块石路基、碎石护坡护道、通风管、保温隔热材料、遮阳板、挡水埝、隔水板、控制粉黏粒含量等是防止多年冻土地基融沉和冻胀的热防护、防排水的有效工程措施。

在桥台背、承台、锥体护坡下设置隔热保温层；桥头过渡段采用块石路基结构（图4.57），通风管路堤，路堤边坡设置碎石护坡和护道（底部先用黏土回填，预防地表水入侵），或铺设通风管；桥头和路堤两侧埋设热棒。桥背和承台下粗颗粒填土粉黏粒应控制在5%～10%内，且做好防排水措施，可削减冻胀力。承台下桩基（或内部）埋设热棒，可降低地温，增大承载力。

4.1.4 多年冻土区桥梁基础施工

多年冻土地区桥梁基础及其施工方法应考虑这几个方面：①建筑物的热学、力学特点；②永久性桥梁荷载大，允许变位小，要求地基有较高的强度和稳定性；③地基条件、冻土特征、冻胀性与融沉性、地下水等；④施工方法、施工条件、设备、工期要求、建筑材料等。

国内外的经验表明，钻孔桩基础是多年冻土区桥梁的最优基础形式，对多年冻土的热干扰小，适合基础埋置深度较大的要求，除地形条件要求外，能适应各种地质和冻土条件，操作简单，有利冻土环境保护。但在一些地形、地质、水文及工程要求条件下，也可采用明挖基础。

1.基础施工方法

1）钻孔桩基础

采用钻孔桩基础具有较明显的优越性。不受高、低温冻土区，高、低含冰率冻土地段，季节活动层厚度大小，地基岩性及地表水地下水条件的限制，施工机械化程度高，对多年冻土热干扰小和冻土环境破坏少，桩侧冻土回冻时间短，具有较高的承载力和施工工期缩短。

青藏铁路建设期间，国产回旋、冲击、反循环和国外产的旋挖钻机同时并存地进行桩基成孔施工。旋挖钻机（图2.39至图2.42）具有较多的优点。

等径钻孔施工采用中，高速、低扭矩、少进度工艺，可以提高钻孔成孔速度和质量。因地制宜地选择钻头，可大大提高钻进速度和成孔质量，快速成孔、快速灌注混凝土可最大限度地避免对冻土的热干扰和塌孔事故。

按地层岩性合理选取钻头，基本原则（见表4.13）。

表4.13 钻具选择原则表（吴群慧，2005）

序号	地 层	深度/m	钻头类型				
			螺旋土钻	螺旋嵌岩钻	筒式嵌岩钻	旋挖钻	钻凿式岩芯钻
1	回填土	0～4	√	√		√	
2	砂土、黏土夹砾石、卵石（冲击层），N=10～50	0～10	√	√		√	
3	强风化、溶离性凝灰岩、角砾岩，N=15～60	0～25	√	√			
4	强风化、高溶离性凝灰岩、角砾岩，N=30～120	0～31		√	√		
5	中风化、中等溶离性凝灰岩、角砾岩，q_u≤40 MPa	0～38		√	√		
6	中等强度至高强度基岩，微溶离性凝灰岩、角砾岩，40 MPa≤q_u≤60 MPa	0～50		√	√		√

钻孔扩底桩基。在多年冻土区利用大功率旋挖钻进行扩底桩钻孔施工，目前尚未有定型机具。钻孔扩底桩可将孔底截面扩大，提高桩基的承载力和抗冻胀能力，缩短桩长。

扩孔钻头（图4.58）可以将原等径直孔钻孔底部扩大0.4 m。经不冻泉大桥、楚玛尔河特大桥、可可西里1#特大桥的446根钻孔扩孔桩施工，扩孔时间控制在1.5小时内完成。采用旋挖钻成孔，比回旋钻机和冲击钻机快几倍至几十倍，缩短工期50%～65%，节约成本30%～42%。

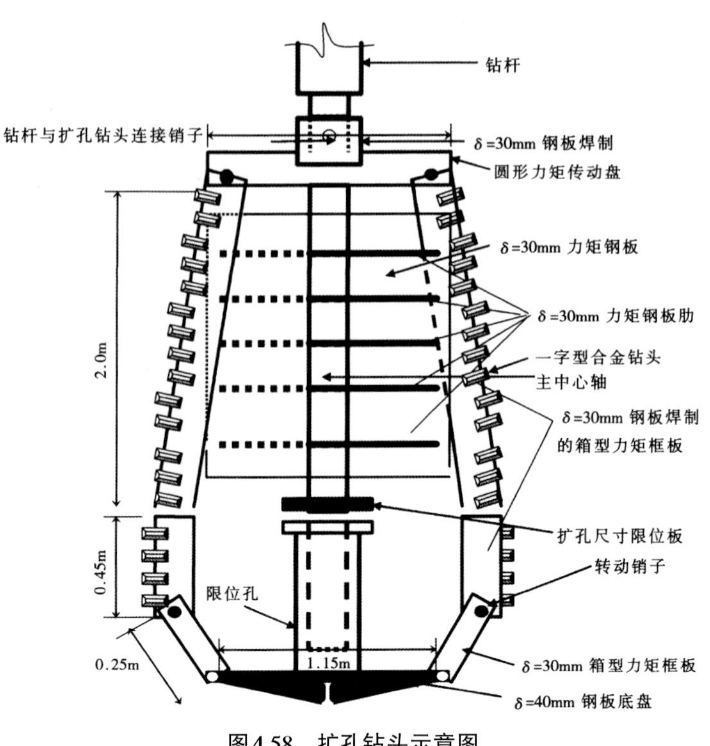

图4.58 扩孔钻头示意图

（中国铁路工程总公司青藏铁路施工技术编委会，2007）

钻孔插入桩用于中小桥梁基础。清水河桥钻孔直径0.7 m（桩基直径0.6 m），桩周用黏土砂浆（体积比1∶8）回填；管桩插入后，用C30混凝土填充，桩顶预埋入桩身与承台连接钢筋。回冻时间为7天，加载73 t（设计荷载71 t），两根桩的下沉量分别为1.97 mm和2.10 mm，卸载后分别保持1.00 mm和1.11 mm的残余沉降量，满足设计要求。插入桩适用于无水、少水条件，宜在暖季气温较低时施工，混凝土入模温度控制在<5 ℃，其承载力较小，适宜要求较小的工程。

2）明挖基础

一般用于基础埋置深度不超过5 m，但在低温冻土区也可采用挖孔深桩基础，如昆仑山公路桥基埋设达15 m。施工期宜选择寒季，可避免挖孔坍塌。若暖季期施工，需预先做好几项准备：①搭架遮阳棚，避免太阳直接照射；②季节融化层深度范围的孔壁防护措施，如护管，底部应插入多年冻土上限0.5 m；③基坑排水设备，预防冻结层上水或孔壁冻土融化水入侵，及时排干积水；④优化爆破参数，采用光面爆破技术，以松动冻土层为宜。总的原则是采用快速施工、快速浇筑的工艺流程，减小冻土基坑暴露时间，一般不应超过15天。

2.浇筑混凝土

在冻土层中直接浇筑混凝土时，混凝土的入模温度应控制在2～5 ℃，若浇筑低温混凝土时，混凝土入模温度宜控制在5～10 ℃。

多年冻土区环境的最大特点是一年一次大周期的冻融环境，在寒季与暖季交替季节有短周期多次的冻融循环。桥梁基础，埋入多年冻土上限以下部分，当回冻后逐渐处于某个“恒定”温度后，不会出现反复冻融循环，但基础出露和季节融化层内的基础依然要经受反复冻融循环作用。因此，多年冻土区的灌注桩混凝土施工时，应考虑冻融循环对混凝土强度增长和抗冻耐久性问题。反复冻融循环对混凝土强度的影响主要表现在下列方面。

1）新浇筑混凝土的冻结与融化作用

新浇筑混凝土初凝前发生冻结时，拌和水除部分参与水化反应外，其余的水都会产生冻结成冰，一方面结冰体积膨胀，另一方面混凝土凝固过程缺乏水化反应而停止。混凝土升温时冰融化，水化反应恢复。一般说，这种过程越短越好，不会影响混凝土凝固过程和强度增长。

2）混凝土养生期的冻结与融化作用

混凝土初凝后养生期间冻结，对混凝土强度的影响很大。混凝土孔隙中水分结冰膨胀使混凝土内部产生微裂缝，降低水泥与砂石间的黏结力，升温后继续养护到龄期也往往不能完全达到设计强度，耐久性也有很大损失。养生期间冻结发生时间越迟，对混凝土强度的影响越小。混凝土浇筑后立即在不同负温度冷冻室受冻，冻结一天后再标养28天，与标养试件对比，测定混凝土强度损失情况（表4.14）

可见，混凝土初凝后未及时保温养护，受冻后强度损失很大，大者将近50%。从表中可看出，环境温度越高，冻结速度较慢，水泥浆中的水分迁移越强烈，结冰膨胀引起混凝土微裂缝越多，确定损失就越大；反之，环境温度越低，冻结速度越大，水泥浆中的水分来不及迁移，引起混凝土微裂缝越少，强度损失就越小。

表4.14　混凝土浇筑后立即受冻的强度损失（屈振滨等，1984）

预养时间/小时	冻结时间/小时	冻后标养龄期/天	环境温度/℃	标号混凝土强度损失/%		
				C20	C30	C40
0	24	28	−5	38.0	48.9	48.1
			−10	32.5	41.8	43.3
			−20	27.8	16.8	20.1
0	24	28	−5	35.9	44.1	47.8
			−10	30.5	37.0	41.8
			−20	19.4	22.5	20.8

3.混凝土养护

1）带模养护

混凝土浇筑后，立即用棉毡或棉帐篷紧贴模型外壁包裹，混凝土的顶面可用湿毡布覆盖，其上再覆盖一层厚塑料布，最后盖一层棉毡或棉帐篷进行保湿、保温。

严格控制混凝土的养护温度不低于混凝土外加剂所规定的最低适用温度。但环境温度低于−5 ℃时，应采取临时保温措施，直至混凝土的强度达到所规定的最低抗冻强度，且不得向混凝土洒水。但养护温度高于混凝土外加剂的最低适用温度时，最好不要应用外部热源进行养护。因混凝土过早水化，大量放热，对混凝土的耐久性指标会产生不利影响（如开裂、护筋性能及抗冻性能降低等现象出现）。钻孔灌注桩混凝土浇筑后，低温冻土区，桩端和上限处达到0 ℃的时间都需超过3天。带模养护4～5天，混凝土强度可达20 MPa。

2）拆模养护

混凝土拆模时，其表面温度与环境温度之差不宜大于15 ℃。用完全浸湿且不掉色的毡布将混凝土表面包裹，再包裹一层厚塑料布，第三层用棉帐篷包裹（图4.59）。整个包裹保湿、保温、避光养护时间不少于60天。

图4.59　桥墩混凝土包裹养生（朱卫东摄）

4.1.5 多年冻土区桥梁抗震技术

青藏高原地区属于地震带，具有频度高、强度大的特点，西藏当雄、青海新疆交界昆仑山、玉树地区都发生过7～8级强烈地震，对公路等工程建筑产生了较大的影响。青藏铁路位于地震烈度7～9度区的桥梁有676座，桥墩、台、承台等设计时都留有适当的安全储备，加强防落桥设施。

研究表明（《青藏铁路》编写委员会，2016），在多年冻土区，冻土层厚度越大，可使自由场地地面的加速度峰值趋于减小，冬季时的地面加速度小于夏季时的地面加速度。大多数情况下，冻土层存在减小了桥墩的地震力，但也有相反情况。浅平基础、挖井基础及桩基础桥墩受冻土影响规律基本相同，墩高为10～22 m时，冻土层对桥墩地震反应的影响最为明显。由于季节性冻土层的影响，不同季节时桥墩的地震反应是不同的。按夏季融土状态进行抗震设计有时是不安全的。在抗震设计中应考虑冬夏两季桥墩地震力的变化，选取最不利情况进行抗震设计。

4.2 涵洞工程

多年冻土区铁路、公路工程中，涵洞是不可少的小型工程，数量甚多，且分布于各种地貌单元、岩性、冻土工程类型地段。涵洞形式多为分节的钢筋混凝土圆管涵或矩形涵，基础为现场浇筑的整体基础或拼装基础。国外在多年冻土区的涵洞较多采用金属波纹管涵，我国前期（季节冻土区）也采用过，近年来在多年冻土区也广泛使用。

4.2.1 涵洞病害及冻土上限变化

据1990年10月对青藏公路550 km多年冻土区772座涵洞运营情况调查（章金钊，2000），严重破坏的有119座，占涵洞总数的15.4%；一般破坏的有163座，占21.1%；轻微破坏的有490座，占63.5%。涵洞洞口和涵底铺砌破坏最为严重，达243座，占破坏涵洞的86%以上。1998年8月对青藏公路整治工程开始时，对昆仑山至安多的240 km的新建和加固涵洞368座的调查，严重破坏的有32座，占8.7%；一般破坏的有113座，占30%；破坏最严重部位是洞口（锥坡）和涵底铺砌。一字墙、八字墙倾斜、下沉和裂缝的涵洞有72座，占19.6%。2011年昆仑山至五道梁段108 km青藏公路调查资料（符进等，2014），46座钢筋混凝土盖板涵（旧涵），基本完好率为41%，一般破坏率为21.7%，严重破坏率为37%。新修金属波纹管涵的完好率100%。

2004年对天俊-木里公路多年冻土地段8座涵洞使用情况调查，基本完好的涵洞仅2座，1座破坏，5座涵洞严重破坏，主要为进出口翼墙倒塌、开裂及涵身沉降、倾斜，其中3座失去排水功能。

国道214线姜路岭至玛多多年冻土地段142 km，改造前原有涵洞246座，各部位全部完好率仅为36%，基本完好率为55%，重要部位破坏的比率为9%。中温过渡型多年冻土地带，完好率仅为12%，重要部位破坏的涵洞比率达22%，高温冻土地带和季节冻土地带重要部位破坏率分别为13%和5%。多年冻土越发育，涵洞完好率越低。涵身破坏形式：台身倾斜或倒塌、台身开裂、涵顶沉陷及涵身铺砌损坏以及淤积、积水、积冰等。洞口破坏形式：翼墙倾斜或脱离涵身，翼墙开裂、急流槽铺砌和洞口铺砌被掏空等。翼墙等洞口破坏率达40%。公路改建后三年（2005年），涵洞完好率明显提高，消除了涵台开裂、铺砌破坏等病害。2011年黄河源至查拉坪段73座钢筋混凝土盖板涵和37座金属波纹管涵使用情况调查，基本完好率分别为54.79%及75.68%，一般破坏率分别为28.78%和10.81%，严重破坏率分别为16.43%和13.51%。

1.涵洞破坏形式与原因

多年冻土区铁路、公路工程的涵洞主要为钢筋混凝土盖板涵、钢筋混凝土圆管涵、混凝土拱涵。归纳起来，涵洞破坏的主要形式为以下几种。

1）冻胀破坏

涵洞出入口冻胀隆起开裂（图4.60），端翼墙开裂（图4.61），翼墙向外倾覆（图4.62），出入口铺砌冻裂、破碎、冲刷坍塌（图4.63）。涵洞进出口变形破坏是多年冻土区涵洞工程最为普遍和严重的病害。设计中涵洞进出口基础埋深按规范要求，基底埋入最大活动层（季节冻结深度或融化深度）深度下0.25 m。但施工开挖基础、砌筑基础圬工等作业，加上地表水侵入，增大地基蓄热，导致冻土上限下降。寒季，涵洞进出口处出现三维冻结（斜坡、洞壁、地面），冻结深度远超过天然状态的活动层深度，不但涵洞基础冻胀，翼墙背斜坡土体也冻胀，在基底法向冻胀力和翼墙背水平冻胀力的作用下，涵洞进出口冻胀隆起破坏，翼墙外倾或断裂。翌年回暖期间，细粒土侵入地基土，不断地增加原有地基土的粉黏粒含量，年复一年使地基土冻胀性增大。同时，三维热源侵入，也使涵洞进出口的融化深度增大，冻土上限下降，出现融沉，水流冲刷加剧，引起坍塌。

图4.60　涵洞出入口冻胀隆起开裂

（李庆武提供）

图4.61　涵洞翼墙开裂

（童长江摄）

图4.62　涵洞翼墙外倾

（童长江摄）

图4.63　涵洞出水口冲刷坍塌

（童长江摄）

图4.64　涵身下沉塌腰错牙漏水

（李庆武提供）

图4.65　涵洞冰塞

（中铁西北研究院提供）

2）融沉破坏

所谓涵洞塌腰是指涵洞地基融沉后，涵洞进出口高而中间低，下沉凹形（图4.64）。大兴安岭多年冻土区涵洞下凹的较大处达500 mm（铁道部第三勘察设计院，1994），致使涵洞失去排洪能力。涵洞基础开挖及基础浇筑混凝土都会对冻土地基产生热干扰，增大基底冻土融化深度。运营中涵洞中部承受较大的荷载，出现较大沉降量，两端受地基土冻胀隆起作用，显得涵身塌腰更为突出。

据青藏铁路3个试验段资料，涵洞基础施工对基底冻土的影响深度在1.0～2.0 m（《青藏铁路》编写委员会，2016）。清水河涵洞基础为现浇混凝土，尽管在入冬期施工，由于基础混凝土浇筑后产生的水化热对冻土的热干扰，其影响深度为1.2～1.5 m。北麓河、沱沱河涵洞基础采用预制装配基础，对基底冻土影响的热源来自于大气热能侵入，但因基础拼装要设置纵坡和坡度的调整，需灌注接缝砂浆等，施工工艺较现浇混凝土复杂，为此基坑暴露时间与现浇基础相差无异。据地温观测，北麓河涵洞基础对基底冻土影响深度为1.0～1.3 m。沱沱河在寒暖交替期（9月）施工，热源侵入较大，对基底冻土影响深度约为1.7 m。清水河涵洞基础经历一个寒季到翌年4月才开始拼装涵节，整个寒季未填筑路基填土，有利于涵基回冻。经历45～50天涵基以下多年冻土得以回冻。

涵洞建成后的基础沉降观测结果（表4.15），寒季期间涵洞基本没有发生冻胀现象。涵洞中心沉降量大于两端，进口（阴面）沉降量小于出口（阳面）。涵洞中间沉降大是受填土和车辆荷载作用，地基附加应力大于两端。阴面融化深度小于阳面，沉降也小于阳面。涵洞沉降的原因：①基底融化土层在外荷载作用下出现逐渐压密；②降雨及流水在涵前形成大量积水，加速基底冻土融化深度；③基底换填层（厚度300 mm）在寒季期施工未能达到标准压实度，出现压密沉降；④沱沱河进行过翼墙二次修筑，对冻土有影响，故沉降量较其他地段大；⑤涵洞内温度观测表明，基础下地温处于0 ℃摆动的不稳定状态（图4.66）。

表4.15 试验段涵洞沉降量和平均沉降速率

项　目	清水河	北麓河	沱沱河	项　目
编号	①圆涵	②矩涵	③矩涵	④矩涵
最小沉降量/mm	−72.9	−51.8	−48.5	−80.6
最大沉降量/mm	−120.2	−113.0	−84.0	−210.2
平均沉降速度/mm·d^{-1}	0.0227	0.0193	0.0224	0.0290

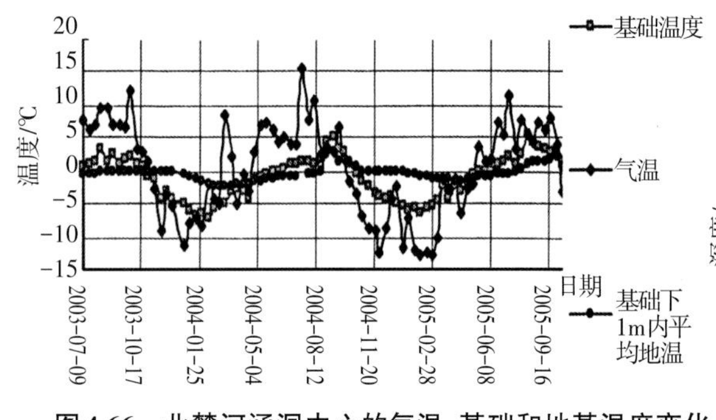

图4.66 北麓河涵洞中心的气温、基础和地基温度变化

（《青藏铁路》编写委员会，2016）

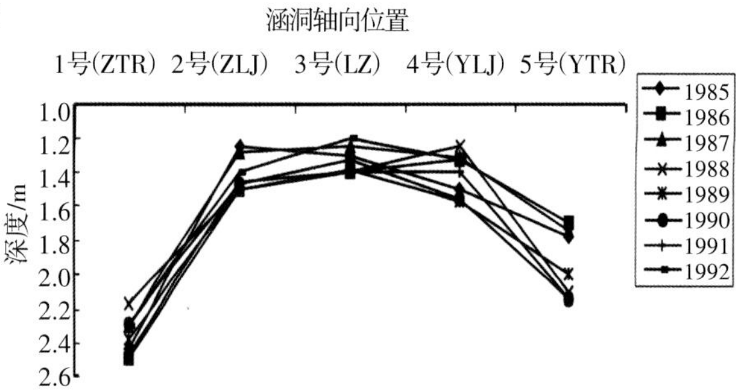

图4.67 五道梁涵洞地基不同位置零温线深度变化

（章金钊，2000）

3）涵洞冰塞

涵洞内充满冰现象（图4.65）。有的是部分积冰，有的是大部分积冰，以致堵塞。冰塞程度与涵洞所处的地形、地貌及水文地质条件有关。当地的冻结层上水较为发育或有泉水出露地段，都可能使涵洞积冰，或流水形成冰椎逐渐淤塞涵洞，或可能漫过涵洞积冰于路面上。暖季时，涵洞内冰融化较慢，在洞外积水成“湖”。

2.涵洞基础冻土人为上限变化

涵洞修筑后将改变多年冻土的热状态，涵洞基础下多年冻土上限（人为上限）形态变化反映最为明显。青藏公路第二次改建选择不同多年冻土地温带高含冰率冻土的涵洞进行现场观测，资料表明（表4.16），涵洞地基多年冻土人为上限的埋置深度发生很大变化，即使完好的涵洞洞口冻土人为上限也下降，路肩起涵洞冻土人为上限上升（图4.67），构成拱形特征。洞口零温线比洞身中部零温线深度要深0.5～1.8 m，冻土地基融化时间比涵洞中部早20～40天。当涵洞地基断裂、漏水时，增大冻土人为上限下降幅度，涵洞则出现沉降。暖季期，路堤高度较大时，涵洞的横剖面都出现融化圈；路堤高度较小时，涵顶路堤冻土完全融化，涵基则形成盆装融化盘。

表4.16 涵洞地基年最大融化深度变化表/m（武慈民等，2005）

地段	年份	天然上限	左洞口	左路肩	路中	右路肩	右洞口	备 注
昆仑山	1984	1.72～2.10	2.10	2.50	3.91	2.30	1.75	1983年竣工。粉质黏土;F、B。7年路中冻土上限0.88～0.92 m变化
	1985		1.63		0.92	1.58		
	1987		1.68	0.81	0.88	<0.5	0.92	
	1990		1.63	0.60	<0.50	<0.50		
可可西里	1984	1.60～1.7	1.70	3.10	3.25	3.10	1.60	1981年修建。粉质黏土，H。1989年洞口埋设热棒。涵身中部裂缝渗漏，翼墙沉降
	1985		1.20		<0.5	2.30	1.75	
	1988		2.72	1.07	1.00	0.67	1.88	
	1993		1.80	1.50	1.18	1.37	1.64	
五道梁	1984	2.05～2.1	2.10	3.34	3.67	3.32	2.05	1981年竣工。粉质黏土，B。涵身中部沉降裂缝，八字墙裂缝、下沉
	1985		2.50	1.43	1.30	1.50	1.73	
	1988		2.17	1.5	1.40	1.25	2.00	
	1992		2.30	1.50	1.20	1.33		
风火山	1984	1.80～2.4		3.45	3.50	3.55	2.45	1984年竣工。砾石质粉质黏土，S。涵底断裂，漏水。出口截水墙被掏空
	1985				3.33	4.00	2.94	
	1988			3.75	3.25	4.00	>3.50	
	1990			3.67		3.75		

注：S为少冰冻土；F为富冰冻土；B为饱冰冻土；H为含土冰层。

4.2.2 多年冻土区涵洞设计

多年冻土涵洞设置，除了作为路基排水系统的关键建筑物外，在路堤热力系统中，增设了与外界密切联系的通风洞，其温度状态不但受到大气温度的影响，还受到水流的热力和渗流影响。涵洞可起到遮阴和增大风速，减小太阳辐射和降低温度，有利于冷却路基地温的作用，但因过水和暖季热空气流入致使涵洞内温度升高，影响涵基的冻土热稳定性。所以，涵洞工程实际上是涵洞结构、地基基础、路基和环境构成的相互影响和作用体系，对多年冻土区来说，其实质是热量变化的热力学问题。在涵洞设计时，应将构筑物结构、冻土地基工程性质、涵基及路基土层冻融特性、建材的抗冻性能、冻土环境条件（大气、水文及水文地质等）、施工方法和运营管理等构成涵洞-冻土热力学体系来综合考虑，确定涵洞设计原则、结构类型、基础形式、热防护措施、施工方法、环境保护措施。

1.冻土地基设计原则

多年冻土区涵洞设计原则，应根据地段冻土工程地质特性（年平均地温、含冰率、岩性）、冻土环境（气温、水文及水文地质）、拟建构筑物结构（力学与热学）特点，合理选择冻土地基设计原则。

《冻土地区建筑地基基础设计规范》，提出三种原则利用多年冻土作为地基。鉴于涵洞工程属于小型、浅基础、冷建筑。在多年冻土年平均地温较低、冻土厚度较大、高含冰率细粒土情况下，基本上都应尽量采用保持冻土地基处于冻结状态，维持冻土地基的天然状态，即保持冻土地基处于冻结状态设计原则。在融区地段，可采用非冻土地区的设计原则。在极不稳定多年冻土地温带、冻土厚度小、少冰冻土粗颗粒土地基或基岩埋置浅地段，可采用预先融化的设计原则。实际工程地段的冻土工程地质条件往往不是理想组合，多年冻土地温较高，冻土厚度超过5 m，高含冰率粗颗粒冻土条件，应通过涵洞结构、基础形式和辅助工程措施以适应冻土地基变形，进行技术和经济比较后确定设计原则。所以，多年冻土区涵洞设计原则的选择，应根据多年冻土地温带、冻土厚度与上限埋深、含冰率（融沉性）、岩性，确定涵洞结构对冻土地基变形的适应性。

不论采用何种设计原则，冻土地基的融沉性和冻胀性对涵洞的破坏作用都必须予以重视和采取相应工程措施，如涵基底板下的融化下沉和法向冻胀力、基侧和涵侧切向与水平冻胀力的防治。通常采用的方法有：适当增大基础埋置深度，适应冻土融沉性基础形式，粗颗粒土换填，设置隔热保温层，涵身外壁涂抹渣油或化学防冻涂料，隔水排水和防渗漏措施，热棒与隔热层复合措施等。

2.涵洞基础类型选择

多年冻土区涵洞基础类型主要有：明挖基础和桩基础。

明挖基础常用的有：现浇钢筋混凝土整体板型基础（图4.68），条式或分段式混凝土基础，预制装配基础。大兴安岭地区曾采用木排（图4.69）、木筋混凝土复合基础。

图4.68 圆涵现浇钢筋混凝土基础（李永强提供）

明挖基础的优点是施工方法简单、灵活，适用于分散的涵洞工程，尤其适宜低含冰率粗颗粒冻土地段采用。其缺点是需大面积开挖，基坑暴露于大气中，易使多年冻土地基升温和融化，基坑积水，现场浇筑混凝土水化热加速冻土地基升温与融化，回填土带入的热量使冻土地基地温需要较长时间恢复，某些地段可能难于恢复。由于明挖基础扰动面积较大，回填土水分较高，在回冻过程中可能会产生较大的冻胀性。

短桩基础（图4.70）、爆扩桩基础（图4.71）扩底桩基础等常用于高含冰率冻土地基，厚度较大、地温较高地段，将桩端置于多冰、少冰冻土等弱融沉性土层上。其优点是对冻土地基热扰动较小，地温在短时间内易恢复，可将桩端置于地基条件较好的地层上，活动层内防冻胀措施较易做好，有利于涵洞稳定性。设计时，应考虑桩基础、承台、涵身、洞口在冻土地基发生变化时的协同工作，做好基础、涵节接缝的防渗漏措施，避免冻土地基融化下沉引起涵洞变形、破坏。

一般说涵洞工程中采用桩基础较少，大部分都是采用明挖基础。

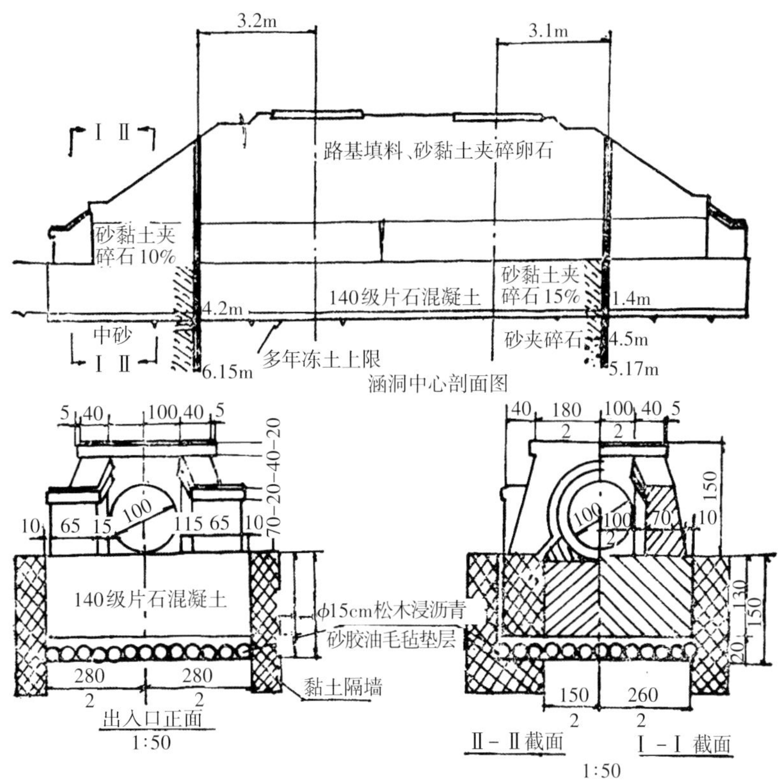

图4.69　大兴安岭冻土区木排基础设计图(单位:cm)

（铁道部第三勘察设计院，1994）

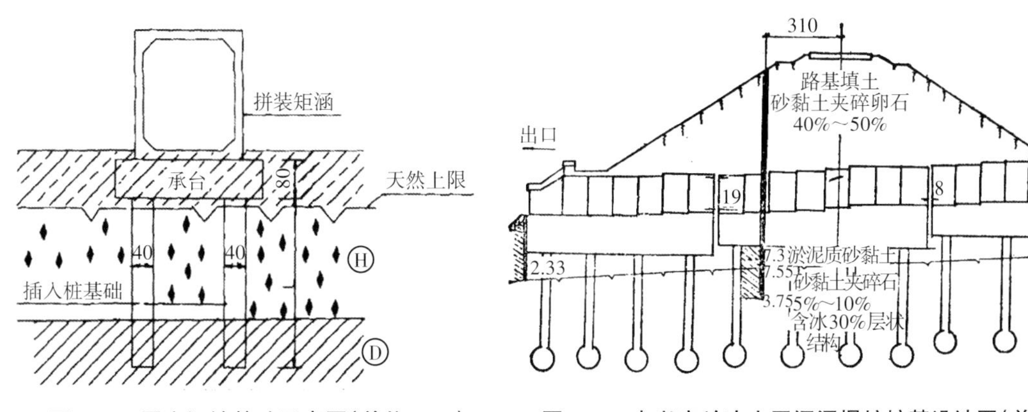

图4.70　厚度短桩基础示意图(单位：cm)

（吴少海，2003）

图4.71　大兴安岭冻土区涵洞爆扩桩基设计图(单位：cm)

（铁道部第三勘察设计院，1994）

3.涵洞人为上限

涵洞工程病害原因分析表明，地基土冻胀和冻土地基融沉是造成涵洞工程病害的根本原因。导致涵洞基础冻胀与融沉的几个因素：①基础埋置深度不足；②防冻胀措施不到位，有些未做防冻胀措施处理，特别是基础板下防冻胀措施不力；③基础开挖、浇筑时热防护措施不足，使冻土地基温度升高、融化，不均匀沉降变形增大；④施工期和运营期，涵洞防排水措施有缺失，积水和漏水增加地基土含水率和融化冻土；⑤部分涵洞工程未按设计进行施工，或施工质量未满足设计要求；⑥原涵洞承载能力满足不了现今车载和超载现象。

从涵洞使用情况调查资料看，防治和消除基础底板下地基土法向冻胀力作用是涵洞工程避免破坏的重要环节，要从两方面着手：一方面合理确定基础埋置深度；另一方面加强热防护和防排水措施。

涵洞竣工经历1～3个冻融循环后，涵洞基础不同部位的0 ℃地温曲线变化如图4.67所示，涵洞基础下冻土人为上限都不同程度提高，形成拱形曲线，洞口深，涵身浅。五道梁涵洞观测资料，洞口冻土人为上限深度比天然上限增大约0.5 m，洞身冻土人为上限比天然上限上升0.5 m左右。洞口冻土上限比涵身中部深1.0 m。

涵洞地基多年冻土的人为上限与涵洞孔径、多年冻土工程类型、基础材料的热物理性质和厚度，以及场地的气温融化指数有关。

（1）理论计算基本都基于斯蒂芬方程进行修正，苏联鲁克扬诺夫提出涵洞地基多年冻土融化深度（h）的计算公式：

$$h = \sqrt{\frac{2\lambda_1\theta_0}{Q_0 + \frac{1}{2}C_1\theta_0}(t - t_1) + S^2} - S \tag{4.14}$$

式中：S为当量基础厚度，其导热系数λ_2，根据等效热阻将基础折算为地基土的等效厚度，即$S = \delta\frac{\lambda_1}{\lambda_2}$。$\delta$为涵洞基础（包括涵管壁厚），m；$t$为融化累计时间，h；$t_1$为涵洞基础底面温度达到0 ℃所需要的时间，即$t_1 = 26.4\sqrt{\frac{1}{\alpha_2}\delta}$，h，其中$\alpha_2$为基础材料的导温系数，m²/h。

将当量基础厚度及涵底温度达0 ℃的时间代入式（4.14），得：

$$h = \sqrt{\frac{2\lambda_1\theta_0}{Q_0 + \frac{1}{2}C_1\theta_0}\left(t - 26.4\sqrt{\frac{1}{\alpha_2}\delta}\right) + \left(\delta\frac{\lambda_1}{\lambda_2}\right)^2} - \delta\frac{\lambda_1}{\lambda_2} \tag{4.15}$$

Q_0为冻土的融化潜热，kcal/m³；λ_1为地基多年冻土的导热系数，kcal/(m·h· ℃)；C_1为地基多年冻土的容积热容量，kcal/m³；θ_0为涵洞内过水面的地表温度，℃。

对于间歇性水流，θ_0建议采用当地气象站正气温平均值；对于常流水涵洞，建议采用气象站融化期地表温度平均值。

当h=0时，δ即为涵洞的冻土人为上限的深度，是涵洞基础的最小埋置深度。

（2）经验公式。根据风火山试验观测资料（中铁西北科学研究院有限公司，2006），涵洞冻土人为上限与当地的气温融化指数、多年冻土地基的导热系数、涵洞基础的导热系数、管道孔径，流水流量等有关。得到涵洞底面下多年冻土人为上限经验公式：

$$h = K\lambda\sqrt{\sum I_t} \tag{4.16}$$

式中：h为涵洞地基的融化深度，包括涵洞管壁厚度、基础厚度和冻土地基融化深度，m；λ为导热系数，计算时应取涵管、基础及冻土地基土的加权平均值，kcal/(m·h· ℃)；I_t为气温融化指数，取涵洞所在地附近气象站气温融化指数10年的平均值，℃·d；K为与涵洞孔径相关的经验系数，据不同直径涵洞实测值反算得出（表4.17）。

表4.17　东北及青藏高原地区不同孔径涵洞的K值

大兴安岭地区不同孔径涵洞的K值(铁道部第三勘察设计院,1994)			
径流条件	孔径/m		
	1.0	1.5	2.0
径流量较小(大雨时有水,一般无水)	0.025	0.050	0..075
季节性间歇性水流,流量不大	0.030	0.060	0.090
终年流水(除冻结期),涵前积水成小湖	0.025	0.070	0.105
青藏高原涵洞的K值(中铁西北科学研究院有限公司,2006)			
涵洞孔径/m	0.75	1.0	2.0
K值	0.040	0.050	0.075

4.涵洞基础埋置深度

涵洞基础埋置深度应根据冻土工程类型（含冰程度）、冻土上限、涵洞结构对地基变形适应性以及流水情况确定。原则上，涵洞基础应埋置在稳定冻土人为上限以下0.25～0.5 m，才能消除基底下的法向冻胀力作用。只有基底下多年冻土层属于粗颗粒低含冰率冻土（属不融沉或弱融沉性土层）时，才允许涵洞基础埋置在冻土上限。

按保持冻土地基冻结状态设计原则时，季节性小径流的涵洞，基底的冻土上限呈上升状态，但进出口段仍处于下降状态。涵洞中段基础埋深可按冻胀性沿冻深分布特征考虑，即埋置深度采用2/3～3/4的冻土天然上限深度考虑。涵洞进出口段基础埋置深度应达天然上限以下1.0 m，涵身与进出口间过渡段的基础埋深应比中段加深0.4～0.8 m。但在常流水涵洞，基础埋置深度宜加深到天然上限以下0.25 m。

青藏铁路在清水河采用现浇混凝土基础的圆涵，冬季施工（10月下旬），其影响深度达基底以下1.2～1.5 m；北麓河及沱沱河采用预制装配式基础的矩涵，因基坑暴露时间的热影响与现浇基础无大的差异，基础施工对基底冻土的影响深度为1.0～1.3 m。沱沱河涵基施工于9月份，寒暖交替期，对基底冻土影响深度约达1.7 m（表4.18）。根据涵址天然上限深度来确定涵洞基础埋深，分出入口段、过渡段、涵身段三段设置，试验证明是合理的（表4.19）。

表4.18　涵洞冻土地基地温测试汇总（据《青藏铁路》编写委员会，2016）

项　目	清水河		北麓河	沱沱河
涵洞位置	圆涵	矩涵	矩涵	矩涵
施工前基准孔地温/℃	-0.87	-1.64	-0.28	-0.37
施工季节	10月寒季	10月寒季	10月寒季	9月暖寒交替期
地温分区(T_{cp})	T_{cp}-II	T_{cp}-II	T_{cp}-I	T_{cp}-I(岛状冻土)
基础形式	现浇	现浇	预制	预制
基础施工影响深度/m	3.5	3.6	3.5	3.3
天然上限/m	2.0	2.6	2.2	上限2.1,下限10.5
施工对天然上限以下影响深度/m	1.5	1.2	1.3	1.7
回冻时间/d	45	50	50	70
2002年人为上限/m	出1.9中1.1进1.4	出1.9中1.2进1.3	出3.5中3.1进3.4	
2003年人为上限/m	出1.8中0.8进1.1	出2.1中1.2进1.5	出2.5中2.3进2.4	

表4.19 青藏铁路试验涵洞冻土上限与基础埋深

试验涵洞		清水河圆涵	清水河矩涵	北麓河矩涵
人为上限/m	入口	1.1	1.5	24.
	涵身(中)	0.8	1.2	2.3
	出口	1.8	2.1	2.5
基础埋深/m	出、入口	2.2	3.1	2.7
	涵身	1.5	2.0	1.5
天然上限		2.0	2.6	2.2

按允许冻土地基融化状态设计原则时，冻土地基属于不衔接多年冻土，基础埋深应达最大季节冻结深度以下0.25～0.5 m；为粗颗粒低含冰率多年冻土，根据涵洞工程稳定性要求，通过热工计算确定涵洞基础埋置深度，或按2/3～3/4计算人为上限确定。

5.涵洞结构类型选择

多年冻土区涵洞结构类型选应根据涵址地段的冻土特征（地温、含冰率、岩性等）、冻土上限、冻土环境（地形地貌、水文及水文地质等）、设计原则、施工条件（方法、季节等）综合考虑，选择适应多年冻土地基不均匀变形能力较强和对冻土环境热扰动小，且能满足快速施工的结构作为主要选项。要求涵洞结构具有较强的刚度、整体性和稳定性，适合快速施工。调查和试验资料表明，多年冻土区常用的涵洞结构类型有：钢筋混凝土盖板涵、钢筋混凝土框架式盖板涵、钢筋混凝土矩涵、钢筋混凝土圆涵、金属波纹管涵等。

（1）钢筋混凝土盖板涵：由钢筋混凝土盖板和涵台（墩）两部分组成，为简单结构，具有应力分布较均匀，稳定性较好，适应变形的能力。采用整体式基础，涵洞纵向合理分割，有利于提高适应多年冻土不均匀能力。

（2）钢筋混凝土框架式盖板涵：以钢筋混凝土盖板涵为基本结构，在其涵身增设钢筋混凝土刚性框架形成的一种新型结构。它的整体性好，抗变形能力强，并可适当减少基础埋置深度。

（3）钢筋混凝土矩涵：是一种钢筋混凝土封闭框架结构，涵身横截面刚度大，整体性好，抗变形能力强，可预制、涵节拼装，机械化施工（图4.72）。

（4）钢筋混凝土圆涵：横截面刚度较大，整体性好，预制、拼装（见图4.68）。

（5）金属波纹管涵：强度高，横截面刚度较大，稳定性较好，连续无接缝。当地基处理不当时，金属波纹管涵纵向也会产生不均匀变形，会影响涵洞正常使用。

预制钢筋混凝土矩涵、圆涵，可机械化施工，其基础都是明挖、现浇整体性基础。地基处理需要处理得当，避免出现过大不均匀变形，影响涵洞正常使用。

图4.72 预制钢筋混凝土矩涵拼装

（中铁西北研究院提供）

青藏铁路涵洞试验结论，圆涵出现问题明显大于矩涵，因圆涵结构抵抗不均匀变形性能不如矩涵。当多年冻土地温较高，含冰率较大和路堤填土高度大时，涵节在较小不均匀沉降，涵节防水错牙时，导致渗漏。两座试验圆涵路堤填土都超过4 m，一年后沉降明显大于矩涵，说明多年冻土工程地质条件较差情况下，不宜采用圆涵，矩涵也要慎重采用。

洞口建筑虽属附属工程，但对涵洞正常使用有着重要影响。目前，多年冻土涵洞洞口建筑有几种形式：一字墙式（端墙式）、八字墙式和石龙式。

（1）一字墙式（端墙式）：源于减小路堤填土的水平和法向冻胀力作用，消除墙侧切向冻胀力措施较为简便。一字墙是垂直涵洞轴线的矮墙，支挡路堤边坡填土，墙前洞口两侧为浆砌（干砌）锥体护坡，结构简单。端墙与涵身基本形成一个整体，整体强度大。但墙前洞口两侧的浆砌锥体护坡抵抗变形能力较差。若采用预制混凝土沉排、无纺织袋笼或草皮护坡，可能效果会好一些。

（2）八字墙：洞口端墙两侧的八字形翼墙，属刚性结构，抗变形能力强。易受墙背路堤边坡水平冻胀力作用和墙底的法向冻胀力作用而产生倾覆、断裂和抬起，故要求较大的基础埋置深度和墙体高抗裂性。

（3）石龙式：用直径8 m圆钢筋编成网箱，充填0.3 m左右的石块。块石网箱铺设底部应灌入砂浆充填块石间的孔隙，石龙上面布设复合土工布。

4.2.3　多年冻土区金属波纹管涵应用

金属波纹管涵洞在道路工程中的应用已有近百年的历史。我国也曾应用过，20世纪50年代修建青藏公路时用于抢修工程，60年代宝兰铁路线使用过，国内其他地区也有采用。多年冻土区于90年代末期，在青藏公路有3座采用金属波纹管涵，未出现异常现象，满足路基横向排水要求。青藏铁路两座试验波纹管涵洞，火车荷载（57.5 kPa均布荷载）下，管顶波峰的最大扰度为5.5～5.8 mm，仅在进出口局部有富锌涂层剥离现象外，无不均匀沉降。21世纪初，国道214的四个公路项目已累计有418座波纹管涵洞，达8231.2 m，管径为1.5～2.5 m，壁厚3～5 mm，洞顶填土高度为1.0～17 m。东北大兴安岭加格达奇-漠河公路修建有100余座波纹管涵洞，有整体或局部下沉，洞口有八字墙倾斜、倒塌现象。青藏高原使用的波纹管涵洞直径为1.0～2.5 m，壁厚3～5 mm，波高70 mm，波距140 mm左右。经调查，除极少数因施工、基础处理及防水处理不当发生不均匀沉降变形外，均无此项异常现象。

根据青海玉树地震后调查，国道214波纹管涵洞主要病害形式为：锈蚀、护坡破坏和塌腰等（图4.73），这些波纹管涵破坏数量分别约占调查波纹管涵总数的65.4%、44.7%及36.2%（崔广义，2013）。锈蚀破坏是因流水夹有大量泥沙对涵洞的磨蚀，盐渍土含盐水的锈蚀作用；护坡破坏是冻融作用导致护坡凹凸不平甚至脱落；路堤填土过高和荷载过大引起塌腰现象。

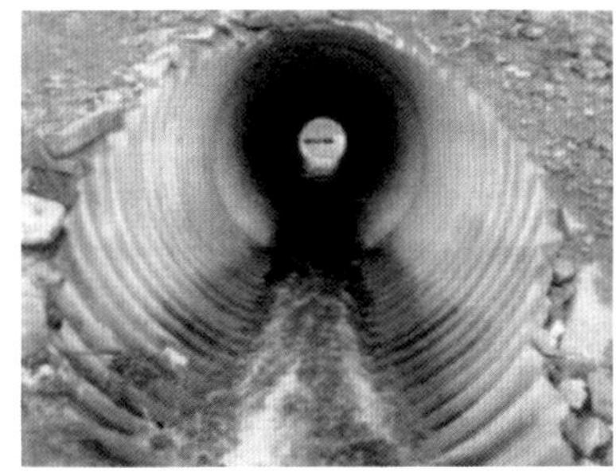

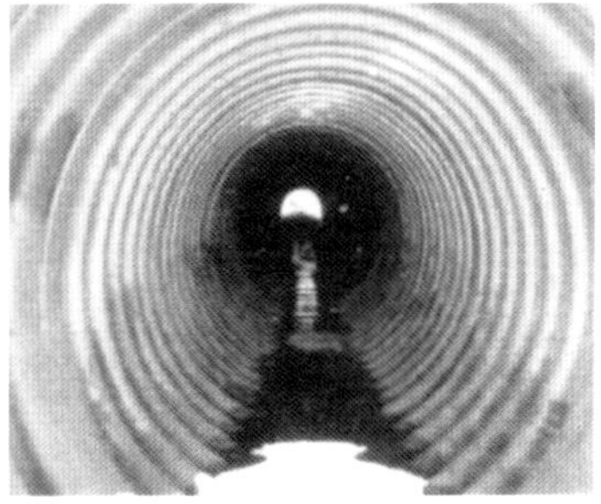

图4.73　国道214波纹管涵锈蚀（左）、护坡破坏（中）、塌腰（右）破坏（崔广义，2013）

金属波纹管涵最大的优点是具有较大柔性和一定刚度，可以适应多年冻土区季节活动层冻融过程产生的不均匀变形，无须地基开挖浇筑刚性基础，满足快速施工要求，对多年冻土热扰动小。波纹管涵洞可以减少涵洞工程病害，提高涵洞工程在多年冻土区使用寿命，改善路基排水条件。

国内钢波纹管涵洞有专门生产厂家，主要为液压成型、滚压成型两大类，前者可以获得性能较好的波纹管，后者可以用来制作大直径波纹管。尽管生产工艺不同，但都是镀锡合金钢制作，选用材质基本为Q235A或A3钢板，波距为140 mm，波高70 mm，壁厚4～8 mm，个别厂家根据直径和加工工艺会做适当调整。小孔径涵管为整体式，大孔径涵管多为拼装式，用螺栓连接。波纹管涵截面有圆形和椭圆形，大孔径涵管多为椭圆形。在高路堤、大孔径波纹管涵洞，设有金属波纹板端墙，内部可充填砂石。

1.波纹管涵洞的热学特性

涵洞中热量交换是以空气对流交换为主，空气流通速度快，与地基土的热交换也快，使涵底下多年冻土上限出现上升，形成“拱”形，但与钢筋混凝土涵洞比较，其“拱”顶比较平缓。进出口端冻土上限下降较小。波纹管涵身热阻小（表4.20），散热性能较好，有利涵底冻土上限的抬升。波纹管涵洞管壁呈波纹状，可增大涵洞与空气接触面积，又可增大管壁表面的摩阻力，使洞内空气呈紊流而增强热交换能力。

表4.20 不同涵洞材料的热学性质

材 料	密度/kg·cm^{-3}	导热系数/J·(m·S·℃)$^{-1}$	比热/kJ·(kg·℃)$^{-1}$
低碳钢	7833	54	0.465
钢筋混凝土	2400	1.54	0.84

2.波纹管的力学特性

竖向变形能力：采用同一方向作用力（1000 N）下，波纹管具有较明显的轴向位移补偿作用，较好的轴向伸缩变形能力和较强的适应能力（表4.21）。

表4.21 在1000 N径向作用力下波纹管与圆管的力学特性（黑龙江交通科学研究所，2006）

类 别	最大径向位移/m	最大轴向位移/m	最大等效应力/MPa	最大等效应变/m	最大应力强度/MPa
波纹管	56.3	57.3	1.790	3.03	1.926
圆管	2.39	0.12	0.5416	3.975	5.548
波纹管/圆管	23.56	477.5	3.30	0.76	0.35

抗变形性能：在相同垂向作用力（1000 N）下，波纹管的压“扁”的“扁率”（沿半径方向最大变形量的绝对值与半径的商），仅为圆管的1/845。因波纹管的波纹有效地增强其竖向抗变形能力，远大于圆管的抗变形能力。

Von Mises应力比较：相同围压时，波纹管剖面（径向）方向的位移为0.01922 mm，普通圆管为0.0178 mm，基本上没有较大的差异。但Von Mises应力作为强度条件比较，波纹管最大Von Mises应力集中在管轴向端部（最大应力为2768.22 kN/m^3，最小为1420.22 kN/m^3）（黑龙江交通科学研究所，2006），与圆管相当；也反映普通圆管受力均匀，且每点主应力的组合相当。

多年冻土区涵洞下冻土上限呈现“拱”形，冻融作用下，涵洞两端的变形较涵身大，在涵身产生一定的拉、压应力。多年冻土区使用钢波纹管涵洞能发挥其优良的变形能力和钢材抗拉、抗疲劳的特点，减小或消除涵洞的冻融病害。

3.波纹管涵洞应用条件

从国内钢波纹管涵洞使用、受力特征、防腐情况看，波纹管涵洞使用应满足：

（1）与填土高度+活载相适应的波形、壁厚，确保钢波纹管最大受荷时的应力低于钢结构的容许应力（屈服强度）。

（2）钢波纹管的防腐处理应确保一定年限内具有足够的耐腐蚀能力，热浸镀锌未出现明显锈蚀现象。确定钢板壁厚时应适当考虑防腐的富余量。

（3）应能够承受标准荷载引起的变形，不至于产生非线性破坏，且不影响其上结构层的功能。

（4）适宜于多年冻土等特殊岩土地区、砂石料缺乏地区以及要求加快施工进度的工程。

4.钢波纹管涵洞设计

钢波纹管涵洞结构设计，即管径和波纹参数（波长、波高和壁厚）。

设计基本内容：涵洞水力计算及直径设计，涵洞基础、埋置深度及斜交角度设计，涵洞结构计算，涵洞防腐设计，涵洞细部构造设计及管材强度要求等，涵洞进出口、涵身与进出口结合设计等。

一般说，与圆管涵洞相比，波纹管涵洞水力计算中应考虑波形对涵内水流性质的影响。钢波纹管涵洞对基础要求相对不高，采用换填即可满足设计要求。

1）管径设计

管径大小是根据设置钢波纹管涵洞处路基填筑高度确定的，还需综合考虑当地水文条件、雨量大小、地形条件及施工工艺等。波纹管涵洞孔径设计应满足下列要求（明艳，2011）：

（1）必须保证设计洪水以内的各级洪水及流水等安全通过，并考虑壅水、冲刷对上游的影响，确保桥涵附近路堤的稳定。

（2）应考虑上下游桥涵建筑物状况及对河床演变的影响。

（3）应注意河床地形，不宜过分压缩河道、改变水流天然状态。

（4）应根据设计洪水流量、河床地质、河床及锥坡加固形式等条件确定。当上游条件许可积水时，依暴雨径流的流量可考虑减少，但减少的流量不宜大于总流量的1/4。

（5）宜设计为无压力式，涵洞内顶点至洞内设计洪水频率标准水位的净高度符合规定。

根据青藏高原、国道214线、东北大兴安岭等多年冻土区的公路、铁路使用的钢波纹管涵洞经验，其孔径为1.0～2.0 m，管节之间加法兰连接。孔径和规格可参考表4.22。

表4.22 金属波纹涵管孔径和规格参数（符进等，2008）

型号	内径/m	壁厚/mm	波距/mm	波高/mm	法兰	法兰孔数	法兰孔径
LTHG-1.0	1.0	3.0	145	65	70×6	24	$\Phi14$
LTHG-1.5	1.5	3.0～5.5	145	65	70×7	32	$\Phi14$
LTHG-2.0	2.0	3.0～7.0	145	70	70×7	44	$\Phi14$
LTHG-2.5	2.5	3.0～7.0	145	70	70×7	44	$\Phi16$
LTHG-3.0	3.0	3.5～7.0	145	75	70×7	50	$\Phi18$
LTHG-3.5	3.5	3.5～7.0	145	75	70×7	56	$\Phi18$

2）波纹管涵壁厚的确定

根据有关波纹管涵洞的调研报告，所用钢材的屈服强度标准值为245 MPa，实际厚度有差异，按国外经验综合考虑取安全系数为1.5，其容许应力为［σ］≥164 MPa。

据计算，管径1.5 m的波纹管涵，壁厚3 mm，管顶填土高5 m以下（含5 m）时，即是填土荷载加上汽-超20或施加挂车-120后的最大等效应力均没有超过164 MPa，最大值为118.71 MPa；当填土高度为10 m时，壁厚3 mm及4 mm的最大等效应力超过164 MPa，壁厚5 mm时，在施加挂车-120下的最大等效应力为176.58 MPa，壁厚6 mm时为151.33 MPa。波纹管壁厚取决于上覆荷载（恒载+活载）。

适当考虑管壁腐蚀富余量，波纹管涵（波形r30 R30 L140 H70）不同管径和填土高度的壁厚可参考表4.23选用。

表4.23 不同填土高度的波纹管涵壁厚参考值（符进等，2008）

管顶填土高度/m	不同管径(m)所对应的壁厚/mm				
	0.75	1.0	1.25	1.5	2.0
0.5	3	3	3	3	3
1.0	3	3	3	3	3
2.0	3	3	3	3	3
3.0	3	3	3	3	3
4.0	3	3	3	3	3
5.0	3	3	3	4	4
6.0	3	3	4	4	4
7.0	3	4	4	4	5
8.0	3	4	5	5	5
9.0	3	4	5	5	6
10.0	4	5	5	6	6

3）波纹管顶最小填土厚度

波纹管涵顶部中心填土厚度与管径和活载大小有关，管径越大，活载越重，中心填土厚度就越大。从波纹管涵结构特征与使用功能关系及其受力特征角度考虑，管顶应有填土，特别是在施工过程中应控制管顶首层填土厚度，填土厚度过小会影响波纹管涵的受力及变形，甚至产生破坏。据调研资料，管顶最小填土厚度应不小于管径的(1/10)～(1/6)（熊山铭，2012），上限值适用于完全柔性管涵，一般不小于0.6 m。可参考下列取值：

加拿大公路桥涵设计规范：取最大值① 0.6 m；② $\frac{D_h}{6}\left(\frac{D_h}{D_V}\right)$m；③ $0.4\left(\frac{D_h}{D_V}\right)$m。

式中：D_h、D_V分别为涵管水平跨径和竖直高度。

美国AASHTO公路桥梁设计规范：$(D/8)\geq 0.3$ m，D为涵洞直径。

公路桥涵设计通用规范（JTGD 60-2004）：未做具体规定。填土高度等于或大于0.5 m。

4）恒载

钢波纹管涵洞永久作用的荷载包括涵洞结构自重和涵洞顶竖向土压力。按现行《公路桥涵设计通用规范（JTGD 60-2004）》的计算方法：涵洞结构自重即为涵洞结构材料的重力密度与壁厚的乘积，即$\rho' t$（ρ'为波纹管材料的重力密度，t为波纹管结构壁厚）。

涵洞顶竖向土压力：ρH（ρ为土的密度，H为波纹管顶填土高度）。

5）活载

建议按《公路桥涵设计通用规范》及《铁路桥涵基本设计规范》（TB 10002.1/J460-2005）进行设计与计算。设计总荷载为恒载加活载。

6）波纹管涵洞洞口布置及处理

（1）正交洞口类型及适应性

常用的涵洞洞口类型有：八字式、端墙式、锥坡式、走廊式、平头式、直管延长式、簸箕式等（图4.74）。各种类型洞口的适应性和优缺点见表4.24。

（2）斜交洞口的布置与处理

当涵洞与线路斜交时，洞口建筑与正交构造形式基本相同。根据洞身的构造不同采用两种处理方法（符进等，2008）：

①斜交斜做：力求外形美观及适应水流条件，使涵洞洞身端部与线路平行，即为斜交斜做[图4.75（a）、（b）]。

②斜交正做：涵身部分与正交时相同，洞口的端墙高度予以调整，一般端墙设计成斜坡形或阶梯形[图4.75（c）、（d）]。

图4.74　波纹管涵洞口类型：八字式（上）和簸箕式（下）

表4.24　各种涵洞建筑类型的适应性和优缺点比较（李祝龙，2006）

洞口形式	适用性	优缺点	备注
八字式	平坦顺直，纵断面高差小的河沟。配合路堤边坡设置，广泛用于收纳、扩散流水处	水力性能较好，施工简单，工程量较少	
端墙式	平原地区流速很小，流量不大的河流、水渠	构造简单，造价低，但水力性能不好	
锥坡式	宽浅河沟，对水流压缩较大的涵洞。常与较高、较大的涵洞配合	水力性能较好，能增强高路堤的洞口、洞身稳定性，但工程量较大	
平头式	水流过涵侧向挤速不大，流速较小	节省材料，工艺较复杂，水力性能稍差，洞口管节可预制	
直管或直管延长式	流速较大的河沟、水渠。管节孔径大适用于河沟宽，采用直管不需延长，孔径小适用于河沟狭窄，适当延长管节	结构简单，预制方便，对涵洞的加长较便利，但孔径较小时洞口排泄能力相对较差，水力性能不好	干旱、半干旱地区多用于不长期流水，孔径小于河沟渠的涵洞
簸箕式	流速、流量较大的宽浅河沟	比较结构相对复杂，水力性能不好	为波纹状或平板状

当斜交涵管处于平头式洞口时，其突出路基之外的三角台，以铺砌扩道边坡的方法予以加固［图4.75（e）］。

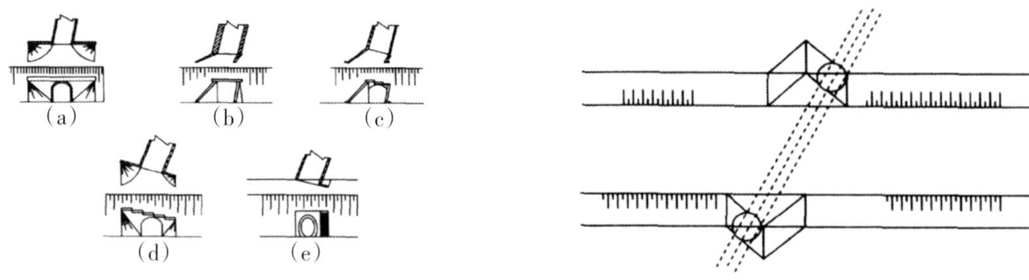

图4.75 斜交涵洞布置

图4.76 波纹管洞口斜交正做示意图

当采用斜交斜做，斜交角度≤20°时，可将端节涵管用气割成与公路中线平行的斜面，斜切坡度不宜超过2∶1；但斜交角度≥20°时，宜采取端节涵管正做，伸出路堤边坡外的办法，斜交路堤的最小宽度取涵洞矢高与覆盖层厚度之和的1.5倍（图4.76）。

涵洞洞口通常为八字式或一字式。由于波纹管涵具有较强的适应变形的能力，可将波纹管管节直接伸出路堤边坡外，且可发挥波纹管整体抗拉、抗剪及适应变形的优越性。但洞口需做好防渗、防冲刷措施（图4.77）。

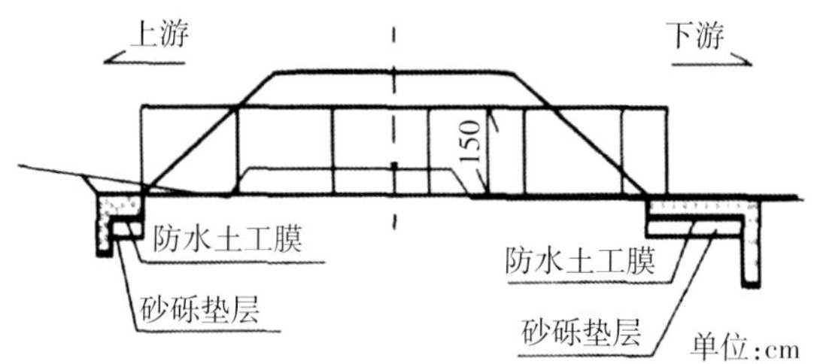

图4.77 波纹管洞口的处理

（3）多孔钢波纹管涵横向间距

当涵洞直径D≤2.0 m时，两管间的净间距可参考表4.25取值。

表4.25 钢波纹管涵两管间的净间距

钢波纹管直径D/m	两管间净间距e/m
D≤0.6	0.3
0.6<D≤2.0	0.5D，不大于1.0
D>2.0	1.0

7）钢波纹管涵的管座与基础

钢波纹管涵洞虽然具有较强的变形适应性，但仍需有基础，才能保持涵管的稳定性。一般采用砂砾材料，厚度为管径的0.5～0.55倍，最小厚度不小于0.6 m，最大厚度不大于1.5 m。为防止冻胀，砂砾中的含泥量应不大于5%，为避免对管涵的破坏，砂砾最大粒径不超过50 mm，压实度为85%～90%。管两侧应回填含泥量不大于5%的粗颗粒土，压实度与同深度的路基填土。

管座应修筑与管涵相同弧度，使管身与管座紧密贴合。管座材料必须均质、无大石块等杂物，且坚固耐用。

5.钢波纹管构件防腐要求

金属管道常见的腐蚀环境有：大气腐蚀、土壤腐蚀、水腐蚀和化学介质腐蚀。钢波纹管涵洞外侧主要为土壤腐蚀，内侧主要为水腐蚀和大气腐蚀。

土壤腐蚀主要因素有：土壤含盐量、含水率、土壤电阻率。一般说，土壤含盐量、含水率越大，土壤电阻率越小，土壤腐蚀性就越强，最小电阻率与最大腐蚀率的相关性较好。有机质含量、氯离子含量、平均含水率、硫酸根离子含量和全盐含量及pH值等与最大腐蚀率的相关性不强。通常水分状态下，我国各类土壤大多数属于强腐蚀和中等腐蚀的范围。潮土最大腐蚀率的含水率在30%附近。

大气腐蚀主要因素有：钢铁临界湿度、大气中有害物质。碳钢、锌、铝在现场大气的平均腐蚀速率分别为4～65 μm/a、2～3 μm/a、0～0.1 μm/a。

水溶液腐蚀因素有：淡水中溶解氧量、硬度、含盐量、含硫量、温度、流速及pH值等。电化学过程中低碳钢、镀锌钢的淡水腐蚀是主要原因，水中含盐量增加会使电导能力增加，增大腐蚀率速度。

钢波纹管涵洞的磨蚀：大多数情况下，水流速度不大时基本不会带来泥沙冲刷磨蚀作用。当流速大于5 m/s时，泥沙磨蚀作用就变得明显，砂石在管内壁冲刷，磨蚀量将增加。

《高速公路交通安全设施防腐技术条件》（GB/T 18226-2000）按钢构件表面保护层分为镀锌、镀铝、镀锌（铝）后涂塑。镀锌、镀铝均为热浸镀，钢板和钢管（壁厚>3 mm）的镀锌和镀铝层的质量分别为600 g/m^2和120 g/m^2；紧固件和连接件的镀锌和镀铝层的质量分别为350 g/m^2和110 g/m^2。钢板和钢管，镀锌（270 g/m^2）或镀铝（61 g/m^2）后的第二层涂塑，聚氯乙烯、聚乙烯厚度大于0.25 mm，聚酯厚度大于0.076 mm。紧固件、连接件，镀锌（120 g/m^2）或镀铝（61 g/m^2）后第二层涂塑，聚氯乙烯、聚乙烯厚度大于0.25 mm，聚酯厚度大于0.076 mm。单涂塑钢板和钢管及紧固件、连接件等要求厚度0.38 mm。

钢波纹管涵洞采用热浸镀锌方法进行金属防腐处理时，热镀锌所用的锌应为GB 470规定的1#或0#，锌附着量应符合要求。镀锌构件表面应具有均匀完整的涂层，颜色一致，表面具有适用性光滑，不允许有流挂、滴瘤或多余结块，表面无漏镀、露铁等缺陷。有螺纹构件的热浸镀后，应清理螺纹或做离心分离。镀锌构件的锌层应均匀，试样经硫酸铜侵蚀五次不变红，与基底金属结合牢固，经锤击试验镀锌层不剥离、不凸起。

涂塑层的技术要求：均匀光滑、连续，无肉眼可辨的小孔、空隙、裂缝、脱皮等缺陷；附着性良好，无断裂、剥离，经划格试验，刻痕光滑，无剥离脱落；抗弯试验后无裂纹和脱落；经1000转耐磨性试验，质量损失应不超过100 mg；经冲击试验，除冲击部位外，涂层无碎裂、开裂或脱落现象；经化学药品试验，涂层无起泡、软化、丧失黏结现象；经盐雾和湿热性试验，除划痕部位任何一侧0.5 mm内，涂层无起泡、剥离和生锈现象；经人工加速老化试验，涂层不允许产生裂缝、破损现象，允许轻微褪色；耐低温脆化性应满足上述要求。

4.3　隧道工程

高寒、多年冻土区修建隧道工程，除了一般地区所具有的工程问题外，其特点和技术性问题比非寒冷冻土区显得更为复杂。其中，冻土环境工程地质和水文地质条件变化带来的围岩冻融和冰冻作用，隧道围岩冻融过程的冻胀和冻胀力、隧道结冰等引起主体结构的抗冻能力、运营安全性和长期寿命等问题。减小隧道围岩的冻融过程和厚度、保持冻土中地下水顺畅排泄就可保证多年冻土区及寒区隧道工程长期稳定。

4.3.1 多年冻土区隧道工程的特殊性

多年冻土及寒冷地区，目前已建和在建的隧道工程已超过43座，随着寒冷地区经济开发和发展，隧道工程将继续修建。43座隧道工程中，多年冻土区的隧道占33.3%，高山寒冷季节冻土区占45.2%，深季节冻土区占21.4%。由于寒冷气候和多年冻土的影响，出现许多冻害，如顶部及边墙挂冰［图4.78（a）］，道床积冰［图4.78（b）］，洞内冰塞［图4.78（c）］，洞门开裂［图4.78（d）］、拱顶边墙衬砌裂缝、酥碎、剥落［图4.78（e）、（f）］等。衬砌破损是因隧道围岩积水产生冻胀压力及反复冻融作用所致；挂冰、冰漫和冰塞都是防排水措施缺陷或失效，渗水结冰；洞门开裂多发生在多年冻土区冻胀作用，大兴安岭地区56%隧道出现洞门开裂现象；热融塌陷多为围岩冻土层融化出现沉降。

（a）洞内拱顶挂冰

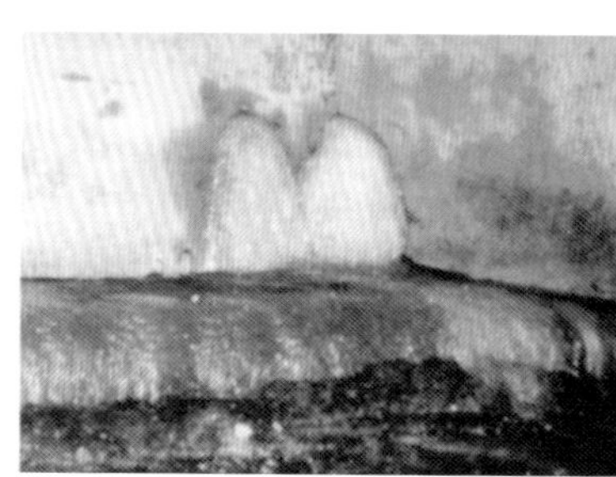
（b）洞内边墙渗水冰柱、冰漫

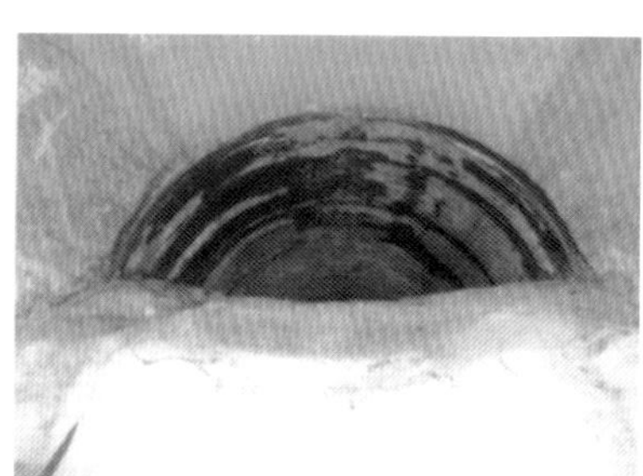
（c）玉希莫勒盖隧道冰塞

（d）洞门破裂

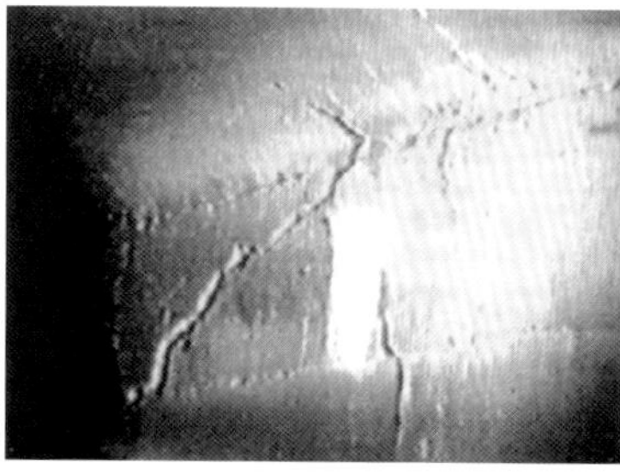
（e）洞内边墙衬砌裂缝

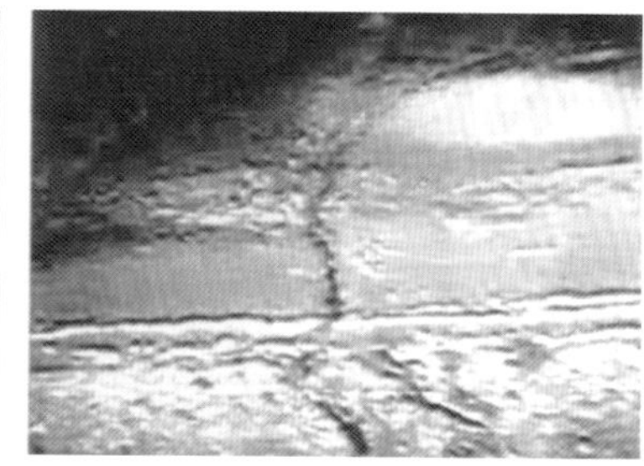
（f）洞内拱顶衬砌裂缝

图4.78 多年冻土区隧道冻害现象（吴紫汪等，2005）

寒冷地区隧道冻害产生的基本条件：寒冷的环境温度和围岩地下水。隧道内空气温度低于0 ℃时，不但使衬砌墙体渗水结冰，形成挂冰、冰漫，以致出现冰塞现象，更重要的作用是使隧道含水围岩冻结，对隧道主体结构产生较大冻胀力，致使衬砌体出现裂缝，在反复冻融作用下，衬砌体开裂、破碎。

多年冻土和寒冷地区隧道修建改变了原有地段山体结构，增加了山体内气-地间热量交换作用，改变其热量平衡状态，引起了许多特殊的工程问题。

1.隧道围岩形成冻融圈

1）隧道洞内气温变化与分布特性

不论隧道穿越山体为多年冻土层，或进出口段为多年冻土层，或全非多年冻土层，寒区隧道修建后，不同时期、不同地段的空气温度都在发生变化，改变原有的温度状态，与洞外的空气温度联系在一起，随洞外气温变化而呈现周期性变化。

天然条件下，隧道挖掘过程中，寒季洞内空气和围岩表面温度都高于洞外空气温度，暖季洞内气温低于洞外气温（图4.79）。隧道贯通后，洞内年平均气温、围岩表面温度一般都等于、低于相应地段的地表温度和气温，尽管温度有所差异，均随大气四季变化而同步变化，表现为暖季较洞外温度低，寒季温度高，即所谓“冬暖夏凉”特点。隧道进出口温度变化规律：①距离洞口越近，洞内气温越接近洞外气温变化，变幅越大；②洞内气温随洞外大气气温呈现周期性变化，一般情况，8月份洞内温度达最高，1月份达最低；③越向隧道中心，变幅越小，距洞口500～600 m处，洞内温度随洞外气温变化幅度很小，几乎接近于“稳定状态”。

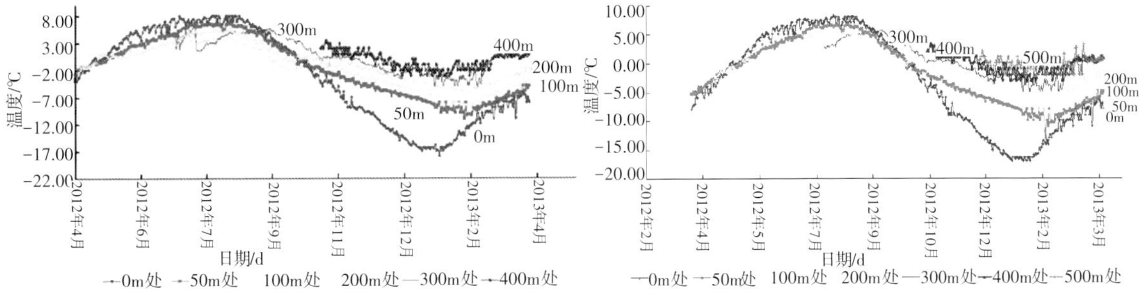

图4.79　国道214线姜路岭隧道进口(左)和出口(右)洞内气温变化曲线（李云，2014）

青藏高原多年冻土区昆仑山和风火山隧道洞内气温月变化特征（图4.80）看出，施工期间，施工对洞内温度的影响非常明显，显著高于洞外气温，竣工后，洞内气温呈现出明显的季节性变化，正温期为6～9月（最热月为8月），负温期为10～5月（最冷月为1月）。通车后，洞内空气冻融指数整体上减小了30%。

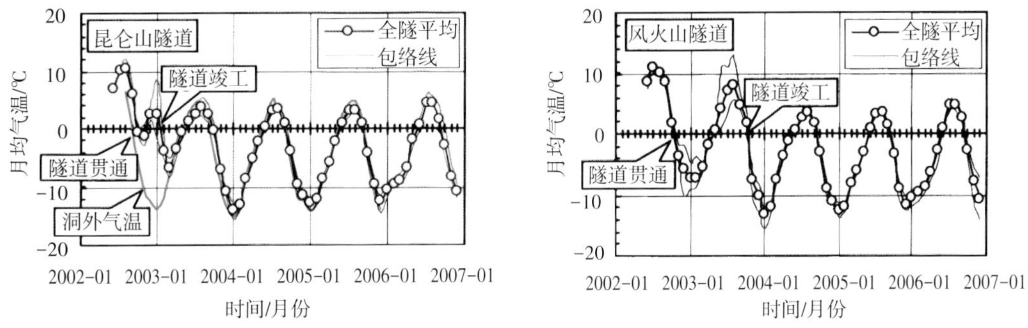

图4.80　昆仑山和风火山隧道洞内气温的月变化曲线（中铁第一勘察设计院，2007）

昆仑山与风火山隧道洞内年均气温变化及分布具有几个特征：竣工后，整个洞内气温较施工期有明显下降，且逐渐变缓；在主导风向上昆仑山隧道洞内气温下降比风火山更低些，也接近洞外气温（风火山隧道洞外年均气温为-6 ℃以下）；通车前，隧道洞内年均气温呈现北高南低线性递减特点；通车后洞内气温整体上升高了1 ℃左右。

从昆仑山与风火山隧道的年最热与最冷月气温沿隧道纵向分布看，通车前，洞内年最高、最低气温同样具有北高南低分布特点，昆仑山、风火山隧道北坡进口处最热月气温均为3.9 ℃，而南坡出口处两隧道分别为3.0 ℃及3.5 ℃。从洞内气温年变化幅度看，竣工后，洞内气温年变化幅度最大处位于洞口，南口更为剧烈，通车后，南口气温变幅比北口高出5 ℃以上（观测期间）。洞内气温变化最小处位于靠北口1/4～1/3隧道长度处。

隧道穿越非全多年冻土地段时，洞内温度沿深度进入的变化基本上呈升高趋势（图4.81），隧道长度越长，洞口与洞中心距离越长，最冷月（1月份）的最大温差越大（表4.26）。洞口温差最大，随深度进深增加而逐渐减小，中段温差最小，受通风的影响，进风口的气温普遍较低。

表4.26　元月洞内外空气温差与长度关系（吴紫汪等，2003）

隧道名称	隧道长度/m	洞口至洞中1月最大日温差/℃
新疆奎先达坂隧道	6150	24
小兴安岭杜草隧道	3849	18
大兴安岭西罗奇2#隧道	1160	15
青海大阪山隧道	1530	15
大兴安岭翠岭2#隧道	420	5

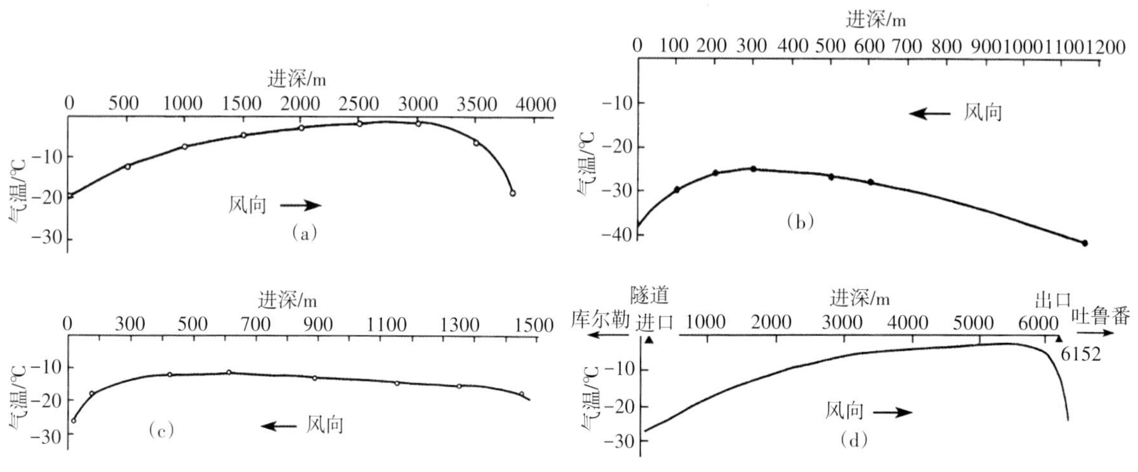

图4.81　隧道洞内气温沿进深分布（吴紫汪等，2003）

（a）小兴安岭杜草隧道（1979年01月）；（b）大兴安岭西罗奇2#隧道（1979年01月）；
（c）青海大阪山隧道（2000年01月）；（d）新疆奎先达坂隧道（1979年01月）。

图4.82是2004年—2005年通车前昆仑山隧道洞内外气温按全隧道平均拟合曲线，表明两者间具有非常好的相关性。洞外气温每变化1 ℃，洞内气温平均变化0.8 ℃，气温在隧道内传递过程中平均衰减近0.2 ℃。竣工后，暖季隧道洞内气温仍低于洞外气温，寒季则高于洞外气温。据昆仑山全隧道平均及包络线统计，最大月温差绝对值，暖季为2 ℃左右（位于隧道的南口，即出口），寒季为3 ℃左右（位于隧道中部）（图4.83）。

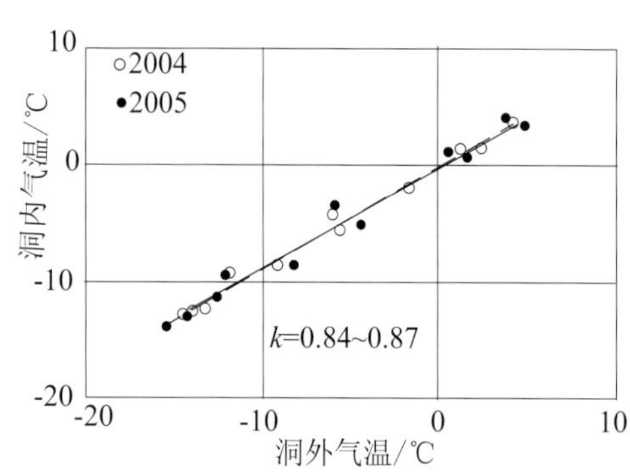

图4.82　昆仑山隧道洞内外气温相关性

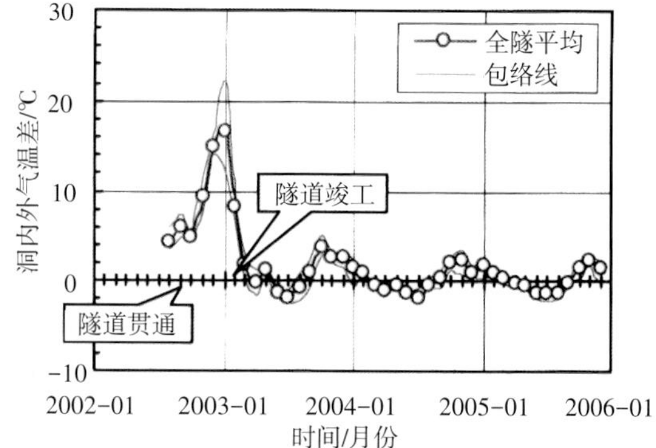

图4.83　昆仑山隧道洞内外气温温差

（中铁第一勘察设计院，2007）

2）隧道围岩温度的变化与分布特征

隧道开凿后，多年冻土层内增加一个气-地热交换界面，施工开始，洞内气温与围岩间的热交换也开始，随着通车运营后，2～3年间洞内逐渐形成没有太阳辐射、开放通风对流为特征的围岩-气温新的热交换体系和稳定温度场。不论全冻土、非全冻土或季节冻结区隧道，新热交换体系导致反复冻融循环作用，洞口的冻融作用最剧烈，深度越大，随着隧道进深增加而逐渐减弱，达到相对的稳定。

（1）施工期隧道围岩地温

以青海大阪山隧道（非全冻土）为例。施工前期，因施工要求，洞内环境温度不能过低，采用工程措施保持洞内局部地段的工作温度要求。最冷月时，隧道进口段围岩冻结长度达300 m，冻深一般为0.5 m，在洞口附近的最大冻深约2 m，出口段有200 m冻结段，冻深小于0.5 m。最暖月，洞内气温5 ℃的等值线可进入500 m深［图4.84（a）、（b）］。

隧道贯通后，第一个冷期，出口端冻结长度达500 m，进口端冻结长度400 m［图4.84（c）］。洞口冻深稍大些，地坪的冻结深度小于2 m，边墙和拱顶冻深一般小于0.5 m。运行后第一冷月的负积温远大于勘察期的负积温，相差达25%，地坪的最大冻深达2.1 m（K106+450），冻结长度达750 m［图4.84（d）］，到夏令回暖期内消融，地温为4～5 ℃（9月份）。

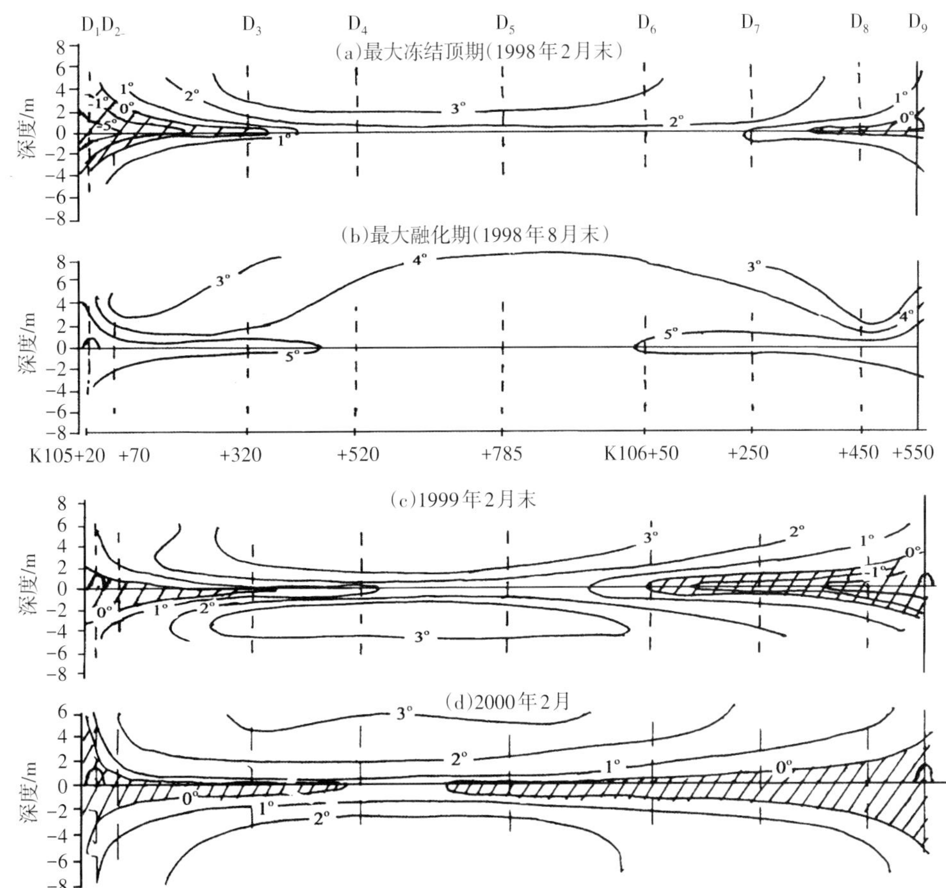

图4.84　地表水隧道施工前期[(a)、(b)]、贯通后(c)和运行后(d)围岩地温变化（吴紫汪等，2003）

（2）隔热层内外侧温度变化及分布

寒区隧道施工均采取边掘进边衬砌，且在二衬前，铺设隔水板和隔热保温层（厚度50 mm），以减小反复冻融对隧道主体结构产生破坏作用。

青藏铁路昆仑山和风火山隧道属于全冻土隧道，昆仑山隧道长1686 m，最大埋深106 m，年均气温为-5.1 ℃，极端最高、最低气温分别为18.3 ℃及-26.5 ℃；风火山隧道长1338 m，最大埋深100 m，年均气温为-6.1 ℃，极端最高、最低气温分别为23.2 ℃和-37.7 ℃。两座隧道均布设11个气温、地温观测断面（图4.85）。

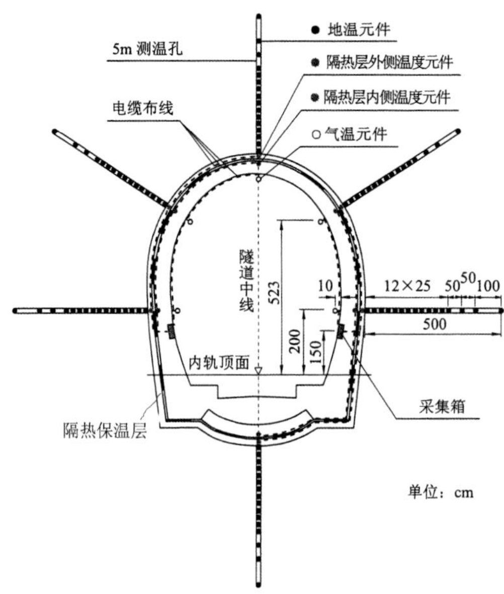

图4.85　隧道气温、地温观测元件布设（中铁第一勘察设计院，2007）

温度年平均值：隧道主体结构内隔热保温层内外侧年平均温度沿隧道纵向分布（图4.86）表明，竣工后通车前，隔热保温层内外侧年均温度是逐年下降，随后逐渐趋缓。

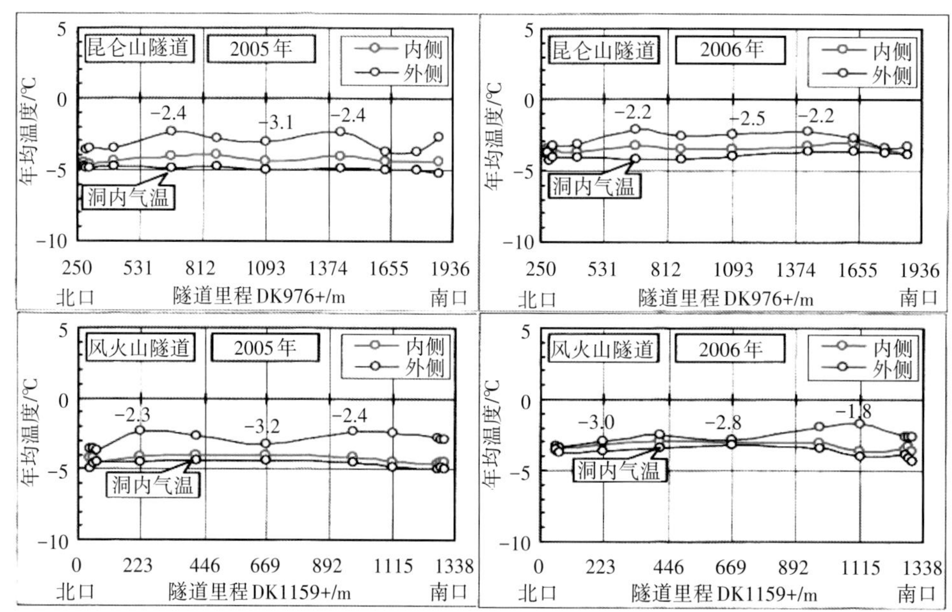

图4.86　昆仑山和风火山隧道隔热保温层内外侧温度年均值沿纵向分布

（中铁第一勘察设计院，2007）

内侧温度较外侧温度更接近于洞内气温分布，内外侧存在较大的温差；通车后，受运行影响，内侧年均温度有较明显的升温（整体1 ℃），外侧年均温度变化较小（整体0.2～0.3 ℃），表明隔热保温层能阻隔热量传递作用。

温度年最高、最低值：测试表明昆仑山和风火山隧道隔热保温层外层最热月温度低于内层，低5 ℃以上，内层（里侧）最热月温度更接近于气温的分布。隔热保温层在一定程度上可以抑制最热月气温的传递，阻止洞内气温与围岩的热交换作用，减小衬砌层背后围岩多年冻土层的融化。

通车运营后，随着洞内气温升高，隔热保温层内侧的最热月温度也相应升高，衬砌层背后铺设隔热保温层，起着阻热作用，对隔热保温层外侧温度的影响就小得多了（图4.87）。

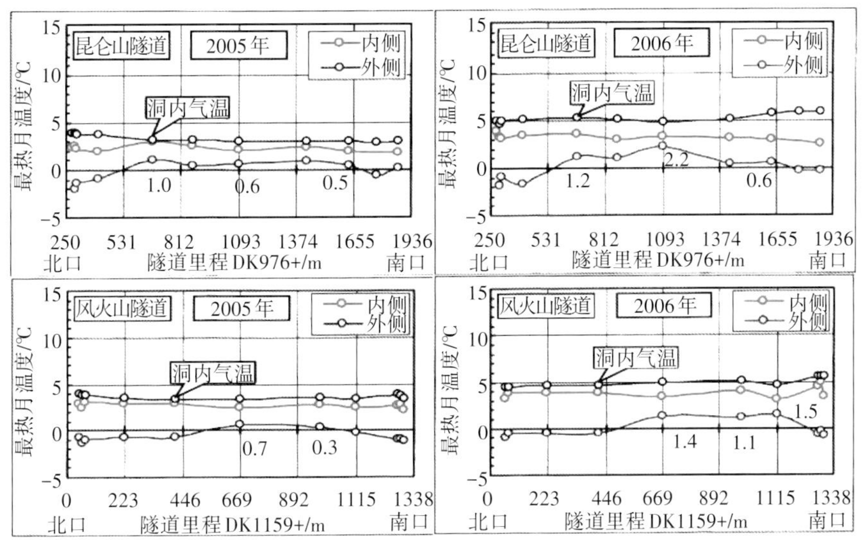

图4.87　昆仑山和风火山隧道隔热保温层内外侧最热月温度沿纵向分布

（中铁第一勘察设计院，2007）

温度月变化：昆仑山和风火山隧道隔热保温层内外侧温度均随洞内气温变化而变化（图4.88），内侧温度接近于洞内气温，外侧温度具明显衰减，且有逐年减低的趋势，风火山隧道表现得更加明显，比昆仑山隧道早一年下降至0 ℃。竣工后，两隧道隔热保温层内侧的月温度变化特性基本一致，但风火山隧道隔热保温层外侧振幅相对较小，表明隔热保温效果更明显。通车运营后，两隧道隔热保温层内外侧温度均有升高，但外侧温度全年的融化指数仍为零。

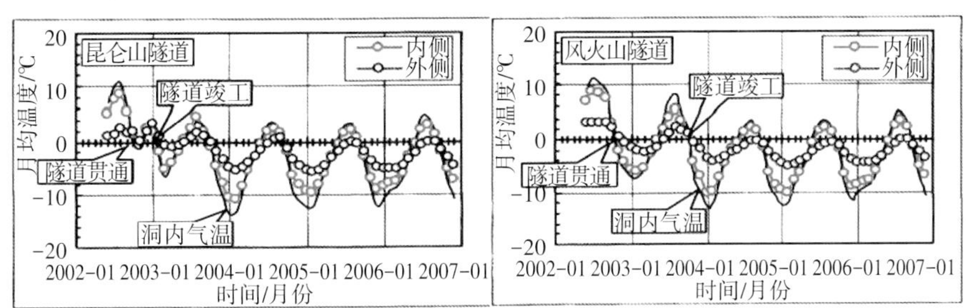

图4.88　昆仑山和风火山隧道隔热保温层内外侧温度的月变化

（中铁第一勘察设计院，2007）

温差特性：昆仑山和风火山隧道隔热保温层内外侧温差均随洞内气温变化而变化，竣工后具有明显的季节性变化，在寒季换季时温差为零，在最热、最冷月温度绝对值达到最大，最冷月温差明显大于最热月（图4.89），寒季温差的积温是暖季积温的2～3倍。说明多年冻土区两隧道的隔热保温层可减小融化圈的范围。

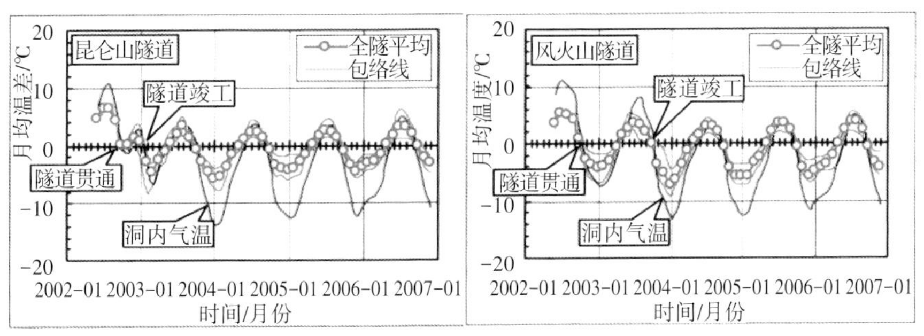

图4.89　昆仑山和风火山隧道隔热保温层内外侧温差的月变化

（中铁第一勘察设计院，2007）

（3）围岩温度变化及分布

不同深度围岩的温度年平均值：昆仑山和风火山隧道衬砌背后5 m深度范围内围岩温度年均值随深度增加而增加（图4.90）。从图中看出，受施工影响，洞壁围岩出现升温，第二年起，洞壁围岩出现降温回冻，第三年降温趋缓。随着洞内气温升高，2 m深度内围岩温度略有上升，2～5 m深度围岩温度年均值仍有下降，但趋缓。

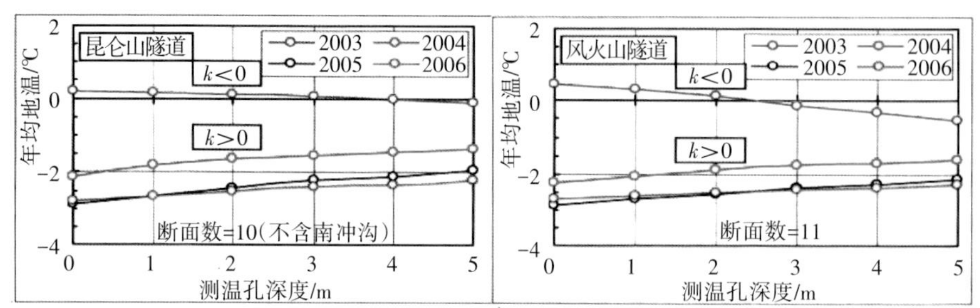

图4.90 隧道衬砌背后5 m隧道范围内围岩年均温度沿深度分布

（中铁第一勘察设计院，2007）

沿隧道纵向，洞口围岩年均温度低于中心部位，但北坡进口段围岩年均温度明显比南坡出口段低，即北低南高分布特性，地形较为陡峻的昆仑山隧道显得更为明显（图4.91），隧道埋置深度越大，即5 m深度范围的围岩年均温度也表现出较埋置深度浅的围岩年均温度高些，这与不同地形、坡向对多年冻土温度的影响有关。

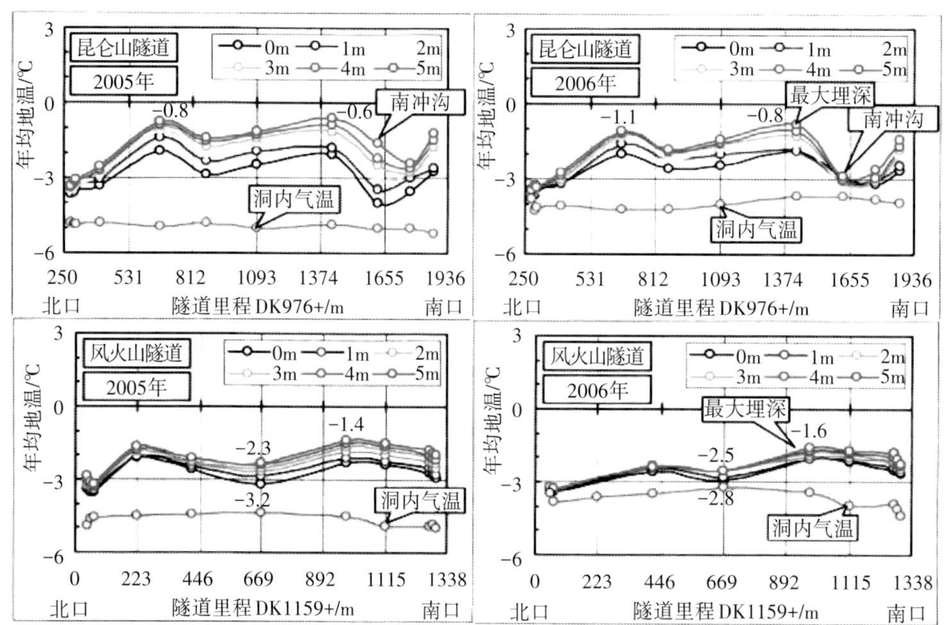

图4.91 隧道衬砌背后5 m深度内围岩年均温度沿隧道纵向分布

（中铁第一勘察设计院，2007）

围岩年最热月温度：昆仑山和风火山隧道最热月期间受施工影响，季节最大融化深度达到5 m。竣工后，隧道衬砌背后围岩的融化深度增加减小，风火山隧道减小更快些。第四年，两隧道围岩大部分已回冻，暖季期间仅少部分地段出现局部融化，昆仑山隧道在两个冲沟地段融化深度为1.0 m左右，最大融深小于1.5 m。风火山隧道最大融深小于1 m。

围岩温度月变化：昆仑山和风火山隧道衬砌背后围岩不同深度岩温月变化对比曲线（按全隧道平均统计）可以看出（图4.92）：隧道衬砌背后5 m深度内围岩温度均随气温变化而变化，且逐年下降，其变化周期随深度呈现不同程度滞后现象。从对比曲线看，风火山隧道围岩温度月变化周期明显滞后于昆仑山隧道，深层围岩尤为显著。究其原因，风火山隧道地层为泥岩夹砂岩，导热系数低于昆仑山隧道的板岩夹片岩地层的导热系数，加上风火山隧道围岩温度月变化振幅小于昆仑山，所以，风火山围岩温度变化相对较为稳定。

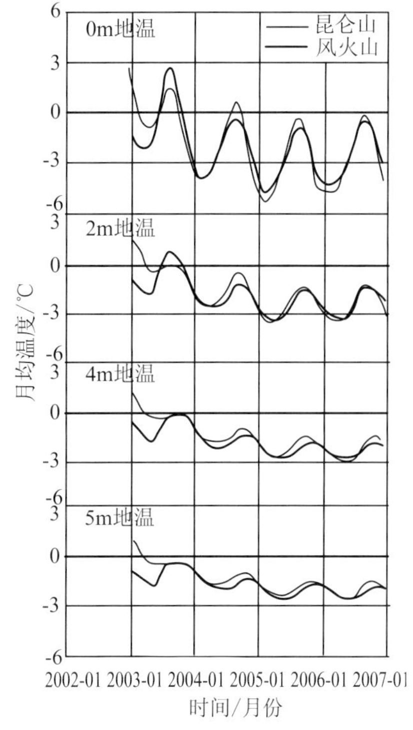

图4.92　隧道围岩温度月变化

（中铁第一勘察设计院，2007）

两隧道围岩地温观测数据表明，在净空周边5 m深度范围内，边墙与拱部围岩的温度年均值差异不明显，最大差值小于0.5 ℃。

3）洞内外气温对围岩冻融圈影响

温度年均值：多年冻土区深度贯通后，洞外大气温度是影响洞内围岩冻融圈温度的主要因素，行车也有影响。据青藏铁路昆仑山和风火山隧道观测，洞外气温变化至洞内气温，再至隔热层内侧，最后到隔热层外侧的温度变化关系为：1 ℃→0.8 ℃→0.6 ℃→0.3 ℃（昆仑山）和0.2 ℃（风火山），围岩随深度按一定梯度变化。

昆仑山和风火山隧道洞内外气温、隔热保温层及围岩温度的整体变化和分布特性（按全隧平均统计）（图4.93）可看出，竣工后，围岩温度随洞内气温呈显著下降趋势，第二年即出现回冻，衬砌背后5 m深度内的围岩温度由施工期吸热整体转为放热状态，昆仑山隧道于第三年才全部转为负温。通车后，两隧道围岩温度均有所升高，但仍有下降趋势。昆仑山隧道多年冻土年平均地温（约-2 ℃）较风火山隧道年均地温（-2～-3 ℃）高，故进入负温时间稍迟些。

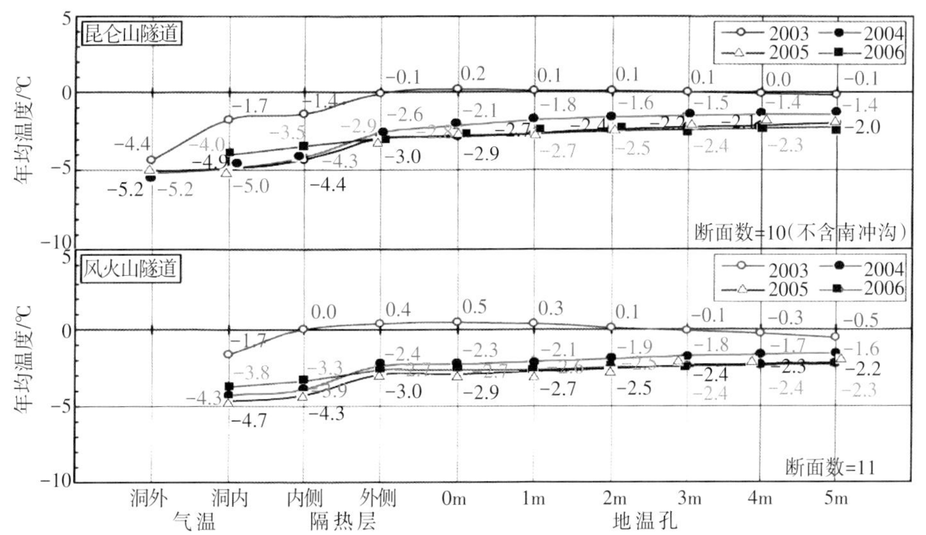

图4.93　昆仑山和风火山隧道洞内外气温、隔热保温层及围岩年均温度变化及分布

（中铁第一勘察设计院，2007）

最热、最冷月平均温度变化：最热温度致使隧道多年冻土围岩升温和融化，形成融化圈，最冷温度又可使隧道围岩温度下降，出现回冻。隧道贯通后，气温促使洞内围岩温度升高，出现融化圈随着时间推移，青藏高原较长时段的严寒气温，使洞内围岩逐渐回冻（图4.94）。图中可看出，两隧道的隔热保温层起到了良好的保温效果，洞外气温和运营对隧道围岩地温的影响减小。

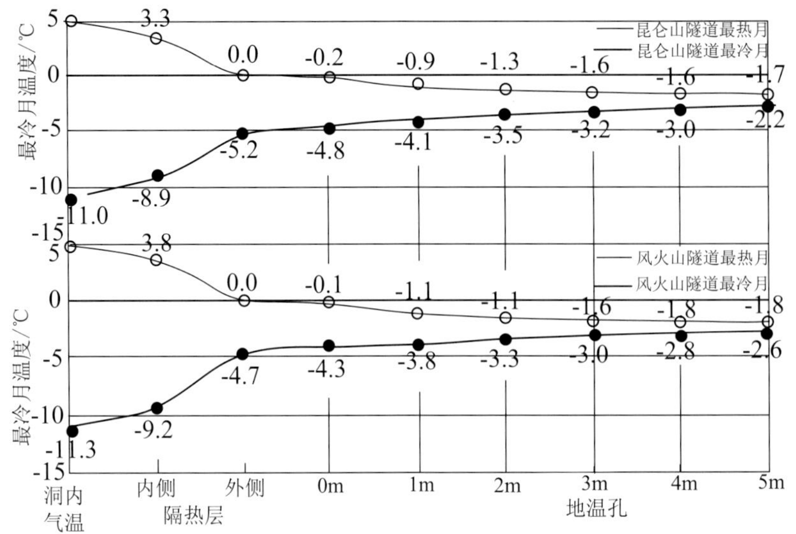

图4.94 昆仑山和风火山隧道最热、最冷月平均断面温度分布

（中铁第一勘察设计院，2007）

4）数值模拟分析

按《中国西部环境变化预测》（丁一汇，2002）预测，在气候及人为因素影响下，青藏高原未来50年内年平均气温将升高2.6 ℃。考虑水分迁移、冰水相变问题和气温变暖影响，采用二维温度场的控制微分方程和有限元公式，对两隧道围岩融化圈预测分析（图4.95）。

昆仑山隧道选择埋深13 m的DK976+300，风火山隧道选择埋深75 m的DK1159+671断面，敷设50 mm隔热保温层［导热系数为0.03 W/(m·K)］，考虑50年气温升高2.6 ℃时，预测两隧道衬砌背后围岩融化圈。昆仑山隧道围岩有0.5 m厚季节融化层，风火山隧道围岩没有季节性融化层（表4.27）（中铁第一勘察设计院，2007）。总的来看，洞内外气温变化对围岩地温影响深度在5.7 m以上。非浅埋段年较差为0 ℃的深度一般在9～10 m，比洞外年较差0 ℃深度浅。

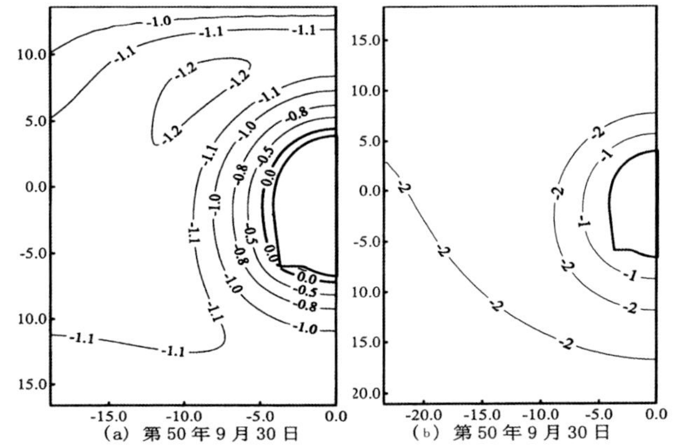

图4.95 昆仑山(a)和风火山(b)隧道第50年围岩温度分布

（中铁第一勘察设计院，2007）

表4.27 昆仑山(DK976+300)和风火山(DK1159+671)断面最大融化深度预测

地点	时 间	第1年	第5年	第10年	第30年	第50年
风火山	没有铺设隔热保温层	/	0	极少	0.25	0.47
	铺设隔热保温层50 mm［导热系数0.03 W/(m·K)］	0	0	0	0	0
昆仑山	没有铺设隔热保温层	0.61		0.87	1.05	1.28
	铺设隔热保温层50 mm［导热系数0.03 W/(m·K)］	0.15		0.21	0.35	0.50

高原及寒冷地区，最冷月平均气温低于-10 ℃严寒区和-3.0～-1.0 ℃寒冷区的季节冻土地段，寒季，外界气温对围岩影响很大，隧道进出口处常出现冻融循环现象，对衬砌产生破坏作用。在隧道的中部，由于地热作用，围岩温度受外界气温的影响就较小。作为防冻的隔热保温层铺设一段长度后，除隧道进出口一定长度内气温低于0 ℃外，隧道中部的气温往往高于0 ℃。通过围岩区温度场和隧道净空温度场控制方程的有限元计算可以得到不同风速条件下，隧道二衬表面最冷月空气温度（0 ℃）沿纵向分布影响长度，以此确定隔热保温层铺设的长度。如该风速条件下，隧道不铺设保温层时，受冻融影响长度为600 m左右；但铺设300 m长保温层后，围岩的冻融影响长度为450 m；当铺设400 m长保温层后，除洞口一小段围岩受冻融影响外，洞内基本上不受冻融影响；当铺设500 m和600 m长保温层后，洞内温度则升高。表4.28为西藏嘎隆拉隧道进出口段受冻融影响长度，隧道进口端600 m、出口端400 m范围内，二衬表面铺设6 mm厚度聚酚醛保温层，可有效防止隧道衬砌和围岩冻融破坏作用（拱顶最大冻深0.5 m，保温后减至0.21 m）。

表4.28　隧道受冻影响长度（谭贤君等，2013）

保温材料设防长度/m	进口端				出口端			
	不同风速下受冻融的影响长度/m							
	6 m/s	8 m/s	10 m/s	12 m/s	6 m/s	8 m/s	10 m/s	12 m/s
0	600	700	780	850	430	450	500	600
300	450	550	630	700	0	0	450	500
400	0	530	580	650	0	0	0	0
500	0	0	0	600				
600	0	0	0	0				

2.冻胀力作用

1）隧道围岩的冻胀性

多年冻土区和高寒季节冻土区，当土体（隧道围岩）的温度降低至冻结温度以下时，出现冻胀现象。隧道有土质（或风化层）和岩质围岩。通常情况下，进出口段存在部分风化层，特别是断裂带（破碎带或断层泥），具有土或半岩质的性质，裂隙和节理发育，往往为地下水的良好通道。

隧道法向冻胀力大小与围岩的性质、含水率及其补给量（水文条件）、冻结深度和工程措施（衬砌层刚度和保温层）有关。土体冻胀量越大，冻胀力也越大。有水分迁移条件下，土体冻胀量（h_{fh}）（H. A. 崔托维奇，1985）为：

$$h_{fh} = \alpha\omega\rho_d h_f i_0 + (1+\alpha)\int v_s \mathrm{d}t \tag{4.17}$$

式中：α为水冻结时体积膨胀系数，ω为土体冻结层总质量含水量，ρ_d为土干密度，h_f为土层冻结深度，i_0为按未冻水含量求得的已冻土层的相对含冰量，v_s为水分迁移速率，t为水分迁移时间。

法向冻胀力的量级，可根据水在受约束条件下冻结时冰晶增生所产生的压力值来估算，只有当水冻结时完全不能膨胀条件下（刚性密闭）才能出现最大值。当温度达到-22 ℃时，该最大值约为211 MPa，高于此温度时的压力值都明显减小。但是，当约束压力增大，冰的冰点就降低，冻土中未冻水也相应增加，其经验关系可用克拉贝龙公式表示：

$$\Delta p = 1 + 127\theta - 1.519\theta^2 \tag{4.18}$$

式中：Δp为压力，kg/cm²；θ为负温绝对值，℃。

标准大气压下，水在0 ℃冻结，随着温度降低，土中未冻水和外来水逐渐冻结，产生冻胀力。水结冰和冻胀力值的产生过程中是不断地出现未冻水-冰的动态平衡。冻胀力并不是随温度降低呈圆滑曲线增长，而是呈现锯齿状增长，到温度不降低时（通常是3月份左右），冻胀力即时就下降。

隧道支护与围岩间的冻胀力，实质上是垂直于支护体表面的法向冻胀力。目前，隧道实测的冻胀力是指支护与围岩间达到平衡的围岩压力，包含有围岩内水分冻结时的膨胀力和山岩压力，或定义为“广义冻胀力”（王建宇等，2004）。

寒冷地区隧道衬砌背后围岩冻结情况：一种是隧道从未冻围岩中穿过，贯通竣工（衬砌）后，冷空气影响下隧道围岩周围形成新的冻结圈，即新生冻土；另一种是隧道从冻结围岩（冻土）中穿过，施工期间，隧道周围一定范围内的冻土围岩融化，待贯通竣工（衬砌）后，融化的围岩又回冻，形成再生冻土。前者，隧道围岩中的水分从未冻围岩渗（流）入冻结圈，逐渐冻结而体积膨胀，对支护衬砌产生冻胀力，其量级取决于未冻期间在衬砌与围岩间水的赋存量和由岩石裂隙的渗入量。冻结过程中，在压力作用下，自由水体会不断地渗入而冻结。后者，除断裂带的地下水补给外，冻结围岩融化时，水分逐渐流失，回冻过程中，融化圈内已有的水分和衬砌体引起新的冻土融化水分冻结产生体积膨胀，对支护衬砌产生冻胀力。

2）围岩冻胀对衬砌的作用

隧道衬砌层背后含水围岩冻结产生冻胀力是引起隧道冻害的根本原因。岩石隧道的裂隙水侵入（渗入）冻结呈裂隙冰，对围岩产生冻胀力，围岩变形引起衬砌层变形；当裂隙水聚集在围岩与衬砌层间，自由水体冻结成冰产生冻胀力，引起衬砌层的变形有时不次于围岩对衬砌层的作用。土（全-强风化层）隧道，围岩孔隙富含水或饱和，融化围岩水分还不断地渗入，且有水分向冻结锋面迁移，冰体不仅存在于围岩孔隙中，夹在风化层呈游离状薄层状，且在衬砌层表面形成冰层，当有外来水分补给时，可能在衬砌层表面持续结冰。不论岩石隧道还是土隧道，在水无排泄条件下，冻胀力随围岩与衬砌层刚度增大而增大，也随着隧道围岩冻结深度和负温度增加而增大，几乎随围岩含水率增加倍数而增大。冻结过程中，围岩的水分有排泄通道时，冻胀力值则大大减小，以致消失，也随着衬砌层和围岩的约束度（刚度）减弱而减少（图4.96、图4.97）。

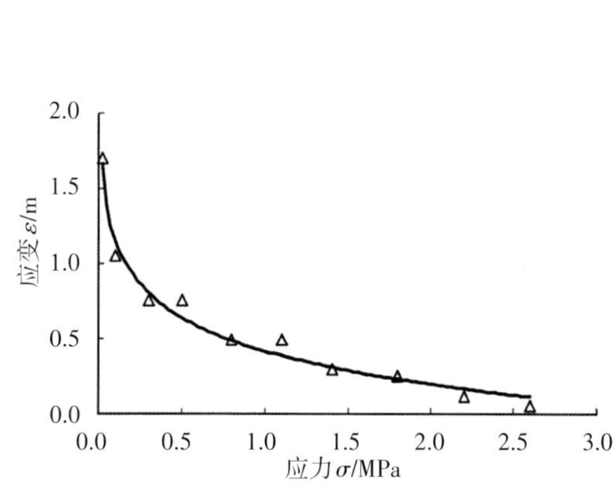

图4.96 冻胀应力与应变的关系曲线

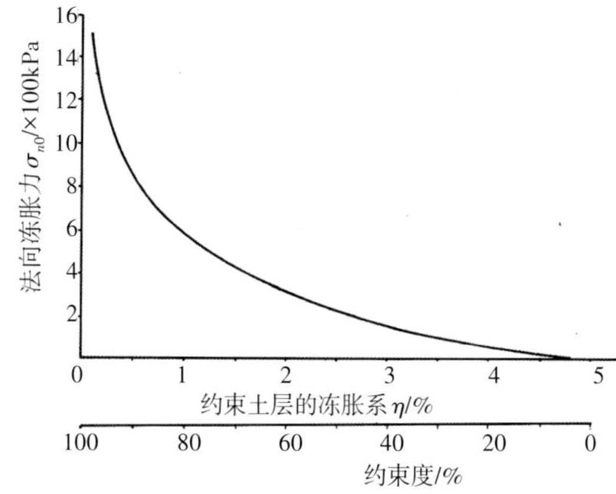

图4.97 不同约束度下法向冻胀力（童长江等，1985）

粉质黏土，I_p=7.7，W=22%～25.8%，试验载板面积491 cm²。

目前，隧道冻胀力观测数值都是采用压力盒（应变式和钢弦式）量测（土压力盒测量硬质岩层的压力时应进行力系转换才能满足土压力盒（膜）量测均布荷载的要求，否则量测值可能不完全反映所具有压力值的真实性，冻土亦属于似坚硬岩质）。衬砌层约束体变形（还有其他因素）可能引起冻胀力释放而减小，实测隧道冻胀力值均比实验室量测数值小。东北大兴安岭嫩林线朝阳二号隧道冻胀力观测值为25～200 kPa（图4.98）。青海大阪山隧道冻胀力观测值约为1.1 MPa（图4.99）。青海省平安至阿岱高速公路的青沙山隧道进口围岩的冻胀力峰值为1.3 MPa（边墙底部与仰拱相交处），出口侧为0.35 MPa（赖金星，2008）。苏联有关资料，岩石裂隙中有水侵入，冻结时可能产生的冻胀力15 MPa（观测方法不详）（据中铁第一勘察设计院主编，2007）。昆仑山隧道深埋和浅埋地段广义冻胀力观测值为0.12～0.3 MPa（图4.100），由于冻胀力随温度而变化，运用结构力学理论，通过不同温度条件下冻胀力测试值的统计，绘制作用于支护结构上最不利荷载的冻胀力包络图（图4.101）。

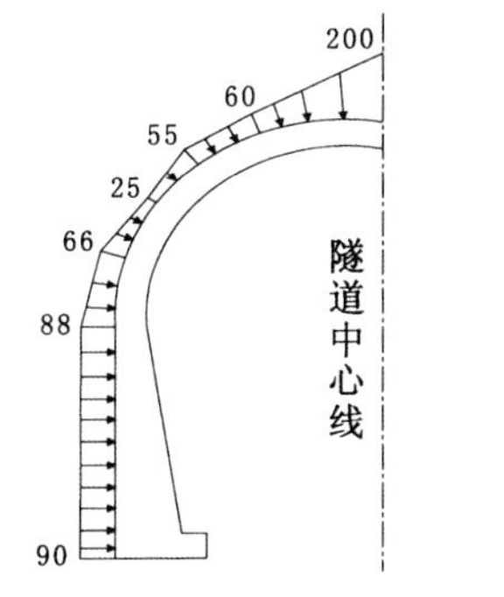

图4.98　嫩林线朝阳隧道冻胀力分布图

（中铁第一勘察设计院主编，2007）

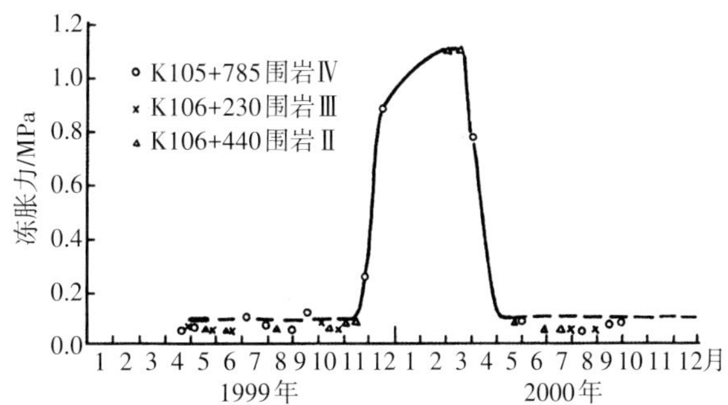

图4.99　青海大阪山隧道衬砌层背后冻胀力观测值

（吴紫汪等，2003）

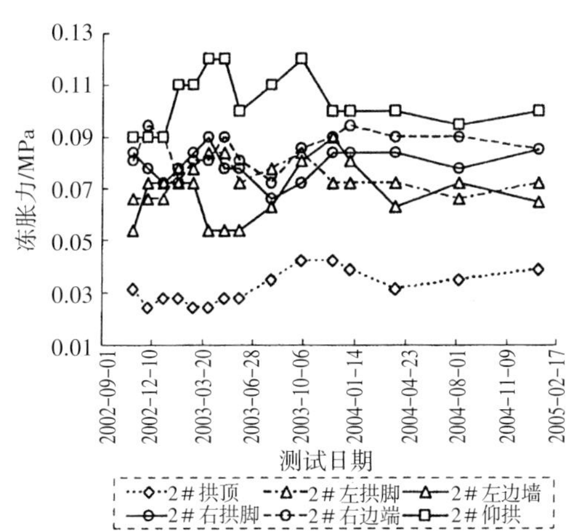

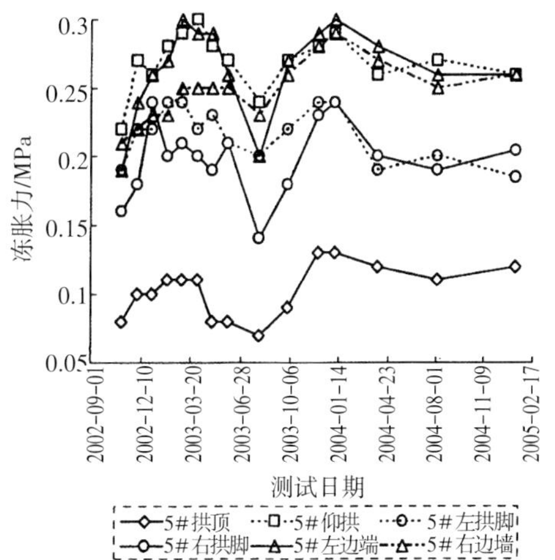

图4.100　昆仑山隧道初期支护与二衬(上)及围岩与初期支护(下)间冻胀力随时间变化

（《青藏铁路》编写委员会，2016）

隧道冻胀力计算是依据三种假设而进行的。目前有三种假设：①假设冻融岩石圈整体冻胀（赖远明等，2009），即假设冻结区围岩均匀孔隙中充满地下水，冻结成冰后将整体膨胀而对隧道衬砌产生冻胀力，要按弹性体进行计算。当冻结深度小于2 m，孔隙率小于5%时，衬砌冻胀力不超过2 MPa。一般说岩石的抗压强度均较大，况且裂隙水结冰不足以引起围岩岩石整体膨胀。②假设积水产生冻胀（王建宇等，2004），即隧道衬砌背后积水结冰膨胀引起冻

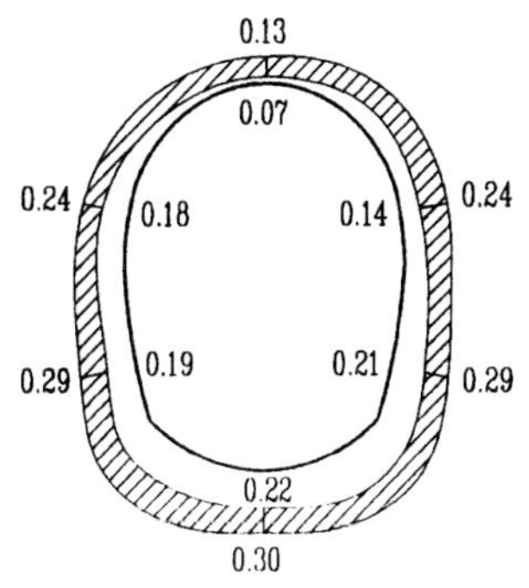

图4.101　隧道衬砌层背后冻胀力包络图

胀力。根据积水空间不同位置，局部冻胀力可达1.0～2.79 MPa。通常情况，围岩初期喷射混凝土的强度应达到C20，与二衬间设置防水板，将渗水引入排水系统。即使初期喷射层遇二衬间不能紧密接触，留有少许“空腔”，除非有水源补给，仅“空腔”水体结冰膨胀难以对二衬支护构成威胁。③假设含水风化层冻胀（张祉道等，2004），北海道、东北地区的大量冻害调查发现，凡有冻害的隧道，衬砌周边围岩均有0.1～0.2 m厚的风化层，冻结时大都夹有游离状薄层冰体。据试验测得，冻胀率一般为20%～50%，有丰富地下水时，冻胀率可达100%～125%。实际上，隧道衬砌背后围岩风化层多属于松散破碎岩块，冻结过程中不存在水分迁移作用，有排水条件下的冻胀力仅有水结冰的9%膨胀率，但排水通道先被冻结而堵塞，其冻胀量应按式4.17计算。风化层可能出现整体位移，按张祉道推算，冻胀层厚度为100 mm时，冻胀力达1.2～3.1 MPa。在设置防寒措施条件下，可以减弱冻胀力，其建议洞口段冻胀力取0.9 MPa，洞内段取0.6 MPa。

实践证明，洞室开挖对围岩的影响范围是有限的，影响范围距离洞室中心3～5倍洞径。根据室内模型试验结果（表4.29），围岩冻结深度越大，冻胀力越大，顶端约束越强，冻胀力越大；曲墙式和直墙式衬砌，顶端约束对拱部和仰拱处冻胀力影响较大，对边墙处冻胀力影响较小；圆形衬砌顶端约束对整个衬砌所受冻胀力影响程度相差不大。冻胀力最大值均发生在下拱脚处，直墙式衬砌受冻胀力量值最大，圆形衬砌最小。

表4.29 不同工况条件下隧道各部位冻胀力平均值(MPa)（仇文革等，2010）

衬砌	冻深/m	约束	压力盒测试位置							
			拱顶	左拱脚	右拱脚	左边墙	右边墙	左下拱脚	右下拱脚	仰拱
曲墙式衬砌	2	无	0.093	0.024	0.021	0.027	0.027	0.036	0.037	0.015
		有	0.042	0.057	0.053	0.035	0.032	0.053	0.052	0.038
	5	无	0.016	0.033	0.032	0.046	0.044	0.065	0.064	0.048
		有	0.064	0.082	0.087	0.051	0.056	0.091	0.090	0.084
直墙式衬砌	2	无	0.009	0.019	0.021	0.038	0.036	0.048	0.048	0.018
		有	0.056	0.086	0.081	0.074	0.073	0.134	0.135	0.113
	5	无	0.015	0.025	0.025	0.055	0.052	0.072	0.075	0.025
		有	0.088	0.142	0.145	0.097	0.097	0.189	0.191	0.153
圆形衬砌	2	无	0.002	0.005	0.006	0.009	0.008	0.010	0.009	0.006
		有	0.011	0.016	0.018	0.026	0.022	0.025	0.027	0.015
	5	无	0.005	0.012	0.013	0.016	0.021	0.017	0.021	0.014
		有	0.022	0.025	0.031	0.035	0.035	0.049	0.046	0.027

注：顶端为无约束和固定约束，模拟浅埋和深埋效应。含水状况均考虑饱水状态，变化含水率为12.4%。

利用大型有限元程序ANSYS建立未冻围岩、冻融圈及隧道衬砌相互作用的热-结构耦合计算模型（吴剑，2004），首先施加温度使围岩冻结圈范围与实测冻结圈范围大体相同（模拟围岩的真实状态），在已有温度场基础上，不考虑围岩和衬砌结构自重，采用间接耦合方法，把温度场结构作为温度荷载施加在模型中，考虑DP（Drucker Prager）屈服准则及主动压力（冻融圈内围岩冻胀产生的压力）和被动压力（未冻围岩、隧道衬砌约束冻结圈内围岩冻胀时产生的抗力）相互作用，最后得出隧道衬砌围岩冻胀对衬砌结构产生的力场结果，进行冻土隧道冻胀力计算，模拟不同工况下围岩冻胀产生的力场效应和位移效应，然后进行对比分析。计算结果（表4.30）与前面室内模型试验结果相差甚大，参数选值有极大影响。

表4.30　各种工况下最大冻胀应力及位置表（王洪存，2014）

工况	埋深/m	冻融圈厚度/m	冻胀率/%	最大冻胀应力/MPa	位置
1	10	2	2	2.79	拱圈拱脚
2	10	2	5	4.59	拱圈拱脚
3	10	4	2	7.17	拱圈拱脚
4	10	4	5	6.51	拱圈拱脚
5	10	5	2	8.04	拱圈拱脚
6	10	5	5	12.4	墙底外侧
7	20	2	2	2.79	仰拱中部
8	20	2	5	3.32	仰拱中部
9	20	4	2	4.99	拱圈拱脚
10	20	4	5	6.37	墙底外侧
11	20	5	2	4.42	拱圈拱脚
12	20	5	5	12.8	墙底外侧
13	30	2	2	2.74	仰拱中部
14	30	2	5	3.77	仰拱中部
15	30	4	2	4.93	仰拱中部
16	30	4	5	6.04	墙底外侧
17	30	5	2	3.72	仰拱中部
18	30	5	5	12.6	墙底外侧

3）冻土隧道冻胀力等级

对隧道而言，围岩多数属于岩石（硬岩、软岩）和破碎带（风化层、断裂带等），水和负温度则成为隧道围岩产生冻胀力的主导因素。冻结过程中，水分增量（补给）及约束条件可使冻胀力值出现很大变化，由几千帕到几十兆帕。在冻胀力很小条件下，隧道二次衬砌可按标准图设计，无须采用配筋的素混凝土即可满足设计要求。按隧道设计规范，用极限抗压强度和极限抗拉强度来控制承载力，计算最小安全系数。选用Ⅳ级、Ⅴ级和Ⅵ级围岩，按深埋和浅埋情况下，计算不同冻胀力对应的结构内力，以确定不同围岩在不同埋深情况下对应的冻胀力设防分界值（表4.31）。表中冻胀力分界值均为主动力，现场测定的力值均为围岩冻结后，支护与围岩间达到平衡后的围岩压力，即广义冻胀力，经计算模型相应转化，得出广义冻胀力作用下的冻胀等级划分临界值（表4.32）。

表4.31　广义冻胀力作用下冻胀等级划分临界值（白国权等，2007）

工况	埋深	围岩	分界值处围岩压力平均值/MPa	
			弱到中冻胀	中到强冻胀
1	深埋	Ⅳ级	0.070	0.382
2	深埋	Ⅴ级	0.073	0.353
3	深埋	Ⅵ级	0.076	0.334
4	浅埋	Ⅳ级	0.341	0.707
5	浅埋	Ⅴ级	1.074	1.441
6	浅埋	Ⅵ级	1.141	1.800

表4.32 各工况下冻胀力等级分界值（白国权等，2007）

工况	埋深	围岩	混凝土	受力控制点	弱冻胀与中冻胀分界值/MPa		冻胀与强冻胀分界值/MPa	
1	深埋	Ⅳ级	C30	边墙	0.04～0.05	当冻胀力大于该分界值时，支护结构必须考虑钢筋混凝土	0.2～0.3	当冻胀力大于该分界值时应考虑加强结构的抗冻胀设防
2	深埋	Ⅴ级	C30	边墙	0.04～0.05		0.2～0.3	
3	深埋	Ⅵ级	C30	边墙	0.04～0.05		0.2～0.3	
4	浅埋	Ⅳ级	C30	边墙	0.4～0.5		0.5～1.0	
5	浅埋	Ⅴ级	C30	拱顶、仰拱	1.4～1.5		1.5～2.0	
6	浅埋	Ⅵ级	C30	拱顶、仰拱	1.5～1.6		2.0～2.5	

注：在浅埋条件下，冻胀力的分界值均为冻胀力分布的峰值。

针对青藏铁路昆仑山隧道的衬砌断面，经计算分析，且结合模型试验和现场测试结果，确定冻土隧道的冻胀力等级划分标准：

（1）深埋条件下，当广义冻胀力小于0.07 MPa，及在0.07～0.3 MPa时，为中冻胀。一般可通过提高混凝土强度或增加配筋量来满足衬砌的安全要求；当广义冻胀力大于0.3 MPa时，为强冻胀，需采取隔热、保温措施设防，避免发生冻害（图4.102）。

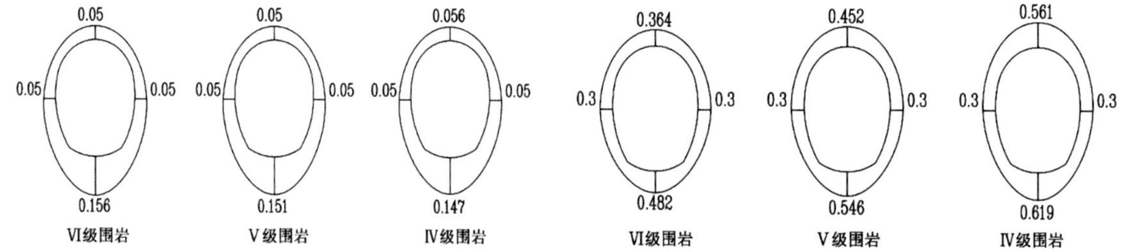

图4.102 深埋条件下弱与中冻胀(左)和中与强冻胀(右)分界值下广义冻胀力分布(MPa)

（2）浅埋条件下，当广义冻胀力分布峰值小于0.3 MPa时，为弱冻胀，采取素混凝土即可满足衬砌的安全要求；当广义冻胀力分布峰值大于0.3 MPa至0.7 MPa时，为中冻胀，可通过提高混凝土强度或增加配筋量来满足衬砌安全要求；当广义冻胀力分布峰值大于0.7 MPa时，为强冻胀，需采取隔热、保温措施设防（图4.103）。

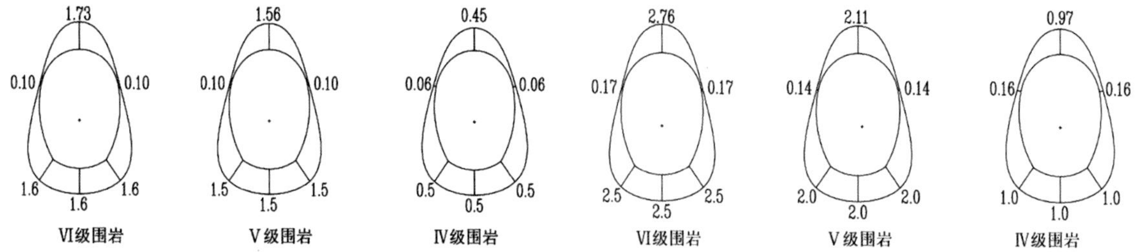

图4.103 浅埋条件下弱与中冻胀(左)和中与强冻胀(右)分界值下广义冻胀力分布(MPa)

（图4.102及图4.103均据白国权等，2007）

3. 防排水系统结冰

冻土区隧道冻害的根本原因是衬砌背后围岩渗水反复出现冻结-融化作用，引起衬砌冻胀开裂、酥碎、剥落、挂冰、道床冒水结冰（图4.78）。冻土区隧道围岩含水层的水温较低，一般季节冻土区含水层水温为6～8 ℃，深季节冻土区为4～6 ℃，多年冻土区为0～4 ℃。冻结期围岩地下水水温较稳定，如青海大阪山隧道内水温年变化小于1.6 ℃，大兴安岭白卡尔隧道水温年变化小于1.7 ℃。一般说，冻土区隧道地下水水温受围岩地温的影响，洞口段季节活动层深度范围的水温易受气温影响而波动，随隧道进深，水温受冻土层地温影响而降低，在隧道中段水温有所升高。当隧道贯通后，洞内气温对围岩水温也产生影响，特别是洞口段，随大气温度而波动。寒季期间，温度较低的隧道地下水（包括排水系统的水流）极易受到洞内负气温影响而结冰，引起一系列与水结冰有关的工程问题。

多年冻土区和深季节冻土区隧道运行阶段的冻害几乎都是因围岩地下水渗入所造成的，有些是衬砌接缝渗水结冰（图4.104），有些是沿着断裂带的侧向排水沟冒出淹没道床，有的是拱脚接缝或裂缝渗水布挂边墙。

图4.104　隧道渗水结冰漫布路面（郭兴民摄）

多年冻土作为隔水层存在，使地下水类型和分布较为复杂，通常按地下水与冻土层的关系分为冻结层上水、冻结层间水和冻结层下水。

（1）冻结层上水：赋存于冻土上限以上的季节融化层中，由大气降水、冰雪融水和土壤渗水补给，水量和水温具有季节性变化，也较丰富，对浅埋隧道、进出口段有重大影响；

（2）冻结层间水：赋存于冻土层中，或为高矿化度水，或为断层带等特殊地质构造，通常封闭或半封闭存在于围岩中，水温接近于0 ℃，具有承压性质，其影响程度取决于隧道穿越和地下水补给情况；

（3）冻结层下水：赋存于多年冻土层下限的含水层中，或封存于冻土层下，或通过断裂带出露于地表，水量较丰富、水温较高或为温泉，具有承压性，对穿越冻土层隧道有较大以致严重影响。

实例资料（中铁第一勘察设计院，2007）：

例1，大兴安岭地区牙林线（牙克石至伊图里河段）的岭顶隧道，为我国第一座修建于多年冻土中隧道。全长936 m，年均气温-6.7 ℃，最低气温-50 ℃，多年冻土年平均地温-1.0 ℃左右。围岩凝灰角砾岩、安山岩，节理发育，风化严重、破碎。冻结层下水，隧道涌水量80吨/昼夜。普通排水沟和衬砌背后注浆。1961年9月建成，11月发现隧道病害现象：①拱部漏水，入冬后拱部产生挂冰，边墙出现1 m直径冰柱，隧道底部形成冰笋和积冰厚度0.3～1.3 m；②边墙衬砌产生环向裂缝，大多数出现在衬砌接缝处，宽度为<（1～3）mm。事后，修筑深埋泄水洞（隧道底面下5.5 m）以及盲沟、支导洞、洞外暗沟、保温出水口、检查井。泄水洞常年流水，但水温较低（1～3 ℃），因其穿过多年冻土层（约190 m），冬季有结冰现象，最大厚度达0.8 m，水在冰下流动。暖季期，经人工处理和自然融化后没有残留冰体。

例2，南疆线（吐鲁番至库尔勒段）的奎先隧道，穿越天山中部越岭隧道。全长6154 m，年平均气温-3.8 ℃，极端最低气温-33 ℃，7个月平均气温低于0 ℃。出口段700 m穿越多年冻土层，其余处于多年冻土下限以下。隧道围岩为花岗岩、片麻岩、片岩等，裂隙发育，掘进100 m遇地下水，450 m后，熔岩断裂带为大量碎屑充填，空隙大，地表水大量渗入，工作面如临倾盆大雨。冻害：11月下旬防寒水沟施工时，出水口的水冻结，并逐渐向沟内延伸，平导冻结1250 m，正洞冻结2870 m。沟水在冰上漫流，道床积冰一尺厚，影响行车三日。可见高寒山区长隧道内，冬季自然气流情况下，全隧道为负温，运营通风后，洞内温度进一步下降，原设计两端各500 m长度的保温水沟不足。事后，加长保温水沟，选用好的保温材料，且加设电热器，保持水沟流水畅通。

4.寒区隧道冻害等级

1）寒区隧道冻害等级

一般说，地表年平均温度低于0 ℃时就具有形成多年冻土层条件，地表日平均温度低于0 ℃就具有生成冻土的环境。大兴安岭地区冻结指数大于2900 ℃·d，年平均气温为0～±1 ℃（在旷野地区）就存在多年冻土层，青藏高原地区受海拔高度影响，冻结指数大于1700 ℃·d，年平均气温-2.0 ℃就存在多年冻土层。季节冻土区的冻结指数大于500 ℃·d时，冻结深度可大于1 m，都会产生轻度-中度程度的冻害。

《建筑气候区划标准》(GB 50178-93）选用一月平均气温作为一级区划指标之一，它能较好地反映一个地区的冷热程度，反映季节冻结深度的特点。从我国108个气象台站最冷期的一月平均气温与最大季节冻结深度的统计关系（图4.105）看出，它们的相关性还是较好的。实际上，一月平均气温也能较好地反映该地区年平均气温及冷期的气候（图4.106）。采用最冷月份（一月）平均气温能较好地反映当地的最大冻结深度，虽然不如冻结指数与冻结深度的相关性好，但能满足工程设计要求，况且较易从气象台站的报表中直接取得该数据，无须统计全年负温期的日负温值。

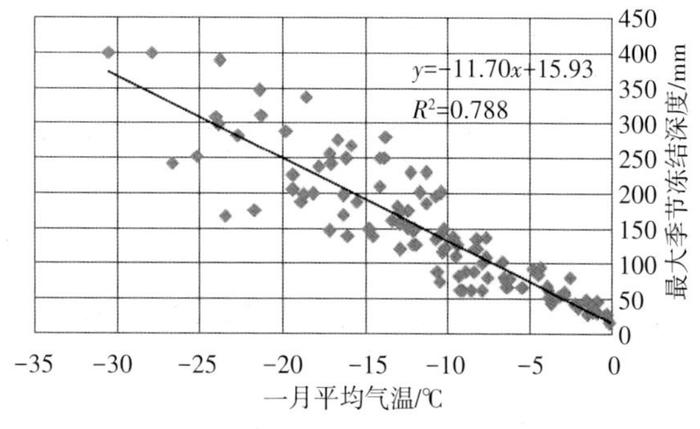

图4.105 一月平均气温与季节冻结深度关系

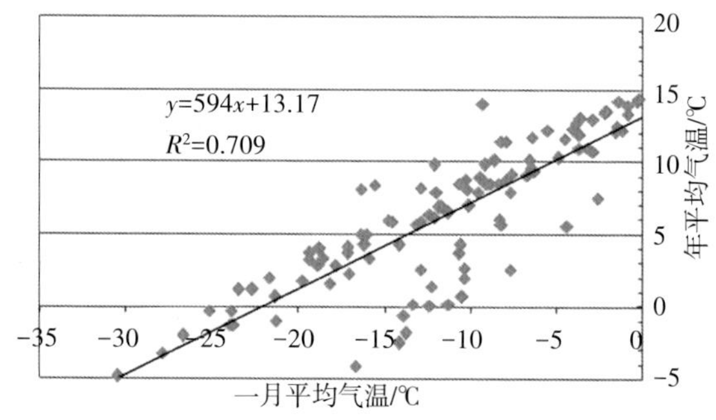

图4.106 一月平均气温与年平均气温关系

隧道冻害产生的主要因素是负温度和水，前者涉及水结冰和围岩冻结深度，后者涉及围岩中水赋存及补给。负气温值越大，冻结深度越大，冻害产生的可能性越大。围岩中赋存水分多呈裂隙水，冻结过程中补给量会影响隧道冻害的严重性。一般说，个别隧道的洞口段和隧道内断裂带存在有松散土层外，隧道围岩的主体多属岩石（硬岩或软岩），依地基土冻胀性影响因素，可不考虑“土质”因素，仅以水分及负温度作为隧道冻害的主要因素考虑。隧道冻害主要表现在衬砌混凝土裂缝、开裂、剥落、漏水、挂冰、隧道底部渗水结冰、洞内冰塞、洞门开裂及热融滑塌等。进行隧道病害等级划分时，可从冻胀力引起衬砌变形（破坏）和渗水结冰（衬砌裂缝渗水和排水不利渗水）两方面考虑。参考孙兵（2012）和罗彦斌（2010）资料，经修改的寒区隧道冻害等级划分（表4.33）。

表4.33　寒区隧道冻害等级

冻害等级					地下水				
					干燥	滴水	渗水	小涌水	大涌水
					衬砌背冻胀力				
					不冻胀	弱冻胀	冻胀	强冻胀	特强冻胀
	气温分带	一月平均气温/℃	最大冻结深度/m	危害程度	无	轻	中	重	严重
气温度	温	0～-5	0.2～0.8	无	Ⅰ	Ⅰ	Ⅰ	Ⅰ	Ⅰ
	冷	-5～-10	0.8～1.4	轻	Ⅰ	Ⅱ	Ⅱ	Ⅲ	Ⅳ
	寒	-10～-15	1.4～2.0	中	Ⅰ	Ⅱ	Ⅲ	Ⅳ	Ⅳ
	重寒	-15～-25	2.0～3.0	重	Ⅰ	Ⅲ	Ⅳ	Ⅳ	Ⅴ
	严寒	<-25	>3.0	严重	Ⅰ	Ⅳ	Ⅳ	Ⅴ	Ⅴ

注：1.冻害等级：Ⅰ为无或微冻害；Ⅱ为轻度冻害；Ⅲ为中度冻害；Ⅳ为重度冻害；Ⅴ为严重冻害。

2.一月平均气温：<-25 ℃为多年冻土区；-15～-25 ℃为岛状多年冻土区或深季节冻土区；-10～-15 ℃为深或中季节冻土区；-5～-10 ℃为中或浅季节冻土区；0～-5 ℃为浅季节冻土区。

3.地下水状况（马万一，1990）：滴水为涌水量<0.01；渗水为0.01～0.1；小涌水为0.1～1；大涌水为1～10；单位：$\times10^4\ m^3/d$。

4.衬砌冻胀力分级：不冻胀为<0.01；弱冻胀为0.01～0.5；冻胀为0.5～1.0；强冻胀为1.0～2.5；特强冻胀为>2.5；单位：MPa。

寒区隧道冻害时以衬砌层冻裂及洞内渗水结冰为特征，据此确定不同冻害等级：

Ⅰ级：衬砌层无裂缝、无结冰或微弱结冰现象，不影响排水的流畅；

Ⅱ级：衬砌层局部有微裂缝，渗水结冰，不影响衬砌层整体强度和行车；

Ⅲ级：衬砌层冻裂，洞内渗水挂冰，排水沟溢水出现路面结冰，多出现于12月至翌年2月间，影响行车安全，需采用钢筋混凝土和保温层结构、深埋水沟措施；

Ⅳ级：冻结期超过4个月，衬砌层破裂较严重，洞门、拱肩、接缝出现较大裂缝、渗漏，挂冰（拱顶、边墙）较严重，路面大面积结冰，严重影响行车安全，需采用钢筋混凝土和保温层结构、双层保温深埋水沟或中心泄水洞措施；

Ⅴ级：冻结期超过5个月，衬砌层严重破损，出现剥落现象，大面积漏水结冰，挂冰如林，排水系统冰塞，路面严重结冰，洞内出现冰塞现象，终止行车，采用钢筋混凝土和保温层结构，注浆堵水和中心泄水洞措施。

相对于隧道来说，最冷月平均气温高于-5 ℃，且冻结深度为0.8 m的地区，无论隧道含水与否，基本上不会出现冻害现象。干燥隧道不因气温严寒而出现冻害。穿越多年冻土层，特别是含厚层冰围岩条件下，应视其年平均地温而异，低温多年冻土区，掘进过程中因人为影响出现少量滴水、渗水，属轻微冻害区；高温多年冻土，可能出现较大的融化圈和冻融循环作用，尤其是存在有断裂带及冻结层下水时，可能产生较大的冻害，属重冻害区。

2）寒区隧道区域划分

寒区包括多年冻土区和季节冻土区，隧道穿越的围岩为多年冻土层和中、深季节冻土层可能出现冻害。按隧道穿越冻土层围岩的关系可分为下列几种情况。

（1）全多年冻土隧道

隧道通过的围岩均属于多年冻土层，暖季期在进出口段存在季节融化层。大片连续多年冻土区内，低温冻土区的多年冻土厚度超过80～100 m，岛状多年冻土区的冻土厚度一般为40～50 m。我国西部的青藏高原和山地多年冻土区的特点，随海拔增高和积雪、冰川影响，气温越低，冻土厚度越大。大兴安岭多年冻土区属于高纬度多年冻土区，最大厚度的多年冻土均分布于低洼沼泽湿地，受逆温层影响，高山的多年冻土厚度较小。青藏高原的昆仑山隧道和风火山隧道属于全多年冻土隧道。昆仑山隧道山体为三叠系板岩夹片岩，最大埋深为106 m，多年冻土最大下限隧道为120 m，上限最大深度约3 m，进口段1.5 m及出口段1.8 m为饱冰冻土，洞身为多冰冻土或少冰冻土；风火山隧道山体为第三系砂岩、泥岩，最大埋深为96 m，进口段1.5 m及出口段2.4 m为富冰冻土和饱冰冻土，洞身为多冰冻土、少冰冻土，局部基岩风化层中发育1.0～2.5 m厚的富冰、饱冰冻土。

另一种情况，即多年冻土区的旁山隧道。由于埋深较浅，隧道从多年冻土上限与下限间穿越，洞口段为季节融化层，洞身在多年冻土中。

一般说，全多年冻土隧道因围岩全年处于冻结状态，阻挡了外界水源补给，除了掘进过程中融化圈的渗水外，漏水的可能性较小，因而衬砌背后的围岩冻胀力也较小。当有断裂带的破碎岩石时，可能存在冻结层间水或与沟谷地表水水力联系，就会有较大的渗水或涌水，如昆仑山全隧道正常涌水量达222.55 m^3/d。在埋深较浅的高温多年冻土旁山隧道，当围岩较破碎或裂隙、节理较发育情况下，地表水可能渗入，引起隧道渗水结冰，如，昆仑山某沟谷，自然条件下，水流正常流淌，勘察冻土上限3～4 m，当筑坝积水后，冻土上限下降至10～13 m。因而需视全多年冻土隧道的地质及水文地质条件来确定隧道设计原则及方案。

（2）局部多年冻土隧道

隧道穿越的围岩有季节融化层、多年冻土层及非多年冻土层，且年平均气温低于0 ℃的寒带温度。多年冻土区大量的隧道都属于此类型，东北大兴安岭多年冻土区的隧道基本都是局部多年冻土隧道。低温大片多年冻土区深埋隧道，岛状多年冻土区隧道的洞身中部往往是非多年冻土层。隧道及出口段常出现较强烈的冻融循环作用，地表水侵蚀、渗入和地下承压水入侵，以致地表水通过断裂带渗入隧道，应采用保温深埋水沟或泄水洞排除，保温出水口应避免冻结。如大兴安岭多年冻土区的岭顶隧道，呼中支线翠岭二号隧道，在严寒气温的影响下，隧道内和泄水洞内最低气温仍可达-2.5 ℃，使排水沟、泄水洞出现冰塞现象。此类隧道贯通后或许会形成次生多年冻土。

（3）非多年冻土隧道

隧道通过的围岩均为非冻土层，属正温岩层。此类隧道分布于岛状多年冻土区，高寒高原山区及中、深季节冻土区，洞口段存在季节冻结层，洞身段为非冻土层。年平均气温接近0 ℃，最冷月平均气温均低于0 ℃。隧道贯通后，洞口段季节冻结深度较大或形成次生冻土。通常情况下，地表水或地下水渗入隧道，能通过排水边沟排除，必要时通过深埋水沟，并做好出水口的保温措施。

3）寒区隧道冻害设防

根据寒区隧道洞内结冰程度、衬砌冻胀力及混凝土冻融循环下的耐久性或疲劳强度等状况，应按隧道冻害等级进行相应的设防。衬砌结构冻害程度可按承受冻胀力作用的安全系数确定，但冻胀力很小，采用素混凝土即可达到设计要求，属于无或弱冻害；但冻胀力达到一定程度，素混凝土已不能满足安全要求，需通过配筋才能使衬砌达到安全要求，属于中等冻害；当冻胀力再增大，钢筋混凝土仍满足不了安全要求时，需要采取一定的措施才能使衬砌处于安全状态，如增设保温层等，则属于强或特强冻害。隧道不同冻害设防可参考表4.34分别确定：

表4.34　寒区隧道冻害设防等级及相应设防措施（孙兵，2012）

洞内结冰冻害等级	衬砌破坏程度		
	无或弱冻害	中等冻害	强或特强冻害
不冻害 Ⅰ	按普通隧道设计即可。当冻胀力接近弱中等冻胀力时，需采用钢筋混凝土结构，不必增设其他设防措施	必须采用钢筋混凝土结构，当冻胀力接近中强冻胀力时，应采用保温隔热措施	必须采用钢筋混凝土结构和保温隔热措施
弱冻害 Ⅱ	采用防寒水沟。当冻胀力接近弱中等冻胀力时，需采用钢筋混凝土结构	采用防寒水沟。必须采用钢筋混凝土结构，当冻胀力接近中强冻胀力时，需采用保温隔热措施	必须采用防寒水沟，钢筋混凝土结构及保温隔热措施
中冻害 Ⅲ	采用深埋渗水沟，当冻胀力接近弱中等冻胀力时，需采用钢筋混凝土结构	当冻结深度较浅时，采用深埋渗水沟。当冻结深度较大时，采用泄水沟，必须采用钢筋混凝土结构。当冻胀力接近中强冻胀力时，需采用保温隔热措施	当冻结深度较浅时，采用深埋渗水沟。当冻结深度较大时，采用泄水沟，必须采用钢筋混凝土结构及保温隔热措施
强冻害 Ⅳ	采用深埋渗水沟，当施工缝出现渗漏水时，应对相应部位进行注浆堵水，当冻胀力接近弱中等冻胀力时，需采用钢筋混凝土结构	当冻结深度较浅时，采用深埋渗水沟。当冻结深度较大时，采用泄水沟。当施工缝或结构局部出现裂缝渗水时，应对相应部位进行注浆堵水，必须采用钢筋混凝土结构。当冻胀力接近中强冻胀力时，需采用保温隔热措施	当冻结深度较浅时，采用深埋渗水沟和防寒水沟。当冻结深度较大时，采用泄水沟(洞)和防寒水沟。当施工缝或结构局部出现裂缝渗水时，应对相应部位进行注浆堵水，必须采用钢筋混凝土结构和保温隔热措施
特强冻害Ⅴ	洞口处采用防寒保温门或防雪保温大棚，采用深埋渗水沟，当施工缝出现渗漏水时，应对相应部位进行注浆堵水，当冻胀力接近弱中等冻胀力时，需采用钢筋混凝土结构	洞口处采用防寒保温门或防雪保温大棚，当冻结深度较浅时，采用深埋渗水沟。当冻结深度较大时，采用泄水沟(洞)。当施工缝或结构局部出现裂缝渗水时，应对相应部位进行注浆堵水，必须采用钢筋混凝土结构。当冻胀力接近中强冻胀力时，需采用保温隔热措施	洞口处采用防寒保温门或防雪保温大棚，当冻结深度较浅时，采用深埋渗水沟和防寒水沟。当冻结深度较大时，采用泄水沟(洞)和防寒水沟。当施工缝或结构局部出现裂缝渗水时，应对相应部位进行注浆堵水，必要时对局部采用加热措施，必须采用钢筋混凝土结构和保温隔热措施

（1）对于混凝土衬砌抗冻耐久性，混凝土在规定年限的损伤度和残余强度可分别通过式（4.19）和式（4.20）获得。当其损伤度在规定年限内达到破坏标准时，要采取相应措施来提高混凝土的抗冻耐久性，如通过混凝土强度，降低水灰比，添加引气剂，施作保温隔热层来降低抗冻循环次数等。

（2）对于混凝土衬砌冻胀力疲劳损伤，其损伤度可通过式（4.21）和式（4.22）获得，当其损伤度在规定年限内达到破坏标准时，要采取相应措施，如施作保温隔热层来降低冻胀力的量值及疲劳循环次数，提高混凝土强度等。

混凝土结构物的损伤度和残余强度表达式：

$$D = 1 - \left| 1 - \frac{Y \cdot M}{B \cdot N_{40}} (1 - 0.6^{\xi + 1}) \right|^{\frac{1}{\xi + 1}} \tag{4.19}$$

$$R_N = \left[\frac{(1-D)(7.6R_0^{1/3}+14)-14}{7.6}\right]^3 \tag{4.20}$$

$$\lg N = \frac{1-S}{(1-R)\beta} \tag{4.21}$$

$$D = 1-\left|1-\frac{n}{N}\right|^{1.3057(1-R^2)S^{4.9128}} \tag{4.22}$$

式中：Y为规定的安全运行年限，年；M为混凝土结构所处环境的年冻融循环次数，次/年；B为混凝土室内外冻融损伤的比例系数，一般取12；N_{40}为混凝土能经受的最大抗冻融（快冻）次数；R_0为混凝土结构的初始极限强度；S为应力比，即作用在试件上的最大荷载P_{max}与材料的极限承载能力σ之比；R为荷载循环特征值，即循环荷载的最小值与最大值之比，一般取0.1或0.2；β为试验参数，对于某一特定混凝土材料，β为定值，Aas-Jukobsen建议β=0.0640；N为混凝土的疲劳寿命，即在应力比S作用下所能承受的最大疲劳次数。

4.3.2 寒区隧道隔热保温设计

寒区隧道工程的特殊性造就了冻土区（多年冻土及季节冻土）隧道特殊的冻害特性，归结起来属两大类：其一，衬砌混凝土结构破坏；其二，洞内结冰。因此，多年冻土区隧道工程设计的基本对策：①控制（减小）隧道围岩冻融循环次数和冻融圈活动层厚度，即控制隧道围岩温度场的变化；②合理设计隧道防、排水系统，确保系统畅通和安全运行；③提高衬砌混凝土结构强度、抗渗性和耐久性。

1.隧道隔热保温层设计

不论全多年冻土隧道，或局部多年冻土隧道，或非多年冻土隧道，在隧道全段或距出口局部段，围岩中都有一定深度的冻融圈，因寒暖交替的外界气温影响下反复的冻融循环作用，导致隧道衬砌破坏，出现冻害。

寒区隧道工程设计之一是最大限度地减小围岩冻融圈范围，其途径是采用隔热保温技术，即在隧道衬砌层中（或外）设置隔热保温层，以减小洞内气温与围岩的热交换。

隧道隔热保温层设计主要应考虑几个因素：

（1）隧道所处地区围岩的最大冻结（融化）深度、最冷月与最热月平均气温值和较差，这是主要依据。

（2）在两层衬砌间设置隔热保温层，其厚度应满足隔热保温作用外，还需具有足够强度，确保隔热保温层自身稳定性。

（3）隔热保温层应具有低毒性、高阻燃性，且在施工中易操作。

（4）隧道结构设计应为敷设隔热保温层提供条件。

（5）应充分考虑隔热保温层老化而使其导热性增大，以致失效时留有补救条件。

隔热保温层可设置在衬砌层外或衬砌层内，根据条件和要求确定，一般设置在初期支护和二次衬砌之间，如昆仑山和风火山隧道，也有设置在二次衬砌的外部，如大阪山隧道。

2.隔热保温材料选择

由于寒区气候和地质条件较为特殊，特别是全多年冻土隧道或局部多年冻土隧道，施工均在低温或接近于0 ℃的环境下进行，选用隔热保温材料应具有良好的低温性能，在低温下黏结强度和凝固时间必须满足施工要求。目前采用的工业隔热保温材料有：EPS、XPS、PU，它们物理性能比较见表4.35。从材料基本物性比较来看，PU在导热系数、耐温方面有优势。XPS在抗压强度、耐湿方面有优势。EPS在各方面均无优势，只是在价格上略有优势。表4.36为厂家提供给青藏铁路昆仑山、风火山隧道使用的保温材料物理性能。EPS、XPS两种隔热保温材料冻融循环后的物性见表3.60测试结果。

表4.35 隔热保温板物理性能

项目	单位	PU(板材)	XPS(板材)	EPS(板材)
导热系数	W/m·k	≤0.022	≤0.029	≤0.042
抗压强度	kPa	≥150	≥200	≥69
吸水率	%	<3.0	<1.0	<2.0
耐温(max)	℃	120	95	70
阻燃程度		离火自燃	离火自燃	离火自燃
燃烧级别		B2	B2	B2
密度	kg/m^3	30～40	40	18～20
对流传热		有	有	有
黏接强度	MPA	>0.15	>0.25	>0.1

表4.36 青藏铁路隧道使用的保温材料物理性能

项目	聚氨酯	泡沫玻璃	聚氨酯泡沫板	聚氨酯PU板
密度/$kg·m^{-3}$	91	161.7	80	61
导热系数/$W·(m·K)^{-1}$	0.037	0.0638	0.033	0.0192
吸水率/%	2.8	3.5	4.6	2.2
抗压强度/kPa	579	1620	425	312
弹性模量/MPa	8.6	14.6	7.9	7.4

3.隧道隔热保温层厚度和导热系数确定

1）隧道隔热保温层厚度计算方法

根据隧道防冻隔热保温层设防厚度的计算方法，归纳起来有等效厚度换算法、气象解析法和有限元模拟计算法。等效厚度换算法较适用于工程实际的计算方法。隧道设计时采取增大衬砌或隔热保温措施避免或消减衬砌冻土围岩的季节融化层，即可防止隧道冻害出现。衬砌围岩的季节融化层可以实测，或通过斯蒂芬公式计算出多年冻土季节融化层厚度。

采取混凝土（或钢筋混凝土）衬砌来避免出现冻融循环破坏，其厚度必须等于或大于季节融化层深度，即：

$$H_t=\sqrt{\frac{2\lambda_u(\frac{365T_0}{4}+\frac{365}{\pi}\sqrt{A^2-T_0^2})}{L\rho_d(W-W_u)}}\leqslant H_c \tag{4.23}$$

式中：H_t为多年冻土最大季节融化深度，m；H_c为混凝土衬砌厚度，m；λ_u为土体融化状态下的导热系数，W/(m·K)；T_0为空气平均温度，℃；A为空气温度年较差之半；℃；L为水结冰或融化潜热，热工计算中一般取33.456 J/kg；ρ_d为土体的干密度，kg/m^3；W为土中含水率，以小数计；W_u为冻土中未冻水含量，以小数计。

假设λ_c为混凝土衬砌厚度的导热系数，W/(m·K)，H_b为寒区隧道衬砌铺设的厚度，导热系数为λ_b的隔热保温层，则可以得到与隔热保温层等效热阻的混凝土厚度H_{c1}：

$$H_{c1} = \frac{\lambda_c}{\lambda_b} H_b \tag{4.24}$$

设寒区隧道隔热保温衬砌中混凝土厚度为H_0，隔热保温层厚度为H_b，那么，整个隔热保温衬砌的厚度为：H_0+H_b，由式（4.24）可得到与厚度H_0+H_b的隔热保温衬砌等效热阻的混凝土厚度H_c：

$$H_c = H_0 + \frac{\lambda_c}{\lambda_b} H_b \tag{4.25}$$

将式（4.25）代入式（4.23），则：

$$\sqrt{\frac{2\lambda_u\left(\frac{365T_0}{4} + \frac{365}{\pi}\sqrt{A^2 - T_0^2}\right)}{L\rho_d(W - W_u)}} \leqslant H_0 + \frac{\lambda_c}{\lambda_b} H_b \tag{4.26}$$

当寒区隧道铺设的隔热保温层厚度一定时，则其最佳的导热系数为：

$$\lambda_b = \frac{\lambda_c H_b}{\sqrt{\frac{2\lambda_u\left(\frac{365T_0}{4} + \frac{365}{\pi}\sqrt{A^2 - T_0^2}\right)}{L\rho_d(W - W_u)}} - H_0} \tag{4.27}$$

当寒区隧道铺设的隔热保温层导热系数一定时，则其最佳厚度为：

$$H_b = \frac{\lambda_b}{\lambda_c}\left(\sqrt{\frac{2\lambda_u\left(\frac{365T_0}{4} + \frac{365}{\pi}\sqrt{A^2 - T_0^2}\right)}{L\rho_d(W - W_u)}} - H_0\right) \tag{4.28}$$

亦可以采用当地气象资料的最大冻结深度来进行等效厚度换算（陈建勋等，2007），不过，隧道洞内外的气温有差别，洞内气温较洞外气温高一些，但洞口段相差较小，所有换算得出的洞内围岩冻结深度略偏大，安全度大一些。

等效厚度换算法的基本原理有：

$$\frac{H_0}{\lambda_0 A} = \frac{H_w}{\lambda_w A} \tag{4.29}$$

式中：H_0为气象资料中的最大冻结深度，m；λ_0为地表松散岩（土）的导热系数，W/（m·K）；H_w为围岩的换算（或实测）最大冻结深度，m；λ_w为围岩的导热系数，W/(m·K)；A为传热面积，m^2。对于隧道的某一断面，可近似认为温度只沿着径向一维圆筒壁传热。

在衬砌表面设置隔热保温层时的厚度：

$$\frac{1}{2\pi\lambda_w}\ln\left[\frac{r + H_w}{r}\right] = \frac{1}{2\pi\lambda_b}\ln\left[\frac{r + H_b}{r}\right] \tag{4.30}$$

式中：λ_b为隔热保温层的导热系数，W/(m·K)；H_b为隔热保温层的厚度，m；r为隧道的当量半径。

在初期支护与二次衬砌间设置隔热保温层时的厚度：

$$\frac{1}{2\pi\lambda_w}\ln\left[\frac{r + H_w}{r}\right] = \frac{1}{2\pi\lambda_b}\ln\left[\frac{r + H_c + H_b}{r + H_c}\right] + \frac{1}{2\pi\lambda_c}\ln\left[\frac{r + H_c}{r}\right] \tag{4.31}$$

式中：符号的物理含义同上各式。

隧道隔热保温层铺设长度：先要确定隧道进出口的年平均温度、年温度振幅、隧道随埋置深度变化函数、材料热物理参数等已知条件。多年冻土区，在距离隧道进出口一定距离l长度处，初衬与围岩交界面温小于或等于0 ℃，可取此长度作为隔热保温层铺砌的长度。对于非冻土区，l处的温度大于0 ℃，也可取l为铺设长度。铺设隔热保温层后洞内的空气温度沿长度的路径发生变化，需要更长的路径才能达到与围岩不发生热交换状态。这时可根据传热学基本方程，推得隔热保温层铺设长度的相关修正系数。

2）青藏铁路昆仑山、风火山隧道使用情况

（1）隔热保温层衬砌的力学特性分析

昆仑山隧道最大埋置深度106 m的断面，分两阶段施工，第一阶段全断面开挖，衬厚度为0.25 m的C25钢筋混凝土的模筑支护。第二阶段是先铺设一层防水层，然后铺设一层50 mm厚的隔热保温层，再铺设一层防水层，最后衬厚度不等的C30钢筋混凝土模筑衬砌。按V级围岩、混凝土和隔热保温材料的力学参数（表4.37）（《青藏铁路》编写委员会，2016）进行有限元分析，该断面在铺设隔热保温层情况下，隔热保温层的最大压应力为0.234 MPa，位于隧道仰拱底，隔热保温层不会出现拉应力，拱顶和边墙隔热保温层应力较小，隧道底的应力较大，隧道仰拱处的应力最大，此时的应变为2.85%，隔热保温层的密度增加2.28 kg/m^3，导热系数增大0.00083 W/m·K。从强度分析可知（图4.107）（《青藏铁路》编写委员会，2016），昆仑山隧道采用密度为80 kg/m^{3}聚氨酯板是可行的。

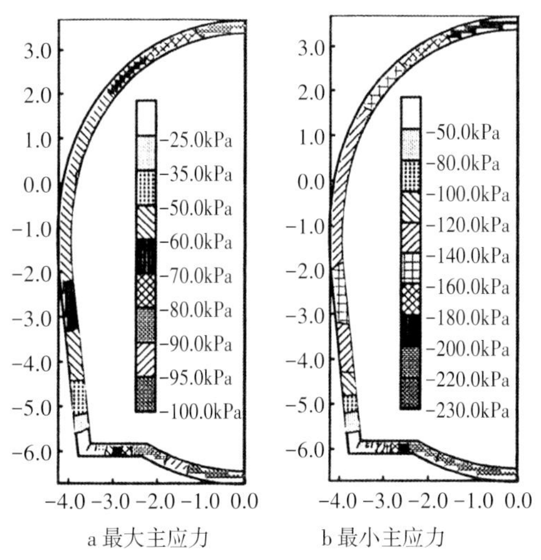

图4.107　昆仑山隧道隔热保温层的主应力分布

表4.37　昆仑山隧道最大埋深断面围岩、混凝土和隔热保温层的物理力学参数

项 目	围岩(V级)	混凝土(C25)	混凝土(C30)	隔热保温层
弹性模量E/MPa	1500	29500	31000	7.9
泊桑比ν	0.4	0.2	0.2	0.2
密度ρ/kN·m^{-3}	19	25	25	0.6
黏聚力c/MPa	0.15	2	3	/
内摩擦角φ/°	25	60	60	/
硬化参数H'	2.5	340	340	/

风火山隧道最大埋置深度96 m的断面，分两阶段施工，第一阶段全断面开挖，衬厚度为0.25 m的C25模筑钢筋混凝土支护。第二阶段是先铺设一层防水层，然后铺设一层50 mm厚的隔热保温层，再铺设一层防水层，最后衬厚度不等的C30模筑钢筋混凝土衬砌。隧道结构图如图4.108。按V级围岩、混凝土和隔热保温材料的力学参数（表4.38）进行有限元分析，该断面在铺设隔热保温层情况下，隔热保温层的最大压应力为0.14 MPa，位于隧道仰拱底，隔热保温层不会出现拉应力，拱顶和边墙隔热保温层应力较小，隧道底的应力较大，隧道仰拱处的应力最大，此时的应变为2.2%，隔热保温层的密度增加1.76 kg/m^3，导热系数增大0.00064 W/(m·K)。从强度

分析可知（图4.109），昆仑山隧道采用密度为80 kg/m³的聚氨酯板是可行的。

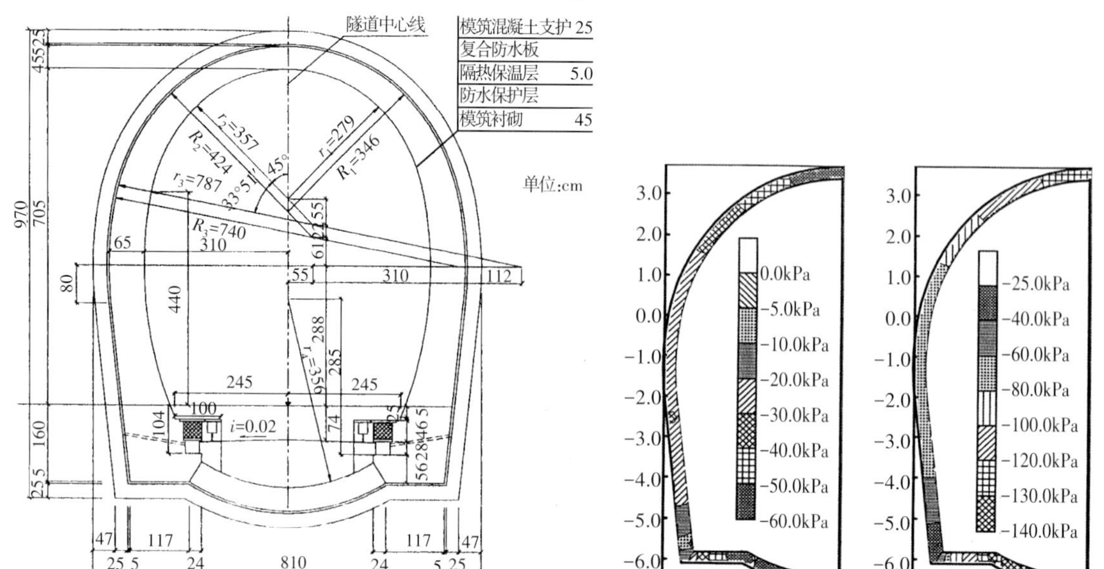

图4.108 风火山隧道Ⅳ级围岩衬砌结构断面图

（《青藏铁路》编写委员会，2016）

图4.109 风火山隧道隔热保温层的主应力分布

（a）最大主应力 （b）最小主应力

表4.38 风火山隧道最大埋深断面围岩、混凝土和隔热保温层的物理力学参数

项 目	围岩(Ⅴ级)	混凝土(C25)	混凝土(C30)	隔热保温层
弹性模量E/MPa	1630	29500	31000	7.9
泊桑比ν	0.35	0.2	0.2	0.2
密度ρ/kN·m^{-3}	23	25	25	0.6
黏聚力c/MPa	0.18	2	3	–
内摩擦角φ/°	25	60	60	–
硬化参数H	2.5	340	340	–

（2）隧道隔热保温层热参数的确定

风火山隧道埋深15 m断面采用厚度为50 mm，导热系数为0.03 W/m·K的隔热保温层，第1年（2004年）计算结果与对应时刻现场观测值比较，暖季期-1.5 ℃的粗虚线与实线等值线基本重合［图4.110（a）］，寒季期-3.5 ℃和-4.0 ℃的粗虚线与实线等值线间的差距很小［图4.110（b）］。考虑50年后气候转暖，青藏高原气温可能升高2.6 ℃和水分迁移作用，预测隧道第10年、50年的温度分布曲线如图4.110（c）、（d）所示，未见隧道围岩出现季节性融化，表明所采用隔热保温层的厚度和导热系数是可行的。同样，隧道埋深75 m的断面，采用相同厚度和导热系数的隔热保温层也未见隧道围岩出现季节性融化现象（图4.111）。

昆仑山隧道埋深13 m断面采用厚度为50 mm，导热系数为0.03 W/(m·K)的隔热保温层。当考虑水分迁移和50年气温升高2.6 ℃的影响下，隧道围岩第5、10、30和50年的数值预测温度分布图如图4.112所示。结果表明，第5年冻融循环的最大融化深度为0.15 m；第10年冻融循环的最大融化深度为0.21 mm；第30年冻融循环的最大融化深度为0.35 m；第50年冻融循环的最大融化深度达0.50 m。将隔热保温层改为120 mm后，第50年冻土围岩未出现季节性融化圈，但隧道衬砌附近围岩的温度接近0 ℃。如果隔热保温层厚度小于120 mm，或导热系数大于0.03 W/(m·K)时，隧道会出现季节性融化圈。

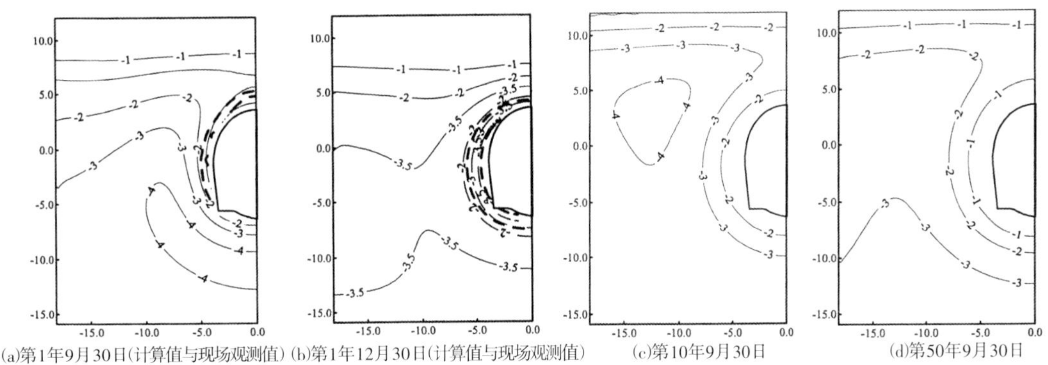

(a)第1年9月30日(计算值与现场观测值)　(b)第1年12月30日(计算值与现场观测值)　(c)第10年9月30日　(d)第50年9月30日

图4.110　风火山隧道埋深15 m断面第1、10、50年温度分布曲线（《青藏铁路》编写委员会，2016）

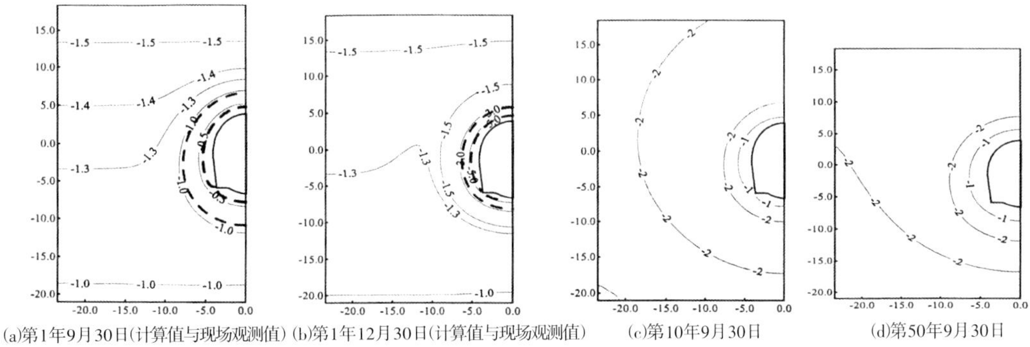

(a)第1年9月30日(计算值与现场观测值)　(b)第1年12月30日(计算值与现场观测值)　(c)第10年9月30日　(d)第50年9月30日

图4.111　风火山隧道埋深75 m断面第1、10、50年温度分布曲线（《青藏铁路》编写委员会，2016）

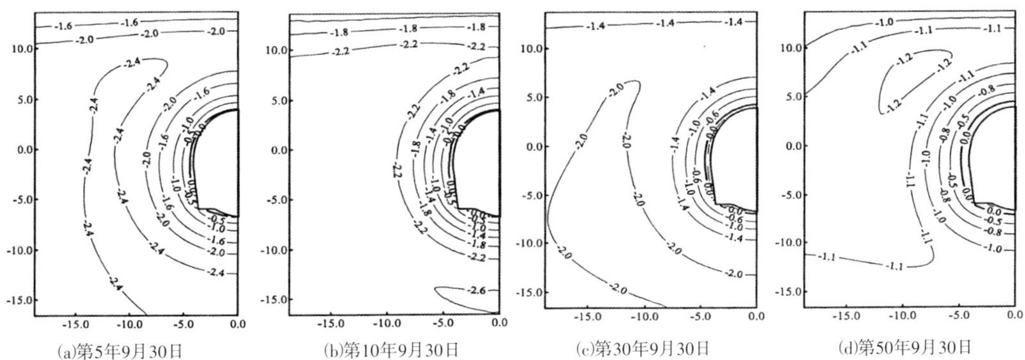

(a)第5年9月30日　(b)第10年9月30日　(c)第30年9月30日　(d)第50年9月30日

图4.112　昆仑山隧道埋深13 m断面第5、10、30、50年温度分布曲线（《青藏铁路》编写委员会，2016）

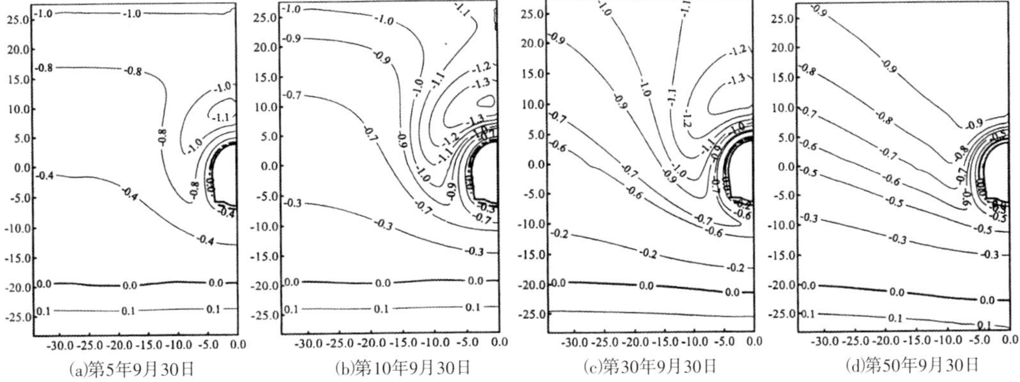

(a)第5年9月30日　(b)第10年9月30日　(c)第30年9月30日　(d)第50年9月30日

图4.113　昆仑山隧道埋深106 m断面第5、10、30、50年温度分布曲线（《青藏铁路》编写委员会，2016）

同样，昆仑山隧道埋深106 m的断面也采用50 mm，导热系数为0.03 W/(m·K)的隔热保温层，50年内隧道冻融状况的数值分析结果（图4.113），第5个冻融循环的最大融化深度为0.16 m；第10个冻融循环的最大融化深度为0.20 m；第30个冻融循环的最大融化深度为0.31 m；第50个冻融循环的最大融化深度达0.42 m。可见，在气候转暖后，隧道围岩的融化深度逐年增加。将隔热保温层改为100 mm后，隧道冻土围岩就不出现融化圈，但隧道衬砌附近围岩的温度接近于0 ℃。若隔热保温层厚度变薄些，或导热系数大些，隧道衬砌附近围岩就有可能出现融化圈。

4.3.3 寒区隧道防、排水设计

多年冻土区隧道工程的实践表明，水对隧道的稳定性起着主导影响因素。一般情况，无水条件下，隧道围岩的冻融循环作用不会产生严重的病害影响隧道正常营运。当多年冻土隧道中出现地下水时，就会产生许多病害，其中60%的病害为渗漏引起的，如冰柱、冰漫等，24%的病害是衬砌混凝土破裂等。

1.寒区隧道防排水设计原则

多年冻土隧道防排水设计应“以排（或堵）为主，堵、排、防、截、隔为辅，隔热保温相结合”的综合措施为原则，隔热保温与防排水措施相铺构成体系。地表以排、截为主，洞内以排为主，因地制宜地保持地下水径流、排泄通道畅通，消除隧道地下水赋存和渗漏。隧道施工前应贯彻“先排、截地表水，导、排地下水，后进行隧道施工”原则。

多年冻土区隧道的防排水措施应考虑“保护冻土”的设计原则，尽量减小融化圈范围。非多年冻土区隧道的防排水措施，应减小围岩的冻结圈。

寒区隧道防排水应采用自防水混凝土结构，抗渗能力不低于S8，抗冻等级F=300。工作缝、伸缩缝、沉降缝和安装设备的孔眼应采取可靠防水措施，确保不渗水；衬砌层背后不积水；道面不积水；排水沟不冻结。

浅埋隧道顶部融化圈外缘至地表的厚度小于等于最大季节融化深度时（如沟谷、低洼地段），地表应切实做好地表水疏导、铺盖、整平等措施和增设保温层，防止冻结层上水进入隧道内排水系统。疏导措施不宜减小原有融化深度土层厚度，必要时可在冻结层上水底板处做注浆防渗处理。

初期支护与二衬间宜设置全包式保温防水措施。注意横向排水与纵向排水管连接的防渗措施。

洞内排水沟应设置为保温排水盲沟，必要时宜增设加热电缆，与洞外相接的排水盲沟也应注意其保温措施，出水口应设置为保温出水口，避免冻结。隧道洞口、仰坡外应设置截水沟、挡水设施，路堑内流水不得进入隧道内部。

控制施工超挖和坍塌，衬砌背后的超挖和空洞部分，应同级混凝土回填密实，消除积水或地下水沿隧道纵向迁移。

2.隧道防排水系统

通常隧道排水系统有两个部分：防水措施和排水措施。防水措施是将水封堵在结构层之外，排水措施是将洞内的水排出洞外（图4.114）。

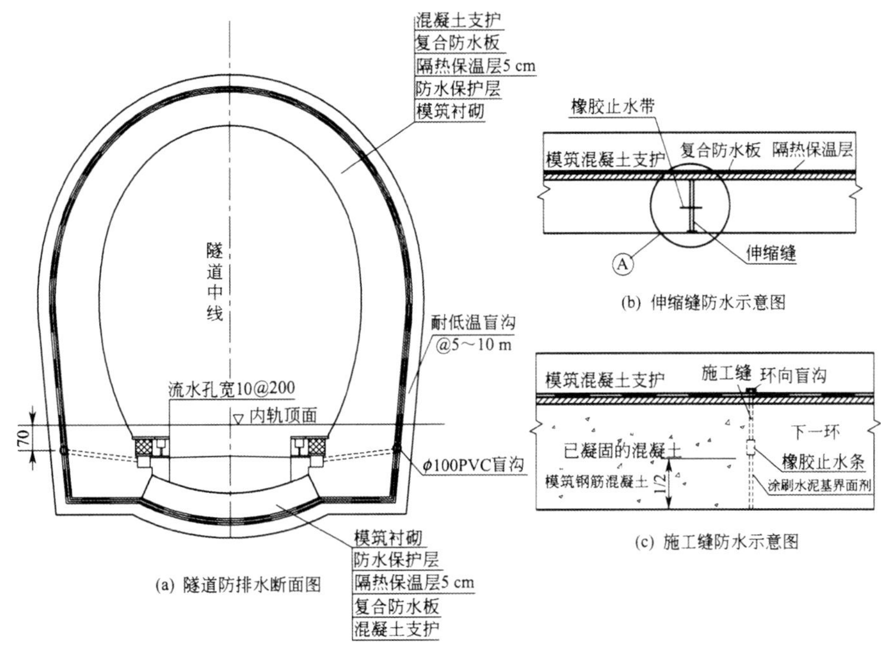

图4.114　青藏铁路多年冻土隧道防排水设计图（《青藏铁路》编写委员会，2016）

1）防水措施

洞内防水措施：采取全断面设防的防水隔热保温措施，即“防水板+隔热保温层+防水板”的复合式全包铺设。

①初期支护防水：我国大部分隧道都在支护好钢拱架，打好锚杆钢筋网后，直接一次性喷射混凝土。在高寒冻土区，提高喷射混凝土的速凝时间和早期强度，确保与冻土的黏合强度而不脱落就成为施工技术的关键。液体速凝剂选用加热（20～40 ℃）后能在0～5 ℃环境温度下满足初凝时间在5 min内，终凝为15～20 min。一次喷射厚度，向下喷射时为150 mm，水平喷射为100 mm，向上喷射为70 mm。

②增设防水板。在初期支护和二衬间增设复合防水板卷材。施工中复合防水板结合隔热保温板一同铺设。

③二衬采用自防水混凝土衬砌。寒区隧道的二次模筑衬砌混凝土抗渗等级不低于S8，加入HEA、AEA等高级膨胀剂，以提高混凝土的密度和施工质量，减小裂缝产生，增强二衬的自防水能力。

④二缝（施工缝、变形缝）防水处理。施工缝、变形缝是隧道防水系统中最难解决的问题。在多年冻土区隧道防水材料选择时，必须考虑低温和冻融循环对防水材料性能的影响。宜采用分区防水，将隧道的防水断面划分较小的区域，相互隔离。

2）排水措施

隧道内防止排水系统冻结是寒区隧道排水设计的重心，是避免隧道出现冻害的关键。目前我国寒区及多年冻土区隧道排水防冻措施主要有：中心深埋水沟、泄水洞、保温防寒水沟、采暖式水沟，保温出水口以及附属设施，如检查井等。

（1）多年冻土段排水系统

多年冻土段隧道内地下水的来源主要为：隧道冻结围岩的融化水，经断裂带或融化带渗入的地下水（或地表水），非多年冻土段地下水纵向流入的地下水。

冻结围岩的融化水主要是孔隙水和裂隙水，一般说其水量是有限的，隧道修建后一定时间内可能仍有少量地下水出现，通过设置保温水沟可以排除。

断裂带或融化带渗入的地下水（或地表水），其水量取决于地下水的来源，如冻结层下水或地表沟谷流水，水量都较大，应采用泄水洞等形式排水，地表采取截、排等措施等综合处理。

非多年冻土段纵向流入地下水，需在两者交界处采用堵水措施，如帷幕注浆方法阻止地下水的流入。同时，采用排水措施将非冻土带的地下水排除。

多年冻土区隧道排水措施主要有：泄水洞、深埋中心水沟、防寒保温（采暖）水沟以及保温出水口。

①深埋中心水沟：是把排水沟埋设于隧道内路面以下相应冻结深度之内或之下，利用地下水的初温达到冻融平衡以防冻（图4.115）（中交第一公路设计研究院有限公司等，2015）。但水沟埋置深度在冻结深度范围内时，最冷月期间，水沟侧壁等可能结冰，由于流水初温而不易完全冻结，延续一段时间可能产生冻害。暖季期间，将检查井盖掀开，渗水沟中的冰会很快就融化；或者在隧道道面下（满足强度要求）铺设隔热保温层，以减小冻结深度，在沟内四周铺设隔热保温层，以减小沟内的负温度。同时需修建检查井、保温出水口。

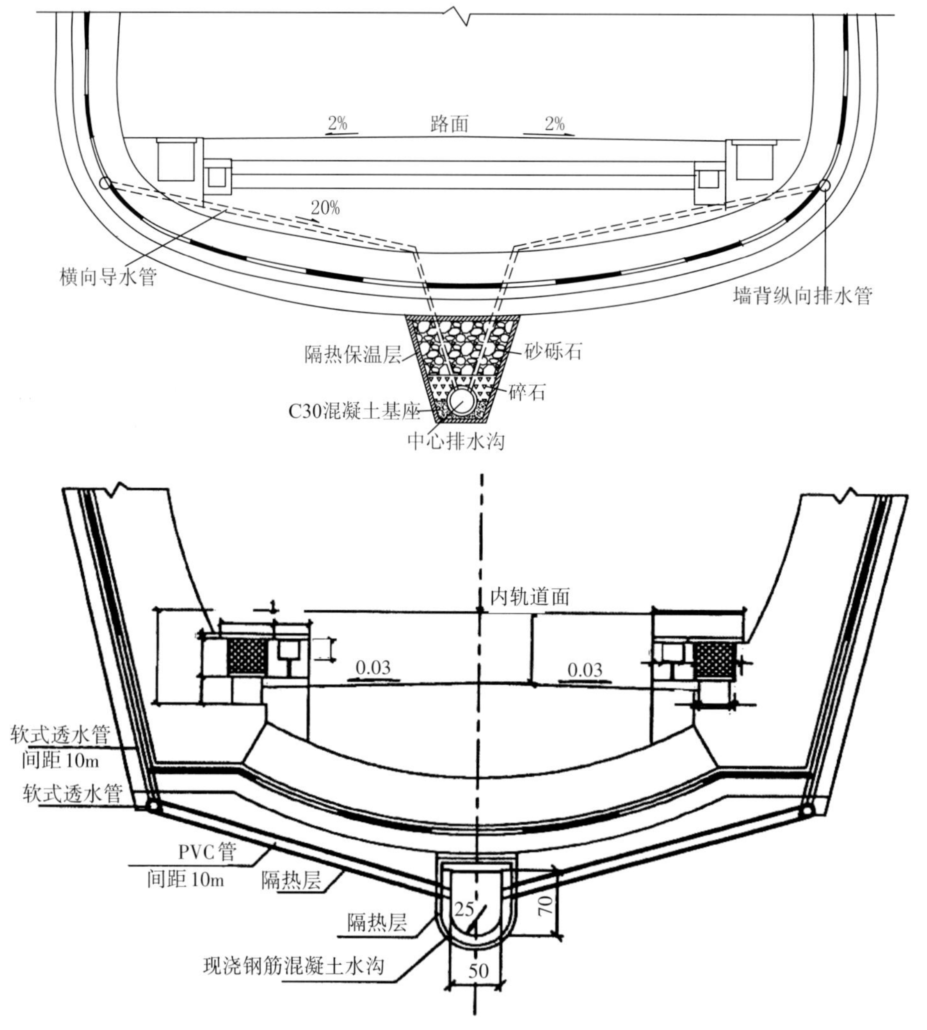

图4.115 隧道深埋中心排水沟横断面示意图(单位:cm)

大兴安岭多年冻土区嫩林线朝阳一号隧道，年平均气温为-3.2 ℃，最冷月平均气温-27.9 ℃，隧道内实测冻结深度达5 m，中心水沟埋深为3.5～4 m，运营正常。实践表明，隧道深埋中心水沟较适用于非多年冻土区，或岩石冻结深度小于5 m的多年冻土区。在隧道内最冷月气温更低的多年冻土区，除应加强隧道的隔热保温措施外，中心排水沟的四周还应有保温隔热措施，且布置恒温控发热电缆；或采用埋深中心水沟与泄水洞联合使用，即距隧道口一定距离的气温较高、冻结深度较浅地段，采用埋深中心水沟，隧道口段采用泄水洞。

中心深埋排水沟的埋置深度可用经验公式估算：

$$h_x = Kh_0t_x/t \tag{4.32}$$

式中：h_x为深度内距洞口x米处排水沟的最小埋深，m；K为与岩性有关的冻结深度系数，黏性土取1.0，砂性土取1.1～1.3，岩石取1.3～2.0；h_0为深度所在地区最大冻结深度，m；t_x为深度内距洞口x米处最冷月平均气温，℃；t为深度所在地区最冷月平均气温，℃。

一般情况下，深埋中心排水沟应与隧道同时开挖，且先于隧道仰拱初期支护进行施工。若隧道竣工后在做深埋中心水沟就会出现一些问题：其一，隧道底部拉槽时，距离衬砌边墙较近，施工震动对衬砌基础稳定性及衬砌结构产生不利影响；其二，水沟施工难以保证质量。

②泄水洞：是多年冻土区隧道排水的重要措施之一，其形状似于小隧道，位于主隧道的正下方（图4.116）（《青藏铁路》编写委员会，2016），并与竖向盲沟、泄水孔、支导洞、检查井、保温出水口等构成完整的排水系统。常用于隧道的冻结深度较大、地下水丰富的地段。泄水洞可以聚集隧道围岩的地下水，以降低地下水位，且可防止隧道围岩对衬砌的冻胀作用。多年冻土区中采用泄水洞是非常成功的排水措施，它适用于最低月平均气温低于-20 ℃，围岩冻结深度达5～6 m的严寒地区。

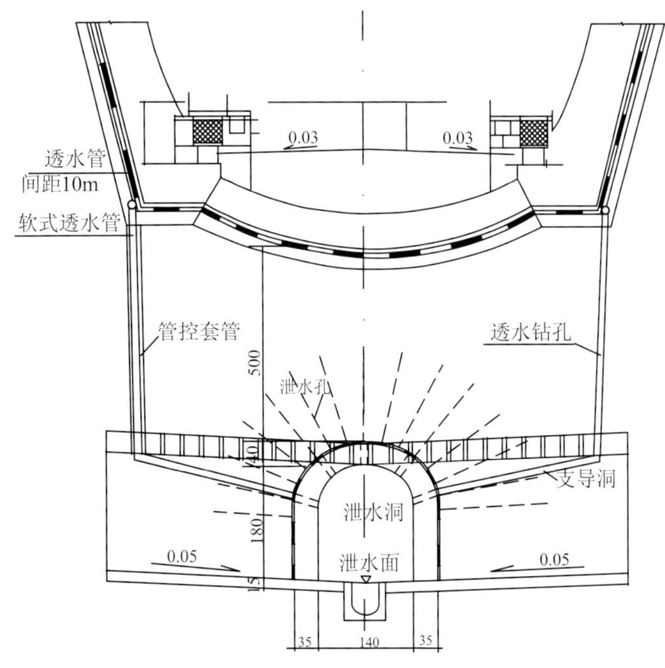

图4.116　多年冻土隧道泄水洞断面示意图(单位:cm)

泄水洞埋深主要取决于最大冻结深度，浅了易发生冻结，深了出水口延伸过长才能露出地面(与地形坡度有关)。在隧道外的泄水洞上方土层覆盖厚度小于最大冻结深度时，应以路堤形式增加覆盖层厚度。

泄水洞断面形式依据施工条件确定，在隧道内以暗挖施工，选用整体式在隧道外可采用明挖施工方法，选用装配式。

支导洞是与竖向排水孔连接，将地下水迅速地排入泄水洞。同时在泄水洞上部打许多泄水孔，更多地聚集地下水和降低地下水位。实践表明，大部分地下水是通过岩石裂隙和泄水孔流入泄水洞，检查井作为泄水洞施工时通风、进出、运料和运营期通风及检查等用。井底应留0.3 m深的沉淀池。为防止冷空气进入泄水洞，井口应设双层保温盖板，暖季期间，打开井盖通风，融化泄水洞部分冰凌。

多年冻土区泄水洞设计还应有防冻措施，泄水洞外壁增设隔热保温层，其隔热保温材料选用与主隧洞隔热保温层相同，厚度>50 mm。必要时泄水洞内可留加热设施，有电地区可布设恒温控发热电缆，无电地区可留设加热管，用机车蒸汽加热融冰。

泄水洞与主隧洞的先后施工相互影响问题：防寒泄水洞先行施工，因断面小，施工进度较慢，会影响主隧洞施工进度；若主隧洞先施工，再修泄水洞，对主隧洞结构安全有些影响。据有关资料（刘瑞全，2014）介绍，防寒泄水洞先开挖模式下，岩体未经先期扰动，偏压作用几乎不存在，拱顶的耦合等效应力变化较小，对左右边墙几乎不受此影响。主隧洞先开挖模式下，岩体经过一次扰动，接着再开挖防寒泄水洞，围岩两次扰动后产生较明显的偏压作用，在防寒泄水洞洞顶与主隧洞仰拱顶连线与水平夹角大致呈51°处，偏压作用表现最明显，泄水洞拱顶的等效应力也呈现最大值。据此，防寒泄水洞先行施工，对隧道安全运行影响较小，通常防寒泄水洞应较主隧洞先行100 m以上。

③防寒保温（采暖）水沟。隧道排水系统中，通常在衬砌背后设置纵向排水管和横向排水管，将地下水汇集到隧道内两侧排水沟，排出隧道（图4.117）（中交第一公路设计研究院有限公司等，2015）。寒区和多年冻土区排水沟埋置深度通常应在最大冻结深度以下，才可能保持排水沟内流水不发生冻结。为此，采用防寒保温或采暖措施，以减小排水沟埋置深度，且满足排水要求。

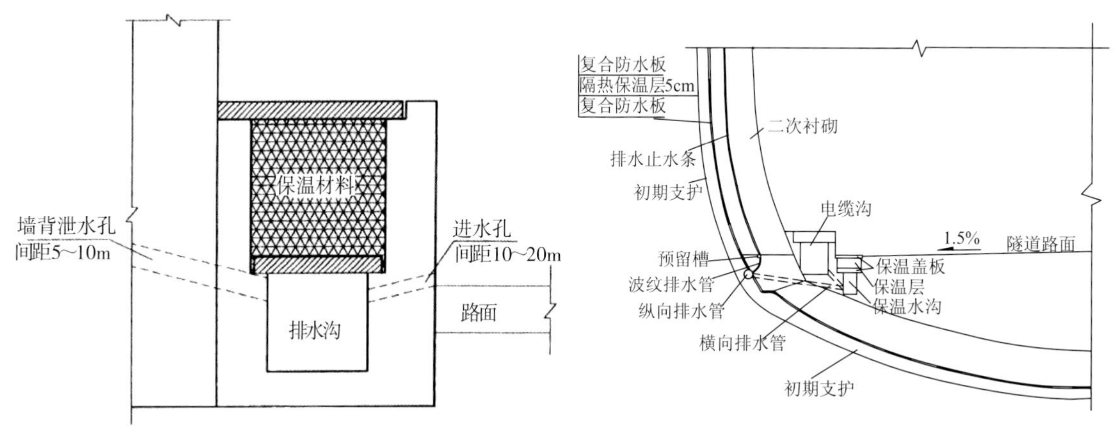

图4.117 排水保温(采暖)水沟结构示意图

东北大兴安岭、新疆、青藏等高温多年冻土区的隧道大部分采用保温排水沟，实践表明保温排水沟是有效的，但亦有失败的，其因可归结为：第一，隧道内气温过低。《公路隧道设计细则》规定，保温水沟宜用于最冷月平均气温为-5～-15 ℃，冻结深度在1～1.5 m范围，且冬季有水或可能有水的隧道。保温排水沟出现冻结地区的冬季平均气温均超过-15 ℃。第二，保温排水沟长度过长。因隧道内地下水的初始水温都较低，径流过长，保温排水沟内温度亦受隧道内寒冷气温影响而降低，地下水温降低而冻结。其埋设长度取决于隧道内气温及长度、围岩含水量与初始水温、水沟坡度等因素。第三，保温排水沟出水口保温措施不力。若保温排水沟出水口冻结将导致保温排水沟的排水失效，昆仑山隧道保温排水沟出水口入冬不久就冻结，导致保温排水沟无法排水而溢出，失效。

在严寒地区隧道内设置保温排水沟应采用双侧、四周全断面保温、最大限度保持结构密闭，减弱水沟内空气对流，且采取隔热保温层防潮处理（保温层内外涂沥青层），或与泄水洞配合使用。

在有条件地区（有电源）可预埋设恒功率型伴热带（图4.118）或自控温型伴热带（图4.119）（中交第一公路设计研究院有限公司等，2015）。

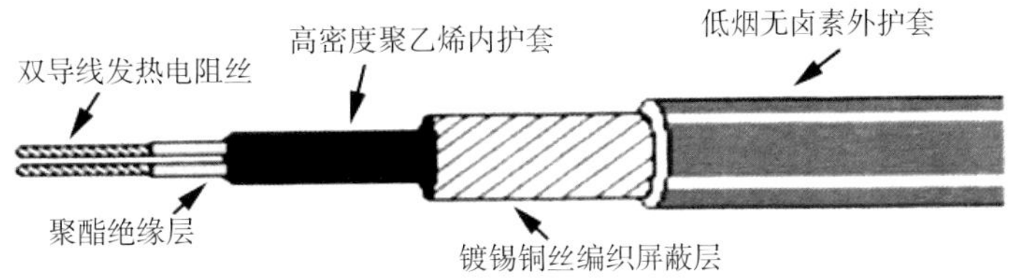

图4.118　恒功率发热电缆结构图

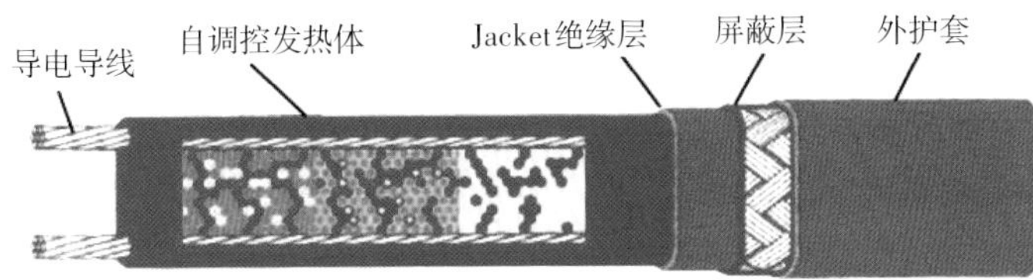

图4.119　自控温伴热电缆结构图

恒功率型伴热带是由恒功率发热电缆组成，其包括双导线发热电阻丝、聚酯绝缘层、高密度聚乙烯内护套、全金属编织网屏蔽层和外护套。通电后功率输出是恒定的，不随外界环境、保温材料、伴热材质的变化而变化，功率输出或停止由温度传感器实行控制。

自控温型伴热带是由自控温伴热电缆组成，包括导电导线、正温度系数发热体、绝缘层、屏蔽层、外护套。自控温伴热电缆的发热体具有正温度系数的功能性材料，该材料电导率随温度上升而下降变化呈非线性关系，达到某一温度区时电导率下降速度急剧加快。在使用过程中因环境温度变化会导致正温度系数材料热胀冷缩，环境温度高时，因膨胀导致导电发热纤维体连通而减少输出功率；反之，环境温度降低时，因冷缩导致导电发热纤维体连通增多从而增加输出功率。

④保温出水口。出水口是整个隧道中关键的施工工序，若出水口受冻被堵，整个排水系统失去作用，隧道将发生冻害。隧道外出水口宜选择在背风、向阳、坡度较大、排水通畅的位置。图4.120为掩埋式保温出水口结构图。

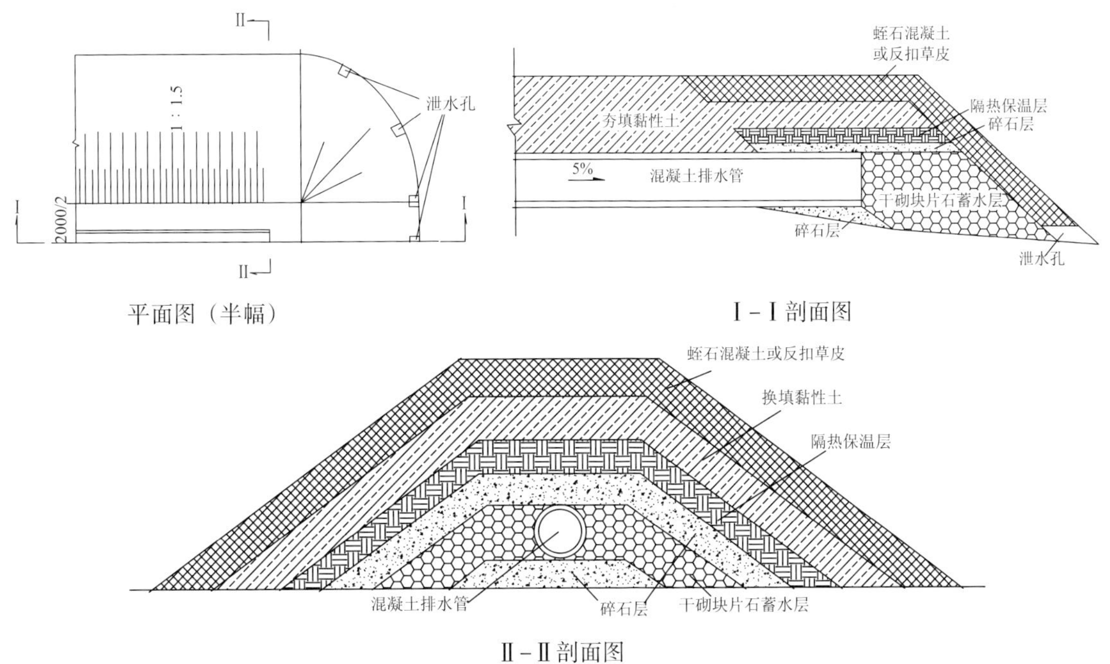

图4.120　掩埋式保温出水口结构示意图

出水口流水面坡度加大，一般应≥5%～8%，以加速水流速度，防止水温下降而冻结，水流出口采用集中排水，增大流量，出口采用干砌片石堆砌，应选择无风化、表面洁净的片石，堆砌宽度应超过水流宽度0.5～1.0 m，防止杂物侵入。

出口堆集的复合保温层，应不小于当地冻深范围，保证水流不被冻结。在干砌块片石蓄水层上部与碎石层间应铺设土工布，防止细颗粒土落入块片层内，降低其透水性。

出口处要开挖一道陡坎，高度不小于1.5 m，以防止水流出后，环境温度低而冻结，堵塞出水口。

当地形较大时，可修筑端墙式保温出水口（图4.121），出水口处挖较深的陡坎，且回填干燥块片石的蓄水层，表层应有足够的保温覆盖层，避免冻结。

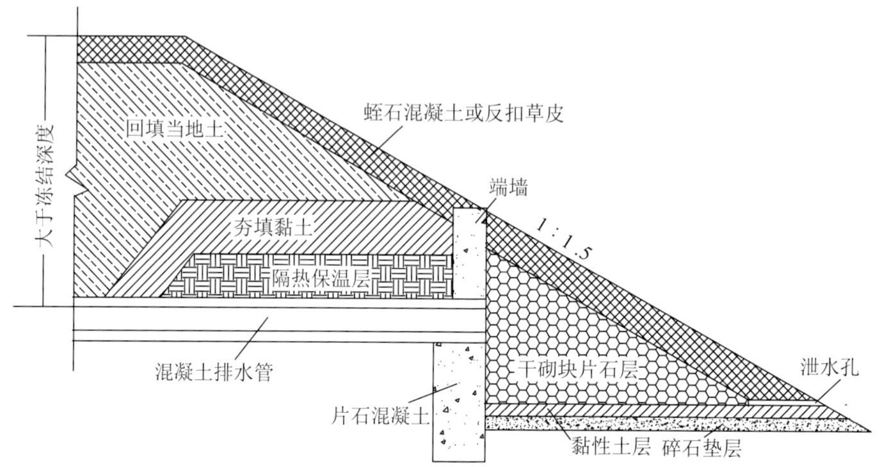

图4.121 端墙式保温出水口结构示意图

从以往寒区隧道出现保温水沟、中心深埋水沟，以致泄水洞出现冰塞现象看，重要原因之一是出水口冻结，出现冰塞而引起隧道内排水系统失效。认真做好隧道排水系统的出水口处理是隧道排水系统成功的关键。

在多年冻土区的隧道防排水措施中，基本上都采用排水沟中加热。如俄罗斯，在排水沟中用管式电力加热器或蒸汽，加保温措施等；挪威，在隧道排水系统中设置加热电缆，或安装双层防寒门；美国，入冬前仔细检查每一处排水沟，泄水洞出口加保温措施，排水管内放入加热电缆；日本，北海道地区采用保温措施，在衬砌表面敷上绝热材料，尽量防止地热放出。

（2）非全多年冻土及深季节冻土区隧道排水系统

隧道口段存在多年冻土，隧道内大部分地段属于非多年冻土，或寒冷地区深季节冻土区。这些地区的最大特点是隧道口相当长地段都会产生较大的季节冻结层，影响隧道排水系统正常运营。据以往资料分析，非多年冻土区隧道设计中对环向、纵向及横向排水管的保温处理考虑不足，常引起一些问题：

①隧道隔热保温层铺设厚度不足，环、纵、横向排水管冻结，其结果使衬砌背后地下水冻结，冻胀力对衬砌结构作用力增大，春融期间，衬砌背后地下水聚集渗入衬砌结构层，导致施工缝、变形缝渗漏。

②拱脚防冻措施不足，受施工条件限制，边墙与仰拱保温层未能统一施工，会引起该处和外界冷空气的对流换热，导致纵向排水管冻结，堵塞排水系统的正常运行，出现隧道拱顶环向排水管处于融化状态，拱脚纵向排水管处仍处于冻结状态。

③路基下排水系统冻结。隔热保温层选型或铺设不当，或无隔热保温措施，致使路面下环向

排水管处于季节冻结深度范围内而冻结，使环、纵向排水管集中的地下水无法通过中心水沟排出。

④对隧道内非冻土段下方排水系统地下水水量估计不足，引起隧道口涌水、结冰。

为此，需采用措施予解决：

第一，寒冷地区隧道都需要铺设隔热保温层，或在初期支护与二衬间，或在二衬表面铺设。隔热保温层厚度应经计算确定，确保衬砌结构背后的环、纵向排水管不冻结。

第二，拱脚处的纵向排水管应单独或加强保温处理，切记对保温材料应进行防水处理，减小对其保温效果的影响。

第三，结合隧道涌水量和最冷月平均气温情况，选用上述多年冻土区排水系统的其中一种方式设计排水系统。

在寒冷地区，为防止隧道内水流结冰引起病害，除加强隧道内衬砌（内或外）隔热保温措施外，加强洞内和洞外排水措施，使之构成完整有效的排水系统。要求排水设施完善、排水畅通，大致可按表4.39考虑。

表4.39　不同环境条件下隧道排水沟形式（叶尔玺，2010）

地　区	最冷月平均气温/℃	黏性土最大冻结深度/m	主排水沟形式
寒冷地区	-5～-10	≤1.0	一般排水沟
	-10～-15	1.0～1.5	保温排水沟
严寒地区	-15～-25	1.5～2.5	中心深埋排水沟
	<-25	>2.5	防寒泄水洞

（3）各排水系统间的连接

寒区隧道排水形式，除了根据冻土类型确定分区排水形式外，还应考虑不同冻土类型间排水系统的相互连接。通常可遇见三种情况：一是，全多年冻土隧道，中部高温区与洞口低温区多年冻土排水系统的衔接；二是，非全多年冻土隧道，洞口多年冻土区与中部非多年冻土区或季节冻土区排水系统的衔接；三是，深季节冻土区隧道，洞口深季节冻土区与洞内非冻土区排水系统的衔接。

①全多年冻土隧道洞口与中部排水沟衔接

在地热影响下，全多年冻土隧道随着进深增加，洞内空气温度会逐渐升高，但相差不太大，青藏高原的昆仑山（长1686 m）与风火山（长1338 m）隧道，洞内最冷月平均气温均为-12.5 ℃左右，洞口与洞中部气温相差约0.9 ℃，在超长隧道的情况下，可能出现较大的温差。该两座隧道都采用双侧隔热保温排水沟。它们之间的衔接是“保温水沟-保温水沟”的衔接。东北大兴安岭多年冻土区，由于气温较低，最冷月平均气温超过-25 ℃，以致达-30 ℃以下，采用泄水洞排水形式。

②非全多年冻土隧道的多年冻土段与非多年冻土段排水沟衔接

非全多年冻土区隧道，即多年冻土层像“锅”一样地反扣在山头上，进出口段为多年冻土区，隧道中部为非多年冻土区或季节冻土区。隧道内可按最冷月平均气温和地下水发育程度确定隧道排水系统的布置形式（表4.40）。可能存在三种衔接方式：

表4.40 寒区隧道排水系统布置形式

寒冷程度	地下水发育情况	最冷月平均气温	排水系统形式
寒冷区	地下水发育且有长期补给	-10～-15 ℃	双侧保温水沟
		-15～-25 ℃	中心深埋保温水沟
严寒区		<-25 ℃	防寒泄水洞
寒冷区	地下水不发育	-10～-15 ℃	双侧保温水沟
严寒区		<-25 ℃	双侧保温水沟(适当增加保温材料厚度或加热采暖)

A.“保温水沟-保温水沟”衔接。隧道地段的气温属于寒冷地区，最冷月平均气温不超过-15 ℃，隧道内全段排水系统形式可采用双侧保温水沟，只要将两个地段的保温水沟相互连接即可。

B.“保温水沟-保温深埋中心水沟”衔接。隧道进出口存在较大厚度多年冻土段，中部为非冻土段，在隧道贯通后，冷空气进入使围岩产生冻结，形成季节冻结层。一般说，该多年冻土区多属于冻土厚度较小的高温多年冻土，其最冷月平均气温不低于-25 ℃。隧道中部非冻土区可采用双侧保温水沟排水。隧道进出口多年冻土段的冻结深度较大，需采用保温深埋中心水沟才能满足地下水不冻结的要求。隧道多年冻土与非冻土交界处的非冻土段，挖一导水洞（若双隧道，需在左右隧道的保温水沟下挖斜导水洞集中引入）将双侧保温水沟的水引入保温深埋中心水沟，经多年冻土段至洞外的掩埋式保温出水口排出。

C.“保温水沟-泄水洞”衔接。位置较低较长隧道，处于中温多年冻土区，冻土厚度较大，最冷月平均气温低于-25 ℃，但隧道中部仍有部分非多年冻土段，可采用双侧保温水沟，至多年冻土段处，挖两个导水洞，将地下水引入多年冻土段下的泄水洞至洞外的掩埋式保温出水口排出。

3.我国多年冻土区隧道实例

我国寒冷地区的45座铁路、公路隧道中，多年冻土区（33.3%）和高山寒冷区（45.2%）占到78.5%。多年冻土区的隧道出现冻害问题最多，其次是寒冷地区的隧道。归纳起来产生冻害的根本原因是“水”结冰，做好隧道保温与排水是保证寒区隧道安全和稳定性的核心措施。

1）防寒泄水洞

（1）岭顶隧道为我国多年冻土区第一座隧道。当地年平均气温-6.7 ℃，最低气温-50 ℃。隧道长936.8 m，单向坡，围岩为凝灰角砾岩、安山岩，节理发育，严重风化，岩石破碎，隧道内地下水涌水量80 T/d，属冻结层下水。出口段位于衔接多年冻土，年平均地温为-1.0 ℃，最大季节融化深度达9 m。设计为普通水沟和衬砌背后注浆。

1961年9月建成，同年11月隧道出现冻害现象：拱部普遍漏水，形成挂冰，底部出现冰笋，边墙冰柱直径达1 m，且衬砌出现环向裂缝，大者3 mm，隧底积冰厚度达0.3～1.3 m。

治理：隧道下方修建防寒泄水洞，长720 m，埋深5.5 m（隧底至泄水洞底）。修建盲沟、支导洞、洞外暗沟、保温出水口、检查井等。建后，隧道内冰柱、挂冰、隧底积水等完全消失，泄水洞终年流水不断。

缺点：泄水洞未设保温层，经过多年冻土段（190 m），1974年7月资料，发现泄水洞结冰，厚度达0.8 m，水在冰下流动（洞内非冻土段水温达1～3 ℃）。经人工处理和自然融化后未再见新的冻结现象。

启示：泄水洞是多年冻土隧道的有效排水措施之一，但必须做好有效保温措施，才能避免泄水冻结。

（2）翠岭二号隧道地处大兴安岭嫩林线林海-碧洲支线，建于1966年，多年冻土年平均地温-3.0 ℃，泄水洞内气温最低达-2.3 ℃，涌出地下水量73 m³/d，水温0.4 ℃。泄水洞断面较大，流水坡度较陡，但常年处于低温情况下，逐年挂一层冰，使用7年后，在多年冻土段的泄水洞内出现结冰和积冰。夏季，用75 kW通风机鼓入洞外热风，7昼夜将400 m³的积冰全融化。此后加强检查，通风，未影响泄水洞排水效果。

启示：多年冻土区隧道泄水洞除加强检查和通风外，应增设保温措施。

（3）永安隧道地处大兴安岭嫩林线塔河-韩家园子支线，建于1974年，长1244 m。围岩为花岗岩粗粒结构，节理发育，地下水发育。年平均气温-2.7 ℃，最冷月平均气温达-31 ℃，围岩冻结深度超过4 m。1979年8月开始施工，因盲沟及泄水洞没有施工，在衬砌的拱部和边墙出现渗漏水，冬季呈挂冰，底部积冰。当盲沟、泄水洞施工完成后，上述现象消失。排水量每小时超过150 t。

启示：多年冻土区隧道采用泄水洞排水效果比较理想。

（4）鄂拉山隧道于2011年建设，位于青海省214国道，分离式隧道，左洞长4695 m，右洞长4635 m，洞口海拔4200 m，隧道最大埋深137 m。年平均气温-4.2 ℃，最冷月平均气温-10.3 ℃，冻结期长达7个月，最大冻结深度277 mm，年均降水量369.2 mm。围岩为三叠系碎屑岩、火山岩、火山碎屑岩及第三系砂砾岩夹泥岩。

多年冻土分布于南北坡进出口段及山顶，冻土上限1.4～1.8 m，下限为35～56 m（王永亮，2013），年平均地温-0.5～-1.0 ℃。上部冰水堆积物粉质黏土夹碎石，以多冰、富冰、饱冰冻土为主，见有层状冰及冻岩节理裂隙的粒状冰。鄂拉山隧道属于非全冻土隧道，洞身为非冻土。

鄂拉山隧道进出口段有松散岩层冻结层上水，水量较大；冻土中地下冰的融化水，开挖时有基岩裂隙水以滴水及线状流水，断层裂隙水出现较大流水和涌水现象。

鄂拉山隧道洞内防水措施采用：初期支护+防水板+保温层+二次衬砌。在二衬混凝土中加入HEA、AEA等高效膨胀剂，以增强二衬的自防水能力。施工缝防水结构，水平施工缝采用铺设水泥基界面剂及止水条，环向施工缝在浇筑新混凝土前涂刷2 mm厚的WJ界面黏合剂，并在衬砌界面中间设置遇水膨胀止水条。鄂拉山隧道也采用分区防水措施。

按相关规范要求，鄂拉山隧道洞口处同时设置中心排水沟和防寒泄水洞两种排水措施，隧道主洞衬砌背后的水先通过排水盲管排到中心排水沟，再从中心排水沟排到防寒泄水洞的排水系统（图4.122）。因隧道进出口地势平缓，洞外泄水洞长度较大，为避免受冻，以增设泄水洞防冻措施来减小泄水洞长度。

启示：现今运营正常。中心排水沟宜采取保温措施。

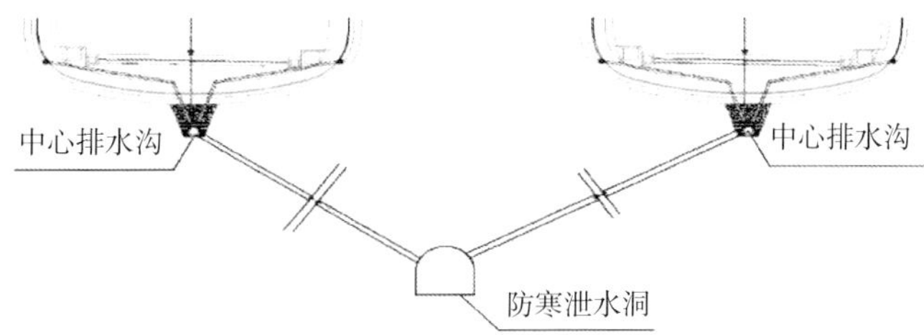

图4.122　鄂拉山防寒排水系统（徐小涛，2013）

（5）大阪山铁路隧道是兰新第二双线高速铁路隧道，总长15897 m。地处青海省大通县海拔4060 m大阪山主脊，进口海拔2600 m，出口海拔4300 m。海拔3800 m以上发育着多年冻土。洞口附近年平均气温0.48 ℃，最冷月平均气温-13.1 ℃。隧道围岩主要为片麻岩夹片岩、闪长岩、安山岩、板岩、砂岩夹页岩，在大阪山断裂带附近，岩层破碎，60%属高地应力和富水段，施工中最大涌水量大于53229 m^3/d。

隧道防排水系统（董玉辉，2014）：

第一，洞内衬砌底部两侧设置排水沟和中央排水沟。进口1000 m、出口1500 m范围均设双层盖板保温水沟。进口50 m后及出口30 m内的1000 m正洞下方5 m设置防寒泄水洞，内轮廓尺寸为220 cm×250 cm。进口端泄水洞将水引排至线路左侧三塘沟沟边内，出口端泄水洞将水引排至线路右侧坡地处，泄水洞水口设置端墙式保温出水口。

第二，地下水发育的区域性断裂破碎带地段，拱墙采用径向注浆加固地层堵水。进口端内20 m起的1000 m和出口端内35 m起的965 m，初期支护背后进行压浆处理。

第三，衬砌拱墙背后设EVA（乙烯-醋酸乙烯共聚物）防水板（厚1.5 mm），背衬无纺布（大于400 g/m^2），环向排水盲管采用打孔波纹管（Φ50 mm，间距6～12 m），墙脚纵向排水盲管采用打孔波纹管（Φ80 mm），分段12～20 m由边墙进水孔集中引排至侧沟。每隔30～50 m设横向排水盲管将两侧排水沟的水排到中央排水沟内，中心管沟每隔30～50 m设检查井一处。

第四，施工缝、变形缝防水设计：环向施工缝采用中埋橡胶止水带+外贴止水带的复合防水构造；纵向施工缝采用中埋钢边橡胶止水带+外贴止水带的复合防水构造；变形缝采用中埋橡胶止水带+外贴止水带+嵌缝材料的复合防水构造。

第五，充分利用混凝土结构自防水能力，衬砌混凝土抗渗等级不得低于P10至P12。有些衬砌段落需掺加WQ防腐剂，掺量为水泥用量的5%。

大阪山公路隧道位于兰新第二双线高速铁路隧道西侧5～10 km，西宁-张掖公路大通河以南，海拔3800 m，年平均气温-3.1 ℃，极端最低气温-34 ℃。采用硬质聚氨酯泡沫+干法硅铝纤维板+玻璃钢的方案，复合泄水洞排水。

2）保温排水沟

青藏铁路昆仑山隧道，位于青藏高原昆仑山惊仙谷，是目前世界上最长的多年冻土隧道，全长1686 m，围岩为三叠系板岩夹片岩，节理、裂隙发育，岩层挤压褶皱强烈，两条较大逆冲断层穿过隧道，地表形成两条冲沟。2001年11月14日8.1级地震使隧道进口断层（1#冲沟断裂带）重新错开。隧道最大埋深106 m，北冲沟（格尔木端，1#冲沟）距洞口306 m，隧道最小埋深为37 m，南冲沟（拉萨端，2#冲沟）距洞口584 m，隧道最小埋深为12.5 m（图4.123）。该区年冻结期7～8个月，年平均气温为-5.2 ℃，最冷月平均气温-15.2 ℃，年平均降水量220.9 mm，年平均蒸发量1469.8 mm。

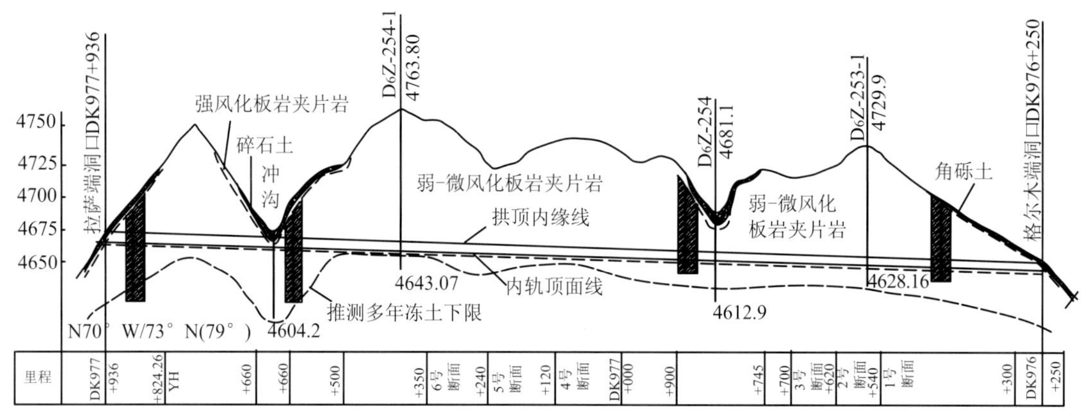

图4.123 青藏铁路昆仑山隧道纵断面图（《青藏铁路》编写委员会，2016）

昆仑山隧道属衔接多年冻土地区，以少冰冻土及多冰冻土为主，上限2～4 m，年平均地温为-1.67～-2.65 ℃，冻土厚度达100～110 m。施工前，包括2#冲沟浅埋段都处于冻结状态。

隧道地段的地下水主要为冻结层上水和基岩裂隙水。冻结层上水来源于2#地表水渗入和1#冲沟少量下渗。因施工影响，2#浅埋段已选出非贯穿融区，地表水渗入隧道，据流量测试，沟心流量为5875 m³/d，渗入量为55～86 m³/d。

设计方案：方案一，双侧保温排水沟；方案二，深埋中心水沟；方案三，防寒泄水洞。比选认为，隧道位于多年冻土中，地下水不发育，只需对浅埋段（2#冲沟地表水入渗）处理好后，洞内地下水来源会减小。论证确定，昆仑山隧道排水设计应以防堵为主，以排为辅，采用双侧保温排水沟方案。

施工与处理：隧道于2001年9月4日开始施工，2002年9月26日贯通。

隧道漏水大致有3个阶段：第一阶段为开挖施工时渗漏水段，即DK976+283至DK976+375（隧道进口为DK976+250）、DK976+720至DK976+790（1#冲沟中心DK976+834）、DK977+610至DK977+645（2#冲沟中心DK977+630）；第二阶段为衬砌完工后浅埋段的渗漏水段，即DK977+577至DK977+721，先点后面，由一点波及一段；第三阶段为局部渗漏水段，即DK976+260至DK976+403（距进口段100～153 m）、DK976+793（1#冲沟中线前方41 m）、DK977+575至DK977+738（距2#冲沟中线前55 m及后108 m）（图4.124）。地下水连通观测表明，2#冲沟地下水下渗速度至少为840 m/d，1#冲沟地下水下渗速度大于46 m/d。

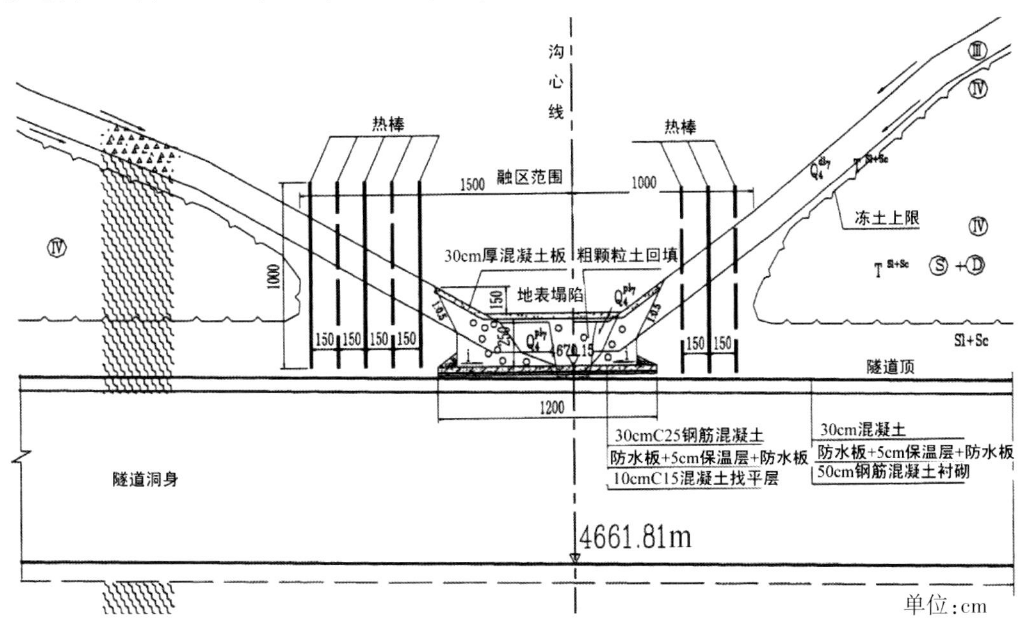

图4.124　隧道浅埋段处理（中铁第一勘察设计院，2007）

根据地下水水温、水位及帷幕注浆的冒浆现象推断，2#冲沟浅埋段隧道中心线左右至少7 m范围为融区，深度至少为17～30 m以上（王星华等，2006）。2#冲沟为逆冲断层在隧道DK977+620至DK977+625间存在断层破碎带，具良好地下水渗入通道融区。

2002年7月二号横洞施工到2#冲沟浅埋段，沟床发生坍塌冒顶，洞内DK977+629至DK977+640出现大面积涌水。10～11月洞内注浆堵水，在隧道纵向位置对应的2#冲沟沟床进行地表松散土层清理，冻土上限附近设隔水层，上下游30 m和20 m范围内铺砌钢筋混凝土，涌水点无涌水和渗水现象。2003年1月二衬完工隧道内干燥无渗漏现象。

2003年5月22日，DK977+620断面施工缝发生涌水，最大水量在200 m³/d左右，之前水压突然大幅升高，随后浅埋段出现多处漏水。立即加强浅埋段地表铺砌，沿隧道纵向（两侧）冲沟上下游地表至隧底3 m以下进行深孔压浆。6月地表铺砌完工，洞内渗水明显减少，垂裙施工完成，主涌水点DK977+620断面渗水消失。7～8月在墙脚出现渗水，在保温水沟出水处测得水量为349.22 m³/d。10月下旬后，隧道北端（进口端）保温水沟出水孔冻结、堵塞，使隧道进口的保温水沟逐渐冻结，溢出漫道，即时清除结冰。

2004年对浅埋段采取下列处理措施：

①沟床处理。对2#冲沟地表松散物清除，C20钢筋混凝土回填至拱顶以上高程，其顶部水平铺设防水隔热层，即防水层+50 mm聚氨酯+防水层；在沟床上游30 m，下游20 m范围内沿冻土上限附近铺设钢筋混凝土板作为隔水层，其宽度嵌入两侧山坡冻土上限，上下游防水混凝土板各设垂裙；在钢筋混凝土板周边设热棒（图4.124）。

②在DK977+630线路右侧（冲沟上游）15 m处的沟床位置设一座降水竖井，内径4 m，井口高出地面1 m，井壁-2～-16 m设泄水孔，井底位置沿隧道纵向前后各设10 m的泄水洞（图4.125）。

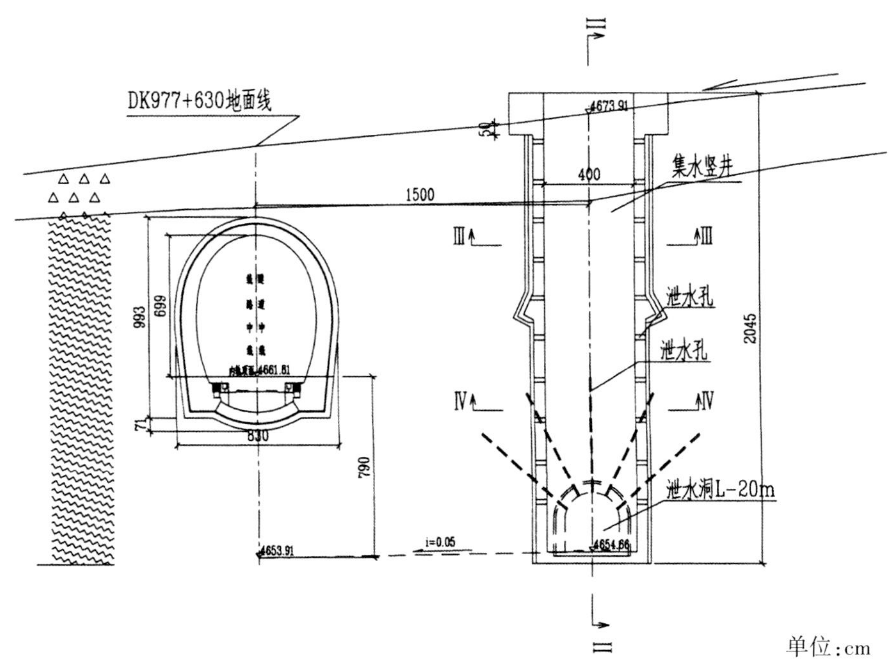

图4.125 降水竖井断面图（中铁第一勘察设计院，2007）

③二次衬砌打孔进行一、二次衬砌间的回填注浆。

④对渗漏水环向、纵向施工缝采用注浆，集中出水点衬砌凿除、注浆、恢复防排水系统排水功能及衬砌处理。

⑤在已实施冲沟地表帷幕注浆基础上，沿线路纵向上游冲沟与降水井间补充深孔注浆，加宽和延伸注浆范围。

以上措施实施后，2005年又对衬砌表面湿迹进行补充注浆后，洞内干燥无水。

（2）青藏铁路风火山隧道。全长1338 m，最大埋深96 m，轨面标高4905 m，是世界上海拔最高的全多年冻土隧道（图4.126）。

风火山为可可西里山的余脉，中、低山区，属干燥、气温气压低、严寒气候，冻结期9月至翌年4月。年平均气温-6.1 ℃，极端最低气温-37.7 ℃，最冷月平均气温-16.2 ℃，最大风速31 m/s。围岩为第三系红色砂岩、泥岩互层，节理、裂隙较发育，单斜构造，全风化层达20 m厚。

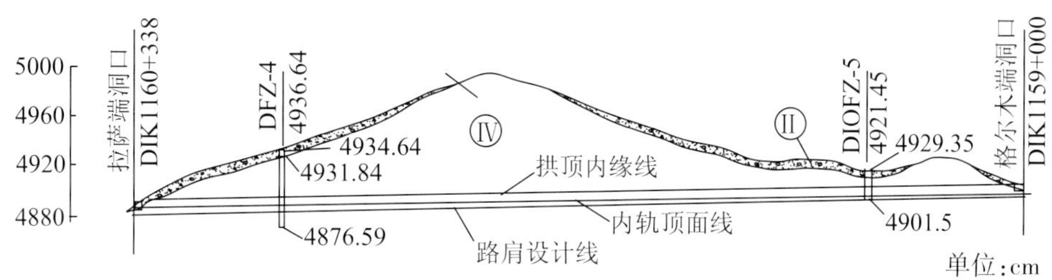

图4.126　风火山隧道纵断面图（《青藏铁路》编写委员会，2016）

风火山为衔接多年冻土区，年平均地温-2.0～-2.5 ℃，冻土厚度大于120 m，上限1.2～2.4 m。隧道洞口风化层中发育富冰、饱冰冻土，厚度1.0～4.0 m，洞身围岩为少冰、多冰冻土，局部围岩含有1～2.5 m的富冰、饱冰冻土层。

隧道掘进过程中，除围岩冻土融化圈的冰层融化水外，未见有地下水出现。总体上说，风火山隧道地下水不发育，流动的地下水比较少，隧道排水系统排除少量衬砌施工融化水后，其流量也会越少。如同昆仑山隧道一样，选用双侧保温排水沟形式。洞内采用“初期支护+防水层+保温层+防水层+二次衬砌”的保温防水结构，保温排水系统采用“衬砌背后盲沟+洞内双侧保温排水沟+洞外保温出水口”。运营观测表明，风火山隧道衬砌无冻胀，无漏水，排水系统无结冰、堵塞，道床无积冰等现象，隔热保温防排水系统是成功的。

（3）奎先铁路隧道，位于新疆吐鲁番-库尔勒的南疆铁路，是穿越天山中部分水岭的越岭隧道，全长6154.16 m，洞口海拔2982 m。围岩为花岗岩、片麻岩、片岩，裂隙及裂隙水发育。出口段有700 m穿越多年冻土层。奎先地区年平均气温-3.8 ℃，最冷月平均气温-15.8 ℃，年平均地温高者为-0.1～-0.2 ℃，低者-2.0～-2.4 ℃，最大融化深度1.4～4.0 m，年降水量300～350 mm。随着掘进推进，地下水越来越大，断层带大量碎屑充填，有地表水渗入补给地下水。

隧道两端洞口500 m设防寒水沟，并延至洞外一定距离，库端距洞口570 m处第三通道将正洞水引入平导，在平导中央设防寒水沟至洞外再延长25 m。

1978年冬，防寒水沟的出水口段尚未完工，11月下旬出水口冻结，且逐渐向洞内延伸，使平导被冻1250 m，正洞被冻2870 m，沟水在冰上漫流，道床积冰厚约0.33 m。因运营通风，洞内气温下降，两端原设计500 m防寒水沟显然不足。

治理：1980年开始整治。其一，修建防寒水沟3859 m，其中正洞1820 m，平导1399 m。多年冻土段740 m，采用沥青玻璃棉保温，减少地下水温（5～5.6 ℃）沿途散热，使正洞侧沟正温水能保持引入平导内；其二，易冻段加大沟底纵坡，减小断面，以增大流速；其三，多年冻土段防寒水沟采用环向保温；其四，修筑保温出水口。

运行：三个冬季未出现冻害，出水口水温达1.2 ℃以上。1984年1月水沟被冻死。因水沟内层漏装浸油木板，横向连接排水管径偏小（200 mm），且未设过滤网，被堵。6月清理排水沟，更换为高保温性能保温层，改造横向连接排水沟，且改为“U”形排水沟。1985年2月在防寒水沟加设5 kW电热器24个（分三组）。

第5章　冻土区水利工程

冻土区水工建筑物是寒区最为复杂而又重要的工程建筑物，包括季节冻土区和多年冻土区的水工建筑物。季节冻土区水工建筑物出现的冻害主要是寒季地基土冻结作用引起的冻胀所为，暖季又因冻结地基热融而下沉；多年冻土区水工建筑物的冻害主要是冻土地基受水热侵蚀作用产生热融下沉引起的，且也有地基土冻结而出现冻胀作用。前者为“后生”冻结而生事，后者为“原生”热融而受损。两大冻土区域冻害原因有共性之处，亦有差异之分，应审慎处置。

目前我国冻土区水利工程建设主要集中于季节冻土区，多属中小型引水工程及已有坝区的冻害问题。多年冻土区尚未涉及，但未来南水北调西线工程及黑龙江、额尔古纳河和西藏地区的水利开发中将会涉及有关多年冻土地基问题。

根据冻土区水工建筑物冻害原因与特点，主要属于基础部分。为此，按基础形式所出现的病害角度讨论其防治措施。

5.1　工程设计的特殊性

冻土区的土坝及水工建筑物施工和运营过程中，建筑物的地基由于冻结和融化作用发生复杂的冻融（或冷生）作用。冻土区水工建筑设计要素需在遵照非冻土区设计要求基础上，针对冻土区的环境和冻土地基特性增设一些特殊要求和研究工作：

（1）研究区域多年冻土和冻土工程类型的状态及其埋藏条件的复杂性和多样性，按不同设计段增设多年冻土研究内容和比例尺；研究水利枢纽、相关工程及交通、住宅等范围内多年冻土状态和变化。

（2）研究土体和岩石地基的冻结、融化过程中，冻土地基的性质变化及相应的指标，如冻胀性、融沉性、渗透性、强度特性等。

（3）研究水工建筑物及地基的温度场变化过程和计算，预测全球气候变化和水力作用下的发展趋势。

（4）研究坝体、构筑物、引水隧道等力学和水力稳定性，地基与基础间的相互作用；研究地基冻胀和融沉的防治措施与方法。

（5）研究各建筑物结合部位（特别是两种设计原则）相互影响与作用。

（6）研究土坝和坝基在反复冻结-融化和浸湿-干燥循环作用下，大块碎石、基岩碎石、堆填土石材料发生寒冻风化作用。

（7）研究因土体和岩石冻融作用和地温变化产生的斜坡（边坡）稳定性和位移。

（8）研究地表水和地下水（常具承压）渗透出露（泉、水流等形式），以及通过坝体、基础、边坡等部位渗透的可能性和危害性。

（9）研究水库的库岸、河岸等边坡水热侵蚀作用引起的边岸再造及其稳定性。

（10）研究建设施工改变冻土环境引起的冻土冷生现象发生及其整治处理。

（11）研究建筑材料在反复冻融循环作用下的性质、强度等变化，选料和处置。

……

上述问题都因多年冻土和融土地基在寒冷气候及水力热侵蚀作用下发生的，设计前和设计过程中应予以研究。认真而详细地进行冻土工程地质勘察和研究是冻土区水工建筑物设计的重要环节，可以避免施工和运营事故发生。

目前发生在多年冻土区坝体、坝基和其他水工建筑物中的冻土冷生作用，很多情况是难于用计算方法解决或预测，尽管有各种大型计算软件，但因难以取得所需参数或可靠度不足，计算结果不易精确地和实际工程相吻合，只能近似地评价某些最危险或最重要的冻土冷生作用现象。现今更多的方法是最大限度地采用工程措施，以减小冻土冷生作用对工程建筑的危害。如：采用无冻胀性材料进行地基土改良；应用封闭晒干地基土方法（在缺乏粗颗粒土地区）对小型工程地基改性；利用工业保温材料以减小对冻土地基的热侵蚀作用或减小地基冻结深度；引用热棒（热虹吸）和保温层结合冷却措施增加冻土地基的冷储量和冻结状态；改变基础结构构造以适应冻土冷生作用等。

不同地区工程设计思考点不同：季节冻土区工程设计重点为建筑基础的防冻胀设计；多年冻土区工程设计的重点既应做好防冻土地基融沉设计，同时也需做好建筑基础的防冻胀设计。工程设计要点都在“防”和“隔”或“抗”，防冻胀设计重点在于防冻、隔离和抗力，防融沉设计重点在于隔热、隔水和冷却地基。

5.2　平板式基础水工建筑物

通常的平板式基础水工建筑物有取水口、渠道、输水隧洞、涵闸护坦、压力前池等，其基础形式大部分属平板式浅基础。季节冻土区常出现许多冻害问题。

5.2.1　板型基础下法向冻胀力

寒区引水工程的地基为季节冻土和多年冻土，每年冬季，土中水分由液体状态冻结转化为固态状态，以及地下水（或地表水浸润）向冻结锋面迁移，引起地基土冻胀，导致建筑物发生不均匀变形而出现破坏。

大量的冻土测试和剖面资料表明，多年冻土上限及一定深度范围含有丰富的地下冰层，在热力（建筑物和水体的热侵蚀）影响下，冻土地基出现不同程度的融沉变形，影响建筑物的稳定性。

取水口、闸室和泵站等工程建筑，基础多采用桩柱形式。基础与冻土间相互作用的切向冻胀力、冻结力和融土与基础界面的摩阻力。水工建筑物的工作环境导致切向冻胀力数值应较通常建筑工程的数值大一些，因冻结过程中水分补给导致地基的冻胀性增强。

水利工程中的涵闸底板、闸前铺盖、闸后护坦、各种水池底板、渠道衬砌等平板基础都要受到地基土的冻胀作用。由于基础板周边条件不同，上部结构对基础板的约束程度不同，基础板在地基土不均匀冻融作用下，将受到弯曲、扭转、剪切、上抬等作用，其中基底下地基土的法向冻胀力起着决定性作用。

冻胀力产生的内因是土质、水分和温度为主的自然因素，外因为外界对土体冻胀的约束条件，如基础埋置深度、形状、刚度、基础及上部荷载等工程因素。基础板约束的法向冻胀力，其总力是随基础板面积增大而增大，而基础周侧土体冻胀协同冻胀力（或称附加法向冻胀力）仅通过周侧土体间切向作用力的叠加作用量值随其逐渐减小。压板面积越小，周侧土体叠加作用相对量值也就越大。图5.1是俄罗斯学者奥尔洛夫的试坑剖面素描图。可以看出，压板下地基土冻胀时的地下冰分布状态，压板下形成土柱，地下冰层基本上呈水平状分布，两侧的地下冰层随土体冻胀呈现弯曲状态。黑龙江万家冻土试验场置于地面基底面积为1 m²的一组对比试验观测表明（贾青，2000），无侧向约束基础板的法向冻胀力为387 kPa（变形70 mm时），基础板约束下土柱的法向冻胀力为79 kPa（冻胀变形20 mm），该值仅占前者的22%，附加法向冻胀力占78%。然而，苏联冻土学家崔托维奇，采用充满水密封全钢板立方体模具，冻结后的冰对钢板产生的膨胀压力达211.5 MPa（H.A.崔托维奇，1985），这是全约束条件下的法向冻胀力值。在实际工程条件并不是全约束环境，冻结过程中有不同程度的变位，作用于基础板下的法向冻胀力得到一定程度的释放，况且基础板上荷载作用下，冻结过程中饱和水体并不全在基础板下结冰，会向应力小的方向迁移结冰，因而现场测得基础板下的法向冻胀力就不如实验室环境所测得如此巨大（万家冻土试验场实测法向冻胀力为145 kPa）。

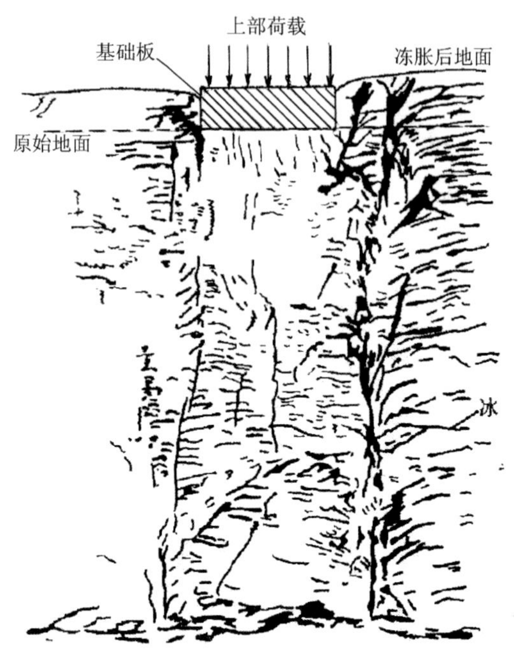

图5.1 压板下土中冰的分布情况

根据试验研究资料，《水工建筑物抗冰冻设计规范》（GB/T 50662-2011）给出单位法向冻胀力设计值（见表1.8）。《水工建筑物抗冰冻设计规范》（NB/T 35024-2014）按建筑物基础在无法向位移和无周边土冻胀影响条件下，地基土冻胀时作用于基础底面法线方向的单位法向冻胀力值列于表5.1。

表5.1 单位法向冻胀力σ_0值（kN/m²）（NB/T 35024-2014）

地基土冻胀级别	地基土冻胀量 h/mm	单块基础板面积/m²			
		5	10	50	100及以上
Ⅰ	$0<h\leq 20$	50～100	30～60	20～50	10～30
Ⅱ	$20<h\leq 50$	100～150	60～100	50～80	30～60
Ⅲ	$50<h\leq 120$	150～210	100～150	80～130	60～100
Ⅳ	$120<h\leq 220$	210～290	150～220	130～190	100～150
Ⅴ	$h>220$	290～390	220～300	190～260	150～210

注：1.同一冻胀级别中，表中数值应先按冻胀量内插，再按基础板面积内插。

2.本表适用于短边尺寸不小于2.0 m的板型基础，如基础板面积小于5 m²，按5 m²取值。

在冻土区进行板型基础设计，通常方法是按常规设计，再进行验算建筑物在冻胀性土条件下的整体稳定性、基础变形位移量和结构强度的计算，从而确定是否需要采用和选用防冻害措施。

水工建筑物抗冻胀设计，需要取得工点地质资料、最大冻结深度、冻胀量，通过计算求得基础板下冻结深度和冻胀量。根据冻胀量确定冻胀类别，确定法向冻胀力。当基础板下冻胀量大于基础上部荷载和结构物的允许变形量时，就需要采取工程措施以保证建筑物稳定性。当无实测资料时，可根据相关规范计算求得，如原水利部和能源部的《水工建筑物抗冰冻设计规范》《冻土工程地质勘察规范》等。东北地区也可按经验公式（谢阴奇、王建国，1992）求得黏性土地基建筑物基础下的冻胀量h'：

$$h' = 45\alpha_\rho \alpha_p \exp(0.017H_d - 2.3)^2 - 0.007Z \tag{5.1}$$

式中：H_d为工程设计冻深，cm；Z为冻前地下水埋深，cm；α_ρ为地基土密度修正系数，$\alpha_\rho = e^{-Z}(\rho_d - 1.35)$，若$\rho_d$<1.35 g/cm³时，则取1.35 g/cm³；α_p为荷载修正系数，$\alpha_p = e^{-\beta p_i}$，$p_i$为计算断面上地基的荷载强度，kPa，$\beta$与地基土密度有关的系数，$\beta = 0.034\exp[-6.0(\rho_d - 1.35)]$；$\rho_d$为地基土的干密度，g/cm³。

实际工程中板型基础法向冻胀力取值应进行基础板面积、冻胀层厚度（基础板埋置深度，H_d−δ，δ为基础板厚度）、变位等修正，所得值才是基础板实际受到的法向冻胀力值。表5.1主要用于板型建筑物稳定性的判别参数，其受到的法向冻胀力设计值应进行下列计算:（贾青，2000；曲祥民、张宾，2008）

$$\sigma_n = m_\sigma \alpha \sigma_0 \tag{5.2}$$

式中：m_σ为冻胀力衰减系数，$m_\sigma = 1 - ([S]/h)^{0.5}$，当不允许基础板向上位移时，$m_\sigma$=1；$\alpha$为冻胀层厚度影响系数，$\alpha = [1 - (0.7\delta/H_d)]^{3/2}$；$\sigma_0$为单位法向冻胀力值，按表5.1查取；[$S$]为基础板允许垂向位移值，按表5.2查取；$h$为基础所在处地基土的冻胀量，cm；$H_d$为工程设计冻深，cm；$\delta$为基础板厚度，cm。

表5.2　板型基础允许垂直位移值

建筑物类型及结构部位	[S]/mm
涵闸进出口板型基础	20
闸室段钢筋混凝土基础板	25
陡坡段底板护坦板(钢筋混凝土)	25
钢筋混凝土整体“U”形槽	30

5.2.2　板型基础防治冻害措施

寒区水工建筑物基础设计时，应进行防冻胀和融沉设计。季节冻土区侧重于防冻胀，多年冻土区地基的冻胀和融化均会危机建筑物的安全，设计时两者都需要考虑，对于浅基础的板型基础，既要做防冻胀设计，也要做防融沉设计。

由于板型基础平面尺寸较大，上部荷载较小，可能产生变位，完全按国外采用钢筋混凝土结构“抵抗”方法可能不适合国情。对于不允许出现冻胀变位的板型基础，通常采用深基础以消除冻害，属于桩柱基础形式，其防冻胀和防融沉措施将于“桩柱式基础水工构筑物”中论述。对于允许产生冻胀变位的板型基础，可从结构和地基处理方面来减小地基土的冻胀性或融沉性，以满足板型基础的适应要求。

1.改良地基土措施

地基土的冻融敏感性取决于基质土与水的相互作用，不同的粒径、级配、矿物成分及土中水溶液含盐量决定着冻结过程中水分迁移度、析冰量和冻胀性。多年冻土区的融沉性取决于冻土地基含冰率、冰的分布与状态和形成于冻结过程中基质土与水的相互作用。粒径为0.05～0.002 mm含量大于60%的土，且含有高岭土时，最具有冻胀危险性。地基土中水溶液含盐量增加，其冻胀量减小，因盐分存在影响着土体冻结温度和水分迁移，进而抑制地基土的冻胀性（表5.3）。

表5.3 天然地基冻胀性分类（黑龙江水利科学研究院资料）

冻胀分类	土质情况	水分条件	冻胀系数/%	总冻胀量/mm	备注
微冻胀土	细砂以上的粗颗粒土(包括中粗砂、卵砾石等,其中0.05～0.005 mm颗粒含量小于10%)、重黏土(原状)	非承压地下水;地下水位虽高,但在冻结期有排水出路	1～2	20～40	一般中小型水工建筑物可不考虑冻胀影响
中等冻胀性土	粉砂 粉质黏土 黏土	在整个冻结期间地下水位低于最大冻深1～1.5 m以上	5	100	可能存在强冻胀区和冻而不胀区
强冻胀性土	各种粉质土,其中0.05～0.005 mm颗粒含量大于30%以上	土质饱和;地下水位始终接近冷锋面	>5	>100	不存在冻而不胀区

1）地基土换填

从地基土冻结过程中的析冰规律可看出，粉粒>黏粒>砂粒，也就是说，粉黏粒含量高的地基土具有较强的聚冰能力和冻胀性，大于砂粒粒径的粗颗粒土的聚冰能力很弱使之冻胀性很弱和微小冻胀性。在饱水状态粗颗粒土冻结时，水分不向冻结锋面迁移，反而离开锋面出现排水（脱水）现象，当粒径为0.05 mm含量小于5%时，冻胀率小于2%（图5.2）。

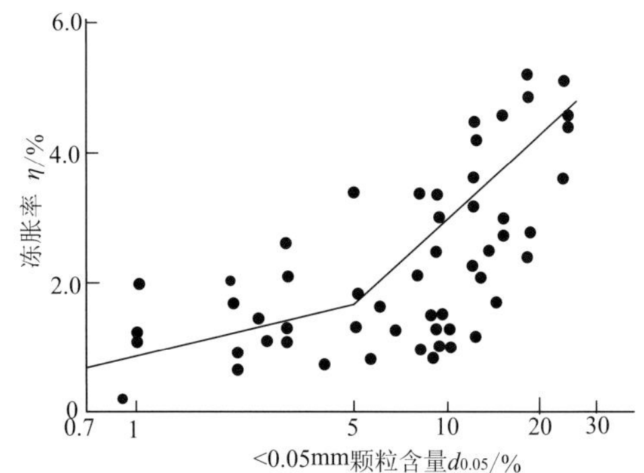

图5.2 冻胀率η与$\lg d_{0.05}$ mm颗粒含量关系

（王正秋，1986）

地基土换填法是在基础板下冻结深度内用非冻胀性土置换冻胀性土，以达到消减基础板的冻胀。非冻胀性材料通常采用纯净的砂砾、砂卵砾石、粗砂等。一般情况下，换填率为60%～80%，为冻深的(1/2)～(2/3)，地基土属强冻胀性土，且地下水位较高时，换填率达到100%。实际工程中，为避免细颗粒土渗入换填料中，采用粗砂作反滤层，但施工难度较大，可采用纤维袋装粗砂作反滤层。纤维砂袋具有隔离、排水和反滤作用，较好地阻止水分向置换层迁移，据内蒙古河套灌区应用3年，消减冻胀量60%～100%。

应用砂砾石作换填料以消减地基土冻胀性需满足两个条件：其一，砂砾石中粉黏粒含量必须小于5%～10%，越少防冻胀效果越好；其二，砂砾石中的水在冻结过程中应有排水出路，否则，无法避免水结冰的冻胀。饱水砂砾石在开敞（有畅通排水出路）和封闭（无排水出路）系统中的冻胀试验表明（图5.3和表5.4），同样条件下，开敞系统的总冻胀量仅为封闭系统的50%～60%，即几乎减小一半。

表5.4　开敞和封闭系统条件下砂砾石冻胀性

开敞系统				封闭系统			
最大冻胀量/mm	0.69	0.65	0.59	最大冻胀量/mm	1.38	1.25	1.06
最大排出水量/ml	90	95	87	最大孔隙水压/kg·cm^{-2}	3.73	3.63	1.67

在地基土中掺入石灰、砂子及水泥等材料构成三合土或四合土，既可使地基土改性，增强密度，又可形成防渗层，起隔水防渗作用，从而减小地基土的冻胀性。

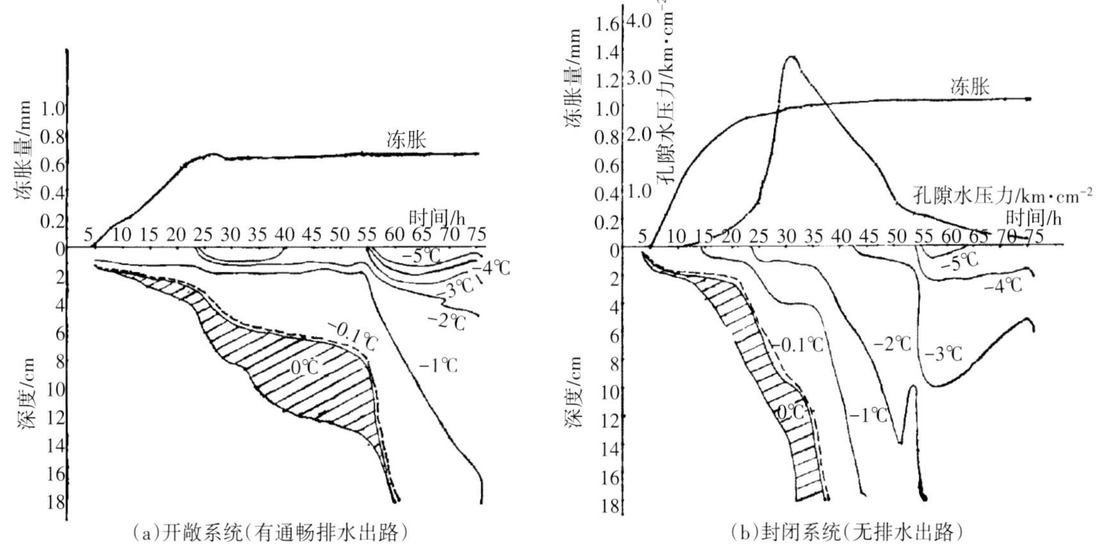

(a)开敞系统(有通畅排水出路)　(b)封闭系统(无排水出路)

图5.3　砂砾石冻结试验过程线（陈肖柏等，1979）

2）压实地基土密度

在三相体系含水率不变条件下，增大土体密度，只是改变了土体的孔隙和饱和度，初始土体冻胀率随密度增大而增大，达到某个“界限”后冻胀率则迅速下降（图5.4），此时，孔隙的“自由水”被挤出，仅剩余土体的结合水，土体变为两相体系，含水量和水分迁移量都下降，冻胀性也就降低，该“界限”的土体干密度为1.65 g/cm^3。在两相体系时，土体密度增大，导致含水量减小，在土体冻结过程中，水分迁移受阻而减小迁移量，冻胀率也就减小（图5.5）。

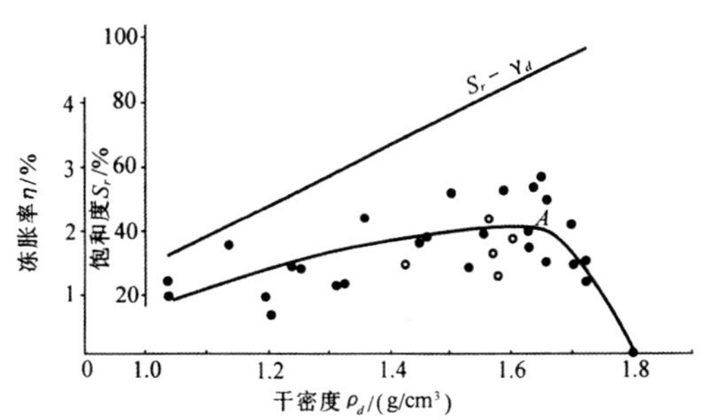

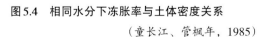

图5.4　相同水分下冻胀率与土体密度关系

（童长江、管枫年，1985）

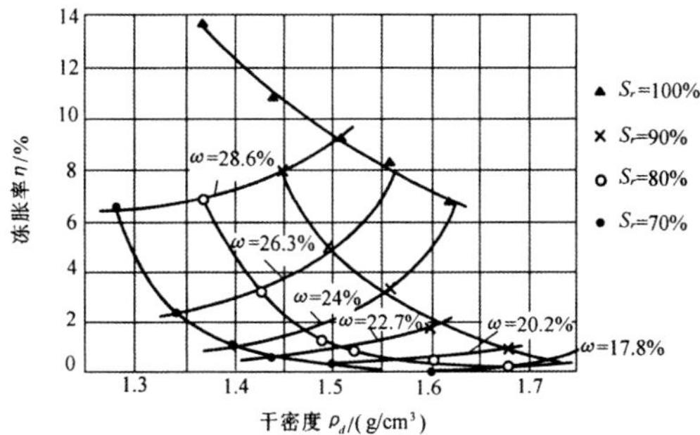

图5.5　冻胀率与土体密度、饱和度和含水率关系

（曲祥民、张洪雨，2006）

因此，采用压实地基土密度或用强夯方法增大基土密度可以降低地基土的冻胀性。实际工程中，按土坝施工方法，分层碾压，干密度达到1600 kg/m^{3}以上，才能使具冻胀性土变为非（弱）冻胀性土，以达到防治冻胀的目的。当地基承受荷载小于10 kPa时，设计冻深内的厚度和密度可参考表5.5确定。

表5.5　压实土措施设计参数（那文杰等，2007）

冻胀性级别	设计厚度δ/cm	设计干密度ρ_d/g·cm^{-3}
≤Ⅲ	$(0.75\sim0.8)Z_f$	≥1.55
>Ⅲ	$(0.95\sim1.0)Z_f$	>1.60

注：Z_f为工程设计冻深。

3）化学处理

化学处理方法是采用化学材料注入或拌和到地基土内，从而使地基土的结冰点下降或增强地基土的憎水性，减小冻结过程中水分迁移量和冻胀量。通常采用的材料有食盐、氯化镁、氯化钙等可溶盐类物质。采用NaCl作掺和料最多，可降低地基土冻胀性，掺和量可按下式计算（裴章勤、卢继清，1982）

$$Q_{\text{Nacl}} = K\frac{10\rho W_{\text{so}}C_\theta V}{(1+0.01W)(\rho_s - C_\theta)} \tag{5.3}$$

式中：Q_{Nacl}为NaCl结晶盐的掺入量，kg；V为处理前土的体积，m^3；ρ为处理前土的密度，T/m^3；W为处理前土的含水率，%；K为盐的不纯系数（掺水盐分的重量与其纯NaCl含量之比）；$W_{\text{so}}=W-W_{\text{sb}}$（$W_{\text{sb}}$为土颗粒的强结合水量）；$\rho_s$为土中孔隙水溶液在浓度为$C_\theta$时的密度，$\rho_s=1+0.65C_\theta$，g/cm^3；$C_\theta$为$-\theta$ ℃时，保持不冻的孔隙水溶液的浓度，g/cm^3。

增加地基土的盐分需要注意“量”，否则会使地基土盐渍化，抗变形与破坏能力显著下降，甚至在轻微盐渍化情况下（盐渍度为0.5%～1.0%），黏聚力也减少2/3～5/6，承载力也相应减低，变形量相对增高了。但加盐防冻胀的有效期短，一般2～4个冬季就会出现脱盐现象。

为延长盐渍化的有效时间，可采用盐渍化和地基分层动力夯实结合的综合措施，在土中能形成稳定的高强度结构，引起孔隙水溶液凝固点降低和矿物骨架与地下水作用能力强烈变化，土体冻结时水分不迁移或轻微迁移，能长期抑制土体冻胀。形成高强度结构所需的土体干密度为最佳干密度的0.9～1.03倍（裴章勤、卢继清，1982）。

憎水性物质常用石油产品，即重油或柴油和阳离子表面活性剂，或带重铬酸钠的木硫酸盐、聚酯、聚酰胺、聚烯类浆液、聚氨基甲酸酯泡沫塑胶、硅有机胶体化合物（如乙基硅醇钠溶液、甲基硅醇钠溶液等）、憎水性表面活性剂等，可以防止地面水下渗和地下水毛细上升，减弱冻结时的水分迁移，能够大大减轻冻胀程度。

土壤固化技术是通过土壤固化剂激活土壤活性、胶结土壤颗粒，把松散的土壤凝结成具有整体强度的材料，改变原有土壤吸水后不稳定性，形成具有一定承载力、抗渗力、抗冻力及耐久性的固结土。常用的土壤固化剂有：无机类土壤固化剂、有机类土壤固化剂、有机无机复合类土壤固化剂和生物酶类土壤固化剂。

无机类土壤固化剂：一般为粉末状，以水泥、石灰、粉煤灰及矿渣等作为主固结剂，硫酸盐类、各种酸类、其他无机盐及少量表面活性剂等作激活剂复合配制而成。依靠土壤固化剂自身的水解、水化及其水化产物与土壤颗粒间的化学反应一起增加土的强度。其作用形式为离子交换及团粒化作用、硬凝反应和酸化作用。经无机类土壤固化剂固化后土的性能比较稳定，正常条件下可保持30～50年基本不变。

有机类土壤固化剂：多为液体状，目前有水玻璃类、环氧树脂、高分子材料及离子类。一般通过离子交换原理或材料本身聚合加固土壤。通过离子交换作用的固化剂能将土壤水分中的电荷与土壤颗粒电荷充分交换，并发生化学离子交换反应。减少土壤毛细管、土壤空隙及表面张力所引起的吸水作用，使土壤“亲水性”变为“憎水性”，再经振动、夯实，提高土壤密度，形成新的土壤结构。其加固机理为：离子交换作用减薄黏土表面双电层厚度（图5.6），表面活性剂改善黏土-水界面的表面特性（图5.7），压实作用提高土体强度（图5.8）。

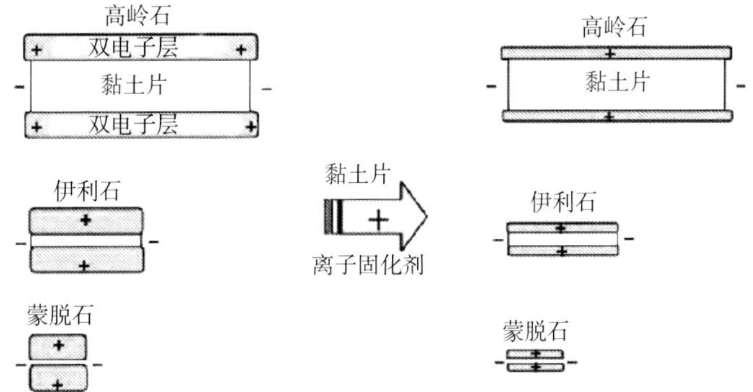

图5.6　黏土颗粒在离子固化剂作用下减小（李沛等，2014）

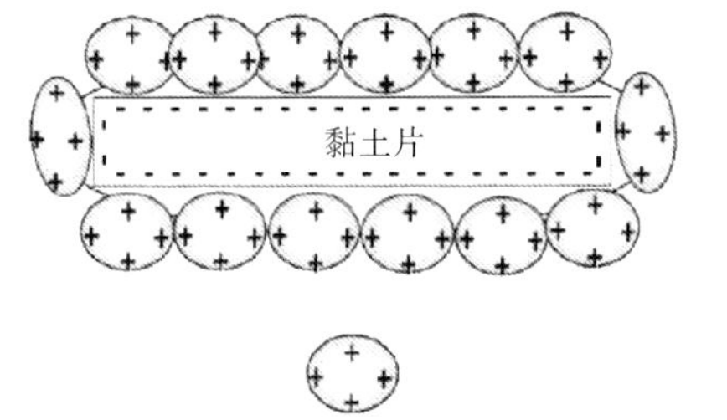

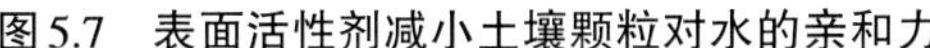

图5.7　表面活性剂减小土壤颗粒对水的亲和力

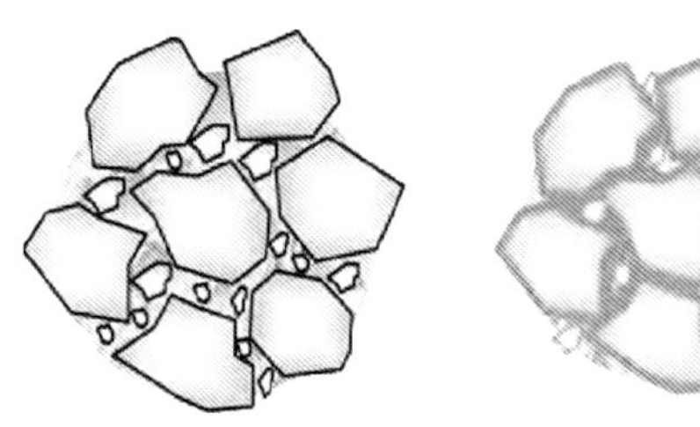

图5.8　压实作用提高土壤密度（李沛等，2014）

有机、无机复合类土壤固化剂：是将有机、无机类材料复合而成，利用各自特性对土壤进行改性而达到工程技术要求的条件。

生物酶类土壤固化剂：经有机物质发酵成蛋白质多酶基，为液体状。按一定比例配制成水溶液洒入土壤中，经生物酶催化作用和外力挤压密实，使土壤粒子间黏合性增强，形成牢固的不透水性结构。

2.改善水分条件措施

土中自由水是冻结过程中引起冻胀的核心因素，冰晶体不断增加使土颗粒产生相对位移，土体才会出现冻胀。土体仅含有结合水含量，或略小于塑性含水率，出现冻而不胀现象，即为起始冻胀含水率，当超有微小含量，出现微弱的冻胀，不超过建筑物允许变形的冻胀量，仍可认为是安全的含水率（表5.6），超过“安全冻胀含水率”引起的冻胀就对建筑物构成威胁，产生冻害。但土体起始冻胀和“安全含水率”不是一个定值，是与土的物理性质有关。

表5.6　几种典型土的起始和安全冻胀含水率

含水率	各类土				
	黏土	黏土	粉质黏土	粉质土	粉质土
塑限含水率,%	19.1	15.7	21.0	10.5	10.2
起始冻胀含水率,%	13.0	12.0	18.0	10.0	8.0
安全冻胀含水率,%	20.0	17.0	22.0	13.0	12.0

土中水分来源于大气降水和地表水渗入浸润，以及地下水通过毛细管的润湿，使土孔隙中存在结合水和自由水。冻结过程中，土体中自由水首先出现冻结析冰现象，随着土温降低，弱结合水也逐渐冻结，继而抽吸冻结锋面下土中的自由水，冰晶体逐渐增大，形成冰层，体积扩张，土粒出现位移（冻胀）。当冻结锋面处没有更大能量抽吸下部的自由水或无自由水补给时，随之下移，继续重复析冰过程。大气通过地面传递的冷量减弱，析冰（冻胀）终结，冻结过程即时结束。封闭系统中土体冻胀量取决于其含水率，随含水率增大，土体冻胀量亦增大，最终稳定于一个相对数值。通常情况下，封闭系统中土体冻胀量级为弱冻胀（Ⅱ）或冻胀（Ⅲ），饱和状态时可能具有更大的冻胀性。当有地下水补给条件下，即开敞系统，冻结过程中地下水源源不断地通过毛细水补给冻结锋面的析冰，冰晶体不断积累和增大，形成较厚的地下冰层（或称侵入冰），土颗粒位移增大且为冰层所充填，土体具有强冻胀性，以致形成冻胀丘。

土体的含水率的分布，除了地表水浸润外，毛细水上升高度起着重要作用。在毛细水上升高度范围，自上而下，越接近地下水位，土层含水率越高。在冻结过程中，地下水埋深越浅，土体冻胀性越大，据辽宁省水利科研所在内蒙古季节冻土区冻胀试验观测，无冻胀土层距地下水位的高度为：粗砂为0.4 m、细砂为0.6 m、粉质土（轻壤土）为1.20 m，粉质黏土（重壤土）为1.60 m左右。当冻结锋面与地下水位距离小于或等于毛细水上升高度时，将对土体的冻胀产生积极作用。然而，随着冻结深度增加，地下水位会出现下降的现象（图5.9），降幅在1.0～1.3 m间（王希尧，1982），翌年3月地下水位开始上升。由于冬季枯水期，地下水逐渐降低，另因土体孔隙水冻结体积膨胀排除孔隙多余水分，在孔隙水压力梯度作用下使地下水位也随之下降。

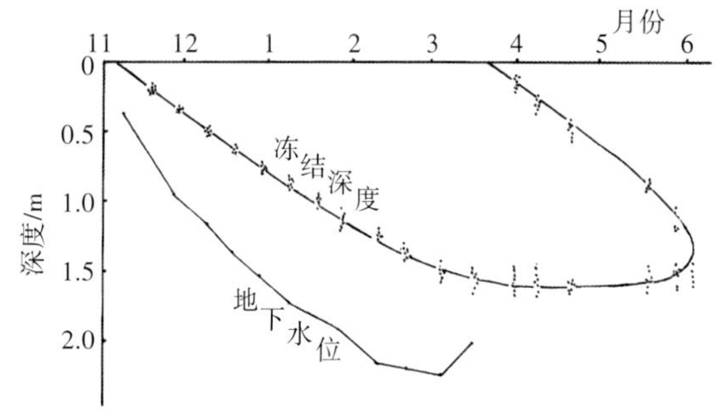

黑龙江大庆萨尔图地区粉质黏土

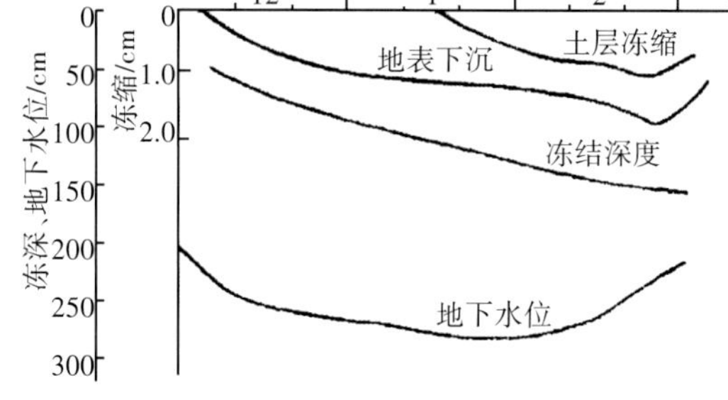

吉林长春市郊西新地区重粉质黏土

图5.9 粉质黏土冻深、地下水变化过程线（徐伯孟、卢兴良，1986）

俄罗斯学者B.O.奥尔洛夫（1980）认为，土冻结时水分不发生影响的最大冻深与入冬前地下水最小距离列于表5.7，与辽宁省水利科研所在内蒙古季节冻土区冻胀试验观测数据比较，数值偏大些。表5.8是季节冻土区公路路基压实土有害毛细上升高度的试验资料。由于黏性土包括范围较广，毛细上升高度差异性较大，按冻前地下水位是否大于毛细上升高度来判断有无冻胀是可行的，对中粗砂的冻胀性应予注意。

表5.7 各类土最大深度与地下水位最小距离/m

含蒙脱石和水云母的黏土	3.5
含高岭石基质黏土、粉质黏土(亚黏土)	2.5
粉质黏土、粉质土(亚砂土)	1.5
细砂土、粉质砂土	1.0
细砂	0.6
粗砂	0.4

表5.8　季节冻土区公路路基有害毛细上升高度（陈义民等，2008）

土　名	塑性指数	粒度成分/%			冻害有效高度/m	密实度
		>0.075/mm	0.075～0.005/mm	<0.005/mm		
含白灰低液限黏土	14.7	6.37	90.31	3.32	2.00	0.8
低液限黏土	18.1	1.31	79.95	18.74	2.45	0.8
高液限黏土	26.4	1.19	74.1	24.71	1.70	0.8
低液限粉土	9.24	23.45	64.19	1.33	2.25	0.9
粉砂		68.04	31.48	0.48	1.25	0.9
细砂		86.45	13.41	0.48	0.60	0.9
低液限黏土	12.8	25.3	70.13	4.87	2.40	0.8
含泥中砂（C=25%）		75.0	20.25	4.75	1.95	0.9
含泥中砂（C=10%）		90.0	8.1	1.9	0.80	0.9
含泥粗砂（C=10%）		90.0	8.1	1.9	0.4	0.9

注：试样取于吉林省陶赖昭镇松花江一级阶地前缘和漫滩及长春市伊通河二级阶地。

1）排水措施

排水措施实质是降低地下水位及毛细上升高度，疏干基础下地基土的水分，达到“安全冻胀含水率”，减小地基土的冻胀性。排水措施应结合地形地貌、水文地质和工程具体情况设计。对于出口带有高差的涵、闸、铁水的建筑物，可利用出口陡坡有较低排水出路条件，设置纵横向排水沟，将板型基础下地基土中的地下水排出（图5.10）。当板型基础下不深处存在无承压的透水层时，可布设若干竖向砂井排除地基土水分（图5.11）。在渠道底部有相似条件下可每隔20 m左右布设一口渗井（图5.12）。在季节冻结深度下也可布设纵横向排水暗管，以排除基础板下土层中水分。在涵、闸、渠道等底部布置排水设施时，必须满足防渗要求，结合防渗措施一并设计。

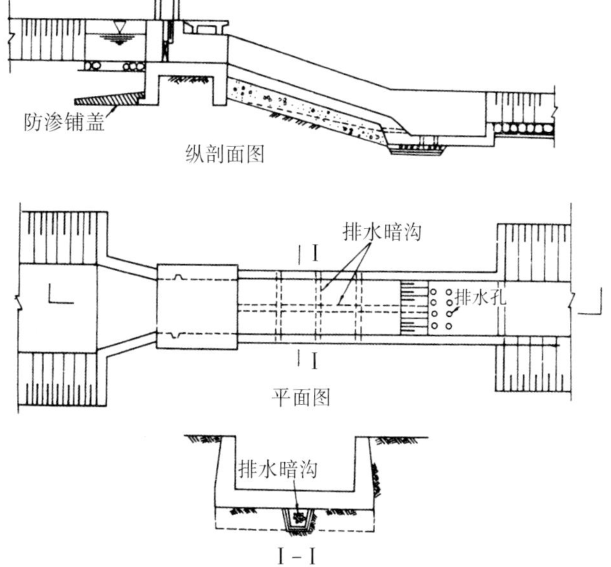

图5.10　渠道闸室出口地基土排水措施
（童长江、管枫年，1985）

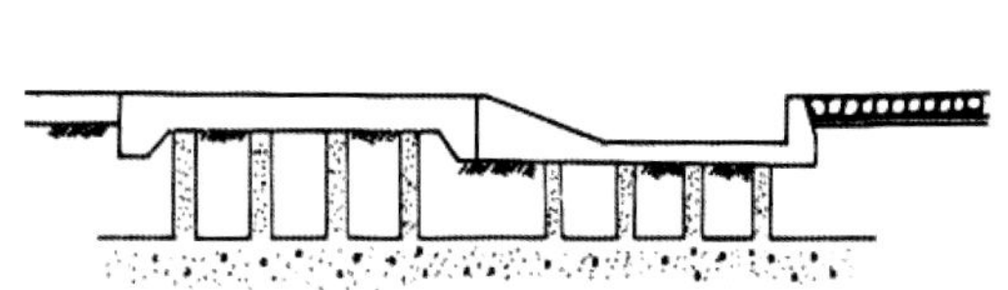

图5.11　板型基础下砂井排水布设
（童长江、管枫年，1985）

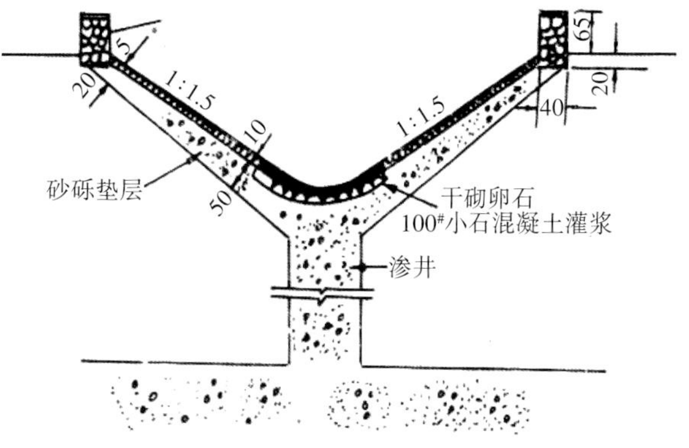

图5.12　渠道底部渗井
（童长江、管枫年，1985）

2）隔水措施

土中水分来自于地表水渗入和地下水浸入。从防冻胀角度，应采用措施保证基础板下冻结深度范围内地基土水分处于“安全冻胀水分”之内，避免地基土冻结引起冻害。

防止上部渗水减小地基土含水率的措施，通常是在基础板下铺设一层聚乙烯膜或土工膜或土工布（一布一膜、两布一膜），以及板块间的施工缝、变形缝的充填防渗材料。单纯在基础板下铺设隔水薄膜，而没有处理好基础板间施工缝、变形缝的防渗，基础板下仍有积水冻结而导致变形。施工缝和变形缝中充填材料应具有弹性好、黏结力强、遇水能膨胀的防渗胶泥，如焦油塑料胶泥、聚氯乙烯胶泥、弹性聚酯油膏、聚硫密封膏、建筑油膏、橡胶遇水膨胀止水条等（图5.13）。

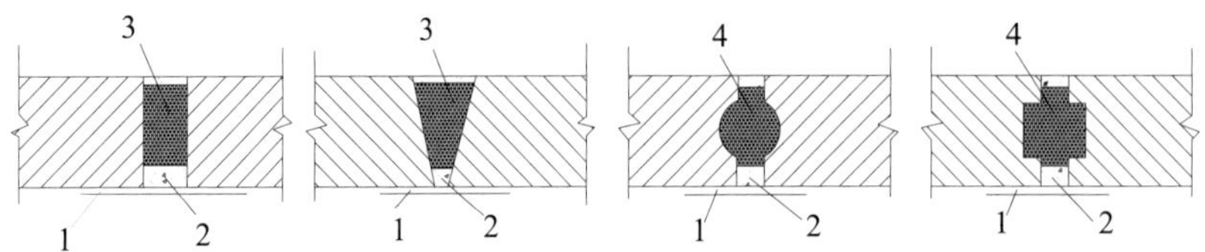

图5.13 施工缝、变形缝胶泥充填形式示意图

1—宽度不小于100 mm的油毡或其他防水材料；2—充填料，可用细石混凝土或沥青砂浆捣实；
3—弹塑性好，黏结力强的防渗胶泥；4—弹性，遇水膨胀止水条或弹性好的胶泥。

一般说，地下水位浅的地区，冻结深度也较小。结合地形和水文地质条件，采用截、导、疏等排水措施，降低地下水位为首选方案。若无排水条件，采用填方抬高建筑物基底，增大地下水位与冻结线的距离，且采取基底隔水（或土壤固化剂）和保温相结合措施，以减小冻结深度，达到减小地基土冻胀量之目的。在涵闸基础下，将地基土挖出，晾晒至塑限含水率后，再将其回填到不透水防渗材料中密封，形成人工地基，消除地基土的冻胀性，此法称为隔水封闭法。

隔水封闭深度一般不小于主冻胀带深度，即超过2/3最大深度，若建筑物不允许有变形，则需达4/5最大冻深；平面尺寸应大于基础板周边各0.5 m，基坑立面宜垂直；回填料可采用任意土，但不得含有块碎石、树根等尖利物，含水率宜略小于土的塑限含水率，夯实后土层密度达天然基土的干密度；封闭材料宜采用较厚的土工薄膜，封闭土工膜外侧涂抹油脂或与基坑壁相接触间宜充填0.1～0.2 m粗砂和砾石。可分层封闭，厚度宜0.5 m左右。

3.改变温度条件措施

在基础板下和周边铺设隔热保温层，增大基础板的热阻，提高地基土温度，延迟其冻结时间，达到减小冻结深度。目前工程中广泛采用工业隔热保温材料，如聚苯乙烯（EPS）、聚氨酯（PU）和挤塑聚苯乙烯（XPS）泡沫塑料。它们具有导热系数小、不吸水（或低）、抗压缩性强等性能，XPS具有较高的强度。此外，还有其他保温材料，如炉渣、蛭石、泡沫混凝土、玻璃纤维、膨胀珍珠棉等，这些保温材料一旦浸湿，保温性能就大大降低，以致产生相反结果。在水利工程中也用水当作保温材料应用。

通常做法是将保温板铺设在基础板下或地基土中适当位置，或者拌和混凝土中加入保温材料生产新型保温板。采用保温基础时，除按热工计算达到保温指标外，还应满足建筑物对基础承载力的要求。

轻型建筑物的保温基础，如涵、渠、闸前护坦等板型基础，可将隔热保温板直接铺设在基础板下适当位置（图5.14），或与基础板组合成复合基础板（图5.15）。复合基础板中夹的保温层可采用其他保温材料，如炉渣水泥聚苯保温板、水泥聚苯保温板、膨胀珍珠岩混凝土保温板、聚苯颗粒（有机垃圾）水泥混凝土保温板、陶粒混凝土保温板等新型复合保温板，它具有隔热保温、吸水率较低、满足25次冻融循环抗冻性、整体性好、韧性强、质量轻等性能，还可利用废弃聚苯乙烯作为原料生产。

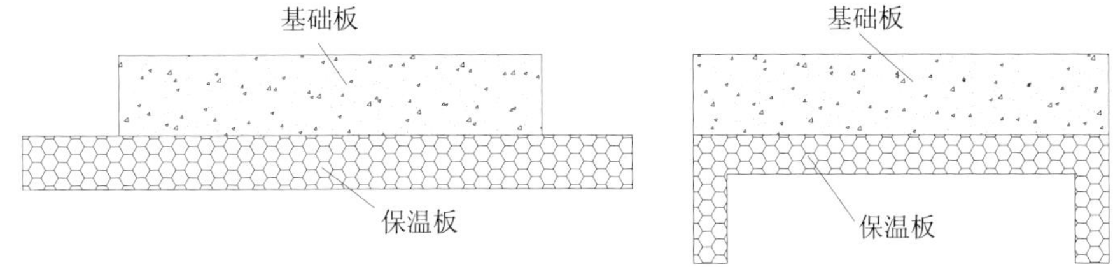

图5.14　保温板置于基础板下示意图（曲祥民、张宾，2008）

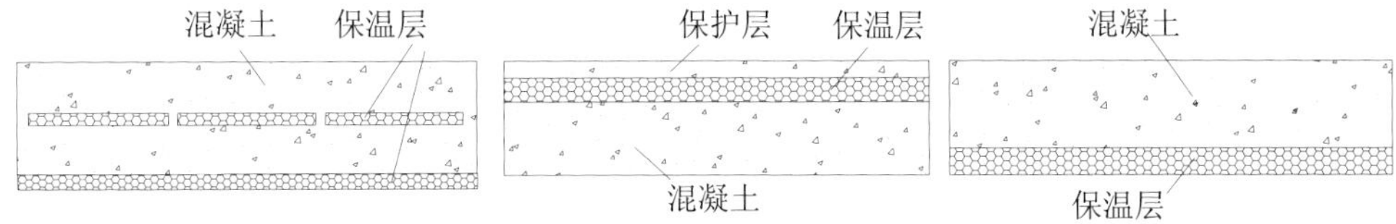

图5.15　复合式基础保温板示意图（曲祥民、张宾，2008）

在建筑工程中，基础板下常铺设聚苯乙烯泡沫板，减小冻结深度（图5.16）。东北许多灌区的节制闸，在闸基采取开敞箱形下卧式，闸体底板下卧1.0 m，冬季保持1.0 m水深作为保温，消力池中蓄水保温，防治地基冻结（图5.17）。蓄水保温水层厚度应大于当地结冰厚度或最大冻结深度的0.5倍（徐伯孟、谷玉文，1993），或单层隔热材料的厚度（δ）按下列经验公式计算：

$$\delta = \frac{H_f}{K} \tag{5.4}$$

式中：H_f为当地最大冻结深度，m；K为地基土和隔热材料种类确定的系数，表5.9。

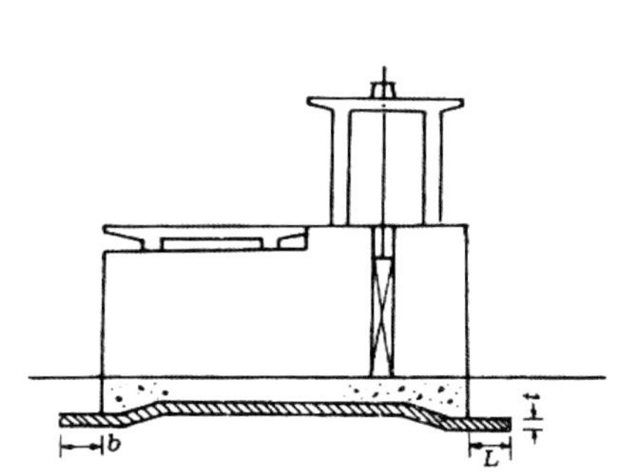

图5.16　隔热保温基础示意图

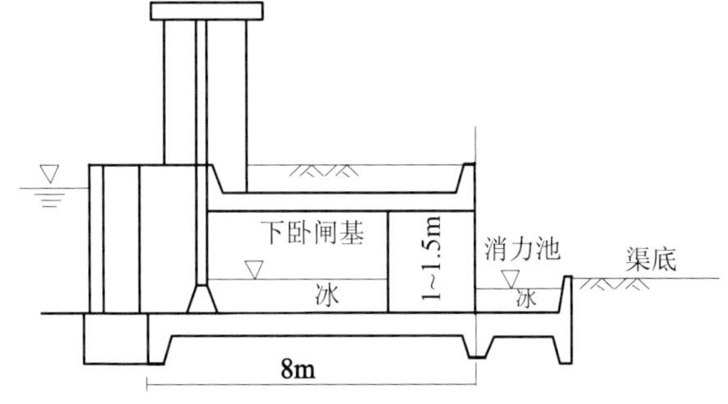

图5.17　吉林省梨树灌区1-3节制闸蓄水防冻示意图

表5.9　系数K值（童长江、管枫年，1985）

地基土	树叶	刨花	木屑	苔藓	泥炭渣	铡碎麦秆	干炉	潮炉渣	松散雪	积块雪	松土	芦苇	混凝土	钢筋混凝土	冰
砂土	3.3	3.2	2.8	2.8	2.8	2.5	2.0	1.6	3.5	2.5	1.4	2.1	1.4	1.2	1.5
粉质砂土	3.1	3.1	2.7	2.7	2.7	2.4	1.9	1.6	3.0	2.0	1.3	2.1	1.3	1.1	1.4
粉质黏土	2.2	2.6	2.8	2.3	2.3	2.0	1.6	1.3	3.0	2.0	1.2	1.7	1.1	1.0	1.3
黏土	2.1	2.1	1.9	1.9	1.9	1.6	1.3	1.1	3.0	2.0	1.2	1.4	1.0	0.8	1.2

4.改善受力条件措施

地基土冻结膨胀受约束产生冻胀力，约束越大，冻胀力越大，允许其变形，冻胀力就迅速释放(图5.18)。改变建筑物结构，如锚固底板，反拱底板，一字型闸，弧底梯形，弧形坡脚梯形，“U”形槽等，以削弱或解除基础板对地基土的约束方向和程度，可有效地避免或减弱基础板的冻胀破坏。

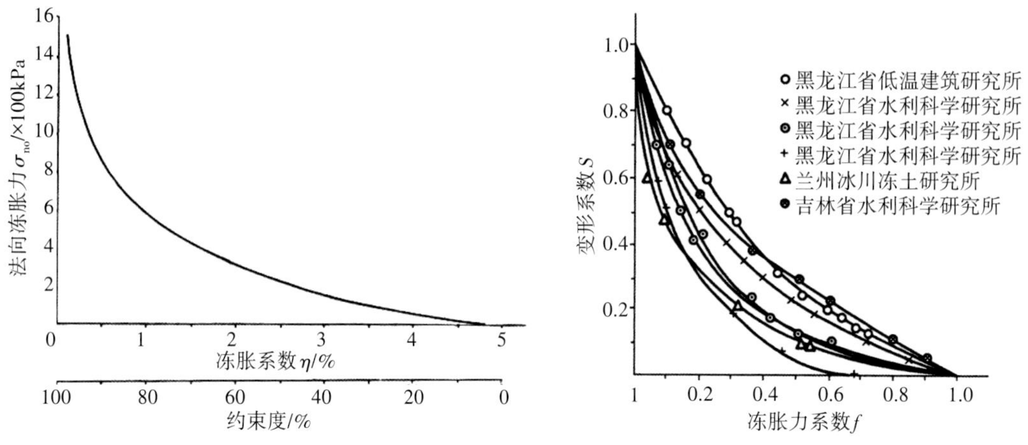

图5.18　冻胀力与变形关系曲线（童长江、管枫年，1985；曲祥民、张洪雨，2006）

涵闸建筑物具有较大的平板基础，可根据使用要求，利用其结构的整体性和刚度、强度特性适当改变基础结构形式来抵抗或适应地基土的冻胀作用。

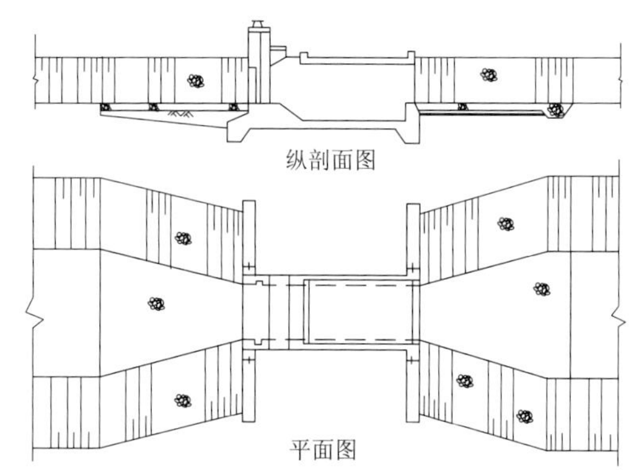

图5.19　开敞式水闸总体布置（童长江、管枫年，1985）

总体布置上，除满足水流、防渗、运用和构造等基本要求外，着重从防冻害角度进行总体布置，力求简单，达到缩短防冻胀范围和不均匀变形。

结构上，进出口翼墙采用一字形翼墙代替八字形翼墙。

防渗布置，如正槽采用深齿垂直防渗，两侧采用一字形墙或刺墙防渗。

闸室，在满足闸室启闭和交通要求前提下，尽量缩短闸室段长度，将消力池置于交通桥下，闸室采用窄堰（图5.19）。在新疆、黑龙江海伦县采用一字形水闸，经多年使用证明大部分运行情况良好。黑龙江省水利勘测设计院编制了装配式一字形水闸定型设计（图5.20）。一字形水闸，可取消进出口易受冻害的八字形翼墙，代之以能适应冻胀变形的护坡连接。闸室为一字形墙，闸门两侧伸入渠堤。一字形水闸进出口为梯形断面，水流条件较差，在其出口加设“W”形消能工，可明显改善出口消能效果，并缩短出口消能防冲段长度。

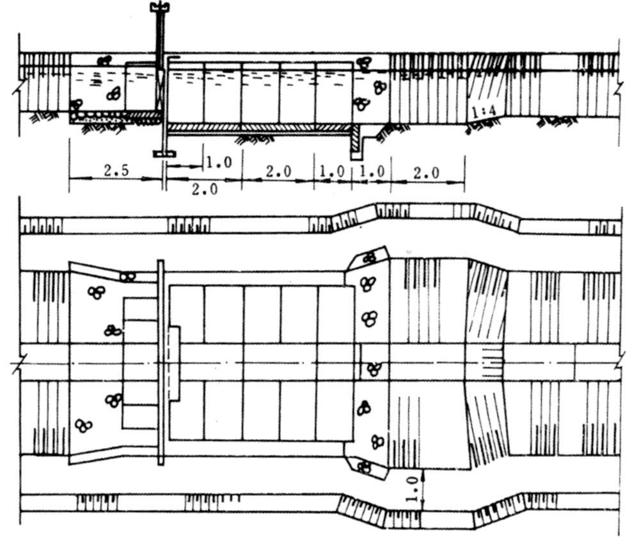

图5.20　一字形水闸定型设计图（童长江、管枫年，1985）

渠道衬砌属于轻型板型结构，地基土冻结的冻胀力极易使渠道衬砌遭受冻害，沿渠道轴线方向渠底或坡脚衬砌板隆起、错位、裂缝，大板衬砌的渠底、坡脚、渠坡1/3冻胀断裂（图5.21）。有些渠坡大板衬砌分两或三块，且刚度较大，出现“爬坡”现象。

a.渠坡脚衬砌隆起冻害

b.渠底及坡脚衬砌块隆起开裂(贡力摄)

c."U"形排水沟断裂和错位（田亚护摄）

d.渠坡大板衬砌断裂（孙秀艳摄）

e.坡脚大板衬砌断裂（修璐摄）

f.渠底坡脚衬砌冻裂破碎（贡力摄）

图5.21　渠底衬砌冻害现象

根据渠道冻害的特征表明，冻胀的原因是土质、水分和温度，渠床地基土水分起着关键作用。当无地下水补给时，渠道渗漏是地基土湿润的主要来源，其冻胀率最大值主要分布于上部，处于衬砌板下，下部的冻胀率很小（图5.22）。当有地下水补给时，渠床各点的冻胀率最大值，往往出现在中下部，基本上不存在冻而不胀的区域（图5.23）。从渠床地基土水分分布看出，渠底和渠坡下部的含水率最大（图5.24），因而冻胀率最大相应出现在渠底和渠坡下部。这些部位恰恰是衬砌板块间相互作用存在较大的约束，受到的冻胀力也就最大，冻害就表现集中而突出。

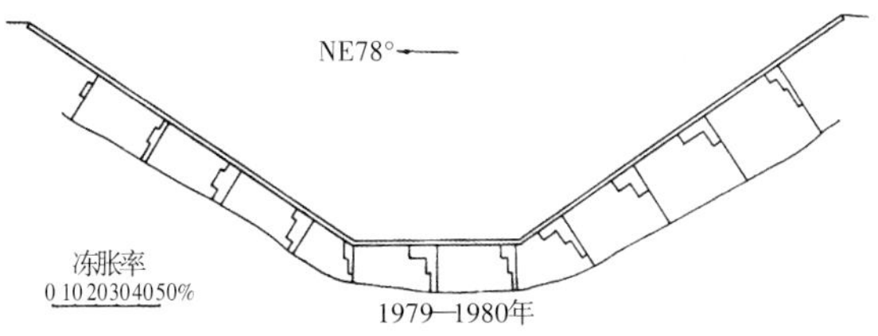

图5.22　甘肃省静会总干渠分层冻胀率图

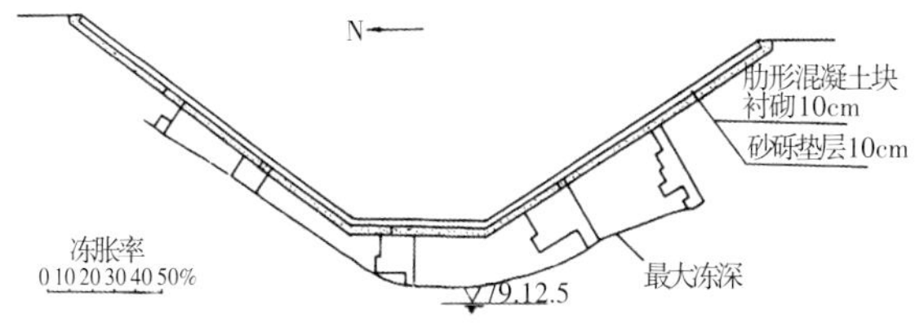

图5.23　甘肃省景泰试验Ⅱ号断面分层冻胀率

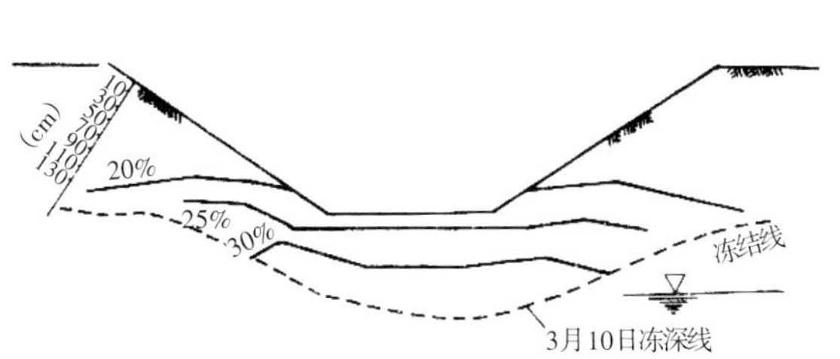

图5.24　渠床含水率等值线图

图5.25　渠床铺设双层薄膜塑料防渗（王建俊摄）

由此可见，渠床衬砌板下铺设双层塑料薄膜（图5.25），其一，起到防渗作用，减少渠道渗水；其二，使衬砌板与地基土间起到隔离作用，减小对地基土的冻结约束，达到防渗和防冻胀效果。沥青混凝土采用沥青和砂、碎石拌合而成柔性材料作为渠道衬砌，既防渗，又能适应冻胀变形。这种方法不论在有无地下水补给的渠道都可以达到柔性防冻胀效果，特别是寒区地下水位埋置深度较大的地区尤为适用的措施。除此外，沥青玻璃丝油毡等隔水材料亦可采用，但表面都需要铺设保护层。

渠道衬砌板采用特殊结构形式，改变混凝土衬砌板与地基土间相互作用的力学性能，也能得到抗冻胀的效果，如：矩形、弧形底梯形、弧形坡脚梯形、“U”形及无压防渗暗渠的城门洞形、箱形、反拱形和圆形。改变混凝土板的性能可掺和改性PP纤维。

1）槽形板基础

槽形板基础，亦称倒盒形基础（图5.26），在北方地区，广泛应用在小型涵闸基础中，具有较好的防冻害效果。原因是：其一，具有较大的刚度，能适应顺水流和垂直水流的作用；其二，能改变热流方向，改变冻结过程中水分迁移方向。若在槽形板下铺设保温层和土工膜，还可减小基础下的冻结深度、法向冻胀力和起到防渗作用。

渠道衬砌板亦可做成槽形板形状，将两端垂直板缩短，构成“肋形板”，成为衬砌板的肋梁，加强拆衬砌板的刚度。不论在板型或“U”槽衬砌都可在板下增加肋梁，间距视板尺寸而定，但不宜超过1 m，肋高为板厚的2～3倍，做成楔形或下端为半圆形。

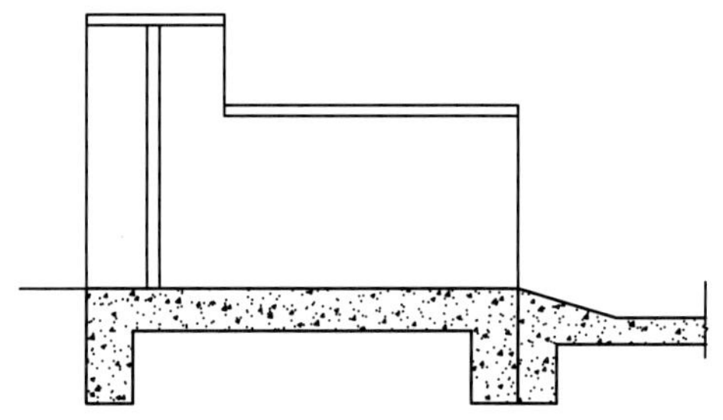

图5.26 槽形板基础断面示意图

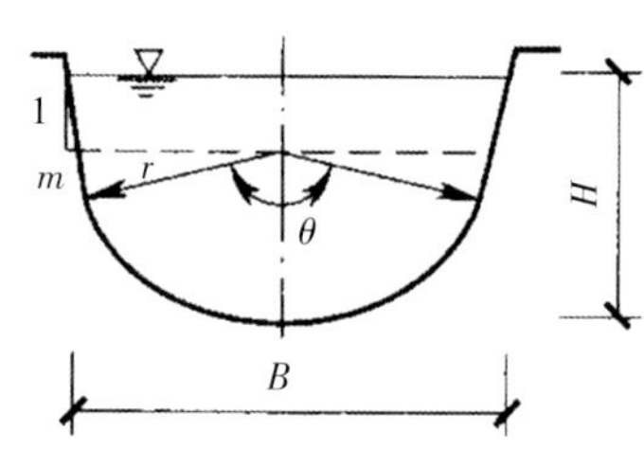

图5.27 “U”形渠道断面图（GBT 50600-2010）

2）整体混凝土“U”形渠道

整体式混凝土“U”形渠道（图5.27）具有较大的刚度，为提高混凝土抗冲击性、抗裂性和抗冻性，混凝土中掺和改性PP纤维，同时，可在“U”形槽下铺设防渗土工布。“U”形渠道多用于小断面渠道。其优点：①防渗效果显著，水的利用系数达0.97～0.98；②水力条件好，流速快，增大水流挟沙能力；③抗外力性能好，有良好的抗冻性、抗冲性能；④占地少，仅为梯形渠道的1/2～1/4；⑤省工省料，比梯形渠道省料25%～30%，减少跌水、陡坡等衔接建筑物，一般可节省建筑物材料费用40%～50%；⑥便于管理，较梯形渠道节省管理劳力60%～70%。

宁夏引黄灌区的支渠的调查，16条典型“U”形断面，为预制混凝土板衬砌，完好率为43.75%（王堂、陆立国，2007），其余都有断裂、滑塌、裂缝和位移现象。原因：其断面采用两块半“U”形板拼接（小流量），或在渠底增加一条弧形板（三拼式，用于稍大流量），板厚50～70 mm，且与内边坡的坡度、施工工艺、地下水有关。相对说，三拼式较两拼式具有较好的抗冻胀破坏能力。采用整体式“U”形渠和施工控制上开口宽度和渠道深度，即开口外倾，底深较大的抛物线形式受力条件好。

“U”形渠道断面尺寸计算方法可按《渠道防渗工程技术规范》（GBT 50600-2010）确定或参考王得福（2016）介绍的方法进行。

3）弧形底梯形渠道

弧形底梯形渠道断面（图5.28）混凝土衬砌板在直线坡面与圆弧渠底交接处以圆弧切线过渡，水力性能和坡面受力性能都得到改善，增强渠坡的稳定性，避免"U"形断面渠坡以上位置易破坏和断裂的缺点。

宁夏引黄灌区的支渠的调查，15条弧形底梯形渠道，全预制混凝土板衬砌。滑塌、断裂破坏最为严重，占53.4%（王堂、陆立国，2007），较"U"形断面轻些。原因：渠坡直线段厚度多为45～70 mm，采用预制混凝土平板拼接，大小0.4 m×0.4 m，渠底为圆弧形，强度C10以上。板厚者，破坏轻。坡度越缓破坏越轻。宜采用厚度70 mm，强度C15，坡度1:（1～2）较好。破坏原因与施工质量、渠内积水有关。

"U"形渠道断面尺寸计算方法可按《渠道防渗工程技术规范》（GBT 50600-2010）确定或参考王得福（2016）介绍的方法。

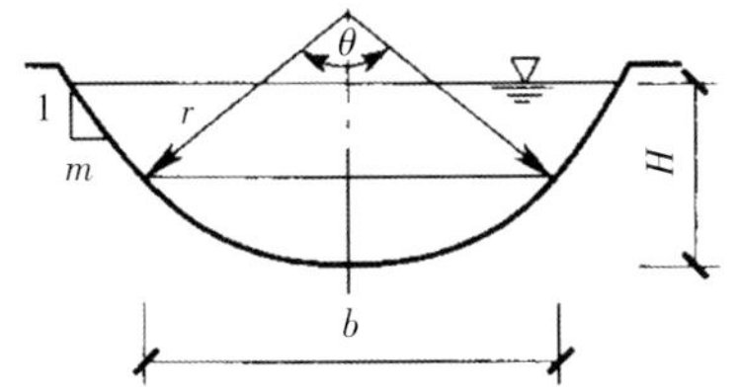

图5.28　弧形底梯形渠道断面

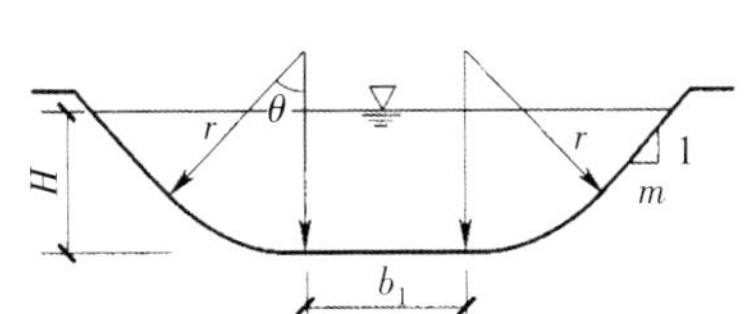

图5.29　弧形坡脚梯形渠道断面

4）弧形坡脚梯形渠道

弧形坡脚梯形渠道断面（图5.29）在梯形断面基础上，把容易破坏的坡脚直线夹角改为圆弧形状，增加渠底平板宽度，改善抗破坏能力和适应更大的流量。调查3条典型渠道，整体上看破坏程度最轻。《渠道防渗工程技术规范》（GBT 50600-2010）给出其断面尺寸计算方法。

5）梯形复合形渠道

梯形复合形渠道，即梯形断面的直线式渠坡改为折线式渠坡，有称"准梯形"断面渠道（图5.30）。梯形渠道的渠底板和渠坡板下部1/3处受到的冻胀力最大。梯形复合形断面，使渠底板中心受力减小，渠坡形状改变其受力状态，从而使梯形复合形渠道衬砌的整体性增强。

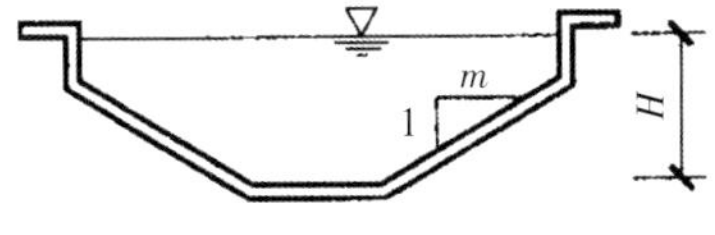

图5.30　梯形复合渠道断面

宁夏引黄灌区采用衬砌板+砌石护脚梯形复合断面，调查5条典型渠道，发现裂缝、隆起、断裂、滑塌等常见病害。裂缝、隆起发生在渠坡，断裂发生在渠底，危害小；但滑塌危害渠坡较大。整体上看渠道破坏很轻，只发生渗漏而不危及安全。相对比较，梯形复合渠道断面衬砌结构保存时间最久，最完整，抗冻胀破坏能力最好，但投资大。

6）衬砌混凝土板结构

根据衬砌渠道冻害特点，在受冻胀力最大值部位改变其结构断面形式（图5.31），增大混凝土板结构的厚度与刚度，增强混凝土板抗冻张能力。

7）新型材料与结构

渠道防渗与防冻胀是统一的，渠道衬砌结构有良好的抗冻胀性能，就有良好的防渗作用，采用柔性结构以适应地基土冻胀性，"内防外柔"相结合的柔性渠道衬砌新型结构（王丹等，2009；李振铎，2006；窦宝松等，2009）可达到防渗和抗冻胀的目的。

PP纤维混凝土板+复合土工膜结构。用于冻胀性较小、地下水位深的填方、半填方或挖方，冬季无水的渠道，地基土冻胀的诱因来自于渠道渗水和大气降水。PP纤维混凝土是以混凝土为

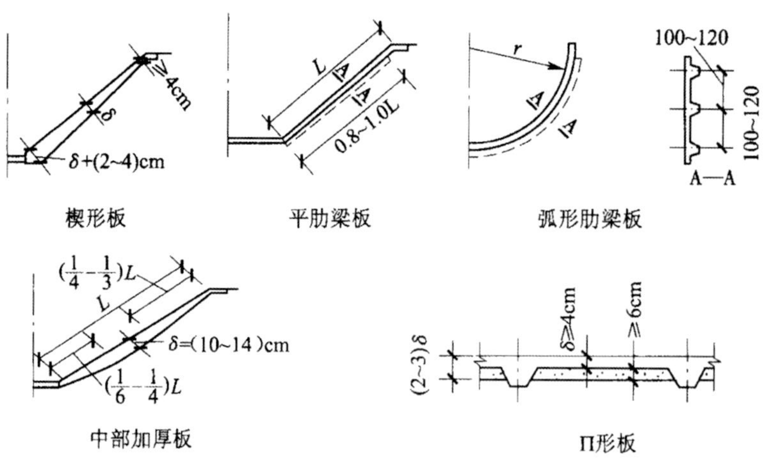

图5.31 渠道衬砌混凝土板结构形式（GBT 50600-2010）

基质，掺入各种非连续的短纤维而成的水泥基复合材料，以改善混凝土内部结构和保持混凝土耐久性。PP纤维混凝土板具有较好的塑性和适应地基土冻胀变形能力，较高的抗折、抗冲击和抗拉强度。据资料介绍，聚丙烯纤维的极限拉伸率比普通混凝土高6%～16%，弹性模量低5%～13%，韧性指数高21%～35%（王丹等，2009）。PP纤维混凝土板下铺设土工膜，既防渗又能适应冻胀变形，且有保温效果，减小冻深和冻胀量，冬季冻胀上抬，夏季基本恢复原形，表面平整、顺直、无明显裂缝和裂纹，投资较低。

土工格室混凝土板+复合土工膜结构。用于冻胀性较大的挖方或半挖方，地下水浸湿的黏性土渠道。土工格室具有高强度的三维蜂窝状结构，质轻、强度高、耐磨、耐老化的优点。土工格室混凝土板是把土工格室做框架，内现浇混凝土，使混凝土板具有相互连锁、似柔性结构的板块，能较好适应不均匀冻胀变形和抗冻胀能力。土工格室混凝土板下铺设土工膜起着防渗作用，削弱地基土冻胀性。

铠甲式纤维混凝土复合卷材结构。采用改性聚丙烯纤维、改性聚丙烯纤维混凝土及高强度复合防渗膜集为一体的刚柔结合的新型渠道护砌材料，具有防渗、适应不均匀变形性能。

土工合成材料膨润土垫（GCL）。采用两层土工织物间夹一层薄薄的膨润土。（GCL）的优点（窦宝松等，2009）：①柔性好，在张应变达20%下，不会增加渗透率；②作渠道衬垫时，开挖量小；③在土工织物刺破时具有极强的自我愈合能力；④抗张应变能力强，能抵抗5%及更大张应变下而不会导致水力渗透系数大幅提高；⑤抗干湿循环能力强，干缩脱水再注水后，出现的裂缝会再次闭合，水力渗透系数又回到原先的低值；⑥抗冻融循环能力强，3次冻融循环试验后，水力渗透系数不会有明显增加；⑦搭接方便，安装简单，施工速度快。

上述新型防渗抗冻胀材料中都用土工合成材料，经测试或多或少有渗漏现象，这与膜的厚度、施工和运行的保护有关，出现概率有5%是自身孔眼，69%出现在焊缝处。土工膜下的垫层应采用透水的砂砾料，不宜用黏性土。

冻土区渠道护坡工程选取衬砌结构依据（修璐，2015）：①能改善渠基土质温度场的柔性结构；②能降低衬砌体下部含水率的排水性能强的渠体和衬砌结构；③能减轻渠内冰推力对边坡和固脚整体性强的衬砌结构；④具有生态环保的衬砌结构；⑤具有抗冻融能力的衬砌结构。

目前渠道护坡的新结构有：铰接式混凝土护坡技术，雷诺护垫结构护坡技术，格宾网箱护坡结构技术，预制混凝土板结合保温措施结构技术，蜂巢生态护坡结构技术，碎石聚氨酯护坡结构技术等。

5.综合措施

影响地基土冻胀性的基本要素是土质、水分、温度以及受力条件，一般说，改善其中两个或两个以上的因素可以达到抗冻胀的效果。大量的工程实践表明，采用单一消除、削弱冻胀因素或结构措施往往难以达到防治冻害的效果。因此，采用综合防冻胀措施，以一种措施为主，配合其他一种或几种措施可以取得较满意效果。

综合防冻胀措施应因地制宜，在实际工程中结合建筑物的等级、应用要求、地基条件、当地材料等具体确定。板型基础防冻胀的重点是防水和保温，结合结构形式改善受力条件。如渠道工程，衬砌板+防渗膜复合结构；衬砌板+防渗膜+隔热保温层复合结构；衬砌板+双层防渗膜（上防渗漏，下隔地下水）复合结构；衬砌板+防渗膜+纤维砂袋复合结构；新型防渗保温一体化复合结构等。板型基础采用板型基础+防渗+保温复合结构；板型基础分割+防渗+缝隙加防渗填料+保温复合结构；板型基础+防渗+排水复合结构；板型基础+防渗+换填+夯实复合结构等。

5.3 桩柱墩式基础水工建筑物

桩、柱、墩式基础水工建筑物常用于控制性的水工建筑物，如，闸室、渡槽、桥梁、泵站等。相对说，其基础都为“深”基础，季节冻土区因受地基土切向冻胀力作用使基础上拔，致使桩柱式建筑物出现破坏，如罗锅桥（图4.5）或拔桩（图4.6），及斜坡上桩柱基础受到水平冻胀力作用产生折断（图5.32左，四道岗渡槽桩基断裂），渡槽基础冻拔形成隆起无法过水（图5.32中，周家庄渡槽冻拔），挡土墙受水平冻胀力作用出现前倾、弯曲和断裂（图5.32右，讷河县某扬水站厂房后挡土墙体前倾、断裂）。

图5.32 水工建筑物受冻胀力作用而变形破坏（童长江、管枫年，1985）

5.3.1 桩、柱、墩式基础水工建筑物防冻胀验算

我国东北、华北、西北地区的中小型渡槽、闸室、泵站等水工建筑物，基础形式主要为桩柱墩式，或多或少都出现冻拔现象，多则几十厘米，少则几厘米，引起构筑物产生隆起、裂缝、倾斜、断裂，甚者失稳破坏。

从支撑建筑物载荷及防冻胀角度，一种是桩基础不变径的摩擦桩形式，另一种是具有扩大基础形式。不论哪种形式，都应进行冻胀力作用下桩柱墩基础抗冻胀稳定性验算。

1.摩擦桩抗冻胀稳定性验算

冻土区摩擦桩设计除了满足非冻土区的桩基设计要求外，还应满足地基土切向冻胀力作用下建筑物整体稳定性和桩本身的强度要求，以此确定桩的埋置深度及配筋数量。桩基受力状态（图5.33），建筑物稳定性应满足下列条件：

$$P + G + \pi D(H - h_f) f_j \geq k\pi D h_f \sigma_\tau \tag{5.5}$$

式中：P为桩基上部荷载，kN；G为桩柱自重，kN；D为桩柱直径，m；H为桩柱入土深度，m；h_f为冻土层厚度，m；f_j为极限摩擦力，kPa；σ_τ为切向冻胀力，kPa，见表1.7或表4.12，或相关规范中选用；k为安全系数，静定结构物，取1.1，超静定结构物，取1.2。

如果桩基埋置深度不足，在切向冻胀力作用下，桩基整体被拔出［图5.34（a）］，或者桩截面尺寸或配筋不满足抗拉强度要求，产生断桩，其位置多发生在最大冻拔力截面［图5.34（b）］或配筋下端头截面［图5.34（c）］。验算过程中应根据现场实际情况选择冻土切向冻胀力值及非冻土的摩擦力值（表5.10至表5.13）（曲祥民、张宾，2008）。

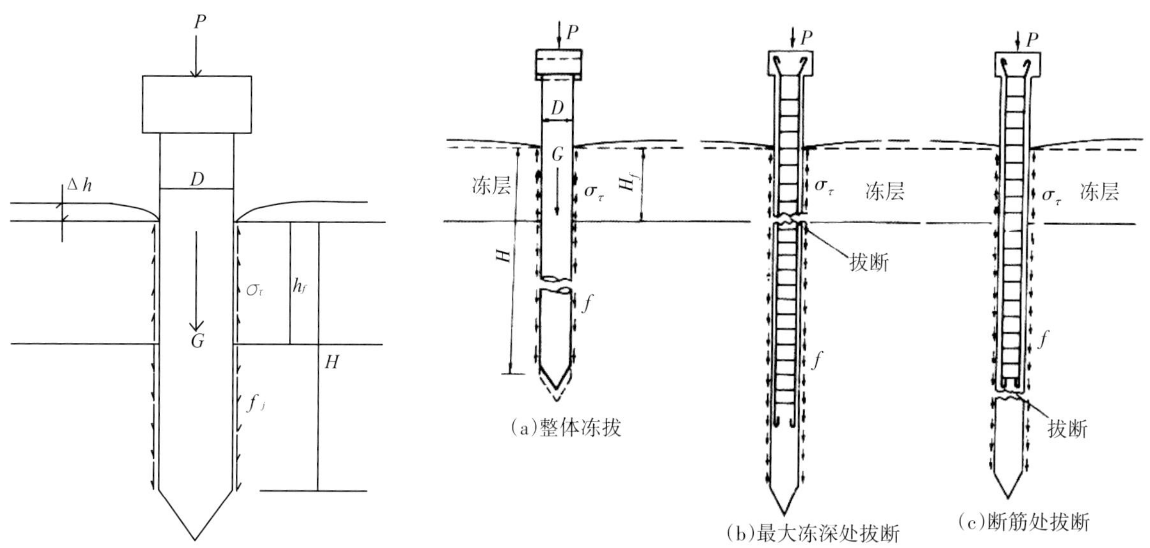

图5.33 冻土中桩基受力图

图5.34 冻土中桩基冻拔

表5.10 桩周土的极限摩阻力f_j

土类	状态	极限摩阻力f_j/kPa	土类	状态	极限摩阻力f_j/kPa
黏性土	$1.5 \geq I_L \geq 1$	15～30	粉细砂	松 散	20～35
	$1 > I_L \geq 0.75$	30～45		中 密	35～65
	$0.75 > I_L \geq 0.5$	45～60		密 实	65～80
	$0.5 > I_L \geq 0.25$	60～75	中砂	中 密	55～75
	$0.25 > I_L \geq 0$	75～85		密 实	75～90
	$0 > I_L$	85～95	粗砂	中 密	70～90
				密 实	90～105

注：I_L为土的液性指数，按76 g平衡锥测定的数值。

表5.11 钻孔桩桩周土的极限摩阻力f_j

土 类	极限摩阻力f_j/kPa	土 类	极限摩阻力f_j/kPa
回填的中密炉渣、粉煤灰	40～60	硬塑亚黏土、亚砂土	55～85
流塑黏土、亚黏土、亚砂土	20～30	粉砂、细砂	35～55
软塑黏土	30～50	中砂	40～50
硬塑黏土	50～80	粗砂、砾砂	60～140
硬黏土	80～120	砾石(圆砾、角砾)	120～180
软塑亚黏土、亚砂土	35～55	碎石、卵石	160～400

注：1.漂石、块石（含量占40%～50%），粒径一般为300～400 mm，可按600 kPa采用；

2.砂土可根据密实度选用其大值或小值；

3.圆砾、角砾、碎石和卵石可根据密实度和充填料选用其大值或小值；

4.挖孔桩的极限摩阻力参照本表采用。

表5.12 桩与基土的极限摩阻力f_j / kPa

土名称	状 态	混凝土预制桩	水下钻(冲)孔桩	沉管灌注桩	干作业钻孔桩
填 土		20～28	18～26	15～22	18～26
淤 泥		11～17	10～16	9～13	10～16
淤泥质土		20～28	18～26	15～22	18～26
黏性土	$I_L>1$	21～36	20～34	16～28	20～34
红黏土	$0.7<\alpha_\omega\leq 1$	13～32	12～30	10～25	12～30
粉 土	$e>0.9$	22～44	22～40	16～32	20～40
粉细砂	稍密	22～42	22～40	16～32	20～40
中 砂	中密	54～74	50～72	42～58	50～70
粗 砂	中密	74～95	74～95	58～75	70～90
砾 砂	中密、密实	116～138	116～135	92～110	110～130

注：1.对于尚未完成自重固结的填土和以生活垃圾为主的杂填土，不计算其侧阻力；

2.α_ω为含水比，$\alpha_\omega=\omega/\omega_L$；

3.对于预制桩，根据土层埋深h，将f_j乘以表5-14中修正系数。

表5.13 修正系数

土层深度/m	≤5	10	20	≥30
修正系数	0.8	1.0	1.1	1.2

注：此表数据取自《土力学与基础工程》，赵明华，武汉工业大学出版社，2000年。

除此之外，冻土区桩柱墩基础的抗冻胀验算中还需要对构件抗拉强度进行验算：

钢筋混凝土桩
$$\frac{k\pi D h_f \sigma_\tau - (P + G + \pi D(H - h_f) f_j)}{A_g} \leq [R_g] \tag{5.6}$$

素混凝土桩
$$\frac{k\pi D h_f \sigma_\tau - (P + G + \pi D(H - h_f) f_j)}{A} \leq [R] \tag{5.7}$$

式中：A_g为受拉钢筋总截面积，m²；A为桩柱截面面积，m²；$[R_g]$为钢筋设计拉应力，kPa；

[R] 为桩柱材料极限抗拉强度，kPa；其他符号同式5.5。

值得注意的是，施工过程中，应保持季节冻结深度范围内桩侧表面的规正、光滑，避免因浇注的桩径大小不等和表面粗糙度增大，导致切向冻胀力增加。在近地表处应保持桩径一致性，清除堆放多余的混凝土，避免在地表处桩径增大形成大头，产生法向冻胀力，使冻胀力增大（图5.35及图4.6）。为增大桩柱基础的锚固力和承载力，在最大冻结深度以下部分，可增大灌注桩表面的粗糙度。

图5.35　吉林张万贯桥桩大头引起冻拔现象

2.扩大式桩基础抗冻胀稳定性验算

地基土冻结时体积膨胀向四周产生相同的扩张应力。天然条件下，地面表现为自由膨胀，即为冻胀量。随着冻结深度增大，地面下土体冻结膨胀产生向上扩张应力，即时对下卧土层也产生相同的应力（在饱水粗颗粒土冻结试验中，另一连通管中水位出现上升现象）。当基础受约束时，地基土借助桩-土间冻结力对桩产生上拔的切向冻胀力，对下也产生方向相反的扩张应力，即俗称为冻胀反力。铁道部第三勘测设计研究院对扩大基础板冻胀反力分布试验观测表明，地基土冻结过程中对扩大基础板上存在冻胀压力（图5.36），呈“马鞍”形分布，随面积增加，冻胀反力峰值由桩侧向扩大基础板边缘移动。黑龙江水利科学研究院万家冻土试验场进行扩大板基础桩抗冻拔现场试验（图5.37），试桩埋置深度为1.6 m，Ⅰ号试桩断面为0.2 m×0.2 m的方桩，冻拔量达140 mm，占地表自由冻胀的68%；Ⅱ号试桩是断面为0.2 m×0.2 m带有0.5 m×0.5 m扩大板试验桩，冻拔量为20 mm，比Ⅰ号试桩减少86%；Ⅲ号试桩是断面为0.2 m×0.2 m带有1.0 m×1.0 m扩大板试验桩，未出现冻拔现象，完全锚固。实验室模型试验结果，冻深达0.4 m时，断面为0.1 m×0.1 m试验桩的0.5 m×0.5 m扩大板上测得冻胀反力为50 kPa（压力盒）或30 kPa（水袋式压力计），平均38 kPa，与直桩测得切向冻胀力值（38 kPa）相近。

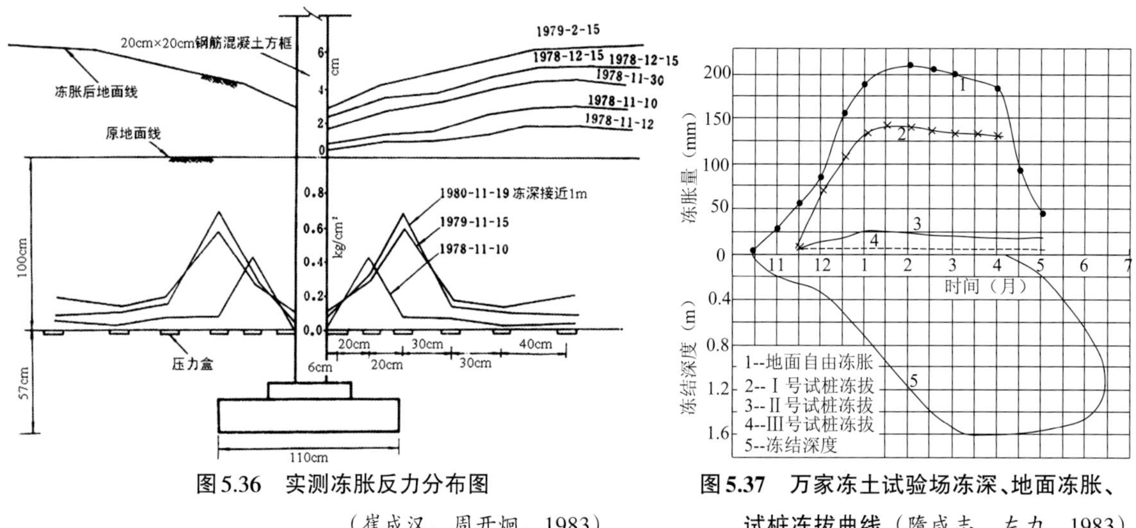

图5.36　实测冻胀反力分布图

（崔成汉、周开炯，1983）

图5.37　万家冻土试验场冻深、地面冻胀、试桩冻拔曲线（隋成志、左力，1983）

若考虑冻胀反力（图5.38），基础板的尺寸应满足下列要求：

$$kuH_f\sigma_\tau < P + G + P_A + \rho HF_0 + f_j(F_1 + F_2) \tag{5.8}$$

式中：k为安全系数，取1.3；u为冻土层内桩的周边长度，m；H_f为冻土层厚度，m；σ_τ为切向冻胀力，kPa；P为上部荷载，kN；G为基础重（包括桩柱、盖梁和底板），kN；ρ为基础板上填土的密度，kN/m^3；H为基础板上填土高度，m；F_0为不包括桩柱的基础板面积，m^2；P_A为冻胀反力，kN；f_j为非冻土层摩阻力，kPa；F_1为非冻土层内桩柱周边总面积，m^2；F_2为基础板周边总面积，m^2。

冻胀反力最大分布范围即为桩柱附近受地表冻胀变形约束范围，大致相当于冻结深度，作用在基础板上的冻胀反力为总冻胀反力的一部分。图5.38平面问题，作用在单位长度上的冻胀反力可按下式验算：

$$P_A = 2T_k\left[\frac{2l}{L}\left(2 - \frac{l}{L}\right) - 1\right] \tag{5.9}$$

式中：T_k为基础侧面每延米长的切向冻胀力，kN/m；L为冻胀反力作用范围，m，可设$L = H_f$；l为基础襟边伸出长度，m。

冻结过程中，扩大板桩柱基础冻胀上拔时，基础板上部土柱的重量及冻土体剪切强度是阻止基础上拔的重要因素。若回填土与周边土体连接紧密条件下，上拔的剪切角约30°（图5.39）。

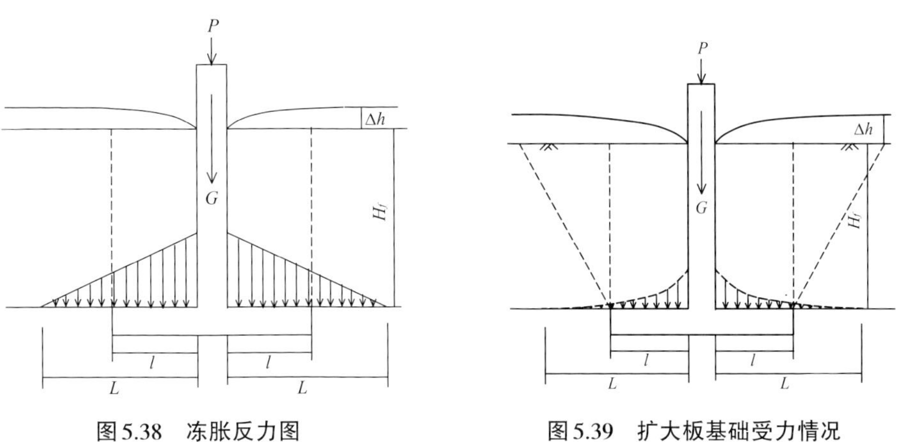

图5.38　冻胀反力图　　图5.39　扩大板基础受力情况

5.3.2　桩柱墩基础防冻胀措施

桩柱墩基础建筑物冻害是因桩侧切向冻胀力作用的结果。桩-土间冻结力取决于冰胶结（冰膜）程度，达最佳冰膜厚度时，冻结力最大。如果减弱或消除桩-土间的冰胶结力，使桩与地基土隔离，对基础而言，桩侧地基土冻胀对桩柱墩基础就不会产生冻拔作用。前面所述的措施都可用于桩柱墩基础的防冻胀。

1.换填法

用非冻胀性土换填桩柱墩基础周侧的冻胀性地基土。通常采用砂砾石等粗颗粒土，但回填料中粉黏粒含量不应超过5%～10%，且在冻结过程中有排水出路。

平面范围，一般在桩周换填0.3～0.5 m非冻土性土。

换填深度，在Ⅱ类冻胀性地基土，达2/3设计冻结深度。在Ⅲ类冻胀性地基土，达设计冻结深度范围。

2.物理化学法

如同板型基础所述，采用憎水性物质充填桩侧周围，将冻胀性地基土与桩柱基础隔离，或用憎水性材料与砂拌和成改良土，充填桩周（图5.40）。

采用盐类间地基土盐渍化，常用有NaCl，KCl，$CaCl_2$等低价阳离子盐类，但应控制掺和量（见式5.3），土中含盐量小于0.5%时，对地基土的物理力学性质不会产生影响。盐类防冻胀有效时间较短，一般为2～3年后，盐分会流失。用结晶盐或饱和溶液防冻胀应在冻结期前几个月实施，

憎水性材料有：渣油、沥青（应掺和8%～10%的废机油，使之低温环境仍具塑性）、煤焦油等石油副产品。化学表面活性剂：带重铬酸钠的木硫酸盐、聚酯、聚酰胺、聚烯类浆液、聚氨基甲酸酯泡沫塑胶、硅有机胶体化合物（如乙基硅醇钠溶液、甲基硅醇钠溶液等）、憎水性表面活性剂等。

用憎水性材料与风干粉碎松散土混合，采用热拌和（温度达120～150 ℃），分层回填、夯实。桩侧回填宽度为200～300 mm。换填深度宜达最大冻结深度。桩基表面涂料可用油脂、渣油等，涂层厚度一般为2～5 mm。

水工建筑物中，可在“一”字形水闸闸体前后基础表面及周围回填憎水性土，防止切向冻胀力作用（图5.41）。

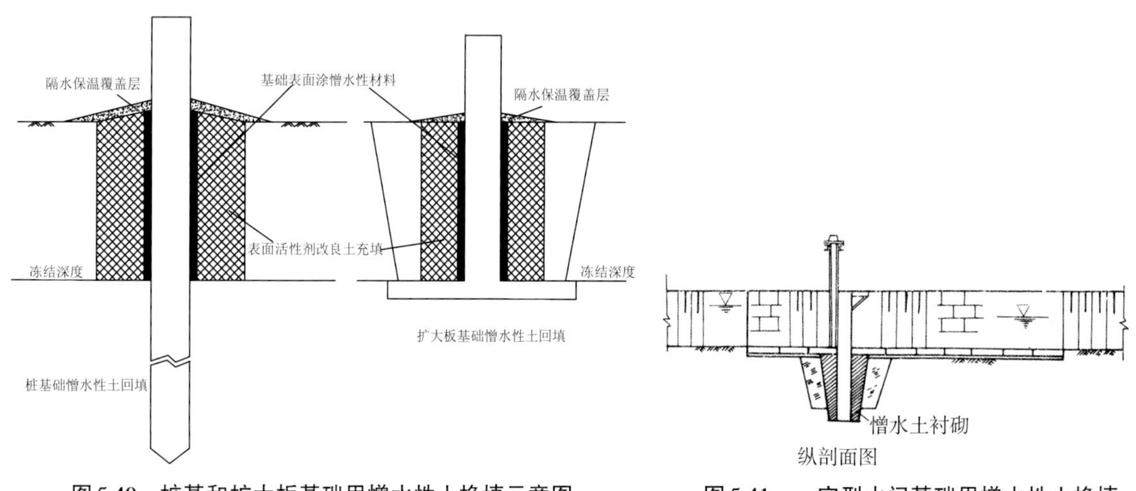

图5.40 桩基和扩大板基础用憎水性土换填示意图

图5.41 一字型水闸基础用憎水性土换填

（均据童长江、管枫年，1985）

3.保温法

保温法的目的是减少冻结深度，水工建筑物板型基础下多采用工业保温材料作保温层，桩柱基础采用隔热保温材料覆盖桩周地表，其表面应铺设保护层，防地表水渗入或浸湿，降低保温材料的隔热保温性能。

4.结构法

结构法是改变基础结构形式减小基础与地基土的接触面积，或锚固基础等以达到防冻胀目的，如一字形闸、桩基、深桩基础、扩大板基础、爆扩桩、排架桩等（图5.42）。

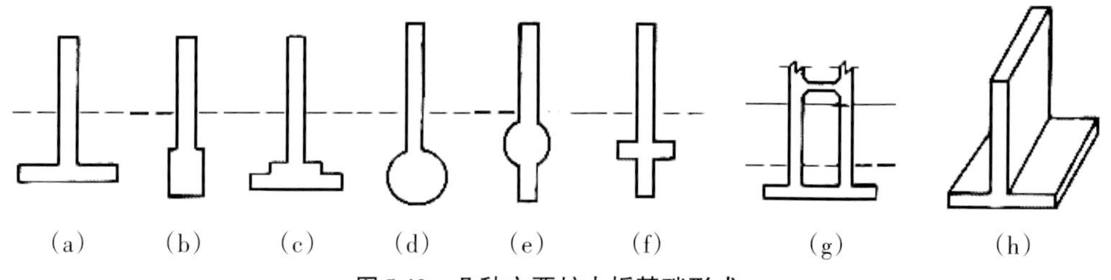

图5.42 几种主要扩大板基础形式

（a）板式扩大板基础；（b）变径桩基；（c）阶梯式扩大板基础；（d）爆扩桩；
（e）球形扩大基础；（f）环形扩大基础；（g）排架桩扩大基础；（h）墙基式扩大基础。

1）深基础

在冻胀性地基土上，按建筑物基础不允许变形设计时，为避免切向冻胀力和法向冻胀力作用，多采用深基础。桩基础的埋置深度除应满足承载力要求外，还要满足抗冻拔稳定性要求。在冻土区，抗冻拔稳定性要求往往是控制性条件。在切向冻胀力作用下桩基应满足下式要求：

$$P + G + F \geqslant kS\sigma_\tau \tag{5.10}$$

式中：S为冻土层内桩基侧表面积，m^2，$S = H_f \cdot \pi D$，；F为总摩阻力，kN。$F = f_j \cdot (L - H_f) \cdot \pi D$；$D$为桩基直径，m。

桩抗冻拔稳定性所需入土深度（L）按下式计算确定：

圆形桩
$$L = \frac{H_f(k\sigma_\tau + f_i)}{f_i} - \frac{P + G}{\pi D f_i} \tag{5.11}$$

方形桩
$$L = \frac{H_f(k\sigma_\tau + f_i)}{f_i} - \frac{P + G}{4a f_i} \tag{5.12}$$

式中：a为方形桩每边长度，m。

由于桩柱的自重（G）是桩长的函数，在求桩柱入土深度（L）时，需先假定桩长（或入土深度），并通过试算求得桩柱的合理埋入深度。此外，还需要分别对承受最大冻胀力作用下桩柱截面和钢筋截面进行抗冻拔强度验算。最大冻深截面桩柱配筋量应满足下式要求：

$$A_g = \frac{S\sigma_\tau - P - G_1}{\sigma_g} \tag{5.13}$$

式中：G_1为最大冻深截面以上桩柱自重，kN；A_g为纵向受力钢筋截面积，m^2；σ_g为钢筋允许拉应力，kPa。

为保证桩柱有足够的抗冻拔强度，一般要求纵向受力钢筋要深入到桩柱入土深度的3/4处，并对此截面进行强度验算。桩柱在水下施工，往往质量不易保证，在断筋截面一般不考虑混凝土能承受拉应力，故需要满足下式要求：

$$P + G_2 + \pi D\left(\frac{3}{4}L - H_f\right) f_i - S\sigma_\tau > 0 \tag{5.14}$$

式中：G_2为桩柱(3/4)L以上自重，kN。

如上式不能满足要求需将纵向钢筋深入到桩柱底部。

2）扩孔桩基础

扩孔桩基础是在冻土层下面形成扩大头［见图5.42（d）、（e）］，可采用爆破扩孔、钻机扩孔、扩孔机扩孔和水枪扩孔等。该方法适用于地下水位较低的黏性土地基，砂土地基易出现塌孔。

爆破扩孔的扩大头大小较难控制，应采取措施严格控制施工质量，满足设计要求。一般要求扩孔直径达0.8～1.2 m。

黑龙江讷河县庆丰水库采用爆扩桩基础修建泄洪洞（图5.43），效果良好。

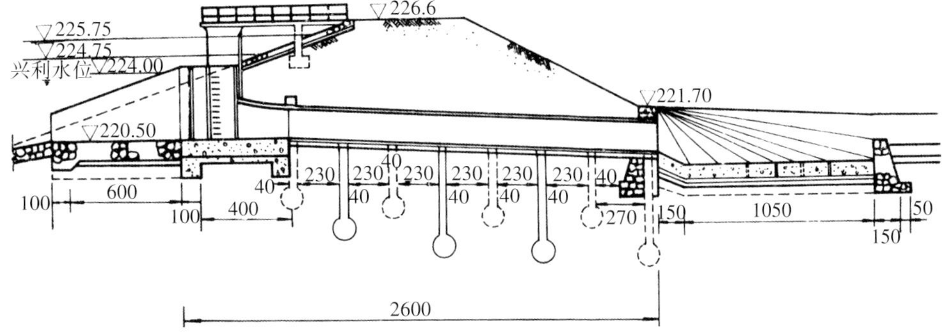

图5.43　黑龙江讷河县庆丰水库采用爆扩桩基础泄洪洞(单位:cm)（童长江、管枫年，1985）

3）排架桩基础

排架桩基础是扩大板底座连接，根据需要做成双桩或三桩式，利用扩大板连接以增大桩基自锚能力，达到抗冻拔目的。图5.44是吉林省农安县排架桩基础桥典型设计图。

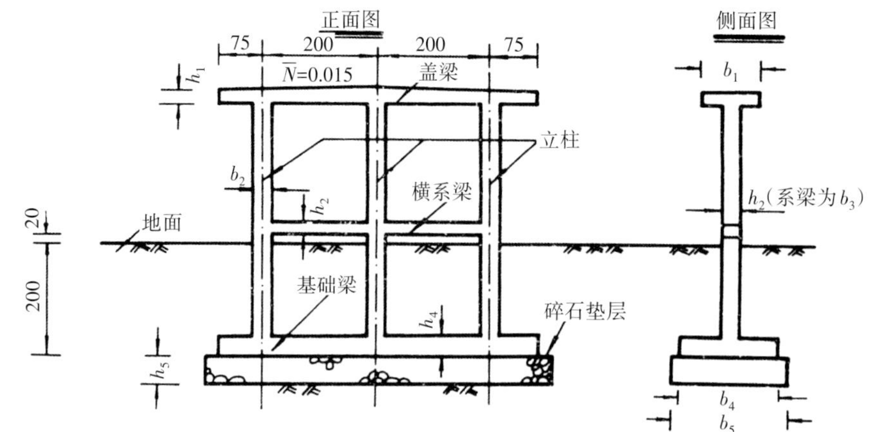

墩高/m	跨径/m	截面尺寸/m									
		盖梁		立柱		横系梁		基础梁		基础碎石垫层	
		宽b_1	高h_1	宽b_2	高h_2	宽b_3	高h_3	宽b_4	高h_4	宽b_5	高h_5
≤2.5	1.5～4.0	0.45	0.3	0.3	0.3	0.3	0.25	0.8	0.35	1.0	0.3
	5.0～8.0	0.6	0.3	0.3	0.3	0.3	0.25	1.0	0.35	1.2	0.5
2.51～4.0	1.5～4.0	0.45	0.3	0.35	0.3	0.35	0.3	0.8	0.35	1.0	0.3
	5.0～8.0	0.6	0.3	0.35	0.3	0.35	0.3	1.0	0.35	1.2	0.5

图5.44　吉林省农安县排架桩基础桥典型设计(cm,下表为具体尺寸)（童长江、管枫年，1985）

4）一字形闸

一字形闸（图5.45）广泛地应用于寒冷地区的中小型水闸，将闸室面积较大的基础紧缩为一字形，减小闸基与地基土接触面积，减小基础底部法向冻胀力，采用换填或物理化学法消除基侧切向冻胀力，达到有效地防冻害目的。新疆、黑龙江等地区使用表明，大部分运行效果良好。一字形水闸取消了易出现冻害的八字形翼墙，代之以能适应冻胀变形的护坡连接。

5）架空法

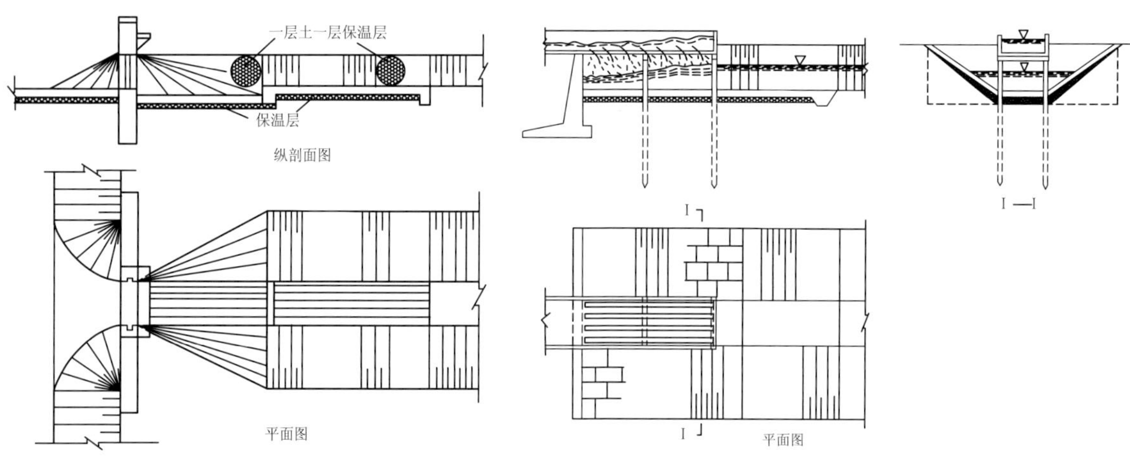

图5.45　新疆地区的一字形闸

图5.46　筛条跌水（童长江、管枫年，1985）

从防冻胀的角度，架空法是把整个建筑物或部分结构架空，改原来的板型基础为桩基，改原来的条基为墩基或桩基，避免法向冻胀力作用。水利工程中也广泛采用，如架空扬水站、架空坡水跨渠、架空消能设施、架空管路等。图5.46是筛网式跌水，将消能设施架空，代替易受冻的消力池和出口边墙，不但消能效果好，且防冻害效果也好。

寒冷地区水库灌溉输水洞进口挡土墙冻害较为普遍，将进口挡土墙改为衣领式进口（图5.47），取消挡土墙，取得良好效果。为防止进口冲刷，应对坝坡和进口底部一定范围做好护砌。

6）套管法

套管法，或称隔离法，即采取套管将桩基与地基土隔离，使桩基础侧表面不与地基土冻结在一起，消除切向冻胀力作用。常用的隔离法有采用油包桩（图5.48）和套管（内充填油脂混合料，图5.49）。

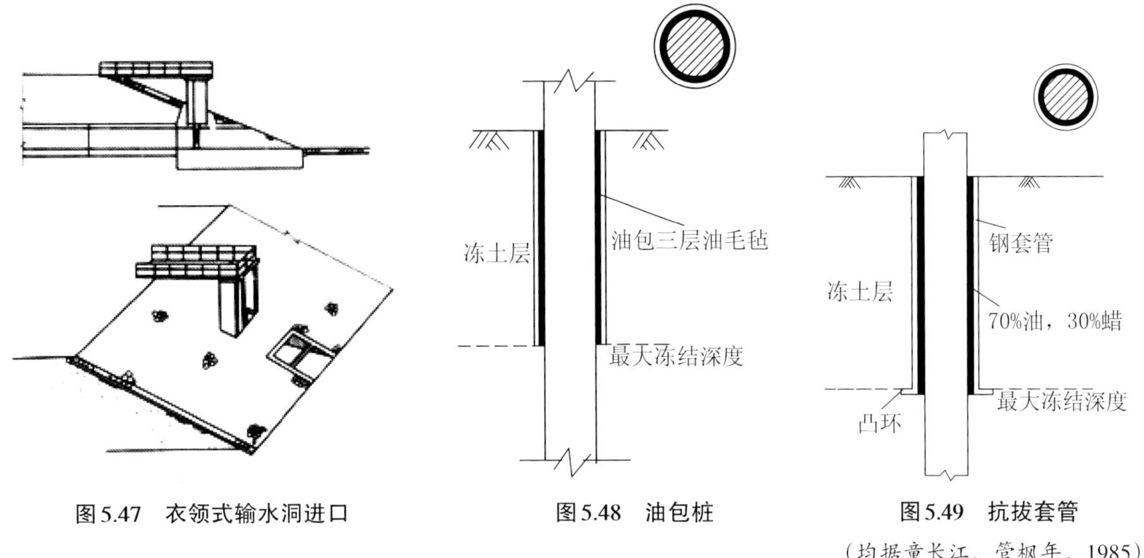

图5.47　衣领式输水洞进口　　图5.48　油包桩　　图5.49　抗拔套管

（均据童长江、管枫年，1985）

基础侧面涂刷材料应是收敛性不冻结的憎水性涂料，如树脂、渣油、沥青玛蹄脂等，包裹层多采用油毛毡、聚乙烯薄膜塑料（厚度要厚些）等。

桩基外加套管法，即在最大冻结深度范围，桩基外加一底脚带有凸环的套管，套管与桩基间留有20～50 mm的间隙，其中充填黄油、沥青与废机油混合物、工业凡士林油、油和蜡混合物等。套管底部突出的凸环起锚固作用，为防止套管被冻拔所设。时隔几年应补充油脂混合物充填料的流失，且将套管重新下卧。

这种方法常在灌溉渠系中坡水位高于渠水位时，采用坡水渡槽方案，使水在渠上通过，然后用挑流鼻坎将水流排出。如黑龙江北部引嫩工程的坡水跨渠渡槽（图5.50），为防止渡槽桩基冻拔，在桩基外加套管方法，保证工程运营安全。

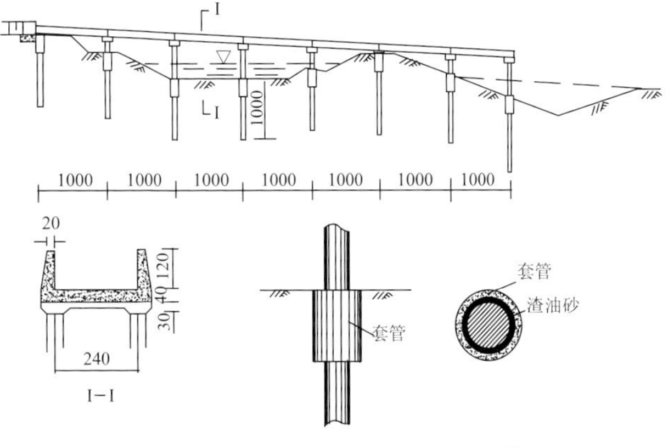

图5.50　坡水跨渠渡槽(单位:cm)（童长江、管枫年，1985）

7）综合措施

实际工程中，应结合建筑物等级、运营要求、地基条件、气候环境、当地材料等具体确定防冻胀方案。地基条件较简单，小型建筑物较为单一，且有较大适应冻胀变形能力的情况下，采用单一防冻胀措施能起到良好效果。如果地基条件不良，建筑物结构复杂，且面积较大，变形要求较高时，需要采用综合措施才能达到防冻胀的设计要求。在许多情况下，采用两种以上措施结合方法能取得事半功倍的防冻胀效果。

如：挡土墙。采用排水法和保温法相结合，较单一措施取得较好防冻胀效果（图5.51）。前者排除墙背水分，降低冻害，但往往不能使墙背土层水分减少至弱冻胀的程度，仍可能出现冻害。在墙背和土面加铺热保温层，减小墙背冻结深度，就可取得较满意防冻胀效果。

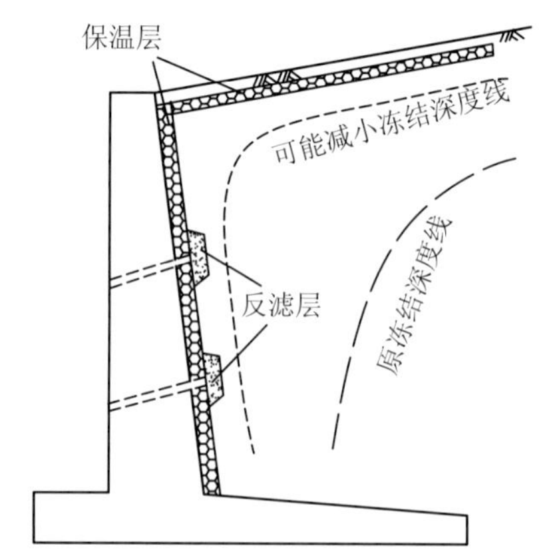

图5.51 挡土墙保温排水防冻害措施

如：黑龙江津河水库泄洪闸（图5.52）。泄洪闸六孔，总长23.24 m，宽7 m，每三孔连成整体，中间设缝墩。闸基土为重粉质黏土，塑限含水率21%，冻前含水率27.7%，最大冻深2.1 m。原设计防冻胀措施为：①闸室底板厚度达1.6 m，前后齿深2.2 m；②闸室过长（23.24 m），中间设缝墩，将泄洪闸分为两个刚度大的单元体。

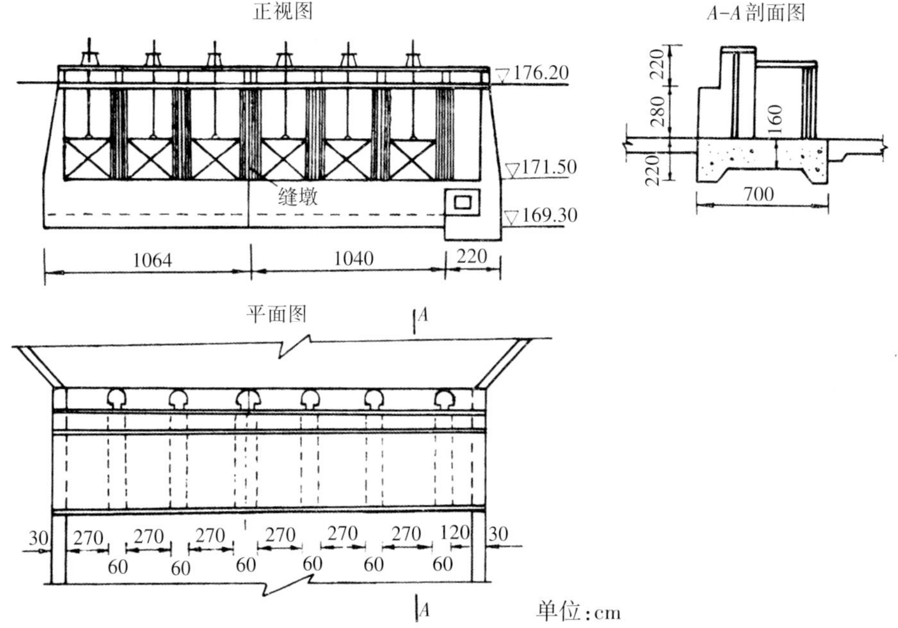

图5.52 黑龙江津河水库泄洪闸总体布置与结构图（童长江、管枫年，1985）

现场观测，1963年12月开始冻胀，3月末达最大值，整个闸体冻胀上抬量达180 mm，缝墩最大张开宽度110 mm（图5.53），翌年5月末闸基开始融化下沉，7月10日中墩缝残余宽度30 mm，未能完全复原。尽管闸底板未产生强度破坏，但缝墩垂直止水全部扯断，不能满足防渗要求，闸室冻胀变形超过水闸允许变形范围。说明闸底板下有法向冻胀力和前后齿有切向冻胀力的共同作用下仍能将重达973.06吨的闸体冻胀上抬。

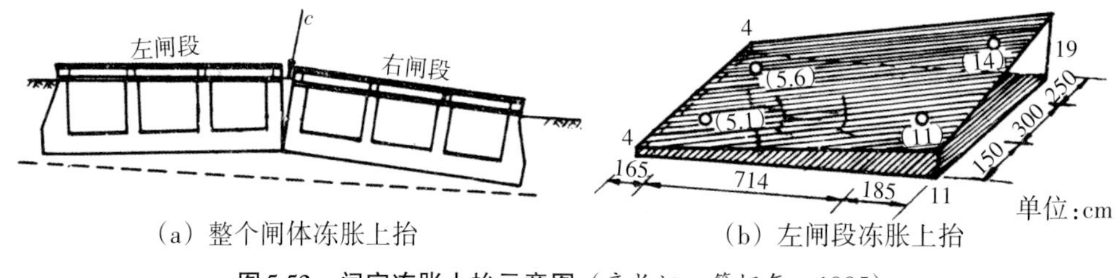

（a）整个闸体冻胀上抬 （b）左闸段冻胀上抬

图5.53 闸室冻胀上抬示意图（童长江、管枫年，1985）

为此，在闸墩前增设小闸墩，冬季设临时小闸门蓄水，以冰和水保温，消除闸底板下的冻结深度和法向冻胀力，保证了闸室稳定。当库水位较低时，采取柴草保温。自1964年整治修复后，运行正常。

此例说明，仅依靠增大建筑物的刚性强度，并不能消除冻害，可施加保温措施，减小基底冻结深度，达到削减或消除冻害目的。

又如：内蒙古丁家夭扬水站。设计中采用整体式筏式基础（厚1.1 m，接近冻结深度）。竣工后厂房出现几十条裂缝。为此，补做如下措施：①厂房四周、出水管底部、后墙与镇墩间均用砂砾石换填，深度1.4～1.5 m，宽度3～5 m；②厂房及镇墩四周设排水暗管（管径200 mm），降低地下水位1～1.2 m；③后墙与镇墩间的压力管中设置伸缩环，以适应冻胀变形，减少对后墙的冻胀上抬力。

经处理后，厂房未出现冻胀垂直变位。说明单一结构防冻胀措施未能防止冻害，换填法削弱或消除冻胀力起着重要作用。

再如：新疆大海子西干渠6#节制闸。防冻胀设计：①闸室板厚0.35 m，板下换填0.8 m戈壁砂，底部与立墙排水孔相连，水可排至消力池。闸边墙与底板连成整体，闸室前后设深齿。②进出口，隔墙为上小下大梯形断面，表面厚涂沥青；护底和护坡混凝土板下换填和设排水措施；护底及闸底黏土铺盖深埋，其上铺隔热保温层。出水口为U形槽，底部换填砂砾石。

5.4　坝区冻土工程问题

我国多年冻土区分布地域辽阔，黑龙江、内蒙古、新疆、青海和西藏的水资源丰富，尚待开发。目前我国在多年冻土区水坝建筑虽尚无建设，但随着国民经济发展，必将会列上日程。1987—1991年，原苏联和中国专家进行综合利用额尔古纳河与黑龙江界河段水资源规划的工程地质论证工作（徐伯孟、王泽仁，1995）。勘察地区包括上述流域内西起东外贝加尔山地，东延至中阿穆尔低平原的250 km地带。规划中的水利枢纽，在黑龙江上游的漠河（阿玛扎尔）、连崟（加林达）、双合站（托尔布津）、鸥浦（库尔涅左夫）、呼玛（新沃斯克列辛）、黑河（布拉戈维申斯克）和中游太平沟（兴安），在额尔古纳河上有室韦（戈尔布诺夫卡）、腰板河（别拉吉列夫斯克）和奇乾上坝（契列木霍夫）。勘察重点是研究该区的冻土条件及工程冻土分区，预报各水利枢纽的施工和运行过程中冻土条件的变化及其对工程地质条件和建筑物的影响。在内蒙古大兴安岭满归地区的贝尔茨河也有过规划。

为了解多年冻土区建设水利枢纽经验，根据苏联的相关规范及俄罗斯的有关著作（Э.Д.叶尔绍夫，张长庆译，2016；Л.Н.Хрсталев. 2005），介绍多年冻土区水工建筑地基基础相关的冻土工程问题。

5.4.1　设计原则与要点

多年冻土区地处寒冷气候带，年平均气温为负值，日温差和年较差均较大，冬冷期较长。冬季冻结，夏季融化的反复冻融循环过程不只是发生在地基土中，也发生在构筑物砌体上，特别是冷建筑的水工建筑物上，常常带来许多工程冻害问题。我国多年冻土区的连续程度并不高，连续、岛状和零星分布形式均有存在。大河流域存在贯穿融区，中小河流多为非贯穿融区，两岸分布着不连续或岛状多年冻土，且有许多冻土现象发生，冰情较为严重，冰荷载作用依然存在。冬枯夏洪，春汛急骤现象较为突出。青藏高原、新疆地区，山区河谷深切，季节性冻融作用常给施工带来困难。寒区上述特点在水工建筑设计时应予考虑。从本章5.1节可知，需在遵照非冻土区设计要求基础上，针对冻土区的环境和冻土地基特性增设一些特殊项目和研究工作量。

在进行工程建筑时，必须加强冻土工程地质勘察工作，在此基础上，进行冻土工程地质评价。①冻土工程地质条件评价：确定良好及不良工程地质地段，将有助于确定水工建筑物的场址、建设方案、设计原则、工程处理等；②冻土地温评价：多年冻土年平均地温是决定多年冻土稳定性的基本要素，确定建筑场址属于低温冻土还是高温冻土，直接涉及水工建筑物设计原则的确定和技术方案；③冻土含冰程度评价：它直接影响冻土地基的沉降变形性质。根据冻土含冰率的分布和数量，按多年冻土工程分类确定冻土地基的融沉性等级，编制冻土地基融沉性（水平和垂直方向）分布图，确定设计、施工方案。

多年冻土的热稳定性首先取决于冻土体本身的年平均温度，地温越低，冻土的热稳定性越好。同时也取决于外界环境的热力作用，如气候变暖、人为热源、水流渗透和热侵蚀等。

多年冻土地基上挡水建筑物宜采用土石坝和钢筋混凝土重力坝，溢流坝往往会带来较大的热力作用，使坝基下冻土地基产生较大的融化，其结果一方面使地基出现不同程度的沉降，另一方面会增大坝基渗漏，加速冻土融化。此外，根据国外有关文献报道，多年冻土区多采用土石坝，贯穿河流融区中多采用混凝土重力坝。多年冻土地基上不宜采用溢流坝。

由于地基土在冻结和融化状态时具有不同的物理力学性质、强度指标、变形特点和热稳定性，当从冻结状态过渡到融化状态时，强度由大变小，变形则由小变大。在利用多年冻土作为地基时，需要根据地基土的冻结和融化状态来确定设计原则。

因此，多年冻土区水工建筑地基基础设计也应遵循冻土区通用的设计原则，根据冻土工程地质条件和建筑物特点，确定保持地基冻结状态设计原则或地基土融化状态设计原则。对低温坚硬冻土（压缩系数不大于0.01 MPa^{-1}），采用保持地基冻结状态设计原则（原则Ⅰ）是比较经济和合理的。对于高温塑性冻土（压缩系数大于0.01 MPa^{-1}），通常都采用融化状态的设计原则（原则Ⅱ）。值得注意的是，水坝建筑物不适宜采用逐渐融化设计原则。

原则Ⅰ——地基内多年冻土（岩）在施工和运行期间始终保持冻结状态，并保证建筑物的防渗措施、地基及其建筑物接触带的不透水性和防渗稳定性。按原则Ⅰ利用冻结状态的冻土作为水工建筑物的地基和岸坡时，应配备不同形式的制冷设备，并采用隔热和防水措施，以防止冻土地基发生融化，提高其承载能力，减小变形。

原则Ⅱ——在建筑物开始施工前采用人工方法使多年冻土融化到指定的深度。按原则Ⅱ利用高温冻土作为建筑物地基时，应在水库蓄水之前对裂隙岩体及粗颗粒冻土预先融化并进行灌浆加固，防止坝基渗漏，减小建筑物的变形和保证地基承载力。

《冻土地区建筑地基基础设计规范》（JGJ 118-2011）中提出三种设计原则，即保持冻结状态设计原则、逐渐融化设计原则和预先融化设计原则。对水工建筑物来说，水流热侵蚀作用所影响的深度往往较大，超过干燥、无水患条件下建筑物下最大的融化深度。所以，采用冻土地基逐渐融化的设计原则难于满足水工建筑物运行期间的变形要求。因此，根据俄罗斯多年冻土区水工建筑物的经验，采用保持冻结状态（原则Ⅰ）或融化状态（原则Ⅱ）两种设计原则较为合理。

在同一水利枢纽的不同结构物允许采用不同设计原则，但在不同原则设计的结构物接触带间应采用特殊措施使之隔离，通常采用冻结装置，避免冻结地基遭受融化地基的热力侵蚀作用。

冻土区地基表层每年都会发生冻结-融化过程。在多年冻土区进行水工建筑物设计时，除了根据冻土工程地质特点，选择合理的基础结构类型，进行承载力、变形及稳定性计算外，还应进行防冻胀验算。

多年冻土区进行任何工程建设时，都要执行国家的环境保护法规，保护自然资源、恢复和改善环境。多年冻土区环境保护设计，应体现预防为主，建设与保护并重的原则，根据场址的自然条件和冻土环境特点，制定相关的环境保护措施。大量的实践证明，保护好冻土环境，也是保护冻土地基的热稳定性，环境遭受破坏必将影响建筑物地基的稳定性，带来严重的后患。为此，对取弃土、施工便道、临时宿营等都应严格的要求。

多年冻土含土冰层不能作为建筑地基持力层。当含土冰层的含冰率达到50%以上时，粗颗粒土、细砂、粉砂的含水率达44%以上，融化后为过饱和状态，出水量达10%～20%；黏性土的含水率大于其塑限含水率36%～48%，融化后呈流动状态。当地下冰层受外力作用时，很容易发生流变，长期强度显著降低。

水库蓄水后，在库水的热侵蚀和波浪的冲击作用下，库岸冻土中的地下冰易发生融化，引起库岸坍塌，不断地形成新的库岸。因此，设计时应根据库岸的冻土工程地质条件和热工计算结果，预测库岸再造的轮廓和地段，提前做好有关防护措施。

5.4.2　坝体类型

到20世纪末，俄罗斯和加拿大、美国阿拉斯加州、挪威、瑞典、芬兰、冰岛等寒区建设和运行的水工建筑物超过600个（Э.Д.叶尔绍夫，张长庆译，2016），包括水利枢纽、带水库的水电站、大坝、堤堰、沉淀池（尾矿场）和盐水沉淀池，但未包括小型水利-土壤改良结构物、短期性围堰和露天采土场围堰。据寒区的水工结构建筑经验表明，超过90%的大坝都是采用当地土石材料建成，它们比混凝土坝和钢筋混凝土坝能更多地考虑冻土特征，更具有实质性意义。

1.混凝土坝和钢筋混凝土坝

在多年冻土区建筑混凝土坝和钢筋混凝土坝都倾向于重力坝，选择下游有挡板的重力式支墩坝。这种坝能采用高效机械施工方法和防止混凝土砌筑体形成温度裂缝。

坝型设计时应考虑坝体施工和运营期间冻土地基融化后的物理力学选择变化，温度场对坝体混凝土强度和稳定性的影响。必要时，对外露混凝土表面铺设隔热保温层，在水位变动区要做好防水保温处理。隔热保温材料可采用具有防水性能的聚氯乙烯泡沫塑料等。

按融化原则（原则Ⅱ）设计的混凝土坝，应采取措施防止坝基和输水管设施不工作时下游面混凝土冻结。

隔热保温层厚度按热工计算确定。在确定水位变化范围防水隔热保温层厚度时，应考虑坝体表面的温度和外界温度的三种状态：

（1）情况1，被保护的混凝土体表面处于冻结状态的厚度。在水位降到最佳水位时，确定混凝土表面在秋、冬、春季节外界负温期间快速冻结条件下的保温层厚度。此厚度应保持水位上升时，坝体混凝土表面在最高水位期间不发生解冻。

（2）情况2，减少冻融循环次数以达到混凝土不破坏的厚度。在运行条件、建筑结构和抗冻标号选定条件下，确定减少冻融循环次数下混凝土表面不破坏时的最佳厚度。

（3）情况3，坝体混凝土不允许冻结的厚度。确定运行期间受温度冲击时坝体混凝土不会冻结的厚度。

混凝土初始处于解冻状态，各个季节水位变动区的水位降低时，在出现负温作用下，隔热保温层厚度应能保持负温作用下混凝土不发生冻结。

2.土石坝

土石坝是采用当地土石材料修筑的。按土石材料、施工方法和防渗构件情况有四种土石坝形式：

（1）由砂土、黏性土或大块碎石类土（或卵砾石）所填筑的碾压式土坝。在自重作用下或人工夯实（分层夯实）进行填筑或直接在水中，如河流、小溪、湖泊或人工湖塘中进行填筑。

（2）由细颗粒土（砂土、黏性土、人工尾矿砂等）和大块碎石类土（不含粗大卵砾石）填筑的充填式土坝，用水力机械按水力填筑工艺充填而成的结构物。

（3）用大块碎石土和漂砾石土填筑的大块碎石类土坝。采用标准压实的弱透水性黏性土或砂土，或不少于30%～40%的砂土-黏性土充填物（粒径小于2 mm的细粒土）所构成的土质防渗体。

（4）由大块碎石类土和漂石（块石，最常用的是岩块或堆石）土填筑的堆石坝。采用非土工材料（金属板、截水墙、板桩、钢筋混凝土墙、截水板墙、沥青混凝土斜墙和截水墙、土工膜等）制成防渗体。

我国土石坝广泛地采用碾压施工方法，主要坝型为：均质坝、土质防渗体分区坝和非土质材料防渗体分区坝等三种。防渗土料碾压后应满足（DL/T-5395-2007）要求：渗透系数，均质坝不大于1×10^{-4} cm/s，心墙和斜墙不大于1×10^{-5} cm/s；水溶盐含量不大于3%（质量计）；有机质含量（质量计），均质坝不大于5%，心墙和斜墙不大于2%；有较好的塑性和渗透稳定性；浸水与失水时体积变化小。

冻土区根据坝体施工运行时的初始冷生组构和温度状态分为冻结坝、融化坝及冻结-融化（或融化-冻结）过渡型。

冻结坝：透水性坝，其防渗稳定性和渗漏强度是由防渗体及地基处于冻结状态来保证，即多年冻土坝基在施工和运行期间保持天然冻结状态，坝体中防渗体，在水库蓄满水前逐渐冻结，而后在整个运行期处于冻结状态。

融化坝：坝体、防渗体及坝基处于融化状态或部分处于冻结状态，允许坝体和坝基（或仅仅是坝基）存在有限的渗透量，即坝体在施工、运行和蓄水前使地基融化至设计深度，且保持具有的土工防渗设施，土坝可处于融化-冻结状态，而运行期主要处于融化状态。

冻结-融化过渡型：坝前水位落差地段允许按不同原则设计。如大河河床下有贯穿融区，漫滩为多年冻土，且具有厚度和融化压缩性大时，可建筑混凝土与土坝混合型坝，河床融区按融化原则建混凝土坝，两岸多年冻土按冻结原则建土坝。两者连接处设置冻结冷却装置措施，防止冻土融化。冷却装置可采用热棒。

当河底有深层融区或贯通融区，漫滩上有强融化压缩性的多年冻土层（厚度为6～8 m以内），但其下为融化压缩性小的土层时，应考虑建筑融化型土坝。此时，强压缩性的坝基土应予清除和换填压缩性小的土。强压缩性的土允许采取人工融化和压实的方法处理。

苏联Б.Е.维捏捷夫水工研究院和动力电气化部С.Я茹克税设计院列宁格勒分院主编的《多年冻土分布地区水工建筑物设计规范》（СН30-83），根据土坝、防渗体的土料、施工方式、建筑原则和坝体、坝基的温度状态来确定坝的结构（表5.14）。

表5.14　土坝的基本类型

坝型特征	融化坝	冻结坝
按坝体结构	均质土坝 非均质土坝:土心墙坝、土斜墙坝 中央防渗棱体坝 上游防渗棱体坝 含非均质材料的坝:隔水墙、灌浆心墙、斜墙	均质土坝 非均质土坝:心墙坝 中央防渗棱体坝 上游防渗棱体坝
按坝基防渗设备结构	有铺盖的坝 有齿墙的坝 有灌浆(水泥灌浆)帷幕的坝 有隔水墙(土中的墙、沥青混凝土或土石混凝土墙板桩)的坝	带冰土墙的坝 带齿墙的坝 分层填土,机械压实,然后利用制冷装置冻结坝基和坝体土水中分层填土,再利用制冷装置冻结坝基和坝体土
按坝的施工方法	分层填筑土,机械压实 水中填土	冬季分层填筑厚度不大的土,并逐层机械压实和靠天然负气温冻结

寒区河流断面的坝体和土工材料类型、结构选择是根据下列条件综合确定：建筑区的水文和气候条件；坝基与河岸地形；工程地质和冻土条件；坝基冻土的含冰率和融化沉降量；河床下的融区规模；地区地震烈度；当地建筑材料赋存情况；水利枢纽总体布局；施工组织与工艺模式；施工期和运行条件；经济论证；环境保护措施；人类工作环境保障等。

土坝结构物可建在岩石地基上，亦可建在非石质地基上，既可处于融化状态，也可处于多年冻结状态。当地基体积含冰率大于0.4的富含冰的低温多年冻土时，宜修建冻结型坝，坝体防渗设备和河床融区坝基的土应使之冻结，并在运行过程中保存冻结状态，可采用液-气型、液体型或气体型季节性作用的制冷装置（热棒）来达到冻结状态。冻结坝的不透水性应由坝体和坝基部分土保持冻结状态来保证。在坝的运行过程中不允许通过坝体和坝基渗透，且通过防渗设备时防止地基土融化；当地基含冰率为0.03～0.4的含冰的高温多年冻土时，宜修建坝高较低的融化型坝。融土坝应在坝体和坝基内设防渗设备，保证其不透水性，而均质坝应该有足够的渗径长度。

选择冻结坝和融化坝的工程地质和冻土的优先条件：

冻结坝：①冻土融化时属强融沉性土，即超过Ⅲ级以上的融沉性；②融区内河床底部水流速度不超过3×10^{-5} m/s，融区深度小于5 m。当渗流速度和融区厚度更大时，其冻结的可能性应通过热工计算确定，建议预先进行水泥、黏土灌浆或化学（如矽化法等）处理。

融化坝：①冻土融化时属Ⅰ、Ⅱ级坚硬、半坚硬的不融沉和弱融沉性冻土；②河床内有深层或贯穿融区，河谷边和漫滩为不融沉和弱融沉性冻土。

心墙或斜墙防渗体应采取齿墙，其深度应达到或嵌入压缩性小的土层中。土石坝的心墙和斜墙，堆石坝的沥青混凝土心墙与融化岸边的连接部分应嵌入岸体内，如岸体属裂隙岩石或透水性强的非岩质土，应设置防渗幕，与坝体防渗设施连接。寒区低水头（坝高小于10～25 m）和少量中水头坝（坝高大于30～40 m）基本坝型是融化型和冻结碾压式土坝（图5.54）。

当冻土处于融化时的低压塑性和中压缩性非石质地基土设计碾压式土坝时，推荐带心墙的冻结坝，而富冰冻土地基则建议做成中心防渗棱体（心墙）冻结坝。

几种土禁止用于修筑土坝：

（1）氯化物型盐分含盐量大于5%（按质量）和氯化物-硫酸物型盐分含盐量超过10%的盐渍土；

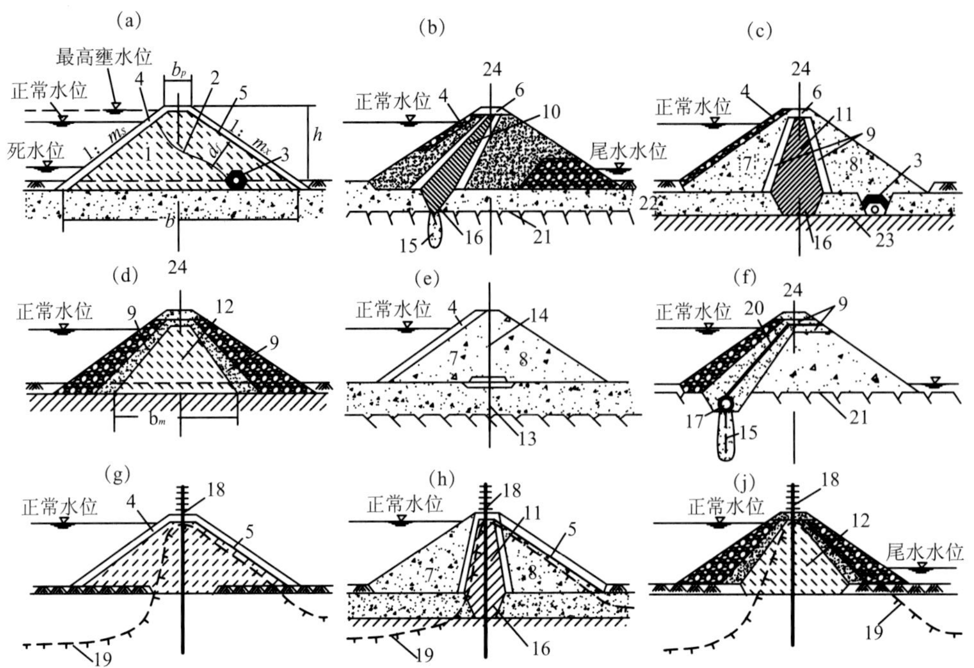

图5.54 寒区碾压式土坝的基本形式、类型和结构（Э.Д.叶尔绍夫，2016）

（a）融化型均质土坝；（b）带黏土斜墙，齿槽和水泥灌浆的融化型土坝；（c）带心墙和齿槽的融化型土坝；（d）带中心棱体的融化型土坝；（e）带截水隔板（板桩）的融化型土坝；（f）装备非土料是斜墙，齿槽和水泥灌浆廊道（暗道）的融化型土坝；（g）带冻结帷幕的冻结型均质土坝；（h）带心墙、齿槽和冻结帷幕的冻结型土坝；（j）带中心棱体和冻结帷幕的冻结型土坝。

1—坝体；2—渗漏水下降面（浸润面）；3—排水装置；4—边坡加固层；5—隔热层；6—坝顶；7—上游坝体；8—下游坝体；9—过渡层（反滤层）；10—黏土斜墙；11—黏土心墙；12—中心防渗土质棱体（扩大式心墙）；13—板桩或墙板；14—截水隔板；15—水泥灌浆帷幕；16—齿墙；17—灌浆廊道；18—冻结系统或冻结装置（热棒）；19—冻土与融土分界线；20—非土质材料斜墙；21—坝基中裂隙岩石的上边界；22—河床冲积层；23—不透水土层上部边界；24—坝轴。

h—坝高；b—坝底宽度，b_m—防渗装置底宽；b_p—坝顶宽度；m_s—上游边坡系数；m_x—下游边坡系数；d_f—湿润线表面与下游边坡间的最短距离，由热工计算和渗漏计算确定。

（2）含有未充分分解的有机物或有机体（植物根系和残体等）超过5%（按质量）或分解充分的无定形或液态（如腐殖质、石油等）的有机化合物超过8%的有机矿化土和类似的土（淤泥、泥炭、泥炭土等）；

（3）富含冰和含冰冻土层。

寒区筑坝中应用最广泛的防渗体主要有心墙、斜墙、棱柱体和防渗铺盖。冻结坝的土质防渗设施（中心和下游防渗棱柱体，心墙和防渗铺盖）应确保在坝体建立起冻结帷幕［采用液氨或煤油等工质的热棒制冷装置（图5.55）］，与坝基和坝肩的多年冻土应紧密结合，以保证坝体不漏水。

土石坝和堆石坝的坝体应由比较坚固、耐寒的弱冻胀性或不冻胀的大块碎石或未分选的岩块（或堆石）填筑，它相对具有较高的稳定性。

图5.55 俄罗斯坝体上的热桩(煤油工质)（童长江摄）

融化坝可修建在融化或多年冻土融化时低压缩性的石质或非石质地基土上。当冻土融化时为强融沉性和融沉性地基土时，建议修建冻结型土石坝。大坝的结构如图5.56。

土石坝的土质防渗体（心墙、斜墙）、过渡层、反滤层的要求和土坝相同，施工过程中注意施工层面的冻结现象，采取措施避免影响压实密度。坝坡坡度是依据整个坝体稳定性确定，斜墙土石坝的边坡系数常用1∶（2.5～3.0），心墙土石坝的边坡系数为1∶（2～2.5）。

坝体与多年冻土坝基的结合及与坝肩的衔接是寒区坝体最重要部分，往往为事故出现的主要部位。融化型土石坝与坝基的防渗设施［心墙、斜墙、棱体、截水隔板（板桩）等］应通过混凝土齿墙从廊道进行水泥灌浆，在坝基中形成帷幕。

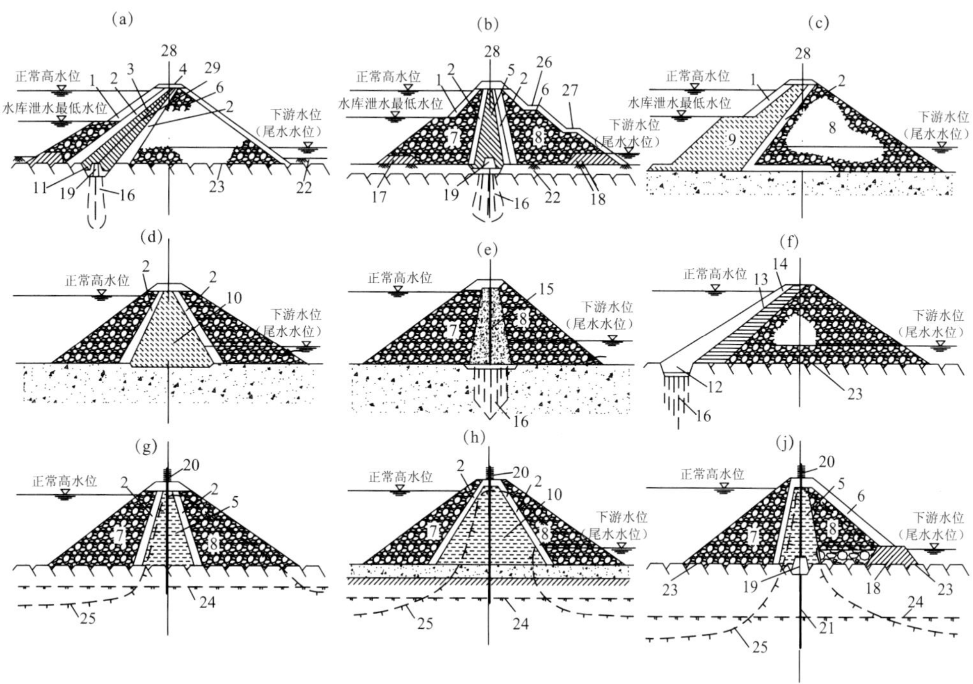

图5.56　寒区土石混合坝(a)至(d)、(g)至(j)和堆石坝(e)、(f)的主要坝型和结构（据Э.Д.叶尔绍夫，2016）

（a）融化型土质斜墙土石坝；（b）融化型土质心墙土石坝；（c）上游防渗土质棱体的融化型土石坝；（d）中心土质防渗棱体融化土石坝；（e）带非土质截水隔板（板桩）融化型堆石坝；（f）带非土质斜墙融化堆石坝；（g）带土质心墙，冻结帷幕伸入心墙与坝基中的冻结型土石坝；（h）带土质心墙，从坝顶伸入心墙，从廊道伸入坝基的双层冻结帷幕冻结型土石坝；（j）带土质心墙，从坝顶伸入心墙，从廊道伸入坝基的双层冻结帷幕冻结型土石坝。

1—上游边坡加固层；2—过渡层（或反滤层）；3—土质斜墙；4—坝顶；5—土质心墙；6—隔热层（平整）；7、8—上、下游棱体；9、10—上游和中心防渗土质棱体；11—土质齿墙；12—混凝土齿墙；13—钢筋混凝土斜墙；14—斜墙下层砌体（圬工）；15—截水板桩；16—水泥帷幕；17、18—上、下游围堰；19—灌浆廊道；20—冷却装置（或季节性冷却装置）；21—季节性冷却装置（热棒）和廊道冻结帷幕；22—河床冲积层；23—裂隙岩层上边界线；24—天然河床融区边界线；25—冻土与融土分界线；26—黏土铺盖；27—护道（栈台）；28—坝轴线；29—斜墙轴线。

坝基为非石质的弱压缩性和弱透水性地基情况，应将心墙（斜墙）结合部分穿过上部的软化层嵌入坝基中。如有河床冲积层，应将齿墙深入坝基下的岩石中。

冻结土石坝与坝基衔接也应将冻结帷幕伸入到多年冻土上限之下，并在水库蓄水前使河床下的融区预先冻结。图5.57为俄罗斯雅库茨克多年冻土区的维柳斯克堆石坝。

排水设施应布置在不冻结部位，采取防冻措施，避免坝体或岸边连接处出现冰椎。排水设施的基本结构类型如图5.58。

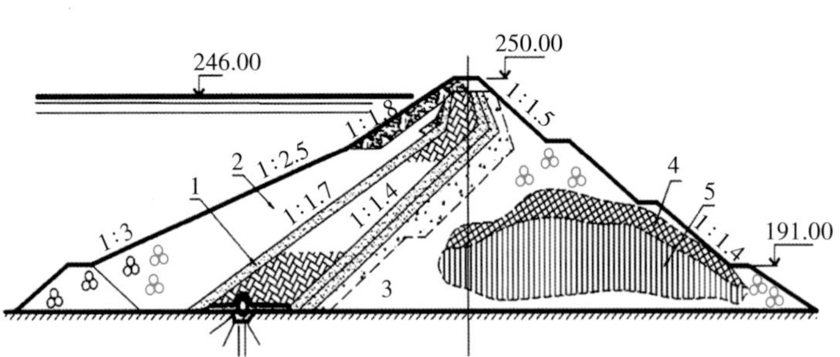

图5.57 俄罗斯在多年冻土区建造的堆石坝全貌及坝体横剖面

1—黏性土心墙；2—加载堆石区；3—堆石层；4、5—含冰及不含冰冻土层。

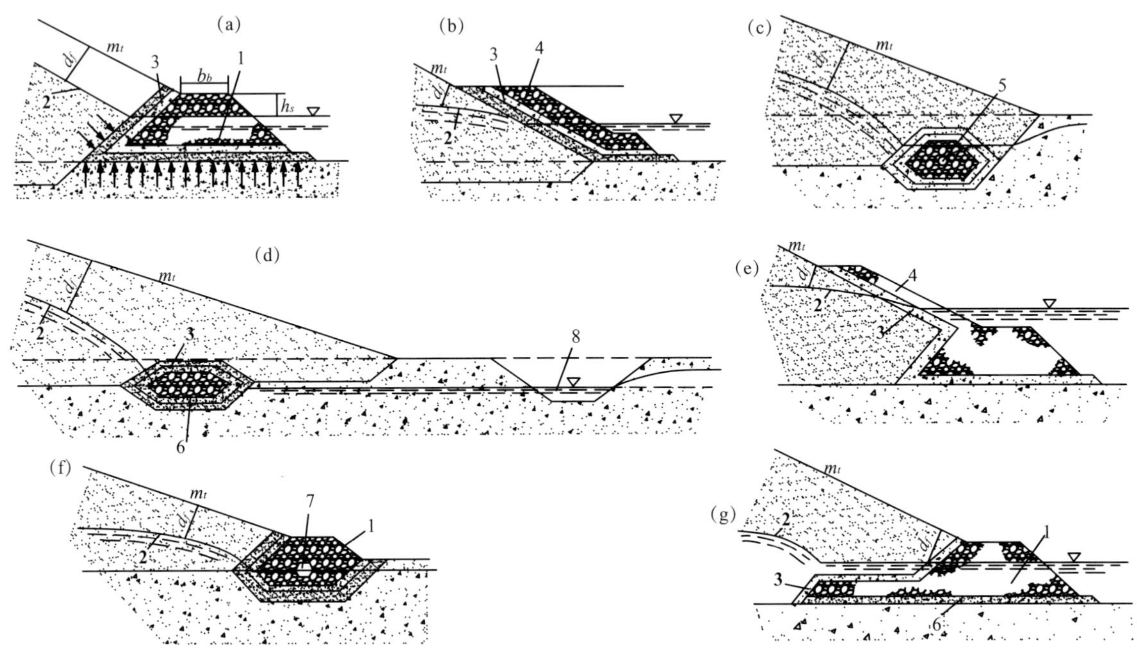

图5.58 基本的排水类型（Л.Н.Хрсталев，2005）

（a）排水坝（埝）；（b）坡式排水，岸边上；（c）管式排水；（d）卧式（水平式）排水；（e）、（f）、（g）复合式排水。

1—排水坝（埝）；2—浸润面（渗漏水下降面）；3—反滤层；4—坡式排水层；5—排水管；

6—排水廊道（带）；7—排水管道；8—排水渠；d_f—最大冻结深度；m_t—下游边坡坡率；b_b—排水坝顶宽度。

3.土坝温度场计算

冻土区土坝建造时，除按《碾压式土石坝设计规范》要求进行渗流、渗透稳定、抗滑稳定、应力和变形计算外，坝体运行过程中的温度场稳定性计算也是重要的。主要热工计算有：

融化型坝：预测坝体、坝基、坝肩结合部位在施工、运行期间的温度状况。

冻结型坝：计算坝体、坝基、坝肩结合部位及坝基冻结系统在近期和远期运行中的温度状态，在季节性冷却装置（如热棒等）或其他冻结系统作用下，冻结帷幕的厚度和结合状况。

融化型和冻结型坝的水库：预测大坝和水库在修建和运行期间坝体周围、水库库岸、上游库底、下游河床的温度状态。

计算时应考虑：①因施工破坏天然状态后引起坝体、坝基温度的变化以及达到最终状态时冻结坝温度场；②预测土坝在施工及运行期间任何时间（经过1、3、5、10年等）的温度稳定性。

确定多年冻土地基上建筑非均质土坝的空间温度场是非常复杂的建筑热物理问题。通常采用的方法是将坝体与坝基、坝和水库、上游与下游河段分开，单独预测它们的温度状态，这样可用较简单的热力学模型和简化热传导问题进行稳定和非稳定温度场计算。但是，对于非均质的土石坝和堆石坝来说，头几年，由大块碎石和抛石逐层堆筑的坝体中会产生水（上游棱体）和孔隙气体（下游棱体）间对流性的径流，在土质防渗体（斜墙、心墙、铺盖），过渡层（反滤层）融化（或正融化）地基和坝相结合部位就逐渐开始出现水的渗透作用，增大了热质输运的对流，使坝体、坝基和坝肩中形成复杂的、不均匀的温度状态。

近期基于土质防渗体的热传导、堆石坝体热质迁移对流模型，应用上游棱体中水的天然对流作用及下游棱体中内部承压空气的对流作用等方法计算。这些方法未能考虑堆石坝体中复杂的成冰过程及下游棱体逐渐形成冰塞，对流完全停止的现象。计算结果仅仅较符合头几年（2～3年）坝体实测的温度状态。尽管如此，计算结果表明，坝体要保持冻结状态必须借助于冻结装置对心墙和坝基进行冷却（自然或人工），否则，坝基的融化将是不可避免。

5.4.3　泄水和取水建筑物

除了《水工建筑物抗冰冻设计规范》GB/T 50662和NB/T 35024的相关规定外，多年冻土区的泄水和取水建筑物应注重过水时对冻土地基和建筑物温度场及地基物理力学性质的影响，及其在融化过程中的变化。

坝体内泄水与取水建筑物设计原则应与坝体相同，岸边建筑物则根据工程地质和冻土条件及经济比较确定。采用保持冻土冻结状态设计原则时，应做好隔热与防渗措施。

冻结型坝的泄水和取水建筑物应布置在河岸边上。遇饱冰冻土以上的冻土地基时，一般都清除后换填弱融沉性土，或改变基础形式（如桩柱基础），且采取隔热保温和防止渗漏水措施，避免冻土地基融化。

融化型坝的泄水和取水建筑物一般宜布置在坝侧河岸上，当布置在坝体内时，应布置在压缩性最小的轴线段（河底融区范围）。

泄水和取水建筑物布置时，应考虑过冰条件，上游流速小于0.5 s/m时，不允许建筑物过冰。

5.4.4　渠道与涵闸、挡土墙

多年冻土区的渠道与涵闸、挡土墙的病害除了季节冻土区出现的冻胀作用外，尚应考虑冻土地基融化引起的融沉破坏。

多年冻土地基属于Ⅰ、Ⅱ级融沉性土上的水工建筑物可采用融化状态设计，防渗和抗冻融稳定性可参考季节冻土区的要求设计。

冻土地基属于Ⅲ级融沉性土或高含冰率低温冻土时，水工建筑物底部都应采取隔热保温和防渗措施，宜采用保持冻土地基冻结状态设计原则：

（1）渠道宜用填方形式。采用挖方形式时，必须加强渠底、渠坡的隔热保温和防渗措施，保持多年冻土上限在设计深度范围内。渠坡设计时，应以冻融界面或防渗材料界面为滑动面来验算边坡稳定性。冻融界面土的抗剪强度应通过试验或类似工程设计资料确定，无试验资料时，可参考表1.13选用。

（2）闸室宜采用桩、柱基础或板桩基础，基底设置隔热保温和防渗层，墙侧应采取防冻胀措施。高含冰率冻土地段一般不宜用纯砂砾石换填。

（3）涵洞宜采用混凝土圆管涵、矩形涵、箱形涵、盖板涵和金属波纹管涵，一字形进出口形式，底部应设置隔热保温和防渗措施。当地基为高含冰率冻土，且厚度较大时，宜采用桩柱基础。

（4）挡土墙宜采用预制拼装式的轻型、柔性结构，或混凝土悬臂式挡土墙，不宜采用重力式浆砌片石挡土墙。基础埋置深度应达多年冻土天然上限的1.3～1.5倍。墙背应布设隔热保温层和排水孔等防冻胀措施。

5.4.5 隧洞与暗管水工建筑物

多年冻土岩石中的隧洞式输水，一般应考虑钢筋混凝土衬砌。冻结岩石中采用有压隧洞方案，以保证其有较稳定和均匀的工作条件，采用无压隧洞方案时，应考虑建筑物施工与运营条件下温度变化对冻结岩体物理力学性质的影响。

在地下水工建筑物和埋置深度较小的情况下，融化圈可能接近冻融交替区或地表，应注意可能造成地表沉陷。特别是含冰率较大，且冻结膨胀的岩体，应考虑其融化后引起地下建筑物沉陷的可能性。

多年冻土区隧洞口附近应避免地表破坏，做好洞口冻土与环境保护措施。开挖有高含冰率冻土时，应用碎石土换填和分层夯实。

隧洞衬砌外侧应铺设防水板和保温层，隔热保温层应采用全封闭式，保温层厚度由热工计算确定。隧洞基底位于高含冰率冻土地段时，应清除后再填筑混凝土；周边有高含冰率冻土时，也应挖除并用混凝土嵌补封闭，厚度不应小于0.3 m。

5.4.6 电站与泵站

多年冻土区的电（泵）站建筑物、前池排冰闸室基础宜选择在岩质，或融沉性为Ⅰ、Ⅱ级的冻土，或河底融区作为地基，可按常规进行基础设计。

地面电（泵）站厂房基础埋置深度应大于最大季节融化深度，做好地面和地下排水设施，并采取防冻胀措施。当地基存在高含冰率冻土时，宜采用桩基，其埋置深度应超过融化盘最大深度或达基岩弱风化带，季节冻结深度范围应做好防冻胀措施。

5.4.7 护岸工程

护岸（码头）工程应考虑冰情条件，最好将码头布置在冰群形成区外，如有岛状多年冻土分布，应将码头布置在融区中。在强融沉性冻土区做防护工程时，应预先进行地基处理（如预先融化、压实、局部换填或采用灌注桩），或采用适应地基较大变形的结构等。

当护岸（码头）工程高度较高（超过15 m）时，应在动水位处合理设置平台。为避免或减小冰荷载对护岸工程的破坏（或刨蚀）作用，可采用憎水性材料涂刷前墙（或表面）。

护岸（码头）工程背面土层的冻胀力（水平、切向和法向冻胀力）作用是引起护岸工程破坏的重要原因，消除病害的主要措施仍采用土质改良（换填、化学处理等）、隔水排水和保温法，以减小或消除建筑物背面土层冻胀力作用。或者改变基础形式，如桩板墙，综合措施（图5.59），或宾格笼等。

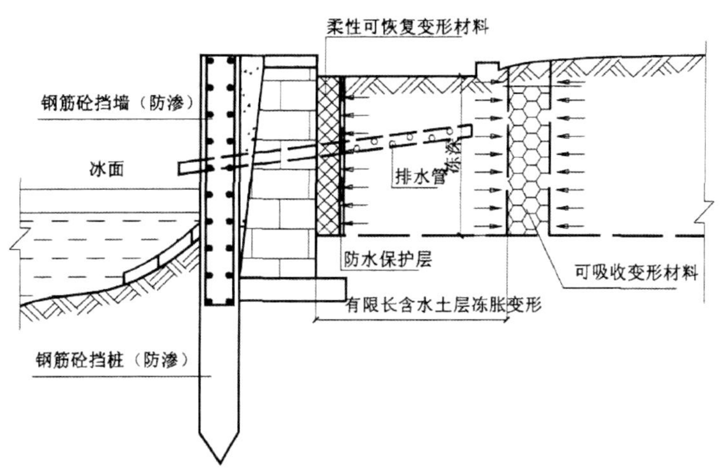

图5.59　护岸工程防冻害综合处理措施（翟莲，2011）

排水设施的出水口应布置在建筑物处于最低水位的冻结层以下，必要时作为反滤层处理。

5.5　库区冻土工程问题

多年冻土区水库的工程问题与季节性冻土区水库出现的工程问题相似，主要有库岸稳定、库区渗漏、水库淤积、诱发地震等问题。除诱发地震取决于地质构造外，冻土区库岸稳定与水库淤积问题更显得突出。

1.库岸再造

多年冻土层中普遍存在不同厚度的地下冰层，特别是上限处都有厚层地下冰层（图5.60右），最大厚度可达2～4 m。在湖水、库水、河水的热力侵蚀和浪击作用下，岸边极易出现热融坍塌、滑动现象（图5.60左），产生沉陷和淤积，一旦地下冰裸露后往往出现溯源侵蚀（图1.14）。山坡的坡脚、沟谷都是富含地下冰地段，即便是岩层裂隙也含有裂隙冰层（图5.61），尤其是在基岩强风化带，以致在基岩弱风化带中都含有不同程度的地下冰层，水库蓄水的热侵蚀作用下，岸坡依然会发生融化坍塌。

图5.60　多年冻土区湖岸坍塌（左，林战举摄）及地下冰层（右，孙志忠摄）

图5.61　基岩裂隙冰

波浪作用是造成冻土区库岸坍塌的另一个重要作用力，在正常水位与最低死水位间是波浪作用的主要地带，也包含常水位时波浪爬高的高度及死水位下波浪冲刷深度，是波浪作用是范围。冻土区岸坡坍塌强度较非冻土区要严重得多，因岩土层经受过寒冻风化及冻融作用后的破碎程度显得更为严重。

冻土区岸坡坡度较小地段，土层中含有地冰层，坡度大于20°以上，基岩强风化和弱风化带中仍含有裂隙冰（图5.61）。地表层经受强烈的寒冻风化作用，岩层较破碎，存在许多碎石坡、岩屑坡（图5.62），有些沟谷中或存在古冰碛物和石冰川，岸坡稳定性较差。

图5.62　碎石坡

2.水库淤积

多年冻土区河流和沟谷岸坡的阶地与滩地中均含有大量的地下冰层，在水流和侧向热侵蚀作用下，稳定性极差，极易产生热融坍塌（图5.63）及融冻泥流，直至土层中地下冰消失方可停止。土质山坡表层经受反复冻融作用，土质疏松，坡面水流冲刷异常强烈（图5.64）。丰水暴雨期可能成为水库淤积的物质来源。

图5.63　河岸热融坍塌（童长江摄）

图5.64　水流坡面冲刷（童长江摄）

3.地面沉陷

高水位库水（湖水）淹没后，在库水（湖水）热力侵蚀下，水下冻土层中地下冰层逐渐融化，原地面出现下沉，当库水（湖水）处于低水位时，露出地面就表现出高差达1～2 m的沉降现象（图5.65）。

图5.65　黄河源湖水退后的地面沉降（张森琦摄）

4.库区渗漏

多年冻土区库区渗漏往往发生在坝体与岸坡接触带，可能出现绕坝渗漏。

构造断裂带常为多年冻土区的构造融区，冻结层下水的主要通道，或许成为水库渗漏途径。

多年冻土层虽然具有隔水作用，其隔水防渗的能力与冻土层厚度相关。我国山区多年冻土层呈“壳”状分布，西部地区多年冻土层受海拔控制，海拔越高，冻土层厚度越大，东北地区多年冻土层主要受纬度控制，海拔控制作用次之。

5.冻胀与冰盖

土坝护坡在冰冻期产生隆起与胀裂，整体性破坏，砌体离位、间隙增大，春季风浪作用下，砌体反滤层被掏空而坍塌破坏。

水库冰盖对坝体、闸门、闸墩、护坡、挡土墙、水塔等都会产生破坏作用。冰盖存在沿坝坡向上爬坡现象，日爬升高度小则十几厘米，大则几十厘米，整个冬季爬升高度达2～3 m。冬季冰盖对坝坡砌体产生推移作用，春融期冰盖对坝坡产生刨蚀作用。据室内试验资料，−15 ℃环境温度下，−7 ℃时一次冻结，冰与混凝土间的冻结强度（张小鹏等，1993）达1.15 MPa，−2 ℃时为0.9 MPa。冰盖层产生屈曲破坏的临界厚度为0.27 m（孙晓明等，2006），对坝坡产生冰压力，据规范静冰压力取值方法，当冰厚1.0 m时，水平方向的静冰压力为245 kN/m。

第6章 冻土区管道工程

多年冻土区管道工程包括输油和天然气长输干线管道，城镇、车站、电厂等给水和排水管道工程。本章主要讨论建筑物外部的管网工程，尤其是穿越多年冻土区的长输管道工程——输油、输气管道。随着国民经济发展，冻土区远距离输水管道工程亦可能建设。

由于我国特殊的地理环境，有受纬度控制的高纬度多年冻土区，受海拔控制的高原（高山）多年冻土区，存在高温（年平均地温≥-1.5 ℃）多年冻土区和低温（年平均地温<-1.5 ℃）多年冻土区。在大的格局（纬度、海拔）控制下，受各种因素（地质、地形、水文、植被和人类活动等）影响，连续多年冻土、岛状多年冻土、零星多年冻土、季节冻土均有分布，使之长线工程（道路、管道）的病害（冻害）频频出现，地基与基础设计和处理异常复杂。

在多年冻土区，俄罗斯建筑法规（СНиП 2.05.06-95）按功能重要性分类，输气管道按工作压力分两类：一级的工作压力为2.5～10 MPa，二级的工作压力为1.2～2.5 MPa。输油管道按管径分四级：一级为1000～1200 mm，二级为500～1000 mm，三级为300～500 mm，四级为小于300 mm。此外还根据金属管材要求、焊接情况、关闭配件等综合要求将输气输油地段分为四级（最高级B及Ⅰ、Ⅱ、Ⅲ级）地段。类别（等级）决定着管道铺设位置和与地面的关系：低于地面的地埋式敷设、地表面的地面式敷设，高于地表面的架空式敷设（表6.1）。

表6.1 俄罗斯输气输油干管地段分级（Э.Д.叶尔绍夫，2016）

地段	敷设输气管道			敷设输油管道		
	地埋式	地面式	架空式	地埋式	地面式	架空式
直线段多年冻土融化时的相对下沉						
大于0.1	Ⅲ	Ⅲ	Ⅲ	Ⅲ	Ⅲ	Ⅲ
小于0.1	Ⅱ	Ⅱ	Ⅱ	Ⅱ	Ⅱ	Ⅱ
跨河敷设						
河床	Ⅰ	-	Ⅰ	Ⅰ	-	Ⅰ
河滩地	Ⅱ	-	Ⅱ	Ⅰ	-	Ⅰ
跨越铁路、公路						
铁路干线和Ⅰ、Ⅱ级公路	Ⅰ	-	Ⅰ	Ⅰ	-	Ⅰ
工业设施的铁路专用线	Ⅰ	-	Ⅱ	Ⅲ	-	Ⅱ
Ⅲ、Ⅵ级公路	Ⅰ	-	Ⅰ	Ⅲ	-	Ⅰ
穿越架空输电线路						
大于500 kV	Ⅰ	Ⅰ	Ⅰ	Ⅰ	Ⅰ	-
300～500 kV	Ⅱ	Ⅱ	Ⅱ	Ⅱ	Ⅱ	-
小于300 kV	Ⅲ	Ⅲ	Ⅲ	Ⅲ	Ⅲ	-
正运营的建筑物范围内的管道	B	B	B	Ⅰ	Ⅰ	Ⅰ

6.1 冻土工程地质选线

多年冻土区线性工程所遭遇的病害主要为热融沉陷和冻胀，前者主要发生在富含厚层地下冰的细颗粒冻土地段，后者多发生在地下水发育的季节性冻融作用的细粒土层地段。多年冻土区输油管道也避免不了这些病害，苏联、美国、加拿大等都有许多报道，我国的格拉线和中俄输油管线也出现过管道冻胀和融沉病害（图6.1、图6.2）。

(a)加拿大罗曼井地埋式管道
（金会军摄）

(b)格拉地埋式管道
（刘永智摄）

(c)俄罗斯雅库梯南架空式管道
（金会军摄）

图6.1 多年冻土区输油管道冻胀现象

多年冻土区管道热融沉陷源于含有冰层的地基土层和外界附加的热量（管道输送载体温度及环境变化）作用。漠大线输油管道穿越的多年冻土区约512 km，高温高含冰率冻土区达119 km。从漠河、塔河及加格达奇3个站的油温监测结果（图6.3），最低与最高油温分别为0.42 ℃及16.2 ℃，管道全年处于正温运行，对冻土地基不断地加热，使高含冰率冻土逐渐融化，地基下沉，管沟积水进一步加速冻土地基融化，导致管道、地面出现沉降变形（图6.2左图）。从2012年10月至2013年6月漠大线40 km附近的探地雷达对管道的融化深度和冻融界面的探测结果看（图6.4），10月份管道底部的融化深度达1.0 m，翌年6月管道下面的融化深度达1.5 m。随着运行时间增长，管道下冻土地基的融化深度将继续增大。JM7监测断面（谭东杰等，2012）为冻土沼泽，富冰及饱冰冻土粉质黏土层，管道投产后半年（2010年12月9日至2011年5月9日）管道下移了0.4 m。加拿大西北多年冻土区罗曼井输油管道17年观测（图6.2右图），融化深度增大到3～5 m（湖相沉积）或5～7 m（粗颗粒土），地面沉降0.7～1 m。

中俄输油管道热融沉陷后积水槽（童长江摄）

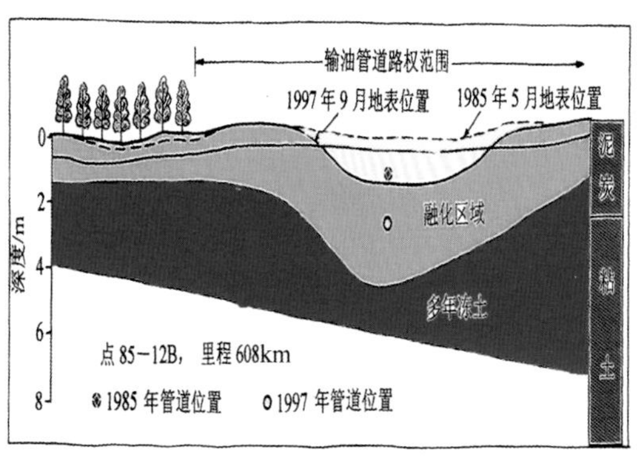

加拿大输油管道热融沉陷测量显示图（金会军等，2006）

图6.2 多年冻土区输油管道热融沉陷现象

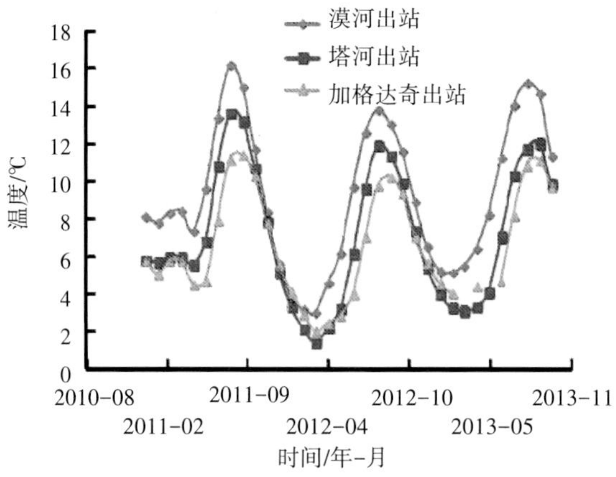

图6.3 2011—2012年出站油温监测结果（李国玉等，2015）

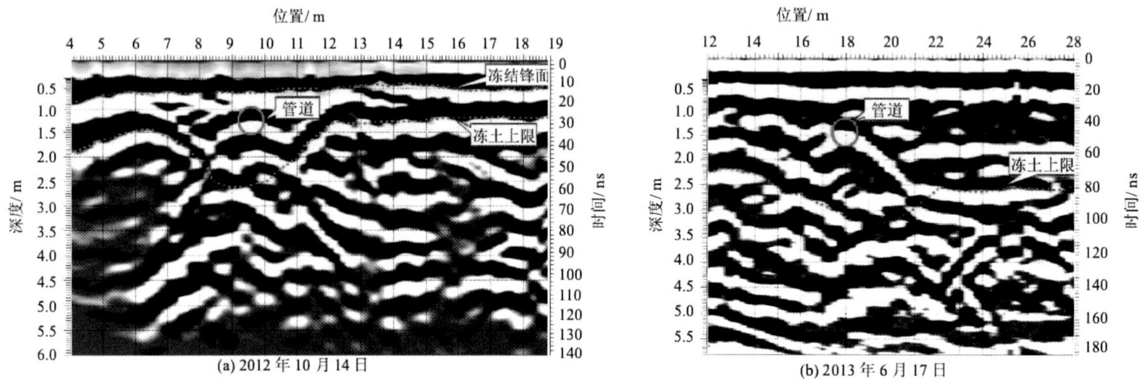

图6.4 漠大线40 km管道下探地雷达剖面（李国玉等，2015）

管道埋设于冻土沼泽湿地中，地基土冻胀引起管道冻胀翘曲，如罗曼井输油管道冻胀［图6.1（a）］。冻胀丘致使管道冻胀翘曲，格拉输油管道因冻胀丘冻胀管道翘曲高度达0.5～1.0 m［图6.1（b）］。由于漠大线输油管道全年均处于正温运营，管道冻胀现象一般不易产生，但曾发现管道下部冬季出现结冰现象（图6.5）。低洼沟谷中冬季出现冰椎和冻胀丘使管道也随之冻胀，如加漠公路276 km（秀峰附近）的沟谷湿地，处于管道上方的山泉水源充沛，冬季形成冰椎和冻胀丘，冰层厚度达1.5 m，地面隆起近3.0 m，管道上部形成冰道（图6.6），随着冬季管温降低（最低温度仅有0.4 ℃）时，管底饱和土层可能冻结而产生冻胀。又如，加漠公路115 km沟谷湿地的冰层覆盖管道（图6.7），常出现隆起冰椎，高度近1.0 m，为防止管道冻胀翘曲，常需揭穿放水。加漠公路33 km、300 km，秀峰，碧洲，漠大线7 km等地都有此类现象出现。

图6.5 漠大线7 km露管下冰层

图6.6 加漠公路276 km管道泉水冰椎

图6.7 加漠公路115 km冰椎覆盖管道

（图6.5至图6.7均为童长江摄）

架空式管道冻胀多因桩柱冻胀引起，如俄罗斯西伯利亚输油管道因桩柱冻胀引起管道变形［图6.1（c）］，大兴安岭地区的铁路、公路、房屋冻胀现象随处可见。

除此之外，冻土区的冻土现象（或称不良冻土现象），如热融滑塌、热融沉陷、冻胀丘、冰椎、冻土沼泽、厚层地下冰等都可能威胁管道稳定性。

多年冻土区长输管线的选线，除如非冻土区一样，需要深入进行调查研究，收集气象、水文、地质地貌、工程地质与水文地质资料外，更侧重于查明多年冻土地区管道线路沿线的冻土特征（各类冻土分布、地温、冻土工程类型等），不良冻土现象分布范围、类型、规模及相关因素（地下冰、地下水、地形地貌、水文地质等）、危害程度等，优化线路和提出绕避及通过方案、措施。在遵循管道选线的基本原则基础上，应遵循下列几个原则：

（1）根据建筑场地的复杂程度和地基的复杂程度确定多年冻土地域分类（表6.2）。线路尽量避开或减少在复杂场地通过长度。

表6.2　多年冻土区管道建筑地基分级

建筑场地复杂程度	场地冻土工程地质特征	多年冻土融化时相对下沉量	地基复杂程度
复杂场地	地形地貌复杂,冻土沼泽化,岩性种类复杂,衔接岛状多年冻土区,富含厚层地下冰的饱冰冻土、含土冰层,年平均地温高于-1.0 ℃,地下水发育,冻土现象和不良地质作用强烈发育	>0.2	Ⅰ
较复杂场地	地形地貌较复杂,地下水较发育,排水不良,衔接或非衔接多年冻土区,地下冰较发育的富冰冻土和多冰冻土,年平均地温为-1.0 ℃～-2.0 ℃,岩性多为含块碎石的细粒土,冻土现象和不良地质作用较发育	0.03～0.2	Ⅱ
简单场地	地形地貌简单,岩性单一,多为粗颗粒土,排水良好,融区或非衔接多年冻土区(上限大于8 m),地下冰不发育的少冰冻土,冻土现象和不良地质作用不发育	0.0～0.03	Ⅲ

（2）线路尽量避开和减少通过冻土沼泽湿地，不宜布设在湿地低洼带（如图6.7冰椎现象），宜选择边缘通过。在湿地或低洼地段应做好防冲刷和潜蚀（图6.8）措施，避免管道冻胀。

（3）线路通过山岳、丘陵地带时宜在缓坡通过，但应避开厚层地下冰发育地带，否则应加强热融滑塌、融冻泥流的防范工程措施。

（4）线路通过河谷地段时，宜选择河流融区或阳坡高阶地的少冰、多冰冻土地段，不宜选择河谷冻融交错区，过渡带宜最短距离通过。

（5）线路宜避开不良冻土现象发育地段，需通过时，应选择：

①厚层地下冰地段，宜选择地下冰最薄、宽度最窄地带通过。

②热融滑塌、融冻泥流地段，线路宜从滑塌体下方通过，管道顶部埋置深度应大于滑塌体底部滑动面。

③泉水出露地段，宜从其上方通过，若采用地埋式敷设宜远离泉水出露带；上方采用拦截和防渗措施时，应避免切断、阻隔泉水径流，防止产生冻胀丘和水流侵入管沟。

④避开地下水发育和冻胀丘及易发地段［图6.9及图6.10（大庆油田工程有限公司勘察工程部，2008）］，宜在其下方一定距离通过。避免施工过程中揭露或阻隔地下水流时诱发冰椎。

⑤热融湖塘地段，线路宜避开或从边缘一定距离通过，湖塘岸坡应有防护措施，避免坍塌和出现岸边再造现象。

图6.8 地表水地下水冲刷潜蚀管道
（童长江摄）

图6.9 新林区北冻胀丘

图6.10 漠大线松岭南冻胀丘

（6）越岭地段应避开厚层地下冰及不良冻土现象，斜坡、坡脚处常存在地下冰，应采取保温防护措施，防止引起热融滑塌。坡面应设防冲刷措施，以导排为主，两侧应设置排水沟（坡陡段应设置消能措施）。

（7）跨越河流宜选择在贯穿融区地段，且以最短距离通过。沟谷段多属非贯穿融区，宜选择少冰、多冰冻土地段通过。做好岸坡防护，避免引起热融坍塌。应有防冰椎和冻胀丘的措施，若采用桩柱基础，应做好防冻胀措施。

（8）隧道应避免选在地下水发育和厚层地下冰地段，洞口应避开不良冻土现象发育地带，洞口坡面应加强防护措施。洞内宜设置防排水措施。

（9）泵站和储油罐地址宜选择在基岩或多冰冻土的粗颗粒土地段，避开富含冰冻土或强冻胀性土、存在不良冻土现象地段，基础应有防冻胀措施，并切实做好防排水措施。

6.2 管道设计原则

多年冻土区管道工程不可避免地要穿越多年冻土，输油管道的热载体是造成多年冻土融化的人工热源，仅管道工程范围而言，其影响远大于太阳热源的影响，且要激烈得多。依据多年冻土地基的年平均地温和含冰程度，选择保持冻土地基冻结状态设计原则或融化冻土地基设计原则。

融化设计原则适宜冻土南界的岛状和零星分布的多年冻土区，其年平均地温均较高，一般为-0.5～0 ℃，冻土厚度为3～10 m，在天然和输油管道热源影响下，极易融化，难以保护。采用预先融化或逐渐融化设计原则，取决于多年冻土厚度和含冰率。一般情况，岛状或零星分布的高温高含冰率冻土多处于沼泽湿地地带，厚度不大于5 m情况下，选择适宜时间（宜冬末春初）采用清除后换填非冻胀性土原则设计，或采用墩柱基础，穿过冻土层，端部座于非冻土层一定深度。墩柱基础间距视管道强度而定。当多年冻土属于低含冰率冻土时，在设计融化深度内，融沉变形满足管道稳定性要求条件下，可按逐渐融化原则设计。否则，应采取工程措施保持管道工程稳定性。

保持冻土地基冻结状态设计原则适宜大片连续多年冻土区，其年平均地温一般均低于-2 ℃，冻土厚度为60～100 m，冻土层属高含冰率冻土地段。保持地基冻结状态应采取冷却装置加保温隔热措施。地埋式输油管道，除管道包裹保温层外，管底应铺设保温层，或在管道两侧（距管壁距离不大于0.5 m）安装热棒，且穿过管底保温层斜插至管道底部。或者采用墩柱热桩基础，热桩端部深度宜满足管道稳定性要求。架空式敷设管道，可将热棒插入钢筋混凝土桩（或钢管混凝土桩）内，构成能冷却冻土地基的热桩。

在连续和不连续多年冻土区，其年平均地温为-0.5～-2.0 ℃，冻土厚度一般小于60 m，冻土层属低含冰率冻土情况下，在控制冻土融化深度内沉降变形满足设计要求情况下，允许按冻土融化原则设计。但冻土层属高含冰率冻土时，单纯保温隔热措施难以达到保持冻土地基冻结状态，应增设热棒以冷却冻土地基。

除此之外，应注意不良冻土现象地段的管道工程设计，如冰椎、冻胀丘、热融滑塌、融冻泥流等。除加强冻土工程地质勘察外，原则上以“避”为宜，如无法避开时，设计应考虑下列情况：

（1）选在地表干燥、向阳的缓坡。

（2）位于冻胀丘、冰椎地段的管道，宜在下方影响距离外通过，但应有足够高度，不宜选在低洼地段；位于其上方时，应考虑地下水对管道稳定性影响。

（3）热融滑塌和融冻泥流体地段宜从其下方通过，且应保留足够的距离。

（4）冻土沼泽湿地，宜采用地面式或架空式敷设，且采取防冻胀和防融沉措施；采取地埋式敷设管道，应采取特殊防冻胀、融沉措施。

（5）高含冰率冻土地段多分布在坡度为4°～8°阴坡细颗粒土地带，大于16°的山坡一般少见有厚层地下冰分布。

（6）过渡段（冻土与融土、高低含冰率冻土、高低温冻土）地基处理长度一般不小于20 m。

因此，管道设计时可考虑下列原则：

（1）在基岩、融区和少冰冻土地段，不存在热融沉陷问题，地基条件较好，少冰冻土地段即使出现一些热融下沉变形，也不会引起管道安全问题，可以采用“地埋式+换填”方式进行设计。

（2）在多冰冻土和富冰冻土地段，地埋式敷设管道时，输送油品的温热作用引起管道周围一定范围的融化圈。在高温冻土区，10 ℃油温影响下，50年管底融化深度达7 m（中国科学院寒区旱区环境与工程研究所等，2009）（图6.11），按富冰冻土最大融沉系数10%推算，下沉量约0.7 m。采用“埋地＋换填＋土工布＋保温”（即管道保温）设计时，管底的融化速度有所减缓。

（3）在饱冰冻土地段，按最大融沉系数为25%推算，其下沉量约1.8 m，需要加强防融沉措施，采用“埋地＋换填＋土工布＋隔热（管底隔热板）＋保温”设计时，管底融化深度可能减小30%左右。

（4）冻土沼泽地往往是高含冰率冻土分布地段，其融化下沉量取决于含冰层厚度，按冻土融沉性分类，其融沉系数>25%，融化下沉量大于1.8 m。采用“埋地＋换填＋土工布＋隔热（管底隔热板）＋保温”设计时，虽然管底融化深度有所减小，其融化下沉量仍较大。如果冻土上限处的含土冰层厚度不大，可采取管道深埋（深挖）措施，将含土冰层清除，换填非冻胀性土，达到防融沉效果。若含土冰层厚度较大，则应增设“热棒”冷却措施，或采用桩墩措施，但应做好桩墩的防冻胀措施。

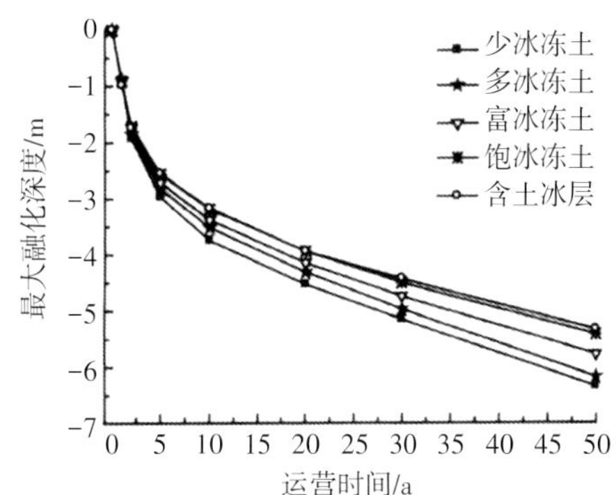

图6.11　管底不同冻土工程类型最大融化深度

（付在国等，2012）

6.3 管道敷设

通常管道敷设方式有三种：地埋式、地面式和架空式。多年冻土区干线管道敷设方式取决于地段和地域多年冻土特征以及管道输送载体的年平均温度。

按管道输送载体温度分为不同管段：高温管段——输送载体温度全年都处于高温状态（有时可达40～70 ℃）；暖温管段——仅是载体的年平均温度为正值；寒冷管段——输送载体年平均温为负值。一般说，输油管道和增压后不长距离的输气管道会出现第一种类型，后两种类型仅在输气管道出现。寒冷管道有两种情况，其一是输送载体温度全年都是负温（在俄罗斯的西伯利亚可能出现，我国的条件一般不易存在）。其二是输送载体年平均温度为负值或正值，但年内某时段可能有正值或近于0 ℃。依据管道的不同段冻土特征和地温情况，其埋设方式也应有所区别（表6.3）。

表6.3 多年冻土区建议管道干线敷设方式

管道段的类型	地基复杂程度分级		
	Ⅰ	Ⅱ	Ⅲ
高温管段	架空式	地面式或架空式	地埋式
温暖管段	地面式	地埋式或地面式	地埋式
寒冷管段	地埋式	地埋式	地面式

多年冻土区，不同输送载体温度的管道对冻土地基将产生不同的热相互作用（图6.12），当管道输送载体全年平均温度处于正温或高温时，地埋式管道会融化多年冻土地基，厚层地下冰地段形成很大的融化圈（图6.12a），地基土和管道都会发生沉陷，使管道产生变形。虽然管道输送载体年平均温度为正温，但其冬季最低温度达负值时，管道周围可能形成季节冻结层（图6.12b），对管道或许产生冻胀作用。在管道输送载体年平均温度为负值时，对地基土产生冻结作用，将形成多年冻土层，即使暖季期间的最高温度为正温，冬季期仍可能形成季节冻结层（图6.12c），引起管道冻胀变形。如果管道输送载体和最高温度均为负值，将形成多年冻土层和降低冻土层地温（图6.12d），有利于冻土地基保持冻结状态，但有可能产生冻胀作用。

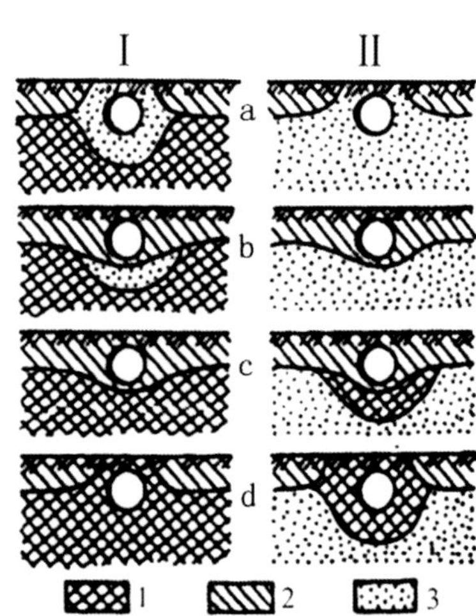

图6.12 地埋式管道与土体热相互作用

（Э．Д．叶尔绍夫，2016）

Ⅰ—多年冻土区；Ⅱ—融土区。

1—多年冻土；2—季节冻土；3—融化土。

a—T_{pr}>0 ℃，T_{min}>0 ℃；b—T_{pr}>0 ℃，T_{min}<0 ℃；c—T_{pr}<0 ℃，T_{max}>0 ℃；d—T_{pr}<0 ℃，T_{min}<0 ℃。（T_{pr}—年平均温度；T_{max}—最高温度；T_{min}—最低温度的不同组合关系）

我国长输油气管道工程设计规范规定采用地埋式敷设。地埋式敷设能较好地防止管道可能出现断裂，减少输气管道事故，防止森林失火，对地表水径流不会造成障碍，不会对野生动物迁途产生影响等优点，但却要受制于冻土条件影响，可能引起管道冻融病害。从图6.12看，在高温高含冰量多年冻土区，特别是厚层地下冰地段，如复杂地段（表6.2中I类地基）采用地埋式敷设高温管道，会在管周和管道下部形成很大的融化圈，以致形成热融洞穴；否则，应采取超强的保温和冷却措施（图6.13）。在高含冰量多年冻土地段通常不采用地埋式敷设高温（增热）管道，而应采用架空式敷设。图6.14为阿拉斯加热桩架空式输油管道穿越高温高含冰量冻土地带。

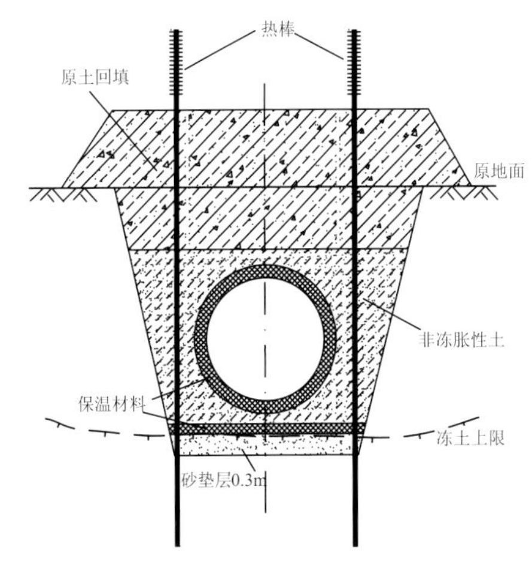

图6.13　地埋式冷却保温管道

20世纪70年代，美国阿拉斯加1200 km的输油管道工程，采用了112000根热桩（热棒+钢管桩）。热棒直径50～750 mm，长度8～18 m，工质为氨。热棒安装后，管道支柱和6 m深处冻土温度迅速下降，到1975年元月初，地温达-24 ℃，4月回升至-7.0 ℃，夏天仍保持0 ℃以下。至今运营超过30年。

1976年阿拉斯加的120 km输油管道粗颗粒土垫层中也使用了EPS隔热层，厚度100 mm，减小了融化深度，效果满意。

图6.14　阿拉斯加架空式(左图为热桩)输油管道跨越高温高含冰量多年冻土的冻土地段

（金会军提供）

6.3.1　地埋式管道

当无须补偿纵向变形或修建地下管线补偿段时，可将管道设计为地埋式敷设。地埋式管道的埋置深度应据经过的地形、地质地貌、地下水位、多年冻土特征、外荷载作用及管道稳定性等条件确定。规范规定管道顶部覆盖土层厚度不小于0.8 m。

管沟底部宽度应根据管外径、同沟管道数量、开挖方式与季节、组装焊接工艺和冻土工程地质条件等因素确定。《输油管道工程设计规范》GB 50253-2014规定：

（1）沟深小于5 m时，沟底宽度B：

$$B = D_0 + b \tag{6.1}$$

式中：D_0为钢管结构外径，m。多管同沟敷设时，D_0取各管道结构外径之和加上管道净间距之和；b为沟底加宽裕量，m。按表6.4规定取值（冻土区用时应考虑多年冻土特性）。

表6.4　沟底加宽裕量b值/m（GB 50253-2014）

条件因素		沟上焊接				沟下手工电弧焊接			沟下半自动焊接处管沟	沟下焊接弯管及碰口处管沟
		土质管沟		岩石爆破管沟	热煨弯管、冷弯管处管沟	土质管沟		岩石爆破管沟		
		沟中有水	沟中无水			沟中有水	沟中无水			
b值	沟深3 m以内	0.7	0.5	0.9	1.5	1.0	0.8	0.9	1.6	2.0
	沟深3～5 m	0.9	0.7	1.1	1.5	1.2	1.0	1.1	1.6	2.0

（2）沟深大于或等于5 m时，应根据土层类别及其物理力学性质确定。

在多年冻土区，冻土层的稳定性与其上限深度、含冰率和施工季节、地下水条件有关。暖季，气温和太阳照射、地下水浸入使沟壁失稳，坍塌、淹没；寒季，土层冻结，地下水结冰（图6.15），冻土层强度达到融化状态几十倍，挖掘困难（图6.16）。

图6.15　水淹没管沟结冰

图6.16　管沟采用钻孔松动爆破挖掘

（均据童长江摄）

冻结黏性土和砂性土，通常都含有不同程度的地下冰。属少冰冻土时，管道应做好防水处理（通常涂刷沥青）；属多冰、富冰冻土时，管道应用保温层包裹，在外部用塑料包裹后涂刷防水层；属饱冰冻土、含土冰层时，在管沟底部铺0.2 m砂垫层，再铺一层保温层后，将包有保温层和做好防水处理的管道放在上面，管周回填非冻胀性土，必要时增设热棒以冷却管周和管底冻土层，且做好排水措施，以保持冻土地基的冻结状态（图6.13）。冻结高含冰率黏性土适宜温暖段和寒冷段管道，不适宜高温（增热）段管道。

大块碎石土，多属于低含冰率冻土。敷设管道时，为避免管道保温层被刺破，管底应铺0.2 m砂垫层，管周铺0.3 m素土（不含块碎石）或砂土，随之同步回填非冻胀性土。管道顶部保持0.3 m素土或砂土后再回填大块碎石土（图6.17）。管道的温暖段、寒冷段和高温（增热）段都适宜敷设。

衔接多年冻土中地埋式敷设管道，适宜输送温暖和寒冷载体。正温载体必须采用保温管道或增设冷却装置（热棒），不宜采用裸管。保温层和热棒能降低多年冻土地基温度，减少冻土融化深度，满足管道允许沉降量要求。高含冰率冻土区，特别是细颗粒土厚层地下冰地段，高温（增热）管道，可引起冻土地基融化，厚层地下冰融化后形成泥浆悬浮体，对管道产生漂浮作用，丧失稳定性。当然，在非衔接多年冻土地带，地下水位升高可能对管道产生漂浮作用，尤其是入冬后，季节冻结深度逐渐增大，地下水可能由无压水变为承压水，形成承压隆胀水丘（隆胀水丘在大兴安岭地区较普遍存在），对管道产生抬升作用。输送载体为负温度的寒冷管道，适宜多年冻土保持冻土地基冻结状态，但随着管道冷却作用，管周形成冻结圈，土层水分或地下水会向寒冷管道周边迁移、聚冰（图6.18），形成不同厚度的冰层，对管道产生冻胀作用。

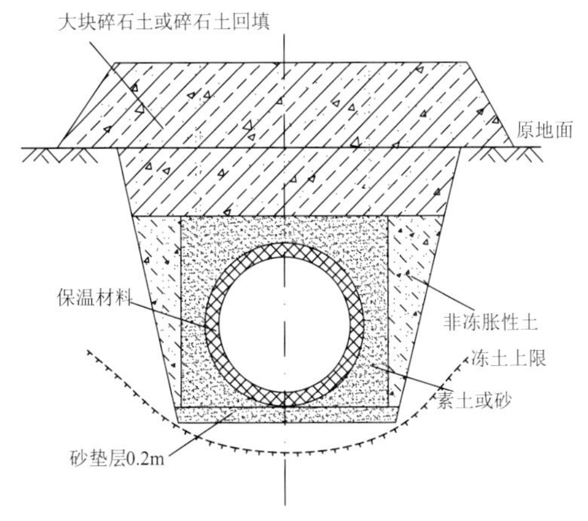

图6.17　大块碎石土保温管道

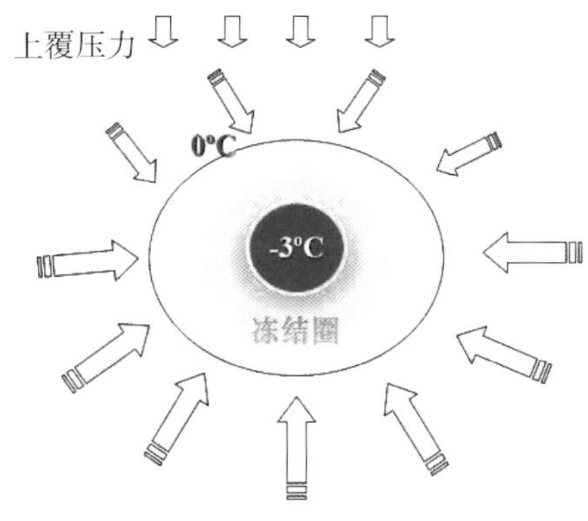

图6.18　寒冷管道的冻结与聚冰（金会军）

在衔接多年冻土中用地埋式管道输送高温（增热）载体，除了管道保温、管底铺设保温层，还应增设热棒（图6.13）；或采用地埋式桩基（钢桩或钢筋混凝土桩）墩台，将保温管道固定在墩台上，但桩基墩台端部应超过计算最大融化深度以下（图6.19）。为减小墩台桩长度，可在钢筋混凝土桩中插入热棒，形成热桩，减少冻土融化深度。

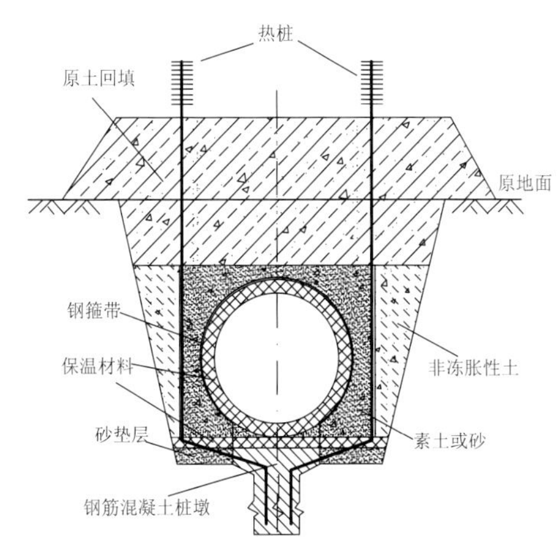

图6.19　钢筋混凝土桩墩台（或热桩墩台）

裸管仅适宜融区、基岩区和大块碎石土的少冰冻土区敷设，不适宜含冰率为多冰、富冰以上的高含冰率多年冻土。

前面简述了地埋式管道具有的优点，但它亦有不足之处。其一，事故较难发现，处理也较为复杂；其二，管道的热力对冻土地基热融作用较难预测，因管道输送过程中油温不是稳定值；其三，挖方工作量较大，冻土及沼泽湿地挖掘工程常常带来许多困难。

6.3.2　地面式管道

地面式管道通常用在严重沼泽湿地或地形交错变化剧烈地区，多年冻土区主要敷设在高温高含冰率冻土沼泽湿地地段。地面式管道形式有路堤式和非路堤式，前者为掩埋路堤中，后者坐在地面承台式上（图6.20），可做成纵向变形补偿。

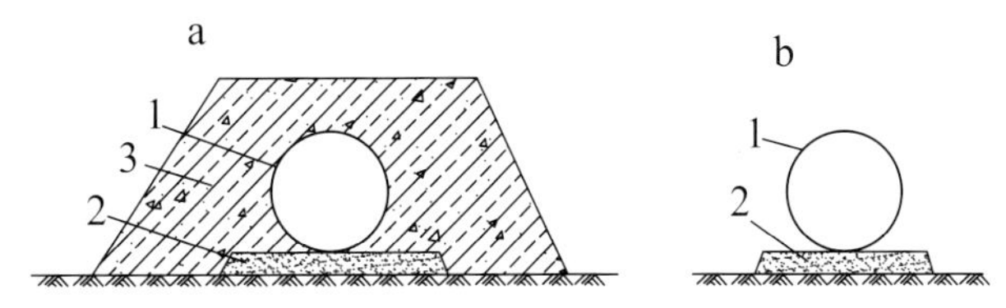

图6.20 地面式敷设干线管道

a—路堤式；b—非路堤式；1—管道；2—砂垫层；3—当地土。

路堤式管道和地埋式管道一样，无变形补偿，也可修建成有补偿地段。多年冻土区路堤式管道和路基工程相似，除了有增大吸热作用外，又增加一个人工热源，对多年冻土地基的地表热量交换条件有很大影响，可能增大对冻土地基的热融作用，形成较深的融化盘，引起管道变形。

管道底部填筑0.1～0.2 m砂垫层，管堤用非冻胀性土填筑，管堤的高度应高出管道顶部不小于0.5 m，顶部宽度应大于1.5 m或不小于1.5倍管径，边坡坡度不小于1∶1.5。在衔接多年冻土区，管底砂垫层直接铺设在草皮、草炭层上，边坡可覆盖草皮层，寒冷管道顶部可覆盖泥炭层。多年冻土区地面式敷设温暖和高温（增热）管道，大致有四种情况：①在基岩、融区，或粗颗粒少冰冻土，可直接敷设在地面上，即使管底土层融化，其融沉量仍能满足管道的变形要求（图6.21a）；②在少冰、多冰冻土的简单场地，原地面上管底宜填筑一定厚度填料，管堤边坡应填筑护道，减少保温管道的热量影响（图6.21b）；③含有富冰冻土的Ⅱ类较复杂场地，在天然地面上铺设保温层后再敷设保温管道，减少管道基底融化深度（图6.21c）；④在饱冰冻土和含土冰层的Ⅰ类复杂地段，除了原地面铺设保温层和修筑护道外，管道应包裹足够厚度保温层（计算确定），两侧不大于0.5 m处设置冷却装置（热棒），降低管道基底多年冻土层地温，尽量抬高多年冻土上限（图6.21d）。

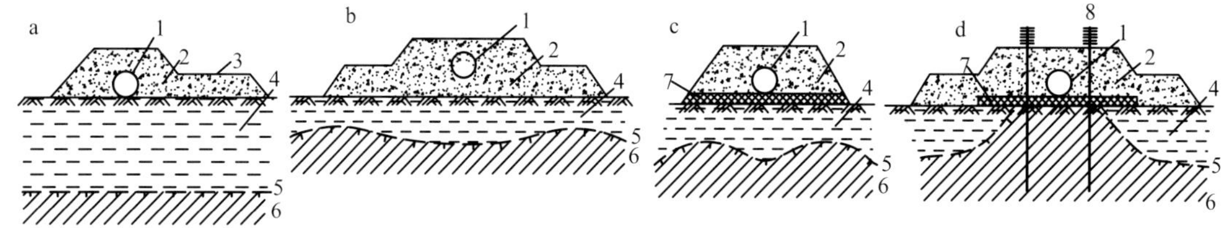

图6.21　干线管道地面式敷设示意图（Э.Д.叶尔绍夫，2016）

a—寒冷和温暖管道（Ⅲ类场地）；b—温暖管道（Ⅱ类场地）；
c—高温管道（Ⅱ类场地）；d—温暖管道（Ⅰ、Ⅱ类场地）。
1—管道；2—填土；3—稳定沉降后补充填筑剖面；4—基底融化土；
5—多年冻土上限；6—多年冻土层；7—保温层；8—热棒。

值得注意的是，路堤式管道两侧的地表水应以排除，不得出现积水。根据自然条件设置排水涵洞或排水管，不宜强行改变地表水径流条件或改道，必要时，管道上方设置挡水埝，但必须将地表水导入涵洞或排水管，不得流入管堤坡脚。工程实践证明，地面式管道两侧积水将对管道基底多年冻土产生热影响，增大冻土地基融化深度和软化地基土，产生热融沉陷，影响管道稳定性。

地面式管道敷设主要优点是避免大开挖，容易发现事故地点。其缺点是外运土方量较大，易受外力冲击，影响和阻隔地表水流，妨碍野生动物迁徙，对多年冻土地基增加了附加热力作用。

6.3.3　架空式管道

架空式管道有低架空式、高架空式和摆动架空式敷设方法。除流冰的河漫滩外，架空式管道可应用在任何环境地方，尤其是高温高含冰率冻土的沼泽湿地更显出其优越性。常用的管道支架桩（墩）有钢筋混凝土、金属、土堤、石笼等形式。高支架采用钢筋混凝土桩和金属桩，在高温高含冰率冻土带采用热桩，即在钢筋混凝土桩和金属桩中插入热棒（图6.22、图6.23），桩主要承受管道荷载，热棒用于冷却冻土地基，保持冻土地基处于冻结状态。因高温和增热高支架管道，仍然有大量的热量通过支架桩传入多年冻土中，使之升温，降低多年冻土与桩基间的冻结力（或称冻结强度），亦即降低高支架桩的稳定性。

高支架管道多布设在居民区和运输干道交汇地段，在旷野天然环境地段，野生动物迁徙地段也需采用高支架管道。高支架的高度一般为4.5～5.5 m，特殊地段可更高一些。大部分管道工程采用双桩，横梁式结构（图6.23），稳定性较好，但造价较高；也有采用单桩支架，以增大桩基深度来保持架空管道稳定性。不论单桩或双桩，在活动层范围内，必须加强桩基础防冻胀措施，否则，在切向和法向冻胀力作用下，桩基将产生冻拔现象［图6.24及图6.1（c）］，影响架空管道的稳定性。施工过程中，季节活动层范围内除了保持桩柱侧表面光洁外，侧面应采用防冻胀措施，如化学法处理等，绝对不可在桩柱基础侧面堆积混凝土，形成扩大头，产生法向冻胀力。

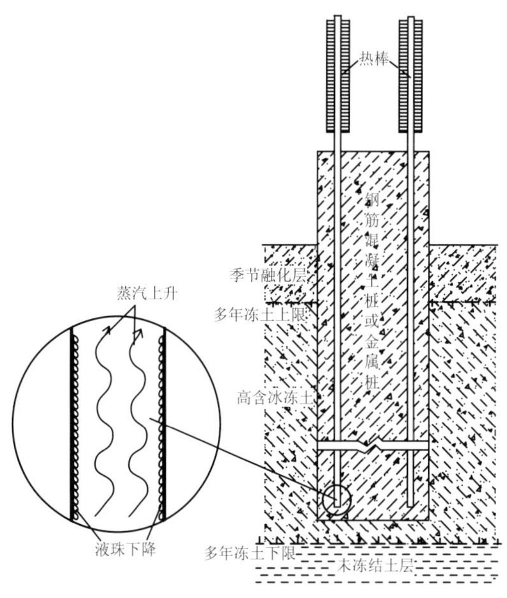

图6.22　高支架热桩

图6.23　阿拉斯加高支架输油管道

（金会军提供）

图6.24　俄罗斯架空式管道冻拔

（汪恩良提供）

图6.25　俄罗斯低架空式输油管道

（金会军提供）

低支架管道主要布设在工业园和居民点外的旷野地段。低支架的高度一般为0.5～1.5 m，保持管道底部有通风效应，避免高温或增热管道的热量传入冻土地基（图6.25）。低支架的支墩通常采用粗颗粒土修筑成土堤形式，上面埋设支墩混凝土板基础，板下铺设保温层，再修筑管道支架。支架形式有单支架和双支架（图6.26）。

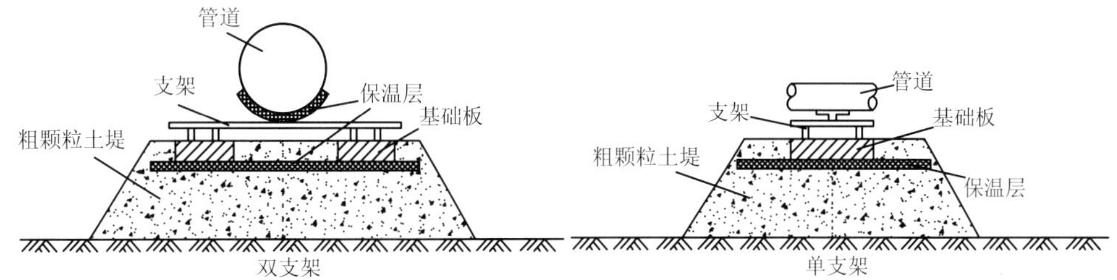

图6.26　低架空式管道支架

活动式支架有纵向活动式（仅沿管道轴线活动）、自由活动式（沿管道轴的纵、横向都可以活动）和摆动式。活动式支墩是为抵消管道的温度变形，采用活动板块、辊轴、滑轮和悬挂装置来保证支架的活动。摆动式支架（图6.27）一般适用于直径较小的管道和地震带管道敷设，图6.28为阿拉斯加采用横向滑动支架通过地震带。

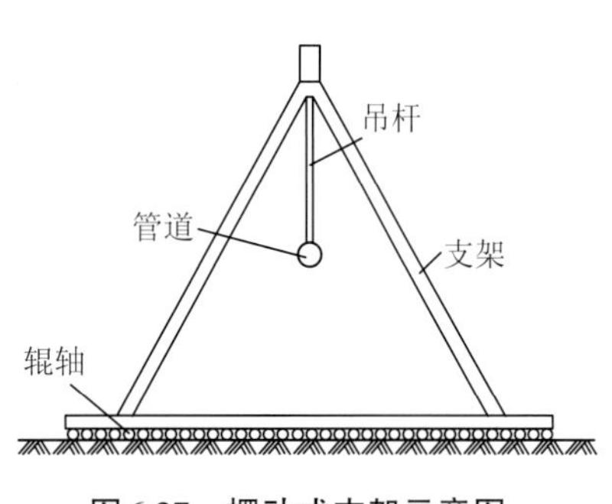

图6.27 摆动式支架示意图

图6.28 阿拉斯加地震带活动式低架空输油管道

（金会军提供）

架空式敷设管道应有补偿管道温度变形设计，一般采用“Z”字形、“Γ”字形或“V”字形等胀缩外形进行直线敷设或折线形敷设管道，支墩间距不等。

架空式敷设方式的优点是能适应于高温高含冰率冻土沼泽湿地，管道对多年冻土地基的影响较小；便于检修，降低事故概率，消除事故的费用较小；不影响地表水径流和动物迁徙。其缺点是造价较高，外力冲击作用时较为脆弱，桩柱防冻胀措施不利时会产生冻拔现象，影响管道稳定性。

6.4 管道地基冻融变化

地埋式温暖或增热管道运营过程中都会使周边土壤温度升高，多年冻土地基出现升温和融化，管道下沉。根据设计的油温状况（图6.29），漠大线输油管道寒季不会出现冻胀问题，主要是热融沉陷问题。对进站油温3～10 ℃条件下融化深度变化规律的预测结果（表6.5），50年裸管周围最大融化深度达9.1 m，管底最大融化深度为5.6 m，比初期设计原油温条件下的管底最大融化深度大。然而，按管道运行2～3年实际变形推算比预测管底融化深度要大。

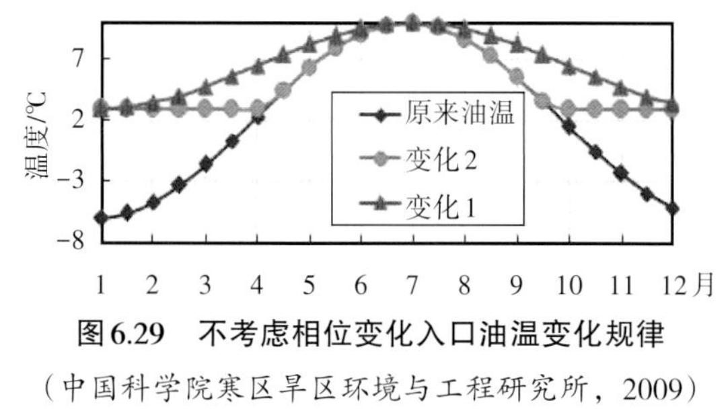

图6.29 不考虑相位变化入口油温变化规律

（中国科学院寒区旱区环境与工程研究所，2009）

地埋式寒冷管道运行过程中会引起管道周围形成冻结圈，聚冰现象。当入口油温为-6.41～3.65 ℃时，在不考虑摩擦热和泵升温条件下，裸管管底冻结深度较大（表6.6），需要予以注意，但采用保温管道可有效地减小冻结深度。随着距首站公里数增加，且考虑泵升温和摩擦热时，冻结深度也在减小。

表6.5 不同入口油温0 km高温冻土管底30年和50年最大融化深度/m对比

（中国科学院寒区旱区环境与工程研究所，2009）

运行年限	管底状况	油温条件	少冰冻土	多冰冻土	富冰冻土	饱冰冻土	含土冰层
30年	裸管	原来	3.5	2.7	2.2	1.7	1.3
		变化1	7.1	6.3	5.7	5.0	4.2
		变化2	6.4	5.7	5.0	4.3	3.9

续表6.5

运行年限	管底状况	油温条件	少冰冻土	多冰冻土	富冰冻土	饱冰冻土	含土冰层
30年	保温管道	原来	2.2	1.6	1.0	0.4	0.2
		变化1	3.8	3.1	2.5	2.0	1.5
		变化2	3.5	2.8	2.1	1.5	1.1
50年	裸管	原来	4.7	3.7	2.5	2.0	1.4
		变化1	9.1	8.1	7.1	6.0	5.2
		变化2	8.2	7.2	6.1	5.2	4.7
	保温管道	原来	4.0	2.9	2.0	1.2	0.5
		变化1	5.6	4.6	3.5	2.7	2.0
		变化2	5.2	4.2	3.3	2.3	1.6

注：1.管径914 mm；保温层厚度80 mm；输油量1500×10⁴ t/a。

2.原来：最高油温为10 ℃，最低油温为-6 ℃。

3.变化1：最高油温为10 ℃，最低油温为3 ℃，按正弦规律变化考虑进行数值计算。

4.变化2：最高油温为10 ℃，最低油温为-6 ℃，但低于3 ℃时按3 ℃考虑进行数值计算。

表6.6　入口油温-6.41～3.65 ℃条件下融区管道沿线管底最大冻结深度/m

（中国科学院寒区旱区环境与工程研究所，2009）

管径914 mm,不考虑泵升温和摩擦热							管径813 mm,考虑泵升温和摩擦热						
里程/km	W=20%		W=25%		W=35%		里程/km	W=20%		W=25%		W=35%	
	第2年	第30年	第2年	第30年	第2年	第30年		第2年	第30年	第2年	第30年	第2年	第30年
0	2.18	1.67	1.58	1.33	1.38	1.16	0	1.62	0.95	1.25	0.80	1.21	0.75
172	1.95	1.52	1.38	1.18	1.23	1.10	80	1.34	0.92	1.00	0.74	0.88	0.68
313	1.76	1.39	1.25	1.08	1.10	0.96	172	1.26	0.86	0.95	0.69	0.84	0.54
423	1.56	1.25	1.10	0.98	0.98	0.87	240	1.26	0.83	0.90	0.69	0.85	0.53
							313	0.92	0.60	0.69	0.49	0.62	0.45
							403	0.80	0.41	0.61	0.36	0.55	0.34

注：W为土的含水率。

漠大线输油管道初期，要求供油入口油温在暖季最高不高于3.65 ℃，在寒季最低不低于-6.41 ℃，按正负温交替运行设计将有利于保持冻土地基的稳定性。投产后的实际运行情况并非如此，实际都处于正温运行。2011年实测资料，漠河站最低约为2 ℃，最高达13.25 ℃（张世斌等，2014），2012年略有降低，平均温度仍达到5.30 ℃（图6.30）。

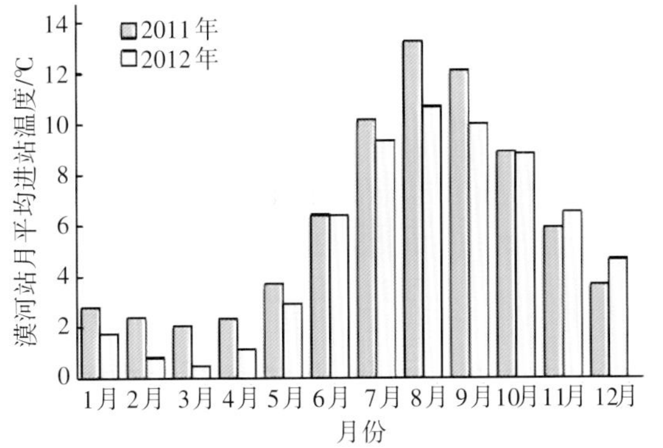

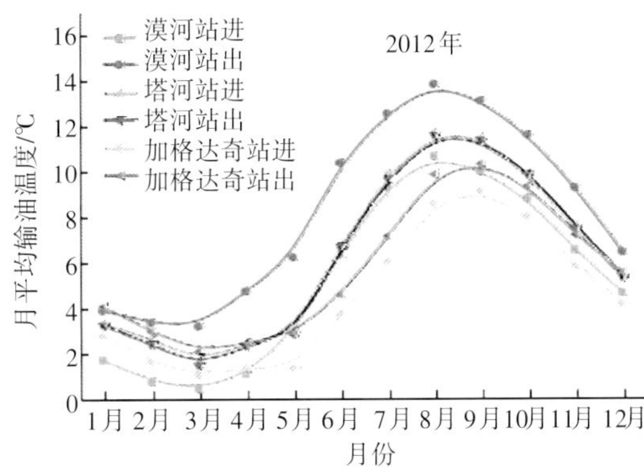

图6.30　漠河站月平均进站油温变化(左)及漠河-加格达奇各进出站月平均温度变化(右)（冯少广等，2014）

漠大线输油管道的实测资料，在富冰-饱冰冻土的粉质黏土、含砾粉质黏土和砾砂的河滩沼泽地段（长度1.5 km），采用液压观测系统（图6.31）。从2012年5月至2013年6月上旬管体最大竖向位移值达49.8 cm（图6.32），即管道运营2～3年，按饱冰冻土的最大融沉系数（25%）推算，管底多年冻土的融化深度约达2 m。

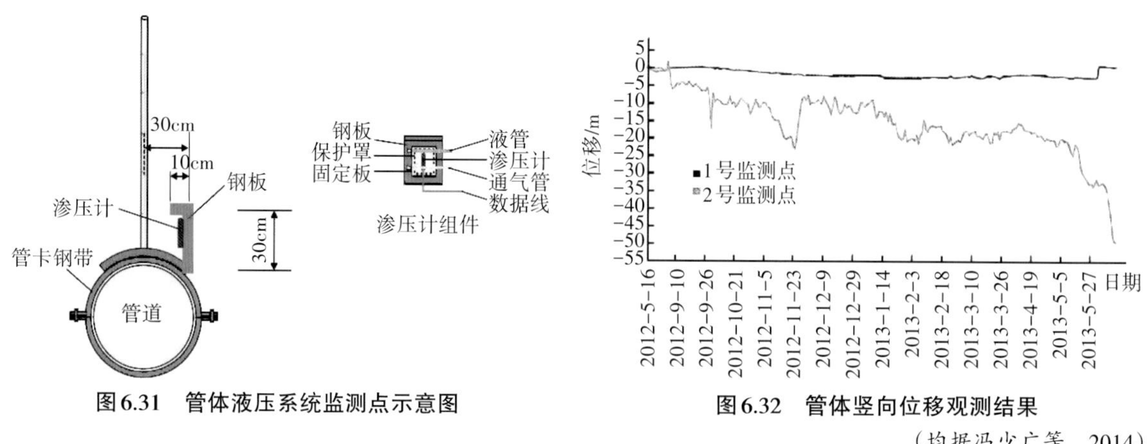

图6.31 管体液压系统监测点示意图

图6.32 管体竖向位移观测结果

（均据冯少广等，2014）

在高温冻土区沼泽湿地管道防融沉措施的原设计方案为“埋地+换填+保温+隔热”，后期撤除了隔热层，引起不少地段出现较大变形，表明仅管道采用保温层不足以防止油温引起的热融作用，必须采用冷却降温措施才能减小管道底部的融化深度。漠大线K305采用热棒防治管道融沉措施的示范段现场实测结果表明，管底暖季期间（9～10月）的温度基本在0～5 ℃间，11月降至0 ℃，翌年6月下旬最低达-5 ℃（图6.33），基本在0 ℃附近波动。距管道中心垂直距离2.5 m处，8月份深度2.5 m的土温为8～10 ℃，11月降至0 ℃左右，翌年3月降至-10～-8 ℃，至5月份回升至0 ℃。若管底加设隔热层，即可保持管底冻土地基稳定。

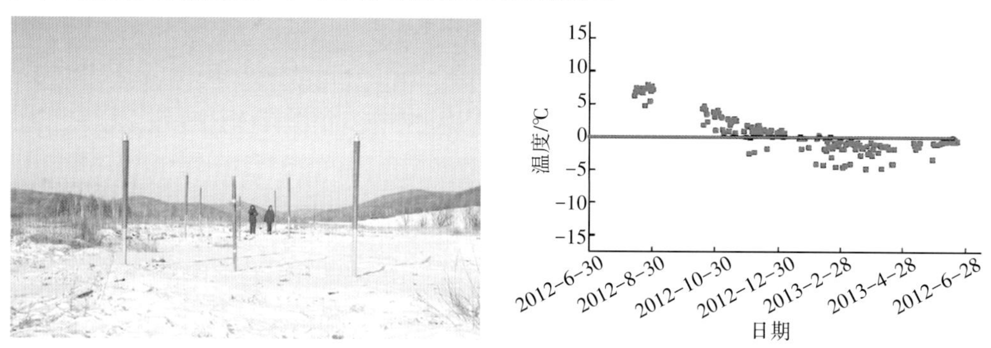

图6.33 漠大线热棒防融沉试验（左图）和管底地温随时间变化（右图）

（冯少广等，2014）

根据漠大线管道运行的实际油温，采用ANSYS有限元分析软件，对管道竣工后50年内土中温度场进行数值计算资料（张艳芳，2014）可知：

（1）在管顶埋深2.0 m无保温层，平均油温10 ℃情况下，对低温冻土区的扰动较小，运营第10年开始冻土基本达到平衡状态；而高温冻土区则受到较强烈扰动（图6.34）。第10年高、低温冻土最大融化深度分别为5.12 m及4.35 m，相差0.77 m，第50年的最大融化深度分别为6.17 m和4.71 m，相差1.46 m。因高温冻土年平均地温高，受外界热干扰时极易丧失其热稳定性。此时应视情况采取铺设保温材料或冷却降温措施（热棒）减小管底冻土融化深度，若冻土地基属少冰、多冰冻土，可采取融化设计原则处理。

（2）铺设保温材料能有效减小多年冻土的最大融化深度，保温层厚度越大，管道对多年冻土的扰动越小（图6.35）。但随保温层厚度不是越大越好，大于8 cm后融化深度减小很小（图6.36）。

（3）输油平均温度对多年冻土温度场的分布规律有很大的影响，随着平均油温增加，冻土最大融化深度逐渐加大。地表年平均温度为-3.5 ℃无保温层情况下，油温由3 ℃增至15 ℃，管顶埋深1.5 m时，第50年最大融化深度由4.0 m增至4.73 m，管顶埋深2.5 m时，最大融化深度由4.31 m增至5.36 m。在油温15 ℃时，第50年后最大融化深度增加了3.41 m。

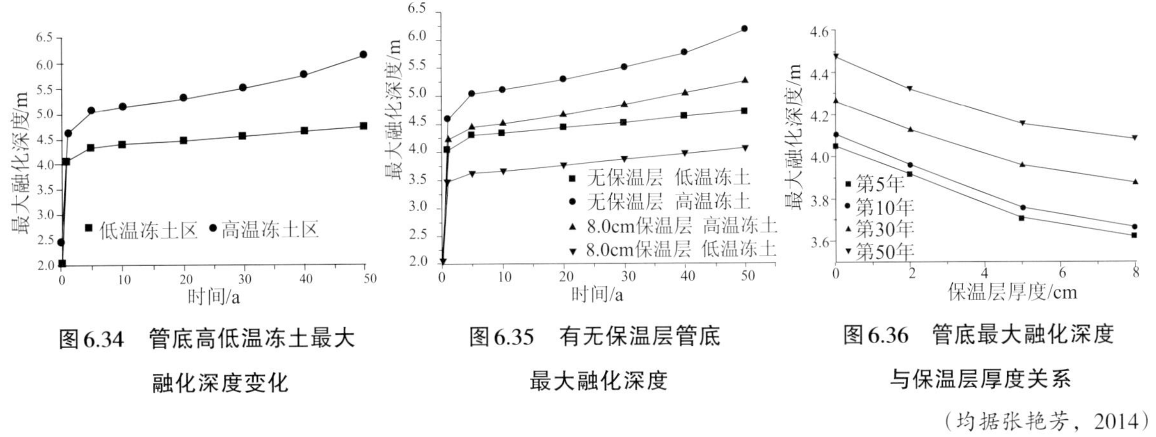

图6.34　管底高低温冻土最大融化深度变化

图6.35　有无保温层管底最大融化深度

图6.36　管底最大融化深度与保温层厚度关系

（均据张艳芳，2014）

6.5　管道穿越工程

油气输送管道穿越水域、山岭、冲沟的方法，按《油气输送管道穿越工程设计规范》（GB 50423-2013）规定，穿越工程均以地埋式敷设管道，采用挖沟法、水平定向钻法、隧道法（钻爆法、盾构法、顶管法等）。

漠大输油管道线均以定向钻法实施穿越河流、冲沟和公路，如穿越黑龙江、呼玛河等，黑龙江定向钻法穿越工程中，根据钻孔岩芯分析及室内岩石物理力学性质试验结果，确定黑龙江定向钻法最优穿越深度为38.0 m（吴峰波等，2011），长度1100 m。大兴安岭地区大河河床属于贯穿融区，河岸阳坡基本为裸露基岩，阴坡的漫滩、阶地可能存在多年冻土。穿越公路时应选择在岩基、融区或少冰冻土地段，个别高含冰冻土地段应有防热融措施，避免管道温度融化基底冻土而出现热融下沉。

漠大线输油管道翻越山岭均以挖沟法实施。由于山地斜坡仍存在多年冻土，为防止斜坡多年冻土融化引起失稳，在坡脚多年冻土层地下冰较发育地段采取木屑保温措施（图6.37），利用木屑导热系数小，孔隙大，冷空气渗入底部屏蔽热空气作用，起着保持多年冻土相对稳定的效果。但应加强防地表水冲刷措施，加漠公路63 km斜坡地表水冲刷严重。

图6.37　漠大线输油管道翻越山岭斜坡木屑保温措施（左图：碧洲，右图：加漠公路63 km）（童长江摄）

6.6 阴极保护

《地埋金属管道阴极保护技术规定》GB/T 21448-2008明确规定，地埋式金属管道应采用防腐层加阴极保护的联合防护措施，业已证明是有效的腐蚀控制技术，且规定管道阴极保护电位应为-850 mV（CSE）或更低，在土壤电阻率100 Ω·m至1000 Ω·m环境中的管道，阴极保护电位宜低于-750 mV（CSE）；土壤电阻率大于1000 Ω·m环境中的管道，阴极保护电位宜低于-650 mV（CSE）。可见管道上的合理电位是决定阴极保护系统的重要参数，是金属管道停止腐蚀反应所需的最小保护电位。

土壤电阻率是影响地埋式管道阴极保护的重要参数之一，土的类型、结构、含水率、温度和pH是影响土壤电阻率的重要因素。漠大线输油管道穿越大片连续、岛状融区连续多年冻土区、岛状和零星分布多年冻土区、季节冻土区及河流融区，埋置深度范围土层年际都反复出现冻结和融化交替过程，土壤电阻率将随着冻结-融化而激烈变化，是管道阴极保护有效实施中所必须考虑的问题。

土由未冻结状态到冻结状态，由三相体系变为四相体系，冻土中水-冰随负温度变化呈动态平衡状态，直至-73 ℃仍有未冻水存在。土体降温过程中不同降温速率、方向等导致水分向冻结锋面迁移而聚冰特点形成不同的冻土构造，使冻土的电阻率也随其构造特征出现较大的变化。冻土的导电通道包含土颗粒表面双电层导电通道、未冻水导电通道、冰-水混合物导电通道、冰导电通道、土颗粒-冰水混合物导电通道等。

不同岩性的电阻率随温度降低而急速增大的变化趋势基本一致。图6.38为东北地区的三种典型土试验结果，表6.7为西北地区五种土的试验结果。融化状态下，当温度从22 ℃下降到3 ℃时，土壤电阻率上升达原来的一倍，电阻率变化范围在几十到6000 Ω·m；土壤孔隙水在±0 ℃相变过程中，持续时间较长，液态水逐渐冻结成固态冰，土壤电阻率发生跳跃性变化，数值急剧增大（图6.39土壤电阻率由冻到融变化曲线表现更直观）；随土温继续降低电阻率也逐渐上升。

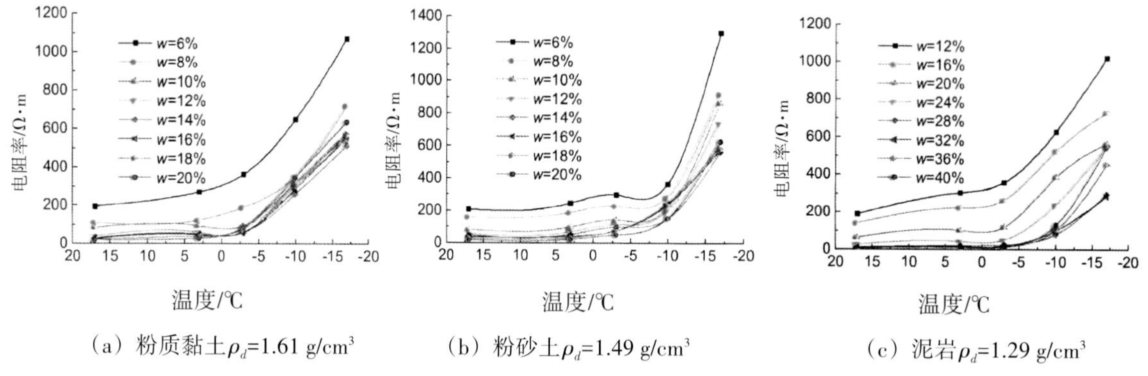

（a）粉质黏土ρ_d=1.61 g/cm³　（b）粉砂土ρ_d=1.49 g/cm³　（c）泥岩ρ_d=1.29 g/cm³

图6.38 不同岩性土的电阻率随温度变化曲线（柳瑶，2015）

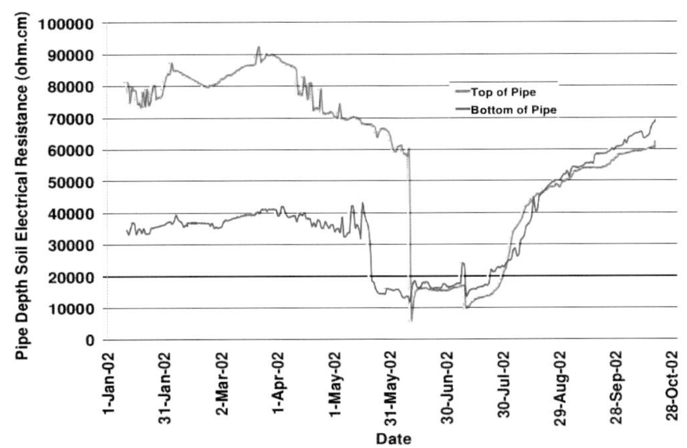

图6.39　加拿大某输油管线顶部和底部土壤电阻率一年内的变化规律

（郝宏娜，2012）

表6.7　不同温度的土壤电阻率/Ω·m（曹晓斌等，2007）

土壤类型	含水量/%	土温/℃													
		22	18	13	9	3	1	0_+	0_-	−1	−3	−5	−9	−13	−18
黄土	19.6	67	75	81	102	129	138	145	8020	11600	26200	52400	106000	164000	363000
	10.6	689	991	1060	1200	1440	1550	1570	17800	18600	138000	296000	591000	1030000	1380000
	4.75	2160	2960	3690	4180	5970	22700	27600	41800	75600	460000	1030000	2070000	4140000	-
砂土	16.2	52	66	83	131	156	113	120	1312	2162	5800	13000	42000	138000	437000
	9.36	229	299	355	376	539	543	582	6100	10000	10200	26700	99000	317000	793000
	4.48	751	824	936	1080	1280	2040	4830	7800	13700	41200	102000	317000	793000	3170000
砾土	17.3	83	111	150	185	283	317	340	1070	1660	4110	9720	37600	97300	223000
	7.83	176	242	310	324	412	471	477	1020	1650	4820	11300	40700	99200	317000
	3.73	218	258	299	352	470	515	556	8080	9540	14400	27400	70500	198000	453000
砂	11.2	149	219	331	377	505	579	624	24100	45300	61000	79000	128000	203000	-
	9.1	215	267	330	417	593	663	714	9020	11600	19200	26400	54700	106000	212000
	3.52	351	437	518	641	815	881	933	6610	8310	14600	25200	55700	93300	212000
砂石	9.64	400	550	662	792	1000	1360	1490	18100	35400	57000	81000	132000	224000	-
	6.1	820	971	1030	1360	1770	1920	2030	9170	13100	27500	40700	85000	183000	366000
	1.25	895	1130	1590	1720	2180	2370	2480	4830	5930	14400	27800	62700	119000	297000

注：表中“-”表示超出测量范围。

漠大线属于地埋式温暖（增热）管道，周围出现融化圈，在冷暖季节中产生缩小和增大，圈外冻土亦随之变化。冻土、融土季节性变化，沿线分布时有时无，导致管道周围土壤电阻率变化复杂，选择管道阴极保护方法设置时应予重视。

6.7 站、罐地基处理

1.选址与勘察

多年冻土区地基条件较复杂。国标《冻土工程地质勘察规范》GB 50324-2014中规定，管道的站场、阀室、储罐等建、构筑物场址选择宜避开高含冰率冻土地段、冻土现象发育地段以及对工程有直接危害或潜在威胁地段。

管道的阀室等建筑物相对面积较小，承载力要求较低些，可参照《冻土工程地质勘察规范》建筑工程冻土工程地质勘察内容和《冻土地区建筑地基基础设计规范》JGJ 118-2011进行选址、勘察和设计。

管道的钢制储罐构筑物应按国标《钢制储罐地基基础设计规范》（GB 50473-2008）和石油化工行业标准《石油化工钢储罐地基与基础设计规范》（SH/T 3068-2007）相关规定进行选址、勘察和设计。

规范中岩土工程勘察对一般地基要求内容：场地地形地貌、地质构造、地震效应、不良地质现象、地层成层条件、各岩土层物理力学性质、场地的稳定性、岩土的均匀性、承载力特征值、压缩系数、压缩模量、地下水、土和水对建筑材料的腐蚀性、土的标准冻结深度以及由于工程建设可能引起的工程问题等。

多年冻土地基属于特殊地基，除按一般地基要求外，应按《冻土工程地质勘察规范》相关要求增加勘察资料，如多年冻土的分布、上限、下限、年平均地温、物质成分、含冰率、冻土构造、地下冰厚度与分布、物理力学性质、融化下沉性，融区的分布、特性、成因，冻土冷生现象，按冻土含冰率划分的冻土工程类型，季节融化层的厚度、物质成分、含水率及含冰率、冻胀性，地下水特征等。

多年冻土地基与融土地基相比，其复杂性和不均匀性显得更突出，除物质成分外，表现在含冰率、冻土构造、上限变化的不均匀性，以及在热力作用下的冻融过程产生冻胀性和融沉性。

储罐基础三大特点：直径较大，一般为20～40 m，大型储罐直径达80～100 m；附加压力大，一般达150～300 kN/m²；产生的沉降量也较大，一般土质的沉降量达数十厘米，软土地基可达1～2 m。由于储罐高度较高，对不均匀沉降要求较高，特别是浮顶式储油罐的要求更高（表6.8）。

表6.8 储罐地基变形允许值（GB 50473-2008）

储罐地基变形特征	储罐形式	储罐底圈内直径	沉降差允许值
整体倾斜（任意直径方向）	浮顶罐或内浮顶罐	$D_t \le 22$	$0.0070\ D_t$
		$22 < D_t \le 30$	$0.0060\ D_t$
		$30 < D_t \le 40$	$0.0050\ D_t$
		$40 < D_t \le 60$	$0.0040\ D_t$
		$60 < D_t \le 80$	$0.0035\ D_t$
		$D_t > 80$	$0.0030\ D_t$

续表6.8

储罐地基变形特征	储罐形式	储罐底圈内直径	沉降差允许值
整体倾斜（任意直径方向）	固定顶罐	D_t≤22	0.015 D_t
		22<D_t≤30	0.010 D_t
		30<D_t≤40	0.009 D_t
		40<D_t≤60	0.008 D_t
罐周边不均匀沉降	浮顶罐与内浮顶罐	-	ΔS/l≤0.0025
	固定顶罐	-	ΔS/l≤0.0040
储罐中心与储罐周边的沉降差	沉降稳定后≥0.008		

注：1.D_t为储罐罐壁底圈内直径，m；2.ΔS为储罐周边相邻测点的沉降差，mm；3. l为储罐周边相邻测点的间距，mm。

储罐选址应选择在地势较平坦，地基条件较好，地下水位较低，土质较均匀，不均匀变形较小的地段。但多年冻土区不易满足上述要求，因冻土中地下冰的分布往往是不均匀的，融化后将导致融化下沉变形也不均匀。从储罐安全和稳定性考虑，尽量选择基岩埋藏深度较浅地段，或粗颗粒、低含冰率冻土的阶地。即便如此，基岩全风化或强风化带和阶地的局部地段仍有不同程度的含冰量（平面和垂直方向）。工程地质勘探应详细掌握储罐基础下冻土和融区分布、特征，冻土物质成分、冻土工程类型、构造、范围、厚度，地下冰层分布特点及冻土物理力学性质，冻土上、下限分布和地下水埋藏情况。

为此，多年冻土区储罐建筑场地应按“复杂场地”进行工程勘探，在低含冰率冻土地区，且冻土层厚度较薄地段的勘探点数量，间距应满足表6.9要求；对冻土层厚度较大的高含冰率冻土地段，储罐直径大于40 m时，应进行专项研究。勘探孔深度按《建筑地基基础设计规范》（GB 50007-2002）规定确定，即地基变形计算深度处向上取计算厚度为ΔZ的土层计算变形值与压缩层深度范围内土层总计算变形值之比小于或等于0.025作为控制地基变形的计算深度标准。在无相邻荷载影响时，基础中心点的变形计算深度简化公式：

$$\Delta Z = b(2.5 - 0.4\ln b) \tag{6.2}$$

式中：b为储罐基础的宽度，m。

参考规范的基本规定（表6.10），按特殊土要求确定。控制性勘探孔应在一般性勘探孔深度加10 m，岩质地基在一般性勘探孔的深度加5 m。当预计深度内冻土层下为基岩时，应穿透冻土层进入基岩中等风化层2～3 m。

表6.9 储罐工程详勘阶段勘探点数量和布置方式（GB 50324-2014）

储罐底圈内直径D_t/m	勘探点数量/个	勘探点布置方式
D_t<20	1～3	可布置在罐中心或沿周边布置
20≤D_t<30	3～5	储罐中心1个，其余沿周边均布
30≤D_t<40	5～7	
40≤D_t<60	7～9	
60≤D_t<80	9～13	储罐中心1个，其余按同心圆均布
80≤D_t<100	13～17	
D_t≥100	≥23	

注：1.地质条件复杂时，表中勘探点数量宜增加一级；

2.表中同一级别下储罐直径大勘探点数量取大值，储罐直径小勘探点数量取小值。

表6.10 一般性勘探孔深度/m(GB 50473-2008)

储罐公称容积/m³	一般性地基	软土地基
≤5000	1.0～1.2 D_t	1.0～1.5 D_t
10000	1.0～1.2 D_t	1.0～1.5 D_t
20000～30000	0.9～1.0 D_t	1.0～1.1 D_t
50000	0.7～0.8 D_t	0.8～0.9 D_t
≥100000	0.6～0.7 D_t	0.7～0.8 D_t

2.设计原则与地基处理

1）设计原则

多年冻土区储罐基础设计原则，可按《冻土地区建筑地基基础设计规范》(JGJ 118-2011)中建筑地基基础设计原则应用条件确定。依据储油罐场地的冻土条件确定采用保持冻土地基冻结状态设计原则或预先融化设计原则，在冻土厚度较大，冻土年平均地温较高、低含冰率冻土的粗颗粒土和基岩地基可采用逐渐融化设计原则。

由于多年冻土的含冰程度形成与气候、地形地貌、地质、水文地质等条件有关，导致其变化较为复杂，冻土地基不均匀性增加，影响单罐的直径和容量以及罐组的布置。单罐直径小些易适应地基不均匀条件，但罐组占地面积较大，单位容积耗钢材量也大。据有关资料统计（徐至钧等，1999)，储罐愈大，总投资越少，单位容积耗钢材量也省，罐组总图占地面积越小，合理总图布置的储罐容量是125000 m³。《石油库设计规范》(GB 50074-2014）规定一个罐组内储罐的总容积和储罐数量，涉及单罐容积大小以多年冻土区储罐基础设计原则的合理选择，冻土地基处理方案的确定。

2）冻土地基储罐基础及地基处理

《钢制储罐地基基础设计规范》(GB 50473-2008）将目前常用的储罐基础形式分为护坡式基础、环墙式基础、外环墙式基础和桩基础。

储罐基础选型应根据储罐的形式、容积、场地地质条件、地基处理方法、施工技术条件和经济合理性等综合考虑。场地和地质条件适用的储罐基础形式：

(1）当天然地基承载力特征值大于或等于基底平均压力、地基变形满足表6.8规定的允许值，且场地不受限制时，宜采用护坡式储罐基础（图6.40)；也可用环墙式（图6.41）或外环墙式基础（图6.42)。多年冻土区的冻结基岩中风化带，少冰、多冰冻土的粗颗粒土地带具有高承载力和变形小的特性。

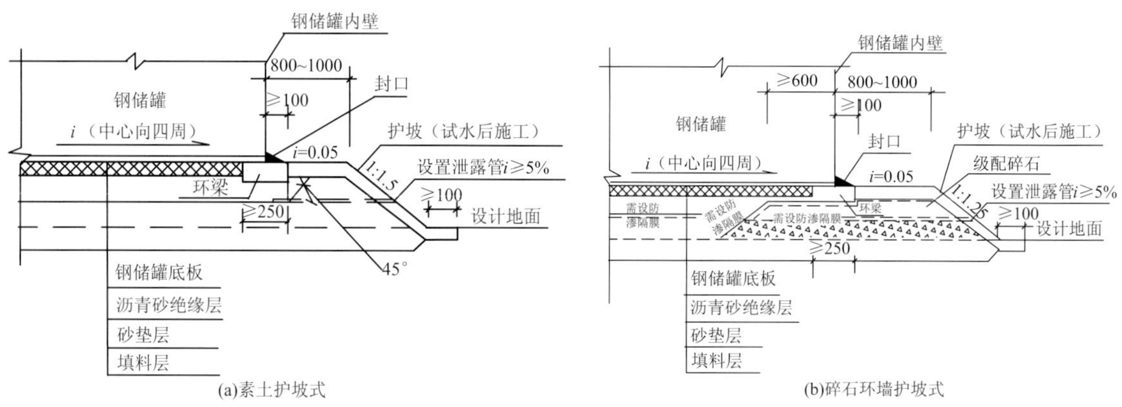

图6.40 护坡式储罐基础(单位:cm)

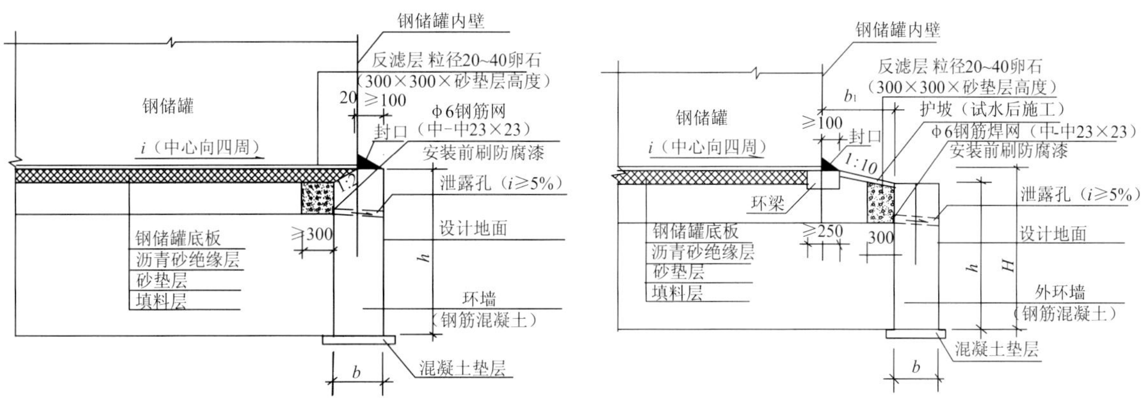

图6.41　环墙式储罐基础（单位：cm）　　**图6.42　外环墙式储罐基础（单位：cm）**

b—环墙厚度/m；h—环墙高度/m；b_1—外环墙内侧至罐壁内侧距离/m；H—罐底至外环墙底高度/m。

（2）当天然地基承载力特征值小于基底平均压力，但地基变形满足表6.8规定的允许值，且经过地基处理或经充水预压后能满足承载力的要求时，宜采用环墙式（图6.41），也可采用外环墙式基础（图6.42）或护坡式储罐基础（图6.40）。多年冻土区冻结基岩风化带，干燥地带的少冰、多冰冻土碎石土地段，经强振动碾压后，地基承载力能有较大提高，且可减小不均匀变形以满足地基设计要求。

（3）当天然地基承载力特征值小于基底平均压力，地基变形不能满足表6.8规定的允许值，地震作用下地基有液化土层，经过地基处理或经充水预压后能满足承载力的要求和表6.8规定的允许值要求或液化土层消除程度满足有关规定时，宜采用环墙式基础（图6.41）；当地基处理有困难或不做处理时，宜采用桩基基础（图6.43）。多年冻土区的多冰、富冰冻土碎石质粉质黏土层，融化后可能产生较大的不均匀变形，采用碎石桩（或桩基），且用强震动碾压（击实）地表碎石层，构成碎石盖层+防渗土工布筏板，形成碎石桩（桩基）复合地基。

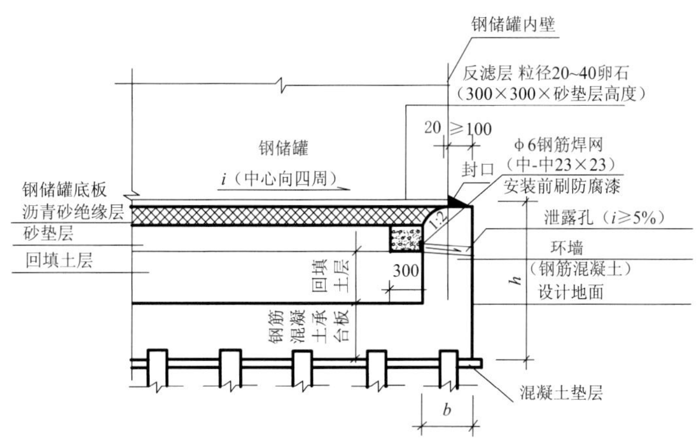

图6.43　桩基基础（单位：cm）

（4）当建筑场地受限制及储罐设备有特殊要求时，应采用环墙式基础（图6.41）。多年冻土区因地下冰分布不均使冻土地基不均匀变形增大，储罐建筑场地受到很大限制，可采用桩基基础加混凝土筏板的地基处理措施以扩大储罐建筑场地的需求（图6.44）。

当储罐选址无法避开高含冰率冻土地段时，必须加强冻土工程地质勘察，除土层岩性成分外，详细地掌握场地的冻土特征，地下冰的分布、厚度、埋置深度，冻土地基物理力学性质（特别是冻土地基融沉性的平面和垂直分布）。根据冻土地基特性进行地基处理，构成桩基、块碎石、通风管的复合地基（图6.44）。必要时。可在桩基上面增设钢筋混凝土承台板，或采用架空通风桩基础（图6.45）。

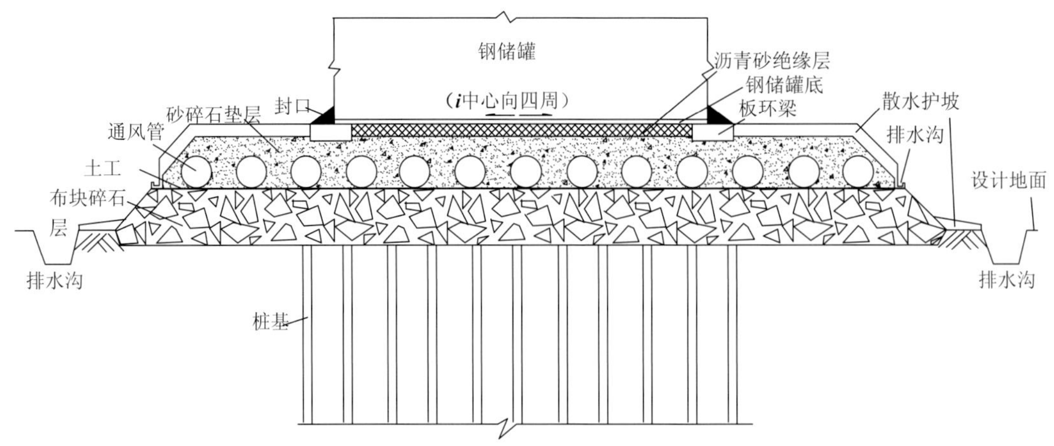

图6.44 多年冻土区块碎石承台通风管桩基复合地基示意图

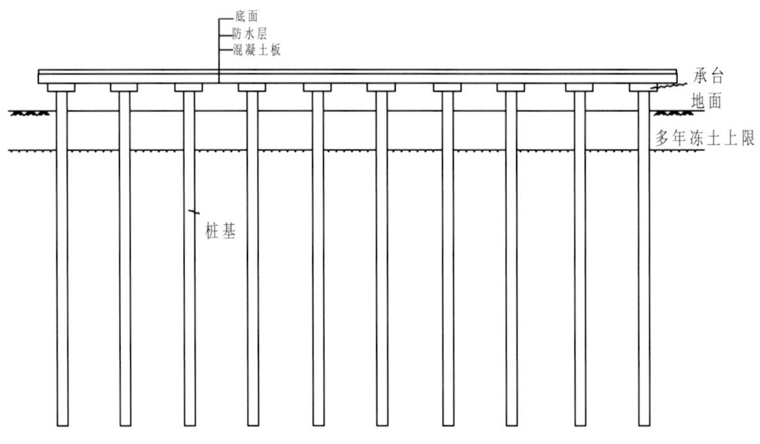

图6.45 架空通风桩基础

目前多年冻土区地基处理方法有：置换法、置换强夯、块碎石垫层、通风管、热棒、保温层、桩基、水泥粉煤灰石灰桩，以及通风管+块碎石垫层、保温层+热棒等复合措施。有条件时，在高温、高含冰率冻土地段采用电热预融冻土地基方法。不论采用何种地基处理方法，都必须做好季节活动层防冻胀措施以及建筑场地周边排水和保护冻土环境措施，避免地表水热侵蚀作用和冻土环境破坏而招致更多的热侵蚀作用（增大地表热辐射、热传导和水热等侵蚀），影响冻土地基的热稳定性。

国外（如美国、加拿大及俄罗斯等）在多年冻土地区修建储油罐都积累了一些经验，基本方法为桩基础、隔热基础和冷却冻土地基。俄罗斯秋明油田采用桩基础（M.B.别尔里诺夫，1996），预制方形桩，桩长取决于场地冻土工程地质条件，间距为桩径的3～5倍，桩承台上为混凝土板，下部架空通风。有混凝土桩、木-混凝土混合桩、热桩、钢管桩。

6.8 多年冻土区给排水工程

随着我国国民经济蓬勃发展和国家的强盛，多年冻土区也由资源开发转为生态建设，实行了“天保工程”和“三江源生态保护”的生态环境资源保护与建设。由原小村寨、小林场逐渐转为以县城和镇寨（或林业局）为中心的城镇化建设，给排水工程也逐渐向城镇化的要求发展。

多年冻土地区的严寒气候，冻土层广泛分布，生态环境脆弱，给冻土区给排水工程建设带来许多困难和工程问题。

1.多年冻土区给排水工程特点

城镇给排水工程包括水源、管道、贮水建筑物、给水和排水设施等。严寒气候和冻土层却使得给排水工程建设的难度和成本远胜于非多年冻土区。

1）给水水源

多年冻土区的水源主要取自于河流水、冻结层间水和冻结层下水。冻结层上水不宜作城镇给水水源地。

河流水源，多年冻土区的大河流属于贯穿融区或非贯穿融区。大兴安岭的河水多呈茶色，越往林区，河流越小，颜色越重。据资料报道（牛亚芬等，2010），加格达奇的甘河及松岭的多布库尔河，水化学类型基本为碳酸钙、重碳酸钙和重碳酸镁，总硬度为0.01～0.15 g/L，pH为6.0～8.0，属于极软的中性水。1975—1984年多年平均水质属Ⅰ至Ⅱ类，1986—2006年则属Ⅲ至Ⅳ类，各项指标均较以前有所下降，水体处于轻度污染状态。水量呈季节性变化。

青藏铁路沱沱河水源井Cl^-和汞超标，长江源特大桥和守护的水源井水质中Cl^-、SO_4^{-2}和锰超标（薛正，2015），都需要处理才能达到标准。沱沱河南部构造融区上升泉水是远期主要生活供水水源（谭立渭等，2016），最大出水量9.26 L/s，最小的5.04 L/s，水化学类型为$HCO_3 \cdot SO_4$–Ca型，矿化度0.728 g/L，色度小于5，无其他异色，浑浊度小于1 NTU，无嗅、无味、无肉眼可见物，pH值为8.08。

冻结层上水，除河流阶地融区具有较好水质与水量外，通常不能作为城镇给水水源地，在衔接多年冻土区，冬季水都冻结。

冻结层间水，通常发育在构造断裂带中，如青藏公路二道沟自流水，其补给源为冻结层下水，水量充沛，水质满足饮用水标准。在大兴安岭的松岭地区，河谷阶地的砂砾石层中也存在为冻结层间水（图6.46），具有承压性，补给源为多布库尔河水，水质好于河水，水量具有季节性变化。水温较低。

冻结层下水，一般贮存于构造带中，如青藏公路不冻泉的泉水，为构造断裂带冻结层下水补给，水质良好，常年川流不息。大兴安岭地区，亦存在于构造断裂带中，埋置深度较大，如漠河自来水厂的水源，穿越多年冻土及安山岩层约150 m深度出水。如内蒙古大兴安岭达赖沟林业局的水源，也出自于断裂带中，埋设约130 m。通常水温较低。

总的来说，多年冻土区水源的水温普遍较低，水源易出现冻结现象，做好防冻措施。从补给区到排泄区，地下水化学类型由简单变复杂，矿化度由低变高，水质由好变差，除冻结层下水外，水量受季节影响，变化较大，城镇区的水源易受人为活动的污染。

2）管网

多年冻土区城镇规模，除地区专署所在地较大外，县城规模稍大，人口8万～15万，面积约2万 km^2，镇及林业局也就相当于非多年冻土区的北方村镇，人口1万～5万，面积约1万 km^2。给水管道的长度都较短，除小型木材、食品加工业有24小时用水外，夜间基本上处于停止用水，在林场等村镇，采用间歇性定时供水方式。因此，冬季管道易出现冻结，室外水龙头结冰、冻胀，地基的冻融作用易使管道变形、破裂（图6.47）。

图6.46 大兴安岭冻结层间水(童长江摄)

图6.47 给水管道断裂(左图)和水龙头结冰冻胀(右图)

随着城镇化发展，建筑物集中，在城镇里多年冻土退化，或形成非衔接多年冻土，但管道埋设深度仍需置于最大季节融化深度下，一般达2.5～4.0 m。管道深埋往往不易发现事故点，且给维修工作造成很大可能，特别是冬季的维修，当冻结深度超过0.7 m以上时，机械已无法作业，全靠人力挖掘。

3）贮水建筑和附属设施

具有高楼的较大城镇多采用楼顶贮水箱，其他小城镇采用水塔式贮水。水塔内的竖管及贮水槽的保温是防冻的重点，目前均采用聚苯乙烯、聚氨酯等保温材料，代替过去生火炉防冻。水槽多半采用钢筋混凝土，在水槽四周及底、顶盖均应采用保温层，必要时设置电热设备，预防水在水塔内滞留时间过长出现结冰，通常水槽周边结冰0.2 m厚的冰层，不会影响水槽正常使用。钢制水槽易出现锈蚀，年年需要进行除锈、防锈。上水的竖管是不允许结冰，需要在管壁上敷设加热电缆。在铁路等站区，尽量利用附近的高坡地形修筑贮水水槽，但需对水槽周边及槽底采取非冻胀性土换填以防冻胀和保温措施，输水管道保温和增大埋设深度。

室外的共用水栓冬季易出现冻结（图6.47右图），尽量采用户内自来水供水。

给水检查井冬季常出现冻害，井壁冻胀而破裂或位移，积水积冰。

4）排水设施

多年冻土区的排水系统问题较多，除大城镇有专门排水系统设施外，小城镇多缺少排水管网，以致就地排放。存在问题：①生产、生活污水未能按国家现行的排放标准进行处理；②排水管网经常发生冻结、堵塞；③多年冻土区的排水渗水井，冬季常因冻结或底部存在多年冻土而不能渗水，以致出现外溢，污染环境。

2.给水工程建设

多年冻土区给排水工程常出现的问题是：水源井冻结，给排水管道冻结、破裂、堵塞及冻胀和融沉，附属设施冻胀破坏等。设计的核心除按常规设计外，重点在于防冻、保温措施设计。

1）供水水源井设计

多年冻土区供水水源过去主要以冻结层上水为取水水源，因其水量受季节控制，难以满足生活饮用水卫生标准要求。随着国家发展，人民健康要求，多年冻土区也逐渐进行深层地下水的开发，采用冻结层下水作为生活饮用水源。在多年冻土区的断层破碎带多存在有水量较大，水质较好的承压水水源，单井涌水量为10～50 m^3/h，埋深一般为40～50 m，最深达90～130 m。青藏高原大片连续多年冻土区的水质稍差些，需做处理。但水源周围多半处于多年冻土层包围中，水源井设计时必须设置防冻措施。

多年冻土区冻结层下水具有承压性，水温较低，水源井管需穿越百米左右的多年冻土层（达百米厚度的多年冻土层年平均地温均属低温冻土），管井需要保温和备用加热电缆（图6.48），避免管井水源冻结，保温层通常采用聚氨酯泡沫材料，保温层设置长度应达多年冻土下限以下10 m为妥。护管壁外需用砂砾填充以防止冻拔。在非多年冻土层的含水层部分，按常规水源井设计，施工时应将包网缠丝过滤器滤水管与井壁管同时放入井孔中。

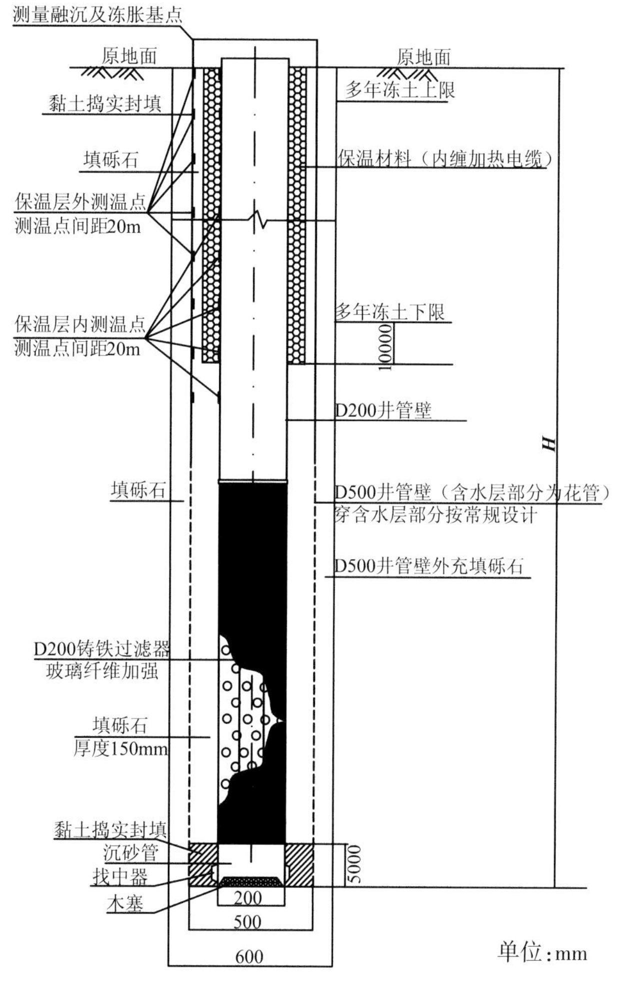

图6.48　多年冻土区水源井管示意图（粟健等，2002）

在护管内壁和井管外壁保温层内布设温度感应探头，测定井管水温变化，井外设自动控制系统，当保温层内温度≤0.1 ℃时，即时启动加热电缆给扬水管加热，当保温层内温度≥1.0 ℃时停止加热，确保水源井管不冻结，保持正常供水。20世纪七八十年代大兴安岭地区常有水源井管冻结现象，采用加热电缆和温控系统排除水源井管冻结。管壁保温层、加热电缆、监测探头等设备一定要固定牢固，经地面严格检查合格后才可放入井孔内，然后对加热系统和各种电子设备进行逐项检测。

水源井钻进直径采用600 mm较多，采用套管跟管钻进较好，可避免塌孔和缩孔现象，遇基岩后可不再设套管，如遇软弱岩层时，仍需设套管，但在含水层部分应采用花管套管。

为改善水质，特别是采用低温、低浊、高色度的冻结层上水为水源时，通常在水井附近建有净水设施进行水处理。

2）供水管网

近年来多年冻土区城镇有较大变化。大兴安岭地区城镇建逐步集中，楼房逐渐增加，平房有所减小，较多采用集中供暖供水。青藏高原除政府机关外，相对以平房为主。

管网平面布置应以地形、地物为控制点，干管宜靠近用水点，采用送配兼用管网，管道宜直，减少折角。支管不宜过长，条件允许时尽量与干管连成环状管网。

管道的埋设形式有架空式、地埋式（浅埋或深埋）、地沟式、路堤式，各具有不同优缺点，选择适于当地条件的形式。大量工程实践表明，多年冻土地区（包括寒冷地区）给排水管道采取保温管道能取得良好效果，其散热量与深埋管道相比可减少80%。

（1）架空式保温管道

架空式保温管道方式适宜下列地段：管道通过沼泽、泥塘、洼地、沟渠、厚层地下冰、强冻胀土、受洪水威胁等不良地质条件地段；管道直接铺设在土层中或土层不易埋管施工、不易维修地段；坚硬岩石不易挖管沟地段。

①桩基或柱基

采用钢筋混凝土结构或钢制结构（内灌注细石混凝土），其埋深依冻胀力计算确定，通常不宜小于两倍的最大季节融化深度，最大季节融化深度范围内应采取防冻胀措施。桩基宜采用钻孔桩或爆扩桩，桩端宜设有扩大部分，桩径不宜小于200 mm。可采用单桩（图6.49）或双桩（图6.50）。

②管道支架有固定式和滑动式。承台与桩（柱）连成一整体，支架将管道固定在承台上，外安装活动式外罩。保温层采用导热系数和吸水性小的聚苯乙烯、聚酚醛或聚氨酯泡沫塑料，厚度不小于60 mm或热工计算确定。

③扬配水干管及配水支管应尽量铺设单向坡度，最小坡度不应小于5%，干管最低点应设一条放空管。

（2）地埋式管道

地埋式管道有浅埋（保温管道）和深埋（无保温层）。

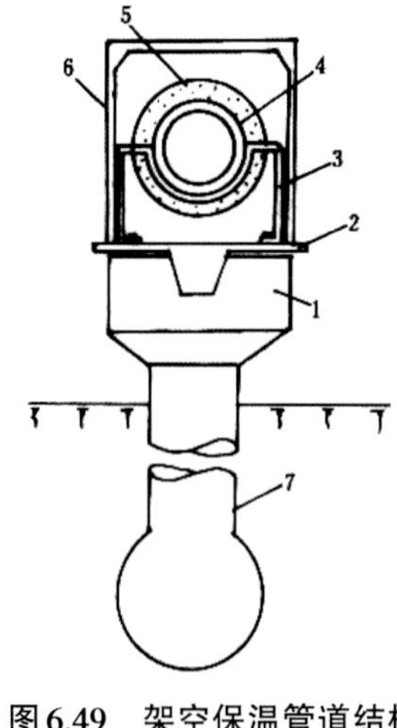

图6.49 架空保温管道结构

（铁道部第三勘察设计院，1994）

1—承台；2—“T”形梁；3—支架；4—水管；5—保温层；6—防护外罩；7—爆扩桩。

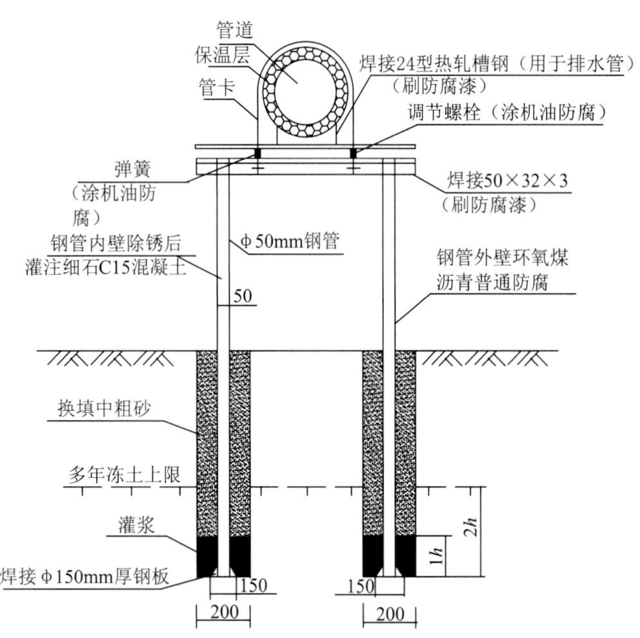

图6.50 架空保温管道（双桩）结构图（单位：mm）

（薛正，2015）

①浅埋保温管道适用于地基冻胀性、融沉性较小地段。埋置深度应达到2/3最大季节冻结深度（主冻胀带）以下，一般为地面下1.5～2.0 m，基底应换填不小于0.5 m非冻胀性粗颗粒土，管道周围回填一定厚度粗颗粒土后，再用原土回填。保温层厚度一般不小于60 mm，或通过热工计算确定。当地下水位较高时应设置防护外罩，防止浸湿保温层，防护外罩接缝应有防水措施（图6.51），内部应设有排水系统。在地温较低的地区，应增设伴热电缆（图6.52），以保证管道正常工作。管径≤200 mm可选用加热功率为30 W/m的伴热电缆，其启动温度为0.5 ℃，断电温度控制在3 ℃，采用自控系统控制。

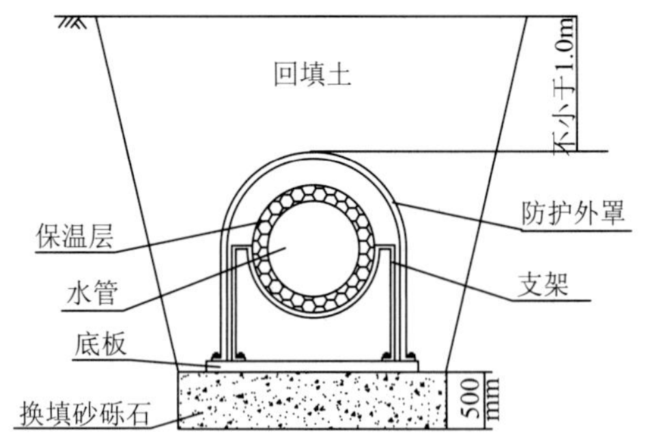

图6.51 浅埋管道防护

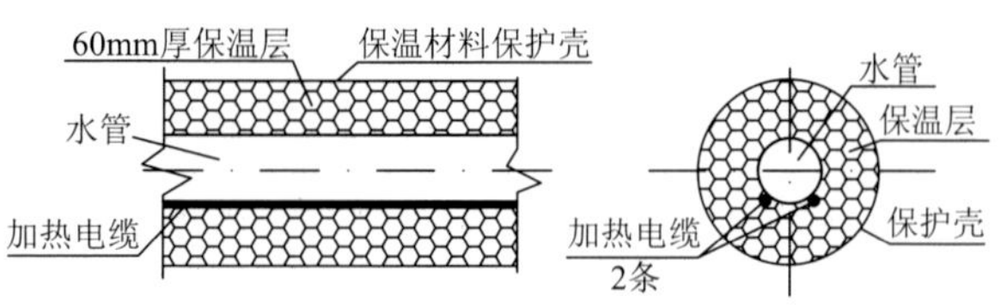

图6.52 浅埋管道伴热电缆平面图

②深埋管道适用于多年冻土融区地段或寒冷季节性冻土区。这些地区的最大季节冻结深度可达2.5～4 m。水管深埋的位置应该在冻结层底板下0.2～0.3 m。其最大优点是管理简单，运营成本较低，不受供电的影响，但土方工程量大，检修困难等缺点。一般说，经过一个冬季运营检验后，在水温影响下，即使停水时间长一些，也不会出现冻结现象。

在高温多年冻土区，冻土上限的地温相对较高，亦可以采取深埋方式铺设管道。据大兴安岭牙林线岭顶站地温观测资料（铁道部第三勘察设计院，1994），埋管深度1 m处水管热损失为100%，2 m深度处的热损失为48.6%，3 m深度处为31.2%。所以，深埋管道对管道防冻是有利的。设计前应取得管道所经地段的地质、0～4 m范围内的地温变化、土层含水率及冻土上限的融沉性资料。对管基基底0.5～1 m的土层用砂砾石或非融沉性土进行换填处理，水管接口应采用柔性填料，如橡胶垫接口，使其具有适应变形能力。施工季节宜在4～6月或9～10月，要确保基底地基处理、水管接口、回填土夯实密度的施工质量，不得用冻土块作回填料。水塔或山上水池的水温应维持在4 ℃左右。第一次通水应避开严寒季节，尽量减小水在管道内停留时间。

③地沟式敷设管道，属浅埋管道，宜采用保温管道。随着城镇化发展，许多城镇逐渐由衔接多年冻土区变为不衔接多年冻土区，多年冻土上限的深度下降至6～8 m，如内蒙古牙克石新区，漠河机场等。一些人口达万人以上镇的高温多年冻土地区变为季节冻土区，如加格达奇、牙克石等城市。城镇广泛采用地沟式管道集中供暖，给排水管道可采用与供热管道一起放入地沟中，如海拉尔等地区。

3）给水构筑物

（1）水塔。城镇多为水塔，应采用钢筋混凝土结构，因塔内不设采暖设施，基础宜按保持地基冻结状态原则设计，塔内竖向管道应设置工业保温层，厚度由热工计算确定，一般为50～80 mm，必要时增设伴热电缆。塔基设计除考虑地基承载力外，还应考虑冻胀力作用下的稳定性，宜采用桩基础。

（2）贮水槽。村寨、车站给水所等，有适宜地形条件时可建地下式或半地下式钢筋混凝土贮水槽。水槽基础和四周应采用非冻胀性土换填，基底换填深度不宜小于0.5 m。水槽外侧四周应粘贴工业保温层（厚度约100 mm），外刷渣油防护层，另用中粗砂作保护层，再换填非冻胀性土，厚度不宜小于0.5 m。水槽用钢筋混凝土盖板，上铺设保温层，再做木屋式顶盖。

（3）检查井。在管网分支处应设检查井，直线管段上的检查井，间距一般为200～300 m。采用预制钢筋混凝土整体结构（或浇筑），基底用非冻胀性土换填，厚度约0.5 m，井外壁粘贴工业保温层（厚度100 mm），外涂刷渣油防护层，另用中粗砂作保护层，再回填非冻胀性土。井盖（道路上用专用井盖，其他地段可用钢筋混凝土或木质井盖）下设工业保温层或充填其他保温材料（图6.53）。

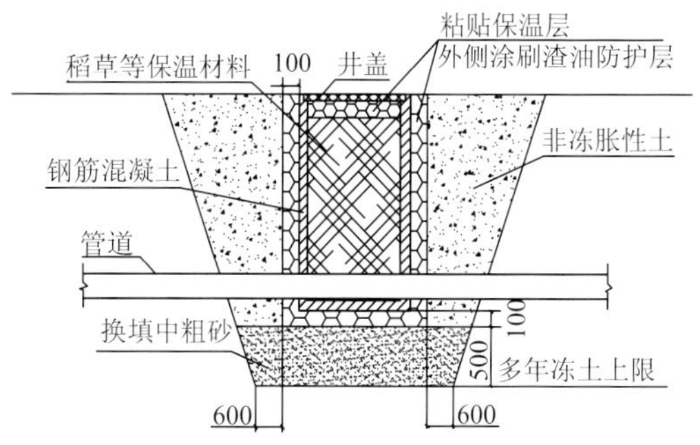

图6.53　检查井示意图(单位:mm)

（4）给水栓。共用给水栓应安设在专用的水栓房内，尽量据干管近些，且采用保温管道，避免因支管管径小及夜间用水停止而冻结。

（5）消防栓。室外消防栓应设置在专用保温井内，或与检查井合用。

3. 排水工程

随着国民经济的发展，人民生活水平提高，国家对环境保护提出更高要求，改变村镇的卫生环境，确保生活饮用水和生活污水排放达到国家标准，做好生活污水排放和处理工程是保证水环境重要环节。

高纬度多年冻土区的低温和高海拔多年冻土区的低温、低压和低氧环境严格地制约着无水处理工艺和效果。

1）排水管道

（1）地埋式排水管道埋置深度。多年冻土区低温环境给生活污水的排放造成极大的困难，避免排水管道冻结是保证正常运营可靠性的主要因素。一般说，管道深埋，地温相对较高，管道在停排期间产生冻结的可能性要小些，但深埋管道的工程造价要高些，维修困难增大。在融区或不衔接岛状多年冻土区，宜将排水管道埋设在最大季节冻结深度以下。在衔接多年冻土区，宜增大排水管道的保温层，缩短排水距离，可减小埋置深度，根据大兴安岭铁路车站与住宅调查与试验资料，排水管道埋置深度以地面下1.5～2.0 m为宜（铁道部第三勘察设计院，1994），或2/3最大冻结深度下。

（2）排水管道的管径、坡度、流速。管道的管径与通过的流量、最小坡度及流速有关，按《室外排水设计规范》（GB50014-2006）规定，污水管最小管径为300 mm，相应最小设计坡度为3‰，压力管道的设计流速宜采用0.7～2.0 m/s。多年冻土区排水管道常出现局部堵塞或冻害，管径选择时，除考虑水力条件外，还要考虑热力条件，管径过大或过小都不利，据调查资料，出户管径应不小于200 mm，坡度不小于7‰，干管的管径和坡度也应适当增大。管内流速小于0.7 m/s的管段应有冲洗设施。调查资料证明，排水管道的管径、坡度适当加大，使其通过一定流量，是保证冻土区排水管道正常工作的重要条件。

（3）排水管道基底处理。多年冻土区含冰地段的热融沉降是造成管道变形的主要原因，除了受热力影响外，管径、坡度较小排水管道易出现局部满流，流水减缓或淤塞，接口渗漏都可能导致管基冻土融化而出现不均匀沉降。因此，排水管道基底经热力计算可能出现融化带地段都应采用非融沉性土换填。排水管接口宜采用承接口或管箍接口，且用柔性材料填充。

（4）排水管的防冻。排水管距离过长往往因水温降低而出现冻结。排水管内流动中温度降至0 ℃时的距离可按下式估算（铁道部第三勘察设计院，1994）：

$$l = -1163R \cdot q \cdot \ln\frac{-t_d}{t_1 - t_d} \tag{6.3}$$

式中：R为水管热阻，m·℃/w；q为排水量，m^3/h；t_d为管轴线处地温，℃；t_1为计算管段起点温度，℃。

超出临界距离后，排水管可能会出现冻结，通常采用提高污水温度，增加污水流量或提高排水管的热阻来延长临界距离。如果这些方法有困难时，超长管道只能采用保温材料预防排水管冻结。

2）附属构筑物

（1）检查井。采用钢筋混凝土整体结构，井壁外四周用非冻胀性土回填，井地基亦需采用粗颗粒土换填，木板井盖，上覆保温材料。

（2）出水口。排水管出口常因大气低温引起冻结，宜采用暗式出水口。排水沟出水口处设沉淀井（池），周壁与放射状片石干砌排水沟槽相连，沉淀井上设钢筋混凝土盖板。当外排时，整个出水口用当地草炭层和土层覆盖，厚度宜达1～1.5 m，构成半椎体，沉淀井外至填土坡脚距离约为3 m。实践表明（铁道部第三勘察设计院，1994），大气温度为-37 ℃环境下，沉淀井内气温为1.3 ℃，水温3.2 ℃，流出砌体的污水温度为2.7 ℃。但在夏季时应对沉淀井清污。

3）污水处理构筑物

利用土壤净化的渗滤设施，如渗水井、地下过滤田，不适宜多年冻土区使用。化粪池应采用防冻胀、防融沉措施。在化粪池的侧壁、池底不但要铺设保温层，在池底下冻土地基还应用非融沉性土换填。铁道部第三勘察设计院曾在大兴安岭多年冻土区设计过“双层化粪池”以解决冻结问题，内层化粪池如同一般化粪池无异，外侧和底部增设了有保温层和采暖设备（相当于外套箱一样）。经观测资料表明，“双层化粪池”的防冻效果良好，即便不使用采暖措施，也能维持内池的水温在1 ℃左右，年平均温度为5.2 ℃，超过10 ℃的时间只有两个月，但池内的粪便难以生化分解。

针对青藏铁路的特殊自然条件（低温、低含氧量、高海拔）和环保要求［处理后水质达到《生活饮用水水源水质标准》（CJ3020-93）二级标准］，采用“高效催化电氧化技术”处理生活污水，达到标准要求。青藏铁路沿线14个污水处理站，9个采用MCR系统。

MCR系统，即原水→混凝沉淀→MBR（生化处理+超滤）→活性炭吸附→出水。

SBR+膜处理，实质为间歇式MBR工艺，MCR+催化电氧化+折点加氯工艺。

6.9　管道计算

多年冻土区管道热工计算是很复杂的，有稳定态和非稳定态的运营方式。一般说，输油管道输运方式基本上属于稳定态，沿线的输运又是非稳定态。给排水输运方式属于非稳定态。目前学术界基本上都采用计算软件进行数值模拟取得数值解。但因数值模拟方式对计算参数要求较多。从设计要求看，相关管道热工计算公式的简单化还是很有必要的。

1.沿线管道内载体温度变化

地埋式管道内载体流动或静止状态时，其热量都会随沿线或时间出现散失，温度将逐渐地降低。管道沿程温降计算公式（中国科学院寒区旱区环境与工程研究所等，2009）：

考虑载体流动有摩擦损失转化的热时：

$$t_L = (t_d + b) + [t_s - (t_d + b)]\mathrm{e}^{-aL} \tag{6.4}$$

不考虑载体流动有摩擦热对载体温度影响时：

$$t_L = t_d + (t_s - t_d)\mathrm{e}^{-aL} \tag{6.5}$$

$$a = K\pi d/Gc,\ b = gi/ca$$

式中：G为载体的质量流量；c为载体的比热容；d为管道外直径；L为管道长度；K为管道总传热系数；t_s为管道起点温度；t_L为管道L处温度；t_d为周围介质温度；i为水力坡度；g为重力加速度。

稳定导热管道散热量计算公式（据铁道部第三勘察设计院，1994；何杰，1983）：

$$q = \frac{t_s - t_d}{R} = \frac{2\pi\lambda(t_s - t_d)}{\ln\left[\frac{2h}{d} + \sqrt{\left(\frac{2h}{d}\right)^2 - 1}\right]} \tag{6.6}$$

式中：t_s为管道内载体（水或油、气）温度；t_d为轴线处地温；h为管道埋置深度；d为管道直径；λ为土层的导热系数。

因$\left[\frac{2h}{d}+\sqrt{\left(\frac{2h}{d}\right)^2-1}\right]$仅与管道埋置深度和直径有关，称为形状因素。

当$(h/d)>2$时，则：$R=\frac{1}{2\pi\lambda}\ln\frac{4h}{d}$，所造成的误差不超过1%。

载体在管道内流动所散失的热量等于载体温度下降所放出的热量，在管内单位长度的整体运动中建立的热平衡为辅方程积分，热量以m^3/h计时，则载体（水）输送时温度降低计算式：

$$t_L=(t_s-t_d)e^{\frac{1}{1163Rq}}+t_d \tag{6.7}$$

式中：t_L为管道L长度的终点温度，℃；t_s为管道起点的温度，℃；t_d为管道轴线处地温，℃；R为管道热阻，m·℃/w；q为管道的散热量，J/(m·s)。

2.管道融化圈计算

管道至融化圈边缘的散热量：$Q_1=\frac{2\pi\lambda^+(t_s-0)}{\ln(D/d)}$

融化圈边缘至土层的散热量：$Q_2=\frac{2\pi\lambda^-(0-t_d)}{\ln(4h/D)}$

由$Q_1=Q_2$得出：

管道融化圈直径：

$$D=e^{\frac{\lambda^+t_s\ln(4h)-\lambda^-t_d\ln D}{\lambda^+t_s-\lambda^-t_d}} \tag{6.8}$$

式中：λ^+、λ^-分别为土层冻结、融化时的导热系数，D为融化圈的直径，h为管道埋设深度。

为计算方便，可将影响甚小的介质热阻忽略不计，如管道内载体至管壁的放热阻、直埋式管道无防护外罩的热阻等，保温管道的散热量为：

$$Q=\frac{(t_s-t_d)}{R}\ \mathrm{J/(m\cdot s)} \tag{6.9}$$

式中：Q为单位长度管道，每小时的散热量，kJ/(m·h)或J/(m·s)；R为管道的总热阻，m·℃/W；t_s为管内水温，℃；t_d为地面式保温管道时，取计算气温，浅埋管道时，取管轴线处地温，℃。

管道的总热阻：

$$R=\frac{1}{2\pi\lambda_g}\ln\frac{d_{gw}}{d_{gn}}+\frac{1}{2\pi\lambda_B}\ln\frac{d_{Bw}}{d_{gw}}+\frac{1}{\pi d_{Bw}\cdot\alpha} \tag{6.10}$$

式中：λ_g、λ_B分别为管壁和保温层的导热系数，W/(m·℃)；d_{gw}、d_{gn}分别为管道的外径和内径，m；d_{Bw}为保温层外径，m；α为放热系数，W/（m^2·℃）。

当管道埋置在多年冻土上限附近时，初始，管道周围大致呈圆环状融化，暖季土壤季节活动层自上而下融化，将与管道融化过程产生叠加，而后活动层的剩余融化指数将继续融化管道下面的多年冻土，相当于管道上部活动层是由地表热量所融化，管道的热量则用于最大融化深度下多年冻土的融化，这两者放出的总热量是相等的，为此要考虑天然状态的融化深度对管道融化圈的叠加作用。随着全球气候升温的影响，多年冻土融化深度将相应增加，上限下降。因此，多年冻土区管道融化圈深度应进行修正：

$$H_{融}=h_{融}+\Delta h_1+\Delta h_2 \tag{6.11}$$

式中：$h_{融}$为多年冻土管道融化圈厚度（裸管或保温管道）；Δh_1为地表融化作用的修正值，根据多介质的格拉贝隆公式求得（表6.11）；Δh_2为气候变化引起上限下降修正值可有斯蒂芬公式可知，上限的平方与气温融化指数成正比，假设东北大兴安岭地区50年气温升高2.4 ℃，则是原气温融化指数的1.2倍，相当于原天然冻土上限的1.1倍。依工程经验和安全考虑，取1.3倍原冻土天然上限。为此：

裸管：

$$H_{融} = 1.2h_{融} + 0.3h_{天然}$$

保温管道：

$$H_{融} = 1.35h_{融} + 0.3h_{天然}$$

表6.11　地表融化作用修正系数（徐兵魁等，2009）

	裸管	保温管道
少冰冻土地基	1.24	1.44
多冰冻土地基	1.18	1.39
富冰冻土地基	1.14	1.31
饱冰冻土地基	1.12	1.25
取 值	1.20	1.35

3.水管断续工作的散热量

水管实际多半为间断工作，特别是无工业用水的城镇，白天时间管道内处于输水，夜间一般都处于停滞状态。管道的散热过程是不稳定的，管道周围土层处于吸热和散热相互交替过程。

设管道的总热阻为R，管内水开始静止时间T=0，水的起始温度为t_0，经T时后，管内温度下降为t，此时管道的散热量为$Q=(t-t_d)/R$，在dT时间内管道散热量应为dQ，则

$$T_1 = 913d^2R\cdot\ln\frac{t_0-t_d}{t_1-t_d} = 2102d^2R\cdot\lg\frac{t_0-t_d}{t_1-t_d} \qquad (6.12)$$

式中：T_1为水温由t_0下降为t_1的时间，h；d为管径，m；R为管道总热阻，m·℃/W；t_0为管内水静止时的初始温度，℃；t_1为经过T_1时间后管内水温，℃。

第7章 冻土区架空输电线路工程

我国经济飞速发展，电力需求与调配使高压输电线路投资逐渐提高，2005年220 kV及以上输电线路达25000 km，跨越多年冻土区的输电线路也越来越多。在多年冻土区建设的高压输电线路有青藏铁路配套110 kV供电工程、青藏高原±400 kV直流联网工程、玉树与青海主网330 kV联网工程、呼伦贝尔-辽宁±500 kV直流输电线路、塔河-漠河220 kV输电线路、新疆皇吉220 kV、伊犁至库尔勒750 kV输电线路等都相继运行。

杆塔基础是输电线路中重要组成部分，除上部结构外，冻土的特殊性质及其变化直接影响着基础选型、埋置深度、施工工序和质量、冻融病害防治设计及其优化。多年冻土区重大输电线路工程建设和研究所取得的成果对今后工程建设有着重要的参考和启示作用。

7.1 冻土工程地质选线

冻土因富含地下冰层和低于零度的地温，气候、人为活动和生态环境变异都会干扰和影响冻土的水热变化，出现冻胀、热融沉陷和热融滑塌等不良冻土现象，有别于非冻土区常规地基所不具有的工程地质问题。此外，微地貌、地质构造、水文地质环境等对工程设计的优化也有显著影响。

7.1.1 冻土工程地质条件及主要冻土工程问题

多年冻土区输电线路的主要冻土工程地质条件是冻土地基含冰程度和年平均地温、多年冻土上限深度等，主要冻土工程地质问题为冻土地基的冻胀性、热融沉陷性、冻土流变蠕变性、不良冻土现象等。

多年冻土含冰程度：低含冰率冻土（少冰冻土、多冰冻土），其融化后的含水率为<（12%～18%）（粉土为21%），融沉系数为<（1%～3%），冻胀系数为<（1%～3.5%），岩性多为粗颗粒土，细颗粒土的含水率小于ω_p+4时亦属于低含冰率冻土；高含冰率冻土（富冰冻土、饱冰冻土和含土冰层），融化后的含水率为18%～44%，融沉系数为3%～25%，冻胀系数为3.5～12%，岩性多为细颗粒土，粗颗粒土中含有透镜状厚层地下冰时亦属此类。高含冰率冻土受热、受压力作用时，产生大的融化下沉和蠕变，对杆塔基础的稳定性有较大的影响，需采取工程措施来保持塔基稳定性。

多年冻土年平均地温：按其年平均地温（T_{cp}）将多年冻土分为高温极不稳定多年冻土（-0.5 ℃≤T_{cp}≤0 ℃）、高温不稳定多年冻土（-1.0 ℃≤T_{cp}≤-0.5 ℃）、低温基本稳定性多年冻土（-2.0 ℃≤T_{cp}≤-1.0 ℃）和低温稳定多年冻土（T_{cp}<-2.0 ℃）。高温多年冻土的蓄冷量小，极易受外

界热干扰而产生融化，失去稳定性，在高原和高山多年冻土区中，多处于多年冻土南北界、融区边缘区、河谷地带，断陷盆地，在高平原及高纬度多年冻土区的低中山地区亦存在高温冻土区；低温多年冻土的蓄冷量较大，受外界热干扰时不易出现融化，稳定性较好，多分布在沼泽湿地，高原和中高山区，低山区的地温也有较低的。

多年冻土上限：多年冻土上限在近地表层，直接参与大气-地表-岩石圈间的热量交换，冻土与大气的热量交换大部分都在季节冻结（融化）层内完成，对下部冻土层的热状态和冷生组构特点有直接关系，是杆塔基础直接埋置的主要地段。上限以上季节融化层，冻结期间，土体冻结，对建筑物基础产生冻拔作用；融化期间，冻土消融，地下冰融化，土体出现下沉，影响建筑物基础的稳定性。一般说，河滩、植被稀少裸地、基岩地段的多年冻土上限深度较大，粗颗粒土的上限较细颗粒土大，干燥地段较湿地地段大，岛状冻土区较大片连续冻土区大，高温冻土较低温冻土大。大量调查与勘察资料表明，多年冻土上限处存在着厚度不等的地下冰层，也是上限位置的标志，属不稳定地基地段，杆塔基础埋置深度应超过冻土上限才能保持建筑物基础的稳定性。

地基土冻胀性：输电线路工程中的杆塔基础因地基土冻胀被拔起而重建（图7.1）、拉断、倾斜、倒塌（图7.2）。改变冻土环境条件而产生冻胀丘（图7.3）和冰椎（图7.4），危害杆塔基础的稳定性。

冻土地基融沉性：冻土地基中地下冰遭受外界热侵蚀作用而融化出现基础不均匀沉降。全球气候升温将使多年冻土上限下降，塔基设计埋深应考虑此因素。塔基施工及基础材料的导热作用产生的蓄热会增高冻土地基的地温，使冻土地基热稳定性减弱或丧失，出现热融滑塌和沉陷（图7.5），同时也改变了周围的冻土环境，地下水浸没基坑（图7.6），带入巨大的热量和后患，使冻土地基产生热融沉陷，也会引起地基冻胀、冻胀丘或冰椎。

图7.1　海-牙220 kV输电塔基冻胀
（姜和平、刘兆瑞，2006）

图7.2　唐古拉电杆冻胀倾倒
（钱进等，2009）

图7.3　青藏直流输电线路地基冻胀丘
（俞祁浩摄）

图7.4　青藏输电线路塔基冰椎

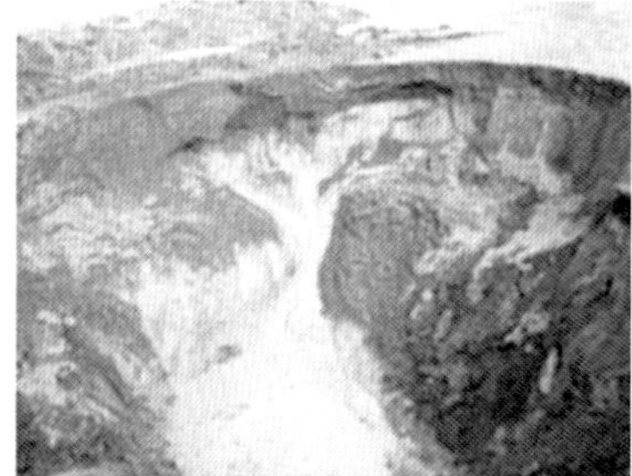

图7.5　基坑开挖引起热融滑塌和沉陷

图7.6　基坑积水
（均据俞祁浩摄）

冻土蠕变和流变：冻土在外荷载长期作用下出现应力松弛和蠕变，导致地下冰产生黏塑性流动。在斜坡地段，塔基平面不均衡受力作用，基础受剪发生切向变形，铁塔产生滑移（图7.7）。

铁塔斜坡滑移也可能因基础受到不均匀的水平冻胀力或法向冻胀力作用所致，人为或天然因素扰动斜坡冻土热状态引起热融坍塌。

不良冻土现象：主要有热融湖塘、融冻泥流、冰椎、冻胀丘等，有天然因素引起的，也有工程活动引起的次生冻土现象，图7.3的冻胀丘和图7.4的冰椎是塔基开挖改变了冻土地基的水热状态引起的。细颗粒冻土地基厚层地下冰受热力侵蚀而出现融化，或改变水文地质环境成为地下水活动的主要场所（图7.4）。

图7.7 昆仑山口斜坡铁塔滑移

（刘厚健等，2009）

7.1.2 冻土工程地质选线、选位

输电线路路径选择，除按常规要求外，应充分考虑多年冻土区的冻土工程地质条件和冻土工程问题的特殊性。多年冻土区的特殊自然地理和地质地貌的环境、交通、经济发展相对较滞后，生态环境较脆弱。

1.输电线路冻土工程地质路径选择

（1）尽量沿着既有公路、铁路等线性工程和工程建设的“工程走廊”以及沿河流域布设。新疆天山多年冻土区宜选冰川、积雪少和路线短的地域穿越。“工程走廊”是多年冻土区经济较发达、交通便利、地形和冻土条件较好、研究资料和工程建设经验较丰富的地区，对输电工程建设有利。

（2）冻土工程地质调查与勘察较非冻土区需要的时间较长、内容较多、方法多样、预测与优化较复杂。调查既有工程建设区的冻土勘察、水文地质等资料，在研究与编制线路综合冻土工程地质图（包括冻土特征、冻土地温状态、地下冰分布、岩性条件、不良冻土现象和地质地貌等）的基础上优化路径，预测和避开可能出现的冻土工程问题。

（3）宜避开或缩短厚层地下冰地段的线路。厚层地下冰多发育在低山丘陵区细颗粒土层（粉质黏土为主）、4°～8°的地形坡度、阴坡及沼泽湿地、植被发育、缓坡下部和低洼地带。

（4）线路宜选择在基岩埋藏浅的中高山、阳坡地带，地表裸露、干燥地段，融区和少冰、多冰冻土以及粗颗粒土等冻土工程地质条件良好的地段。

（5）宜避开在冰椎、冻胀丘、热融滑塌、融冻泥流、热融湖塘和冻土沼泽地段，不可避免时应布设在其边缘一定距离外。

2.塔位选择

多年冻土区输电线路可能穿越季节冻土、岛状多年冻土、连续多年冻土、多年冻土融区等多种冻土类型，塔位选择应根据冻土特征区别确定。一般说，季节冻土区和融区可按常规地区的原则确定塔位；岛状多年冻土区宜选择在融化带或冻土上限深度较大的地带；多年冻土区塔位应避开厚层地下冰和不良冻土现象地段，宜选择在少冰、多冰冻土地带，或低温冻土区。概括地说，多年冻土区塔位选择原则（钱进等，2009；刘厚健等，2008）：选高不选低、选阳不选阴、选干不选湿、选融不选冻、选裸不选盖、选粗不选细、宜避不宜进、选直不选折。

（1）选高不选低。通常情况下，沟谷、低洼地段中土层多为细粒土，含冰率较高，冻胀性和融沉性都较大。山梁或坡面部位的土层多为碎石土，含冰率较低，冻胀性和融沉性较小，但应做好斜坡稳定性措施。在河谷地带应选择位置较高的高阶地或台地。

（2）选阳不选阴。山坡选塔位宜选择阳坡。阳坡的冻土地温较高，含冰率较小，上限深度较大，冻土地基的冻胀性和融沉性相对较小。相同条件下，阴坡的冻土条件恰恰相反。

（3）选干不选湿。地表相对干燥地带，地表积水少或土层透水性较强，或地形位置相对较高。一般说，冻土含冰率较小，地温也较高，多属低含冰率冻土，冻土地基相对较好的稳定性。地表较湿地带，地形位置相对较低，地表易积水，土层渗透性较弱，常属冻土含冰率较高，多为富含冰冻土地带。

（4）选融不选冻。多年冻土区中存在有河流融区、湖泊融区、辐射融区，岛状多年冻土区边缘地带亦有融区。塔位宜选择辐射融区或岛状多年冻土外的融区中，或河流融区的高阶地上。塔位布置宜离冻土区边缘相当一段距离，应避免布设在冻融交界带处（应执行建筑基础下不允许同时存在冻土和融土的原则）。

（5）选裸不选盖。地表植被覆盖度较高的地段，地势通常较低洼，地表积水，含冰率较高，地温相对较低，土层多为透水性较弱的细颗粒土。一般说，这些地带的多年冻土较为发育，厚层地下冰存在的可能性较大。反之，地表较裸露地带，地表积水少，地势较高，冻土不甚发育，上限深度较大。

（6）选粗不选细。塔位宜选择基岩、卵石土、碎石土等粗颗粒土层地段，尽量避免选在腐殖土较厚、黏性土、粉细砂等细颗粒土层中。粗颗粒土多属低含冰率冻土，冻胀、融沉性较小，细颗粒土通常含有较多的地下冰，多属高含冰率冻土。

（7）宜避不宜进。在厚层地下冰、冻胀丘、冰椎、热融滑塌等不良冻土现象地段，应以"避"为主。不可避免时，塔位宜按下列原则确定：厚层地下冰地段应在宽度窄、厚度薄地带以最短路程通过；热融滑塌和融冻泥流地段宜从缓坡外一定距离的下方通过；热融湖塘以绕避为宜；冻胀丘、冰椎应视水文地质条件在其外一定距离通过，且做好排水措施；冻土沼泽地段应采用保护冻土原则设计和特殊工程措施。

（8）选直不选折。在长期侧向受力作用下，高含冰冻土侧向蠕变产生的变形可能导致塔基倾斜，尤其是斜坡地带，还可能叠加有冻胀力作用，增加塔基的不稳定性。

7.2　基础设计

多年冻土区输电线路铁塔基础类型的选择，除考虑铁塔的安全等级、类型外，还应考虑冻土地区的特殊性，如冻土特征（类型、含冰率、年平均地温、上限深度等）、不良冻土现象、冻土环境、交通条件、施工技术等。根据我国东北、青藏高原、新疆天山地区的季节冻土和多年冻土区中高压交、直流输电线路的使用情况，并参考国外的经验，基础类型基本分为开挖类基础、掏挖类基础、钻孔类基础。

7.2.1　基础埋置深度

冻土区包括季节冻土区和多年冻土区，基础埋置深度考虑的问题和方法各有差异。

1. 季节冻土区

季节冻土地区输电线路铁塔基础的埋置深度除满足稳定性要求外，主要取决于地基土的季节冻结深度和冻胀性。冻结深度可由当地气象站获得，或按《冻土地区建筑地基基础设计规范》的相关内容确定。地基土冻胀性也可从该规范中获得。

当地基土属于不冻胀性土时，基础埋置深度按输电线路现行规范《架空送电线路基础设计技术规定》DL/T 5219的要求确定。

当地基土属于弱冻胀性土时，《冻土地区架空输电线路基础设计技术规程》DL/T 5501-2015规定不小于设计冻深。

当地基土冻胀性为冻胀、强冻胀、特强冻胀时，基础底板埋置深度宜置于设计深度线下0.5 m。设计深度可按《冻土地区架空输电线路基础设计技术规程》DL/T 5501-2015或《冻土地区建筑地基基础设计规范》确定。

从地基土冻胀性产生因素和规律看，地基土属弱冻胀性的条件，其一，含水率约为塑限含水率界限的细粒土，或为最低持水性的粗颗粒土；其二，地下水位埋藏深度很深，或冻前地下水位距设计冻深距离大于1.5 m，冻结期间不会产生水分迁移现象。大量的试验和现场观测资料表明，地基土冻胀量沿冻结深度分布主要集中于地表下(1/3)～(2/3)的深度，约占总冻胀量的80%。在满足铁塔最大上拔力要求和经济比较基础上，基础侧涂刷油脂、渣油或换填0.2 m的粗颗粒土，基底换填0.5 m粗颗粒土后，基础埋深可考虑置于设计冻深范围。

2. 多年冻土区

多年冻土区输电线路铁塔基础埋置深度除满足稳定性要求外，主要考虑多年冻土特性（冻土类型、含冰率、年平均地温）、冻土上限、冻土地基冻胀性和融沉性，进而确定基础设计原则，即保持冻土地基处于冻结状态、逐渐融化、预先融化设计原则，确定基础类型和埋置深度。

保持冻土地基冻结状态设计原则适用于低温、高含冰率、连续分布冻土区，多年冻土厚度大，年平均地温较低，冻土地基热稳定性较好的地段，或预测冻土升温后基础埋深范围的冻结强度和冻土承载力仍能满足铁塔基础稳定性要求。基础埋置深度应通过抗上拔、冻胀力稳定性和热工计算确定，但最小埋置深度不得小于最大（设计）季节融化深度以下0.5 m。一般可满足下列要求：开挖基础、掏挖基础的最小埋置深度为设计融化深度(Z_d^m)+1 m；桩基础为设计融化深度+2 m。

设计融化深度应采用建筑地段的天然最大季节融化深度，无实测资料时，可采用《冻土地区建筑地基基础设计规范》中标准融化深度图查得，或按《冻土地区架空输电线路基础设计技术规程》DL/T 5501-2015，或按《冻土工程地质勘察规范》GB 50324-2014中的附录D的土的融化深度计算公式求得标准融化深度，再经土质、湿度、地形和地表状态等因素修正。

设计融化深度计算式：

$$Z_d^m = Z_0^m \cdot \psi_s^m \cdot \psi_\omega^m \cdot \psi_c^m \cdot \psi_{to}^m \tag{7.1}$$

式中：Z_0^m为标准融化深度，应按当地实测资料确定，无实测资料时，可按式（7.2）、（7.3）、（7.4）、（7.5）和（7.6）计算。

ψ_s^m、ψ_ω^m、ψ_c^m、ψ_{to}^m分别为土质、湿度（融沉性）、地表覆盖和地形因素对融化深度影响修正系数，按表7.1取值。

高海拔多年冻土区（青藏高原）：

$$Z_0^m = 0.195\sqrt{\sum T_m} + 0.882 \text{（m）} \tag{7.2}$$

高纬度多年冻土区（东北地区）：$Z_0^m = 0.134\sqrt{\sum T_m} + 0.882$（m）　(7.3)

式中：$\sum T_m$为当地实测气温融化指数标准值（度·月），无实测资料的山区可按下列公式计算。

东北地区：$$\sum T_m = (7532.8 - 90.96L - 93.57H)/30 \tag{7.4}$$

青海地区：$$\sum T_m = (10722.7 - 141.25L - 114.00H)/30 \tag{7.5}$$

西藏地区：$$\sum T_m = (9757.7 - 71.81L - 140.48H)/30 \tag{7.6}$$

式中：L为塔基的纬度（°）；H为塔基的海拔高度（100 m）。

表7.1　各因素对融化深度影响修系数

项目	ψ_s^m				ψ_ω^m					ψ_{to}^m			ψ_c^m	
	土质(岩性)影响				湿度(融沉性)影响					地形影响			地表覆盖影响	
内容	黏性土	细砂、粉砂、粉土	中砂、粗砂、砾砂	碎石土	不融沉	弱融沉	融沉	强融沉	融陷	平坦	阴坡	阳坡	裸露地表	地表草炭覆盖
ψ	1.00	1.20	1.30	1.40	1.00	0.95	0.90	0.85	0.80	1.00	0.90	1.10	1.00	0.70

逐渐融化状态设计原则适用于基岩、少冰和多冰冻土的粗颗粒土地基，冻土年平均地温属不稳定地温带（−0.5 ℃>T_{cp}>−1.0 ℃）。若冻土地基为低含冰率细颗粒冻土，其融化后的地基承载力和融沉变形能满足铁塔基础要求时，才可采用逐渐融化状态设计原则，否则应采取相应的工程措施。铁塔基础埋置深度应通过抗上拔、冻胀力稳定性和热工计算确定。

预先融化状态设计原则适用于冻土年平均地温处于极不稳定状态（T_{cp}>−0.5 ℃）的高含冰率冻土，或上限深度超过4～7 m的不衔接多年冻土区，或冻土厚度较小的岛状多年冻土区，或冻土厚度极小的稀疏和零星多年冻土区，或融区。冻土地基融化后的承载力和变形能满足铁塔基础的要求时可按季节冻土区相关要求确定。

7.2.2　基础类型

多年冻土区铁塔基础类型按施工工艺分为：开挖类基础、掏挖类基础、钻孔类基础。

1.开挖类基础

开挖类基础有：锥柱基础、直面（圆柱）扩大基础、装配式基础、独立基础等。季节冻土区、多年冻土融区，主要以防冻胀为主，在满足铁塔最大上拔力要求下，基础埋置深度通常宜将基础板顶面置于最大季节冻结深度以下。在地质条件较好地段，可埋置在2/3～4/5的最大季节冻结深度以下。多年冻土区，由于开挖基础带来的热扰动很大（升温和地下水侵蚀，图7.6、图7.8），引起冻土地温升高，多年冻土上限下移幅度增大，基础设计深度不仅需考虑表7.1所列的几种因素，还需考虑大开挖带入的热量影响，结合不同地形地貌和冻土条件，考虑1～2 m的冻融循环影响深度变化，相应地需增大设计埋置深度，目前青藏直流电网输电线路工程大开挖基础的埋设一般为多年冻土上限以下2～3 m，最大达4 m（严福章等，2012）。

1）锥柱基础

锥柱基础适用于季节冻土区、低含冰率多年冻土、含冰率分布均匀的粗颗粒富冰冻土区、融区、基岩。采取大开挖基坑，浇筑底板，吊立锥柱玻璃钢模（作防冻），再浇灌混凝土方式（图7.9、图7.10）。但对冻土环境破坏较大，对多年冻土有很大的热侵蚀作用，对冻土水文地质条件亦有较大的干扰作用，人工劳动强度大，基岩区施工难度大。

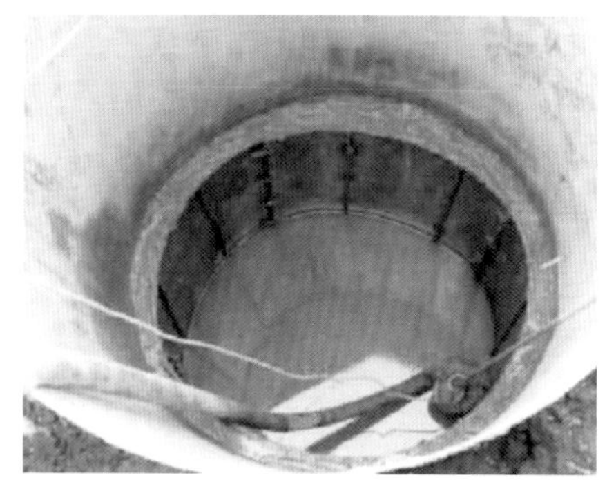

图7.8 钢筒护壁及抽水措施

图7.9 现场浇灌锥柱基础

图7.10 装配式基础施工

（均据俞祁浩摄）

冻结过程中，梯形断面基础可使冻土与基础斜面开裂脱离，减少切向冻胀力对基础的冻拔作用。俄罗斯将钢筋混凝土基础做成梯形，斜坡角度为1°～3°。黑龙江省寒地建筑科学研究院的房屋桩柱基础试验，削弱基侧切向冻胀力的最小斜坡角度为9°。锥柱基础的棱斜角按9°考虑，亦可进行试验优化。

锥柱式基础为斜面结构（图7.11），采用预制玻璃钢模，具有表面光滑，亲水弱特点，可显著地降低基础侧面切向冻胀力作用。立柱有方形和圆形，方形立柱玻璃钢模制作成本较圆形断面低。圆形玻璃钢模板加工制作容易、工艺简单，可避免方形玻璃钢模板弯折处应力集中引起冷冻开裂缺点。基础底板埋置深度均超过最大季节冻结深度或多年冻土上限。

在充分发挥锥柱基础结构抗冻胀性能的基础上，避免立柱底部直径过大浪费材料和配筋，对立柱进行优化改进（图7.12）。

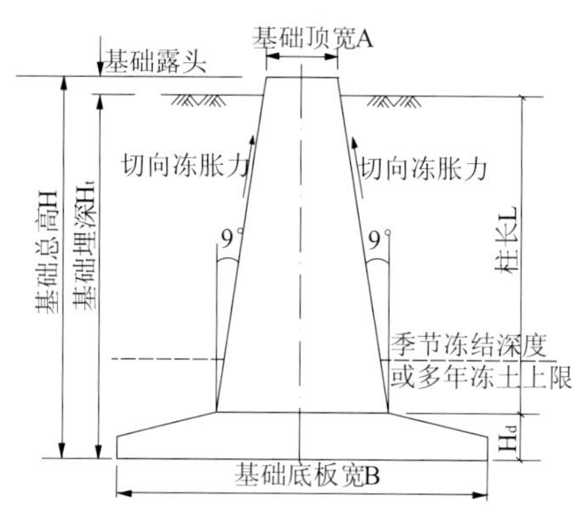

图7.11 常规锥柱基础示意图

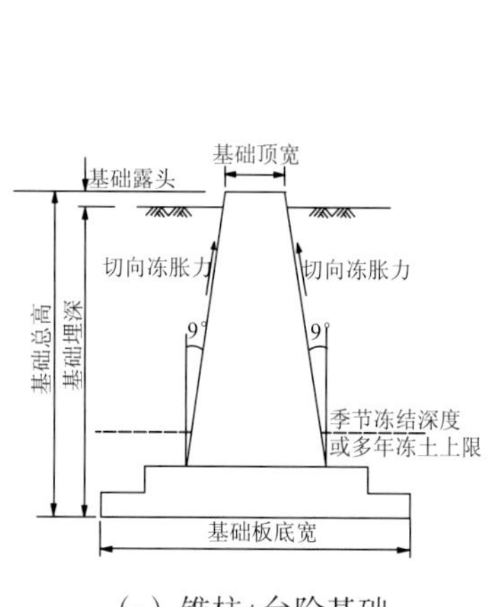

（a）锥柱+台阶基础

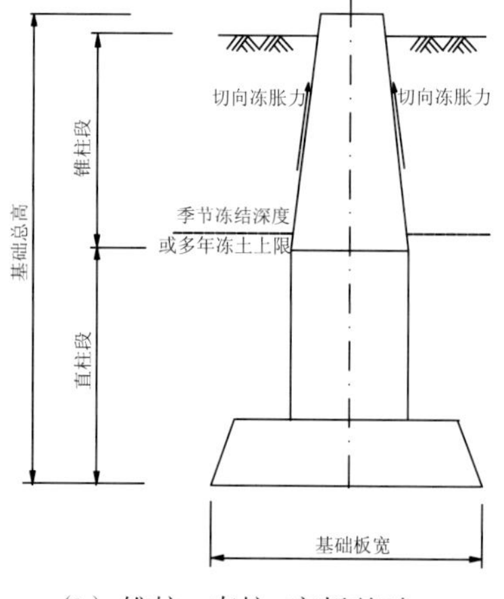

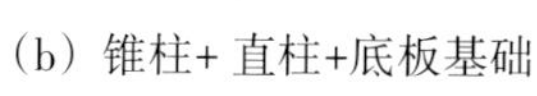
（b）锥柱+ 直柱+底板基础

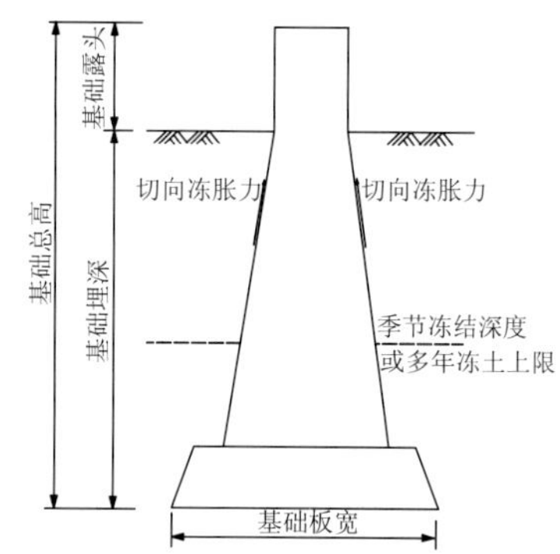

（c）直柱+锥柱+底板基础

图7.12 锥柱基础常规型及优化型（胡志义等，2012）

（1）锥柱+台阶基础［图7.12（a）］：自重较大。对上拔力较大，土重较轻，地下水位较浅，基础埋置深度较浅，对坑壁易坍塌的基础塔位有较好的适用性。

（2）锥柱+直柱+底板基础［图7.12（b）］：适用于基础埋置深度较大，最大限度地消除冻胀力，节省混凝土材料，锥柱立柱底部的截面直径有利于钢筋配筋和主筋间距的控制。

（3）直柱+锥柱+底板基础［图7.12（c）］：适用于缓坡地带开挖塔基，用于冻胀性不强的多年冻土区。具有节省材料，有利于立柱钢筋配置和主筋间距的控制。

多年冻土区常用锥柱基础（图7.11）的设计尺寸（中国电力工程顾问集团西北电力设计院，2008）：埋深（H_t）为3.7～5.8 m；柱长（L）为3.4～5.5 m，柱径（A）为0.8～1.3 m；底板宽（B）为3.5～6.4 m；底板高（H_d）为0.5～1.0 m。

2）装配式基础

预制装配式基础适用于非冻土区、融区，多年冻土区的基岩、低含冰率冻土、富冰的粗颗粒冻土区，及不冻胀和弱冻胀性地基。具有预制、质量易保证、现场组装、施工周期短、良好抗拔、抗压和抗倾覆等优点（图7.10）。但需有交通便利、运输和吊装较方便条件，采用大开挖工艺，对多年冻土有较大的热侵蚀作用，对环境破坏大。在季节冻结深度较大的山区和高平原多年冻土区可采用冬季施工。

多年冻土区常用装配式基础（图7.13）的设计尺寸（中国电力工程顾问集团西北电力设计院，2008）：埋深（H_t）为4.6～4.8 m；柱长（L）为4.2～4.4 m，柱径（A）为0.9～1.1 m；底板宽（B）为3.8～4.0 m；底板高（H_d）为0.6 m。

3）独立基础

拉“V”塔（刘厚健等，2008）是一级塔，只设一个独立基础，开挖面积小，对冻土的热扰动也小，产生不均匀变形概率较低，可在融区及低温高含冰率冻土中应用。如采用大口径旋挖钻工艺，亦可应用于高温高含冰率冻土。因回冻时间较长，易受大风、覆冰等影响，不宜在大风扬沙和容易覆冰地段使用。

2.掏挖类基础

掏挖类基础（图7.14）适用于非多年冻土地区，多年冻土的基岩、融区、低含冰量的多年冻土区，以及不冻胀和极弱冻胀性的地基土，地质条件较好（如泥岩或砂岩类），地下水位较深，土质较细，易成型的地段，主要用于斜坡地形。掏挖基础可减少对基底原状土的扰动，充分发挥冻土地基的承载力。为保持孔壁稳定性，避免塌孔，宜在冬季施工，可加大基础埋深，充分利用侧向土压力，减小水平力测试的倾覆力矩，减小基础桩身的弯矩和基础底部的偏心应力，提高基础侧向稳定性和承载力。

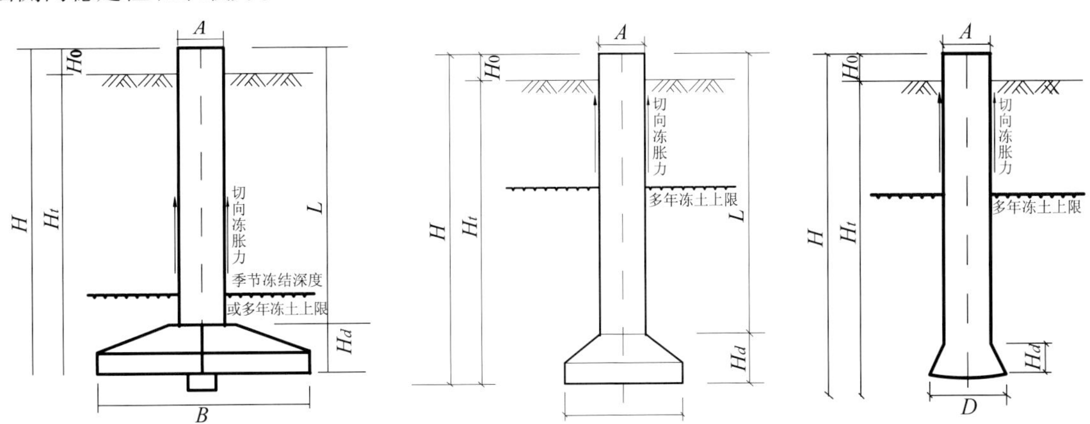

图7.13　装配式基础示意图

图7.14　掏挖基础(左)和人工挖孔基础(右)示意图

掏挖类基础分为掏挖基础和人工挖孔基础。掏挖基础的埋深较小，人工挖孔基础埋深大。据工程经验，掏挖基础扩底直径与桩身直径的比值不宜大于3.0，且两者之差不宜大于2.0 m。

掏挖基础的设计尺寸为：埋深（H_t）为5.1～7.1 m；柱长（L）为3.8～5.4 m，柱径（A）为0.9～1.4 m；端径（D）为2.3～3.1 m；底高（H_d）为1.3～1.7 m。

人工挖孔基础的设计尺寸为：埋深（H_t）为10.3～16.8 m；柱径（A）为1.2～1.6 m；端径（D）为1.6～2.0 m；底高（H_d）为1.6～1.8 m。

3.钻孔类基础

钻孔类基础有：灌注桩基础、浅桩基础、小承台桩基础、扩底桩基础、爆扩桩基础。在不适于锥柱基础塔位的季节冻土和多年冻土区均可采用。在多年冻土区更多用于高温高含冰率冻土及低温高含冰率冻土。

1）桩基础

桩基础（图7.15）适用于各类松散物质多年冻土及季节冻土区。目前使用的桩基础主要为灌注桩和钻孔插入桩。成孔方式有：旋挖钻、大孔径钻孔、螺旋钻、冲击钻、扩底钻、爆扩桩等。现场浇灌的灌注桩，对地表环境破坏较大，特别是对多年冻土的热扰动大，回冻时间较长。插入桩采用预制桩，对冻土环境破坏较小，运输量较大，山区的装载较困难。

输电线路的桩基础设计尺寸通常为：埋深（H_t）11.5～17.5 m；柱径（A）1.2～1.6 m。

2）异形桩基础

由于场地、施工条件等限制，可设计为其他形式的桩基础。

（1）小承台桩基础［图7.16（a）］：因钻具、场地条件等限制或地质条件原因，可采用小桩径、多桩基，承台连接方式作塔基础。

（2）夯扩桩基础［图7.16（b）］：在极不稳定地温带的高温多年冻土细颗粒土地段，基础埋深较浅时，采用夯扩桩施工，扩大桩端，增大地基承载力和抗冻拔性能，以保持塔基稳定性。

（3）爆扩桩基础［图7.16（c）］：在高温多年冻土区，基础埋深较浅，且不适宜采用开挖类基础施工时，可采用爆扩桩方式施工，扩大桩端，增大地基承载力和抗冻拔性能，以保持塔基稳定性。

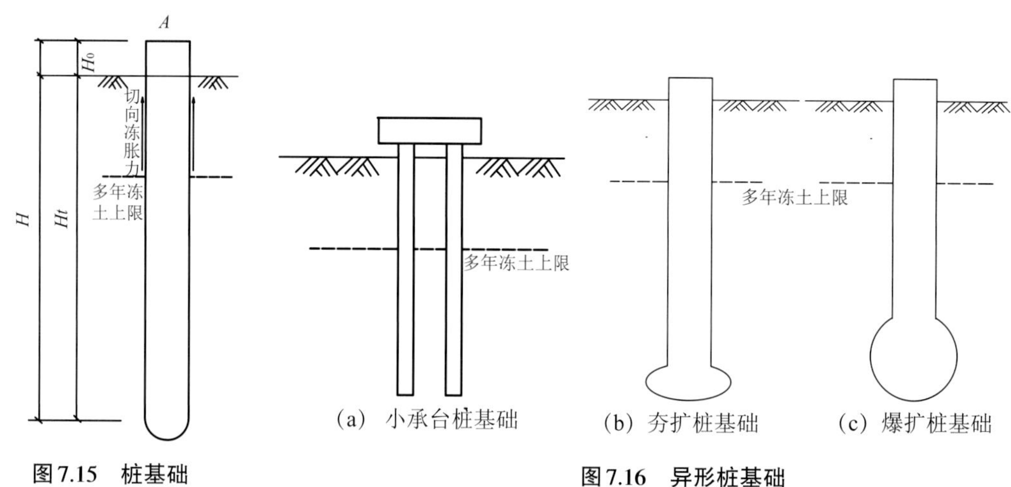

图7.15 桩基础 **图7.16 异形桩基础**

上述三大类基础形式基本上为目前季节冻土区和多年冻土区输电线路采用的杆塔基础形式。鉴于输电线路的路径为丘陵山地，尤其是季节冻土区、多年冻土融区、高温低含冰率粗颗粒冻土区，广泛采用开挖类基础。汇总各类基础形式的优势、适用条件、施工要求，列于表7.2中。

表7.2　各类基础类型评价一览表

基础类型	代号	名称	简图	适用条件	优缺点		施工工艺		环保评价	存在问题
					优点	缺点	工艺要求	施工季节		
开挖类基础	Ⅰ	锥面刚性基础	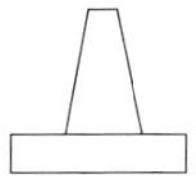	1.非多年冻土地区； 2.多年冻土的基岩、融区； 3.低含冰量的多年冻土区； 4.地下冰分布均匀的富冰冻土粗粒土地段； 5.具有冻胀性的上述地区	施工简便； 无任何地形条件要求； 具有一定的防冻胀的性能	对环境破坏较大； 对冻土产生较大的热侵蚀作用	1.大开挖； 2.在多年冻土区施工需做遮阳措施； 3.需有抽水设备，避免基坑积水； 4.逐层均布回填，满足夯实要求； 5.严格做好环境保护措施； 6.严格按热棒施工工艺要求操作	季节冻土区：5～10月； 多年冻土区：6～10月	对环境破坏较大，特别是冻土环境的影响较大； 严格按环境保护要求操作； 弃土和取土场应符合环保要求	如何防止施工对冻土的热影响； 地下水位较高时的施工
	Ⅱ	直面刚性基础	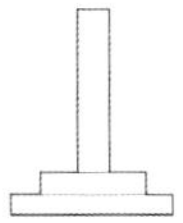	1.非多年冻土地区； 2.多年冻土的基岩、融区； 3.低含冰量的多年冻土区； 4.地下冰分布均匀的富冰冻土粗粒土地段； 5.不冻胀和极弱冻胀性的地基土	施工简便； 无任何地形条件要求	对环境破坏较大； 对冻土产生较大的热侵蚀作用	1.大开挖； 2.在多年冻土区施工需做遮阳措施； 3.需有抽水设备避免基坑积水； 4.逐层均布回填，满足夯实要求； 5.严格做好保护环境措施； 6.基础侧面需做防冻胀措施			
	Ⅲ	柱状装配基础	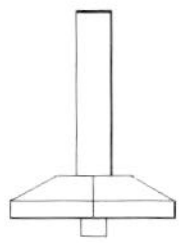	1.非多年冻土地区； 2.多年冻土的基岩、融区； 3.低含冰量的多年冻土区； 4.地下冰分布均匀的富冰冻土粗粒土地段； 5.不冻胀和极弱冻胀性的地基土	施工简便； 无任何地形条件要求	对环境破坏较大； 对冻土产生较大的热侵蚀作用				
掏挖类基础	Ⅳ	人工掏挖基础	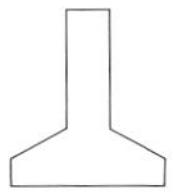	1.非多年冻土地区； 2.多年冻土的基岩、融区； 3.低含冰量的多年冻土区； 4.不冻胀和极弱冻胀性的地基土； 5.地下水位较深土质较细的地段	施工简便； 无任何地形条件要求； 弃料较少，有利环境保护	对环境有破坏； 对冻土产生较大的热侵蚀作用； 土体成型要求较高	1.沉井法施工； 2.做好防治掏挖扩大空间的坍塌措施； 3.严格做好保护环境措施			可靠的防止掏扩坍塌措施

续表 7.2

基础类型	代号	名称	简图	适用条件	优缺点		施工工艺		环保评价	存在问题
					优点	缺点	工艺要求	施工季节		
钻孔类基础	Ⅴ	灌注深桩基础		1. 地形平坦的高低温高含冰量多年冻土区； 2. 机械设备能较易运达的地段	适应保护冻土	需较平坦的地形； 冻土回冻时间较长	1. 采用旋挖钻施工； 2. 严格按操作规程进行工作； 3. 严格做好保护环境措施； 4. 灌注混凝土的入模温度应控制在 5～10 ℃	10～6月	机械进场、弃土等应严格按环境保护要求做好防护措施	对施工设备和人员要求较高
	Ⅵ	浅桩基础		1. 地形平缓的高低温高含冰量多年冻土区； 2. 机械设备能运达的地段	保护冻土	需钻机和吊装设备； 有一定的地形要求； 增加运输； 灌注桩周冻土回冻时间较长	1. 采用钻探机械施工； 2. 严格按操作规程进行工作； 3. 采取保温措施可延长冬季施工期； 4. 严格做好保护环境措施； 5. 灌注混凝土的入模温度应控制在 5～10 ℃； 6. 严格按热棒施工工艺要求操作	预制打入桩： 7～11月； 灌注桩： 9～11月； 2～7月		施工难度大
	Ⅶ	小桩承台基础		1. 高低温高含冰量多年冻土区； 2. 人工能将机械设备运达的地段	保护冻土	需钻机设备	1. 采用钻探机械施工； 2. 严格按操作规程进行工作； 3. 采取保温措施可延长冬季施工期； 4. 严格做好保护环境措施； 5. 灌注混凝土的入模温度应控制在 5～10 ℃	9～11月； 2～7月		
	Ⅷ	夯扩基础		1. 较细、较松软的季节活动层； 2. 上限大于 2 m 的多年冻土地段； 3. 地形较平坦的地段； 4. 机械设备能较易运达的地段	适应保护冻土	需有专门设备	1. 采用打夯机施工； 2. 严格按操作规程进行工作； 3. 采取保温措施可延长冬季施工期； 4. 严格做好保护环境措施	8～11月		对施工设备和人员要求较高

7.2.3　基础地温状态

1. 冻结期塔基地温

开挖类基础形式在青藏直流联网工程中约占70%。鉴于此类基础的施工方式易使冻土地基产生较大热扰动，施工期基本上选择在冬季，且做到基坑开挖、浇筑、回填过程的快速施工。在工程全部完成后，经历第一次冻结期塔基整体温度状态观测资料表明（俞祁浩等，2013），10个监测塔基均处于冻结状态，上限以上的温度状态与天然温度基本一致，上限以下存在差异，低温冻土区或低含冰率冻土区，基本一致，高温、高含冰率冻土区差异较大，尤其是在秋末环境温度较高时施工的塔基，其差异更突出，如斜水河场地，冻土年平均地温为-0.07 ℃，塔基受施工影响较大，塔基底2 m深度范围存在高于0 ℃的正温区，历经4个月冻结过程后，虽已冻结，温度仍高于天然场地0.25 ℃左右（图7.17）。

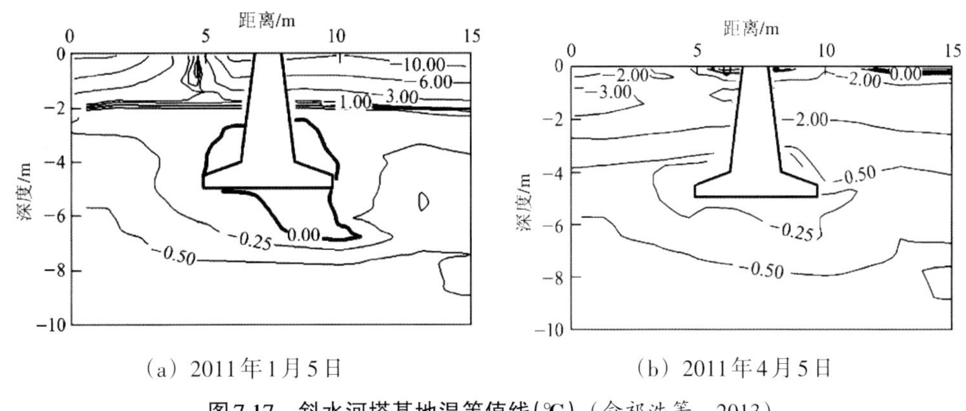

（a）2011年1月5日　（b）2011年4月5日

图7.17　斜水河塔基地温等值线(℃)（俞祁浩等，2013）

融化期，塔基地温呈现递进式升温，表现：①在暖季融化阶段后，塔基基底冻土仍处于冻结状态；②塔基周围温度变化过程、升温速率和融化深度主要受塔基基础形式、冻土条件的控制；③开挖类基础底部地温较天然地温略有增加，增幅均小于0.5 ℃；④冬季施工致使回填土达不到设计要求密度，存在大量孔隙和裂隙，水分下渗导致冻土温度升高，增大塔基融化速率和融化深度，加剧塔基的冻胀、融沉变形。

2. 不同冻土条件塔基地温

融化期，高温冻土区尽管使用热棒降温措施，但效果仍较差。冻土上限下地下冰融化吸收大量热量，延缓冻土升温，低含冰率冻土区最暖月份的融化深度较天然场地深1.0 m，高含冰率冻土区则基本一致（图7.18），两者融化深度差值约达1.5 m，低含冰率冻土的融化速率较高含冰率冻土大2～3倍。低温冻土区较高温冻土区早10～20天达到最大融化深度。开挖类基础的融化深度较天然场地大1.0 m，个别可达2 m。

3. 不同基础类型塔基地温

基础类型对塔基地温影响表现在：①施工过程的影响。锥柱基础、装配式基础等的施工工艺是开挖、回填，因开挖量大（锥柱基础的基坑4～6 m，装配式基础的基坑4～5 m），强烈扰动了冻土地基的热状态，破坏了地层结构和水文地质条件，改变了冻土地基水热过程与状态，带入大量热量，使冻土地基温度升高。灌注桩、掏挖类基础对冻土地基热扰动较小。②开挖类基础回填土密实度达不到设计要求，特别是冬季施工，冻土块回填余留许多空隙和裂缝，融化期成为地表水及地下水渗入基坑的通道，也延缓塔基地温回冻。灌注桩、掏挖类基础不存在回填问题。③塔基混凝土浇筑的水化热对冻土地温的影响，锥柱基础较桩基础大，预制装配式基础不存在水化热的影响。

综合塔基初期地温变化过程，开挖施工工艺对冻土地基造成的热扰动显得更强烈，随着时间延长，影响也逐渐减弱。经历1.5个冻融循环周期后（2011年1月至2012年4月），不同基础类型的地温监测表明（图7.19），灌注桩、掏挖基础周边地温与天然冻土地温基本一致，开挖类基础回填土的冻土地温有所上升，增幅小于0.5 ℃，但融化深度较天然场地大。

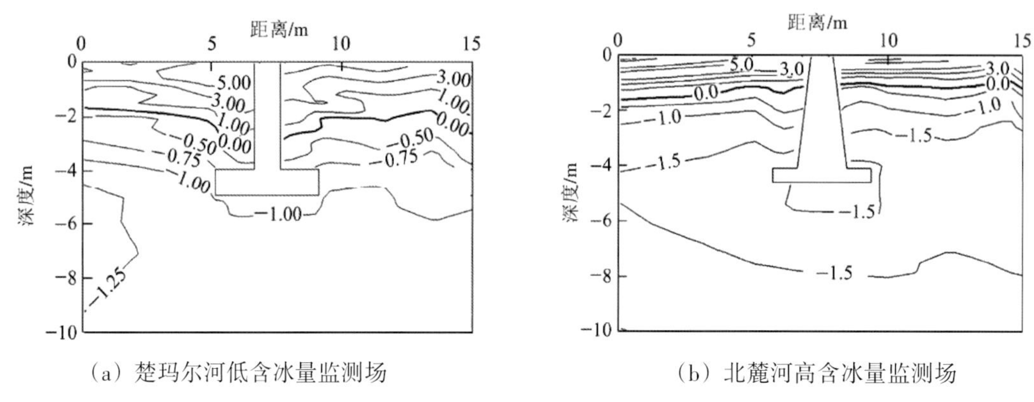

（a）楚玛尔河低含冰量监测场　　（b）北麓河高含冰量监测场

图7.18　高低含冰率冻土区塔基地温等值线（℃）（俞祁浩等，2013）

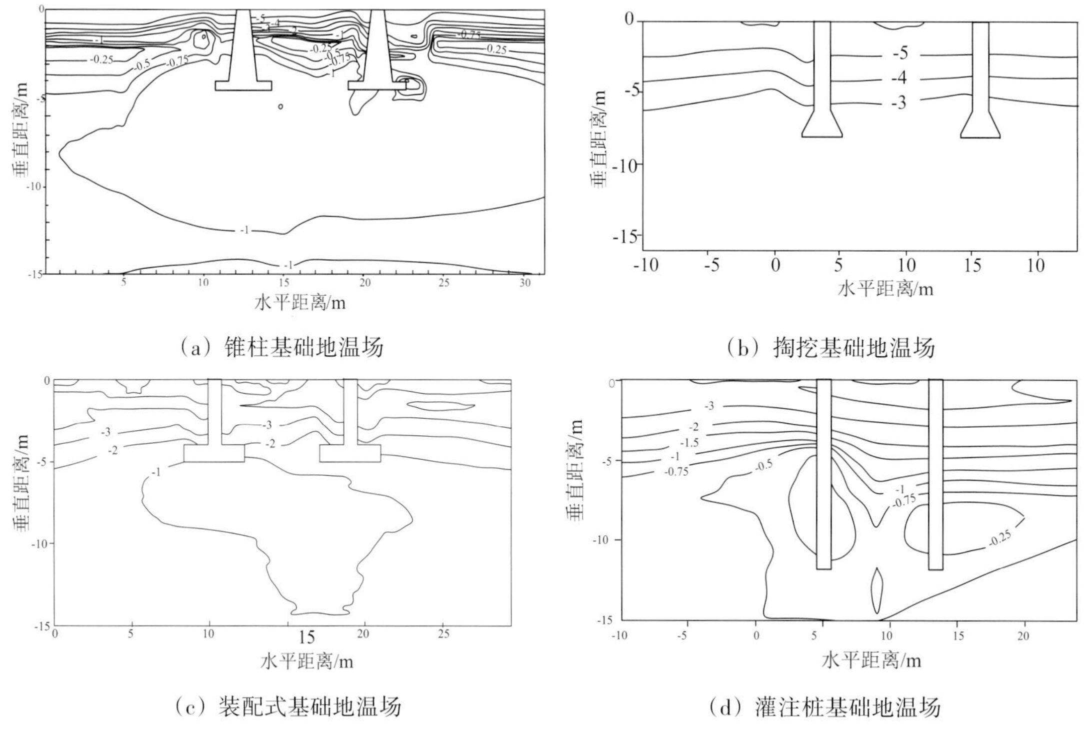

（a）锥柱基础地温场　　（b）掏挖基础地温场

（c）装配式基础地温场　　（d）灌注桩基础地温场

图7.19　基础类型对塔基地温的影响（黄元生等，2016）

4.工程措施下塔基地温

全球气候转暖环境下，多年冻土地温也出现升高，引起地下冰融化而产生塔基变形。为此，多年冻土区利用热棒对流换热功能，增加冻土地基的冷储量，降低地温，保护塔基多年冻土热稳定性。青藏直流联网工程在重点地段（高温、高含冰率冻土区）布设了4000多根热棒，在开挖类基础4个角位置对应布设热棒，每个塔基安装16根热棒。

经不同场地安装热棒后塔基地温观测结果表明，热棒降低塔基冻土地温效果非常明显（图7.20），塔基底面以上（-1～-4 m）深度范围内，有、无热棒塔基相同深度的地温相差1.0～1.05 ℃，基底部以下（-4～-10 m）深度范围内，地温相差1.5～2.0 ℃。热棒降温作用下，基底部相同深度的降温幅度较天然场地大1.0～1.5 ℃，地温等值线深度差值达2 m，最大达3.2 m。

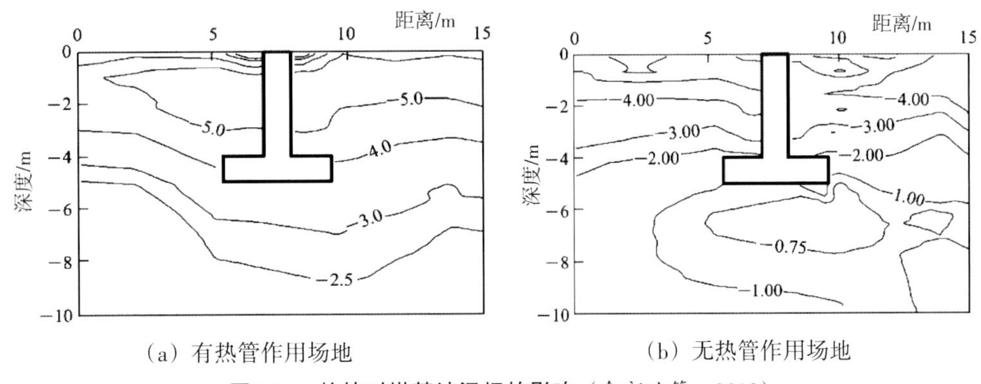

图7.20　热棒对塔基地温场的影响（俞祁浩等，2013）

7.2.4　塔基变形

从监测结果看，塔基垂直变形主要有沉降变形（压密变形与热融沉降变形）、冻胀变形。经1.5个冻融循环周期后，大部分垂直变形趋于稳定［图7.21（a）］。塔基垂直变形主要在建筑初期，塔基自重和施工蓄热（包括渗水）作用下，回填土压密和冻土热融（特别是高温高含冰率冻土）沉降。冬季施工结束后（2010年12月），塔基处于冻结作用（图7.22），产生冻胀变形，翌年暖季出现沉降变形，有些地面明显下沉（图7.23）。经历自重和铁塔荷载作用下，塔基垂直变形逐渐稳定，大都处于稳定状态。

塔基的平面变形主要反映在根开大小变化。初期有较大的变化外，在垂向压力或拉力作用下，后续过程中基本保持平稳，其影响不大［图7.21（b）］。

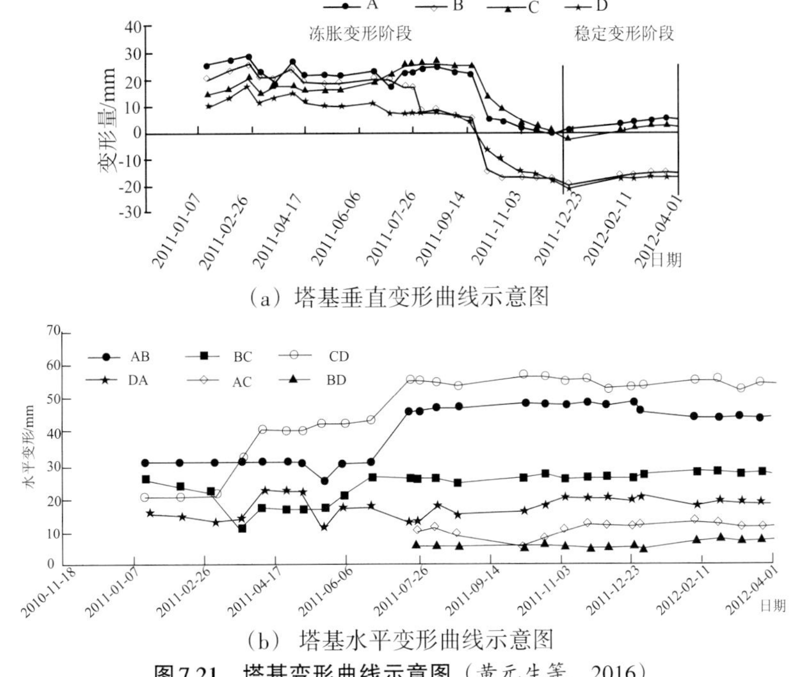

图7.21　塔基变形曲线示意图（黄元生等，2016）

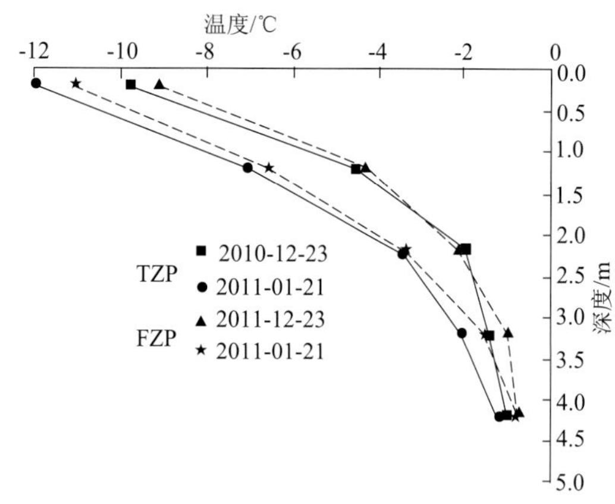

图7.22 塔基回填土地温沿深度分布（程永峰等，2012）

图7.23 塔基基坑地面沉降

7.2.5 稳定性计算

输电线路杆塔基础的稳定性计算包括上拔稳定计算和基础下压与地基承载力计算。基础上拔稳定计算是根据上拔体的状态分布采用土重法和剪切法，土重法适用于开挖类基础，即回填土抗拔土体；剪切法适用于掏挖类和灌注桩基础，即原状抗拔土体。《冻土地区架空输电线路基础设计技术规程》DL/T 5501按基础施工工艺给出了冻土区有关塔基稳定性计算方法。

1. 开挖类基础

1）上拔稳定性计算

（1）季节冻土区以及多年冻土区的融区铁塔基础上拔稳定性可按土重法进行计算，即：

$$\gamma_f T_0 \leqslant \gamma_E \gamma_S \gamma_{\theta 1}(V_t - \Delta V_t - V_0) + Q_f \tag{7.7}$$

式中：γ_f为基础附加分项系数，应根据《架空送电线路基础设计技术规定》DL/T 5219相关规定选取，即表7.3；T_0为基础上拔力设计值，kN，包括上部结构传至基础的上拔力设计值和冻土区冻胀力设计值。冻胀力设计值可从本书第1章表1.7至表1.9（各行业的设计值）查得选用；γ_E为水平力影响系数，根据水平力H_E与基础顶面上拔力T_E的比值按表7.4确定；γ_S为基础底面以上的加权平均重度，kN/m^3；$\gamma_{\theta 1}$为基础底板上平面坡角影响系数，当坡角$\theta_0<45°$时，取0.8，当坡角$\theta_0 \geqslant 45°$时，取1.0；V_t为h_t深度内上拔土体和基础的土体之和，m^3；h_t为基础上拔临界深度，m，按表7.5取值；ΔV_t为相邻基础影响的为体积，m^3；V_0为h_t深度内基础体积，m^3；Q_f为基础自重，kN。

表7.3 基础附加分项系数γ_f

设计条件	上拔稳定		倾覆稳定
	基础形式		
杆塔基础	重力式基础	其他各类型基础	各类型基础
直线杆塔	0.90	1.10	1.10
耐张(0°)转角及悬垂转角杆塔	0.95	1.30	1.30
转角、终端、大跨越塔	1.10	1.60	1.60

表7.4　水平荷载影响系数

水平力H_E与基础顶面上拔力T_E的比值	水平力影响系数γ_E
0.15～0.40	1.0～0.9
0.40～0.70	0.9～0.8
0.70～1.00	0.8～0.75

表7.5　土重法临界深度h_t

土 名	土的天然状态	基础上拔临界深度h_t	
		圆形底	方形底
砂类土、粉土	密实至稍密	2.5 D	3.0 B
黏性土	坚硬至硬塑	2.0 D	2.5 B
	可塑	1.5 D	2.0 B
	软塑	1.2 D	1.5 B

注：1.长方形底板，当边长l与短边b之比不大于3时，取$D=0.6(b+l)$；2.土的状态按天然状态确定。

表7.6　冻土长期极限抗剪强度

土的类型	粉土	黏土	砂土
长期极限抗剪强度/kPa	60～180	75～200	80～230

注：数据适用条件：冻土地温为-1～-3 ℃，含水率为20%～40%。

（2）多年冻土区铁塔基础上拔稳定计算。冻结期内开挖基础，按下列计算公式：

$$\gamma_f T_0 \leqslant 4\gamma_E h_c \tau_f (h_c \tan\alpha_p + B) + Q_f \tag{7.8}$$

式中：h_c为基础埋置深度，m；τ_f为冻土抗剪强度，kPa，应由试验确定。该规程归纳参考数据（表7.6）选用；α_p为多年冻土层中上拔角，°，应由试验确定，当无可靠资料时，可根据土体类型和地温状态按20°～30°选取；B为方形基础底板宽度，m。

开挖类基础上拔力计算时，应考虑施工对冻土结构的影响，尽管施工夯实密度达到设计要求，地温也降至负温状态，但回填土与原状土间的结构联结并没有完全恢复，通常情况下需要经历3个冻融循环过程才能逐渐建立回填土与原状冻土间的结构联结。若寒季施工时采用冻土块回填，即便经过3个冻融循环，回填土与原装冻土间的结构联结恢复程度可能尚未完全建立。因此，在1个冻融循环期间架线运营，杆塔基础上拔力稳定性计算时，不宜过多考虑原状多年冻土层的上拔角产生的阻力，或不宜按锚定板在多年冻土中上拔角考虑取值。当基坑大于基底宽度时，回填土冻结状态对铁塔扩展基础的抗剪、上拔角等力学指标有显著影响。根据装配式基础载荷试验资料，冻结状态粉砂土的计算上拔角取值大于13°（丁士君等，2012），冻结状态细粒土的计算上拔角取值为20.5°（丁士君等，2012）。

2）基础下压计算

开挖类基础下压计算应根据正常使用期间基础底面以下地基土的冻融状态及地温条件确定地基承载力。

（1）季节冻土区及多年冻土融区地基下压计算。

①当轴心荷载作用时，

$$\gamma_{rf}\left(P + \frac{\sum q_i A_i'}{A}\right) \leqslant f_a \tag{7.9}$$

式中：γ_{rf}为地基承载力调整系数，取0.75；P为基础底面处的压力设计值，kPa；q_i为正融土作用在基础侧表面的负摩阻力，kPa，无实测资料时，可按0～10 kPa取值；A_i'为与正融土接触的第i层基础侧表面积，m^2；A为基础底面面积，m^2；f_a为修正后地基承载力特征值，kPa。

基础底面的压力，按下式确定：

$$P = \frac{F + \gamma_G G}{A} \tag{7.10}$$

式中：F为上部结构传至基础顶面的竖向压力设计值，kN；G为基础自重和基础上的土重，kN；γ_G为永久荷载分项系数，对基础有利时，宜取1.0，不利时，应取1.2。

②当偏心荷载作用时，除符合式（7.9）外，尚应符合下式要求，

$$\gamma_{rf}\left(P_{\max} + \frac{\sum q_i A_i'}{A}\right) \leqslant 1.2 f_a \tag{7.11}$$

式中：$P_{\max}$为基础底面边缘最大压力设计值，kPa。

基础底面的压力，按下式确定：

$$P_{\max} = \frac{F + \gamma_G G}{A} + \frac{M_x}{W_y} + \frac{M_y}{W_x} \tag{7.12-1}$$

$$P_{\min} = \frac{F + \gamma_G G}{A} - \frac{M_x}{W_y} - \frac{M_y}{W_x} \tag{7.12-2}$$

式中：M_x、M_y为作用于基础底面的X和Y方向的力矩设计值，kN·m；W_x、W_y为基础底面绕X和Y轴的抵抗矩，m^3；$P_{\min}$为基础底面边缘的最小压力设计值，kPa。

（2）多年冻土地基下压计算。

①当轴心荷载作用时，

$$\gamma_{rf}\left(P + \frac{\sum q_i A_i'}{A}\right) \leqslant f_{ak} \tag{7.13}$$

式中：f_{ak}为未经深宽修正的地基承载力特征值，kPa。

多年冻土下压破坏机理与非冻土有区别，有类似于岩石破坏性质，多年冻土地基承载力不宜再做深宽修正。但季节冻土区、多年冻土融区和具有较大深度融区的不衔接多年冻土区的融土承载力可按相关规定进行深宽修正。

基础底面的压力，按式（7.10）确定：

②当偏心荷载作用时，除符合式（7.13）外，尚应符合下式要求，

$$\gamma_{rf}\left(P_{\max} + \frac{\sum q_i A_i'}{A}\right) \leqslant 1.2 f_{ak} \tag{7.14}$$

基础底面的压力，按下式确定：

$$P_{\max} = \frac{F + \gamma_G G}{A} + \frac{M_x - M_{ex}}{W_y} + \frac{M_y + M_{ey}}{W_x} \tag{7.15-1}$$

$$P_{\min}=\frac{F+\gamma_G G}{A}-\frac{M_x-M_{ex}}{W_y}-\frac{M_y+M_{ey}}{W_x} \tag{7.15-2}$$

式中：M_{ex}、M_{ey}为作用于基础底面侧表面的X和Y方向的冻结力矩设计值，kN·m；当$M_{ex}\geqslant M_x$时，取$M_{ex}=M_x$，当$M_{ey}\geqslant M_y$时，取$M_{ey}=M_y$。

③冻结力矩值可按下式确定：

$$M_{ex}=f_c h_b b(l+0.5b) \tag{7.16-1}$$

$$M_{ey}=f_c h_b l(b+0.5l) \tag{7.16-2}$$

式中：f_c为多年冻土与基础侧表面的冻结强度特征值，kPa，由试验确定，当无试验资料时，可按《冻土地区建筑地基基础设计规范》（JGJ 118-2011）中选用；h_c为基础底面外边缘与多年冻土地基的高度，m；b、l为基础底面X、Y方向的宽度，m。见图7.24。

④当$P_{\min}\leqslant 0$时，$P_{\max}$可按下式计算：

$$P_{\max}=0.35\frac{F+\gamma_G G}{C_x C_y} \tag{7.17}$$

$$C_x=\frac{b}{2}-\frac{M_x-M_{ex}}{F+\gamma_G G} \tag{7.18-1}$$

$$C_y=\frac{l}{2}-\frac{M_y-M_{ey}}{F+\gamma_G G} \tag{7.18-2}$$

3）基础变形计算

杆塔基础变形计算应按现行国家标准《建筑地基基础设计规范》GB50007和《架空送电线路基础设计技术规定》DL/T 5219的有关规定进行计算。

2. 掏挖基础

不论在季节冻土区或多年冻土区，掏挖基础的上拔稳定性均可按剪切法进行计算，且应进行基础冻拔稳定性和桩身抗拔强度验算。

（1）季节冻土区及多年冻土融区的剪切土体为融土，其破坏模式与非冻土区常规土体的基本一致。尽管寒季冻结期间，冻结地表土层的内摩擦角和黏聚力都比融土大，但因其深度最大者约3 m（多年冻土融区地段），其余地区不超过2.5 m（季节冻土区最大值），冻结期最长为4～5个月。因此，按融土的剪切强度进行计算，对基础稳定性有利。当冻结深度达到设计冻深时，应进行冻拔验算。

基础上拔稳定可按《架空送电线路基础设计技术规定》DL/T 5219规定的剪切法进行计算。

（2）多年冻土区基础上拔稳定性计算。

①融化期内，当基础埋入多年冻土层深度与基础埋置深度之比小于1/2或小于2.5 m时，埋入多年冻土内的抗拔力可忽略不计，仍依融化土层考虑，按《架空送电线路基础设计技术规定》DL/T 5219规定的非冻土层剪切法进行计算。

②融化期内，当基础埋入多年冻土层深度与基础埋置深度之比大于1/2，且大于2.5 m时，宜按下式计算，相邻基础的影响按《架空送电线路基础设计技术规定》DL/T 5219的执行。

$$\gamma_f T_E\leqslant \gamma_E R_T \tag{7.19-1}$$

$$R_T=\frac{\pi h_f\tau_f(h_f\tan\alpha_p+D)+\gamma_S V_u}{2}+Q_f \tag{7.19-2}$$

$$h_f=h-Z_h \tag{7.19-3}$$

式中：T_E为基本设计风速作用时，上部结构传至基础顶面的上拔力设计值，kN；γ_E为水平力影响系数；h为基础上拔埋置深度，m；τ_f为冻土抗剪强度，kPa；α_p为多年冻土层的上拔角，应由试验确定，当无可靠资料时，可根据土体类型和地温状态按20°～30°选取，见图7.25；Z_h为活动层厚度，m，或按式（7.1）确定；h_f为基础埋入多年冻土层的深度，m；γ_S为活动层内抗拔土体的加权平均重度，kN/m³；V_u为活动层内抗拔土体的体积（不包括基础体积），m³；Q_f为基础自重，kN。

冻结期，活动层完全冻结后，R_T所对应的h_f应为h，上拔力设计值应叠加切向冻胀力。

$$\gamma_f T_0 \leqslant \gamma_E R_T \tag{7.19-4}$$

式中：T_0为冻结期基础上拔力设计值，kN，包括切向冻胀力设计值和上部结构传至基础顶面的上拔力设计值。

（3）掏挖基础下压计算按前面有关计算进行，并考虑多年冻土层中基侧冻结力的影响。

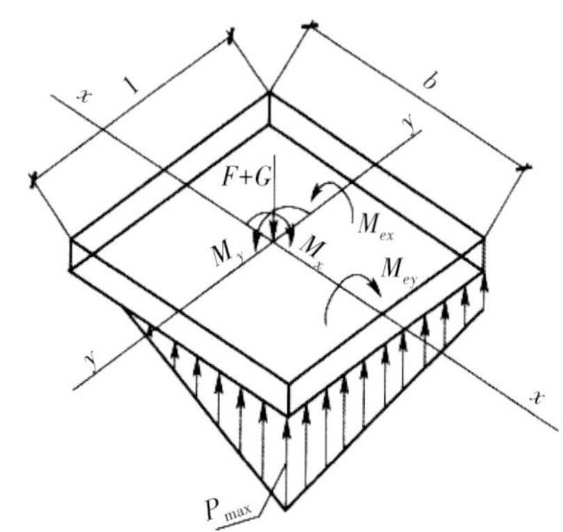

图7.24 双向偏心荷载作用示意图

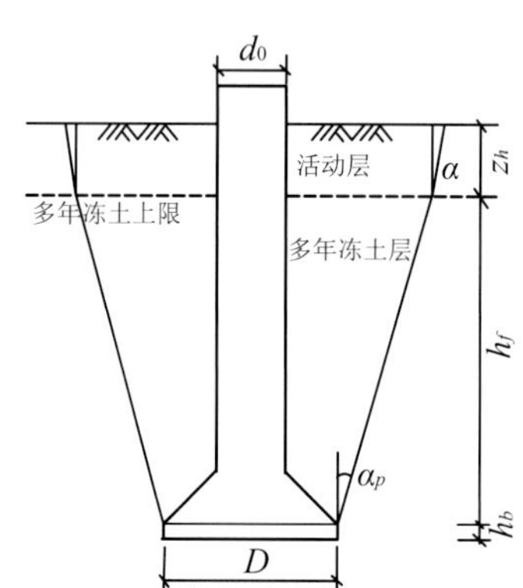

图7.25 多年冻土融化期基础上拔计算图

3.桩基础

冻土地区桩基础应进行冻拔稳定性和桩身抗冻拔强度验算。

1）基础上拔稳定计算

（1）季节冻土区基桩抗拔承载力按下式计算：

$$R_{uk} = T_{uk}/k \tag{7.20-1}$$

$$T_{uk} = \sum \lambda_i q_{sik} u_i l_i \tag{7.20-2}$$

式中：T_{uk}为设计冻（融）深度以下基桩抗拔极限承载力标准值，kN；k为安全系数，取k=2；λ_i为桩基抗拔系数，对不冻结土取0.5；q_{sik}为设计冻（融）深度以下桩侧第i层土的极限侧阻力标准值，kPa，季节活动层冻结力和侧阻力忽略不计；u_i为桩身周长，m，对于等直径桩取$u_i=\pi d$；l_i为第i层土对应的桩长，m。

（2）多年冻土区基桩抗拔承载力按下式计算：

$$\gamma_f T \leqslant R_{uk} + G_p \tag{7.21-1}$$

融化期
$$T = T_k \tag{7.21-2}$$

冻结期
$$T = T_{ok} + F_k \tag{7.21-3}$$

$$F_k = \sum(\psi_\tau \tau_i u_i z_d) \tag{7.21-4}$$

式中：T为上拔力标准值，kN；T_k为按荷载效应标准组合计算上拔力标准值，kN；T_{ok}为寒季冻结期桩基顶面上拔力标准值；F_k为设计冻（融）深度内的切向冻胀力标准值，kN；R_{uk}为设计冻（融）深度以下单桩或基桩抗拔承载力特征值，kN；G_p为基桩自重，地下水位以下取浮重度，kN；ψ_τ为基础表面状态修正系数，应按表7.7取值；τ_i为第i层土中单位切向冻胀力，kPa，按本书第1章表1.7（各行业的设计值）查得选用；z_d为设计冻（融）深度，m。

表7.7　基础表面状态修正系数ψ_τ

基础材料及表面状况	预制混凝土	以土代模浇制的混凝土或灌注桩混凝土	钢模板浇制的混凝土	金属	玻璃钢
修正系数	1.00	1.2	1.1	0.66	0.75

当多年冻土区活动层属强冻胀及特强冻胀性土，融化期应计及负摩阻力的影响，基桩抗拔承载力可按下式计算：

$$R_{uk} = \sum(\lambda_i f_{cia} u_i l_i) + \sum(\lambda_j q_{sja} u_j l_j) \tag{7.20-3}$$

式中：f_{cia}为第i层多年冻土桩周冻结强度特征值，kPa，按《冻土地区架空输电线路基础设计技术规程》（DL/T 5501）或《冻土地区建筑地基基础设计规范》（JGJ 118）中选取；q_{sja}为第j层桩周非冻结土侧阻力特征值，kPa，按表7.9的q_{sjk}/K取值，季节活动层冻结力和侧阻力忽略不计；λ_i、λ_j为桩基抗拔系数，对多年冻土取0.8，对不冻结土取0.5。

（3）桩顶水平承载力及位移计算应符合下列规定：桩顶水平位移的控制工况为活动层暖季融化期，可按现行行业标准《建筑桩基技术规程》JGJ94确定，其中，季节活动层按融化土计算；多年冻土层根据冻土颗粒特征，按坚硬黏性土或密实砾砂计算。

2）桩基下压计算

（1）轴心竖向力作用下，应满足下式要求：

$$\gamma_f N_k \leqslant R \tag{7.22-1}$$

（2）偏心竖向力作用下除满足上式外，尚需满足下式要求：

$$\gamma_f N_{k\max} \leqslant 1.2R \tag{7.22-2}$$

式中：N_k为荷载效应标准组合轴心竖向力作用下，基桩或复合基桩的平均竖向力，kN；$N_{k\max}$为荷载效应标准组合轴心竖向力作用下，桩顶最大竖向力，kN；γ_f为基础附加分项系数，按表7.4采用；R为基桩或复合基桩的竖向承载力特征值，kN。

3）基桩竖向下压承载力特征值

（1）季节冻土区基桩竖向下压承载力特征值按下式计算：

$$R = Q_{uk}/K \tag{7.23-1}$$

式中：K为安全系数，取K=2；Q_{uk}为基桩竖向极限承载力特征值，kN。

当根据它的物理指标与承载力参数间的经验关系确定单桩极限承载力标准值时，宜按下式估算，大直径桩应考虑大直径桩径侧阻、端阻尺寸效应系数：

$$Q_{uk} = Q_{sk} + Q_{pk} = u\sum\psi_{si} q_{sik} l_i + \psi_p q_{pk} A_p \tag{7.23-2}$$

式中：Q_{sk}、Q_{pk}为总极限侧阻力标准值、总极限端阻力标准值，kN；q_{sik}为设计冻（融）深度以下桩侧第i层土的极限侧阻力标准值，kPa，按表7.8取值。当季节活动层为强冻胀或特强冻胀土时，应考虑其融化时产生的负摩阻力，无实测资料时，可取0～10 kPa和安全系数K的乘积，以负值代入；q_{pk}为桩径800 mm极限端阻力标准值，kPa，按表7.9取值，对干作业（清底干净）按表7.10取值；u为桩身周长，m；l_i为设计冻（融）深度以下第i层土对应的桩长，m；ψ_{si}、ψ_p

为大直径桩侧阻、端阻尺寸效应系数，按表7.11取值。

（2）多年冻土区基桩竖向承载力特征值R，可按下式确定：

$$R = u\sum(f_{cia}l_i) + u\sum(q_{sja}l_j) + q_{fpa}A_p \tag{7.24}$$

式中：f_{cia}为第i层多年冻土桩周冻结强度特征值，kPa，按《冻土地区架空输电线路基础设计技术规程》（DL/T 5501）或《冻土地区建筑地基基础设计规范》（JGJ 118）中选取；q_{sja}为第j层桩周非冻结土侧阻力特征值，kPa，按表7.9的q_{sjk}/K取值；当季节活动层为强冻胀或特强冻胀土时，应考虑其融化时产生的负摩阻力，无实测资料时可按0～10 kPa取值，以负值代入；q_{fpa}为桩端多年冻土层的端阻力特征值，kPa，按《冻土地区建筑地基基础设计规范》（JGJ 118）中选取。

表7.8　桩的极限侧阻力标准值q_{sik}，kPa（DL/T 5219—2005）

土的名称	土的状态	水下钻（冲）孔桩	干作业钻（冲）孔桩
填土		18～26	18～26
淤泥		10～16	10～16
淤泥质土		18～26	18～26
黏性土	$I_L>1$	20～34	20～34
	$0.75<I_L\leqslant 1$	34～48	34～48
	$0.50<I_L\leqslant 0.75$	48～64	48～62
	$0.255<I_L\leqslant 0.5$	64～78	62～76
	$0<I_L\leqslant 0.25$	78～88	76～86
	$I_L\leqslant 0$	88～98	86～96
粉土	$e>0.9$	22～40	20～40
	$0.75\leqslant e\leqslant 0.9$	40～60	40～60
	$e<0.75$	60～80	60～80
粉细砂	稍密	22～40	20～40
	中密	40～60	40～60
	密实	60～80	60～80
中砂	中密	50～73	50～70
	密实	72～90	70～90
粗砂	中密	74～95	70～90
	密实	95～116	90～110
砾砂	中密、密实	116～135	110～130

注1.对于尚未完成自重固结的填土和以生活垃圾为主的杂填土，不计算其侧阻力。

表7.9　桩的极限端阻力标准值q_{pk}，kPa（DL/T 5219—2005）

土名	桩型 土的状态	水下钻（冲）孔入土深度/m				干作业钻（冲）孔入土深度/m		
		5	10	15	$h>30$	5	10	15
黏性土	$0.75<I_L\leqslant 1$	100～150	150～250	250～300	300～400	200～400	400～700	700～950
	$0.50<I_L\leqslant 0.75$	200～300	350～450	450～550	550～750	420～630	740～950	950～1200
	$0.25<I_L\leqslant 0.50$	400～500	700～800	800～900	900～1000	850～1100	1500～1700	1700～1900
	$0<I_L\leqslant 0.25$	750～850	1000～1200	1200～1400	1400～1600	1600～1800	2200～2400	2600～2800

续表 7.9

土名	桩型 土的状态	水下钻(冲)孔入土深度/m				干作业钻(冲)孔入土深度/m		
		5	10	15	h>30	5	10	15
粉土	0.75<e≤0.9	250～350	300～500	450～650	650～850	600～1000	1000～1400	1400～1600
	e≤0.75	550～800	650～900	750～1000	850～1000	1200～1700	1400～1900	1600～2100
	中密、密实	400～500	700～800	800～900	900～1100	850～1000	1500～1700	1700～1900
细砂	中密、密实	550～650	900～1000	1000～1200	1200～1500	1200～1400	1900～2100	2200～2400
中砂		850～950	1300～1400	1600～1700	1700～1900	1800～2000	2800～3000	3300～3500
粗砂		1400～1500	2000～2200	2300～2400	2300～2500	2900～3200	4200～4600	4900～5200
砾砂	中密、密实	1500～2500				3200～5300		
角砾、圆砾		1800～2800						
碎石、卵石		2000～3000						

注：砂土和碎石类土中桩的极限端阻力取值，要综合考虑土的密度，桩端进入持力层的深度比h_b/d，土愈密实，h_b/d愈大，取值愈高。

表 7.10　干作业桩(清底干净，D=800 mm)极限端阻力标准值q_{pk}，kPa(DL/T 5219–2005)

土的名称		状 态		
黏性土		0.25< I_L≤ 0.75	0<I_L≤ 0.25	I_L≤0
		800～1800	1800～2400	2400～3000
粉土		0.75<e≤ 0.9	e≤ 0.75	
		1000～1500	1500～2000	
砂土、碎石类土		稍密	中密	密实
	粉砂	500～700	800～1100	1200～2000
	细砂	700～1100	1200～1800	2000～2500
	中砂	1000～2000	2200～3200	3500～5000
	粗砂	1200～2200	2500～3500	4000～5500
	砾砂	1400～2400	2600～4000	5000～7000
	圆砾、角砾	1600～3000	3200～5000	6000～9000
	卵石、碎石	2000～3000	3300～5000	7000～11000

注：1.q_{pk}取值宜考虑桩端持力层土的状态及桩进入持力层的深度效应，当进入持力层深度h_d为：h_d≤D，D<h_d<4D，h_d≥4D，q_{pk}可分别取较低值、中值、较高值。

2.砂土密实度可根据标贯击数N判定：N≤10为松散，10<N≤15为稍密，15<N≤30为中密，N>30为密实。

3.当对沉降要求不严时，可适当提高q_{pk}值。

表 7.11　大直径灌注桩侧阻力尺寸效应系数ψ_{si}端阻力尺寸效应系数ψ_p

土类别	黏性土、粉土	砂土、碎石类土
ψ_{si}	1	$\left(\dfrac{0.8}{d}\right)^{1/3}$
ψ_p	$\left(\dfrac{0.8}{D}\right)^{1/4}$	$\left(\dfrac{0.8}{D}\right)^{1/3}$

注：表中D为桩端直径。

7.3 冻土地基处理

多年冻土的特殊性质，即具有0 ℃以下的温度和含有地下冰层，使其对温度和水具有特殊的敏感性。气温年际周期性变化使冻土区地表层出现冻结和融化过程，具有冻胀和融沉的工程性质。人为活动、水（地表水和地下水）的侵蚀、地表覆盖层破坏及全球性气候变化对冻土层增加局部性热侵蚀作用，破坏冻土层热平衡状态，引发冻土热融沉陷和不良冻土现象等产生作用，威胁工程建筑稳定性和安全性。

冻土区工程建筑稳定性的难点在于各种水热环境下保证冻土地基与基础的稳定性，除了做好“详细冻土工程勘察”“精心冻土基础设计”和“合理冻土基础施工”外，仍需加强冻土基础结构设计和地基处理。

基础设计中针对多年冻土地基冻胀与融沉特性，采用锥柱基础以防止基础冻拔破坏，采用掏挖基础、扩底桩基础和深桩基础以防止基础沉降变形。即便是采用新的基础结构形式，冻土地基仍可能存在冻胀性和融沉性，需要增设一些辅助措施，达到防止铁塔基础冻胀和热融沉陷的目的。

根据杆塔基础失稳的原因，以防止水热作用为主，附予物理化学措施和合理施工技术，采用综合措施才能取得事半功倍的效果。依既有工程经验，地表水和地下水流带入的水热侵蚀往往可使所有工程措施失效，加强冻土环境保护可增强冻土基础的水热稳定性。冻土区引发冻胀与融沉的正反两方面基本因素为：土质（具有冻融敏感性的粉土、粉质黏土）、水分（液态迁移性水分和固态积累性水分）、温度（冷却负温和热融正温）。为防治建筑物冻害产生，需从地基土处理和基础结构适应性（刚性或柔性）着手，主要方法：①防排水法；②物理化学法；③保温冷却法；④结构法；⑤综合措施法。输电线路冻土地基防冻胀融沉方法（图7.26）。

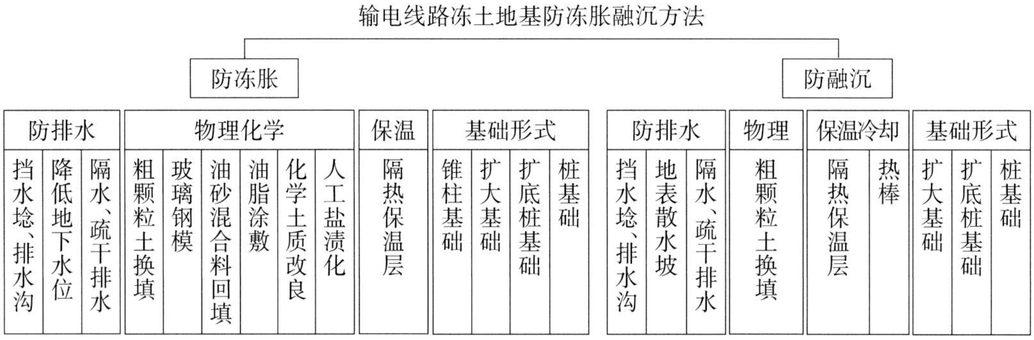

输电线路冻土地基防冻胀融沉方法

- 防冻胀
  - 防排水：挡水埝、排水沟；降低地下水位；隔水、疏干排水
  - 物理化学：粗颗粒土换填；玻璃钢模；油砂混合料回填；油脂涂敷；化学土质改良；人工盐渍化
  - 保温：隔热保温层
  - 基础形式：锥柱基础；扩大基础；扩底桩基础；桩基础
- 防融沉
  - 防排水：挡水埝、排水沟；地表散水坡；隔水、疏干排水
  - 物理：粗颗粒土换填
  - 保温冷却：隔热保温层；热棒
  - 基础形式：扩大基础；扩底桩基础；桩基础

图7.26 输电线路冻土地基防冻胀融沉方法

1.防排水法

防排水法，即在施工期和竣工后防止地表水和地下水侵入基础（基坑）。防排水设计和施工应充分考虑建筑场地的水文及水文地质条件，基础工程施工前应做好地表水防排措施，尽量将地表水排出施工场地一定范围外，避免侵入基坑（图7.6），必要时应采取措施降低地下水位。根据冻土条件选择合理施工时间，防止出现基坑热融坍塌（图7.5）。

基坑施工前，在基坑一定范围外修筑挡水埝、排水沟，将地表水顺坡排出影响范围，保证基坑与挡水埝、排水沟间不能出现积水洼地。在基坑热影响范围外的下方挖集水坑，及时用水泵排除积水，降低地下水位。

竣工后，应在塔基周围一定距离范围外，修筑挡水埝或排水沟（或保留加固施工前的设施），采取合理的护坡形式，做好防渗和防冲刷处理措施。将施工前集水坑的积水抽干，回填压实到天然状态。增大基础地表面散水坡，避免地表积水。

2.物理化学法

物理化学法，即换填法、玻璃钢模和用人工化学处理法。

（1）换填法：用砂砾石等非冻胀（融沉）性粗颗粒土换填冻胀（融沉）性地基土。通常在基础侧换填粗颗粒土，宜做反滤层形式换填，换填宽度为底板宽度两侧加400 mm，换填厚度400 mm。在基础底面下用粗砂、砾砂或砂砾石换填大于0.5 m的冻胀性和融沉性地基土。换填深度视地基土的冻胀性变化，在弱冻胀性地基土，换填深度达2/3的设计冻深，冻胀性、强冻胀性和特强冻胀性地基土，换填深度应达设计冻深。

（2）玻璃钢模：支模浇筑锥柱基础（图7.27）或在最大冻结深度范围固定于桩柱基础侧壁。

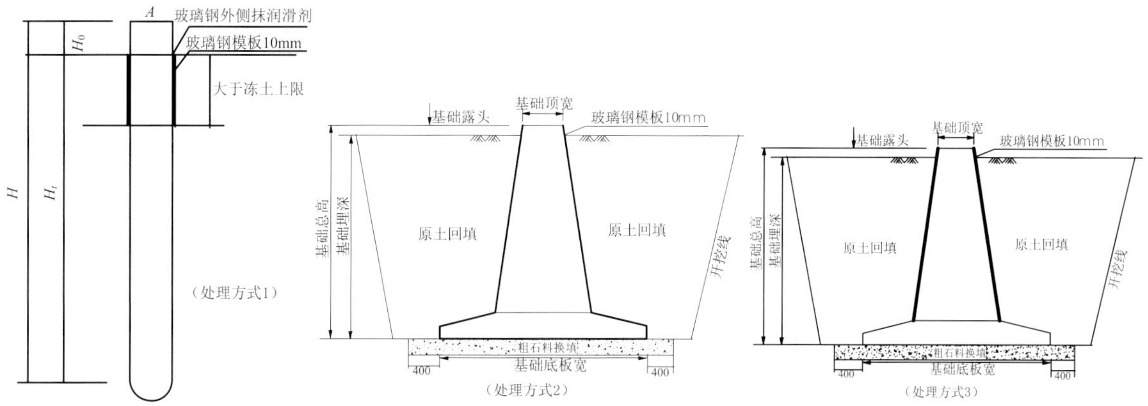

图7.27　玻璃钢模支模浇筑基础处理方式

（3）人工化学处理法：采用如重油、沥青加5%的废机油、工业凡士林、机油、化学表面活性剂等涂敷在基础侧面，或油脂、油砂等非亲水性材料充填基础侧表面，涂抹基础侧表面的厚度一般为2～5 mm（多次涂刷），或采用渣油与中砂热拌混合制成油砂，填筑在基侧周围，厚度一般为0.2～0.3 m，消除冻胀性土与基础间的冻结强度。处理深度应达最大冻结深度以下0.5 m。或者用NN-22十八烷基乙二胺表面活性剂（占土重的0.1%）和水制成溶液，与柴油（-10 ℃或0 ℃的混合油）（水和柴油占土重的6%）、土（加热至120～150 ℃）热拌和成均匀增水土，充填（厚度0.15～0.25 m）在基础周围。或采用高价阳离子Fe^{3+}、Al^{3+}等聚合剂与土拌和形成团粒状地基土（类似粗颗粒土），消融土的水分迁移能力。

采用NaCl，KCl，$CaCl_2$等低价阳离子盐类，适当使地基土盐渍化，降低地基土冻结温度，但应控制掺和量。

3.保温冷却法

隔热保温法：阻隔从地表或结构传热对多年冻土地基的热融作用，或者阻隔气温对地基土的冻结作用。通常采用工业保温材料，基础底部受力部位采用强度较大的聚苯乙烯挤塑泡沫板（XPS），地表或基侧受力较小部位，可采用聚苯乙烯泡沫板（EPS）或聚氨酯板（PU），不规则部位，可采用现场发泡聚氨酯（PU）。

冷却冻土地基法：目前用于铁塔基础冷却多年冻土地基的方法主要为低温热棒。低温热棒具有主动冷却地基的功能，可使多年冻土上限上移，多年冻土层变厚，增加冻土强度和冻土层的冷储量。据有关试验观测，热棒在经过一个冷冻周期后，可使热棒有效冻结半径达2 m，土体温度降低2～4 ℃。

当基础埋深小于7 m时，热棒埋深为7 m。当基础埋深大于7 m时，热棒埋深为9 m。塔位安装热棒应综合考虑基础形式、根开、底板宽度及冻土条件等，尽量靠近基础布置（图7.28）。青藏直流联网工程铁塔基础热棒布置形式有下列方式：

方案A：内置方案（图7.29A）。当基础立柱足够宽，采用热棒内置于基础立柱中。可采用一棒一基础（A-1）或两棒一基础方式（A-2）。

方案B：外贴方案（图7.29B）。当基础宽度不能满足内置方案时，采用热棒外贴于基础立柱边的方案。根据基础根开和地质条件可采用一棒一基础方式（B-1）或两棒一基础方式（B-2）。

方案C：外置方案（图7.29C）。热棒尽量贴于基础底板边，根据基础根开和地质条件可采用外置两棒一基础方式（C-1），外置三棒一基础方式（C-2）或外置四棒一基础方式（C-3）。

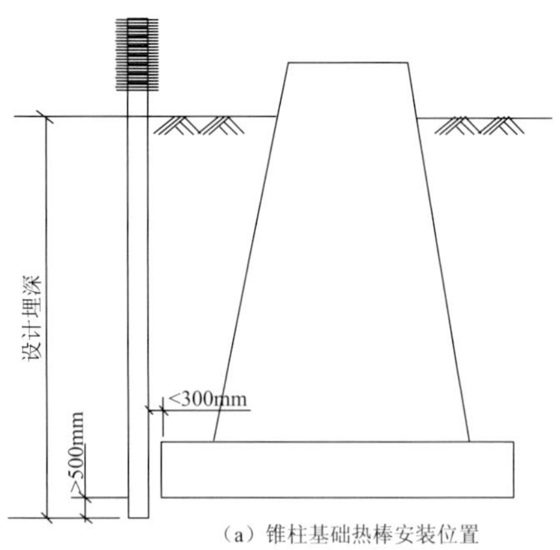

（a）锥柱基础热棒安装位置

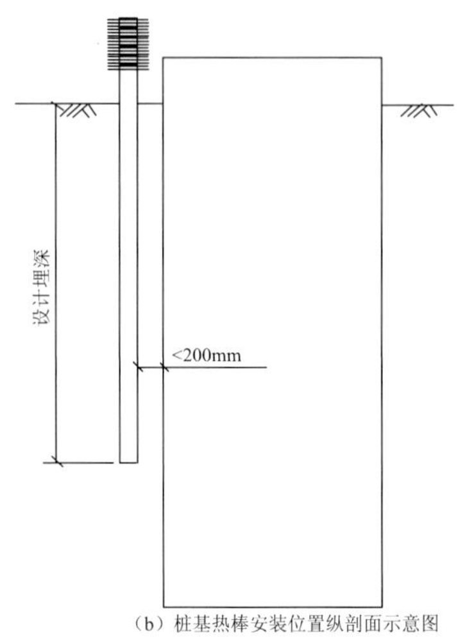

（b）桩基热棒安装位置纵剖面示意图

图7.28　热棒安装位置示意图

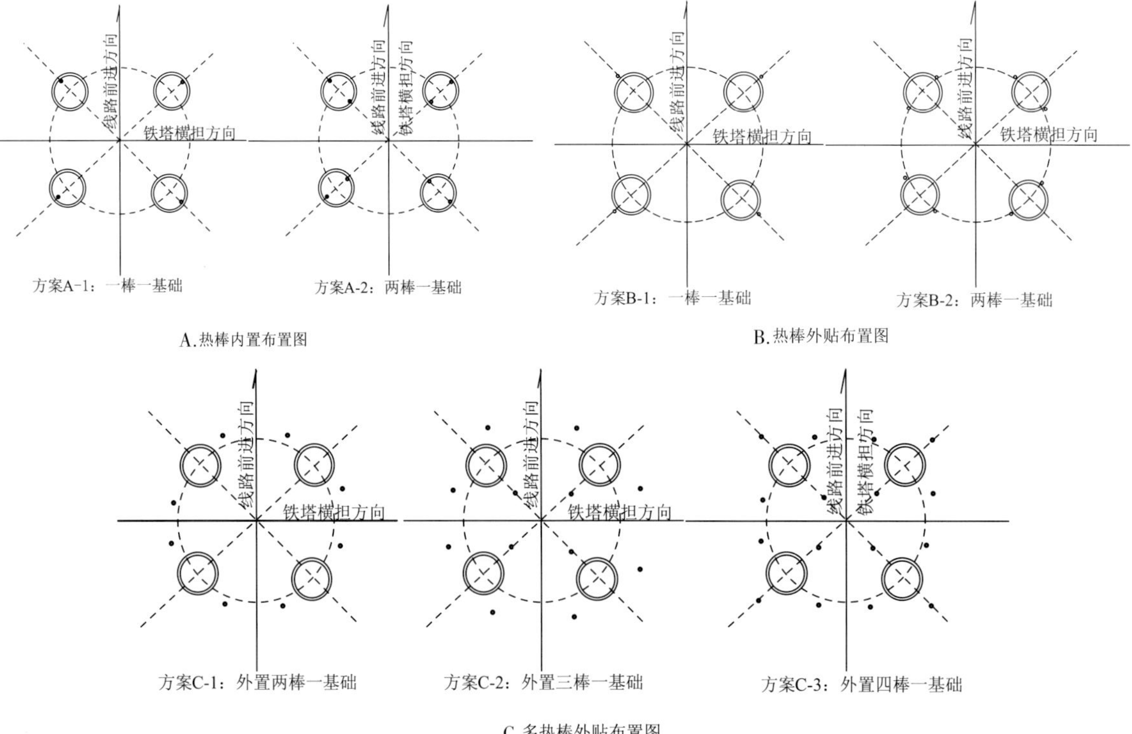

图7.29　铁塔基础热棒布置形式（中国电力工程顾问集团西北电力设计院，2008）

地基处理作为地基防冻胀、融沉的辅助措施的应用条件列于表7.12。

表7.12　基础防冻胀和融沉辅助措施

辅助措施	使用条件和作用	优缺点		存在问题	建议
		优点	缺点		
热棒	1.冻结指数大于500 ℃·d的寒冷地区； 2.高温高含冰量多年冻土区； 3.加速现浇混凝土桩周冻土地基回冻的冻土地段； 4.加速基础板下冻结，减小基底法向冻胀力； 5.保持多年冻土上限的稳定，避免冻土融化下沉	加速地基土的冻结；降低多年冻土地温，稳定冻土上限，避免冻土融化，增大冻土与基础的冻结力，加强冻土地基的锚固强度	需要注意易损件的保护；特殊的运输方法；不易监测其工作状态；需要钻孔埋设	1.防腐处理措施； 2.如何检漏； 3.工作状态指示标志的显示	在高温高含冰量冻土地带应用，用于防融沉处理
油砂	1.具有冻胀性地基土的寒冷地区； 2.防止季节冻层对基础的冻拔作用； 3.削弱或消除基础的切向冻胀力	利用工业废渣油；制作简单（中砂加15%沥青进行热混合）	施工稍麻烦些		具有冻胀性的地基土应用，用于防冻胀处理
保温	1.减小地基土的季节冻结深度； 2.减小外界对冻土地基的热干扰和冻土融化； 3.减小季节冻土区基础板下的法向冻胀力	简单易行，具有良好的隔热性能	既隔热又阻隔冬季的冻土地基的冻结	1.隔热性能指标的控制； 2.运输和施工的损坏率控制	刚性基础、低填和高填刚性基础应用，可用于防冻胀、防融沉处理
砂砾石反滤层	1.具有能渗水条件的冻胀性地基； 2.减小基础的切向和法向冻胀力作用	材料易取，施工简单	需控制砂砾石中粉黏粒含量，易受周围黏性土污染而失效，影响环境保护	1.反滤层厚度的合理确定； 2.防冻胀的长期效果	在环境保护要求允许经济合理条件下，应用于防冻胀处理

4.结构法

结构法，即改变基础断面形状适应冻土地基冻胀、融沉变形（表7.2）。

锥柱基础，基础断面为梯形，斜面角度约9°，可消减大部分地基土的切向冻胀力。

柱型刚性扩大基础，宽度基础板埋设于最大季节冻结（融化）深度以下，增大基础锚固力和承载力，柱型桩侧涂抹润滑剂或换填砂砾石、油砂、憎水混合土等，以消减切向冻胀力。基础板下换填砾砂，防止产生法向冻胀力，或铺设保温板，防止冻土地基融化。

装配式基础，预制构件，现场装配，适用运输条件较方便的地区。如同柱型刚性扩大基础方法处理地基。

掏挖基础、扩底桩基础，采用人工掏挖，或钻孔施工，扩大桩底面积，用于多年冻土层，增大基侧冻结强度和桩端承载力。季节融化层范围应采取防冻胀措施。

桩基础，采用钻孔施工，用于多年冻土区，减少施工干扰，增大基侧冻结强度和锚固力、承载力。季节融化层范围应采取防冻胀措施。

承台桩柱基础，用于多年冻土区，减少桩基深度，增大冻结强度。除季节融化层范围应采取防冻胀措施外，承台应高出地面（不小于地面增大冻胀量），保留空腔，地面呈锥形，避免积水。

5.综合措施法

据多年冻土区和季节冻土区的工程防融沉、冻胀的经验，采用单一措施以防治工程建筑物融沉、冻胀病害的效果都不甚理想，且事倍功半。采用综合考虑冻土、水文地质、基础形式、施工条件以及地基处理材料等情况，将上述地基处理措施相互配合，往往可起到更好的防冻害效果。例如，热棒防融沉，降低基础下冻土地温，增大冻土地基强度，达到保持冻土地基处于冻结状态的设计原则。如果仅靠热棒措施，每年在寒季降温和冻结的范围，暖季又会增温或缩小冻结面积，冷量积累有限。如果热棒与保温层结合，构成复合措施，那么寒季获得的冷储量不会因暖季升温造成太大的损失，冻土地基的冷储量则逐年增加，较短时间就可达到冻土地基的稳定性。

7.4 基础施工技术

多年冻土地基含有地下冰的特殊性质，施工中易受气温和人为影响产生坍塌，水流和热流侵蚀，不只是给施工造成极大困难，施工带入的热量还给铁塔基础的后期运营带来一些后患。因此，多年冻土区塔基施工宜选择适宜时段，缩短开挖时间，减少基坑暴晒日数，防止基坑冻土融化，从基坑开挖至浇筑应连续作业，突出“快”字，做到保证质量，快速施工要求。

保持冻结状态设计原则的基础，基本上均为厚层地下冰、地表沼泽化、径流量大的地段，基坑开挖时间应选择寒季，最佳时间为9月至翌年3月。

允许融化原则设计的基础，尽量选择寒季开挖。不得已需在暖季施工时，在做好遮阳防雨措施的同时，还应做好抽水、排水和防止基坑壁坍塌的防护措施。

开挖施工前应做好准备工作，如基础钢筋笼听提前在坑外绑扎成型，吊装机械设备，混凝土配料等，总结青藏直流联网工程施工经验（马宏韬等，2013）。

1.基坑开挖

1）机械开挖

基坑在开挖过程中若出水量不大时，可据冻土区昼夜温差变化大的特点，调节施工时间，气温较低的凌晨2点开始，早晨八九点钟基坑开挖业已完成，开挖过程中冻土层不易塌方，随即进行吊装钢筋及模板浇制，待冻土层融化时基础浇制已完毕。

对于渗水量大且坑壁易坍塌的大开挖基坑，开挖过程中必须采取护壁防坍塌措施。

开挖完毕的基坑必须迅速浇筑，避免出现隔日浇筑现象。如果无法及时施工，基坑开挖接近设计深度时，应预留500 mm以上土层作保温层，待浇筑前基坑操平时再挖至设计深度。基坑开挖后应采取遮阳降温措施，避免冻土融化出现基坑积水和坑壁滑塌。

为保护环境及利于施工后环境及时恢复，开挖前将地表的草皮移植到塔位附近存放养护，基础回填后再用草皮恢复地表原始状态。

2）爆破开挖技术

采用爆破法开挖适用于冻土层较厚、面积较大的土方工程（张炎等，2011）。爆破开挖技术需要依据光面爆破技术参数进行爆破控制，同时合理选择爆破器材。

3）掏挖

人工掏挖（桩）基础宜在寒季进行。开挖过程中严格按每500 mm护壁1次，开挖至扩大头部分时采用钢筒护壁。

4）桩基

灌注桩基础可采用旋挖钻机干法快速成孔。关键是要因地制宜选择钻头，钻头选择合适可大大提高钻孔速度及成孔质量。旋挖钻可进行扩孔钻进。

2.混凝土浇筑

宜采用降低混凝土水灰比的干硬性混凝土。现浇混凝土桩基，混凝土入模温度应控制在5～10 ℃内。

3.基坑回填

回填密实度不得小于93%。回填土应分层夯实，每层厚度0.3 m，回填土应高出地面500 mm作防沉层。填方应尽量采用同类土回填，并控制含水量。采用外运土回填时，应按类别有规则地分层铺填。填方应从填方区最低处开始，由下而上水平分层铺填。应清除填土中的淤泥、杂物、冰块、水浸稀泥。如有地下水或滞水时，应采取排水措施，排除积水。

4.热棒施工

准备好吊装设备、钻探机械、回填料。

1）热棒安装

（1）确定安装热棒位置后，钻垂直孔或斜孔，钻孔直径应比热棒管壳直径大50～80 mm，宜采用干钻，视地层情况可加入冷循环液，采用小循环、小进尺，孔深比设计深度大100～200 mm；

（2）检查孔径和孔深，清除钻孔泥浆；

（3）钻孔符合要求后，吊车吊起热棒垂直移至孔口，人工推移，将热棒缓慢下落入基槽孔内定位，垂直度合格后，固定热棒；

（4）回填时，先用冷水灌满钻孔后，将中粗砂徐徐灌入热棒与孔壁间隙中，灌砂数量应与计算数量相符，回填时，防止混入油污、木屑、石块等杂物，避免出现空隙或不实现象；

（5）填砂冻结后，拆除支撑物，热棒安装完毕，用厂家提供的检测仪器对热棒进行至少两次检测，并详细记录数据，热棒如有损坏，应及时更换。

2）热棒安装要求

（1）热棒顶部标高要统一，单腿基础热棒安装标高误差在30 mm以内，一基基础热棒安装标高误差在50 mm以内，热棒基地坑深误差-20～50 mm，棒身垂直度允许偏差为棒身长度的1%；

（2）单腿两根热棒安装相对误差应在50 mm以内，一基8根或16根热棒安装相对误差在100 mm以内，所有热棒安装位置绝对误差在30 mm以内。

热棒设计有观测设备时，应在热棒安装时同时埋入。定期检测热棒工作状态。

第8章　冻土区机场建设

在黑龙江省已建成漠河机场、加格达奇机场、五大连池机场，还将建设抚远等支线机场，在青海省已建成德令哈机场、果洛机场、祁连机场等支线机场，在西藏地区已建成那曲机场等，这些机场都位于多年冻土与季节冻土区，跑道修建无法回避冻土工程问题。

8.1　冻土区机场主要冻土工程问题

漠河机场是我国第一座修建在多年冻土上的机场，加格达奇机场、阿里昆莎机场、玉树巴塘机场地处多年冻土的河流融区，满洲里、阿尔山、伊春、五大连池等机场位于岛状多年冻土区的融区，西藏、新疆、青海、内蒙古、黑龙江等支线机场均在深季节冻土区。

据资料介绍（刘伟博等，2015），国外从1950年开始在多年冻土区修建跑道，1969年阿拉斯加州北部科策布修建第一条铺设隔热层跑道。挪威、格陵兰岛、加拿大北部、俄罗斯北部及冰岛等地都在多年冻土区修建机场跑道，修筑方法主要为基岩跑道、开挖换填跑道、铺设隔热层跑道、热管跑道，虽能满足小型机场的运行需求，但仍存在一些问题，如修筑在阿拉斯加北部苔原（冻原）上的跑道，一般冷季时运行，暖季时，跑道地基下伏冻土层或冰层融化，致使跑道产生严重变形而关闭。

不论多年冻土区或深季节冻土区，地基土冻胀都可导致的机场跑道不均匀变形、开裂、错台，暖季来临时道面翻浆等。东北某机场，地基土冻胀使混凝土道面隆起30～100 mm，出现翻浆和冻融等问题（史保华等，2014）。混凝土道面跑道，导热系数大，暖季期间，道面增大了传入下卧多年冻土的热量，使冻土地基融化而出现不均匀变形。如果施工过程中将基槽的排水设施损坏或破坏，两侧的地下水侵入基槽，寒季引起地基土冻胀而隆起，暖季冻结地基融化而沉降，不但引起跑道变形，且出现道面断裂、翻浆等。

冻土区机场跑道主要冻土工程问题是多年冻土地基热融沉陷和季节冻结（融化）层的冻胀引起的不均匀变形。其表现形式类同多年冻土区道路混凝土路面变形，热融沉陷，纵向、横向裂缝等，其原因是多年冻土地基含有地下冰。多年冻土区机场跑道如果出现高速公路融沉变形（图8.1至图8.3），或路面产生裂缝现象就得关闭。随着工程运营时间增长，侵入多年冻土地基的热量逐年积累，融化深度逐年增大，热融沉陷亦即逐年增大。

寒冷带深季节冻土区的天然季节冻结深度均达2 m以上，多年冻土区内的融区最大季节冻结深度可达4～5 m，以致更大。地基土冻胀性取决于土质、水分和负温度（与冻结深度相关）。粉质黏土、粉土及细粒土（小于0.075 mm）含量超过15%以上的粗粒土都属于冻胀敏感性土，具有超越塑限含水率界限4%以上的水分，且伴有水分迁移时就可能造成道面不均匀冻胀变形。土质、冻深相对一定时，地下水位埋置深度成为冻胀性大小的重要因素，地下水对冻结层无显著影响的深度定为临界深度Z_0（从工程安全考虑，宜规定Z_0+0.5）。表8.1为不同土质的Z_0值。

图8.1　漠北高速公路热融沉陷

图8.2　加漠公路纵向裂缝

图8.3　漠北高速公路横向裂缝

（均据童长江摄）

表8.1　Z_0值

土类	高液限黏土和粉土	中液限黏土和粉土	低液限黏土和粉土	砂　土
Z_0/m	2.0	1.5	1.0	0.5

当地下水位Z较浅（$Z<Z_0+0.5$）时，可视为开放系统，1/3冻深以下的冻胀量占50%～70%以上，主冻胀带在下部；当地下水位较深（$Z>Z_0+0.5$）时，可视为封闭系统，70%以上是冻胀量在1/3冻深之上的主冻胀带；浅埋与深埋过渡段（$Z_0 \leq Z \leq Z_0+0.5$）时，3/5～3/4最大深度内的冻胀量占总冻胀量的60%～80%，主冻胀带在中部偏下。

防冻层厚度宜以使用期可能出现的极端温度考虑，季节冻结深度确定宜按当地30年内的最大冻结深度取值。从伊春机场道面结构厚度的最小防冻层设计看，约为最大深度的70%（邢耀忠、郝友诗，2010），《民用机场水泥混凝土道面设计规范》（MH/T 5004-2010）规定的最小防冻层厚度有些偏小了。

冻土地区机场跑道混凝土道面的冻害一般都比较严重，耐久性较差，经常有早期龟裂、脱皮、掉边掉角等现象发生。据调查（苗健，2002），机场道面破损主要表现为：道面板破裂，纵向、横向、斜向裂缝发育，板角断裂、碎裂，接缝附近板边碎裂、脱落，板面表层酥松剥落，相邻板块凸起、错台等。主要原因是混凝土抗冻性、抗渗性差引起抗冻融性、抗渗性及耐久性差，在寒冷气候条件极易引起道面混凝土冻融剥蚀，加上地基土冻融作用往往是机场道面破损的重要因素。

暖季地下水侵蚀跑道基槽是寒冷地区机场跑道冻融破坏另一个重要原因。跑道基槽两侧的排水措施必须切实保护，施工过程中一旦把排水设施破坏，基槽侧壁冻结层上水侵入基槽，造成跑道严重的冻融破坏。一则，地下水侵入将带给冻土地基大量的热量，使跑道出现热融下沉；二则，冻土地基具不透水层属性，地下水侵入使基槽地基土软化，含水率增大，寒季期间水体冻结引起跑道冻胀变形，暖季又造成下沉。

8.2　多年冻土区机场冻土工程地质选址

民用机场选址是一项复杂和影响因素较多的系统工程。要满足净空、空域、气象条件，考虑与城市规划发展及邻近机场的协调；选择良好的工程地质、水文地质、地形地貌和环境保护条件；具有保障机场运营的水电、油气、交通和通信条件；考虑机场建设的工程量、占有耕地、林地和拆迁量、工程投资等。

机场建设条件是机场选址的重要环节，了解场址范围内的地层分布、岩性特征、地下水条件、构造特点、地震效应和不良地质作用等是工程勘察的基本要求，按《民用机场勘察规范》（MH/T 5025-2011）的要求和程序执行。本章仅讨论多年冻土区机场选址中特殊的相关问题。地基土的冻胀性和冻土地基的热融沉陷性是冻土区机场跑道的主要冻土工程问题。深季节冻土区机场选址侧重了解地基土冻胀性对机场建设的影响，多年冻土区机场选址应就季节融化层的冻胀性和多年冻土层的热融沉陷性对机场建设影响进行全面掌握。

1.冻土分布特点

深季节冻土区（冻结深度≥2 m）主要分布于我国黑龙江、内蒙古、新疆、青海、西藏等地。冻结深度为1～2 m的地区为吉林、辽宁、宁夏及甘肃、河北、山西省部分地区。据《民用机场水泥混凝土道面设计规范》（MH/T 5004-2010）要求，最大冻结深度大于0.5 m时，应考虑设置防冻层。

多年冻土区主要分布于东北大小兴安岭、新疆天山及青藏高原地区。东北大小兴安岭属于高纬度多年冻土区，纬度越高冻土分布面积越广，冻土厚度越大，由北向南多年冻土呈大片连续、岛状和零星分布，低洼沼泽湿地、斜坡下部为多年冻土主要分布地带，高山、山岭的冻土层厚度较小，融区多分布于大河的河漫滩、一级阶地。西部的天山、青藏高原属于高山、高原多年冻土区，多年冻土层分布下界海拔高度由天山（海拔2200 m）、青藏高原昆仑山北口（海拔4200 m）、冈底斯山（海拔4700 m）至喜马拉雅山北（海拔5100 m），随海拔高度升高，冻土层分布面积越广、厚度越大，沼泽湿地、斜坡、高平原为冻土层主要分布地带，大河的河漫滩、一级阶地多为季节冻土区（阿里昆莎机场海拔4272 m，冻结深度2.4 m）（孙俊、张旭，2013）。多年冻土区内存在各类融区和季节冻土区，主要分布于河谷地带和岛状及零星多年冻土区内。

目前我国海拔高度超过2800 m的高原机场（表8.2）均地处季节冻土区内。东北大小兴安岭地区的加格达奇、满洲里、阿尔山、伊春、白山、黑河、根河等机场均地处多年冻土分布区内季节冻土层中，唯独漠河机场地处多年冻土层上。

表8.2　中国高原机场

海拔排名	机场名称	所在省、区	所在地、市、州	海拔/m	跑道长度/m	最近的城镇	距离最近城镇/km	通航时间
1	那曲机场	西藏	那曲县	4436		那曲		
2	稻城亚丁机场	四川	甘孜州	4411	4200	稻城	50	2013
3	邦达机场	西藏	昌都市	4334	5500	昌都镇	136	1995
4	阿里昆莎机场	西藏	阿里地区	4272	4500	狮泉河镇	45	2010
5	康定机场	四川	甘孜州	4242	4000	康定	38	2007
6	玉树巴塘机场	青海	玉树州	3905	3800	结古镇	26	2009
7	果洛大武机场	青海	果洛州	3787	3800	大武镇	5.5	2016
8	日喀则和平机场	西藏	日喀则市	3782	5000	日喀则	43	2010
9	拉萨贡嘎机场	西藏	山南市贡嘎县	3600	4000	拉萨	53	1965

续表8.2

海拔排名	机场名称	所在省、区	所在地、市、州	海拔/m	跑道长度/m	最近的城镇	距离最近城镇/km	通航时间
10	红原机场	四川	阿坝州红原县	3535	3600	红原县	48	2013
11	九寨黄龙机场	四川	阿坝州松潘县	3448	3400	川主寺镇	12	2003
12	泸沽湖机场	云南	丽江市宁蒗县	3294	3400	宁蒗县	70	2013
13	迪庆机场	云南	迪庆州香格里拉市	3288	3600	香格里拉市	5	1999
14	林芝米林机场	西藏	林芝县	2949	3000	八一镇	50	2007
15	德令哈机场	青海	德令哈	2860	3000	德令哈	29	2014
16	格尔木机场	青海	格尔木市	2842	4800	格尔木	20	1974

2.地基土冻胀性产生因素

地基土冻胀性强弱的排序：粉质土>粉质黏土>黏土>碎、砾石土（<0.075 mm粉黏粒含量>12%）>粗砂>砂砾石（<0.075 mm粉黏粒含量<5%）。

土的起始冻胀含水率，当黏性土含水率小于$0.8\omega_p$（塑限含水率），粗粒土含水率小于12%时，可认为地基土属于不具冻胀性。当有外来水分迁移时，冻胀量取决于冻结过程中的迁移量。

负温度，冻结深度与当地的冻结指数（全年负温的累计值，单位：度·日）成正比，冻深越大，地基土的冻胀量越大。

负温度决定于机场建设场地的位置，通常机场选址无法改变气候的冻结指数。机场选址宜选择粗粒土为主的良好地基土和地下水易排泄的场地。从地基角度考虑，粗颗粒土地基和偏干的细颗粒土地基通常是首选场地。

3.冻土地基热融沉陷的本质

多年冻土地基的热融沉陷的本质是冻土中含有不同程度的地下冰，是自然历史地质环境条件所形成的。人为作用（道面结构、铲除植被、施工等）带入冻土地基的热量是改变多年冻土生存环境的因素。两者综合作用便导致冻土地基产生热融沉陷。高含冰率冻土赋存特点：

（1）岩性。最具有析冰能力的土颗粒粒径为0.02～0.005 mm，按岩性排序：粉质土>粉质黏土>黏土>粉砂。泥炭土层中往往有含土冰层存在。粗颗粒土中小于0.05 mm粒径含量>15%时，在饱水条件下也能形成高含冰率冻土。

（2）土的成因。湖相沉积和坡积（包括泥流堆积）中高含冰率冻土比例最大，其次为坡-洪积及洪积，冲积物中的高含冰率冻土最小。

（3）冻土地温带。大片连续分布多年冻土区多具有高含冰率冻土，岛状多年冻土区常见低含冰率冻土（除沼泽湿地常具高含冰率冻土外）；低温冻土区中高含冰率冻土比例较大；

高含冰率冻土主要分布在细颗粒土和泥炭土中。多年冻土区机场宜选粗颗粒土或较干燥的细粒土上，避开沼泽湿地。

4.冻土区水文地质条件特殊性

季节冻土区的水文地质条件如同非冻土地区一样，宜选择地下水位较深，非侵蚀性水质地带，避开自然水系洪水灾害。地下水位埋深大有利于减弱或消除毛细水作用，减小地基土的冻胀性。水的侵入可引起冻土热融沉陷。

多年冻土区地下水具有三种类型，即冻结层上水、冻结层间水和冻结层下水。对机场跑道有直接影响的是冻结层上水，其补给来源于大气降水、上游（上方）地下水。由于下伏多年冻土层的隔水（冻土层的透水性很小，可视为隔水层）作用，地下水埋置深度通常较浅，常赋存于近地表层的土层（或碎石土，或砾石土）孔隙中（俗称空山水）。冻结层上水具间歇性，暖季呈液态，寒季冻结呈固态（冰）。寒季期间，随着地表层冻结深度逐渐增加，冻结层上水由无压变为有压，往往向冻结深度较小（地温较高）地带迁移，在下游溢出带形成冻胀丘（图8.4）或出露地表形成冰椎，或从开挖基槽溢出（图8.5）

图8.4 河谷平原（沼泽湿地）冻胀丘

图8.5 加漠公路冻结层上水溢出形成冰椎

（均据童长江摄）

5.地形地貌与冻土关系

高含冰率冻土发育地带与地形地貌具有密切关系，实质上反映了土层的物质成分和水文地质的关系。一般说，斜坡地带，上部物质成分较粗，多属碎石、块石，排水条件好；中下部，松散堆积物由粗变细，水易汇集，坡脚处常形成厚层地下冰和含土冰层。

（1）地貌单元。低洼沼泽湿地具备细粒土和充足水分，最具有高含冰率冻土。西部地区，低山丘陵区年平均地温较低，降水量较大，泥流堆积发育，高含冰率冻土比例较大，特别是含土冰层占比例最大，其次是中高山，虽具较低温度和较高含水率，但堆积物较薄、较粗，高含冰率冻土比例稍少些。河谷平原受河水热影响，地温较高，广泛发育粗颗粒土，高含冰率冻土最小。东北地区的山岭堆积物颗粒较粗且薄，受逆温层影响，多属低含冰率冻土。

（2）低山丘陵区。阴坡接受太阳辐射少，地下冰较阳坡发育，含量较大；坡度4°～8°具有较厚的细粒土和水分充足，最有利于地下冰生长，10°～16°坡度，地下冰发育条件较差，大于16°坡度一般见不到厚层地下冰，大于25°坡度时，剥蚀作用占主导，一般只有裂隙冰存在；山坡顶部多为残积物，不易储存水分，低含冰率冻土为主，中下部逐渐发育高含冰率冻土，下部的河沟地带堆积物颗粒较粗，主要为低含冰率冻土；山间盆地、沟谷具有较厚的细粒土和充足水分，往往发育高含冰率冻土。

（3）河谷平原区。河漫滩和一级阶地沉积物为粗颗粒土，多为低含冰率冻土，二、三级阶地的后缘靠近山前缓坡地带，细颗粒土发育，水分聚集，有高含冰率冻土存在。

（4）山前洪积扇、冰水沉积倾斜平原。中、上部堆积物颗粒较粗，多为低含冰率冻土，下部和扇间洼地细粒土含量高，水分充足，发育高含冰率冻土。潮湿低洼，植被茂盛地段可见高含冰率冻土，湖相沉积洼地往往存在有高含冰率冻土。

河谷平原受河水热侵蚀作用，多属河流融区。机场跑道宜选择在河谷平原粗颗粒土地带。

6.不良冻土现象对机场建设的影响

融冻泥流、热融滑塌主要发育在含有厚层地下冰的细颗粒土缓坡地带（图8.6），或山间洼地。冻胀丘多出现在山前缓坡与河谷平原交界处（图8.7）或地下水径流受阻的上方。冰椎多发生在地下水溢出带，常以泉水形式出露。

多年冻土地区的河漫滩、一级阶地，并不全都是融区，仍然有多年冻土层，尽管是粗颗粒土层，但因细粒土含量较高，水分充裕，在频繁的正负温波动下反复冻结与融化的季节融化层中，差异冻胀作用下使不同粒度成分的物质产生分异、分选，重新组合过程，形成多边形的石环（图8.8）、冰楔，表明其在多年冻土年平均地温较低环境下形成的。在深季节冻土区也常发现沙楔、土楔等现象，表明历史上曾是严寒气候不良冻土现象存在地段，表明地基土属多年冻土层，地下冰分布不均匀。有沙楔、土楔存在地段，表明地基土的不均匀性。

图8.6　斜坡上热融滑塌

（张森琦提供）

图8.7　山前缓坡与河谷平原处冻胀丘

（童长江摄）

图8.8　多年冻土区石环

（李树德摄）

8.3　冻土区机场跑道设计

民用机场岩土工程设计时，首先应保证机场的安全和正常使用，然后要求做到技术先进、经济合理、节约资源和保护环境。冻土区机场跑道地基变形和边坡稳定性应符合规范基本控制指标的要求，从道基产生不均匀变形和边坡失稳原因的特殊性看，除了非冻土区土基物质成分、水分基因外，正负温度（气温和地温）交替作用引起的冻融循环导致土基和材料发生本质性变化，常发生水与热的耦合作用和力与热的耦合作用。冻土区机场跑道岩土工程设计中，需重点考虑下列几个问题。

1.冻胀性

寒季，寒冷地区道面及其下面的道基（道床及部分土基）都会发生冻结，所含水分（土中固有水分和冻结过程中迁移来的水分）冻结成冰，体积膨胀9%（固有水分）和1+9%（迁移来的水分），使土颗粒（道基）产生位移，引起道面冻胀变形。在季节冻土区或多年冻土区机场跑道设计时，对这种特有的冻胀现象应予特别重视，设置足够的防冻层厚度，或采取其他消除或削弱道基冻胀性措施。

岩土工程设计中，其一应判断地基土是否具有冻胀性，依据土质成分、含水率和地下水状态确定冻胀性等级；其二，确定冻结深度，依据气象站、标准冻深图或计算确定；其三，提出防治措施，如防排水、土质改良、控温等。

鉴于道路或机场跑道属多层结构，天然土壤季节冻结深度计算公式得到的冻结深度不能直接作为道路的冻结深度。《公路沥青路面设计规范》（JTG D50-2006）按冻结指数将季节冻土区分为四类（表8.3），将路面结构层材料构成、路基填挖状态、土基潮湿状态三个主要影响因素简化为三个系数，用简化公式计算道路下最大冻结深度（Z_{max}）：

$$Z_{max} = abcZ_d \tag{8.1}$$

式中：Z_d为大地标准深度，m；a为路面路基材料热物性系数，见表8.4；b为路基湿度系数，见表8.5；c为路基断面形式系数，见表8.6。

表8.3 冰冻区划分（JTG D50-2006）

冰冻区划分	重冰冻区	中冰冻区	轻冰冻区	非冰冻区
冻结指数(℃·d)	≥2000	2000～800	800～50	≤50

表8.4 路面路基材料热物性系数a

路基材料	黏质土	粉质土	粉土质砂	细粒土质砾、黏土质砂	含细粒土质砾(砂)
热物性系数	1.05	1.1	1.2	1.3	1.35
路面材料	水泥混凝土	沥青混凝土	二灰土及水泥土	二灰碎石及水泥碎(砾)石	级配碎石
热物性系数	1.4	1.35	1.35	1.4	1.45

注：a值取大地冻深范围内路基及路面各层材料加权平均值。

表8.5 路基湿度系数b

干湿类型	干燥	中湿	潮湿	过湿
湿度系数	1.0	0.95	0.90	0.80

表8.6 路基断面形式系数c

填挖形式	路基填土高度					路基挖方深度			
	零填	2 m	4 m	6 m	6 m以上	2 m	4 m	6 m	6 m以上
断面形式系数	1.0	1.02	1.05	1.08	1.10	0.98	0.95	0.92	0.90

《公路沥青路面设计规范》（JTJ 014-1997）依据冻结指数提出道路冻深计算公式：

$$h_f = abc\sqrt{\sum T_f} \tag{8.2}$$

式中：h_f为从路面至道路冻结线的深度，cm；a为路面结构层的材料热物性系数，表8.7；b为路面横断面（填、挖）系数，表8.8；c为路基潮湿类型系数，表8.9；T_f为最近十年冻结指数平均值，即冬季负温度的累计值（℃·d），根据气象部门观测资料计算确定。

《民用机场水泥混凝土道面设计规范》（MHT 5004-2010）土基干湿类型分界是根据实测不利季节土基顶面以下0.8 m深度内土的平均稠度B_m，按表8.10确定，或根据自然区划、土质类型、排水条件及土基顶面距地下水位或地表积水水位的高度等特征确定（表8.11）。

表8.7　路面结构层材料热物性系数 a（JTJ 014–1997）

隔温材料层厚度/m	0～0.10	0.10～0.20	0.20～0.30	0.30～0.40	>0.40
东　北	2.20	2.20～2.10	2.10～2.00	2.00～1.90	1.90～1.80
华　北	2.15	2.15～2.05	2.05～1.95	1.95～1.85	1.85～1.75
西　北	2.10	2.10～2.00	2.00～1.90	1.90～1.80	1.80～1.70

注：①隔温材料层厚度系指有煤渣、矿渣及粉煤灰等工业废料类组成的路面结构层；
②隔温性能好的材料取低值，隔温性能不好的材料取高值。

表8.8　路基横断面填、挖系数 b

填挖高度/m	填　方			挖　方		
	0～0.5	0.50～2.0	>2.0	0～0.5	0.50～2.0	>2.0
东　北	1.80～2.00	2.00～2.20	2.25	1.80～1.70	1.70～1.55	1.50
华　北	1.85～2.05	2.05～2.25	2.30	1.85～1.75	1.75～1.60	1.55
西　北	1.90～2.10	2.10～2.30	2.35	1.90～1.80	1.80～1.65	1.60

注：填方高者取大值，挖方深者取小值。

表8.9　路基潮湿类型系数 c

路基潮湿类型	过　湿	潮　湿	中　湿
东　北	1.00～1.05	1.05～1.07	1.07～1.10
华　北	1.01～1.06	1.06～1.08	1.08～1.10
西　北	1.02～1.07	1.07～1.09	1.09～1.11

注：路基潮湿偏低时取大值。

表8.10　土基干湿类型（MHT 5004–2010）

土基干湿类型	砂质土	黏质土	粉质土
干燥	$B_m \geq 1.20$	$B_m \geq 1.10$	$B_m \geq 1.05$
中湿	$1.20 > B_m \geq 1.00$	$1.10 > B_m \geq 0.95$	$1.05 > B_m \geq 0.90$
潮湿	$1.00 > B_m \geq 0.85$	$0.95 > B_m \geq 0.80$	$0.90 > B_m \geq 0.75$
过湿	$B_m < 0.85$	$B_m < 0.80$	$B_m < 0.75$

表8.11　路基干湿类型（JTGD 50–2006）

路基干湿类型	平均稠度 B_m	一般特征
干燥	>1.10	路基干燥、稳定，路基上部土层强度不受地下水和地表积水影响，$H>H_1$
中湿	0.95～1.10	路基上部土层处于地下水或地表积水影响的过渡带区内，$H_2<H\leq H_1$
潮湿	0.80～0.95	路基上部土层处于地下水或地表积水的毛细影响区内，$H_3<H\leq H_2$
过湿	<0.80	路基极不稳定，冰冻区春融翻浆，非冰冻区雨季软弹，$H\leq H_3$

注：H 为不利季节路槽最低点距地下水或地表积水位高度，m；H_1、H_2、H_3 分别为干燥、中湿和潮湿状态的水位临界高度，m。

土的平均稠度B_m按下式计算：

$$B_m = (\omega_L - \omega_m)/(\omega_L - \omega_p) \tag{8.3}$$

式中：ω_L为土的液限含水量（液塑限联合测定仪测定），%；ω_p为土的塑限含水量（液塑限联合测定仪测定），%；ω_m为道床范围内的平均含水量，%。

土基干燥、中湿和潮湿状态的水位临界高度，可根据当地资料及经验确定，缺乏资料时，可参考《民用机场水泥混凝土道面设计规范》（MHT 5004-2010）附录C确定。冻土区土基的冻胀性除原有水分（或为潮湿状态）外，还取决于最大冻结深度线（或设计冻深）与地下水位（可用冻前地下水位代替）的最小距离（见《冻土地区建筑地基基础设计规范》JGJ 118-2011中表3.1.5或《冻土工程地质勘察规范》GB 50324-2014中表3.2.1），该距离直接影响冻结过程中水分迁移量值。

按热传导理论建立的道面下土基的冻结深度计算公式（邴文山，1989；韩浩，2001）：

$$h_{土基} = \frac{T_0 - T_s}{B \cdot i_t}\frac{\lambda_f}{\lambda_u} - H\frac{\lambda_f}{\lambda_p} \tag{8.4}$$

式中：λ_f为土基冻结时的导热系数，kcal/(m·h·℃)；λ_u为土基未冻结时的导热系数，kcal/(m·h·℃)；λ_p为道面结构加权平均导热系数，kcal/(m·h·℃)；T_0为土基冰冻线处的温度，℃（近似于0 ℃）；T_s为道面表面温度，取当地最冷月平均负气温，℃；i_t为土基的温度梯度，℃/m，表8.12；H为道面结构总厚度，m；B为修正系数，一般取1～1.25。

表8.12　最大温度梯度标准值（JTG D40-2011）

公路自然区划	ⅡⅤ	Ⅲ	ⅣⅥ	Ⅶ
最大温度梯度/(℃/m)	83～88	90～95	86～92	93～98

注：海拔高时，取高值；湿度大时，区低值。

水分和土质相同情况下，土基的冻结深度愈大，道面冻胀量愈大。当道面开始冻胀时，因道面相对延伸度而不产生冻胀变形的冻结深度和道面结构强度能抵抗冻胀变形弯矩的冻结深度之和小于等于道面产生冻胀变形对应的土基最大冻结深度时，道面不会出现不均匀冻胀变形，此冻结深度即是道基容许的冻结深度（邴文山，1989；韩浩，2001）：

$$h_{容许} = 0.84 \times \sqrt[4]{\frac{\rho H}{E \cdot \eta}}L + 0.95 \times \sqrt{\frac{\varepsilon}{\eta}}L \tag{8.5}$$

式中：ε为面层极限相对延伸度，刚性道面一般取0.0003，沥青路面取0.0006；η为土的冻胀率，%；ρ为道面结构平均容重，kN/m³；E为道面结构的冻结模量，MPa；L为道面宽度，m；H为按强度计算确定的道面结构总厚度，m。

显然，道基土质和水分是决定冻胀率的基本条件，除发挥道面材料的力学性能外，改变道面结构层的热物理性质，使冻结深度减小亦可起到防冻胀作用。根据道面结构层组合的热物性参数计算出跑道的冻结深度（$h_{跑道}$），再按强度确定的道面厚度（H）计算出土基容许冻结深度（$h_{容许}$），道面的最小防冻层的厚度为跑道最大冻结深度减去道面下土基容许冻结深度，即$h_{防冻} = h_{跑道} - h_{容许}$。跑道防冻层厚度为强度计算的道面厚度加防冻垫层厚度。

由于机场跑道受力较公路路面受力大，民用机场规范给出的最小防冻层厚度（表8.13）较公路规范（表8.14）大些。但据伊春机场道面结构最小防冻层厚度验算看，道面结构厚度为当地最大冻深的68%（邢耀忠、郝友诗，2010）才能消除冻胀影响，规范给定的最小防冻层厚度并不能满足抗冻要求。统计资料表明，对冻胀量有增值作用的有效冻深为最大深度的70%左右。从安全度看，在恶劣条件下，宜以最大冻结深度作为道面最小防冻层厚度计算依据为妥。

表8.13 民用机场跑道最小防冻层厚度/m（MH/T 5004–2010）

路基干湿类型	路基土质	设计年限内当地最大冻深/m			
		0.50～1.00	1.00～1.50	1.50～2.00	>2.00
中湿路段	低、中、高液限黏土	0.30～0.50	0.40～0.60	0.50～0.70	0.60～0.95
	粉土，粉质低、中液限黏土	0.40～0.65	0.50～0.80	0.60～0.95	0.70～1.20
潮湿路段	低、中、高液限黏土	0.40～0.65	0.50～0.80	0.60～1.10	0.75～1.30
	粉土，粉质低、中液限黏土	0.50～0.80	0.60～0.90	0.80～1.20	0.90～1.50

注：①冻深大或挖方及地下水位高的地段，或基、垫层为高温性能差的材料，应采用高值；冻深小或填方路段，或基、垫层为高温性能好的材料，可采用低值；

②在冰冻地区的潮湿地段，不应采用石灰土作为基（垫）层；

③冻深小于0.5 m的地区，可不设防冻层。

表8.14 公路水泥混凝土路面结构层防冻最小厚度/m（JTGD 40–2011）

路基干湿类型	路基土质	设计年限内当地最大冻深/m			
		0.50～1.00	1.00～1.50	1.50～2.00	>2.00
中湿路段	易冻胀土	0.30～0.50	0.40～0.60	0.50～0.70	0.60～0.95
	很易冻胀土	0.40～0.60	0.50～0.70	0.60～0.85	0.70～1.10
潮湿路段	易冻胀土	0.40～0.60	0.50～0.70	0.60～0.90	0.75～1.20
	很易冻胀土	0.45～0.70	0.55～0.80	0.70～1.00	0.80～1.30

注：①易冻胀土为细粒土质砾（GM、GC），除极细粉土质砂外的细粒土质砂（SM、SC），塑性指数小于12的黏质土（CL、CH）；

②很易冻胀土为粉质土（ML、MH），极细粉土质砂（SM），塑性指数在12～22之间的黏质土（CL）；

③冻深小或填方路段，或基、垫层采用高温性能好的材料，可采用低值，冻深大或挖方及地下水位高的路段，或基、垫层采用高温性能差的材料，应采用高值；

④冻深小于50 cm的地区，可不考虑结构层防冻厚度。

易冻胀性土、冻结深度和离地下水位的距离是影响道基（路基）冻胀性的因素。美国陆军工程师团将土的冻胀性分为4类：

（1）无冻胀至低冻胀土：小于0.075 mm颗粒小于10%的含细料砾石；

（2）低冻胀到中等冻胀性土：小于0.075 mm颗粒小于10%～20%的含细料砾石，小于0.075 mm颗粒占6%～15%的含细料砂；

（3）易冻胀土：小于0.075 mm颗粒超过20%的含细料砾石，小于0.075 mm颗粒超过15%的含细料砂（不包括很细粉质砂），塑性指数小于12的黏土；

（4）很易冻胀土：粉质土，小于0.075 mm颗粒超过15%的很细粉质砂，塑性指数大于12的黏土。

实际上，当地基土中小于0.075 mm颗粒的含量<10%时，仍具有1%的冻胀率。在严寒地区的最大冻结深度超过2.5 m情况下，对于机场跑道和高速铁路（公路）来说，该分类标准是不能

满足要求的。

当地下水位距道床底1.5～3 m时，易冻胀土或很易冻胀土地基会因地下水充分补给而出现冻胀。

民用机场规范（MH/T 5004-2010）规定，防冻垫层可采用砂、砂砾等颗粒材料或低剂量无机结合料稳定粒料。采用砂、砂砾等颗粒材料时，其中通过0.075 mm筛孔的细粒含量不应大于5%。但应注意的是，若为黏粒（<0.005 mm）占绝对量时，其含量应不大于1%才可认为砂土没有或有极少量水分迁移（王正秋，1980）。

2.融沉性

多年冻土区民用机场跑道设计时，不仅要考虑季节融化层的冻胀性，还应考虑冻土上限以下多年冻土层的融沉性。冻土地基产生热融沉陷的原因：

（1）内因。冻土地基含有地下冰，通常冻土上限处均分布有厚层地下冰，含冰率达40%～70%，厚度一般为0.5～2.0 m，最大可达3～5 m。低温冻土区的冻土上限埋深1.0～2.5 m，高温冻土区冻土上限深度1.0～3.5 m。岛状多年冻土区上限最大埋深约7 m。细粒土地段，高含冰率分布深度可达10～15 m，粗粒土地段5～8 m。

2）外因。受热影响：其一，气候转暖；其二，改变地表覆盖层性质；其三，人类活动（包括工程建设）。如黑色沥青路面的人为上限深度达4～7 m，约增大一倍的天然上限深度；碎石路面的人为上限约为1.6倍天然上限；路堤高度低于0.5 m，有83%地段的冻土上限都出现下降。沥青路面的反射率为0.06，混凝土路面为0.20。草皮覆盖表面温度约比空气温度高1倍；沥青混凝土路面温度约为空气温度的5倍；混凝土路面的温度约为空气温度的3.5倍。道面结构层（常规情况）增大了导热系数，水泥混凝土道面的导热系数约比细粒土大0.7～0.9倍。施工时的热量和竣工后带入的蓄热，地表水及地下水侵入基槽等都会升高冻土地基温度，使冻土融化。

设计时，必须掌握跑道基底的冻土资料：岩性、年平均地温、上限深度、冻土工程类型、地下冰含量（可用含水率表示）及分布情况（沿平面及深度）、融沉性（系融沉数、垂直及平面分布图）、物理力学性质及水文地质条件等。

3.冻土地基承载力

冻土地基承载力受地基土的物质成分、密度、含水率（含冰量）、温度等因素影响，其中温度是影响冻土地基承载力变化的关键因素。地温升高，冻土中未冻水含量增大，强度降低；地温降低，冻土中未冻水量减小，强度增大。冻土地基承载力计算时，不仅要考虑勘察时提供的冻土地基承载力值，还应考虑机场跑道运行期，因冻土环境（地表植被铲除等）、道面结构层性质、上部载荷（静载和动载）、地基处理措施、施工方法及过程等条件改变以及全球气候变化等因素影响，使冻土地基热力场变化，冻土地基地温升高或融化。由于机场跑道横断面宽度大于45 m，道面引起冻土地基热力场变化（水平和垂直方向）远大于公路、铁路路基，计算时，既要考虑工程安全性，又要充分利用冻土地基的强度特性。

当冻土地基年平均温度较低（低温冻土），通常采用保护地基冻结状态的设计原则，冻土地基未冻水量较小，承载力较高，只要保持地基冻结状态的措施到位，冻土地基承载力能满足机场建设要求。当冻土地基年平均温度较高时，属高温塑性冻土，具有较大的压缩模量，荷载作用下的压缩、沉降变形就不可忽视。

飞机降落时对道面结构层会产生冲击作用，通过道面混凝土板传递到冻土地基，其作用似如列车荷载的振动作用（其振动的连续性和次数又远小于列车荷载，具有间歇性），与直接作用于冻土上冲击荷载（如爆破、地震及机械冲击）有差异。前者多用低温振动三轴材料试验机进行研究，后者常用霍普金森压杆试验完成。通常情况下，冻土的动强度小于其静强度，动荷载作用下冻土地基强度出现弱化现象。试验研究表明（高志华等，2009；朱占元等，2008）：低振次条件下压缩率较大；在相同含水率、振动频率、围压和温度条件下，动应力幅值越大，残余应变增加速度越快；不同温度和围压下可用广义双曲线模型描述高温、高含冰量冻土的骨干曲线动应力-动应变关系；同一围压下，动弹模量随土温降低而增大；高温冻结粉质黏土的阻尼比随应变幅值增大而增大。

4.混凝土道面冻融耐久性

寒冷地区混凝土道面常因遭受冻融循环作用，出现道面混凝土表面开裂剥落、起皮、露砂甚至露石等耐久性劣化现象，以致出现面板破裂，板角断裂，接缝附近板边碎裂等现象。根据《机场道面水泥混凝土配合比设计技术标准》（GJB1596-91）机场道面混凝土性能及配合比设计要求的试验资料，冻融循环对抗折强度的损失最大。基准配合比试件冻融100次，抗压强度损失9.30%，抗折强度损失42.27%，相对动弹模量为76.3%，掺减水引气剂0.8%的混凝土试件冻融150次的相对动弹模量为94.7%。动弹模量随着混凝土强度降低而降低，表明有逐渐形成对耐久性不良的劣化现象。冻融循环对道面混凝土质量损失（图8.9）和表面剥落影响看，外加剂0.4%混凝土试件冻融150次的质量损失为0.58%，表面超过50%出现剥落；外加剂0.8%混凝土试件冻融500次，质量损失1.91%，表面浆层几乎全剥落。掺入引气减水剂可以提高混凝土的抗冻性能，减少冻融循环造成质量损失和表面剥落。混凝土芯柱冻融试验（赵霄龙，巴恒静，2002），水中冻融250次，芯柱边缘出现掉边，强度损失32.9%，除冰液中冻融270次，芯柱表面及边缘形成大量裂纹，强度损失20.6%，因除冰液的冰点较低。

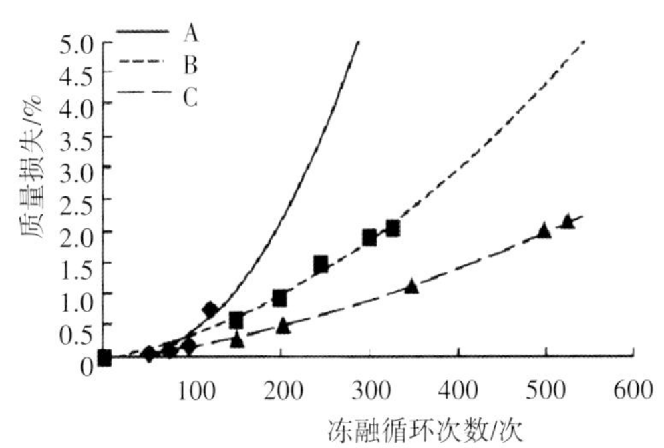

图8.9 冻融循环次数与质量损失趋势关系

（李文蕾等，2011）

A—基准配合比；B—掺入0.4%引气减水剂；C—掺入0.8%引气减水剂。

寒冷地区道面设计时必须考虑提高道面混凝土抗冻耐久性问题。对于某一特定地区，混凝土发生冻融破坏的因素中，年自然冻融循环次数对抗冻性影响最大，占90%，其次是日最低气温，占8%，最后是最大降温速度，占2%。我国青藏高原、川西高原、滇西高原、东北大兴安岭等地区的抗冻等级要求最高，应做特殊抗冻性设计，其次是黑龙江内蒙古交界、西北和东北大部分地区需进行抗冻性设计，东北南部、华北地区需进行一般抗冻性设计。

麻海舰（2015）资料介绍了几个地区的机场混凝土配合比和建议，供参考。

1）青藏高原玉树机场（巴塘滩）

2007年5月开工，2008年8月机场跑道计算完工，2009年8月1日通航。海拔3900 m，最冷月平均气温-8.0 ℃，负温期为151天，冻结指数为728.5 ℃·d，昼夜温差大。道面混凝土设计要求，28d的抗折强度为5.0 MPa，抗冻等级≥F300。机场跑道最终施工混凝土配合比（表8.15）的送样试件，平均抗折强度5.0 MPa，满足使用要求。

表8.15 青藏高原玉树机场跑道混凝土配合比

单位立方米的各混合料的质量/kg·m^{-3}						水胶比 W/C	含气量 /%	气泡间距 /μm	寿命预测 /a
水泥	砂	石	引气剂	减水剂	水				
320	640	1360	6.53	0.032	130	0.41	4	未测	23

资料预测，在未来因含气量偏低会使其抗冻耐久性降低，在正常使用期内会产生剥落、裂缝等冻融病害，降低设计使用年限，应引起注意。

该地区位于盐冻地区，需考虑混凝土受盐冻作用，抗冻性设计参数见表8.16，混凝土含气量不宜低于5%，无须掺加粉煤灰，混凝土气泡间距不大于300 μm。实际工程的混凝土配合比不满足冰冻要求。跑道除冰液宜选用醋酸钠（NAC），尽可能采用人工或机械除冰。

表8.16 盐冻环境下抗冻参数设计（马海舰，2015）

机场	除冰液	冻融环境等级	混凝土结构设计使用级别	水胶比 W/C	含气量 A/% 最小值	气泡间距 S/μm 最大值	粉煤灰掺量 FA/% 最大值	寿命预测 /a
机场高速	3.5%NaCL	F	一级	0.3～0.4	5	334	0	19
机场停机坪	3.5%EG	F		0.3～0.4	5	334	0	19
	3.5%PG	F		0.3～0.4	5	334	0	18
	3.5%CMA	F		0.3～0.4	5	334	0	14
机场跑道	3.5%KAC	F		0.3～0.4	5	334	0	17
	3.5%NAC	F		0.3～0.4	5	334	0	21

注：除冰液的主要成分有氯化钠（NaCl）、乙二醇（EG）、丙二醇（PG）、醋酸钙镁（CMA）、醋酸钾（KAC）和醋酸钠（NAC）。

2）东北地区长春机场（龙家堡）

长春市，海拔250～350 m，最冷月平均气温-15.1 ℃，负温期151天，冻结指数1288.4 ℃·d，属严寒气温带。

送检混凝土试件（表8.17），平均抗折强度7.19 MPa，经300次快速冻融试验后，相对动弹模量平均值为85.4%，质量损失率0.47%，表明试件抗冻耐久性良好，符合设计要求。

表8.17 东北长春机场跑道混凝土配合比

单位立方米的各混合料的质量/kg·m^{-3}					水胶比 W/C	含气量 /%	气泡间距 /μm	寿命预测 /a
水泥	砂	石	引气减水剂	水				
315	639	1490	7.88	130.5	0.414	4.2	未测	31

资料预测，未来会因含气量偏低而使其抗冻耐久性降低，在正常使用期内会产生剥蚀、裂缝等冻融病害，降低设计使用年限，应引起注意。

该地位于非盐冻地区，不考虑盐冻作用，混凝土含气量不低于5.5%，粉煤灰掺加量不高于9%，混凝土气泡间距不大于223 μm。实际工程的混凝土配合比不满足水冻要求。机场跑道、停机坪宜选用乙二醇（EG）或丙二醇（PC）专业除冰剂，紧急时可用盐溶液作除冰剂，但应注意浓度适中。在盐冻环境下，抗冻性设计参数见表8.18。

表8.18 盐冻环境下抗冻参数设计（马海舰，2015）

机场	除冰液	冻融环境等级	混凝土结构设计使用级别	水胶比 W/C	含气量 A/% 最小值	气泡间距 S/μm 最大值	粉煤灰掺量 FA/% 最大值	寿命预测 /a
机场高速	3.5%NaCL	E	一级	0.35～0.45	4	382	25	25
机场停机坪	3.5%EG	E		0.35～0.45	4	382	25	24
	3.5%PG	E		0.35～0.45	4	382	25	23
	3.5%CMA	E		0.35～0.45	4	382	25	18
机场跑道	3.5%KAC	F		0.3～0.4	5	334	20	22
	3.5%NAC	D		0.4～0.5	3.5	437	25	28

注：除冰液的主要成分有氯化钠（NaCl）、乙二醇（EG）、丙二醇（PG）、醋酸钙镁（CMA）、醋酸钾（KAC）和醋酸钠（NAC）。

3）西北地区乌鲁木齐机场

气候干燥，昼夜温差大，最冷月平均气温-16.1 ℃，负温期151 d，冻结指数1637.5 ℃·d，积雪期175 d，属严寒气温带。

2005年新建机场停车场混凝土配合比（表8.19），送检混凝土试件平均抗折强度6.06 MPa，抗压强度57.6 MPa，经300次快速冻融循环试验后，重量损失率1.1%，抗冻耐久性良好。

表8.19 新疆乌鲁木齐机场停车场混凝土配合比

单位立方米的各混合料的质量/kg·m^{-3}					水胶比 W/C	含气量 /%	气泡间距 /μm
水泥	砂	石	引气减水剂	水			
310	562	1483	12.4	127	0.41	3.4	360

资料预测，在未来会因含气量适中使其抗冻耐久性提高，在正常使用期内较少产生剥蚀、裂缝等冻融病害，保证了设计使用年限。结冰面较大或飞机起降频繁时，宜选用醋酸钙镁（CMA）等对道面剥蚀、冻融破坏较轻的除冰液，也可选用乙二醇（EG）、丙二醇（PG）等除冰液，氯盐除冰亦可。在盐冻环境下，抗冻性设计参数按表8.20所示。

表8.20 盐冻环境下抗冻参数设计（马海舰，2015）

机场	除冰液	冻融环境等级	混凝土结构设计使用级别	水胶比 W/C	含气量 A/% 最小值	气泡间距 S/μm 最大值	粉煤灰掺量 FA/% 最大值	寿命预测 /a
机场高速	3.5%NaCL	E	二级	0.3～0.4	2	572	8	
机场停机坪	3.5%EG	E		0.3～0.4	2	572	8	
	3.5%PG	E		0.3～0.4	2	572	8	
	3.5%CMA	E		0.3～0.4	2	572	8	
机场跑道	3.5%KAC	F		0.3～0.4	2.5	500	12	
	3.5%NAC	C		0.3～0.5	1.5	655	25	

注：除冰液的主要成分有氯化钠（NaCl）、乙二醇（EG）、丙二醇（PG）、醋酸钙镁（CMA）、醋酸钾（KAC）和醋酸钠（NAC）。

4）华北地区北京首都机场

湿润温暖大陆性气候，最冷月平均气温-3.4 ℃，负温期90 d，冻结指数163.1 ℃·d，属温和气温带。

1995年首都机场改扩建工程跑道混凝土配合比（表8.21），送检混凝土试件，平均抗折强度8.6 MPa，抗压强度67.8 MPa，经150次快速冻融循环试验后，重量损失率为0.9%，属抗冻耐久性良好。

资料预测，在未来会因含气量适中使其抗冻耐久性提高，在正常使用期内有效降低剥蚀、裂缝等冻融病害发生率，保证了设计使用年限。选用浓度适中的醋酸钙镁（CMA）、醋酸钠（NAC）和商用飞机除冰液等专业除冰制剂，慎用醋酸钾（KAC）、丙二醇（PG）除冰液，禁用NaCl除冰盐。在盐冻环境下，抗冻性设计参数按表8.22所示。

表8.21 北京首都机场跑道混凝土配合比

单位立方米的各混合料的质量/kg·m^{-3}						水胶比 W/C	含气量 /%	气泡间距 /μm	矿物掺量 FA/%
水泥	砂	石	引气剂	减水剂	水				
350	654	1023	3.5	0.04	173	0.44	4.4	360	10.2

表8.22 盐冻环境下抗冻参数设计（马海舰，2015）

机场	除冰液	冻融环境等级	混凝土结构设计使用级别	水胶比 W/C	含气量 A/% 最小值	气泡间距 S/μm 最大值	粉煤灰掺量 FA/% 最大值	寿命预测 /a
机场高速	3.5%NaCL	F	一级	0.3～0.4	5	334	20	
机场停机坪	3.5%EG	E		0.35～0.45	4	382	25	
机场跑道	3.5%PG	F		0.3～0.4	5	334	20	
	3.5%CMA	E		0.35～0.45	4	382	25	
	3.5%KAC	F		0.3～0.4	5	334	20	
	3.5%NAC	E		0.35～0.45	4	382	25	

注：除冰液的主要成分有氯化钠（NaCl）、乙二醇（EG）、丙二醇（PG）、醋酸钙镁（CMA）、醋酸钾（KAC）和醋酸钠（NAC）。

5.排水工程

一般情况下，根据地形和水文地质条件，分区段设置排水系统。道面区，在跑道基槽底部设置纵向和横向保温排水盲沟，基槽侧面（单侧或双侧）设置纵向排水渗沟（图8.10），基槽底部坡率不小于1%，将底部的地下水排入侧面的排水渗沟，一起将基槽地下水排入道面区段深部排水系统。土面区，设置保温渗水暗沟（图8.11），将道面区两侧和土面区四周的地表水及浅层地下水排入土面区段浅部排水系统。如果地下水位较高，宜将保温排水暗沟设计为保温渗水盲沟（如道面侧向渗水盲沟），以降低地下水位。必要时，距道面区一定距离的土面区内加设保温渗水盲沟，降低地下水位。

基槽侧向排水渗沟（图8.10），沟宽1.0～1.5 m，内充填洗净碎石或卵砾石，外衬一层450 g/m^{2}无纺透水土工布，土工布外铺设0.1 m厚中粗砂。渗沟底部排水管采用Φ200 mm双壁PVC波纹管，管壁厚50 mm，管壁上方240°范围内打直径8 mm的孔眼，纵向间距150 mm，交错布设，外包一层450 g/m²无纺透水土工布，布间搭接长度不小于0.2 m。

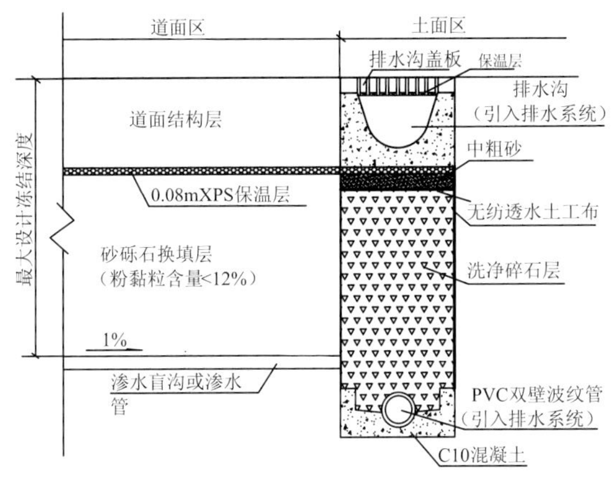

图8.10　跑道侧向排水渗水盲沟结构示意图

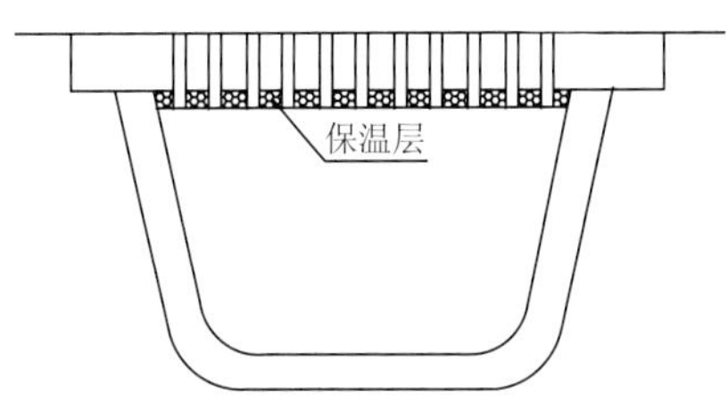

图8.11　土面区保温排水

8.4　冻土地基处理

1.国外多年冻土区机场跑道地基处理类型

资料介绍（刘伟博等，2015），国外多年冻土区机场跑道地基处理的主要类型有：基岩跑道、铺设隔热保温层跑道、安装热管跑道、开挖换填砂砾石跑道。

（1）基岩跑道。最为理想的跑道，避免冻土带来的工程问题，如法国阿尔卑斯山的库尔舍维勒国际机场，受地形限制，小机场，跑道长度大约500 m。格陵兰岛沿海地区大量的机场跑道都直接修筑在基岩上。基岩跑道受地形、地质条件限制，难以满足跑道长度和大型飞机安全起降要求。

（2）铺设隔热保温层跑道。通过铺设隔热保温层，阻止外部环境热量从道面传入冻土地基，引起冻土地基热状态变化，保证机场跑道冻土地基融化深度小于或等于设计融化深度，保持冻土地基热稳定性。当然，冬季也阻止了冻土地基热量向外散发，换句话说，阻止了外部冷量进入冻土地基，不利冻土地基冷却。1969年阿拉斯加州西部科策布修筑第一条铺设隔热层跑道，采用扩张性挤塑聚苯乙烯泡沫板（XPS）。经跑道性能和不同隔热材料的现场监测和试验、计算评估表明，聚氨酯泡沫塑料的吸水性较大和强度较低而被否定，扩张性挤塑聚苯乙烯泡沫板性能较好，服役到第15年依然具有出色的隔热保温性能，设计年限可大于20年。图8.12是经典的铺设隔热保温层冻土区机场跑道结构图。该跑道从中心向两侧设1∶80的倾斜度，下部铺设保护层和隔热层，最底部铺设碎石基底。若沥青道面，其下部加设一层混合有黏结剂或水泥稳定碎石基层。

需注意的是，阿拉斯加地区的多年冻土属于低温冻土，年平均地温均低于−4～−5 ℃，气候严寒。我国多年冻土区适宜建筑场地的冻土年平均地温均为−0.5～−2 ℃，太阳辐射热量也较阿拉斯加大，青藏铁路铺设隔热保温层路基也因此而被否定推广使用。

（3）安装热管（或称热棒）跑道。为解决跑道的融沉和冻胀问题，1982年阿拉斯加州对某机场采取安装热管措施。州运输部提出：热管散热片部分的顶端标高不能超过跑道中心线的标高，施工期间跑道不能关闭。跑道采用上下两层热管布设方案，两侧交错布置（图8.13），上层热管的水平坡度为1：15，长度24.384～42.675 m（80～140 ft）不等，下层热管水平坡度1：10，长度为24.384 m（80 ft）。经监测证明，热管布设对保持跑道基础稳定性起到很好的效果。

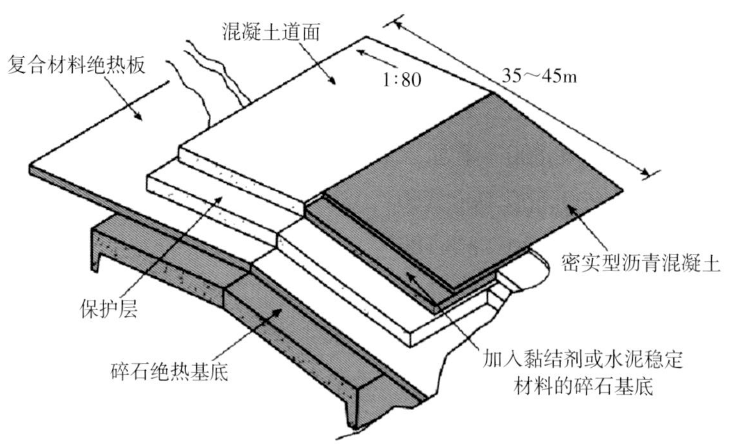

图8.12 铺设隔热保温层的跑道结构图（刘伟博等，2015）

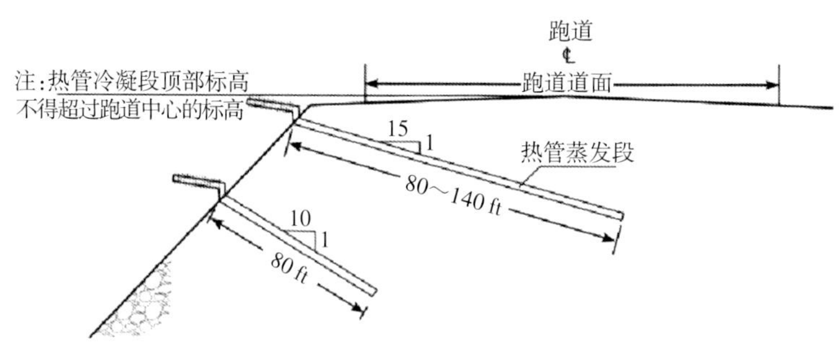

图8.13 阿拉斯加州安装热管的机场跑道结构图（刘伟博等，2015）

安装热管的机场跑道应属于“路堤式”跑道。在加拿大的阿拉斯加多年冻土区有“路堤式”机场跑道（图8.14），适宜中小型飞机使用，地面经压实处理后，铺设块石（类似于青藏铁路的块石路基），上部铺设碎石土，采用砂石道面。

图8.14 加拿大U miujaq机场“路堤式”跑道

（喻文兵摄）

我国的机场跑道不允许采用“路堤式”跑道，也就难以采用安装热管降低冻土地基温度，以保持冻土地基热稳定性。

（4）开挖换填砂砾石跑道。挖除冻土，换填碎石或砾石修筑跑道。阿拉斯加北冰洋沿岸平原地区的机场跑道，一般采用砾石换填方法（砾砂层厚度1.5 m）修筑跑道，考虑到夏季冻土融化现象，往往需要乘以1.25的工程安全系数，使多年冻土上限抬升到回填的砾石层中。阿拉斯加北部布鲁克斯山脉地区，砾石层换填厚度需增加0.3 m。道面下部1.2 m内需很干净的砾石，以杜绝来自地表面水体的毛细作用，顶部的0.3 m需加入细砂来增强凝聚力，到达良好的压密度。

我国漠河机场跑道对原湿地多年冻土层，采用砂砾换填原冻结粉质黏土富冰冻土层，换填深度依冻土层含水率略大于塑限含水率时为止，深度约达13 m（其中道面结构层、砂砾垫层的基槽4.8 m），基槽底部设有纵、横向排水管。经近十年的运营表明效果良好。

2.多年冻土区机场跑道地基处理

多年冻土区机场跑道的冻土工程问题主要是冻土地基的冻胀和融沉，还有高填方和给排水工程。

1）道面基础防冻胀措施

机场跑道防冻胀措施有以下几个方面。

（1）道基土质改良防冻胀

道基土质改良主要侧重两方面：物质成分和密实度。

具有冻胀敏感性的地基土是颗粒粒径小于0.1 mm为主的土体，相同条件下，粒径小于0.075 mm含量超过50%的土体具有最大的冻胀性。为此，属于细粒土系列的土都可归列为具有冻胀敏感性土，粉质土、粉质黏土、低液限黏土、≤0.075 mm粒径含量>15%的粗粒土都具有较强的冻胀性，其冻胀性等级可依《冻土工程地质勘察规范》（GB 50324-2014）或《冻土地区建筑地基基础设计规范》（JGJ 118-2011）进行判别。粗颗粒土，如粒径<0.075 mm含量小于15%（对机场跑道和高速铁路来说应控制在小于5%）的粗砂、砾砂、砾石、碎石等属于弱冻胀敏感性土。细粒土具有较强持水性和较厚的水膜厚度，较高的毛细上升高度，冻结过程中较强烈的水分迁移致使土体产生较大的冻胀性。粗颗粒土不具有这样的特性，冻结过程中还具有"斥水作用"。采用粗颗粒土置换道基冻胀敏感性土可有效地隔断毛细水上升通道，减小水分向冻结锋面迁移，进而减小地基土的冻胀量。

增大地基土压密度可以抑制地基土的冻胀性。大量试验资料表明，黏性土干密度达1.7 g/cm^{3}后，密度增大可使土体变为两相体系，多余水分被挤出，冻胀性减小（图5.4）。在非饱和细粒土中，冻胀最大值位于压实度80%～90%的范围内，压实度达90%以上后，相对冻胀值成比例降低（刘宜平，2009），此时，压密度增大，粉质黏土孔隙中弱结合水占主导，阻断毛细水上升及地表水下渗。《民用机场水泥混凝土道面设计规范》和公路部门一样，要求冻深范围内土基的压实度应达95%以上。砂砾石地基土通常都能满足压实密度的要求（表8.23）。

表8.23　西藏阿里机场盐渍土湿地区地面振动碾压试验结果（张其峰、张文斌，2012）

碾压遍数	振动碾压前	4遍	6遍	8遍	10遍
干密度/g·cm^{-3}	2.00	2.05	2.11	2.14	2.16
压实度/%	90.8	93.0	95.8	97.1	98.1

注：由圆砾和砂卵石组成，盐渍土湿地区表层为杂填土、素填土及粉细砂。

砂砾石等粗粒土防冻胀需满足三个条件：

其一，砂砾石回填料的纯净度：机场跑道砂砾石换填层中粒径<0.075 mm粉黏粒含量应控制在5%以内，且不能含有草根等杂质。

其二，置换深度：砂砾石置换冻胀性土的深度与地下水位有密切关系，地下水位距最大设计冻结深度的距离应大于1.0 m。通常情况下，置换深度应大于70%～80%的最大设计冻深为宜。日本北海道的置换率平均为80%的最大冻结深度；瑞典以冻深0.9 m为界，在界线内全部置换，超过界线者的置换率为80%；美国工程师兵团在柔性机场跑道的置换率为换填后全部冻深的80%。多年冻土区，季节融化层会出现双向冻结，即大气产生的地表自上而下冻结，多年冻土上限处产生自下而上的冻结，土体产生双向冻胀，形成"K"曲线，冻胀量大小取决于地下水的富集情况，置换率宜较季节冻土区大些，或达100%。

其三，换填层内水分有可排泄通道。冻结过程中，砂砾层内的孔隙水冻结，形成正的孔隙水压力，在其压力梯度作用下，将多余水分排出，减小冻胀。在砂砾石换填层下应有或设置排水通道（开敞系统），才能保证砂砾石换填防冻胀作用。

（2）隔热保温

隔热保温法，或称热物理法，通过调整地基土的地温状态，达到减小地基土冻结深度，以减少道面冻胀变形量。从保温效果看，保温层布设的位置越靠近地表越好，在道面与隔热保温层间应设置保护层，道面下的水泥稳定砂砾基层起着双重作用，既起到保证强度作用，又起到下卧隔热保温层的保护作用（图8.15）。如哈大客运专线的试验段（D3K389）防冻胀处理措施：在基床表层以下铺设0.1 m和0.06 m厚XPS保温板（3%应变时的抗压强度不小于700 kPa，吸收率小于1%，导热系数不大于0.03 W/m·K），底层换填1.0 m厚A、B组填料防冻层，并采用复合土工膜封闭基床。观测资料表明，保温板下与上温度幅值的比值（平均）分别为29.01%和31.61%（孔建杰，2012），两种厚度隔热效果仅增加2.5%，可减小路基顶面最大冻胀量分别为50.5%和35.3%，说明保温板有良好隔热效果，但厚度增大了66.66%，其隔热效果差值幅度并不大。保温板厚度与其保温效果不是成比例关系。

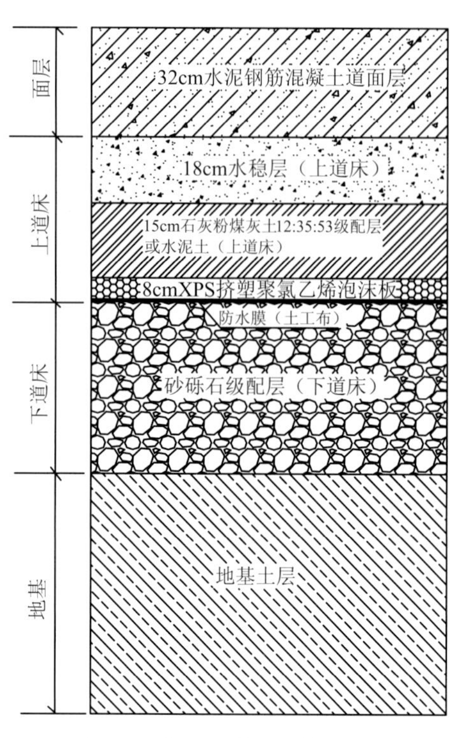

图8.15 机场跑道的结构示意图

经验表明，一般情况下，10 mm厚度保温板（EPS）可减少冻深0.1～0.13 m。甘肃民勤总干渠的观测资料，10 mm厚度保温板可减小冻深0.3 m（陈肖柏等，2006）的情况可能与土层性质、含水率及保温板性能等因素有关。

XPS与EPS保温材料的物理性能比较看，XPS的抗压强度较大，吸收率和导热系数较小，适合于公路、铁路和机场跑道应用。机场跑道下的保温板厚度不超过100 mm为宜。

青藏公路和铁路经验，保温板的埋置深度宜设置在路基面设计标高以下0.3～0.5 m为宜，当路基高度超过3.0 m时，应考虑路基侧向传热的影响，保温板埋置深度亦相应降低。尽管机场道面区与土面区齐平，但因机场跑道两侧有大于道面1.5倍的土面区，近似于天然的冻结深度，可能对道面区的冻结深度有影响，保温板埋置深度应适当增加，宜埋置在道面层（混凝土板）底面以下0.3～0.5 m。

（3）防排水

排除或疏干地基土中水分是防冻胀措施的重要举措。道面区与土面区的排水设施应构成系统，场内排水系统应与场外排水系统构成有机联系。底部用土工布膜隔断毛细水。

道面区基槽侧面应设置纵向保温渗水盲沟（图8.11），基槽底面设置横向排水盲沟，与侧向保温渗水盲沟连接，在适宜的地形地段将基槽地下水排出道面区。基槽底部可采用渗水盲沟或渗水管（图8.16）。

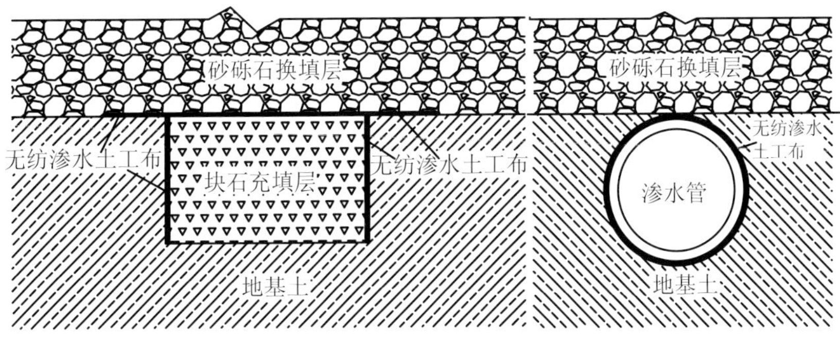

图8.16 跑道基槽底部横向渗水盲沟或渗水管断面示意图

季节冻土区地下水位较高地段。地下水位应控制在最大冻结深度线下0.5～1.0 m。方法：其一，采用隔热保温层减小季节冻结深度；其二，加大基槽侧向渗水盲沟深度，降低地下水位；其三，在道面结构层或防冻层底部，设置砂砾、碎石等透水性隔水层，或设置不透水土工布隔水层，或渣油和土拌和隔水层以阻隔地下水；其四，采用路堤式填方地基，抬高道面标高，如西藏阿里昆莎机场做法。前三种方法应综合使用，可取的事半功倍的效果（图8.17）。

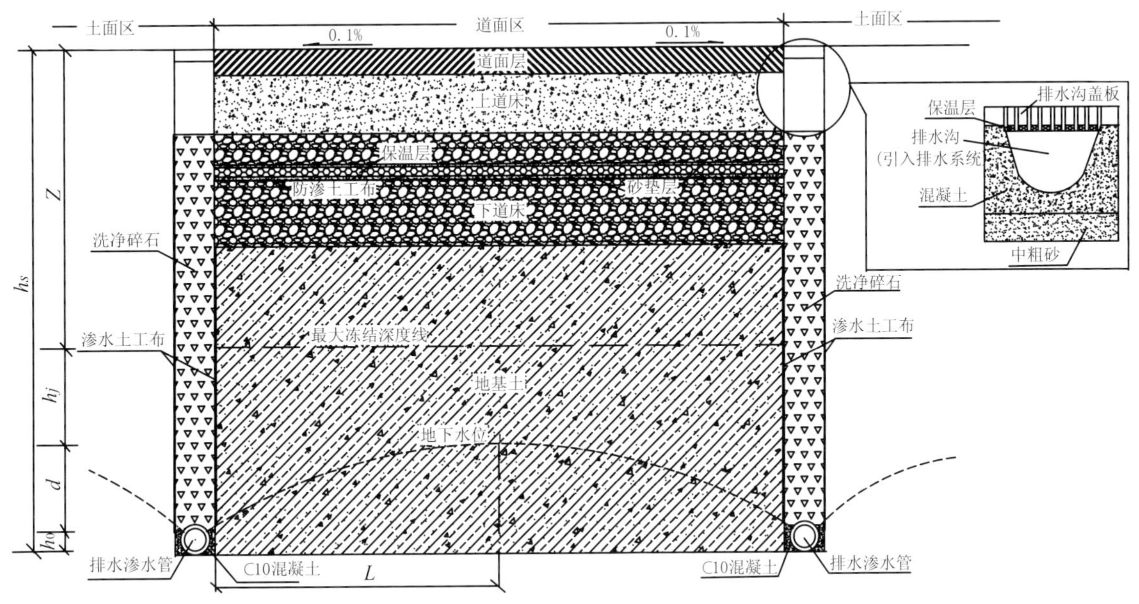

图8.17 高地下水位地段渗沟降水方法

排水渗沟的埋置深度可按下式计算：

$$h_s = Z + d + h_0 + h_j \tag{8.6}$$

式中：h_s为渗沟埋置深度，m；Z为冻结深度（天然冻结深度-保温层等效影响深度），m；h_0为渗沟内水深，m；h_j为安全高度（地下水位控制深度），m；d为渗沟降水曲线最大矢矩，m，即$d = I_0 \cdot L$；I_0为降水曲线平均坡度值；L为渗沟边缘距道面中心线的距离，m。

多年冻土区道面基槽排水可参考图8.10，应将最大设计冻结深度改为最大设计融化深度。

西藏阿里昆莎机场采取抬高道槽方法（孙俊等，2012），场区季节冻结深度2.4 m，考虑机场地下水位埋深浅，变化幅度大，部分区域位于湿地内，砂砾石填方毛细水上升高度为0.4 m。综合分析临界冻结深度、毛细水上升高度及安全高度，道槽设计标高至少抬升到冻前地下位2.4 m，且考虑50年洪水设防，将基础整个道槽的标高抬高到2.6～3.8 m，有效解决盐渍化冻土的危害及洪水威胁。同时，在道槽土基设计标高下1.0 m，铺设二布一膜土工材料，隔断毛细水。

（4）化学法

物理化学法是使用人工材料处理，抑制土体冻胀产生的条件，以减弱或消除冻胀。

①通过土体盐渍化来改良地基土，降低地基土的冰点以达到抑制冻胀。常用可溶性无机盐类，如$CaCl_2$、KCl、NaCl等，最常用的是NaCl。土体盐渍化后，孔隙水溶液中无机盐类离子浓度增高。使土体中阳离子被置换，引起土颗粒聚结作用而降低土体的冻结温度（表8.24），使之在某一温度范围不冻结，达到不冻胀。其方法简便，材料来源广。

表8.24　不同盐渍度土的起始冻结温度

土 质	不同盐渍度Z(%)下土体冻结温度/℃			
	0.4	0.55	0.85	1.2
粉质黏土	−1.2	−1.5	−2.6	−3.0
粉质土	−1.3	−1.7	−2.5	−3.4
细 砂	−1.3	−1.6	−2.5	−3.5

但应注意，土体盐渍化后的抗变形与抗破坏能力显著下降，在轻微盐渍化（Z=0.5%～1.0%）的黏聚力要减少2/3～5/6，承载能力也相应下降，变形量却高得多。在冻融过程中会发生消盐作用，防冻胀的有效期为2～5年。延长盐渍化有效期的主要方法是将人工盐渍化土分层夯实，使其干密度达到最优干密度的0.9～1.03倍，提高盐渍化土的强度，降低孔隙水溶液凝固点，使冻结时水分不迁移或微迁移。如粉质黏土的干密度达2.0 g/cm^3，孔隙水溶液浓度为0.15 g/cm^{3}情况下，在开放系统中冻融循环16次，仍能保持其抗冻胀性能，稳定相对冻胀量在1%～2%。

②采用憎水性物质混合土，使土颗粒表面具有憎水性，改变土层的渗水通道，减少地基土的含水率，使其冻胀性减弱。如石油产品：重油、液态石油沥青、表面活性剂等。表面活性剂为含十二碳键和十八碳键聚氨酯类，如NN′-双十八烷基乙二胺可降低冻胀量90%，地下水上升量减小60%～80%，地表水下渗速度下降98%。

③在粉质土、砂质黏土中加入凝聚剂增大土体颗粒粒径，降低毛细上升高度。主要聚合剂有：顺丁烯聚合物、聚合丙烯酸钠、聚乙烯醇和高价Fe^{3+}、Al^{3+}等聚合剂。用量0.5%～1.0%，可减小90%的冻胀性。

与之相反，在粉质黏土等细粒土中加入磷酸钠分散剂，使天然土体胶团分散，细颗粒含量增多，密实度增大，导致土体冻胀性减弱。分散剂主要有：四偏磷酸钠、六偏磷酸钠、三聚磷酸钠。用量为土重的0.5%～1.0%，

④减弱土层渗水隔离层。在土中加入水溶性盐类材料，增大土壤孔隙水的黏滞性，或在土颗粒表面形成难溶的化合物，提高土壤的抗渗性或不透水性。有物理方法和化学方法。

a.化学材料加固隔离层：

木质磺酸盐类有亚硫酸盐纸浆废液+$K_2Cr_2O_7$、亚硫酸盐纸浆废液+$CaCl_2$、亚硫酸盐纸浆废液+$Ca(OH)_2$等，随着用量增加冻胀可完全消失。

有机硅液体为甲基硅醇钠、乙基硅醇钠、聚乙基硅醛等，10%～20%的有机硅液体处理砂质黏土、细砂，浸水半年都不崩解，土体冻胀性显著下降。

羧甲基纤维素（CMC）用来增加孔隙水或外来水源的黏性，含有1%CMC的水溶液，黏度达160×10^{-3} Pa·s（20 ℃纯水的黏度为1×10^{-3} Pa·s），加入0.5%CMC溶液，黏度达30×10^{-3} Pa·s，冻胀量就大幅度减小。

b.物理材料加固隔离层：

水泥土是由水泥、土、水按一定比例混合而成，常用水、灰比为（0.7∶1.0）～（1.4∶1.0），灰土比（1∶6）～（1∶8）。适用于砂土、砾砂、砾石和掺有工业废料的土；砂质黏土要外掺石灰，含有有机质土要外掺$CaCl_2$；重黏土和含大量有机质土不适用。水泥土作隔离层厚度为0.15～0.2 m。

石灰土中石灰含量（3%～20%）：石灰中含活性CaO≥52%，过0.35 mm筛不少于90%，再加少量液体沥青效果更好，具有很好的防渗性。

沥青土，采用乳化沥青处理细颗粒土（粉土、黏土），再用强度高、抗老化的聚乙烯塑料薄膜包裹可代替粗颗粒土作路基填料，起保温隔水作用，效果良好。现今将沥青和水泥混合使用，其抗冻性、变形性、耐腐蚀性均都提高。

（5）强夯法

强夯法处理地基是利用夯锤自由落下产生的冲击波使地基密实，气体被排除，土颗粒相互靠近进行重新排列，由天然的紊乱状态变为稳定状态，孔隙体积大为缩小。在饱和土中，强夯产生很大的拉应力使土体产生一系列的竖向裂缝，孔隙水从裂缝中排出，加速饱和土体的固结。季节冻土区，强夯使地基土密实，也使含水率降低（表8.25），冻胀性亦减小（表8.26）。

表8.25　地基土强夯前后物理性质和强度变化（唐树春，1992）

受荷状态	土名	取样深度/m	干密度/g·cm^{-3}	含水率/%	地基承载力/kPa
强夯前	粉质黏土	1.0	1.58	24	150
强夯后	粉质黏土	1.0	1.72	18.5	250

表8.26　强夯前后路面冻胀量（唐树春，1992）

路段	处理前冻胀量/mm	处理后冻胀量/mm
龙-卧公路	100	30
中七路	60	20

实践证明，强夯法用于加固处理碎石土、砂土、粉土、非饱和的黏性土、湿陷性黄土和人工填土等地基土的效果十分明显，但对于软塑、流塑状态的黏性土，以及饱和的淤泥、淤泥质土，因水分不易排出，效果不明显，有时还适得其反。此时采用强夯置换法可有效加固地基。

强夯置换的原理是通过强击和填料形成置换体，使置换体和原地基土构成复合地基共同承受荷载（图8.18）。其原理，当圆柱体的重锤自高空落下，接触地面的瞬间夯锤刺入土中，释放出大量能量，对被加固土体产生三方面作用：其一，锤底面下土体承受锤底巨大冲击力，使土体体积压缩并急速向下推移，夯坑底面以下形成压密体［图8.18（a）］，密度大大提高；其二，锤体侧面土体瞬间也受到锤体边缘的巨大冲切力而发生垂向剪切破坏，形成近乎直壁的圆柱形深坑［图中8.18（b）］；其三，锤体冲压和冲切土体的同时产生强烈震动，以三种震波（P波、S波、R波）向土体深处传播，在震动液化、排水固结和震动挤密等联合作用下，使置换体周围土体也得到加固。

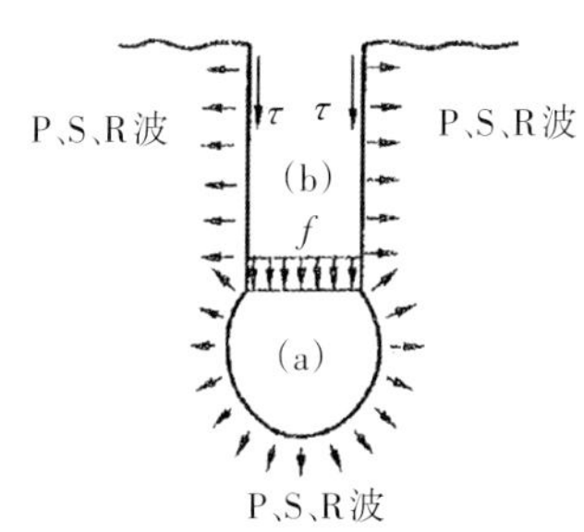

图8.18　强夯置换原理图

（龚晓南，2008）

强夯置换法的置换体形状、尺寸与施工工艺有关：

①置换体冠形的圆柱体形的直径、深度与夯击能量直径相关（图8.19），要求置换深度大，就要提高夯击能，有效增加每次置换深度，并增加置换次数。

②要求置换体直径小，深径比大，除采用小直径夯锤外，还要提高单击夯能，有效增加每锤的锤入深度。置换体的直径一般为1.5～1.8倍锤径，与单击能量大小、被置换土体和置换材料性质有关。

③置换材料性质对置换体形状有很大影响，碎块石等粗粒材料的置换效果良好，置换体轮廓清晰。饱和软土不宜用砂、砾、山皮土作置换材料。

④置换地面隆起量愈大，说明置换土体的程度越差，越接近单纯的挤出置换过程。宽厚的冠形挤密区表明置换对原土有很好的挤密加固作用。当置换土不易挤密时已达到不可挤密的程度，否则，地面就会出现隆起。

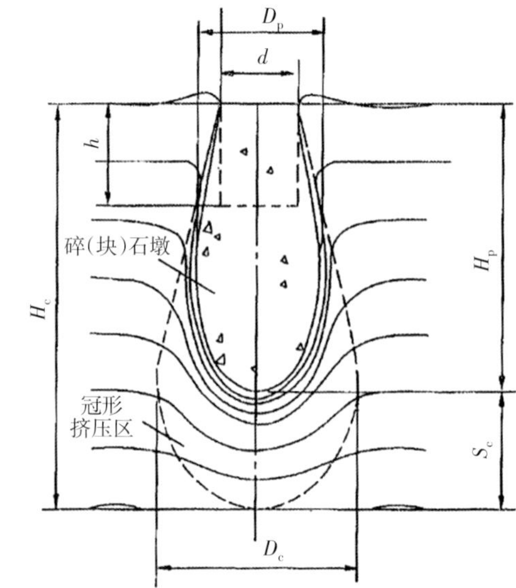

图8.19　强夯置换体典型剖面

（龚晓南，2008）

d—夯坑直径；h—每次置换时夯坑深度；
D_p—置换碎块石墩体直径；H_p—置换体深度；
D_c、H_c、S_c—分别置换体下方冠形挤密区的直径、深度、底部厚度。

内蒙古海拉尔省道203线一级公路的岛状多年冻土地段，退化型多年冻土厚度1.5～3.5 m，岩性为沼泽和湖泊沉积的淤泥质粉质黏土和软塑–流塑黏性土。采用强夯置换法处理冻土地基，片石墩粒径不大于150 mm，处理深度7.0 m（图8.20）。点夯夯锤直径1.2 m，锤重17.5 t，夯能3000 kN·m，总夯击次数10～13次，满夯夯锤直径2.0 m，锤重12 t，夯能1000 kN·m，次数3遍。处理要求：片石墩必须穿透地基下部多年冻土和软土层；最后两击平均夯沉量<50 mm；夯坑周围地面不发生较大隆起，满夯夯印搭接不小于1/4锤径；垫层材料粒径≤50 mm，含泥量不超过5%。该方法处理岛状多年冻土路基具有强度高、冻胀性小、地基土固结迅速、侧向变形范围小等特点，施工机械简单、速度快、质量易控制、检测方法简单等优点。

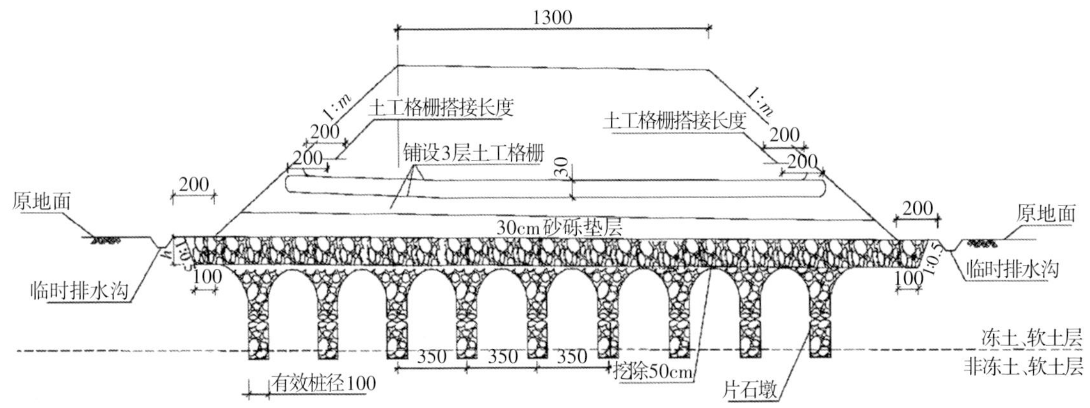

图8.20　内蒙古海拉尔省道203线强夯置换法处理岛状多年冻土地基剖面图（单位：cm）

（赵福宁、赵雨军，2014）

2）冻土地基防融沉措施

适用于机场跑道的地埋式（挖方）防冻土融化下沉的方法主要有：换填法、隔热保温法、桩基承台法、强夯置换法、预融法（水力融化、蒸汽融化、电热融化、热化学融化）等。当采用填方修筑机场跑道时，热虹吸（热棒）法+隔热保温法构成热棒保温复合措施。不论哪种方法都必须加强和做好地下及地面排水措施。

采用预融法时，应对预融后的融土进行压实和加固，主要方法有：机械法、物理法、化学法、电化学法等。

（1）换填法

当多年冻土为高温、高含冰率冻土，且冻土厚度较小时，可采用碎（块）石、砂砾石等粗颗粒材料换填。换填法应满足：换填料中粉黏粒（<0.075 mm）含量应不大于5%；应做好排水措施，冻结时应有排水出路；避免积水，浸泡下卧冻土层。

大兴安岭漠河机场是我国第一座建筑在多年冻土上的机场，场址地处低山丘陵，冻土年平均地温0～-0.1 ℃（图8.21），冻土厚度>15 m（水文地质勘察最大冻土厚度达18～22 m），冻土工程类型及融沉性等级（图8.22）为：少冰冻土（Ⅰ）、多冰冻土（Ⅱ）、富冰冻土（Ⅲ）和饱冰冻土（Ⅳ）。岩性为角砾、碎块石、碎石质粉质黏土、粉质黏土及黏土。最大季节冻结深度3.5 m。跑道东南端为富冰-饱冰冻土（BⅢ-Ⅳ），粉质黏土夹砾砂、黏土，3～5 m深处冰层厚度20～50 mm，6～7 m深处见有大量冰晶，此深度以上总含水率达17.2%～57.8%，融沉系数为10%～25%，属强融沉性土。以下的总含水率为17%～26.7%，属弱融沉性土。多年冻土融沉性分区说明见表8.27。

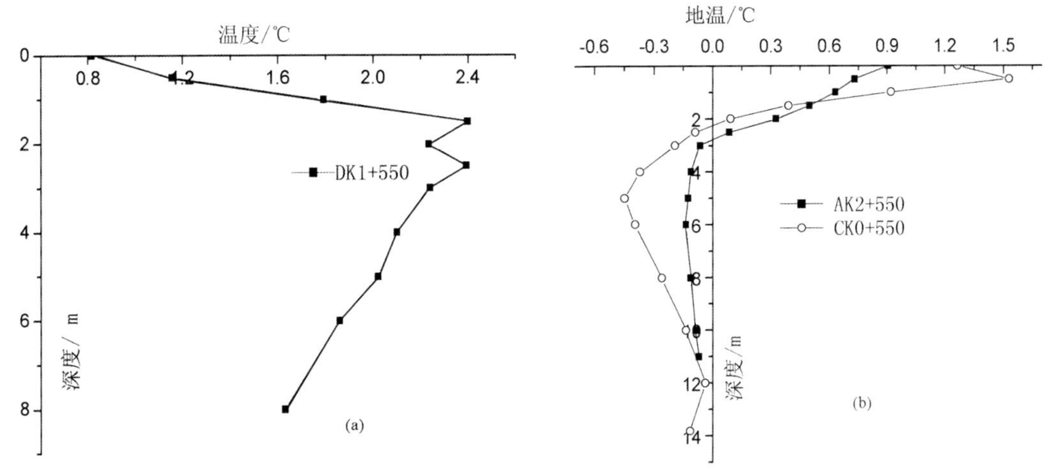

图8.21　漠河机场跑道2008年冻土地温曲线

表8.27　多年冻土融沉性分区说明

区号	融沉等级	特　性	融沉系数/%	冻土类型
A	不融沉Ⅰ-弱融沉Ⅱ	Ⅰ:角砾、碎块石,W<12%	1～3	少冰冻土
		Ⅱ:碎石质粉质黏土,W<20%		多冰冻土
B	融沉Ⅲ-强融沉Ⅳ	Ⅲ:粉质黏土、黏土等,见冰晶,W=17%～39.3%	3～10	富冰冻土
		Ⅳ:粉质黏土、黏土等,见20 mm冰层,W=30.6%～45%	10～25	饱冰冻土

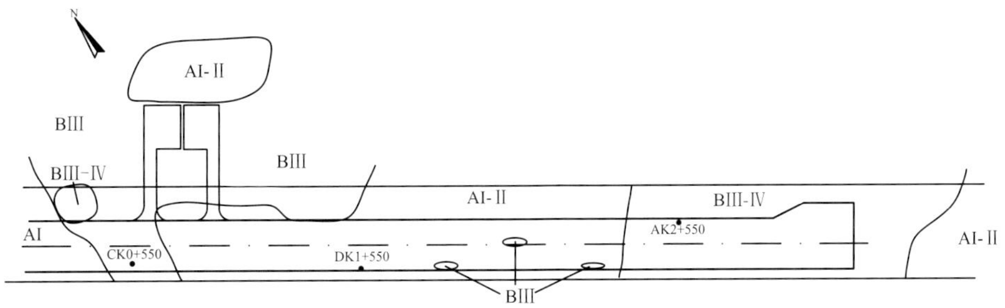

图8.22　漠河机场跑道冻土融沉性分区示意图

居于跑道区属于高温、高含冰率冻土，地基设计不适宜采用保护冻土设计原则，宜采用预先融化设计原则。方案比较，采用碎块石、砂砾石置换冻结粉质黏土、黏土，可避免冻土融化下沉和满足设计要求的强度，经济合理。换填深度依据冻土含水率达塑限含水率时止，即8 m，并做好排水措施。

场区最大季节冻结深度为3.5 m。因道面结构层1.52 m（混凝土板厚0.32 m，水泥稳定砂砾厚0.4 m，级配砂砾石厚0.8 m）的导热系数较粉质黏土大25%～40%。为此，道面修筑后，季节冻结深度可能增加1.0 m左右。因道面区最大季节冻结深度内细粒土具有较高的含水率，增大冻深可能引起冻胀，故将最大冻深范围内的粉质黏土用砂砾石置换。

近十年运营效果表明，漠河机场的高温、高含冰率冻土地基处理方法是合理、安全的，且经济。

（2）隔热保温法

采用隔热保温法防多年冻土地基热融下沉时应考虑几个条件：①多年冻土区气候严寒，冻结指数大于3倍以上的融化指数；②多年冻土年平均地温应低于-2.0～-3.0 ℃；③隔热保温材料导热系数小，强度高，吸水性小；④冻结层上水容易排除。

我国适宜工程建筑地区的多年冻土状态和特性，难以满足第1、2条的要求，除高山多年冻土区外，冻土年平均地温大部分高于-2.0 ℃，气温冻结指数也仅大于融化指数1～2倍。采用隔热保温层仅能隔离大气传递的热量，减小部分季节融化深度，且也隔离了冬季大气冷量向冻土地基传递，减少冻土地基冷能积累，会导致冻土地基融化深度逐年增加。

如阿拉斯加多年冻土区的Kotzebue机场，气温年平均冻结指数-3306 ℃·d，融化指数1056 ℃·d。跑道填土中铺设0.1 m厚的EPS保温板，埋深0.23 m，隔热保温层上直接填筑0.15 m的混凝土基层，基层上再筑0.08 m沥青混凝土面层。观测表明，0.1 m隔热保温层可减小融化深度1～1.35 m（无隔热保温层段的融化深度达3.0 m，有隔热保温层段的融化深度为1.65～2.0 m）。

加拿大西北部多年冻土区的伊努维克，年平均气温-8.7 ℃，冻结指数-4690 ℃·d，融化指数1210 ℃·d。在马更些公路，路堤高度1.5 m，三段路基分别铺设EPS隔热保温层的厚度为50 mm、90 mm和115 mm，埋深均为0.7 m。观测表明，第1年铺设50 mm隔热保温层的道路中心下沉0.3 m，其他路段下沉很小，6年时观测，仅90 mm及115 mm厚的EPS隔热保温层有效防止多年冻土融化。

（3）桩基承台法

在高温、高含冰率冻土、冻土厚度较大地区，因道面结构层修筑，地面状态改变（铲除植被和腐殖层、裸露地面、人工材料覆盖等），将导致冻土地基温度升高，季节融化深度增大，沉降变形增加。在全球气候变暖背景下，钢筋混凝土道面和裸露的土面，飞机运行及人为各种活动将会使下卧多年冻土层逐年升温，冻土上限逐年下移，退化，多年冻土融化产生的变形亦将逐年增加。采用保护措施难以维持冻土地基处于冻结状态时，可采用逐渐融化设计原则，在机场跑道使用年限内，冻土融化产生的变形满足道面设计要求。

桩基承台法（图8.23）在机场运营期内处理冻土地基居于两个目的：其一，多年冻土中桩基础埋置深度（h_f）仍有置于多年冻土层内，桩基承载力仍能满足设计承载力要求；其二，多年冻土地基融化时产生的固结沉降变形，可通过承台调节，满足设计变形要求。

桩基竖向承载力计算可按《冻土地区建筑地基基础设计规范》（JGJ 118-2011）进行：

$$R_a = q_{fpa} \cdot A_p + U_p \left[\sum_{i=1}^{n} f_{cia} l_i + \sum_{j=1}^{m} q_{sja} l_l \right] \tag{8.7}$$

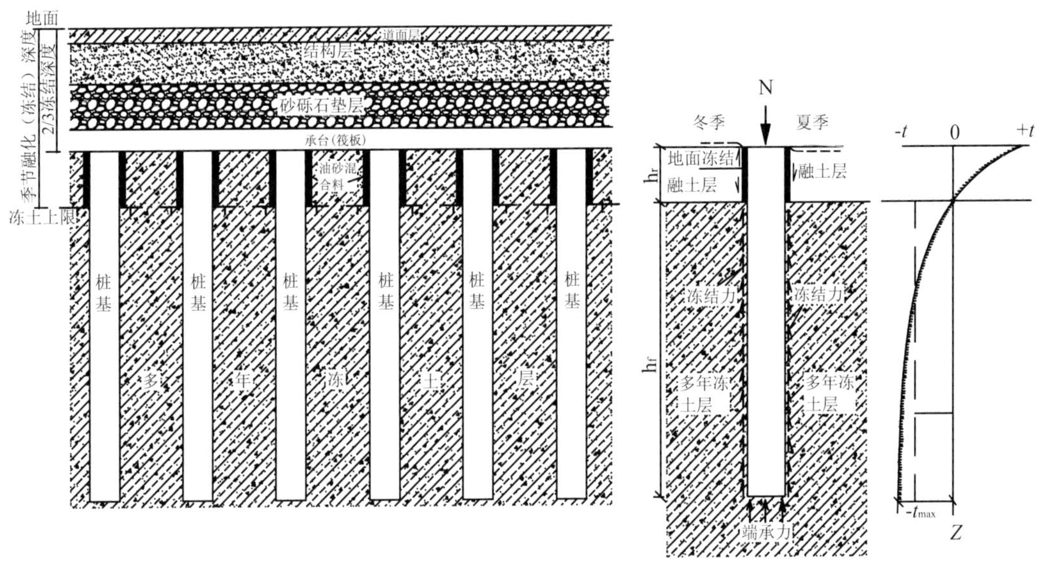

图8.23　桩基加承台基础

式中：R_a为单桩竖向承载力特征值，kN；q_{fpa}为桩端多年冻土层的端阻力特征值，kPa，无实测资料时按规范（JGJ 118-2011）取值；f_{cia}为第i层多年冻土桩周冻结强度特征值，kPa，无实测资料时按规范（JGJ 118-2011）取值；q_{sja}为第j层桩周土侧阻力特征值，kPa，按现行行业标准《建筑桩基技术规范》（JGJ 94）的规定取值；冻结融化层土为强冻胀或特强冻胀土，在融化时对桩基产生负摩擦力，应按现行行业标准《建筑桩基技术规范》（JGJ 94）的规定取值，若不能取值时，可取10 kPa，以负值代入；l_i、l_t为按土层划分的各段桩长，m；A_p为桩底端横截面面积，m^2；U_p为桩身周边长度，m；n为多年冻土层分层数；m为融化土层分层数。

多年冻土层的桩端阻力和桩周冻结强度取值时，应按其温度确定选值。

不同季节中，多年冻土层上部（通常为0～8 m深度范围）的土温会受到大气温度变化的影响。春夏季节，季节融化层内，冻土发生融化，在秋季时，多年冻土层上部的土温达最高，冻土的冻结强度最弱；冬春季节，季节融化层冻结，产生冻胀，春末时，多年冻土层上部土温最低，冻结强度最大。

因此，计算桩基承载力时，应选择多年冻土层地温最高时段的土温作为多年冻土冻结强度和桩端阻力取值依据。承台（筏板）施工时，在其底部与桩顶间应铺设0.2 m砂垫层（不填满、不压实），以防季节融化层冻胀力对承台的隆胀作用。

（4）热棒（热虹吸）+隔热保温层冷却地基。

厚度较大的高含冰率基本稳定多年冻土区，原则上可采用“宁填不挖”方法保护冻土地基，但因机场修筑和场区环境变化，多年冻土层地温将因而升高，季节融化深度增大，仅采取隔热保温层仍不能保持冻土地基的热稳定性，需要采取冷却地基措施增大冻土地基的冷储量。鉴于我国机场跑道不能采用国外的“路堤式”跑道，青藏铁路采用的块石路基、通风管路基也就不适宜机场跑道应用。借鉴发卡式热棒路基的原理，将热棒与隔热保温层组合，用于多年冻土区机场跑道，修建“热棒+隔热保温层”复合冷却跑道（图8.24）。

机场跑道使用的热棒及其功率需专门设计，采用“平卧式”热棒，蒸发段长度应达1/2道面宽度，埋设深度为道面结构层（道面层+结构层+隔热保温层）下，热棒水平坡度为1∶10。冷凝段设置在土面区地面上，其高度不能高出道面中心标高（或道面边界灯的高度），为增大冷凝段的冷却面积，可根据环境条件设计，或为“Y”形。两边热棒交错布置，单边热棒中心间距不大于4 m。开槽埋设，热棒周边回填0.2 m粗砂（不得含有碎石）。

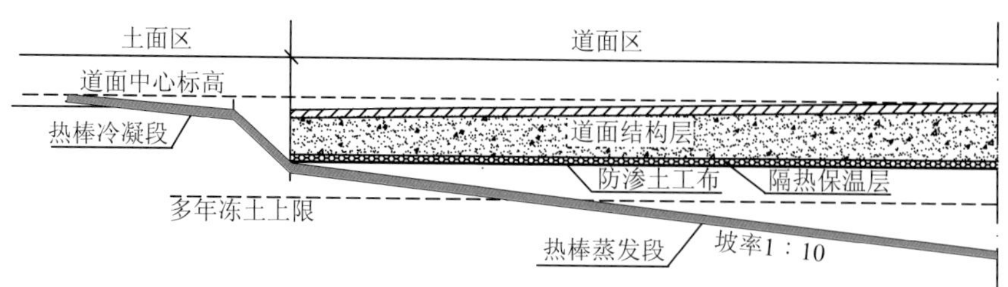

图8.24 热棒+隔热保温复合机场跑道结构示意图

（5）预融法

在退化型极高温大块碎石土、砾石土及低含冰率（少冰冻土）细粒土的多年冻土区，跑道施工和运营期间，冻土地基发生融化后其计算沉降量不超过允许的极限沉降量时，可以采用允许冻土地基融化的设计原则。值得注意的是，应获得冻土地基的物理性质（含水率、未冻水含量、干密度等）、热学参数（冻结与融化状态的导热系数等）、强度性质（融化状态的黏聚力和内摩擦角、承载力等）、变形性质（冻土融化系数、融化时的相对压缩系数）以及建（构）筑物的基本资料（几何尺寸、传给冻土地基的压力等）。进行计算：①确定不同时间和稳定期道面下的冻土地基的最大融化深度；②确定正融化地基土的设计强度（承载力）；③道面的冻胀性。

当极高温多年冻土区的局部地段深部具有融沉性含冰率冻土，机场跑道运营期间，受气候及人类工程建筑的热影响，冻土地基将会融化，冻土地基的计算沉降量超过极限沉降量时，需要采取预融方法使冻土地基的沉降量在跑道修筑前能减少到满足设计要求。

预融方法有：利用天然热量融化冻土方法和利用人工热融方法。

利用天然热量融化冻土方法需有足够的时间。为加速融化，可铲除地表覆盖层和植被；黑化地表面；采用透明塑料薄膜覆盖地面等方法，增加建筑区域地面温度，一般情况下，裸露地面温度比空气温度高3～5 ℃，一个夏季能使土层融化深度达3～4 m。但应采取防冻措施防止冬季回冻，或减少冻深。

人工热融方法较多，根据冻土地基条件和经费情况选用。主要有：

①水力融化法（图8.25a）：用冷水或热水融化冻土。适用于高温高含冰率的粗颗粒冻土，借助于钻孔将针管状渗滤器插入钻孔中，用压力将水压入针管状渗滤器使冻土融化。针管间距3～4 m，深度7～8 m。粗颗粒土能自由排水，通常2～3周就能自重压密完成固结。在细颗粒冻土中应用，会出现水将细颗粒土冲出。

②蒸汽融化法（图8.25b）：用蒸汽融化冻土（开敞式和封闭式）。将蒸汽针管插入细颗粒冻土中，用蒸汽热将冻土融化。开敞式即蒸汽通过针管末端使蒸汽直接进入到冻土中使冻土融化，但会使融化土层含水率增大。封闭式即蒸汽在针管内循环，通过管壁热量将冻土融化。蒸汽针管在自重和轻度撞击下逐渐沉入细颗粒冻土中，一般融化深度约10 m。

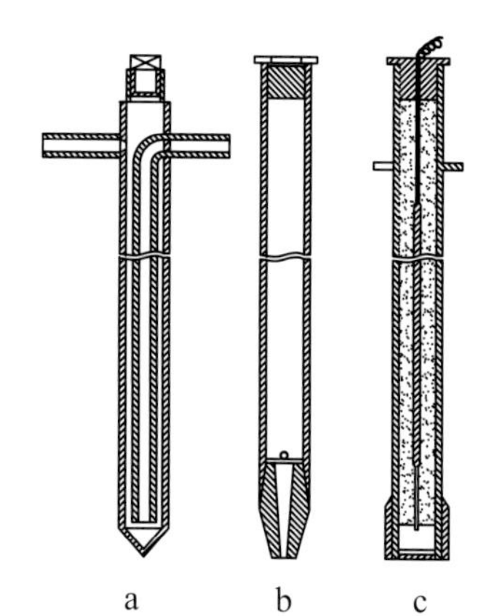

图8.25 融化冻土金属针状管结构示意图

a—用于压力水力融化；
b—用于蒸汽融化；
c—用于电加热融化。

③电热融化法（图8.25c）：用交流电融化冻土（按设计深度）。采用电加热融化冻土一般不会增加融化上体的含水率，甚至会使其产生部分干燥。图8.26为苏联使用电加热法融化冻土。采用电压为120～400 V或更高，作业时间1～2个月，每平方米地基所需电功率0.1～0.3 kW，电渗每立方米地基土消耗电能为60～80 kW·h。当电加热时，冰透镜体及冰夹层融化，矿物夹层排列靠紧，使正融土产生压密作用。每个电极由电源供电，同时也是排水管。为安全起见，电加热场地必须用篱笆围护，且设置警示牌，必要时需设值班监护。

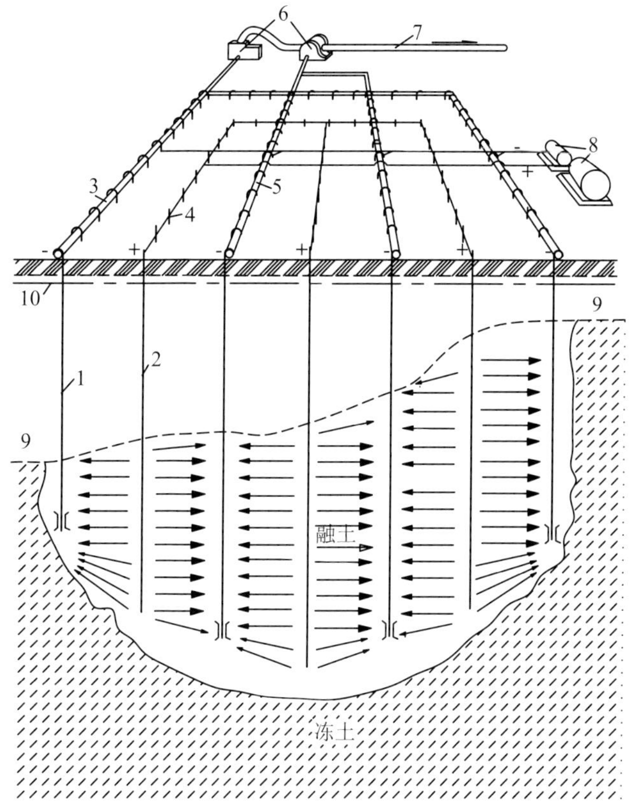

图8.26　电渗预融加固土体示意图(H.A. 崔托维奇,1985)

1—阴极针滤管；2—阳极针滤管；3—连接软管；4—电极；5—降低地下水位集水管；6—水泵；7—泄水管；8—直流电源；9—多年冻土上限；10—地下水位。

④热化学融化：用高热水泥、生石灰等材料在凝结硬化和熟化过程中发热融化冻土。

生石灰在熟化过程中产生吸水、膨胀、发热等物理效应，与掺和料间产生胶凝反应。石灰桩复合地基的几个主要作用：

a.高温效应使桩间土温升高。理论上生石灰熟化时，1 kg生石灰熟化放出950 kJ热量，日本测得纯生石灰桩内最高温度达400 ℃，我国加掺和料的石灰桩内温度最高达200～300 ℃。在正常置换比情况下，桩间土的温度最高可达40～50 ℃。高温效应促进桩周土的脱水作用。利用生石灰熟化产生的热量使桩周冻土融化。

b.生石灰吸水膨胀挤密桩间土。生石灰熟化时使固体崩解，空隙体积增大，颗粒比表面积增大，吸附物增多，使固体颗粒体积增大。因生石灰质量高低不同，在自然状态下熟化后其体积增到1.5～3.5倍，即体胀系数，一级生石灰的体胀系数达3～3.5倍。一般情况下，有掺和料的桩直径增大系数为1.1～1.2，相当于体胀系数1.2～1.5（表8.28），使周围土体出现明显的挤密作用。室内试验资料，在直径100 mm的封闭厚钢筒内测得生石灰轴向膨胀力达11.3 MPa；桩径150 mm时，距桩中225 mm（1.5d）及300 mm（2d）处的测压力最大值为16～70 kPa；当桩径300 mm时，距桩中心1.5d和2d处不同深度的侧张力为60～300 kPa。但侧张力不能稳定在某一数值。桩体膨胀在桩顶也出现隆起现象。

表8.28　不同压力下桩材的体胀系数（龚晓南，2008）

材料 / 压力/MPa	生石灰	粉煤灰：石灰		火山灰：石灰	
		2：8	3：7	2：8	3：7
50	1.49	1.40	1.34	1.35	1.26
100	1.37	1.33	1.28	1.28	1.19
150	1.29	1.26	1.22	1.21	1.12

c.排水固结作用。采用不同配合比掺和料（粉煤灰、土），其渗透系数在7.30×10^{-3}至6.13×10^{-5}之间（表8.29），相当于粉砂、细砂的渗透能力，较一般黏性土大10～100倍。石灰桩体具有1.3～1.7的大孔隙比，且组成颗粒大。观测资料表明，成桩后1小时，桩间土的孔隙水压力迅速降至打桩前的水平，并继续下降。当桩体掺和料采用煤渣、矿渣、钢渣等粗颗粒料时，排水固结作用更明显。

表8.29 石灰桩体渗透系数试验（龚晓南，2008）

试件编号	取样部位	渗透系数/cm·s^{-1}	试件编号	取样部位	渗透系数/cm·s^{-1}
3c1	石灰桩心	6.13×10^{-5}	12c1	石灰桩心	7.58×10^{-5}
9c1	石灰桩心	4.07×10^{-3}	13c1	石灰桩心	6.53×10^{-5}
6c1	石灰桩心	1.29×10^{-3}	天1	石灰桩心	7.30×10^{-3}

d.化学加固效应。活性掺和料与生石灰在特定条件下的反应是很复杂的，总的看法，$Ca(OH)_2$与活性掺和料中的SiO_2、Al_2O_3反应生成硅酸钙及铝酸钙水化物，不溶于水，在含水率很高的土中可以硬化。生石灰熟化的吸水、膨胀、发热等速效效应一般短期（4周）就趋于稳定。但与桩间土的离子化作用（吸水作用）仍继续进行，$Ca(OH)_2$离子化产生的钙离子Ca^{2+}和黏土颗粒表面的阳离子进行交换并吸附在颗粒表面，改变了黏土颗粒带电状态，使表面弱结合水减薄。土粒凝聚。团粒增大，塑性减小，抗剪强度增大。钙离子Ca^{2+}与黏土中的SiO_2、Al_2O_3化合发生固结反应仍继续进行。石灰的碳酸化反应将随水分减小变得很慢，仍会继续增加强度。

漠河机场扩建工程有一段为全风化凝灰岩（粉质黏土），属退化型高温多年冻土，年平均地温为-0.1～0.0 ℃，局部地段（埋深8～15 m）富冰冻土属融沉性冻土（Ⅲ级），冻土总含水率17%～35%，预计最终融沉量150～250 mm，200 kPa压力下单位沉降量18.8%。不适宜采用保持冻结状态设计原则，可采用逐渐融化和预先融化设计原则。根据机场跑道的工程环境条件，拟用换填地基、桩筏基础、人工融化冻土三种方案处理冻土地基。

2016年11月4日开始进行石灰桩试验，桩径（d）400 mm，桩间距为$2.5d$和$3d$，正三角形布置，桩深18 m，试验桩16根，监测孔18个。

配合比：生石灰：土（粉质砂土，W=11.6%）：水泥=50%：45%：5%。

试验目的：冻土融化状态，桩间土挤密程度，承载力和变形模量，施工工艺。

施工：采用麻花钻成孔，一次拌料6桶（180 kg），分3次填入，拌和土料配制含水率20%，每次加水2.311 kg，填高0.4 m，夯锤重75 kg，落距0.4～0.5 m，击实15次，余高0.3 m。试验室试验，石灰桩膨胀率为1.3（400 mm直径石灰桩膨胀至530 mm）。

监测：11月11日所有桩间土中心测温孔均为正温，最高温度达18～32 ℃，一周后，桩体竖向变形累计膨胀量为26～31 mm，桩间土累计膨胀量18～30 mm。5个月后（2017年4月）各测温孔融化土（深度8～16 m）平均温度>1 ℃（图8.27），桩体及桩间土累计变形基本保持不变。

试验表明，生石灰熟化产生的高温可以使桩周（2.5～3.0d）的极不稳定冻土（-0.1～0.0 ℃）融化，经历一个寒冬，地温仍高于1 ℃。生石灰熟化产生体积膨胀，使桩间土竖向膨胀30 mm，表明径向有膨胀挤密作用。试验后15天，桩间土用标贯，桩体用动探，检测结果表明（表8.30及表8.31），4 m以下桩体与桩间土承载力分别为266 kPa和308 kPa，满足设计要求。

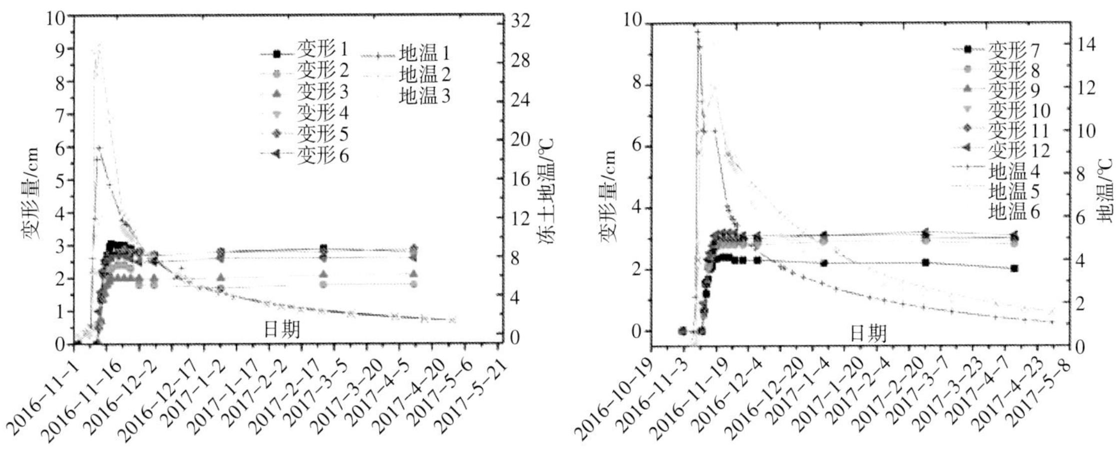

图8.27　漠河机场石灰桩1～6(左图)和7～12(右图)累计变形及地温曲线(正为向上)（程佳）

表8.30　桩间土标贯试验结果

孔号	起止深度 /cm	每贯入10 cm的锤击数			N值击数 /(击/30 cm)	探杆长度 /m	修正后击数	承载力特征值 / kPa
		0～10	10～20	20～30				
BGK5	2～2.45	3	4	3	10	4.96	9.2	196.13
	3～3.45	5	8	8	21	4.96	19.32	405.28
	4～4.45	8	8	11	27	4.96	24.84	519.36
	6～6.45	6	6	6	17	7.46	14.62	308.15
	7～7.45	7	8	9	24	9.19	19.44	407.76
BGK9	2～2.45	3	3	4	10	4.96	9.2	196.13
	4～4.45	7	8	10	25	4.96	23	481.33
	6～6.45	8	8	9	25	7.46	21.5	450.33
	8～8.45	6	7	9	22	9.16	17.82	374.28
	10～10.45	9	12	20	41	11.17	33.21	692.34
	12～12.45	23	27	25	75	13.07	57.75	1199.50
	14～14.45	50	50	50	150	15.67	109.5	2269.00

注：按福建省《建筑地基基础技术规范》（DBJ13-07-2006）表C.0.7插值计算承载力特征值。

表8.31　桩体动探试验结果

孔号	探杆总长 /m	入土深度 H/m	贯入度 /cm	锤击数 /击	$N_{63.5}=n\times10/\Delta s$ /(击/10 cm)	校正后击数 $N'_{63.5}=\alpha N_{63.5}$ /(击/10 cm)	承载力特征值 / kPa
S2	4.96	1.05	10	7	7	6.3	240.09
	4.96	1.15	10	11	11	9.68	340.28
	4.96	1.25	10	11	11	9.68	340.28
	4.96	1.35	10	8	8	7.2	266.77
	4.96	1.45	10	7	7	6.3	240.09
	4.96	1.55	10	7	7	6.3	240.09
	4.96	1.65	10	7	7	6.3	240.09
	4.96	1.75	10	7	7	6.3	240.09
	4.96	1.85	10	8	8	7.2	266.77

续表 8.31

孔号	探杆总长 /m	入土深度 H/m	贯入度 /cm	锤击数 /击	$N_{63.5}=n\times10/\Delta s$ /(击/10 cm)	校正后击数 $N'_{63.5}=\alpha N_{63.5}$ /(击/10 cm)	承载力特征值 / kPa
S2	4.96	1.95	10	9	9	8.1	293.45
	4.96	2.05	10	9	9	8.1	293.45
	4.96	2.15	10	10	10	9	320.13
	4.96	4.10	8	8	8	7.2	266.77
	4.96	4.20	14	14	14	12.32	418.54
	4.96	4.30	38	38	38	29.64	931.96
	4.96	4.40	2	50	250	187.5	5611.46

注：按《工程地质手册》第四版中表3-2-19用最小二乘法插值计算承载力特征值。

常用的石灰桩孔直径为300～600 mm，按三角形布置，桩孔间中心距，可为桩孔直径的2～3倍。也可按下式估算：

$$s = 0.95d\sqrt{\frac{\bar{\rho}_{dl}}{\bar{\rho}_{dl} - \bar{\rho}_d}} \tag{8.8}$$

$$\bar{\rho}_{dl} = \bar{\eta}_d \rho_{d\max}$$

式中：$\bar{\rho}_{dl}$为在成孔挤密深度内桩间土的平均干密度，t/m^3；$\bar{\rho}_d$为地基处理前的平均干密度，t/m^3；$\rho_{d\max}$为桩间土最大干密度，t/m^3；d为桩孔直径，m；$\bar{\eta}_d$为桩间土经成孔挤密后的平均挤密系数，不宜小于0.93。

桩孔数量估算：

$$N = \frac{\text{处理范围的面积}A}{\text{单根桩承担的材料面积}A_e} \tag{8.9}$$

式中：A_e为$\pi d_e^2/4$，d_e为一根桩分担处理地基面积的等效圆直径，m，等边三角形排列的d_e=1.05s；正方形排列时d_e=1.13s，s为桩间距；A为拟处理地基土的面积。

当石灰桩配料土的含水率较低时，宜进行增湿处理，按拟定含水率增湿的水量计算：

$$m_w = [m_s/(1 + 0.01w_0)] \times 0.01(w_j + w_0) \tag{8.10}$$

式中：m_w为配制加入水的质量，g；w_0为风干土的含水率，%；w_j为拟配制土的含水率，%；m_s为风干土的质量，g。

桩间土的平均挤密系数$\bar{\eta}_c$

$$\bar{\eta}_c = \frac{\bar{\rho}_{dl}}{\rho_{d\max}} \tag{8.11}$$

3）高填方及边坡稳定性

多年冻土区常有高填方工程，有关填方工程的稳定性要求与非冻土区的要求是一致的。其核心差异在于斜坡多年冻土层中含有冰，在上覆高填方土层条件下，下伏多年冻土层将产生某些变化需在设计中加以注意。

（1）多年冻土上限变化

据青藏公路和青藏铁路的试验研究，在青藏高原不稳定多年冻土条件下，路基填土高为2.5～5 m时，路基下多年冻土上限均有上升可能，过高的路堤填方，增加两侧斜坡面积，导致吸热量增大而使路基下多年冻土上限下降，引起路基热融沉降变形。东北大兴安岭地区也大致相似，据调查（铁道部第三勘察设计院，1994），路堤高度<0.5 m，人为冻土上限下降占83%，路堤高度0.5～1.0 m的占54%，路堤高度1.0～1.5 m的占44%，路堤高度1.5～2.0 m的占21%。当然，气温越低，多年冻土年平均地温越低，冻土热稳定性越强，填土高度亦相应可增高。

漠河机场西北端的高填方，最大填土高度约40 m。漠河地区年平均气温为-5.5 ℃，最低气温为-52.3 ℃，最大季节冻结深度为3.5 m。近50年（1958—2008）平均气温波动呈上升趋势（0.33 ℃/10a），冬季上升显著（0.67 ℃/a）（桂翰林等，2009）。机场建设和气候转暖使漠河机场的多年冻土逐渐退化，年平均地温为0～-0.1 ℃，冻土人为上限下降7 m左右，但局部地段仍存在有富冰冻土。

2005年漠河机场勘察期，西北端斜坡的多年冻土上限平均为1.2 m，跑道处多年冻土上限约1.8 m。填方宽度约700 m，最小填方高度6～8 m，最大填方高度约43 m。鉴于每年寒季所带入的冷量不足以抵消施工期带入的热量，填土高度越大，施工蓄热也越大。10年后，对机场跑道土面区高填方段进行勘察发现，坡脚填方土（填方高度约7 m以下）的多年冻土上限略有上升（仍处于松散沉积物中）外，其余的钻孔中多年冻土人为上限均有所下降，由原处于松散粉质黏土夹碎石层下降到原基岩面（图8.28）。按大兴安岭地区铁路大于5 m路基的地温观测资料，施工引起的多年冻土上限下降至人为冻土上限重新稳定的时间需要5～6年的时间。52#孔（填土高度约7 m）于2015年秋地温观测资料，年平均地温（17 m深度）为-0.12 ℃，20 m深度处的地温为-0.09 ℃。

多年冻土上限下降可能引起土体沉降，特别是高温-高含冰冻土地段，因冻土上限下降均导致填筑土体出现沉降变形。沉降变形量取决于冻土层的含冰率、密度及附加荷载。

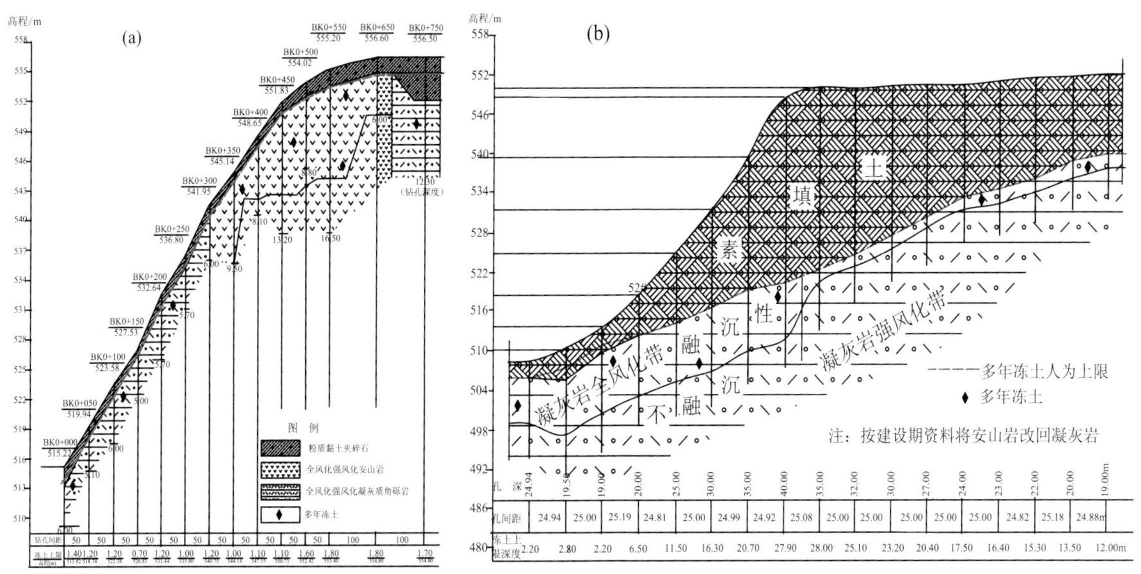

图8.28　漠河机场跑道西北端原始冻土工程地质剖面图[(a)建设期，(b)扩建期]

（2）冻土的压密变形

冻土并非是不可压缩的，特别是高温-高含冰率冻土在荷载作用下具有较大的压缩性，其压密作用是非常复杂的物理力学过程，包括了压力作用下冻土和冰的结晶温度降低（融化温度升高）；未冻水（压力作用前和过程中形成的）出现迁移（排出）、渗滤；冰晶体角端融化及其集合体黏塑流，发生结构再造作用（在压力较低处）。

水的冰点取决于所受的外界压力大小，按热力学第二定律（克拉贝龙-克劳修斯方程）确定冰点与外界压力关系：

$$q\frac{\mathrm{d}t}{T}=(V_2-V_1)\,\mathrm{d}P \tag{8.12}$$

式中：q为水结冰是相变潜热；$\mathrm{d}t$为在压力$\mathrm{d}P$增加时，结冰温度降低的度数，℃；T为水结冰的绝对温度，K；V_2为水的比容，cm^3/g；V_1为冰的比容，cm^3/g；$\mathrm{d}P$为压力增高的数值，kg/cm^2。

为计算方便，将式（8.12）转换为：

$$\mathrm{d}t=\frac{T(V_2-V_1)\,\mathrm{d}P}{q} \tag{8.13}$$

设$\mathrm{d}P$=1个大气压，即1.03 kg/cm^2，1克水，V_2=1 cm^3，V_1=1.091 cm^3，q=3416 kg·cm，则

$$\mathrm{d}t=\frac{1.03\times 273(1-1.091)}{80\times 42.7}=-0.0075\ ℃$$

若$\mathrm{d}P$=1 kg/cm^3时，则$\mathrm{d}t$=−0.0073 ℃。

试验采用蒸馏水和蒸馏水配制的含水砂，试验结果（表8.32）很接近。

自然条件下，由于水分含有不同浓度的矿物质，土层的结冰温度比蒸馏水低。

表8.32 含水砂结冰温度变化表(℃/Mpa)（崔广心、李毅，1994）

含水率/% \ 压力区间/MPa		0～2	2～4	4～6	6～8	8～10	平均
W=15.05	饱和水	0.075	0.075	0.025	0.10	0.10	0.075
W=17.51	过饱和水	0.10	0.05	0.05	0.175	0.025	0.08
W=20.04	过饱和水	0.05	0.05	0.05	0.1	0.1	0.07
W=100	蒸馏水			0.05	0.1		0.08

在已冻结的冻土和冰中，融化压力是随冻土和冰的温度降低而增大（图8.29、表8.33），即单位应力下的冰点降低值（I_σ）随土温降低而增大（图8.30）。在同一土温条件下，冻土的融化压力小于冰，即其冰点降低值大于冰。单位应力下冻土冰点降低值随含水率增大而减小（图8.31）。

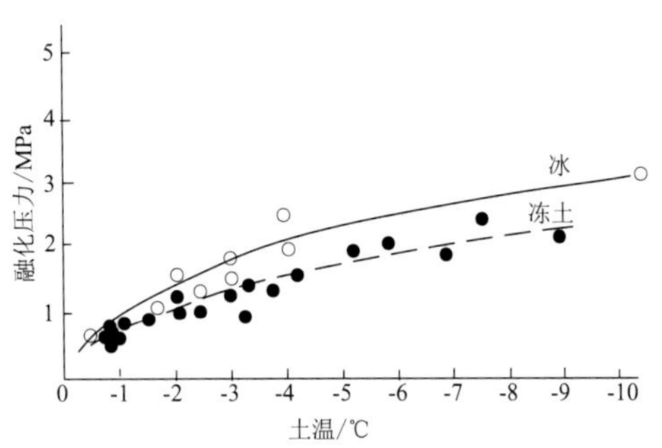

图8.29 冻土和冰融化压力与土温关系

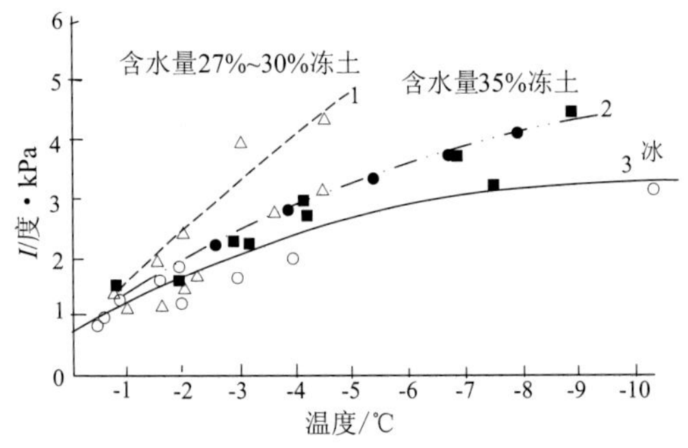

图8.30 单位应力下冻土与冰的冰点降低值与土温关系

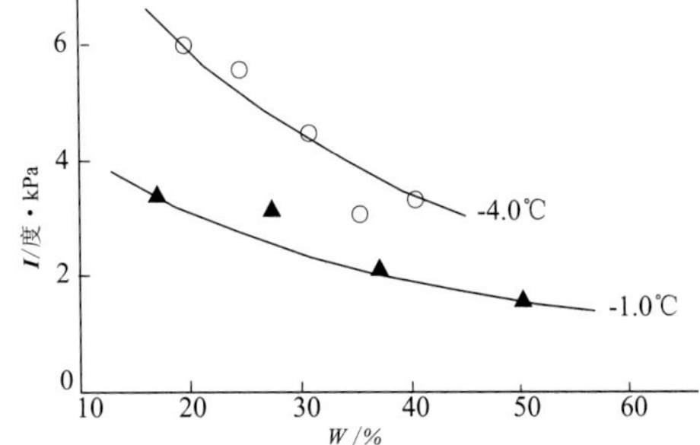

图8.31 单位应力下冰点降低值与冻土含水率关系

（图8.29至图8.31均据吴紫汪等，1983）

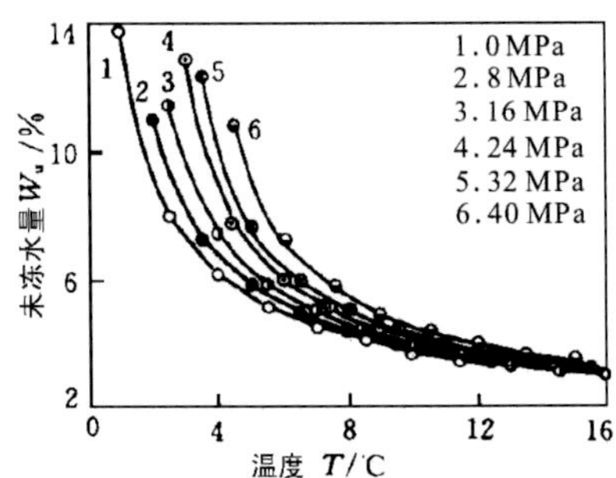

图8.32 不同压力和温度下黄土的未冻水含量

（张立新等，1998）

表8.33　湿黏土在不同外荷载下的结冰温度（李毅等，1996）

含水率/%	外荷载/MPa	0	4	8	12	16	20	结冰温度变化率总平均值/(℃/MPa)
W=48.8	结冰温度/℃	−0.02	−0.33	−0.57	−0.82	−1.10	−1.55	0.077
	变化率/(℃/MPa)		0.078	0.06	0.063	0.07	0.113	
W=30.6	结冰温度/℃	−0.05	−0.37	−0.67	−0.98	−1.28	−1.59	0.077
	变化率/(℃/MPa)		0.08	0.075	0.078	0.075	0.078	
W=26.9	结冰温度/℃	−0.02	−0.34	−0.63	−1.00	−1.30	−1.66	0.082
	变化率/(℃/MPa)		0.08	0.073	0.093	0.08	0.085	
W=16.7	结冰温度/℃	−0.26	−0.49	−0.83	−1.14	−1.24	−1.7	0.072
	变化率/(℃/MPa)		0.058	0.085	0.072	0.025	0.115	

可见，外部压力作用对冻土做功，使力的“能量”转化为热能，引起冻土融化，增大冻土未冻水量且迁移而产生压密。

大量试验资料表明，即使在较小的压力作用下，高温-高含冰率冻土的地下冰部分出现融化转化为未冻水（图8.32），且随之产生迁移、渗滤和重结晶，同时，固态冰和矿物颗粒也会出现压密和位移，使冻土在荷载作用过程中发生体积和结构变化。冻土压密过程中，土颗粒的质量不会减小，未冻水出现迁移、排出或升华，土体总孔隙体积随压力最大而减小。即是说，100 kPa压力下，由于土颗粒接触点处冰融化所引起的未冻水挤出而产生的冻土孔隙比变化为：

$$\Delta e = G_S \cdot \Delta\omega_u = 2.78 \times 0.0007 \approx 0.00195$$

式中：Δe为孔隙比变化量；G_S为土颗粒比重；$\Delta\omega_u$为未冻水变化量，设1 kPa外压力引起未冻水增量为0.0007。

外荷载作用下，冻土的压缩性常用体积压缩系数（m_v）表示。冻土含水率和土温是影响冻土压缩性的主要因素，土温越低，冻土压缩性越小，随土温升高而迅速增大，在−0.5 ℃及−0.3 ℃时，压缩变形量占总变形量的70%以上；对于冻结粉质黏土来说，当含水量处于塑限附近时（ω=13%～17%），压缩系数较小，并随含水量增大而增大，当增至饱和含水量附近时（ω= 40%左右），压缩系数达最大值，此后压缩系数将随含水量增大而减小，最后趋向冰的压缩系数。

高温-高含冰率冻土压缩系数随土温升高具有明显的压缩性（图8.33），在高温区，土温由−1.5 ℃升到−0.3 ℃时，压缩系数由0.04 MPa^{-1}变为0.29 MPa^{-1}，增大了7倍。在压缩过程中会有未冻水排出而出现渗滤变形。

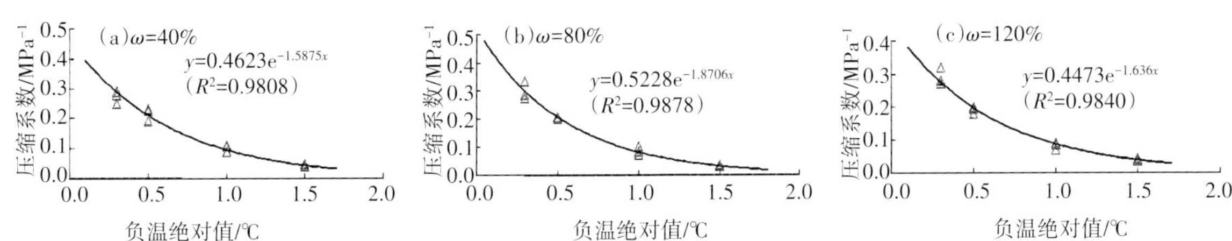

图8.33　不同含水率冻土压缩系数随土温变化（郑波等，2009）

(3）冻土抗剪强度

土体的抗剪强度通常分为黏聚强度和摩擦强度，黏性土的抗剪强度很难将两者截然分开。冻结黏性土和砂性土的抗剪强度，在9.8 MPa时，仍可表示为：

$$\tau = C + \sigma \cdot \tan\varphi$$

影响冻土抗剪强度是主要因素为：土体岩性成分、土温和作用时间。

土体经冻结或冻融循环作用后，土体结构和成分都发生很大变化，由三相体系变为四相体系，孔隙和裂隙均有所增大等。

瞬时冻土抗剪强度的两个参量（黏聚力和摩擦角）均受土温的影响（吴紫汪、马巍，1994）：

$$C = c_0|t|^{\alpha} \qquad (t \leqslant -0.2\ ℃) \tag{8.14}$$

式中：c_0、α为试验参数。图8.34为黏性土长期黏聚力与土层负温度的对数关系曲线，同一负温条件下，随冻结土层的含水率增加而变小（表8.34）。淮南中砂C_0=4.6，α=0.355。长期黏结力很小，一般为瞬时黏聚力的（1/3）～（1/5）甚至为1/10。

$$\varphi = a + k|t| \qquad (t \leqslant -0.2\ ℃) \tag{8.15}$$

式中：a、k为试验参数，由试验确定。淮南中砂的a=24.4，k=0.5。

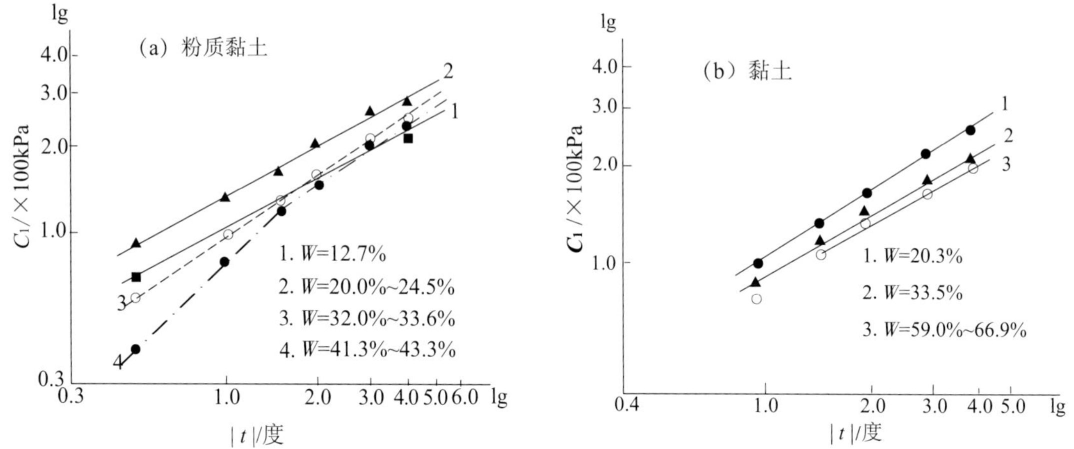

图8.34 冻结粉质黏土、黏土的C_l与负温|t|的对数关系图（马世敏，1983）

表8.34 不同含水率的c_0、α参数

土名	含水率/%	C_0/×100 kPa·℃	α
粉质黏土	12.7	1.02	0.55
	20.0～24.8	1.32	0.55
	32.0～33.6	0.98	0.69
	41.3～43.3	0.93	0.67
黏土	20.3	0.91	0.70
	33.5	0.83	0.60
	59.0～66.9	0.78	0.60

多年冻土人为上限处属融土与冻土交界面，且含有一层较厚的冰层。在融化面下附近有一定厚度的冻结层，土温接近于土体的冻结温度，属于融土与冻土过渡带，也是高填方（高路堤）斜坡冻土地基的软弱层。过渡带相对于上面的融土层而言，土温较低，土中水分具有较大的黏滞性，使土体的黏聚力有所增大；相对于下面的冻土层而言，温度高，未冻水量大，黏塑性大，具有很强的流变性，抗剪强度介于融土与冻土之间。在上覆荷载作用下，过渡带上地下冰层的压融使其具有更多的未冻水量，加上下伏冻土层的滞水而形成超孔隙水压力，可能成为良好的润滑面。

冻融过渡带具有冻土特性，存在有长期强度，列于表1.13。

据高路堤的试验观测，地基坡度也是影响斜坡稳定性的重要因素，地基坡度，大于1∶6时，水平位移迅速增大。

斜坡稳定性计算与评估的理论基础是摩尔-库伦强度准则，基于极限平衡法。冻融界面融土的下卧土层为冻结状态，阻止孔隙水下渗排出，致使形成超孔隙水压力。若冻结层上水沿着坡面平行流动条件下，应用有效应力原理推导，安全系数为：

$$F=\frac{C'+\left\{\left[(1+m)\gamma+m(\gamma_{sat}-\gamma_{w})\right]\right\}z\cos^{2}\alpha\cdot\tan\varphi'}{\left[(1-m)\gamma+m\gamma_{sat}\right]z\sin\alpha\cdot\cos\alpha}$$

$$=\frac{C'+(\gamma_{sat}-\gamma_{w})z\cos^{2}\alpha\tan\varphi'}{\gamma_{sat}z\sin\alpha\cos\alpha}=\frac{C'}{\gamma_{sat}z\sin\alpha\cos\alpha}+\frac{(\gamma_{sat}-\gamma_{w})\tan\varphi'}{\gamma_{sat}\tan\alpha} \tag{8.16}$$

式中：C'为有效黏聚力；φ'为有效内摩擦角或水下内摩擦角；z为滑动面的深度；m为滑面以上的水头高度值，取值$0<m<1$；α为斜坡坡角；γ_{sat}为斜坡图的变化重度；γ_{w}为水的重度；γ为斜坡土天然重度。

按漠河机场西北端高填方多年冻土上限埋置深度的地质剖面图资料（图8.29，表8.35），冻土上限基本上平行于原地面坡度，平均坡角α=7.09°，砾砂$C'\approx0$，φ'= 24°，γ_{sat}=1.74 g/cm³，z=19.2 m，粉质黏土C'=8 kPa，φ'= 15°，γ_{sat}=1.75 g/cm³，z=16.1 m。验算斜披稳定性，砾砂F=1.522，粉质黏土F=3.241。工程运行近十年，除表面有雨水冲刷现象外，高填方工程稳定。

表8.35　漠河机场西北端高填方多年冻土上限处物理力学性质

孔号	冻土上限/m	含水率/%	密度/g·cm^{-3}	塑限含水率/%	融沉系数/%	岩性
49	2.2	22.5	1.82	18.3	3.15	粉质黏土
51	2.2	20.6	1.72	15.1		粉质黏土
53	11.5	31.2	1.65	26.9	3.32	粉质黏土（全风化凝灰岩）
55	20.7	22.7	1.82	18.3	3.36	粉质黏土（全风化凝灰岩）
57	28	17.9	(1.73)	(1.65)	5.12	砾砂（全风化凝灰岩）
59	23.2	16.7	(1.81)	(16.8)	4.12	砾砂（全风化凝灰岩）
61	17.5	17.1	(1.68)	(16.5)	4.59	角砾（全风化凝灰岩）
63	15.3	19.2	1.73	17.8	5.96	砾砂（全风化凝灰岩）
65	12.0	17.3	(1.75)	(16.4)	4.62	砾砂（全风化凝灰岩）

青藏公路K3035等地有不同规模的冻结粉质黏土热融滑塌体，从其重塑土体的抗剪强度与含水率的关系（表8.36）看出，含水率增加1%，内摩擦角将降低约1°。

表8.36　青藏公路滑塌体粉质黏土抗剪强度试验结果（靳德武，2004）

含水率/%	密度/g·cm^{-3}	干密度/g·cm^{-3}	重塑快剪		重塑残剪	
			C	φ	C	φ
10	1.76	1.6	12	25.6	10.3	24
14	1.82	1.6	16	25.3	11.8	23.8
17.1	1.87	1.6	13	24	10	21.7
22.7	1.96	1.6	5	18.9	4.1	16.2

注：塑限含水率17.1%，液限含水率22.7%，塑性指数5.6。残剪为冻土剪切试验后停隔一段时间再进行试验得到的残余强度。

参考文献

奥兰多·B.安德斯兰德，布兰科.洛达尼.2011.冻土工程［M］.杨让宏，李勇译，北京：中国建筑工业出版社

白国权，仇文革，张俊儒.2007.冻土隧道冻胀力等级划分标准研究［J］.隧道建设，增刊：104-108

别尔里诺夫，M.B.1996.寒区大型立式钢油罐基础设计［J］，马成松译，国外油田工程，43-44

邴文山.1989.道路路面冻害防治理论基础与应用［M］.哈尔滨：哈尔滨工业大学出版社

程国栋，王绍令.1982.试论中国高海拔多年冻土带的划分［J］.冰川冻土，4（2）：1-16

程国栋，童伯良，罗学波.1983.路堤填土对冻土上限的影响［C］.//青藏冻土研究论文集，北京：科学出版社，195-203

程国栋.2003.局地因素对多年冻土区分布的影响及其对青藏铁路设计的启示［J］.中国科学（D辑），33（6）：602-607

程永峰等.2012.青藏直流电网工程粗颗粒冻土地基温度监测与分析［J］.岩石力学与工程学报，31（11）：2363-2371

陈肖柏等.1979.用砂砾（卵）石换填黏性土防治冻胀［J］.科学通报，No:20：935-939

陈肖柏等.2006.土的冻结作用与地基［M］.北京：科学出版社

陈拓.2011.机车荷载作用下青藏铁路多年冻土区典型结构路基稳定性研究［D］.兰州：中国地震局兰州地震研究所

陈义民等.2008.季冻区公路路基有害毛细上升高度综合试验研究［J］.冰川冻土，30（4）：641-645

常晓丽等.2013.大兴安岭北部多年冻土监测进展［J］.冰川冻土，35（1）：93-100

蔡汉成等.2016.青藏铁路沿线多年冻土区气温和多年冻土变化特征［J］.岩土力学与工程学报，35（7）：1434-1444

崔托维奇.H.A.1985.冻土力学［M］.张长庆等译.北京：科学出版社

崔广义.2013.多年冻土地区涵洞使用状况调查及维修加固方案分析［D］.西安：长安大学

崔成汉，周开炯.1983.冻胀反力试验研究［C］.//第二届全国冻土学术会议论文选集.兰州：甘肃人民出版社

崔广心，李毅.1994.有压条件下湿砂结冰温度的研究［J］.冰川冻土，16（4）：320-326

陈建兵等.2008.青藏公路高路基病害的形成及其机理［J］.长安大学学报（自然科学版），28（6）：30-35

陈继等.2011.柴木铁路沼泽化冻土区热管冷却半径的观测研究［J］.冰川冻土，33（4）：897-901

陈建勋，罗彦斌.2007.寒冷地区隧道防冻隔温层厚度计算方法［J］.交通运输工程学报，7

（2）：76-79

仇文革，孙兵．2010. 寒区破碎岩体隧道冻胀力室内对比试验研究［J］．冰川冻土，32（3）：557-560

曹晓斌等．2007. 温度对土壤电阻率影响研究［J］．电工技术学报，22（9）：1-6，

丁静康等．2011. 多年冻土与铁路工程［M］．北京：中国铁道出版社

丁靖康，赫贵生．2000. 年平均气温临界值——设计青藏高原多年冻土区路堤临界高度的一个重要因素［J］．冰川冻土，22（4）：333-339

丁靖康等．2006. 冻土锚定板的试验研究［R］．青藏铁路风火山多年冻土长期综合观测与试验研究，附件三，兰州：中铁西北科学研究院有限公司，553-570

丁一汇．2002. 中国西部环境保护预测（第二册）［M］．//秦大河．中国西部环境演变评估，北京：科学出版社

丁士君等．2012. 青藏联网工程冻土地基装配式基础载荷试验研究［J］．中国电力，45（12）：42-47

丁士君等．2013. 青藏输电工程回填细粒冻土性质和铁塔基础载荷试验研究［J］．土木建筑与环境工程，35（增刊）：105-111

窦明健等．2002. 青藏公路多年冻土段路基病害分布规律［J］．冰川冻土，26（6）：780-784

窦宝松，鲍维猛，王长保．2009. 土工合成材料在渠道防渗工程中的应用与存在问题探讨［J］．水利水电技术，40（4）：27-29

代寒松，盛煜，陈继．2006. 青藏公路路基纵向裂缝病害及其辐射规律［J］．公路，No.1：85-88

戴竞波．1983. 东北多年冻土地区路堤人为上限的变化规律［C］．//第二届全国冻土学术会议论文选集．兰州：甘肃人民出版社，379-384

段东明．2010. 多年冻土湿地路基工程研究［M］．北京：中国铁道出版社

董玉辉．2014. 高海拔寒区高速铁路施工及抗防冻技术研究［D］．成都：西南交通大学

大庆油田工程有限公司勘察工程部．2008. 中俄原油管道（漠河-大庆段）工程冻土冷生现象（冰椎、冻胀丘）调查报告［R］．大庆：大庆油田工程有限公司勘察工程部

郭鹏飞．1983. 祁连山区的多年冻土［C］．//第二届全国冻土学术会议论文集．兰州：甘肃人民出版社，30-35

郭宏新，原思成，张鲁新．2009. 青藏铁路地温热管应用的能量基础条件［J］．东南大学学报（自然科学版），39（5）：967-972

高志华等．2009. 高含冰量冻土动强度和残余应变的试验研究［J］．冰川冻土，31（6）：1143-1149

龚晓南．2008. 地基处理手册（第三版）［M］．北京：中国建筑工业出版社

桂翰林等．2009. 50年来漠河县气候变化趋势分析［J］．现代化农业，No：6，24-26

符进，谢前波，祁海云．2014. 青藏高原多年冻土区涵洞工程现状综述［J］．公路，No.3：28-32

符进，章金钊，刘戈．2008. 中尼公路金属波纹管涵洞的设计［J］．公路，No.9:318-320

钱进等．2009. 青藏高原冻土工程地质特性与选线原则探讨［J］．工程地质学报，17（4）：508-515

付在国等．2012. 多年冻土区埋地输油管道热力影响研究［J］．工程热物理学报，33（12）：

2163-2166

冯少广等 . 2014. 漠大线多年冻土沼泽湿地区管道融沉防治及温度监测［J］. 油气储运，33（5）：488-492

郝振纯等 . 2013. 黄河源区季节冻土最大冻结深度估算方法［J］. 水电能源科学，31（5）：73-76

郝宏娜 . 2012. 埋地金属管道阴极保护电位分布规律研究［D］. 北京：中国石油大学

黄小铭 . 1983. 青藏高原多年冻土地区铁路路堤临界高度的确定［C］. //第二届全国冻土学术会议论文选集 . 兰州：甘肃人民出版社，391-397

黄小铭 . 2001. 论高原冻土区铁路路基的设计原则及其应用［J］. 中国铁道科学，22（1）：23-31

黄小铭，舒道德 . 1983. 厚层地下冰地段路堑的设计与施工［C］. //第二届全国冻土学术会议论文选集 . 兰州：甘肃人民出版社，385-390

黄小铭，2006. 确定青藏高原多年冻土区路堑保温层厚度的经验公式［R］. //青藏铁路风火山多年冻土长期综合观测与试验研究，附件三，兰州：中铁西北科学研究院有限公司，145-165

黄明奎，于长利，汪稔 . 2004. 通风路基在冻土区工程中运用分析［J］. 土工基础，18（6）：38-40

黄元生等 . 2016. 青藏直流联网工程多年冻土地区杆塔基础的地温与变形监测分析［J］. 中国电力，49（2）：84-89

赫贵生，丁靖康，李永强 . 2006. 倾填碎石层的热传输特性及其应用［R］. 青藏铁路风火山多年冻土长期综合观测与试验研究，附件三，兰州：中铁西北科学研究院有限公司，546-552

何杰 . 1983. 多年冻土地区给水管道铺设与热力计算［J］. 铁道标准设计通讯，22-28

胡明鉴等 . 2004 透壁通风管对青藏铁路路基的冷却效果试验初探［J］. 岩土力学与工程学报，23（24）:4195-4199

胡田飞、杜升涛 . 2015. 青藏铁路多年冻土区路堑边坡病害特征及防治措施分析［J］. 铁道标准设计，59（11）：26-31

胡志义等 . 2012. 高海拔多年冻土区锥柱基础的选型优化［J］. 电力建设，33（6）：34-36

哈尔滨铁路局齐齐哈尔铁路科研所等 . 2007. 既有东北铁路多年冻土区路基病害整治试验研究报告［R］. 齐齐哈尔，哈尔滨铁路局齐齐哈尔铁路科研所

黑龙江交通科学研究所 . 2006. 多年冻土地区桥涵工程技术研究［R］. 哈尔滨：黑龙江交通科学研究所

韩浩，侯芸，蔡力 . 2001. 高寒地区路面抗冻厚度的确定及路堤热稳定性分析［J］. 内蒙古工业大学学报，20（4）：304-309

金会军等 . 1998. 青藏高原花石峡冻土站高寒湿地 CH_4 排放研究［J］. 冰川冻土，20（2）：172-174

金会军等 .2005. 多年冻土区输油管道工程中的（差异性）融沉和冻胀问题［J］. 冰川冻土，27（3）：454-464

金会军等 . 2006. 大小兴安岭多年冻土退化及其趋势初步评估［J］. 冰川冻土，28（4）：467-476

姜洪举、程恩远 . 1989. 考虑土壤冻胀性时房屋基础最小埋深的计算［C］. //第三届全国冻土学术会议论文选集 . 北京：科学出版社，266-271

蒋富强，杨永鹏.2008.青藏高原多年冻土区通风管路基传热规律研究［J］.铁道工程学报，No.11：27-48

贾晓云，李文江，朱永全.2003.多年冻土区灌注桩混凝土水化热影响分析［J］.石家庄铁道学院学报，16（4）：88-90

贾青.2000.季节冻土区水工建筑物平板式基础法向冻胀力的试验研究［D］.大连：大连理工大学

江亦元，王星华.2006.高原冻土隧道支护技术及工艺试验研究［J］.岩土力学，27（8）：1339-1343

姜和平，刘兆瑞.2006.冻土地区±500kV直流输电线路地基与基础设计［J］.内蒙古电力技术，24（4）：1-4

靳义奎等.2012.高原冻土区输电线路铁塔基础施工关键技术［J］.电力建设，33（10）：94-97

靳德武.2004.青藏高原多年冻土区斜坡稳定性研究［D］.西安：长安大学

李东庆等.1999.花石峡类型多年冻土区湿润性地段路基稳定性模拟分析［J］.岩土工程学报，21（1）：17-20

李长林，徐伯孟，郑铎.1986.季节冻土区水工锚定板挡土墙的试验研究［J］.东北水利水电，24-28

李宁，全晓娟，李国玉.2005.冻土通风管路基的温度场分析与设计原则探讨［J］.土木工程学报，38（2）：81-86

李宁，魏庆朝，葛建军.2006.青藏铁路热棒路基结构形式及工作状态分析［J］.北京交通大学学报，30（4）：22-25

李栋梁等.2005.青藏高原地表温度的变化分析［J］.高原气象，24（3）：291-298

李云.2014.高寒隧道温度场分布规律及防寒保温技术研究［D］.重庆：重庆交通大学

季成.2015.岛状多年冻土地区钻孔灌注桩温度场分析［D］.哈尔滨：东北林业大学

李祝龙.2006.公路钢波纹管涵洞设计与施工技术研究［D］.西安：长安大学

李永强.2008.青藏铁路运营期多年冻土区路基工程状态研究［D］.兰州：兰州大学

李沛等.2014.土壤固化剂发展现状和趋势［J］.路基工程，No：3，1-8

李国玉等.2015.中俄原油管道漠大线运营后面临一些冻害问题及防治措施建议［J］.岩石力学，36（10）：2963-2973

李文蕾，吴永根，邱利军.2011.寒冷地区机场道面混凝土的冻融试验研究［J］.路基工程，No.2:123-125

李毅，崔广心，吕恒林.1996.有压条件下湿黏土结冰温度的研究［J］.冰川冻土，18（1）：43-46

罗栋梁等.2012.青海高原中、东部多年冻土及寒区环境退化［J］.冰川冻土，34（3）：538-546

罗栋梁，金会军.2014.黄河源区玛多县1953-2012年气温和降水特征及突变分析［J］.干旱区资源与环境，28（11）：185-192

罗彦斌.2010.寒区隧道冻害等级划分及防治技术研究［D］.北京：北京交通大学

刘铁良.1983.国外计算冻结和融化深度公式概述［J］.冰川冻土，5（2）：85-95

刘永智等，2002.青藏高原多年冻土地区公路路基变形［J］.冰川冻土，24（1）：10-15

励国良等.1980.多年冻土地区桩基试验研究［J］.铁道学报，2（1）：83-94

粟健，王茂玉，吉华.2002.青藏铁路多年冻土区水源设计［J］.铁道设计标准，（10）：30-33

刘戈等.2008.青藏公路工程条件下多年冻土的变化［J］.中外公路，28（1）：25-27

刘建坤等.2004.多年冻土区路桥过度段一种新结构的试验观测与分析［J］.冰川冻土，26（6）：800-805

刘建坤等.2008.多年冻土区路堤路堑过渡方式试验研究［J］.冰川冻土，30（1）：153-156

刘红军.2007.寒区湿地软土地基固结沉降与稳定性研究［D］.哈尔滨：中国地震局工程力学研究所

刘雨.2005.多年冻土地区单桩成桩特性研究［D］.长沙：东南大学

刘瑞全.2014.高寒地区公路隧道防寒泄水洞设置技术研究［D］.重庆：重庆交通大学

刘厚健等.2009.高海拔输电线路的冻土工程问题及对策研究［J］.工程勘察，No.4：32-36

刘厚健等.2008.青藏直流联网线路冻土区的选线、选位与选型［J］.电力勘测设计，No.2：12-16

刘伟博等.2015.多年冻土地区机场跑道修筑技术［J］.冰川冻土，37（6）：1599-1610

刘宜平.2009.109国道橡皮山段砂质粉土冻胀特性试验研究［D］.北京：北京交通大学

赖远明等.2009.寒区工程理论与应用［M］.北京：科学出版社

赖远明等.2006.封闭块碎石层最佳降温粒径的室内试验研究［J］.冰川冻土，28（5）：755-759

赖金星.2008.高海拔复杂围岩公路隧道温度特征与结构性能研究［D］.西安：长安大学

柳瑶.2015.冻土电阻率模型及其试验研究［D］.哈尔滨：东北林业大学

B.A.库德里亚采夫，1992.工程地质研究中的冻土预报原理［M］.郭东信等译.兰州：兰州大学出版社

孔祥言.1999.高等渗流力学［M］.合肥：中国科学技术大学出版社

孔建杰.2012.季节性冻土路基保温板防冻胀技术和动力响应分析［D］.长沙：中南大学

牛富俊等.2011.青藏铁路路桥过渡段沉降变形影响因素分析［J］.岩土力学，32（增刊2）：372-377

牛亚芬，李闯，牛亚君.2010.大兴安岭地区水质变化趋势分析［J］.黑龙江水利科技，38（5）：113-114

那文杰，赵惠新，赵宝玉.1977.季节冻土区挡土墙水平冻胀力设计取值［J］.黑龙江水专学报，No.3:25-28，

那文杰，袁安丽.2007.高寒地区渠道防治冻害技术措施［J］.岩土工程技术，21（4）：204-206

马世敏.1983.冻土抗剪强度的实验研究［C］.//青藏冻土研究论文集，北京：科学出版社，106-111

马辉.2006.片碎石护坡结构维持青藏铁路多年冻土区路基稳定的作用机理和适应性研究［R］.北京：铁道科学研究院

马万一.1990.坑（隧）道涌水量的预测与防治［J］.铁道工程学报.No.4，90-95

马宏韬，宋孝俊，王庆磊.2013.多年冻土地区铁塔现浇混凝土基础施工技术［J］.青海电力，32（1）：25-29

马海舰. 2015. 寒区机场道面混凝土耐久性区划及抗冻性参数设计［D］. 南京：南京航空航天大学

穆彦虎等. 2010. 青藏铁路块石路基冷却降温效果对比分析［J］. 岩土力学，31（增刊1）：284-292

慕万奎，贺柏群，董德惠. 2006. 热棒技术在伊春岛状冻土路基上的应用［J］. 黑龙江交通科技，No.11：7-8

明艳. 2011. 公路钢波纹管涵洞设计内容［J］. 黑龙江交通科技 No.1：101-102

《青藏铁路》编写委员会. 2016. 青藏铁路科学技术卷 · 多年冻土篇［M］. 北京：中国铁道出版社

苗健. 2002. 东北地区机场跑道病害成因及对策探讨［C］. 第四届国际道路与机场路面技术大会论文集，北京：人民交通出版社，588-592

B.O. 奥尔洛夫等. 1980. 土的冻胀及其对建筑物的作用［M］. 李永生译. 长春：吉林省水利科技情报中心

青藏公路科研组.1983. 青藏公路沿线高含冰量冻土的分布规律［C］. //第二届全国冻土学术会议论文集

青藏公路科研组. 1983. 青藏公路多年冻土区铺设沥青路面路基高度的确定［C］. //第二届全国冻土学术会议论文选集. 兰州：甘肃人民出版社，364-371

青藏公路冻土路基研究组. 1988. 冻土路基工程［M］. 兰州：兰州大学出版社

青海省地方铁路管理局，兰州大学. 2010. 青海省柴木地方铁路低温热棒应用关键技术研究报告［R］. 西宁：青海省地方铁路管理局

曲祥民，张洪雨. 2006，工程冻土概论［M］. 哈尔滨：哈尔滨工程大学出版社

曲祥民，张宾. 2008. 季节冻土区水工建筑物抗冻技术［M］. 北京：中国水利水电出版社

裴章勤，卢继清. 1982. 国内外物理化学方法防治土体冻胀的研究［J］. 冰川冻土，4（1）：71-78

苏联国家建设委员会，1990. 建筑规程和规范《多年冻土上的地基与基础》(СНиП 2.02.04-88［S］. 丁静康，徐学燕译. 莫斯科

苏联 Б. Е. 维捏捷夫水工研究院和动力电气化部 С.Я 茹克税设计院列宁格勒分院 .1992.《永冻土分布地区水工建筑物设计规范》（СН30-83）［S］. 水利部松辽水利委员会研究所译

盛煜等. 2003. 青藏公路下伏多年冻土的融化分析［J］.冰川冻土，25（1）：43-48

隋铁玲等. 1992. 季节冻土区挡土墙水平冻胀力的设计取值方法［J］. 水利学报，No.1:67-72

宋志刚. 2012. 多年冻土地区块碎石路基适用性评价研究（D）. 北京：北京交通大学

孙斌祥等. 2004. 碎石粒径对寒区路堤自然对流降温效应的影响［J］. 岩土工程学报，26（6）：809-814

孙斌祥等. 2005. 基于对流降温效应的青藏铁路碎石护坡层厚度研究［J］. 铁道学报，27（4）：96-103

孙斌祥等. 2006. 青藏高原铁路多年冻土路堤的碎石层高度［J］. 岩土力学，23（6）：127-134

孙志忠，马巍，李东庆. 2004. 多年冻土区块、碎石护坡冷却作用的对比研究［J］. 冰川冻土，26（4）：435-439

孙志忠，马巍，李东庆. 2007. 青藏高原多年冻土区碎石护坡作用及效果分析［J］. 冰川冻土，29（2）：292-298

孙广友，金会军，于少鹏. 2008. 沼泽湿地与多年冻土的共生模式——以中国大兴安岭和小兴安岭为例［J］. 湿地科学，6（4）：479-485

孙建波，徐春华，徐学燕. 2011. 冻土地区工程桩负摩阻力试验研究［J］. 施工技术，40（344）：47-50

孙兵. 2012. 寒区隧道冻害等级及其设防等级研究［J］. 隧道/地下工程，（4）：88-92

孙凤华等. 2006. 东北地区平均、最高、最低气温时空变化特征及对比分析［J］. 气象科学，26（2）：157-163

孙晓明，洪晓辉，孔达. 2006. 护坡工程静冰压力分析［J］. 哈尔滨：黑龙江水专学报，33（2）：16-17

孙俊、张旭. 2013. 阿里机场盐渍化冻土工程地质特性及其改良［J］. 水文地质工程地质，40（1）：93-99

孙俊等. 2012. 西藏阿里机场盐渍化冻土工程地质特性和防治措施研究［J］. 中外公路，32（5）：47-53

隋咸志，左力. 1983. 冻胀反力的试验研究［J］. 冰川冻土，5（2）：19-29

史保华等. 2014. 防止寒冷地区机场水泥混凝土道面冻胀问题的施工措施［J］. 道路施工与机械，62-65

唐国利，任国玉. 2005. 近百年中国地表气温变化趋势的再分析［J］. 气候与环境研究，10（4）：791-798

铁道部第三勘察设计院. 1994. 冻土工程［M］. 北京：中国铁道出版社

铁道科学研究院金化所等. 1978. 表面活性剂在铁路路基化学防冻胀中的应用研究［M］.//《铁道科学技术工务工程》第四分册，北京：铁道出版社

童长江，管枫年. 土的冻胀与建筑物冻害防治［M］.北京：水利电力出版社，1985

童长江，王国尚，吴青柏. 1996. 我国寒区环境工程地质研究现状及任务［C］. //第五届全国冰川冻土学大会论文选集（下）. 兰州：甘肃文化出版社，863-876

童长江，俞崇云. 1982. 论法向冻胀力与压板面积的关系［J］. 冰川冻土，4（4）：49-53

谭青海等. 2012. 热棒技术在青藏直流工程中的应用［J］. 华北电力技术，No.2：16-19

谭贤君等. 2013. 考虑通风影响的寒区隧道围岩温度场及防寒保温材料敷设长度研究［J］. 岩石力学与工程学报，32（7）：1400-1409

谭东杰等. 2012. 漠大管道在沿线多年冻土区的位移监测［J］. 油气运输，31（10）：737-739

谭立渭等. 2016. 沱沱河多年冻土区地下水特征及开发利用研究［J］. 人民黄河，38（5）：62-67

唐树春. 1992. 强夯法加固地基在大庆地区的应用［J］. 油田地面工程，11（2）：58-60

吴紫汪. 1979. 多年冻土的工程分类［J］. 冰川冻土，No.2，52-60

吴紫汪. 1982. 冻土工程分类［J］. 冰川冻土，4（4）：43-46

吴紫汪，刘永智. 2005. 冻土地基与工程建筑［M］. 北京：海洋出版社

吴紫汪等. 2003. 寒区隧道工程［M］. 北京：海洋出版社

吴紫汪，张家懿. 1983. 冻土融化压力的初步试验［C］.青藏冻土研究论文集，北京：科学出版社，131-133

吴紫汪，马巍. 1994. 冻土强度与蠕变［M］. 兰州：兰州大学出版社

吴青柏，李新，李文君. 2001. 全球气候变化下青藏公路沿线冻土变化相应模型的研究［J］. 冰川冻土，23（1）：1-6

吴青柏，施斌，刘永智. 2002. 青藏公路沿线多年冻土与公路相互作用研究［J］. 中国科学（D辑），32（6）：514-520

吴青柏，朱元林，刘永智. 2002. 工程活动下多年冻土热稳定性评价模型［J］. 冰川冻土，24（2）：129-133

吴青柏，陆子建，刘永智. 2005. 青藏高原多年冻土监测及近期变化［J］. 气候变化研究进展，1（1）：26-28

吴青柏等. 2005. 青藏铁路块石路基结构的冷却效果监测分析［J］. 岩土工程学报，27（12）：1386-1390

吴青柏，董献付，蒋观利. 2006. 开放和封闭条件下块石结构路基下部土体降温效果差异［J］. 岩石力学与工程学报，25（12）：2565-2571

吴青柏，崔巍，刘永智. 2010. U型块石路基结构对多年冻土的降温作用［J］. 冰川冻土，32（3）：532-537

吴国忠等. 2003. 埋地管道传热计算［M］. 哈尔滨：哈尔滨工业大学出版社

吴亚平等. 2004. 冻土区桩基回冻过程对单桩承载力和桥梁施工的影响分析［J］. 岩石力学与工程学报，23（24）：4229-4233

吴群慧. 2005. 青藏铁路高温不稳定冻土区桥梁基础施工技术研究［D］. 成都：西南交通大学

吴少海. 2003. 青藏铁路多年冻土区桥涵设计与施工［J］. 冰川冻土，25（增刊1）：59-68

吴剑. 2004. 隧道冻害机理及冻胀力计算方法的研究［D］. 成都：西南交通大学

吴峰波等. 2011. 黑龙江穿越工程定向钻最优深度的确定［J］. 石油规划设计，22（5）：7-11

武憨民，王双杰，章金钊. 2005. 多年冻土地区公路工程［M］. 北京：人民交通出版社

王涛等. 2006. 1：400万中国冰川冻土沙漠图［M］. 北京：中国地图出版社

王旭等. 2004. 青藏高原多年冻土区不同地温分区下大直径钻孔灌注桩回冻规律试验研究［J］. 岩石力学与工程学报，23（24）：4206-4211

王旭等. 2005. 青藏高原多年冻土区大直径钻孔桩回冻过程研究［J］. 铁道学报，27（2）：102-107

王旭等. 2005. 多年冻土区未回冻钻孔灌注桩承载性质试验研究［J］. 岩土工程学报，27（1）：81-84

王旭等. 2013. 低温多年冻土地基大直径钻孔灌注桩为回冻状态承载性质试验研究［J］. 岩石力学与工程学报，32（9）：1807-1812

王永义. 2003. 青藏铁路昆仑山口高含冰量冻土路堑换填保温施工技术［J］. 路基工程，No.3；52-57

王爱国，马巍，吴志坚. 2005. 块石路基上覆砂砾石厚度对冻土路基冷却效果的影响研究［J］. 岩石力学与工程学报，24（13）：2334-2341

王爱国，马巍，王大雁. 2006. 不同厚度块石路堤对冻土路基冷却效果对比研究［J］. 岩石力学与工程学报，25（增1）：3283-3288

王爱国，马巍，吴志坚. 2011. 块石路堤冷却效果关键因素研究［J］. 岩土工程学报，33（增

1)：211-215

王建良，黄波，牛富俊．2004．管道通风路基试验的探讨［J］．青海交通科技，No.2：37-38

王芳．2011．博牙高速公路岛状多年冻土地区路基沉降处理技术研究［D］．西安：长安大学

王建宇，胡元芳．2004．隧道衬砌冻胀压力问题研究［J］．冰川冻土，26（1）：112-119

王洪存．2014．冻土隧道冻胀力敏感度分析及防冻保温技术研究［D］．重庆：重庆交通大学

王永亮．2013．高寒冻土隧道洞口边仰坡稳定及进洞技术研究［D］．重庆：重庆交通大学

王星华等．2006．昆仑山隧道沟谷融区发育特征分析［J］．工程地质学报，14（5）：588-591

王正秋．1986，粗粒土冻胀性分类［J］．冰川冻土，8（3）：195-200

王正秋．1980．粒度成分对细砂冻胀性的影响［J］．冰川冻土，2（3）：24-28

王希尧．1982．浅潜水对冻胀及其层次分布的影响［J］．冰川冻土，4（2）：55-62

王堂、陆立国．2007．宁夏支渠结构形状及衬砌破坏成因调查分析［J］．中国农村水利水电，No.8：34-38

王得福．2016．“U”形渠道断面尺寸设计计算［J］．水利水电建设，No.07：151-152

王丹等．2009．抗冻胀渠道防渗的结构形式研究进展［J］．水资源与水工程学报，20（1）：62-64

王振铎．2006．土工合成材料在冻胀区渠道防渗中的应用研究［J］．中国农村水利水电，No.3：86-88

汪年海．2004．青藏高原多年冻土区路基温度场研究［D］．西安：长安大学

汪双杰，霍明，周文锦．2004．青藏公路多年冻土路基病害［J］．公路，(5)：22-26

温智等．2005．保温法在青藏铁路路基工程中应用的适应性评价［J］．冰川冻土，27（5）：694-700

徐学祖．1994．冻土分类现状及建议［J］．冰川冻土，16（3）：193-201

徐学祖，王家澄，张立新．2001．冻土物理学［M］．北京：科学出版社

徐晓明，吴青柏，张中琼．2017．青藏高原多年冻土活动层厚度对气候变化的响应［J］．冰川冻土，39（1）：1-8

徐安花．2014．多年冻土区公路病害对冻土地温和含冰类型的敏感性分析［J］．冰川冻土，36（3）：622-625

徐连军．2006．青藏铁路多年冻土区碎石护坡与片石护道地温特征分析［D］．成都：西南交通大学

徐小涛．2013．鄂拉山隧道保温抗冻及防排水技术研究［D］．重庆：重庆交通大学

徐伯孟，卢兴良，1986．黏性土水分状况对冻胀的影响［J］．冰川冻土，8（3）：217-222

徐伯孟，谷玉文．1993．吉林省水工建筑物的冻害与防治［J］．水利水电技术，No.12：16-19

徐伯孟，王泽仁．1995．黑龙江和额尔古纳河水工建设中的工程冻土问题［J］．东北水利水电，No.1：21-25

徐至钧，许朝铨，沈珠江．1999．大型储罐基础设计与地基处理［M］．北京：中国石化出版社

徐兵魁等．2009．中俄输油管道多年冻土埋地管道融化圈计算方法研究［C］．//第八届多年冻土工程会议论文集，208-214

熊治文等．2010．多年冻土地区路堑边坡变化及其整治原则［J］．铁道工程学报，No.7（总142)：6-10

熊炜等 . 2009. 多年冻土区桩基温度场研究［J］. 岩土力学，30（6）：1658-1664

熊山铭 . 2012. 公路路基钢波纹管涵洞受力与变形特征分析及设计与计算方法［D］. 西安：长安大学

谢荫琦，王建国 . 1992. 高寒地区水工建筑物防治冻害技术措施［J］. 水利水电技术，No.3：22-29

修璐 . 2015. 季冻区渠道护坡冻胀破坏因素分析［D］. 哈尔滨：黑龙江大学

薛正 . 2015. 多年冻土地区的供水和排水系统设计［J］. 铁道标准设计，59（4）：152 -155

邢耀忠，郝友诗 . 2010. 机场刚性道面结构防冻厚度设计探讨［J］. 华东公路，No.4：52-53

俞祁浩，程国栋，牛富俊 . 2004. 自动温控通风路基应用效果分析［J］. 岩石力学与工程学报，23（24）：4221-4228

俞祁浩等 . 2013. 青藏直流联网工程冻土基础传热特性分析［J］. 岩石力学与工程学报，32（增2）：4025-4031

喻文兵等 . 2003. 块石层与碎石层降温效果室内试验研究［J］. 冰川冻土，25（6）：638-643

杨丽君等 . 2011. 加装采风口增强通风管路堤的降温效果［J］. 土木建筑与环境工程，33（1）：87-92

叶尔玺 . 2010. 寒区隧道冻害防治技术研究［D］. 西安：长安大学

Э.Д.叶尔绍夫，2016. 冻土工程学［M］ 张长庆译 . 兰州：兰州大学出版社

严福章，李鹏，陈东幸 . 2012. 高海拔多年冻土区基础工程主要工程问题及对策［J］. 中国电力，45（12）：34-41

周幼吾等 . 2000. 中国冻土［M］. 北京：科学出版社

周宁芳等 . 2005. 近50年青藏高原地面气温变化的区域特征分析［J］. 高原气象，24（3）：344-349

朱元林，张家懿 . 1982. 冻土的弹性变形及压缩变形［J］. 冰川冻土， 4（3）：29-38

朱强，付思宁，武福学 . 1988. 砂砾换基防治渠道衬砌冻胀［J］. 冰川冻土， 10（4）：400-408

朱占元等 . 2008. 动力荷载作用下冻土变形特性研究［J］. 低温建筑技术，No2：112-114

褚永磊，王鹏，张涛琪 . 2017. 多年冻土退化及其趋势初步评估综述［J］. 内蒙古林业调查设计，40（2）：89-92

臧恩穆，吴紫汪 . 1999. 多年冻土退化与道路工程［M］. 兰州：兰州大学出版社

郑波等 . 2007. 青藏铁路冻土路基路堤、路堑过渡带试验研究［J］. 中国铁道科学，28（4）：12-18

张中琼等 .2012. 气候变暖情景下青藏高原多年冻土地温变化分析［J］. 工程地质学报， 20（1）：610-613

张建明 . 2004. 青藏高原冻土路基稳定性及公路工程多年冻土分类研究［D］. 兰州：中国科学院寒区旱区环境与工程研究所

张坤，李东庆，童刚强 . 2011. 通风管-块石复合路基降温效果的数值分析［J］. 中国农业大学学报，40（1）： 35-42

张祉道，王联 . 2004. 高海拔及严寒地区隧道防冻设计探讨［J］. 现代隧道技术，41（3）：1-6

张小鹏，李洪升，李光伟 . 1993. 冰与混凝土坝坡间的冻结强度模拟试验［J］. 大连：大连理

工大学学报，33（4）：385-389

张世斌等．2014. 漠河-大庆输油管道冻胀和融沉监测技术［J］．油气储运，33（5）：488-492

张艳芳．2014. 埋地输油管道对多年冻土温度影响的数值模拟研究［D］．北京：北京交通大学

张炎，鲁先龙．2011. 输电线路冻土地基控制爆破开挖技术研究［J］．武汉大学学报（工学版），44（增刊）：222-225

张其峰，张文斌．2012. 西藏阿里昆莎机场场区地基处理试验研究［J］．甘肃水利水电技术，48（12）：24-27

张立新等．1998. 冻土未冻水与压力关系的实验研究［J］．冰川冻土，20（2）：124-127

章金钊．2000. 青藏公路多年冻土地区涵洞工程病害防治探讨［J］．青海交通科技，No.2：29-31

章金钊．2006. 青藏公路多年冻土区路基设计原则与设计高度的演进［J］．公路，No.10：54-58

赵丽萍．2009. XPS板在冻土路基工程中的应用研究［D］．西安：长安大学

赵文杰．2007. 青藏铁路多年冻土安多试验段斜坡路基稳定性研究与工程处理对策分析［D］．北京：北京交通大学

赵让宏．2010. 运营期青藏铁路多年冻土区斜坡路堤稳定性分析与评价研究［D］．北京：中国铁道科学研究院

赵霄龙，巴恒静．2002. 寒冷地机场道面混凝土破坏机理研究［J］．哈尔滨工业大学学报，35（5）：81-83

赵福宁，赵雨军．2014. 强夯置换法在岛状冻土特殊路基处理中的应用［J］．铁道建筑，No.10：85-87

朱元林，张家懿，吴紫汪．1983. 冻土地基的融化压缩沉降计算［C］.//青藏冻土研究论文集，134-138

郑波等.2009.高温-高含冰量冻土压缩变形特性研究［J］.岩石力学与工程学报，28（增1)：3063-3069

翟莲．2011. 季节冻土区湖岸构筑物冻害机理及防治方法的研究［D］．长春：吉林大学

中国科学院寒区旱区环境与工程研究所等．2009. 多年冻土区埋设管道热、应力分析及数值模拟［R］．大庆：大庆油田工程有限公司

中交第一公路勘测设计研究院等．2006. 多年冻土地区路基稳定性技术研究总报告［R］．西安：中交第一公路勘测设计研究院

中交第一公路设计研究院有限公司等．2015. 高温多年冻土区隧道设计与施工关键技术研究［R］．西宁：青海省交通科学研究院

中铁西北科学研究院有限公司等．2006. 青藏铁路风火山多年冻土长期综合观测与工程试验研究［R］．兰州：中铁西北科学研究院有限公司

中铁西北科学研究院有限公司等．2007. 青藏铁路多年冻土区路基稳定性研究［R］．兰州：中铁西北科学研究院有限公司

中铁西北科学研究院．2000. 高原冻土区路堤工程主要研究成果综述及其应用条件分析［R］．兰州：中铁西北科学研究院

中铁第一勘察设计院集团有限公司等. 2007. 青藏铁路多年冻土路基工程技术研究成果报告［R］. 西安：中铁第一勘察设计院集团有限公司

中铁第一勘察设计院. 2006. 青藏铁路试验工程路桥涵隧道关键技术的研究［R］. 西安：中铁第一勘察设计院

中铁第一勘察设计院. 2007. 青藏铁路多年冻土隧道工程技术研究报告［R］. 西安：中铁第一勘察设计院

中国铁路工程总公司青藏铁路施工新技术编委会. 2007. 青藏铁路施工新技术［M］. 兰州：甘肃科学技术出版社

中国电力工程顾问集团西北电力设计院. 2008. 高海拔多年冻土地区基础选型及设计研究［R］. 西安：西北电力设计院

中华人民共和国国家标准，建筑气候区划标准 GB 50178-1993［S］北京：建筑工业出版社

中华人民共和国国家标准. 建筑边坡工程技术规范 GB 50330-2002［S］. 北京：中国建筑工业出版社

中华人民共和国国家标准. 建筑地基基础设计规范规范 GB 50007-2011［S］. 北京：中国建筑工业出版社

中华人民共和国国家标准. 冻土工程地质勘察规范 GB 50324-2014［S］. 北京：中国计划出版社

中华人民共和国国家标准. 水工建筑物抗冰冻设计规范 GB/T 50662-2011［S］. 北京：中国计划出版社

中华人民共和国国家标准. 渠道防渗工程技术规范 GB/T 50600-2010［S］. 北京：中国计划出版社

中华人民共和国国家标准. 2011. 热棒 GB/T 27880［S］. 北京：中华人民共和国质量监督检验检疫总局、中国国家标准化管理委员会发布

中华人民共和国国家标准. 输油管道工程设计规范 GB 50253-2014［S］. 北京：中国计划出版社

中华人民共和国国家标准. 输气管道工程设计规范 GB 50251-2015［S］. 北京：中国计划出版社

中华人民共和国国家标准. 油气输送管道穿越工程设计规范 GB 50423-2013［S］. 北京：中国计划出版社

中华人民共和国国家标准. 钢制储罐地基基础设计规范 GB 50473-2008［S］. 北京：中国计划出版社

中华人民共和国国家标准. 室外排水设计规范 GB50014-2006［S］. 北京：中国计划出版社

中华人民共和国行业标准. 建筑桩基技术规范 JGJ 94-2008［S］. 北京：中国建筑工业出版社

中华人民共和国行业标准. 冻土地区建筑地基基础设计规范 JGJ 118-2011［S］. 北京：中国建筑工业出版社

中华人民共和国行业推荐性标准. 多年冻土地区公路设计与施工技术细则 JTG/TD31-04-2012［S］. 北京：人民交通出版社

中华人民共和国行业标准. 公路工程技术标准 JTG B01-2003［S］. 北京：人民交通出版社

中华人民共和国行业标准. 公路路基设计 JTG D30-2004［S］. 北京：人民交通出版社

中华人民共和国行业标准. 公路沥青路面设计规范 JTG D50-2006［S］. 北京：人民交通出版社

中华人民共和国行业标准. 公路沥青路面设计规范 JTJ 014-1997［S］. 北京：人民交通出版社

中华人民共和国行业标准. 公路隧道设计规范 JTG D70-2004［S］. 北京：人民交通出版社

中华人民共和国行业标准. 公路桥涵地基与基础设计规范 JTG D63-2007［S］. 北京：中国人民交通出版社

中华人民共和国行业推荐性标准. 公路桥涵设计通用规范 JTG D60-2004［S］. 北京：人民交通出版社，

中华人民共和国行业标准，公路水泥混凝土路面设计规范 JTG D40-2011［S］. 北京：人民交通出版社

中华人民共和国民用航空行业标准，民用机场岩土工程设计规范 MH/T 5027-2013［S］. 北京：中国民航出版社

中华人民共和国民用航空行业标准，民用机场勘察规范 MH/T 5027-2011［S］. 北京：中国民航出版社

中华人民共和国民用航空行业标准，民用机场水泥混凝土路面设计规范 MH/T 5004-2010［S］. 北京：中国民航出版社

中华人民共和国能源行业标准. 水工建筑物抗冰冻设计规范 NB/T 35024-2014［S］. 北京：中国电力出版社

中华人民共和国行业推荐性标准. 铁路桥涵设计基本规范 TB10002.1/ J460-2005［S］. 北京：中国铁道出版社

中华人民共和国行业推荐性标准. 公路隧道设计细则 JTG/T D70-2010［S］. 北京：人民交通出版社

中华人民共和国行业标准. 铁路桥涵地基和基础设计规范 TB10002.5-2005［S］. 北京：人民交通出版社

中华人民共和国行业标准. 铁路路基设计规范 TB 10001-2005［S］北京：中国铁道出版社

中华人民共和国行业标准. 铁路特殊路基设计规范 TB 10035-2006［S］北京：中国铁道出版社

中华人民共和国能源行业标准. 水工建筑物抗冰冻设计规范 NB/T 35024-2014［S］. 北京：中国电力出版社

中华人民共和国石油化工行业标准. 石油化工钢储罐地基与基础设计规范 SH/T 3068-2007［S］. 北京：中国石油出版社

中华人民共和国电力行业标准. 碾压式土石坝设计规范 DL/T-5395-2007［S］. 北京：中国电力出版社，2007

中华人民共和国电力行业标准. 冻土地区架空输电线路基础设计技术规程 DL/T 5501-2015［S］. 国家能源局

Л. Н. Хрусталев， Г. П. Пустовойт. 1988. Вероятностно－статичёскиие расчеты оснований эданий в криолитозоне.［M］. Новосибирск； Наука，Сиб.отд-ние，（见中科院寒区旱区环境与工程研究所《多年冻土区交通建设和环保工程冻土译文集》第14辑）

Л.Н.Хрсталев. 2005. Основые геотехники в криолитозоне. Изд–во МГУ

AASHTO LRFD Bridge Design Specification [S]. A merican Association of State Highway and Transportation Officials, 2007

CAN/CSA–S6–06. 2010. Canadian Highway Bridge Design Code [S]. Toronto, Ontario, Canada M9W 1R3. CSA International, 2010

Goering.D.J, Ku mar P, 1996. Winter–ti me convection in open–graded e mbe m kments. Cold regions Science and technology. 24: 57–74

索 引

F

G

H

J

K

L

M

N

P

Q

R

S

T

W

X

Y

Z